S FIGUIER
LES MERVEILLES DE LA SCIENCE
MAX DE NANSOUTY
AÉROSTATION
AVIATION
par
MAX DE NANSOUTY
Ingénieur des Arts et Manufactures
PRÉFACE
de
M. ALFRED PICARD
Membre de l'Institut
Prix
15 fr.
Prix
15 fr.
Ancienne Librairie Furne
BOIVIN & Cie Editeurs
PARIS
V. LALAU

LES MERVEILLES DE LA SCIENCE

AÉROSTATION - AVIATION

DANS LA MÊME COLLECTION

Précédemment parus :

Chaudières et Machines à Vapeur . . . **1 vol.**
Électricité . . . . **1 vol.**
Moteurs . . . . **1 vol.**
Aérostation - Aviation . . . . **1 vol.**

En publication :

Chemins de fer - Automobiles.

LOUIS FIGUIER — LES MERVEILLES DE LA SCIENCE — MAX DE NANSOUTY

Préface de M. Alfred PICARD, membre de l'Institut

AÉROSTATION AVIATION

PAR

MAX DE NANSOUTY

INGÉNIEUR DES ARTS ET MANUFACTURES

Ouvrage illustré de 582 figures dans le texte

PARIS

ANCIENNE LIBRAIRIE FURNE

BOIVIN & CIE, ÉDITEURS

5, RUE PALATINE (VIe)

AÉROSTATION — AVIATION.

Il n'est certainement pas de sujet technique et scientifique dans lequel puisse mieux se mesurer l'admirable progrès moderne que dans la *conquête de l'espace* entreprise en 1782, au XVIIIe siècle, par l'*aérostation*, et complétée d'une façon merveilleuse, au début du XXe siècle, par les *ballons dirigeables* et l'*aviation*. Cent trente ans auront suffi pour briser les liens matériels qui retenaient l'homme à la Terre depuis l'origine de l'Histoire. Aux *légendes* qui amusaient par leur poésie, comme celle de Dédale et d'Icare, et qui semblaient destinées à démontrer la limitation de la puissance humaine, ont tout à coup succédé *les réalités* les plus certaines.

Ces réalités mêmes sont douées d'une poésie intense. Bientôt, car elles s'affirment chaque jour, tout le monde, en toute région civilisée et progressiste, aura vu s'envoler dans l'espace, et descendre des nues, un de ces *aéroplanes* qui, plus lourds que l'air, ont pris audacieusement sur lui leur point d'appui. Or, dans cette envolée et dans cette arrivée sur le sol de l'énorme oiseau mécanique, il y a incontestablement « du rêve ». C'est l'irréalisable qui se réalise, c'est l'impossible qui devient possible, c'est l'illusion qui prend corps.

Au moment où, dans ce Tome IV des *Merveilles de la Science*, nous allons résumer l'historique et donner l'état actuel de ce grand mouvement scientifique, qu'il nous soit permis de rendre hommage à ses illustres initiateurs et de constater avec une fierté, que personne au monde ne jugera hors de propos, que ces initiateurs furent des Français. « Trois grands noms français, dit M. Alfred Picard dans son admirable *Bilan d'un siècle,* se rattachent aux origines de l'Aérostation : ce sont ceux de Montgolfier, Pilâtre de Rozier et Charles »

Dans une très belle étude sur l'*aérostation* et sur les excursions scientifiques aéronautiques, publiée en 1870, le savant anglais Glaisher, directeur du Bureau météorologique de Greenwich, qui, le 5 septembre 1862, s'éleva à l'altitude probable de 11.000 mètres, écrit les belles lignes suivantes :

« Il n'y a point de « frontière dans le « règne de l'idée, et « les conquêtes de « l'esprit humain ap- « partiennent à tous « les peuples du « Monde. Cependant, « chaque nation ci- « vilisée est appelée à « donner son contin- « gent dans le grand « œuvre de l'étude de « la nature et à choisir « les branches qui appartiennent à son « génie. C'est la France qui a donné au « Monde les ballons. C'est à la France qu'il « appartient de compléter son œuvre et « de développer la conquête de Charles « et de Montgolfier. » (Glaisher.)

Fig. 1. — Pilâtre de Rozier.

Enregistrons, à notre tour, avec autant d'honneur que de gratitude, ces belles paroles prophétiques. Elles sont d'autant plus frappantes, d'autant plus émouvantes, qu'elles furent prononcées par un savant illustre et modeste, en Angleterre, dans le pays même, voisin et ami, où trente-neuf années plus tard, dans un inoubliable coup d'aile, l'intrépide aviateur français Louis Blériot devait atterrir avec son *aéroplane.*

Nous ne ferons pas, dans cet « Avant-propos », l'historique de la conquête de l'air. C'est précisément, en effet, la mission qui est dévolue à notre livre, lequel prend, à son tour, sa place dans l'œuvre de Louis Figuier continuée suivant les principes simples de vulgarisation établis par cet éminent précurseur.

Nous allons seulement, dans les quelques pages qui vont suivre, établir la corrélation philosophique et scientifique des progrès qui, partant de la *montgolfière,* ont abouti à l'*aéroplane.*

Du « plus léger que l'air » victorieux, au « plus lourd que l'air » triomphant, l'enchaînement des efforts, des vaillances et des découvertes ingénieuses, est ininterrompu. La volonté de résoudre le dangereux et attrayant problème est inlassable. Il n'est pas de roman d'imagination, si « vécu » qu'il soit, qui vaille une partie quelconque de l'historique de ces tentatives dans lesquelles les pionniers du progrès mettaient toute leur conviction, toute leur foi dans l'avenir, et comme enjeu, sans hésiter, leur existence.

Il y a dans le cimetière de Wimille (Pas-de-Calais), près de Boulogne-sur-Mer, dans un cadre merveilleusement poétique de grands arbres centenaires, un modeste petit monument élevé à des aéronautes. C'est là que Pilâtre de Rozier et Romain périrent, le 15 juin 1785, en essayant de faire, à bord d'une *montgolfière,* la traversée de Boulogne-sur-Mer en Angleterre.

Allons un peu plus loin, quoique tout près de là. A quelques kilomètres, sur la falaise qui avoisine Wimille, nous trouvons l'aérodrome où périt aussi, martyr de la Science, au cours d'expériences d'*aéroplane*, le regretté capitaine Ferber, en septembre 1909.

A cent vingt-quatre ans de distance, c'est le même héroïsme, le même idéal poursuivi, le même sacrifice de soi-même, fait avec le même esprit d'abnégation : le passé et le présent se donnent ainsi la main, et l'on voit s'affermir et se consolider l'œuvre glorieuse.

Fig. 2. — Montgolfière lancée à Versailles, en présence du Roi (19 septembre 1783).

Partons donc du début de l'*aérostation*, en 1782; que voyons-nous?

En 1782-1783, Joseph-Michel et Étienne de Montgolfier imaginèrent les *aérostats à air chaud*, ou *montgolfières*.

Presque tout aussitôt, le physicien Charles, dont on peut dire qu'il apporta au ballon le génie d'invention et de perfectionnement que l'illustre Stephenson devait apporter à la locomotive, substitua l'hydrogène à l'air chaud pour obtenir la force ascensionnelle et indiqua sa préparation en grand par l'acide sulfurique et le fer. Il indiqua aussi le vernissage de l'enveloppe, l'emploi du baromètre, du lest, et de l'ancre; il imagina les soupapes qui empêchent l'éclatement. La *technique du ballon* était désormais établie.

Il fut tout d'abord, un instrument d'investigation scientifique. Ces investigations de l'espace, jusque-là rempli de mystères, commencent avec le dix-neuvième siècle. De Humboldt et Bonpland s'élèvent, le 24 juin 1802, à 5.878 mètres pour étudier la pression atmosphérique et la température. Gay-Lussac, le 16 septembre 1804, monte à 7.016 mètres d'altitude, rapporte des échantillons d'air, et vérifie la relativité constante de la proportion d'oxygène et d'azote.

En 1836, l'aéronaute anglais Green accomplit la première traversée de grande longueur pour laquelle il gonfle son ballon avec du gaz d'éclairage et au cours de laquelle il utilise le *guide-rop* dont il est l'inventeur. En dix-huit heures, il parcourt, en emmenant deux passagers, les 800 kilomètres qui séparent Londres du duché de Nassau, à la belle vitesse de 63 mètres par seconde sur un parcours de 58 kilomètres.

En 1850, de Barral et Bixio atteignent, pour faire des recherches scientifiques, 5.893 et 7.039 mètres d'altitude. Vers 1859, voici le précurseur Nadar qui, avec Eugène et Jules Godard s'élance dans l'espace et y fait les premiers essais de levers photographiques aéronautiques. Il construit le ballon *le Géant* de 6.000 mètres cubes, en 1863, et Eugène Godard construit la montgolfière *l'Aigle*, de 14.000 mètres cubes, à air chaud.

Fig. 3. — Départ d'une ascension libre, (lieutenant-colonel Renard commandant Renard, général Galliéni).

Henri Giffard, le grand ingénieur inventeur de l'admirable « injecteur » que nous avons décrit dans le Tome I des *Merveilles de la Science*, établit, pour l'Exposition de 1867, le premier *aérostat captif à vapeur*. En même temps, M. Camille Flammarion, l'illustre astronome, ouvrait la série de ses ascensions scientifiques : les frères Gaston et Albert Tissandier, dont le nom est glorieusement inséparable de l'historique de l'aérostation, et dont nous reparlerons au sujet des ballons dirigeables, faisaient aussi de nombreuses et instructives ascensions. Leur vaillance enlevait aux gouffres de l'espace leurs légendaires et instinctives terreurs. Puis, voici 1870, voici les jours sinistres et glorieux du siège de Paris! Les aérostiers français rivalisent d'audace et d'héroïsme. Nadar, Eugène Godard, Gabriel, Mangin, Duruof, Yon, Camille Dartois, les frères Tissandier, Hervé Mangon, d'héroïques et modestes marins, sortent par la voie des airs de la ville assiégée et tentent d'y rentrer. Leurs ballons emportaient plus que du courage, ils emportaient de l'espérance. Si les résultats pratiques et immédiats ne furent pas considérables, ils furent réconfortants. Ils affirmèrent la volonté de lutter toujours et quand même, et ces frêles bulles de gaz qui montaient au-dessus des plaines glacées par l'impitoyable hiver de cette terrible année, étaient comme un témoignage de foi et d'espoir dans l'avenir. Elles indiquaient la voie future de progrès à suivre aux dirigeables et aux aéroplanes qui devaient leur succéder.

(Phot. Rol.)

Fig. 4. — Gonflement et appareillage de ballons sphériques.

Rappelons seulement, dans les limites restreintes de cet Avant-propos, le superbe ballon captif construit en 1878 pour l'Exposition universelle, par Henri Giffard, avec le concours, incomparable d'expérience, des frères Tissandier. Il cubait 25.000 mètres, était retenu par un câble de 600 mètres, et avait dans son outillage deux moteurs de 300 chevaux de puissance. En soixante-douze jours d'ascension il enleva plus de 35.000 personnes à 500 mètres de hauteur. Un coup de vent de tempête, dès la clôture de l'Exposition, coucha le colosse sur les grilles de la place du Carrousel, à Paris, le déchira, le rendit irréparable : il semblait qu'il ne voulût point survivre à sa gloire éphémère.

De nombreuses tentatives de traversées de la mer, ou de voyages au-dessus de ses flots, ont eu lieu, à l'aide du ballon libre, avant que Louis Blériot n'en ait conquis à tout jamais et démontré la possibilité mécanique au moyen du « plus lourd que l'air ».

La Manche a tenté nombre d'aéronautes, Blanchard la franchit. Sivel, qui périt en 1875 à bord du ballon *le Zénith*, Duruof, et sa femme, Lhoste, s'y exercèrent. Lhoste et Mangot y périrent en 1887.

Hervé combina, dans ce but, les *stabilisateurs*, les *déviateurs*, tout un matériel perfectionné qui a fait ses preuves dans les beaux voyages de M. Henry de la Vaulx avec le ballon *la Méditerranée;* un de ces voyages « au long cours » ne dura pas moins de quarante-deux heures.

Une expédition aérienne au sinistre Pôle nord était indiquée pour d'audacieux aéronautes. Cela n'a pas manqué de se produire. Dans le courant de l'année 1887, Andrée, avec deux compagnons, Fraenkel et Strindberg, prenait la route aérienne du Pôle : les infortunés n'en sont pas revenus.

Postérieurement, l'aéronaute Weillmann avait organisé une expédition du même genre en dirigeable. L'entreprise a été interrompue, dès son début, par des accidents matériels.

Nous venons de prononcer le mot de *dirigeable* et c'est, en effet, la seconde et brillante étape de la conquête des airs, dont on trouvera l'exposé dans le présent Tome des *Merveilles de la Science*.

Le ballon dirigeable, ainsi qu'on l'a dit avec raison, c'est l'*automobilisme aérien* avec les plus beaux résultats et les plus attrayantes espérances.

Dans sa conception, dans son évolution, nous retrouvons les noms les plus illustres de nos savants français, depuis les Montgolfier qui en eurent la prescience, jusqu'aux Tissandier qui s'y dévouèrent, jusqu'aux admirables travaux des créateurs de l'Automobilisme qui devaient fournir au *dirigeable* — comme ensuite à l'*aéroplane* — l'organe essentiel et tout-puissant : *le moteur léger*.

Les frères Montgolfier, n'ayant aucune possibilité mécanique à leur époque, eurent cependant, comme nous venons de le dire, l'*intuition de l'avenir*.

Guyton de Morveau, puis le général Meusnier en 1784, serrèrent de plus près la question : ils sont au début de la période de réalisation pratique. C'est au général Meusnier que l'on doit les trois principes fondamentaux du *dirigeable*, à savoir : la forme oblongue du ballon, l'invariabilité de cette forme obtenue grâce à l'emploi du *ballonnet* intérieur, et enfin l'usage du propulseur hélicoïdal, de *l'hélice aérienne*.

Henri Giffard, en 1852 et 1855, construisit deux *dirigeables à vapeur* de ce genre, l'un de 2.500, l'autre de 3.200 mètres cubes. Il obtint 2 à 3 mètres par seconde de *vitesse propre :* on peut penser au prix de quels dangers de chavirement et d'incendie !

En 1870, l'éminent ingénieur naval Dupuy de Lôme, navigateur audacieux de l'espace, après avoir été navigateur expérimenté de la mer, reprit la question, et en 1872 avec MM. Zédé et G. Yon, il expérimenta un dirigeable de sa construction cubant 3.454 mètres cubes. Il monta à 1.020 mètres d'altitude, réalisa 2^{m},85 par seconde de *vitesse propre* et put naviguer *en dérive* contre un vent soufflant à la vitesse de 15 mètres par seconde : l'hélice était mise en mouvement à bras.

Avec Gaston et Albert Tissandier, de 1881 à 1884, les possibilités se précisent et s'accentuent. Ces aéronautes remplis d'expérience n'avaient rien à apprendre ni à redouter de la conduite et de la manœuvre proprement dites du *ballon :* ils pouvaient donc concentrer tous leurs efforts sur l'allure mécanique et sur la dirigeabilité. C'est ce qu'ils firent avec un *dirigeable électrique* de 1.060 mètres cubes, à hélice, bien entendu, muni d'une dynamo de *un cheval et demi de puissance,* sous 45 kilogrammes de poids. Ils obtinrent des résultats qui démontrèrent surtout la nécessité de disposer d'un *moteur léger* sous un petit volume, et à montrer toute la difficulté de la création de cet organe mécanique. La voie était, dès lors, bien tracée.

On vit bientôt s'élancer dans l'espace le dirigeable *la France* des capitaines du Génie Renard et Krebs. Il cubait 1.864 mètres cubes, avait 50^{m},40 de longueur, et 8^{m},40 de diamètre au maître-couple : son moteur électrique, pesant 100 kilogrammes, fournissait une puissance de 9 chevaux et actionnait une grande hélice de 7 mètres de diamètre placée à l'avant de la nacelle. Sur sept voyages aériens effectués du 9 août 1884 au 23 septembre 1885, *la France* revint cinq fois à son point de départ, ayant atteint des vitesses de 6m,40 à la seconde.

La partie était désormais gagnée en principe. Chaque progrès du moteur, comme diminution de poids et comme augmentation de puissance, rapprochait le dirigeable du succès.

Nous voyons ces progrès se suivre avec une merveilleuse rapidité, et s'accentuer.

Le docteur allemand Woelfert fit une première application, très importante, du moteur à pétrole léger, aux aérostats dirigeables.

En 1898, M. Santos Dumont s'en servit avec une intrépidité rare et gagna, dans une épreuve demeurée historique, le prix de cent mille francs généreusement institué par M. Henry Deutsch (de la Meurthe).

Puis viennent, en 1898, l'étude et le brevet du ballon dirigeable mixte de M. F. don Simoni.

En 1902, MM. Lebaudy et Julliot, ce dernier ancien élève de l'École centrale des Arts et Manufactures, construisirent et expérimentèrent deux beaux et puissants dirigeables, *le Lebaudy*, et le *Patrie* qui devinrent la propriété du Gouvernement français. On put établir des dirigeables « du type *Patrie* », de 3.500 mètres cubes de capacité, 62 mètres de longueur, et 10m,90 dans leur plus grande section, et envisager la constitution d'escadres militaires aériennes.

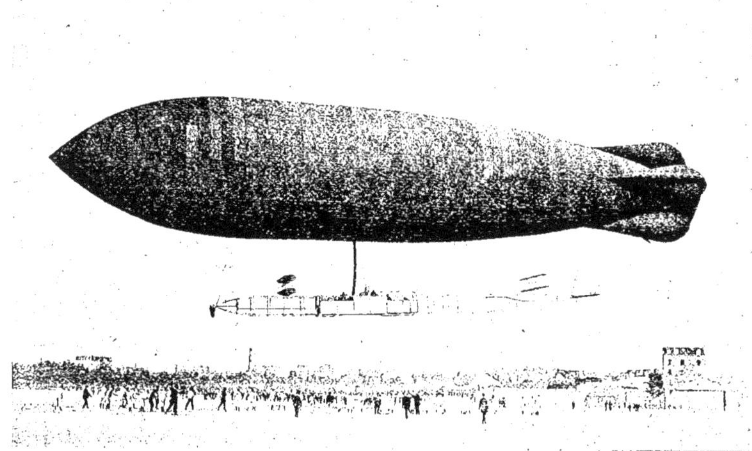

(Phot. *Malin*.)

Fig. 5. — Le dirigeable *Colonel-Renard*.

Les ballons dirigeables de ce genre sont munis d'un moteur à essence de pétrole de 70 chevaux de puissance, qui actionne deux hélices latérales de 2m,50 de diamètre, tournant à 1.000 tours par minute, ce qui explique le ronflement que l'on entend lorsqu'ils évoluent même à d'assez grandes hauteurs. Leur vitesse réalisable atteint 11m,50 à 12m,50 par seconde (soit 40 à 45 kilomètres à l'heure); ils emportent, équipage et passagers, 6 à 8 personnes à leur bord, environ 700 kilogrammes de lest et

400 litres d'essence de pétrole, ce qui leur donne, suivant l'expression des marins, un *rayon d'action* de 400 à 500 kilomètres à des altitudes pouvant varier de 1.500 à 2.000 mètres.

L'exemple étant donné et les grandes lignes du problème définies, des constructions du même genre ont été faites à l'étranger : nous les décrirons au cours du présent volume.

L'Espagne, en 1907, a eu le *Torrès-Guevedo* et, en 1909, l'*Astra*.

Il y en a en Italie, en Russie, au Japon.

Partout existent, ou se forment, les éléments des flottes aériennes, des escadres volantes si précieuses pour le service de reconnaissance encore plus que pour le jet, toujours fort aléatoire, des projectiles.

Souhaitons-leur surtout de servir à la paix future et à la concorde universelle !

Fig. 6. — L'aviateur Latham en plein vol, sur monoplan Antoinette.

L'Allemagne possède, comme ballons dirigeables militaires, les types Zeppelin, Gross, et Parseval. Les Zeppelin, construits d'après le système rigide, ont fort attiré l'attention sur eux par leurs proportions, par le soin que le comte Zeppelin a mis à les étudier dans tous leurs détails, et aussi par leurs vicissitudes.

L'Angleterre a eu le *Nulli-Secundus* qui a fait naufrage pendant les essais.

Le dirigeable américain Morell, de 150 mètres, a eu le même sort en 1908.

Passant au-dessus des frontières qu'ils rendront vaines et inutiles par le fait, les dirigeables et les aéroplanes pourront, espérons-le, aspirer au rôle de traits d'union scientifiques et techniques pour propager la civilisation par les seuls moyens du droit, par la seule persuasion de la justice, et pour le seul bénéfice de l'avenir et de l'humanité.

C'est par l'*aviation*, par la description de ses foudroyants et étonnants progrès que se terminera notre Tome IV des *Merveilles de la Science*.

L'*aviation!* Le *plus-lourd-que-l'air!* Sans parler du sourire narquois avec lequel on accueillit l'hélicoptère de Ponton d'Amécourt, le précurseur, ceux qui le suivirent dans cette voie, Nadar, de la Landelle, Babinet, de 1860 à 1863, semblaient bien se vouer à des recherches chimériques.

L'indifférence publique était peut-être cruelle. Il faut convenir qu'elle était motivée par l'idée, paradoxale en apparence, de faire flotter et mouvoir dans l'air des appareils « plus lourds que l'air », soumis à l'inéluctable loi de la pesanteur.

On avait, à la vérité, l'indication fournie par le *cerf-volant*, ce curieux appareil, imaginé jadis par les Chinois, et qui plane en vertu d'une décomposition des forces. Mais le cerf-volant était surtout considéré comme un jouet. On ne songeait guère aux dispositions spéciales qui lui permettent maintenant, non seulement de servir pour faire des investigations dans l'espace, mais encore pour réaliser une véritable sustentation. On a pu, en effet, combiner des cerfs-volants militaires capables d'enlever un observateur dans une nacelle et susceptibles d'être utilisés à la façon dont on utilise les ballons captifs. C'est avec raison que l'on a comparé ces appareils à des « aéroplanes captifs ».

(Phot. Rol.)

Fig. 7. - Train de cerfs-volants du capitaine Madiot.

Il appartenait finalement à la Mécanique d'opposer à la pesanteur l'énergie et la force vive des admirables petits moteurs dont nos aviateurs disposent actuellement. Dès lors, le paradoxe n'avait plus aucune valeur effective.

On verra, dans notre livre, l'historique des efforts successifs qui se sont accumulés en attendant ce moteur léger et puissant qui devait donner le mouvement aux *dirigeables*, l'envolée aux *aéroplanes*.

L'aviateur allemand Otto Lilienthal, mort au cours de ses expériences, en 1896, donne aux chercheurs de cet idéal devenu, depuis lors, une réalité, la formule de recherche magistrale : « Concevoir un appareil n'est rien : le construire est peu de chose : l'essayer est tout. »

Nous voyons sans relâche, ne ménageant ni leurs forces ni leurs ressources, des chercheurs savants et obstinés, « concevoir, construire, essayer ». Le succès devait heureusement récompenser ces efforts dans l'apothéose de l'œuvre commune.

(Phot. *Matin.*)

Fig. 8. — Le lieutenant Cammermann à bord de son aéroplane.

Donnons une mention au curieux aéroplane du savant Ader, de Toulouse, à l'*Avion*, qui figura à l'Exposition universelle de 1900 et qui était digne d'un sort meilleur que celui qu'il a eu. Il avait ce mérite et ce tort, si fréquents pour les entreprises entièrement nouvelles, de venir trop tôt. Actionnée par une machine à vapeur que chauffait une chaudière à alcool, cette machine volante avait la plupart des qualités des aéroplanes auxquels elle montrait la voie. Il lui manquait le moteur, l'un des petits moteurs actuels qui ont été, comme nous l'avons dit, le trait d'union mécanique entre « le plus léger que l'air » et « le plus lourd que l'air ».

(Phot. *Matin.*)

Fig. 9. — Monoplan Blériot au départ.

Parmi les nombreuses tentatives qui suivirent, citons celle du savant professeur américain Samuel-Pierpont Langley, décédé depuis lors. Il expérimenta au-dessus du fleuve Potomac, près de Washington, aux États-Unis, un aéroplane à ailes inclinées et à deux hélices avec lequel il réalisa un parcours de 1.600 mètres en une minute et quarante-cinq secondes.

Puis viennent, au milieu des doutes et des contradictions, les efforts persistants de toute une pléiade de savants. En France, ce sont Tatin et Charles Richet, l'éminent professeur et physiologiste. Aux États-Unis, Chanute et les frères Wright.

On entre alors dans la période de réalisation proprement dite, et cela en France, avec Archdéacon, le capitaine Ferber, le comte de La Vaulx, MM. Esnault-Pelterie, Blériot, Santos-Dumont, Farman, Delagrange, etc.

Nous n'avons plus à apprendre ces noms à nos lecteurs : le Monde entier les connait, et leur apporte un juste tribut d'admiration.

Le ballon, c'est déjà le glorieux passé, dans la conquête de l'espace ; le dirigeable, c'est le présent, l'aéroplane, c'est l'avenir, mais un avenir dont on peut déjà présager, par des résultats effectifs et admirables, toute la brillante évolution. Nous allons en donner, dans le Tome que l'on va lire des *Merveilles de la Science,* l'historique, l'état présent et les espérances.

(Phot. *Motin.*)

Fig. 10. — Arrivée de Leblanc, gagnant du Circuit de l'Est, à Issy-les-Moulineaux, le 17 août 1910.

CHAPITRE I

AÉROSTATION

MONTGOLFIÈRES. — HISTORIQUE DE LA DÉCOUVERTE DES AÉROSTATS. LES FRÈRES MONTGOLFIER. — EXPÉRIENCE D'ANNONAY. — AÉROSTAT A GAZ HYDROGÈNE. PREMIER VOYAGE AÉRIEN. — ASCENSION DE PILATRE DE ROZIER ET D'ARLANDES. ASCENSION DE CHARLES ET ROBERT. — TROISIÈME VOYAGE AÉRIEN. — QUATRIÈME VOYAGE AÉRIEN. — EXPÉRIENCES AÉROSTATIQUES DIVERSES. — ASCENSION DE BLANCHARD. — ASCENSION DE PILATRE DE ROZIER ET PROUST. — ASCENSIONS DIVERSES. — TRAVERSÉE DE LA MANCHE EN BALLON. — MORT DE PILATRE DE ROZIER ET ROMAIN.

Aucune découverte n'a excité, autant que celle des aérostats, la surprise, l'admiration, l'émotion universelles. Il n'y eut, en Europe, qu'un cri d'enthousiasme pour les navigateurs intrépides qui, les premiers, osèrent s'élancer dans le vaste champ des airs. En effet, jamais l'orgueil humain n'avait rencontré de triomphe plus éclatant en apparence. L'homme venait, disait-on, de marcher à la conquête de l'atmosphère. Ces plaines infinies, dont l'œil est impuissant à sonder l'étendue, désormais devenaient son domaine; il pouvait à son gré parcourir son nouvel empire, il régnait en maître sur ces régions inexplorées. Ainsi le Monde n'offrait plus de barrières, l'espace n'avait plus d'abîmes que son génie ne pût franchir. On s'abandonnait de toutes parts à l'orgueil de cette pensée; on applaudissait à ce résultat inespéré des sciences physiques, qui, à peine à leur naissance, venaient de donner un si magnifique témoignage de leur puissance. On ne mettait pas en doute la possibilité de régulariser bientôt et de diriger à travers les airs la marche de ces nouveaux esquifs, et la navigation atmosphérique apparaissait déjà comme une création prochaine.

Et cependant, on n'eut, bientôt après, pour cette découverte aussi applaudie, aussi exaltée à sa naissance, que de l'indifférence, indifférence qui se prolongea durant de longues années et qui s'expliquait par la conviction que l'on avait, à ce moment, qu'on ne pourrait jamais réaliser ce rêve entrevu dès le début : *rendre la navigation aérienne dirigeable* et l'adapter aisément aux conditions de l'existence humaine.

Malgré l'indifférence du public, des savants et des chercheurs, de hardis pionniers de l'air, ayant foi dans l'avenir et dans les progrès de la science, apportaient néanmoins, au fur et à mesure, leur contribution à la recherche du problème dont la solution apparut, tout à coup, fort nette, lorsqu'on put mettre en œuvre des moteurs légers et puissants.

L'enthousiasme public recommença alors à se manifester avec une intensité croissante, portée ensuite à son plus haut degré lors de la conquête de l'espace par *le plus lourd que l'air*.

Il y a, d'ailleurs, dans le seul fait d'une ascension dans les airs, quelque chose de si grand, de si hardi, des traits si bien en rapport avec l'audace et le génie de l'homme, que l'on a toujours recherché et accueilli avec intérêt tout ce qui se rapporte aux aérostats. Nous présenterons donc avec quelques détails l'histoire d'une découverte qui a toujours tenu une si grande place dans les préoccupations du public.

Les frères Montgolfier

Personne ne saurait ignorer, à l'heure présente, que l'invention des aérostats, d'origine toute française, appartient aux frères Étienne et Joseph Montgolfier. Rien n'avait pu faire pressentir, encore, une découverte de ce genre. Bien au contraire, quelques années auparavant, en 1780, Coulomb, le célèbre physicien, soutenu par deux autres savants de grande valeur, Condorcet et Monge présentait à l'Académie des Sciences de Paris un mémoire sur ce sujet, dans lequel il était dit : « Qu'aucune tentative de l'homme pour s'élever dans les airs ne saurait réussir et qu'il n'y a que les ignorants qui puissent l'entreprendre ». Cependant, le 4 juin 1783,

Fig. 11. — Étienne Montgolfier.

les frères Montgolfier firent à Annonay leur première expérience publique sur les aérostats.

Étienne et Joseph Montgolfier, qui furent ultérieurement anoblis en récompense de leurs travaux et de leur vaillance, étaient les fils d'un manufacturier connu depuis long-

Fig. 12. — Joseph Montgolfier.

temps pour son habileté dans l'art de la fabrication du papier, et dont les établissements d'Annonay acquirent, dès le commencement du XVIIIe siècle, une importance considérable. Destinés à se livrer par état aux opérations industrielles, les fils Montgolfier s'y préparèrent de bonne heure par l'étude des sciences, dont plus tard ils ne perdirent jamais le goût.

Étienne Montgolfier joignit à cette éducation commune une instruction spéciale, qu'il alla de bonne heure chercher à Paris. Il se destinait à l'architecture, et devint élève de Soufflot, le célèbre architecte constructeur du Panthéon de Paris. Il avait, en outre, pour les mathématiques des dispositions précoces qui lui valaient l'estime des savants les plus distingués. Son père le rappela, pour prendre part à la direction de la manufacture héréditaire. De retour à Annonay, Étienne Montgolfier apporta à sa famille l'utile secours de ses connaissances. Il découvrit divers procédés de fabrication, que les Hollandais, longtemps nos rivaux en ce genre, enveloppaient d'un impénétrable mystère, et contribua pour beaucoup à amener la rénovation qui s'est opérée à cette époque dans cette branche de l'industrie française.

Son frère, Joseph Montgolfier, qui partagea ses travaux et sa gloire, avait comme lui ressenti de bonne heure un goût très vif pour les sciences mathématiques; mais il avait un genre d'esprit particulier qui l'éloignait des règles et des méthodes de travail habituelles aux géomètres. Dans l'exécution de ses calculs, il s'écartait toujours des voies connues; il combinait pour lui-même, à l'aide de tâtonnements empiriques, certaines formules dont il se servait pour résoudre les problèmes les plus difficiles. Il possédait moins de connaissances que son frère, mais il avait reçu en partage un véritable génie inventif, marqué cependant au coin d'une certaine bizarrerie.

Cette brillante faculté d'invention départie par la nature à Joseph Montgolfier, avait besoin d'être rectifiée et contenue par un esprit plus calme et plus méthodique. Il trouva dans la sagesse de vues et dans la prudence de son frère, les qualités qui lui manquaient. Aussi la plus parfaite intimité morale s'établit-elle bien vite entre les deux Montgolfier. Si différentes par leurs qualités et leurs allures, ces deux intelligences étaient cependant nécessaires et presque indispensables l'une à l'autre. Dès ce jour, les deux frères mirent en commun toutes leurs vues, toutes leurs conceptions, toutes leurs pensées scientifiques; et c'est ainsi que s'établit entre eux cette communauté d'existence morale, cette double vie intellectuelle, qui seule fait comprendre leurs travaux et leurs succès. Avant l'invention des aérostats, plusieurs découvertes, celle, par exemple, du *bélier hydraulique* (Tome III des *Merveilles de la Science*), avaient déjà rendu le nom des Montgolfier célèbre dans les sciences mécaniques, et plus tard, cette découverte n'arrêta pas l'essor de leurs utiles travaux.

On comprendra, d'après cela, qu'il serait tout à fait hors de propos de chercher à établir ici auquel des deux Montgolfier appartient la pensée primitive de l'invention qui va nous occuper. Ils ont tous les deux constamment tenu à honneur de repousser les investigations de ce genre, et nous n'essayerons pas de dénouer ce faisceau généreux que l'amitié fraternelle s'est plu elle-même à confondre et à lier.

La ville d'Annonay est située au pied des montagnes du Vivarais. En contemplant le spectacle continuel de la production et de l'ascension des nuages, qu'ils voyaient chaque jour se former sur le flanc de ces montagnes, en méditant sur les causes de la suspension et de l'équilibre de ces masses énormes qui se promènent dans l'espace, les frères Montgolfier conçurent l'espoir d'imiter la nature dans l'une de ses opérations les plus brillantes. Il ne leur parut pas impossible de composer des nuages factices, qui, à l'imitation des nuages naturels, s'élèveraient dans les plus hautes régions des airs. Pour reproduire, autant que possible, les conditions que présente la nature, ils essayèrent de renfermer de la vapeur d'eau dans une enveloppe à la fois résistante et légère. Ce nuage factice s'élevait dans l'air, mais la température extérieure ramenait bientôt la vapeur à l'état liquide, l'enveloppe se mouillait, et l'appareil retombait sur le sol. Ils tentèrent, sans plus de succès, d'emmagasiner la fumée produite par la combustion du bois et contenue dans une enveloppe de toile. La fumée reçue dans une enveloppe se refroidissait et ne parvenait point à soulever le petit appareil.

Sur ces entrefaites, parut en France la traduction de l'ouvrage anglais de Priestley : *Des différentes espèces d'air*. Dans ce livre, qui devait exercer une influence décisive sur la création et le développement de la chimie, Priestley faisait connaître un grand nombre de gaz nouveaux; il exposait en termes généraux les propriétés, les caractères, le poids spécifique, les différences relatives des fluides élastiques. Étienne Montgolfier lut cet ouvrage à Montpellier, où il se trouvait alors.

En revenant à Annonay, il réfléchissait profondément sur les faits signalés par le physicien anglais, et c'est en montant la côte de Serrière, qu'il fut frappé, ainsi qu'il le dit dans son *Discours à l'Académie de Lyon,* de la possibilité de faire élever des corps dans l'air atmosphérique, en tirant parti de l'une des propriétés reconnues aux gaz par Priestley. Il devait suffire, pour s'élever dans l'atmosphère, de renfermer dans une enveloppe d'un faible poids un gaz plus léger que l'air : l'appareil s'élèverait, en vertu de son excès de légèreté sur l'air environnant, jusqu'à ce qu'il rencontrât, à une certaine hauteur, des couches dont la pesanteur spécifique le maintînt en équilibre.

Rentré chez lui, Étienne Montgolfier se hâta de communiquer cette pensée à son frère, qui l'accueillit avec transport. Dès ce moment ils furent certains de réussir dans leurs tentatives pour imiter et reproduire les nuages.

Ils essayèrent d'abord de renfermer dans diverses enveloppes le *gaz inflammable,* c'est-à-dire le gaz hydrogène qui est quatorze fois et demi plus léger que l'air. Mais l'enveloppe de papier dont ils se servirent était perméable au gaz, elle se laissait traverser par l'hydrogène, l'air entrait à sa place, et le globe, un moment soulevé, ne tardait pas à redescendre.

D'ailleurs, l'hydrogène était un gaz à peine connu à cette époque; sa préparation était difficile et coûteuse; on renonça, pour le moment, à en faire usage.

Après avoir essayé quelques autres gaz ou vapeurs, les frères Montgolfier en vinrent à penser que l'électricité, qu'ils regardaient comme l'une des causes de l'ascension et de l'équilibre des nuages, pourrait produire l'ascension d'un corps assez léger. Ils cherchèrent donc à composer un gaz affectant des propriétés électriques. Ils s'imaginèrent obtenir un gaz de cette nature en faisant un mélange d'une vapeur à propriétés alcalines avec une autre vapeur qui serait dépourvue de ces propriétés.

Pour former un tel mélange, ils firent brûler ensemble de la paille légèrement mouillée et de la laine, matière animale qui donne naissance, en brûlant, à des gaz qui présentent une réaction alcaline due à la présence d'une petite quantité de carbonate d'ammoniaque. Ils reconnurent que la combustion de ces deux corps au-dessous d'une enveloppe de toile ou de papier, provoquait l'ascension rapide de l'appareil.

L'idée théorique qui amena les Montgolfier à la découverte des ballons, ne peut plus être considérée actuellement qu'au point de vue historique C'est une conception vague comme on en trouve tant à cette époque de renouvellement des sciences modernes. L'ascension de ces petits globes s'expliquait tout simplement par la dilatation de l'air échauffé, qui devient ainsi plus léger que l'air environnant, et tend dès lors à s'élever, jusqu'à ce qu'il rencontre des couches d'une densité égale à la sienne. La fumée abondante produite par la combustion de la laine et de la paille mouillée, ne faisait qu'augmenter le poids de l'air chaud, sans amener aucun des avantages sur lesquels les inventeurs avaient compté.

De Saussure prouva parfaitement, l'année suivante, la vérité de cette explication. Pour terminer la discussion élevée à ce sujet entre les physiciens, il prit un petit ballon de papier, ouvert à sa partie inférieure, et introduisit, avec précaution, dans son intérieur, un fer à souder rougi au blanc. Aussitôt la petite machine se gonfla, et s'éleva au plafond de l'appartement. Il fut ainsi bien démontré que la raréfaction de l'air par la chaleur était la seule cause du phénomène, et l'on cessa de donner le nom fort impropre de *gaz Montgolfier* au mélange gazeux qui déterminait l'ascension.

C'est à Avignon que les frères Montgolfier firent le premier essai d'un petit appareil fondé sur les principes qui viennent d'être expliqués. Au mois de novembre 1782, Étienne Montgolfier construisit un parallélipipède creux, de soie, d'une très petite capacité, puisqu'il contenait seulement deux mètres cubes d'air; et il vit, avec une joie facile à comprendre, ce petit ballon s'élever au plafond de sa chambre. De retour à Annonay, il s'empressa de répéter l'expérience avec son frère. Ils opérèrent en plein air avec ce même appareil qui s'éleva devant eux à une grande hauteur.

Fig. 13. — Expérience faite à Annonay, le 4 juin 1783, par les frères Montgolfier.

Encouragés par ce résultat, les frères Montgolfier construisirent un ballon plus grand qui pouvait contenir vingt mètres cubes d'air. Ce nouvel essai réussit parfaitement; la machine s'éleva avec tant de force qu'elle brisa les cordes qui la retenaient, et alla tomber sur un coteau voisin, après avoir atteint une hauteur de trois cents mètres.

Dès lors, certains du succès, ils se mirent à construire un appareil de grande dimension, et résolurent d'exécuter, sur une des places de la ville d'Annonay, une expérience solennelle pour faire connaître et constater publiquement leur découverte.

Cette expérience eut lieu le 4 juin 1783, en présence de la ville entière. L'Assemblée des États particuliers du Vivarais, qui siégeait en ce moment dans la ville d'Annonay, assista en corps à cet essai mémorable.

La machine aérostatique avait douze mètres de diamètre; elle était faite de toile d'emballage doublée de papier. A sa partie inférieure, on avait disposé un réchaud de fil de fer, sur lequel on brûla dix livres de paille mouillée et de laine hachée. Aussitôt, elle fit effort pour se soulever; on l'abandonna à elle-même, et elle s'éleva, aux acclamations des spectateurs. Elle parvint, en dix minutes, à cinq cents mètres de hauteur; mais, comme elle perdait la plus grande partie de l'air chaud par suite de la perméabilité de la toile et du papier, on la vit bientôt redescendre lentement vers la terre.

Un procès-verbal de cette belle expérience fut dressé par les membres des États du Vivarais et expédié à l'Académie des Sciences de Paris. Sur la demande de M. de Breteuil, alors ministre, l'Académie nomma une commission, pour prendre connaissance de ces faits. Lavoisier, Cadet, Condorcet, Desmarets, l'abbé Bossut, Brisson, Leroy et Tillet, composaient cette commission.

Étienne Montgolfier fut mandé à Paris et prévenu que l'expérience serait répétée prochainement aux frais de l'Académie.

La nouvelle de l'ascension d'Annonay, répandue bientôt dans tout Paris, y causait une impression des plus vives. La curiosité du public et des savants était trop vivement excitée pour que l'on s'accommodât des lenteurs habituelles des commissions académiques. Il fallait à tout prix répéter l'expérience sous les yeux des habitants de la capitale.

Aérostat à gaz hydrogène

Faujas de Saint-Fond, professeur au Jardin des Plantes, ouvrit une souscription pour subvenir aux frais de l'entreprise. Dix mille francs furent recueillis en quelques jours. Les frères Robert, habiles constructeurs d'instruments de physique, furent chargés d'édifier la machine; le professeur Charles, jeune alors et tout brûlant de zèle, se chargea de diriger le travail.

Cette entreprise offrait, pourtant, beaucoup de difficultés, on le comprendra sans peine. Le procès-verbal de l'expérience de Montgolfier, les lettres d'Annonay qui en avaient raconté les détails, ne donnaient aucune indication sur les gaz dont s'étaient servi les inventeurs : on se bornait à dire que la machine avait été remplie avec un gaz *moitié moins pesant que l'air ordinaire*. Charles ne perdit pas son temps à chercher quel était le gaz dont Montgolfier avait fait usage. Il comprit que, puisque l'expérience avait réussi avec un gaz qui n'avait que la moitié du poids spécifique de l'air, elle réussirait bien mieux encore avec le gaz hydrogène, qui pèse quatorze fois et demie moins que l'air. En conséquence, il prit le parti de remplir le ballon avec le *gaz inflammable*.

Mais cette opération elle-même n'était pas sans difficultés; l'hydrogène était encore un gaz à peine observé; on ne l'avait jamais préparé que dans les cours publics et en opérant sur de faibles quantités; les savants eux-mêmes ne le maniaient pas sans quelque crainte, à cause des dangers qu'il présente par son inflammabilité. Or, il fallait obtenir et accumuler dans un même réservoir plus de quarante mètres cubes de ce gaz.

On se mit à l'œuvre néanmoins. On s'établit dans les ateliers des frères Robert, situés près de la place des Victoires. Il fallait, pour la première fois, imaginer et construire les appareils nécessaires à la préparation et à la conservation des gaz. Beaucoup de dispositions différentes furent essayées, sans trop de succès. Enfin, pour procéder au dégagement de l'hydrogène, on disposa l'appareil de la manière suivante. On plaça dans un tonneau de l'eau et de la limaille de fer. Le fond supérieur de ce tonneau était percé de deux trous : l'un donnait passage à un tube de cuir, destiné à conduire le gaz dans l'intérieur du ballon; l'autre était simplement fermé par un bouchon. On ajoutait successivement, par ce dernier orifice, l'acide sulfurique, qui devait produire le gaz hydrogène, en réagissant sur le fer. Au moment de l'effervescence on ouvrait un robinet adapté au tube de cuir, et le gaz s'introduisait dans le ballon.

On voit, d'après ces manœuvres grossières, combien on était encore peu avancé, à cette époque, dans l'art de manier les gaz. C'était réellement l'enfance de la préparation de l'hydrogène, et l'on comprend quels obstacles il fallut surmonter avant d'atteindre au but proposé.

Les difficultés furent telles qu'elles firent douter quelque temps du succès de l'entreprise. Ainsi, la chaleur provoquée par l'action de l'acide sulfurique sur le fer était si élevée, qu'une grande quantité d'eau était réduite en vapeurs; ces vapeurs étaient mêlées d'acide sulfureux, car ce gaz prend naissance par suite de la réaction, très énergique, de l'acide sulfurique sur le fer. Or ces vapeurs, rendues corrosives par la présence de l'acide sulfureux, attaquaient les parois du ballon : une fois condensées, elles coulaient le long du taffetas et venaient se réunir à sa partie inférieure ; il fallait donc, de temps en temps, les faire écouler en ouvrant le robinet et en secouant le taffetas. De plus, la chaleur développée par la réaction se communiquait au tube de cuir, et de là au ballon lui-même. Il fallait donc, pour refroidir ses parois, l'arroser sans cesse avec une petite pompe.

Par suite de ces mauvaises dispositions et de la difficulté des manœuvres, on perdait la plus grande partie du gaz formé à l'intérieur du tonneau. Aussi quatre jours furent-ils nécessaires pour remplir le ballon. Nous donnerons une idée des pertes de gaz éprouvées pendant ces opérations, en disant, d'après les récits du temps, qu'il fallut employer mille *livres* de fer et cinq cents *livres* d'acide sulfurique, pour remplir un aérostat qui pouvait soulever à peine un poids de dix-huit *livres*. Cependant, le quatrième jour, à force de soins et de peines, le ballon, aux deux tiers rempli, flottait dans l'atelier des frères Robert.

Le public avait connaissance de l'opération qui s'exécutait place des Victoires ; on se pressait en foule aux portes de la maison. Il fallut requérir l'assistance « du guet », pour contenir l'impatience des curieux.

Le 27 août, tout se trouvant prêt pour l'expérience, on s'occupa de transporter la machine au Champ-de-Mars, où devait s'effectuer son ascension. Pour éviter l'encombrement des curieux, la translation se fit à deux heures du matin. Le ballon, porté sur un brancard, s'avançait précédé de torches, escorté par un détachement du guet. L'obscurité de la nuit, la forme étrange et inconnue de ce globe immense, qui s'avançait lentement à travers les rues silencieuses, tout prêtait à cette scène nocturne un caractère particulier de mystère ; et l'on vit des hommes du peuple, qui se rendaient à leurs travaux, s'agenouiller devant le cortège, saisis d'une sorte de superstitieuse terreur.

Arrivé au Champ-de-Mars avant le jour, le ballon fut placé au milieu d'une enceinte disposée pour le recevoir; on le retint en place à l'aide de petites cordes fixées au méridien de la sphère et arrêtées dans des anneaux de fer plantés en terre. Dès que le jour parut, on s'occupa de préparer du gaz hydrogène pour achever de le remplir. A midi, il était prêt à s'élancer.

A trois heures, une foule immense se portait au Champ-de-Mars : la place était garnie de troupes, les avenues gardées de tous les côtés. Les bords du fleuve, l'amphithéâtre de Passy, l'École militaire, les Invalides, et tous les alentours du Champ-de-Mars, étaient occupés par les curieux. Trois cent mille personnes, c'est-à-dire la moitié de la population de Paris, s'étaient donné rendez-vous en cet endroit.

A cinq heures, un coup de canon annonça que l'expérience allait commencer ; il servit en même temps d'avertissement pour les savants qui, placés sur la terrasse du Garde-Meuble, sur les tours de Notre-Dame, et à l'École militaire, devaient appliquer les instruments et le calcul à l'observation du phénomène.

Délivré de ses liens, le globe s'élança avec une telle vitesse, qu'il fut porté en deux minutes à mille mètres de hauteur; là il trouva un nuage obscur dans lequel il se perdit. Un second coup de canon annonça sa disparition; mais on le vit bientôt percer la nue, reparaître un instant à une très grande hauteur, et s'éclipser enfin dans d'autres nuages.

Un sentiment d'admiration et d'enthousiasme indicible, s'empara alors de l'esprit des spectateurs. L'idée qu'un corps parti de la terre, voyageait en ce moment dans l'espace, avait quelque chose de si merveilleux, elle s'écartait si fort des lois ordinaires, que l'on ne pouvait se défendre des plus vives impressions. Beaucoup de personnes fondirent en larmes; d'autres s'embrassaient comme en délire. Les yeux fixés sur le même point du ciel, tous recevaient, sans songer à s'en garantir, une pluie violente, qui ne cessait pas de tomber. La population de Paris, si avide d'émotions et de surprises, n'avait jamais assisté à un aussi curieux spectacle.

Fig. 11. — Le premier aérostat à gaz hydrogène, lancé au Champ-de-Mars, à Paris, par Charles et Robert, le 27 août 1783.

L'aérostat ne fournit pas cependant toute la carrière qu'il aurait pu parcourir. Dans leur désir de lui donner une forme complètement sphérique, et d'en augmenter ainsi le volume aux yeux des spectateurs, les frères Robert avaient voulu, contrairement à l'opinion de Charles, que le ballon fût entièrement gonflé au départ; ils introduisirent même de l'air au moment de le lancer, afin de tendre toutes les parties de l'étoffe. L'expansion du gaz amena la rupture du ballon lorsqu'il fut parvenu dans une région élevée; il se fit, à sa partie supérieure, une déchirure de plusieurs pieds; le gaz s'échappa, et le globe vint tomber lentement, après trois quarts d'heure de marche, auprès d'Écouen, à cinq lieues de Paris.

Il s'abattit au milieu d'une troupe de paysans de Gonesse, que cette apparition frappa d'abord d'épouvante, car ils s'imaginèrent que la lune tombait du ciel. Cependant ils ne tardèrent pas à se rassurer, et, pour se venger de la terreur qu'ils avaient éprouvée, ils se précipitèrent avec furie sur l'innocente machine, qui fut en quelques instants réduite en pièces.

Le premier aérostat à gaz hydrogène, qui avait coûté tant de soins et de travaux, fut attaché à la queue d'un cheval, et traîné, pendant une heure, à travers les champs, les fossés et les routes !

L'accueil barbare et stupide qui avait été fait au premier aérostat par les paysans de Gonesse, fit assez de bruit pour que le gouvernement crût nécessaire de publier un *Avis au peuple* touchant le passage et la chute des machines aérostatiques. Dans les derniers mois de 1783, cette instruction fut répandue dans toute la France.

Cependant, Étienne Montgolfier était arrivé à Paris; il avait assisté à l'ascension du Champ-de-Mars, et il prenait les dispositions nécessaires pour répéter, conformément au désir de l'Académie des Sciences, l'expérience du *ballon à feu* telle qu'il l'avait exécutée à Annonay.

L'aérostat que fit construire Étienne Montgolfier avait des dimensions considérables; sa forme était assez bizarre : la partie moyenne représentait un prisme haut de huit mètres; le sommet, une pyramide de la même hauteur; la partie inférieure, un cône tronqué de six mètres ; de telle sorte que la machine entière, de la base au sommet, comptait vingt-deux mètres de hauteur, sur quinze environ de diamètre. Elle était faite de toile d'emballage doublée d'un fort papier au dedans et au dehors, et pouvait enlever un poids de douze cent cinquante livres.

Le 11 septembre 1783, on fit le premier essai de cette belle machine. On la vit se dresser sur elle-même, se gonfler et prendre en dix minutes une belle forme. Huit hommes qui la retenaient perdirent terre et furent soulevés à plusieurs pieds. Elle serait montée à une grande hauteur si on ne lui eût opposé de nouvelles forces.

L'expérience fut répétée le lendemain, devant les commissaires de l'Académie des Sciences, et en présence d'un nombre considérable de personnes. Les commissaires de l'Académie, Leroy, Lavoisier, Cadet, Brisson, l'abbé Bossut, et Desmarets, étant arrivés, on se disposa à gonfler le ballon. Mais on vit avec inquiétude que l'horizon se couvrait de nuages épais, et que l'on était menacé d'un orage. Néanmoins il était possible que tout se passât sans pluie. D'ailleurs les préparatifs étaient faits, une assemblée nombreuse brûlait du désir d'être témoin de l'expérience; il aurait fallu beaucoup de temps pour démonter l'appareil : on se décida donc à remplir le ballon.

On fit brûler au-dessous de l'orifice cinquante livres de paille, en y ajoutant à diverses reprises une dizaine de livres de laine hachée. La machine se gonfla, perdit terre et se souleva, entraînant une charge de cinq cents livres. Si l'on eût alors coupé les cordes qui le retenaient, l'aérostat se serait élevé à une hauteur considérable; mais on ne voulut pas le laisser partir. Montgolfier venait, en effet, de recevoir du roi l'ordre d'exécuter son expérience à Versailles, devant la Cour. Par malheur, dans ce moment, la pluie redoubla de violence, le vent devint furieux, les efforts que l'on fit pour ramener à terre la machine furent vains, et elle demeura pendant vingt-quatre heures exposée au mauvais temps; les papiers se décollèrent et tombèrent en lambeaux, le canevas fut mis à découvert, et finalement elle fut mise tout à fait hors de service.

Il fallait cependant une expérience pour le 19 septembre, à Versailles. Aidé de quelques amis, Montgolfier se remit à l'œuvre. On travailla avec tant d'empressement et d'ardeur, que cinq jours suffirent pour construire un autre aérostat : il avait fallu un mois pour achever le premier. Ce nouveau ballon, de forme entièrement sphérique, était construit avec beaucoup plus de solidité; il était d'une bonne et forte toile de coton; on l'avait même peint en détrempe. Il était bleu avec des ornements d'or, et présentait l'image d'une tente richement décorée. Le 19, au matin, il fut transporté à Versailles, où tout était disposé pour le recevoir.

Dans la grande cour du château, on avait élevé une vaste estrade percée en son milieu d'une ouverture circulaire de cinq mètres de diamètre destinée à loger le ballon ; on circulait autour de cette estrade pour le service de la machine. La partie supérieure, ou le dôme du ballon, était déprimée et reposait sur la grande ouverture de l'estrade, à laquelle elle servait de voûte ; le reste des toiles était abattu et se repliait circulairement autour de cette estrade, de telle sorte qu'en cet état la machine n'avait aucune apparence artistique, et ne ressemblait qu'à un amas de toiles entassées et disposées sans ordre. Le réchaud de fil de fer qui devait servir à placer les combustibles reposait sur le sol.

On enferma dans une cage en osier, suspendue à la partie inférieure de l'aérostat, un mouton, un coq et un canard, qui étaient ainsi destinés à devenir les premiers navigateurs aériens.

A 10 heures du matin, la route de Paris à Versailles était couverte de voitures ; on arrivait en foule de tous les côtés. A midi, la cour du château, la Place d'armes et les avenues environnantes étaient envahies par les spectateurs. Le roi descendit sur l'estrade avec sa famille ; il fit le tour du ballon, et se fit rendre compte par Montgolfier des dispositions et des préparatifs de l'expérience. A 1 heure, une décharge de mousqueterie annonça que la machine allait se remplir. On brûla quatre-vingts livres de paille et cinq livres de laine. La machine déploya ses replis, se gonfla rapidement, et développa sa forme imposante. Une seconde décharge annonça qu'on était prêt à partir. A la troisième, les cordes furent coupées, et l'aérostat s'éleva pompeusement au milieu des acclamations de la foule.

Il parvint rapidement à une grande hauteur, et demeura ensuite immobile. Cependant il ne resta que peu de temps en l'air. Une déchirure de sept pieds, amenée par un coup de vent subit, au moment du départ, l'empêcha de se soutenir longtemps.

Il tomba dix minutes après son ascension, à une lieue de Versailles, dans le bois de Vaucresson. Deux gardes-chasse, qui se trouvaient dans le bois, virent la machine descendre avec lenteur et ployer les hautes branches des arbres, sur lesquels elle se reposa. La corde qui retenait la cage d'osier s'embarrassa dans les rameaux, la cage tomba, les animaux en sortirent sans accident.

Le premier qui accourut pour dégager le ballon et pour reconnaître comment les animaux avait supporté le voyage, fut Pilâtre de Rozier. Il suivait avec une passion ardente les débuts de cet art, qui devait faire un jour son martyre et sa gloire.

Premier voyage aérien

On croyait désormais pouvoir, avec quelque confiance, transformer les ballons en appareils de navigation aérienne. Étienne Montgolfier se mit donc à construire un ballon disposé de manière à recevoir des voyageurs. Les dimensions de cette nouvelle machine étaient considérables ; elle n'avait pas moins de 20 mètres de hauteur sur 16 de diamètre. On disposa autour de la partie extérieure de l'orifice du ballon, une galerie circulaire d'osier, recouverte de toile, destinée à recevoir les aéronautes. Cette galerie avait un mètre de large ; une balustrade la protégeait et permettait d'y circuler commodément : on pouvait ainsi faire le tour de l'orifice extérieur de l'aérostat. L'ouverture de la machine était donc parfaitement libre ; et c'est au milieu de cette ouverture que se trouvait, suspendu par les chaines, le réchaud de fil de fer, avec les matières inflammables, dont la combustion devait enlever l'appareil. On avait emmagasiné dans une partie de la galerie, une provision de paille, pour donner aux aéronautes la faculté de s'élever à volonté en activant le feu.

Le ballon construit, on commença, le 15 octobre, à essayer de s'en servir comme d'un navire aérien. On le retenait captif au moyen de longues cordes qui ne lui permettaient de monter que jusqu'à une certaine hauteur. Pilâtre de Rozier en fit l'essai le premier ; il s'éleva à diverses reprises de toute la longueur des cordes. Les jours suivants, d'autres personnes, enhardies par son exemple, l'accompagnèrent dans ces essais préliminaires, qui donnaient beaucoup d'espoir pour le succès de l'expérience définitive. Tout le monde remarquait l'adresse de Pilâtre et l'intrépide ardeur avec laquelle il se livrait à ces difficiles manœuvres. Dans l'une de ces expériences, le ballon, chassé par le vent, vint tomber sur la cime des arbres ; les assistants jetèrent un cri d'effroi, car la machine s'engageait dans les branches et menaçait de verser les voyageurs ; mais Pilâtre, sans s'émouvoir, prit avec sa longue fourche de fer une énorme botte de paille qu'il jeta dans le feu : le ballon se dégagea aussitôt, et remonta, aux applaudissements des spectateurs.

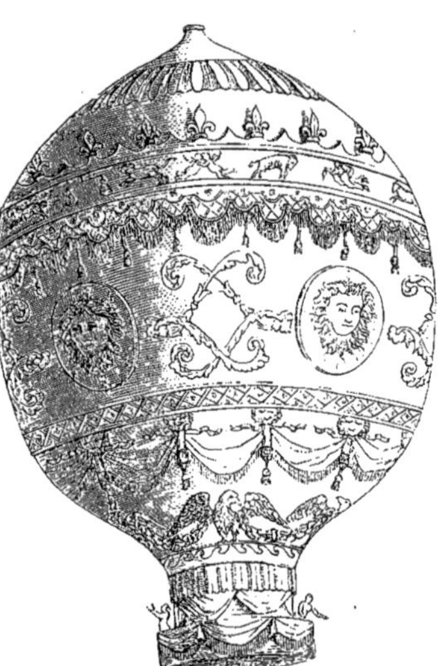

Fig. 15. — Première montgolfière destinée à porter des voyageurs, exécutée pour Pilâtre de Rozier.

On se pressait en foule pour contempler de loin ces intéressantes manœuvres. Pendant les journées du 15, du 17 et du 19 octobre, l'affluence était si considérable dans le faubourg Saint-Antoine, où s'effectuaient ces essais, sur les boulevards, et jusqu'à la porte Saint-Martin, que, sur tous ces points, la circulation était devenue impossible. Comme on craignait, avec raison, que l'encombrement excessif des curieux dans les rues de la ville n'amenât des embarras ou des dangers, on se décida à faire l'ascension hors de Paris. Le Dauphin offrit à Montgolfier les jardins de son château de la Muette, au bois de Boulogne.

Cependant, à mesure qu'approchait le moment décisif, Montgolfier hésitait. Il concevait des craintes sur le sort réservé au courageux aéronaute qui ambitionnait l'honneur de tenter les hasards de la navigation aérienne. Il demandait, il exigeait des essais nouveaux. Il faut reconnaître, en effet, que le projet de Pilâtre avait de quoi effrayer les cœurs les plus intrépides. Quatre mois s'étaient à peine écoulés depuis la découverte des aérostats, et le temps n'avait pu permettre encore d'étudier toutes les conditions, d'apprécier tous les écueils d'une ascension à ballon perdu. On ne s'était pas encore avisé de munir les aérostats de cette soupape salutaire qui, en donnant issue au gaz intérieur, fournit les moyens d'effectuer la descente sans difficulté ni embarras ; d'ailleurs, avec les ballons à feu, ce moyen perd, comme on le sait, toute sa valeur. On n'avait pas encore imaginé le *lest*, ce palladium des aéronautes, qui permet de s'élever à volonté, et donne ainsi les moyens de choisir le lieu du débarquement. En outre, la présence d'un foyer incandescent au milieu d'une masse aussi inflammable que l'enveloppe d'un ballon, ouvrait évidemment le champ à tous les dangers. Ce tissu de toile et de papier pouvait s'embraser au milieu des airs, et précipiter les imprudents aéronautes; ou bien, le feu venant à manquer, l'appareil était entraîné vers la terre par une chute terrible. Le combustible entassé dans la galerie offrait encore à l'incendie un aliment redoutable : la flamme du réchaud pouvait se communiquer à la réserve de paille, et propager ainsi la combustion jusqu'à l'enveloppe même du ballon. Enfin, des flammèches tombées du foyer pouvaient, au milieu des campagnes, descendre sur les granges ou les édifices et semer l'incendie sur la route de l'aérostat.

Aussi Montgolfier temporisait-il et demandait-il des essais nouveaux. La Commission de l'Académie des Sciences ne se prononçait pas. Le roi eut connaissance de ces difficultés. Après mûr examen, il s'opposa à l'expérience, et donna au lieutenant de police l'ordre d'empêcher le départ. Il permettait seulement que l'expérience fût tentée avec deux condamnés, que l'on embarquerait dans la machine.

Pilâtre de Rozier s'indigna à cette proposition. « Eh quoi! de vils criminels auraient les premiers la gloire de s'élever dans les airs! Non, non, cela ne sera point! » Il conjure, il supplie; il s'agite de cent manières, il remue la ville et la cour. Il s'adresse aux personnes le plus en faveur à Versailles. Il s'empare de la duchesse de Polignac, gouvernante des enfants de France et toute-puissante sur l'esprit de Louis XVI. Celle-ci plaide chaleureusement sa cause auprès du roi. Le marquis d'Arlandes, gentilhomme du Languedoc, major dans un régiment d'infanterie, avait fait avec lui une ascension en ballon captif; Pilâtre le dépêche au roi. Le marquis d'Arlandes proteste que l'ascension ne présente aucun danger, et, comme preuve de son affirmation, il offre d'accompagner Pilâtre dans son voyage aérien. Sollicité de tous les côtés, vaincu par tant d'instances, Louis XVI se rendit enfin.

Le 21 novembre 1783, à une heure de l'après-midi, en présence du dauphin et de sa suite, pressés dans les beaux jardins de la Muette, Pilâtre de Rozier et le marquis d'Arlandes exécutèrent ensemble le premier voyage aérien.

Malgré un vent violent et un ciel orageux, la machine s'éleva avec rapidité. Arrivés à la hauteur de 100 mètres, les voyageurs ôtèrent leurs chapeaux pour saluer la multitude qui s'agitait au-dessous d'eux, partagée entre l'admiration et la crainte. La machine continua de s'élever majestueusement, et bientôt il ne fut plus possible de distinguer les nouveaux Argonautes. On vit l'aérostat longer l'île des Cygnes et filer au-dessus de la Seine, jusqu'à la barrière de la Conférence, où il traversa le fleuve. Il se maintenait toujours à une très grande hauteur, de telle façon que les habitants de Paris, qui accouraient en foule de toutes parts, pouvaient l'apercevoir du fond des rues les plus étroites. Les tours de Notre-Dame étaient couvertes de curieux. Enfin l'aérostat, s'élevant ou s'abaissant plus ou moins en raison de la manœuvre des voyageurs aériens, passa entre l'Hôtel des Invalides et l'École militaire, et, après avoir plané sur les Missions étrangères, s'approcha de Saint-Sulpice. Alors les navigateurs ayant forcé le feu pour quitter Paris, s'élevèrent et trouvèrent un courant d'air qui, les dirigeant vers le sud, leur fit dépasser le boulevard, et les porta dans la plaine, au delà du mur d'enceinte, entre la barrière d'Enfer et la barrière d'Italie.

Le marquis d'Arlandes, trouvant que l'expérience était complète, et pensant qu'il était inutile d'aller plus loin dans un premier essai, cria à son compagnon : « Pied à terre! »

Ils cessèrent le feu, la machine s'abattit lentement, et se reposa sur la *Butte aux*

Cailles, entre le Moulin Vieux et le Moulin des Merveilles.

En touchant la terre, le ballon s'affaissa presque entièrement sur lui-même. Le marquis d'Arlandes sauta hors de la galerie; mais Pilâtre de Rozier s'embarrassa dans les toiles, et demeura quelque temps comme enseveli sous les plis de la machine qui s'était abattue de son côté.

La machine fut repliée, mise dans une voiture et ramenée dans les ateliers du faubourg Saint-Antoine. Les voyageurs n'avaient ressenti, durant le trajet aérien, aucune impression pénible; ils étaient tout entiers à l'orgueil et à la joie de leur triomphe. Le marquis d'Arlandes monta aussitôt à cheval et vint rejoindre ses amis au château de la Muette. On l'accueillit avec des pleurs de joie et d'ivresse.

Parmi les personnes qui avaient assisté aux préparatifs du voyage, on remarquait Benjamin Franklin, et c'est à cette occasion que Franklin prononça un mot souvent répété. On disait devant lui : « A quoi peuvent servir les ballons? — A quoi peut servir l'enfant qui vient de naître? » répliqua le philosophe américain.

Fig. 16. — Premier voyage aérien exécuté dans une montgolfière, par Pilâtre de Rozier et le marquis d'Arlandes, le 21 novembre 1783.

Le marquis d'Arlandes a écrit un récit de ce premier voyage aérien, dont voici quelques extraits, lignes à la fois familières et émouvantes.

« ... Je regardais par l'intérieur de la machine, et j'aperçus sous moi la Visitation de Chaillot. M. Pilâtre me dit en ce moment :

— Voilà la rivière, et nous baissons.

— Eh bien, mon cher ami, du feu!

« Et nous travaillâmes. Mais au lieu de traverser la rivière, comme semblait l'indiquer notre direction, qui nous portait sur les Invalides, nous longeâmes l'île des Cygnes; nous rentrâmes sur le principal lit de la rivière, et nous la remontâmes jusqu'au-dessus de la barrière de la Conférence. Je dis à mon brave compagnon :

— Voilà une rivière qui est bien difficile à traverser.

— Je le crois bien, me répondit-il, vous ne faites rien.

— C'est que je ne suis pas aussi fort que vous, et que nous sommes bien.

« Je remuai le réchaud, je saisis avec une fourche une botte de paille, qui, sans doute trop serrée, prenait feu difficilement; je la levai, la secouai au milieu de la flamme. L'instant d'après, je me sentis enlever comme par-dessous les aisselles, et je dis à mon cher compagnon :

— Pour cette fois, nous montons.

— Oui, nous montons, me répondit-il, sorti de l'intérieur sans doute pour faire quelques observations.

« Dans cet instant, j'entendis, vers le haut de la machine, un bruit qui me fit craindre qu'elle n'eût crevé. Je regardai, et je ne vis rien. Comme j'avais les yeux fixés au haut de la machine, j'éprouvai une secousse, et c'était alors la seule que j'eusse ressentie.

« La direction du mouvement était de haut en bas.

« Je dis alors :

— Que faites-vous? Est-ce que vous dansez?

— Je ne bouge pas.

— Tant mieux, dis-je; c'est enfin un nouveau courant qui, j'espère, nous sortira de la rivière.

« En effet, je me tournai pour voir où nous étions, et je me trouvai entre l'École militaire et les Invalides, que nous avions déjà dépassés d'environ quatre cents toises. M. Pilâtre me dit en même temps :

— Nous sommes en plaine.

— Oui, lui dis-je, nous cheminons.

— Travaillons, me dit-il, travaillons!

« J'entendis un nouveau bruit dans la machine, que je crus produit par la rupture d'une corde.

« Ce nouvel avertissement me fit examiner avec attention l'intérieur de notre habitation. Je vis que la partie qui était tournée vers le sud était remplie de trous ronds, dont plusieurs étaient considérables. Je dis alors :

— Il faut descendre.

— Pourquoi?

— Regardez, dis-je.

« En même temps je pris mon éponge; j'éteignis aisément le peu de feu qui minait quelques-uns des trous que je pus atteindre; mais m'étant aperçu qu'en appuyant pour essayer si le bas de la toile tenait bien au cercle qui l'entourait, elle s'en détachait très facilement, je répétai à mon compagnon :

— Il faut descendre.

« Il regarda sous lui, et me dit :

— Nous sommes sur Paris.

— N'importe, lui dis-je.

— Mais voyons, n'y a-t-il aucun danger pour vous? êtes-vous bien tenu?

— Oui.

« J'examinai de mon côté, et j'aperçus qu'il n'y avait rien à craindre. Je fis plus, je frappai de mon éponge les cordes principales qui étaient à ma portée; toutes résistèrent, il n'y eut que deux ficelles qui partirent. Je dis alors : — Nous pouvons traverser Paris.

« Pendant cette opération, nous nous étions sensiblement approchés des toits; nous faisons du feu, et nous nous relevons avec la plus grande facilité. Je regarde sous moi, et je découvre parfaitement les Missions étrangères. Il me semblait que nous nous dirigions vers les tours de Saint-Sulpice, que je pouvais apercevoir par l'étendue du diamètre de notre ouverture. En nous relevant, un courant d'air nous fit quitter cette direction pour nous porter vers le sud. Je vis, sur ma gauche, une espèce de bois que je crus être le Luxembourg.

« Nous traversâmes le boulevard, et je m'écrie :

— Pour le coup, pied à terre!

« Nous cessons le feu; l'intrépide Pilâtre, qui ne perd point la tête, et qui était en avant de notre direction, jugeant que nous donnions dans les moulins qui sont entre le petit Gentilly et le boulevard, m'avertit. Je jette une botte de paille en la secouant pour l'enflammer plus vivement; nous nous relevons, et un nouveau courant nous porte un peu sur la gauche. Le brave de Rozier me crie encore :

— Gare les moulins!

« Mais mon coup d'œil fixé par le diamètre de l'ouverture me faisant juger plus sûrement de notre direction, je vis que nous ne pouvions pas les rencontrer, et je lui dis :

— Arrivons.

« Nous nous sommes posés sur la Butte aux Cailles, entre le Moulin des Merveilles et le Moulin Vieux, environ à cinquante toises de l'un et de l'autre. Au moment où nous étions près de terre, je me soulevai sur la galerie en y appuyant mes deux mains. Je sentis le haut de la machine presser ma tête; je la repoussai facilement et sautai hors de la galerie. En me retournant vers la machine, je crus la trouver pleine. Mais quel fut mon étonnement, elle était parfaitement vide et totalement aplatie; je ne vois point M. Pilâtre, je cours de son côté pour l'aider à se débarrasser de l'amas de toile qui le couvrait; mais avant d'avoir tourné la machine je l'aperçus sortant de dessous en chemise, attendu qu'avant de descendre il avait quitté sa redingote et l'avait mise dans son panier.

« Nous étions seuls, et pas assez forts pour renverser la galerie et retirer la paille qui était enflammée.

« Il s'agissait d'empêcher qu'elle ne mît le feu à la machine. Nous crûmes alors que le seul moyen d'éviter cet inconvénient était de déchirer la toile. M. Pilâtre prit un côté, moi l'autre, et en tirant violemment, nous découvrîmes le foyer. Du moment qu'elle fut délivrée de la toile qui empêchait la communication de l'air, la paille s'enflamma avec force. En secouant un des paniers, nous jetons le feu sur celui qui avait transporté mon compagnon : la paille qui y restait prend feu; le peuple accourt, se saisit de la redingote de M. Pilâtre et se la partage. La garde survient : avec son aide, en dix minutes, notre machine fut en sûreté, et une heure après, elle était à l'atelier où M. Montgolfier l'avait fait construire. »

Fig. 17. — Le marquis d'Arlandes.

On ne peut s'empêcher d'être frappé, à la lecture de la relation de ce premier voyage aérien, effectué, comme on vient de le voir, avec une extraordinaire audace, de l'analogie des circonstances qui ont marqué la conquête de l'air par le plus léger et par le plus lourd que l'air.

A cent trente années d'intervalle, le courage et la hardiesse des premiers aéronautes se retrouvent dans la vaillance des premiers aviateurs.

C'est la même audace, la même énergie et, aussi, la même témérité, mises en œuvre pour atteindre le but poursuivi avec la même ténacité et la même foi dans le succès. Et c'est aussi, comme nous le verrons par la suite, dans cet acheminement, étapes par étapes, vers la réalisation du « rêve », le même douloureux sacrifice de héros, fait par l'Humanité à la cause du Progrès.

Ascension de Charles et Robert

Le but que Pilâtre de Rozier s'était proposé, dans cette périlleuse entreprise, était avant tout scientifique. Il fallait, sans plus tarder, s'efforcer de tirer parti, pour l'avancement de la physique et de la météorologie, de ce moyen nouveau d'expérimentation. Mais on reconnut bien vite que l'appareil dont Pilâtre s'était servi, c'est-à-dire le ballon à feu ou la *montgolfière,* comme on l'appelait déjà, ne pouvait rendre, à ce point de vue, que de médiocres services.

En effet le poids de la quantité considérable de combustible que l'on devait emporter, joint à la faible différence qui existe entre la densité de l'air échauffé et la densité de l'air ordinaire, ne permettait pas d'atteindre à de grandes hauteurs. En outre, la nécessité constante d'alimenter le feu absorbait tous les moments des aéronautes, et leur ôtait les moyens de se livrer aux expériences et à l'observation des instruments. On comprit, dès lors, que les ballons à gaz hydrogène pourraient seuls offrir la sécurité et la commodité indispensables à l'exécution des voyages aériens. Aussi, quelques jours après, deux hardis expérimentateurs, Charles et Robert, annonçaient, par la voie des journaux, le programme d'une ascension dans un aérostat à gaz inflammable. Ils ouvrirent une souscription de dix mille francs pour *un globe de soie devant porter deux voyageurs, lesquels s'enlèveraient à ballon perdu, et tenteraient en l'air des observations et des expériences de physique.* La souscription fut remplie en quelques jours.

Le voyage aérien de Pilâtre de Rozier et du marquis d'Arlandes avait été surtout un trait d'audace. Sur la foi de leur courage et sans aucune précaution, ils avaient accompli l'une des entreprises les plus extraordinaires que l'homme ait jamais exécutées ; l'ascension de Charles et Robert présenta des conditions toutes différentes. Préparée avec maturité, calculée avec une rare intelligence, elle révéla tous les services que peut rendre, dans un cas pareil, le secours des connaissances scientifiques.

On peut dire qu'à propos de cette ascension, Charles créa tout d'un coup et tout d'une pièce l'art de l'aérostation. En effet, c'est à ce sujet qu'il imagina la soupape qui donne issue au gaz hydrogène, ce qui détermine ainsi la descente lente et graduelle de l'aérostat, — la nacelle où s'embarquent les voyageurs, — le filet qui supporte et soutient la nacelle, — le lest qui règle l'ascension et modère la chute, — l'enduit de caoutchouc appliqué sur le tissu du ballon, qui rend l'enveloppe imperméable et prévient la déperdition du gaz, — enfin l'usage du baromètre, qui sert à mesurer à chaque instant, par l'élévation ou la dépression du mercure, les hauteurs que l'aéronaute occupe dans l'atmosphère. Pour cette première ascension, Charles créa donc tous les moyens, tous les artifices, toutes les précautions ingénieuses qui composent l'art de l'aérostation. On a conservé, en principe, sur les aérostats, jusqu'à nos jours, les dispositions imaginées par ce physicien.

C'est au talent dont il fit preuve dans cette circonstance que Charles a dû de préserver sa mémoire de l'oubli. Quoique physicien très habile et très exercé, Charles n'a laissé presque aucun travail dans la science et n'a rien publié sur la physique. Seulement il avait acquis, comme professeur, une réputation considérable. On accourait en foule à ses leçons. Les découvertes de Franklin avaient mis à la mode les expériences sur l'électricité ; Charles avait formé un magnifique cabinet de physique, et il faisait, dans une des salles du Louvre, des cours publics que Paris venait entendre. Aussi, lorsqu'au 10 août le peuple envahit les Tuileries et le Louvre où il s'était logé, on respecta sa demeure et l'on passa en silence devant le savant illustre dont tout Paris avait écouté et applaudi les leçons.

Fig. 18. — Premier voyage aérien exécuté dans un aérostat à gaz hydrogène, par Charles et Robert, le 1er décembre 1783. Départ des Tuileries.

Un mois avait suffi au zèle et à l'heureuse intelligence de Charles, pour disposer tous les moyens ingénieux et nouveaux dont il enrichissait l'art naissant de l'aérostation. Le 26 novembre 1783, un ballon de 9 mètres de diamètre, muni de son filet et de sa nacelle, était suspendu au milieu de la grande allée des Tuileries, en face du château.

Le grand bassin situé devant le pavillon de l'Horloge reçut l'appareil pour la production de l'hydrogène. Cet appareil se composait de vingt-cinq tonneaux munis de tuyaux de plomb, aboutissant à une cuve remplie d'eau destinée à laver le gaz : un tube d'un plus grand diamètre dirigeait l'hydrogène dans l'intérieur du ballon. L'opération fut lente et présenta quelques difficultés; elle ne fut même pas sans dangers. Dans la nuit, un lampion ayant été placé trop près de l'un des tonneaux, le gaz s'enflamma, et il y eut une explosion terrible. Heureusement un robinet fermé à temps empêcha que la combustion ne se propageât jusqu'à l'aérostat. Tout fut réparé, et quelques jours après le ballon était rempli.

Le 1er décembre 1783, la moitié de Paris se pressait aux environs du château des Tuileries. A midi, les corps académiques et les souscripteurs qui avaient payé leur place quatre louis, furent introduits dans une enceinte particulière, construite autour du bassin. Les simples souscripteurs à trois francs le billet se répandirent dans le reste du jardin. A l'extérieur, les fenêtres, les combles et les toits, les quais qui longent les Tuileries, le Pont-Royal et la place Louis XV, étaient couverts d'une foule immense. Le ballon, gonflé de gaz, se balançait et ondulait mollement dans l'air : c'était un globe de soie à bandes alternativement jaunes et rouges; le char placé au-dessous était bleu et or.

Cependant le bruit se répand dans la foule que Charles et Robert ont reçu un ordre du roi, qui, en raison du danger de l'expérience, leur défend de monter dans la nacelle. On ne savait pas précisément ce qui avait pu inspirer au roi une telle sollicitude, mais le fait était certain. Charles, indigné, se rend aussitôt chez le ministre, le baron de Breteuil, qui donnait en ce moment son audience. Il lui représente avec force, que le roi est maître de sa vie, mais non de son honneur; qu'il a pris avec le public des engagements sacrés qu'il ne peut trahir, et qu'il se brûlera la cervelle plutôt que d'y manquer; qu'au surplus c'est une pitié fausse et cruelle que l'on a inspirée au roi. Le baron de Breteuil comprit tout le bien-fondé de ces reproches; et n'ayant pas le temps d'instruire le roi des difficultés que son ordre avait provoquées, il prit sur lui d'en autoriser la transgression.

A une heure et demie, le bruit du canon annonce que l'ascension va s'exécuter. La nacelle est lestée, on la charge des approvisionnements et des instruments nécessaires. Pour connaître la direction du vent, on commence par lancer un petit ballon de soie verte de deux mètres de diamètre. Charles s'avance vers Étienne Montgolfier, tenant ce petit ballon à l'aide d'une corde, et il le prie de vouloir bien le lancer lui-même : « C'est à vous, Monsieur, lui dit-il, qu'il appartient de nous ouvrir la route des cieux. » Le public comprit le bon goût et la délicatesse de cette pensée, il applaudit; le petit aérostat s'envola vers le nord-est, faisant reluire au soleil sa brillante couleur d'émeraude.

Le canon retentit une seconde fois; les voyageurs prennent place dans la nacelle, les cordes sont coupées, et le ballon s'élève avec une majestueuse lenteur.

L'admiration et l'enthousiasme éclatent alors de toutes parts. Des applaudissements chaleureux retentissent. Les soldats rangés autour de l'enceinte présentent les armes, les officiers saluent de leur épée, et la machine continue de s'élever doucement au milieu des acclamations de trois cent mille spectateurs.

Le ballon, arrivé à la hauteur de Monceaux, resta un moment stationnaire; il vira ensuite de bord et suivit la direction du vent. Il traversa une première fois la Seine, entre Saint-Ouen et Asnières, la passa une seconde fois non loin d'Argenteuil, et plana successivement sur Sannois, Franconville, Eaubonne, Saint-Leu-Taverny, Villiers et l'Isle-Adam.

Après un trajet d'environ neuf lieues, en s'abaissant et s'élevant à volonté au moyen du lest qu'ils jetaient, les voyageurs descendirent à quatre heures moins un quart dans la prairie de Nesles, à neuf lieues de Paris. Robert descendit du char; mais Charles voulut recommencer le voyage afin de procéder à quelques observations de physique. Pour atteindre à une plus grande hauteur, il repartit seul. En moins de dix minutes, il parvint à une élévation de près de 4.000 mètres. Là il se livra à de rapides observations scientifiques.

Une demi-heure après, le ballon redescendait doucement à deux lieues de son second point de départ. Charles fut reçu à sa descente par M. Farrer, gentilhomme anglais, qui le conduisit à son château, où il passa la nuit.

Charles a écrit une relation très détaillée

de cette ascension célèbre dont nous croyons devoir donner quelques extraits :

« Le globe et le char en équilibre, dit-il, touchaient encore au sol qui nous portait; il était une heure trois quarts. Nous jetons dix-neuf livres de lest, et nous nous élevons au milieu du silence concentré par l'émotion et la surprise des spectateurs.

« Tandis que nous nous élevions progressivement par un mouvement accéléré, nous nous mîmes à agiter dans l'air nos banderoles en signe d'allégresse, et afin de rendre la sécurité à ceux qui prenaient intérêt à notre sort; pendant ce temps, j'observais toujours le baromètre. M. Robert faisait l'inventaire de nos richesses : nos amis avaient lesté notre char, comme pour un voyage de long cours : vins de Champagne, couvertures et fourrures, etc. Bon! lui dis-je, voilà de quoi jeter par la fenêtre. Il commença par lancer une couverture de laine à travers les airs; elle s'y déploya majestueusement, et vint tomber auprès du dôme de l'Assomption.

Fig. 19. — Le physicien Charles.

« Alors le baromètre descendit environ à vingt-six pouces; nous avions cessé de monter, c'est-à-dire que nous étions élevés environ à trois cents toises. C'était la hauteur à laquelle j'avais promis de nous maintenir; et, en effet, depuis ce moment jusqu'à celui où nous avons disparu aux yeux des observateurs en station, nous avons toujours composé notre marche horizontale entre vingt-six pouces de mercure et vingt-six pouces huit lignes; ce qui s'est trouvé d'accord avec les observations de Paris.

« Nous avions soin de perdre du lest à mesure que nous descendions, par la perte insensible de l'air inflammable, et nous nous élevions sensiblement à la même hauteur. Si les circonstances nous avaient permis de mettre plus de précision à ce lest, notre marche eût été presque absolument horizontale et à volonté.

« Arrivés à la hauteur de Monceaux, que nous laissions un peu à gauche, nous restâmes un instant stationnaires. Notre char se retourna, et enfin nous filâmes au gré du vent. Bientôt nous passons la Seine, entre Saint-Ouen et Asnières, et telle fut à peu près notre marche géographique, laissant Colombes sur la gauche, passant presque au-dessus de Gennevilliers. Nous avons traversé une seconde fois la rivière, en laissant Argenteuil sur la gauche; nous avons passé à Sannois, Franconville, Eaubonne, Saint-Leu-Taverny, Villiers, traversé l'Isle-Adam, et enfin Nesles, où nous avons descendu. Tels sont à peu près les endroits sur lesquels nous avons dû passer perpendiculairement. Ce trajet fait environ neuf lieues de Paris, et nous l'avons parcouru en deux heures, quoiqu'il n'y eût dans l'air presque pas d'agitation sensible.

« Durant tout le cours de ce délicieux voyage, il ne nous est pas venu en pensée d'avoir la plus légère inquiétude sur notre sort et sur celui de notre machine. Le globe n'a souffert d'autre altération que les modifications successives de dilatation et de compression dont nous profitions pour monter et descendre à volonté d'une quantité quelconque. Le thermomètre a été pendant plus d'une heure entre 10° et 12° au-dessus de zéro, ce qui vient de ce que l'intérieur de notre char était réchauffé par les rayons du soleil.

« Sa chaleur se fit bientôt sentir à notre globe, et contribua, par la dilatation de l'air inflammable intérieur, à nous tenir à la même hauteur sans être obligés de perdre notre lest; mais nous faisions une perte plus précieuse : l'air inflammable, dilaté par la chaleur solaire, s'échappait par l'appendice du globe que nous tenions à la main, et que nous lâchions, suivant les circonstances, pour donner issue au gaz trop dilaté.

« C'est par ce moyen simple que nous avons évité ces expansions et ces explosions que les personnes peu instruites redoutaient pour nous. L'air inflammable ne pouvait pas briser sa prison, puisque la porte lui en était toujours ouverte, et l'air atmosphérique ne pouvait entrer dans le globe, puisque la pression même faisait de l'appendice une véritable soupape qui s'opposait à sa rentrée.

« Nous arrivâmes près des plaines de Nesles à trois heures et demie passées, j'avais le dessein de faire un second voyage, et de profiter de nos avantages ainsi que du jour. Je proposai à M. Robert de descendre. Nous voyions de loin des groupes de paysans qui se précipitaient devant nous à travers les champs. « Laissons-nous aller, » lui dis-je. Alors nous descendîmes dans une vaste prairie.

« Des arbustes, et quelques arbres, bordaient son enceinte. Notre char s'avançait majestueusement sur un plan incliné très prolongé. Arrivé près de ces arbres, je craignis que leurs branches ne vinssent heurter le char. Je jetai deux livres de lest, et le char s'éleva par-dessus, en bondissant à peu près comme un coursier qui franchit une haie. Nous parcourûmes plus de vingt toises à un où deux pieds de terre : nous avions l'air de voyager en traîneau. Les paysans couraient après nous, sans pouvoir nous atteindre, comme des enfants qui poursuivent des papillons dans une prairie.

« Enfin nous prenons terre. On nous environne. Rien n'égale la naïveté rustique et tendre, l'effusion de l'admiration et de l'allégresse de tous ces villageois.

« Je demandai sur-le-champ les curés, les syndics : ils accouraient de tous côtés; il était fête sur le lieu. Je dressai aussitôt un court procès-verbal, qu'ils signèrent. Arrive un groupe de cavaliers au grand galop : c'était Monseigneur le duc de Chartres, M. le duc de Fitz-James et M. Farrer, gentilhomme anglais, qui nous suivaient depuis Paris. Par un hasard très singulier, nous étions descendus auprès de la maison de chasse de ce dernier. Il saute de dessus son cheval, s'élance sur notre char, et dit en m'embrassant :

— Monsieur Charles, moi premier!

« Nous fûmes comblés des caresses du prince, qui nous embrassa tous deux dans notre char et eut la bonté de signer notre procès-verbal. M. le duc de Fitz-James en fit autant; M. Farrer le signa trois fois de suite. Plus de cent cavaliers qui couraient après nous depuis Paris, et que nous apercevions à peine du haut de notre char, c'étaient les seuls qui eussent pu nous joindre. Les autres avaient crevé leurs chevaux ou y avaient renoncé.

« Je racontai brièvement à Monseigneur le duc de Chartres quelques circonstances de notre voyage. — Ce n'est pas tout, Monseigneur, ajoutai-je en souriant, je m'en vais repartir.

— Comment repartir?

— Monseigneur, vous allez voir. Il y a mieux : quand voulez-vous que je redescende?

— Dans une demi-heure.

— Eh bien, soit! Monseigneur, dans une demi-heure je suis à vous.

« M. Robert descendit du char, ainsi que nous en étions convenu en voyageant. Trente paysans serrés autour, appuyés dessus, et le corps presque plongé dedans, l'empêchaient de s'envoler. Je demandai de la terre pour me faire un lest; il ne me restait plus que trois ou quatre livres. On va chercher une bêche qui n'arrive point. Je demande des pierres, il n'y en avait pas dans la prairie. Je voyais le temps s'écouler, le soleil se cacher. Je calculai rapidement la hauteur possible où pouvait m'élever la légèreté spécifique de cent trente livres que je venais d'acquérir par la descente de M. Robert, et je dis à Monseigneur le duc de Chartres :

— Monseigneur, je pars. Je dis aux paysans : Mes amis, retirez-vous tous en même temps des bords du char au premier signal que je vais faire, et je vais m'envoler.

« Je frappe de la main, ils se retirent, je m'élance comme l'oiseau; en dix minutes, j'étais à plus de quinze cents toises, je ne voyais plus que les grandes masses de la nature.

« Dès en partant j'avais pris mes précautions pour échapper au danger de l'explosion du globe, et je me disposai à faire les observations que je m'étais promis. D'abord, afin d'observer le baromètre et le thermomètre placés à l'extrémité du char, sans rien changer au centre de gravité, je m'agenouillai au milieu, la jambe et le corps tendus en avant, ma montre et un papier dans la main gauche, ma plume et le cordon de ma soupape dans ma droite.

« Je m'attendais à ce qui allait arriver. Le globe, qui était assez flasque à mon départ, s'enfla insensiblement. Bientôt l'air inflammable s'échappa à grands flots par l'appendice. Alors je tirai de temps en temps la soupape pour lui donner à la fois deux issues, et je continuai ainsi à monter en perdant de l'air. Il sortait en sifflant et devenait visible, ainsi qu'une vapeur chaude qui passe dans une atmosphère beaucoup plus froide.

« La raison de ce phénomène est simple. A terre, le thermomètre était à 7° au-dessus de la glace; au bout de dix minutes d'ascension, j'avais 5° au-dessous. On sent que l'air inflammable contenu dans le globe n'avait pas eu le temps de se mettre en équilibre de température; son équilibre élastique étant beaucoup plus prompt que celui de la chaleur, il en devait sortir une plus grande quantité que celle correspondant à la dilatation extérieure que l'air pouvait déterminer par sa moindre pression.

« Quant à moi, exposé à l'air libre, je passai en dix minutes de la température du printemps à celle de l'hiver. Le froid était vif et sec, mais point insupportable. J'interrogeais alors paisiblement toutes mes sensations. *je m'écoutai vivre* pour ainsi dire, et je puis assurer que, dans le premier moment, je n'éprouvai rien de désagréable dans ce passage subit de dilatation et de température.

« Lorsque le baromètre cessa de monter, je notai très exactement dix-huit pouces dix lignes. Cette observation est de la plus grande rigidité. Le mercure ne souffrait aucune oscillation sensible. J'ai déduit de cette observation une hauteur de 1.524 toises environ, en attendant que je puisse intégrer ce calcul et y mettre plus de précision. Au bout de quelques minutes, le froid me saisit les doigts : je ne pouvais presque plus tenir ma plume. Mais je n'en avais plus besoin, j'étais stationnaire, et je n'avais plus qu'un mouvement horizontal.

« Je me relevai au milieu du char et m'abandonnai au spectacle que m'offrait l'immensité de l'horizon. A mon départ de la prairie, le soleil était couché pour les habitants des vallons: bientôt, il se leva pour moi seul, et vint encore une fois dorer de ses rayons le globe et le char. J'étais le seul corps éclairé dans l'horizon, et je voyais tout le reste de la nature plongé dans l'ombre.

« Bientôt le soleil disparut lui-même, et j'eus le plaisir de le voir se coucher deux fois dans le même jour. Je contemplai quelques instants le vague de l'air et les vapeurs terrestres qui s'élevaient du sein des vallées et des rivières. Les nuages semblaient sortir de la terre et s'amonceler les uns sur les autres en conservant leur forme ordinaire. Leur couleur seulement était grisâtre et monotone, effet naturel du peu de lumière diffusée dans l'atmosphère. La lune seule éclairait.

« Elle me fit observer que je revirai de bord deux fois, et je remarquai de véritables courants qui me ramenèrent sur moi-même. J'eus plusieurs déviations très sensibles. Je sentis avec surprise l'effet du vent et je vis pointer les banderoles de mon pavillon; nous n'avions pu observer ces circonstances dans notre premier voyage. Je remarquai les péripéties de ce phénomène, et ce n'était point le résultat de l'ascension ou de la descente ; je marchais alors dans une direction sensiblement horizontale. Dès ce moment, je conçus, peut-être un peu trop vite, *l'espérance de se diriger*. Au surplus, ce ne sera que le fruit du tâtonnement, des observations et des expériences les plus réitérées.

« Au milieu du ravissement inexprimable et de cette extase contemplative, je fus rappelé à moi-même par une douleur très extraordinaire que je ressentis dans l'intérieur de l'oreille droite et dans les glandes maxillaires. Je l'attribuai à la dilatation de l'air contenu dans le tissu cellulaire de l'organisme, autant qu'au froid de l'air environnant. J'étais en veste et la tête nue. Je me couvris d'un bonnet de laine qui était à mes pieds; mais la douleur ne se dissipa qu'à mesure que j'arrivai à terre.

« Il y avait environ sept ou huit minutes que je ne montais plus ; je commençais même à descendre par la condensation de l'air inflammable intérieur. Je me rappelai la promesse que j'avais faite à Monseigneur le duc de Chartres de revenir à terre au bout d'une demi-heure. J'accélérai ma descente, en tirant de temps en temps la soupape supérieure. Bientôt le globe vide presque à moitié ne me présentait plus qu'un hémisphère.

« J'aperçus un très belle place en friche auprès du bois de la Tour-du-Lay. Alors je précipitai ma descente. Arrivé à vingt ou trente toises de terre, je jetai subitement deux à trois livres de lest qui me restaient et que j'avais gardées précieusement; je restai un instant comme stationnaire et vins descendre moi-même sur la friche même que j'avais pour ainsi dire choisie.

« J'étais à plus d'une lieue du point de départ. Les déviations fréquentes que j'essuyai, les retours sur moi-même, me font présumer que le trajet aérien a été de plus de trois lieues. Il y avait trente-cinq minutes que j'étais parti; et telle est la sûreté des combinaisons de notre machine aérostatique, que je pus consommer, et à volonté, cent trente livres de légèreté spécifique, dont la conservation également volontaire eût pu me maintenir en l'air au moins vingt-quatre heures de plus. »

Quand les détails de cette belle excursion aérienne furent connus dans Paris, ils y causèrent une sensation extraordinaire. Le lendemain, une foule considérable se rassemblait devant la demeure de Charles pour le féliciter. Il n'était pas encore de retour, et à son arrivée, il reçut du peuple une véritable ovation. Lorsqu'il se rendit au Palais-Royal, pour remercier le duc de Chartres, au sortir du palais, on le prit sur le perron et on le porta en triomphe jusqu'à sa voiture.

Les récompenses académiques ne manquèrent pas non plus aux courageux voyageurs. Dans sa séance du 9 décembre 1783, l'Académie des sciences de Paris, présidée par M. de Saron, décerna le titre d'associés surnuméraires à Charles et à Robert, ainsi qu'à Pilâtre de Rozier et au marquis d'Arlandes. Enfin, le roi accorda au premier une pension de deux mille livres. Il voulut même que l'Académie des Sciences ajoutât le nom de Charles à celui de Montgolfier sur la médaille que l'on se proposait de consacrer à l'invention des aérostats.

Après cette ascension mémorable, qui porta si loin la renommée de Charles, on est étonné d'apprendre que ce physicien ne recommença jamais l'expérience, et que le cours de sa carrière aérostatique ne s'étendit pas davantage.

Troisième voyage aérien

L'intrépidité et la science des premiers navigateurs aériens avaient ouvert dans les cieux une route nouvelle; elle fut suivie avec une incomparable ardeur. En France, et dans les autres parties de l'Europe, on vit bientôt s'accomplir un grand nombre de voyages aérostatiques. Cependant, pour ne pas étendre hors de toute proportion les bornes de cet historique, nous nous contenterons de rappeler les ascensions les plus remarquables de cette époque.

Lyon n'avait encore été témoin d'aucune expérience aérostatique; c'est dans cette ville que s'exécuta le troisième voyage aérien.

Fig. 20. — Montgolfière *le Flesselles.*

Au mois d'octobre 1783, quelques personnes distinguées de Lyon voulurent répéter l'expérience exécutée à Versailles par Étienne Montgolfier. M. de Flesselles, intendant de la province, ouvrit une souscription, et sur ces entrefaites, Joseph Montgolfier étant arrivé à Lyon, on le pria de vouloir bien diriger lui-même la construction de la machine. On se proposait de fabriquer un aérostat d'un très grand volume, qui enlèverait un cheval ou quelques autres animaux. Montgolfier fit construire un énorme globe à feu; il avait quarante-trois mètres de hauteur et trente-cinq de diamètre. C'était la plus vaste machine qui eût encore été construite pour s'élever dans les airs. Seulement on avait visé à l'économie, et l'on n'avait obtenu qu'un appareil de construction assez grossière, formé d'une double enveloppe de toile d'emballage recouvrant trois feuilles d'un fort papier.

Les travaux étaient fort avancés, lorsqu'on reçut la nouvelle de l'ascension de Charles aux Tuileries, événement qui produisit en France une sensation extraordinaire. Aussitôt, le comte de Laurencin, associé de l'Académie de Lyon, demanda que la destination du ballon fût changée, et qu'on le consacrât à entreprendre un voyage aérien. Trente personnes se firent inscrire à la suite de Montgolfier et du comte de Laurencin, pour prendre part au voyage : Pilâtre de Rozier vint de Paris, avec le même projet; il était accompagné du comte de Dampierre, du comte de Laporte et du prince de Ligne. On ne se proposait rien moins que de se rendre par la voie de l'air à Marseille, à Avignon, ou à Paris, selon la direction du vent.

Pilâtre de Rozier reconnut pourtant, avec chagrin, que cette immense machine, conçue dans un autre but, était tout à fait impropre à porter des voyageurs. Il proposa et fit exécuter, avec l'assentiment de Montgolfier, différentes modifications, pour l'approprier à sa destination nouvelle. Elles ne se firent qu'avec beaucoup de difficultés et en surmontant mille obstacles. En outre, le mauvais temps, qui ne cessa de régner pendant trois mois, endommagea beaucoup la gigantesque machine. On ne put la transporter aux Brotteaux, sans des peines infinies. Les préparatifs et les essais préliminaires occasionnèrent de très longs retards; on fut obligé de retarder plusieurs fois l'ascension, et lorsque vint enfin le jour fixé pour le départ, la neige, qui tomba en grande quantité, nécessita un nouvel ajournement. Les habitants de Lyon, qui n'avaient encore assisté à aucune expérience aérostatique, doutaient fort du succès et n'épargnaient pas les épigrammes.

Cependant, les aéronautes, piqués au jeu, accélérèrent leurs préparatifs, et quelques jours après, tout fut disposé pour l'ascension. Elle se fit aux Brotteaux, le 5 janvier 1784. En dix-sept minutes, le ballon fut gonflé et prêt à partir. Six voyageurs montèrent dans la galerie : c'était Joseph Montgolfier, à qui l'on avait confié le commandement de l'équipage, Pilâtre de Rozier, le prince de Ligne, le comte de Laurencin, le comte de Dampierre et le comte Laporte d'Anglefort.

La machine avait considérablement souffert par la neige et la gelée, elle était criblée de trous; le filet, qu'un accident avait détruit la veille, était remplacé par seize cordes qui ne pesaient pas également sur toutes les parties du globe et contrariaient son équilibre. Pilâtre de Rozier reconnut bien vite que l'expérience tournerait mal, si l'on persistait à prendre six voyageurs; trois personnes étaient la seule charge que l'aérostat pût supporter sans danger. Mais toutes ses observations furent inutiles : personne ne voulut consentir à descendre; quelques-uns de ces gentilshommes intraitables allèrent même jusqu'à porter la main à la garde de leur épée, pour défendre leurs droits. C'est en vain que l'on offrit de tirer les noms au sort : il fallut donner le signal du départ.

Tout n'était pas fini cependant. Les cordes qui retenaient l'aérostat étaient à peine coupées, et la machine commençait seulement à perdre terre, lorsque l'on vit un jeune négociant de la ville, nommé Fontaine, qui avait pris quelque part à la construction de la machine, s'élancer d'une enjambée, dans la galerie, et, au risque de faire chavirer l'équipage, s'installer de force au milieu des voyageurs. On renforça le feu, et malgré cette nouvelle surcharge, le ballon commença à s'élever.

On comprend aisément l'admiration que dut faire naître dans la foule l'ascension de cet énorme aérostat. Il avait la forme d'une sphère terminée à sa partie inférieure par un cône tronqué autour duquel régnait une large galerie où se tenaient les sept voyageurs. La calotte supérieure était blanche, le reste grisâtre, et le cône composé de bandes de laine de différentes couleurs. Aux deux côtés du globe étaient attachés deux médaillons, dont l'un représentait l'Histoire, et l'autre la Renommée. Enfin il portait un pavillon aux armes de l'intendant de la province, avec ces mots : *le Flesselles*.

Le ballon n'était pas depuis un quart

d'heure dans les airs, quand il se fit dans l'enveloppe une déchirure de 15 mètres de long. Le volume énorme de la machine, le nombre des voyageurs, le poids excessif du lest, le mauvais état des toiles, fatiguées par de trop longues manœuvres, avaient rendu inévitable cet accident, qui faillit avoir des suites funestes. Parvenu en ce moment à 800 mètres de hauteur, l'aérostat s'abattit avec une rapidité effrayante. On vit aussitôt, à en croire les relations de l'époque, soixante mille personnes courir vers l'endroit où la machine allait tomber. Heureusement, et grâce à l'adresse de Pilâtre, cette descente rapide n'entraîna pas des suites graves, et les voyageurs en furent quittes pour un choc un peu rude. On aida les aéronautes à se dégager des toiles qui les enveloppaient : Joseph Montgolfier avait été le plus maltraité.

Fig. 21. — Troisième voyage aérien exécuté à Lyon, le 5 janvier 1784, avec la montgolfière *le Flesselles*.

Cette ascension fit beaucoup de bruit et fut jugée très diversement. Les journaux en donnèrent les appréciations les plus opposées. En définitive, l'entreprise parut avoir échoué. Ses courageux auteurs reçurent cependant quelques hommages, mais l'opinion générale était pour les mécontents. On chansonna les voyageurs, on chansonna l'aérostat et on fut injuste envers les hardis matelots du *Flesselles*.

Quatrième voyage aérien

Le quatrième voyage aérien se fit en Italie. Le chevalier Paul Andreani fit construire à ses frais, par les frères Gerli, architectes, une montgolfière destinée à recevoir des voyageurs. Cet esquif aérien était de grandes dimensions. Composé de toile revêtue à l'intérieur d'un papier mince, il n'avait pas moins de 20 mètres de diamètre, et sa forme était exactement sphérique. Le fourneau destiné à recevoir les combustibles était placé près de l'ouverture inférieure, sur un cercle de cuivre, porté par quelques traverses de bois fixées sur l'encadrement de l'ouverture circulaire du ballon.

On a vu, par le dessin du ballon du marquis d'Arlandes, et par celui du *Flesselles*, que dans ces montgolfières les voyageurs étaient placés sur une galerie entourant l'extérieur de l'ouverture du ballon. Paul Andreani remplaça cette galerie circulaire par une nacelle d'osier semblable à celle dont Charles avait fait usage. Elle était suspendue par des cordes, au cercle qui formait l'encadrement de l'orifice du ballon, et elle était placée à une distance telle de l'ouverture du ballon, que l'on pût alimenter le feu avec la main ou avec une fourche, sans être incommodé par la chaleur du foyer.

La montgolfière, ainsi disposée, fut portée à la maison de campagne du chevalier Andreani, où l'on s'occupa, avant de procéder au départ, de chercher les meilleures dispositions, tant pour la distance respective où il fallait placer le réchaud et la nacelle, que pour la nature des substances combustibles à employer. On trouva que le meilleur combustible était le bois de bouleau bien sec, et ensuite, une pâte faite de matières bitumineuses.

L'ascension eut lieu à Milan, le 25 février 1784. Le feu ayant été allumé, la montgolfière se gonfla entièrement en moins de quatre minutes. On coupa les cordes, et la machine emporta avec lenteur Andreani et les frères Gerli.

Elle s'éleva à une si grande hauteur, que les spectateurs la perdirent entièrement de vue. Comme le vent les portait vers des collines voisines, sur lesquelles la descente aurait été difficile, et que la provision de combustible était sur le point de s'épuiser, nos voyageurs jugèrent à propos de descendre, après deux heures de promenade dans les airs.

La machine s'abattit lentement, à la lisière d'un bois voisin de Milan. Les voyageurs aériens appelèrent, au moyen d'un portevoix, les paysans, qui leur donnèrent un concours intelligent, les aidèrent à descendre, et ramenèrent la montgolfière, encore à demi gonflée, au moyen des cordes qui en pendaient, jusqu'à l'endroit même d'où elle était partie. La disposition du fourneau avait été si bien calculée que la toile qui composait la montgolfière n'avait été ni brûlée ni endommagée dans aucune de ses parties.

Fig. 22. - Montgolfière, lancée à Milan le 25 février 1781, montée par le chevalier Andreani et les frères Gerli (quatrième voyage aérien).

Expériences aérostatiques diverses

Cette ascension de voyageurs avait été précédée, en Italie, par quelques expériences aérostatiques. C'est ainsi que le 11 décembre 1783, on avait lancé, à Turin, un petit ballon, fabriqué avec de la baudruche.

En France, la fièvre aérostatique ne s'était pas calmée. Le 13 janvier 1784, une société d'amateurs, sous la direction de l'abbé Mably, lançait un aérostat de 6 mètres de diamètre, au château de Pisançon, près Romans, dans le Dauphiné; et le même jour, à Grenoble, M. de Barin en lançait un autre, devant toute la population de la ville.

Le 16 janvier 1784, le comte d'Albon faisait partir, de sa maison de campagne de Franconville, aux environs de Paris, un aérostat à gaz hydrogène, de 5 mètres de diamètre, formé de soie gommée. On avait suspendu au-dessous, une cage d'osier contenant deux cochons d'Inde et un lapin, avec quelques provisions de voyage.

L'aérostat s'éleva en peu d'instants à une hauteur telle qu'on le perdit entièrement de vue. On le trouva cinq jours après, à six lieues de son point de départ. Les animaux étaient en parfait état de santé.

Le marquis de Bullion, à Paris, lança, le 3 février 1784, de son hôtel, qui devint célèbre, plus tard, sous le nom d'*Hôtel des ventes*, une montgolfière de papier, de 5 mètres de diamètre, qui avait, pour tout appareil destiné à la raréfaction de l'air, une large éponge imbibée d'un litre d'esprit-de-vin, et placée dans une assiette de fer-blanc. Ce ballon resta en l'air un quart d'heure, et ce temps lui suffit pour franchir une distance de neuf lieues: il tomba dans une vigne, près de Basville.

Une simple éponge imbibée d'huile, de graisse et d'esprit-de-vin, fut aussi tout l'appareil qui servit à faire partir, le 15 février 1784, une montgolfière à Mâcon. Elle était en papier, et l'auteur de cette machine, Cellard du Chastelais, s'était amusé à y suspendre un chat, enfermé dans une cage. En une demi-heure, la montgolfière n'était plus visible dans le ciel. Elle tomba, au bout de deux heures, à sept ou huit lieues de Mâcon. Le chat fut la malheureuse victime de cette expérience : il avait été sans doute asphyxié par le manque d'air dans les hautes régions.

Le 22 février 1784, on lança d'Angleterre un aérostat à gaz hydrogène, qui traversa la Manche : c'était un petit ballon, d'un mètre et demi de diamètre seulement. Il partit de Sandwich, dans le comté de Kent. Poussé par le vent du nord-ouest, il traversa rapidement la mer, et fut trouvé dans la campagne, à environ trois lieues de Lille. A ce ballon était attachée une lettre, où l'on priait de faire connaître à William Boys, à Sandwich, le lieu et le moment où il aurait été trouvé.

Trois jours auparavant, on avait lancé à Oxford, du *Collège de la reine*, un aérostat tout semblable.

Argand, de Genève, l'inventeur de la lampe à double courant d'air, rendait, à la même époque, le roi, la reine et la famille royale d'Angleterre, témoins d'une expérience aérostatique, en lançant à Windsor un aérostat à gaz hydrogène, d'un mètre seulement de diamètre.

On voit qu'à cette époque, toute l'Europe était passionnée pour ce genre de spectacle. Depuis les princes jusqu'aux simples particuliers, chacun avait la tête tournée vers les cieux, sans que la piété y fût pour rien. Il ne se passait pas de jour, il ne se passait pas de soirée, où l'on ne vît une montgolfière s'élever dans les airs. Peu de personnes tentaient la périlleuse aventure d'une ascension, mais partout on se donnait le plaisir de lancer d'inoffensives montgolfières ou des aérostats à gaz hydrogène.

Le caprice de la mode même s'empara de cet attrait nouveau. En 1784 tout se faisait au *ballon*. Les chapeaux, les rubans, les robes, les carrosses, tout était à la *Montgolfier*, au *ballon*, à la *Charles et Robert*, etc., et la poésie légère s'exerçait même sur cet attrayant sujet.

Ascension de Blanchard

C'est en cette année 1784, que Blanchard, dont le nom

était destiné à devenir célèbre dans les fastes de l'aérostation, fit à Paris sa première ascension.

Avant la découverte des ballons, Blanchard, qui possédait un goût très vif pour les arts mécaniques, s'était appliqué à trouver un mécanisme propre à naviguer dans les airs. Il avait construit un *bateau volant,* machine atmosphérique, armée de rames et d'agrès, et avec lequel il se soutenait quelque temps dans l'air, jusqu'à quatre-vingts pieds de hauteur. La découverte des aérostats, qui survint sur ces entrefaites, le détermina à abandonner les recherches de ce genre, et il se fit aéronaute.

Fig. 23. — Ascension de Blanchard au Champ-de-Mars, à Paris, le 2 mars 1784.

Sa première ascension au Champ-de-Mars, présenta une circonstance digne d'être notée au point de vue scientifique ; c'est le 2 mars 1784 qu'elle fut exécutée, en présence de tout Paris, que le brillant succès des expériences précédentes avait rendu singulièrement avide de ce genre de spectacle.

Blanchard avait jugé utile d'adapter à son ballon les rames et le mécanisme de son bateau volant ; il espérait en tirer parti pour se diriger, ou pour résister à la pression de l'air. Il monta dans la nacelle, ayant à ses côtés un moine bénédictin, le physicien dom Pech, enthousiaste des ballons. On coupa les cordes ; mais le ballon ne s'éleva pas au delà de cinq mètres : il s'était troué pendant les manœuvres, et le poids qu'il devait entraîner était trop lourd pour son volume. Il tomba rudement à terre, et la nacelle éprouva un choc des plus violents. Dom Pech jugea prudent de quitter la place.

Blanchard répara promptement le dommage, et il s'apprêtait à repartir seul, lorsqu'un jeune homme perce la foule, se jette dans la nacelle, et veut absolument s'élancer avec lui. Toutes les remontrances, toutes les prières de Blanchard furent inutiles, « Le roi me l'a permis! » criait l'obstiné. Blanchard, ennuyé du contre-temps, le saisit au corps pour le précipiter de la nacelle; mais le jeune homme tire son épée, fond sur lui et le blesse au poignet. On se saisit enfin de ce dangereux amateur, et Blanchard put s'envoler.

Blanchard s'éleva au-dessus de Passy, et vint descendre dans la plaine de Billancourt, près de la manufacture de Sèvres; il ne resta qu'une heure un quart dans l'air. Cette ascension si courte fut marquée néanmoins par une circonstance curieuse.

Tout le monde sait aujourd'hui qu'un aérostat ne doit jamais être entièrement gonflé au moment du départ; on le remplit seulement aux trois quarts environ. Il serait dangereux en quittant la terre, de l'enfler complètement; car, à mesure que l'on s'élève, les couches atmosphériques diminuant de densité, le gaz hydrogène renfermé dans l'aérostat acquiert plus d'expansion, en raison de la diminution de résistance de l'air extérieur. Les parois du ballon céderaient donc à l'effort du gaz, si on ne lui ouvrait pas une issue. Aussi l'aéronaute observe-t-il avec beaucoup d'attention l'état de l'aérostat, et lorsque ses parois très distendues indiquent une grande expansion du gaz intérieur, il ouvre la soupape et laisse échapper un peu d'hydrogène. Blanchard, tout à fait dépourvu de connaissances en physique, ignorait cette particularité. Son ballon s'éleva gonflé outre mesure, et l'imprudent aéronaute, ne comprenant nullement le péril qui le menaçait, s'applaudissait de son adresse, et admirait ce qui pouvait causer sa perte. Les parois du ballon font bientôt effort de toutes parts; elles vont éclater. Blanchard, arrivé à une hauteur considérable, cède moins à la conscience du danger qui le menace, qu'à l'impression d'épouvante causée sur lui par l'immensité des mornes et silencieuses régions au milieu desquelles l'aérostat l'a brusquement transporté; il ouvre la soupape, il redescend, et cette terreur salutaire l'arrache au péril où son ignorance l'entraînait.

Blanchard se vanta de s'être élevé à quatre mille mètres plus haut qu'aucun des aéronautes qui l'avait précédé, et il assura avoir dirigé son ballon contre le vent, à l'aide de son gouvernail et de ses rames. Mais les physiciens, qui avaient observé l'aérostat d'un lieu élevé, démentirent son assertion, et publièrent que les variations de sa marche devaient uniquement être attribuées aux courants d'air qu'il avait rencontrés.

Le 4 juin 1784, la ville de Lyon vit une nouvelle ascension aérostatique, dans laquelle, pour la première fois, une femme, Mme Thible, brava, dans un « ballon à feu », les périls d'un voyage aérien. Cette belle ascension fut exécutée en l'honneur du roi de Suède, qui se trouvait alors de passage à Lyon.

Ascension de Pilâtre de Rozier et Proust

Pilâtre de Rozier et le chimiste Proust exécutèrent bientôt après, à Versailles, en présence de Louis XVI et du roi de Suède, un des voyages aérostatiques les plus remarquables que l'on eût encore faits.

L'appareil était dressé dans la grande cour du château. A un signal qui fut donné par une décharge de mousqueterie, une tente de quatre-vingt-dix pieds de hauteur, qui cachait l'appareil, s'abattit soudainement, et l'on aperçut une immense montgolfière, déjà gonflée par l'action du feu, maintenue par cent cinquante cordes, que retenaient quatre cents ouvriers. Dix minutes après, une seconde décharge annonça le départ du ballon, qui s'éleva avec une lenteur majestueuse, et alla descendre près de Chantilly, à treize lieues de son point de départ.

Proust et Pilâtre de Rozier parcoururent dans ce voyage, la plus grande distance que l'on ait jamais franchie avec une montgolfière; ils atteignirent aussi, semble-t-il, la hauteur la plus grande à laquelle on puisse s'élever avec un appareil de ce genre. Ils demeurèrent assez longtemps plongés dans les nuages et enveloppés dans la neige qui se formait autour d'eux.

Ascensions diverses Le zèle des aéronautes et des savants ne se ralentissait pas; chaque jour, pour ainsi dire, était marqué par une ascension, qui présenta souvent les circonstances les plus curieuses et les plus dignes d'intérêt.

Le 6 août, l'abbé Camus, professeur de philosophie, et Louchet professeur de belles-lettres, firent, à Rodez, un voyage aérien dans une montgolfière. L'expérience, très bien conduite, marcha régulièrement, mais n'enseigna rien de nouveau.

En même temps, sur tous les points de la France, se succédaient des ascensions, plus ou moins périlleuses. A Marseille, deux négociants, nommés Brémont et Maret, s'élevèrent dans une montgolfière de seize mètres de diamètre. A leur première ascension, ils ne restèrent en l'air que quelques minutes. Ils s'élevèrent très haut à leur second voyage; mais la machine s'embrasa au milieu des airs, et ils ne regagnèrent la terre qu'au prix des plus grands dangers.

Étienne Montgolfier lança, à Paris, un ballon captif, qui dépassa la hauteur des plus grands édifices. La marquise et la comtesse de Montalembert, la comtesse de Podenas et Mlle Lagarde, étaient les aéronautes de ce galant équipage, que commandait le marquis de Montalembert.

A Aix-en-Provence, un amateur, nommé Rambaud, s'enleva dans une montgolfière de 16 mètres de diamètre. Il resta dix-sept minutes en l'air et atteignit une hauteur considérable. Redescendu à terre, il sauta hors du ballon, sans songer à le retenir. Allégé de ce poids, le ballon partit comme une flèche, et on le vit bientôt prendre feu et se consumer dans l'atmosphère.

Vinrent ensuite, à Nantes, les ascensions du grand aérostat à gaz hydrogène baptisé du glorieux nom de *Suffren*, monté d'abord par Coustard de Massy et le Père Mouchet, de l'Oratoire, puis par de Luynes.

A Bordeaux, d'Arbelet des Granges et Chalfour s'élevèrent, dans une montgolfière, jusqu'à près de 1.000 mètres, et firent voir que l'on pouvait assez facilement descendre et monter à volonté en augmentant ou diminuant le feu. Ils descendirent sans accident, à une lieue de leur point de départ.

Malgré tout ce qu'on en avait espéré, les nombreuses ascensions faites avec un magnifique aérostat à gaz hydrogène construit par les soins de l'Académie de Dijon, et monté, à diverses reprises, par Guyton de Morveau, l'abbé Bertrand et M. de Virly, n'apportèrent à la science naissante de l'aérostation que peu de résultats utiles.

Guyton de Morveau avait fait construire, pour essayer de se diriger dans les airs, une machine armée de quatre rames. Au moment du départ, un coup de vent endommagea l'appareil et mit deux rames hors de service. Cependant Guyton assure avoir produit avec les deux rames qui lui restaient un effet sensible sur les mouvements du ballon.

Ces expériences furent continuées très longtemps, et l'Académie de Dijon fit à ce sujet de grandes dépenses de temps et d'argent. On finit cependant par reconnaître que l'on s'attaquait à un problème en apparence insoluble.

Le 15 juillet 1784, le duc de Chartres, depuis Philippe-Égalité, exécuta à Saint-Cloud, avec les frères Robert, une ascension qui mit à de grandes épreuves le courage des aéronautes.

Les frères Robert avaient construit un aérostat à gaz hydrogène, de forme très oblongue, de 18 mètres de longeur et de 12 mètres de diamètre. On avait disposé dans l'intérieur de ce grand ballon, un autre globe beaucoup plus petit, rempli d'air ordinaire. Cette disposition, imaginée par Meusnier pour suppléer à l'emploi de la soupape, devait permettre de descendre ou de remonter dans l'atmosphère sans avoir besoin de perdre du gaz. Parvenu dans une région élevée, l'hydrogène, en se raréfiant par l'effet de la diminution de la pression extérieure, devait comprimer l'air contenu dans le petit globe intérieur, et en faire sortir une quantité d'air correspondant au degré de sa dilatation. Cette disposition avait été proposée par Meusnier, plus tard général de la République, et qui a fait un grand nombre de travaux sur l'aérostation. On avait aussi adapté à la nacelle un large gouvernail et deux rames, dans l'espoir de se diriger.

Fig. 21. — Ascension du duc de Chartres et des frères Robert, le 15 juillet 1784. Départ de Saint-Cloud.

A 8 heures, les deux frères Robert, Collin-Hullin, et le duc de Chartres, s'élevèrent du parc de Saint-Cloud, en présence d'un grand nombre de curieux, qui étaient arrivés au grand matin, de Saint-Cloud et des lieux environnants.

Le départ eut lieu au milieu de la multitude et trois minutes après l'aérostat disparaissait dans les nues; les voyageurs perdirent de vue la terre et se trouvèrent environnés d'épais nuages. La machine, obéissant alors aux vents impétueux et contraires qui régnaient à cette hauteur, tourbillonna et tourna plusieurs fois sur elle-même. Le vent agissant avec violence sur la surface étendue que présentait le gouvernail doublé de taffetas, le ballon éprouvait une agitation extraordinaire et recevait des coups violents et répétés. Rien ne peut rendre la scène effrayante qui suivit ces premières bourrasques. Les nuages se précipitaient les uns sur les autres, ils s'amoncelaient au-dessous des voyageurs et semblaient vouloir leur fermer le retour vers la terre. Dans une telle situation, il était impossible de songer à tirer parti de l'appareil de direction. Les aéronautes arrachèrent le gouvernail et jetèrent au loin les rames.

La machine continuant d'éprouver des oscillations de plus en plus violentes, ils résolurent, pour s'alléger, de se débarrasser du petit globe contenu dans l'intérieur de l'aérostat. On coupa les cordes qui le retenaient; le petit globe tomba, mais il fut impossible de le tirer au dehors. Il était tombé si malheureusement, qu'il était venu s'appliquer juste sur l'orifice de l'aérostat, dont il fermait complètement l'ouverture.

Dans ce moment, un coup de vent parti de la terre les lança vers les régions supérieures, les nuages furent dépassés, et l'on aperçut le soleil; mais la chaleur de ses rayons et la raréfaction considérable de l'air dans ces régions élevées ne tardèrent pas à occasionner une grande dilatation du gaz. Les parois du ballon étaient fortement tendues, et son ouverture inférieure, si malheureusement fermée par l'interposition du petit globe, empêchait le gaz dilaté de trouver, comme à l'ordinaire, une libre issue par l'orifice inférieur. Les parois étaient gonflées au point d'éclater sous la pression du gaz.

Les aéronautes, debout dans la nacelle, prirent de longs bâtons, et essayèrent de soulever le petit globe qui obstruait l'orifice de l'aérostat; mais l'extrême dilatation du gaz le tenait si fortement appliqué, qu'aucune force ne put vaincre cette résistance. Pendant ce temps, ils continuaient de monter, et le baromètre indiquait que l'on était parvenu à la hauteur de 4.800 mètres.

Dans ce moment critique, le duc de Chartres prit un parti désespéré : il saisit un des drapeaux qui ornaient la nacelle, et avec le bois de la lance il troua en deux endroits l'étoffe du ballon : il se fit une ouverture de 2 ou 3 mètres, le ballon descendit aussitôt avec une vitesse effrayante, et la terre reparut aux yeux des voyageurs. Heureusement, quand on arriva dans une atmosphère plus dense, la rapidité de la chute se ralentit et finit par devenir très modérée. Les aéronautes commençaient à se rassurer, lorqu'ils reconnurent qu'ils étaient près de tomber dans un étang; ils jetèrent à l'instant soixante livres de lest, et à l'aide de quelques manœuvres ils réussirent à aborder sur la terre, à quelque distance de l'étang de la Garenne, dans le parc de Meudon.

Toute cette expédition avait duré à peine quelques minutes. Le petit globe rempli d'air était sorti à travers l'ouverture de l'aérostat, il tomba dans l'étang; il fallut le retirer avec des cordes.

En crevant son ballon au moment où le danger devenait imminent pour lui et ses compagnons, le duc de Chartres fit preuve de courage et de sang-froid. On ne lui ménagea pas néanmoins, à cette occasion les critiques et les épigrammes. Blanchard prit le même parti, le 19 novembre 1785, dans une ascension qu'il fit à Gand, et dans laquelle il se trouva porté à une si grande hauteur, qu'il ne pouvait résister au froid excessif qui se faisait sentir. Il creva son ballon, coupa les cordes de sa nacelle, et se laissa tomber en se tenant suspendu au filet.

L'Angleterre n'avait pas encore eu le spectacle d'un aérostat portant des voyageurs. Le 14 septembre 1784, un Italien, Vincent Lunardi, fit à Londres le premier voyage aérien qui ait eu lieu au delà de la Manche.

Auparavant, le 25 novembre 1783, le comte Zambeccari, qui devait plus tard mourir victime de l'aérostation, avait lancé, à Londres, un ballon sphérique, à gaz hydrogène, du diamètre de 3 mètres. C'était la première fois que les Anglais avaient été témoins du gonflement et du départ d'un ballon. Mais personne, en Angleterre n'avait encore osé se confier à un esquif aérien, et ce fut le capitaine Vincent Lunardi, qui le premier, s'élança dans les airs, devant la population de Londres.

Dans son *Histoire de l'aérostation*, qui s'arrête à l'année **1786**, Tibère Cavallo, écrivain anglais, a décrit avec assez de détails l'ascension faite à Londres, par Lunardi, le **14** septembre **1784**.

L'aérostat fut porté à une place nommée *Artillery Ground*, et on le gonfla avec du gaz hydrogène pur, obtenu par l'action de l'acide sulfurique sur le zinc. Il fallut un jour et une nuit pour le remplir. Ce ballon n'avait pas de soupape: il mesurait **10** mètres de diamètre, et présentait la forme d'une sphère.

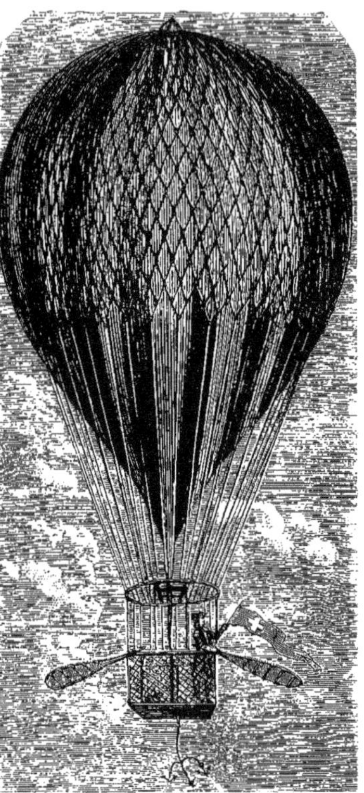

Fig. 25. — Aérostat de Lunardi (ascension faite à Londres, le 14 septembre 1784).

Lunardi devait s'élever accompagné de deux personnes : le chevalier Biggin et une jeune Anglaise, Mme Sage. Ils se placèrent, en effet, tous les trois dans la nacelle, et c'est ainsi qu'on les représenta, dans une gravure anglaise d'un joli effet. Mais le gaz n'avait pas la force d'ascension suffisante pour enlever trois personnes, et Lunardi dut partir seul.

Il s'élança, au milieu des acclamations et des hourrahs de la multitude rassemblée sur la place, en agitant un drapeau qu'il tenait à la main, ayant pour tous compagnons de voyage, un pigeon, un chat, et un chien. Il était muni d'une rame qui devait servir à le diriger, mais qui ne lui fut, comme on le devine, d'aucun secours. Il descendit au bout d'une heure et demie, et laissa à terre le chat à moitié mort de froid; puis il remonta pour aller descendre, une heure après, dans une prairie de la paroisse de Standon (Comté d'Hertford). Il paraît qu'il eut à supporter, dans les hautes régions, un froid considérable.

L'exemple donné à Londres, par un Italien, fut bientôt suivi, à Oxford, par un Anglais, M. Salder, devenu célèbre depuis, comme aéronaute. M. Sheldon, professeur d'anatomie, et membre distingué de la *Société royale de Londres*, fit de son côté une ascension, en compagnie de Blanchard. Il essaya, mais sans succès, de se diriger à l'aide d'un mécanisme moteur en forme d'hélice.

Première traversée de la Manche en aérostat

Enhardi par le succès de ses premiers voyages, Blanchard conçut alors un projet, dont l'audace, à cette époque où la science aérostatique en était encore aux tâtonnements, pouvait à bon droit être taxée de folie : il voulut franchir en ballon la distance qui sépare l'Angleterre de la France. Cette traversée dangereuse, où l'aéronaute pouvait trouver mille fois la mort, ne réussit que par le plus grand des hasards, et par

Fig. 26. — Le capitaine Lunardi.

ce seul fait, que le vent resta pendant trois heures sans variations sensibles.

Blanchard accordait une confiance extrême à l'appareil de direction qu'il avait imaginé. Il voulut justifier par un trait éclatant, la vérité de ses assertions, et il annonça, par la voie des journaux anglais, qu'au premier vent favorable, il traverserait la Manche de Douvres à Calais. Le docteur Jeffries s'offrit pour l'accompagner.

Le 7 janvier 1785, le ciel était serein; le vent, très faible, soufflait du nord-nord-ouest. Blanchard, accompagné du docteur Jeffries, sortit du château de Douvres et se dirigea vers la côte. Le ballon fut rempli de gaz, et on le plaça à quelques pieds du bord d'un rocher escarpé. A une heure, le ballon fut abandonné à lui-même; mais, son poids se trouvant un peu fort, on fut obligé de jeter une partie du lest et de ne conserver que trente livres de sable. Le ballon s'éleva lentement, et s'avança vers la mer, poussé par un vent léger.

Les voyageurs eurent alors sous les yeux un spectacle que l'un d'eux a décrit avec enthousiasme. D'un côté, les belles campagnes qui s'étendent derrière la ville de Douvres présentaient une vue magnifique; l'œil embrassait un horizon si étendu, que l'on pouvait apercevoir et compter à la fois trente-sept villes ou villages; de l'autre côté les roches escarpées qui bordent le rivage, et contre lesquelles la mer vient se briser, offraient par leurs anfractuosités et leurs dentelures énormes, le plus curieux et le plus formidable aspect. Arrivés en pleine mer, ils passèrent au-dessus de plusieurs vaisseaux.

Cependant, à mesure qu'ils avançaient, le ballon se dégonflait un peu, et à une heure et demie il descendait visiblement. Pour se relever, ils jetèrent la moitié de

Fig. 27. — Blanchard.

leur lest; ils étaient alors au tiers de la distance à parcourir, et ne distinguaient plus le château de Douvres. Le ballon continuant de descendre, ils furent contraints de jeter tout le reste de leur provision de sable, et cet allègement n'ayant pas suffi, ils se débarrassèrent de quelques autres objets qu'ils avaient emportés. Le ballon se releva et continua de cingler vers la France; ils étaient alors à la moitié du terme de leur périlleux voyage.

A 2 heures et quart, l'ascension du mercure dans le baromètre leur annonça que le ballon recommençait à descendre : ils jetèrent quelques outils, une ancre, et quelques autres objets, dont ils avaient cru devoir se munir. A 2 heures et demie, ils étaient parvenus aux trois quarts environ du chemin, et ils commençaient à apercevoir la perspective, si ardemment désirée, des côtes de la France.

Fig. 28. — Le docteur Jeffries.

En ce moment, le ballon se dégonflait par la perte du gaz, et les aéronautes reconnurent avec effroi qu'il descendait avec une certaine rapidité. Tremblant à la pensée de ne pouvoir atteindre la côte, ils se hâtèrent de se débarrasser de tout ce qui n'était pas indispensable à leur salut : ils jetèrent leurs provisions de bouche; le gouvernail et les rames, surcharge inutile, furent lancés dans l'espace; les cordages prirent le même chemin; ils dépouillèrent leurs vêtements et les jetèrent à la mer.

En dépit de tout, le ballon descendait toujours.

On dit que, dans ce moment suprême, le docteur Jeffries offrit à son compagnon de se jeter à la mer. « Nous sommes perdus tous les deux, lui dit-il; si vous croyez que ce moyen puisse vous sauver, je suis prêt à faire le sacrifice de ma vie. »

Néanmoins une dernière ressource leur restait encore : ils pouvaient se débarrasser de leur nacelle et se cramponner aux cordages du ballon. Ils se disposaient à essayer de cette dernière et terrible ressource; ils se tenaient tous les deux suspendus aux cordages du filet, prêts à couper les liens qui retenaient la nacelle, lorsqu'ils crurent sentir dans la machine un mouvement d'ascension : le ballon remontait en effet. Il continua de s'élever, reprit sa route, et, le vent étant toujours favorable, ils furent poussés rapidement vers la côte.

Leurs terreurs furent vite oubliées, car ils apercevaient distinctement Calais et la ceinture des villages qui l'environnent. A trois heures, ils passèrent par-dessus la ville et vinrent enfin s'abattre dans la forêt de Guines. Le ballon se reposa sur un grand chêne; le docteur Jeffries saisit une branche, et la marche fut arrêtée : on ouvrit la soupape, le gaz s'échappa, et c'est ainsi que les heureux aéronautes sortirent sains et saufs de l'entreprise la plus extraordinaire, peut-être, que la témérité de l'homme eût osé jusqu'alors tenter.

Le lendemain, le succès de cet événement

fut célébré à Calais par une fête publique. Le pavillon français fut hissé devant la maison où les voyageurs avaient couché. Le corps municipal et les officiers de la garnison vinrent leur rendre visite. A la suite d'un dîner qu'on leur donna à l'hôtel de ville, le maire présenta à Blanchard, dans une boîte d'or, des lettres qui lui accordaient le titre de citoyen de la ville de Calais. La municipalité lui acheta, moyennant trois mille francs et une pension de six cents francs, le ballon qui avait servi à ce voyage, et qui fut déposé dans la principale église de Calais, comme le fut autrefois, en Espagne, le vaisseau de Christophe Colomb. On décida enfin qu'une colonne de marbre serait élevée à l'endroit même où les aéronautes étaient descendus.

Fig. 29. — Blanchard et le docteur Jeffries partent de la côte de Douvres, le 7 janvier 1785, pour traverser en ballon le Pas-de-Calais.

Quelques jours après, Blanchard parut devant Louis XVI, qui lui accorda une gratification de douze cents livres, et une pension de même somme.

La colonne commémorative que l'on avait décidé d'élever en l'honneur de Blanchard, fut, en effet, inaugurée un an après, dans le lieu de la forêt où l'aérostat était descendu.

Mort de Pilâtre de Rozier

L'éclatant succès de l'entreprise de Blanchard, le retentissement immense qu'il eut en Angleterre et sur le continent, doivent compter parmi les causes d'un des plus tristes événements qui aient marqué l'histoire de l'aérostation à son début. Avant que Blanchard ait exécuté le passage de la Manche, Pilâtre de Rozier avait annoncé qu'il franchirait la mer, de Boulogne à Londres, traversée périlleuse en raison du peu d'étendue des côtes anglaises vers l'est.

On avait essayé inutilement de faire comprendre à Pilâtre les périls auxquels cette entreprise allait l'exposer. Il assurait avoir trouvé un nouveau système d'aérostats, qui réunissait toutes les conditions nécessaires de sécurité, et permettait de se maintenir dans les airs un temps considérable. Sur cette assurance, le gouvernement lui accorda une somme de quarante mille francs, pour construire sa machine.

On apprit alors quelle était la combinaison qu'il avait imaginée. Il réunissait en un système unique les deux moyens dont on avait fait usage jusque-là; au-dessous d'un aérostat à gaz hydrogène il suspendait une montgolfière. Il est assez difficile de bien apprécier les motifs qui le portèrent à adopter cette disposition, car il faisait sur ce point un certain mystère de ses idées. Il est probable que, par l'addition d'une montgolfière, il voulait s'affranchir de la nécessité de jeter du lest pour s'élever et de perdre du gaz pour descendre : le feu, activé, ou ralenti, dans la montgolfière, devait fournir une force ascensionnelle supplémentaire.

Quoi qu'il en soit, ces deux systèmes qui, isolés, ont chacun ses avantages, formaient, réunis, la plus détestable combinaison. Il n'était que trop aisé de comprendre à quels dangers terribles l'existence d'un foyer dans le voisinage d'un gaz inflammable, comme l'hydrogène, exposait l'aéronaute. « Vous mettez un réchaud sous un baril de poudre, » disait Charles à Pilâtre de Rozier. Mais celui-ci n'entendait rien : il n'écoutait que son intrépidité et l'incroyable exaltation scientifique dont il avait déjà donné tant de preuves, et qui étaient comme la caractéristique de son état d'esprit.

L'existence de cet homme courageux peut être regardée comme un exemple de cette fièvre d'aventures et d'expériences que le progrès des sciences physiques avait développée chez certains hommes à la fin du siècle dernier. Pilâtre de Rozier était né à Metz en 1756. On l'avait d'abord destiné à la chirurgie, mais cette profession lui inspira une grande répugnance; il passa des salles de l'hôpital dans le laboratoire d'un pharmacien, où il reçut les premières notions des sciences physiques. Revenu dans sa famille, il ne put supporter la contrainte excessive dans laquelle son père le retenait, et il s'en alla un beau jour, en compagnie d'un de ses camarades, chercher fortune à Paris. Employé d'abord comme manipulateur dans une pharmacie, il s'attira bientôt l'affection d'un médecin qui le fit sortir de cette position inférieure. Grâce à son protecteur, il put suivre les leçons des professeurs les plus célèbres de la capitale, et bientôt il se trouva lui-même en état de faire des cours. Il démontra publiquement les faits découverts par Franklin, dans l'ordre des phénomènes électriques. Il acquit par là un certain relief dans le monde scientifique, et il put bientôt réunir assez de ressources pour monter un beau laboratoire de physique, dans lequel les savants trouvaient tous les appareils nécessaires à leurs travaux. Il obtint enfin la place d'intendant du cabinet d'histoire naturelle du comte de Provence.

Pilâtre de Rozier put alors donner carrière à son goût pour les expériences et à cette passion singulière qui le caractérisait, de faire sur lui-même les essais les plus dangereux. Rien ne pouvait l'arrêter ou l'effrayer. Dans ses expériences sur l'électricité atmosphérique, il s'est exposé cent fois à être foudroyé par le fluide électrique, qu'il soutirait presque sans précaution des nuages orageux. Il faillit souvent perdre la vie en respirant des gaz délétères. Un jour il remplit sa bouche de gaz hydrogène et il y mit le feu, ce qui lui fit sauter les deux joues. Il était dans toute l'exaltation de cette espèce de « furia » scientifique, lorsque survint la découverte des aérostats. On a vu avec quelle ardeur il se précipita dans cette carrière nouvelle, qui répondait si bien à tous les instincts de son esprit. Il eut, comme on le sait, la gloire de s'élever le premier dans les airs, et dans toute la série des expériences qui suivirent, c'est toujours lui que l'on voit au premier rang, fidèle à l'appel du danger.

Comme il avait besoin d'aide pour construire son ballon, il s'adressa à un habitant de Boulogne, nommé Pierre Romain, ancien procureur au bailliage de Rouen. Pierre-Ange Romain, ou *Romain l'aîné*, avait un frère plus jeune que lui, qui s'occupait de physique, et sur lequel il comptait, avec raison, pour toutes les questions scientifiques relatives au futur voyage aérien. Il fabriqua à Paris, avec son frère, dans une salle du château des Tuileries, le ballon qui devait l'emporter, lui et Pilâtre.

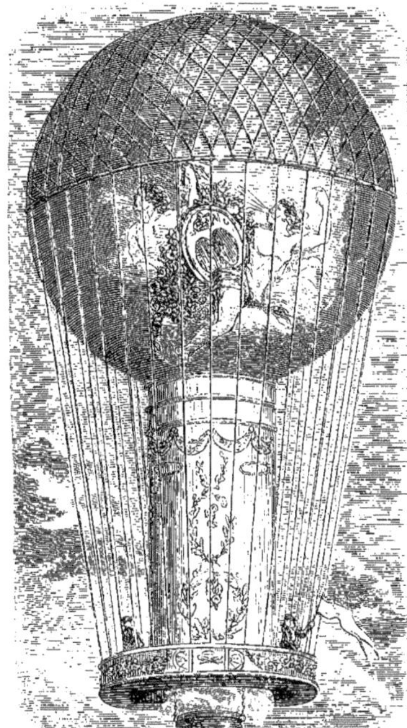
Fig. 30. — Aéro-montgolfière de Pilâtre de Rozier.

Le public fut admis pendant quelques jours à le visiter, moyennant rétribution. Au mois de décembre 1784, l'*aéro-montgolfière* fut envoyée à Boulogne, avec les substances propres à la fabrication du gaz hydrogène, c'est-à-dire l'acide sulfurique et les copeaux de fer. Pilâtre et Romain arrivèrent à Boulogne le 21 décembre.

Leur arrivée ne fut pas accueillie dans cette ville par des témoignages encourageants. Déjà la malignité s'exerçait contre les aéronautes et contre leur ballon.

Les faveurs accordées par le ministre Calonne à Pilâtre de Rozier, faveurs qu'on exagérait beaucoup, avaient suscité ces mauvaises dispositions contre l'aéronaute.

L'ascension fut annoncée pour le 1er janvier 1785, mais elle n'eut pas lieu à l'époque désignée. Bien plus, Pilâtre partit pour l'Angleterre, laissant Romain à Boulogne. Il se rendait à Douvres, où sans doute il voulait voir Blanchard, qui préparait en ce moment sa traversée de la Manche en ballon.

Pilâtre était de retour à Boulogne le 4 janvier, et il ne paraissait pas songer à exécuter encore le voyage promis. Nous avons dit que c'est le 7 janvier que Blanchard, partant de Douvres dans son aérostat, exécuta heureusement la traversée de la Manche. Ainsi, Pilâtre de Rozier avait été devancé, et l'un de ses compatriotes avait exécuté à sa place l'entreprise dont il s'était solennellement chargé.

Il partit aussitôt pour Paris, où il arriva en même temps que son heureux rival. Il venait confier ses craintes à M. de Calonne. Mais le ministre le reçut fort mal.

« Nous n'avons pas dépensé, lui dit-il, cent mille francs pour vous faire voyager avec l'aérostat sur la côte. Il faut utiliser la machine et passer le détroit. »

Pilâtre de Rozier repartit, la mort dans l'âme. Il revenait avec le cordon de Saint-Michel, et la promesse d'une pension de six mille livres; mais il ne pouvait se défendre des plus tristes pressentiments.

De retour à Boulogne le 21 janvier, il fit apporter, le lendemain, l'aéro-montgolfière, qu'il installa sur l'esplanade. L'appareil chimique nécessaire à la préparation du gaz hydrogène, et le gazomètre destiné à recueillir l'hydrogène, étaient placés sous des tentes, le long des remparts.

Mais les jours et les mois se passaient sans rien avancer. On attendait un vent favorable, et quand il s'élevait, le ballon n'était pas en état de partir. On rencontrait, à chaque instant, des difficultés nouvelles.

Un jour, la montgolfière fut en partie dévorée par une légion de rats; et c'est à peine si l'on parvint à les chasser, avec une meute de chiens et de chats, soutenus par des hommes qui battaient du tambour toute la nuit. Un autre jour, au moment même où Pilâtre et Romain se disposaient à partir, un ouragan de vent et de tempête se déchaîna subitement. Pilâtre, en dépit des éléments furieux, voulait accomplir son voyage, et les magistrats de Boulogne furent forcés d'intervenir pour empêcher son départ.

Cet ouragan avait déchiré la moitié de l'appareil, c'est-à-dire la montgolfière, qu'il fallut refaire en entier.

Cependant la pièce tant annoncée ne se jouait pas; depuis six mois on attendait en vain le lever du rideau. Aussi les vers satiriques et les brocards accablaient-ils, à Boulogne, le malheureux Pilâtre de Rozier. Tous les rimeurs se répandaient à l'envi contre lui, en épigrammes, en poèmes et en chansons sur tous les airs.

Dans tous ces couplets et satires, on faisait toujours allusion à une cause secrète qui retenait Pilâtre de Rozier attaché au rivage. On le disait amoureux d'une jeune et riche Anglaise, qui ne voulait absolument pas le laisser partir. L'amour avait mis une quenouille aux mains de cet Hercule des airs.

Cependant Pilâtre ne pouvait plus reculer. Il avait pris auprès du gouvernement et du public, des engagements qu'il ne pouvait fouler aux pieds sans déshonneur : il devait compte à l'État de toutes les sommes que le ministre lui avait comptées. D'un autre côté, ses créanciers ne cessaient de le presser, et sous ce rapport, sa position n'était plus tenable. L'auteur de l'*Année historique de Boulogne* affirme que lorsque Pilâtre et Romain partirent pour le voyage aérien où ils devaient trouver la mort, ils étaient cités en justice, pour le lendemain, devant la sénéchaussée de Boulogne, en payement d'un mémoire de trois cent quatre-vingt-trois livres quatorze sols, qu'ils devaient depuis trois mois.

Le 15 juin 1785, à 7 heures du matin, Pilâtre de Rozier et Romain se rendirent sur la côte de Boulogne, pour effectuer leur départ dans l'*aéro-montgolfière*. Trois ballons d'essai ayant fait connaître la direction du vent, un coup de canon annonça à la ville le moment de leur départ.

Le marquis de Maisonfort, officier supérieur, voulait absolument être du voyage. Il jeta dans le chapeau de Pilâtre, un rouleau de 200 louis et mit le pied dans la nacelle. Mais l'aéronaute le repoussa, en disant :

« Je ne puis vous emmener, car nous ne sommes sûrs ni du vent, ni de la machine; et nous ne voulons exposer que nous-mêmes. »

M. de Maisonfort demeura donc, heureusement pour sa personne, simple spectateur du départ, et c'est à lui que l'on doit la relation la plus exacte du drame qui s'accomplit sous ses yeux.

Les causes de la catastrophe qui coûta la vie aux deux aéronautes, sont restées enveloppées d'un certain mystère. M. de Maisonfort en a donné l'explication suivante.

La double machine, c'est-à-dire la montgolfière surmontée de l'aérostat à gaz hydrogène, s'éleva avec une assez grande rapidité, jusqu'à quatre cents mètres environ. Mais, à cette hauteur, on vit tout d'un coup l'aérostat à gaz hydrogène se dégonfler, et retomber presque aussitôt sur la montgolfière. Celle-ci tourna trois fois sur elle-même; puis, entraînée par ce poids, elle s'abattit, avec une vitesse effrayante.

Voici, selon M. de Maisonfort, ce qui était arrivé. Peu de minutes après leur départ, les voyageurs furent assaillis par un vent contraire, qui les rejetait vers la terre. Il est probable alors que, pour descendre et chercher un courant d'air plus favorable qui les ramenât à la mer, Pilâtre de Rozier tira la soupape de l'aérostat à gaz hydrogène. Mais la corde attachée à cette soupape était très longue : elle n'avait pas moins de 33 mètres, car elle allait de la nacelle placée au-dessous de la montgolfière jusqu'au sommet de l'aérostat. Aussi jouait-elle difficilement, et le frottement très rude qu'elle occasionna déchira d'abord l'enveloppe autour de la soupape. L'étoffe du ballon était fatiguée par le grand nombre d'essais préliminaires que l'on avait faits à Boulogne et par plusieurs tentatives de départ; elle se déchira alors, après la soupape, sur une étendue de plusieurs mètres; la soupape retomba dans l'intérieur du ballon, et celui-ci se trouva vide en quelques instants. Il n'y eut donc pas, comme on l'a dit souvent, inflammation du gaz au milieu de l'atmosphère; on reconnut, après la chute, que le réchaud de la montgolfière n'avait pas été allumé. L'aérostat, dégonflé par la perte du gaz, retomba sur la montgolfière, et le poids de cette masse l'entraîna vers la terre.

Fig. 31. — Mort de Pilâtre de Rozier et de Romain, sur la côte de Boulogne, le 15 juin 1785.

« J'ai vu, distinctement, disait M. de Maisonfort, l'enveloppe de l'aérostat retomber sur la montgolfière. La machine entière m'a paru alors éprouver deux ou trois secousses, et la chute s'est déterminée de la manière la plus violente et la plus rapide. Les deux malheureux voyageurs sont tombés, et ils ont été trouvés fracassés dans la galerie et aux mêmes places qu'ils occupaient à leur départ.

« Pilâtre de Rozier a été tué sur le coup, mais son infortuné compagnon a encore survécu dix minutes à cette chute affreuse : il n'a pu parler et n'a donné que de très légers signes de connaissance.

« J'ai vu, j'ai examiné la montgolfière, qui n'avait rien éprouvé de fâcheux, n'étant ni brûlée ni même déchirée ; le réchaud, encore au centre de la galerie, s'est trouvé fermé au moment de la chute. La machine pouvait être à environ mille sept cents pieds en l'air; elle est tombée à cinq quarts de lieue de Boulogne et à trois cents pas des bords de la mer, vis-à-vis la tour de Croy. »

Fig. 32. — Le *Comte d'Artois*, aérostat construit par Alban et Vallet, au mois d'août 1785.

M. de Maisonfort courut vers l'endroit où l'aérostat venait de s'abattre. Les malheureux voyageurs n'avaient pas même dépassé le rivage, et étaient tombés près du bourg de Wimille. Par une triste ironie du hasard, ils vinrent expirer à l'endroit même où Blanchard était descendu, non loin de la colonne monumentale élevée à sa gloire.

La mort fit de Pilâtre de Rozier un héros. Les traits de la satire et de l'envie s'émoussèrent devant ces deux victimes; on ne trouva plus que des larmes pour les pleurer. L'élégie remplaça l'épigramme, et ceux qui avaient rimé des chansons contre les deux aéronautes, rimèrent des épitaphes en leur honneur.

Deux monuments ont été élevés à Pilâtre et à Romain, l'un sur le lieu même de la chute, l'autre dans le cimetière de Wimille, au-dessus de leur sépulture, au bord du chemin de Boulogne à Calais.

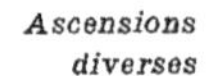

Ascensions diverses

La mort de ces premiers martyrs de la science aérostatique n'arrêta pas l'élan de leurs successeurs. En **1785**, on vit, suivant l'expression d'un savant aéronaute, « le ciel se couvrir littéralement de ballons ». Toutes ces ascensions, qui n'ont plus pour elles l'attrait de la nouveauté, et qui ne répondent à aucune intention scientifique, n'offrent, pour la plupart, qu'un faible intérêt. Cependant, avant de suivre les aérostats dans une nouvelle période plus sérieuse de leur histoire, celle des applications militaires et scientifiques, nous rappellerons quelques-uns des voyages aériens qui ont eu, de 1785 à 1794, les plus brillants succès de curiosité.

L'ascension du docteur Potain mérite d'être citée à ce titre. Il traversa en ballon le canal Saint-Georges, bras de mer qui sépare l'Angleterre de l'Irlande. Il avait perfectionné la machine hélicoïde de Blanchard et s'en servit, dit-on, avec quelque avantage.

L'Italien Lunardi exécuta, à Édimbourg, différentes ascensions. Harper fit connaître, à Birmingham, les ballons à gaz hydrogène; enfin Alban et Vallet construisirent, à Javel, près de Paris, un aérostat, qui fut nommé le *Comte d'Artois*.

Alban et Vallet étaient directeurs de l'usine de produits chimiques de Javel. Ils avaient tant de fois fabriqué et fourni du gaz hydrogène aux aéronautes, que l'envie leur prit d'effectuer eux-mêmes des ascensions. Ils construisirent un excellent aérostat (Fig. 32), pourvu de rames en forme d'ailes de moulin à vent, et se livrèrent à quelques essais pour se diriger dans l'air au moyen de cet appareil. Leurs expériences eurent lieu au mois d'août 1785.

C'est à cette époque que l'abbé Miollan éprouva au Luxembourg, en compagnie du sieur Janinet, un immense déboire, qui fut fort chansonné par la malignité parisienne.

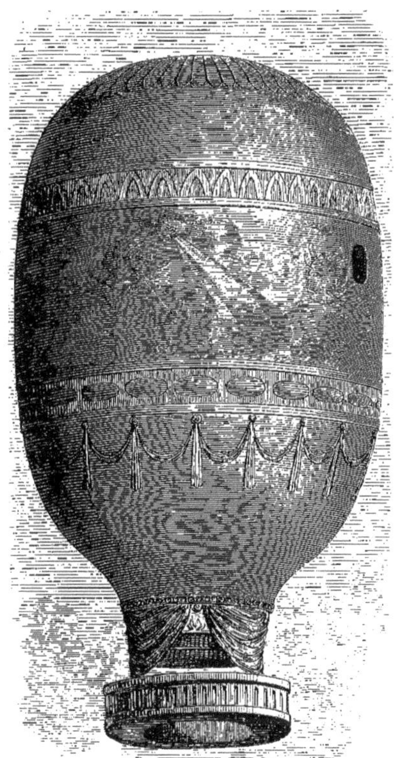

Fig. 33. — Montgolfière de l'abbé Miollan et de Janinet, construite en juillet 1785.

L'abbé Miollan était un bon religieux qui était animé pour le progrès de l'aérostation d'un zèle plus ardent qu'éclairé. Il s'associa à un certain Janinet, pour construire une montgolfière de 33 mètres de haut, sur 28 mètres de large.

Ce ballon, qui fut construit à l'Observatoire, par Janinet, était destiné à des expériences de physique. Le but des aéronautes était plus sérieux et plus désintéressé que ne le pensait le public.

Le dimanche 12 juillet 1785, une foule nombreuse se pressa dans les jardins du Luxembourg; jamais aucun aéronaute n'avait réuni une telle affluence au spectacle de son ascension. Mais, par suite de la mauvaise construction de la machine, ou par l'effet de manœuvres maladroites, le feu prit au ballon. La populace, furieuse et se croyant jouée, renversa les barrières, mit en pièces le reste de la machine, et battit les pauvres aéronautes. On les accusa d'avoir mis volontairement le feu à la montgolfière, pour se dispenser de partir, et l'on se vengea d'eux par des chansons.

C'est vers cette époque que se répandit, à Paris, la mode des figures aérostatiques.

Dans les jardins publics, on vit s'élever, à la grande joie des spectateurs, des aérostats offrant la figure de divers personnages, le *Vendangeur aérostatique*, une *Nymphe*, un *Pégase*, etc.

Blanchard parcourait tous les coins de la France, donnant le spectacle de ses innombrables ascensions. Après avoir épuisé la curiosité de son pays, il allait porter en Amérique ce genre de spectacle, encore inconnu des populations du Nouveau-Monde. Il s'éleva à Philadelphie, sous les yeux de Franklin.

Son rival Testu-Brissy marcha sur ses traces. Le ballon qu'il construisit (Fig. 34) était muni de rames, en forme de roue de bateau.

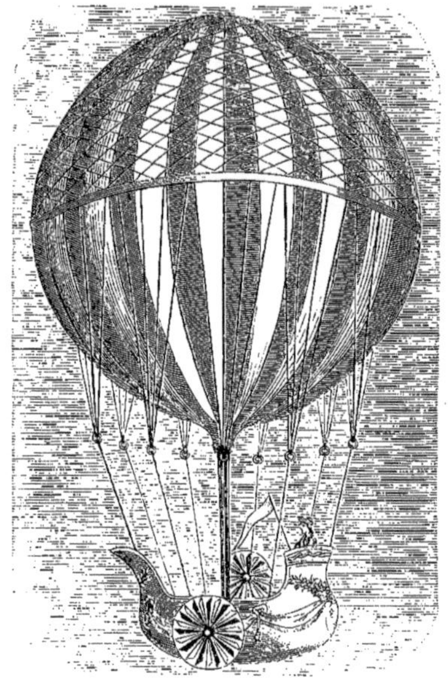

Sa première ascension, faite à Paris en 1785, présenta une circonstance assez curieuse. Il était descendu avec son ballon dans la plaine de Montmorency. Un grand nombre de curieux qui étaient accourus, l'empêchèrent de repartir et saisirent le ballon par les cordes qui descendaient à terre. Le propriétaire du champ où l'aérostat était tombé arriva avec d'autres paysans : il voulut lui faire payer le dégât, et l'on traina son ballon par les cordes de sa nacelle.

« Ne pouvant leur résister de force, je résolus alors, dit Testu-Brissy, de leur échapper par adresse. Je leur proposai de me conduire partout où ils voudraient, en me remorquant avec une corde. L'abandon que je fis de mes ailes brisées et devenues inutiles, persuada que je ne pouvais plus m'envoler ; vingt personnes se lièrent à cette corde en la passant autour de leur corps ; le ballon s'éleva d'une vingtaine de pieds, et je fus ainsi traîné vers le village. Ce fut alors que je pesai mon lest, et, après avoir reconnu que j'avais encore beaucoup de légèreté spécifique, je coupai la corde et je pris congé de mes villageois, dont les exclamations d'étonnement me divertirent beaucoup, lorsque la corde par laquelle ils croyaient me retenir leur tomba sur le nez. »

Fig. 34. — Aérostat de Testu Brissy, construit en 1785.

C'est le même Testu-Brissy qui exécuta, plus tard, une ascension équestre. Il s'éleva monté sur un cheval qu'aucun lien ne retenait au plateau de la nacelle. Dans cette curieuse ascension, Testu-Brissy put se convaincre que le sang des grands animaux s'extravase par leurs artères, et coule par les narines et les oreilles, à une hauteur à laquelle l'homme n'est nullement incommodé.

CHAPITRE II

UTILISATION DES PREMIERS AÉROSTATS

EMPLOI DES AÉROSTATS AUX ARMÉES. — CRÉATION DE L'AÉROSTATION MILITAIRE. — SIÈGE DE MAUBEUGE. — TRANSPORT DE L'AÉROSTAT A CHARLEROI. — BATAILLE DE FLEURUS. — CRÉATION DE L'ÉCOLE AÉROSTATIQUE DE MEUDON. — SIÈGE DE MAYENCE. — CAMPAGNE DU RHIN. — EXPÉDITION D'ÉGYPTE. — FERMETURE DE L'ÉCOLE AÉROSTATIQUE. — L'AÉROSTATION MILITAIRE JUSQU'AU MILIEU DU XIXe SIÈCLE.

Emploi des aérostats aux armées

Jusqu'en 1794, les ascensions aérostatiques n'avaient encore servi qu'à satisfaire la curiosité publique. La montgolfière avait alors cédé définitivement la place à l'aérostat gonflé avec du gaz hydrogène. A cette époque, le gouvernement essaya de tirer parti des aérostats, en les appliquant dans les armées, aux reconnaissances extérieures. Cette idée si nouvelle, d'établir au sein de l'atmosphère, des postes d'observation, pour découvrir les dispositions et les ressources de l'ennemi, étonna beaucoup l'Europe, qui ne manqua pas d'y voir une révélation nouvelle du génie révolutionnaire de la France.

L'histoire est loin d'avoir consacré le souvenir de tous les résultats remarquables obtenus dans l'industrie et les arts, pendant la période de la Révolution française. Les événements politiques ont absorbé l'attention, et remplissent seuls nos annales; tout ce qui concerne les progrès des sciences et de l'industrie à cette époque a été trop souvent négligé. Aussi les documents relatifs à l'aérostation militaire sont-ils peu nombreux. On peut cependant s'en aider pour préciser quelques faits qu'il serait regrettable de laisser dans l'oubli.

Dès les premiers temps de la Révolution française, plusieurs propositions avaient surgi, pour appliquer les aérostats aux opérations militaires. Mais comme il ne s'agissait que de ballons plus ou moins dirigeables, on avait fait peu d'attention à ces projets. Les aérostats furent employés, pour la première fois, à la guerre, pendant le siège de Condé, en 1793, par le commandant Chanal, qui chercha à faire passer, par ce moyen, des dépêches au général Dampierre. Par malheur, la tentative alla directement contre le but proposé, car le ballon, porteur des dépêches, au lieu de parvenir à notre général, tomba dans le camp ennemi, et fit ainsi connaître au prince de Cobourg la situation de la forteresse. On ne pouvait plus mal débuter.

Ce fut Guyton de Morveau, chimiste célèbre, lequel était alors représentant du peuple à la Convention nationale, qui eut le mérite de trouver l'emploi, vraiment pratique, des aérostats dans les armées. Il était familier avec l'aérostation, grâce aux nombreuses expériences qu'il avait exécutées à Dijon, ainsi que nous l'avons dit, dans le chapitre précédent. Guyton de Morveau proposa de se servir d'aérostats retenus captifs au moyen de cordes, et dans lesquels des observateurs, placés comme en sentinelles perdues au haut des airs, observeraient les mouvements de l'ennemi. Rien n'était donc ici livré à l'imprévu ni aux dangereux caprices de l'air.

Guyton de Morveau, en sa qualité de représentant du peuple, faisait partie, avec Monge, Berthollet, Carnot et Fourcroy, d'une commission que le Comité de salut public avait instituée, pour appliquer aux intérêts de l'État les découvertes récentes de la science. Il proposa à cette commission d'employer les aérostats captifs, comme moyen d'observation dans les armées.

Fig. 35. — Guyton de Morveau.

La proposition fut accueillie, et soumise au Comité de salut public, qui l'accepta, sous la seule réserve de ne pas se servir d'acide sulfurique pour la préparation du gaz hydrogène. En effet, la préparation de l'acide sulfurique exigeait du soufre, et le soufre, nécessaire à la fabrication de la poudre, était, à cette époque, très rare et très recherché en France, en raison de la guerre extérieure.

Pour préparer du gaz hydrogène sans employer d'acide sulfurique, comme le voulait le Comité de salut public, il n'y avait qu'un moyen : c'était de décomposer l'eau par le fer porté au rouge.

Quand on dirige un courant de vapeur d'eau sur des fragments de fer portés au rouge, l'eau se décompose : son oxygène se combine avec le fer pour former un oxyde, et son hydrogène, suivant l'expérience classique, se dégage à l'état de gaz.

Cette expérience, exécutée pour la première fois par Lavoisier, sur une très petite échelle, fut répétée en grand par Lavoisier et Guyton de Morveau. Elle prouva à nos deux chimistes que cette opération ne présenterait aucune difficulté; qu'elle fournirait de grandes quantités d'hydrogène pur, et qu'on pourrait l'exécuter en tous lieux, au milieu d'un camp, comme dans un laboratoire, en plein air, comme dans un cabinet de physique.

Guyton de Morveau communiqua ce résultat au Comité de salut public, qui l'autorisa à faire les expériences en grand.

Ici, l'adjonction d'un opérateur spécial devenait nécessaire. Guyton de Morveau s'adressa à un de ses amis, nommé Coutelle, s'occupant particulièrement de physique et de chimie et possédant, à Paris, un cabinet de physique, où se trouvaient réunis tous les appareils nécessaires aux expériences sur les gaz, sur la lumière et sur l'électricité.

Guyton de Morveau n'eut pas de peine à faire agréer Coutelle par le Comité de salut public. Ce dernier fut chargé des premiers essais à faire pour la production de l'hydrogène en grand, au moyen de la décomposition de l'eau.

Coutelle fut installé aux Tuileries, dans la salle des Maréchaux; on lui donna un aérostat de 9 mètres de diamètre, et l'on mit à sa disposition tous les produits et tous les matériaux nécessaires.

Voici comment il procéda à la préparation du gaz. Il établit un grand fourneau, dans lequel il plaça un tuyau de fonte de 1 mètre de longueur et de 4 décimètres de diamètre, qu'il remplit de 50 kilogrammes de rognures de tôle et de copeaux de fer. Ce tuyau était terminé, à chacune de ses extrémités, par un tube de fer. L'un de ces tubes servait à amener le courant de vapeur d'eau, qui se décomposait au contact du métal porté à haute température; l'autre dirigeait dans le ballon le gaz hydrogène résultant de cette décomposition.

En raison de divers accidents, l'opération fut très longue : elle dura trois jours et trois nuits. Cependant elle réussit fort bien, en définitive, car on retira 170 mètres cubes de gaz. La commission fut satisfaite de ce résultat, et dès le lendemain, Coutelle reçut l'ordre de partir pour la Belgique, et d'aller soumettre au général Jourdan la proposition d'appliquer les aérostats aux opérations de son armée.

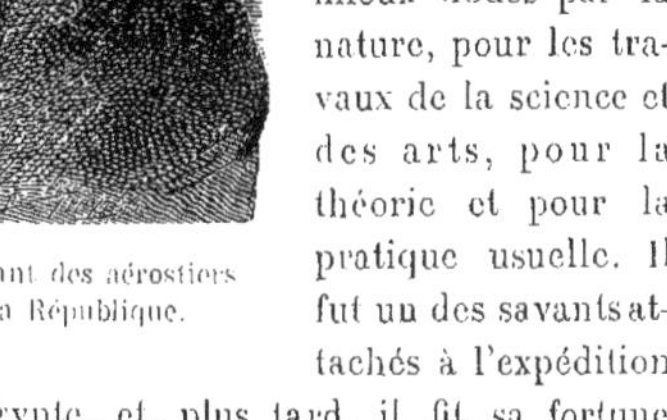

Fig. 36. — Coutelle, commandant des aérostiers militaires des armées de la République.

Le général Jourdan venait de prendre le commandement des deux armées de la Moselle et de la Sambre, fortes de cent mille hommes, et qui, sous le nom d'*Armée de Sambre-et-Meuse*, envahissaient la Belgique.

Il accueillit avec empressement l'idée de faire servir les aérostats aux reconnaissances extérieures. Mais l'ennemi, d'un moment à l'autre, pouvait attaquer, et le temps ne permettait pas d'entreprendre aucun essai avec l'aérostat. Coutelle revint à Paris pour y transmettre l'assentiment du général.

Création de l'aérostation militaire

Le Comité de salut public décida dès lors de continuer et d'étendre les expériences. La République avait donc fondé l'institution toute nouvelle, de l'aérostation militaire. Coutelle, nommé *directeur des expériences aérostatiques,* fut établi dans le jardin du petit château de Meudon (*Maison nationale*). Il s'adjoignit alors lui-même le physicien Jacques Conté.

Jacques Conté était un des hommes les mieux doués par la nature, pour les travaux de la science et des arts, pour la théorie et pour la pratique usuelle. Il fut un des savants attachés à l'expédition d'Égypte, et, plus tard, il fit sa fortune dans la fabrication des crayons qui portent son nom.

L'aérostation militaire était donc placée, dès son début, en très bonnes mains.

Coutelle et Jacques Conté construisirent un ballon de soie, capable d'enlever deux personnes, et disposèrent un nouveau fourneau dans lequel on plaça sept tuyaux de fonte. Ces tuyaux, longs de 3 mètres, sur 3 décimètres de diamètre, étaient remplis, chacun, de 200 kilogrammes de rognures de fer, que l'on foulait, à l'aide du *mouton*, pour les faire pénétrer dans le tube. Le gaz fut ainsi obtenu facilement et avec abondance. Un litre d'eau fournissait un mètre cube de gaz hydrogène, et il ne fallait pas plus de douze à quinze heures pour remplir l'aérostat.

La grande difficulté était d'empêcher le gaz hydrogène de s'échapper à travers l'enveloppe de soie du ballon. En effet, s'il avait fallu dans les camps, au milieu des opérations d'une campagne, recommencer, tous les deux ou trois jours, la préparation du gaz hydrogène et le remplissage de l'aérostat, l'entreprise eût été impraticable. Il était donc de la plus haute importance de rendre l'étoffe de l'aérostat tout à fait imperméable à l'hydrogène. Mais personne encore n'avait pu arriver à un résultat satisfaisant sous ce rapport.

Ce problème, qui avait arrêté jusque-là tous les opérateurs, Coutelle et Conté le résolurent. Ils trouvèrent le moyen de rendre l'étoffe du ballon si complètement imperméable à l'hydrogène, qu'à l'armée de Sambre-et-Meuse, l'aérostat l'*Entreprenant* demeura deux mois entiers plein de gaz, et qu'il n'était pas rare, à l'école de Meudon, de conserver des aérostats pleins de gaz, pendant trois mois.

Tout étant ainsi parfaitement prévu et le matériel nécessaire étant réuni, Coutelle et Conté firent savoir au Comité de salut public, qu'ils étaient en mesure de soumettre à la Commission scientifique les expériences sur lesquelles devait être fondé l'art de l'aérostation militaire.

Coutelle procéda à ces expériences, en présence de Guyton de Morveau, de Monge et de Fourcroy. Il s'éleva, à diverses reprises, à une hauteur de 500 mètres, dans le ballon captif. Deux cordes étaient attachées à la circonférence du ballon, et retenues par dix hommes, placés à terre.

On constata, de cette manière, que l'on pouvait embrasser un espace fort étendu, et reconnaître très nettement les objets, soit à la vue simple, soit avec une lunette d'approche. On étudia, en même temps, les moyens de transmettre les avis aux personnes restées à terre. Tous ces essais eurent un résultat satisfaisant.

On reconnut toutefois que, par les grands vents, il serait difficile de se livrer à des observations de ce genre, à cause des violentes oscillations et du balancement continuel que le vent imprimait à l'appareil. Une seconde difficulté, plus grave encore, c'était de maintenir le ballon en équilibre à la même hauteur; des rafales de vent, parties des régions supérieures, le rabattaient souvent vers la terre. Aucun moyen efficace ne put être opposé à cette action fâcheuse, qui fut plus tard l'obstacle le plus sérieux à la pratique de l'aérostation militaire.

L'expérience ayant paru suffisamment concluante, le Comité de salut public décréta, quatre jours après, la formation d'une compagnie d'*aérostiers militaires,* dont le commandement fut confié à Coutelle, avec le titre de capitaine.

Le décret de la formation de la compagnie des *aérostiers militaires,* composait cette compagnie de vingt hommes seulement. Elle fut pourtant portée à trente. Tous les hommes de cette compagnie, la première qui eût encore été organisée en ce genre, étaient des ouvriers d'élite appartenant aux diverses professions : des charpentiers, des maçons, des mécaniciens, etc. Ils étaient assimilés, pour la solde, aux artilleurs, dont ils portaient l'uniforme, avec la légende *Aérostiers* sur les boutons. Deux caissons attelés étaient affectés au transport du matériel.

Un mois après le décret de formation de la *compagnie d'aérostiers,* le Comité de salut public donnait l'ordre de la mettre en mouvement, et de la diriger sur Maubeuge, que l'armée française venait de reprendre, et où elle était au moment de subir un nouveau siège.

Siège de Maubeuge

Conformément à ce décret, Coutelle expédia sa compagnie à Maubeuge, et il partit de son côté, en poste, emmenant son lieutenant. Maubeuge était déjà assiégée par les Autrichiens.

Arrivé à Maubeuge, son premier soin fut de chercher un emplacement, de construire son fourneau pour la préparation du gaz, de faire les provisions de combustible nécessaires, et de tout disposer en attendant l'arrivée de l'aérostat et des équipages qu'il avait expédiés de Meudon. Il choisit les jardins du collège pour y établir ses appareils, préparer le gaz hydrogène et remplir l'aérostat, qui avait reçu, nous l'avons dit, le nom d'*Entreprenant*.

Fig. 37. — Manœuvre des aérostats captifs employés dans les armées de la République. (*D'après une ancienne gravure.*)

Les premiers moments furent très difficiles. Il fallait tout créer, tout prévoir, et dans la rapidité d'une organisation improvisée, il y avait bien des lacunes, que le zèle de chacun parvenait cependant à faire disparaître.

Nous représentons (Fig. 38) l'appareil qui servit à préparer, dans le camp français, le gaz hydrogène nécessaire au remplissage du ballon l'*Entreprenant*. Contenue dans le vase C, l'eau arrive dans le tube de fonte A; elle se transforme en vapeur, et pénètre dans le tube de fonte B, plein de rognures de fer. Là, elle se décompose, et l'hydrogène provenant de cette décomposition suit le tube BD, se lave dans l'eau de la cuve E, et pénètre finalement, au moyen du tube de cuir G, dans le ballon.

Peu de jours après, les équipages porteurs de tout le matériel des aérostats captifs étant arrivés, Coutelle put mettre en feu son fourneau et procéder à la préparation du gaz. C'était un spectacle étrange que ces opérations ainsi exécutées à ciel ouvert, au milieu d'un camp, au sein d'une ville assiégée, dans un cercle de quatre-vingt mille soldats. Tout fut bientôt préparé, et l'on put commencer à se livrer à la reconnaissance des dispositions de l'ennemi. Alors, deux fois par jour, par l'ordre de Jourdan, et quelquefois avec le général lui-même, Coutelle s'élevait avec son ballon, pour observer les travaux des assiégeants, leurs positions, leurs mouvements et leurs forces.

La manœuvre de l'aérostat s'exécutait en silence. La correspondance avec les hommes qui retenaient les cordes, se faisait au moyen de petits drapeaux blancs, rouges ou jaunes, de forme carrée ou triangulaire. Ces signaux servaient à indiquer aux conducteurs les mouvements à exécuter : *monter, descendre, avancer, aller à droite*, etc. Quant aux conducteurs, ils correspondaient avec le capitaine posté dans la nacelle, en étendant sur le sol des drapeaux semblables, de différentes couleurs. Ils avertissaient ainsi l'observateur d'avoir à s'élever, à descendre, etc. Enfin, pour transmettre au général en chef les notes résultant de ces observations, le commandant des aérostiers jetait sur le sol de petits sacs de sable, surmontés d'une banderole, auxquels la note était attachée.

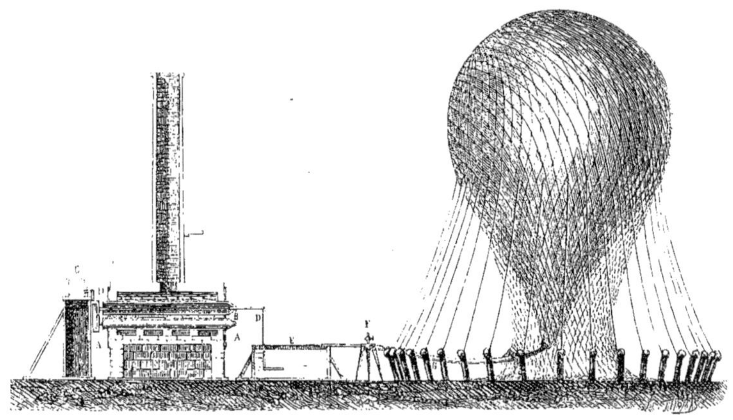

Fig. 38. -- Appareil qui servit à préparer le gaz hydrogène, pour le remplissage de l'aérostat militaire l'*Entreprenant*.

On trouvait chaque jour, des différences sensibles dans les forces des Autrichiens, ou dans les travaux exécutés pendant la nuit, et le général en chef tirait un grand parti de ce moyen nouveau d'observation.

L'ennemi, qui se voyait soumis à cette observation insolite, et qui se sentait surveillé sans jamais pouvoir rien dérober à la connaissance de nos troupes, était fort impressionné, et ne savait comment se mettre à l'abri de cette surveillance active et indiscrète. On lit dans les *Mémoires sur Carnot* que quelques soldats autrichiens, qui n'avaient jamais vu de ballon, s'agenouillaient et se mettaient en prière à la vue de ce prodige.

Les Autrichiens essayèrent de détruire l'aérostat, à coups de canon. Ayant remarqué qu'il s'élevait tous les jours du même point, ils établirent pendant la nuit, dans un ravin, une pièce de canon, et au moment où l'aérostat s'élevait, le cinquième jour de ses opérations, la pièce embusquée tira sur lui. Le premier boulet passa par-dessus ; le second passa si près, que l'on crut le ballon percé ; un troisième boulet passa au-dessous. On tira encore deux coups, sans plus de succès. Le signal de descendre fut alors donné par Coutelle, et exécuté en quelques instants. Le lendemain, la pièce autrichienne n'était plus en position. L'ennemi laissa l'aérostat continuer ses opérations, sans l'inquiéter autrement que par quelques coups de carabine, qui ne l'atteignaient, d'ailleurs pas, à la hauteur où il se trouvait.

Transport de l'aérostat à Charleroi

Cependant le général Jourdan se préparait à investir Charleroi. Il attachait une importance extrême à l'enlèvement de cette place qui devait ouvrir la route de Bruxelles. Coutelle reçut, à midi, l'ordre de se porter, avec son ballon, à Charleroi, éloigné de douze lieues du point où il se trouvait, pour y faire diverses reconnaissances. Le temps ne permettant pas de vider le ballon pour le remplir de nouveau sous les murs de la ville, Coutelle se décida à faire voyager son ballon tout gonflé.

Ce n'était pas une entreprise facile que de transporter ainsi l'aérostat gonflé de Maubeuge à Charleroi. Il fallait d'abord lui faire traverser une partie de Maubeuge, par-dessus les maisons. Il fallait ensuite le faire sortir de la ville ; et là était le point périlleux. Maubeuge était entourée, en grande partie, par l'armée ennemie, qui l'avait enveloppée, d'un côté, de fossés et de tranchées ou de murs de bastion. Il fallait tromper la surveillance des assiégeants ; et l'on comprend quelle tâche ce devait être de dérober à l'ennemi la vue d'une machine ronde, de 9 mètres de diamètre, élevée à 10 mètres au-dessus du sol.

C'est pourtant ce qui fut fait, et voici comment. On passa un jour et une nuit à attacher à l'équateur du filet de l'aérostat, seize cordes, d'une longueur suffisante. Seize hommes furent chargés de tenir chacun une de ces cordes. On franchit ainsi les jardins du collège, puis les rues, en maintenant le ballon par-dessus les toits ; et l'on arriva à l'une des portes, dans la partie de la ville laissée libre par l'ennemi.

A 2 heures du matin, on descendit le premier rempart. Des échelles étaient disposées pour descendre dans le premier fossé. La moitié des hommes descendit en allongeant les cordes, tandis que l'autre moitié attendait au bord du fossé. Quand la moitié des hommes eut remonté le fossé, à l'aide d'autres échelles disposées de l'autre côté, la seconde moitié prit le même chemin, descendit, puis remonta le fossé, au moyen des échelles ; tout cela avec l'intention que l'aérostat ne dépassât que de très peu la crête du glacis, pour ne pas attirer l'attention des assiégeants, malgré l'obscurité de la nuit. Les trois enceintes qui environnaient la ville, furent successivement franchies de cette manière.

Le jour n'était pas encore levé, que déjà la troupe des aérostiers gagnait, en silence, la route de Namur. Rien ne paraissait menacer sa sécurité. Seulement, au lever du soleil, le vent, qui commençait à souffler fortement, poussait l'aérostat contre les pommiers qui bordaient la route, ce qui obligea nos conducteurs à prendre à travers champs.

On était à la fin de juin, la chaleur s'annonçait étouffante et l'on comptait quinze heures de Maubeuge à Charleroi.

C'était un spectacle étrange que ces hommes, à demi nus, à cause de la chaleur, et tout noircis par la poussière de charbon répandue sur les routes, conduisant un énorme globe, suspendu au milieu de l'air. Les superstitieux habitants des Flandres, qui rencontraient cet équipage bizarre, s'enfuyaient de terreur, ou s'agenouillaient, saisis de mystérieuses craintes.

C'est au prix de tant de fatigues que la compagnie des aérostiers de Coutelle arriva, vers le soir, près de Charleroi. Elle reconnut bientôt l'armée campée aux environs.

On eut encore le temps de faire une reconnaissance à la fin de la journée. Coutelle monta en ballon, avec un officier supérieur, qui prit note de la situation et des forces de l'ennemi.

Le lendemain, une ascension plus sérieuse se fit dans la plaine de Jumet. Pendant la journée suivante, Coutelle demeura en observation huit heures de suite, avec le général Morellot. La ville était si vivement pressée par les assiégeants, qu'elle était au moment de capituler, et le général, du haut de son observatoire aérien, s'assurait du véritable état de la place assiégée.

Fig. 39. — Transport du ballon l'*Entreprenant*, de Maubeuge à Charleroi, par les aérostiers de la compagnie de Coutelle. (*D'après une ancienne gravure.*)

La capitulation fut signée le lendemain, et la garnison hollandaise retenue prisonnière.

A peine le général hollandais, commandant la place qui venait de se rendre, eut-il passé devant le front des troupes françaises, qu'on entendit retentir au loin, un coup de canon, bientôt suivi de plusieurs autres.

C'était l'armée autrichienne qui s'avançait, mais trop tard, pour débloquer Charleroi.

« Messieurs, dit le général prisonnier, si j'avais entendu ce signal quelques heures plus tôt, vous ne seriez pas dans Charleroi. »

Il est certain que si la ville n'eût pas été prise ce jour-là, le sort de l'armée française eût été compromis. On peut attribuer cet heureux résultat aux services que rendit le ballon de Coutelle, qui, par ses excellentes observations, hâta le moment de notre victoire.

Bataille de Fleurus

Cependant les Autrichiens s'avançaient toujours vers Charleroi, sous les ordres du prince de Cobourg, et une bataille était inévitable.

Elle s'engagea sur les hauteurs de Fleurus, et tourna à l'avantage de nos armes. L'aérostat l'*Entreprenant* fut d'un grand secours pour le succès de cette belle journée, et le général Jourdan n'hésita pas à proclamer l'importance des services qu'il en avait retirés. C'est sur la fin de la bataille que le ballon de Coutelle s'éleva, d'après l'ordre du général en chef. Il demeura huit heures en observation, transmettant sans relâche des notes sur le résultat des opérations de l'ennemi. Pendant la bataille, plusieurs coups de carabine furent tirés sur lui sans l'atteindre.

Après la bataille de Fleurus, l'armée française ayant fait un mouvement en avant, la compagnie des aérostiers la suivit, continuant presque chaque jour ses reconnaissances aériennes.

On était près des hauteurs de Namur, lorsqu'un accident mit l'*Entreprenant* hors de service. Quelques-uns des porteurs ayant lâché la corde, l'aérostat fut poussé contre un arbre, qui le déchira du haut en bas. Coutelle retourna aussitôt à Maubeuge, où il espérait trouver un nouvel aérostat, le *Céleste*, envoyé de l'école de Meudon. On ne l'avait pas encore expédié. Le commandant partit donc pour Paris, afin d'en hâter l'envoi ; puis il retourna à l'armée.

Bientôt l'aérostat le *Céleste* fut envoyé de Meudon. Mais il avait été mal construit, et ne pouvait emporter qu'une seule personne. Sa forme était cylindrique, ce qui le rendait d'une manœuvre très difficile. On l'essaya à Liège, sans aucun succès.

Fig. 40. — Le ballon l'*Entreprenant* à la bataille de Fleurus.
(*D'après une gravure de l'époque.*)

L'appareil fut donc renvoyé à Meudon, et l'on se servit de l'*Entreprenant,* qui avait été réparé.

Les aérostiers suivaient toujours les marches de l'armée. Après plusieurs reconnaissances, faites pour le service des généraux qui commandaient différents corps, les aérostiers passèrent la Meuse, en bateau, pour se diriger sur Bruxelles.

Arrivé à Borcette, près d'Aix-la-Chapelle,

ville où l'armée fit un assez long séjour. Coutelle créa un nouvel établissement où l'on répara et reconstruisit à nouveau le matériel endommagé.

Création de l'École aérostatique de Meudon

Pendant que ces événements se passaient à l'armée de Sambre-et-Meuse, le Comité de salut public s'occupait d'augmenter l'importance du corps des aérostiers.

Peu de temps après le départ de Coutelle pour Maubeuge, la Convention nationale avait décrété, le 5 messidor an II (23 juin 1794), la formation d'une seconde compagnie d'aérostiers, sorte de dépôt placé à Meudon, sous le commandement de Conté. Mais ce n'était là qu'une organisation provisoire destinée à préparer une institution plus sérieuse. En effet, le 10 brumaire an III (31 octobre 1795), le Comité de salut public créait l'*École nationale aérostatique de Meudon,* destinée à étudier les questions relatives à l'aérostation militaire, et à fournir à cette arme des officiers instruits.

L'*École nationale aérostatique de Meudon* était composée de 60 élèves, divisés en trois sections. Ils suivaient des cours de physique, de mécanique, de chimie et de géographie. Outre l'enseignement théorique, ils étaient exercés à la pratique de la manœuvre des ballons. Le dépôt des aérostiers et son matériel de réserve étaient installés à l'école de Meudon.

Conté, directeur de cette école, fit de nombreuses expériences sur les meilleures dispositions à donner aux aérostats militaires. On n'a point de détails sur ses expériences; on sait seulement que Conté étudia si bien la question des enveloppes, qu'il arriva à construire des ballons dans lesquels le gaz hydrogène se conservait, sans aucun renouvellement, pendant deux et même trois mois. Le procédé employé par Coutelle et Conté pour rendre imperméable l'étoffe d'un aérostat à gaz hydrogène n'a jamais été dévoilé, et l'on a dû, dans la période actuelle d'aérostation, rechercher et trouver d'autres formules, probablement analogues.

Outre l'*Entreprenant,* qui opéra si bien à Maubeuge, à Charleroi, à Fleurus, à Liège, à Bruxelles, etc., avec l'armée de Sambre-et-Meuse et le *Céleste,* dont nous avons déjà parlé, Conté fit construire l'*Hercule* et l'*Intrépide,* qui furent envoyés plus tard aux armées du Rhin et de la Moselle avec la deuxième compagnie, dont il nous reste à parler. La seconde compagnie d'aérostiers installée à Meudon d'une manière provisoire, reçut une organisation définitive, par un arrêté du Comité de salut public en date du 23 mars 1795. Créée pour desservir un aérostat destiné à opérer en Allemagne, elle devait être composée du même nombre d'officiers, sous-officiers et aérostiers, que la première compagnie de l'armée de Sambre-et-Meuse.

Coutelle, que nous avons laissé à Borcette, près d'Aix-la-Chapelle, fut rappelé à Paris. Il reçut le titre de *chef de bataillon, commandant le corps des aérostiers,* et fut chargé de procéder à l'organisation définitive des deux compagnies.

Siège de Mayence

La première compagnie conserva sa position à l'armée de Sambre-et-Meuse, sous la direction du capitaine Lhomond. La seconde fut dirigée vers l'Allemagne, sous la conduite du commandant Coutelle et du capitaine Delaunay. L'aérostat devait servir à éclairer le siège de Mayence, devant laquelle le général Lefebvre était arrêté depuis onze mois.

Il est difficile de se faire une juste idée de l'aspect que présentaient en ce moment les environs de Mayence. Tout avait été ravagé, ruiné, à six lieues à la ronde, par un siège de onze mois. Il fallait envoyer, à trois lieues du camp, des soldats, pour rapporter quelques sacs de pommes de terre.

C'est dans ces conditions que les officiers et les aérostiers de la seconde compagnie passèrent plus d'un mois, occupés chaque jour à des ascensions.

Les généraux et les officiers autrichiens admiraient cette manière de les observer, qu'ils appelaient « aussi hardie que savante ». Pendant un armistice, ils sortirent de Mayence, et vinrent assister à une ascension, qui fut fort belle. Coutelle et un officier du génie, placés dans la nacelle, planèrent pendant une heure, à portée des canons ennemis. Les officiers autrichiens causaient cordialement avec les nôtres, et exprimaient leur admiration pour ce nouveau système d'observation. Et comme Coutelle leur faisait observer que rien ne les empêchait d'en faire autant, « Il n'y a que les Français, disaient-ils, capables d'imaginer et d'exécuter une pareille entreprise. » On a pu en dire autant de nos modernes aviateurs.

Fig. 11. Le commandant Coutelle au siège de Mayence.
(*D'après une gravure de l'époque.*)

De l'estime singulière que les officiers autrichiens lui accordaient, le commandant Coutelle eut une preuve éclatante, dans l'épisode émouvant et chevaleresque que nous allons raconter.

Le siège ayant repris son cours, Coutelle avait reçu l'ordre de faire une reconnaissance de l'état des fortifications de la ville, et il avait laissé élever son aérostat entre nos lignes et la place. Mais il faisait un vent terrible, et trois fois de suite, la bourrasque avait rabattu avec violence le ballon vers la terre. Chaque fois qu'il remontait, les 64 aérostiers qui le retenaient, 32 à chaque corde, étaient soulevés, et entraînés à une grande distance, au péril de leur vie. Déjà les barres de bois qui formaient le plancher de la nacelle, où Coutelle se tenait toujours assis, malgré la tourmente, avaient volé en éclats, et il était menacé à chaque instant d'être lui-même écrasé contre le sol.

Les généraux autrichiens contemplaient des remparts de Mayence ce spectacle dramatique.

Tout à coup, cinq hommes sortent de la place, en déployant en l'air des mouchoirs blancs, signe des parlementaires. Les sentinelles françaises les accueillent, et on les conduit au commandant français.

« Général, disent-ils, nous vous demandons, en grâce, de faire descendre le brave officier qui monte l'aérostat. Il va périr par la bourrasque; et il ne faut pas qu'il soit victime d'un accident étranger à la guerre. Nous lui apportons, de la part du commandant de Mayence, l'autorisation d'entrer dans nos lignes, pour examiner en toute liberté l'intérieur de nos fortifications. ».

Cette proposition est transmise à Coutelle, qui la refuse fièrement, et qui, dix minutes après, s'élève au-dessus de l'ennemi, superbe de résolution et d'audace.

Il est agréable de mettre en parallèle la courtoisie chevaleresque des Autrichiens et l'intrépide fierté de Coutelle.

Campagne du Rhin

Au bout de quelque temps, Coutelle, malade de fièvres persistantes, dut laisser le commandement au capitaine Lhomond, et revenir à Paris.

L'aérostat, sans abri et fatigué par les intempéries de la saison, avait grand besoin d'être réparé. On assigna pour hivernage à la compagnie des aérostiers, la petite ville de Frankenthal, sur le Rhin, située non loin de Manheim, où Pichegru avait son quartier général.

Après l'hiver, on recommença la campagne, mais un accident fortuit endommagea gravement l'*Entreprenant,* déjà bien usé par son long service.

Pendant la marche de l'armée, afin d'éviter l'entrée de Manheim, dont on n'eût pas traversé facilement les fortifications avec le ballon tout rempli, on avait cru pouvoir le laisser hors de la ville, dans une enceinte formée au moyen de cordes et de piquets, et placée sous la garde d'une sentinelle. Le capitaine et le lieutenant des aérostiers, qui venaient de recevoir l'ordre de se diriger vers les avant-postes, étaient occupés dans leur tente à régler le départ de la compagnie pour le lendemain, lorqu'une explosion très forte retentit du côté de l'aérostat. La sentinelle crie : *Aux armes!* On accourt au bruit, et l'on trouve la sentinelle atteinte d'un coup de feu, et l'aérostat criblé de trous ou de déchirures, par une grêle de projectiles. Sans doute à la faveur de la nuit, et grâce à la proximité du fleuve, un Autrichien s'était approché de l'aérostat, avait fait feu contre lui d'une arme chargé à mitraille, ou lancé une grenade à main, et s'était enfui sans être aperçu, grâce à sa connaissance des localités.

Toutes les recherches et toutes les poursuites entreprises pour atteindre l'auteur du méfait, demeurèrent sans résultat. On dut se contenter de vider le ballon, pour s'assurer de la gravité des avaries qu'il avait reçues.

L'ordre arriva ensuite de le diriger sur Strasbourg, où un emplacement devait être désigné pour y établir un parc d'aérostation et de remplissage des aérostats. En effet, la compagnie fut établie à Molsheim, village situé à trois lieues de Strasbourg.

Ainsi se termina pour l'aérostat, la première partie de la campagne sur le Rhin.

Moreau ayant été nommé général en chef, en remplacement de Pichegru, la campagne fut reprise, et l'armée pénétra en Allemagne. L'aérostat suivit nos bataillons. Il traversa, à la suite de l'armée, Rastadt, puis Stuttgard, et s'arrêta à Donawert, où était le quartier général.

Le lendemain, à l'arrivée à Donawert, l'aérostat s'éleva pour reconnaître les principales forces de l'ennemi, qui garnissaient l'autre rive du Danube.

Deux jours après, le général Moreau, ayant fait franchir le fleuve à son armée, fit effectuer une autre ascension, puis la compagnie d'aérostiers partit pour Augsbourg.

Après un court séjour à Augsbourg, nos soldats durent battre en retraite. En effet, tandis que Moreau s'avançait au cœur de l'Allemagne, pour opérer sa jonction avec l'armée d'Italie, le général Jourdan, qui devait le soutenir avec l'armée de Sambre-et-Meuse, avait été forcé de battre en retraite devant le prince Charles. Moreau, alors à Munich, se décida à opérer également sa retraite, et donna à son armée l'ordre de regagner Strasbourg.

Il aurait été imprudent de faire voyager l'aérostat tout gonflé, sur des chemins déjà infestés par quelques groupes de la cavalerie légère des Autrichiens. L'aérostat fut donc vidé, l'enveloppe chargée sur un fourgon; et la compagnie des aérostiers se réunit à un convoi d'artillerie, qui partait en ce moment. Le tout composait un effectif d'environ deux cents hommes.

Le petit détachement traversa ainsi Rastadt, inquiété par un corps de hussards autrichiens, qui le suivit pendant deux jours, mais sans oser l'attaquer. On arriva enfin sain et sauf, hommes et matériel, à Strasbourg, et de là à Molsheim, où était établi le parc de l'aérostat.

Là devaient finir les exploits de la seconde compagnie des aérostiers. On la laissa trois ans dans l'inaction. Elle était sous les ordres d'officiers braves et intelligents, sans doute, mais sans aucune influence pour faire apprécier l'utilité de leur arme spéciale. Coutelle n'était plus là, pour la soutenir auprès du gouvernement, et pour discuter les préventions du général commandant l'armée du Rhin, qui se montrait très hostile à l'emploi des ballons dans l'armée.

Ce général, c'était pourtant l'illustre Hoche, qui avait remplacé Jourdan. Ce dernier, qui avait apprécié par lui-même, à la bataille de Fleurus, les avantages que l'on pouvait retirer des aérostats en campagne, avait toujours été partisan de leur emploi; mais Hoche, son successeur, ne voulut jamais s'en servir, ni même les essayer. Il laissa le matériel et les hommes se morfondre à Strasbourg. Il alla même jusqu'à demander le licenciement de ce corps, par une lettre au ministre de la guerre.

Le licenciement demandé par le général Hoche ne fut pas accordé; mais la compagnie ne sortit pas de son inaction, malgré les réclamations de ses chefs.

La fortune, qui avait souri, aux débuts, à l'aérostation militaire, ne cessait maintenant de lui être contraire. Nous venons de voir la fin languissante de la seconde compagnie d'aérostiers; le sort de la première compagnie fut plus triste encore.

Commandée par le capitaine Lhomond, elle fit plusieurs reconnaissances à Worms et à Manheim. A Ehrenbreistein, Lhomond fit une ascension magnifique, au milieu d'une pluie de bombes et de boulets. Mais les hauts faits de l'aérostation militaire devaient s'arrêter là. Pendant la bataille de Würtzbourg, livrée le 17 fructidor an IV, l'aérostat, demeuré longtemps en observation, fut endommagé au moment de la retraite précipitée de l'armée, et la compagnie fut forcée de se retirer dans la place, avec son matériel. Mais bientôt Würtzbourg fut prise, et la compagnie des aérostiers, avec tout son matériel, tomba au pouvoir de l'ennemi. Le capitaine Lhomond et le lieutenant Plazanet furent retenus prisonniers de guerre. Quelques mois plus tard, le traité de Léoben vint rendre la liberté aux prisonniers de Würtzbourg.

Expédition d'Égypte — En ce moment se préparait, en grand mystère, l'expédition d'Égypte. Conté avait obtenu de faire partie de la commission de savants qui accompagnait le premier consul. Il décida Bonaparte à emmener en Égypte la première compagnie d'aérostiers, sortie récemment de Würtzbourg.

Cette compagnie fut donc dirigée sur Toulon. Elle partit de là pour l'Égypte, avec Coutelle, Conté et Plazanet, où elle débarqua heureusement, et fut, dès son arrivée, postée en avant des troupes.

Mais la fatalité poursuivait l'aérostation militaire. On avait laissé sur le bâtiment qui avait amené la compagnie d'aérostiers, le ballon, ainsi que tout le matériel pour la préparation du gaz. Ce bâtiment fut pris et coulé par les Anglais.

Ainsi privée de ses instruments, la compagnie d'aérostiers n'avait plus sa raison d'être. Les soldats furent répartis dans les régiments. Coutelle, attaché à l'armée comme chef de bataillon, s'en alla, presque seul, faire un voyage d'exploration dans la haute Égypte, et Conté mit à la disposition de l'armée son génie inventif qui lui permettait de se rendre utile en tout temps et partout.

L'aérostation militaire ne joua donc aucun rôle en Égypte. Tout se borna à lancer quelques montgolfières les jours de réjouissances publiques.

Une montgolfière tricolore de 15 mètres de diamètre, s'éleva au milieu d'une fête brillante qui fut donnée par Bonaparte, au Caire. Il y avait dans ce spectacle de quoi frapper l'imagination des Orientaux, et Bonaparte ne manqua pas de recourir à ce nouveau moyen d'étonner et de séduire les populations des bords du Nil. Mais on assure que les Musulmans se trouvèrent fort peu impressionnés par ce spectacle.

Fermeture de l'École aérostatique

L'aérostation militaire, reprise et encouragée, aurait certainement rendu des services pendant nos grandes guerres. L'école aérostatique de Meudon était toujours ouverte; Coutelle et Conté, ses directeurs, étaient encore pleins de zèle pour l'institution due à la République. Malheureusement, Bonaparte ne l'aimait pas. Dès son retour d'Égypte, il licencia les compagnies d'aérostiers, donna à Coutelle et aux autres officiers des grades équivalents dans d'autres armes, fit fermer l'école aérostatique de Meudon, et vendre tous les ustensiles et appareils qui restaient dans l'établissement. L'aéronaute Robertson, que nous retrouverons plus loin, se rendit acquéreur du glorieux ballon de Fleurus.

Ainsi s'interrompit à la fin du XVIIIe siècle, l'aérostation militaire qui devait renaître plus tard, ainsi que nous le verrons au cours de ce volume, par l'emploi d'engins si variés.

Cependant les applications des aérostats à l'art militaire, ne furent pas complètement suspendues par l'arrêté du Premier Consul qui licenciait le corps des aérostiers militaires. Les ballons rendirent aux opérations des armées certains services, que nous allons rappeler.

En 1812, les Russes avaient formé le projet d'écraser l'armée française, à l'aide de projectiles explosibles, lancés du haut d'un aérostat. Le ballon fut construit à Moscou : il pouvait, dit-on, porter jusqu'à cinquante hommes. On voulait le faire flotter par-dessus le quartier général de l'armée française, que l'on aurait accablée, de cette hauteur, de projectiles incendiaires. On commença par faire des expériences avec des ballons de plus petites dimensions; mais elles réussirent très mal, ce qui décida à suspendre le travail commencé.

En 1815 Carnot, commandant Anvers assiégé, fit exécuter, en ballon, des reconnaissances militaires.

En 1826, le journal *le Spectateur militaire* publia un excellent article, dans lequel un ancien professeur de l'École militaire, Ferry, ramenait l'attention sur l'emploi des aérostats dans les armées, et manifestait la crainte de voir oublier, par la génération actuelle, les connaissances acquises à la science par les travaux des aérostiers de la République. Une notice biographique sur Coutelle, la description des manœuvres exécutées par les anciens aérostiers, enfin une analyse du travail du général Meusnier, terminaient cet article, qui attira l'attention du gouvernement. Une commission fut nommée pour étudier la question, et en faire l'objet d'un rapport. Après de consciencieux travaux, cette commission déposa son rapport, qui était favorable à la réorganisation du corps des aérostiers.

Cependant la proposition n'eut aucune suite.

C'était peut-être par une réminiscence de ce projet, qu'au moment de la conquête d'Alger, on accorda à un aéronaute l'autorisation d'accompagner l'armée d'expédition. Le ballon fut embarqué, mais il resta sur le navire. La caisse ne fut pas même déballée; on le rapporta à Paris, on le paya, et tout fut dit.

Pendant le siège de Venise par les Autrichiens, en 1849, on fit usage de petits ballons, porteurs de bombes, qui devaient éclater sur la ville. Sur la proposition de deux officiers d'artillerie autrichiens, on avait confectionné deux cents petits aérostats, chargés, chacun, d'une bombe de 24 à 30 livres garnie d'une mèche inflammable, destinée à faire éclater la bombe. On mettait le feu à la mèche au moment de laisser partir dans les airs ces ballons incendiaires.

Fig. 42. — Les aérostats porteurs de bombes incendiaires lancées sur Venise par les Autrichiens, en 1849. (*D'après une gravure de l'époque.*)

Ce genre d'attaque eut lieu, en effet, le 22 juin 1849, mais un vent contraire ramena les petits ballons vers le camp autrichien, de sorte que les bombes firent plus de mal aux assiégeants qu'aux assiégés.

En 1854, à l'arsenal de Vincennes, à Paris, on essaya de lancer des projectiles du haut d'un ballon retenu captif. Ces expériences, furent, paraît-il, mal exécutées.

Pendant la guerre d'Amérique, on fit usage simultanément des aérostats et de la télégraphie électrique.

Au mois de septembre 1861, un aéronaute nommé La Mountain fournit d'importants renseignements au général Mac Clellan. Ce ne fut pas en ballon captif, mais en ballon libre, que l'aéronaute américain fit son excursion aérienne. Parti du camp de l'Union, sur le Potomac, il passa par-dessus Washington retenu à terre par des cordes. Mais ne pouvant embrasser ainsi un espace suffisant, il coupa bravement la corde qui retenait son ballon captif, et s'éleva à la hauteur de 1.500 mètres. Il se trouva ainsi placé directement au-dessus des lignes ennemies, dont il put observer parfaitement la position, les mouvements et les forces. Ayant jeté une nouvelle quantité de lest, il s'éleva plus haut encore, et trouva un nouveau courant d'air, qui l'éloigna des lignes ennemies. Il opéra sa descente sans difficulté, à Maryland, d'où il transmit au général Mac Clellan le résultat de sa reconnaissance.

Un autre aéronaute américain, Allan de Rhode-Island, eut l'idée de faire communiquer par un fil électrique, l'observateur placé dans la nacelle, avec le corps d'armée pour lequel il faisait ces reconnaissances. Allan et le professeur Lowe, de Washington, exécutèrent plusieurs fois ces curieuses expériences, du haut d'un ballon captif.

Ces divers emplois des aérostats indiquaient que leur utilisation bien comprise dans les armées, pouvait rendre des services réels. Ce sont ces considérations qui conduisirent plus tard à la réorganisation du corps des aérostiers militaires.

PREMIÈRES ASCENSIONS SCIENTIFIQUES

ASCENSIONS DE ROBERTSON. — ASCENSIONS DE BIOT ET GAY-LUSSAC. — ASCENSIONS DE BARRAL ET BIXIO. — ASCENSIONS DE WELSH ET GREEN. — ASCENSIONS DE GLAISHER ET COXWELL.

Ascensions de Robertson Un temps considérable s'était écoulé depuis l'invention des aérostats, et les sciences n'en avaient encore retiré aucun profit. Aussi l'enthousiasme qui avait d'abord accueilli cette découverte, avait-il fait place à une indifférence et à un découragement extrêmes. On fondait si peu d'espoir sur l'application des aérostats aux sciences physiques, que vingt ans se passèrent sans amener une seule tentative dans cette voie. Ce n'est, en effet, qu'en 1803, que s'accomplit la première ascension exécutée dans un but scientifique. Le physicien Robertson en fut le héros.

Flamand d'origine, Robertson passa à Liège, lieu de sa naissance, la première partie de sa jeunesse. Il se disposait à entrer dans les ordres, et s'occupait à Louvain des études relatives à sa profession future, lorsque les événements de la Révolution française le détournèrent de ce projet. Il vint à Paris, et se consacra à l'études des sciences. Après avoir essayé inutilement de diverses carrières, excité par le succès de Blanchard, il embrassa la profession d'aéronaute. Ses connaissances assez étendues en physique, lui devinrent d'un grand secours dans cette carrière nouvelle; elles lui donnèrent les moyens d'exécuter la première ascension que l'on ait faite dans un intérêt véritablement scientifique.

Le beau voyage que Robertson exécuta à Hambourg, le 18 juillet 1803, avec son compatriote Lhoest, fit beaucoup de bruit en Europe. Les aéronautes demeurèrent cinq heures et demie dans l'air, et descendirent à vingt-cinq lieues de leur point de départ. Ils s'élevèrent jusqu'à la hauteur de 7.400 mètres, et se livrèrent à différentes opérations de physique. Entre autres faits, ils crurent reconnaître qu'à une hauteur considérable dans l'atmosphère, les phénomènes du magnétisme terrestre perdent sensiblement de leur intensité, et qu'à cette élévation l'aiguille aimantée oscille avec plus de lenteur qu'à la surface de la terre.

Robertson a écrit à ce sujet un rapport assez étendu, adressé à l'Académie de Saint Pétersbourg et reproduit dans ses *Mémoires récréatifs, scientifiques et anecdotiques*.

En voici quelques intéressants extraits.

« Je partis, dit-il, à 9 heures du matin, accompagné de M. Lhoest, mon condisciple et compatriote français, établi à Hambourg; nous avions 140 livres de lest. Le baromètre marquait 28 pouces, le thermomètre de Réaumur 16°. Malgré un faible vent du nord-ouest, l'aérostat monta si perpendiculairement et si haut, que dans toutes les rues chacun croyait l'avoir à son zénith. Pour accélérer notre élévation, je détachai un parachute de soie d'une forme parabolique, et ayant sur sa périphérie des cases dont le but était d'éviter les oscillations. L'animal qu'il soutenait, enfermé dans une corbeille, descendit avec une lenteur de deux pieds par seconde, et d'une manière presque uniforme. Dès l'instant où le baromètre commença à descendre, nous ménageâmes notre lest avec beaucoup de prudence, afin d'éprouver d'une manière moins sensible les différentes températures par lesquelles nous allions passer.

« A 10 heures 15 minutes, le baromètre était à 19 pouces et le thermomètre à 3 degrés au-dessus de zéro. Sentant arriver graduellement toutes les incommodités d'un air raréfié, nous commençâmes à disposer quelques expériences sur l'électricité atmosphérique... L'électricité des nuages que j'ai obtenue trois fois a toujours été vitrée.

Fig. 43. — E. G. Robertson.

« Nous fûmes souvent détournés dans ces différents essais par la surveillance qu'il fallait accorder à l'aérostat, dont le taffetas se distendait avec violence, quoique l'appendice fût ouvert ; le gaz en sortait en sifflant et devenait visible en passant dans une atmosphère plus froide ; nous fûmes même obligés, par crainte d'explosion, de donner deux issues au gaz hydrogène en ouvrant la soupape. Comme il restait encore beaucoup de lest, je proposai à mon compagnon de monter encore : aussi zélé et plus robuste que moi, il m'en témoigna le plus grand désir, quoiqu'il se trouvât fort incommodé. Nous jetâmes du lest pendant quelque temps ; bientôt le baromètre indiqua un mouvement progressif ; enfin, le froid augmenta, et nous ne tardâmes pas à le voir descendre avec une extrême lenteur. Pendant les différents essais dont nous nous occupions, nous éprouvions une anxiété, un malaise général ; le bourdonnement d'oreilles dont nous souffrions depuis longtemps augmentait d'autant plus que le baromètre dépassait les 13 pouces. La douleur que nous éprouvions avait quelque chose de semblable à celle que l'on ressent lorsqu'on plonge la tête dans l'eau. Nos poitrines paraissaient dilatées, manquaient de ressort ; mon pouls était précipité. Celui de M. Lhoest l'était moins ; il avait, ainsi que moi, les lèvres grosses, les yeux saignants ; toutes les veines étaient arrondies et se dessinaient en relief sur mes mains. Le sang se portait tellement à la tête, qu'il me fit remarquer que son chapeau lui paraissait trop étroit. Le froid augmenta d'une manière sensible ; le thermomètre descendit assez brusquement jusqu'à 2 degrés et vint se fixer à 5 degrés et demi au-dessous de la glace, tandis que le baromètre était à 12 pouces 4/100. A peine me trouvai-je dans cette atmosphère, que le malaise augmenta ; j'étais dans une apathie morale et physique ; nous pouvions à peine nous défendre d'un assoupissement que nous redoutions comme la mort. Me défiant de mes forces, et craignant que mon compagnon de voyage ne succombât au sommeil, j'avais attaché une corde à ma cuisse, ainsi qu'à la sienne ; l'extrémité de cette corde passait dans nos mains. C'est dans cet état, peu propre à des expériences délicates, qu'il fallut commencer les observations que je me proposais. »

Ici Robertson donne le détail des expériences qu'il fit sur l'électricité et le magnétisme. A la hauteur qu'il occupait dans l'atmosphère, les phénomènes de l'électricité statique lui paraissaient sensiblement affaiblis; le verre, le soufre et la cire d'Espagne ne s'électrisaient que très faiblement par le frottement. La pile de Volta fonctionnait avec moins d'énergie qu'à la surface de la terre. En même temps, il crut reconnaître que les oscillations de l'aiguille aimantée diminuaient d'intensité, ce qui l'amena à admettre l'affaiblissement du magnétisme terrestre à mesure que l'on s'élève dans les hautes régions de l'air. Nous ne rapporterons pas ces expériences, car nous les trouverons bientôt réfutées ou expliquées par Biot.

En quittant l'Allemagne, Robertson se rendit en Russie. Le bruit de ses expériences sur le magnétisme terrestre décida l'Académie des Sciences de Saint-Pétersbourg à les faire répéter par l'auteur lui-même. Avec le concours de cette Académie, Robertson, assisté d'un savant moscovite, Saccharoff, exécuta à Saint-Pétersbourg une nouvelle ascension. Les expériences auxquelles ils se livrèrent ensemble confirmèrent son assertion relativement à l'affaiblissement de l'action magnétique de la terre.

Ascension de Biot et Gay-Lussac

Les résultats annoncés par Robertson et Saccharoff soulevèrent beaucoup d'objections parmi les savants de Paris. Dans une séance de l'Institut, Laplace proposa de faire vérifier, au moyen des aérostats, le fait annoncé par ces expérimentateurs, relativement à l'affaiblissement de la force magnétique de notre globe. Berthollet et plusieurs autres académiciens appuyèrent la demande de Laplace.

Cette proposition ne pouvait être faite dans des circonstances plus favorables, puisque Chaptal était alors ministre de l'intérieur. Aussi la décision fut-elle prise à l'instant même, et l'on désigna, pour exécuter l'ascension, Biot et Gay-Lussac, qui étaient les plus jeunes et les plus ardents professeurs de l'époque. Conté, l'ancien directeur de l'*École aérostatique de Meudon*, se chargea de construire et d'appareiller l'aérostat. Les dispositions qu'il prit pour rendre le voyage aussi sûr que commode, ne laissaient rien à désirer.

Aussi, le jour fixé pour l'ascension, les deux académiciens n'eurent-ils qu'à se rendre au jardin du Luxembourg, munis de leurs instruments.

Cependant, au moment du départ, il survint un accident qui nécessita l'ajournement du voyage. L'aérostat s'était trouvé plus tôt prêt que les aéronautes, et ceux-ci avaient cru pouvoir sans danger le faire attendre. Mais les piquets auxquels étaient fixées les cordes qui le retenaient étaient plantés sur un terrain récemment remué, et, par conséquent, peu solide ; une pluie abondante tombée pendant la nuit l'avait détrempé, de sorte que les piquets ne purent résister longtemps à la force ascensionnelle de l'aérostat, qui s'élançant de terre se mit à parcourir une certaine distance. En arrivant au Luxembourg, Biot et Gay-Lussac furent tout surpris de voir le ballon en l'air, et un grand nombre de personnes occupées à ramener le fugitif. Heureusement on put saisir ses lisières et on le ramena sur le sol. Il fallut néanmoins remettre l'ascension à un autre jour et choisir un endroit plus convenable.

On se décida pour le jardin du Conservatoire des Arts et Métiers, et c'est de là que Biot et Gay-Lussac partirent, le 20 août 1804, pour accomplir une ascension scientifique restée depuis fort célèbre.

Le but principal que se proposaient Biot et Gay-Lussac, c'était de rechercher si la propriété magnétique éprouve quelque diminution appréciable quand on s'éloigne de la terre. L'examen attentif auquel les deux savants soumirent, pendant presque toute la durée du voyage, les mouvements de l'aiguille aimantée, les amena à conclure que la propriété magnétique ne perd rien de son intensité, quand on s'élève dans les régions supérieures. A 4.000 mètres de hauteur, les oscillations de l'aiguille aimantée coïncidaient en nombre et en amplitude avec les oscillations reconnues à la surface de la terre. Ils expliquèrent l'erreur dans laquelle, selon eux, Robertson était tombé, par la difficulté que présente l'observation de l'aiguille magnétique au milieu des oscillations continuelles de l'aérostat. Ils constatèrent aussi, contrairement aux assertions de Robertson, que la pile deVolta et les appareils d'électricité statique fonctionnent aussi bien à une grande hauteur dans l'atmosphère, qu'à la surface du sol. L'électricité qu'ils recueillirent était négative, et sa quantité s'accroissait avec la hauteur. L'observation de l'hygromètre leur fit reconnaître que la sécheresse croissait également avec l'élévation. Enfin Biot et Gay-Lussac firent différentes observations thermométriques, mais elles ne furent point suffisantes pour amener à quelque conclusion rigoureuse relativement à la loi de décroissance de la température dans les régions élevées.

« Notre but principal, écrit Biot, était d'examiner si la propriété magnétique éprouve quelque diminution appréciable quand on s'éloigne de la terre. Saussure, d'après des expériences faites sur le *col du Géant,* à 3.435 mètres de hauteur, avait cru y reconnaître un affaiblissement très sensible et qu'il évaluait à 1/5. Quelques physiciens avaient même annoncé que cette propriété se perd entièrement, quand on s'éloigne de la terre dans un aérostat. Ce fait étant lié de près à la cause des phénomènes magnétiques, il importait à la physique qu'il fût éclairci et constaté; du moins, c'est ainsi qu'ont pensé plusieurs membres de l'Académie des Sciences, et l'illustre Saussure lui-même, qui recommande beaucoup cette observation sur laquelle il est revenu plusieurs fois dans ses voyages aux Alpes.

« Pour décider cette question, il ne faut qu'un appareil fort simple. Il suffit d'avoir une aiguille aimantée, suspendue à un fil de soie très fin. On détourne un peu l'aiguille de son méridien magnétique, et on la laisse osciller; plus les oscillations sont rapides, plus la source magnétique est considérable. C'est Borda qui a imaginé cette excellente méthode, et M. Coulomb a donné le moyen d'évaluer la force d'après le nombre des oscillations. Saussure a employé cet appareil dans son voyage sur le col du Géant. Nous en avons emporté un semblable dans notre aérostat.

« Outre cet appareil nous avons emporté une boussole ordinaire de déclinaison et deux boussoles d'inclinaison : la première pour observer la direction du méridien magnétique ; la seconde pour connaître les variations d'inclinaison. Ces appareils étaient seulement destinés à nous indiquer des différences, s'il en était survenu qui fussent très considérables. Afin de n'avoir que des résultats comparables, nous avions placé tous ces instruments dans la nacelle, lorsque nous avons observé, à terre, les oscillations de la première aiguille. Du reste, il n'entrait pas un morceau de fer dans la construction de notre nacelle, ni dans celle de notre aérostat. Les seuls objets de cette matière que nous emportâmes (un couteau, des ciseaux, deux canifs) furent descendus dans un panier au-dessous de la nacelle, à 8 ou 10 mètres de distance (vingt-cinq ou trente pieds), en sorte que leur influence ne pouvait être sensible en aucune manière.

« Outre cet objet principal, dans ce premier voyage, nous nous proposions aussi d'observer l'électricité de l'air, ou plutôt la différence d'électricité des différentes couches atmosphériques. Pour cela, nous avions emporté des fils métalliques de diverses longueurs, depuis 20 jusqu'à 100 mètres (60 à 300 pieds). En suspendant ces fils à côté de notre nacelle, à l'extrémité d'une tige de verre, ils devaient nous mettre en communication avec les couches inférieures et nous permettre de puiser leur électricité. Quant à la nature de cette électricité, nous avions, pour la déterminer, un petit électrophore, chargé très faiblement, et dont la résine avait été frottée à terre avant le départ.

« Nous avions aussi projeté de rapporter de l'air puisé à une grande hauteur. Nous avions pour cela un ballon fermé, dans lequel on avait fait exactement le vide, en sorte qu'il suffisait de l'ouvrir pour le remplir d'air. On devine aisément que nous nous étions munis de baromètres, de thermomètres, d'électromètres et d'hygromètres. Nous avions avec nous des disques de métal pour répéter les expériences de Volta, ou l'électricité développée par le simple contact. Enfin, nous avions emporté divers animaux, comme des grenouilles, des oiseaux et des insectes.

« Nous partîmes, du jardin du Conservatoire des Arts et Métiers, le 6 fructidor, à 10 heures du matin, en présence d'un petit nombre d'amis.

« Nous l'avouerons, le premier moment où nous nous élevâmes ne fut pas consacré à nos expériences. Nous ne pûmes qu'admirer la beauté du spectacle qui nous environnait. Notre ascension, lente et calculée, produisit sur nous cette impression de sécurité que l'on éprouve toujours quand on est abandonné à soi-même, avec des moyens sûrs. Nous entendions encore les encouragements qui nous étaient donnés, mais nous n'en avions pas besoin : nous étions parfaitement calmes et sans la plus légère inquiétude. Nous n'entrons dans ces détails que pour montrer que l'on peut accorder quelque confiance à nos observations.

Fig. 11. — Gay-Lussac.

« Nous arrivâmes bientôt dans les nuages. C'étaient comme de légers brouillards, qui ne nous causèrent qu'une faible sensation d'humidité. Notre ballon s'étant gonflé entièrement, nous ouvrîmes la soupape pour abandonner du gaz, et en même temps nous jetâmes du lest pour nous élever plus haut. Nous nous trouvâmes aussitôt au-dessus des nuages, et nous n'y rentrâmes qu'en descendant.

« Nous nous trouvions alors vers 2.000 mètres de hauteur. Nous voulûmes faire osciller notre aiguille, mais nous ne tardâmes pas à reconnaître que l'aérostat avait un mouvement de rotation très lent, qui faisait varier sans cesse la position de la nacelle par rapport à la direction de l'aiguille, et nous empêchait d'observer le point où les oscillations finissaient. Cependant la propriété magnétique n'était pas détruite; car, en approchant de l'aiguille un morceau de fer, l'attraction avait encore lieu. Ce mouvement de rotation devenait sensible quand on alignait les cordes de la nacelle sur quelque objet terrestre, ou sur les flancs des nuages, dont les contours nous offraient des différences très sensibles. De cette manière nous nous aperçûmes bientôt que nous ne répondions pas toujours au même point. Nous espérâmes que ce mouvement de rotation, déjà très peu rapide, s'arrêterait avec le temps, et nous permettrait de reprendre nos oscillations.

« En attendant, nous fîmes d'autres expériences; nous essayâmes le développement de l'électricité par le contact des métaux isolés; elle réussit comme à terre. Nous apprêtâmes une colonne électrique avec vingt disques de cuivre et autant de disques de zinc; nous obtînmes, comme à l'ordinaire, la saveur piquante. Tout cela était facile à prévoir, d'après la théorie de Volta, et puisque l'on sait d'ailleurs que l'action de la colonne électrique ne cesse pas dans le vide ; mais il était si facile de vérifier ces faits, que nous avions cru devoir le faire. D'ailleurs tous ces objets pouvaient nous servir de lest au besoin. Nous étions alors à 2,724 mètres de hauteur, selon notre estime.

« Vers cette élévation, nous observâmes les animaux que nous avions emportés; ils ne paraissaient pas souffrir de la rareté de l'air; cependant le baromètre était à 20 pouces 8 lignes : ce qui donnait une hauteur de 2.622 mètres. Une abeille violette (*Apis violacea*), à qui nous avions donné la liberté, s'envola très vite et nous quitta en bourdonnant. Le thermomètre marquait 13° de la division centigrade (10°,4 Réaumur). Nous étions très surpris de ne pas éprouver de froid; au contraire, le soleil nous échauffait fortement; nous avions ôté les gants que nous avions mis d'abord, et qui ne nous ont été d'aucune utilité. Notre pouls était fort accéléré. Cependant notre respiration n'était nullement gênée, nous n'éprouvions aucun malaise, et notre situation nous semblait extrêmement agréable.

« Cependant nous tournions toujours, ce qui nous contrariait fort, parce que nous ne pouvions pas observer les oscillations magnétiques tant que cet effet avait lieu. Mais en nous alignant, comme je l'ai dit, sur les objets terrestres, et sur les flancs des nuages, qui étaient bien au-dessous de nous, nous nous aperçûmes que nous ne tournions pas toujours dans le même sens; peu à peu le mouvement de rotation diminuait et se reproduisait en sens contraire. Nous comprîmes alors qu'il fallait saisir ce passage d'un des états à l'autre, parce que nous restions stationnaires dans l'intervalle. Nous profitâmes de cette remarque pour faire nos expériences. Mais comme cet état stationnaire ne durait que quelques instants, il n'était pas possible d'observer, de suite, vingt oscillations comme à terre; il fallait se contenter de cinq ou six au plus, en prenant bien garde de ne pas agiter la nacelle, car le plus léger mouvement, celui que produisait le gaz quand nous le laissions échapper, celui même de notre main quand nous écrivions, suffisait pour nous faire tourner. Avec toutes ces précautions, qui demandaient beaucoup de temps, d'essais et de soins, nous parvînmes à répéter dix fois l'expérience dans le cours du voyage, à diverses hauteurs.

« Toutes ces observations, faites dans une colonne de plus de 1.000 mètres de hauteur, s'accordent à donner 35 secondes pour la durée de cinq oscillations. Or, les expériences faites à terre donnent 35 secondes 1/4 pour cette durée. La petite différence d'un quart de seconde n'est pas appréciable, et dans tous les cas elle ne tend pas à indiquer une diminution.

« Il nous semble donc que ces résultats établissent avec quelque certitude la proposition suivante :

« *La propriété magnétique n'éprouve aucune diminution appréciable depuis la surface de la terre jusqu'à 4.000 mètres de hauteur : son action dans ces limites se manifeste constamment par les mêmes effets et suivant les mêmes lois.*

« Nous avons observé nos animaux à toutes les hauteurs ; ils ne paraissaient souffrir en aucune manière. Pour nous, nous n'éprouvions aucun effet, si ce n'est cette accélération du pouls dont j'ai déjà parlé. A 3.400 mètres de hauteur, nous donnâmes la liberté à un petit oiseau que l'on nomme un *verdier;* il s'envola aussitôt, mais revint presque à l'instant se poser sur nos cordages ; ensuite, prenant de nouveau son vol, il se précipita vers la terre, en décrivant une ligne tortueuse peu différente de la verticale. Nous le suivîmes des yeux jusque dans les nuages, où nous le perdîmes de vue. Mais un pigeon, que nous lâchâmes de la même manière, à la même hauteur, nous offrit un spectacle beaucoup plus curieux ; remis en liberté sur le bord de la nacelle, il y resta quelques instants, comme pour mesurer l'étendue qu'il avait à parcourir ; puis il s'élança en voltigeant d'une manière inégale, en sorte qu'il semblait essayer ses ailes, mais après quelque battements il se borna à les étendre et s'abandonna tout à fait. Il commença à descendre vers les nuages en décrivant de grands cercles, comme font les oiseaux de proie. Sa descente fut rapide, mais réglée ; il entra bientôt dans les nuages, et nous l'aperçûmes encore au-dessous.

Fig. 45. — Gay-Lussac et Biot font des expériences de physique à 1.000 mètres de hauteur. (*D'après une gravure de l'époque.*)

« Nous n'avions pas encore essayé l'électricité de l'air, parce que l'observation de la boussole, qui était la plus importante et qui exigeait que l'on saisît des occasions favorables, avait absorbé presque toute notre attention ; d'ailleurs nous avons toujours eu des nuages au-dessous de nous, et l'on sait que les nuages sont diversement électrisés. Nous n'avions pas alors les moyens nécessaires pour calculer leur distance d'après la hauteur du baromètre, et nous ne savions pas jusqu'à quel point ils pourraient nous influencer. Cependant, pour essayer au moins notre appareil, nous tendîmes un fil métallique de 80 mètres (240 pieds) de longueur, et, après l'avoir isolé de nous, comme je l'ai dit plus haut, nous prîmes de l'électricité à son extrémité supérieure, et nous la portâmes à l'électromètre : elle se trouva résineuse. Nous répétâmes deux fois cette observation dans le même moment : la première en détruisant l'électricité atmosphérique par l'influence de l'électricité vitrée de l'électrophore; la seconde, en détruisant l'électricité vitrée tirée de l'électrophore, au moyen de l'électricité atmosphérique. C'est ainsi que nous pûmes nous assurer que cette dernière était résineuse.

« Cette expérience indique une électricité croissante avec les hauteurs, résultat conforme à ce que l'on avait conclu par la théorie, d'après les expériences de Volta et de Saussure. Mais maintenant que nous connaissons la bonté de notre appareil, nous espérons vérifier de nouveau ce fait par un plus grand nombre d'essais dans un autre voyage.

« Nos observations de thermomètre nous ont indiqué, au contraire, une température décroissant de bas en haut, ce qui est conforme aux résultats connus. Mais la différence a été beaucoup plus faible que nous ne l'aurions supposé; car, en nous élevant à 2.000 toises, c'est-à-dire bien au-dessus de la limite inférieure des neiges éternelles à cette latitude, nous n'avons pas éprouvé une température plus basse que 10°,5 au thermomètre centigrade; et, au même instant, la température de l'Observatoire, à Paris, était de 17°,5 centigrades.

« Un autre fait assez remarquable, qui nous est aussi donné par nos observations, c'est que l'hygromètre a constamment marché vers la sécheresse, à mesure que nous nous sommes élevés dans l'atmosphère, et, en descendant, il est graduellement revenu vers l'humidité. Lorsque nous partîmes, il marquait 80°.8 à la température de 16°,5 du thermomètre centigrade; et à 4.000 mètres de hauteur, quoique la température ne fût qu'à 10°,5, il ne marquait plus que 30°. L'air était donc beaucoup plus sec dans ces hautes régions qu'il ne l'est près de la surface de la terre.

« Pour nous élever à ces hauteurs, nous avions jeté presque tout notre lest : il nous en restait à peine quatre ou cinq livres. Nous avions donc atteint la hauteur à laquelle l'aérostat pouvait nous porter tous deux à la fois. Cependant, comme nous désirions vivement terminer tout à fait l'observation de la boussole, Gay-Lussac me proposa de s'élever seul à la hauteur de 6.000 mètres, afin de vérifier nos premiers résultats; nous devions déposer tous les instruments en arrivant à terre, et n'emporter dans la nacelle que le baromètre et la boussole. Lorsque nous eûmes pris ce parti, nous nous laissâmes descendre, en perdant aussi peu de gaz qu'il nous était possible. Nous observâmes le baromètre en entrant dans les nuages. Il nous donna 1.223 mètres pour leur élévation. Nous avons déjà remarqué qu'ils paraissaient tous de niveau, en sorte que cette observation indique pour cet instant leur hauteur commune. Lorsque nous arrivâmes à terre, il ne se trouva personne pour nous retenir, et nous fûmes obligés de perdre tout notre gaz pour nous arrêter. Si nous eussions pu prévoir ce contre-temps, nous ne nous serions pas pressés de descendre sitôt. Nous nous trouvâmes vers une heure et demie dans le département du Loiret, près du village de Mériville, à dix-huit lieues environ de Paris. »

Le voyage aérostatique exécuté par Biot et Gay-Lussac, avait laissé beaucoup de points à éclaircir; il fallait confirmer les premières observations, et les vérifier en s'élevant à une plus grande hauteur. Pour atteindre ce dernier but, avec l'aérostat qui avait servi aux premières expériences, un seul observateur devait s'élever. Il fut décidé que Gay-Lussac exécuterait cette nouvelle ascension.

Dans ce second voyage, fait le 16 septembre 1804, Gay-Lussac confirma et étendit les résultats qu'il avait obtenus avec Biot, relativement à la permanence de l'action magnétique du globe. Il prit un assez grand nombre d'observations thermométriques et essaya de déterminer, avec leur aide, la loi de croissance de la température dans les hautes régions de l'air. L'observation de l'hygromètre n'amena à aucune conclusion satisfaisante.

Parvenu à la hauteur de 6.500 mètres, Gay-Lussac recueillit de l'air dans ces régions extrêmes, qu'aucun homme n'avait encore atteintes, avant lui. Il s'était muni d'un grand ballon de verre, fermé par un robinet de cuivre fixé sur une garniture du même métal. Il avait fait le vide dans le ballon au moyen de la machine pneumatique, et l'avait emporté dans sa nacelle. En l'ouvrant à la hauteur maximum où il était parvenu, il remplit ce vase de l'air de ces régions.

Fig. 46. — Biot.

L'analyse chimique de cet air faite le lendemain, prouva qu'il avait la même composition que l'air pris à la surface de la terre.

C'était là un résultat d'une importance fondamentale à cette époque. En effet, bien des personnes admettaient alors la présence du gaz hydrogène dans les hautes régions de l'air. Les observations de Biot et Gay-Lussac dissipèrent cette erreur. On savait par les expériences de Berthollet et d'Humphry Davy, que l'air, sous toutes les latitudes, et pris à une faible hauteur au-dessus de la mer, présente partout la même composition. De Saussure, dans sa célèbre ascension au mont Blanc, avait rapporté de l'air atmosphérique, qu'il avait analysé, et qui s'était montré parfaitement identique, dans sa composition, avec l'air de la plaine. Mais le mont Blanc n'a que 4.810 mètres. Il importait donc d'analyser de l'air recueilli dans une région plus élevée encore. Un aérostat donnait seul le moyen de pénétrer dans ces régions extrêmes. Tel fut précisément le résultat scientifique auquel conduisit l'ascension aérostatique de Gay-Lussac.

En terminant la relation de son beau voyage, Gay-Lussac exprimait le vœu que l'Académie lui donnât les moyens de continuer cette série d'expériences intéressantes. Malheureusement on ne donna aucune suite à ce vœu. Après le voyage de Biot et Gay-Lussac, les seules ascensions effectuées dans l'intérêt exclusif des sciences se réduisent à une courte excursion aérienne faite en Amérique par de Humboldt, qui n'apprit rien de nouveau sur la physique du globe. Il faut franchir un intervalle de près de cinquante ans pour trouver des ascensions exécutées dans un intérêt purement scientifique, ascensions dont nous allons immédiatement nous occuper, car elles font, pour ainsi dire, suite aux ascensions de Gay-Lussac et Biot. Nous reprendrons après, selon l'ordre historique, la marche et le développement de l'aérostation.

Ascensions de Barral et Bixio

Ce n'est qu'en 1850 que les physiciens, voulant étudier la constitution physique de l'atmosphère, s'engagèrent dans la voie tracée au commencement du XIXe siècle par Biot et Gay-Lussac.

Barral et Bixio donnèrent le signal de la reprise des expériences dans l'atmosphère, en concevant le projet de s'élever en ballon à une grande hauteur, pour étudier, avec des instruments perfectionnés, plusieurs phénomènes météorologiques encore imparfaitement observés.

L'ascension eut lieu devant l'Observatoire, le 29 juin 1850, à 10 heures et demie du matin. Le ballon était rempli d'hydrogène pur, préparé au moyen de la réaction de l'acide chlorhydrique sur le fer. Tous les instruments, baromètres, thermomètres, hygromètres, ballons destinés à recueillir de l'air, etc., étaient rangés, suspendus à un cercle, au-dessus de la nacelle où se placèrent les voyageurs.

Cependant, au moment de partir, on reconnut que plusieurs dispositions de l'appareil aérostatique étaient loin d'être convenables, et faisaient craindre pour l'expédition un dénouement fâcheux. Le ballon fourni était vieux et d'une étoffe usée, le filet trop étroit; les cordes qui supportaient la nacelle étaient trop courtes : aussi, au lieu de rester suspendue, comme à l'ordinaire, à quelques mètres au-dessous de l'aérostat, la nacelle se trouvait-elle presque en contact avec lui. Enfin, une pluie torrentielle vint à tomber; sous l'action des rafales, l'étoffe du ballon se déchira en plusieurs points, et l'on fut obligé de la raccommoder, à grand'peine et en toute hâte. Les conditions étaient donc de tout point défavorables, et la prudence commandait de différer le départ. Mais les voyageurs ne voulurent rien entendre; l'ordre fut donné de lâcher les cordes, et le ballon, dont la force ascensionnelle n'avait pas même été mesurée, s'élança avec la rapidité d'une flèche. On le suivit d'un œil inquiet, jusqu'au moment où on le vit disparaître dans un nuage.

Ensevelis dans un brouillard obscur et épais, Barral et Bixio restèrent près d'un quart d'heure avant de revoir le jour. Sortant enfin de ce nuage, ils s'élancèrent vers le ciel, et n'eurent au-dessus de leurs têtes qu'une voûte bleue étincelante de lumière. Ils commencèrent alors leurs observations. La colonne du baromètre ne présentait que 45 centimètres, ce qui indiquait une élévation de 4.242 mètres au-dessus du niveau de la mer. Le thermomètre, qui à terre marquait 20 degrés, était tombé à 7 degrés.

Pendant qu'ils se livraient à ces premières observations, le baromètre continuait de baisser, et la vitesse d'ascension ne faisait que s'accroître. En effet, le ballon avait quitté la terre, saturé d'humidité; en arrivant dans la région supérieure aux nuages, dans un espace sec, raréfié, directement exposé aux rayons solaires, il se délestait spontanément par l'évaporation de l'humidité, et sa force ascensionnelle allait toujours croissant. Cependant les voyageurs, tout entiers au soin de leurs expériences, songeaient à peine à donner un regard à la machine qui les emportait, et ne s'apercevaient aucunement de l'allure dangereuse qu'elle commençait à prendre. La chaleur du soleil, agissant sur le gaz, le dilatait considérablement, et comme nos aéronautes inexpérimentés ne songeaient pas à ouvrir la soupape, pour lui donner issue, les parois du ballon, violemment distendues, faisaient effort comme pour éclater : Barral et Bixio ne pensaient qu'à relever les indications de leurs instruments.

Ils avaient déjà fait l'essai du *polarimètre* d'Arago; ils notèrent la hauteur du baromètre qui indiquait une élévation de 5.893 mètres. Enfin ils se disposaient à observer le thermomètre, et comme l'instrument s'était chargé d'une légère couche de glace, l'un d'eux s'occupait à l'essuyer, pour reconnaître la hauteur de la colonne, lorsqu'il s'avisa par hasard de lever la tête...; il demeura stupéfait du spectacle qui s'offrit à lui. Le ballon, gonflé outre mesure, était descendu jusque sur la nacelle, et la couvrait comme d'un immense manteau.

Que s'était-il donc passé? Un fait bien simple et bien facile à prévoir. La soupape n'ayant pas été ouverte, pour donner issue à l'excès du gaz dilaté par la chaleur solaire, le ballon s'était peu à peu enflé et distendu de toutes parts. Comme le filet était trop petit, comme les cordes qui supportaient la nacelle étaient trop courtes, la ballon, en se distendant, commença par peser sur le cercle qui porte la nacelle; puis, son volume augmentant toujours, il avait fini par pénétrer dans ce cercle. En ce moment, il faisait hernie à travers sa circonférence, et couvrait les expérimentateurs comme d'un vaste chapeau. En quelques minutes, tout mouvement leur devint impossible. Ils essayèrent de donner issue à l'excédent de gaz en faisant jouer la soupape; mais il était trop tard, la soupape était condamnée : sa corde, pressée entre le cercle de suspension et la tumeur proéminente de l'aérostat ne transmettait plus l'action de la main.

Fig. 47. — Ascension de Barral et Bixio. Départ de l'Observatoire le 27 juillet 1850. (*D'après une gravure de l'époque.*)

Barral plongea son couteau dans les flancs de l'aérostat. Le gaz, s'échappant aussitôt, vint inonder la nacelle et l'envelopper d'une atmosphère irrespirable. Les aéronautes en furent l'un et l'autre à demi asphyxiés, et se trouvèrent pris de vomissements abondants. En même temps, le ballon commença à descendre à toute vitesse. En revenant à eux ils aperçurent dans l'enveloppe du ballon une déchirure de plus d'un mètre et demi, provenant du coup de couteau, et par laquelle le gaz, s'échappant à grands flots, provoquait leur chute précipitée. La rapidité de cette descente leur sauva la vie, car elle les débarrassa du gaz irrespirable qui se dégageait au-dessus de leurs têtes.

Dans cette situation, Barral et Bixio ne durent plus songer qu'à préserver leur existence. Il fallait, pour cela, amortir, en arrivant à terre, l'accélération de leur chute. Barral montra, dans cette manœuvre, toute l'habileté et tout le sang-froid d'un aéronaute consommé. Il rassemble son lest et tous les objets autres que les instruments qui chargent la nacelle, il mesure du regard la distance qui les sépare de la terre, et qui diminue avec une rapidité effrayante ; dès qu'il se croit assez rapproché du sol, il jette la cargaison par-dessus bord : neuf sacs de sable, les couvertures de laine, les bottes fourrées, tout y passe, excepté les précieux instruments qu'il tient à honneur de rapporter intacts. La manœuvre réussit aussi bien que possible; le ballon tomba sans trop de violence au milieu d'une vigne du territoire de Lagny, dans le département de Seine-et-Marne.

Bixio sortit sain et sauf; Barral en fut quitte pour une égratignure et une contusion au visage. Cette périlleuse expédition n'avait duré que quarante-sept minutes, et la descente s'était effectuée en sept minutes.

Un voyage exécuté dans des conditions pareilles, ne pouvait rapporter à la Science un bien riche contingent. Cependant les deux physiciens reconnurent que la lumière des nuages n'est pas polarisée, ainsi que l'avait présumé Arago. Ils constatèrent que la décroissance de température s'était montrée à peu près semblable à celle que Gay-Lussac avait notée dans son ascension. Enfin on put déduire de leurs mesures barométriques, comparées à celles effectuées à l'Observatoire au même moment, que, dans la région où le ballon se déchira, les voyageurs étaient déjà parvenus à la hauteur de 5.200 mètres.

Le mauvais résultat de cette première tentative ne découragea pas les deux intrépides explorateurs. Un mois après, ils exécutaient une nouvelle ascension. Seulement, on sera peut-être surpris d'apprendre qu'en dépit des mauvais services que leur avait rendus leur aérostat, ils osèrent se confier encore à la même nacelle, suspendue au même ballon. Il était facile de prévoir que les accidents qui les avaient assaillis la première fois, se reproduiraient encore, et l'événement justifia ces craintes.

Cette seconde ascension eut lieu le 27 juillet 1850. Les aéronautes partirent de l'Observatoire, en présence d'Arago. On voyait disposés dans leur nacelle, deux baromètres à siphon gradués sur verre, et trois thermomètres dont les réservoirs présentaient des états de surface différents. L'un rayonnait par sa surface naturelle de verre; le second était recouvert de noir de fumée, et le troisième était protégé par une enveloppe d'argent poli ; tous trois étaient destinés à être impressionnés directement par le rayonnement solaire. Un quatrième thermomètre, entouré de plusieurs enveloppes concentriques et espacées, était destiné à donner la température à l'ombre. Il y avait enfin deux autres thermomètres, dont la boule était entourée d'un linge mouillé. Les aéronautes emportaient des ballons vides, des tubes pleins de potasse caustique et de fragments de pierre ponce imbibée d'acide sulfurique, destinés à s'emparer de l'acide carbonique de l'air injecté par des corps de pompe d'une capacité connue, et qui devaient servir à déterminer la richesse de l'air pris à de grandes hauteurs.

Un thermomètre à *minima* et un baromètre à indications enregistrées automatiquement étaient enfermés dans des boites métalliques à jour, et protégés par un cachet qu'on ne devait briser qu'au retour. La plupart de ces instruments portaient des échelles arbitraires, afin de laisser les observateurs à l'abri de toute préoccupation de leur part, qui aurait pu réagir involontairement sur les résultats. Pour étudier la nature de la lumière des espaces célestes, on emporta le petit *polariscope* d'Arago.

Entre 2.000 et 2.500 mètres, les aéronautes entrèrent dans un nuage d'au moins 5 kilomètres d'épaisseur; car, à 7.000 mètres ils n'en étaient pas encore sortis. Il se forma, à cette hauteur, une éclaircie qui laissait voir le bleu du ciel. La lumière, à cette hauteur, était fortement polarisée, tandis que la lumière transmise par les nuages ne l'était point. Le soleil se montrait alors faiblement à travers la brume congelée, et en même temps une seconde image apparut au-dessous de la nacelle, symétrique par rapport à l'image directe. C'était évidemment une image réfléchie.

Arrivés à 3.750 mètres, nos aéronautes lâchent du lest pour s'élever davantage. Les thermomètres marquaient déjà 0°. Mais, par suite de l'expansion du gaz à cette hauteur, le ballon se déchira. Cet accident ne les arrêta pas; ils jettent encore de leur lest.

Fig. 48. — Barral.

A 6.000 mètres, on rencontra de petits glaçons, en forme d'aiguilles extrêmement fines, qui couvraient tous les objets. La présence de ces aiguilles de glace, à une telle hauteur, et en plein été, prouva la vérité de l'hypothèse qui sert à expliquer les *halos, parhélies*, etc.

A la hauteur de 7.004 mètres les attendait un phénomène météorologique si extraordinaire, qu'il valut à lui seul le voyage dans ces régions.

Le thermomètre s'abaissa sous leurs yeux à la température, extraordinaire, de — 39°, point voisin de la congélation du mercure.

On s'attendait si peu à cet abaissement de température, que les instruments étaient impuissants à l'accuser, leur graduation n'étant pas prolongée assez bas, et presque toutes les colonnes étaient rentrés dans les cuvettes. Deux degrés de moins encore et le mercure des thermomètres et du baromètre se congelait, en brisant tous les tubes.

Ce froid s'était fait sentir, d'ailleurs, très brusquement. C'est à partir seulement des 600 derniers mètres que la loi du décroissement de température fut ainsi troublée inopinément. Il est probable que le nuage que les observateurs traversaient, était le théâtre particulier de cette température anormale. Il est certain du moins qu'un froid rigoureux n'est point spécial à cette hauteur, car Gay-Lussac, en s'élevant, à 7.016 mètres, n'avait rencontré que — 9 degrés et demi. On voit par la différence de ces résultats, combien il est difficile de procéder à des expériences de ce genre, et à quelles divergences contradictoires on peut s'attendre.

Ce froid extraordinaire congelait l'humidité du nuage en formant une multitude de petites aiguilles de glace aux arêtes vives et aux facettes polies. Ces aiguilles se montraient en telle abondance qu'elle tombaient comme un sable fin, et se déposaient sur le carnet des observateurs.

Les effets physiologiques ne présentèrent rien de particulier à nos observateurs. Barral et Bixio n'eurent ni douleurs d'oreilles, ni hémorragie, ni gêne de la respiration.

Par ce froid extraordinaire de — 39°, ils n'étaient pas fort à l'aise, assis dans une nacelle et n'étant pas prémunis contre un abaissement si considérable de la température[1]. Leurs doigts engourdis finirent par les fort mal servir, à tel point qu'un des thermomètres à rayonnement se brisa entre leurs mains. Au même moment ils perdirent, en voulant l'ouvrir, un des ballons vides qu'ils avaient emportés, dans l'intention d'y recueillir de l'air.

Cependant la déchirure de leur ballon devait les forcer à descendre assez promptement. Il fallut, bon gré, mal gré, regagner la terre. La chute fut même assez violente.

En touchant terre au hameau de Peux, dans l'arrondissement de Coulommiers (Seine-et-Marne), Bixio et Barral avaient complètement épuisé leur lest; ils avaient même jeté comme tel tout ce qui, hors les instruments, leur avait paru capable de soulager la nacelle.

Partis à 4 heures, ils arrivèrent à 5 heures 30 minutes, après avoir parcouru une distance de 69 kilomètres. La manœuvre délicate du débarquement s'effectua sans accident.

Il ne restait plus qu'à gagner le chemin de fer. Un accident aussi contrariant que vulgaire vint encore signaler cette partie du voyage, qu'il fallut faire en charrette. Le chemin était mauvais, le cheval s'abattit, et le choc entraîna la perte de deux instruments, d'un baromètre, et du seul ballon qui restât rempli d'air pour être soumis à l'analyse.

Arago assura devant l'Académie des Sciences, que la constatation de la présence d'un nuage composé de petits glaçons, ayant une température d'environ 40° au-dessous de zéro, en plein été, à une hauteur de 6.000 mètres au-dessus du sol de l'Europe, était la plus grande découverte que la météorologie eût encore enregistrée. Elle expliquait, selon lui, comment de petits glaçons peuvent devenir le noyau de grêlons d'un volume considérable, car on comprend, disait-il, comment ils peuvent condenser autour d'eux et amener à l'état solide, les vapeurs aqueuses contenues dans les couches atmosphériques dans lesquelles ils voyagent. Arago ajoute que la même observation fait connaître la vérité de l'hypothèse de Mariotte, qui attribuait à des cristaux de glace suspendus dans l'air les *halos*, les *parhélies*, et les *parasélènes*.

La présence de ce nuage si étendu et si froid, permit à Barral et Bixio d'expliquer le refroidissement subit auquel furent en proie, à cette époque, plusieurs régions de l'Europe qui se trouvaient dans la sphère de ces vapeurs glacées.

Ascensions de Welsh et Green

En 1852, Welsh, accompagné de Green, exécuta quatre ascensions dans un but scientifique. Les hauteurs auxquelles il parvint, sont de 5.950, 6.096, 3.850 et 6.990 mètres. La plus basse température observée par Welsh, fut de 24° au-dessous de zéro.

Comme résultat général de ses observations, Welsh a trouvé que la température

1. Nous croyons intéressant de donner, à l'appui des observations si remarquables de Bixio et Barral, les résultats rapportés par un *ballon-sonde* lancé dans l'atmosphère de l'Observatoire du Puy-de-Dôme, le 7 juillet 1910 :

Altitude.	Température.	Humidité relative.
Mètres.	Degrés.	
370	11,8	70
500	12.1	68
1000	10,2	75
1500	5.1	92
2000	2,3	92
2500	3,7	55
3000	1,2	50
3500	— 0,9	40
4000	— 3,9	37
4500	— 7,0	37
5000	— 10,8	37
6000	— 14,5	33
7000	— 21,3	34
8000	— 28,9	36
9000	— 36,9	36
9430	— 41,2	36

La température minimum fut de — 41°,4 et se produisit, d'après les appareils enregistreurs, à 9.360 mètres d'altitude.

de l'air décroît uniformément jusqu'à une certaine hauteur, laquelle varie d'un jour à l'autre; cette hauteur se maintient constante sur un espace de 600 à 900 mètres, après quoi la diminution reprend assez régulièrement. D'après les expériences de Welsh, la température atmosphérique décroîtrait, en général, d'environ 1 degré centigrade pour 165 mètres d'élévation, sans toutefois que cette règle soit constante.

Ascensions de Glaisher et Coxwel

En 1861, l'*Association britannique pour l'avancement des sciences*, réunit des fonds considérables, pour exécuter une série d'ascensions aérostatiques dans un but scientifique. Glaisher, le savant chef du *Bureau météorologique de Greenwich*, dont nous avons parlé dans l'Avant-propos de ce volume, se chargea d'effectuer lui-même ces hardis voyages d'exploration. Coxwell, aéronaute expérimenté, accompagna toujours Glaisher.

Fig. 49. — Glaisher.

C'est au mois de juin 1861, que commencèrent leurs ascensions scientifiques. La plus grande hauteur à laquelle les aéronautes anglais soient parvenus, est d'après eux de 10.000 mètres. Dans cette ascension mémorable, qui eut lieu le 5 septembre 1862, le thermomètre descendit à 21 degrés au-dessous de zéro, vers 8 kilomètres d'élévation. A cette prodigieuse hauteur, le froid était si intense, que Coxwell perdit l'usage de ses mains. Il ne put ouvrir la soupape, pour redescendre, en donnant issue au gaz, qu'en tirant la corde avec ses dents. Depuis la hauteur de 8.850 mètres, Glaisher était déjà sans connaissance, et bien peu s'en fallut qu'on ne trouvât les deux voyageurs morts, gelés dans l'atmosphère.

La marche des températures, dans les diverses ascensions de Glaisher, s'est montrée, d'ailleurs, fort irrégulière; le mercure s'est maintenu au même niveau pendant un certain temps, lorsqu'on traversait un courant d'air chaud, et a même monté quelquefois de plusieurs degrés pendant que le ballon s'élevait. Ainsi, le 17 juillet 1862, la température resta à — 3° jusqu'à 4 kilomètres de hauteur; elle se maintint à + 5°,6 vers 6 kilomètres, et tomba ensuite rapidement jusqu'à — 9°, à 8 kilomètres de hauteur. Des irrégularités analogues furent observées les 18 août, 5 septembre, etc.

Glaisher a pu néanmoins, en prenant les moyennes d'un grand nombre d'observations, former un tableau qui donne la variation ordinaire de la température atmosphérique avec l'élévation. Il résulte de ce tableau que la quantité dont il faut s'élever pour avoir un abaissement de 1 degré centigrade, augmente constamment avec la hauteur que l'on occupe dans l'atmosphère. Quand le ciel est couvert de nuages, le décroissement de la température, dans le premier kilomètre, est moindre que lorsque le temps est serein; ce qui se comprend facilement, si l'on réfléchit que les nuages jouent le rôle d'une sorte d'écran contre le rayonnement de la chaleur terrestre.

L'humidité diminue assez vite à mesure qu'on s'élève dans les hautes régions de l'air. A 6 ou 7 kilomètres de hauteur, elle n'est plus que les 12 ou 16 centièmes de ce qu'elle est quand l'air est saturé de vapeurs d'eau.

L'électricité de l'air est positive, elle diminue avec la hauteur, comme l'humidité; à 700 mètres, l'électroscope n'en accuse presque plus de traces.

Les expériences ozonométriques n'ont fourni aucun résultat décisif.

En ce qui concerne les observations physiologiques, on a trouvé, en général, que les mouvements du pouls sont accélérés; mais ce phénomène est peu constant, et diffère d'une personne à l'autre. Les mains et les lèvres de Glaisher bleuirent plusieurs fois entre 6.000 et 7.000 mètres de hauteur.

Glaisher a fait, sur la propagation des sons, plusieurs expériences intéressantes. On entendait, à une hauteur de 3 kilomètres, l'aboiement d'un chien. Le sifflet d'une locomotive fut perçu à la même hauteur; on l'entendit même un jour que l'atmosphère était extrêmement humide, à une hauteur de *six kilomètres et demi* dans l'air. C'est la plus grande hauteur à laquelle l'oreille ait pu percevoir des bruits partis de la surface terrestre.

Fig. 50. — Glaisher et Coxwell procèdent, dans la nacelle de l'aérostat, à des observations météorologiques. (*D'après une ancienne gravure.*)

Dans la même ascension exécutée à la fin du mois de juin 1862, Glaisher entendit le vent gémir sous lui, lorsqu'il se trouvait à 3 kilomètres d'élévation. Le 31 mars de la même année, le sourd murmure de Londres s'entendait encore à 2 kilomètres de hauteur. Un autre jour, au contraire, les cris de plusieurs milliers de personnes n'étaient plus perceptibles au-dessus de 1.500 mètres.

Le 31 mars et le 18 avril 1863, Glaisher fit des observations très intéressantes sur le *spectroscope,* c'est-à-dire l'instrument d'optique qui permet d'examiner la nature de la lumière décomposée, et d'observer les raies obscures qui existent dans ce *spectre.*

Le 31 mars 1863, Glaisher partait du palais de Sydenham, à 4 heures du soir, par une température de + 10 degrés.

Le but de cette ascension était l'étude des raies noires de Frauenhofer dans le spectre solaire et dans le spectre provenant de la lumière diffuse de l'atmosphère. Glaisher avait emporté avec lui un spectroscope, composé d'un tube muni d'un prisme, d'un objectif et d'une lunette dirigée sur le prisme.

Comme on ne pouvait faire dans un aérostat, des mesures micrométriques, on dut se borner à constater l'aspect du spectre à différentes hauteurs. On remarqua que le spectre se raccourcissait au fur et à mesure que l'aérostat atteignait une plus grande hauteur.

Fig. 51. — Coxwell.

A la hauteur de 6.400 mètres, il n'en restait plus qu'une petite nuance jaune. A 7.240 mètres, on ne vit plus rien. En descendant de nouveau à la hauteur de 4.800 mètres, où l'on arriva à 5 heures 43 minutes, après l'avoir atteinte pour la première fois une heure auparavant, on ne vit pas de spectre; Glaisher ouvrit la fente du spectroscope, et il aperçut alors une faible trace de couleur. Ce dernier fait suggéra l'idée que le spectre se raccourcissait à mesure que le soleil se rapprochait de l'horizon, et que le jour baissait. On toucha terre à 6 heures et demie, juste au coucher du soleil.

Les observations de Glaisher ne résolvaient donc pas la question de savoir si la hauteur à laquelle on s'élève, influe beaucoup sur la forme du spectre solaire. Une nouvelle ascension était indispensable : elle eut lieu le 18 avril 1863, à 1 heure de l'après-midi. Glaisher emporta le même appareil, et il le couvrit de drap noir pour éviter la lumière diffuse latérale.

A 2 heures et demie, on atteignit la plus grande hauteur, 7.250 mètres. A une altitude d'environ 6.000 mètres, Glaisher perdit toute trace du spectre en observant la région nord du ciel; le soleil n'était pas visible à cause de la position du ballon. Il conçut alors des inquiétudes, croyant d'abord qu'il y avait quelque chose de dérangé dans le spectroscope. Mais tout était en bon état. Il était évident que la lumière diffuse du ciel sans nuage est trop faible pour donner un spectre, excepté dans le voisinage du soleil. Quand le tournoiement du ballon permettait d'approcher le tube de l'astre radieux, le spectre reparaissait; enfin, un rayon direct de lumière solaire frappa la fente du spectroscope, et Glaisher vit immédiatement le spectre dans tout son éclat, depuis le rouge jusqu'au delà du violet. Il distinguait d'innombrables raies noires, beaucoup plus que lorsqu'il se trouvait au niveau du sol; tandis qu'on aurait dû s'attendre à voir s'effacer peu à peu un certain nombre de raies telluriques, dues à l'absorption de l'atmosphère terrestre.

Glaisher tira, de ce fait, la conclusion, qu'il n'y a pas de *raies telluriques*.

La descente de l'aérostat fut très périlleuse. Coxwell, qui dirigeait ses regards vers la terre, s'aperçut tout à coup qu'on s'approchait de la côte de la Manche. Pour ne pas tomber à la mer, il résolut de redescendre à toute vitesse. On donna donc issue au gaz, et le ballon s'abattit avec une effrayante rapidité. Heureusement la nacelle était construite en forme de parachute, et l'on put ralentir la vitesse en jetant du lest. Néanmoins les trois derniers kilomètres furent franchis en quatre minutes seulement, et le choc fut si violent que la plupart des instruments furent brisés. On ne conserva que quelques ballons d'air recueilli dans les plus hautes régions. C'est à 2 heures 50 minutes que les aéronautes touchaient terre, près de la station de Newhaven.

Un résultat important des dernières ascensions scientifiques de Glaisher, c'est la détermination de la loi de décroissance des températures selon la hauteur. Les résultats que nous avons rapportés plus haut laissaient indécis le véritable chiffre de cette décroissance. Dans ces dernières observations Glaisher obtint des chiffres plus positifs. Selon lui, quand le ciel est serein, la température s'abaisse d'abord de 1 degré centigrade par 55 mètres; mais, vers 9 ou 10 kilomètres d'élévation, la décroissance se ralentit considérablement; elle n'est que de 1 degré pour 550 mètres.

Ainsi, ce rapport varie beaucoup, et l'on a eu tort de le supposer constant : (on avait admis jusqu'à un abaissement régulier de 1 degré par 165 mètres).

Dans son ascension du 31 mars 1863, Glaisher trouva la température de l'air à 18 degrés au-dessous de zéro, vers 7.250 mètres d'altitude.

Dans une ascension faite au mois de juillet suivant, il entra dans un nuage, à 600 mètres d'élévation. Il entendit, à 3 kilomètres, une sorte de gémissement qui venait des régions inférieures et semblait annoncer un orage. A 3 kilomètres et demi, il rencontra une petite pluie. Il entra ensuite de nouveau dans les nuages. La température oscillait autour du point zéro; à 5.200 mètres, elle était montée à 2 degrés; vers 5.600 mètres, elle était tombée à — 5 degrés. Vers 6.800 mètres, elle atteignit son minimum : 8 degrés au-dessous de zéro. Le ciel, à cette hauteur, était couvert de *cirrus*, et il était d'un bleu pâle dans les éclaircies. On planait au-dessus des nuages, mais tout alentour on ne voyait qu'une immense mer de brouillards, sans formes nettement accusées.

Pendant la descente, de grosses gouttes d'eau tombaient sur le ballon, lorsqu'on était encore à 5 kilomètres du sol. Depuis 4 jusqu'à 3 kilomètres de la terre, on traversait une tourmente de neige. Seulement, au lieu de tomber, la neige semblait s'élever autour du ballon, qui descendait plus rapidement. On ne voyait guère de flocons neigeux, mais beaucoup de cristaux aciculaires, c'est-à-dire présentant la forme de petites aiguilles. La neige cessa à 3 kilomètres de hauteur; les couches inférieures de l'air offraient alors une teinte brune, extrêmement foncée et sombre. A 1.500 mètres, les aéronautes avaient épuisé leur lest, et le ballon tomba comme un corps inerte. Il arriva à terre en produisant un choc qui brisa plusieurs instruments.

Tel est le résumé des observations faites par le physicien anglais, pendant ses ascensions aérostatiques de 1863.

Elles fournirent sur plusieurs points de la physique du globe, des éclaircissements utiles.

CHAPITRE IV

ASCENSIONS DIVERSES

DRAMES AÉRIENS. — MADAME BLANCHARD. — ZAMBECCARI. — HARRIS. AUTRES DRAMES AÉRIENS.

Nous venons d'examiner, dans les deux précédents chapitres, l'utilisation des premiers aérostats au point de vue militaire et au point de vue scientifique. Mais l'aérostation, qui avait été mise, au début, sous le patronage des Académies et des savants, fut, petit à petit, délaissée par eux et considérée comme une sorte de métier. Un grand nombre d'aéronautes embrassèrent cette carrière périlleuse, mais lucrative. Sous le Directoire et le Consulat presque toutes les réjouissances publiques se terminaient par quelque ascension aérostatique, attraction qui, d'ailleurs, s'est continuée jusqu'à nos jours.

Nous ne rapporterons pas en détail les différentes ascensions exécutées par ces aéronautes. Nous nous bornerons à signaler, au point de vue historique, ceux de ces événements qui ont marqué l'empreinte la plus vive dans les souvenirs du public.

Fig. 52. — Le ballon lancé par Garnerin le jour du couronnement de l'empereur Napoléon Ier.

Le 16 décembre 1803, à 11 heures du soir, à l'occasion du couronnement de Napoléon Ier, un ballon de grandes dimensions, construit par Garnerin, s'éleva de la place Notre-Dame. Trois mille verres de couleur illuminaient ce globe qui était surmonté d'une couronne impériale richement dorée, et portant, tracée en lettres d'or sur sa circonférence, cette inscription : *Paris, 25 frimaire an XIII, couronnement de l'empereur Napoléon par Sa Sainteté Pie VII.* La colossale machine monta rapidement et disparut bientôt au bruit des applaudissements de la population parisienne.

Le lendemain, à la pointe du jour, quelques habitants de Rome aperçurent un petit point lumineux brillant dans le ciel au-dessus de la coupole de Saint-Pierre. D'abord très peu visible, il grandit rapidement et laissa apercevoir enfin un globe radieux planant majestueusement au-dessus de la ville éternelle. Il resta quelque temps stationnaire, puis il s'éloigna et alla tomber dans la campagne romaine.

C'était le ballon lancé la veille du parvis Notre-Dame. Par le plus extraordinaire des hasards, le vent, qui soufflait, cette nuit-là, dans la direction de l'Italie, l'avait porté à Rome dans l'intervalle de quelques heures.

Le ballon recueilli fut suspendu à Rome, à la voûte du Vatican, où il demeura jusqu'en 1814.

Drames aériens Madame Blanchard

Dans cette période d'exhibitions industrielles, l'aérostation a eu ses désastres aussi bien que ses triomphes, et nous ne pouvons nous dispenser de rappeler les faits principaux qui résument la nécrologie au début de cet art périlleux. L'événement qui, sous ce rapport, a le plus vivement impressionné le public, fut, sans contredit la mort de Mme Blanchard.

Mme Blanchard était la veuve de l'aéronaute de ce nom. Après avoir amassé une fortune considérable dans le cours de ses innombrables ascensions, Blanchard avait tout perdu, et était mort dans la misère. Mais sa veuve fut mieux avisée : elle rétablit sa fortune en embrassant la carrière de son mari. Elle fit un très grand nombre de voyages aériens, et finit par acquérir une telle habitude de ces périlleux exercices, qu'il lui arrivait souvent de s'endormir pendant la nuit dans son étroite nacelle, et d'attendre ainsi le lever du jour, pour opérer sa descente.

En 1817, elle exécutait à Nantes sa cinquante-troisième ascension, lorsque, ayant voulu descendre dans la plaine, à quatre lieues de la ville, elle tomba au milieu d'un marais. Comme son ballon s'était accroché aux branches d'un arbre, elle y aurait péri, si l'on ne fût venu la dégager.

Fig. 53. — Mme Blanchard.

Le 16 juillet 1819, Mme Blanchard s'éleva, au milieu d'une fête donnée au Tivoli de la rue Saint-Lazare ; elle emportait avec elle un parachute muni d'une couronne de flammes de Bengale, afin de donner au public le spectacle d'un feu d'artifice descendant du milieu des airs. Elle tenait à la main une *lance à feu* pour allumer ses pièces. Un faux mouvement mit l'orifice du ballon en contact avec la lance à feu : le gaz hydrogène s'enflamma. Aussitôt une immense colonne de feu s'éleva au-dessus de la machine, et frappa d'effroi les nombreux spectateurs, réunis à Tivoli et dans le quartier Montmartre.

On vit alors distinctement Mme Blanchard essayer d'éteindre l'incendie en comprimant l'orifice inférieur du ballon ; puis, reconnaissant l'inutilité de ses efforts, elle s'assit dans la nacelle et attendit. Le gaz brûla pendant plusieurs minutes, sans communiquer le feu à l'enveloppe du ballon. La rapidité de la descente était très modérée, et il n'est pas douteux que, si le vent l'eût dirigée vers la campagne, madame Blanchard serait arrivée à terre sans accident. Malheureusement il n'en fut pas ainsi : le ballon vint s'abattre sur Paris; il tomba sur le toit d'une maison de la rue de Provence. La nacelle glissa sur la pente du toit, du côté de la rue.

« A moi! » cria madame Blanchard.

Fig. 54. — Mort de Mme Blanchard, le 16 juillet 1819, à Paris. *(D'après une gravure de l'époque.)*

Ce furent ses dernières paroles. En glissant sur le toit, la nacelle rencontra un crampon de fer; elle s'arrêta brusquement et par suite de cette secousse, l'infortunée aéronaute fut précipitée hors de la nacelle, et tomba, la tête la première, sur le pavé. On la releva le crâne fracassé; le ballon, entièrement vide, pendait avec son filet, du haut du toit, jusque dans la rue.

Zambeccari Un autre martyr de l'aérostation fut le comte François Zambeccari, noble habitant de Bologne, en Italie.

Zambeccari s'était consacré de bonne heure à l'étude des sciences.

Il avait imaginé de se servir d'une lampe à esprit-de-vin, dont il dirigeait à volonté la flamme pour faire monter ou descendre à son gré l'aérostat, une fois qu'il se trouvait en équilibre dans l'atmosphère.

La lampe à esprit-de-vin de Zambeccari, de forme circulaire, était percée sur son pourtour de vingt-quatre trous garnis d'une mèche et surmontés de sortes d'éteignoirs, ou écrans, qui permettaient d'arrêter, à volonté, la combustion sur un des points de la lampe.

Nous n'avons pas besoin de faire remarquer l'imprudence évidente que présentait ce système consistant à placer une lampe à esprit-de-vin allumée, dans le voisinage d'un gaz très enflammable.

En effet, pendant la première ascension que Zambeccari exécuta à Bologne, son aérostat vint heurter contre un arbre; la lampe se brisa par le choc, l'esprit-de-vin se répandit sur ses vêtements, et s'enflamma. Zambeccari fut couvert de feu, et c'est dans cette situation effrayante que les spectateurs le virent disparaître au delà des nuages. Il réussit, néanmoins, à arrêter les progrès de cet incendie, et redescendit, mais couvert de cruelles blessures.

En dépit de cet accident, Zambeccari persista dans son projet fatal.

Toutes ses dispositions étant prises, l'ascension dans laquelle il devait faire l'essai de son appareil, fut fixée aux premiers jours de septembre 1804. Des obstacles et des difficultés de tout genre vinrent contrarier les préparatifs de son voyage. Malgré le fâcheux état où se trouvait son ballon, à moitié détruit par le mauvais temps, il se décida à partir.

Fig. 55. — Zambeccari.

Zambeccari avait pris pour compagnons de voyage deux de ses compatriotes, Andreoli et Grassetti. Après avoir plané quelque temps, ils se trouvèrent tout à coup emportés avec une rapidité inconcevable vers les régions supérieures. Zambeccari, qui n'avait pris aucune nourriture depuis vingt-quatre heures, surpris par le froid excessif qui régnait à cette hauteur, s'évanouit dans la nacelle. Il en arriva autant à son compagnon Grassetti. Andreoli, seul, resta éveillé, bien qu'il souffrît considérablement du froid. Il reconnut, en examinant le baromètre, que l'aérostat commençait à descendre avec une assez grande rapidité; il essaya alors de réveiller ses deux compagnons, et réussit, après de longs efforts, à les remettre sur pied.

Il était 2 heures du matin; les aéronautes avaient jeté, comme inutile, la lampe à esprit-de-vin.

L'aérostat continuait cependant à descendre lentement, à travers une couche épaisse de nuages blanchâtres. Ces nuages dépassés, Andreoli crut entendre dans le lointain le sourd mugissement des flots. En effet, ils tombaient dans l'Adriatique.

A 3 heures, les aéronautes reconnurent avec effroi qu'ils étaient à quelques mètres à peine au-dessus de la surface des flots. Zambeccari saisit un gros sac de lest; mais, au moment de le jeter, la nacelle s'enfonça dans la mer, et ils se trouvèrent tous dans l'eau.

Aussitôt ils rejetèrent loin d'eux tout ce qui pouvait alléger la machine : toute la provision de lest, leurs instruments, et une partie de leurs vêtements. Déchargé d'un poids considérable, l'aérostat se releva tout d'un coup. Il remonta avec une telle rapidité, et il s'éleva à une si grande hauteur, que Zambeccari, pris de vomissements subits, perdit connaissance. Grassetti eut une hémorragie du nez, sa poitrine était oppressée et sa respiration presque impossible. Comme ils étaient trempés jusqu'aux os, au moment

où la machine les avait emportés, le froid les saisit, et leur corps se trouva en un instant couvert d'une couche de glace. Pendant une demi-heure, l'aérostat flotta dans ces régions aériennes et se trouva porté à une grande hauteur. Au bout de ce temps, il se mit à redescendre, et retomba dans la mer.

Les aéronautes se trouvaient à peu près au milieu de l'Adriatique, la nuit était obscure et les vagues fortement agitées. La nacelle était à demi enfoncée dans l'eau, et ils avaient la moitié du corps plongée dans la mer. Quelquefois les vagues les couvraient entièrement. Heureusement le ballon, encore à demi gonflé, les empêchait de s'enfoncer davantage. Mais l'aérostat, flottant sur les eaux, formait une sorte de voile où s'engouffrait le vent; pendant plusieurs heures ils se virent ainsi traînés et ballottés à la surface des flots.

Le jour parut enfin. Ils se trouvaient vis-à-vis de Pezzaro, à une lieue environ de la côte. Ils se flattaient d'y aborder, lorsqu'un vent de terre, qui se leva tout à coup, les repoussa vers la pleine mer. Il était grand jour et ils ne voyaient autour d'eux que le ciel et l'eau. Quelques navires se montraient par intervalles; mais du plus loin qu'ils apercevaient cette machine flottante et qui brillait sur l'eau, les matelots, saisis d'effroi, s'empressaient de s'éloigner.

Cependant un navigateur, plus instruit sans doute que les précédents, reconnaissant la machine pour un ballon, envoya en toute hâte sa chaloupe. Les matelots jetèrent un câble, les aéronautes l'attachèrent à la nacelle, et ils furent de cette manière hissés, à demi morts, sur le bâtiment. Débarrassé de ce poids, le ballon fit effort pour remonter dans les airs; on essaya de le retenir ; mais la chaloupe était fortement secouée ; le danger devenait imminent et les matelots se hâtèrent de couper le câble. Aussitôt le globe s'éleva et se perdit dans les nues.

Zambeccari avait reçu à la main des blessures si graves, qu'un chirurgien dut lui pratiquer l'amputation de trois doigts.

Après avoir couru de si terribles dangers, Zambeccari aurait dû renoncer à jamais à de semblables entreprises. Il n'en fut rien; car, à peine remis, il recommença ses ascensions. Comme sa fortune ne lui permettait pas d'entreprendre les dépenses nécessaires à la construction de ses ballons, et que ses compatriotes lui refusaient tout secours, il s'adressa au roi de Prusse, qui lui procura les moyens de poursuivre ses projets.

Le 21 septembre 1812, Zambeccari fit, à Bologne, une nouvelle expérience. Mais elle eut, cette fois, une issue fatale. Son ballon s'accrocha à un arbre, la lampe à esprit-de-vin, à laquelle il n'avait pas renoncé, mit le feu à la machine, et l'infortuné aéronaute fut précipité sur le sol à demi consumé.

Harris La mort de Mme Blanchard et celle de Zambeccari ne sont pas les seules tristesses qui aient marqué les débuts de l'aérostation.

Harris, ancien officier de la marine anglaise, avait embrassé la carrière de l'aérostation, et il avait fait plusieurs ascensions publiques. Il fit lui-même construire un ballon, auquel il ajouta de prétendues améliorations, qui avaient sans doute été mal conçues. Le fait est qu'il perdit la vie dans les circonstances dramatiques que nous allons raconter.

Le 8 mai 1824, Harris partit du Wauxhall de Londres, accompagné d'une jeune femme qu'il aimait passionnément. Arrivé au plus haut de sa course, et voulant redescendre, il tira la corde qui aboutissait à la soupape, pour perdre une partie du gaz et descendre d'une manière lente et graduelle. Mais il y avait, sans doute, dans la soupape, quelque vice de construction, car une fois ouverte, elle ne put se refermer, et le gaz continua de s'échapper rapidement. Malgré tous ses efforts, Harris ne put parvenir à atteindre jusqu'à la soupape, et l'aérostat se mit à descendre avec une rapidité effrayante.

Il commença par jeter tous les sacs de lest qu'il avait emportés, et tout ce qui était susceptible d'alléger l'aérostat. Mais le ballon tombait toujours avec une vitesse excessive. Il jeta jusqu'à ses vêtements; mais rien ne pouvait arrêter cette terrible chute, qui allait bientôt les briser tous les deux contre la terre.

Si le ballon n'eût porté qu'un voyageur, son salut était presque assuré. L'héroïsme de l'amour inspira, en ce moment, à Harris, un sacrifice suprême. Il embrassa sa compagne, et se précipita dans l'espace.

Fig. 56. — Mort d'Harris. (*D'après une gravure de l'époque.*)

La jeune femme, terrifiée, le vit tournoyer dans le vide, et tomba évanouie dans la nacelle.

Allégé de ce poids, le ballon, bien qu'il perdît toujours son gaz, descendit assez lentement, et arriva à terre sans occasionner la moindre secousse à la voyageuse, toujours évanouie dans la nacelle. Elle ne rouvrit les yeux qu'en se voyant entourée de paysans accourus pour lui porter secours. Le dévouement d'Harris venait de l'arracher à une mort épouvantable.

Autres drames aériens

La nécrologie de l'aérostation a encore à enregistrer les noms d'Olivari, mort à Orléans en 1802; de Mosment, qui périt à Lille en 1806; de Bittorf mort à Manheim, en 1812.

Olivari était parti le 25 novembre 1802, dans une simple montgolfière de papier, fortifiée seulement par des bandes de toile. Une nacelle d'osier, suspendue au-dessous du réchaud, était remplie de boulettes de copeaux imprégnées de matières résineuses destinées à alimenter le foyer.

Cette provision de combustible placée dans la nacelle, fut malheureusement enflammée par quelques tisons tombés du réchaud. La nacelle prit feu, elle embrasa la montgolfière, et l'infortuné Olivari fut précipité dans l'espace, couvert de cruelles brûlures.

L'aéronaute Mosment avait coutume de s'élever debout, sur un plateau de bois, suspendu, en guise de nacelle, à son ballon de gaz hydrogène. Le 7 avril 1806, dans une ascension publique, il voulut lancer, du haut des airs, un chien attaché à un parachute. Les oscillations du ballon, subitement délesté de ce poids, ou bien encore la résistance de l'animal, qui se débattait dans le parachute, firent perdre l'équilibre à l'aéronaute, qui était placé debout sur son plateau. On le retrouva le lendemain, à moitié recouvert de sable dans un des fossés qui entourent la ville de Lille.

Comme Olivari, Bittorf périt, en Allemagne, dans une montgolfière. Malgré les dangers depuis longtemps reconnus à ce genre d'appareils, il ne faisait jamais usage que d'une montgolfière de papier, doublée de toile, de 16 mètres de diamètre, sur 20 mètres de hauteur. Il fit sa dernière expérience, à Manheim, le 7 juillet 1812.

Bittorf s'élevait à peine, lorsque la montgolfière prit feu; il fut précipité sur une des dernières maisons de la ville, et se tua sur le coup.

On peut ajouter à cette liste funèbre, le nom de l'aéronaute Émile Deschamps, qui, après avoir fait à Paris un grand nombre d'ascensions, périt à Nîmes, le 27 novembre 1853, par suite de la rupture subite de son ballon, occasionnée par la violence du vent.

Nous ne voudrions pas cependant que le récit de ces événements regrettables fît porter un jugement exagéré sur les dangers de l'aérostation. L'inexpérience, l'imprudence des aéronautes furent les principales causes de ces malheurs, qui ont été amenés surtout par l'usage des montgolfières, dont l'emploi, dans les voyages aériens, offre tant de difficultés et de périls. Mais si l'on réfléchit au nombre considérable d'ascensions qui ont été effectuées, on n'aura pas de peine à admettre que la navigation de l'air n'offre guère plus de dangers que la navigation maritime. On évaluait à environ à quinze mille le nombre total d'ascensions effectuées jusqu'à l'année 1866. Sur ce nombre, on n'en compte pas plus de quinze, jusqu'à cette date, dans lesquelles les aéronautes aient trouvé la mort. Ces chiffres peuvent rassurer sur les périls qui accompagnent les ascensions aérostatiques. Seulement, il est certain que dans une ascension, le moindre oubli de certaines précautions peut entraîner les plus déplorables suites.

S'il fallait citer un exemple qui démontrât une fois de plus, combien la circonspection et la prudence sont des qualités indispensables dans ces exercices, il nous suffirait de rappeler la mort de l'aéronaute Georges Gale, qui produisit à Bordeaux, en 1850, une bien pénible sensation.

Georges Gale, ancien lieutenant de la marine royale d'Angleterre, s'était associé avec un de ses compatriotes, Cliffort, qui possédait un ballon magnifique, et ils se livraient ensemble à la pratique de l'aérostation. Tout Paris admira son adresse dans ses ascensions équestres, montant un cheval suspendu sous la nacelle. C'est en faisant une ascension de ce genre, qu'il périt, à Bordeaux, le 9 septembre 1850.

Georges Gale avait l'habitude, au moment de partir pour ses voyages aériens, de s'exciter par un abus de liqueurs alcooliques. La consommation avait été ce jour-là plus considérable que de coutume; son exaltation était telle que Cliffort en fut effrayé, et manifesta à son compatriote le désir de monter à sa place. Mais Gale repoussa sa proposition et s'élança dans les airs.

Le voyage, qui dura près d'une heure, fut cependant exempt de tout accident, et à 7 heures du soir, l'aéronaute descendait dans la commune de Cestas. Quelques paysans accoururent, saisirent l'aérostat, et dessanglèrent le cheval. Cependant le vent soufflait avec violence, et le ballon, délesté d'un poids considérable, faisait violemment effort pour se relever. Gale, resté dans la nacelle, indiquait aux paysans les manœuvres à exécuter pour le retenir. Par malheur, il parlait anglais, et cette circonstance, jointe à son exaltation et à son impatience naturelle, empêchait les paysans de bien exécuter ses indications. Une manœuvre mal comprise fit lâcher les cordes, et tout aussitôt le ballon, devenu libre, s'élança en ligne presque verticale, emportant l'aéronaute, qui, dans ce moment, debout dans la nacelle, fut renversé par le choc. On vit alors Gale, la tête inclinée hors de la nacelle et paraissant suffoqué.

Nul ne peut dire ce qui se passa ensuite. Seulement, à 11 heures du soir, le ballon, encore à demi gonflé, fut retrouvé au milieu d'une lande, au delà de la Croix-d'Hinx. L'appareil n'était nullement endommagé, et tous les agrès étaient à leur place; mais l'aéronaute n'y était plus, et toutes les recherches pour le retrouver près du ballon furent inutiles.

Le lendemain, à la pointe du jour, à une demi-lieue de cet endroit, un pâtre trouva un homme étendu sur la terre. Le croyant endormi, il s'avança pour l'appeler; mais il fut saisi d'horreur au spectacle qui s'offrit à lui. Le cadavre de l'infortuné aéronaute était couché sur la face, les bras brisés et ployés sous la poitrine. Le ventre était enfoncé, et les jambes fracturées en plusieurs endroits; la tête n'avait plus rien d'humain : elle avait été à moitié dévorée par des bêtes errantes.

La mort n'a cependant pas toujours été l'issue des événements dramatiques auxquels a donné lieu la pratique de l'aérostation. Nous placerons ici le récit de quelques-uns de ces épisodes, moins douloureux et tout aussi intéressants.

Arban, aéronaute français, avait plusieurs fois annoncé aux habitants de Trieste le spectacle d'une ascension; mais le mauvais temps l'avait empêché de mettre sa promesse à exécution. Cependant, le 8 septembre 1846, il se décida à accomplir le voyage.

Son aérostat fut gonflé avec du gaz hydrogène.

Malheureusement on n'avait préparé qu'une quantité insuffisante de gaz hydrogène; de sorte qu'au moment du départ, le ballon n'eut pas la force d'enlever la nacelle avec l'aéronaute et les objets qu'il devait emporter. L'ascension avait été annoncée pour 4 heures; il en était 6, et le ballon n'était pas parti. La foule s'impatientait; elle faisait entendre des murmures et des plaintes.

Arban s'imagine alors que son honneur est compromis, et que le public l'accusera, s'il n'effectue pas son ascension, d'avoir voulu le tromper. Il prend aussitôt la résolution, téméraire, de partir sans la nacelle, en se tenant suspendu aux frêles cordages du filet du ballon. Sous un prétexte, il éloigne le commissaire de police autrichien, qui se serait opposé à son départ, dans de telles conditions. Il fait également retirer sa femme, qui devait partir avec lui, comme elle l'avait déjà fait, non sans courage, à Vienne et à Milan. Ensuite il détache la nacelle du ballon, lie ensemble les cordes qui la supportaient, se met à cheval sur ces cordes, et ordonne de lâcher le ballon.

Se retenant de la main gauche au filet, le courageux Arban salue de la main droite la population de Trieste, stupéfaite de tant d'audace, et admirant, à ce moment, cet homme intrépide, ou plutôt cet homme de cœur, qui donnait sa vie pour ne pas manquer à sa parole.

On le suivit longtemps des yeux, puis on le perdit de vue dans les nuages. Seulement, le vent avait porté le ballon au-dessus de l'Adriatique. Aussitôt, un grand nombre de barques et de canots sortirent du port, suivant la direction qu'avait prise l'aérostat. Mais la nuit arriva, et il fallut revenir, sans rapporter aucun renseignement sur le sort du malheureux aéronaute. Sa femme, désespérée, passa toute la nuit à l'attendre, à l'extrémité du môle.

Voici comment se termina cette tragique aventure. Toujours accroché aux cordages de l'aérostat, Arban flotta, pendant deux heures, au milieu des nuages, par-dessus l'Adriatique. Mais peu à peu le ballon se dégonfla et descendit lentement. A 8 heures du soir, il rasait la surface des flots; quelquefois même, il venait reposer sur l'eau. La masse d'étoffe légère qui composait le ballon, et le peu de gaz qu'il conservait encore, lui permettaient de s'y soutenir. Jusqu'à 11 heures du soir, l'infortuné aéronaute lutta, autant que ses forces le lui permirent, pour se défendre contre les vagues. Par intervalles, le ballon se relevait, et poussé par le vent, glissait à la surface de l'eau. Le malheureux Arban était ainsi constamment ballotté entre la vie et la mort. Il se trouvait à deux kilomètres de la côte d'Italie.

Fig. 57. — Arban après sa chute dans l'Adriatique, avec son aérostat, est recueilli par deux pêcheurs italiens (*D'après une gravure du temps.*)

Cette lutte si tragique ne pouvait durer longtemps. Les forces du malheureux naufragé étaient à bout, quand il fut aperçu par deux pêcheurs. Ils firent force de rames pour arriver jusqu'à l'aéronaute, et le recueillirent dans leur barque.

Le lendemain, à 6 heures du matin, les deux pêcheurs entraient à Trieste, amenant dans leur barque l'aéronaute miraculeusement sauvé, ainsi que les débris de sa machine.

Pareil événement est arrivé, au mois de janvier 1867, à Marseille, à Mme Poitevin, veuve de l'aéronaute de ce nom. Dans une ascension faite au Prado, le vent la poussa vers la mer. Au bout de deux heures, l'aérostat s'étant dégonflé, le ballon tombait dans la Méditerranée. Heureusement, un bateau à vapeur était sorti du port dès que l'on avait vu la direction dangereuse que prenait l'aérostat. On recueillit Mme Poitevin sur le pont du bateau, au moment où le ballon allait entrer dans l'eau.

Les fastes de l'aérostation conservent le souvenir d'un événement très singulier qui se passa à Nantes, en 1845. Il s'agit encore d'un héros, mais d'un héros malgré lui.

Fig. 58. — Le jeune Guérin, aéronaute malgré lui.
(D'après une gravure de l'époque.)

Un aéronaute de profession, nommé Kirsch, exécutait une ascension dans la ville de Nantes, en présence d'une foule considérable, qui se pressait aux environs de la promenade de la Fosse. Le ballon était gonflé et prêt à partir, lorsqu'une des cordes qui le retenaient fixé à un mât vint à se rompre, et le ballon s'enleva traînant après lui la nacelle, que l'on n'avait eu que le temps d'attacher par un seul bout. La nacelle se terminait par une ancre de fer, suspendue au bout d'une corde.

Voilà donc l'aérostat, qui, poussé par le vent, et élevé seulement d'une trentaine de mètres au-dessus du sol, est traîné sur la place, qu'il balaye, en laissant pendre du haut en bas, d'abord la nacelle, puis l'ancre qui la termine, et qui rase le sol.

En ce moment, un jeune garçon de douze ans, nommé Guérin, apprenti charron, était tranquillement assis, avec ses camarades au bord d'une fenêtre, paisible spectateur de l'ascension. L'ancre du ballon accroche le bas du pantalon de l'apprenti, le déchire jusqu'à la hanche, et le saisissant par la ceinture, fait perdre terre au malheureux jeune homme qu'elle entraîne dans les airs.

Ce fut à la consternation générale que l'on vit l'aérostat tenant le pauvre Guérin suspendu par la ceinture, s'élever à plus de 300 mètres de hauteur. Une catastrophe semblait inévitable. Mais par un hasard providentiel, l'événement n'eut point d'issue funeste.

Le jeune Guérin jetait des cris de désespoir. Il était déjà porté à une hauteur si grande, que la foule rassemblée sur la place ne lui apparaissait que comme une troupe de fourmis, et les maisons pas plus grandes que le pouce. Il se voyait entraîné vers la Loire. Comme il sentait que son pantalon, dans lequel l'ancre était accrochée, allait céder et le précipiter sur la terre, il avait saisi des deux mains la corde qui soutenait l'ancre. C'est dans cette situation épouvantable qu'il fut promené, pendant un quart d'heure, dans l'espace.

Il s'aperçut heureusement alors que le ballon commençait à se dégonfler, lui promettant une délivrance prochaine. Le courage et l'espoir lui revinrent. Seulement, la corde de l'ancre à laquelle il était suspendu, tournait rapidement sur-elle-même ; de sorte que notre aéronaute malgré lui voyait les objets placés au-dessous de lui, exécuter une danse vertigineuse. Il descendait lentement aux environs d'une ferme située non loin de la ville. La frayeur le reprit, quand il approcha de la terre. Il se demandait comment il allait supporter la chute contre le sol. Un bruit de voix se fit entendre à peu de distance.

« Par ici, s'écriait l'enfant. Sauvez-moi ! je suis perdu !

— N'aie pas peur, tu es sauvé ! » lui répondent quelques personnes accourues à ses cris. Et sans même toucher le sol, il est reçu dans les bras de ses sauveteurs.

Un des plus célèbres aéronautes de l'Angleterre, Green, a vu la mort d'aussi près que le jeune Guérin, d'une façon tout aussi involontaire, mais dans des circonstances bien différentes.

De tous les aéronautes de profession, Green était assurément celui qui avait fait le plus d'ascensions : il en avait exécuté plus de mille. Cependant celle que nous allons raconter faillit être pour lui la dernière.

Green emmenait avec lui tout amateur qui voulait payer sa place. Il partit, un jour, du Wauxhall de Londres, en compagnie d'un gentleman, qui avait dûment versé entre ses mains le prix du voyage. Commodément installé dans la nacelle, notre amateur semblait prendre le plus grand plaisir à cette excursion aérienne.

Tout à coup, le gentleman tire un couteau de sa poche, et, tranquillement, il se met en devoir de couper l'une des cordes qui soutiennent la nacelle.

Green s'était embarqué avec un fou.

Il saisit aussitôt la main de l'individu, s'empare du couteau, et le jette. Mais notre homme, tenace dans sa résolution, se dresse au bord de la nacelle, et s'apprête à faire dans le vide, un suprême plongeon.

Si notre fou eût exécuté son dessein, Green était perdu ; car le ballon, subitement délesté d'un grand poids, l'eût entraîné avec une rapidité effrayante, vers les plus hautes régions de l'air où il eût trouvé la mort. Sa présence d'esprit le tira de ce péril. Sans laisser paraître aucune émotion, il dit à son terrible compagnon de route :

« Vous voulez sauter, c'est bien ; je veux en faire autant, et comme vous, me précipiter dans l'espace. Mais nous sommes encore trop bas ; il faut nous élever plus haut afin de mieux jouir d'une aussi belle chute. Laissez-moi faire, je vais accélérer notre ascension. »

Aussitôt, Green saisit la corde de la soupape, et la tire, d'un effort désespéré. Au lieu de monter, l'aérostat se vide, et ils descendent à grande vitesse. Dans cet intervalle, les idées du gentleman avaient sans doute pris une tournure moins funèbre, car, arrivé en bas, il sauta de la nacelle, sans dire un mot, et comme si rien ne s'était passé.

Depuis ce jour, Green, avant de s'embarquer avec un inconnu, trouva prudent d'avoir avec lui quelques instants de sérieux entretien.

CHAPITRE V

PREMIERS GRANDS VOYAGES AÉRIENS

VOYAGE DE GREEN. — VOYAGE DE LA « VILLE DE PARIS ». — VOYAGE DU « GÉANT ».

Voyage de Green

L'aéronaute Green, dont nous venons de raconter l'étrange aventure, est célèbre dans l'histoire de l'aérostation, non seulement par les mille ascensions qu'on lui attribue, mais parce qu'il fit, en 1836, le voyage aérien le plus long qui ait été exécuté jusqu'à ce moment. Il se transporta de Londres à Weilberg, dans le duché de Nassau, et passa toute une nuit perdu dans les airs.

L'aérostat qui servit à ce voyage mémorable était un des plus grands que l'on eût encore vus : son volume était de 2.500 mètres cubes. Parti de Londres, le 7 novembre 1836, Green avait deux compagnons de voyage. Ne sachant en quel pays le vent les porterait, ils s'étaient munis de passeports pour tous les États de l'Europe, et d'une bonne provision de vivres.

Le ballon s'éleva majestueusement à une heure et demie ; et entraîné par un vent faible du nord-ouest, il se dirigea au sud-est, sur les plaines du comté de Kent. A 4 heures, la mer se montra à nos voyageurs aériens, toute resplendissante des feux du soleil couchant.

Cependant le vent vint à changer presque subitement, et à tourner au nord ; de sorte que le ballon était poussé au-dessus de la mer du Nord, et cela à la tombée de la nuit. Green jugea prudent d'aller chercher un courant d'air d'une direction plus favorable ; il jeta un partie de son lest, et s'éleva ainsi dans une région supérieure, où il trouva un courant atmosphérique, qui ramenant en arrière l'aérostat, le conduisit, en quelques minutes, au-dessus de Douvres. Toujours poussé par le vent, il s'engagea, par-dessus la mer, dans la direction du Pas-de-Calais.

Il était près de 5 heures de l'après-midi, lorsque les voyageurs aperçurent la première ligne des vagues se brisant sur la plage.

La nuit arriva bientôt et l'obscurité augmentant de plus en plus, ils flottèrent au sein de nuages épais, entourés de toutes parts de brouillards dont l'humide vapeur se condensait sur l'enveloppe de l'aérostat.

Au bout d'une heure, le détroit était franchi. Déjà le phare de Calais était visible, mais la nuit était si obscure que l'on ne pouvait obtenir quelque connaissance des pays que l'on traversait, que par le nombre de lumières apparaissant sur la terre. Le ballon faisait plus de quarante kilomètres à l'heure.

C'est ainsi que Green et ses compagnons, parcoururent une partie du continent du nord de l'Europe. Vers minuit, ils se trouvaient en Belgique, au-dessus de Liège.

Remplie d'usines et de hauts fourneaux, située au milieu d'un canton très peuplé, cette ville se montrait éblouissante de lumière.

Ils continuèrent, poussés par le vent,

leur course aérienne à travers les ténèbres.

Dans un aérostat, rien, pas même le plus léger balancement, ne trahit le mouvement; l'immobilité semble parfaite. Joignez à cela l'effet de l'obscurité et du silence, un froid de glace, car il gelait à 10 degrés, l'ignorance absolue du lieu où l'on se trouvait, la crainte d'aller se briser contre quelque obstacle, comme une montagne ou le clocher d'une église, et vous comprendrez les préoccupations d'un voyage si aventureux.

Depuis plus de trois heures, les aéronautes se trouvaient dans cet état, flottant à une hauteur d'environ 4.000 mètres, lorsque, tout à coup, une explosion se fait entendre: la nacelle éprouve une forte secousse, la soie du ballon s'agite, et paraît tressaillir. Une seconde, une troisième explosion se succèdent, accompagnées chaque fois, d'un ébranlement de la nacelle, qui menace de les précipiter tous dans l'abîme. D'où provenait cet étrange mouvement? A la hauteur de 4.000 mètres à laquelle le ballon était porté, le gaz hydrogène de l'aérostat, placé dans un milieu excessivement raréfié, s'était extrêmement dilaté, comme il arrive toujours en pareille circonstance. L'étoffe du ballon, pressée par l'expansion du gaz intérieur, avait fait effort de toutes parts, et brisé une partie du filet, qui était rempli d'humidité et raidi par le froid. Telle était la cause des bruits qui avaient retenti au-dessus de leur tête, en secouant affreusement la nacelle. Heureusement, cette crise n'eut aucune suite fâcheuse; les voyageurs en furent quittes pour la peur.

Les premières lueurs du matin, si lentes à apparaître au mois de novembre, commencèrent enfin à se montrer, et les voyageurs purent reconnaître s'ils planaient sur la mer ou sur le continent. Au lieu de la mer, ils découvrirent un pays cultivé, traversé par un fleuve majestueux, dont la ligne sinueuse partageait le paysage, et allait se perdre aux courbes lointaines de l'horizon.

Ce fleuve était le Rhin.

Les voyageurs, voyant une plaine paraissant propice à l'atterrissement, se décidèrent à terminer là un voyage si accidenté. Green donna issue au gaz, jeta l'ancre au bas de la nacelle, et effectua sa descente sans accident. Il était 7 heures et demie du matin.

Alors apparurent les habitants du pays, qui jusque-là s'étaient tenus prudemment cachés dans les taillis, observant les manœuvres de cet étrange équipage. Ils s'empressèrent de venir prêter main-forte aux voyageurs, et leur apprirent dans quel lieu ils étaient descendus.

C'était le duché de Nassau, et la ville la plus voisine était Weilberg.

Ainsi se termina cette expédition nocturne, dans laquelle Green et ses compagnons parcoururent la plus grande étendue de pays que l'on eût encore franchie en ballon pour l'époque et passèrent au-dessus de cinq contrées de l'Europe : l'Angleterre, la France, la Belgique, la Prusse, le duché de Nassau, et une longue suite de villes.

Voyage de l'aérostat « la Ville-de-Paris »

Après le voyage de Green, celui qui fut effectué, en France, le 6 octobre 1850, par le ballon *la Ville-de-Paris*, dirigé par Eugène Godard et Louis Godard, et monté par six voyageurs qui allèrent descendre en Belgique, mérite d'être signalé.

Il partit à 5 heures et demie de l'Hippodrome de Paris, passa au-dessus de Montmorency, Luzarches et de la forêt de Chantilly. Ensuite, poussé par le vent, il traversa les départements de l'Oise et de la Somme, pour arriver en Belgique. Il descendit à 10 heures du soir à Gits, près d'Hooglède. Le voyage ne présenta d'ailleurs d'autre incident que la longueur de l'espace franchi.

Voyages du « Géant »

Tout le monde a certainement entendu parler des aventures de l'aérostat construit par Nadar, et de son désastre survenu en 1863, dans les plaines du Hanovre. C'est par ce récit que nous terminerons l'histoire des plus célèbres ascensions effectuées avant l'année 1870.

Et d'abord, quelle a été l'origine de la construction du *Géant?* Ce ballon, le plus colossal des ballons, fut fait dans un but aéronautique tout spécial. Expliquons-nous.

Nadar (Félix Tournachon), photographe connu antérieurement par ses œuvres de littérature légère et par ses dessins, fut avant tout un homme d'imagination et d'action, ce qui le désignait pour être un des précurseurs les plus convaincus et les plus clairvoyants de l'aérostation. Nous lui trouvons plus d'un trait de ressemblance avec l'un des héros, l'une des victimes de l'aérostation : Pilâtre de Rozier.

Fig. 59. — Nadar.

Vers 1859, ce savant précurseur eut la pensée d'appliquer la photographie à l'aérostation. Il voulait réunir les ressources de l'aérostation et celles de la photographie; en d'autres termes, faire l'application de la photographie, non seulement à l'art militaire, mais aussi à l'art de lever les plans.

Ce fut dans une ascension faite par Louis Godard, à l'Hippodrome, que Nadar fit connaissance avec les ballons. Depuis ce temps, l'intrépide amateur accompagna bien souvent les deux frères Eugène et Jules Godard, dans leurs ascensions.

Ce sont ces premiers voyages faits dans le ballon de l'Hippodrome qui inspirèrent à Nadar l'idée de la photographie aérostatique et militaire. Il pensa, qu'établi dans la nacelle d'un ballon captif, on pourrait tirer, tous les quarts d'heure, une épreuve photographique négative sur verre, que l'on ferait parvenir au quartier général, au moyen d'une boîte coulant jusqu'à terre, le long d'une petite corde, laquelle pourrait, au besoin, remonter des instructions. L'épreuve fixée et rendue positive, mise sous les yeux du général en chef, lui donnerait les indications que réclamerait la tactique, en constatant, au fur et à mesure, chaque mouvement des bataillons ennemis.

Nadar prit un brevet pour la *photographie aérostatique*. Cependant les premiers essais auxquels il se livra, dans un ballon captif, ne furent pas entièrement satisfaisants, ce qui le détermina à refuser l'invitation qui lui fut faite, en 1859, d'apporter son concours à l'armée d'Italie.

Cependant Nadar avait d'autres projets en tête. Il cherchait le moyen de réaliser la direction des aérostats. Sollicité par des amis de prêter son concours à un projet d'appareil, nommé depuis *hélicoptère*, permettant de s'élever et de se diriger dans l'air par l'emploi d'une hélice, Nadar accepta.

Pour faire aboutir ce projet qui tendait, en somme, à la suppression des aérostats, et pour se procurer, comme il le disait, *le nerf de la guerre*, c'est-à-dire les sommes nécessaires pour construire le bateau aérien à hélice, Nadar se proposa de faire, en aérostat ordinaire, des ascensions publiques.

Il fit construire un aérostat qu'il nomma le *Géant*. Le *Géant* (Fig. 60) méritait bien son nom, car c'était un des plus grands aérostats qui aient été construits. Composé de deux enveloppes superposées en taffetas blanc, il ne cubait pas moins de 6.000 mètres. Sa hauteur totale était de 40 mètres et il fallut 7.000 mètres de soie pour le confectionner.

La nacelle, placée au-dessous de l'aérostat, était à deux étages, ou plutôt se composait d'une plate-forme surmontant une sorte de cabine. Cette nacelle avait 4 mètres de hauteur sur 2m,30 de large. Elle était construite en branches de bois de frêne et d'osier, et pesait 1.200 kilogrammes.

La première ascension du *Géant* eut lieu au Champ-de-Mars, le 4 octobre 1863. Elle avait attiré une foule immense : plus de cent mille personnes entrèrent, ce jour-là, dans l'enceinte. Elle s'accomplit, d'ailleurs, de la manière la plus heureuse. Seulement, la durée du voyage fut extrêmement courte, car les aéronautes descendirent à Meaux, à quelques lieues de Paris.

Fig. 60. — L'aérostat le *Géant* construit en 1863.

La seconde ascension eut lieu le 18 octobre. Ce voyage se termina par de très graves accidents. Après une excursion aérienne, qui avait été pleine de charmes pour les voyageurs, et dans laquelle ils avaient franchi plus de cent cinquante lieues, un accident arrivé à la soupape, empêcha le ballon, arrivé près de terre, de se vider. Par malheur un vent furieux régnait à terre. Il emporta, de son souffle puissant la colossale machine, qui fut traînée à travers la campagne, heurtant avec une violence inouïe contre tous les obstacles qu'elle rencontrait devant elle. Pendant un quart d'heure, les malheureux voyageurs du *Géant*, emportés dans une course échevelée, virent cent fois la mort. Ce ne fut que par un miracle qu'ils en sortirent vivants, mais tous blessés ou meurtris.

D'Arnoult, un des compagnons de route de Nadar a donné de ce voyage une relation dont voici quelques intéressants extraits :

« Le Rhin traversé, le *Géant* s'était trouvé

à un peu moins de sept lieues du Zuyderzée.

« D'après des calculs que tout porte à croire exacts, le *Géant* venait de parcourir trois cent soixante-dix lieues en seize heures et quelques minutes.

« Le projet de descendre fut résolu, les derniers sacs de lest furent rangés, les cordes et les ancres préparées, et Godard ouvrit la soupape.

— Le monstre se dégorge, dit Thirion!

« En effet, le ballon rendait son gaz avec un bruit énorme qui paraissait être le souffle de quelque animal gigantesque.

« Pendant cette réflexion de notre compagnon, nous descendions avec une rapidité de deux mètres par seconde.

— Aux cordes! aux cordes! tenez-vous bien! criaient les deux Godard, qui semblaient être tout à fait dans leur élément; gare au choc!

« Chacun s'était cramponné aux cordes qui retenaient la nacelle au cercle placé au-dessous du ballon. Mme Nadar, vraiment magnifique de sang-froid, saisit de ses mains délicates deux grosses cordes. Nadar en fit autant, mais en embrassant sa femme de manière à la couvrir de son corps. J'étais à côté, vers le milieu de la claie servant de balcon, à genoux ; j'étreignais également deux cordes. A côté de moi étaient Montgolfier, Thirion et Saint-Félix. Le ballon descendait à nous donner le vertige ; nous arrivions, et l'air, si calme en haut, était, au ras du sol, agité par un grand vent.

— Nous jetons les ancres! crie Godard, nous touchons, tenez-vous bien..... Ah!...

« La nacelle venait de toucher terre avec une violence inouïe. Je ne sais comment il se fait que mes bras ne s'arrachèrent point.

« Après ce premier choc épouvantable, le ballon remonta ; mais la soupape étant ouverte, il retomba, et nous eûmes une secousse, sinon plus terrible, au moins plus douloureuse que la première; le ballon remonta, il chassait sur les ancres; tout à coup nous crûmes être précipités à terre.

— Les amarres sont cassées! cria Godard. Le ballon donna de la tête comme un cerf-volant qui tombe. Ce fut horrible.

« Nous chassions avec une vitesse de dix lieues à l'heure vers Nienburg. Trois gros arbres furent coupés par la nacelle comme par la hache d'un bûcheron; une petite ancre restait encore; on la jeta, elle s'agrafa au toit d'une maison dont elle enleva la charpente. Si le ballon nous traînait sur la ville, nous étions mis en pièces; heureusement il s'éleva pour retomber 200 mètres plus loin avec les mêmes secousses pour la nacelle. Chacun de ces chocs nous disloquait les membres; pour comble de malheur, la corde de la soupape se détacha, et celle-ci se refermant, il nous fallut perdre l'espoir de voir le ballon se dégonfler.

« Il s'élevait à 25, 30, 40 mètres du sol avec des bruissements affreux, puis il retombait toujours avec les mêmes coups de tête. Tout ce qui se trouvait à portée de la nacelle était coupé, broyé, détruit. Un bouquet de petits arbres, une barrière se présentait au loin, « Gare! » criait-on, et le temps de pousser ce cri et celui de se pencher à droite ou à gauche, nous arrivions sur un obstacle, un craquement se faisait entendre; nous étions passés! Chaque minute amenait son danger, et quel danger!

« Sur notre passage, tout fuyait sous le coup d'une terreur panique, les hommes et les animaux.

Au sortir d'une tourbière, dont les éclaboussures faillirent étouffer Fernand Montgolfier, qui eut la bouche et les yeux remplis d'une boue noirâtre, nous aperçûmes, à 300 mètres environ, la ligne en talus assez élevé d'un chemin de fer. Un train arrivait sur lequel nous devions infailliblement nous heurter. Sans nul doute la locomotive aurait été précipitée au bas du talus; mais que serions-nous devenus?

« Nous poussâmes tous ensemble instinctivement un grand cri, un de ces cris surhumains qui fut certainement entendu, car le convoi s'arrêta et rétrograda même un peu. — Gare! criâmes-nous. Le ballon fit un saut en l'air, il s'ensuivit une forte secousse, accompagnée d'un cliquetis de fer : c'étaient les fils du télégraphe qui venaient d'être arrachés. Nous éprouvâmes une seconde secousse, et nous fûmes portés sur les talus; cette secousse fut suivie d'une troisième, d'une quatrième, et notre nacelle, comme un boulet de canon, coupant la barrière de charpente du chemin de fer, tombait dans un étang. Une des grosses cordes de la nacelle avait été coupée par un des fils télégraphiques aussi promptement et aussi facilement que l'aurait été un bout de fil à coudre. Nous l'avions échappé belle.

« Le ballon continuait toujours à s'enlever avec des bonds terribles. — Si l'on pouvait rouvrir la soupape! avaient dit les frères Godard. — Je vais essayer, dit l'un d'eux, Jules, qui se tenait accroupi comme moi, à ma droite.

« Le ballon, pendant ces pourparlers, continuait sa course effrayante. Jules se leva, se hissa aux cordages; une secousse le rejeta sur moi, brisé et les vêtements déchirés. Après quelques secondes de repos, il essaya de nouveau : vaine tentative! Une troisième fois Jules se redressa; à ce moment nous nous oubliâmes nous-mêmes pour ne plus voir que lui; une sorte d'électricité

Fig. 61. — Catastrophe du *Géant*, dans les plaines du Hanovre. (*Gravure du temps.*)

sembla nous animer pour lui crier courage et soutenir ses forces; il en fallait alors de surhumaines.

« Nous rasions un grand champ de bruyère, le ballon courait vite, mais sans trop remuer. Jules monta sur mes épaules, puis sur ma tête, des mains il se cramponna au cercle auquel tenaient les cordes du filet; il fit un effort, bondit... le ballon aussi bondit de son côté. Dans la position où Jules était placé, il suffisait de la moindre torsion des cordes pour l'écarteler ou le décapiter. Je ne puis me rendre compte du temps que nous restâmes ainsi en suspens. Le ballon se calma. Jules alors s'élança de nouveau sur le cercle où il s'arc-bouta des jambes ; il put retrouver la corde de la soupape à laquelle il se pendit et qu'il nous jeta. Louis Godard et Thirion s'en emparèrent et, réunissant leurs efforts, purent l'attacher solidement à l'une des poignées d'angle de la plate-forme. Nous entendîmes le gaz s'échapper, le ballon s'affaissa sans rien perdre toutefois de sa vitesse horizontale ; Yon monta à côté de Jules pour amarrer une autre corde à celle de la soupape dans le cas où la première viendrait à se rompre.

« Nous respirâmes un peu plus librement : mais ce moment de répit ne fut pas de longue durée, car les buissons et les petits arbres se multipliaient, et c'étaient autant d'obstacles mortels que nous avions en face de nous ! Nous venions de subir encore de rudes assauts, en renversant une série de petites murailles dans les tourbières, quand tout à coup nous aperçûmes comme une apparition infernale, juste droit devant nous, à plusieurs centaines de mètres, une maison rouge, trop grosse sans doute pour espérer la renverser. Nous nous regardâmes et, stupéfaits, nous n'eûmes d'autre pensée que celle de nous demander de quelle manière nous serions écrasés contre ce mur de briques. Sans pouvoir l'expliquer, je crois pouvoir affirmer que l'idée de se soustraire à cet écrasement en sautant de la nacelle ne vint à aucun de nous.

« Nous allions cependant avec une vitesse effrayante ; cent pas encore nous séparaient de cette maison, à proximité de laquelle se trouvait un gros arbre. Un bienheureux coup de vent fit subitement dévier le ballon vers la droite et sur l'arbre, qui brisa le coin où se tenait Louis Godard. Sa course reprit à travers des marais.

« Après quelques minutes pendant lesquelles nous remarquions avec satisfaction que le ballon se dégonflait, une voix s'écria : Une forêt ! Au même instant, d'horribles secousses produites par les nombreux petits arbres qui précèdent toute grande étendue de bois recommencèrent. Nous étions à bout de nos forces : nos bras si violemment tendus depuis un temps trop long et que j'évalue à plus de trente minutes, refusèrent de nous soutenir ; les cordes nous déchiraient les mains ; nous sentions peu à peu un affaissement complet envahir tout notre être physique. L'être moral tenait encore, bien qu'il fût déjà sous l'empire d'étranges hallucinations.

« Nous approchions de la forêt ; un craquement épouvantable résonna dans l'air, suivi d'une secousse si forte, que je fus jeté en arrière dans la nacelle dont la trappe était ouverte. Je tombai là au milieu de toutes sortes d'objets ; je me relevai, et ma tête dépassant l'ouverture de la cloison qui formait plafond, je crus apercevoir deux de mes compagnons étendus sur le sol. Une autre secousse me fit faire un haut-le-corps qui me fit sortir à demi de la maison. Je me cramponnai en m'élevant avec les bras ; une troisième secousse me lança en l'air. Je fis deux ou trois tours sur moi-même, et je tombai lourdement la tête la première à terre, où je restai étendu sans connaissance.

« J'ignore entièrement comment mes compagnons sont sortis de la nacelle ; eux-mêmes ne s'en rendent pas un compte bien exact. Thirion doit avoir été jeté de côté ; Montgolfier, inanimé, coula sous la nacelle où il devait avoir le sort de Saint-Félix, tombé en même temps que lui ; Yon et Jules ont dû être précipités de leur cercle dans une des grandes secousses qui m'ont jeté dehors. Les trois derniers tombés pourtant, sont Louis Godard, Nadar et sa femme, qu'un instant nous crûmes perdus.

« Je me relevai tout étourdi de ma chute, et je sanglai mon genou le plus abîmé avec un morceau de mouchoir. La nacelle était loin, je la vis bondir, puis disparaître dans la forêt ; j'entendis deux grands cris et ce fut tout. Le ballon, comme un géant, dépassait la tête des grands arbres ; il oscillait, paraissant se débattre et vouloir courir encore. Plusieurs coups de feu partirent, vraisemblablement dirigés contre lui, car il se balança et tomba enfin en écrasant tout autour de lui. Le *Géant* était donc terrassé. Je pensai avec raison que Thirion était l'auteur des coups de feu qui venaient d'achever le monstre ; déjà, dans la nacelle, il avait essayé de tirer, mais inutilement. — Un de sauvé ! m'écriai-je. Au même instant, j'aperçus Jules et Yon qui se dirigeaient vers le bois. — Et de quatre ! leur dis-je. Où sont les autres ? Quels cadavres allions-nous trouver? A cent pas en avant du bois, un gémissement nous fit regarder à terre, un corps humain s'y trouvait couché dans la terre et les bruyères ; un corps noir, lacéré, tellement méconnaissable, que je lui demandai qui il était : — Saint-Félix ! répondit une voix brisée, presque éteinte. Oh ! que je souffre ! A boire, à boire ! Une de nos cloches, dont le manche était brisé, se trouvait près de lui, je la ramassai, et, m'en servant comme d'un vase, j'allai la remplir d'eau à la rivière l'*Aller*, qui coulait à cinquante pas de là. Avec cette eau, je rafraîchis la bouche du malheureux, et y ajoutant quelque peu de teinture d'arnica, dont un flacon emporté par moi de Paris avait été miraculeusement préservé dans l'une de mes poches, je lui lavai le visage : sa figure n'avait plus rien d'humain ; la peau du front, de la joue droite, du menton était enlevée.

« Son bras gauche cassé, avec la main presque entièrement dénudée, gisait à côté de lui, les vêtements en lambeaux laissaient, quand j'eus enlevé la tourbe et les terres qui les couvraient, la poitrine à l'état de plaie vive.

« Pendant que je me livrais à ces soins, Montgolfier et Louis Godard arrivèrent ; Montgolfier, tout noir de tourbe, n'avait aucune contusion sérieuse ; Louis Godard avait la cuisse déchirée et les jambes ecchymosées, mais il ne faisait nulle attention à ses blessures et se préoccupait de ce qu'était devenue Mme Nadar, qu'on ne retrouvait pas. Il m'apprit que Saint-Félix, en voulant sauter, avait été accroché sous la nacelle et traîné à plat ventre avec ce poids énorme sur lui pendant une courte distance. Je me dirigeai vers la rivière, où je bus de l'eau à pleines mains et me lavai le visage, car j'étais littéralement couvert de tourbe. Je me relevais, quand je vis sur l'autre rive se dresser la tête de Nadar : il était fort pâle et paraissait souffrir beaucoup.

« Pour aller jusqu'à Nadar, il fallait passer la rivière peu large, mais assez profonde en cet endroit. Je fis donc signe à quelques paysans qui nous entouraient de nous prêter assistance. J'avoue que, malgré une pantomime fort expressive, aucun de ces gens ne parut me comprendre. J'employai alors, vis-à-vis d'eux, un moyen que j'ai rarement vu échouer. Je tirai une pièce d'or de mon porte-monnaie, et je la leur montrai. O prodige de la compréhension humaine ! A la vue de l'or, chaque paysan se précipita pour m'enlever et me faire passer la rivière sur son dos. Je choisis le plus fort d'entre tous, je m'accrochai à ses épaules, et voilà mon homme qui met un pied, puis deux dans la rivière, puis tout le corps, et nous disparaissons dans un trou.

« On nous repêche aussitôt, et comme toujours, on imagina le moyen de parer la catastrophe après qu'elle avait eu lieu. Les paysans ramassèrent une grande quantité de grosses branches que le ballon avait cassées et firent avec elles un pont volant assez solide pour que Montgolfier, Yon, et moi, puissions passer à pied sec sur l'autre rive. Une large allée tracée par la nacelle dans les arbres et les broussailles se présenta ; nous la suivîmes pendant une centaine de pas.

« Là, au milieu d'un abatis prodigieux de branches d'arbres, se trouvaient la nacelle, couchée sur le côté, et le ballon affaissé à terre, presque dégonflé. Devant la nacelle, couchée sur les débris, Mme Nadar, à laquelle les deux Godard et Thirion prodiguaient des soins. La malheureuse femme crachait le sang à pleine bouche et se plaignait d'une forte compression de la poitrine. Godard me dit qu'il l'avait trouvée gisante sous la nacelle; nous nous occupâmes de lui rafraîchir le visage et de la sécher, car ses vêtements étaient trempés d'eau.

« Après ces premiers soins, nous essayâmes de nous rendre compte de la manière dont elle avait été précipitée. Voici ce que nous avons supposé. Arrivée près de la rivière l'*Aller*, la nacelle subit une secousse qui dut jeter dans l'eau Mme Nadar et son mari, et fit rouler ce dernier sur la rive, pendant que Mme Nadar, accrochée par ses vêtements à la claie d'osier, dut être entraînée par la nacelle jusqu'au moment où celle-ci fut brusquement arrêtée par un amas de gros arbres.

Avec l'aide des paysans, j'arrachai deux des cloisons intérieures de notre maison d'osier, ce qui nous procura deux civières assez confortables pour transporter les deux blessés; au même instant, une longue charrette arriva pleine de paille. Nadar et sa femme y furent couchés et dirigés vers un endroit qui paraissait avoir été désigné d'avance aux paysans.

« Cet endroit, fort pittoresque, était un petit pavillon de chasse bâti en briques et en charpente, situé au milieu d'une rotonde qu'entouraient de gigantesques sapins. Les blessés avaient été couchés dans le pavillon par les ordres du Gouverneur du district; cet excellent homme, à la première rumeur qui se répandit de l'événement, était accouru avec sa femme qui parlait français, et des domestiques, pour organiser les premiers secours. »

Nous arrêterons ici le récit de cet émouvant voyage; nous dirons seulement qu'heureusement aucun des blessés ne succomba.

Le 26 septembre 1864, le *Géant* fit sa troisième ascension à Bruxelles, pour s'associer aux fêtes du 34e anniversaire de l'Indépendance belge.

Cette fois, en outre, on devait faire quelques observations scientifiques.

Mais la disproportion de l'ouverture de la soupape avec la capacité du *Géant,* qui avait été cause de la catastrophe du Hanovre, subsistait toujours. Rentré dans la légitime possession de son ballon, tout juste à temps pour l'ascension du 26 septembre, Nadar n'avait pas eu le loisir d'adapter une autre soupape. Il fallait donc songer à un expédient qui pût promettre aux voyageurs quelque sécurité.

Nadar eut l'idée d'adjoindre à l'aérostat une sorte de soupape de réserve ou *de miséricorde*. Il fit coudre solidement, sur la partie supérieure du ballon et en dehors, une corde légère, qui partait de l'équateur et remontait sur le cintre, jusqu'au sommet. Là, elle rentrait dans le ballon et retombait par l'ouverture de l'appendice, à côté de l'autre corde de soupape, à la portée de l'équipage. Au point où cette corde opérait sa rentrée dans le ballon, sous une pièce de soie superposée, une déchirure était, pour ainsi dire, amorcée. Qu'il y eût le moindre vent à la descente, et sans même demander à l'autre soupape son dérisoire secours, on se suspendrait à cette corde de salut, et le ballon, éventré par la déchirure, s'affaisserait sur place.

Beaucoup d'autres précautions furent prises pour cette nouvelle ascension.

Dans cet ensemble de nouvelles mesures, il ne faut pas oublier le *guide-rope,* c'est-à-dire la corde de sûreté que l'aéronaute prudent, lorsqu'il veut opérer sa descente, fait filer hors du bord, avant de donner le coup de soupape. Cette longue corde traîne à terre. Se chargeant de sable, d'eau, des branches et des herbes qu'elle rencontre, elle agit sur le ballon en marche à la façon d'un frein. Elle prépare, ou amortit, en ralentissant la course du véhicule aérien, le coup trop violent de la prise des ancres. Quelquefois même le *guide-rope,* qui fouaille et fait « queue de serpent » sur le sol, rencontre un arbre, autour duquel il s'entortille et qui le retient, arrêtant ainsi le ballon dans sa course.

Aussi Nadar eut-il soin d'emporter avec lui, à cet effet, un câble très solide, de 3 centimètres de diamètre et d'une longueur de 150 mètres. En outre, comme il avait trop éprouvé les inconvénients du point d'attache des cordes sur la nacelle, à laquelle elles transmettent toute la violence des coups d'amarrage, il fit attacher le *guide-rope* et les câbles des ancres au cercle même, point intermédiaire entre le double système des cordes de la nacelle et des cordes du filet. De cette manière, on pouvait espérer que les chocs seraient moins sensibles.

Fig. 62. — Eugène Godard.

On avait même prévu le cas d'immersion involontaire. Aux matelas en caoutchouc soufflé, qui étaient déjà suffisants pour porter sur l'eau une douzaine de personnes, on ajouta quatre barriques vides, fixées aux quatre parois, et qui devaient contribuer à maintenir le niveau d'équilibre hors de l'eau. Des ceintures de sauvetage garantissaient encore la préservation individuelle de chaque voyageur. En un mot, rien n'avait été omis pour parer aux événements.

Le *Géant* partit le 26 septembre 1864, à 6 heures du soir, du *Jardin zoologique* de Bruxelles, après quelques hésitations. Il emportait neuf personnes.

C'est au milieu des élans d'un véritable enthousiasme, que le *Géant* s'éleva, sous les yeux de la population bruxelloise. Il opéra heureusement sa descente, à 10 heures du soir, à Ypres (près de Nieuport), avant d'arriver à la mer, vers laquelle il était poussé par le vent d'est.

Cette circonstance ne permit pas d'effectuer les observations scientifiques projetées.

Les résultats financiers des ascensions du *Géant* furent loin de répondre aux espérances que Nadar avait fondées sur eux pour établir son *plus lourd que l'air,* et lors de l'Exposition universelle de Paris de 1867, il céda la propriété du *Géant* à une Compagnie qui organisa des ascensions dont le point de départ fut l'Esplanade des Invalides.

A l'occasion de cette même Exposition, un autre ballon, l'*Impérial,* monté par Eugène Godard, effectuait également des ascensions en partant de l'Hippodrome.

AÉROSTATS DU SIÈGE DE PARIS

On ne pouvait supposer, lors des ascensions publiques que nous venons de citer, effectuées pendant l'Exposition universelle de Paris de 1867, que trois années plus tard, ces aérostats qui s'enlevaient alors aux cris joyeux de la foule, deviendraient le seul moyen de communication entre la capitale investie et le restant du territoire français.

En 1870, en effet, les habitants de Paris, étroitement bloqués par les Allemands, dans leur enceinte de pierre, et privés de tout moyen de sortie par les routes de terre ou d'eau, n'eurent, pendant de longs mois, d'autre moyen de communiquer avec le reste de la France, que la voie de l'air. Mais il aurait fallu pouvoir diriger à son gré les globes aérostatiques, pour les lancer hors de la ville assiégée, et les faire revenir ensuite, par la même voie, à leur point de départ.

On se flatta, pendant les premières semaines du siège, que le ballon dirigeable allait surgir, et donner le moyen d'arracher la garnison et les habitants de la capitale à leur désastreux isolement.

Mais malgré les nombreux projets soumis à l'examen de l'Académie des Sciences et des Comités scientifiques établis dans les arrondissements de Paris par le Gouvernement de la Défense nationale, on dut renoncer à l'espoir de faire partir de Paris des ballons dirigeables, et on dut se borner à organiser les départs d'aérostats libres, que l'on lançait quand le vent était favorable. Montés par un homme déterminé, les aérostats s'en allaient au hasard, tombant tantôt dans les lignes prussiennes, tantôt dans des localités sûres, d'autres fois, hélas! allant se perdre dans la mer.

Nous allons donner une rapide énumération des principales ascensions qui eurent lieu pendant le siège de Paris, jusqu'à l'armistice du 28 janvier 1871, et qui font partie à la fois de l'histoire des aérostats et de notre histoire nationale.

C'est à la gare d'Orléans que fut établi, sous la direction d'Eugène Godard, le premier atelier pour la construction des ballons. La gare du chemin de fer du Nord servit bientôt au même travail, sous la direction de Yon et Camille d'Artois. Pendant le siège, toutes les gares de chemins de fer étaient nécessairement vides. Ces immenses espaces reçurent les ouvriers chargés de la construction des ballons, et servirent de magasins pour ces énormes globes de soie, au fur et à mesure de leur fabrication.

C'est de la place Saint-Pierre, à Montmartre, un des points les plus élevés de la capitale, que partit, le 23 septembre 1870, le premier aérostat parisien, qui n'était, d'ailleurs, qu'un petit ballon, vieux et usé, le *Neptune*, appartenant à un aéronaute de profession, Duruof. Nadar s'était efforcé de réparer ce petit ballon, qui était tout percé de trous, et perdait le gaz par mille déchirures. Cependant Duruof n'hésita pas à se confier à ce dangereux engin.

En présence du Directeur des postes, et de quelques délégués du Gouvernement de la Défense nationale, Duruof embarque dans sa frêle nacelle 125 kilogrammes de dépêches du Gouvernement, ainsi que quelques lettres de particuliers; et c'est au milieu d'une indicible émotion que les assistants voient le *Neptune* se perdre dans les nues.

Le lendemain, à onze heures du matin, le *Neptune* effectuait heureusement sa descente près d'Évreux.

La *poste aérienne* était créée.

Deux jours après, le 25 septembre, un ballon, appartenant à Eugène Godard, la *Ville de Florence*, partait, à onze heures du matin, du boulevard d'Italie, monté par un aéronaute de profession et un passager.

La *Ville de Florence* emportait trois pigeons voyageurs, et le but de son voyage, c'était d'expérimenter le retour des pigeons au colombier natal.

Le soir même, les trois pigeons revenaient à Paris, apportant au Directeur des postes une dépêche de l'aéronaute parti le matin. Il avait atterri dans le département de l'Oise, à Vernouillet.

La *poste aux pigeons* était créée.

Fig. 63. — Atelier de construction des ballons, à la gare d'Orléans. (*D'après une gravure du temps.*)

Louis Godard partit, le 29 septembre, de l'usine à gaz de la Villette, avec un passager. D'après un bizarre agencement, dont il avait pris l'habitude dans ses ascensions publiques, Louis Godard avait attaché ensemble, par une traverse horizontale, deux ballons, de petites dimensions. En cet équipage, il passa au-dessus de Montmartre, et tomba aux environs de Mantes.

Henri Giffard, le célèbre ingénieur dont nous examinerons ultérieurement les beaux travaux aérostatiques, possédait un petit ballon, le *Céleste*. On le gonfla, à l'usine à gaz de Vaugirard, et il partit, le 30 septembre, à neuf heures du matin, emportant Gaston Tissandier, le savant aéronaute.

Le *Céleste* passa par-dessus Versailles, où il fut salué par une fusillade prussienne, et tomba, à onze heures du matin, aux environs de Dreux.

L'apparition des premiers ballons dans les départements avoisinant Paris excita un grand enthousiasme. Les aéronautes, porteurs de dépêches et de lettres, étaient accueillis avec des larmes de joie par les familles, qui recevaient, par la voie des airs, des nouvelles de ceux qui leur étaient chers. Quand un ballon touchait terre, les habitants des localités voisines se précipitaient en foule vers l'aérostat, et des centaines de bras se dressaient pour amortir sa chute.

Fig. 61. — Un aérostat du siège de Paris, passant au-dessus d'un camp allemand.

D'un autre côté, les Allemands voyaient avec colère que le blocus qu'ils avaient si savamment organisé autour de la capitale pouvait être forcé. Ils regardaient, non sans inquiétude, les hardis messagers qui passaient par-dessus leur tête, et ils essayaient en vain de tirer en l'air quelques coups de fusil, dont les balles retombaient inertes, dans leur camp, et dont se jouaient les aéronautes.

Le fonctionnement certain et facile de la *poste aérienne* avait été démontré par les quatre premiers voyages exécutés dans le premier mois du siège, avec un matériel dans le plus piteux état; mais cette insuffisance même de l'appareillage faisait comprendre qu'avec de bons aérostats on pouvait compter sur le succès de la *poste aérienne*. Aussi le Gouvernement s'empressa-t-il de fournir les fonds nécessaires pour la fabrication de ballons bien conditionnés. L'atelier de la gare d'Orléans, et celui de la gare du Nord reçurent des commandes de ballons, de la capacité de 2.000 mètres cubes, qui furent confectionnés en quelques jours. Des marins et des cordiers étaient les travailleurs attachés aux ateliers aérostatiques des gares d'Orléans et du Nord.

C'est le 7 octobre que commença la série des ascensions avec des ballons neufs.

La première devait laisser un grand souvenir dans l'histoire de la guerre franco-allemande. C'est, en effet, le 7 octobre 1870, que Gambetta, Ministre de l'intérieur, quitta Paris, en ballon, pour aller organiser en province la défense nationale.

Dès le matin, de nombreuses estafettes étaient échangées entre le ministère et la place Saint-Pierre, à Montmartre, où devait s'effectuer le départ du ballon, l'*Armand-Barbès*, emportant Gambetta. A deux heures, Gambetta, accompagné de Spuller, s'élevait vers le ciel.

L'*Armand-Barbès* avait, d'ailleurs, un compagnon de route : c'était le *Georges-Sand*, monté par deux citoyens américains, qui avaient voulu voyager de conserve avec lui.

Le *Georges-Sand* toucha terre sans avaries notables; mais il en fut autrement de l'*Armand-Barbès*.

Conduit par un aéronaute de profession, le ballon qui enlevait Gambetta et Spuller s'abattit dans un bois que des soldats prussiens venaient de quitter peu d'instants auparavant. S'il fût parti de Paris un quart d'heure plus tôt, le jeune tribun aurait été pris par les soldats de Guillaume, et probablement fusillé. Du reste, le ballon s'était un moment tellement rapproché du sol que des balles allemandes avaient sifflé autour de la nacelle.

Fig. 65. — Départ de Gambetta dans un ballon-poste.
(*D'après une gravure du temps.*)

On s'empressa de jeter du lest, pour quitter ce dangereux point d'atterrissage; mais le ballon ne put monter, et partit horizontalement, à travers les arbres d'une forêt, dont les branches déchiraient son tissu fragile, et meurtrissaient cruellement les trois voyageurs. Heureusement, ils finirent par s'accrocher à un arbre, et le ballon s'arrêta, jetant pêle-mêle sur le sol, les voyageurs tout meurtris. La forêt n'était pas occupée par les Allemands. Gambetta et Spuller purent donc gagner, sans autre accident, la ville de Tours, but de leur voyage.

Quelques instants après, un pigeon lancé par les aéronautes, qui venaient de prendre terre, rentra à Paris, et apprit au gouvernement l'arrivée de Gambetta dans la ville de Tours.

Après les six premiers ballons sortis de la capitale, onze autres franchirent, sans obstacles, les lignes ennemies, du 12 au 27 octobre.

Le 12 octobre, le *Washington* partait,

enlevant MM. Van Roosebeke, propriétaire de pigeons, et Lefebvre, consul de Vienne.

Le *Louis-Blanc*, conduit par M. Farcot, accompagné de M. Tracelet, propriétaire de pigeons, quittait Paris le même jour. Le premier de ces aérostats descendit près de Cambrai; le second toucha terre dans le Hainaut, en Belgique.

Le 14 octobre eut lieu le départ de deux aérostats. Le premier, le *Cavaignac,* conduit par Godard père, emportait M. de Kératry et deux voyageurs; le second, le *Jean-Bart*, monté par M. Albert Tissandier, avait pour passagers MM. Ranc et Ferrand.

Le 16 octobre, le *Jules-Favre* s'élevait, à 7 heures 20 minutes du matin, de la gare d'Orléans, suivi, à 9 heures 50 minutes, du *Lafayette*.

Le 18 octobre, le *Victor-Hugo* partait du jardin des Tuileries, à 11 heures 45 minutes.

Le 19 octobre, avait lieu le départ de la *République-Universelle;* le 22 octobre, l'ascension du *Garibaldi;* le 25 octobre, le départ du *Montgolfier;* enfin, le 27 octobre, celui du *Vauban*.

Jusqu'au 27 octobre, la poste aérienne fonctionna très régulièrement. On avait adopté un modèle uniforme de ballons, qui était économique et d'un aspect assez élégant. Leur volume était d'un peu plus de 2.000 mètres cubes.

On en fabriqua, dans toute la durée du siège, 54, qui coûtèrent 4.000 francs chacun.

Trois millions de lettres, du poids de 4 grammes, représentant une recette de neuf cent mille francs, furent transportés par les *ballons-poste*.

Fig. 66. — Nacelle d'un ballon-poste.

Le 27 octobre 1870, le jour sinistre où Bazaine capitulait à Metz, le ballon la *Bretagne* s'élevait, à midi, de l'usine à gaz de la Villette, emportant MM. Vœrth, Hudin et Manceau, sous la conduite d'un aéronaute, M. Cuzon.

Depuis deux heures il planait dans l'air, quand l'aéronaute tira la corde de la soupape, pour atterrir. Par une fatale erreur, ayant mal reconnu le pays, il tombait en plein camp prussien! Une vive fusillade l'accueille, et l'un des passagers, M. Vœrth, confiant dans sa nationalité d'Anglais, saute à terre, et parlemente avec les soldats allemands. Mais le ballon, ainsi subitement allégé, à l'improviste, s'élance dans l'air avec une rapidité vertigineuse. Les aéronautes demeurés dans la nacelle lâchent du gaz, redescendent, et la *Bretagne* touche encore la terre. MM. Hudin et Cuzon sautent ensemble sur le sol, et M. Manceau, demeuré seul, est aussitôt emporté à une très grande hauteur. Le froid le saisit, le sang lui sort des oreilles. Il parvient, néanmoins, à tirer la corde de la soupape : l'aérostat descend aux environs de Metz. M. Manceau s'élance de la nacelle ; mais il a mal calculé sa hauteur, il tombe de quelques mètres, et se casse la jambe.

Le lendemain, des uhlans s'emparent du voyageur. Malgré sa fracture, on le fait marcher à coups de crosse ; on le conduit à Mayence, où on le jette dans un cachot, et l'héroïque aéronaute fut sur le point d'être fusillé.

Le 29 octobre et le 2 novembre, les ballons le *Colonel-Charras* et le *Fulton* faisaient un heureux voyage, de Paris en province ; mais le 4 novembre, le *Galilée*, atterrissait près de Chartres, entre les mains des ennemis.

Le 12, du même mois, le *Daguerre*, descendait à Ferrières, au milieu d'un bataillon prussien, qui s'empara de l'aérostat.

Fig. 67. — Une ascension nocturne pendant le siège de Paris.

Au même moment, le *Niepce*, échappait miraculeusement à la capture.

Plus tard, dans le courant du mois de décembre, la *Ville-de-Paris*, et le *Général-Chanzy*, tombaient en Allemagne. Le premier fut fait prisonnier à Wertzburg, en Prusse ; le second à Battemberg, en Bavière. Les voyageurs eurent à subir des mauvais traitements et une pénible captivité; mais ils ne furent pas fusillés.

La prise du *Galilée* et la catastrophe du *Daguerre* avaient répandu l'alarme dans Paris. L'Administration des postes crut avoir trouvé le moyen d'éviter de semblables désastres, en faisant partir les ballons de nuit.

Mais pour se rendre compte de sa position au milieu des ténèbres, il fallait emporter un fanal assez puissant. Celui dont se servaient quelques aéronautes était une lampe à pétrole, munie d'un réflecteur : la lampe et le réflecteur étaient renfermés dans une boîte, et le faisceau lumineux s'élançait par une ouverture pratiquée à la paroi de la boîte.

Un moyen dont se servaient également les aéronautes du Siège, pendant les ascensions nocturnes, pour reconnaître la direction qu'ils suivaient, c'était de confier à l'air de petits morceaux de papier blanc, qui s'envolaient selon le vent.

Une flèche en papier suspendue à un bras horizontal fixé sur une tige de bois verticale leur servait également à se renseigner sur la direction du vent.

Mais tous ces moyens étaient bien précaires, et un départ effectué la nuit exposait à de grands dangers.

La suite ne le démontra que trop, et nous allons avoir à raconter une triste série de naufrages aériens.

Le 18 novembre, le ballon le *Général-Uhrich,* partait, à 11 heures 15 minutes du soir, de la gare du Nord. La nuit, noire et sombre, donnait un aspect fantastique au globe aérien, qui bondit dans l'espace, au milieu de l'émotion générale des assistants. L'aérostat flotta toute la nuit dans l'obscurité, et chose singulière après ce long voyage, il descendit dans le département de Seine-et-Oise, à Luzarches. Il est probable que, ballotté par des contre-courants, il suivit, à différentes altitudes, des directions opposées, qui ne lui permirent pas de s'éloigner davantage de Paris.

Six jours après, MM. Rolier et Bézier s'élevaient, à minuit, de la gare du Nord. Ils allaient entreprendre, à leur insu, une des plus étonnantes ascensions que les annales aérostatiques aient jamais comptée; leur voyage se termina en Norvège après la traversée du nord de la France de la Hollande et de la mer du Nord.

C'était le 23 novembre 1870; Paris, assiégé depuis soixante-sept jours, comptait sur la grande sortie du général Ducrot, qui devait, croyait-on, le dégager, avec le concours de l'armée de province. Tout semblait préparé à cet effet. Le général Ducrot voulait expédier au général d'Aurelle de Paladines, commandant en chef de l'armée d'Orléans, forte de 200.000 hommes, l'annonce de cette sortie, fixée au 30 novembre, et lui demander de faire avancer ses troupes vers Paris, pour concerter les deux attaques. Il donna l'ordre, à 6 heures du soir, de tenir un ballon prêt à partir, pendant la nuit, avec les dépêches du gouvernement et celles des particuliers. D'après la direction du vent et la rapidité de la marche des nuages, on pensait que le ballon, ne devant parcourir que 12 à 15 kilomètres à l'heure, descendrait, le lendemain, aux environs de Dunkerque ou d'Hazebrouck.

Son voyage, on va le voir, devait avoir une tout autre durée.

Le ballon, la *Ville de Florence,* monté par un ingénieur civil, M. Rolier, et un franc-tireur, M. Léon Bezier, partit, à minuit, emportant six pigeons messagers, cinq sacs, qui pesaient 300 kilogrammes et contenaient environ 100.000 lettres, un paquet de dépêches du gouvernement, pour la commission de la Défense Nationale à Tours et pour le général d'Aurelle de Paladines à Orléans, et une dépêche privée, adressée à Gambetta.

La *Ville de Florence* s'éleva rapidement jusqu'à 800 mètres, hauteur à laquelle elle se maintint longtemps. On jeta du lest, pour monter plus haut, et le sable lancé de

Fig. 48. — Le ballon la *Ville de Florence* sur la mer. (*Gravure de l'époque.*)

la nacelle tomba sans doute dans un camp prussien, car plusieurs détonations de mousqueterie se firent entendre aussitôt.

On atteignit ainsi la hauteur de 2.700 mètres.

Vers 3 heures et demie du matin, les voyageurs aériens commencèrent à entendre un bruit sourd uniforme et prolongé.

Rolier résolut de faire descendre l'aérostat, pour s'assurer de la cause de ce bruit, dont la persistance et la monotonie commençaient à l'inquiéter.

Quand le ballon se fut abaissé, un brouillard intense vint l'envelopper. Au lever du jour, ce brouillard se dissipa, et laissa apparaître au-dessous de la nacelle un fond noir, assez mal défini, que l'on considéra d'abord comme une forêt, mais sur lequel on distingua bientôt des petites taches blanches et mobiles.

Et Rolier reconnut avec épouvante, que le gouffre obscur au-dessus duquel il planait depuis trois heures était la mer.

C'était, en effet, sur la mer du Nord que planaient les malheureux aéronautes. Les taches mobiles étaient le résultat du mouvement des vagues.

Il était alors 6 heures du matin.

Au lever du soleil, le brouillard s'était dissipé; ce qui leur permettait de mieux embrasser la grandeur du péril.

Les rayons du soleil qui venaient frapper le ballon dilataient fortement le gaz, et le faisaient sortir en partie par l'orifice inférieur de l'appendice.

Poussé par un vent assez fort, l'aérostat rasait la surface des flots.

Il était ainsi entraîné depuis une heure au-dessus des vagues, quand un navire se montra à l'horizon, paraissant s'avancer dans sa direction. Mais il y avait encore entre le navire et les malheureux naufragés une distance de 500 mètres.

Une violente secousse vint les arracher à leur préoccupation. La nacelle n'était plus qu'à 4 ou 5 mètres des vagues : ils allaient être engloutis.

Rolier s'empresse de jeter deux sacs de lest; mais le ballon reste immobile, le vent le tourmente furieusement, et incline la nacelle vers les flots : ils vont périr!

S'élançant alors vers les sacs de dépêches suspendus au bord extérieur de la nacelle, Rolier coupe la corde qui retenait un des plus gros; déchargé subitement d'un poids de 125 kilogrammes, le ballon la *Ville de Florence* part avec une telle vitesse que dix minutes après, il flottait à 4.500 ou 5.000 mètres de hauteur.

Disons, en passant, que ce sac de dépêches fut aperçu par l'équipage du navire que les naufragés avaient reconnu, au loin. Il fut repêché et envoyé en France par le capitaine.

Cependant, l'excessive expansion du gaz dans ces hautes régions menaçait de faire éclater l'enveloppe de soie du ballon. Rolier ouvrit largement l'orifice de l'appendice, pour laisser au gaz un écoulement plus facile.

L'aérostat cessa alors de monter. Le vent le poussait horizontalement, dans la direction de l'est, dans une zone de brouillards et de nuages, tellement épaisse qu'on ne voyait absolument rien autour de soi.

Le ballon continuant à perdre du gaz, Rolier sort de la nacelle, et se tenant aux cordages du filet, il saisit à deux mains l'appendice, et le tord, de façon à empêcher la fuite du gaz. Selon la tension ou l'aplatissement de l'enveloppe, il serrait ou relâchait l'orifice, de manière à se maintenir à la même hauteur; et il conserva pendant une heure cette pénible position.

Harassé de fatigue et le corps meurtri par les cordages du filet, il redescend dans la nacelle.

Le froid est si vif que les vêtements des deux voyageurs sont raidis par la glace, et qu'ils s'enlèvent le givre du visage. Leurs cheveux et leur barbe sont blancs et hérissés de petits glaçons.

L'aérostat descendait au milieu du brouillard qui ne les avait pas quittés; l'on entendait au-dessous un mugissement sinistre.

Fig. 69. — L'aéronaute Prince sur la mer du Nord. (*Gravure du temps.*)

Mais bientôt, ce bruit cessa, et le compagnon du courageux Rolier lui signale une tache noire au-dessous de la nacelle, qui, peu à peu, s'éclaircit et devint verte.

C'était une forêt de sapins qu'ils avaient sous les pieds.

On comprend quelle dut être la joie des deux voyageurs flottant depuis deux jours entre le ciel et l'eau, au milieu des brouillards et des glaçons, avec une fin terrible en perspective.

« Détachez l'ancre, et lancez-la par-dessous, » crie Rolier à son compagnon. Mais Bezier, blessé à la main, ne peut exécuter l'ordre, et le ballon frappe rudement le sol, puis s'enfonce dans la neige.

Rolier saute hors de la nacelle, mais Bezier ne peut le suivre, et il est traîné sur le sol, tout embarrassé dans les cordages. Il peut enfin se laisser tomber à terre, et le choc est amorti par la neige. Il se relève à moitié étourdi, et rassemblant ses forces, il essaye, avec Rolier, de retenir le ballon, que le vent entraîne, et qui tend à remonter, allégé du poids du dernier passager.

Mais leurs efforts sont vains, la corde leur échappe, et c'est le cœur serré qu'ils voient le ballon s'envoler, emportant toutes les ressources sur lesquelles ils pouvaient compter.

C'était le vendredi 25 novembre, à 2 heures 20 minutes, et le pays au milieu duquel ils venaient de faire cette dramatique descente, c'était la Norvège! Ils se trouvaient sur la pente du *Mont Lick*.

Ils marchèrent longtemps au milieu de champs de neige durcie, qui couvraient la pente de la montagne, et arrivèrent enfin à une cabane à demi enfoncée dans la neige; ils y pénétrèrent par le toit, grâce à une lucarne.

Dans l'intérieur de la chaumière, qui devait être la propriété de chasseurs de la montagne, ils trouvèrent un abri tranquille, et purent passer la nuit, bien défendus du froid, après avoir pris quelque nourriture, grâce à des provisions qu'ils furent assez heureux pour trouver dans cette habitation solitaire.

Le lendemain, au lever du jour, les propriétaires de cette maison rustique arrivèrent, pour s'y établir.

C'était une famille de paysans aisés, qui se préparaient à aller chasser dans la montagne. Ils accueillirent avec la plus grande cordialité les malheureux Français, et leur prodiguèrent leurs soins avec le plus touchant empressement.

Quand ils furent remis de leur fatigue par un repos suffisant, leurs hôtes les conduisirent, à petites journées, jusqu'à la capitale de la Norvège, Christiania, distante de cent lieues de la montagne du Lick, où ils avaient atterri.

Sur leur passage, les habitants des villages qu'ils traversaient, connaissant leur nationalité et les causes de leur présence en Norvège, leur faisaient le plus chaleureux accueil. Dans une petite ville, on les fit passer sous un arc de triomphe de feuillage, et la foule les entourait, ne cessant de les féliciter et de leur rendre hommage.

Le nom seul de la France éveillait, dans ces régions septentrionales, la plus vive sympathie.

Le consul de France à Christiania recueillit ses deux compatriotes, et les rapatria.

Tel fut cet étonnant et dramatique voyage, le plus long et le plus accidenté de tous ceux qui se rattachent à l'histoire du siège de Paris.

En ce qui concerne le siège de la capitale, la perte de la *Ville de Florence* eut des conséquences funestes.

Le général Ducrot comptait sur l'armée d'Orléans pour appuyer sa sortie, et comme, nous l'avons dit, il envoyait, par le ballon de Rolier, l'ordre au général d'Aurelle de Paladines de faire avancer ses troupes vers la capitale, au reçu de sa dépêche. Celle-ci n'étant pas parvenue, le général d'Aurelle ne donna pas l'ordre du départ. Dès lors, les événements prirent la tournure douloureuse que chacun sait.

Le mois de décembre fut fertile en naufrages aériens. Le 24 novembre, à une heure du matin, M. Buffet partit de la gare d'Orléans, dans le ballon l'*Archimède*. Il suivit la même direction que Rolier, mais il aperçut la mer au nord de la Hollande, et fut assez heureux pour toucher terre sur le rivage, près de la ville de Castelbic.

Le 30 du même mois, une fin lugubre attendait le *Jacquard*, qui quitta Paris à 11 heures du soir monté par un matelot, du nom de Prince. Ce brave aérostier était seul dans la nacelle. Homme de résolution et d'énergie, il s'était offert comme aéronaute, malgré son inexpérience des voyages aériens.

Lorsqu'il partit, il s'écria, avec enthousiasme: « Je veux faire un voyage immense. On parlera de mon ascension! »

Il s'éleva lentement, par une nuit noire...

Le lendemain un navire anglais aperçut un ballon sur la mer, en vue de Plymouth, mais il le perdit de vue et nul autre ne le signala depuis.

Le jour même de ce sinistre, MM. Martin et Ducauroyeux étaient également poussés vers l'Océan Atlantique. Partis de Paris, à minuit, dans le *Jules-Favre*, ils aperçurent la mer, au lever du jour. Par un hasard providentiel, le vent les poussa au-dessus de la petite île de Belle-Isle-en-Mer, où ils tombèrent, avec une rapidité effrayante. Forcés de subir un traînage prolongé, ils furent blessés et contusionnés, mais leur vie fut sauve.

Enfin, le 27 janvier, au moment de l'armistice qui devait mettre fin à la guerre de 1870, l'aéronaute Lacaze terminait la liste, déjà trop longue, des sinistres aériens. Il s'éleva à 3 heures du matin, dans le ballon *le Richard-Wallace,* passa près de terre, en vue de Niort; mais au lieu de descendre il jeta du lest et repartit dans les hautes régions de l'air. Continuant son trajet il traverse, à 200 mètres de haut, la ville de La Rochelle. Tout le monde croit que le ballon va descendre à terre, mais il continue sa route, et les assistants attirés sur le rivage le voient avec effroi se perdre dans les profondeurs de l'océan.

Le malheureux Lacaze y trouva son tombeau.

Lacaze était le soixante-troisième aéronaute sorti de Paris en ballon pendant le siège. Le lendemain, le soixante-quatrième et dernier aéronaute, montant le ballon le *Général-Cambronne,* allait porter à la France la nouvelle de l'armistice. C'était la fin de tant d'héroïques sacrifices.

CHAPITRE VII

PARACHUTES

EXPÉRIENCES DE LENORMAND. — GARNERIN ET DROUET. DESCENTES EN PARACHUTES.

Nous venons de donner, dans les chapitres précédents, l'histoire des aérostats depuis leur invention jusqu'à la guerre franco-allemande de 1870-71.

On a vu les transformations successives subies par ces machines aériennes et les premières applications qui en furent faites en vue d'opérations militaires et scientifiques, pour des exhibitions publiques et pour la défense du Territoire.

Nous avons, en outre, fait le récit des premiers grands voyages aériens dont certains furent, on l'a vu, fort émouvants, ainsi que des drames les plus poignants de la navigation aérienne par l'aérostat libre.

L'histoire des aérostats ne s'arrête pas là. Il s'en faut. Mais il nous a semblé qu'avant de narrer les prouesses aérostatiques dont un grand nombre d'entre nous ont pu être les témoins, il ne serait pas sans intérêt de connaître l'aérostat dans ses détails, son équipement et les principes de sa navigation dans l'espace.

Fig. 70. — Jacques Garnerin.

Cependant, avant d'aborder ces chapitres, il convient de dire quelques mots d'un accessoire des aérostats qui fut, autrefois, fort en faveur et qui est lié à leur histoire. Nous voulons parler du *parachute*.

Nous avons dit que c'est à son retour de l'expédition d'Égypte, en 1799, que Bonaparte fit fermer l'école aérostatique de Meudon, et qu'il licencia les deux compagnies d'aérostiers. Au moment où Bonaparte, certainement mal inspiré dans cette circonstance, arrêtait brusquement les progrès de l'une des plus intéressantes applications de l'aéronautique, un homme audacieux ajoutait à cet art nouveau un glorieux fleuron, et frappait singulièrement l'imagination des masses, par une invention des plus saisissantes. Jacques Garnerin donnait, en effet, aux Parisiens, avec le *parachute*, le spectacle émouvant d'un homme se précipitant dans l'espace de 500 mètres de hauteur, sans autre protection qu'un frêle parasol de soie, retenu par quelques cordes.

L'invention du parachute a été certainement la conséquence des tentatives si nombreuses qui avaient été faites pendant le siècle précédent, pour arriver à réaliser le vol aérien.

Fig. 71. — Expériences de Lenormand. (*D'après une gravure du temps.*)

Expériences de Lenormand

Le physicien qui, à l'origine, conçut et mit en pratique le premier parachute, est Sébastien Lenormand, qui devint, plus tard, professeur de technologie au Conservatoire des Arts et Métiers de Paris. C'est à Montpellier qu'il en fit, en 1783, la première expérience.

Voici sur quels principes physiques est fondé le parachute.

On sait que tous les corps, quelles que soient leur nature et leur forme, tombent dans le vide avec la même vitesse. On fait souvent, dans les cours de physique, une expérience qui démontre clairement ce fait. Dans un tube de verre, de trois à quatre mètres de longueur, fermé à ses deux extrémités, on place divers corps, de poids très différents, tels que du plomb, du papier, des barbes de plumes etc., ensuite on fait le vide dans ce tube, à l'aide de la machine pneumatique. Lorsque le tube est parfaitement privé d'air, on le retourne brusquement, de manière à le placer dans la verticale. On voit alors tous les corps, tombant dans l'intérieur du tube, venir, au même instant, en frapper le fond.

Ainsi, dans un espace vide, tous les corps tombent avec la même vitesse; quand l'action de la pesanteur n'est combattue par aucune résistance qui puisse contrarier ses effets, elle s'exerce avec la même énergie sur tous les corps, quels que soient leur forme et leur poids. Dans le vide, un obus ne tomberait pas plus vite qu'une plume.

Les choses se passent autrement dans l'atmosphère. La cause de cette différence est due à l'air, qui oppose à la chute des corps une résistance dont tout le monde connaît les effets. Les corps ne peuvent tomber, sans déplacer de l'air, et, par conséquent, sans perdre de leur mouvement. Aussi la résistance de l'air croît-elle avec la vitesse, et l'on exprime cette loi en physique, lorsque l'on dit que la résistance de l'air croît comme le *carré de la vitesse* du mobile : c'est-à-dire que, par exemple, pour une vitesse double, la résistance de l'air est quatre fois plus forte. Il résulte de là que si une masse pesante vient à tomber d'une grande hauteur, la résistance de l'air devient suffisante, pour rendre uniforme le mouvement accéléré, lequel est, comme on le sait, particulier à la chute des corps.

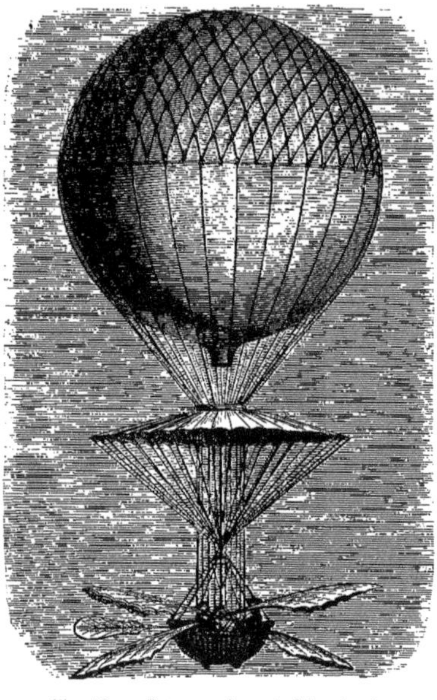

Fig. 72. — Bateau volant de Blanchard.

La résistance de l'air croît aussi avec la surface du corps qui tombe. Ainsi, en donnant à la surface d'un corps tombant au milieu de l'air, un développement suffisant, on peut ralentir à son gré la rapidité de sa chute.

C'est sur ces principes qu'est fondée la construction de l'appareil connu sous le nom de *parachute*. Pour donner plus de sécurité aux ascensions, on avait eu l'idée de suspendre au-dessous des aérostats, un de ces instruments, destiné à devenir, dans les cas périlleux, un moyen de sauvetage. Si, par un événement quelconque, le ballon n'offre plus les garanties suffisantes de sécurité, l'aéronaute, se plaçant dans la petite nacelle du parachute, coupe la corde qui le retient. Débarrassé de ce poids, l'aérostat s'élance dans les régions supérieures, le parachute se développe, et ramène à terre la nacelle, par une chute douce et modérée.

Telle est la conception élémentaire du parachute.

C'est en 1783, avons-nous dit, que Lenormand fit sa première expérience.

Lenormand avait lu dans quelques relations de voyage, que dans certains pays, des esclaves, pour amuser leur roi, se laissent tomber, d'une assez grande hauteur, munis d'un parasol, sans se faire de mal, parce qu'ils sont retenus par la couche d'air comprimée par le parasol. Il lui vint à l'esprit de répéter lui-même cette expérience, et le 26 novembre 1783, il se laissa aller de la hauteur d'un premier étage, tenant de chaque main un parasol de soixante centimètres de diamètre environ. Les extrémités des baleines de ces parasols étaient rattachées au manche par des ficelles, afin que la colonne d'air ne les fît pas rebrousser en arrière. La chute lui parut insensible.

En faisant cette expérience, Lenormand fut aperçu par un curieux, qui en rendit compte à l'abbé Bertholon, alors professeur de physique à Montpellier. Ce dernier ayant

demandé à Lenormand quelques explications à ce sujet, Lenormand lui offrit de répéter devant lui l'expérience, en faisant tomber de cette manière différents animaux, du haut de la tour de l'Observatoire de Montpellier.

Ils firent ensemble ce nouvel essai. Lenormand disposa un parasol de soixante centimètres, comme il l'avait fait la première fois, et il attacha au bout du manche divers animaux dont la grosseur et le poids étaient proportionnés au diamètre du parasol. Les animaux touchèrent terre, sans éprouver la moindre secousse.

« D'après cette expérience, dit Lenormand, je calculai la grandeur du parasol capable de garantir d'une chute, et je trouvai qu'un diamètre de quatre mètres environ suffisait, en supposant que l'homme et le parachute n'excèdent pas le poids de cent kilos; et qu'avec ce parachute, un homme peut se laisser tomber de la hauteur des nuages sans risquer de se faire du mal. »

Ce fut pendant la tenue des états du Languedoc, c'est-à-dire vers la fin de décembre 1783, que Lenormand fit cette expérience. Il se laissa aller du haut de la tour de l'Observatoire de Montpellier, armé de son parachute. Montgolfier, qui était alors à Montpellier, fut témoin de cette expérience et il approuva beaucoup le nom de *parachute* que Lenormand donna à cet appareil.

Peu de temps après, Blanchard, dans ses ascensions publiques, répétait sous les yeux des Parisiens, et comme sujet de divertissement, l'expérience que Lenormand avait exécutée à Montpellier. Il avait même, lors de son ascension dont nous avons parlé, qui eut lieu le 2 mars 1784, dans un ballon à gaz hydrogène, fait exécuter d'avance des gravures semblables à celle de la figure 72 représentant l'aérostat muni d'un *bateau volant* et d'un parachute. Le *bateau volant*, endommagé avant le départ, ne fut d'aucune utilité et le parachute ne servit pas.

Blanchard, dans ses expériences de parachute, attachait à un vaste parasol divers animaux qu'il lançait du haut de son ballon, et qui arrivaient à terre sans le moindre mal. Mais, bien que ces expériences eussent toujours réussi, Blanchard n'eut jamais la pensée de rechercher si le parachute développé et agrandi, pourrait devenir pour l'aéronaute un moyen de sauvetage.

Cette pensée audacieuse s'offrit à l'esprit de deux prisonniers. Voici comment.

Garnerin et Drouet. Jacques Garnerin, qui devint plus tard l'émule et le rival heureux de Blanchard, avait été témoin, à Paris, des expériences que ce dernier exécutait avec différents animaux qu'il faisait descendre en parachute, du haut de son ballon. Envoyé en 1793 à l'armée du Nord, comme commissaire de la Convention nationale, Garnerin fut fait prisonnier, dans un combat d'avant-postes à Marchiennes. Pendant la longue captivité qu'il subit, en Hongrie, dans les prisons de Bude, l'expérience de Lenormand lui revint en mémoire, et il résolut de la mettre à profit pour recouvrer sa liberté. Mais il ne put réussir à cacher les préparatifs de sa fuite; on s'empara des pièces qu'il commençait à disposer, et il dut renoncer à mettre son projet à exécution.

Un autre prisonnier poussa plus loin la tentative. Ce fut Drouet, le maître de poste de Sainte-Menehould, qui avait arrêté Louis XVI, pendant sa fuite, à Varennes.

Drouet avait été nommé, par le département de la Marne, membre de la Convention. En 1793, il fut envoyé, comme commissaire, à l'armée du Nord Il fut fait prisonnier par les Autrichiens à Maubeuge, lesquels l'emmenèrent à Bruxelles, puis à Luxembourg. Lorsque les « Alliés » abandonnèrent les Pays-Bas, en 1794, ils transportèrent Drouet à la forteresse de Spielberg, en Moravie.

C'est là, qu'inspiré par le souvenir des petits parachutes qu'il avait vu jeter par Blanchard au Champ-de-Mars, il essaya de s'échapper, à l'aide d'un moyen semblable.

Il fabriqua avec les rideaux de son lit, une sorte de vaste parasol, et réussit à cacher son travail aux soldats qui le gardaient. La nuit étant venue, il se laissa aller du haut de la citadelle. Mais il se cassa le pied en tombant, et fut ramené dans sa prison, d'où il ne sortit qu'un an après, pour être échangé, avec quelques autres représentants du peuple, contre la fille de Louis XVI.

Rendu à la liberté en 1797, Jacques Garnerin en profita pour mettre à exécution le projet qu'il avait conçu dans les prisons de Bude. Il voulut reconnaître si le parachute avec les dimensions et la forme qu'il avait calculées, ne pourrait pas être utile, comme moyen de sauvetage, dans les voyages aérostatiques. Il exécuta cette courageuse expérience, le 22 octobre 1797.

A 5 heures du soir, Jacques Garnerin s'éleva du parc de Monceaux. La petite nacelle dans laquelle il s'était placé, était surmontée d'un parachute replié, suspendu lui-même à l'aérostat. L'affluence des curieux était considérable; un morne silence régnait dans la foule; l'intérêt et l'inquiétude étaient peints sur tous les visages. Lorsqu'il eut dépassé la hauteur de 1.000 mètres, on le vit couper la corde qui rattachait le parachute à son ballon. Ce dernier se dégonfla et tomba, tandis que la nacelle et le parachute étaient précipités vers le sol, avec une dangereuse vitesse.

Fig. 73. — Descente de Jacques Garnerin en parachute le 22 octobre 1797.
(*D'après une gravure de l'époque.*)

L'instrument s'étant développé, la vitesse de la chute fut très amoindrie. Mais la nacelle éprouvait des oscillations énormes, qui résultaient de ce que l'air accumulé au-dessous du parachute, et ne rencontrant pas d'issue, s'échappait tantôt par un bord, tantôt par un autre, et provoquait des oscillations et des secousses inquiétantes. Un cri d'épouvante s'échappa du milieu de la foule; plusieurs femmes s'évanouirent.

Heureusement, on n'eut à déplorer aucun accident fâcheux. Arrivée à terre, la nacelle heurta fortement le sol, mais ce choc n'eut point d'issue funeste. Garnerin monta aussitôt à cheval, et s'empressa de revenir au parc de Monceaux, pour rassurer ses amis et recevoir les félicitations que méritait son courage. L'astronome Lalande s'empressa d'aller annoncer ce succès à l'Institut, qui se trouvait assemblé, et la nouvelle y fut reçue avec un intérêt extrême.

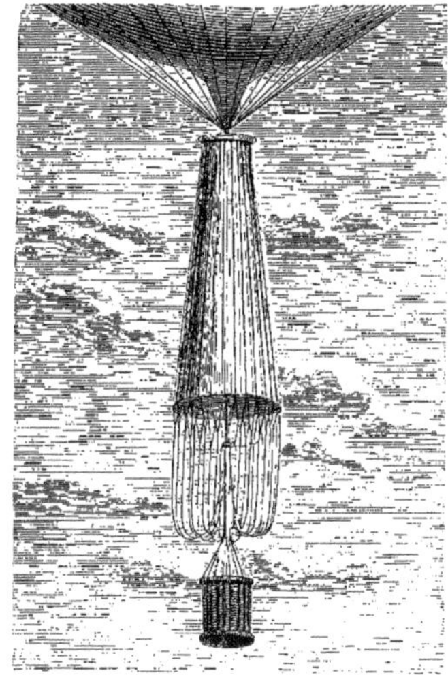

Fig. 74. — Parachute fermé. — Ascension.

Dès sa seconde ascension, Garnerin apporta au parachute un perfectionnement indispensable, qui lui donna toutes les conditions nécessaires de sécurité. Il pratiqua au sommet, une ouverture circulaire, surmontée d'un tuyau de 1 mètre de hauteur. L'air accumulé dans la concavité du parachute, s'échappait par cet orifice. De cette manière, sans nuire aucunement à l'effet de l'appareil, on évitait les oscillations qui avaient fait courir à Garnerin un si grand danger.

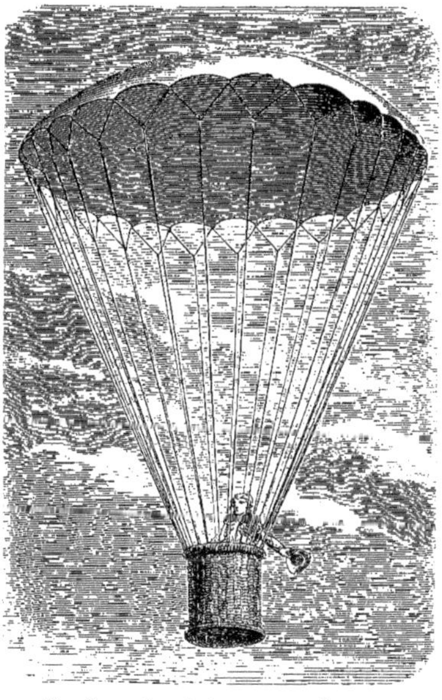

Fig. 75. — Parachute ouvert. — Descente.

Les descentes en parachute se multiplièrent à cette époque. Ce spectacle extraordinaire attirait toujours une foule considérable au Champ-de-Mars, où Garnerin l'exécutait. Les journaux racontaient chacune de ces représentations émouvantes, et des vaudevilles de circonstance les transportaient au théâtre.

Le parachute dont se servait Garnerin, et qui fut employé pendant longtemps après, était une sorte de vaste parasol, de cinq mètres de rayon, formé de trente-six fuseaux de taffetas, cousus ensemble, et réunis, au sommet, à une rondelle de bois. Quatre cordes, partant de cette rondelle, soutenaient la nacelle ou plutôt la corbeille d'osier, dans laquelle se plaçait l'aéronaute. Trente-six petites cordes, fixées aux bords du parasol, venaient s'attacher à cette corbeille; elles étaient destinées à empêcher le parasol de se retrousser par l'effort de l'air. La distance de la corbeille au sommet de l'appareil était d'environ dix mètres.

Lors de l'ascension, l'appareil était fermé, mais seulement aux trois quarts environ; un cercle de bois léger de $1^{m},50$ de rayon, concentrique au parachute, le maintenait un peu ouvert, de manière à favoriser, au moment de la descente, l'ouverture et le développement de la machine, par l'effet de la résistance de l'air. Une ouverture circulaire était pratiquée au sommet de la concavité.

La figure 74 représente le parachute au moment où l'aérostat s'élève. La figure 75 montre ce même parachute déployé, lorsque l'aéronaute ayant coupé la corde qui le suspendait au ballon, il s'est ouvert, par le seul effet de la résistance de l'air.

Le parachute, qui avait été inventé par Garnerin pour offrir à l'aéronaute un moyen de sauvetage, n'a cependant jamais répondu à cette intention. On ne connaît pas un seul cas dans lequel cet appareil ait servi à terminer une ascension périlleuse. Il n'a donc jamais servi qu'à donner au public le spectacle émouvant d'un homme se précipitant dans l'espace à une grande hauteur. C'est ainsi que Jacques Garnerin, Élisa Garnerin, Mme Blanchard, et plus tard, en 1850, Poitevin et Godard, leurs courageux émules, ont montré souvent à Paris, le spectacle toujours admiré de leur descente au milieu des airs. Aucun événement fâcheux n'a signalé ces belles et courageuses expériences. Elisa Garnerin, nièce du célèbre aéronaute de ce nom, se faisait surtout remarquer par son ardeur à ce périlleux exercice. Tout Paris admirait son adresse et son courage.

Fig. 76. — Parachute de Cocking.

Dans une seule occasion une descente en parachute eut une issue funeste, mais on ne doit l'attribuer qu'à l'imprévoyance et à l'ignorance de l'opérateur : nous voulons parler de la mort de Cocking.

Cocking était un amateur anglais qui s'était mis en tête de créer un nouveau parachute, et voici la disposition qu'il avait imaginée. Le parachute employé par les aéronautes est, nous l'avons dit, un véritable parasol, dont la concavité regarde la terre; en tombant, il pèse sur l'air atmosphérique, et s'appuie dès lors sur un support résistant. Cocking prenait le contre-pied de cette disposition; il renversait le parasol dont la concavité regardait le ciel. C'était une disposition peu propice à retarder la chute.

L'événement ne le prouva que trop. Dans une ascension faite au Wauxhall de Londres le 27 septembre 1836, Green s'était embarqué, tenant Cocking et son déplorable appareil suspendus, par une corde, à la nacelle de son ballon. Parvenu à une hauteur de 1.200 mètres, Green coupa la corde, et il dut considérer avec terreur la chute épouvantable du malheureux qu'il venait de lancer dans l'éternité.

En une minute et demie, l'aéronaute fut précipité à terre, d'où on le releva inanimé. Il était venu se briser près d'une auberge, à Lee, à quelques kilomètres de Londres.

On raconte que Cocking était prêt de renoncer à son entreprise, lorsque quelques paroles indirectes de désapprobation, le déterminèrent à braver le danger qui l'attendait. Le directeur du Wauxhall l'avait presque dissuadé de son entreprise, lorsqu'un des assistants s'écria :

« A quoi bon ces réflexions! Cocking s'est tellement avancé auprès du public, qu'il vaudrait mieux, pour lui, mourir que de reculer! »

Ce fut l'arrêt de mort du malheureux aéronaute, lequel se décida aussitôt à partir.

L'histoire est un perpétuel « recommencement ». Combien d'aéronautes et d'aviateurs auront dû leur perte à cette impatience d'un public avide d'un spectacle qu'on lui a promis et que la plus élémentaire prudence conseillait d'ajourner!

Les parachutes, assez délaissés pendant un temps fort long, sont redevenus d'actualité.

La préoccupation d'assurer d'une manière efficace la protection des aviateurs contre les chutes possibles, ont conduit un ingénieur aéronaute, M. Gaston Hervieu, à proposer un parachute qui serait fixé au châssis de l'aéroplane.

Des essais ont été effectués le 18 septembre 1910 avec un aéroplane de modèle réduit, devant les délégués de la Conférence internationale des ligues aériennes.

Cet aéroplane avait, fixé à son châssis, un parachute, supportant un poids de 20 kilogrammes.

Pendant la chute de l'aéroplane, le parachute se détacha automatiquement, s'ouvrit après une descente de 10 mètres et descendit à la vitesse relativement faible de 4 mètres par seconde.

Des essais plus importants doivent être effectués du haut de la tour Eiffel. Nous y reviendrons quand nous traiterons des aéroplanes.

CHAPITRE VIII

OCÉAN AÉRIEN

ATMOSPHÈRE. — AIR ATMOSPHÉRIQUE.
PHÉNOMÈNES ATMOSPHÉRIQUES.
EAU ATMOSPHÉRIQUE : Nuages. — Brouillards. — Neige. — Grêle.
VENTS. — ANÉMOMÈTRE. — GIROUETTE ET ANÉMOSCOPE.
DÉPRESSION ATMOSPHÉRIQUE — CYCLONES ET ANTICYCLONES. — ZONES DE VENTS.
TEMPÉRATURE DE L'AIR. — PHÉNOMÈNES ÉLECTRIQUES.

Atmosphère Avant de nous enlever dans l'espace avec les aérostats libres que nous allons maintenant examiner, il convient de connaître auparavant cet *espace,* et de quoi se compose cette mer aérienne ou plutôt cet *océan aérien,* ainsi qu'on l'a si justement nommé, sur lequel nos aérostats libres, puis nos aérostats dirigeables et enfin nos *plus lourd que l'air,* nos aéroplanes, vont naviguer, ayant parfois à lutter, comme les vaisseaux sur l'océan liquide, contre les bourrasques et les courants, les orages et les brouillards. Cet espace, cet océan aérien qu'on désigne assez souvent, un peu improprement d'ailleurs, sous le nom *d'air,* est ce que l'on appelle *l'atmosphère.*

L'*atmosphère,* ou couche gazeuse qui enveloppe la Terre, constitue donc l'océan aérien, dont le fond est formé par la surface même de la terre et dont le niveau supérieur n'a pu être encore atteint. La profondeur de cet océan, ou autrement dit la hauteur de la couche gazeuse formant l'atmosphère, est en effet indéterminée, car les chiffres donnés par divers savants comme valeur de cette hauteur varient de 50 à 800 kilomètres.

A la différence de l'océan liquide, pour lequel la navigation s'effectue à la surface supérieure, si on en excepte les bateaux sous-marins relativement peu nombreux, dans l'océan aérien, la navigation s'effectue au milieu même de la couche gazeuse qui le constitue et à des hauteurs différentes, suivant l'état d'équilibre des corps qui y sont plongés.

L'atmosphère se compose non seulement d'air, mais encore de vapeur d'eau, d'acide carbonique, etc... Il convient de dire, cependant, que l'air est l'élément essentiel, les autres gaz n'entrant dans sa composition que dans des proportions fort réduites.

Air atmosphérique L'*air atmosphérique,* nom sous lequel on le désigne couramment, est constitué lui-même, on le sait, par un mélange d'oxygène, dans la proportion de 23 %, d'azote dans la proportion de 76,5 %. Le restant, soit 0,50 % est formé par quelques autres gaz qui n'entrent, on le voit, dans la composition de l'air que dans des proportions infimes.

L'air atmosphérique est pesant. Un litre de cet air pèse 1 gr. 293 lorsqu'il est à la température de 0 degré et à la pression atmosphérique au niveau du sol. Nous verrons, par la suite, l'influence de la valeur de la température et de la pression sur le poids de l'air.

Ce poids n'est pas considérable : 1 kilog. 293 par mètre cube, et, cependant, la pression exercée par la colonne d'air atmosphérique sur la surface de la terre équilibre une colonne de mercure de 76 centimètres de hauteur. C'est cette condition qui a permis d'établir le *baromètre,* instrument qui sert à indiquer et à mesurer les diverses pressions de l'air.

Cette pression relevée à la surface de la terre devrait être constante et équilibrer à chaque instant la colonne de mercure de 76 centimètres de hauteur; mais par suite de variations atmosphériques qui correspondent à des phénomènes précédant le beau temps ou la tempête, cette pression change de valeur et devient plus élevée dans le premier cas et moins élevée dans le second. La hauteur de mercure faisant équilibre à ces nouvelles pressions est donc soit plus grande, soit plus faible. Ce sont ces propriétés qui ont permis d'appliquer le baromètre à la détermination du « temps probable » ; mais, dans la réalité, cet instrument est, en principe, un appareil servant à mesurer la pression de l'air atmosphérique, ce qui permet de l'appliquer également à la mesure des altitudes dans l'atmosphère.

L'air, en effet, à la différence de l'eau, est compressible, et c'est encore un des carac-

Cliché Vérascope Richard.

Fig. 77. — Nuages au-dessus de Briançon.

tères spéciaux qui distinguent l'océan aérien de l'océan liquide.

Donc l'air, qui est un gaz, est compressible et, en sa qualité de gaz, la variation de son volume par rapport à la pression qu'il supporte suit la *loi de Mariotte,* loi qui n'est pas, en théorie, rigoureusement exacte, mais qui est applicable à la généralité des cas ordinaires. D'après cette loi, *le volume d'une masse gazeuse varie en raison inverse de la pression qu'elle supporte,* ce qui revient à dire que si le volume d'une masse gazeuse, d'un mètre cube, par exemple, est soumis à une pression supposée égale à 1 kilogramme par centimètre carré, le volume de cette même masse gazeuse sera réduit à un demi-mètre cube si la pression devient égale à 2 kilogrammes par centimètre carré. Donc, quand la pression augmente, le volume diminue et, inversement, quand la pression diminue, le volume augmente.

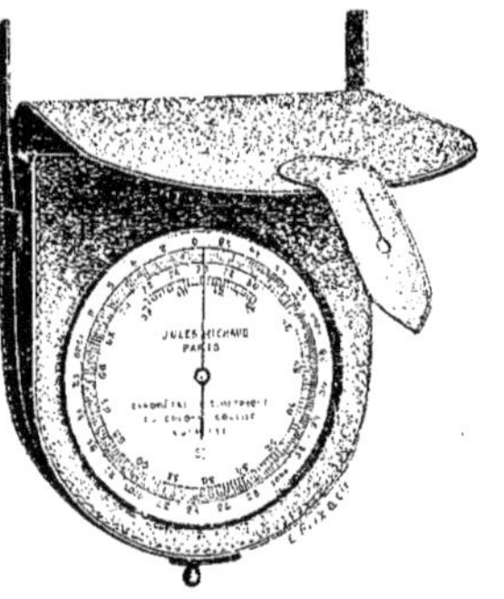

Fig. 78. — Baromètre altimétrique de Goulier-Richard.

C'est ainsi que cela se produit pour l'air atmosphérique. La pression de cet air au niveau du sol, ou *pression atmosphérique,* est sa pression maximum naturelle due à l'action exercée sur lui par une colonne d'air ayant comme hauteur la hauteur même de l'atmosphère.

Il est donc évident qu'au fur et à mesure qu'on s'élève au-dessus de la surface du sol, la colonne d'air atmosphérique pressant encore au-dessus diminuera de hauteur et, par conséquent, les pressions successives de l'air prises à des altitudes différentes seront de plus en plus faibles à mesure que l'altitude croîtra. C'est pour cela que le baromètre peut servir à connaître la hauteur à laquelle on se trouve au-dessus du sol par la mesure de la pression. Plus on est haut, plus la pression baisse et plus la colonne de mercure équilibrant cette pression diminue de hauteur. Il en résulte aussi que, dans les récits des ascensions, nous trouvons, le plus souvent, la constatation de la montée ou de la descente des aérostats indiquée par l'observation de la descente ou de la montée de la colonne de mercure du baromètre. On remarquera que ces changements se manifestent dans des sens opposés, c'est-à-dire que la montée de l'aérostat correspond à une baisse de la colonne de mercure et sa descente à une hausse de cette même colonne.

Le baromètre est donc un instrument précieux pour les aéronautes; c'est même un appareil qui leur est indispensable pour qu'ils puissent connaître, approximativement, à chaque instant, la hauteur qu'ils ont atteinte dans l'atmosphère. Cette hauteur est, dans les baromètres spéciaux établis pour les aéronautes, indiquée directement par une graduation particulière tracée sur les appareils en face de celle qui détermine les valeurs des pressions, ce qui permet de lire immédiatement le chiffre représentant l'altitude atteinte. Dans le baromètre altimétrique à cadran (Fig. 78) construit par J. Richard, la graduation, établie par le colonel Goulier, est rendue proportionnelle aux différentes altitudes, ce qui facilite la lecture. Le cadran comporte deux séries de graduations faites l'une sur une couronne fixe, l'autre sur un disque pouvant pivoter à l'intérieur de cette couronne et autour de son centre.

La graduation fixe indique les valeurs de la pression atmosphérique; la graduation mobile marque la valeur de l'altitude. Une aiguille se déplace devant les deux graduations en suivant les variations du baromètre. Lorsqu'on veut s'élever dans l'atmosphère, on fait, en partant, coïncider le zéro de la graduation mobile, en faisant tourner le disque qui la porte, avec l'aiguille indiquant la pression barométrique à ce moment. A mesure que l'on monte, la pression baisse et l'aiguille se déplace devant les graduations en indiquant à la fois, et directement, les pressions successives atteintes et les hauteurs correspondantes auxquelles on s'est élevé. On construit aussi, à l'usage des aviateurs, des baromètres qui, scellés et placés à l'abri de toute autre influence que celle de la pression de l'air, indiquent à ceux-ci la hauteur de l'appareil dans l'atmosphère et marquent l'élévation maximum à laquelle ils sont parvenus, ce qui permet, après leur atterrissage, de contrôler la hauteur atteinte. C'est à l'aide d'un de ces instruments que l'on a pu annoncer officiellement que l'héroïque et infortuné aviateur Chavez, mort le 27 septembre 1910, après avoir effectué en aéroplane la difficile traversée des Alpes, avait battu quelque temps auparavant le record de l'altitude du « plus lourd que l'air » en atteignant une hauteur de 2.652 mètres, hauteur d'ailleurs dépassée depuis, ainsi que nous le verrons plus loin.

En réalité, le baromètre ainsi établi n'indique, comme nous l'avons dit, qu'une altitude approximative, car pour calculer l'altitude rigoureusement exacte il conviendrait d'appliquer une formule établie par Laplace dans laquelle il est tenu compte des différences résultant à la fois des variations de la température et de la *latitude* de lieu. On sait que la *latitude* d'un point est la distance de ce point à l'équateur.

Ainsi donc, en résumé, la pression de l'air atmosphérique diminue de valeur à mesure qu'on s'élève au-dessus du niveau du sol, et une masse d'air ayant un certain volume à la surface de la terre occupe un volume de plus en plus grand, d'après la loi de Mariotte, au fur et à mesure que la pression diminue, c'est-à-dire au fur et à mesure qu'on s'élève dans l'atmosphère.

A une certaine hauteur, pour laquelle la pression ayant diminué de moitié, par exemple, n'équilibrera qu'une colonne de mercure de 38 centimètres, un mètre cube d'air pris à la surface de la terre et supportant toute la pression atmosphérique, acquerra un volume double, soit deux mètres cubes à cette hauteur de pression moitié moindre. C'est à une altitude de 5.500 mètres environ que ces conditions se réalisent et il en résulte qu'un mètre cube d'air ne pèse à cette hauteur que 646^{gr},5 c'est-à-dire la moitié du poids qu'il possède au niveau du sol.

On voit que l'air se *raréfie* à mesure que l'altitude augmente et que sa pression diminue. Ceci explique la difficulté qu'éprouvent les aéronautes à respirer dans les hautes régions de l'atmosphère, les troubles physiologiques qu'ils ressentent dans cet air raréfié, et les dangers graves qu'ils courent à s'y maintenir, dangers qui furent mortels pour quelques-uns d'entre eux.

D'autre part, la diminution de pression et de densité de l'air influence l'état d'équilibre de l'aérostat dans l'atmosphère à mesure qu'il s'élève et fait varier l'expansion du gaz contenu dans son enveloppe. Ce gaz, en effet, se dilate et, en augmentant de volume, tendrait à déchirer l'enveloppe qui l'emprisonne s'il ne trouvait une issue par le clapet ou l'*appendice* de l'aérostat. L'excès de gaz s'échappe ainsi et, de ce fait, la *force ascensionnelle* de l'aérostat ne se trouve plus la même que celle qu'il possédait en quittant la terre. Nous examinerons plus loin en détail, les conditions à réaliser pour maintenir, malgré cela, un aérostat en équilibre dans les airs pendant une durée de temps la plus longue possible.

De ce fait qu'à 5.500 mètres de hauteur la pression de l'air a diminué de moitié, il ne s'ensuit pas qu'à une hauteur deux fois plus grande, soit 11.000 mètres, la pression doive être réduite à zéro. Ce serait faire, en opérant ainsi, à la fois un calcul trop rapide et trop simple, qui donnerait une détermination vraiment trop facile de la hauteur de l'atmosphère.

En effet, si à 5.500 mètres la pression de l'air atmosphérique est devenue égale à la moitié de la pression s'exerçant au niveau du sol, à 11.000 mètres, toujours d'après la loi de Mariotte, la pression sera moitié moins grande qu'à 5.500 mètres et sera donc égale au quart de la pression initiale.

Il en sera donc toujours ainsi à mesure qu'on s'élèvera et la pression diminuera d'une partie de la pression qui reste, de sorte qu'à une altitude quelconque correspondra une pression d'air provenant de la colonne atmosphérique placée au-dessus, colonne ayant pour hauteur la distance séparant la couche supérieure de l'atmosphère du point considéré.

On voit que la variation de la pression de l'air n'est pas directement proportionnelle à la variation de l'altitude.

En résumé donc, l'air a un poids et est compressible : de là résulte sa raréfaction de plus en plus grande à mesure qu'on atteint les couches élevées.

Il était nécessaire de rappeler tout d'abord ces propriétés de l'air atmosphérique ; elles nous permettront ultérieurement de déterminer les conditions d'équilibre des aérostats dans l'atmosphère.

Phénomènes atmosphériques L'atmosphère est, en outre, le siège de phénomènes particuliers qui intéressent au plus haut point la navigation aérienne et qu'il est, pour cela, nécessaire d'examiner. Certains de ces phénomènes proviennent de l'eau en suspension dans l'atmosphère et des divers changements d'état que cette eau peut prendre suivant les conditions thermiques, hygrométriques, et même électriques. D'autres sont caractérisés par les vents, la variation de la température de l'air, les dépressions.

Il faut enfin compter avec les phénomènes électriques.

Eau atmosphérique L'*eau atmosphérique* peut prendre successivement les trois états : gazeux, liquide et solide.

A l'état gazeux, c'est de la vapeur d'eau qui est invisible et qui, lorsqu'elle se condense, donne naissance aux nuages et aux brouillards qui, eux, sont visibles et forment, au sein de l'atmosphère, des sortes d'écrans susceptibles d'être fort gênants pour la navigation aérienne. Lorsque la vapeur d'eau a atteint un certain degré de condensation dans les nuages ou les brouillards, elle se transforme en *pluie* et cette *eau liquide,* formée d'une très grande quantité de gouttelettes sur lesquelles s'exerce l'action de la pesanteur, tombe sur la surface de la terre.

Si la température de l'air s'abaisse au-dessous de zéro degré, l'*eau liquide* change encore une fois d'état et prend la forme solide : c'est la *glace,* et suivant les conditions dans lesquelles se produit la congélation de l'eau, elle donne naissance à la neige, à la grêle, à la gelée blanche, au verglas.

Examinons, parmi ces états différents de l'eau, les formes sous lesquelles elle se présente le plus souvent dans l'atmosphère.

Nuages Les nuages, nous l'avons dit, sont formés par la condensation de la vapeur d'eau et deviennent visibles lorsque cette condensation atteint un certain degré.

La condensation de la vapeur d'eau dans l'atmosphère peut être produite par des causes diverses, parmi lesquelles une des principales est l'évaporation de grandes quantités d'eau due à l'action du soleil.

Elle se produit souvent, aussi, par suite du refroidissement successif des couches d'air à mesure qu'elles sont plus élevées. La vapeur d'eau provenant de l'évaporation qui se produit au niveau du sol se répand dans l'atmosphère et, en vertu de sa faible densité, gagne les couches élevées. Au moment où elle se produit, cette vapeur est, ainsi que nous l'avons dit, invisible. Au fur et à mesure qu'elle s'élève, elle rencontre des couches d'air dont la température est de plus en plus basse. La vapeur d'eau se condense et commence à former des nuages qui peuvent soit grossir, par l'arrivée de nouvelle vapeur d'eau, soit être eux-mêmes dissipés, c'est-à-dire que l'eau qu'ils contienent en suspension peut être évaporée par l'action de la chaleur du soleil.

Cette nouvelle vapeur peut ainsi s'élever davantage, et en rencontrant, à une hauteur, par conséquent plus considérable que la première fois, une température plus froide, elle se condense à nouveau pour former des nuages qui se trouveront dans l'atmosphère à une altitude plus grande que les premiers nuages formés.

La condensation de la vapeur d'eau répandue dans l'atmosphère peut aussi se produire par suite de la différence de température de divers courants d'air qui s'y rencontrent. Les vents, en effet, peuvent apporter dans une certaine masse d'air chaud, par exemple, une autre quantité d'air plus froid; il se produit alors une condensation de la vapeur d'eau contenue dans l'air qui peut être suffisante pour former des nuages. On comprend donc l'influence que la direction du vent peut exercer sur la production des nuages et des brumes,

Cliché Vérascope Richard.

Fig. 79. — Pluie torrentielle. — Côte d'Ivoire.

et c'est par des observations répétées que les marins et les paysans arrivent à prévoir, presque à coup sûr, suivant l'aspect de l'atmosphère et la direction des vents, le temps probable qu'il fera.

Les nuages se présentent sous des aspects multiples qui résultent de leurs conditions de formation et de leur hauteur dans l'atmosphère. On les a divisés en quatre groupes : les *cirrus,* les *cumulus,* les *stratus,* et les *nimbus.*

Les *cirrus* sont les nuages les plus élevés. La hauteur à laquelle ils se forment varie de 8.500 à 9.000 mètres. Ils affectent la forme de filaments sensiblement parallèles; ce sont des bandes nuageuses laissant entre elles un espace libre, ce qui indique évidemment que la quantité de vapeur d'eau, condensée à une telle altitude, n'est pas très considérable et ne peut constituer une grande masse nuageuse compacte.

En raison de l'abaissement de la température à l'altitude élevée où se forment les cirrus, la vapeur d'eau condensée se transforme en fines aiguilles de glace que les aéronautes qui s'élèvent à de grandes hauteurs rencontrent, en traversant des nuages même distants de 6.000 à 7.000 mètres du sol, ainsi que cela s'est produit lors de quelques ascensions parmi celles dont nous avons précédemment fait le récit.

C'est la présence de ces aiguilles de glace qui donne lieu aux phénomènes désignés sous le nom de *parhélie* et de *halo,* phénomènes lumineux produits dans l'atmosphère par la réflexion de la lumière sur les aiguilles de glace qui s'y trouvent en suspension.

Les *cumulus* sont des nuages à formes arrondies à leur partie supérieure. Ces parties arrondies en boules ont une couleur blanche très vive, de sorte que ces nuages peuvent être assez justement comparés à des flocons cotonneux. La partie inférieure des nuages, cependant, apparaît grise ou noirâtre.

Les cumulus, qui se maintiennent généralement entre 1.400 et 2.000 mètres, s'amoncellent et ont l'air de rouler les uns sur les autres à certaines heures de la journée, surtout pendant la saison chaude. Il n'est pas rare de voir ces nuages disparaître sans donner lieu à de la pluie, car la chaleur solaire peut évaporer la vapeur d'eau qu'ils contiennent, laquelle s'élève dans des régions plus élevées de l'atmosphère.

Si, cependant, cette vapeur, en s'élevant, rencontre une couche d'air atmosphérique chargée d'humidité, l'évaporation ne peut s'effectuer jusqu'à complète disparition du nuage; alors le cumulus persiste et généralement finit par se résoudre en pluie.

Les nuages appelés *stratus* forment de longues bandes à environ 800 à 900 mètres de hauteur dans l'atmosphère. Ils sont précédés, le plus souvent, de bandes isolées qui se déplacent avec une certaine vitesse sous l'action du vent, action qui ne se fait pas sentir, à ce moment, au niveau du sol. Il se produit alors une dépression barométrique et les nuages se rapprochent et forment les *stratus.* Quand les stratus rencontrent une couche d'air froid, ils peuvent se transformer en *nimbus* qui se résolvent en pluie.

Les *nimbus,* en effet, sont, par excellence, les nuages présageant la pluie, ou, dans la froide saison, la neige. Ils atteignent 1.500 mètres de hauteur, ont une couleur gris-noir et forment dans l'atmosphère une masse nuageuse de grande épaisseur et de grande étendue.

Entre les quatre catégories principales de nuages que nous venons d'examiner s'intercalent d'autres nuages pouvant participer à la fois de plusieurs des catégories précédentes, leurs particularités s'associant ainsi dans de certaines proportions. C'est ainsi qu'on trouve les *cirro-cumulus,* les *cumulo-nimbus,* etc., ces derniers indiquant généralement des probabilités de pluie, d'orage.

Brouillards Lorsque la vapeur d'eau atmosphérique se condense tout près de la surface de la terre, elle donne naissance aux *brouillards*. Les brouillards restent assez souvent en contact avec le sol. Ils ont une couleur et même une odeur caractéristiques, qui proviennent de ce que la vapeur d'eau condensée qui les constitue est chargée des innombrables poussières qui sont constamment en suspension dans l'atmosphère au voisinage du niveau du sol.

La formation des brouillards résulte de plusieurs causes. Lorsque le sol est, par exemple, imprégné d'humidité et que sa température est supérieure à celle de l'air ambiant, l'eau contenue dans le sol s'évapore sous l'influence de sa température et la vapeur d'eau ainsi produite, rencontrant immédiatement au-dessus du sol les couches d'air plus froides, se condense au voisinage de la surface de la terre et forme le *brouillard*.

Lorsque le contraire se produit, c'est-à-dire quand la terre est plus froide que les couches d'air qui l'environnent, la vapeur d'eau contenue dans l'air se condense par suite de la basse température de la terre et de son contact avec elle, et elle se dépose sous forme de gouttelettes sur le sol et sur les plantes de faible hauteur, peu éloignées du niveau du sol, par conséquent : c'est la *rosée*, phénomène bien différent du brouillard.

Les brouillards peuvent encore se produire lorsque l'air, se trouvant chargé d'hu-

Cliché Vérascope Richard.

Fig. 80. — Cumulus.

midité, c'est-à-dire contenant une grande quantité de vapeur d'eau, subit l'influence d'un refroidissement soudain. La vapeur se condense alors sous forme de brouillard. Ce cas est très fréquent aux environs des cours d'eau et des étangs. Les couches d'air en contact avec ces surfaces liquides ayant parfois de grandes étendues, se saturent d'humidité, et les brouillards se forment au-dessus d'elles. Il n'est pas rare, en effet, de voir s'étendre au-dessus des fleuves une longue traînée de brouillards qui en suivent tous les contours ; certaines villes placées au confluent de rivières sont quelquefois envahies par des brouillards intenses fort gênants pour la circulation.

Sur la surface de la mer les brouillards peuvent également, pour la même raison, occuper une très grande étendue et rendent la navigation très dangereuse.

Au point de vue de la navigation aérienne, les brouillards se tenant généralement au ras du sol, ne constituent pas, à proprement parler, une gêne au cours de la navigation elle-même ; mais ils empêchent l'orientation en cachant la surface du sol et les points de repère qui s'y trouvent : ils peuvent rendre, dans le cas d'une descente forcée, l'opération de l'atterrissage fort difficile et même périlleuse.

Neige Les nuages et les brouillards peuvent donner naissance, lorsque la condensation de l'eau atteint un certain degré, à la *pluie*. C'est de l'eau qui tombe en gouttelettes séparées sur la surface de la terre.

Cette eau, ainsi revenue à son état normal, c'est-à-dire liquide, peut cependant reprendre, avant de toucher le sol, l'état solide lorsque les conditions atmosphériques s'y prêtent, et tomber sur la terre sous forme de *neige* ou de *grêle*.

La neige est de l'eau congelée sous forme de flocons cotonneux, légers, et d'une couleur blanche très pure. Elle peut se produire lorsqu'un nuage, déjà formé, nous le savons, par de la vapeur d'eau condensée, rencontre un couche d'air dont la température est inférieure à zéro degré. L'eau du nuage, au lieu de se déverser sur la terre en gouttelettes liquides, se congèle, et la neige tombe en flocons blancs.

La neige peut encore être produite par l'arrivée, dans une masse d'air chaud saturée d'humidité, d'un courant d'air très froid. La vapeur d'eau contenue dans l'air chaud humide se condense immédiatement sous l'action de l'air froid et se solidifie sous forme de neige lorsque la température de cet air froid est inférieure à zéro degré.

Parfois la neige, en tombant, rencontre entre le point où elle se forme et le niveau du sol, des couches d'air dont la température est supérieure à zéro degré. L'eau solidifiée sous forme de neige tend, en traversant ces couches d'air chaud, à redevenir liquide et, suivant l'épaisseur que possèdent ces couches, la neige se transforme en pluie ou ne se liquéfie qu'en partie. Dans ce dernier cas, elle tombe sous forme de pluie mêlée de neige.

Lorsque la neige se forme dans une atmosphère où ne souffle aucun vent, elle est constituée par un grand nombre de cristaux de forme hexagonale, ou semblables à des étoiles à branches ramifiées. Quand l'atmosphère n'est pas calme, les vents projettent les uns sur les autres ces cristaux neigeux, les agglomère, et c'est ce qui constitue les flocons de neige, dont le volume est plus ou moins considérable suivant les conditions atmosphériques dans lesquelles ils se sont formés.

Sous l'action de la chaleur solaire, la neige fond. Cependant, il peut se faire que la quantité de neige accumulée soit telle que l'action du soleil ne puisse pas la liquéfier tout entière. Il se forme alors à la surface du sol une couche de glace sur laquelle se répand l'eau provenant de la fonte des couches supérieures de neige ; cette eau se congèle à son tour, et la croûte glacée conserve perpétuellement son même aspect. Ce sont les *neiges éternelles* qui recouvrent les hautes cimes des montagnes. La hauteur à laquelle se forment ces couches neigeuses qui ne fondent jamais complètement, varie suivant les latitudes.

Cliché Vérascope Richard.

Fig. 81. — Chute de neige à Turin.

Dans les massifs des Alpes, on les rencontre à partir de 2.700 mètres environ; dans les régions avoisinant les pôles, elles se forment au niveau même de la mer, tandis qu'aux environs de l'équateur, on ne les trouve qu'à partir de 5.000 mètres d'altitude.

Grêle La grêle est également de l'eau condensée dans l'atmosphère, qui se congèle sous une forme et dans des conditions toutes spéciales.

Elle est constituée par une grande quantité de *grêlons,* sortes de grains blancs et durs formés par un noyau de neige enveloppé par des couches successives de glace et de neige. Ces grêlons ont des dimensions variables; certains peuvent atteindre la grosseur d'un œuf de poule.

La grêle tombe généralement en été, lorsque la température est élevée et que l'atmosphère est troublée par des vents soufflant avec violence. Certains météorologistes attribuent la formation des grêlons à un mouvement de rotation communiqué par les tourbillons aériens aux aiguilles de glace se trouvant dans les cirrus. Ces aiguilles, animées d'un mouvement de giration rapide, forment, en traversant des nuages orageux inférieurs, le noyau du grêlon, qui augmente de grosseur jusqu'au moment où son poids provoque sa chute sur le sol.

Vents Avec les nuages et les brouillards, et même à un degré supérieur, les vents constituent des phénomènes atmosphériques intéressant au plus haut point la navigation aérienne.

Le vent est produit par le déplacement de l'air atmosphérique. Ce déplacement s'effectue d'une manière plus ou moins rapide et suivant certaines directions qui dépendent, ainsi que nous allons l'examiner, de la variation de la valeur de la pression atmosphérique en des points du globe éloignés les uns des autres.

La vitesse du vent s'indique généralement en mètres parcourus par ce vent pendant l'espace d'une seconde.

On peut également connaître la vitesse du vent en mesurant la pression que ce vent exerce sur une surface de dimensions déterminées. La pression ainsi exercée est proportionnelle au carré de la vitesse.

Anémomètre La vitesse et la pression du vent peuvent être mesurées par des instruments nommés *anémomètres*. Les anémomètres sont donc de deux sortes : ceux qui mesurent la vitesse et que l'on nomme *anémomètres de rotation*, et ceux de l'autre catégorie appelés *anémomètres de pression.*

Les anémomètres de vitesse sont généralement constitués par un *moulinet* portant des palettes ou ailes plus ou moins inclinées et sur lesquelles l'action du vent s'exerce. Le moulinet tourne alors autour de son axe avec une vitesse proportionnelle à la vitesse du vent qui agit sur lui. On utilise le mouvement de rotation de l'arbre pour actionner un rouage compteur de tours disposé pour que son aiguille indique directement, en se déplaçant devant un cadran gradué, la vitesse du vent qui provoque son déplacement.

L'anémomètre représenté par la figure 82 est un appareil portatif, construit par les ateliers J. Richard, à Paris.

Il se compose d'un moulinet en aluminium et de deux rouages, dont l'un indique le nombre de secondes et dont l'autre est un compteur totalisateur.

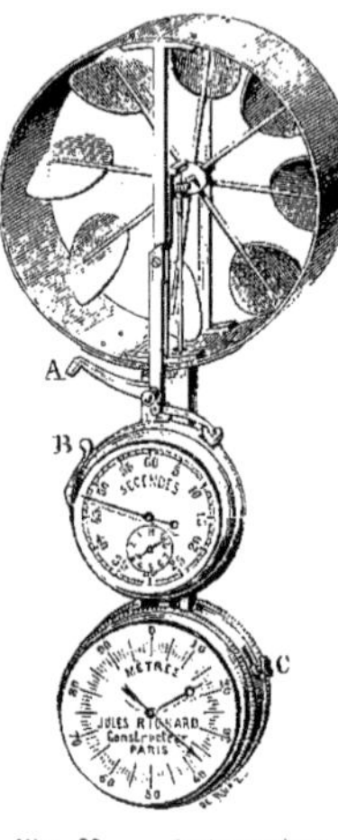

Fig. 82. — Anémomètre Jules Richard.

L'arbre du moulinet engrène, par l'intermédiaire d'une vis sans fin, avec une petite roue dont l'axe se prolonge vers le bas de l'appareil pour actionner les deux rouages.

On peut ainsi lire à la fois sur les cadrans qui y sont disposés, d'une part le nombre de mètres parcourus par le vent et, d'autre part, le nombre de secondes mises à les parcourir.

On en déduit facilement la vitesse du vent en mètres par seconde.

Dans l'anémomètre de pression, le vent exerce son action sur une plaque de dimensions déterminées, faite en métal, en bois et même en carton. Les positions successives occupées par cette plaque correspondent aux diverses vitesses du vent qui agit sur elle, vitesse qui est indiquée sur un cadran spécial.

On construit aussi des *anémomètres enregistreurs* établis de façon à obtenir, sur une bande de papier qui se déroule, la trace d'une courbe qui représente les variations de la vitesse du vent pendant un temps déterminé.

Girouette et anémoscope La direction du vent est indiquée par des instruments nommés *girouettes*. Tout le monde connait les girouettes, que l'on voit installées sur tous les édifices élevés et même sur un grand nombre de toits de maisons particulières. Un axe vertical fixe porte un croisillon horizontal composé de deux branches, dont chaque extrémité correspond à un *point cardinal*. Autour de l'axe vertical peut tourner une palette affectant des formes diverses, qui se place, sous l'action du vent, dans la direction d'où vient ce vent. En repérant la position occupée par cette palette mobile par rapport au croisillon fixe donnant les deux directions principales *nord-sud, est-ouest,* ou réciproquement, on peut apprécier, avec assez de précision, la direction du vent.

La girouette peut être établie pour que le mouvement de rotation de la palette soit transmis à un mécanisme qui enregistre automatiquement cette direction. On peut ainsi, à l'aspect de la courbe enregistrée, en déduire immédiatement les changements survenus dans la direction des vents, pendant un temps donné. L'appareil servant à indiquer la direction du vent, et communément appelé *girouette,* se nomme un *anémoscope.*

Cliché Vérascope Richard.

Fig. 83. — Dunes de sable formées par le vent dans le sud oranais, *Erg.*

On a établi des *anémoscopes électriques* permettant de transmettre automatiquement, en se servant de courants électriques, les directions du vent correspondant aux huit divisions principales de la *rose des vents.* L'anémoscope, ou girouette, recevant l'action du vent, intercale, par suite de son mouvement de rotation, des résistances de valeurs variables dans une ligne électrique, de sorte que le courant de cette ligne a une intensité variable. L'instrument qui est placé à l'observatoire, lequel est relié à l'anémoscope par la ligne électrique pour enregistrer ces variations d'intensité de courant, indique, à chaque instant, par la position de son aiguille mobile, le sens de la direction du vent qui agit sur la girouette.

La direction du vent est désignée par la direction d'où il arrive. Ainsi lorsque, par exemple, le vent souffle du sud, au lieu de dire que le vent a une direction sud-nord, on dit simplement, vent du sud.

La vitesse que possèdent les vents et leur direction exercent une influence considérable sur la répartition, à la surface du globe, des températures variables de l'air atmosphérique et de la chute des pluies.

Le déplacement de l'air constituant le vent s'effectue généralement dans le sens horizontal. Ce déplacement, ou vitesse du vent, est plus rapide à des altitudes élevées qu'au niveau du sol, et plus grand en hiver qu'en été.

Les météorologistes et les marins ont donné à l'état atmosphérique, suivant la vitesse des vents, une appellation particulière qui indique immédiatement la valeur du déplacement de l'air.

Ainsi, lorsque le vent se meut à une vitesse variant de 0 à 1 mètre par seconde, on dit que c'est le *calme*. L'appellation *presque calme* correspond à une vitesse du vent de 1 à 2 mètres par seconde; la *légère brise*, à une vitesse de 2 à 4 mètres; la *petite brise*, de 4 à 6; la *jolie brise*, de 6 à 8; la *bonne brise*, de 8 à 10: le *bon frais*, de 10 à 12; le *grand frais*, de 12 à 14; le *petit coup de vent*, de 14 à 16; le *coup de vent*, de 16 à 20; le *fort coup de vent*, de 20 à 25; la *tempête*, de 25 à 30. *L'ouragan* correspond à une vitesse du vent de plus de 30 mètres par seconde, ce qui représente une vitesse de 108 kilomètres à l'heure.

Dépression atmosphérique

Les vents sont produits par des *appels* d'air dirigés vers certains points de la surface de la terre. En ces points où règne une température plus élevée que celle des points avoisinants, l'air plus échauffé s'élève plus rapidement dans l'atmosphère et provoque, à la surface de la terre, une diminution de pression plus considérable. L'air avoisinant tend à se porter, naturellement, vers le point de faible pression, et c'est ce déplacement de l'air qui produit le *vent*. La vitesse du vent est donc d'autant plus considérable que la différence entre la basse pression et la haute pression est elle-même plus grande.

Les points du globe où la *dépression atmosphérique* se manifeste, constituent des sortes de *centres d'appel* vers lesquels se déplacent les masses d'air avoisinantes.

Les dépressions atmosphériques sont indiquées et mesurées par le baromètre.

Cette différence dans la valeur de la pression atmosphérique ne provient pas, cette fois, de la variation de l'altitude du lieu, ainsi que nous l'avons dit précédemment. L'altitude du point considéré, en effet, ne varie pas. Le baromètre mesure donc bien, dans ce cas, non une hauteur, mais une valeur de pression atmosphérique et, à ce titre, cet instrument permet de déterminer l'état atmosphérique probable. Lorsque la pression est faible, c'est l'indice de la production de vents, provenant des régions à hautes pressions, qui, suivant leur direction, peuvent amener avec eux des nuages et provoquer la pluie.

Cyclones et anticyclones

Le déplacement de l'air entre les régions à hautes pressions et les régions à basses pressions devrait, semble-t-il, s'effectuer en droite ligne entre ces divers points. Ce serait, en effet, ainsi que cela se produirait, si l'atmosphère était immobile. Mais, par suite du mouvement de rotation du globe terrestre, et de son enveloppe atmosphérique, les courants d'air sont détournés de leur route directe et participent, dans une certaine mesure, au mouvement de rotation de notre planète. Il résulte de cela qu'au lieu d'aboutir au centre même d'appel ou *centre de dépression* atmosphérique, ils n'arrivent qu'à une certaine distance de ces points, et les vents

On appelle couramment *cyclones* ces mouvements *giratoires* du vent autour du point de *plus faible pression*.

Si l'on considère maintenant le point où règne la plus haute pression atmosphérique, il est évident, d'après ce que nous venons de dire, que c'est de ce point que partent les

Cliché Vérascope Richard.

Fig. 81. — Tornade en Sénégambie.

produits prennent, autour de ce centre d'appel, un mouvement de giration dont le sens est différent suivant l'hémisphère dans lequel ils prennent naissance. Dans l'hémisphère nord, le sens de giration est dirigé dans le sens inverse du mouvement des aiguilles d'une montre; dans l'hémisphère sud, la giration s'effectue dans le même sens que le mouvement des aiguilles d'une montre.

vents pour aboutir, dans n'importe quelles directions, aux points de pressions plus faibles. L'influence de la rotation de la terre s'exerce aussi sur ces courants et provoque un mouvement de giration des vents autour du centre de haute pression. Ce mouvement a une direction inverse, pour chaque hémisphère, de la direction du mouvement *cyclonal*, c'est-à-dire qu'il se produit dans le sens du mouvement des aiguilles d'une montre pour l'hémisphère boréal et en sens contraire pour l'hémisphère austral.

On a donné à ces mouvements giratoires du vent autour du *centre de haute pression* le nom d'*anticyclones*.

En résumé, on peut dire que le *cyclone* est le mouvement tourbillonnaire du vent autour du centre de dépression duquel il se rapproche de plus en plus, tandis que l'*anticyclone* est le mouvement giratoire du vent autour du centre de plus haute pression duquel il tend de plus en plus à s'éloigner.

Il est facile de conclure que, dans le premier cas, les troubles atmosphériques sont plus probables et, surtout, plus redoutables que dans le second cas.

Il convient, cependant, de ne donner au nom de cyclone que la signification qui lui a été attribuée par les météorologistes et que nous venons de définir. Les tourbillons impétueux des vents soufflant en tempête, qui détruisent tout sur leur passage, quoique communément appelés cyclones, sont plus spécialement désignés sous le nom de *tornades* ou même de *trombes*.

Zones de vents

Les vents qui soufflent sur les diverses régions de la surface du globe n'ont pas tous la même violence ni la même régularité. Ils sont caractérisés, suivant les régions, par des propriétés particulières qui ont permis de diviser la surface de la terre en plusieurs zones de vents. En partant de l'équateur et en se dirigeant vers les deux pôles de la terre, on trouve d'abord la *zone équatoriale;* la *zone intertropicale* de l'hémisphère nord et celle de l'hémisphère sud; la *zone tempérée* située également dans chacun des deux hémisphères.

Dans la zone équatoriale qui est située, comme son nom l'indique, aux environs immédiats de l'équateur, la température est très élevée. De ce fait, il se produit des courants d'air dirigés du nord et du sud vers l'équateur; mais, par suite du mouvement de rotation de la terre, ces courants sont déviés dans la direction de l'est : ce sont les vents *alizés,* qui conservent constamment une grande régularité.

La zone intertropicale est limitée par les tropiques. Les tropiques sont des parallèles terrestres passant par les points où se manifestent les *solstices,* c'est-à-dire les temps où en été et en hiver, le soleil paraît rester immobile par rapport à l'équateur, étant arrivé à son maximum de course dans un certain sens et recommençant sa course en sens inverse.

Les tropiques sont distants de l'équateur de 23 degrés 28 minutes. Le *tropique du Cancer* est situé dans l'hémisphère boréal et le *tropique du Capricorne* est situé dans l'hémisphère austral.

Dans la zone intertropicale se trouvent des continents et des océans. Lorsque la température des continents est plus élevée que celle des mers qui les baignent, ce qui se produit en été, les centres de dépressions se produisent sur les terres et les vents se dirigent des mers vers les terres. C'est ce que l'on nomme la *mousson d'été,* qui provoque généralement des pluies, car l'air atmosphérique qui se déplace ainsi, se charge de vapeur d'eau par son passage au-dessus de la grande étendue liquide, et cette vapeur se condense et forme des nuages.

Quand, au contraire, les continents sont plus froids que la mer, ce qui se produit en hiver, le sens du vent est inverse; les dépressions se produisent sur la mer et la *mousson d'hiver* est dirigée de la terre vers la mer.

Dans l'Océan Indien, la mousson souffle pendant six mois dans la direction sud-ouest et pendant les six autres mois dans la direction nord-est.

Pendant la période où la mousson change de direction, des tempêtes et cyclones sont à craindre, et sont particulièrement dangereux dans l'Océan Indien. Ce sont les *typhons* ou cyclones tropicaux qui provoquent trop souvent des catastrophes en mer et quelquefois aussi, sur terre, dans les innombrables îles semées dans cet océan.

Dans la *zone tempérée*, des centres de dépression se forment sur les océans Atlantique et Pacifique, et les vents aboutissent à ces centres de dépression en tourbillons. Dans l'hémisphère nord, ces centres se déplacent, par suite du mouvement de rotation de la terre, de l'ouest vers l'est.

Dans l'hémisphère sud, les centres de dépression se déplacent peu, étant donnée la grande étendue de la surface des mers. Les vents qui s'y forment conservent ainsi une direction sensiblement uniforme pendant toute l'année et soufflent constamment de l'est vers l'ouest.

Le vent donne lieu, parfois, par son action répétée sur des terrains de constitution spéciale, à de curieuses configurations du sol. Ceci se produit surtout dans le Sahara, dans le Sud-Oranais. Certaines régions de ce désert sont formées par des dunes de sable, ainsi que le représente la figure 83, qui sont produites en grande partie par le vent.

Le vent soulève les grains de quartz constituant le sable du désert, les entraîne et les rassemble en monticules de formes particulières. Ce sont des dunes de sable dont la hauteur, atteignant à peine 200 mètres, est très variable.

Cliché Vérascope Richard.

Fig. 85. — Éclairs entre des nuages.

Les dunes sont en pente relativement douce du côté de l'arrivée du vent; leur inclinaison est plus forte du côté opposé. La ligne de faîte du monticule ainsi constitué est généralement une arête ayant une forme recourbée.

La région du Sahara algérien dans laquelle se trouvent ces dunes de sables est appelée *Erg*. Cette région est même divisée en deux parties : l'Erg occidental et l'Erg oriental. Elle occupe environ le 1/9 de la surface du désert du Sahara.

On se rend compte, d'après ce qui précède, qu'en organisant un service international d'observations permettant de connaître, pour les principaux points du globe, la valeur de la pression atmosphérique, on puisse, en concentrant ces observations, déterminer, pour un point quelconque du globe, l'état probable de l'atmosphère, en se basant sur la direction et l'intensité des vents provoqués par ces variations de pression.

Ce service international qui a été créé, fonctionne régulièrement et permet de donner un pronostic, exact dans ses grandes lignes, sur le temps probable qu'il fera.

Température de l'air La température de l'air joue donc, dans l'atmosphère, un rôle très important. Cette température se mesure au moyen de l'instrument appelé *thermomètre*. Il convient pour effectuer cette mesure, de mettre l'instrument à l'abri de toutes les influences autres que celles de l'air dont on veut connaître la température, qui pourraient s'exercer sur lui : celle directe du soleil par exemple.

La température de l'air varie, dans un même lieu, pour diverses raisons. Cette variation est sensible entre la température de l'air prise pendant le jour et celle prise pendant la nuit.

Généralement, la température atteint son degré le plus bas le matin, au lever du soleil ; sa valeur augmente progressivement et atteint son degré maximum vers le milieu de l'après-midi, pour diminuer ensuite jusqu'au matin. Cela ne se produit ainsi, en principe, que dans un air calme et par un temps clair, l'atmosphère étant débarrassée de nuages.

Lorsqu'il y a des nuages, en effet, la température est fort irrégulière et se trouve très influencée par la chute des pluies. Le temps *se rafraîchit*, dit-on couramment : c'est la température qui baisse.

Les vents ont également une action prépondérante sur la température. Les vents arrivant du nord ou de l'est provoquent dans nos régions un abaissement de la température. Ceux qui proviennent de l'ouest et du sud déterminent, assez souvent, une hausse.

La température de l'air varie, on le sait, suivant les saisons. Toutes ces variations se rapportent à la couche d'air avoisinant un même point de la surface de la terre ; mais la température de l'air varie aussi suivant l'altitude, et nous avons précédemment vu, dans le récit des diverses ascensions scientifiques, que cette température s'abaisse au fur et à mesure qu'on s'élève dans l'atmosphère.

Phénomènes électriques Parmi les phénomènes atmosphériques, les phénomènes électriques, tout en ayant une moindre importance apparente que ceux que nous venons d'examiner, peuvent néanmoins, parfois, constituer une gêne et même un danger pour la navigation aérienne.

L'électricité atmosphérique augmente de *potentiel* avec l'altitude. Les expériences de Volta et de Saussure permirent de le constater et la confirmation en fut donnée lors de l'ascension de Biot et Gay-Lussac, dont nous avons reproduit, précédemment, l'intéressant récit.

Il y a donc de l'électricité dans l'atmosphère, même lorsque le temps est clair et qu'il n'y a pas un nuage en l'air.

Lorsque les nuages se forment, ils se chargent, sous l'influence du potentiel atmosphérique, d'électricité sur toute leur surface et, par cela même, contribuent à modifier les conditions de navigabilité aérienne.

Les nuages sont parfois poussés par les vents dans des directions telles qu'ils se rapprochent ou tendent même à se rencontrer. Si ces nuages sont chargés d'électricité, il peut se produire entre eux lorsqu'ils sont suffisamment rapprochés, une décharge électrique : c'est l'*éclair*, (Fig. 85) accompagné du roulement du *tonnerre*.

laisser un aérostat, gonflé avec du gaz très inflammable, naviguer entre les nuages chargés d'électricité, ou dans la zone orageuse dans laquelle peuvent prendre

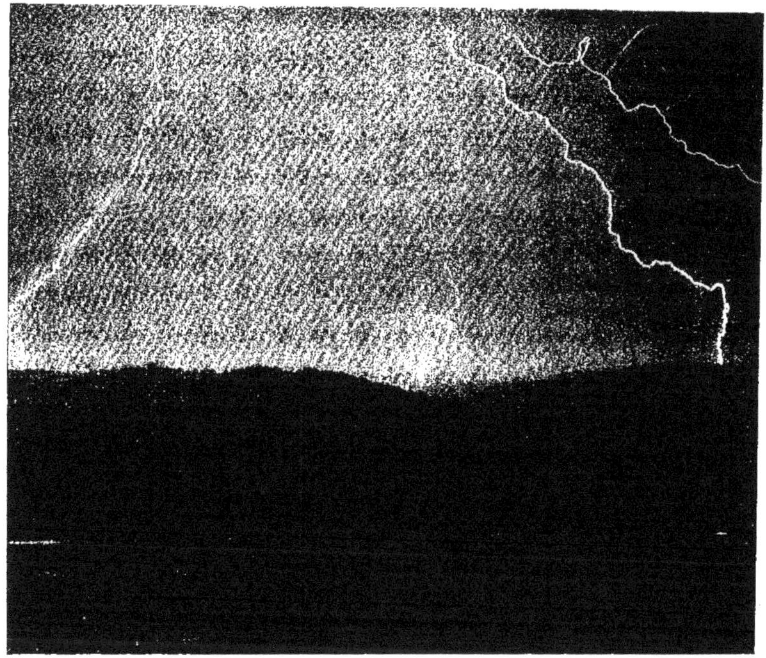

Cliché Vérascope Richard.

Fig. 86. — Éclairs entre des nuages et la terre.

naissance des éclairs.

Cette décharge peut également se produire entre les nuages et la terre, lorsque ceux-ci sont assez bas (Fig. 86).

L'éclair n'est autre chose, en somme, qu'une grande étincelle électrique, et il est aisé de concevoir qu'il est imprudent de

C'est pour cela que les aéronautes évitent autant que possible de séjourner dans ces zones orageuses et que, lorsqu'ils s'y trouvent portés, ils manœuvrent pour pouvoir en sortir le plus rapidement possible.

CHAPITRE IX

AÉROSTATS LIBRES

FORCE ASCENSIONNELLE. — GAZ LÉGERS : Hydrogène. — Gaz d'éclairage. — *VARIATIONS DE LA FORCE ASCENSIONNELLE. — ÉQUILIBRE DES AÉROSTATS. — ORGANES DES AÉROSTATS. — SOUPAPES. — ENGINS DIVERS SPÉCIAUX. — CONFECTION DES ENVELOPPES. — GONFLEMENT. — CONDUITE D'UNE ASCENSION.*

Nous connaissons, dans ses grandes lignes, la constitution de l'océan aérien et nous savons quels écueils les vaisseaux spéciaux qui y naviguent risquent d'y rencontrer. Nous allons nous occuper, maintenant, de ces divers vaisseaux en suivant, dans notre examen, l'ordre historique, c'est-à-dire en commençant par les *aérostats libres* et *captifs,* les premiers créés, et en continuant par les *aérostats dirigeables* puis par les navires aériens *plus lourds que l'air.*

Aérostats libres Un *aérostat libre* est un appareil, une *machine,* ainsi qu'on l'appelait primitivement, qui peut s'élever, se maintenir en équilibre dans l'atmosphère et y flotter librement, sans être retenu au sol par un lien quelconque et ne comportant aucun appareil pouvant assurer sa direction.

L'aérostat est essentiellement constitué par une enveloppe étanche pouvant contenir un volume plus ou moins important de gaz. Si la densité du tissu constituant l'enveloppe était tout au plus égale à celle de l'air atmosphérique dans lequel est plongé l'aérostat, et si cet aérostat ne comportait pas d'autres organes plus lourds que l'air, il flotterait au sein de l'atmosphère, en vertu du principe d'Archimède.

On sait, en effet, que, d'après ce principe, *tout corps plongé dans un fluide éprouve une poussée de bas en haut égale au poids du fluide qu'il déplace.*

Force ascensionnelle Mais le poids de l'aérostat, de ses organes, et des aéronautes, étant considérablement supérieur au poids de l'air déplacé, l'aérostat ne pourrait quitter le sol s'il n'était gonflé avec un gaz, de densité bien inférieure à celle de l'air atmosphérique, de sorte que le poids total de l'aérostat : enveloppe, cargaison et gaz, doit être plus faible que le poids de l'air déplacé.

On comprend donc que plus un aérostat non gonflé sera lourd, c'est-à-dire plus il devra emporter d'aéronautes, d'instruments divers d'observation, d'organes de manœuvre, etc..., plus il conviendra d'augmenter la quantité de *gaz léger* qui assurera sa *sustentation.* L'enveloppe aura donc un volume plus considérable pour pouvoir emprisonner une plus grande quantité de ce gaz.

La différence entre le poids total de l'aérostat et le poids de l'air déplacé, laquelle provoque le déplacement vertical de l'aérostat dans l'atmosphère, a reçu le nom de *force ascensionnelle.*

La force ascensionnelle peut varier pour des raisons diverses que nous examinerons plus loin. Lorsque la force ascensionnelle est nulle, l'aérostat se trouve en équilibre dans l'atmosphère et ne se déplace pas verticalement, ni vers le haut, ni vers le bas.

Lorsque la force ascensionnelle a une *valeur positive,* l'aérostat s'élève, par l'action de cette force, jusqu'à une altitude pour laquelle le poids de l'aérostat devient égal au poids de l'air déplacé, lequel, ainsi qu'on le sait, diminue de poids à mesure que l'altitude augmente. La force ascensionnelle se trouve ainsi réduite à zéro, et l'aérostat se maintient en équilibre dans l'espace. Si, à ce moment, la force ascensionnelle diminue pour une raison quelconque, une perte de gaz, par exemple, l'équilibre est rompu et l'aérostat descend. On dit alors que la force ascensionnelle a une *valeur négative.*

Si, d'autre part, on allège l'aérostat, supposé en équilibre, d'un certain poids, en lançant par-dessus le bord de la nacelle du sable, par exemple, qui constitue *le lest,* l'équilibre est également détruit, mais la force ascensionnelle a, dans ce cas, augmenté d'une valeur égale au poids lancé dans l'espace et dont s'est allégé l'aérostat; elle est devenue *positive* et l'aérostat s'élève de nouveau dans l'atmosphère.

Gaz légers On a évidemment tout intérêt, pour diminuer le volume de gaz de l'aérostat et, par conséquent, celui de l'enveloppe qui le renferme, à employer le gaz le plus léger possible. Il convient, en tous cas, de n'utiliser que les gaz dont les densités sont plus faibles que celle de l'air atmosphérique. Ce sont les gaz appelés *légers.*

On peut, cependant, sans faire usage de gaz spéciaux, donner à un aérostat une force ascensionnelle suffisante pour qu'il s'élève dans l'atmosphère. C'est le procédé primitif qu'employèrent les frères Montgolfier pour lancer leur *montgolfière* dans les airs. Il consiste à échauffer l'air atmosphérique qui remplit l'enveloppe de l'aérostat. Sous l'action de la chaleur cet air intérieur diminue de densité et la force ascensionnelle augmente.

Nous avons vu, au commencement de ce livre, que cette force ascensionnelle pouvait être assez importante pour enlever des aéronautes, puisque le premier voyage aérien fut effectué par l'intrépide Pilâtre de Rozier accompagné par le marquis d'Arlandes dans une *montgolfière,* c'est-à-dire dans un aérostat *à air chaud.* Le nom de montgolfière, en effet, est plus spécialement appliqué aux aérostats empruntant à l'air chaud leur force ascensionnelle.

Les gaz plus légers que l'air ne sont pas nombreux. On en compte onze, parmi lesquels les plus connus, par ordre de densité décroissante, sont : l'*azote,* l'*oxyde de carbone,* l'*acétylène,* la *vapeur d'eau,* l'*ammoniaque* et l'*hydrogène.*

Sur ces onze gaz, cinq, dont l'azote, l'oxyde de carbone et l'acétylène, ont une densité trop voisine de celle de l'air pour pouvoir être avantageusement employés. Ces gaz nécessiteraient un volume d'enveloppe trop considérable pour ne donner qu'une force ascensionnelle relativement minime.

Les autres gaz légers ne peuvent, en grande partie, être utilisés, parce que certains constitueraient un danger pour les aéronautes exposés à les respirer; d'autres détérioreraient trop rapidement les enveloppes des aérostats. A peu près seul, l'*hydrogène,* qui est le plus léger de tous ces gaz, donne satisfaction, encore qu'il offre le grave inconvénient d'être très inflammable. Il existe bien un autre gaz un peu moins léger que l'hydrogène et qui a sur lui le grand avantage de n'être pas combustible : c'est l'*hélium;* mais la difficulté d'obtenir ce gaz en quantité suffisante, en vue de son application aux aérostats, n'a pas permis, jusqu'à ce jour, de l'utiliser pour remplacer l'hydrogène.

Hydrogène Ce gaz est environ quatorze fois et demie plus léger que l'air atmosphérique; il avait reçu, lors des premières études qui avaient été faites sur lui, le nom d'*air inflammable*. On peut l'obtenir industriellement, non pas parfaitement pur, mais suffisamment, cependant, pour que, par son mélange avec les autres produits, sa densité ne s'en trouve pas sensiblement diminuée, ce qui est la condition la plus essentielle au point de vue de son utilisation pour les aérostats.

Nous examinerons ultérieurement, en détail, la façon de produire industriellement l'hydrogène destiné aux aérostats. Rappelons simplement ici le procédé employé par Charles, procédé dont nous avons parlé, qui consistait à obtenir de l'hydrogène destiné au premier aérostat à gaz, en faisant réagir l'acide sulfurique sur de la tournure ou de la limaille de fer. Il se formait du sulfate de fer qui se dissolvait dans un volume d'eau approprié. l'hydrogène produit se dégageait et servait à gonfler l'aérostat.

On peut également, dans ce procédé, remplacer le fer par du zinc pour produire l'hydrogène.

Nous avons vu aussi que les aérostiers de la première République obtenaient l'hydrogène nécessaire au remplissage de leur ballon captif en décomposant l'eau par l'action de barres de fer portées au rouge.

En principe, la production d'hydrogène peut être effectuée en décomposant l'eau en ses deux éléments : oxygène et hydrogène. L'oxygène se trouve absorbé par les corps spéciaux qui sont employés pour servir de réactifs, comme la plupart des métaux, par exemple, et l'hydrogène se dégage et peut être utilisé.

Gaz d'éclairage Les aérostats libres sont, pourtant, d'une façon générale, gonflés avec du *gaz d'éclairage*. Or ce gaz est plus lourd que l'hydrogène. Il faut donc, pour obtenir une force ascensionnelle déterminée de l'aérostat, lui donner un volume plus considérable que celui qui serait nécessaire si on le gonflait avec de l'hydrogène. Cela n'est pas à proprement parler un inconvénient pour les aérostats libres; car ces appareils n'ont pas à lutter dans l'atmosphère contre les vents; bien au contraire, ce sont les vents qui provoquent leur cheminement dans les airs. D'autre part, le gaz d'éclairage est produit en grande quantité et économiquement; on le trouve à peu près partout, de sorte que le gonflement d'un aérostat ne nécessite aucune installation particulière compliquée, pour la production du gaz. Pour ces raisons, les aérostats libres sont presque toujours gonflés avec du gaz d'éclairage malgré le plus grand volume qu'on est, de ce fait, obligé de leur donner.

Il n'en saurait être de même pour les aérostats destinés à résister au vent, à lutter contre lui, au lieu de l'utiliser comme aide. Dans ce cas, qui est celui des aérostats captifs et des aérostats dirigeables, il faut, autant que possible, diminuer la surface de l'enveloppe qui donne prise au vent, et, pour cela, il convient d'obtenir la force ascensionnelle nécessaire avec le moindre volume de gaz. L'hydrogène étant le plus léger de tous les gaz est évidemment celui qui doit être employé.

Le gaz d'éclairage est un mélange de plusieurs gaz. L'hydrogène entre dans ce mélange dans une proportion d'environ 50 %, c'est-à-dire pour la moitié; l'autre moitié est constituée par environ 35 % de *formène*, le reste étant formé par d'autres gaz, tels que l'oxyde de carbone et l'azote.

Le *formène* est un des onze gaz légers. Sa densité dépasse légèrement la moitié de celle de l'air. C'est un gaz qu'on ne peut employer seul, étant donné son prix de revient relativement élevé. D'autre part, nous savons que l'azote et l'oxyde de carbone ont des densités voisines de celles de l'air.

On peut alors se rendre compte que le gaz d'éclairage, par suite de sa composition, constitue un gaz dont la densité n'atteint pas la moitié de celle de l'air et qu'on peut ainsi utiliser pour gonfler les aérostats.

Le gaz d'éclairage s'obtient, on le sait, en distillant la houille en vase clos. La composition de ce gaz peut varier suivant la qualité de houille employée et sa densité peut, de la sorte, être également variable. En outre, pour une même qualité de houille, la composition du gaz est différente suivant qu'il est pris au commencement ou à la fin de la distillation.

Dès le début de cette opération, en effet, les gaz les plus volatils se dégagent de la cornue et le gaz ainsi obtenu a une densité moindre, parce qu'il n'est pas alourdi par les divers carbures qui se produisent vers la fin de la distillation. Le premier gaz convient donc bien pour le gonflement des aérostats. En revanche, il convient moins que le gaz obtenu à la fin de l'opération en vue de l'éclairage, de sorte que l'on peut avantageusement concilier, dans une usine à gaz alimentant un parc d'aérostats et fournissant l'éclairage, les deux conditions précédentes.

Variations de la force ascensionnelle

La force ascensionnelle d'un aérostat peut varier pour de multiples raisons.

Si l'on fait varier le poids total de l'aérostat, il est évident que la force ascensionnelle varie également; elle augmente si le poids total de l'aérostat diminue : c'est ce qui se produit lorsqu'on jette du *lest*, elle diminue lorsque le poids de l'aérostat augmente : c'est ce qui a lieu à mesure que l'on charge l'aérostat, avant son départ, de sacs de sable représentant le *lest*, pour ne lui laisser qu'une force ascensionnelle convenable au départ. Cela peut aussi se produire lorsque l'aérostat est dans les airs si l'enveloppe se charge de pluie ou d'humidité en traversant des nuages et des brouillards. L'aérostat s'alourdit et il s'élève moins rapidement.

En dehors de la question du *lest*, grâce auquel l'aéronaute peut régler, dans une certaine mesure, la force ascensionnelle de l'aérostat, cette force ascensionnelle peut varier pour d'autres raisons, indépendantes de la volonté de l'aéronaute, et avec lesquelles il est cependant obligé de compter.

La pression barométrique, l'altitude, la température, l'humidité de l'air, et même la latitude sont des causes diverses qui influent sur la valeur de la force ascensionnelle.

Analysons chacune de ces causes et voyons les effets qu'elles produisent.

Nous savons que la pression atmosphérique enregistrée par la hauteur de la colonne de mercure du baromètre peut varier, soit par suite de phénomènes météorologiques, en un même lieu, soit par suite d'une différence d'altitude.

La pression barométrique représente par suite une pression atmosphérique correspondante.

Pour une certaine valeur de cette pression, il s'établit, entre l'air et le gaz contenu dans un aérostat, un état d'équilibre déterminé.

Si la pression atmosphérique change de valeur, cette variation se fait aussi bien sentir sur le gaz que contient l'aérostat que sur l'air extérieur.

Si la pression diminue, il en résulte que les poids respectifs de l'air et du gaz diminuent également d'une façon proportionnelle et que, par conséquent, leur différence diminue aussi.

Or cette différence représente précisément la force ascensionnelle du gaz de l'aérostat. Celle-ci diminuera donc dans le cas de la dépression. Si, au contraire, la pression augmente, la force ascensionnelle augmentera également.

Il peut ainsi se produire ce fait que, en dehors de toutes les autres causes, un aérostat ne puisse se maintenir en équilibre dans l'atmosphère, et cela par suite de la variation de la pression atmosphérique provoquée par des phénomènes purement météorologiques. Il s'abaissera ou s'élèvera suivant que la pression diminuera ou augmentera.

La pression atmosphérique varie aussi avec l'altitude. Nous avons expliqué précédemment les raisons de cette variation et nous savons que plus on s'élève dans l'atmosphère, plus la valeur de la pression atmosphérique diminue. Si donc un aérostat possédant une force ascensionnelle déterminée quand il quitte le niveau du sol, s'élève dans l'atmosphère, plus il monte, plus sa force ascensionnelle diminue puisque la pression devient plus faible, et à une certaine altitude cette force ascensionnelle pourra se trouver complètement annulée. L'aérostat cessera de s'élever et se maintiendra en équilibre. Il faudra, à ce moment, diminuer son poids total en jetant du lest si on veut atteindre une altitude plus élevée.

La variation de la température influence la valeur de la force ascensionnelle d'un aérostat, car une élévation de température provoque une augmentation de volume, une dilatation du gaz contenu dans l'aérostat et, inversement, un abaissement de la température produit une diminution de volume de ce même gaz.

Si la variation de la température agit en même temps sur le gaz de l'aérostat et sur l'air extérieur, la force ascensionnelle diminue lorsque la température augmente, car l'air et le gaz se dilatent et diminuent de poids, l'effet étant comparable à celui qui se produit pour une élévation d'altitude, cas que nous venons d'examiner. Quand la température s'abaisse en influençant également l'air et le gaz, le volume de chacun des gaz diminue, mais la force ascensionnelle augmente par suite de la diminution de volume, de sorte que la force ascensionnelle totale ne varie pas.

Généralement, les températures de l'air et du gaz d'un aérostat ne sont pas les mêmes Elles varient par suite des conditions atmosphériques qui influencent différemment l'air et le gaz. Celui-ci, enfermé dans une enveloppe pouvant être exposée à l'action des rayons du soleil, peut s'échauffer plus rapidement que l'air extérieur et, pendant l'excursion de l'aérostat, le gaz se refroidit moins vite que l'air, grâce à la protection de l'enveloppe qui empêche le rayonnement.

Dans ce cas, lorsque le gaz renfermé dans l'enveloppe de l'aérostat possède une température plus élevée que celle de l'air atmosphérique, la force ascensionnelle augmente.

Le gaz, en effet, sous l'action de la chaleur se dilate et diminue de poids pour un volume déterminé; l'aérostat se trouve allégé et son allégement augmente de valeur avec l'accroissement de sa température intérieure, à condition que la température de l'air ne varie pas.

Lorsque l'élévation de la température se produit à l'intérieur d'un aérostat déjà complètement rempli de gaz, le volume de gaz augmentant, une certaine quantité de ce gaz sort par l'*appendice* de l'enveloppe, l'aérostat restant, néanmoins, complètement rempli.

Le gaz ainsi évacué possède un certain poids dont a été diminué le poids total de l'aérostat, de sorte que, plus le gaz contenu dans l'aérostat a un *poids spécifique* considérable, plus l'allégement sera grand. On sait que le *poids spécifique* d'un gaz est le poids de l'unité de volume de ce gaz.

Donc, plus le gaz remplissant un aérostat est lourd, plus la force ascensionnelle de l'aérostat augmente sous l'effet de l'élévation de la température. De deux aérostats ayant le même volume gonflés l'un avec de l'hydrogène, l'autre avec du gaz d'éclairage qui est plus lourd que l'hydrogène, et subissant une même élévation de température, le premier aérostat, gonflé avec du gaz plus léger, aura une variation de force ascensionnelle moindre que le second.

On peut donc dire que les variations de la force ascensionnelle des aérostats sont proportionnelles aux différences de température entre le gaz qu'ils contiennent et l'air atmosphérique, et aux poids spécifiques de ces gaz.

Lorsque la température du gaz remplissant un aérostat s'abaisse et devient inférieure à celle de l'air atmosphérique, le volume du gaz diminue dans l'enveloppe, et de ce fait, l'aérostat perd de sa force ascensionnelle, car le volume d'air déplacé se trouve ainsi diminué et son poids plus réduit.

Si un aérostat non complètement rempli de gaz est soumis à une élévation de température n'affectant pas l'air extérieur, le gaz contenu dans son enveloppe se dilate, mais au lieu de sortir de cette enveloppe comme dans le cas d'un aérostat plein, son volume augmente et tend l'enveloppe qui, auparavant, était nécessairement flasque à sa partie inférieure. L'aérostat a ainsi, en réalité, augmenté de volume; le volume d'air déplacé est, par conséquent, plus grand et son poids plus considérable; la force ascensionnelle de l'aérostat a donc augmenté.

On voit que les variations de la « force ascensionnelle » dues à l'influence de la température peuvent être importantes, ce qui explique que l'aéronaute s'en préoccupe plus particulièrement.

L'influence de l'humidité de l'air sur la force ascensionnelle des aérostats s'explique aisément.

Lorsqu'en effet l'air atmosphérique et le gaz contenu dans un aérostat sont chargés d'humidité, autrement dit de vapeur d'eau, comme cette vapeur d'eau est plus légère que l'air et plus lourde que le gaz de l'aérostat, que ce gaz soit de l'hydrogène ou du gaz d'éclairage, il en résulte que l'air diminue de poids pour un même volume déplacé par l'aérostat et que, d'autre part, le gaz contenu dans l'enveloppe s'alourdit, à volume égal. Ces deux conditions concourent à diminuer la valeur de la force ascensionnelle de l'aérostat, et cette diminution sera d'autant plus sensible que le gaz aura une plus grande légèreté, car la différence entre la densité de ce gaz et celle de la vapeur d'eau sera plus considérable.

La variation de la force ascensionnelle due à la *latitude* du lieu est de peu d'importance. Elle dépend de la différence, en divers lieux de la Terre, de l'*accélération* due à la *pesanteur*, que l'on nomme *gravité*. La « gravité » augmente de valeur en allant de l'équateur vers le pôle, mais cette augmentation est très faible et elle influence dans des proportions fort minimes le poids de l'air atmosphérique, celui du gaz de l'aérostat et, par conséquent, leur différence, ou force ascensionnelle.

Telles sont les diverses raisons pouvant réduire ou augmenter la force ascensionnelle des aérostats. Cette force ascensionnelle dépend, nous l'avons vu, de la force ascensionnelle des divers gaz avec lesquels on les gonfle. Ces gaz se réduisent, en somme, à deux : l'hydrogène et le gaz d'éclairage. D'autre part, l'hydrogène employé est rarement absolument pur, car l'hydrogène produit industriellement contient, en général, un peu de vapeur d'eau qui diminue sa force ascensionnelle par rapport à celle de l'hydrogène pur.

Les forces ascensionnelles de ces divers gaz sont d'environ 1.100 grammes pour un mètre cube d'hydrogène pur, 1.000 grammes pour un mètre cube d'hydrogène industriel et 700 grammes pour un mètre cube de gaz d'éclairage.

Équilibre des aérostats Les valeurs et les variations de la force ascensionnelle d'un aérostat déterminent son équilibre dans l'atmosphère.

On comprend, en effet, qu'un aérostat rempli d'un gaz léger qui lui donne sa force ascensionnelle, puisse arriver à une hauteur telle dans l'espace, que le poids du volume d'air atmosphérique, de plus en plus raréfié, qu'il déplace, équilibre le poids total de l'aérostat. A ce moment, l'aérostat est en équilibre dans l'atmosphère. Mais si, dans cet état, sa force ascensionnelle vient à varier pour une des raisons que nous avons analysées plus haut, l'équilibre est rompu et l'aérostat se déplace dans le sens vertical : il monte ou il descend.

C'est ce qui se produit pour un aérostat supposé plein de gaz et possédant à sa partie inférieure une ouverture par laquelle celui-ci peut s'échapper par suite de sa dilatation.

Quand la force ascensionnelle augmente, l'aérostat s'élève. Il traverse ainsi, de nouveau, des couches d'air de moins en moins lourd et lorsque la différence des nouveaux poids de gaz et d'air est égale à zéro, la force ascensionnelle est nulle et l'aérostat se trouve dans une nouvelle zone d'équilibre.

Si un aérostat plein descend, sa force ascensionnelle se trouvant supposée diminuée, comme l'enveloppe qui contient le gaz n'est pas indéformable, — elle est, en effet, imperméable mais souple, — il en résulte qu'à mesure que l'aérostat descend et que la pression atmosphérique augmente, le volume de gaz qui remplissait l'enveloppe diminue sous l'action de la plus grande pression de l'air extérieur et proportionnellement à cette pression, et son poids spécifique augmente. L'enveloppe devient flasque et le volume d'air déplacé par l'aérostat est moindre; de sorte que quoique l'air ait un poids spécifique plus considérable, comme le volume de cet air déplacé est plus faible, la force ascensionnelle ne varie pas et l'aérostat continue à descendre, l'enveloppe devenant de plus en plus flasque par suite de la compression du gaz intérieur.

Si aucune des causes précédentes de variation de la force ascensionnelle ne vient alléger l'aérostat, celui-ci continuera à descendre jusqu'à terre.

Donc, lorsqu'un aérostat est complètement gonflé, il peut atteindre en s'élevant une zone pour laquelle il se maintiendra dans un état d'équilibre stable, tandis qu'il n'en pourra être de même s'il descend.

On dit alors que cet aérostat plein, possédant un orifice ouvert à sa partie inférieure, a une *stabilité unilatérale*, c'est-à-dire dans un seul sens.

Il en est tout autrement lorsque l'aérostat n'est pas complètement gonflé. Si nous supposons un semblable aérostat dont l'enveloppe est, par conséquent, flasque, placé à une certaine hauteur dans l'atmosphère et que, pour une cause quelconque, il monte, le gaz qu'il contient se dilatera; le volume de l'enveloppe augmentera et le volume d'air déplacé sera également augmenté d'une quantité d'autant plus grande que la pression sera plus faible. Mais, comme d'autre part, le poids spécifique de cet air diminue aussi en sens inverse de la pression, il en résulte que la force ascensionnelle ne sera nullement modifiée et l'aérostat continuera à s'élever par l'effet de son allégement jusqu'au moment où son enveloppe sera complètement remplie. A ce moment, l'excédent de gaz dilaté pourra s'échapper par l'orifice inférieur et il pourra alors, comme nous venons de l'expliquer, s'établir un état d'équilibre pour l'aérostat lorsque la raréfaction de l'air atmosphérique aura atteint un degré suffisant.

Le même aérostat à enveloppe flasque, subissant un alourdissement, se comporte comme l'aérostat que nous avons examiné dans le cas précédent. Il continue à descendre jusqu'au sol si une autre cause indépendante de la préssion atmosphérique ne vient modifier sa force ascensionnelle.

On dit que l'aérostat incomplètement gonflé est *instable dans les deux sens*. Il n'acquiert sa *stabilité* dans le sens de la montée que lorsqu'il se trouve complètement gonflé.

Organes des aérostats

Examinons, maintenant, de quelle façon est constitué un *aérostat libre,* c'est-à-dire un aérostat qui n'est retenu au sol par aucun lien et qui navigue librement dans l'espace sans l'aide d'un mécanisme susceptible de s'opposer à l'action des vents et d'assurer sa direction.

Enveloppe

(Fig. 87.) La partie essentielle d'un aérostat est l'*enveloppe,* sorte de *ballon* destiné à renfermer le gaz léger qui lui donnera sa force ascensionnelle. On appelle couramment *ballons,* les aérostats. Ce nom, qui est très employé, est, en réalité, impropre, car il ne désigne que l'enveloppe gonflée avec du gaz, ce qui constitue, en effet, un véritable ballon. Mais lorsque ce ballon est muni de tous ses agrès. et des divers organes nécessaires pour effectuer une ascension, l'ensemble de l'appareil est désigné sous le nom d'*aérostat.*

L'enveloppe A est constituée par des morceaux d'étoffe découpés suivant une certaine forme et cousus les uns aux autres. Nous verrons plus loin de quelle façon on découpe ces morceaux. et comment on confectionne l'enveloppe. Disons, pour le moment, que l'enveloppe doit être imperméable afin que le gaz qu'elle contient ne puisse s'échapper que par les orifices ménagés dans ce but sur cette enveloppe.

L'enveloppe est faite en soie, en percale, en étoffe caoutchoutée, etc. La soie est solide et légère, mais son prix de revient est élevé. de sorte qu'on emploie généralement les autres étoffes pour constituer l'enveloppe.

A sa partie inférieure, l'enveloppe porte un orifice faisant communiquer l'intérieur du ballon avec un tuyau cylindrique souple B fixé sur l'enveloppe autour de cet orifice. Ce tuyau est appelé *manche d'appendice,* ou, assez couramment, *appendice,* et sa jonction à l'enveloppe s'effectue par l'intermédiaire du *cercle d'appendice* C.

L'appendice est utilisé pour introduire dans le ballon le gaz servant au gonflement. Le conduit provenant de l'usine à gaz d'éclairage ou de l'appareil producteur d'hydrogène. suivant le gaz employé pour le gonflement, est branché sur la manche d'appendice. et l'enveloppe peut ainsi, comme nous le verrons plus loin, se développer et s'arrondir librement au fur et à mesure que le gaz est introduit.

La manche d'appendice doit être assez longue pour permettre de remplir complètement le ballon. En outre, on peut aussi la remplir elle-même de gaz, de sorte que si, par exemple, en s'élevant dans les airs, le gaz intérieur de l'aérostat subit un certain refroidissement, la diminution de volume qui peut en résulter provoque d'abord l'écoulement du gaz de la manche dans l'enveloppe. Celle-ci peut ainsi conserver sa forme malgré le refroidissement, la contraction du gaz ayant simplement eu pour effet de vider la manche d'appendice et de la rendre flasque.

Les appendices doivent être disposés pour empêcher toute rentrée d'air dans l'aérostat.

Si l'air pénétrait, en effet, dans l'enveloppe, il remplacerait un certain volume de gaz léger et la force ascensionnelle de l'aérostat s'en trouverait réduite.

Comme la manche d'appendice est généralement confectionnée en toile imperméable et souple, lorsque le gaz qu'elle contient passe dans l'enveloppe, la pression de l'air extérieur, exerçant son action tout autour de la manche, plaque ses parois les unes contre les autres, ce qui a pour résultat de fermer automatiquement, pour ainsi dire, l'orifice inférieur du ballon. Cependant la fermeture ainsi réalisée ne constitue pas une protection suffisamment efficace contre toute pénétration d'air à l'intérieur de l'enveloppe.

Dans les aérostats libres on se contente assez souvent de ce dispositif, mais dans le cas d'un aérostat dirigeable ou d'un aérostat captif gonflés avec de l'hydrogène, et qu'il est d'un grand intérêt de maintenir constamment remplis de gaz, on dispose sur l'orifice de l'enveloppe des clapets automatiques. Ces clapets sont maintenus appliqués sur leur siège par des ressorts auxquels s'ajoute la pression de l'air extérieur qui pourrait tendre à pénétrer dans le ballon. L'orifice se trouve ainsi hermétiquement fermé, et toute communication de l'intérieur du ballon avec l'extérieur est rendue impossible.

Si, cependant, par suite d'une élévation de température du gaz, ou, par suite d'une grande altitude, ce gaz se dilate et si sa pression augmente au point de devenir dangereuse et de risquer de faire éclater l'enveloppe, le clapet doit, en se soulevant de l'intérieur vers l'extérieur sous l'action de cette pression, pouvoir donner passage au gaz en excès qui s'échappe ainsi dans l'atmosphère. Les ressorts qui maintiennent le clapet sur son siège sont établis et *tarés* pour permettre cette manœuvre à partir d'une certaine valeur de la pression que l'on se fixe comme pression maximum. Lorsque, par suite de l'écoulement vers l'extérieur du gaz en excès, la pression est redevenue normale dans le ballon, le clapet est, de nouveau, maintenu appliqué sur son siège par les ressorts.

A la partie supérieure de l'enveloppe est disposée la soupape D. C'est un organe qui permet de laisser échapper à volonté une partie du gaz contenu dans le ballon. Placée au sommet du dôme formé par l'enveloppe, elle est protégée contre le soleil et la pluie par une sorte de chapeau qui la surmonte.

L'ouverture de la soupape s'effectue à la main par l'intermédiaire d'une corde E. Cette corde, reliée d'une part au mécanisme de la soupape, que nous allons examiner plus loin, et aboutissant, d'autre part, à la nacelle V, est tirée par l'aéronaute lorsqu'il veut laisser échapper du gaz. Lorsque l'action sur la corde cesse, la soupape se referme automatiquement, interceptant toute communication, à la partie supérieure de l'aérostat, entre le ballon et l'atmosphère.

La corde de la soupape traverse donc intérieurement toute l'enveloppe de haut en bas et sort par la manche d'appendice B. Elle est enfermée, à son extrémité inférieure, dans un petit sac H placé à la portée de la main de l'aéronaute.

La soupape est un organe d'une utilité primordiale. Elle permet, par sa manœuvre, combinée avec le jet de *lest,* de faire varier l'altitude de l'aérostat et de chercher ainsi des courants aériens propices à la navigation. Elle peut faire office de soupape de sûreté lorsque la dilatation du gaz devient excessive et risque d'endommager l'enveloppe. La soupape ouverte à ce moment, permet à l'excès de gaz de s'échapper et de rétablir à l'intérieur du ballon une pression normale. Elle permet, enfin, à l'aéronaute d'effectuer sa descente lorsqu'il se trouve au-dessus d'un terrain propice à l'atterrissage ou, dans le voisinage de la mer, avant d'arriver au-dessus des flots. L'orifice découvert par la manœuvre de la soupape doit être approprié au volume de gaz contenu dans l'aérostat, de façon que la perte de gaz qui en résulte exerce une action sensible et relativement rapide sur l'équilibre de cet aérostat.

Il est aussi de toute importance, que la manœuvre du mécanisme s'effectue d'une manière irréprochable, pour que l'on puisse compter sur le concours efficace de la soupape lorsqu'il devient nécessaire d'y faire appel. Nous avons d'ailleurs vu, précédemment, dans l'historique des aérostats, que de graves accidents ont pu se produire soit du fait d'une manœuvre défectueuse de la soupape de l'aérostat, soit par suite d'une mauvaise disposition de cet organe, ou encore de l'exiguïté de son orifice, ce qui fut une des causes de la catastrophe de l'aérostat *Le Géant* dont nous avons donné l'émouvant récit.

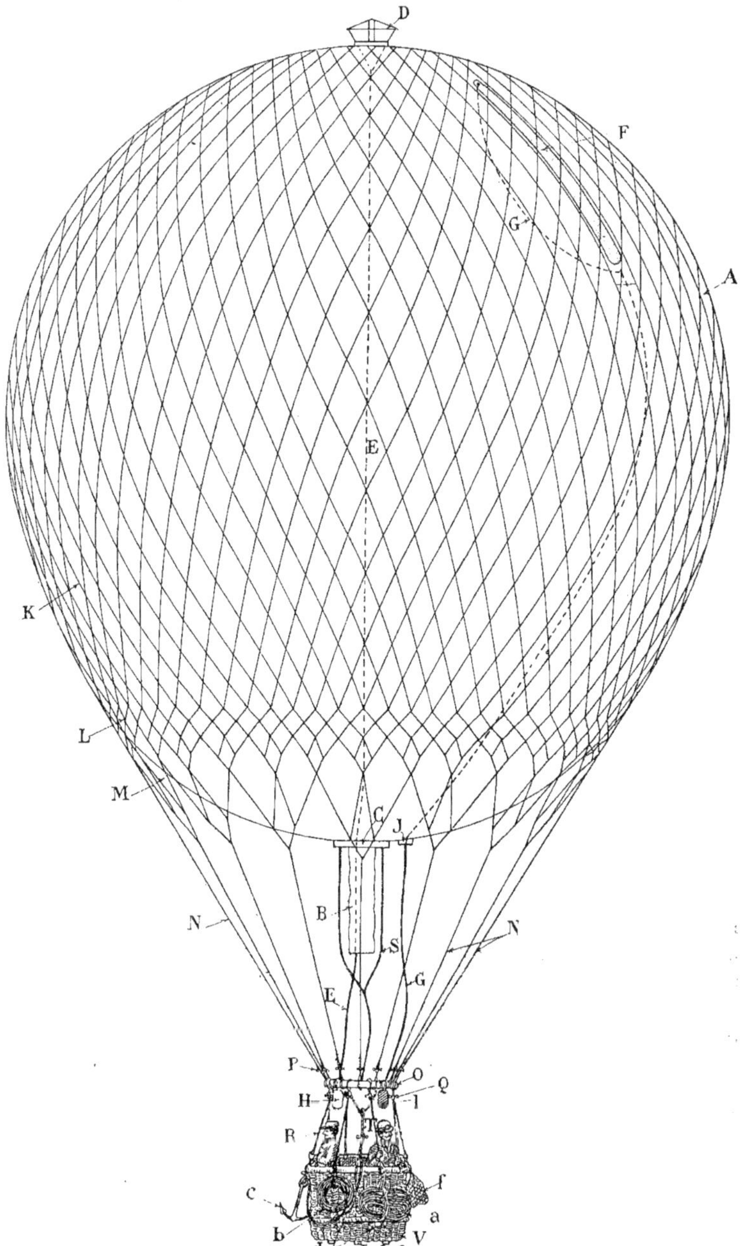

Fig. 87. — Aérostat libre. — Vue schématique.

L'enveloppe porte, à sa partie supérieure, en plus de la soupape, le *panneau de déchirure* F. C'est une bande d'étoffe disposée de façon à s'appliquer sur une grande ouverture pratiquée dans l'enveloppe et à s'arracher aisément lorsqu'on tire sur une corde G fixée à une de ses extrémités.

Cette bande est collée et même cousue sur l'enveloppe. La corde qui provoque son arrachement traverse l'enveloppe à sa partie inférieure en passant dans un presse-étoupe J et se termine, comme la corde actionnant la soupape, par un petit sac I placé à portée de la main de l'aéronaute.

Pour éviter de confondre les deux cordes, ce qui pourrait donner lieu à de graves accidents, on donne, généralement, à chacune d'elles, une couleur qui la différencie nettement de l'autre. La corde de la soupape et le sac qui la termine sont de couleur blanche, et la corde du panneau de déchirure et son petit sac sont de couleur rouge.

On termine aussi les deux cordes de façon différente, afin que, même pendant la nuit, on ne puisse les confondre lorsqu'il y a à manœuvrer la corde de la soupape.

Le panneau de déchirure est établi pour provoquer un échappement très important de gaz et provoquer le dégonflement rapide de l'aérostat. Son utilité est incontestable dans certains cas spéciaux comme, par exemple, dans le cas d'un atterrissage par grand vent. L'aérostat, ne perdant son gaz que par l'orifice de la soupape, ne se dégonfle pas avec une rapidité suffisante pour empêcher le *traînage* résultant de la prise du vent sur l'enveloppe. On tire alors la corde de déchirure; le panneau s'arrache de l'enveloppe; le gaz trouvant un grand orifice de sortie s'échappe rapidement, l'enveloppe devient flasque et offre moins de surface au vent. La force ascensionnelle diminue, en outre, très vivement. Ce sont autant de conditions favorables à l'arrêt rapide de la nacelle.

Tels sont les divers organes portés par l'enveloppe.

En résumé donc, l'enveloppe, ou *ballon*, de l'aérostat est destinée à contenir le gaz et, en temps normal, à l'empêcher de s'échapper. Cette enveloppe porte, à sa partie inférieure, la *manche d'appendice* ou un *clapet automatique* permettant la sortie du gaz en excès. A sa partie supérieure sont disposés la *soupape* et le *panneau de déchirure*, actionnés par une corde. Les deux *cordes* aboutissent à la *nacelle* et peuvent être tirées par l'aéronaute.

Filet L'enveloppe est recouverte, sur la plus grande partie de sa surface, par un *filet* K. Le filet est constitué par une grande quantité de mailles en forme de losanges, faites en petite corde de chanvre. Il a pour fonction, en enserrant l'enveloppe sur presque toute sa surface, de répartir uniformément sur elle le poids que cette enveloppe doit supporter pendant l'ascension : poids de la nacelle, de tous les organes et appareils dont elle est munie, poids des aéronautes et des sacs de lest enlevés.

A la partie inférieure, le filet est constitué par des mailles de forme spéciale L, appelées *petites pattes d'oie*, établies pour préparer le raccordement du filet et des cordes aboutissant au cercle de suspension de la nacelle. Ce raccordement s'effectue au moyen de mailles plus longues M, placées au-dessous des petites pattes d'oie et qu'on nomme *grandes pattes d'oie*. Ces dernières mailles, disposées régulièrement tout autour de l'aérostat, se terminent en forme de pointes, et à chacune d'elles est fixée une corde N, appelée *suspente*, servant à relier le filet au *cercle de suspension* O.

Ces cordes sont généralement au nombre de seize. Elles sont terminées à leur extrémité inférieure par un œillet.

Cercle de suspension Pour assurer la liaison du cercle de suspension O avec le filet, seize bouts de corde sont fixés solidement sur ce cercle, et à l'extrémité de chacun d'eux est assujetti un bout de buis P de forme particulière, renflé au milieu et terminé par deux extrémités saillantes et arrondies.

Ce sont les *cabillots* (Fig. 88-89) que l'on engage dans les œillets terminant les suspentes et qui se trouvent ainsi placés transversalement par rapport à la direction verticale des cordes.

Le cercle de suspension se trouve, de la sorte, rendu solidaire du filet par l'intermédiaire des seize cabillots P engagés dans les œillets des seize suspentes.

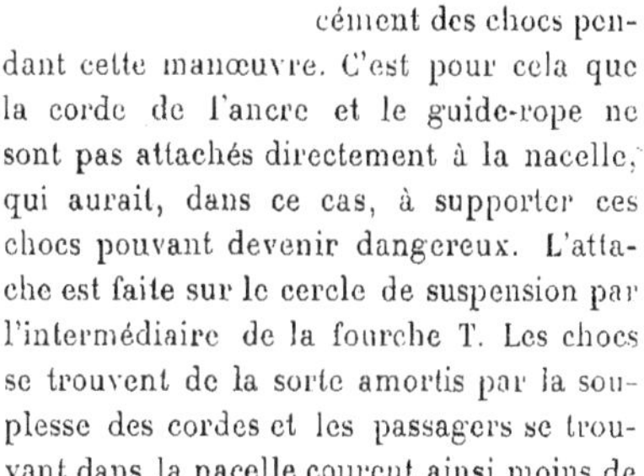
Fig. 88-89. - Cabillots.

Comme le gréement de l'aérostat comporte d'autres cabillots de plus importantes dimensions, ceux-ci, qui ont des dimensions plus réduites, sont nommés *petits cabillots.*

Le cercle de suspension est une couronne en bois placée entre le filet et la nacelle et servant à assurer leur liaison. Nous venons d'examiner de quelle façon cette liaison s'effectue avec le filet. Elle s'opère d'une manière semblable avec la nacelle.

Un nombre de cordes moitié moindre que celui des cordes d'attache au filet, pend du cercle de suspension. Ces huit cordes d'un diamètre plus grand que les autres, portent, à leur extrémité, un *grand cabillot* Q, et les huit grands cabillots viennent chacun s'engager dans un œillet pratiqué à l'extrémité supérieure de chacune des huit cordes R destinées à supporter la nacelle V.

On voit donc que le cercle de suspension est bien un organe de liaison entre la nacelle et le filet. Il permet de séparer facilement la nacelle de l'aérostat, ce qui facilite la manœuvre pendant le gonflement. Il permet, en outre, en resserrant le filet à sa partie inférieure, de l'appliquer sur la plus grande surface possible du ballon et d'obtenir ainsi une bonne répartition des efforts que l'enveloppe doit supporter.

Au cercle de suspension est encore attachée, en deux points, une corde T, formant ainsi une sorte de fourche, à laquelle est fixé un bout de corde T terminée par un cabillot.

A ce cabillot est accrochée, par l'intermédiaire d'un œillet unique, une double corde dont l'une *a* constitue le *guide-rope* et l'autre *b* est la corde de l'*ancre c.*

Le guide-rope et l'ancre sont des *engins d'arrêt,* c'est-à-dire que c'est par leur intermédiaire que l'aérostat, au moment de l'atterrissage, est arrêté dans sa course à ras du sol et est retenu immobile. Il en résulte qu'il se produit forcément des chocs pendant cette manœuvre. C'est pour cela que la corde de l'ancre et le guide-rope ne sont pas attachés directement à la nacelle, qui aurait, dans ce cas, à supporter ces chocs pouvant devenir dangereux. L'attache est faite sur le cercle de suspension par l'intermédiaire de la fourche T. Les chocs se trouvent de la sorte amortis par la souplesse des cordes et les passagers se trouvant dans la nacelle courent ainsi moins de risques.

Pour éviter que, par suite des tractions brusques exercées, lors de l'atterrissage, par la fourche sur le cercle de suspension, celui-ci ne vienne à se détériorer et ne tende à se déformer, on établit un croisillon formé de deux cordes croisées s'attachant chacune aux extrémités d'un même diamètre du cercle. Celui-ci se trouve ainsi consolidé.

Afin de faciliter l'atterrissage, on fixe aussi

au cercle C de raccord de la manche d'appendice, une double corde S formant un seul brin à sa partie inférieure; ce brin est attaché au cercle de suspension lorsqu'on est sur le point d'atterrir. Ce dispositif a pour but d'empêcher la partie inférieure de l'enveloppe, laquelle devient de plus en plus flasque au fur et à mesure que le gaz s'échappe, de se replier vers la partie supérieure du ballon sous l'action du vent et de constituer ainsi une sorte de cuvette dans laquelle le vent pourrait s'engouffrer, ce qui tendrait à soulever et à traîner l'aérostat.

La partie inférieure de l'enveloppe demeurant liée au cercle de suspension, celle-ci se vide normalement sans risquer de provoquer des à-coups.

Les instruments que les aéronautes emportent à bord de l'aérostat sont généralement fixés au cercle de suspension. Ces instruments sont : un *baromètre,* un *thermomètre,* un *hygromètre,* un *statoscope.*

Le baromètre, qui, ainsi que nous l'avons dit, sert, en enregistrant la valeur de la pression atmosphérique, à indiquer l'altitude à laquelle se trouve l'aérostat, peut être un appareil à cadran semblable à celui que nous avons décrit (Fig. 78). Dans ce cas, il est placé dans un écrin que l'aéronaute porte sur lui. Lorsque le baromètre comporte un mécanisme enregistreur, il est suspendu verticalement au cercle de suspension. On construit, cependant, des baromètres enregistreurs de poche.

Le thermomètre, on le sait, donne à chaque instant la température de l'air atmosphérique, et il est utile à consulter pour effectuer les manœuvres appropriées.

L'hygromètre sert à indiquer le degré d'humidité de la couche d'air traversée, ce qui a également, on le comprend, son importance au point de vue de l'état d'équilibre de l'aérostat.

Il convient aussi de connaître, lorsqu'on se trouve en aérostat libre, au sein de l'atmosphère, le sens du déplacement vertical de cet aérostat, c'est-à-dire de savoir à tout moment s'il s'élève ou s'il s'abaisse. Il semble bien à première vue que cette détermination puisse se faire aisément. Cependant, lorsque l'aérostat est à une certaine altitude, les points de repère auxquels on pourrait se reporter pour contrôler le mouvement ascensionnel ou descendant n'existent pas. Tout au plus peut-on apprécier le mouvement relatif de l'aérostat par rapport aux nuages avoisinants, mais comme ces nuages ont leur mouvement propre qu'il n'est pas possible de connaître, on voit qu'il est fort difficile pour l'aéronaute, de savoir si son aérostat monte ou descend lorsque, bien entendu, le mouvement vertical de l'aérostat n'acquiert pas une vitesse excessive. Le baromètre indique bien les variations de l'altitude, mais il n'est pas assez sensible pour être instantanément influencé par un faible mouvement vertical.

On a donc recours, pour apprécier ce mouvement vertical, à quelques procédés simples, parmi lesquels le lancement dans l'air des feuilles de papier est assez employé.

Une feuille de papier étant très légère descend lentement. On a déterminé qu'une feuille de papier à cigarette, par exemple, descend avec une vitesse d'environ 50 centimètres par seconde. Si donc, de la nacelle d'un aérostat on lance dans l'espace des feuilles semblables, on pourra, suivant la position relative que ces feuilles conserveront par rapport à la nacelle, apprécier, assez exactement, le mouvement de l'aérostat dans les deux sens. Si, en effet, la nacelle se maintient sensiblement pendant un certain temps à la même hauteur que les feuilles de papier à cigarette, c'est que l'aérostat descend, comme elles, à raison de 50 centimètres par seconde. Si la feuille descend par rapport à la nacelle, on apprécie la distance qu'elle parcourt pendant un temps donné et on en déduit suivant le chiffre obtenu, soit que l'aérostat descend avec une vitesse inférieure à 50 centimètres par seconde, soit qu'il est en équilibre dans l'atmosphère, c'est-à-dire qu'il ne possède aucun mouvement vertical, soit qu'il monte lorsque la distance entre la nacelle et le papier lancé devient supérieure à 50 centimètres dans l'espace d'une seconde.

Par contre, si de la nacelle de l'aérostat on voit les feuilles de papier à cigarette voltiger au-dessus d'elle, c'est que la descente de cet aérostat s'effectue avec une vitesse évidemment supérieure à 50 centimètres par seconde.

Le procédé de lancement de corps légers donne des résultats assez satisfaisants lorsque l'atmosphère est calme, mais lorsque l'atmosphère est agitée par les vents, les remous d'air peuvent s'opposer à la descente normale des feuilles de papier ou peuvent aussi l'accélérer. L'indication, dans ce cas, est évidemment faussée et on ne peut fonder sur elle aucune appréciation rigoureuse.

Fig. 90. — Statoscope Richard.

C'est pour remédier à cet inconvénient, qui peut être sérieux, qu'on a établi un appareil donnant automatiquement, par l'indication de son aiguille, le sens et la valeur du mouvement vertical de l'aérostat.

Statoscope

(Fig. 90.) Cet appareil, appelé *statoscope,* est construit par les ateliers J. Richard, à Paris. Il est constitué par une capacité de petit volume munie d'un orifice par lequel elle peut communiquer avec l'atmosphère. Cet orifice peut, à la volonté de l'aéronaute, être ouvert ou obturé. Une des parois de la capacité est formée par une membrane qui peut fléchir sous l'action de la pression atmosphérique. Le mouvement que prend cette membrane se transmet, en s'amplifiant, à une aiguille qui se déplace devant quelques divisions tracées sur le cadran de l'appareil.

Lorsque l'orifice de la capacité est découvert, l'air pénètre dans cette capacité, et une pression de même valeur s'exerce sur la membrane, à la fois sur sa surface intérieure et sur sa surface extérieure. La membrane se trouve ainsi dans un état d'équilibre pour lequel l'aiguille occupe la partie médiane sur le cadran et marque zéro.

Lorsque l'aéronaute veut, dans l'atmosphère, connaître dans quel sens s'effectue le mouvement vertical de l'aérostat, il obture, par une manœuvre simple, l'orifice de la capacité.

Cette capacité reste ainsi remplie d'air dont la pression conserve une même valeur. Si l'aérostat s'élève, l'air atmosphérique se raréfie, la pression de cet air diminue et son action sur la surface extérieure de la membrane s'exerce avec moins de vigueur. La membrane fléchit de l'intérieur vers l'extérieur. L'aiguille répète ce mouvement, dévie, et se place devant une division indiquant que l'aérostat s'élève. On comprend que la flexion de la membrane devenant de plus en plus grande à mesure que la différence de la pression intérieure de l'appareil et de la pression atmosphérique augmente, l'aiguille dévie de plus en plus à mesure que l'on s'élève.

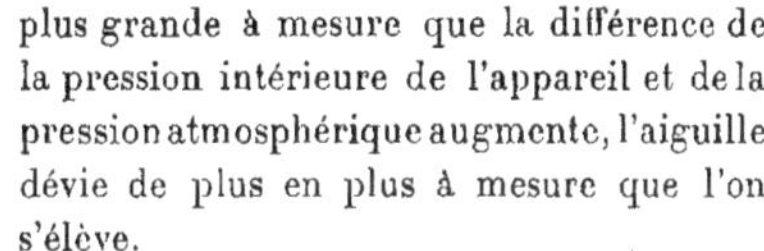

Inversement, si l'aérostat descend, la membrane est actionnée de l'extérieur vers l'intérieur, et l'aiguille dévie dans l'autre sens par rapport au zéro placé au milieu du cadran.

Lorsque l'aérostat reste à la même hauteur, les pressions se font équilibre sur les deux faces de la membrane et l'aiguille reste placée en face du zéro. Comme cet appareil est très sensible, il suffit de provoquer la fermeture de l'orifice et d'examiner la position de l'aiguille pour savoir, à chaque instant, si l'aérostat est en équilibre, s'il s'élève, ou s'il s'abaisse.

On ne maintient pas d'une façon permanente l'orifice de la capacité fermée, car la membrane soumise, sur ses deux faces, à une trop grande différence de pression, pourait se détériorer. On n'effectue la manœuvre d'obturation de l'orifice, qui consiste à presser un tube de caoutchouc, qu'au moment où il est nécessaire de connaître le sens du mouvement vertical de l'aérostat.

Lorsqu'il s'agit d'une ascension pouvant atteindre de très hautes altitudes, il est prudent d'emporter de l'oxygène, que l'on emmagasine dans des récipients suspendus généralement au cercle de suspension. Un tuyau de caoutchouc partant du récipient à oxygène conduit ce gaz jusqu'à la bouche de l'aéronaute, après avoir traversé un flacon laveur. Quand l'aérostat atteint une altitude à laquelle la raréfaction de l'air risque d'occasionner des troubles physiologiques graves chez l'aéronaute, celui-ci respire de l'oxygène au moyen du tuyau de caoutchouc, ce qui lui permet de se maintenir sans danger à des altitudes élevées.

On a même établi un appareil respiratoire constitué par une sorte de masque protecteur, qui, s'appliquant sur le nez et sur la bouche de l'aéronaute, lui permet de puiser, dans un récipient spécial, l'oxygène nécessaire à sa respiration normale, laquelle ne pourrait s'effectuer correctement avec l'air atmosphérique ambiant pour les hautes altitudes.

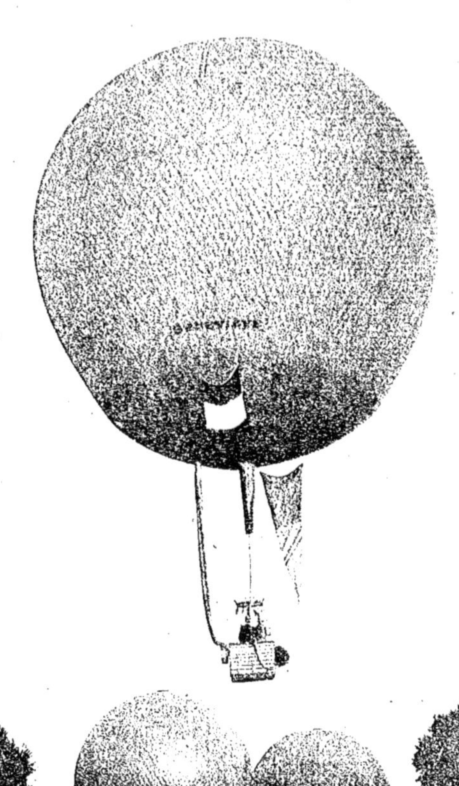

Photo Vérascope Richard.

Fig. 91. — Départ d'un aérostat.

Nacelle (Fig. 92-93.) La nacelle V suspendue au cercle de suspension, ainsi que nous l'avons dit, par les cordes R, sert à recevoir les aéronautes et quelques organes de manœuvre. C'est une sorte de panier, de forme généralement rectangulaire, constitué par un travail de vannerie fait en osier et rotin. La nacelle a une certaine hauteur, pour que l'aéronaute puisse s'y tenir debout sans danger.

Les cordes de suspension de la nacelle, terminées à leur partie supérieure par une boucle dans laquelle s'engage un gros cabillot Q, sont généralement au nombre de huit; mais il est évident qu'on peut en disposer un nombre quelconque suivant la forme de la nacelle et le poids à enlever. Ces cordes sont prises dans les parois verticales de la nacelle et disposées dans ces parois pendant le travail même de confection de cette nacelle lors du tressage de l'osier. Elles sont, de cette façon, solidement assujetties et font, pour ainsi dire, corps avec la nacelle.

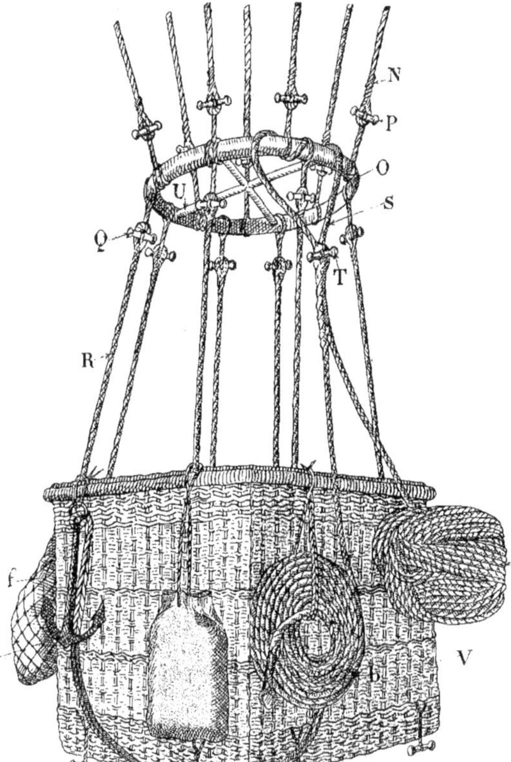

Fig. 92. — Vue schématique d'une nacelle.

Chacune des cordes, emprisonnée d'abord dans une des parois verticales de la nacelle, traverse, sans solution de continuité, le fond de cette nacelle dans lequel elle se trouve prise également dans les mailles d'osier tressé, et remonte au milieu de l'épaisseur de la cloison verticale opposée. Il s'ensuit que les huit cordes de suspension de la nacelle constituent, en réalité, deux à deux, les extrémités d'une même corde prise, sur une partie de sa longueur, dans les cloisons et le fond de la nacelle, et se réduisent, en somme, à quatre.

Ces quatre cordes traversent le fond de la nacelle, deux dans le sens de la longueur et deux dans le sens de la largeur. Elles forment ainsi un réseau qui a pour but de consolider le plancher où se tiennent les passagers et d'assurer leur sécurité. Ce plancher est assez souvent formé de traverses ou de planches.

A la partie supérieure de la nacelle, le pourtour, ou *bordage*, est rendu rigide et indéformable. Il est constitué par une sorte de bourrelet formé assez souvent par des tubes métalliques emprisonnés dans les tresses d'osier. On aménage dans les nacelles des sièges appuyés contre les parois transversales et formant la partie supérieure de *caissons* ou *soutes* pouvant servir d'abri à divers objets emportés.

A l'intérieur de la nacelle on tend parfois une toile spéciale formant garniture et comportant des poches dans lesquelles on peut déposer quelques accessoires, cartes, lunettes, etc.

La nacelle peut être aménagée de façon particulière lorsque l'aérostat est destiné à effectuer une longue ascension. On y installe des couchettes formant soutes où on place les provisions. Nous avons vu que la nacelle de l'aérostat *Le Géant* comportait deux étages, et nous examinerons plus loin la disposition des nacelles d'aérostats destinés à des expéditions spéciales.

La nacelle est munie de talons *e* formés par des traverses fixées contre le fond et, par l'intermédiaire desquelles la nacelle repose sur le sol.

On adapte également, sur les cloisons verticales, des poignées *d* (Fig. 92) qui permettent de déplacer aisément la nacelle soit pour la manœuvre de départ, soit après l'atterrissage pour aider à son transport en chemin de fer.

Fig. 93. — Nacelle du ballon *Le Condor*. (Ateliers Lachambre.)

Dans la nacelle on place une grande partie des sacs de *lest*. Ce sont des sacs pesant généralement 18 kilogrammes remplis de sable fin tamisé. C'est ce sable qui est vidé dans l'espace pendant l'ascension, au fur et à mesure que la force ascensionnelle de l'aérostat diminue. On allège ainsi l'aérostat de tout le poids de sable jeté par-dessus bord. Quelques sacs de lest peuvent être, en outre, suspendus à la nacelle, extérieurement. Dans ce cas, les sacs sont attachés à des boucles formées par de courtes cordes prises dans le travail de vannerie.

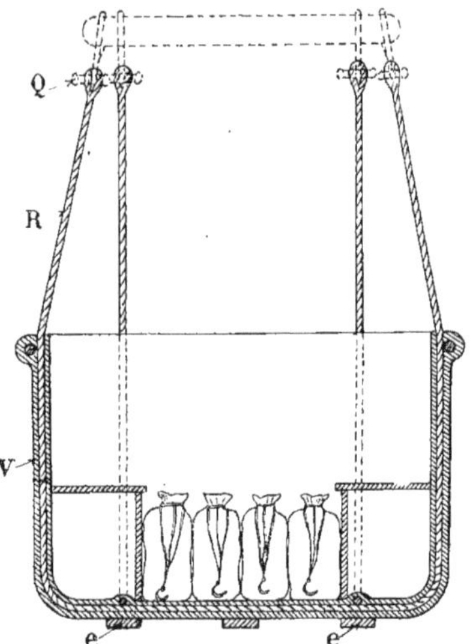

Fig. 94. — Coupe d'une nacelle.

A l'extérieur de la nacelle sont également

suspendus les engins d'arrêt : l'*ancre* c, le *guide-rope* a, et un *sac à ballon* f, sac qui, ainsi que son nom l'indique, sert à enfermer l'enveloppe de l'aérostat lorsque celui-ci a atterri et a été dégonflé.

Engins d'arrêt Nous avons dit que ces engins étaient rendus solidaires du cercle de suspension O de l'aérostat par la fourche S; mais cette liaison n'est effective et directe que lorsque l'aérostat navigue au ras du sol et que ces engins traînent à terre. Pendant la navigation normale, la corde de l'ancre et le guide-rope sont enroulés, posés extérieurement le long d'une paroi verticale de la nacelle et retenus à celle-ci par une cordelette qu'il est très facile de défaire pour les laisser dérouler. On effectue cette manœuvre lorsque l'on veut atterrir ou naviguer près du sol en se servant du guide-rope. L'ancre et le guide-rope traînent alors à terre.

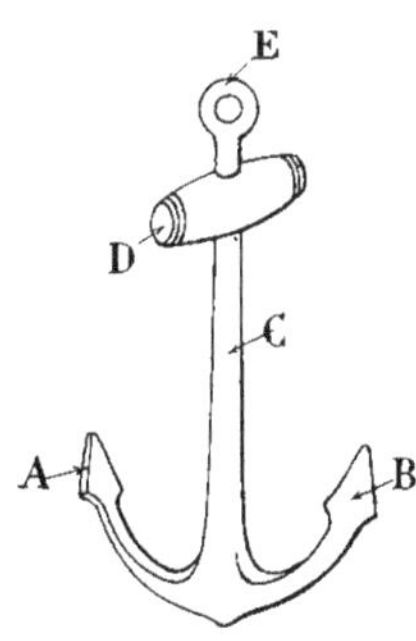

Fig. 95. — Ancre primitive.

Ancre L'ancre est un engin d'arrêt de l'aérostat qui a été d'abord très employé et qui l'est moins actuellement, depuis l'utilisation rationnelle du guide-rope et l'usage du panneau de déchirure.

L'ancre primitive, placée à bord de la nacelle d'un aérostat pour faciliter son atterrissage, était l'ancre marine (Fig. 95). Cette ancre comporte deux branches A et B terminées chacune par une pointe. Ces branches se trouvent placées dans le prolongement l'une de l'autre et la tige de l'ancre C, nommée *verge*, disposée dans une direction perpendiculaire aux branches, porte, à son extrémité supérieure, une traverse D, appelée *jas*. Le jas sert, en s'appuyant sur le sol, à faciliter l'accrochage de l'ancre.

Le jas de l'ancre qui peut être en fer, était généralement fait en bois dans les premières ancres d'aérostat. L'extrémité de la verge est munie d'un anneau E auquel on attache la corde de l'ancre.

Ces ancres ainsi constituées ne donnaient pas toute satisfaction. Elles avaient une *mauvaise prise,* parce qu'elles pouvaient facilement se coucher pendant le traînage et, d'autre part, le jas en bois se détériorait aisément.

C'est pour ces raisons qu'on a établi d'autres ancres de modèles divers répondant mieux aux conditions de leur emploi.

C'est d'abord le *grappin ordinaire* qui se compose d'une tige en fer portant à une de ses extrémités un anneau servant à fixer la corde qui le retient à la nacelle. De l'autre extrémité de la tige partent quatre branches ayant deux à deux des directions perpendiculaires. Chacune des branches est terminée par une pointe. Cette disposition permet à l'ancre ou grappin de reposer sur deux pointes et d'avoir une action plus efficace au point de vue de l'arrêt de l'aérostat.

L'ingénieur aéronaute Yon a constitué une ancre à six pointes (Fig. 96).

Ces pointes A, B, C, D, terminent de courtes branches réunies entre elles et solidaires de la verge E, en bout de laquelle est disposé l'anneau F de fixation de la corde. Cette ancre, posée sur le sol, s'y appuie toujours par deux pointes, ce qui facilite son accrochage. De plus, les branches latérales peuvent également aider à cet accrochage en se déplaçant par côté, à une faible hauteur au-dessus du sol.

Une autre ancre, établie par Hervé (Fig. 97), comporte huit pattes. Cette ancre est, pour ainsi dire, formée, par trois ancres A B à deux branches, réunies par une branche transversale C D portant elle-même, à chacune de ses extrémités, une pointe. Ces deux pointes sont, de la sorte, placées en bout de petites branches latérales, et l'ancre, reposant sur le sol par trois pointes, peut en outre s'accrocher sur le côté par les branches latérales.

On a construit d'autres ancres de formes diverses; celle de la *Société de constructions aéronautiques Astra*, est faite en fer forgé; elle comporte un double jas et son accrochage s'effectue convenablement sur tous les terrains.

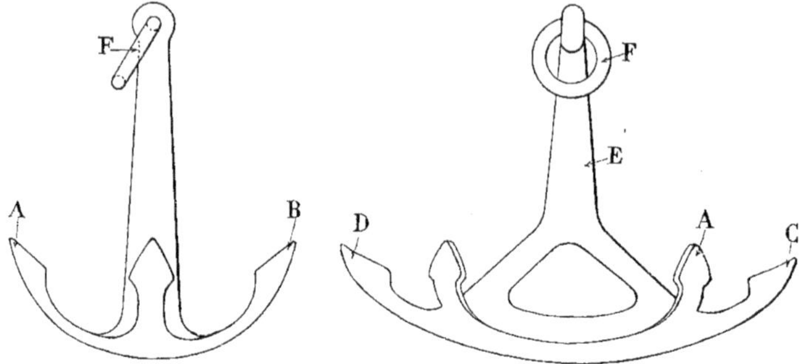

Fig. 96. — Ancre Yon, à six pointes.

L'ancre articulée Renard est une des plus efficaces et des plus curieuses.

Cette ancre (Fig. 98), dénommée *ancre-herse*, nom justifié par sa forme, est composée d'une série de cadres A C D B, portant, à chacun des angles, un double crochet. Les branches verticales A B de ce cadre sont rigides et chacune d'elles constitue une ancre formée de deux doubles crochets. Les branches horizontales A C du cadre servent d'axe d'articulation, de sorte que chacun des cadres peut pivoter autour d'un de ces axes et prendre, lorsqu'il touche le sol, une position quelconque par rapport au cadre qui le précède ou à celui qui le suit. On conçoit que, de cette façon, les divers crochets solidaires des divers cadres puissent prendre aisément, en appuyant sur le sol, des positions différentes appropriées à la configuration du terrain, ce qui a pour objet de faciliter l'accrochage.

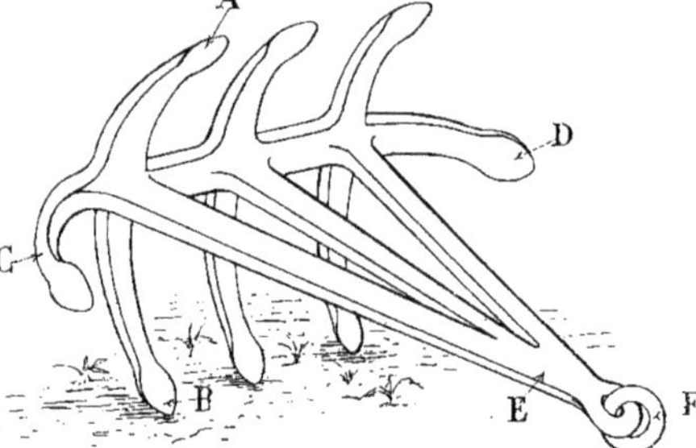

Fig. 97. — Ancre Hervé à 8 pattes.

Comme l'ancre développée a une certaine longueur, un nombre de grappins de plus en plus considérable traîne sur le sol au fur et à mesure que l'aérostat s'en rapproche, et l'accrochage devient de plus en plus efficace.

Pendant l'ascension, l'ancre est repliée grâce aux axes d'articulation, et suspendue à la nacelle par l'intermédiaire d'une corde attachée à l'extrémité d'un double câble E formant fourche.

Tous les types d'ancres d'aérostats que nous venons d'examiner s'appliquent à l'arrêt d'un aérostat sur la terre ferme.

On a songé également à créer des engins

d'arrêt pour les aérostats voulant se maintenir immobiles à la surface des flots. Parmi eux est le *cône-ancre* de Sivel.

C'est une sorte de sac conique fait en toile goudronnée et attaché au cercle de suspension de l'aérostat. Lorsque l'aéronaute veut immobiliser son aérostat sur l'eau, il jette le cône-ancre qui se remplit d'eau et crée une résistance suffisante au mouvement de l'aérostat pour l'empêcher d'avancer.

Certains systèmes de cônes-ancres sont munis, à leur partie inférieure, d'un clapet qui, en restant appliqué sur son siège, permet au cône de s'emplir.

Ce clapet peut être manœuvré de la nacelle de façon à provoquer l'écoulement d'une partie de l'eau contenue dans l'engin et de la sorte alléger cet engin.

Cette disposition permet à l'aérostat d'avancer avec une vitesse réduite au-dessus de l'eau, le cône-ancre constituant, dans ce cas, un frein dont l'action est comparable à celle du guide-rope à la surface du sol.

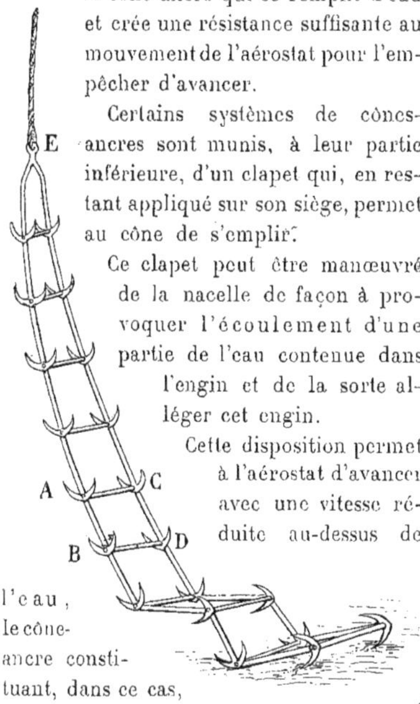

E
A
C
B
D

Fig. 98. — Ancre Renard.

Guide-rope Le guide-rope *a* (Fig. 92) qui est, avec la corde de l'ancre, attaché à la fourche S, laquelle le rend solidaire du cercle de suspension O, est un câble dont la longueur variable est généralement comprise entre 100 et 200 mètres. Ce câble est enroulé en paquet et est fixé à la nacelle par une cordelette semblable à celle qui retient la corde de l'ancre, cordelette que l'aéronaute peut facilement défaire pour laisser pendre le guide-rope. Celui-ci est disposé, lorsqu'il est enroulé, contre une cloison verticale de la nacelle et extérieurement.

Le guide-rope peut être considéré comme un engin d'arrêt, car, au fur et à mesure que l'aérostat se rapproche du sol, une longueur de plus en plus grande du câble qui le constitue, traîne à terre, et le frottement sur le sol prend une valeur de plus en plus considérable. Le guide-rope agit donc, dans ce cas, à la façon d'un frein et contribue à ralentir la marche de l'aérostat.

Le frottement du guide-rope sur le sol et, par conséquent, son action sur le ralentissement de l'aérostat, varient non seulement avec la longueur de câble traînant à terre, mais encore avec la nature du sol.

On comprend, en effet, que si le sol est uni et n'offre pas d'aspérités, le frottement sera moindre que sur un sol accidenté.

De plus, sur un sol accidenté, le guide-rope peut s'accrocher à un obstacle et arrêter complètement l'aérostat.

Le guide-rope est ainsi utilisé comme engin d'arrêt.

Il peut également être utilisé comme *équilibreur*, lorsque l'aéronaute veut naviguer à une faible altitude en ménageant son lest.

C'est ce que l'on appelle la navigation au guide-rope.

Pour l'effectuer, il ne faut pas que l'atmosphère soit absolument calme.

Il est nécessaire, au contraire, qu'il y ait un peu de vent. On laisse alors dérouler le guide-rope, qui traîne sur une partie de sa longueur sur le sol.

On peut ralentir, dans une certaine mesure, la vitesse de l'aérostat en augmentant la longueur de guide-rope qui touche à terre; le frottement augmente également et l'aérostat est freiné.

Pendant cette navigation, si la force ascensionnelle vient à varier dans des proportions assez faibles, le guide-rope peut corriger les variations et maintenir l'aérostat en équilibre dans sa limite d'action. En effet, si l'aérostat tend à monter, à mesure qu'il s'élèvera, une plus grande longueur de guide-rope pendra de la nacelle. Le poids de la partie du guide-rope ne reposant pas sur le sol deviendra de plus en plus considérable à mesure que l'aérostat montera et, à un certain moment, le poids supplémentaire qui lui aura été, de ce fait, ajouté, équilibrera le supplément de force ascensionnelle qui avait provoqué son ascension. Il pourra donc se trouver en équilibre à une certaine hauteur qui sera un peu supérieure à l'altitude à laquelle il se trouvait auparavant, et une longueur moins grande de guide-rope traînera, dès lors, sur le sol.

Si, au contraire, la force ascensionnelle de l'aérostat diminue et s'il tend à descendre, au fur et à mesure qu'il se rapprochera du sol, une longueur de plus en plus grande de guide-rope traînera à terre.

L'aérostat se trouvera de la sorte de plus en plus allégé, puisque la longueur de câble suspendu à son cercle de suspension diminuera de plus en plus et que, par suite, son poids s'amoindrira. Il pourra donc arriver que le poids de guide-rope dont a été allégé l'aérostat corresponde à la diminution momentanée de la force ascensionnelle. A ce moment, l'aérostat cessera de descendre et continuera à cheminer en laissant traîner sur le sol une longueur de guide-rope plus considérable qu'auparavant.

Ces variations peu importantes de la force ascensionnelle peuvent être produites par le passage des nuages devant le soleil, ce qui peut provoquer une contraction du gaz contenu dans l'aérostat et une diminution de la force ascensionnelle. Au contraire lorsque les nuages ont disparu et que le soleil agit de nouveau directement sur l'aérostat, le gaz se dilate et la force ascensionnelle augmente. Dans le premier cas, il conviendrait de jeter quelques kilogrammes du sable formant le lest, pour rétablir l'équilibre si le guide-rope n'intervenait pas comme équilibreur; dans le second cas, en supposant l'aérostat rempli de gaz, une partie de ce gaz s'échapperait par l'appendice.

Dans les deux cas on aurait une perte : d'une part de lest, d'autre part de gaz, qui pourrait se renouveler assez fréquemment, ce qui limiterait considérablement la durée de l'ascension. La navigation au guide-rope permet de remédier à cet inconvénient, mais dans la limite du poids de cet engin. Le guide-rope, en effet, gagnerait à être lourd au point de vue de l'amplitude de la stabilisation de l'aérostat. Cependant, il convient de remarquer que dans les pays où la population est dense, comme en général dans toute l'Europe, où les constructions et les cultures occupent le plus grand espace, il ne serait pas prudent et il pourrait être même très dangereux de laisser traîner sur le sol un câble fort lourd, métallique par exemple, pouvant être parfois entraîné à une grande vitesse. Il est évident qu'un guide-rope ainsi constitué causerait des dégâts considérables et de graves accidents.

Aussi les guide-rope généralement employés sont des cordes de chanvre dont le le frottement sur le sol est considérable, mais qui n'ont qu'un poids relativement réduit.

On a songé, pour obtenir un guide-rope suffisamment lourd tout en ne devenant pas dangereux au *traînage,* à le constituer en plusieurs câbles de chanvre, chacun d'eux ayant un poids relativement faible, mais dont le poids total peut être important. Les câbles, espacés les uns des autres par suite de l'écartement de leur point d'attache sur le cercle de suspension, peuvent être de longueurs différentes et n'agir qu'individuellement sur les obstacles qu'ils rencontrent. On peut éviter ainsi les inconvénients dus à l'emploi d'un seul câble lourd. Ce dispositif de guide-rope a été l'objet de quelques essais intéressants, mais il ne s'est pas, néanmoins, généralisé.

Lorsque le guide-rope ne constitue pas spécialement un engin d'arrêt, et qu'il doit être surtout utilisé pour assurer la navigation aérienne à une faible hauteur, il doit être façonné de manière qu'il ne puisse s'accrocher au moindre obstacle, sinon la marche de l'aérostat deviendrait impossible ou serait retardée par une succession d'acoups désagréables et dangereux. D'ailleurs, la navigation au guide-rope, qui est pratique lorsqu'on a devant soi de vastes étendues de terrains incultes et sur lesquels ne se trouvent que de rares habitations, devient impossible, comme nous l'avons dit, dans les pays très habités et dans les régions où les cultures ont une grande valeur. Le guide-rope, en traînant, occasionnerait des dégâts trop considérables.

Fig. 90. — Aérostat naviguant au guide-rope.

Il convient, en outre, lorsqu'on navigue au guide-rope, d'éviter les lignes télégraphiques et téléphoniques qui pourraient être détériorées. Il faut surtout veiller à ce que le guide-rope ne touche pas aux lignes aériennes qui servent à transporter l'énergie électrique. Ces lignes sont *à haute tension* et peuvent constituer, dans le cas d'un court-circuit provoqué par le contact du guide-rope, un grave danger pour l'aéronaute.

Soupape. Nous venons d'examiner les divers organes d'un aérostat, et les fonctions diverses qu'ils remplissent. Il nous reste à décrire en détail la soupape, organe très important dont nous avons précédemment indiqué l'utilité.

La soupape primitive d'aérostat était constituée par un cercle en noyer rendu solidaire de l'enveloppe, à sa partie supérieure, par une collerette maintenue fixée contre le cercle en bois au moyen d'une bande de cuir assujettie sur le pourtour. Le cercle en bois constituait le siège fixe de la soupape. Ouvert à sa partie centrale, il comportait une traverse en bois disposée suivant un diamètre, sur laquelle s'articulaient des volets en bois pouvant obturer l'orifice laissé libre dans le cercle. Des ressorts en caoutchouc, tendus sur un *chevalet* disposé perpendiculairement sur la traverse, maintenaient les volets appliqués sur le siège de la soupape. Une corde aboutissant à la nacelle provoquait, lorsqu'elle était tirée, l'ouverture des volets qui découvraient l'orifice de la soupape en tendant les lames de caoutchouc. Le gaz pouvait ainsi s'échapper de l'enveloppe.

Ce modèle de soupape, assez rudimentaire, a été perfectionné à mesure que le progrès en aéronautique s'est affirmé.

Yon a établi une soupape comportant un siège circulaire fixe A, muni d'une rainure, et un seul volet mobile B également circulaire. Ce volet est un disque portant sur son pourtour une saillie C qui, au repos, vient s'engager dans la rainure du siège de la soupape, laquelle rainure est garnie de caoutchouc. Le joint est ainsi assuré et ce sont des ressorts à boudin métalliques D qui appliquent le clapet circulaire sur son siège.

Ces ressorts, qui sont fixés, d'une part, au volet par l'intermédiaire du goujon E, et sont, d'autre part, attachés à la partie supérieure d'un chevalet fixe F rendu solidaire du siège de la soupape.

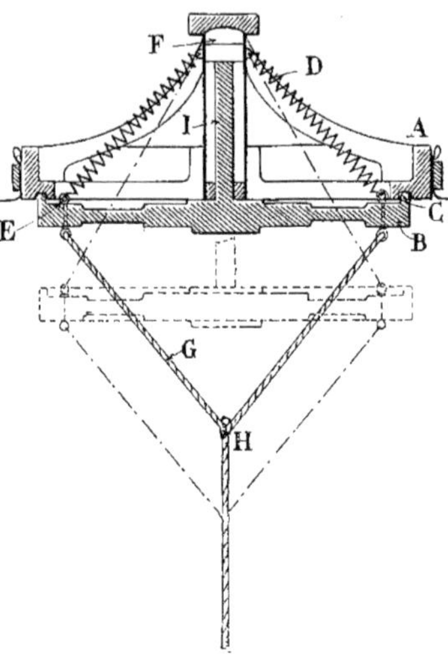

Fig. 100. — Soupape Yon.

Les goujons E d'attache des ressorts sont terminés, à leur partie inférieure, par des crochets auxquels sont attachées des cordes G réunies à un câble unique H qui aboutit à la nacelle et qui sert à manœuvrer la soupape.

Lorsque l'aéronaute tire sur ce câble, le volet B de la soupape descend verticalement, guidé dans son déplacement par un noyau cylindrique central I, qui coulisse dans un manchon faisant corps avec le chevalet. Les ressorts s'allongent et se tendent, et l'orifice de la soupape est démasqué. Le gaz peut s'échapper par cet orifice dans l'atmosphère et la fuite du gaz se continuera pendant tout le temps que l'aéronaute tirera sur la corde.

Lorsque la traction cessera, les ressorts à boudin D ramèneront le volet circulaire E sur le siège de la soupape. La saillie circulaire C s'engagera dans la rainure pratiquée dans le siège A, en comprimant la bande de caoutchouc qui y est disposée, ce qui constitue un joint efficace empêchant l'échappement du gaz contenu dans l'enveloppe.

On construit aussi des soupapes à double volet (Fig. 101) comportant, par rapport à la soupape primitive en bois, un certain nombre de perfectionnements.

La soupape se compose d'un siège fixe qui est formé lui-même par deux couronnes A et B' faites en bois. Ces deux couronnes sont rendues solidaires l'une de l'autre par le serrage de boulons C munis d'écrous à oreilles. Ce serrage a, en outre, pour but de pincer entre les deux couronnes A et B la peau de l'enveloppe D qui s'y trouve préalablement engagée.

Ce n'est pas par ce seul moyen de serrage que la soupape est fixée à l'enveloppe. Une série de courroies E sont, en effet, fixées solidement sur le pourtour de la couronne supérieure A et servent à maintenir assujettie, contre cette couronne, une tresse circulaire terminant le filet F à la partie supérieure.

Le siège de la soupape se trouve ainsi rendu solidaire de l'enveloppe.

Une traverse N, diamétralement disposée sur ce siège fixe, supporte un chevalet vertical M, à l'extrémité supérieure duquel sont attachés les ressorts L, fixés à leur autre extrémité aux volets H. Ces volets, mobiles autour de charnières O placées sur la traverse N, occupent, quand ils sont ouverts, la position I représentée en pointillé sur la figure 101.

Cette manœuvre s'effectue en actionnant volet vient, en se fermant, la comprimer, ce qui constitue un bon joint.

On recouvre assez souvent la soupape d'un chapeau, pour la protéger à la fois contre le soleil et contre la pluie. Ce chapeau P est fixé, par un écrou Q, à la partie supérieure du chevalet vertical M, et sa position se trouve assurée par la tension de petites cordes R disposées sur son pourtour et que l'on vient attacher à la couronne fixe A de la soupape.

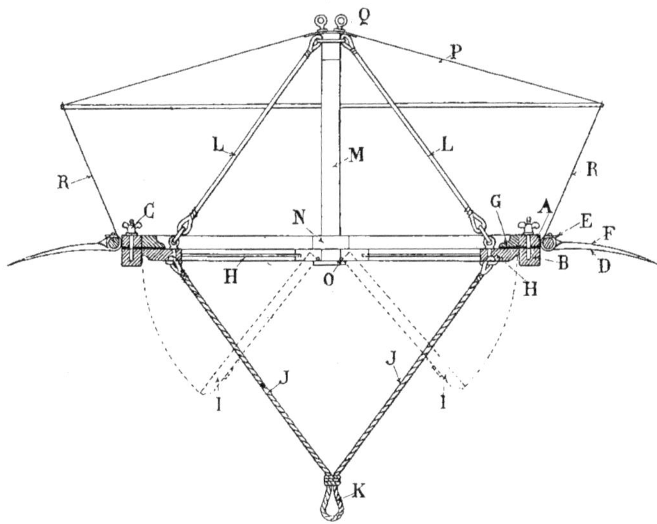

Fig. 101. — Soupape à double volet.

la corde de la soupape placée à la portée de la main de l'aéronaute. Cette corde est reliée par la boucle K aux petites cordes J. qui sont attachées à l'extrémité des clapets opposée aux charnières. Les volets pivotent ainsi autour des charnières en découvrant l'orifice de la soupape et les ressorts s'allongent, de sorte que, lorsqu'on cesse d'agir sur la corde de la soupape, les volets sont ramenés sur leur siège et y sont maintenus appliqués.

Pour assurer l'étanchéité de fermeture de la soupape, une rondelle de feutre G est fixée sur la couronne fixe A, et chaque

Une soupape spéciale, établie par le colonel Renard pour les ballons captifs militaires, se manœuvre, par l'intermédiaire d'un dispositif pneumatique, en actionnant une poire à air. La soupape complètement ouverte peut se maintenir accrochée et laisser échapper le gaz d'une façon permanente sans que l'on soit dans l'obligation, comme dans la soupape ordinaire, d'agir constamment sur sa corde.

Tels sont les organes essentiels dont est muni un aérostat libre effectuant une ascension.

Après l'atterrissage, lorsque le ballon est complètement dégonflé, on enferme, avons-nous dit, l'enveloppe dans le sac destiné à cet usage. La soupape est, également, mise en sûreté et placée dans un étui avec son chevalet.

Tous les accessoires peuvent être disposés dans la nacelle, qui est ensuite recouverte d'une housse protectrice, laquelle est maintenue fixée sur elle à l'aide de petites cordes.

Cette disposition permet de procéder d'une manière commode au chargement et au transport de tous les organes composant l'aérostat.

Engins divers spéciaux En dehors des organes que nous venons d'examiner, les aérostats sont parfois munis d'engins spéciaux pour répondre aux conditions particulières dans lesquelles s'effectuent certaines ascensions.

Parmi ces engins citons : les *ballonnets à air,* les *stabilisateurs,* les *compensateurs,* ou *équilibreurs,* les *déviateurs.* Les ballonnets à air et certains stabilisateurs s'appliquent plus particulièrement à la navigation aérienne au-dessus de la terre; les autres engins sont utilisés lorsque l'aérostat est destiné à naviguer dans l'espace au-dessus de la mer.

Ballonnet à air Le *ballonnet à air,* préconisé par le général Meusnier dès les premières années de l'invention des aérostats par Montgolfier, sert à assurer, dans certaines circonstances, la stabilité verticale de l'aérostat. C'est un petit ballon, constitué par une enveloppe imperméable et souple formant une capacité indépendante, qui se trouve à l'intérieur même de l'enveloppe de l'aérostat.

Cette capacité ne communique aucunement avec l'intérieur de cette dernière enveloppe, et un conduit spécial permet d'y refouler de l'air atmosphérique.

Lorsque l'aérostat est complètement gonflé avec du gaz, la capacité constituant le ballonnet est vide et ses parois souples sont appliquées, à l'intérieur de la grande enveloppe, les unes contre les autres. Dans ce cas, le ballonnet ne joue aucun rôle. Mais si, après une certaine durée de l'ascension, l'aérostat a perdu du gaz, l'enveloppe devient flasque. L'aérostat peut alors, soit descendre, soit s'élever dans les airs. Dans le premier cas, la présence du ballonnet ne peut corriger l'instabilité verticale de l'aérostat, laquelle, ainsi que nous l'avons précédemment expliqué, ne peut se modifier que par un allègement de l'aérostat et un jet de lest.

Il en est tout autrement dans le second cas. Lorsque l'aérostat s'élève, en effet, il est, comme dans le cas précédent, en équilibre instable, puisqu'il est flasque, et il pourrait s'élever de la sorte jusqu'à une très haute altitude pour laquelle le gaz dilaté remplirait de nouveau complètement l'enveloppe, si le ballonnet à air n'intervenait, dans cette circonstance, pour permettre de réduire la valeur de cette altitude limite, qu'on n'atteint quelquefois pas sans inconvénients.

Il suffit de refouler de l'air dans le ballonnet de façon à le gonfler. Cette capacité ainsi remplie d'air atmosphérique compense, en volume, la quantité de gaz perdu et l'enveloppe peut reprendre ses formes rebondies quoiqu'elle ne renferme qu'une quantité de gaz léger moindre que son volume. Cet artifice ingénieux permet de placer l'aérostat, au point de vue de la stabilité, dans les mêmes conditions qu'un aérostat plein. Nous savons que cette stabilité est *unilatérale* et qu'elle se produit lors du mouvement vertical ascendant.

Il suffit donc, pour l'aéronaute, de faire le *plein* de l'aérostat, en gonflant plus ou moins le ou les ballonnets à air, pour arrêter rapidement le mouvement ascendant de son aérostat, et pour trouver une zone d'équilibre.

L'emploi des ballonnets à air s'est surtout généralisé dans les aérostats dirigeables, pour lesquels il y a intérêt à éviter de brusques variations d'altitude. Dans ces appareils, l'air est envoyé à l'intérieur des ballonnets par un ventilateur mû par le moteur de l'aérostat.

On peut également munir un aérostat libre d'un ballonnet. Dans ce cas, l'air atmosphérique destiné à gonfler ce ballonnet est refoulé également par un petit ventilateur, que l'on est évidemment dans l'obligation d'actionner à la main.

agissant néanmoins d'une façon permanente sur l'enveloppe de l'aérostat, il s'ensuit que la partie de guide-rope qui ne touche pas le sol, au lieu de se maintenir verticale sous la nacelle, prendra une position d'autant plus oblique que le frottement de la partie qui traîne sera plus important. Cette inclinaison a pour effet de rapprocher du sol l'aérostat, et plus l'aérostat s'alourdira, plus la partie libre du guide-rope sera inclinée (Fig. 99).

L'action du vent peut, à ce moment, faire toucher la terre à la nacelle, surtout si la configuration du terrain s'y prête. C'est ce qui se produit lorsque le terrain est accidenté et comporte des parties mamelonnées. Pour obvier à cet inconvénient, on place sous la nacelle un *stabilisateur*. C'est un câble d'un poids de 20 kilogrammes environ, de faible longueur, qui entre en action, lorsque, l'aérostat

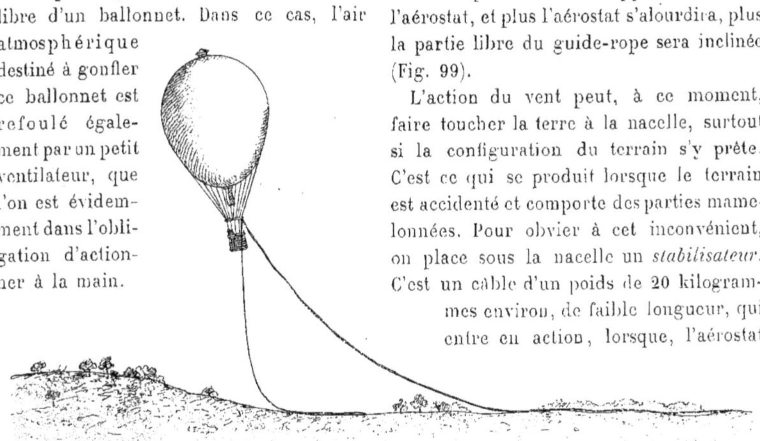

Fig. 102. — Aérostat avec guide-rope et stabilisateur traînant.

étant suffisamment rapproché du sol, le guide-rope n'agit plus aussi efficacement, par suite de son obliquité, pour rétablir rapidement l'équilibre. Dans cette position, si l'aérostat alourdi a encore tendance à descendre, le stabilisateur vient reposer sur le sol et assure ainsi rapidement son équilibre, en dehors de l'action du guide-rope (Fig. 102).

Stabilisateur Le stabilisateur est un engin utilisé sous des formes différentes pour la navigation au-dessus du sol, ou au-dessus de l'eau.

Lorsqu'il est appliqué à maintenir en équilibre un aérostat se déplaçant au-dessus de la terre, il est adjoint en quelque sorte au guide-rope et, en effet, il sert essentiellement à modifier son action dans des circonstances particulières que nous allons examiner.

Lorsque, par suite de l'alourdissement de l'aérostat, celui-ci se trouve très rapproché du sol et équilibré par le guide-rope, une longueur considérable de guide-rope traîne à ce moment sur le sol. Le frottement qui en résulte est considérable et retarde d'autant plus la marche de l'aérostat que la longueur de *traîne* est plus grande. Le vent

Le stabilisateur doit être souple ; cette souplesse, qui lui permet de se prêter aisément aux diverses ondulations de terrain, lui a fait donner le nom de *serpent*. Il est constitué par un câble formé de fils de petit diamètre, en fer galvanisé. Les fils sont au nombre d'environ 1500 et sont recouverts extérieurement par une garniture de chanvre. On obtient ainsi un câble très souple, dont la souplesse est encore augmentée par le graissage de l'âme métallique, afin de diminuer la valeur du frottement des fils de fer les uns contre les autres.

Les stabilisateurs adaptés aux aérostats devant naviguer au-dessus de l'eau sont différemment constitués. Ils sont, d'ailleurs, de modèles divers. Le stabilisateur peut avoir la forme d'un câble d'environ 40 centimètres de diamètre, très souple, et dont les extrémités sont façonnées en forme de pointes. Ce câble doit pouvoir flotter suffisamment pour qu'il puisse se maintenir horizontal sur l'eau pendant la marche de l'aérostat. Sa surface extérieure est très régulière, pour diminuer, autant que possible, son frottement sur l'eau. Un autre stabilisateur, utilisé en 1885 par Hervé, et nommé par lui *équilibreur automatique,* se compose d'un flotteur métallique ayant une forme allongée, et suspendu à l'aérostat. Ce flotteur, par son immersion plus ou moins grande, provoquée par la descente de l'aérostat, détermine un allégement d'autant plus grand qu'un volume plus considérable du flotteur est plongé dans l'eau. Il est donc possible d'obtenir, à chaque instant, une position du flotteur qui corresponde à un état d'équilibre de l'aérostat.

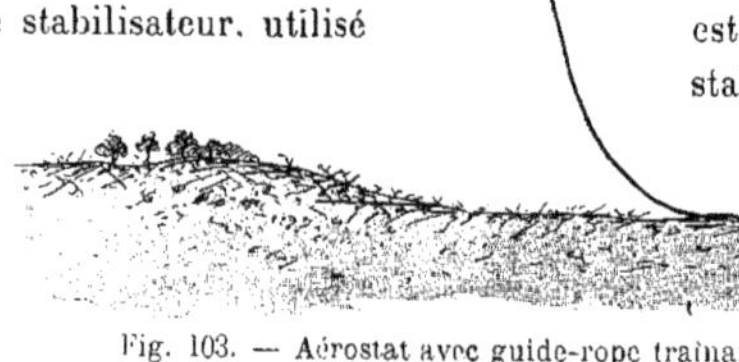

Fig. 103. — Aérostat avec guide-rope traînant et stabilisateur pendant.

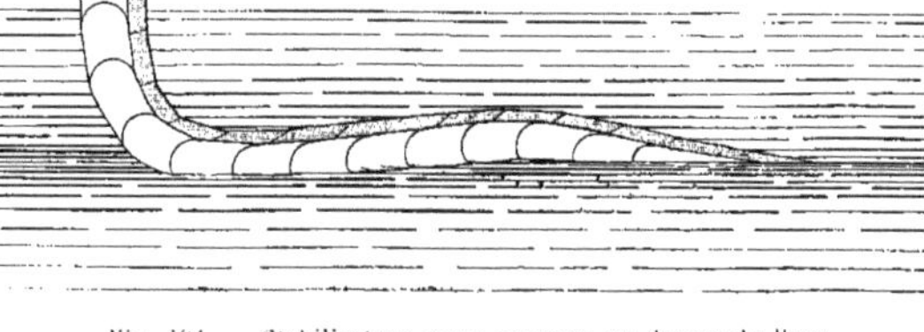

Fig. 104. — Stabilisateur pour voyager au-dessus de l'eau.

En effet, si celui-ci s'élève, le flotteur soulevé par l'aérostat sort de l'eau.

Son poids augmente au fur et à mesure qu'il émerge, et ce poids supplémentaire pouvant, pour une certaine position de l'aérostat, compenser le supplément de force ascensionnelle qu'il avait acquis, il y a équilibre.

De même, si l'aérostat s'abaisse, le flotteur plonge de plus en plus, et comme sa hauteur est considérable, il arrive à prendre une position dans l'eau pour laquelle l'allégement, dû à la poussée qu'il reçoit du bas en haut, compense l'alourdissement de l'aérostat. L'équilibre de celui-ci est de nouveau obtenu. Ce stabilisateur peut permettre de compenser les variations de la force ascensionnelle d'un aérostat provoquées soit par la pluie, soit par les variations de température, ou les pertes de gaz dues à la perméabilité de l'enveloppe, etc...

Il a été établi aussi des stabilisateurs constitués par une série de flotteurs ayant des dimensions réduites, disposés en forme de chaînette.

A mesure que chacun des flotteurs du stabilisateur repose sur l'eau, l'aérostat se trouve allégé de son poids; inversement, quand il remonte, il s'alourdit, au fur et à mesure, du poids des flotteurs successifs qu'il soulève au-dessus de l'eau.

Un autre genre de stabilisateur a été utilisé lors du voyage sur la Méditerranée de l'aérostat le *Méditerranéen*, monté par le comte de la Vaulx. Ce stabilisateur (Fig. 104-105) se compose d'une succession de blocs de bois A assemblés par l'intermédiaire de deux chaînes B qui les traversent et qui forment comme une sorte d'armature intérieure flexible du stabilisateur. Les blocs, dont les faces latérales sont planes, sont terminés en haut et en bas par une partie courbe, l'une C convexe, l'autre B concave.

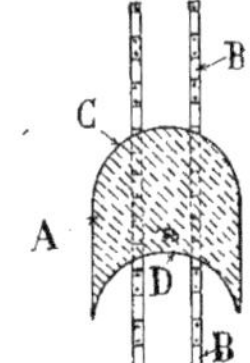

Fig. 105. — Détail du stabilisateur.

Ils sont placés à une faible distance les uns des autres et leurs extrémités arrondies s'emboîtent successivement les unes dans les autres, la partie convexe d'un bloc dans la partie concave du précédent, et ainsi de suite, de sorte que chacun des blocs, tout en étant relié aux autres par les chaînes, peut, cependant, prendre une position indépendante de celle des blocs voisins en pivotant autour de ses extrémités arrondies. L'engin se présente donc sous la forme d'un *serpent* en bois, dont l'extrémité est effilée, et portant une succession d'articulations à rotules qui lui donnent sa souplesse et permettent à ce stabilisateur de suivre les ondulations de la surface de l'eau. Le bloc supérieur E est muni d'une fourche F à œillet par laquelle on accroche l'engin à l'aérostat.

Compensateurs

Le *compensateur* est un engin qui s'applique aux aérostats naviguant au-dessus de l'eau. C'est un organe qui a pour fonction d'alourdir ou d'alléger l'aérostat, pour compenser les variations de la force ascensionnelle, en puisant de l'eau au-dessous de l'aérostat ou en la rejetant.

Le compensateur hydraulique (Fig. 106) se compose, en principe, d'un récipient A à parois rigides que l'on peut, de la nacelle, monter et descendre à volonté.

Un conduit B débouchant à l'extrémité supérieure du récipient communique avec une petite pompe à air C établie dans la nacelle, tandis qu'un second conduit D, débouchant à la partie inférieure du récipient, peut plonger dans l'eau. L'extrémité inférieure de ce dernier conduit est rendue solidaire d'une corde E attachée à la nacelle, ce qui permet d'élever le bout du tuyau hors de l'eau.

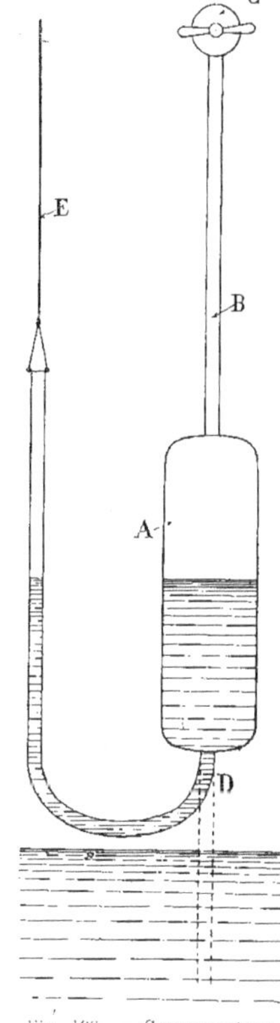

Fig. 106. — Compensateur.

Lorsqu'on veut alourdir l'aérostat, on descend le récipient A jusqu'au niveau de l'eau dans laquelle plonge le tuyau inférieur D. On manœuvre de la nacelle la petite pompe C en faisant le vide dans le récipient. L'eau s'introduit dans ce récipient jusqu'à une hauteur qui dépend du travail fourni par la pompe.

Quand la stabilité de l'aérostat est obtenue, on relève le tuyau inférieur en tirant sur la corde E fixée à son extrémité. On emprisonne ainsi dans le récipient une certaine quantité d'eau qui représente le poids supplémentaire ajouté à l'aérostat et assurant son équilibre.

S'il est nécessaire, après un certain temps de marche, d'alléger l'aérostat, on laisse descendre l'extrémité du tuyau inférieur, et on admet de l'air dans le récipient au-dessus du liquide qu'il contient. Celui-ci s'écoule par l'orifice du tuyau aussitôt que cet orifice est placé plus bas que le niveau du liquide du récipient.

Le *Méditerranéen* possédait deux compensateurs contenant chacun 150 litres et pouvant fonctionner soit ensemble, soit séparément.

Déviateurs Les *déviateurs* sont des engins spéciaux qui ont pour but de dévier les aérostats de la direction qui leur est donnée par le vent, ce qui permet d'obtenir ainsi une sorte de navigation, partiellement dirigée, à la surface des flots.

Ces engins ont été l'objet d'expériences fort intéressantes, dont les plus remarquables ont été celles des aéronautes Hervé et comte de la Vaulx. Hervé, en 1886, montant l'aérostat le *National,* put aborder, malgré la direction du vent qui l'entraînait dans la mer du Nord, en face de Yannouth, sur la côte est de l'Angleterre, après un voyage d'une durée de plus de vingt-quatre heures sur la mer, grâce à l'emploi du *déviateur*.

En 1901, le comte de la Vaulx, parti de Toulon dans l'aérostat le *Méditerranéen,* après avoir pendant quelques heures navigué dans la direction du vent, utilisa, pour éviter d'être rejeté vers la terre, un déviateur qui lui permit d'effectuer presque en entier la traversée du golfe du Lion et d'aborder sur le croiseur le *Du Chayla* au large de Port-Vendres, après un voyage sur la mer qui avait duré quarante et une heures.

La dérive d'un aérostat libre peut être obtenue en créant un frottement à la surface du sol ou de l'eau, ce qui donne lieu à un retard dans la marche de l'aérostat, et en faisant agir le vent sur une surface disposée obliquement par rapport à la direction de ce vent.

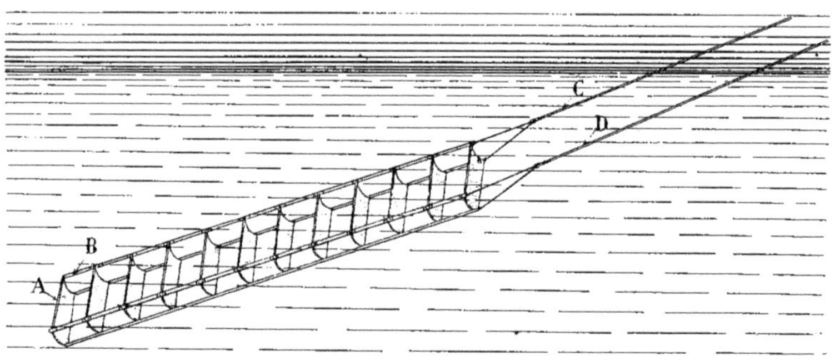

Fig. 107. — Déviateur à maxima.

La déviation des aérostats se maintenant au-dessus de l'eau peut aussi s'obtenir en immergeant des surfaces convenablement orientées qui déterminent le retard, par frottement, de la marche de l'aérostat, et provoquent la dérive.

Un déviateur se compose, en principe, d'une série de lames disposées de façon à constituer un engin pouvant être obliqué par rapport à la direction suivie par l'aérostat sous l'action du vent. Cette inclinaison du déviateur provoque la dérive de l'aérostat.

Les déviateurs sont de deux sortes : les

déviateurs à maxima et les *déviateurs à minima*.

Les premiers permettent d'obtenir une déviation angulaire pouvant atteindre environ 70 degrés, lorsque le temps est favorable.

Les autres déviateurs sont utilisés pour obtenir avec plus de sûreté une faible déviation angulaire. Ils sont employés en cas de mauvais temps, et demandent moins d'effort que les premiers pour être changés de position par rapport à la nacelle, dans le cas où l'on veut obtenir une déviation de l'aérostat ayant une direction opposée à celle qui est suivie. Nous allons, d'ailleurs, nous en rendre compte à l'examen de ces deux types de déviateurs.

Le *déviateur à maxima* (Fig. 107) se compose de lames courbes en bois A formant des portions de cylindres. Les lames sont réunies les unes aux autres, pour constituer l'engin, par des bielles métalliques B de même longueur, articulées à chacun des quatre angles de la lame. A une extrémité du déviateur sont fixés, latéralement à la lame extrême, deux câbles C et D, un de chaque côté, qui sont reliés à l'aérostat et qui constituent les *remorques* de l'engin.

Lorsqu'on maintient la même longueur à ces deux remorques, le déviateur qui plonge dans l'eau se déplace de façon que les lames qui le constituent sont disposées *en travers* de la direction suivie par l'aérostat. Ces lames opposent donc, en appuyant sur l'eau, une résistance à l'avancement de l'aérostat et, dans ce cas, le déviateur constitue un simple frein : il fait office de retardateur.

Si l'on diminue la longueur d'une seule des remorques, l'engin ne se présentera plus normalement par rapport à la direction suivie par l'aérostat. Il sera oblique, puisque la distance qui le sépare de l'aérostat sera plus courte d'un côté que de l'autre. Les lames se présenteront donc obliquement au sens du mouvement. Il résultera de cette position du déviateur une action qui tendra à modifier la direction de la marche, et il s'établira une *dérive* qui portera l'aérostat d'un côté ou de l'autre, par rapport à la direction du vent, suivant que l'on aura raccourci la remorque de droite ou de gauche, obliquant ainsi l'engin dans un sens ou dans l'autre.

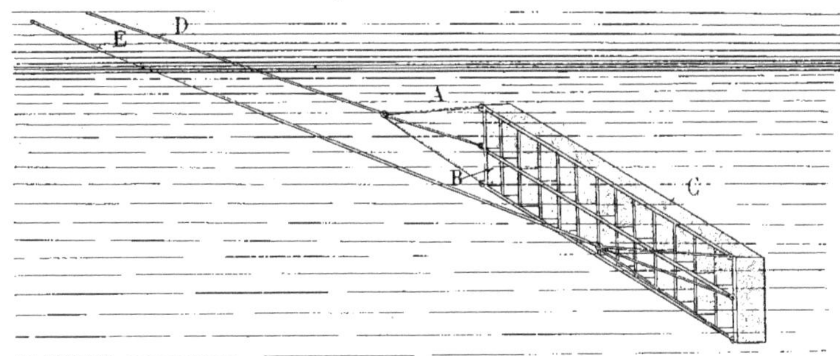

Fig. 108. — Déviateur à minima.

La flottabilité du déviateur est établie de façon à ce qu'il se maintienne dans une position inclinée par rapport à l'horizon. Pendant la marche horizontale de l'aérostat, chacune des lames exerce son action indépendamment des lames voisines, grâce à l'inclinaison de l'appareil, de sorte que l'action totale de l'engin est au moins égale à celle d'une grande lame ayant une surface égale à la surface totale des lames partielles. La division de la surface de déviation permet de donner moins d'encombrement à l'engin et de le rendre plus transportable à bord d'un aérostat. Il est, en outre, plus maniable, possède une souplesse plus grande et peut être rendu plus léger.

Le *déviateur à minima* (Fig. 108) est constitué différemment. Il se compose de deux séries de lames A et B superposées. Ces lames rectangulaires, en bois, sont disposées verticalement et réunies par trois traverses horizontales C ayant même largeur que les lames. Le déviateur a l'aspect d'une sorte de casier comportant deux séries de multiples compartiments.

De chacune des extrémités de l'appareil part une remorque D et E aboutissant à l'aérostat.

Lorsque les deux remorques ont la même longueur, le déviateur, qui est constamment immergé, et dont les diverses cloisons restent verticales, est remorqué normalement, par rapport à la direction donnée à l'aérostat par le vent. Les cloisons se présentent sur champ, les lames étant placées parallèlement au sens de la marche. La résistance que les lames offrent à l'eau est insensible et la déviation ne peut se produire.

Si l'on fait varier la longueur d'une seule remorque, en ne touchant pas à l'autre, le déviateur se place obliquement par rapport à la direction de marche de l'aérostat. Pendant la translation, l'action des surfaces, ainsi obliquées, sur l'eau dans laquelle elles se meuvent, provoque la déviation de l'aérostat par rapport à la direction que lui donne le vent.

On voit, comme nous le disions plus haut, que lorsqu'il est nécessaire de changer la position du déviateur pour changer le sens de la déviation, on peut aisément manœuvrer le déviateur à minima puisque, placé normalement, la résistance qu'il offre à l'eau pour une marche même assez rapide n'est pas considérable, les cloisons se présentant par la tranche. Il n'en est pas de même du *déviateur à maxima* dont les lames se présentent, au contraire, dans la position normale, suivant leur plus grande surface, d'où difficulté plus grande de manœuvre pour faire passer d'un bord à l'autre de la nacelle l'engin de déviation.

L'emploi des deux types de déviateurs ne peut être efficace que pour une marche sensiblement horizontale de l'aérostat, qui doit être, par conséquent, muni, indépendamment de l'engin de déviation, des organes de stabilisation que nous venons d'examiner.

Les déviateurs sont des appareils relativement légers que l'on emporte à bord de la nacelle et que l'on immerge lorsqu'il est nécessaire de modifier la direction suivie par l'aérostat.

Confection des enveloppes

Nous avons réservé pour être examinée spécialement, la question de la confection des enveloppes d'aérostats. Nous allons maintenant nous en occuper et indiquer de quelle manière sont fabriquées ces enveloppes.

Il est bien évident, on le comprend, que la façon d'obtenir les enveloppes destinées aux montgolfières ne peut pas être semblable à celle qui est employée pour obtenir les enveloppes d'aérostats à gaz légers. Ces enveloppes diffèrent, en effet, sensiblement, la matière qui les constitue présentant pour les primitives montgolfières plus de légèreté, mais, par contre, moins de solidité que les étoffes utilisées pour confectionner les modernes ballons.

Nous ne nous étendrons pas trop sur le façonnage des enveloppes de montgolfières qui ne présente qu'un intérêt rétrospectif; mais, cependant, suivant le principe qui nous a toujours guidé depuis le début de cet ouvrage, nous croyons utile de faire connaître les façons primitives de réaliser les appareils. On peut tirer de la comparaison des méthodes ancienne et nouvelle, un excellent enseignement.

Pour les montgolfières, nous nous contenterons d'indiquer, exactement, la façon de fabriquer un ballon en papier, d'environ 1 mètre de diamètre, que l'on pourra gonfler avec de l'air chaud et laisser s'envoler dans l'espace.

On pourra en déduire, par analogie, comment étaient confectionnées les anciennes montgolfières de volume plus considérable, parmi lesquelles quelques-unes, dont nous avons primitivement parlé, comportaient, néanmoins, une enveloppe plus robuste, faite de plusieurs épaisseurs de papier, ou doublée quelquefois de taffetas, capables de porter une nacelle et plusieurs aéronautes.

Entreprenons donc la construction de notre petite montgolfière en papier. Et d'abord, quel genre de papier convient-il d'employer, car il y a papier et papier? Le type de papier le plus répandu peut-être, et certainement le moins coûteux (nous voulons parler du papier de journal), ne saurait convenir pour notre construction. Ce n'est pas seulement parce qu'il donnerait à notre aérostat un aspect peu décoratif; c'est surtout parce qu'il est trop pesant. Le poids de l'enveloppe ainsi constituée s'accommoderait mal de la force ascensionnelle du gaz dont nous nous proposons de l'emplir : l'air chaud. L'air chaud, ou air raréfié, est, ainsi que nous l'avons dit précédemment, de l'air atmosphérique allégé, à volume égal, du fait de sa dilatation provoquée par l'augmentation de température; sa force ascensionnelle est faible et il serait fort à craindre qu'établi avec du papier de journal, notre aérostat ne puisse se libérer de l'action de la pesanteur qui le maintiendrait appliqué sur le sol.

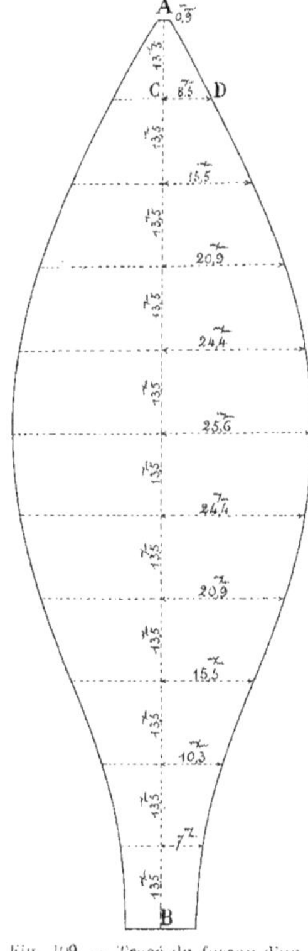

Fig. 109. — Tracé du fuseau d'un ballon en papier de 1 mètre de diamètre.

Il nous faudra donc employer du papier plus léger, et nous choisirons parmi les diverses espèces de papier de faible poids le papier dit *mousseline*, que l'on trouve partout, soit blanc, soit peint en toutes sortes de couleurs. Il faut cependant considérer, dans le cas où l'on serait tenté de donner à l'aérostat une couleur agréable à l'œil, que le papier coloré est généralement plus lourd que le papier blanc, à surfaces égales.

Notre ballon sera constitué par 6 *fuseaux* découpés et assemblés de la façon que nous allons indiquer, pour former tout le pourtour de l'enveloppe, de sorte que notre aérostat ressemblera à un gigantesque melon dont les fuseaux représenteront les côtes, au nombre de six.

Le papier mousseline se trouve facilement dans le commerce, en feuilles ayant généralement 80 centimètres de longueur sur 52 centimètres de largeur.

Pour former un fuseau, il sera nécessaire de prendre deux de ces feuilles et de les coller bout à bout en faisant recouvrir leur côté le moins long, c'est-à-dire sur leur largeur de 52 centimètres. On donne à la bande de recouvrement, qui assure le collage des deux feuilles, une largeur d'environ 2 centimètres, de sorte que l'on obtient, après séchage, une feuille de papier ayant environ $1^m,58$ de longueur et 52 centimètres de largeur. C'est dans ce rectangle de papier que nous allons découper un fuseau.

Pour cela, on plie la feuille en deux parties égales dans le sens de la longueur (Fig. 109).

Le pli ainsi formé sera l'axe du fuseau. Le long de cette ligne médiane AB, on porte des divisions égales AC placées à la suite les unes des autres et séparées par la longueur indiquée sur la figure 109. Puis, de chacun des points ainsi marqués, on trace une ligne CD perpendiculaire à la ligne de base AB. Il suffit, on le sait, pour mener cette perpendiculaire, d'appliquer un des côtés de l'angle droit d'une équerre sur la ligne AB, le coin coïncidant avec un des points indiqués, et de suivre avec un crayon, l'autre côté de l'équerre en appuyant légèrement sur le papier.

Il nous reste maintenant à porter sur chacune de ces perpendiculaires tracées de chacun des points, les dimensions indiquées sur notre dessin, dimensions données par M. Fabry dans son livre instructif : *L'Art de construire les ballons en papier* (1). On obtient ainsi une série de points qu'il suffit de réunir par une ligne continue pour avoir tracé la forme du demi-fuseau.

Cette ligne ne doit pas être une ligne brisée qui relierait par des successions de lignes droites les divers points. Il faut, en joignant les divers points, donner une certaine courbure à la ligne continue, courbure qui sera légèrement plus accentuée au milieu de la hauteur du fuseau qu'aux extrémités.

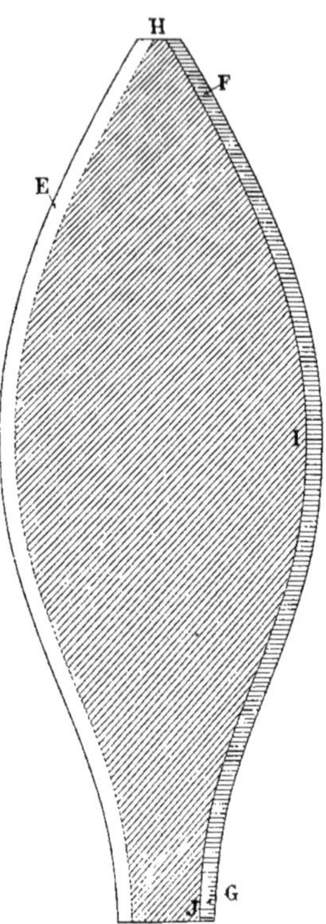

Fig. 110. — Assemblage des deux premiers fuseaux d'un ballon en papier de 1 mètre de diamètre.

C'est un tracé évidemment à la portée de tout le monde, qui participe plus du goût que des connaissances géométriques. Notre dessin pourra, d'ailleurs, servir de guide, et on remarquera, d'une part, qu'à son extrémité supérieure le fuseau ne se termine pas complètement en forme de pointe et qu'à son extrémité inférieure il a une largeur encore plus considérable. Nous allons voir un peu plus loin, les raisons de ces dispositions.

Nous voici donc avec notre feuille pliée en deux suivant la ligne AB, et le tracé effectué d'un côté, le côté droit. Pour obtenir un fuseau complet, bien symétrique par rapport à son axe, il suffit, en maintenant les deux parties de la feuille bien appliquées l'une contre l'autre, de découper le papier avec des ciseaux en suivant très exactement le contour tracé au crayon. On découpe ainsi, du même coup, les deux parties de la feuille de papier. Il ne reste plus qu'à ouvrir la feuille en déployant ses deux parties, et en appuyant sur le pli médian, pour avoir le fuseau terminé.

Pour obtenir les cinq autres fuseaux, il est inutile de répéter les opérations que nous venons d'énumérer. On se sert du premier fuseau obtenu comme *patron* pour découper

(1) Mendel, éditeur, Paris.

les cinq autres. On peut même découper les cinq fuseaux d'un seul coup en superposant cinq feuilles obtenues comme nous l'avons indiqué plus haut.

Au-dessus des cinq feuilles on pose le *patron* faisant office de *calibre*. Il est indispensable que ces six feuilles soient parfaitement appliquées les unes contre les autres et ne puissent se déplacer pendant le découpage. Il est relativement facile, avec un peu de soin, de réaliser ces conditions, le papier étant fort mince.

Nos six fuseaux sont confectionnés. Il faut maintenant les assembler. Cette opération, quoique facile, est un peu plus délicate que la précédente.

On superpose deux fuseaux E et F de façon que l'un d'eux, celui du dessous F, déborde sur un côté, par exemple sur la droite, d'environ 1 centimètre et demi (Fig. 110).

On fait coïncider sur les mêmes lignes les deux extrémités des fuseaux. On enduit de colle la bande débordante FG du fuseau inférieur et on la rabat ensuite soigneusement sur le fuseau supérieur E en faisant suivre exactement au pli le profil du fuseau supérieur HIJ.

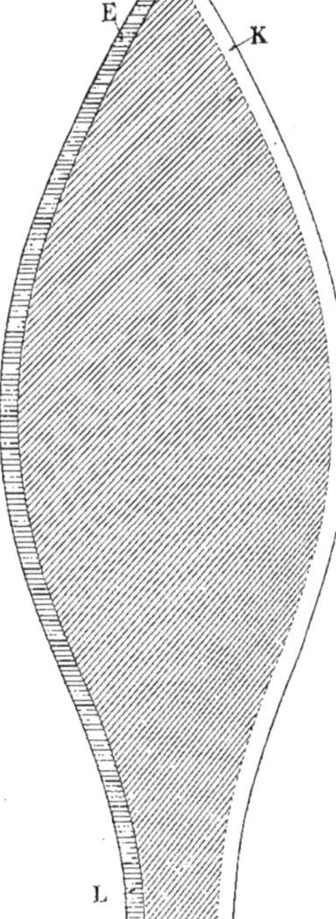

Fig. 111. — Assemblage du 2e et du 3e fuseau d'un ballon en papier de 1 mètre de diamètre.

Il convient d'indiquer, à propos du collage, que la colle employée peut être de la colle appelée assez couramment *colle de pâte*, fabriquée en portant à l'ébullition de l'eau dans laquelle on a mis de la farine, de l'amidon, ou encore de la farine de riz. Après refroidissement, la colle prend un aspect consistant et peut facilement s'étaler à l'aide d'un petit pinceau plat.

Des deux fuseaux collés par un bord, le fuseau supérieur seul a conservé ses dimensions ; le fuseau inférieur a une largeur réduite de 1 centimètre et demi.

Nous plaçons un troisième fuseau K sur les deux autres (Fig. 111) en ayant soin de le faire déborder sur la droite d'une quantité égale à la largeur de la bande de collage, soit 15 millimètres, et nous replions cette fois le bord gauche EL du deuxième fuseau sur le fuseau supérieur en suivant le contour de celui-ci et en le collant.

A ce moment, le deuxième fuseau aura exactement la même largeur que le fuseau inférieur, le troisième fuseau K placé au-dessus ayant seul une largeur plus grande, égale à la largeur primitive. Nous continuerons ainsi en plaçant le quatrième fuseau au-dessus des autres et en laissant déborder sur sa droite le fuseau immédiatement placé au-dessous. Nouveau pliage sur la droite, cette fois, et nouveau collage, de sorte que successivement le pliage doit être fait sur la droite et sur la gauche en rabattant une bande qui appartient au fuseau disposé immédiatement au-dessous du fuseau supérieur. Tous les fuseaux ont, après rabattement, la même largeur, le fuseau supérieur seul dépassant les autres de 15 millimètres. Lorsque le sixième fuseau est ainsi placé au-dessus des autres, il faut rabattre sa bande débordante pour venir la coller sur le fuseau inférieur, le premier placé. Pour faciliter cette opération, on retourne le tout pour appuyer la bande à coller sur la table, ou sur la planche servant de support; on joint ainsi le fuseau inférieur au fuseau supérieur. Il convient de bien veiller, lors de cette dernière jonction, à ce que les quatre fuseaux intermédiaires, déjà collés successivement les uns aux autres, ne soient pas touchés par la colle. Il est très important que la jonction n'intéresse que les fuseaux du haut et du bas.

L'enveloppe est alors formée. Elle est encore pliée *en accordéon*, mais il suffit d'introduire la main du côté de l'extrémité la plus large du fuseau, dans cette enveloppe, et de repousser avec précaution vers l'extérieur les plis formés par suite du rabattement des bandes, pour donner à cette enveloppe la forme sensiblement sphérique des enveloppes de montgolfières.

Il est bien évident que les diverses opérations de collage ne doivent être successivement effectuées qu'au fur et à mesure que les bandes précédemment collées sont parfaitement sèches. Il faut éviter de répandre la colle sur les fuseaux qui ne sont pas intéressés à l'opération que l'on effectue, et on peut, de temps à autre, en passant la main entre les feuilles, éviter un collage malencontreux. Il faut aussi avoir le soin de bien faire coïncider tous les sommets A des fuseaux au moment du rabattement des bandes pour obtenir une forme bien régulière à la partie supérieure de l'enveloppe. C'est pour cela qu'il est préférable de commencer le rabattement et le collage des bandes par la partie supérieure.

La petite largeur ménagée à l'extrémité supérieure des fuseaux sert, on peut maintenant en discerner la raison, à permettre le rabattement des bandes tout autour du sommet de l'enveloppe, de façon que l'assemblage apparent des fuseaux s'effectue, à ce sommet, en un seul point.

La largeur donnée à la partie inférieure du fuseau sert à former l'ouverture cylindrique de l'enveloppe par laquelle on gonflera la montgolfière.

Pour rendre rigide le pourtour de cette ouverture et éviter des détériorations pendant le gonflement, on donne à un bout de fil de fer de faible diamètre la forme d'une circonférence ayant même développement que l'ouverture inférieure de l'enveloppe, puis, à l'aide d'une bande de papier qui peut être, pour la circonstance, plus fort et plus lourd que le *papier mousseline*, on fixe le tour de fil de fer à l'enveloppe. Pour cela, le papier est coupé en bande d'environ 5 centimètres de large. La bande est pliée en deux parties égales dans le sens de sa largeur formant un pli longitudinal. Au fond de ce pli est placé et collé le tour de fil de fer. La bande de papier prend donc la forme d'une circonférence.

Il ne reste plus qu'à la coller elle-même sur le pourtour de l'ouverture de l'enveloppe. Cette opération s'effectue en collant une des parties à l'intérieur de l'ouverture, l'autre à l'extérieur, de sorte que le fil de fer forme la base même de notre montgolfière.

Cet assemblage, un peu lourd à la partie inférieure de l'appareil, donne non seulement de la rigidité à cette partie de l'enveloppe, ainsi que nous l'avons dit, mais, en outre, il empêche, par son poids, l'appareil de se renverser lorsqu'il s'enlève dans l'air.

Il faut encore effectuer une opération avant le gonflement. Il convient, en effet, de fermer d'une façon hermétique le sommet de l'enveloppe.

Quelques précautions que l'on prenne, on ne peut réaliser une jonction parfaite des six fuseaux en un même point, au sommet de l'enveloppe. Pour constituer le joint et raccorder ces diverses pièces, on colle à cette place, une rondelle de papier léger de quelques centimètres de diamètre qui s'applique ainsi sur toutes les extrémités supérieures des fuseaux.

Voilà notre ballon, dont le diamètre est sensiblement égal à 1 mètre, prêt à prendre son essor. Il faut, auparavant, le gonfler avec de l'air chaud. Pour cela, on dispose entre quelques pierres, des petits morceaux de bois, que l'on allume. Lorsque le feu est bien pris, on canalise les gaz chauds qui s'élèvent du foyer, au moyen d'un tuyau quelconque métallique, dont l'extrémité inférieure, posée au-dessus du foyer, doit être, autant que possible, évasée, et dont l'extrémité supérieure doit s'engager dans l'ouverture du ballon.

L'air chaud pénétrant à l'intérieur de l'enveloppe accentue de plus en plus sa forme rebondie et tend à soulever le ballon.

Il convient de maintenir cette enveloppe, au commencement de l'opération du gonflement, pour éviter des déchirures. Deux opérateurs sont nécessaires : un qui, monté sur un escabeau, soutient l'enveloppe et l'autre qui assure l'arrivée de l'air chaud par l'ouverture inférieure du ballon. Il est bien évident qu'on doit particulièrement veiller à ce que des flammèches, ou des étincelles, ne soient pas dirigées sur l'enveloppe de papier, qui serait rapidement consumée.

Il faut éviter, aussi, de procéder au gonflement dans un lieu où l'air est agité.

Il est bon, au contraire, de se mettre complètement à l'abri pour effectuer cette opération, le vent provoquant très facilement la déchirure de l'enveloppe de papier. Pendant l'ascension même, il est préférable que l'atmosphère soit calme, car il est difficile que la mongolfière puisse, après s'être élevée, atterrir sans se déchirer, lorsqu'il y a du vent.

Lorsque l'enveloppe commence à s'arrondir, on peut ne plus la maintenir que par la partie inférieure. Elle se soutient elle-même par suite de la force ascensionnelle de l'air chaud.

Quand le gonflement est achevé, ce que l'on apprécie aisément lorsque l'enveloppe a une forme bien ronde et que le ballon tire avec une certaine force, on lâche le ballon qui s'élève doucement dans l'espace.

Le gonflement n'est pas de longue durée lorsque le feu est vif. Il demande seulement quelques minutes.

La durée de l'ascension du ballon ne peut pas être très longue, car l'air chaud contenu dans l'enveloppe se refroidit rapidement, ce qui détermine d'abord l'arrêt de la montée, puis provoque la descente. On pourrait bien prolonger la durée de cette ascension en suspendant à la montgolfière, au-dessous de l'ouverture, une éponge imbibée d'alcool, ou d'essence, à laquelle on mettrait le feu au moment du départ. L'air intérieur de l'enveloppe pourrait ainsi être maintenu à une température élevée, ce qui permettrait au ballon de se soutenir dans l'atmosphère pendant tout le temps que durerait la combustion de l'éponge.

Ce procédé est dangereux, car le ballon peut, sous l'action du vent, être renversé, prendre feu, et l'éponge encore enflammée peut, en tombant, occasionner un incendie.

Il est donc plus prudent de se contenter d'une ascension plus courte, parce qu'elle n'offre aucun danger.

On peut agrémenter l'ascension de la montgolfière en attachant à sa partie inférieure une sorte de petite nacelle en papier fin, laquelle peut être reliée par des fils légers à la base de l'ouverture, constituée, nous le savons, par un cercle en fil de fer de très faible diamètre. On peut encore laisser se dérouler au-dessous de la montgolfière des banderoles en papier mousseline de différentes couleurs attachées de semblable façon. Il convient, on le comprend, que tous ces accessoires aient le poids le plus réduit possible.

On peut même se donner, sans plus grands frais, le spectacle d'une descente en parachute dont le héros sera, dans ce cas, un modeste bouchon légèrement lesté s'il y a lieu. Le parachute est constitué par un *hexagone régulier*, ou polygone à six côtés, découpé dans une feuille de papier mousseline, et plié suivant les six diagonales. A chaque sommet du polygone on fixe un bout de fil en l'emprisonnant dans un petit carré de papier collé à l'intérieur du parachute. Les six bouts des fils sont réunis, à leur autre extrémité, au bouchon.

Ce petit équipage est suspendu sous la montgolfière par des crochets et un fil qui est attaché à l'extrémité du parachute. Un morceau de mèche combustible, ou d'amadou, est noué par un de ses bouts vers le milieu de ce fil de suspension, et au moment où on laisse s'enlever le ballon, on allume l'autre extrémité de la mèche. Celle-ci brûle lentement et lorsqu'elle est entièrement consumée, la montgolfière a déjà pu parvenir à une certaine hauteur; le fil qui la réunit au parachute est alors brûlé et il se rompt.

Le parachute commence sa descente, s'ouvre, et arrive à terre lentement.

Il est bien évident que les montgolfières dont nous avons parlé dans les chapitres précédents ne se construisaient pas aussi facilement que le ballon que nous venons de faire en quelques heures. Elles étaient aussi un peu moins fragiles, car les enveloppes pouvaient être plus lourdes, leur volume plus considérable permettant de disposer d'une force ascensionnelle plus grande. Ces enveloppes, faites en toile d'emballage et en plusieurs épaisseurs de papier, avaient 16 et 20 mètres de diamètre, et les montgolfières ainsi constituées pouvaient enlever jusqu'à sept aéronautes.

Cependant la construction de ces aérostats ne différait pas en principe de celle de notre ballon, laquelle aura permis de comprendre la fabrication des montgolfières.

Les ballons destinés à contenir des gaz légers autres que l'air chaud, quoique comportant des enveloppes différemment construites, peuvent être constitués par la même méthode des fuseaux assemblés. C'est là la méthode ancienne, elle comporte un tracé géométrique que nous allons indiquer; nous examinerons ensuite la méthode de construction moderne.

Voyons d'abord en quelles matières sont faites ces enveloppes des aérostats libres, parmi lesquels certains ont pu parcourir, d'une seule traite, près de 2.000 kilomètres.

Nous avons dit quelques mots précédemment sur ces matières. Complétons notre examen.

Les enveloppes peuvent être faites soit en tissu de coton, soit en tissu caoutchouté, ou bien en soie. Les premières sont construites en *percale* sur la surface de laquelle on dispose, soit à la main, soit mécaniquement, un vernis ayant pour but d'assurer l'imperméabilité de l'enveloppe et d'empêcher la fuite du gaz qu'elle contiendra. On emploie aussi de la percale vernie et aluminée, ce qui donne à certains aérostats, faits avec une enveloppe semblable, un aspect métallique et brillant. Les enveloppes en percale vernies à la main sont solides et légères et sont avantageusement employées.

Dans les anciens établissements Surcouf, actuellement *Société de Constructions aéronautiques Astra*, on se sert d'un vernis spécial, sorte d'enduit qui est appliqué sur une seule face de l'étoffe. Sur ce même côté de l'enveloppe, on dispose une doublure de façon à emprisonner l'enduit entre les deux étoffes, mais on a le soin de placer la doublure de manière que sa *chaîne* se trouve disposée obliquement par rapport à celle de l'enveloppe. Cette disposition a pour but de donner une grande solidité à l'ensemble de l'enveloppe, car si une tension exagérée s'exerce sur un ballon ainsi réalisé, l'enveloppe extérieure seule se déchire, la doublure restant intacte. Des expériences faites dans les ateliers Surcouf à l'aide d'un dynamomètre spécial ont permis de confirmer ces résultats. On établit également les enveloppes en étoffes caoutchoutées. Celles des ateliers Astra sont des étoffes caoutchoutées doubles bien résistantes et possédant une bonne imperméabilité.

Les enveloppes en soie entrent plus spécialement dans la confection des aérostats militaires. L'étoffe de soie vernie et quelquefois enduite, est ce que l'on nomme *la pongée* de Chine. Cette étoffe, à laquelle on a donné le nom de la ville du Japon d'où on l'a rapportée, est constituée par un mélange de laine et de bourre de soie. C'est une étoffe très solide, légère, mais dont le prix de revient est un peu plus élevé que celui des étoffes en coton.

Les enveloppes sont formées par un assemblage de plusieurs morceaux découpés dans les étoffes que nous venons d'énumérer, soit en forme de *fuseaux,* soit en forme de *panneaux*. Ces deux procédés de construction, dont le dernier est le plus moderne, nécessitent le tracé d'épures pour constituer les divers éléments : fuseaux ou panneaux.

Quelle que soit la méthode employée pour construire l'enveloppe, le but à atteindre est de réaliser un ballon sensiblement sphérique.

Pourquoi, peut-on se demander, s'en tenir toujours à cette forme sphérique que l'on donne à tous les aérostats?

Il y a, à cela, une excellente raison : c'est que, pour un volume déterminé, la forme sphérique est celle qui offre *la moindre surface*. Ainsi, pour un aérostat pouvant contenir un certain volume de gaz léger qui lui permettra de s'enlever dans l'espace, la forme sphérique est la plus avantageuse, car c'est celle qui permettra d'employer le moins de surface d'enveloppe, ce qui, non seulement, diminue le poids à soulever, mais diminue également le prix de revient de cette enveloppe.

La forme sphérique ne peut pas s'obtenir d'une façon rigoureuse en juxtaposant des surfaces planes, mais les deux modes de fabrication par fuseaux et par panneaux permettent d'obtenir une forme très voisine de la sphère, et d'autant plus voisine que le nombre de fuseaux ou de panneaux qui constituent l'enveloppe est plus considérable.

Pour découper les fuseaux dont l'assemblage forme l'enveloppe, on trace d'abord sur une grande feuille de papier le modèle du fuseau, que l'on découpe ensuite et qui servira de *patron* pour effectuer le découpage des fuseaux de taffetas. Il faut, auparavant, avoir déterminé le rayon de la sphère formant le ballon, d'après le volume de gaz que doit contenir ce ballon. Cette détermination résulte de l'application de la formule élémentaire bien connue qui permet de trouver le volume de la sphère en fonction du rayon. Dans cette formule qui s'écrit : $V = \frac{4}{3}\pi R^3$, V représente le volume de la sphère, π est le rapport de la circonférence au diamètre, qui a, comme valeur constante 3,1416, R est le rayon de la sphère. Cette formule peut donc se transformer ainsi : $V = 4,188\ R^3$. Si donc on se donne le volume V de la sphère, on pourra trouver le rayon de cette sphère par la formule correspondante déduite de la précédente, formule qui devient : $R = \sqrt[3]{\frac{V}{4,188}}$, dans laquelle, seule, l'extraction de la racine cubique avec laquelle, tout le monde n'est peut-être pas familiarisé, peut offrir une légère difficulté.

Lorsqu'on possède la dimension du rayon, on peut tracer l'épure du fuseau. Pour cela, d'un centre O (Fig. 112) pris sur une feuille de papier assez grande, on trace, avec la vraie longueur du rayon OA que doit avoir l'enveloppe sphérique, un quart de circonférence AB qui représentera la projection du quart de la sphère sur un plan vertical.

On divise cet arc AB en 6 parties égales. Pour effectuer facilement cette division, on porte d'abord du point A au point D une longueur égale au rayon OA de la sphère, puis du point B au point C cette même longueur. Ces lignes AD et BC, si elles étaient tracées, représenteraient les côtés d'hexagones réguliers inscrits dans la circonférence de rayon OA, et on sait que la longueur de ces côtés est précisément égale à la longueur de ce rayon OA.

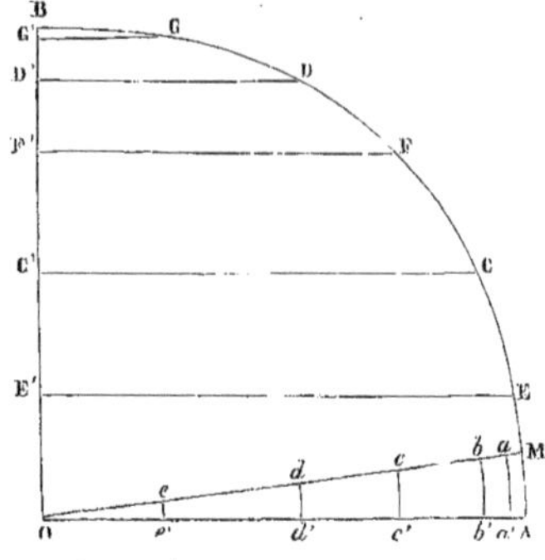

Fig. 112. — Épure pour le tracé des fuseaux d'un ballon sphérique.

De cette façon, l'arc AB se trouve divisé par les points C et D en trois parties égales. Il suffit de prendre le milieu de chacune de ces divisions pour obtenir la division de l'arc AB en six parties égales représentées respectivement par les arcs AE, EC, CF, FD, DG, GB. Un de ces arcs, AE par exemple, forme donc la vingt-quatrième partie de la circonférence de rayon OA représentant un *grand cercle* de la sphère.

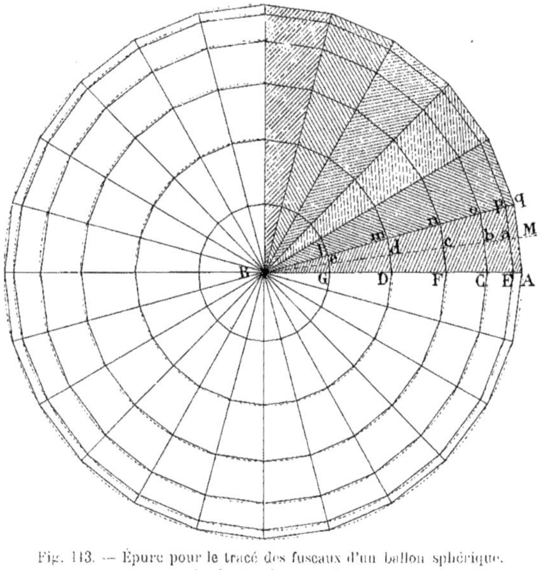

Fig. 113. — Épure pour le tracé des fuseaux d'un ballon sphérique. Projection horizontale.

Traçons, de chacun des points de division de l'arc AB, des parallèles au rayon OA déterminant ainsi des sections superposées dans la sphère ; nous obtenons des lignes GG', DD', FF', CC', EE', qui représentent respectivement les rayons des circonférences de ces diverses sections faites dans la sphère.

Comme l'enveloppe n'est pas parfaitement sphérique, puisque nous la constituons par un nombre de fuseaux égal à vingt-quatre, il s'ensuit que chacune de ces circonférences se transformera en réalité en un polygone régulier de vingt-quatre côtés. Ces polygones sont représentés en projection horizontale dans la figure 113. Il est bien évident que les côtés G*l*, D*m*, F*n*, etc., de ces polygones auront une valeur de plus en plus grande à mesure que le rayon de la circonférence circonscrite augmentera, c'est-à-dire au fur et à mesure que l'on s'avancera vers le point A en venant du point B. La figure 113 montre la différence de grandeur de ces côtés.

Il faudra donc que le fuseau type, qui se

répétera vingt-quatre fois pour former l'enveloppe complète, ait, comme largeurs successives, les diverses grandeurs des côtés de ces polygones, portées à des distances, du sommet B, respectivement égales au développement, sur une surface plane, des arcs égaux BG, GD, etc.

Nous pouvons alors tracer le fuseau. Pour cela, prenons une feuille de papier d'une grandeur suffisante pour que nous puissions porter du point H au point I (Fig. 114), sur la ligne droite HI, la longueur de la demi-circonférence tracée avec le rayon de la sphère, OA.

On sait que la longueur de cette demi-circonférence s'obtient en multipliant le rayon par 3,1416.

Divisons cette longueur HI en douze parties égales. Nous obtiendrons des longueurs HJ, JK, KL, etc., qui représenteront exactement le *développement* des arcs BG, GD, DF, etc., qui sont la douzième partie de la demi-circonférence, puisqu'ils divisent le quart de la circonférence en six parties égales. Si, maintenant, nous traçons des lignes horizontales de chacun de ces points et si nous portons sur chacune d'elles une longueur correspondant respectivement à un côté de chacun des polygones réguliers tracés sur la figure 113, nous obtiendrons une succession de points *f*, *h*, *j*; *g*, *i*, *k*, qui limiteront le fuseau. En réunissant ces divers points par deux lignes courbes continues, nous aurons déterminé la forme extérieure du modèle de fuseau.

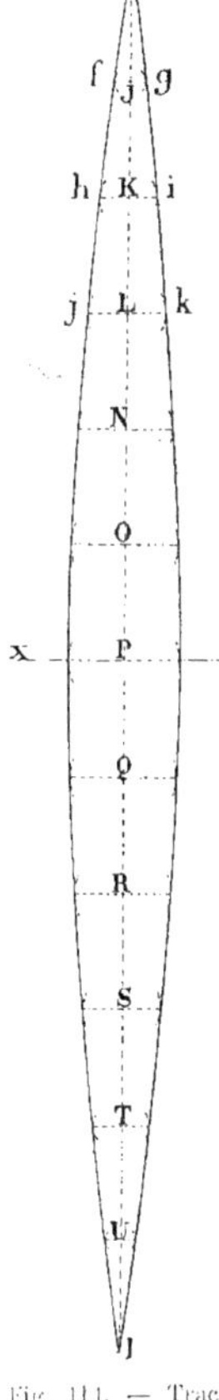

Fig. 114. — Tracé d'un fuseau de ballon sphérique.

Il importe que ces divers points soient placés avec une précision suffisante pour obtenir, par la juxtaposition des vingt-quatre fuseaux, une forme sensiblement sphérique et régulière.

Pour déterminer exactement la place de ces points, on trace la projection d'un demi-fuseau en divisant un des arcs AE (Fig. 112) en deux parties égales AM et ME et en joignant les deux points O et M.

En traçant du point O comme centre des arcs *ee'*, *dd'*, *cc'*, *bb'*, *aa'*, ayant respectivement comme rayons les longueurs G'G, D'D, F'F, C'C, EE', la longueur de ces arcs comprise entre les rayons OA et OM peut être considérée comme étant égale à la moitié du côté de chacun des polygones réguliers de vingt-quatre côtés tracés aux divers points d'intersection.

L'examen de la figure 113 montre, en effet, que la longueur G*e*, par exemple, qui est la même que la longueur *ee'*, est égale à la moitié du côté G*l* du polygone inscrit dans la circonférence de rayon BG. Il suffit donc de porter sur les lignes horizontales *fg*, *hi*, *jk*, de la figure 114, de chaque côté de l'axe du fuseau HI des longueurs J*f* et J*g* égales à *ee'*, des longueurs K*h* et K*i* égales à *dd'*, des longueurs L*j* et L*k* égales à *cc'* etc... pour obtenir la vraie position des points extérieurs du fuseau. Cette opération s'effectue facilement au moyen d'un compas. On prend avec le compas chaque longueur *ee'*, *dd'*, etc... et des divers points correspondants J, K, L, etc..., on trace des arcs de cercle de chaque côté. La courbe continue qui est tracée tangente à tous ces arcs de cercle donne la forme du fuseau pour chacun des côtés.

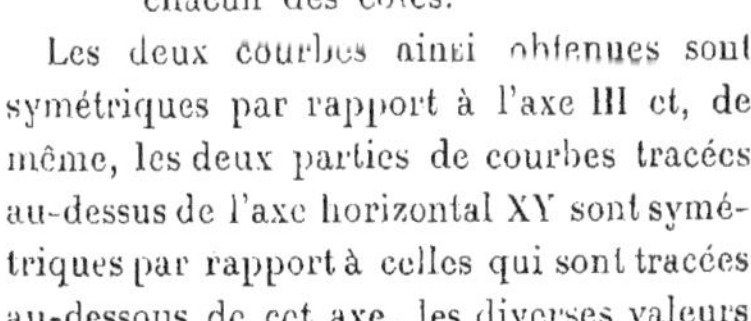

Les deux courbes ainsi obtenues sont symétriques par rapport à l'axe HI et, de même, les deux parties de courbes tracées au-dessus de l'axe horizontal XY sont symétriques par rapport à celles qui sont tracées au-dessous de cet axe, les diverses valeurs de largeur du fuseau étant exactement reportées au-dessous de la ligne XY aux points U, T, S, etc., correspondant aux points J, K, L, etc., et placés symétriquement à eux par rapport à l'axe horizontal XY.

Le modèle de fuseau ainsi établi a des dimensions telles que les vingt-quatre fuseaux semblables placés exactement côte à côte forment une sphère ayant le volume que l'on s'est imposé.

Mais il faut que ces fuseaux, pour être assemblés entre eux, soient cousus, et il est nécessaire, pour effectuer cette opération de couture, de prévoir, pour chacun des fuseaux, une largeur plus grande en dehors du tracé et de chaque côté, largeur égale à celle qui est nécessaire pour effectuer une couture offrant toutes les conditions de solidité.

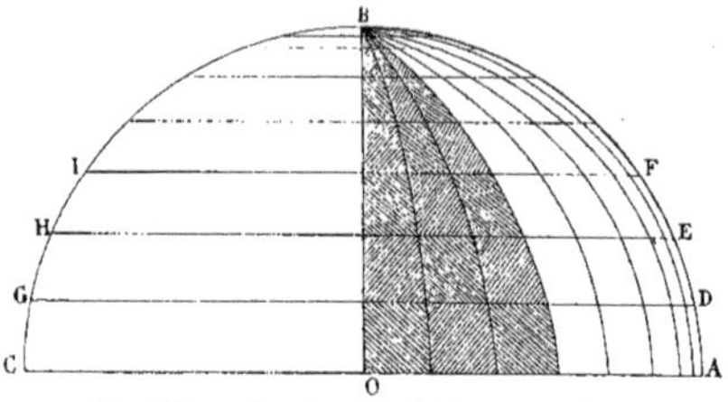

Fig. 115. — Enveloppe sphérique constituée par des panneaux.

On découpe alors dans le taffetas à employer vingt-quatre fuseaux semblables, puis on les assemble en les cousant deux à deux, la couture devant être effectuée en suivant le vrai tracé du fuseau. On rabat ensuite à l'intérieur les deux coutures sur lesquelles on applique une bande collée pour assurer l'étanchéité, et les parties apparentes, à l'extérieur de l'enveloppe, sont des fuseaux ayant exactement, comme dimension, celle du fuseau obtenu par le tracé de la figure 114.

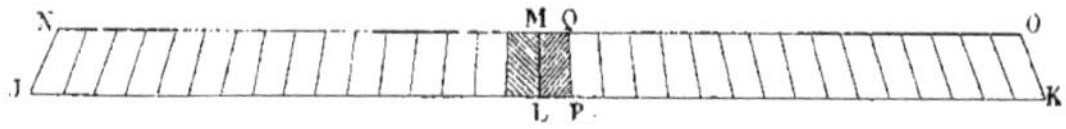

Fig. 116. — Développement d'une zone de ballon sphérique.

La confection des enveloppes par *panneaux* diffère de la fabrication précédente, en ce que le nombre de pièces nécessaires pour obtenir l'enveloppe est beaucoup plus considérable ; d'autre part, ces parties d'enveloppes ont des dimensions plus réduites et permettent de mieux utiliser l'étoffe qui sert à confectionner le ballon.

La construction des enveloppes par panneaux est celle qui est actuellement le plus généralement employée.

Elle consiste à diviser la surface de la sphère représentant l'enveloppe à obtenir, en un certain nombre de zones et à constituer chacune de ces zones par un certain nombre de quadrilatères assemblés entre eux. Ces quadrilatères sont des panneaux.

La surface sphérique est donc formée par un grand nombre de surfaces planes cousues ensemble.

Supposons que l'enveloppe sphérique à construire ait un rayon égal à OA (Fig 115). La demi-circonférence ABC représente la projection de la demi-enveloppe sur un plan vertical. Divisons le quart de la circonférence en un certain nombre de parties égales, huit par exemple, et de chacun des points ainsi déterminés D, E, F, etc., traçons des lignes DG, EH, FI parallèles au diamètre AC ou *équateur*.

Les sections horizontales faites dans la sphère en suivant la direction de ces diverses parallèles donneront lieu à des circonférences ayant respectivement pour diamètres DG, EH, FI, etc. Si nous considérons la surface de la sphère comprise entre deux de ces droites FI et EH par exemple, nous pouvons admettre que cette surface est sensiblement équivalente à celle d'un tronc de cône dont la ligne EH serait la grande base, la ligne FI, la petite base, et la longueur développée de l'arc FE la hauteur.

Nous savons qu'on ne peut rigoureusement considérer cette surface sphérique et cette surface conique comme étant exactement de même valeur, mais nous avons déjà expliqué que la très faible différence existant entre les longueurs des arcs et des cordes pouvait permettre sans inconvénient le remplacement de la surface sphérique par la surface conique. Cette surface conique élémentaire représente une *zone* que l'on peut, sous cette forme, développer sur un plan pour la constituer elle-même par la juxtaposition de multiples éléments qui seront les panneaux.

En effet, si nous traçons (Fig. 116) une ligne JK d'une longueur égale à la circonférence ayant comme diamètre la valeur EH, et si à une distance LM de cette ligne, égale à la longueur de l'arc EF, nous traçons une seconde ligne NO parallèle à la première et ayant comme longueur le développement d'une circonférence de diamètre égal à FI, nous aurons tracé un trapèze JNOK qui sera la représentation exacte de la zone conique FIHE. Il suffira donc de diviser ce trapèze en un certain nombre de surfaces égales pour obtenir les panneaux constituant la zone considérée. Puisque nous avons supposé le quart de la circonférence divisé en huit parties égales, la circonférence entière comportera 32 divisions. Chacune des zones sera formée de 32 panneaux, de sorte que les longueurs JK et NO ayant été divisées en 32 parties égales mesurées respectivement par les longueurs LP sur JK et MQ sur NO, le trapèze MQPL représentera le développement d'un des 32 panneaux composant la zone FIHE. En opérant ainsi pour chacune des zones, on pourra tracer le panneau correspondant à chacune d'elles.

Fig. 117. — Atelier de couture d'enveloppes de ballons. (Établissements Lachambre.)

Les dimensions de ces panneaux iront en s'amoindrissant au fur et à mesure que l'on s'éloignera de l'équateur AC pour se rapprocher du pôle supérieur B et du pôle inférieur symétriquement disposé.

Les panneaux tracés et découpés sont assemblés au moyen de coutures. Ces coutures s'effectuent à la machine. On emploie même des machines à deux aiguilles permettant d'obtenir le parallélisme des deux coutures du panneau constituant *l'agrafe*. Cette façon de procéder, employée par les *Ateliers Astra,* est une garantie de solidité et assure l'étanchéité des joints.

Les coutures sont faites avec des soies *décruées,* câblées à revers.

Lorsque les enveloppes sont construites, on procède à des essais pour connaître leur solidité, leur résistance, vérifier la sûreté des coutures et apprécier le degré d'imperméabilité du ballon ainsi formé.

On enduit l'enveloppe d'un vernis qui a pour but d'obturer les moindres pores pouvant se trouver sur cette enveloppe, et qui doit assurer sa parfaite étanchéité. Ce vernis est spécial à chaque constructeur d'aérostats et nous avons vu précédemment que Coutelle et Conté avaient réussi à en fabriquer un, dont la recette n'a jamais été retrouvée, qui permettait de maintenir le gaz pendant plusieurs mois dans les aérostats captifs des armées de la République.

Nous donnons (Fig. 118), une vue d'ensemble d'un appareil destiné à mesurer la *perméabilité* des tissus employés à la confection des enveloppes.

C'est une balance imaginée par le Colonel Charles Renard et M. Surcouf, laquelle est utilisée dans les ateliers de la *Société Astra.* L'appareil se compose d'une *balance Roberval* dont un des plateaux est remplacé par une sorte de récipient cylindrique fermé, à sa partie inférieure, par un disque de tissu à essayer. Ce récipient est rendu solidaire du fléau de la balance par l'intermédiaire de quatre tiges verticales fixées au croisillon du plateau. Il peut donc se mouvoir verticalement.

Ce mouvement s'effectue à l'intérieur d'un second récipient cylindrique relié par quatre autres tiges cylindriques verticales au socle fixe de la balance. Ce second récipient reste donc immobile. Il contient de l'eau jusqu'à une hauteur indiquée par un niveau disposé sur sa gauche. Un manomètre à eau, placé sur sa droite, comporte un raccord et un tube coudé s'évasant à sa partie supérieure. Un robinet, fixé verticalement sur le fond du récipient, à côté de l'ajutage du manomètre à eau, permet d'introduire du gaz dans la cuve à eau.

L'étanchéité au raccord du robinet et sur le pourtour de la cloche mobile, est obtenue par un dispositif formant joint hydraulique, de sorte que le gaz introduit dans la cuve à eau, exerce sur la surface du tissu formant le fond du récipient mobile, une certaine pression.

La balance est équilibrée de façon que son aiguille se trouve en face le zéro d'une graduation établie sur un secteur fixe. Si le tissu est perméable, le gaz pénétrera dans le récipient mobile à travers ce tissu. Le volume de gaz contenu dans la cuve fixe diminuera ; la pression baissera également et la balance s'inclinera. L'aiguille indiquera sur le secteur divisé, la perte de gaz, déterminée en litres et par mètre carré d'étoffe. Ce chiffre devra, parfois, subir des corrections provenant des variations de la pression et de la température. Ces corrections sont données par des tables établies spécialement.

Gonflement des aérostats — Le gonflement des aérostats s'effectue d'une manière différente suivant qu'il s'agit de montgolfières ou d'aérostats gonflés avec du gaz hydrogène ou du gaz d'éclairage.

Les montgolfières contenant de l'air chaud nécessitent la présence, au-dessous de l'orifice inférieur de l'enveloppe, d'un foyer destiné à élever la température de l'air intérieur. Cette disposition diffère évidemment de celle qui consiste à amener du gaz à l'aérostat par l'intermédiaire de tuyaux.

En outre, les enveloppes de montgolfières, sont généralement plus fragiles que les enveloppes des autres aérostats, car elles doivent être nécessairement plus légères que ces dernières.

Nous avons indiqué comment on opère pour gonfler d'air chaud un ballon en papier d'environ 1 mètre de diamètre.

Le procédé de gonflement est le même, en principe, pour une montgolfière de plus grand volume. Il importe, bien entendu, de proportionner l'étendue du foyer au volume d'air chaud à obtenir et de prendre toutes les précautions nécessaires pour éviter la détérioration de l'enveloppe.

Lorsque la montgolfière n'a pas un trop grand diamètre, on peut la maintenir, au commencement de l'opération du gonflement, à l'aide d'un bout de bois passé dans un œillet de corde, fixé par collage à la partie supérieure de l'enveloppe. Deux opérateurs montés sur des échelles tiennent chacun une des extrémités de la baguette en bois et se trouvent donc placés sur les côtés opposés de la montgolfière. Un troisième opérateur surveille et alimente le feu et dirige les gaz chauds dans l'enveloppe. Lorsque celle-ci contient suffisamment d'air chaud pour se soutenir toute seule, on retire la baguette en bois de l'œillet supérieur: la montgolfière est ainsi rendue libre et peut, lorsqu'elle est complètement remplie d'air chaud, prendre aisément son essor.

S'il s'agit d'une montgolfière de grand diamètre, on emploie un procédé de suspension plus sérieux, qui préserve, pendant le gonflement, l'enveloppe des déchirures. La suspension consiste à disposer deux mâts réunis à leur partie supérieure par une corde. Cette corde passe dans un œillet fixé au sommet de l'enveloppe, de sorte que la montgolfière, placée entre les deux mâts, se trouve suspendue à la corde transversale. Les mâts ont une hauteur suffisante pour que la montgolfière puisse être maintenue sur toute sa hauteur au-dessus du foyer.

Le foyer est alimenté avec de la paille ou du petit bois. Les gaz chauds bien dirigés dans l'ouverture inférieure de l'enveloppe, provoquent le gonflement de la montgolfière. Lorsque le gonflement est achevé, on libère l'enveloppe, à sa partie supérieure, en retirant la corde de soutien; puis on peut disposer, au-dessous, pour maintenir pendant un certain temps la température de l'air intérieur, un brûleur qui sera fixé à la montgolfière et allumé au moment du départ. Ce foyer mobile peut être une éponge ou un simple chiffon, imbibés soit d'essence, soit d'alcool, et suspendu à un croisillon formé par deux fils métalliques disposés en croix dans l'ouverture de l'enveloppe.

Ce procédé permet, évidemment, de prolonger la durée de l'ascension de la montgolfière et peut lui permettre de parcourir une grande distance; mais nous avons déjà signalé le danger qu'il présente au point de vue des risques d'incendie qu'il peut occasionner.

Les montgolfières dont nous venons de nous occuper ne comportent pas de nacelles ou de *galeries* destinées à recevoir des aéronautes. On n'effectue plus, actuellement, des ascensions en montgolfières, ou du moins dans des montgolfières constituées comme celles que nous avons précédemment décrites. Godard, en effet, en a, ces dernières années, établi une, dont nous parlerons plus loin, qui offre une plus grande sécurité.

En outre, une société, fondée récemment et qui a pris pour titre *la Montgolfière,* se propose de rénover l'engin aérien créé par les frères Montgolfier.

Il a fallu toute la folle audace des premiers pionniers de l'air pour s'aventurer dans l'espace avec un engin aussi fragile, au-dessous duquel était disposé, par surcroît de témérité, un foyer entretenu allumé, pendant l'ascension même, par les aéronautes. On a lu le simple et palpitant récit de la première envolée des hommes dans l'atmosphère à l'aide de ce globe, et on a vu par quelles manœuvres l'air chaud qui *portait* toute la *machine* dans les airs, était maintenu à sa température élevée par Pilatre de Rozier et le marquis d'Arlandes. Ces intrépides voyageurs remuaient, avec une fouche, la paille dont ils alimentaient le foyer, pour lui permettre de brûler plus facilement et de donner à leur vaisseau en papier une force ascensionnelle plus considérable.

Nos modernes aéronautes, qui ne manquent, certes, ni de courage, ni de sang-froid, ont, fort heureusement, à leur disposition des procédés plus scientifiques et plus sûrs pour corriger, dans les limites du possible, les variations de la force ascensionnelle et se maintenir de longues heures dans l'espace. Leurs aérostats sont des engins qui offrent, on peut l'affirmer, toute sécurité et comportent tout le confortable compatible avec les conditions dans lesquelles doit s'effectuer le voyage aérien.

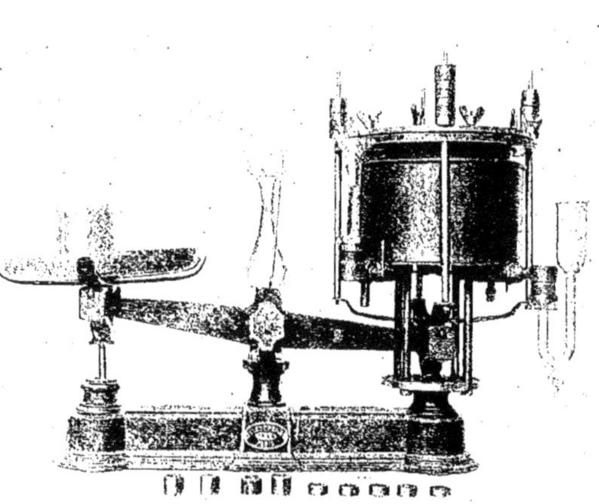

Fig. 118. – Balance système Renard-Surcouf pour mesurer la perméabilité des tissus d'enveloppes.

Examinons de quelle façon on gonfle ces aérostats.

Les aérostats à gaz légers sont, nous l'avons dit, gonflés avec de l'hydrogène et, le plus généralement, avec du gaz d'éclairage, lorsqu'il s'agit d'aérostats libres.

Lorsque le gaz employé est de l'hydrogène, on le produit à l'aide d'un des procédés que nous examinerons plus loin, parmi lesquels l'appareil producteur, monté sur chariot, permet d'effectuer le gonflement dans le lieu le plus favorable au départ de l'aérostat.

Quand l'aérostat est gonflé avec du gaz d'éclairage, on branche, sur un conduit provenant de l'usine à gaz, un tuyau que l'on met en communication avec l'intérieur de l'enveloppe. On procède assez souvent au gonflement, à proximité d'une usine à gaz, lorsque la configuration du sol est favorable au lancer de l'aérostat.

Il y a deux méthodes utilisées pour procéder au gonflement des aérostats : le gonflement *en épervier* et le gonflement *en baleine*. La première est la plus généralement employée.

Gonflement en épervier — Pour effectuer le gonflement *en épervier*, on choisit sur le sol un espace uni, que l'on balaie avec soin pour enlever les corps durs qui risqueraient, pendant l'opération, d'érafler l'enveloppe. On étend même, assez souvent, sur le sol, une grande toile sur laquelle repose l'enveloppe pendant le gonflement. On apporte l'enveloppe A de l'aérostat qui est pliée et on l'étale, en rond, sur le terrain ainsi préparé On a le soin, en étendant l'enveloppe, de disposer la soupape D de l'aérostat, qui y est préalablement fixée, au centre du cercle formé par l'enveloppe appliquée sur le sol (Fig. 119).

Cette soupape fait ainsi saillie au-dessus de l'enveloppe.

La manche d'appendice E qui se trouve placée, de la sorte, au-dessous de l'enveloppe, est tirée de façon qu'elle dépasse le bord de cette enveloppe. On peut ainsi l'aborder et la relier avec le conduit de gaz. Cette liaison s'effectue par l'intermédiaire d'un tuyau de toile vernissée F, d'une longueur suffisante, qui est branché à une de ses extrémités sur le conduit de gaz et à l'autre sur la manche d'appendice. Comme l'étoffe constituant la manche d'appendice est très souple, on assure sa rigidité, pour effectuer la liaison pendant le gonflement, en introduisant dans cette manche un tube métallique sur lequel le tuyau intermédiaire, en toile, peut venir s'adapter. On réalise l'étanchéité du raccord au moyen d'une ligature. On ligature également l'autre extrémité du conduit de toile sur le conduit de gaz.

Avant de procéder à l'admission du gaz dans l'enveloppe, il est bon de vérifier le fonctionnement des organes de la soupape; clapets, ressorts, chevalet. On s'assure que le joint des clapets sur leur siège s'effectue normalement, on dégage la corde de commande de la soupape qui doit rester à l'intérieur de l'enveloppe, puis on recouvre l'enveloppe, aplatie sur le sol, de son filet B.

On dispose le plus régulièrement possible, l'enveloppe et son filet au-dessus d'elle. On pose ce filet de façon que sa couronne supérieure s'emboîte autour du siège fixe de la soupape et on fixe cette couronne, constituée par un cordage circulaire auquel aboutissent les mailles du filet, à la collerette de la soupape.

Plusieurs procédés d'attache sont utilisés; nous en avons vu des exemples lors de l'examen des soupapes. Des courroies de cuir munies de boucles et disposées tout autour de la collerette fixe permettent de maintenir la couronne du filet solidement assujettie à la partie supérieure de l'enveloppe.

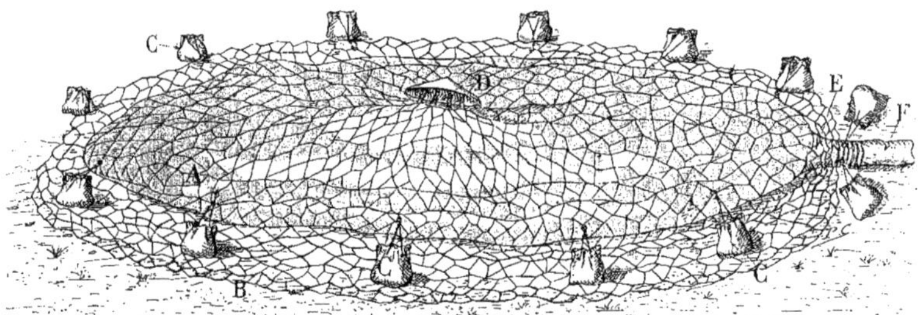

Fig. 119. — Gonflement en épervier. — Enveloppe vide étalée à terre.

Pour procéder à la manœuvre de pose du filet et à la vérification des organes de la soupape, on est dans l'obligation de marcher sur l'enveloppe de l'aérostat étalée à terre. Il est bien évident qu'il convient de prendre les précautions nécessaires pour éviter de la détériorer en marchant dessus.

Le filet est étendu régulièrement sur tout son pourtour. Les sacs de lest C, qui ont été préparés à l'avance, sont accrochés aux mailles du filet qui se trouvent placées juste au-dessus du bord circulaire de l'enveloppe.

Les sacs de lest sont des sacs remplis de sable fin tamisé, fermés à leur partie supérieure par une cordelette, pour éviter la chute du sable pendant la manœuvre du gonflement.

Quatre cordes attachées au sac se réunissent, à leur autre extrémité, à un crochet à l'aide duquel le sac de lest est facilement suspendu ou décroché.

Les sacs de lest sont donc disposés tout autour de l'enveloppe, accrochés au filet, et reposent à terre. On en accroche aussi à la manche d'appendice pour la maintenir à terre pendant le gonflement.

Tout étant ainsi préparé on peut admettre le gaz dans l'enveloppe.

On continue de la sorte, en accrochant les sacs, au fur et à mesure que le gonflement se poursuit, à des mailles du filet se rapprochant de plus en plus de sa partie inférieure et l'enveloppe s'arrondit et s'élève de plus en plus sous l'action du gaz introduit. Il est bon de répartir la tension des sacs sur le filet en les disposant à la même hauteur sur tout son pourtour.

Lorsque le ballon est gonflé à moitié environ, on augmente le nombre de sacs de lest suspendus aux mailles du filet. Cette opération a pour objet de compenser l'effort que fait le ballon pour quitter le sol, effort

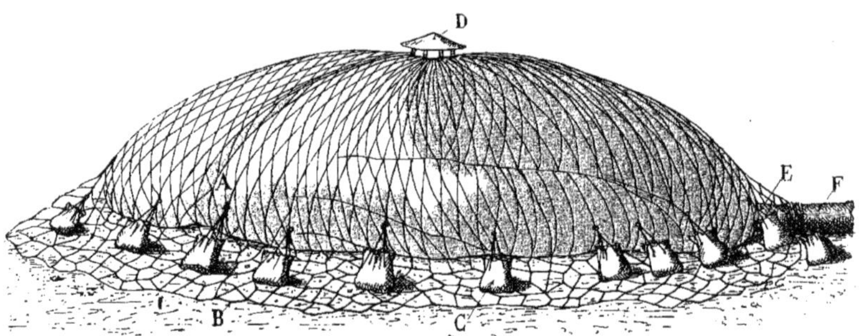

Fig. 120. — Gonflement en épervier. — Arrivée du gaz.

qui devient, évidemment, de plus en plus grand au fur et à mesure qu'une plus grande quantité de gaz pénètre dans l'enveloppe.

On ouvre le robinet qui établit la communication entre la conduite de gaz et la manche d'appendice et le gaz commence à pénétrer dans le ballon.

L'enveloppe s'arrondit d'abord à la partie supérieure (Fig. 120); la soupape et son chevalet se redressent et le filet posé sur l'enveloppe tire sur les sacs de lest qui, au fur et à mesure, se soulèvent et reposent de moins en moins sur le sol.

Avant que ces sacs aient quitté le sol, on les descend, les uns après les autres, et on les accroche à une ou plusieurs mailles au-dessous des précédentes. L'enveloppe peut ainsi continuer à recevoir le gaz et s'élever de nouveau de la quantité dont on a abaissé les sacs, sans que ceux-ci quittent le sol.

Le robinet d'admission du gaz reste constamment ouvert. L'enveloppe augmente de plus en plus de volume et s'élève de plus en plus au-dessus du sol (Fig. 121).

Les sacs de lest sont accrochés à des mailles de plus en plus basses du filet.

Lorsque cet accrochage s'effectue aux petites pattes d'oie qui, ainsi que nous l'avons vu, préparent le raccordement du filet aux cordes de suspente, le ballon est suffisamment soulevé pour qu'on puisse procéder à l'accrochage de la nacelle.

Pour cela, on relie les cordes de la nacelle au cercle de suspension en passant les gros cabillots dans les œillets de ces cordes. Puis on accroche, de la même façon, les *suspentes* de l'aérostat aux petits cabillots terminant les cordes supérieures du cercle de suspension. Pour effectuer cette dernière manœuvre, on doit passer sous le filet dont les suspentes traînent encore à terre (Fig. 123).

La nacelle étant ainsi reliée à l'enveloppe celle et les suspentes ont une direction sensiblement horizontale, maintenues dans cette position par le poids des sacs de lest placés à leur extrémité reliée au filet (Fig. 125).

Le ballon est presque rempli de gaz; il tend à s'élever. Pour permettre aux suspentes et au cercle de suspension de prendre leur position normale, on laisse glisser

Collection Louis Godard.

Fig. 124. — Enveloppe d'aérostat aux trois quarts gonflée.

par l'intermédiaire du filet, on peut laisser le ballon s'élever davantage en accrochant les sacs de lest encore plus bas, c'est-à-dire à l'extrémité des grandes pattes d'oie. Ces extrémités sont les points de jonction des cordes de suspentes avec le filet. Comme le nombre de suspentes est restreint, on accroche à l'extrémité de chacune d'elles plusieurs sacs de lest. Les crochets des sacs sont placés à cheval sur ces cordes et dans des sens opposés. A ce moment, la nacelle peut être posée sur le sol au-dessous du ballon. Le cercle de suspension repose sur la nacelle doucement les sacs de lest le long de ces cordes de suspente, à mesure que le ballon monte, la nacelle reposant toujours sur le sol.

On accompagne à la main le mouvement des sacs en évitant les à-coups; ce mouvement est facilité par les crochets qui glissent sur les cordes.

Quand les sacs touchent la nacelle, on en embarque une certaine quantité.

On achève le remplissage du ballon, puis on ferme le robinet d'admission du gaz. Le gonflement est dès lors achevé, mais l'aérostat est encore appuyé sur le sol par sa nacelle et retenu par les sacs de lest; l'enveloppe se maintient en l'air; le filet et les cordes sont tendus (Fig. 127).

Il faut alors défaire la ligature qui rend solidaire la manche d'appendice du tuyau de raccordement en toile vernissée par lequel le gaz a été introduit dans l'enveloppe. On *cravate* cette manche d'appendice jusqu'au moment du départ, c'est-à-dire qu'on ferme son extrémité inférieure au moyen d'une corde nouée.

On évite ainsi que, dans les mouvements que peut prendre l'aérostat, tant qu'il est retenu à terre, le gaz puisse s'échapper.

On a le soin, cependant, de faire sortir de la manche l'extrémité inférieure de la corde actionnant la soupape, et de l'attacher au petit sac fixé au cercle de suspension qui lui est destiné.

On attache également l'extrémité de la corde du panneau de déchirure, puis on fixe à la nacelle les engins et les objets divers nécessaires à l'ascension; le guide-rope, la corde d'ancre et l'ancre sont accrochés aux parois extérieures.

Les divers instruments sont mis en place et les aéronautes prennent place dans la nacelle. L'aérostat ne peut pas s'enlever étant retenu au sol par le poids du matériel, des aéronautes et des sacs de lest. On procède alors à *l'équilibrage* ou *pesage* de l'aérostat. Cette opération consiste à diminuer son poids total de façon qu'il puisse s'élever librement dans l'espace avec une force ascensionnelle peu considérable, mais suffisante, cependant, pour lui permettre de franchir aisément les obstacles qui se trouvent immédiatement autour de lui.

Pour déterminer le poids de l'aérostat, on enlève les sacs de lest non embarqués. Les opérateurs, qui ne prennent pas part à l'ascension, les mains appuyées sur le rebord de la nacelle, apprécient, par expérience, la valeur de la force ascensionnelle, à mesure que ces sacs sont retirés. L'aérostat tend, en effet, à quitter le sol avec une force de plus en plus grande.

Lorsque ce réglage est terminé, l'aérostat est prêt à partir. On peut, à ce moment, le déplacer pour que ce départ puisse s'effectuer en terrain découvert. Pour cela, plusieurs hommes maintiennent l'aérostat par la nacelle en appuyant sur son rebord, tandis que d'autres tirent sur des cordes. Cette manœuvre est, le plus souvent, rendue inutile parce que le gonflement s'effectue au lieu même du départ.

Un des aéronautes enlève la cravate de de la manche d'appendice pour laisser la liberté au gaz intérieur de s'échapper sous une trop forte pression, et après un dernier coup d'œil pour s'assurer que tout est en place et que toutes les dispositions sont prises, le capitaine du bord, le *pilote,* qui assume la responsabilité de l'ascension, crie : « Lâchez tout ». Les hommes de manœuvre retirent en même temps leurs mains des bords de la nacelle et l'aérostat, livré à lui-même, s'élève doucement dans les airs.

Il ne doit pas, nous l'avons dit, s'élever trop rapidement, ce qui ne serait pas sans danger; d'autre part, la force ascensionnelle qu'il doit avoir au départ peut varier suivant les conditions atmosphériques. Si le vent souffle, il importe que l'aérostat s'élève assez rapidement, surtout si, à proximité du lieu de départ se trouvent des obstacles : maisons, bois, fils télégraphiques, etc., car il faut que l'aérostat, poussé par le vent sur ces obstacles, ait le temps de s'élever d'une hauteur suffisante pour les franchir lorsqu'il arrivera sur eux.

Voilà les voyageurs aériens partis; nous allons suivre les diverses phases de leur ascension; mais, auparavant, indiquons ce que l'on entend par le gonflement en *baleine,* et en quoi il diffère de la méthode de gonflement que nous venons d'examiner, dite *en épervier.*

Gonflement en baleine (Fig. 122.) Le procédé de gonflement en baleine consiste à déposer sur le sol l'enveloppe, non comme dans la méthode précédente, en l'étalant suivant une circonférence, la soupape étant au centre, mais en l'allongeant dans le sens de sa longueur.

L'enveloppe A pliée par fuseaux superposés est simplement ouverte, c'est-à-dire qu'on rabat, de chaque côté de l'axe, la moitié des fuseaux qui la constituent.

L'enveloppe étant ainsi disposée, la soupape D se trouve à une extrémité et la manche d'appendice E se trouve à l'autre. Cette manche est reliée de la façon que nous avons indiquée au conduit d'arrivée du gaz. On peut, par ce procédé, vérifier les organes de la soupape et attacher le filet à sa couronne fixe sans marcher sur l'enveloppe. Le filet B est ensuite étendu, en rond, à partir de la soupape, sur l'enveloppe posée tout du long à terre.

Des sacs de lest C sont disposés de chaque côté de cette enveloppe sur toute sa longueur pour la maintenir appliquée à terre en laissant la liberté au gaz de pénétrer jusqu'à l'extrémité qui porte la soupape et qui sera la partie supérieure du ballon. Cette extrémité n'est pas chargée, de sorte que dès que le robinet de gaz est ouvert, ce gaz gonfle d'abord la partie du ballon où se trouve la soupape. Celle-ci se soulève et l'enveloppe s'arrondit, à son sommet. Au fur et à mesure que le gaz arrive, l'enveloppe se soulève de plus en plus. On retire alors successivement les sacs de lest disposés sur l'enveloppe, les uns à la suite des autres, depuis la soupape jusqu'à la manche d'appendice, pour permettre au gonflement de se poursuivre régulièrement. Ces sacs de lest sont accrochés aux mailles du filet, qui doit être uniformément étalé, au fur et à mesure, sur la partie d'enveloppe gonflée.

L'opération du gonflement se continue ainsi, et comme la manche d'appendice reste fixe, plus l'enveloppe s'élève, plus l'axe vertical de la soupape et du ballon se rapproche de cette manche. Il s'ensuit que lorsque le gonflement est terminé, l'enveloppe semble avoir décrit un quart de cercle en pivotant

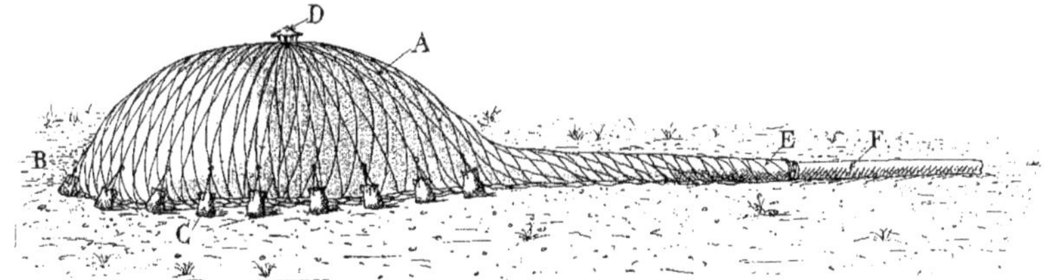

Fig. 122. — Gonflement en baleine.

autour de la manche d'appendice pour se placer verticalement au-dessus de cette manche.

C'est ce qui différencie cette méthode de gonflement de la précédente dans laquelle l'enveloppe se trouve placée, dès le commencement de l'opération, au-dessus de la manche d'appendice.

L'axe du ballon, dans ce cas, reste sensiblement à la même place ; c'est le contraire qui se produit dans la méthode de gonflement *en baleine*.

Les manœuvres d'accrochage des sacs de lest à des mailles du filet de plus en plus basses à mesure que le ballon s'élève, sont les mêmes que dans la méthode de gonflement précédente et toutes les précautions que nous avons indiquées, et qui doivent être prises avant le départ, sont, également, identiques.

Les noms donnés à ces deux méthodes de gonflement doivent provenir certainement, pour la première, de la manière dont le filet est étalé, autour de la soupape, à la façon du filet de pêche l'*épervier,* sur l'enveloppe développée en rond sur le sol.

Pour la seconde, le nom de *baleine* résulte d'une certaine ressemblance de l'aérostat, en cours de gonflement, avec ce cétacé émergeant de l'eau, sa tête présentant une partie renflée saillante au-dessus de l'eau et l'arrière étant effilé jusqu'à la queue, laquelle, dans l'aérostat, est représentée par la manche d'appendice.

Collection Louis Godard.

Fig. 123. — Enveloppe d'aérostat complètement gonflée.

Conduite d'une ascension libre

Une ascension en aérostat libre comporte plusieurs phases. Nous avons vu comment l'aérostat après son gonflement, son appareillage et son pesage avait commencé à s'élever dans les airs. C'est le *départ.* On pourrait croire que cette phase finit juste au moment où l'aérostat quitte le sol. Elle commence, au contraire, à cet instant, et on peut dire qu'elle ne se termine que lorsque l'aérostat a atteint une certaine altitude qui le met à l'abri des obstacles qu'il peut rencontrer et lorsqu'il peut naviguer librement dans l'espace. C'est alors le début d'une deuxième partie de l'ascension, celle qui comporte la *navigation aérienne* proprement dite, navigation qu'un bon pilote cherche toujours à prolonger le plus longtemps possible, à moins que des circonstances impérieuses ne nécessitent la *descente* de l'aérostat. On entre à ce moment dans la phase qui suit celle de la navigation.

A la descente succède l'*atterrissage,* qui marque la fin de l'ascension.

On peut, cependant, avant l'atterrissage, utiliser le guide-rope pour naviguer à proximité du sol lorsque le terrain s'y prête. C'est une phase auxiliaire de l'ascension qu'on désigne sous le nom de marche au guide-rope ou *guideropage.*

Examinons chacune de ces diverses phases en indiquant leur caractère particulier.

Départ Lorsque l'aérostat quitte le sol, il est sollicité à s'élever verticalement par l'action de sa force ascensionnelle et il tend à être entraîné horizontalement par l'action que peut exercer le vent sur la surface de l'enveloppe. Il résulte de la combinaison de ces deux mouvements *composants*, un mouvement *résultant* dirigé suivant une direction oblique par rapport à la verticale : cette oblique s'écartera d'autant plus de la verticale que la vitesse du vent sera plus considérable et que la force ascensionnelle sera moindre.

Supposons, en effet, l'aérostat parvenu à la position A (Fig. 124). A partir de ce moment, sa force ascensionnelle, considérée indépendamment de toute autre action s'exerçant sur l'aérostat, lui permet, par exemple, d'atteindre le point B au bout d'un temps déterminé. L'aérostat s'élève, dans ce cas, verticalement.

Mais si le vent, arrivant suivant la direction C, exerce sur l'enveloppe de l'aérostat, une action qui, considérée seule, le déplace horizontalement d'une longueur AD pendant le même temps, il est évident que l'aérostat, sollicité à se déplacer à la fois dans la direction verticale AB et dans la direction horizontale AD, avec des efforts proportionnels à ces deux longueurs, ne pourra se trouver, au bout de la période de temps considérée, qu'en un point E qu'il n'atteindra qu'après avoir parcouru ces deux chemins dans des directions perpendiculaires entre elles. Ce point sera un des sommets du rectangle construit avec les longueurs AB et AD comme côtés, et le véritable chemin parcouru par l'aérostat à partir du point A, sera représenté en direction et en longueur par la ligne A E. C'est l'*effort résultant* des deux *efforts composants* représentés, en valeur et en direction, respectivement par les lignes A B et A D.

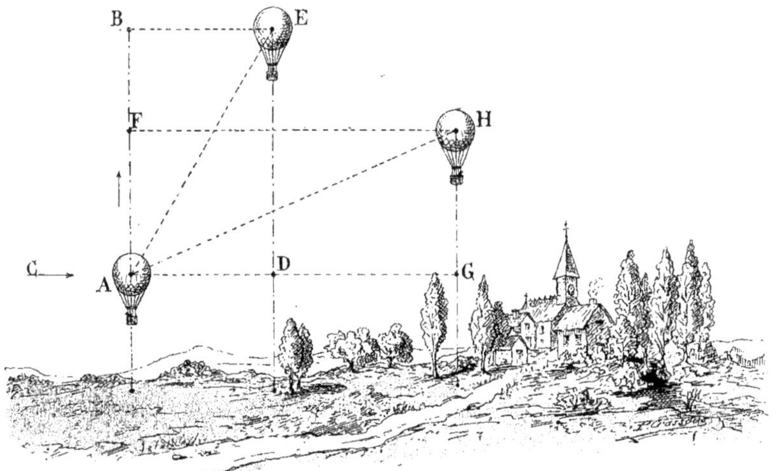

Fig. 124. — Direction suivie par un aérostat à son départ.

L'aérostat s'est donc élevé obliquement.

Si nous supposons maintenant que la valeur de la force ascensionnelle conduit seulement l'aérostat au point F, alors que le vent, pendant le même temps, le fait progresser horizontalement d'une longueur

AG, l'aérostat atteindra, au bout de ce temps, sous l'action de ces deux efforts, le point H. Il aura parcouru la distance AH. Sa direction, par rapport à la ligne verticale, sera plus oblique que la précédente, parce que la prépondérance de l'action du vent sur l'action de la force ascensionnelle est plus considérable.

On comprend donc qu'au moment de son départ, lorsque l'aérostat se trouve soumis à ces diverses actions, il y ait lieu de veiller attentivement à la direction qui en résulte et de la modifier au besoin. Pour la modifier, on ne peut évidemment agir que sur la valeur de la composante verticale, l'autre composante donnée par le vent ne pouvant être modifiée. On augmente donc la force ascensionnelle en jetant du lest, et plus on l'augmentera, plus la direction de l'aérostat se rapprochera de la verticale. Il est bien évident que ce jet de lest effectué dès le départ doit répondre à des nécessités absolues. Il permet de passer au-dessus des obstacles sur lesquels le vent peut pousser l'aérostat.

Quelquefois même, un coup de vent peut tendre à rabattre l'aérostat vers la terre au lieu de le pousser horizontalement. Le jet de lest s'impose, dans ce cas, pour franchir le plus vite possible les points culminants avoisinants sur lesquels l'aérostat risquerait d'être projeté.

Il convient cependant de ne jeter du lest qu'en petite quantité, car nous avons vu qu'un départ bien réglé laisse à l'aérostat, après pesage, une force ascensionnelle qui doit généralement être suffisante pour atteindre sans difficulté, dans la plupart des cas, l'altitude à laquelle la navigation aérienne proprement dite commence.

On ne peut fixer une valeur constante à cette altitude; elle est variable avec les circonstances atmosphériques et avec la configuration du terrain.

Donc, soit directement, soit après avoir effectué un jet de lest le plus réduit possible, le pilote atteint, dans son aérostat, une zone d'équilibre dans laquelle il est à l'abri de tous les obstacles terrestres. Il pourrait bien, il est vrai, rencontrer alors des obstacles aériens, sous la forme soit d'aérostats dirigeables, soit d'aéroplanes.

Quoique ces obstacles flottants soient de plus en plus nombreux sur les routes de l'air, nous pouvons admettre, cependant, que leur présence dans l'espace ne constitue pas un danger pour les aérostats libres, puisque ces machines volantes peuvent très rapidement et très aisément modifier leur direction au voisinage des *sphériques*.

Le pilote est ainsi débarrassé des préoccupations qui suivent immédiatement le départ. Le véritable voyage aérien commence.

Navigation aérienne libre

On cherche généralement à prolonger le plus possible la durée d'une ascension. Pour cela, il convient de dépenser le lest le plus lentement que l'on peut, et l'on évite de perdre du gaz. Il y a donc intérêt, lorsque l'aérostat a atteint sa première zone d'équilibre, à ce qu'il se maintienne constamment à la même altitude. Il navigue alors suivant une direction sensiblement horizontale sous l'action du vent, et l'on comprend que si aucune cause, indépendante de la volonté de l'aéronaute, ne venait rompre l'équilibre dans le sens vertical, l'aérostat se maintiendrait fort longtemps dans les airs. Mais les causes faisant varier la force ascensionnelle sont nombreuses, ainsi que nous l'avons dit. Que l'aérostat traverse une zone de nuages ou de brouillards, il s'alourdit et tend à descendre. Que le soleil caché par des nuages vienne tout à coup à se montrer, l'aérostat, sous l'action de sa chaleur, s'allège et tend à monter. Dans les deux cas, l'état d'équilibre n'existe plus et il faut, le plus rapidement possible, qu'il se rétablisse.

Dès le début de l'ascension, l'aérostat est complètement rempli de gaz. Si donc il s'élève, du fait du changement des conditions atmosphériques, nous savons qu'il trouvera facilement une zone d'équilibre à une altitude plus élevée, sans toutefois que l'aérostat soit forcé de s'élever trop haut. Le gaz contenu dans le ballon se dilate et s'échappe par la manche d'appendice dont l'ouverture inférieure peut s'ouvrir librement.

Voilà une première perte de gaz qu'il n'est pas possible d'éviter sans risquer de compromettre la solidité de l'enveloppe.

Collection Louis Godard.

Fig. 125. — Mise en place de la nacelle d'un aérostat.

Si, au contraire, après avoir atteint la première zone d'équilibre, sa force ascensionnelle diminue, l'aérostat commence à descendre. Il faut arrêter immédiatement cette descente en jetant par-dessus bord une quantité de lest très faible, mais suffisante, cependant, pour arrêter le mouvement de descente. Nous savons, en effet, qu'une fois le mouvement de descente commencé, il va en s'accentuant de plus en plus et ne peut être arrêté que par l'allégement de l'aérostat.

Il est de toute nécessité d'arrêter le mouvement de descente aussitôt qu'il se produit, car au début de la descente un jet de lest de poids réduit suffira à l'arrêter, tandis que lorsque la vitesse de descente s'accélère, le poids du lest jeté doit être plus considérable pour que l'aérostat puisse remonter avant d'arriver au sol. Comme il est très difficile de mesurer exactement le poids de lest qu'il convient de jeter pour arrêter la descente, ce poids sera toujours supérieur à ce qu'il devrait être réellement, parce que, par suite de la vitesse acquise, l'aérostat continue à descendre, même lorsqu'on l'a allégé suffisamment pour qu'il puisse remonter. Toutefois, à ce moment, sa vitesse de descente diminue, puis elle devient nulle : l'aérostat s'arrête et, aussitôt après, commence à remonter.

Pendant la descente de l'aérostat, le gaz contenu dans l'enveloppe, laquelle était complètement remplie dans la zone d'équilibre, se contracte à mesure que la pression de l'air atmosphérique augmente. L'enveloppe n'est plus entièrement remplie de gaz lorsque l'aérostat a terminé son mouvement de descente, de sorte que lorsqu'il reprend son mouvement ascensionnel, il se trouve dans les conditions d'équilibre d'un ballon flasque. Nous savons que, dans ce cas, le ballon n'a aucune stabilité ni dans le sens de la montée ni dans le sens de la descente.

L'aérostat remontera donc dans l'atmosphère, jusqu'à ce que, par suite de la dilatation du gaz, son enveloppe soit de nouveau remplie. Il aura alors acquis la stabilité unilatérale de montée et il pourra trouver une zone d'équilibre, non sans avoir perdu une quantité de gaz correspondant à la dilatation subie par le gaz intérieur.

L'altitude à laquelle va remonter l'aérostat sera plus considérable que celle à laquelle il se trouvait lorsque la descente a commencé, car lorsqu'il arrivera à sa zone primitive d'équilibre pour laquelle l'enveloppe sera de nouveau remplie, l'aérostat sera allégé du poids de lest dont il a fallu se débarrasser pour arrêter la descente. En admettant donc que l'aérostat rencontre, en arrivant à cette zone, les conditions atmosphériques précédentes, il s'élèvera encore plus haut. En outre, par la vitesse ascensionnelle acquise, il ne s'arrêtera pas immédiatement lorsqu'il trouvera sa nouvelle zone d'équilibre; il la dépassera. Les mêmes phénomènes, qui s'appliquent à l'état d'équilibre d'un aérostat qui s'élève, se produisent, c'est-à-dire que le gaz intérieur se dilate; l'excédent sort par la manche d'appendice puisque l'enveloppe était remplie en arrivant à la zone d'équilibre primitive. L'aérostat cesse de monter, et tend à revenir à sa nouvelle zone d'équilibre qu'il a dépassée et à laquelle correspond la nouvelle valeur de sa force ascensionnelle. Il descend donc avec une faible vitesse, il est vrai, mais il descend. Il faut, encore une fois, jeter du lest pour arrêter immédiatement cette descente qui, sans cela, continuerait jusqu'au contact de l'aérostat avec le sol. La quantité de lest jetée sera évidemment minime, à condition de la sacrifier aussitôt que la descente recommence. Si nous supposons que l'aérostat se maintienne enfin en équilibre, la nouvelle zone dans laquelle il se trouve a une altitude plus élevée que celle de la zone primitive, ainsi que nous venons de l'expliquer, et l'aérostat a perdu à la fois du gaz et du lest.

Mais cet état d'équilibre ne saurait durer bien longtemps, car les phénomènes atmosphériques les plus minimes, que nous avons indiqués comme agents provoquant des variations rapides de la force ascensionnelle, pourront se reproduire et recommencer à provoquer les montées et les descentes successives auxquelles un aérostat ne saurait se soustraire. L'habileté du pilote remédie, dans une certaine mesure, à la valeur de l'amplitude de ces mouvements en sens inverse, mais il résulte, néanmoins, de ces mouvements successifs inévitables, cette règle que plus l'ascension se prolonge, plus l'aérostat navigue dans une zone d'équilibre provisoire de plus en plus élevée; la quantité de gaz contenue dans l'enveloppe diminue de plus en plus, ainsi d'ailleurs que la quantité de lest disponible dans la nacelle.

L'abandon du gaz et du lest rendu indispensable pour retrouver l'équilibre à une hauteur de plus en plus grande, indique nettement que la durée d'une ascension est forcément limitée; elle dépend de la modération que l'on mettra à dépenser le lest et le gaz, la dépense de gaz étant subordonnée à la hauteur de plus en plus grande à laquelle s'élève nécessairement l'aérostat au cours de la navigation, sans tenir compte des pertes qui résultent des fuites à travers l'enveloppe. Ces pertes sont, en effet, très peu importantes et n'entrent pas en ligne de compte lorsqu'il s'agit d'un voyage relativement court.

La phase de navigation proprement dite se compose ainsi d'une suite de mouvements ascendants et descendants qui se prolongent jusqu'au moment où il n'y a presque plus de lest dans la nacelle.

Nous pouvons traduire graphiquement ces diverses péripéties de la navigation aérienne, et obtenir un diagramme basé soit sur le temps écoulé soit sur le chemin parcouru.

Supposons qu'un aérostat parte du point A (Fig. 126), et qu'au bout d'un temps ou d'un nombre de kilomètres égaux à AB, il se soit élevé, au-dessus du sol, d'une hauteur BC. Il aura suivi, pendant le temps AB ou bien pendant le parcours kilométrique AB, une ligne AC, en supposant qu'il se soit élevé régulièrement. Prenons le graphique se rapportant au temps écoulé et portons sur la ligne XY des longueurs AB, AD, AE, AF, etc., proportionnelles au nombre d'heures qui se sont écoulées depuis le moment du départ effectué en A. Chacune des longueurs AB, BD, DE, EF, représentera une durée de l'ascension égale à une heure, par exemple.

Les altitudes successives auxquelles s'est élevé l'aérostat seront portées sur les perpendiculaires menées en chacun des points à la ligne XY. Ce sont les *ordonnées*. En traçant, entre ces ordonnées, des *ordonnées intermédiaires* représentant des fractions d'heures et en donnant à ces lignes des longueurs proportionnelles aux altitudes atteintes à chacun de ces moments, on obtient, en réunissant les points ainsi trouvés, une *courbe* qui est la représentation des mouvements verticaux successifs de l'aérostat depuis le moment du départ.

La longueur verticale AL étant proportionnelle à 500 mètres d'altitude, AM, à 1.000 mètres, AN à 1.500, on voit que l'aérostat, environ une heure après le départ, heure représentée par la longueur AB, est arrivé au point C, c'est-à-dire à environ 500 mètres d'altitude. A cette hauteur, il a trouvé une zone d'équilibre dans laquelle il s'est maintenu du point C au point P, c'est-à-dire pendant une demi-heure environ. C'est pour cela que la courbe CP représentant la variation de l'altitude de l'aérostat pendant ce temps-là, est sensiblement horizontale. Pendant la demi-heure suivante, OD, l'aérostat s'est abaissé et a atteint une altitude à peu près égale à 350 mètres. Les manœuvres que nous avons précédemment indiquées ont été effectuées, de sorte qu'après être descendu jusqu'à une altitude d'environ 330 mètres, il a ensuite atteint le point S qui est à l'altitude de 600 mètres. C'est au bout d'un temps mesuré par AT, depuis le départ, c'est-à-dire environ après trois heures un quart de voyage, que cette altitude a été atteinte.

La nouvelle zone d'équilibre dans laquelle

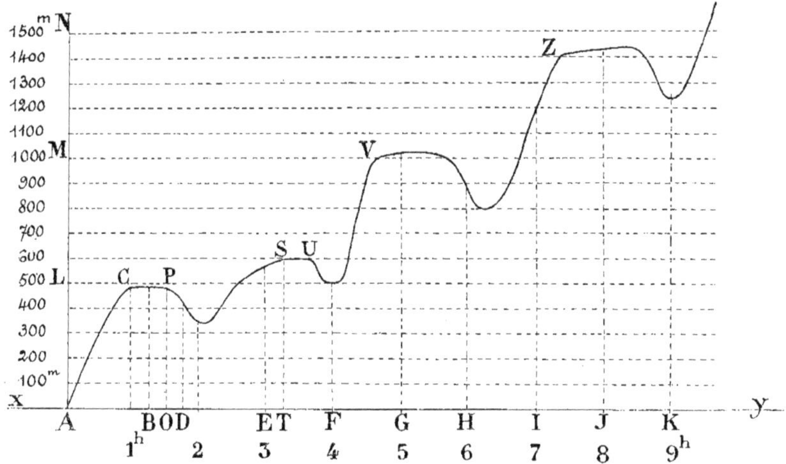

Fig. 126. — Schéma des deux premières phases d'une ascension.

l'aérostat va se maintenir du point S au point U est donc plus élevée de 100 mètres que la zone primitive. Les mouvements de montée et de descente se reproduiront à la suite les uns des autres. Ils auront une durée variable et une variation d'amplitude qui dépendra des variations des conditions atmosphériques et de la façon dont l'aéronaute manœuvre en jetant son lest.

L'aérostat atteindra ainsi successivement les altitudes d'environ 1.000 mètres, en V, après quatre heures et demie de navigation, de 1.400, en Z, après sept heures et demie de voyage, et ainsi de suite.

On voit, par ce qui précède, qu'il est très important de savoir, à chaque instant, quel est le mouvement de l'aérostat dans le sens vertical, car il faut, lorsqu'il commence à descendre, être prêt à jeter immédiatement du lest pour arrêter ce mouvement, et nous avons vu que la quantité du lest lancé par-dessus bord sera d'autant plus réduite que la manœuvre aura été rapidement effectuée. On peut, de la sorte, économiser le plus longtemps possible le lest emporté et prolonger la durée de l'ascension.

C'est pour cela qu'on a cherché, par toutes sortes de procédés, à être averti dès le commencement de la descente.

Nous avons examiné le procédé qui consiste à employer des feuilles de papier à cigarette. On a utilisé aussi des avertisseurs électriques comportant une aiguille à palette pivotant autour d'un axe. L'action, sur la palette de l'aiguille, de l'air déplacé verticalement, provoque l'oscillation, dans un sens ou dans l'autre, de cette aiguille. Ce mouvement établit un contact qui ferme un circuit électrique dont la source est une petite batterie de piles ordinaire. Une sonnerie placée dans le circuit retentit. Cela indique que l'aérostat possède un certain mouvement dans le sens vertical; mais, pour déterminer si ce mouvement s'effectue de bas en haut ou de haut en bas, on a, dans le même circuit électrique, intercalé deux sonneries de timbres différents : l'un des timbres a un son aigu et correspond, par exemple, à la montée de l'aérostat, l'autre a un son grave et correspond à la descente. Deux contacts correspondant respectivement à chacune des sonneries sont disposés de chaque côté de l'axe de l'aiguille, de façon que celle-ci, dans son oscillation provoquée par l'action de l'air sur ses palettes, rencontre soit l'un, soit l'autre, suivant le sens de déplacement vertical de l'aérostat. La fermeture du circuit ainsi effectuée fait retentir une des sonneries qui indique nettement que l'aérostat monte ou descend.

Les inconvénients que nous avons signalés se rapportant au procédé des feuilles de papier à cigarette s'appliquent aussi à ce dispositif à palette, dans une proportion moindre, cependant; mais on comprend qu'un remous d'air ayant une direction quelconque, indépendante du mouvement de l'aérostat, peut provoquer l'oscillation de la palette dans le sens qui ne correspond nullement au mouvement vertical de cet aérostat.

Le baromètre est l'instrument qui peut donner avec quelque sécurité des indications sur la valeur de l'altitude à laquelle l'aérostat se trouve : par son observation constante, on est averti des variations de cette altitude et, par conséquent, de la montée ou de la descente. Comme le baromètre ordinaire n'a pas une sensibilité suffisante pour indiquer immédiatement la variation d'altitude, on lui a adjoint un autre instrument que nous avons décrit : le *statoscope* (Fig. 90) qui permet de connaître, à chaque instant, le sens du mouvement vertical de l'aérostat.

On a remarqué également, que pendant la phase de navigation, il faut jeter du lest d'une façon méthodique et mesurée. Mais il n'est pas facile d'apprécier la quantité de lest précise qu'il convient de jeter pour que l'aérostat qui descend, s'arrête dans ce mouvement et monte retrouver une nouvelle zone d'équilibre qui soit la moins haute possible.

Il faut donc employer un procédé de jet de lest, qui permette de proportionner l'allégement de l'aérostat à son mouvement de descente. L'expérience de l'aéronaute et sa pratique des ascensions constituent un procédé empirique qui donne d'excellents résultats, mais on ne devient aéronaute expérimenté qu'après un certain nombre d'ascensions et il est utile de savoir comment on peut remédier à ce défaut d'expérience par l'emploi de méthodes aisées à appliquer.

Il est possible, avant le départ d'un aérostat, de déterminer approximativement la quantité de lest à jeter, correspondant à une vitesse de descente également définie, puisque l'on connaît son volume et le poids qu'il enlève; mais il faut, pour chacune des vitesses, savoir le chiffre correspondant du poids de lest à supprimer. Une table établie à l'avance peut donner ces chiffres, mais les conditions peuvent varier pendant le voyage et il est alors quelquefois compliqué de procéder à un calcul avant de lancer le lest. Aussi emploie-t-on assez souvent une méthode plus simple, qui consiste à jeter le lest, par quantités réduites et toujours les mêmes, à des intervalles assez rapprochés, jusqu'à ce que la descente de l'aérostat soit arrêtée. Le poids de lest choisi comme unité partielle est ce que l'on nomme la *ration de lest*. C'est une partie minime de la force ascensionnelle.

Collection Louis Godard.

Fig. 127. — Derniers préparatifs avant le départ d'un aérostat.

Lorsque, par l'observation des instruments, on s'aperçoit que la descente commence, on inscrit l'altitude à laquelle se trouve à ce moment l'aérostat; on jette une première ration de lest et on continue à observer le baromètre. Si le mouvement de descente se poursuit, on lance une seconde ration de lest lorsque l'altitude s'est abaissée d'une hauteur déterminée : 30, 40, ou 50 mètres suivant la hauteur à laquelle l'aérostat navigue au-dessus du sol. L'allégement de l'aérostat ne produit pas un effet immédiat, car, par la vitesse qu'il acquiert au fur et à mesure qu'il descend, il dépasse forcément le point auquel l'arrêt devrait se produire. C'est pour cela qu'après avoir jeté chacune des rations de lest, il convient, tout en observant le baromètre, d'apprécier la vitesse de descente de l'aérostat et de ne lancer une nouvelle ration de lest qu'après avoir acquis la certitude qu'il atteindra une altitude de 40 ou 50 mètres moins élevée.

En procédant ainsi par fractions, on ne jette pas le lest au hasard et on l'économise, car on court tout au plus le risque de jeter une ration en trop, ce qui ne constitue pas une dépense excessive, et avec un peu d'expérience on arrive à ne jeter que le lest nécessaire pour que l'aérostat remonte doucement.

Voilà des manipulations qu'on ne soupçonne pas si précises et surtout si impérieuses, lorsqu'on suit, du sol, la marche majestueuse, dans l'espace, d'un aérostat qui semble poursuivre sa route toujours à la même altitude.

On a remarqué que pendant toute la phase de navigation, il n'a pas été question une seule fois de toucher à la soupape pour rétablir l'équilibre de l'aérostat.

Il convient, en effet, lorsque le voyage aérien se poursuit dans des conditions normales, de ne pas manœuvrer la soupape, car cette manœuvre ne peut qu'être nuisible à la stabilité de l'aérostat. Lorsque le gaz intérieur occupe, par suite de sa dilatation, un volume trop considérable, il s'échappe automatiquement par la manche d'appendice et il n'en sort qu'une quantité correspondant à la dilatation, c'est-à-dire à l'altitude à laquelle se trouve l'aérostat. La fuite de gaz cesse, d'autre part, aussitôt que l'équilibre est rétabli. Il serait bien difficile, par la manœuvre de la soupape, de ne laisser sortir que le volume juste suffisant de gaz pour obtenir cet équilibre.

Par contre, le jeu de la soupape devient d'une grande importance dans la phase de *descente* qui suit la phase de navigation, et surtout lors de l'*atterrissage,* dernière phase de l'ascension.

Descente Après un voyage d'une certaine durée, pendant lequel l'aérostat aura dû subir des mouvements successifs de montée ou de descente semblables à ceux dont nous venons d'analyser les causes, il ne restera à la disposition de l'aéronaute dirigeant l'ascension qu'une faible quantité de lest. Il faudra, à ce moment, songer à la descente, car il convient d'aborder cette autre phase de l'ascension avant que le lest soit complètement épuisé. Il serait imprudent et dangereux de procéder autrement.

Supposons, en effet, que la descente étant commencée, l'aérostat venant d'une altitude où il a rencontré de l'air atmosphérique sec, traverse brusquement une zone d'air chargé d'humidité. Nous avons expliqué les raisons pour lesquelles l'humidité alourdit l'aérostat. Celui-ci, déjà entraîné vers le sol, subit en traversant la zone humide un alourdissement qui accélère la descente. La rapidité de la chute pourrait devenir dangereuse lorsque la nacelle prendrait contact avec le sol, si le pilote n'avait pas conservé à sa disposition une quantité suffisante de lest qui, jeté par-dessus bord au moment propice, a pour effet de modérer la vitesse de la descente et de permettre d'atterrir sans choc trop brusque.

La quantité de lest à conserver pour effectuer la descente est proportionnée au volume de l'aérostat. Elle dépend aussi des conditions atmosphériques que l'on pourra rencontrer à de plus faibles altitudes, et que l'on peut, assez souvent, prévoir.

Si, au contraire de ce que nous avons supposé plus haut, l'aérostat quitte une zone d'air humide se trouvant à une altitude élevée pour arriver, un peu plus bas, dans une autre où l'air atmosphérique est sec, la quantité de lest qu'il faudra dépenser pour amortir la chute sera nécessairement moindre que dans l'hypothèse contraire que nous avons examinée.

Là, encore, l'habileté et l'expérience suppléent à des calculs que l'on ne peut établir d'une façon précise.

Collection Louis Godard.

Fig. 128. — Un aérostat en ascension.

Ainsi, lorsque la quantité de lest qui reste est réduite au minimum, la phase de navigation aérienne proprement dite est terminée; la descente commence.

Il est inutile de provoquer la descente par la manœuvre de la soupape, à moins de circonstances exceptionnelles comme, par exemple, le voisinage de la mer, ou la nécessité d'atterrir sur un emplacement propice autour duquel peuvent être disposés des obstacles dangereux.

Lorsque le pilote a décidé de descendre, il n'a qu'à laisser naviguer l'aérostat sans jeter du lest. En supposant que cet aérostat se maintienne encore pendant quelque temps à la même altitude, il arrivera un moment où il commencera à descendre. C'est ce qui s'est plusieurs fois répété pendant la phase de navigation. L'aéronaute a, chaque fois, combattu cette descente par un jet de lest, ce qui lui a permis de retrouver une zone d'équilibre, de plus en plus élevée.

Cette fois, les conditions changent : il ne s'agit plus de retrouver une altitude pour laquelle l'aérostat pourra de nouveau se maintenir en équilibre. Il s'agit de laisser la descente s'effectuer, mais en la réglant, et en l'accommodant aux conditions de sécurité des voyageurs.

Pour cela, il faut savoir, à chaque instant, quelle est la vitesse avec laquelle l'aérostat se rapproche du sol. On peut déterminer aisément cette vitesse en consultant à la fois le baromètre et la montre. Le baromètre indique la différence d'altitude, donc le nombre de mètres parcourus, et la montre permet de connaître le temps qui s'est écoulé pour parcourir cette distance. Si le temps est relevé en secondes et le chemin parcouru en mètres, une simple division donne la vitesse de descente de l'aérostat en mètres par seconde. Cette vitesse, qui peut être de 1 et 2 mètres, ne doit pas dépasser 4 mètres par seconde, vitesse dangereuse parce qu'elle peut donner lieu à un choc violent lorsque la nacelle touche le sol.

Si donc on se donne, comme vitesse de descente, une certaine valeur, 1 mètre par seconde, par exemple, après chaque observation, faite à la fois sur le baromètre et sur la montre, si la vitesse calculée de l'aérostat est supérieure à celle que l'on s'est imposée, on jette du lest, mais on n'en jette qu'une quantité réduite capable simplement de modérer la vitesse de la chute et non de l'arrêter. On arrive ainsi, par une série d'observations, et une succession de jets de lest à se rapprocher du sol à une allure lente, offrant toute sécurité pour l'atterrissage.

Il peut se présenter, au cours de la descente, un cas dans lequel il est indispensable de faire usage de la soupape qui, jusque-là, dans des conditions normales de voyage, n'a pas été manœuvrée. C'est lorsque l'aérostat, au lieu de continuer à descendre régulièrement, à la vitesse ralentie par le jet de lest, se trouve allégé, pour une cause quelconque, et recommence à s'élever dans l'espace.

Si on n'arrête pas immédiatement ce mouvement ascensionnel, que va-t-il se passer? L'aérostat, qui est flasque, puisqu'il a perdu du gaz pendant la phase de navigation et qu'il s'est rapproché du sol, n'aura pas de stabilité dans le sens ascendant, c'est-à-dire qu'il s'élèvera de plus en plus jusqu'à ce que son enveloppe soit complètement gonflée par le gaz intérieur dilaté. Or, l'altitude pour laquelle cette condition sera remplie sera au moins égale à celle qu'avait l'aérostat lorsque la phase de descente a commencé. Cette altitude sera même dépassée par suite de la vitesse acquise. Il en résulte que lorsqu'un aérostat, parvenu près du sol, commence à remonter, il ne s'arrêtera qu'à une hauteur plus considérable que celle d'où il descend. Il faudra donc recommencer la descente d'une altitude plus élevée et prendre les précautions indispensables de jet de lest pour amortir cette descente. Or, dans le cas qui nous occupe, il est évidemment impossible de le faire, puisque la quantité de lest conservée pour la descente ne s'appliquait qu'à une altitude moindre et que, de plus, une partie de ce lest a été employée pour amortir la chute jusqu'au moment où l'aérostat a recommencé son ascension. On se trouverait ainsi dans des conditions déplorables pour atterrir. Il importe donc de manœuvrer pour éviter de se trouver dans de semblables conditions.

La manœuvre, en principe, consiste à contrebalancer, en sens inverse, l'action de la force ascensionnelle supplémentaire qui a permis à l'aérostat de remonter.

Pour cela, il faut alourdir l'aérostat, et diminuer sa force ascensionnelle.

Le seul moyen que peut employer l'aéronaute est de diminuer le volume de l'enveloppe pour que la poussée verticale de bas en haut soit moins grande.

Il ouvrira donc la soupape pour laisser échapper du gaz; cette manœuvre devra être exécutée aussitôt qu'il s'apercevra que l'aérostat remonte. La perte de gaz permettra de rétablir l'équilibre après une courte ascension de l'aérostat, de sorte que la descente pourra recommencer dans des conditions sensiblement les mêmes que celles où on se trouvait lorsqu'elle a été interrompue. En tout cas, la différence d'altitude, entre ces deux positions, étant faible, le poids de lest restant disponible sera suffisant pour parer à un chute trop rapide.

Voilà donc la descente réglée et l'aérostat parvenu, à faible vitesse, à proximité du sol. On peut alors, si le terrain est favorable, ne pas atterrir immédiatement.

Le voyage peut, en effet, se continuer, à

l'aide du guide-rope, à une altitude maximum de 100 à 150 mètres au-dessus du sol, hauteur dépendant de la longueur de ce guide-rope.

Navigation au guide-rope — La navigation au guide-rope est une phase de l'ascension par laquelle on n'est pas nécessairement obligé de passer. C'est une

Collection Louis Godard

Fig. 129. — Atterrissage d'un aérostat.

période intermédiaire qui se place entre la phase de descente et l'atterrissage. Cette prolongation de voyage à une faible distance au-dessus du sol ne manque certes pas de charme; encore faut-il trouver un terrain propice pour pouvoir l'effectuer.

Nous avons précédemment indiqué les avantages et les inconvénients de la navigation au guide-rope. Les avantages consistent à prolonger l'ascension sans dépense de lest et à se maintenir à une faible altitude sensiblement constante. Les inconvénients résultent de la nature des terrains au-dessus desquels on se trouve et de l'état des cultures que l'on y fait.

Lorsqu'un aérostat a déroulé son guide-rope, aussitôt que celui-ci touche le sol, l'aérostat s'allège de tout le poids du guide-rope traînant à terre et le mouvement de descente est arrêté. A ce moment, une partie de la longueur du guide-rope repose sur le sol et, poussé par le vent, l'aérostat continue sa course. Cette course se ralentit par le frottement du câble sur le sol. L'équilibre de l'aérostat, nous l'avons vu, se trouve, dans cette position, maintenu par la longueur plus ou moins grande de guide-rope qui repose sur le sol au fur et à mesure qu'un mouvement descendant ou ascendant se produisent. La diminution ou l'augmentation de la force ascensionnelle se trouve ainsi compensée et l'aérostat peut continuer à cheminer.

Pendant les phases précédentes de l'ascension, y compris la phase de descente, les aéronautes ne sentent pas le vent, car l'aérostat se trouve entraîné, par l'action de ce vent, à sa propre vitesse; mais, aussitôt que le guide-rope a pris contact avec le sol, il n'en est plus de même. L'effet du vent commence à se faire sentir et cet effet devient de plus en plus vif à mesure qu'une plus grande longueur de guide-rope traîne à terre, c'est-à-dire à mesure que l'aérostat s'approche du sol.

Ceci s'explique par le *freinage* de plus en plus considérable que le guide-rope exerce sur la marche de l'aérostat lorsqu'il traîne de plus en plus sur le sol.

Le vent pousse l'aérostat dans un sens; le guide-rope retarde sa marche en agissant en sens inverse; les aéronautes subissent l'effet du vent, mais, en réalité, le vent qu'ils ressentent n'a qu'une vitesse égale à la différence existant entre la vitesse réelle du vent et celle de marche de l'aérostat.

Pendant la navigation au guide-rope, le pilote doit surveiller attentivement cet engin de façon à éviter des obstacles, s'il s'en présente. Une faible quantité de lest lancée à propos, permet à l'aérostat de les franchir et de reprendre le voyage sur un terrain plus propice.

Lorsqu'un stabilisateur est adjoint au guide-rope, on peut se rapprocher encore davantage du sol sans craindre d'être *rabattu* par le vent sur des parties saillantes du terrain. Nous avons, plus haut, expliqué le rôle de ce stabilisateur.

Voilà, analysées, toutes les ressources dont on dispose pour prolonger le plus longtemps possible la durée d'une ascension. Lorsque toutes ces ressources sont épuisées, il faut *prendre terre*. C'est l'*atterrissage*.

Atterrissage L'atterrissage est donc la dernière phase de l'ascension. Elle consiste à faire les manœuvres nécessaires pour que l'aérostat s'arrête dans sa marche, s'immobilise, malgré l'action du vent, prenne contact avec la terre ferme, ce qui permet aux aéronautes de descendre de la nacelle. Le voyage aérien est, à ce moment, entièrement achevé.

L'atterrissage peut s'effectuer de diverses manières, suivant les conditions atmosphérique. Le vent est surtout un facteur important avec lequel il faut compter pour l'atterrissage. Si le vent est faible, l'aérostat, qui s'est insensiblement abaissé vers le sol pendant sa navigation au guide-rope, pourra être aisément arrêté dans sa marche horizontale, soit par un obstacle auquel le guide-rope pourra s'accrocher, soit par les personnes qui se trouvent presque toujours présentes, dans nos régions, lorsqu'un aérostat atterrit.

Le spectacle d'un aérostat tombant des hautes régions de l'atmosphère et sur le point de prendre contact avec la terre, provoque toujours, dans nos campagnes, sur les personnes qui en sont les témoins, un sentiment de curiosité mêlé de crainte pour les voyageurs aériens, et, instinctivement, l'aérostat pendant sa marche à ras du sol, avant l'atterrissage, est suivi par une quantité de personnes disposées à prêter leur concours aux aéronautes pour les aider à mettre pied à terre. Lorsque le vent est faible, quelques-uns de ces curieux peuvent facilement, en saisissant le guide-rope, arrêter l'aérostat qui, ainsi immobilisé dans son mouvement horizontal, se trouvera, néanmoins, encore à une certaine hauteur d'où il faudra qu'il redescende. On pourra amener la nacelle jusqu'à terre en tirant sur le guide-rope, ou encore sur le stabilisateur, lorsque l'aérostat en possède un, ou, tout simplement, sur une corde spéciale destinée à cet usage et qu'on laisse pendre de la nacelle au moment de l'atterrissage.

Si, cependant, une fois l'aérostat arrêté, le vent exerce une action telle sur lui que l'effort nécessaire pour l'amener à terre soit trop considérable, l'aéronaute ouvre la soupape, le gaz s'échappe petit à petit, l'enveloppe se dégonfle, et la nacelle descend doucement jusqu'au sol.

Si les voyageurs ne peuvent compter sur aucun concours de personnes pour aider à l'atterrissage et que le temps soit calme, il suffira que le guide-rope soit arrêté par un obstacle autour duquel il peut s'enrouler pour que l'arrêt se produise tout d'abord; la descente s'effectue ensuite en ouvrant la soupape pour laisser perdre le gaz.

Dans le cas où le guide-rope ne permettrait pas d'obtenir l'arrêt de l'aérostat, le pilote jette l'ancre dont la corde se déroule. L'ancre en traînant sur le sol s'accroche assez facilement et provoque l'immobilisation de la nacelle. Il ne reste plus qu'à ouvrir la soupape pour prendre contact avec le sol.

L'atterrissage par temps calme est toujours assez aisé et n'offre, on le voit, aucun danger.

Lorsque le vent a une vitesse assez grande, l'atterrissage offre plus de difficultés. Il est essentiel, dans ce cas, de provoquer l'arrêt de l'aérostat dans le sens horizontal avant que la nacelle ait touché le sol. C'est l'ancre, engin d'arrêt, qui doit remplir cette fonction. Elle doit être lancée lorsque l'aérostat est encore à une certaine hauteur et, par suite du frottement de ses pointes sur le sol, elle arrive à s'accrocher à des obstacles qu'elle rencontre.

Si, cependant, le vent est vif, l'ancre s'accroche difficilement, à moins qu'elle ne rencontre un obstacle offrant une grande résistance, comme, par exemple, un arbre.

C'est pour cela que, dans ces conditions, les aéronautes cherchent toujours, pour atterrir, à atteindre la lisière d'un bois; l'ancre a, de la sorte, des chances de s'accrocher à un arbre et l'aérostat se trouve retenu captif. Il est, en vérité, couché par le vent vers le sol, mais ce n'est qu'un mouvement oscillant, et la nacelle qui, le plus souvent, n'arrive pas, dans ce mouvement, à heurter le sol, n'est, en tous cas, pas traînée.

Il convient alors de dégonfler le ballon le plus rapidement possible pour que la nacelle soit posée à terre avant que les coups de vent qui couchent l'aérostat ne l'amènent brusquement au contact du sol.

Pour dégonfler rapidement l'enveloppe, il faut laisser échapper le gaz par une ouverture la plus grande possible. La soupape est donc ouverte en grand et la corde qui la commande doit être maintenue constamment tirée et peut même être attachée au cercle de suspension. Si la quantité de gaz ainsi perdue n'est pas suffisante pour provoquer la descente rapide de la nacelle sur le sol, on a alors recours au panneau de déchirure. On tire sur la corde qui l'actionne, corde qui est attachée au cercle de suspension et qui est différenciée, ainsi que nous l'avons dit, par une couleur spéciale de la corde de la soupape. Cette manœuvre donne au gaz un orifice de sortie de section considérable; l'enveloppe, prestement dégonflée, n'offre bientôt au vent qu'une prise réduite, en même temps que la nacelle descend rapidement prendre contact avec le sol.

La violence du vent est telle, parfois, que même les obstacles résistants comme les branches d'arbres, par exemple, sont arrachés et que l'ancre ne peut pas effectuer sa prise sur le sol. Nous avons relaté un cas semblable dans l'atterrissage de l'aérostat *le Géant* dont nous avons narré les dangereuses péripéties.

On ne peut compter, dans des conditions pareilles, que sur un arrêt très problématique de l'aérostat. Si l'on n'a plus une quantité suffisante de lest pour empêcher la nacelle de raser le sol, la situation des aéronautes peut devenir très difficile et même fort dangereuse. C'est alors le *traînage* avec ses conséquences parfois désastreuses, et le traînage constitue le cas d'atterrissage le plus redouté et qu'il faut éviter à tout prix.

L'aérostat, emporté horizontalement par un vent violent, est presque couché sur la terre; la nacelle heurte, de distance en distance, le sol. A chacun des chocs, momentanément délesté, il remonte brusquement, mais cette montée est de courte durée et, de nouveau, il retombe lourdement sur le sol, d'autant plus lourdement, d'ailleurs, que le bond qu'il a fait était considérable. Les aéronautes ont donc à subir, non seulement les chocs produits par le traînage de la nacelle dans le sens horizontal, mais encore les heurts provenant des bonds successifs de l'aérostat. Ils ont la ressource, pour éviter de graves accidents, de se suspendre au cercle de suspension et aux cordages, chaque fois que la nacelle reprend contact avec le sol. Ils atténuent ainsi la rudesse des chocs, mais il importe surtout, dans ce cas, que le pilote provoque le dégonflement du ballon dans le minimum de temps possible. La soupape doit être ouverte et être maintenue dans cette position pour que le gaz puisse constamment s'échapper par son orifice. En outre, il faut agir, au moyen de la *corde de déchirure*, sur le panneau spécial de l'enveloppe préparé pour se détacher de cette enveloppe sous un effort déterminé. Le gaz trouve, de la sorte, un autre orifice de sortie de section importante, et le ballon, devenant de plus en plus flasque donne moins de prise au vent; la nacelle alors traîne d'une façon permanente sur le sol et finit par s'arrêter.

Ce genre d'atterrissage se termine assez souvent par des accidents ou, tout au moins, par des contusions pour les voyageurs. Les instruments d'observation peuvent, de plus, être détériorés et on peut ainsi perdre, par un atterrissage malencontreux, le bénéfice d'observations peut-être précieuses, faites pendant l'ascension, en admettant qu'on ait la chance de sortir indemne de la course cahotée qu'effectue l'aérostat pendant le traînage.

Il convient de dire que les cas de traînage sont heureusement assez rares et se produisent par suite de circonstances fortuites et exceptionnelles.

L'atterrissage s'opère, dans la plupart des cas, comme nous l'avons indiqué plus haut, c'est-à-dire, en résumé, par l'arrêt de l'aérostat et par la descente sur place, par suite du dégonflement du ballon, de la nacelle qui arrive sur le sol. Les voyageurs descendent de la nacelle pendant que l'enveloppe finit de se vider en laissant échapper le gaz par l'orifice de la soupape et du panneau de déchirure; ils enlèvent les instruments d'observation et les mettent en sécurité.

Lorsque le dégonflement est achevé, l'enveloppe, de laquelle on a séparé le filet, est pliée, roulée, et placée dans le sac à ballon qui la protège contre des éraflures toujours possibles si on ne prend pas cette précaution. On sait, en effet, que l'enveloppe est recouverte d'un vernis qui la rend imperméable et il faut éviter que ce vernis s'enlève par places par suite de frottements anormaux.

La nacelle est séparée du cercle de suspension, lequel est, lui-même, détaché du filet. Le sac contenant l'enveloppe et le filet sont placés dans la nacelle; la soupape peut également être démontée, ou, tout au moins son chevalet, et être enfermée dans un étui logé, lui aussi, dans la nacelle. Le cercle de suspension est disposé au-dessus et ligaturé à l'aide des cordes de suspension qu'il porte. Le tout est enveloppé d'une bâche ou d'une housse de protection, et tout l'aérostat se trouve ainsi réduit à un seul colis que l'on fait transporter à la gare la plus voisine pour regagner en chemin de fer le point d'attache.

A l'arrivée, l'enveloppe doit être déroulée et étendue. On procède minutieusement à sa visite pour faire, s'il y a lieu, les réparations nécessaires dans le cas de déchirures ou d'accrocs. On la gonfle ensuite avec de l'air pour s'assurer de son imperméabilité, puis elle est dégonflée, soigneusement pliée et se trouve ainsi prête pour une autre ascension.

Fig. 130. — Atterrissage dans la mer du Nord des époux Duruof, aéronautes, et leur sauvetage par des marins anglais.

Voilà l'ascension terminée. Résumons-la en la représentant par un tracé graphique. Nous avons déjà donné cette représentation graphique pour les deux premières phases de l'ascension. Nous prendrons donc la suite du tracé au point Z (Fig. 131). En ce point l'aérostat a atteint une altitude d'environ 1.400 mètres, après un peu plus de huit heures de navigation.

La phase de navigation peut n'être pas achevée en ce point. Suivant la quantité qu'une quantité de lest juste suffisante pour effectuer normalement sa descente de la façon que nous avons examinée, l'aéronaute laisse la descente commencer d'elle-même et n'intervient, en jetant du lest, que pour la ralentir.

La descente commence au point *c*; elle s'effectue d'abord assez brusquement suivant la ligne *c d*, ce qui n'offre aucun inconvénient, l'aérostat étant encore fort éloigné de terre : mais au fur et à mesure

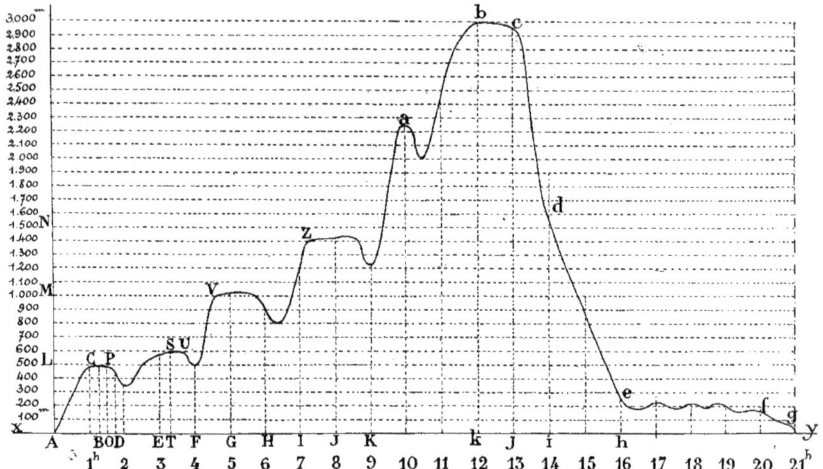

Fig. 131. — Schéma d'ensemble d'une ascension.

de lest disponible, en effet, l'aérostat pourra continuer à rester dans l'espace, mais nous avons expliqué pourquoi il effectuera, nécessairement, une succession de descentes et de montées pour retrouver, après ces mouvements, une nouvelle zone d'équilibre d'altitude de plus en plus considérable.

La représentation graphique de la suite de la phase de navigation proprement dite sera donc une succession de courbes *a*, *b*, etc... ayant une allure à peu près semblable, mais le point culminant de chacune de ces courbes sera de plus en plus élevé.

Lorsque, parvenu au point *b*, à l'altitude d'environ 3.000 mètres, l'aérostat ne possède qu'il s'en rapproche, la vitesse de descente doit être réduite au chiffre de sécurité, par un allégement progressif de l'aérostat. La courbe *de*, plus inclinée que la courbe *c d*, indique nettement le ralentissement de cette vitesse, puisque pour descendre du point *c* au point *d* l'aérostat avait mis une heure, tandis qu'il en met deux pour descendre de hauteurs sensiblement égales.

Au point *e* de la courbe, la vitesse de descente se ralentit considérablement. C'est le moment où le guide-rope, touchant le sol, permet à l'aérostat de se maintenir en équilibre à peu de distance au-dessus de la terre et de naviguer ainsi pendant un certain temps dans une direction presque horizontale. La navigation au guide-rope, commencée au point *e*, s'est poursuivie jusqu'au point *f*, et a duré par conséquent quatre heures.

La courbe représentant les altitudes successives atteintes pendant cette période par l'aérostat est la courbe *e f*. Cette courbe a une direction moyenne légèrement inclinée en allant du point *e* vers le point *f*. Cela indique que l'aérostat s'est alourdi de plus en plus en allant de *h* vers *g*; son altitude est devenue de plus en plus faible; le guide-rope traînant de plus en plus sur le sol, lui a seul permis de conserver son équilibre. Mais la ligne *ef* n'est pas une ligne droite, car les variations de la force ascensionnelle qui se sont exercées sur l'aérostat pendant le trajet de *h* en *g* compté en heures et qui ont pu être compensées par l'action du guide-rope, ont provoqué des montées et des descentes successives, de faible valeur cependant. C'est pour cela que la ligne *e f* est constituée par une série d'ondulations représentant graphiquement les variations de cette altitude.

On voit que la navigation au guide-rope s'est effectuée à une faible hauteur moyenne. Au point *f* a commencé la phase de l'atterrissage. L'aérostat a cheminé pendant un temps représenté par la longueur *fg* avant de toucher le sol, et le voyage s'est terminé au point *g*. La figure 131 représente donc, dans son ensemble, le graphique d'une ascension complète, divisée en cinq phases : de A en C, c'est le départ; de C en *c*, c'est la phase de navigation aérienne proprement dite; de *c* en *e*, c'est la descente; de *e* en *f*, c'est la navigation au guide-rope; enfin de *f* en *g*, c'est la phase d'atterrissage, dernière phase de l'ascension.

Nous avons, dans le graphique ci-contre, rapporté les altitudes atteintes par l'aérostat au temps mis par celui-ci pour y parvenir : c'est le *graphique horaire*. On pourrait également tracer le graphique par rapport à la longueur du chemin parcouru.

Sur les lignes verticales ou *ordonnées*, on porterait, comme dans le graphique précédent, les valeurs des diverses altitudes atteintes, tandis qu'horizontalement, sur l'axe des *abscisses* seraient portées des longueurs correspondant au nombre de kilomètres parcourus depuis le point de départ. La courbe obtenue en joignant les points d'altitudes différentes serait le *graphique kilométrique* de l'ascension.

Caractères divers des ascensions

Nous avons supposé, dans l'ascension dont nous venons d'analyser les phases, que sa durée avait été prolongée le plus longtemps possible, mais tel n'est pas le caractère de toutes les ascensions. Si la plupart, parmi elles, ont pour but de rester le plus longtemps possible dans les airs ou de parcourir la distance la plus considérable, il en est dans lesquelles on cherche à atteindre une altitude très élevée, ascensions se rapportant presque toujours à des observations scientifiques.

Dans quelques autres, on s'impose un point d'atterrissage, et la manœuvre est constamment effectuée en vue de prendre terre le plus près possible du lieu désigné. Parfois, aussi, la fantaisie des aéronautes les conduit, après avoir navigué dans les zones de haute altitude, à se rapprocher du sol lorsque le terrain est favorable à la navigation au guide-rope, et à jouir un certain temps de cette promenade à faible hauteur d'où l'on distingue, dans les moindres détails, tout le panorama terrestre qui défile sans cesse avec ses sites d'aspects si variés.

Cette intéressante promenade achevée, l'aréonaute peut remonter à une altitude plus élevée et reprendre sa navigation aérienne normale interrompue. Il faut, bien entendu, dans ce cas, avoir à sa disposition une quantité de lest encore suffisante pour assurer la descente finale.

Les ascensions de durée et de distance sont conduites de la même façon, car plus la durée de l'ascension sera considérable, plus le nombre de kilomètres parcourus pourra être grand. Cette condition ne se réalise pas nécessairement, car il peut fort bien arriver qu'un changement de direction du vent ramène un aérostat ayant déjà parcouru un chemin important, vers le point d'où il est parti, de sorte que, malgré une durée d'ascension considérable, il est possible que le chemin parcouru, mesuré à vol d'oiseau entre le point de départ et le lieu d'atterrissage, soit relativement minime.

Lorsque le but d'une ascension est de parcourir la plus grande distance possible, le pilote doit manœuvrer pour éviter d'être ramené vers son point de départ par un courant d'air rencontré quelquefois à une certaine altitude. Étant, à l'aide d'une carte, renseigné sur la route qu'il a déjà parcourue et sur sa direction moyenne, il doit sortir de la zone dans laquelle règne un vent défavorable qui le ramène en arrière. Suivant les conditions de l'atmosphère, et suivant les courants probables qu'il peut rencontrer, le pilote doit gagner une nouvelle zone d'équilibre pour retrouver la direction propice qui l'éloignera du point de départ.

Lorsqu'il s'agit d'une ascension d'altitude dans laquelle le but à atteindre est de s'élever à la plus grande hauteur possible dans l'atmosphère, les conditions de dépense de lest sont différentes. L'altitude à laquelle l'aérostat peut s'élever ne dépend que de la quantité de lest que cet aérostat emporte en quittant le sol.

Ce lest peut être dépensé petit à petit, comme s'il s'agissait d'une ascension de durée. Il se produit alors, comme dans la phase de navigation de l'ascension que nous venons d'examiner, une série de mouvements verticaux de haut en bas et de bas en haut, mais l'altitude se relève de plus en plus.

Cependant, comme les ascensions d'altitude sont généralement fatigantes, qu'elles peuvent occasionner des troubles physiologiques sérieux, on en réduit assez souvent la durée. Pour cela, on gagne les zones élevées aussitôt après le départ, sans brusquerie toutefois, pour éviter une variation trop rapide de la pression atmosphérique. On jette du lest par petites quantités, mais régulièrement. On navigue pendant un certain temps dans la nouvelle zone d'équilibre atteinte, mais on n'attend pas que l'aérostat commence à descendre pour rejeter du lest, comme on le fait dans une ascension ordinaire. C'est, en somme, une succession de *paliers* de plus en plus élevés, auxquels les aéronautes accèdent d'échelon en échelon, et sur lesquels ils se maintiennent le temps nécessaire pour n'être pas incommodés par les transitions trop brusques provenant de la raréfaction de l'air atmosphérique.

L'aérostat s'élève jusqu'à ce que la quantité de lest à dépenser soit épuisée. Il faut, bien entendu, conserver le lest nécessaire à la descente qui s'effectue dans les mêmes conditions que dans l'ascension ordinaire.

Si l'ascension a pour but d'atterrir le plus près possible d'un point désigné à l'avance, il faut d'abord trouver un courant d'air qui conduise dans la direction de ce point. Puis en appréciant la vitesse de l'aérostat et en connaissant l'altitude à laquelle il se trouve, il faut provoquer la descente de façon que le mouvement vertical de haut en bas, composé avec le déplacement produit par l'action du vent, conduise l'aérostat à proximité du point qu'on se propose d'atteindre.

On peut, lorsqu'on dispose d'un terrain favorable à l'emploi du guide-rope, varier à son gré, ainsi que nous l'avons dit, les phases de l'ascension. On peut commencer l'ascension en laissant traîner le guide-rope; c'est ce que l'on appelle *partir sur le guide-rope*. Il faut que la force ascensionnelle de l'aérostat ne soit pas trop considérable, de façon que le guide-rope reste en contact avec le sol.

Un départ semblable ne manque pas d'agrément, mais il est pour ainsi dire rendu impossible dans nos contrées, où la population est généralement très dense et où les cultures occupent une grande étendue.

Utilité des ascensions libres

Un voyage effectué en aérostat libre est toujours, pour les aéronautes, une source de sensations nouvelles, d'un attrait tout spécial, et qu'on ne peut éprouver dans aucune autre circonstance.

Chez les voyageurs qui, pour la première fois affrontent les émotions d'une envolée dans l'espace, il se mêle, au désir de connaître et de *voir du nouveau*, comme un sentiment de crainte, d'appréhension provenant de l'incertitude des conditions dans lesquelles s'effectuera le voyage. Et cependant, cette incertitude même soutient l'intérêt de l'ascension et lui donne un agrément particulier. On éprouve, lorsqu'on navigue dans l'espace infini, conduit par le hasard des vents, vers des directions inconnues, une impression singulière.

Le silence complet, la douceur avec laquelle on se trouve emporté, même à vive allure, sans ressentir le moindre souffle d'air, le calme le plus profond succédant, tout à coup, à la fiévreuse activité de la vie quotidienne, toute cette tranquillité majestueuse prédispose aux méditations philosophiques.

Le charme pénétrant qu'on goûte ainsi s'accroît encore au spectacle pittoresque et grandiose qui se déroule sous l'aérostat et parfois, aussi, à sa hauteur, au milieu des nuées.

Les ascensions libres ont, en outre, une grande importance au point de vue des explorations scientifiques de l'atmosphère. Nous avons donné la relation de quelques-unes de ces excursions effectuées avant l'année 1870, et on trouvera plus loin le récit d'autres voyages d'aérostats libres partis également en vue de recherches scientifiques.

A un autre titre, les ascensions libres sont d'une utilité primordiale. Elles permettent, en effet, aux futurs navigateurs aériens, désireux de *piloter* un aérostat dirigeable, ou un aéroplane, de se familiariser avec l'espace.

Il convient, en effet, de conserver tout son sang-froid dans les manœuvres complexes de ces appareils et cela ne s'obtient qu'en se familiarisant suffisamment avec la navigation aérienne pour que disparaissent toutes les préoccupations autres que celles qui intéressent directement le fonctionnement de leurs organes. A ce titre, l'ascension libre est une excellente école d'énergie où se développe l'esprit de décision, si précieux à posséder lorsqu'on veut faire de la navigation aérienne dirigée.

Des exploits récents, dont il sera question dans la dernière partie de ce livre, montrent tout le parti qu'un aviateur peut tirer de son expérience d'aéronaute, pour affirmer sa supériorité sur ses concurrents.

CHAPITRE X

AÉROSTATS LIBRES SPÉCIAUX. BALLONS SONDES. — MONTGOLFIÈRES MODERNES.

BALLONS-SONDES : **Historique. — Applications. — Appareils enregistreurs. — Étude de l'atmosphère. — Ascensions internationales.**

MONTGOLFIÈRES MODERNES : **Montgolfière Godard. — Rénovation de la montgolfière.**

Les aérostats libres que nous venons d'examiner dans le chapitre précédent, sont des aérostats constitués essentiellement pour permettre à des aéronautes d'effectuer des voyages aériens. C'est le type d'aérostat libre le plus généralement utilisé, celui que tout le monde a vu et peut voir presque tous les jours dans les airs.

Il y a cependant des aérostats libres constitués de façon différente, comme les *montgolfières* modernes, et d'autres construits pour s'élever à de très hautes altitudes, comme les *ballons-sondes*. Ces derniers aérostats n'emportent pas de voyageurs.

Les montgolfières modernes, bien différentes, ainsi qu'on va le voir, des primitives montgolfières qui ont enlevé les premiers voyageurs aériens dans l'espace, utilisent l'air chaud comme gaz léger, au lieu du gaz d'éclairage ou de l'hydrogène qui sont employés pour gonfler les enveloppes de tous les aérostats libres.

Il y a actuellement une tendance à revenir à l'idée de Montgolfier en la réalisant, toutefois, avec des procédés plus perfectionnés et en donnant toute sécurité au touriste aérien, et il nous a paru intéressant de signaler les efforts faits dans ce but et les résultats obtenus. C'est ce que nous examinerons, après avoir indiqué de quelle façon sont constitués les ballons-sondes et décrit leur mode d'emploi à l'exploration des hautes couches atmosphériques.

Ballons-sondes — Les *ballons-sondes* sont des aérostats libres, de volume réduit, utilisés spécialement pour l'étude des hautes régions de l'atmosphère. Ces ballons s'élèvent, en effet, à de très hautes altitudes, n'emportant, dans leur nacelle, que des instruments enregistreurs qui tracent automatiquement les courbes de variation de l'altitude, de la température, de l'état hygrométrique. L'étude de ces éléments et la comparaison des résultats obtenus en divers lieux et à diverses hauteurs a permis de déterminer certaines lois de variation des phénomènes atmosphériques d'un grand intérêt pour les recherches météorologiques.

L'idée du ballon libre non monté date, en somme, du jour où Montgolfier lança son premier globe en papier qui s'éleva dans les airs. On a vu avec quelle rapidité ces globes fragiles furent transformés pour pouvoir enlever d'intrépides passagers, et on a remarqué, également, quelle transformation rapide s'était produite en vue de l'obtention d'une force ascensionnelle plus considérable que celle que pouvait donner l'air chaud, utilisé pour enlever les premières montgolfières.

L'emploi de l'hydrogène pour gonfler les aérostats suivit, en effet, de très près, la découverte du ballon à air chaud par Montgolfier.

Ces montgolfières et aérostats à gaz léger, qui s'élevaient tous les jours plus nombreux avec des aéronautes, n'empêchaient pas l'ascension des ballons libres sans passagers, des *ballons perdus,* comme on les appelait. On en laissait s'élever un grand nombre dans les airs pour toutes sortes de motifs.

Ils remplaçaient, le plus souvent, dans les réjouissances publiques, les aérostats montés, plus coûteux. On les employait également, pour connaître avant le départ d'un aérostat monté, la direction des courants aériens à diverses hauteurs dans l'atmosphère. Cette méthode d'observation est encore appliquée parfois actuellement. On laisse s'envoler un ou plusieurs ballonnets légers gonflés avec du gaz d'éclairage et l'on observe la direction dans laquelle ces ballonnets sont poussés au fur et à mesure qu'ils s'élèvent. On en peut déduire la direction probable de la route que parcourra l'aérostat monté aussitôt qu'il aura quitté le sol.

Pour augmenter l'attrait du public au départ d'un aérostat, on lançait même des ballonnets explosibles avant le départ de l'aéronaute. Les ballonnets après s'être élevés dans les airs, et avoir indiqué la direction du vent, éclataient tout à coup, en produisant un bruit qui jetait quelque émoi parmi les spectateurs. Ceux-ci étaient ainsi mieux préparés à apprécier les dangers d'une ascension, et ce n'était pas sans émotion qu'ils voyaient s'enlever, dans les airs, l'aéronaute, qui, calme et confiant, leur prodiguait ses salutations, dès le départ.

On a songé aussi, à utiliser les ballons perdus, au point de vue militaire, mais les quelques essais qu'on a faits dans cette voie n'ont jamais donné des résultats probants, de sorte que cet emploi ne s'est pas généralisé.

Nous avons dit quelques mots des ballons lancés par les Autrichiens au-dessus de Venise assiégée pour réduire cette place. Les bombes emportées par ces petits ballons, et qui devaient semer la mort dans la ville et l'obliger à se rendre, éclatèrent, pour la plupart, dans le camp autrichien.

Pendant la guerre franco-allemande de 1870-1871, on essaya, lorsque Metz et Paris furent investis par les troupes ennemies, d'expédier des dépêches au moyen de petits ballonnets livrés au hasard des vents dans l'espace. Quelques-uns de ces ballonnets atterrirent en pays ami d'où les dépêches purent être envoyées à destination. Par contre, un certain nombre d'entre eux tombèrent aux mains des ennemis. C'est alors que de courageux aéronautes s'offrirent, pendant le siège de Paris, à piloter des aérostats porteurs de lettres et de dépêches qui, seules, pouvaient assurer, dans ces tristes jours, la communication de la capitale avec le reste de la France.

Les *ballons perdus* n'ont commencé à être utilisés pour l'exploration des hautes couches de l'atmosphère, que vers l'année 1892.

Auparavant, de nombreuses ascensions avaient été effectuées dans ce but, mais avec des aérostats enlevant des aéronautes qui faisaient eux-mêmes les observations aux diverses altitudes.

On se rappelle les ascensions de Robertson, de Glaisher et Coxwell dont nous avons parlé.

Les expériences se trouvaient limitées à une altitude encore trop réduite, malgré la hauteur d'environ 7.900 mètres atteinte par un des aérostats. C'est pour cela que Tissandier et ses compagnons : Crocé-Spinelli et Sivel, tentèrent, en 1875, une ascension pour pouvoir recueillir à une altitude plus élevée des données scientifiques nouvelles. Cette ascension se termina par la mort de Crocé-Spinelli et de Sivel, que l'on trouva dans la nacelle, asphyxiés par suite de la raréfaction de l'air, à l'altitude de 8.600 mètres atteinte par l'aérostat. Gaston Tissandier put heureusement être rappelé à la vie. Nous donnerons plus loin la relation de ce tragique voyage, qui marqua, pour ainsi dire, la limite extrême à laquelle des aéronautes pouvaient compter s'enlever pour effectuer utilement des observations, sur l'état atmosphérique, dans les zones supérieures.

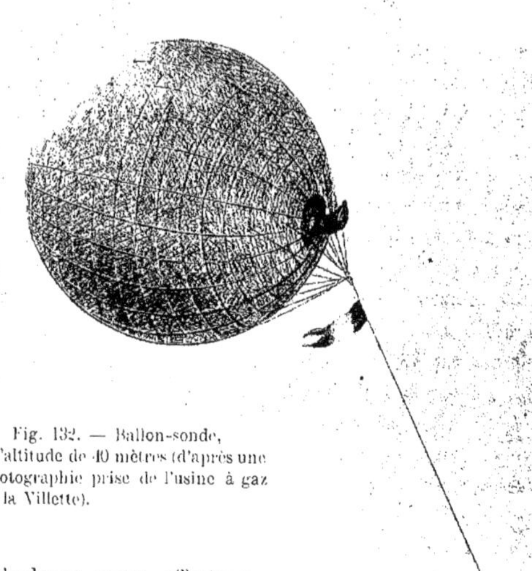

Fig. 132. — Ballon-sonde, à l'altitude de 40 mètres (d'après une photographie prise de l'usine à gaz de la Villette).

On songea donc à remplacer les aérostats montés par des ballonnets libres pouvant emporter simplement des instruments. Il fallait cependant que ces instruments fussent établis pour enregistrer automatiquement les observations, de sorte qu'à la descente du ballonnet on pût trouver ces observations inscrites et traduites par une courbe donnant les indications désirées.

C'est en 1892 que MM. Hermite et Besançon lancèrent d'abord des ballons en papier, portant des cartes sur lesquelles était inscrit un questionnaire. A l'atterrissage, cette carte devait être remplie par la personne qui trouvait le ballon et envoyée aux expérimentateurs. Un certain nombre de cartes ainsi expédiées revinrent avec des indications qui permirent de déterminer les trajectoires suivies par les ballons, le chemin parcouru et leur vitesse de marche.

On munit même les ballonnets d'un dispositif qui laissait tomber une carte de distance en distance pour que la suite des observations ainsi enregistrées permît de connaître les variations de la trajectoire suivie par ces ballonnets.

Un ballonnet fait en papier de journal enduit de pétrole et gonflé avec du gaz d'éclairage fut lancé avec un premier appareil enregistreur. Cet appareil comportait un thermomètre pouvant indiquer les températures maximum et minimum atteintes, et un baromètre dont les variations provoquaient le déplacement d'une aiguille en acier dont la pointe appuyait sur une glace enduite de noir de fumée. Le trait ainsi tracé indiquait l'altitude à laquelle s'était élevé le ballon.

On appela ces ballonnets *des ballons-sondes,* nom qu'on leur a, depuis, conservé. La fragilité des ballons-sondes faits en papier conduisit à les construire en *baudruche.*

En 1893, MM. Hermite et Besançon construisirent un ballon-sonde en baudruche ayant un volume de 113 mètres cubes, qui fut gonflé avec du gaz d'éclairage. Ce ballon, auquel on avait donné le nom d'*Aérophile*, lancé le 26 mars 1893, atteignit une altitude de 15.000 mètres. Il atterrit à Chanvres, près de Joigny, dans le département de l'Yonne, après être resté près de sept heures dans les airs. La température la plus basse atteinte pendant l'ascension, et indiquée par un thermomètre enregistreur, fut de 51 degrés au-dessous de zéro.

Une seconde ascension de l'*Aérophile* eut lieu, le 27 septembre de la même année. Il alla tomber dans la Forêt-Noire, à 450 kilomètres de Paris. L'altitude atteinte avait été de 8.600 mètres, et la plus basse température indiquée était de 40 degrés au-dessous de zéro. Le petit ballon fut détruit par les paysans qui le trouvèrent, et une explosion se produisit, provoquée par les lanternes qu'ils portaient, explosion qui blessa quelques-uns d'entre eux.

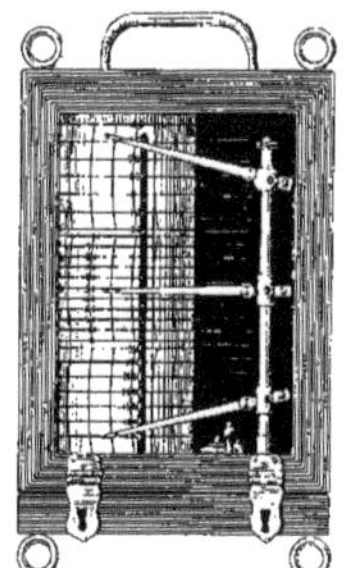

Fig. 133. — Barothermographe enregistreur, comprenant, au centre, un hygromètre à cheveux.

Une succession d'expériences furent faites ensuite, en 1895 et 1896, avec un ballon en baudruche de 180 mètres cubes.

L'une d'elles permit de constater que l'altitude atteinte avait été de 15.500 mètres, et la plus basse température enregistrée, de 70 degrés au-dessous de zéro.

On établit, à la suite de ces intéressants résultats, des ballons en soie légère, plus solide que la baudruche, mais d'un prix de revient plus élevé. Le premier ballon ainsi construit avait un volume de 400 mètres cubes et s'éleva, lors de l'ascension du 5 août 1896, à 14.000 mètres, la température inférieure enregistrée étant de 51 degrés au-dessous de zéro.

Cet aérostat, dont une des figures qui suivent, montre l'aspect au moment du départ, était muni d'instruments enregistreurs plus perfectionnés que les précédents.

Appareils divers pour ballons-sondes

Le *barothermographe* (Fig. 133), construit par l'ingénieur Jules Richard, était suspendu dans une sorte de cage en osier (Fig. 132) au-dessous de l'aérostat.

Cet instrument comporte à la fois un thermomètre et un baromètre enregistreurs. En outre, entre ces deux appareils est disposé un hygromètre à cheveux.

Le baromètre est constitué par un tube métallique de forme aplatie et roulé en spirale. On fait le vide dans ce tube, de sorte que la pression atmosphérique s'exerçant sur ses parois extérieures tend à écarter ou à resserrer les spires. Ce mouvement est transmis à une plume fixée au bout d'un levier. La plume se déplace sur un cylindre en papier animé d'un mouvement de rotation uniforme. Le tracé effectué sur ce cylindre par la plume, représente les variations de la pression barométrique, de laquelle on peut déduire l'altitude atteinte.

Le thermomètre enregistreur comporte également une aiguille qui se déplace devant une feuille de papier en traçant une courbe qui représente les variations de la température. Pour cela, l'aiguille est rendue solidaire des mouvements effectués par un tube en spirale semblable au précédent, mais dans lequel on a versé de l'alcool, au lieu d'y faire le vide. L'alcool, variant de volume suivant la température, provoque le déroulement ou l'enroulement du tube et, par conséquent, le déplacement de l'aiguille sur le rouleau de papier divisé.

Le thermomètre est gradué jusqu'à 83 degrés au-dessous de zéro.

Dans les premières expériences, on noircissait le papier enroulé sur les cylindres, à l'aide de noir de fumée, parce qu'aux basses températures l'encre contenue dans la plume se congelait. Par la suite, la composition de l'encre fut modifiée et permit d'effectuer le tracé, même à basse température.

L'hygromètre est, comme le baromètre et le thermomètre, muni d'une plume qui trace la courbe des variations hygrométriques de l'air atmosphérique.

Les trois plumes se trouvent ainsi superposées et inscrivent leur tracé sur des rouleaux de papier enroulés sur un même cylindre vertical.

Le mécanisme est enfermé dans une boîte en bois munie de vitres et comportant sur deux parois des plaques en métal perforé, pour permettre la circulation de l'air.

L'appareil est relié, par l'intermédiaire d'une suspension élastique, à un petit panier en osier fermé par un cadenas, et ce petit panier est ensuite introduit dans un autre panier cylindrique (Fig. 134) en osier noir, entouré de papier d'argent pour empêcher l'action des rayons solaires sur l'air qui se trouve à l'intérieur de ce panier. Ce panier cylindrique, nommé *panier parasoleil*, est suspendu au-dessous du ballon à une distance d'environ 8 mètres et amortit le choc lorsque le ballon atterrit. L'instrument enregistreur peut, de la sorte, être protégé contre les avaries probables qui résulteraient d'un choc non amorti.

Fig. 134. — Cage para-soleil dépourvue de son enveloppe de papier d'argent pour laisser voir la disposition de l'appareil à l'intérieur.

On place aussi des instruments à l'intérieur du ballon pour connaître les variations de la température du gaz qu'il contient. Cette température se modifie, en effet, par suite de l'action des rayons solaires sur l'enveloppe de l'aérostat.

Un dernier appareil, destiné à capter une certaine quantité d'air à haute altitude est enlevé par le ballon-sonde.

Cet appareil de prise d'air était primitivement constitué, en principe, par un réservoir dans lequel on avait fait le vide et où l'air était introduit par la manœuvre automatique d'un mécanisme qui provoquait l'ouverture d'un orifice par lequel l'air pénétrait dans le réservoir. Cet orifice était ensuite fermé d'une manière également automatique. C'est un tube barométrique, semblable à celui dont nous avons parlé plus haut, qui commandait le mouvement de débouchage et de rebouchage de l'orifice d'introduction d'air.

D'autres appareils de prise d'air ont été établis. L'un d'eux est basé sur la combustion produite par la chute d'acide sulfurique sur un mélange de chlorate de potasse et de sucre, pour provoquer la fusion d'un tube de verre, lequel se trouve ainsi soudé. Cette soudure n'a lieu que lorsque l'air a été préalablement introduit, par l'intermédiaire de ce tube, dans un réservoir dans lequel on a fait le vide.

Cette rentrée d'air s'effectue, à une certaine altitude, par la chute d'un poids, chute provoquée par la dépression atmosphérique; le poids en tombant sur la pointe du tube en verre conducteur d'air, la brise et permet ainsi à l'air de pénétrer dans le réservoir. C'est également l'action de la dépression barométrique qui déplace un petit récipient contenant de l'acide sulfurique et renverse cet acide sur le mélange pour produire la combustion qui soude le tube en verre.

L'air capté à une haute altitude est, de cette façon, emprisonné dans le réservoir et peut être analysé.

A la suite des essais encourageants de lancement de ballons-sondes, faits en France, il fut lancé en Allemagne, en 1894, au parc aérostatique militaire de Tempelhof, un ballon-sonde : le *Cirrus*, devant l'empereur Guillaume II.

Ce lancement fut effectué sous la direction de M. Assmann, de l'Institut météorologique de Berlin. Le ballon fut confectionné en tissu caoutchouté. Il avait un volume de 250 mètres cubes et le gonflement fut fait avec de l'hydrogène. Ce ballon éclata à une certaine altitude.

Un autre ballon-sonde fut lancé peu de temps après. Cette ascension obtint plus de succès que la première. Le ballon-sonde, en effet, atterrit après avoir parcouru 1.000 kilomètres environ. Il s'était élevé à 16.375 mètres et la température la plus basse atteinte avait été de 53 degrés au-dessous de zéro.

Lors d'une autre expérience, le ballon atteignit une altitude de 18.450 mètres et enregistra une température minimum de 68 degrés au-dessous de zéro.

Ascensions internationales Les résultats satisfaisants obtenus dans ces diverses expériences conduisirent à l'organisation d'ascensions internationales de ballons-sondes, dans le but de contribuer à l'étude de l'atmosphère.

Il existait déjà un service météorologique international fondé par Le Verrier ayant pour fonction de recueillir, en divers points du globe, des renseignements sur les conditions atmosphériques, et de centraliser ces chiffres pour arriver à la détermination du temps probable.

Les ascensions internationales de ballons-sondes, faites simultanément, à jours fixés d'avance, devaient fournir des renseignements sur les conditions atmosphériques dans les zones élevées et compléter ainsi les résultats obtenus sur le sol par le service météorologique international.

Une commission internationale, comprenant des savants de tous les pays, fut instituée et organisa la première ascension, qui eut lieu le 14 novembre 1896.

Huit ballons s'élevèrent simultanément ce jour-là, de Paris, Berlin, Strasbourg, St-Pétersbourg et Munich. Parmi eux, quelques-uns emportaient des observateurs. On put recueillir des renseignements intéressants, qui, coordonnés, servirent de bases de comparaison et permirent d'effectuer des corrections aux prévisions atmosphériques établies suivant les observations faites à la surface de la terre.

En 1899, une conférence internationale se réunit à Strasbourg pour unifier les méthodes se rapportant aux observations faites avec les ballons-sondes et pour rendre les expériences à la fois plus nombreuses et plus précises.

A la suite de cette conférence, une ascension simultanée d'aérostats fut décidée, Elle eut lieu le 8 juin. Vingt-quatre aérostats y prirent part, parmi lesquels quinze emportaient des aéronautes. Les neuf autres étaient des ballons-sondes munis des instruments enregistreurs les plus perfectionnés.

Les ascensions eurent lieu le même jour à Paris, Varsovie, Saint-Pétersbourg, Strasbourg, Bruxelles, Vienne, Munich.

La plus haute altitude atteinte par les aérostats montés fut de 5.500 mètres. Celle à laquelle parvinrent les ballons-sondes fut de 15.000 mètres, et la température la plus basse enregistrée fut de 64 degrés au-dessous de zéro.

Les observations recueillies lors de cette ascension permirent de confirmer, entre autres choses, la remarque déjà faite précédemment, qu'il existe, dans les zones élevées de la couche atmosphérique, un courant aérien dirigé vers l'ouest, provoqué par la rotation de la Terre ; la violence de ce courant est d'autant plus grande que l'altitude est plus considérable.

Étude de l'atmosphère

En France, c'est surtout à l'observatoire météorologique de Trappes que s'est effectuée l'étude des hautes zones de l'atmosphère, sous la direction de M. Teisserenc de Bort, le savant membre de l'Académie des Sciences.

Dès l'année 1896, M. Teisserenc de Bort commence, à l'observatoire de Trappes, des études sur le mouvement des nuages. Ces études se continuent par des *sondages* répétés de la haute atmosphère, d'abord à l'aide de cerfs-volants, puis, par l'intermédiaire de ballons-sondes.

Ces observations ont aidé à déterminer les premières lois des variations de la température aux altitudes élevées et à connaître les diverses valeurs de la vitesse et de la direction des courants aériens pour des stations météorologiques différentes.

Les sondages ainsi effectués ont permis de constater que, dans les régions à haute pression barométrique, la vitesse du vent devient de plus en plus faible à mesure que la hauteur augmente jusqu'à une altitude qui dépasse rarement 2.000 mètres. Dans les zones de basses pressions, au contraire, la vitesse du vent augmente en même temps que l'altitude jusqu'à la rencontre des nuages pluvieux. Au-dessus de la zone occupée par ces nuages, la vitesse du vent devient généralement beaucoup plus faible.

M. Teisserenc de Bort a organisé et effectué avec M. Lawrence Roth, directeur de l'observatoire de Blue Hill, aux États-Unis, trois croisières sur l'Océan Atlantique, à bord de l'*Otaria;* elles ont permis, à la suite de sondages répétés, de prouver l'existence contestée du courant aérien le *contre-alizé,* au-dessus des îles Canaries, et de déterminer son amplitude, sa vitesse et l'altitude à laquelle il se manifeste.

Les observations faites ont montré que la différence de température existant entre la zone équatoriale et nos régions ne persiste que jusqu'à une altitude de 12.000 mètres. A une altitude plus élevée, la température s'affaiblit et peut atteindre, vers l'équateur, une valeur de 80 degrés au-dessous de zéro, chiffre qui est rarement observé à la même altitude dans nos régions.

On a pu aussi constater, à une hauteur d'environ 10.000 mètres, un écart d'environ 10 degrés entre la température mesurée pendant l'été et celle mesurée pendant l'hiver. Cette constatation est intéressante et contredit l'hypothèse d'après laquelle la variation périodique de la température, suivant les saisons, provient du voisinage du sol.

De même, on a observé à ces hautes altitudes des variations de température considérables dans un laps de temps très court, quelques jours seulement, variations parfois supérieures à celles qui ont été enregistrées pendant le même temps au niveau du sol.

Un des résultats les plus importants obtenus par le sondage de l'atmosphère est la découverte d'une couche atmosphérique dans laquelle la température cesse de s'abaisser et se maintient; malgré quelques variations de peu d'étendue, pour ainsi dire sensiblement constante. Cette couche atmosphérique, appelée *zone isotherme,* se rencontre à environ 11.000 mètres d'altitude.

Elle est précédée d'une couche aérienne dans laquelle se produit une augmentation de température. Ce phénomène, d'apparence paradoxale, avait été observé à la suite des ascensions effectuées par les ballons-sondes de MM. Hermite et Besançon, mais on avait été tenté de l'attribuer à une fausse indication des appareils. Il a depuis été confirmé, et M. Teisserenc de Bort a reconnu que l'épaisseur de cette couche, nommée aussi *couche chaude,* varie de 3.000 à 6.000 mètres. L'excès de température observé dans l'épaisseur de cette couche est en moyenne de 6 degrés; il ne descend pas au-dessous de 2 et ne dépasse pas 10.

Les ballons lancés à l'Observatoire de

Trappes qui ont recueilli ces observations ont quitté le sol la nuit pour être mis à l'abri de l'influence des rayons solaires susceptibles de fausser les indications des instruments de mesure de la température. Certains de ces ballons ont atteint 28.000 mètres.

L'un d'eux, parti le 16 décembre 1906, fournit des relevés d'après lesquels on a établi que la température, à 11.000 mètres de hauteur, était sensiblement la même que celle indiquée à 28.000 mètres, alors qu'en appliquant la loi de décroissance de cette température établie d'après les couches précédentes, on aurait dû trouver une différence de 112 degrés en moins pour l'altitude de 28.000 mètres, par rapport à celle de 11.000 mètres. Entre ces deux couches aériennes séparées par une épaisseur de 17.000 mètres, la valeur de la température s'était maintenue sensiblement constante et égale à 60 degrés au-dessous de zéro.

Aux intéressants résultats ainsi obtenus, sur la variation de la température à des altitudes différentes, il convient d'ajouter ceux relatifs à l'observation de la direction des vents, à leur distribution, ainsi qu'aux variations des pressions et à leur déplacement.

Les dépressions barométriques se déplacent constamment; mais, cependant, elles séjournent, généralement, dans des régions dont la température est plus élevée que celle des régions voisines. Il est très utile, au point de vue de la détermination des caractères des saisons, de connaître ces centres d'action de basse pression ainsi que le sens de leur déplacement.

Les observations faites à l'Observatoire météorologique de Trappes ont porté également sur la détermination de l'altitude et de la trajectoire suivie par les ballons-sondes par des visées effectuées des extrémités d'une *base*. Cette *base* est constituée par une distance, très exactement mesurée en ligne droite, séparant deux points qui sont les extrémités de la base. Par des visées faites respectivement de chacun de ces points, on peut, puisqu'on connaît la longueur de la base, déterminer l'altitude du point observé.

La base de l'Observatoire de Trappes avait été établie pour observer les nuages.

Son emploi pour déterminer l'altitude des ballons-sondes, permit d'effectuer la comparaison des chiffres ainsi obtenus avec ceux indiqués par les instruments enregistreurs basés sur la dépression barométrique. Les chiffres ne concordaient pas d'une manière tout à fait exacte. Les différences obtenues provenaient à la fois de légères imperfections constatées dans les instruments et aussi des variations réelles de la pression par rapport à celles indiquées par le baromètre.

Depuis l'année 1898, l'Observatoire de Trappes, qui rend les plus grands services, a procédé au lancement de plus de 1.200 ballons-sondes en vue de l'étude de l'atmosphère.

Confection et lancement des ballons-sondes

Les ballons-sondes doivent être légers pour pouvoir s'élever à de très hautes altitudes, mais ils doivent, aussi, être suffisamment résistants pour ne pas se déchirer facilement sous l'action du vent.

Le colonel Renard proposa, en 1893, l'emploi de ballons en papier. On les constitua aussi en papier pétrolé, ainsi que nous l'avons indiqué plus haut. Le gonflement et le lancement de ces ballons offraient de grandes difficultés. Il était malaisé, en effet, de mettre l'enveloppe à l'abri des détériorations produites par le vent.

Lorsque le volume du ballon dépassait quelques mètres cubes, le vent exerçant une action considérable sur son enveloppe, il fallait procéder au gonflement à l'abri, et libérer le ballon de ses attaches avant que le vent agisse sur lui. Le gonflement s'effectuait dans un hangar, et il fallait encore prendre de grandes précautions en sortant le ballon gonflé de son hangar, pour éviter qu'il ne fût pris par le vent avant d'être rendu complètement libre.

Pour remédier à ces inconvénients qui provoquaient la destruction des ballons et la détérioration des instruments qu'ils enlevaient, M. Teisserenc de Bort avait fait construire à l'Observatoire de Trappes un hangar pivotant.

Le hangar, carré, avait 7 mètres de longueur sur chaque face et 9 mètres de hauteur. Reposant sur une plaque tournante, il pouvait être orienté dans toutes les directions.

Une porte s'ouvrait sur une seule face qui, lors du gonflement d'un ballon, était tournée dans la direction opposée à celle du vent. Le gonflement pouvait s'effectuer ainsi dans un milieu complètement calme. De plus, lorsque ce gonflement était achevé, le ballon pouvait être sorti du hangar sans inconvénient. Il se trouvait, en effet, protégé par celui-ci contre les atteintes du vent. Ce n'est qu'après le lancement, lorsque le ballon s'était élevé au-dessus du hangar, que le vent pouvait agir sur lui.

A ce moment, le danger de déchirure était moindre, puisque le ballon n'était plus retenu au sol.

Ce dispositif permit de gonfler et de lancer des ballons-sondes de 6 mètres de diamètre, dont l'enveloppe, confectionnée en papier fort mince, pesait tout au plus 60 grammes par mètre carré.

Cliché *Vie automobile.*

Fig. 135. — Dispositif pour le gonflement de deux ballons-sondes jumeaux.

La fragilité des ballons en papier conduisit à établir les enveloppes de ballons en *baudruche,* puis en tissu caoutchouté.

Les ballons-sondes sont gonflés avec de l'hydrogène, pour qu'ils puissent s'élever à de très hautes altitudes.

Lorsqu'on les lance, on ne les remplit pas d'une manière complète de gaz, car ce gaz se dilatera au fur et à mesure que le ballon s'élèvera. Il arrive cependant, que la dilatation du gaz exerce sur l'enveloppe du ballon parvenu à une altitude très élevée, une action telle que cette enveloppe cède parfois et le ballon crève. Il tombe alors d'une grande hauteur avec une vitesse accélérée, et s'il ne comporte aucun dispositif spécial pouvant ralentir la chute, les instruments emportés dans les airs sont détruits et les observations enregistrées ne peuvent être relevées. Il convient donc de constituer les enveloppes en étoffes résistantes pour éviter la déchirure du ballon même par un excès de pression intérieure.

En outre, il est prudent de munir le ballon d'un dispositif susceptible d'amortir sa chute et pouvant lui permettre, malgré la déchirure de l'enveloppe, d'atterrir sans choc. Les instruments peuvent, de la sorte, être recueillis en parfait état, et on ne perd pas ainsi le bénéfice des observations. Le météorologiste allemand Assmann adapte aux ballons-sondes un dispositif parachute constitué par une sorte de gaine en forme de calotte enveloppant le ballon à sa partie supérieure. C'est à cette gaine qu'est suspendue, par l'intermédiaire de fins cordages, une légère nacelle contenant les instruments enregistreurs. Le ballon proprement dit est donc placé à l'intérieur du réseau de cordages et sous la calotte formant gaine. Il entraîne nécessairement tout l'attirail quand il s'élève, mais, s'il vient à éclater, la gaine constitue un parachute. Pendant la descente, en effet, la calotte se tient ouverte, la chute est amortie et comme les instruments sont reliés à cette calotte par les cordes, ils peuvent arriver jusqu'à terre sans subir de dommages, malgré l'éclatement du ballon à une altitude élevée.

Cliché *Vie automobile.*

Fig. 136. — Gonflement du premier ballon.

Un autre ingénieux procédé est employé par M. Saul, industriel d'Aix-la-Chapelle, pour amortir la chute des appareils, dans le cas où le ballon-sonde viendrait à éclater.

Le ballon-sonde est, en réalité, constitué par deux ballonnets rendus solidaires l'un de l'autre et superposés. L'un des ballons, celui qui est placé au-dessus, ne porte aucun instrument. Il est simplement attaché par sa partie inférieure au second ballon placé au-dessous de lui, lequel supporte une petite nacelle où sont disposés les appareils enregistreurs.

Pour effectuer le gonflement des ballons, on fixe sur une tige horizontale, posée sur deux supports quelconques, le raccord par lequel les deux ballons sont réunis (Fig. 135). Ce raccord, qui est en aluminium pour que son poids soit le plus réduit possible, comporte un ajutage sur lequel on dispose un tuyau souple provenant d'un cylindre en acier contenant de l'hydrogène sous pression. Ce cylindre est muni d'un détendeur.

On admet l'hydrogène par le raccord d'abord dans le ballon supérieur. A mesure que son enveloppe s'emplit, le ballon se redresse et se maintient seul au-dessus de la tige-support transversale. Lorsque le gonflement est achevé, une manœuvre d'un dispositif spécial placé sur le raccord permet d'intercepter l'arrivée du gaz dans le ballon supérieur par la fermeture d'un clapet. En même temps, cette manœuvre met en communication le tube d'hydrogène avec le ballon inférieur. Le gonflement de ce dernier ballon commence et se continue jusqu'à ce que la pression du gaz soit devenue suffisante. On ferme alors le clapet du ballon inférieur et on retire le tube amenant l'hydrogène, de l'ajutage des ballons.

Cliché *Vie automobile*.

Fig. 137. — Ballons-sondes jumeaux gonflés.

Ceux-ci se trouveront prêts à s'enlever lorsqu'on aura détaché le raccord commun de la barre-support transversale.

Le gonflement du ballon supérieur est effectué de façon que la pression intérieure du gaz soit plus élevée que celle du gaz contenu dans le ballon inférieur. Le lancement des ballons peut, à ce moment, avoir lieu. S'ils atteignent une altitude pour laquelle la pression intérieure du gaz du ballon supérieur détermine son éclatement, il ne pourra pas en être de même pour le ballon inférieur, puisque la pression initiale du gaz qu'il contient était inférieure à celle de l'autre ballon. D'autre part, la force ascensionnelle de tout le système de ballons se trouvera diminuée du fait de la suppression du ballon supérieur. Le ballon inférieur ne tendra donc pas à s'élever. Il commencera au contraire à descendre; mais, comme il contient de l'hydrogène à une certaine pression, il regagnera le sol lentement et pourra atterrir sans que les instruments placés dans le panier qu'il supporte aient à souffrir du choc.

Le panier, d'ailleurs, est muni, sur sa face inférieure de ressorts souples qui prennent les premiers contact avec le sol, ce qui adoucit encore l'arrivée à terre.

En plus des précautions prises pour amortir la chute des ballons-sondes dans le cas d'un éclatement, on munit aussi ces ballons de dispositifs destinés à retarder leur mouvement ascensionnel.

Au départ, en effet, lorsque le ballon est tout près du sol, la pression atmosphérique a sa plus grande valeur et provoque parfois, en exerçant son action sur l'enveloppe, un creux à la partie supérieure du ballon. Si le ballon s'élevait trop rapidement, la variation brusque de la pression intérieure pourrait offrir des inconvénients. Pour éviter ces inconvénients, on attache au ballon à son départ un sac de lest. La force ascensionnelle étant diminuée par ce poids supplémentaire, le ballon s'élève lentement, mais, au fur et à mesure qu'il monte, le sac se vide automatiquement, de sorte qu'il gagne une altitude de plus en plus haute.

Lorsque le sac est vide, il convient de le jeter à son tour pour alléger davantage le ballon et lui permettre d'atteindre une hauteur encore plus considérable. Un mécanisme automatique déclanché par la manœuvre du baromètre à l'altitude que l'on s'est fixée à l'avance, décroche le sac, qui tombe.

Les perfectionnements que nous venons d'examiner, apportés à la confection et au lancement des ballons-sondes, permettent l'emploi rationnel de ces aérostats spéciaux pour l'étude de la haute atmosphère. Les résultats très importants obtenus à ce jour, et que nous avons résumés plus haut, sur les états atmosphériques à haute altitude, justifient l'utilité de ces engins. Ils ont, en somme, avantageusement remplacé les cerfs-volants, dont l'excursion dans l'atmosphère est nécessairement limitée par la longueur et le poids de la corde qui les rattache au sol.

MONTGOLFIÈRES MODERNES.

Les premières montgolfières, qui furent les premiers aérostats libres à bord desquels s'enlevèrent dans les airs des passagers, se trouvèrent bientôt délaissées après que le physicien Charles eut démontré la possibilité de gonfler ces *machines* avec de l'*air inflammable* ou *hydrogène*.

Les aérostats montés furent, en effet, de plus en plus constitués avec des enveloppes résistantes et gonflés avec de l'hydrogène, ce qui leur donnait, pour un volume beaucoup moindre, une force ascensionnelle au moins égale à celle des montgolfières. Nous avons relaté, dans l'historique qui est en tête de ce volume, ces étapes successives de la transformation des aérostats.

Lorsque le gaz d'éclairage put être facilement obtenu, on l'utilisa pour le gonflement des aérostats à la place de l'hydrogène, mais, en somme, depuis les premières montgolfières, on n'avait plus songé à employer ce système, car les aérostats, ainsi disposés, étaient évidemment loin de répondre aux conditions de sécurité indispensables à tout voyage aérien.

Depuis quelques années, on a apporté à la montgolfière des modifications importantes dans le but de tirer de cet aérostat tout le parti possible.

Les aérostats gonflés soit avec de l'hydrogène soit avec du gaz d'éclairage offrent certains inconvénients, dont le plus grave réside dans l'inflammabilité de ces gaz. De plus, le gonflement offre quelques difficultés, parce qu'il doit s'effectuer soit aux environs d'une usine à gaz, soit à proximité d'un appareil producteur d'hydrogène. On peut bien employer un générateur d'hydrogène mobile pour préparer le gaz en un lieu quelconque, et effectuer le gonflement, mais c'est un matériel spécial dont l'emploi ne s'applique que dans des conditions particulières.

D'ailleurs, le gaz servant à gonfler les aérostats, que ce soit l'hydrogène ou le gaz d'éclairage, est d'un prix de revient assez élevé, et comme ce gaz est perdu à chaque ascension libre, les frais de l'ascension se trouvent augmentés de la valeur de ce gaz.

Ce sont ces inconvénients qui ont incité quelques chercheurs à transformer la montgolfière, à la *rénover,* pour en faire un aérostat d'un emploi plus pratique que l'aérostat à gaz, tout en augmentant les conditions de sécurité.

Il semble, en effet, qu'un aérostat gonflé à l'air chaud puisse être plus avantageusement employé qu'un aérostat à gaz. L'avantage est indéniable au point de vue du prix de revient du gaz. Dans la montgolfière, le prix de l'air chaud qui la remplit dépend du combustible employé pour maintenir la température de cet air, et ce combustible, qui peut être du pétrole, comme nous le verrons plus loin, est d'un prix de revient assez réduit.

De plus, le gonflement de la montgolfière peut s'effectuer partout où l'on peut trouver du combustible pour alimenter le réchaud.

Un autre avantage de la montgolfière consiste à pouvoir régler la force ascensionnelle par la variation de la température à laquelle pourra être porté l'air chaud.

On peut, de la sorte, se passer de soupape, et le lest emporté est remplacé par le combustible qui brûle au fur et à mesure pour maintenir l'enveloppe remplie d'air chaud.

Comme contre-partie à ces avantages, la montgolfière nécessite, pour une force ascensionnelle déterminée, un volume plus considérable que les aérostats à gaz. On sait, en effet, que le poids spécifique de l'air chaud est sensiblement supérieur à celui de l'hydrogène et du gaz d'éclairage. La surface d'enveloppe nécessaire étant plus considérable, cela augmente le prix d'établissement de l'appareil.

En outre, la présence, à bord, d'un foyer et de réservoirs de combustibles pour l'alimenter, peut donner lieu à quelque inquiétude. Il convient cependant de dire que dans les montgolfières de cette catégorie, construites ou projetées, les dispositions nécessaires sont prises pour parer à toute possibilité d'incendie.

L'idée de rénover la montgolfière est certes intéressante en soi. Son succès dépendra surtout de la façon dont elle sera réalisée et de la garantie de sécurité qu'elle offrira.

Cette rénovation, qui est une intéressante question d'actualité, avait déjà préoccupé Eugène Godard, aéronaute très expérimenté, qui, en 1864, construisit un aérostat gonflé à l'air chaud.

Godard, après avoir fait de nombreuses ascensions avec des aérostats gonflés au gaz, établit sa montgolfière dans le but d'éviter les inconvénients inhérents aux aérostats à gaz, inconvénients que nous venons de signaler.

En voici les caractéristiques d'après les documents de l'époque.

Cette montgolfière (Fig. 138) l'*Aigle,* a près de 36 mètres de hauteur, un diamètre de $29^{m},50$ et un volume de 14.000 mètres cubes.

L'enveloppe est faite en cretonne apprêtée et cylindrée, dont le poids est de 245 grammes par mètre carré.

Les parties de l'enveloppe avoisinant la *soupape,* l'*appendice* et l'*équateur* sont renforcées. L'enveloppe est constituée par 1.920 morceaux d'étoffe assemblés en 96 fuseaux. La formation des fuseaux a nécessité une longueur de piqûre de 4.329 mètres et l'assemblage des fuseaux 4.528 mètres de couture.

Un réseau constitué par une série de galons disposés en treillis enveloppe la montgolfière, pour assurer la solidité de l'enveloppe. La formation du treillis a demandé 5.250 mètres de galon.

Entre l'*équateur* et le sommet, ou *pôle* de la montgolfière, est disposé un parachute, formé de 24 alvéoles en percale reliées au treillis de la montgolfière par des cordages.

Le parachute a pour but de ralentir la descente de la montgolfière dans le cas où l'air intérieur se trouvant refroidi, la force ascensionnelle diminuerait trop rapidement.

L'air, s'engouffrant sous les 24 alvéoles, amortit nécessairement la vitesse de descente.

La soupape, disposée au-dessus de la montgolfière, a un diamètre de 1m,40, et l'ouverture inférieure de l'appendice mesure 7m,37 de diamètre.

Un cercle en bois de frêne est placé à l'intérieur de cet orifice pour lui donner de la rigidité; il supporte 32 cordes qui sont fixées, à leur partie inférieure, à la nacelle.

Cette nacelle est formée par un plateau de 4 mètres de diamètre comportant un bordage de faible hauteur, environ 20 centimètres. Un cercle en bois servant de *garde-fou* est placé au-dessus de ce plateau et est relié à lui par 64 cordes métalliques.

Collection Louis Godard.

Fig. 138. La montgolfière l'*Aigle*.

Les 32 cordes fixées au cercle de l'appendice sont accrochées au cercle de la nacelle.

Il résulte de cette disposition que lorsque la montgolfière est gonflée, les cordes métalliques sont tendues et forment comme une grille sur le pourtour de la nacelle.

Au centre de la nacelle se trouve placé un calorifère d'un diamètre de 2 mètres et mesurant 5 mètres de hauteur.

C'est dans cet appareil qu'on entretient du feu pour maintenir la montgolfière remplie d'air chaud. Le combustible employé est de la paille de seigle épurée débarrassée de ses épis.

Pour éviter le rayonnement, qui pourrait incommoder les voyageurs, le calorifère est constitué par trois cylindres laissant entre eux un intervalle d'environ 10 centimètres. Une cheminée surmonte le calorifère et porte, à sa partie supérieure, une soupape au-dessus de laquelle est disposé un tamis en toile métallique, qui a pour fonction d'arrêter au passage les étincelles provenant du foyer; ce tamis prévient tout danger d'incendie.

Deux guides-ropes d'une longueur de 200 à 300 mètres, et une ancre de 70 kilogrammes complètent le gréement de la montgolfière.

Lors de sa première ascension, ce curieux aérostat enleva huit personnes dans les airs. Son poids total atteignait 3.812 kilogrammes.

M. Louis Godard, ingénieur-aéronaute, parent du constructeur de la montgolfière l'*Aigle*, a établi, aussi, en 1908, un système de montgolfière militaire dont deux unités ont été construites pour le compte du gouvernement brésilien.

Cette montgolfière est destinée à remplacer les aérostats gonflés avec du gaz, dans le cas où, par suite d'investissement d'une place, par exemple, on ne pourrait plus fabriquer du gaz, ou lorsque, pour toute autre cause, l'utilisation des aérostats à gaz serait devenue impossible.

L'enveloppe de la montgolfière est faite en soie. Le volume du gaz qu'elle peut contenir est de 1.900 mètres cubes. Son diamètre mesure 15 mètres 40 et sa hauteur au-dessus du cercle est de 18 mètres.

Le dispositif servant à réchauffer l'air n'est plus un calorifère alimenté avec de la paille, comme dans la montgolfière d'Eugène Godard. C'est une *chaufferie* constituée par un certain nombre de becs-brûleurs. Ces becs-brûleurs, convenablement groupés, comportent un courant d'air central. Ils sont à papillons multiples et peuvent utiliser divers combustibles liquides : essence de pétrole, alcool, benzol, etc.

Fig. 13. — Disposition des brûleurs de la montgolfière Louis Godard.

Le groupe de becs-brûleurs est disposé au centre du cercle de base de la montgolfière et solidement fixé à ce cercle en bois par des croisillons bien tendus (Fig. 139).

Le liquide combustible, emmagasiné sous pression dans un réservoir emporté par la montgolfière, est distribué aux différents brûleurs; il s'allume lorsqu'il sort des becs, en produisant pour chacun d'eux une flamme dont la longueur varie de 0m,50 à 1 mètre.

Les becs-brûleurs sont enfermés dans une cheminée disposée pour obliger l'air extérieur à traverser les flammes et à s'échauffer avant de pénétrer dans la montgolfière.

Un robinet, placé sur le conduit de distribution du combustible liquide, permet, par sa manœuvre, de régler l'intensité de la flamme des becs et, par cela même, rend variable, à volonté, l'échauffement de l'air intérieur.

La force ascensionnelle de la montgolfière peut, de la sorte, être réglée par la manœuvre du robinet de distribution de liquide combustible.

Pour effectuer le gonflement de la montgolfière, on prend le liquide combustible dans un réservoir auxiliaire d'une contenance de 30 litres, indépendant de l'aérostat.

Pour mettre les brûleurs en état de fonctionner, on allume du liquide combustible préalablement versé dans un godet de réchauffement disposé au-dessous de chaque brûleur. Lorsque le bec est allumé, la flamme se produit d'une façon continue.

La durée du gonflement est d'environ trente minutes.

Lorsque le gonflement est achevé, on interrompt la communication des brûleurs avec le réservoir de gonflement placé hors de la montgolfière et on l'établit avec deux autres réservoirs pouvant contenir 40 litres placés dans la nacelle. On continue alors à alimenter les brûleurs avec ces deux réservoirs, et la montgolfière se trouve ainsi constamment remplie d'air chaud.

Pour maintenir, dans les réservoirs d'alimentation, la pression nécessaire au fonctionnement des brûleurs, on peut employer soit une petite pompe rotative que l'on fait fonctionner à la main, soit un cylindre d'acier contenant un demi-mètre cube d'air sous pression. L'un ou l'autre de ces dispositifs doivent être, par conséquent, placés à bord de la nacelle.

En chauffant l'air de la montgolfière à une température de 90 degrés, elle peut enlever un poids d'environ 370 kilogrammes, y compris le propre poids de l'aérostat et de ses accessoires, qui est d'environ 225 kilogrammes.

Une société, la *Montgolfière*, récemment constituée, se propose, pour rendre le tourisme aérien plus économique, d'établir des montgolfières comportant, comme la montgolfière de M. Louis Godard, une série de becs-brûleurs destinés à produire et à maintenir l'échauffement de l'air dans l'enveloppe.

Les autres dispositions prévues pour cette montgolfière nouvelle ne diffèrent pas sensiblement, en principe, de celles que nous venons d'examiner.

Fig. 140. — Montage d'ensemble des brûleurs sur le cercle d'une montgolfière Louis Godard.

CHAPITRE XI

UTILISATION DES AÉROSTATS LIBRES

ASCENSIONS MILITAIRES.
PHOTOGRAPHIE EN AÉROSTAT. — DÉTERMINATION DU POINT.
ASCENSIONS SCIENTIFIQUES : Le Zénith. — Observations physiologiques.
VOYAGES EN AÉROSTAT : Expédition au pôle Nord. — Voyages divers. — Traversée des Alpes. — Coupes Gordon-Bennett. — DRAMES AÉRIENS.

Ascensions militaires

Nous avons précédemment examiné les premières applications des aérostats, en considérant successivement le parti qu'on avait pu en tirer pour les recherches physiques sur l'atmosphère et pour les observations météorologiques.

Nous avons aussi indiqué le rôle des premiers aérostats dans les opérations militaires des armées de la première République.

Ces aérostats, on l'a vu, étaient captifs, retenus au sol par des câbles puissants.

Mais, en 1870, les aérostats utilisés pendant le siège de Paris devaient être nécessairement des aérostats libres.

Les services rendus par ces aérostats fixèrent l'attention de l'autorité militaire sur les études commencées pendant la guerre, et, en 1872, il fut créé, à l'établissement de Chalais-Meudon, une *Ecole aérostatique* semblable à celle qui, au temps de la première République, avait fourni les compagnies d'aérostiers militaires placées sous la direction de Coutelle et de Conté. Cette école, fermée par ordre de Bonaparte, à son retour d'Égypte, fut donc réouverte, pourvue des meilleurs instruments et d'outils perfectionnés. On plaça à sa tête deux officiers du Génie de grande valeur : le capitaine Renard et le lieutenant Krebs.

L'industrie privée s'organisa également, à Paris, pour fournir le matériel d'aérostation militaire aux puissances étrangères, lesquelles créaient aussi des services aérostatiques analogues au nôtre.

Les « parcs aérostatiques militaires » comportent surtout des aérostats captifs. Cependant, ils utilisent, à l'occasion, les aérostats libres et, depuis quelques années, grâce aux rapides progrès faits par la locomotion aérienne, les aérostats dirigeables et les aéroplanes.

On trouvera la description de ces divers appareils à leur place, au cours de ce livre. Disons seulement, pour le moment, quelques mots sur la photographie en aérostat, pouvant permettre de lever le plan d'un ouvrage militaire, ou, encore, procurant au touriste aérien la satisfaction de reproduire quelques panoramas intéressants parmi ceux qui se déroulent au-dessous de lui pendant l'ascension.

Photographie en aérostat

C'est en 1868 que Nadar tenta tout d'abord de faire de la photographie à bord d'un aérostat. Cet aérostat, qui était captif, se trouvait à l'Hippodrome du bois de Boulogne. Les résultats obtenus ne furent pas satisfaisants.

Un autre photographe, M. Dagron, qui avait, pendant le siège de Paris, exécuté des photographies microscopiques que l'on pouvait faire transporter par des pigeons voyageurs, renouvela, en 1878, avec un peu plus de succès, les expériences de Nadar; mais on ne connaissait, à ce moment, que le collodion et l'albumine comme agents photogéniques; les résultats laissaient donc toujours à désirer.

La découverte du gélatino-bromure d'argent, qui permet de faire des *instantanés* photographiques, vint rendre plus facile la reproduction des paysages vus de la nacelle d'un aérostat.

Un photographe parisien, M. Triboulet, exécuta, en 1879, les premières photographies aériennes utilisables. L'appareil employé permettait de photographier à la fois une image panoramique, ainsi que le terrain placé au-dessous de la nacelle de l'aérostat.

Fig. 111. — Agrandissement d'une photographie prise en aérostat.

Il était constitué par six chambres noires disposées suivant une circonférence, et placées dans une nacelle percée d'ouvertures pour donner passage aux objectifs. Une septième chambre, placée verticalement au centre du cercle formé par les six autres, permettait de photographier le paysage *vu en plan.*

Ces photographies, comme les précédentes, étaient prises de la nacelle d'un aérostat captif, mais on provoquait, du sol, la manœuvre de l'appareil lorsqu'on jugeait que cet aérostat avait atteint la hauteur convenable.

Pour cela, un fil métallique qui se déroulait sur un chevalet au fur et à mesure que l'aérostat s'élevait, reliait le mécanisme de manœuvre des obturateurs d'objectifs à une pile. Dans le circuit était intercalé un commutateur qui, placé à terre, pouvait être actionné par l'opérateur. Le mécanisme d'obturation fonctionnait alors, découvrait l'objectif, et la photographie était faite. Ce dispositif offrait le grand inconvénient d'exiger le déroulement d'un fil de cuivre sur toute la hauteur à laquelle s'élevait l'aérostat.

Fig. 142. — Photographie prise en aérostat. Curieux effet de perspective.

On procéda, par la suite, à la manœuvre des obturateurs de la nacelle même de l'aérostat, et on exécuta, en 1880, des photographies en aérostat libre.

Après l'année 1880, la photographie en aérostat fait de sensibles progrès, et en 1885 M. Gaston Tissandier, habile aéronaute, accompagné d'un amateur instruit, M. Ducom, obtint une série de vues panoramiques qui furent présentées à l'Académie des Sciences où elles excitèrent une vive curiosité.

En 1886, Paul Nadar, le fils du photographe-aéronaute dont il a été précédemment parlé, fit des expériences de photographie aérienne lors d'une ascension libre dans laquelle il avait comme compagnons de route Gaston et Albert Tissandier. Les épreuves obtenues, ainsi que des agrandissements de ces épreuves, furent présentés à l'Académie des Sciences et trouvés fort intéressants.

On se rend compte que ces épreuves peuvent avoir un intérêt au point de vue militaire pour reconnaître un ouvrage fortifié, et au point de vue géographique, pour être renseigné sur les régions peu connues et difficilement accessibles par les voies de terre.

Au point de vue artistique aussi, l'intérêt est considérable, et cela, d'autant plus que l'on peut avoir des détails plus précis sur le paysage photographié.

Il convient donc d'opérer de façon à obtenir, de la nacelle de l'aérostat, des clichés d'une aussi grande netteté que ceux qui sont pris lorsque l'appareil photographique est à terre; mais on comprend qu'il est moins aisé de manœuvrer convenablement un appareil dans les airs que sur terre.

Dans le cas de la photographie en aérostat, il faut, en effet, considérer que le support de l'appareil est essentiellement mobile, puisque c'est la nacelle elle-même qui joue ce rôle.

Cette nacelle, comme l'aérostat, est soumise à toute une série de mouvements, provenant de la composition de son mouvement de translation, de son mouvement vertical et de son mouvement de giration.

Pendant le mouvement de translation, c'est-à-dire pendant que l'aérostat se déplace parallèlement à lui-même, l'image qui se trouve à une distance assez grande de l'objectif peut être considérée comme ne s'étant pas déplacée pendant le temps fort court pendant lequel s'est effectuée *la pose*. La netteté du cliché obtenu ne pourra donc pas être sensiblement modifiée par le mouvement de translation de l'aérostat, que ce mouvement se produise dans un sens tout à fait horizontal ou dans un sens légèrement oblique provoqué par la composition de son mouvement vertical et de son mouvement horizontal.

Fig. 113. — Photographie prise en aérostat. Vue verticale.

Lorsque l'aérostat est soumis à un mouvement de rotation, qui se produit généralement, autour de son axe, et quand ce mouvement est rapide, ce qui arrive parfois, il peut empêcher l'obtention d'un cliché net. Le plus souvent, le mouvement de rotation ne s'effectue pas toujours dans le même sens. L'aérostat, tournant dans un certain sens, s'arrête, puis prend un mouvement de rotation en sens inverse. Ce mouvement oscillatoire avait été remarqué lors des ascensions de Biot et Gay-Lussac, qui profitaient, ainsi que nous l'avons précédemment indiqué, du passage de l'aérostat au *point mort* pour faire leurs observations relatives à la déviation de l'aiguille aimantée.

Il conviendra d'opérer de la même façon pour obtenir des photographies nettes, si l'aérostat possède un mouvement de rotation. Des repères convenablement choisis, qui peuvent être des nuages, indiqueront la durée du mouvement oscillatoire de l'aérostat, et lorsqu'à la suite des observations effectuées on aura déterminé le moment où l'aérostat reste un instant immobile, parce qu'il va changer le sens de son mouvement de rotation, il conviendra de choisir ce moment pour prendre le cliché. La fraction de temps très courte pendant laquelle s'effectuera la pose sera prise sur le temps d'arrêt que marquera l'aérostat pour passer d'un sens de rotation à l'autre. On pourra, de la sorte, obtenir une image nette du paysage.

Un autre mouvement pouvant rendre difficile l'obtention d'un cliché photographique à bord d'un aérostat est le mouvement de *trépidation;* on le ressent surtout dans les aérostats captifs. Ce mouvement est provoqué par le fait de l'attache de l'aérostat au câble qui le relie au sol.

La nacelle d'un aérostat libre peut aussi avoir des mouvements de trépidation résultant de circonstances diverses.

Pour obvier aux inconvénients provenant des vibrations, on place l'appareil photographique dans une petite nacelle à suspension élastique fixée elle-même à la nacelle de l'aérostat. La suspension élastique a pour fonction d'amortir et même d'éteindre les vibrations, qui ne se transmettent pas, ainsi, à l'appareil photographique. On peut alors prendre des vues photographiques qui ont toutes chances de posséder une netteté convenable, à condition, toutefois, que, pour effectuer la pose, on ait le soin de ne pas ébranler l'appareil.

Il convient, en effet, pour se placer dans les meilleures conditions en vue de l'obtention de photographies nettes, de provoquer le fonctionnement de l'obturateur par l'intermédiaire d'un tube de caoutchouc et d'une poire. On évite ainsi les secousses que l'on pourrait occasionner en effectuant le déclenchement à la main.

En dehors de la stabilité nécessaire de l'appareil photographique, d'autres causes interviennent pour modifier la netteté et la finesse des clichés pris dans les airs. La brume qui s'étale assez souvent à proximité du sol nuit à l'obtention d'images précises. Les détails du paysage photographié sont difficiles à définir. En outre, par un temps de brume, la lumière est moins vive et les plaques sensibles de l'appareil seront plus difficilement impressionnées. De là, la nécessité de prolonger le temps de pose, ce qui n'est pas sans inconvénient, étant donnés les mouvements continuels de la nacelle de l'aérostat.

Pour réduire le plus possible les effets désavantageux dus à l'insuffisance de lumière et à l'action de la brume, il est bon de munir les appareils photographiques destinés aux aérostats d'objectifs fonctionnant à très grande ouverture, c'est-à-dire permettant l'utilisation de diaphragmes de grand diamètre. De plus, les obturateurs seront réglés pour que leur vitesse de fonctionnement soit diminuée le plus possible, en tenant compte, toutefois, que le temps de pose ainsi déterminé doit être approprié à la rapidité avec laquelle les mouvements divers de l'aérostat se produisent.

Il sera bon également d'employer des plaques photographiques très sensibles à grain fin.

Un aéronaute-photographe expérimenté déterminera, d'ailleurs, aisément, les meilleures conditions à adopter pour obtenir un bon cliché, car, outre les considérations que nous venons de formuler, le choix de l'altitude intervient dans la réussite des clichés. Lorsque l'altitude à laquelle on aura opéré sera faible, les détails, sur l'image obtenue, seront nécessairement plus grands que sur une épreuve faite à une altitude supérieure, mais le paysage embrassé sera moindre.

D'autre part, dans un cliché pris à faible altitude, les objets un peu rapprochés semblent se recouvrir. La différence des plans est quelquefois insuffisamment accusée et, à ce titre, les clichés pris à une altitude plus grande donnent une sensation plus réelle des paysages photographiés.

On choisira, pour effectuer les épreuves, le moment où la lumière a sa plus grande intensité, et si le soleil brille, on attendra qu'il soit arrivé au point culminant de sa course pour opérer. On obtiendra ainsi des images intenses avec des reliefs nettement accusés.

Des clichés faits avec une bonne lumière diffuse que l'on peut obtenir, par exemple, lorsqu'un léger nuage voile le soleil, sont plus doux et plus agréables à l'œil, mais si la photographie en aérostat a pour objet la recherche de documents topographiques, il est indispensable d'opérer avec la lumière la plus vive.

Fig. 111. — Photographie prise en aérostat. Vue verticale.

C'est, évidemment, en aérostat captif qu'on éprouve les difficultés les plus grandes à obtenir de beaux clichés. Les mouvements de translation et de rotation de l'aérostat libre sont transformés en mouvements oscillatoires, dus à l'attache fixe constituée par le câble.

En outre, ainsi que nous l'avons dit, l'aérostat captif est soumis à des mouvements de trépidation, de sorte que si, à la rigueur, on peut, à bord d'un aérostat libre, prendre des vues photographiques en posant l'appareil sur le pourtour de la nacelle et en déclenchant l'obturateur au moment convenable, on pourra rarement opérer ainsi à bord d'un aérostat captif.

On adopte le procédé que nous avons précédemment indiqué et qui consiste à suspendre élastiquement l'appareil photographique à la nacelle et à déclencher l'obturateur par l'intermédiaire d'un tuyau souple en caoutchouc. On attendra pour effectuer ce déclic que l'aérostat atteigne le *point mort* d'une de ses périodes d'oscillation, c'est-à-dire le court instant pendant lequel son mouvement change de sens et est, par conséquent, nul.

Dans l'aérostat captif, la valeur de la force ascensionnelle influe sur son mouvement vibratoire. Lorsque l'enveloppe est remplie de gaz et que la force ascensionnelle est, en conséquence, considérable, les mouvements de trépidation sont importants, mais, par contre, les autres sont amoindris, et cela se conçoit aisément, car l'aérostat tire avec énergie sur son câble et tend à s'élever verticalement en résistant aux mouvements latéraux.

Quand, au contraire, l'aérostat est dégonflé, il est plus sensible à l'action du vent qui lui imprime des mouvements oscillatoires de plus grande amplitude.

Il est donc utile de tenir compte de toutes ces particularités pour opérer d'une façon correcte lorsqu'on fait de la photographie en aérostat.

En résumé, ce genre de photographie offre quelques difficultés, qui ne sont pas insurmontables pour un professionnel. Elle peut rendre de réels services, surtout au point de vue topographique, car on peut relever, par l'obtention de clichés successifs, le plan d'un terrain, d'une agglomération bâtie, d'un ouvrage fortifié, etc... Dans ce cas, le cliché doit être pris l'appareil étant placé de telle sorte que l'objectif se trouve braqué verticalement vers le sol.

Les clichés pris sous un certain angle peuvent, également, fournir de précieuses indications.

D'ailleurs, si les clichés obtenus sont convenables, on a toujours la ressource de les agrandir pour apprécier plus distinctement les détails qui peuvent échapper à l'œil dans l'épreuve obtenue directement.

Les quelques reproductions de photographies prises en aérostat que nous donnons permettront de juger des curieux effets de perspective qui peuvent se produire. Les figures 143 et 144 représentent des vues verticales, c'est-à-dire prises l'objectif étant braqué pour ainsi dire verticalement vers le sol; la figure 141 est la reproduction d'un agrandissement de cliché pris en aérostat sous un certain angle d'incidence.

Détermination du point en aérostat

Il est très utile, quand on voyage en aérostat libre, de connaître constamment la direction dans laquelle l'aérostat se trouve entraîné et de déterminer sa position exacte sur une carte terrestre.

C'est ce qui s'appelle *faire le point*, par analogie avec l'opération faite à bord des bateaux pour reconnaître l'endroit exact où ces bateaux se trouvent sur la mer.

Quand l'aérostat navigue en ne perdant pas la terre de vue, l'aéronaute peut, à l'aide de cartes et de repères déterminés : villes, bois, fleuves, etc..., reconnaître sa route et déterminer d'une manière sensiblement exacte la direction suivie par l'aérostat et la vitesse avec laquelle il se déplace.

Mais lorsque des nuages s'interposent entre la terre et l'aérostat ou, encore, pendant la nuit, il est difficile à l'aéronaute de connaître, à chaque instant, le point de la terre au-dessus duquel il se trouve, s'il n'emploie pas des moyens spéciaux.

Il est d'ailleurs indispensable de faire cette détermination, surtout lorsque l'aérostat est à proximité de la mer ou, dans le cas d'un aérostat militaire, lorsqu'il doit éviter d'atterrir en territoire ennemi.

L'aéronaute peut, à la vérité, lorsque les nuages forment le seul obstacle à la détermination de sa route, laisser descendre son aérostat au-dessous de l'écran nuageux, mais cette manœuvre pourra nécessiter une perte de gaz si la soupape est actionnée et la durée de l'ascension se trouvera réduite.

Il est toujours préférable de se donner le moyen de repérer constamment la position géographique de l'aérostat sans modifier sa phase de navigation normale. On peut obtenir ce résultat, à défaut des repères terrestres invisibles, en prenant des points de repère célestes.

A une certaine altitude le ciel est généralement pur. On choisit d'ailleurs le moment où une éclaircie se produit pour *faire le point*, le jour à l'aide du soleil, la nuit à l'aide des étoiles.

L'opération consiste à mesurer la hauteur de l'astre au-dessus de l'horizon. C'est ainsi que les marins opèrent pour faire leur point, et ils se servent, pour cela, d'un appareil nommé *sextant*.

La méthode astronomique de la mesure de la hauteur des astres permet de trouver soit par le calcul, soit en se servant d'*abaques*, tracés spéciaux établis à l'avance, la *latitude* et la longitude du point à reconnaître. Ce point se trouve ainsi nettement déterminé géographiquement et on peut le reporter sur une carte terrestre.

Le sextant employé dans la marine permet d'observer l'horizon réel, mais cet appareil ne peut être utilisé en aérostat de la même façon.

On a donc combiné divers appareils dans lesquels on crée un horizon artificiel qui permet d'effectuer les observations.

Parmi eux, le *sextant gyroscopique* maintient une ligne d'horizon artificielle à une position constante malgré les mouvements de la nacelle de l'aérostat. L'appareil comporte un mécanisme de gyroscope tournant à une très grande vitesse et gardant toujours la même position.

Des sextants et des boussoles à niveau sont aussi utilisés et d'un emploi plus facile que le sextant gyroscopique.

Dans le sextant à niveau, la lunette avec laquelle on vise l'astre doit permettre de voir dans son champ l'image de la bulle d'un niveau à bulle d'air. Ce niveau est posé au-dessus de la lunette et sa bulle est réfléchie par un miroir convenablement incliné. On voit ainsi à la fois, dans la lunette, l'astre visé dont l'image se forme sur un fil horizontal et la bulle du niveau. L'éclairage nécessaire pour voir ces images pendant la nuit est fourni par une petite lampe électrique alimentée par une légère pile sèche supportée par l'appareil.

Expériences scientifiques

A la suite des prouesses aéronautiques accomplies pendant le Siège de Paris en 1870, les aérostats, dont on s'était assez peu occupé pendant de longues années, redevinrent en faveur. Une *Société française de navigation aérienne* fut constituée et donna à la Science aéronautique un bienfaisant essor.

L'étude de l'atmosphère aux hautes altitudes tentait toujours les savants et les chercheurs. Sous le patronage de la *Société de navigation aérienne*, des ascensions furent organisées pour compléter les résultats donnés par les ascensions scientifiques précédentes dont nous avons parlé plus haut.

En 1874, Sivel et Crocé-Spinelli s'élèvent jusqu'à 7.300 mètres d'altitude en respirant de l'oxygène, et font de très intéressantes observations.

En 1875, la *Société de navigation aérienne* établit un programme d'ascensions comportant un voyage *de durée* et un voyage *d'altitude*.

Ces voyages doivent être effectués avec l'aérostat le *Zénith*, construit par Sivel et ayant un volume de 3.000 mètres cubes.

L'Académie des Sciences et les sociétés savantes patronnèrent ce projet et fournirent les ressources nécessaires pour le réaliser.

Le 23 mars 1875, à 6 h. 20 du soir, le *Zénith* part de l'usine à gaz de la Villette emportant dans sa nacelle cinq aéronautes : Sivel, Crocé-Spinelli, Jobert, et les frères Albert et Gaston Tissandier.

Dans la nacelle sont, en outre, disposés divers instruments et appareils d'expérience, et 1.100 kilogrammes de sable fin, formant lest, enfermé dans des sacs.

Suivant un intéressant récit qu'en a donné un des hardis aéronautes, Gaston Tissandier, l'aérostat, après avoir traversé Paris en passant au-dessus des Tuileries et des Invalides, se maintint à une hauteur variant de 700 à 1.100 mètres.

Sivel, détermine la direction de la route suivie, à l'aide de la boussole, et en laissant traîner jusqu'à terre une fine cordelette d'environ 800 mètres de longueur. Cette corde indique, par suite de son frottement sur le sol et de l'inclinaison qu'elle prend, l'*arrière* de l'aérostat.

Crocé-Spinelli fait des observations spectroscopiques; Jobert jette de la nacelle des questionnaires imprimés destinés à être envoyés à Paris après avoir été remplis par les personnes qui les auront recueillis. Le questionnaire comporte des demandes d'indications sur la température, la pression barométrique, et l'état atmosphérique.

Gaston Tissandier fait circuler 100 litres d'air dans un appareil spécial destiné à absorber l'acide carbonique de cet air, afin de le doser après l'atterrissage. Albert Tissandier prend des croquis de phénomènes aériens, dont l'un observé à 4 h. 30 du matin est un *halo* entourant la Lune, d'une très vive intensité, et provenant de la réfraction de la lumière traversant des paillettes de glace rencontrées à une haute altitude.

Au matin, le *Zénith* est en vue de la Rochelle et l'Océan est à proximité. Le vent pousse cependant l'aérostat dans la direction du sud. En côtoyant la mer, le *Zénith* arrive sur la Gironde à 10 heures du matin, la traverse, et atterrit aux environs d'Arcachon, après avoir navigué à faible hauteur pour utiliser un courant aérien ayant une direction nord-ouest qui éloignait l'aérostat de la mer.

L'ascension avait duré vingt-deux heures quarante minutes et dépassé sensiblement la durée moyenne des ascensions précédemment effectuées.

Des observations utiles aux études météorologiques furent consignées pendant cette ascension, qui fournit des éléments divers intéressant la Physique du globe.

La première partie du programme tracé par la *Société de navigation aérienne* se trouvait de la sorte fort heureusement remplie.

L'exécution de la seconde partie, l'ascension d'altitude, devait se terminer de la plus tragique façon.

C'est le même aérostat le *Zénith*, qui est utilisé pour effectuer cette ascension.

Les voyageurs sont au nombre de trois : Gaston Tissandier, Crocé-Spinelli, et Sivel.

Les expériences et observations météorologiques faites dans l'ascension de durée doivent être complétées à la plus haute altitude possible.

Gaston Tissandier doit doser l'acide carbonique au moyen du même appareil, appelé *aspirateur*, emporté dans la précédente ascension, et qui se compose d'un tube à potasse dans lequel on fait circuler un volume d'air connu et qui retient l'acide carbonique. Crocé-Spinelli doit rechercher la vapeur d'eau contenue dans l'air en effectuant des observations spectroscopiques. Sivel, aéronaute expérimenté, pilote l'aérostat.

Le *Zénith* part de l'usine à gaz de La Villette le 15 avril 1875.

A une heure de l'après-midi il est à plus de 5.000 mètres. Les observateurs avaient fait passer l'air dans l'aspirateur, effectué les expériences spectroscopiques, mesuré la température intérieure du ballon qui était de 20 degrés alors que celle de l'air extérieur était de 5 degrés au-dessous de zéro.

« Nous nous sentions tout joyeux, dit Gaston Tissandier, un des aéronautes, dans un émouvant récit de cette ascension; Sivel jette du lest; bientôt nous montons, tout en respirant de l'oxygène qui produit un effet excellent.

« A une heure vingt minutes, le baromètre marque 320, nous sommes à l'altitude de 7.000 mètres; la température est de — 10°. Sivel et Crocé sont pâles et je me sens faible. Je respire de l'oxygène qui me ranime un peu. Nous montons encore.

« Sivel se tourne vers moi et me dit : « Nous avons beaucoup de lest, faut-il en « jeter? »

« Je lui réponds : « Faites ce que vous « voudrez. »

« Il se tourne vers Crocé et lui fait la même question. Crocé baisse la tête, en signe d'affirmation très énergique.

« Il y avait dans la nacelle au moins cinq sacs de lest; il y en avait quatre encore qui pendaient en dehors par des cordelettes.

« Sivel saisit son couteau et coupe successivement trois cordes. Les trois sacs se vident et nous montons rapidement.

« Je me sens tout à coup si faible que je ne peux même pas tourner la tête, pour regarder mes compagnons qui, je crois, se sont assis.

« Je veux saisir le tube à oxygène, mais il m'est impossible de lever les bras. Mon esprit était encore très lucide; j'avais les yeux sur le baromètre, et je vois l'aiguille passer sur le chiffre de la pression 290, puis 280, qu'elle dépasse. Je veux m'écrier : « Nous sommes à 8.000 mètres ! » mais ma langue est comme paralysée.

« Tout à coup je ferme les yeux et je tombe inerte, perdant absolument le souvenir : il était environ une heure et demie.

« A deux heures huit minutes je me réveille un moment; le ballon descendait rapidement, j'ai pu couper un sac de lest pour arrêter la descente, et écrire sur mon registre de bord les lignes suivantes que je recopie :

« Nous descendons. Température — 8°; je « jette du lest : H = 315. Nous descendons. « Sivel et Crocé évanouis au fond de la na- « celle. Descendons très fort. »

« A peine ai-je écrit ces mots, qu'une sorte de tremblement me saisit, et je retombe évanoui encore une fois. Je ressentais un vent violent qui indiquait une descente très rapide. Quelques moments après, je me sens secouer par les bras, et je reconnais Crocé qui s'est ranimé : « Jetez du lest, « me dit-il, nous descendons. » Mais c'est à peine si je puis ouvrir les yeux et je n'ai pas vu si Sivel était réveillé. Je me rappelle que Crocé a détaché l'aspirateur, qu'il l'a jeté par-dessus bord, et qu'il a jeté du lest, des couvertures, etc.

Fig. 145. — La nacelle du *Zénith* pendant la tragique ascension du 15 avril 1875.

« Tout cela est souvenir extrêmement confus, qui s'éteint vite, car je retombe dans mon inertie plus complètement encore qu'auparavant, et il me semble que je m'endors d'un sommeil éternel.

« Que s'est-il passé? Je suppose que le ballon délesté, imperméable comme il l'était, et très chaud, a remonté encore une fois dans les hautes régions.

« A trois heures environ, je rouvre les

yeux, je me sens étourdi, affaissé, mais mon esprit se ranime! Le ballon descend avec une vitesse effrayante, la nacelle est balancée avec violence et décrit de grandes oscillations; je me trouve sur mes genoux et je tire Sivel par le bras, ainsi que Crocé.

« Sivel! Crocé! m'écriai-je, réveillez-« vous! »

« Mes deux compagnons étaient accroupis dans la nacelle, la tête cachée sous leurs manteaux. Je rassemble mes forces et j'essaye de les soulever. Sivel avait la figure noire, les yeux ternes, la bouche béante et remplie de sang; Crocé-Spinelli avait les yeux fermés et la bouche ensanglantée.

« Vous dire ce qui se passa alors m'est impossible. Je ressentais un vent effroyable de bas en haut. Nous étions encore à 6.000 mètres d'altitude. Il y avait encore dans la nacelle deux sacs de lest que j'ai jetés. Bientôt la terre se rapproche. Je veux saisir mon couteau pour couper la cordelette de l'ancre; impossible de le retrouver! J'étais comme fou, et je continuais à appeller : « Sivel! Sivel! »

« Par bonheur j'ai pu mettre la main sur un couteau et détacher l'ancre au moment voulu. Le choc à terre fut d'une violence extrême. Le ballon sembla s'aplatir, et je crus qu'il allait rester en place; mais le vent était violent et l'entraîna; l'ancre ne mordait pas et la nacelle glissait à plat sur les champs.

« Les corps de mes malheureux amis étaient cahotés çà et là, et je croyais à tout moment qu'ils allaient tomber de la nacelle. Cependant j'ai pu saisir la corde de la soupape, et le ballon n'a pas tardé à se vider, puis à s'éventrer contre un arbre. Il était quatre heures.

« En mettant pied à terre, j'ai été saisi d'une surexcitation fébrile violente, et bientôt je me suis affaissé en devenant livide; j'ai cru que j'allais rejoindre mes amis dans l'autre monde. Cependant je me remis peu à peu.

« J'ai été auprès de mes malheureux compagnons, qui étaient déjà froids et crispés. J'ai fait porter leurs corps à l'abri dans une grange voisine! »

Ainsi donc, quelques heures après le départ du *Zénith*, Crocé-Spinelli et Sivel étaient foudroyés par l'apoplexie pulmonaire et Gaston Tissandier gisait, à demi-mort près de deux cadavres. Il dut son salut, à ce qu'il assure, à ce qu'il tomba en syncope, de sorte que sa respiration fut ainsi suspendue pendant que l'aérostat s'élevait à une altitude où l'air est extrêmement raréfié.

Voici, d'ailleurs, les notes écrites sur son carnet par Gaston Tissandier au commencement du voyage :

« Je reprends la suite de Crocé-Spinelli, pendant qu'il fait ses expériences spectroscopiques. Mes pulsations sont de 110 à la minute. Nous sommes à 3.000 mètres. Notre thermomètre, placé à l'intérieur du ballon, marque 25 degrés au-dessus de zéro dans l'intérieur, 10 degrés au-dessous dans la nacelle. Crocé-Spinelli, tâté, a 120 pulsations. — Une heure dix minutes : sommes à 6.000 mètres. Nous allons bien... Maintenant, 6.500 mètres. Un peu d'oppression. Mains gelées légèrement... Nous allons mieux... Mains gelées... Crocé souffle. Respirons oxygène dans ballonnets, Sivel et Crocé ferment les yeux... Pâles... Un peu de mieux, même un peu gais. Crocé me dit en riant : « Tu souffles comme un marsouin... » — Une heure vingt minutes : sommes à 7.000 mètres. Sivel paraît assoupi... Sivel et Crocé sont pâles... 7.400 mètres (sommeil)... 7.500. Sivel jette lest encore... Sivel jette lest. »

Ce sont les derniers mots écrits par Gaston Tissandier.

Il semble que les courageux voyageurs auraient dû être avertis lorsqu'ils eurent atteint une altitude de 7.000 mètres, par ces troubles physiologiques : la pâleur et l'assoupissement, de n'avoir plus à jeter du lest, car ces troubles étaient les signes précurseurs des graves accidents qui devaient se produire.

L'aérostat avait bien emporté trois ballonnets de caoutchouc contenant une proportion de 70 % d'oxygène et de 30 % d'air pour faciliter la respiration des aéronautes à une altitude élevée, mais les troubles occasionnés par la raréfaction rapide de l'air les empêchèrent de se servir de ces appareils au moment propice.

Lorsque Gaston Tissandier, en revenant à lui, peu de temps après la mort de ses compagnons, les aperçoit couchés inertes dans la nacelle, il les croit évanouis. Il les appelle, les secoue, ainsi qu'il le dit dans son récit; mais ils restent sans mouvement.

Fig. 116. — Crocé-Spinelli.

Le sang s'échappait de leur nez, de leur bouche, de leurs oreilles. Gaston Tissandier se souvint alors de cette phrase dite par Sivel au moment du départ : « Celui-là de nous trois sera heureux qui reviendra. »

Affolé, Tissandier ne peut rien pour rappeler ses compagnons à la vie, et l'aérostat descend toujours. La terre est proche. Tissandier parvient à jeter l'ancre, mais sa première tentative reste sans résultat. Le *Zénith*, après avoir effleuré les arbres d'un grand parc, vient frapper contre un orme. La secousse est terrible, mais le danger a rendu son sang-froid à l'aéronaute. Il monte dans les cordages et crève l'enveloppe du ballon. Il voit des hommes courir à lui. Il se précipite hors de la nacelle pour leur donner plus facilement des instructions sur la manœuvre à effectuer.

On se suspend aux cordes, et le *Zénith* est enfin arrêté aux Néraux, commune de Ciron (Indre). Dans la nacelle gisent les deux cadavres de Crocé-Spinelli et Sivel. Gaston Tissandier, fortement contusionné, fut l'objet de soins empressés qui lui furent donnés chez un fermier voisin. Il resta sourd pendant quelques heures, mais il sortit heureusement indemne de cette ascension périlleuse.

La catastrophe du *Zénith* est due certainement à la trop grande rapidité de l'ascension.

On sait que l'air diminue de masse à mesure que l'on gagne des altitudes de plus en plus élevées. Par suite de cette *raréfaction* de l'air, qui se manifeste par un moindre poids pour un même volume, la respiration pulmonaire s'effectue avec d'autant plus de difficulté qu'on est à une hauteur plus grande au-dessus du sol.

A des altitudes de 5.000 à 6.000 mètres, on a déjà de la peine à respirer, et on ne pourrait se maintenir pendant longtemps à ces hauteurs si on n'avait recours aux inhalations d'oxygène.

De plus, une autre cause, indépendante de la raréfaction de l'air, peut constituer un danger pour la vie des êtres animés : c'est la diminution de la pression atmosphérique.

Sur la terre, la pression atmosphérique qui comprime notre corps à l'extérieur est équilibrée, à l'intérieur, par les liquides qui circulent dans les organes. Si cette pression extérieure vient à diminuer, par suite du transport du corps dans une région plus élevée, cet équilibre est rompu; il y a excès de la pression intérieure sur celle du dehors, et de là, peuvent résulter les accidents les plus graves. Ces accidents consistent surtout en un trouble dans la circulation du sang. Si l'on s'élève beaucoup, le sang sort par le nez, par les oreilles; les lèvres bleuissent : on est exposé à une apoplexie pulmonaire. Dès que l'aéronaute commence à respirer avec peine et à souffrir du manque d'air, il doit prendre garde, et ne s'élever qu'avec précaution. Il est à craindre qu'il ne soit bientôt plus assez maître de ses mouvements pour pouvoir respirer le gaz oxygène qu'il a emporté comme moyen de salut.

Ainsi, une précaution essentielle pour l'aéronaute, c'est de s'élever avec lenteur, afin que son corps ne passe pas avec une trop grande rapidité de la pression extérieure normale à une pression beaucoup plus faible.

Le passage progressif et de durée plus prolongée de la pression atmosphérique ordinaire à une pression très réduite, donne aux organes le temps de s'y préparer et permet d'éviter les accidents pouvant résulter d'un changement brusque.

On sait que les ouvriers qui travaillent dans des caissons à air comprimé pour établir les fondations des piles de pont, par exemple, ont bien soin de ménager cette transition du passage de l'air atmosphérique à l'air comprimé dans les caissons.

Les crachements de sang, les saignements de nez, les vertiges sont à craindre lorsqu'on ne prend pas les élémentaires précautions que commande la prudence.

Ce qui est vrai pour l'air comprimé l'est également pour l'air raréfié, car c'est la même cause agissant en sens inverse. L'air comprimé produit des épanchements et *intravasations* des liquides du corps, de l'extérieur à l'intérieur; l'air raréfié provoque des *extravasations*, des épanchements du sang du dedans au dehors. Mais dans l'un et l'autre cas on peut éviter ces dangers en ne se soumettant que progressivement à la différence de pression.

Fig. 147. — Sivel.

Il est certain que dans le cas du *Zénith*, les trois aéronautes se trouvèrent trop rapidement transportés dans une atmosphère raréfiée. Il résulta de cette transition brusque un anéantissement de leurs facultés qui détermina, ainsi qu'il arrive dans ces sortes de cas, des actes involontaires, inconscients, qui causèrent la mort de deux d'entre eux.

L'un des aéronautes, en effet, coupe les sacs de lest pour faire monter l'aérostat encore plus haut, alors qu'il aurait dû, au contraire, ouvrir la soupape, pour descendre, tandis qu'un autre jette par-dessus bord les couvertures et les appareils emportés pour faire des expériences.

Ces divers objets jetés par Crocé-Spinelli : aspirateur, boîte contenant le spectroscope, couverture, bâche, furent retrouvés dans la commune de Courmenin (Loir-et-Cher). Ils étaient, pour la plupart, tachés de sang et tombèrent auprès d'une femme et de deux enfants qui furent fort effrayés de cette chute mystérieuse, l'aérostat étant, à ce moment, invisible.

Il nous reste à indiquer les quelques observations scientifiques, rapportées de cette ascension si malheureusement terminée, d'après l'exposé fait par Gaston Tissandier à l'Académie des Sciences, et dont voici un résumé : Les observations thermométriques ont donné une décroissance de la température jusqu'à la hauteur de 8.000 mètres. En partant, le thermomètre marquait 14 degrés au-dessus de zéro; le zéro était atteint à 4.387 mètres. A 7.000 mètres il indiquait 10 degrés au-dessous de zéro et 11 à 7.400 mètres.

La température intérieure de l'aérostat était de 19 degrés au-dessus de zéro au centre et de 22 près de la soupape à une altitude de 5.000 mètres.

L'ascension s'est effectuée rapidement.

La température des couches d'air diminuait, tandis que la température intérieure de l'aérostat restait à peu près stationnaire, ce qui diminuait sa force ascensionnelle.

Fig. 148. — Gaston Tissandier.

Les voyageurs réservaient leurs forces pour les régions les plus élevées, sans soupçonner le dénouement funeste qui les attendait. En ce qui concerne les effets de l'ascension sur la circulation, à 4.602 mètres, il y avait 110 pulsations à la minute; à 5.300 mètres, Sivel en comptait 155, avec + 37 degrés 9 dixièmes pour la température de sa bouche. A terre, Crocé-Spinelli comptait 74 pulsations; Sivel, 76 à 86, et Gaston Tissandier, 70 à 80.

Au delà de 5.000 mètres, Crocé-Spinelli a signalé l'absence de la vapeur d'eau dans l'air. Le ciel était bleu et limpide; une nappe de cirrus fut observée à 4.500 mètres; à 7.000 mètres la masse des cirrus était plus compacte; on distinguait une petite portion de la surface terrestre qui formait comme la base d'un cylindre. Jusqu'à 7.000 mètres les aéronautes n'éprouvèrent pas d'inconvénients sérieux.

A cette altitude ils étaient pâles; ils respirèrent de l'oxygène, ce qui leur fit beaucoup de bien.

Vers 7.500 mètres les voyageurs s'engourdissent; Sivel vide alors ses trois sacs de lest. Le corps et l'esprit s'affaiblissaient peu à peu. A ces hauteurs, on ne souffre pas, on devient indifférent, on ne pense plus au danger, on est heureux de s'élever de plus en plus. Le vertige des hautes régions n'est donc pas un vain mot. Bientôt Sivel s'assit, comme l'était Crocé-Spinelli, Gaston Tissandier s'appuya comme il put; il devint très faible, sans pouvoir tourner la tête; il ne pouvait lever les bras, pour saisir le tube et respirer l'oxygène. Son esprit avait cependant conservé quelque lucidité, il lut la pression de 290 à 280 millimètres; mais sa langue était paralysée.

A une heure trente minutes, il tombe inerte. A deux heures huit minutes, il se réveille et vide un sac de lest; il note la pression de 315 millimètres et l'altitude de 7.059 mètres, il était alors deux heures vingt minutes. Il s'affaisse de nouveau; le vent était violent. Crocé-Spinelli se réveille à son tour et jette du lest; il lance par-dessus bord l'aspirateur, qui pesait 17 kilogrammes. Le ballon, imperméable et très chaud, remonte encore. Aucun des trois aéronautes ne peut tirer la soupape pour redescendre, et Gaston Tissandier perd encore connaissance.

Ce ne fut qu'à trois heures trente minutes qu'il se ranima; la hauteur était de 6.000 mètres. Ses compagnons avaient cessé de vivre. Leur visage était noir, ils avaient les yeux à demi fermés, la bouche entr'ouverte, ensanglantée et froide.

La descente eut lieu à quatre heures, à 250 kilomètres de Paris, après un séjour de quatre heures vingt-cinq minutes dans les airs.

La boîte renfermant les *tubes barométriques* fut ouverte dans le laboratoire de la Sorbonne, huit jours après l'événement, pour connaître quelle était la hauteur maximum atteinte.

Ces *tubes barométriques*, qui ont été imaginés par le savant et regretté Janssen, sont construits en fer; ils ont 60 centimètres de long; ils sont remplis de mercure et recourbés en bas. Sous l'influence de la dépression, le mercure s'échappe en gouttelettes, et, après le voyage, la quantité de mercure qui reste dans le tube permet de déterminer la pression correspondante. L'un de ces tubes était cassé, d'autres fonctionnaient mal, mais deux ont présenté une marche régulière. On a trouvé ainsi que la plus faible pression était de 264 à 260 millimètres, ce qui porte à 8.600 mètres la hauteur maximum à laquelle est parvenu le *Zénith*. Gaston Tissandier est persuadé que la hauteur de 8.600 mètres répond à la première montée, et que ses amis ont perdu la vie lorsque le ballon a atteint, pour la deuxième fois, les régions élevées.

Avant la catastrophe du *Zénith* une autre ascension d'altitude avait failli finir aussi tragiquement. C'est celle effectuée par les aéronautes Glaisher et Coxwell, voyage aérien dont nous avons précédemment parlé et qui avait pour but des observations scientifiques. On sait que dans cette ascension Glaisher faillit perdre la vie, après avoir dépassé l'altitude de 8,000 mètres, et ne dut son salut qu'à un miraculeux hasard. Arrivé à cette hauteur, en effet, Glaisher tomba subitement sans connaissance au fond de sa nacelle, et, s'il ne périt pas, c'est que Coxwell, tout défaillant lui-même, eut cependant la force de tirer, avec ses dents, la corde de la soupape et de provoquer ainsi une descente rapide de l'aérostat.

Dans une autre ascension, postérieure à celle-ci, Glaisher affirme, d'autre part, avoir atteint 10.000 mètres. Il est peu probable que cette hauteur ait pu être atteinte sans que l'aéronaute se soit entouré de précautions spéciales, telles qu'on les prend, de nos jours, dans les ascensions d'altitude. Peut-être, aussi, y-a-t-il eu, sur la mesure de l'altitude maximum, une erreur due au fonctionnement défectueux des appareils.

On peut, cependant, s'élever à des altitudes considérables sans trop de danger, depuis qu'on fait usage d'appareils respiratoires remplaçant les ballonnets à oxygène qui distribuaient leur gaz à l'aide d'un tube de caoutchouc qu'on se plaçait dans la bouche.

Le 23 septembre 1900, deux intrépides aéronautes français, MM. Jacques Balsan et Louis Godard, atteignaient une altitude de 8.500 mètres, et le 31 juillet 1901 un courageux aéronaute allemand, M. Berson, s'élevait jusqu'à 10.500 mètres de hauteur, ce qui constitue le record du monde d'altitude pour aérostat libre monté.

Observations physiologiques en aérostat

Les troubles physiologiques qui se manifestent à des altitudes élevées et qui ont causé la mort de Crocé-Spinelli et de Sivel, ont été l'objet d'études et d'observations au cours d'ascensions spécialement effectuées dans ce but.

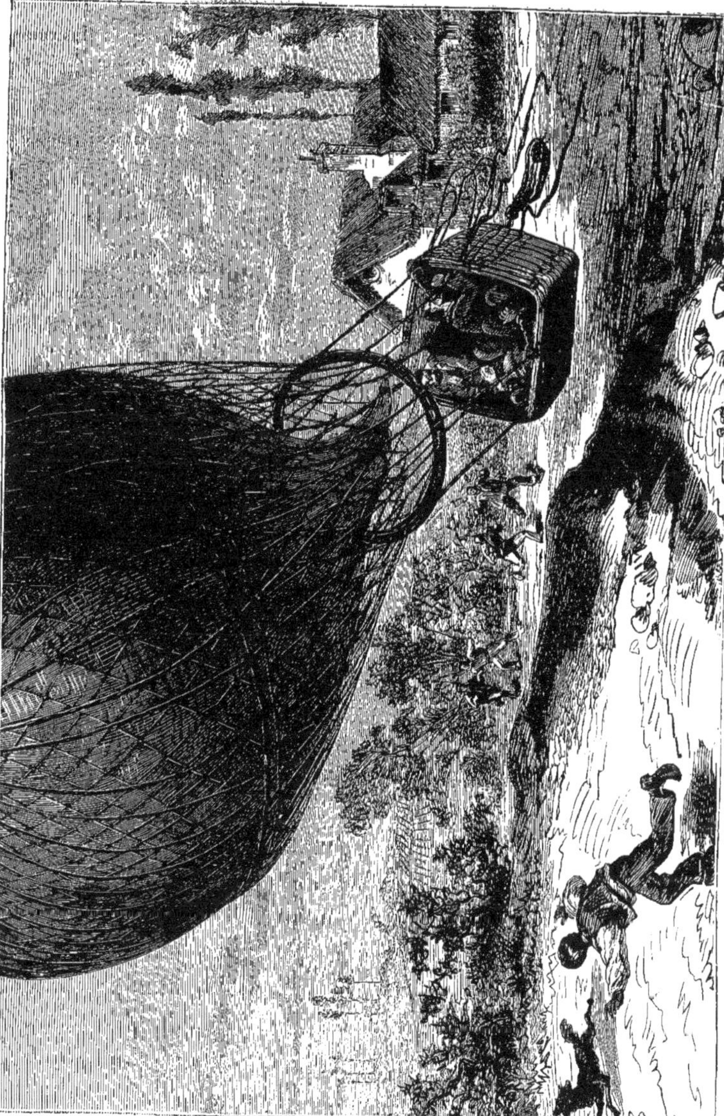

Fig. 149. — Atterrissage du *Zénith*.

L'une de ces ascensions a été faite le 3 juillet 1908. C'est sous le patronage de la Commission scientifique de l'Aéro-Club de France que les docteurs Jacques Soubies et O. Crouzon, accompagnés de l'aéronaute Albert Omer-Décugis, ont procédé, à haute altitude, à des recherches relatives au *mal en ballon,* aux modifications de la pression artérielle, de la force musculaire, de la sensibilité.

Voici un résumé du très intéressant rapport présenté par les observateurs à la Commission scientifique de l'Aéro-Club de France, dans sa séance du 27 juillet 1908.

Le *mal en ballon* est un ensemble de symptômes qui surviennent chez les aéronautes entre 5.000 et 6.000 mètres et dont le développement peut entraîner la mort.

D'après l'ouvrage du docteur Soubies sur la *Physiologie de l'aéronaute,* ces symptômes se manifestent par la fréquence et la profondeur des inspirations, la soif, les nausées, ou les vomissements, la diminution de la force musculaire, la fréquence du pouls et les palpitations, la congestion veineuse de la face, la *céphalalgie,* ou douleurs de tête, la torpeur et la paresse intellectuelle, la somnolence.

On a donné des explications diverses de cet ensemble d'accidents, mais deux théories ont surtout retenu l'attention des physiologistes : la première rapportant ces accidents à l'insuffisance d'oxygène contenu dans le sang, et que les spécialistes désignent sous le nom d'*anocyhémie,* la seconde expliquant les troubles physiologiques par la diminution de l'acide carbonique dans le sang ou par la trop grande exhalaison d'acide carbonique. Cette seconde théorie est désignée dans les milieux spéciaux sous le nom d'*acapsie* et repose sur ce fait que l'acide carbonique est un excitant énergique du centre respiratoire. A une altitude supérieure à 5.000 mètres, il y aurait une trop grande quantité d'acide carbonique rejeté et l'insuffisance d'acide carbonique dans le sang provoquerait le *mal en ballon* et le *mal des montagnes.*

Cette théorie a été défendue par plusieurs physiologistes, parmi lesquels le docteur Agazzotti, qui a, d'ailleurs, fait, sur lui-même, une expérience assez démonstrative. Il a pu, en respirant un mélange formé de 13 % d'acide carbonique et de 87 % d'oxygène, supporter en 1906, l'énorme dépression de 112 millimètres de mercure correspondant à une altitude de 14.852 mètres, et il admet qu'il est indispensable de mélanger de l'acide carbonique à l'oxygène pour combattre les malaises causés par les fortes dépressions à des altitudes élevées.

C'est une étude comparative de l'action de l'oxygène pur et du mélange préconisé par le docteur Agazzotti que se sont proposé de faire les docteurs Soubies et Crouzon dans l'ascension du 3 juillet 1908.

Ils avaient emporté pour cela de l'oxygène pur et un mélange de 13 % d'acide carbonique et 87 % d'oxygène que les trois aéronautes pouvaient, à volonté, respirer. Chacun d'eux était muni d'un masque respiratoire. Le départ eut lieu à cinq heures vingt minutes du matin dans l'aérostat *Walhalla,* cubant 2.250 mètres, du parc de l'Aéro-Club, à Saint-Cloud. L'ascension s'effectua lentement, mais d'une façon régulièrement progressive, et quatre heures et demie après le départ, à neuf heures cinquante minutes, l'aérostat avait atteint son altitude maximum 5.350 mètres, le lest se trouvant, à ce moment, presque complètement épuisé.

« Jusqu'à 4.000 mètres, dit le docteur Crouzon dans son rapport, nous n'éprouvâmes aucun symptôme. Jacques Soubies et moi fîmes, à ce propos, la comparaison entre nos sensations de cette ascension et celle d'une ascension précédente où nous avions atteint l'altitude de 3.400 mètres en deux heures, et où nous avions éprouvé de la lassitude, de la congestion veineuse de la face et de la surdité. Nous avions peut-être profité d'un certain entraînement, mais il est certain, d'autre part, que nous avions suivi, pendant l'ascension un régime plus recommandable : alors que la première fois, nous avions usé de champagne et d'alcool avec l'idée de nous réconforter, nous nous étions contentés, cette fois, de prendre, au départ, du café, et pendant l'ascension, de temps en temps, une gorgée de vin de kola ou une tablette de chocolat à la kola. « Entre 4.000 et 4.050 mètres, nous notâmes tous trois que notre respiration était un peu plus haletante. Mais nous n'avions pas de congestion veineuse de la face ni de troubles auriculaires.

« A 4.050 mètres, Soubies présente de la congestion veineuse de la face; il ressent une légère *céphalée* de la nuque. Je lui administre pendant une minute un débit de 3 litres d'oxygène pur par minute. La céphalée disparaît. A 4.200 mètres, nous ressentons encore tous les trois la respiration haletante. A 4.300 mètres, Soubies éprouve un peu de somnolence : je lui donne, pendant une minute, le mélange d'Agazzotti : sa somnolence cesse.

« A 4.350 mètres, Soubies est de nouveau repris de somnolence : il a la vision trouble de la terre, ses paupières sont lourdes. Je lui donne de l'oxygène pur pendant vingt-cinq secondes. Il est aussitôt ranimé et refuse de prendre plus longtemps l'oxygène : il a repris son entrain, il est gai et chantonne. « A 4.500 mètres, Soubies est plus haletant; sa respiration est profonde et fréquente. Il est guéri après 10 secondes du mélange. Il ressent à partir de ce moment un froid très vif aux pieds.

« Decugis et moi nous ne sommes nullement incommodés. Decugis continue sans fatigue la manœuvre du lest.

« Je surveille Soubies et je règle l'administration du gaz. Je me contente de temps en temps de m'aérer avec un éventail. Je cherche si l'oxygène ou le mélange peuvent me donner une sensation quelconque de mieux-être : je n'en éprouve aucune. A cette altitude, nous lâchons deux oiseaux que nous avions emportés : ils volent pendant une centaine de mètres en décrivant d'instinct une grande spire, puis disparaissent.

« A 4.800 mètres, Soubies éprouve un malaise plus grand; il est fatigué, veut s'asseoir et s'effondre au fond de la nacelle; il est haletant, ne peut prendre aucune note; j'écris pour lui : une minute d'inhalation d'oxygène pur le ranime complètement.

« A 5.000 mètres, Soubies veut aider Decugis à prendre la température : il ne peut manier le thermomètre-fronde; il est fatigué, s'assoit de nouveau dans la nacelle, ne répond plus aux questions, ou demande qu'on le laisse tranquille et qu'on attende encore avant de lui donner de l'oxygène : il désire éprouver jusqu'au bout les sensations du mal en ballon. Je le secoue, le frappe sur le bras et lui applique le masque. Je lui donne le mélange d'acide carbonique et d'oxygène, qui ne lui apporte pas un bien-être suffisant. Il réclame alors l'oxygène pur qui le remet presque instantanément.

« A 5.100 mètres, Soubies observe que Decugis, dont le pouls était de 80 pulsations à 4.050 mètres, a 102 pulsations.

« De 5.000 à 5.350 mètres, Decugis et moi n'éprouvons aucun malaise. Soubies respire d'une façon discontinue l'oxygène pur et se trouve beaucoup mieux. Un poisson rouge et une grenouille que nous avions emmenés sont en parfait état.

« La plus haute altitude est atteinte à 5.350 mètres. La descente se fait assez rapidement à la vitesse de 2^{m},50 à 4 mètres à la seconde, suivant les moments. Nous n'éprouvons aucun malaise à la descente. Soubies est complètement remis dès 3.000 mètres : au moment de l'atterrissage il tire la corde de la soupape. Après l'atterrissage, il s'occupe seul du pliage du ballon et déjeune ensuite parfaitement.

Et le rapport formule des conclusions dont voici un résumé :

« L'un de nous, Jacques Soubies, a éprouvé, dès 4.050 mètres, les premiers symptômes du mal en ballon. Il a éprouvé six malaises qui ont nécessité une inhalation gazeuse pour le ranimer : trois malaises ont été dissipés avec l'oxygène pur, trois avec le mélange d'Agazzotti.

« Le seul avantage du mélange semble avoir été une guérison obtenue en dix secondes à 4.550 mètres, alors que celles dues à l'oxygène ont demandé 25 et 60 secondes à diverses altitudes; mais il est à noter qu'à 4.550 mètres il s'agissait surtout de troubles respiratoires et il est possible que l'acide carbonique ait agi, là, comme excitateur de la respiration.

« Aux autres malaises, la guérison n'a pas été plus rapide, et au dernier, l'amélioration était si peu nette que Jacques Soubies a réclamé l'oxygène et s'en est servi de 5.000 à 5.350 mètres d'une façon discontinue.

« Nous ne pouvons donc, de ces recherches, conclure à l'efficacité du mélange d'Agazzotti et il semble bien plutôt que ce soit l'oxygène pur qui soit encore le meilleur gaz à recommander aux aéronautes. C'est à lui que nous donnons notre préférence. »

Les recherches faites pendant la même ascension sur la pression artérielle, la sensibilité, la force musculaire, l'ouïe ont confirmé les observations déjà faites sur ces questions : la pression artérielle varie, mais n'est pas régulièrement influencée par l'altitude; la force musculaire, la sensibilité et l'ouïe diminuent d'une façon générale.

L'aérostat, parti à cinq heures vingt minutes du matin, atterrit à dix heures trente minutes à Broglie (Eure), après être resté cinq heures dix minutes en l'air et avoir parcouru 118 kilomètres.

Voyages en aérostat En dehors des applications militaires et scientifiques, les aérostats libres ont été très souvent utilisés pour effectuer des voyages aériens : simples promenades, voyages de durée, voyages de distance, traversées de bras de mer, et même véritables expéditions dont l'une est malheureusement restée célèbre : celle d'Andrée au Pôle Nord.

Nous allons résumer quelques-uns de ces voyages pris parmi les plus importants.

Nous avons précédemment examiné le rôle des aérostats libres pendant le Siège de Paris et fait le récit des ascensions diverses effectuées dans la capitale, pour essayer de maintenir ses communications avec la province, malgré son investissement.

Il convient de citer, comme voyages aérostatiques aussi aventureux que curieux, les tentatives effectuées en cette même année 1870 pour forcer le blocus et pénétrer dans Paris par la voie des airs, la seule libre.

On se proposait de faire partir, de plusieurs points du territoire non occupés par l'ennemi, des aérostats qui, poussés dans la direction de Paris par des vents favorables, iraient planer sur la capitale et effectuer leur descente dans l'enceinte même de la ville.

Ce projet assez audacieux n'était pas irréalisable et il aurait certainement pu être couronné de succès s'il eût été poursuivi avec persévérance, malgré les difficultés matérielles provenant des variations brusques de la direction des vents.

On envoya des aérostats et des pilotes à Orléans, Chartres, Évreux, Dreux, Rouen, Amiens, villes peu distantes de Paris possédant des usines à gaz et non occupées par les Allemands.

Chaque aéronaute devait posséder une boussole et connaître l'angle de route vers Paris. Il devait observer les nuages au moyen d'une glace horizontale fixe, où était tracée une ligne indiquant la direction de Paris.

Lorsque les nuages suivraient cette direction, c'est-à-dire lorsqu'un courant aérien supérieur pourrait conduire l'aérostat sur Paris, il devait gonfler à la hâte cet aérostat, demander télégraphiquement des instructions au Gouvernement, à Tours, prendre les dépêches et partir aussitôt que possible.

Le point de départ étant relativement peu éloigné de Paris et ses forts offrant une étendue assez considérable pour l'atterrissage, on pouvait réussir à y pénétrer, et en tout cas, on pouvait lancer par-dessus bord des lettres et des dépêches apportées de province.

Si l'aérostat passait à côté de la capitale, il devait continuer son voyage et descendre au delà des lignes ennemies.

En choisissant des points de départ échelonnés sur les diverses lignes de la *rose des vents*, les tentatives pouvaient être nombreuses et certaines devaient aboutir.

Tel était le programme tracé aux aéronautes répartis dans les diverses stations de départ.

La première tentative fut faite à Chartres, par M. Révillier; mais les Allemands s'étant présentés devant Chartres, cet aéronaute dut s'échapper de la ville avec son matériel.

Albert et Gaston Tissandier, envoyés au Mans avec un aérostat de 2.000 mètres cubes, le *Jean-Bart*, durent attendre plusieurs semaines que le vent vînt du sud-ouest, direction favorable à la réussite.

Fig. 150. — Descente de l'aérostat le *Jean-Bart* sur la Seine.

Pendant ce temps, le projet primitif dut être modifié, car les armées ennemies s'emparaient de la plupart des villes où les ascensions devaient s'effectuer. Malgré ces conditions défavorables, les frères Tissandier, encouragés par le gouvernement de la Défense nationale, se rendirent à Rouen avec l'aérostat le *Jean-Bart*, et ils entreprirent deux voyages aériens dans des conditions vraiment dramatiques.

Ils partirent de Rouen le 7 novembre 1870 à une heure de l'après-midi, pour tenter de descendre dans Paris. Le vent soufflait du Nord-Ouest et les ballons d'essai lancés avant le départ avaient tracé la route vers la capitale.

Toute la population rouennaise salua de ses applaudissements le départ des courageux aéronautes. Ils emportaient 350 kilogrammes de lettres adressées de tous les points de la France aux Parisiens.

Le vent était faible; l'aérostat avançait doucement. De plus, une épaisse brume vint l'envelopper et les aéronautes ne purent, pendant deux heures, reconnaître leur route.

Ils se décident alors à prendre terre. Ils descendent dans un avant-poste de mobiles français à un kilomètre des lignes prussiennes.

Le vent a changé de direction; il souffle du nord. Inutile de persister dans la tentative. L'aérostat est remorqué par des paysans jusqu'à un prochain village possédant une usine à gaz, et le *Jean-Bart* est regonflé, prêt à partir aussitôt que le vent sera favorable.

Le lendemain, quatre heures et demie, les aéronautes, après avoir observé les courants aériens des hautes régions, repartent. Ils s'élèvent à 3.000 mètres; la nuit arrive; mais, malgré la clarté de la lune, ils ne peuvent déterminer la route suivie et jugent prudent de descendre à proximité du sol. La nuit est froide; le thermomètre marque 14 degrés au-dessous de zéro, et aux faibles altitudes un vent sud-est les pousse vers l'océan.

On jette du lest; l'aérostat remonte, traverse cinq fois la Seine, aux environs de Rouen. Il arrive au-dessus de Jumièges, ayant perdu une grande partie de son gaz. Il est à peine à 100 mètres au-dessus de la Seine et le vent le pousse vers la mer qui n'est pas éloignée.

Il faut donc, de toute nécessité, descendre et au-dessus du fleuve même, fort large à cet endroit. Un aéronaute tire la corde de la soupape et l'aérostat vient planer à quelques mètres au-dessus de la surface de l'eau, où il reste immobile. De la nacelle, on jette des cordes et les habitants du village d'Hartrouville, à l'aide de barques, tirent vers la terre le *Jean-Bart* échoué (Fig. 150). Cette tentative courageuse ne fut pas renouvelée, parce que la ligne d'investissement se resserrait de jour en jour et rendait de plus en plus improbable la possibilité d'effectuer une descente dans la capitale.

Traversée de la Manche La traversée de la Manche a tenté un grand nombre d'aéronautes, et cela peu de temps après l'invention des aérostats.

On a lu, précédemment, les péripéties du voyage de Blanchard d'Angleterre en France, qui fut la première traversée du Pas-de-Calais en aérostat libre, et nous avons aussi donné le récit de la tentative faite par Pilâtre de Rozier pour effectuer cettre traversée en sens inverse, de France en Angleterre, dramatique ascension où l'infortuné Pilâtre de Rozier trouva la mort avec son compagnon Romain. Depuis lors, de multiples tentatives furent faites pour traverser la Manche dans les deux sens.

En 1883, le colonel Burnaby, parti de Douvres, parvint à effectuer la traversée en atterrissant près de Dieppe. C'était la seconde fois seulement qu'on réussissait à passer d'Angleterre en France au-dessus de la mer.

En cette même année, un jeune aéronaute français, Lhoste, résolut de traverser le détroit du Pas-de-Calais, en partant des côtes de France. Cette traversée en aérostat offre plus de difficulté que celle faite d'Angleterre en France, car les vents qui soufflent généralement au-dessus du détroit n'ont pas une direction favorable. A Calais, notamment, les vents d'est, qui permettraient la traversée du détroit, ne soufflent presque jamais.

En partant de Cherbourg, la traversée pourrait s'effectuer plus aisément par une bonne brise du sud.

Lhoste espéra, cependant, franchir le détroit en partant de Calais. Il fit cet essai le 6 juin 1883, avec l'aéronaute Eloy. Ils partirent dans un aérostat de 800 mètres cubes : le *Pilâtre-de-Rozier*.

L'aérostat s'éleva à 1.200 mètres et fut entraîné par un courant nord-ouest avec tendance à l'ouest.

En gagnant une altitude plus faible, il changea de sens de marche en tournant brusquement sur lui-même de droite à gauche.

A 600 mètres l'air était humide et froid. 15 kilogrammes de lest sont jetés et l'aérostat monte à 1.000 mètres. On voit la mer dont on distingue nettement le fond à cette hauteur.

L'ascension se continue par la recherche, à des altitudes diverses, d'un courant favorable pour franchir le Pas-de-Calais. Quoique l'aérostat ait atteint un moment une hauteur de 4.100 mètres, la tentative fut vaine et le courant aérien propice ne fut pas trouvé.

Fig. 151. — Lhoste.

A midi et demi, le voyage, qui avait duré près de huit heures, se termina, vis-à-vis des dunes d'Étaples, par une sorte de chute sur le sol, d'une hauteur de 700 mètres. L'atterrissage eut lieu à Lottinghen.

L'insuccès de ce premier essai redoubla l'ardeur de Lhoste, qui s'éleva seul, quelques jours après, le 8 juin, dans le même aérostat.

Parti à minuit de l'usine à gaz de Boulogne, par un vent favorable, il traverse la ville à une altitude de 600 mètres. A une heure, il double le Cap Gris-Nez. La mer est devant lui, mais un brouillard intense l'enveloppe.

A quatre heures, l'aérostat est à 1.600 mètres. A sept heures, il a atteint 4.000 mètres par suite du séchage de son enveloppe.

A huit heures, une condensation se produit qui alourdit l'aérostat. Il y a descente rapide; la chute est arrêtée à 500 mètres. A huit heures et demie, l'aéronaute se laisse descendre sur la place de l'Esplanade, à Dunkerque. A peine descendu, Lhoste s'aperçoit que les vents ont pris une direction favorable à son entreprise. Décidé, malgré tout, à tenter de nouveau la traversée du Pas-de-Calais, il fait ses adieux aux habitants de Dunkerque, et reprend son voyage aérien, s'élevant d'un bond à 2.000 mètres d'altitude.

Une heure après, le *Pilâtre-de-Rozier* était surpris par un violent orage. Les coups de tonnerre secouaient terriblement l'aérostat et étourdissaient l'aéronaute. A peine remis de ces violentes émotions, Lhoste voit la mer au-dessous de lui et l'aérostat, descendu avec une grande rapidité des hautes régions, était à 800 mètres au-dessus de l'eau.

La provision de lest commençait à s'épuiser, une chute dans la mer paraissait inévitable.

A quatre heures, le lest était épuisé. Lhoste avait lancé dans les flots tous les objets dont il pouvait se débarrasser. L'aérostat était presque au ras des vagues. Il finit par toucher l'eau; la nacelle fut submergée et le vaillant aéronaute n'eut que la ressource de grimper dans le filet, pendant que l'aérostat flottait sur la mer.

Après une heure d'angoisse une voile apparut à l'horizon. C'était un lougre français, *Noémi,* se dirigeant vers Anvers et qui se trouvait à quelques milles seulement de la côte anglaise.

Aux cris de détresse poussés par l'aéronaute, le capitaine du *Noémi,* envoya une barque de sauvetage qui, après de grandes difficultés, recueillit Lhoste et son aérostat à demi détruit.

Fig. 152. — Lhoste sauvé par le capitaine du *Noémi* (8 juin 1883).

En résumé, dans cette tentative, qui avait comporté dix-huit heures de navigation aérienne, pleine de périls, Lhoste ne put arriver à franchir le détroit et vint s'échouer en mer à 16 kilomètres des côtes de l'Angleterre.

Lhoste fut plus heureux dans une autre tentative faite le 6 septembre 1883. Il réussit, enfin, à franchir le bras de mer qui sépare la France de l'Angleterre dans son aérostat *la Ville-de-Boulogne,* en profitant très habilement des courants aériens dont il avait su reconnaître la direction. C'était la première fois que la traversée était faite dans ce sens.

Voici un extrait du récit donné par Lhoste de son heureuse traversée.

« Le dimanche 9 septembre 1883, je m'élève de la ville de Boulogne à 5 heures du soir, avec mon ballon *la Ville-de-Boulogne,* du cube de 500 mètres. En quelques minutes je suis porté à l'altitude de 1.000 mètres; je plane au-dessus des jetées et ne tarde pas à gagner le large, poussé par un vent sud-sud-ouest. Désirant connaître le courant inférieur, je laisse descendre l'aérostat dans le but de me renseigner auprès des pêcheurs dont les bateaux sont au-dessous de moi. En se rapprochant ainsi de la surface maritime ou terrestre, quand le temps est calme, il est facile d'entretenir une conversation avec ceux qui se trouvent dans le voisinage de l'aérostat.

« Édifié sur ce point, que le courant inférieur est d'est, je pensai, dès ce moment, qu'en utilisant alternativement ces deux courants, il me serait possible de gagner la côte anglaise.

« Ayant jeté du lest, je me relevai à l'altitude de 1.200 mètres et continuai ma route, poussé par un vent sud-sud-ouest, qui me porta à proximité du cap Gris-Nez. A 6 heures 30, je redescendis dans le courant est, afin de me maintenir dans une direction favorable.

« Vers 7 heures 30, le soleil se coucha, et je fus enveloppé d'un brouillard assez intense qui me masquait les côtes de France, aussi bien que celles d'Angleterre.

« Pourtant, vers 8 heures, la lune se leva, et, grâce à ses faibles rayons, je pus apercevoir deux bateaux à vapeur, qui se dirigeaient vers l'Océan. Un peu plus tard, j'aperçus deux feux, qui n'étaient autres que les phares de Douvres. Me basant sur ces lumières, il m'était plus facile de me maintenir dans une direction favorable.

« A 9 h. 30, mes regards furent attirés par un groupe de lumières qui m'indiquaient d'une façon certaine la présence d'une grande ville. J'appelai à plusieurs reprises et mes appels furent répétés par l'écho.

« Enfin, vers 10 heures 15, je franchissais la côte anglaise. Je passai au-dessus d'une petite ville, que je suppose être une station balnéaire; bientôt j'aperçus de petits bois et d'immenses prairies.

« La lumière de la lune était assez vive, mais le brouillard qui régnait dans les couches inférieures me fit juger prudent de ne pas pousser plus loin mon voyage, de crainte de reprendre la mer. J'ouvris la soupape, et quelques minutes après j'atterrissais dans une vaste prairie, où un troupeau de moutons se trouvait parqué. Il était alors 11 heures.

« Après une rapide inspection autour de moi, je reconnus que tout était désert, et je m'organisai le plus commodément possible pour passer la nuit à la belle étoile.

« Le lendemain, au point du jour, je fus réveillé par les cris des animaux domestiques, que ma présence, dans des conditions aussi anormales, semblait vivement intriguer.

« Je me levai, et me dirigeai vers une habitation où je trouvai le fermier, qui m'apprit que j'étais à Hent; il m'offrit une voiture pour me conduire à la station de Smeeth, où je pris le train pour Folkestone.

« J'arrivai dans cette ville juste à temps pour prendre le paquebot, qui me débarqua à 3 heures de l'après-midi à Boulogne, heureux d'avoir le premier réalisé le passage du détroit de France en Angleterre. »

Le jeune aéronaute avait d'autant plus de mérite à avoir enfin réussi dans une entreprise où tant d'autres avaient échoué avant lui, que, sans fortune, sans appui, fils d'un simple artisan, d'un ferblantier, il s'imposait les plus grandes privations pour construire ses ballons et exécuter ses voyages aériens, et qu'il ne devait qu'à son zèle passionné pour l'aéronautique le succès qui avait couronné sa persévérance et son courage dans la traversée du Pas-de-Calais.

Lhoste avait réussi à grouper un matériel comportant la plupart des engins employés jusque-là dans les ascensions au-dessus des mers et que nous avons décrits précédemment : le *cône-ancre* de Sivel et celui à clapet de Jovis, le bordage insubmersible en liège de Jobert, divers flotteurs métalliques, dont certains à remplissage automatique et à renversement, un *déviateur* composé d'une voile sur laquelle s'exerce l'action du vent et d'un frein retardeur immergé dans l'eau, enfin un *compensateur* utilisant le principe de la prise d'eau de mer pour former lest, compenser les variations de la force ascensionnelle de l'aérostat et prolonger son séjour dans l'air.

On reprochait cependant au jeune aéronaute son excessive témérité et d'aucuns lui prédisaient une fin tragique. Ce pressentiment devait malheureusement se réaliser, ainsi que nous le verrons par la suite.

En 1886, une autre traversée fut effectuée de France en Angleterre par les aéronautes Hervé et Alluard, mais cette traversée eut lieu, par suite de la direction des vents, tout entière sur la mer du Nord et aurait pu avoir un dénouement tragique sans l'efficacité des *déviateurs* qu'expérimentait, dans cette ascension, l'ingénieux aéronaute Hervé.

Partis de Boulogne le 12 septembre 1886, à 6 heures 30 du soir, les aéronautes furent poussés par le vent sur la mer du Nord. Le voyage au-dessus des flots se prolongea pendant vingt-quatre heures et demie et l'aérostat n'aurait pas pu rejoindre l'extrême pointe est de l'Angleterre s'il n'avait été dévié de la direction que lui imprimait le vent. Cette direction, en effet, conduisait l'aérostat en pleine mer et il n'aurait pu aborder qu'en Norvège ou s'abîmer dans les flots.

L'emploi du *déviateur à maxima*, que nous avons examiné, permit de modifier la marche de l'aérostat, pendant plusieurs heures vers l'ouest, et il arriva au banc de Cross-Sand, à 5 milles au large de Yarmouth, à l'extrême côte est de l'Angleterre, le 13 septembre, à 7 heures du soir. Un remorqueur, envoyé du port à la vue de l'aérostat, vint recueillir les aéronautes.

Fig. 153. — Andrée.

Expédition au Pôle Nord

Parmi les voyages en aérostat, le plus audacieux, le plus téméraire, certainement, malgré toutes les précautions qui avaient été prises pour aborder l'inconnu, est l'expédition organisée en 1896 et en 1897, par un ingénieur Suédois, Andrée, pour atteindre le pôle Nord en aérostat libre.

On sait combien la découverte du pôle a passionné de savants et d'explorateurs et combien d'expéditions ont été organisées pour atteindre ce point mystérieux de la terre, dont la recherche a déjà fait tant de victimes.

Devant les difficultés rencontrées pour mener à bien les expéditions par voie de terre, Andrée eut l'idée d'aborder au pôle Nord par la voie des airs ou tout au moins de franchir ce point pour l'observer et pour dissiper le mystère qui s'y attache.

Andrée s'était adjoint deux compagnons, Strindberg et Frankel.

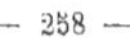

Aucun des trois héroïques voyageurs n'est revenu de cette téméraire expédition. Le Pôle a fait trois victimes de plus.

Et cependant, les dispositions prises pouvaient laisser un espoir de succès. Andrée, ingénieur en chef du bureau des brevets, à Stockholm, avait fait construire, en 1896, aux ateliers Lachambre, à Paris, un aérostat, à la confection duquel ont été apportés des soins tout spéciaux. Nous en résumons les

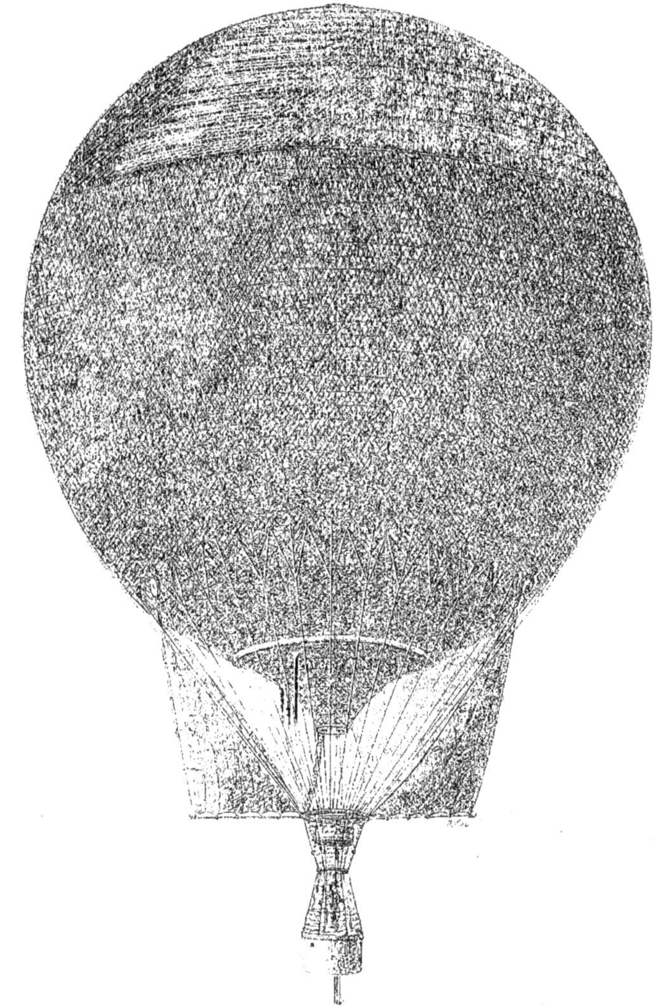

Fig. 151. — Aérostat de l'expédition Andrée.

caractéristiques d'après une note fournie à l'époque par le constructeur.

L'enveloppe de l'aérostat (Fig. 154), en soie de Chine vernie, ce qui lui donne une couleur d'un jaune transparent, mesure 20^{m},50 de diamètre. Le volume de gaz qu'elle peut contenir est de 4.800 mètres cubes; mais par suite du relâchement, prévu d'ailleurs, de l'enveloppe, à la suite des essais faits sous une pression de 50 millimètres d'eau, le volume du ballon s'est trouvé augmenté de 300 mètres cubes, ce qui fait un volume total de 5.100 mètres cubes. L'enveloppe est formée par 3.360 panneaux *chevauchés*, ayant une forme trapézoïdale. Ils sont rendus solidaires les uns des autres par des coutures comportant trois et quatre rangées de piqûres. Les piqûres sont recouvertes de bandes de soie de 4 centimètres de large, collées sur l'enveloppe.

A sa partie supérieure, l'enveloppe est constituée par un tissu en quatre épaisseurs, dont la résistance minimum à la rupture est de 6.000 kilogrammes par mètre. La résistance maximum est de 10.000 kilogrammes.

Au-dessous de la partie supérieure en quadruple épaisseur, et jusqu'à 4 mètres au-dessus de l'équateur, l'enveloppe est faite en trois épaisseurs de soie, dont la résistance à la rupture est supérieure à 3.000 kilogrammes par mètre et inférieure à 5.000.

Le restant de l'enveloppe est fait en soie double, dont la résistance varie de 2.000 à 3.000 kilogrammes par mètre.

Un panneau de déchirure de 4 mètres carrés est disposé, sur l'enveloppe, pour s'ouvrir lorsqu'on agit sur une corde spéciale.

La soupape n'est pas placée, comme dans les aérostats ordinaires, à la partie supérieure de l'aérostat. A cette place, l'enveloppe est recouverte d'une chemise de soie en simple épaisseur, qui recouvre également le filet, laquelle est destinée à empêcher la pluie et la neige de séjourner sur l'aérostat et de l'alourdir.

Sur l'enveloppe sont placées deux soupapes pouvant découvrir un orifice d'écoulement de gaz de 20 centimètres de diamètre. L'une des soupapes est disposée sur l'équateur de l'aérostat; l'autre est placée à un mètre au-dessous. Deux cordes commandent la manœuvre des soupapes et aboutissent à la nacelle. La manche d'appendice comporte un clapet automatique pouvant découvrir un orifice de 1 mètre de diamètre sous l'excès de pression du gaz intérieur.

Chacune des soupapes de manœuvre pèse 6 kilogrammes et le clapet d'appendice a un poids de 25 kilogrammes.

Le poids total de l'enveloppe est de 1.320 kilogrammes.

Le filet, fait en ficelles de chanvre, comporte 19.000 mailles et pèse 442 kilogrammes. Il est constitué par 384 cordelettes, dont la résistance à la rupture est de 400 kilogrammes pour chacune et qui sont réparties sur tout le pourtour de l'enveloppe. Ces cordelettes sont tressées et pénètrent les unes dans les autres pour former le filet.

Les nœuds, qui ont l'inconvénient d'user l'enveloppe en soie, sont ainsi évités.

Les mailles inférieures du filet sont continuées par des pattes d'oie montées sur *cosses* et poulies.

Les cordes de suspente sont au nombre de 48, offrant une résistance à la rupture de 3.000 kilogrammes.

Le cercle de suspension reliant le filet à la nacelle a un diamètre de 2 mètres et est disposé pour recevoir un panier à provisions et divers engins.

Sur une sorte de mât en bambou, placé horizontalement sur le cercle de suspension, sont fixées trois voiles d'une superficie totale de 88 mètres carrés.

La manœuvre des voiles combinée avec celle de trois guides-ropes devait permettre une certaine déviation de la direction suivie par l'aérostat sous l'action du vent.

Les guides-ropes ont un diamètre d'environ 40 millimètres, sont faits en chanvre de coco et graissés de vaseline. Ils ont une longueur suffisante pour maintenir l'aérostat à une altitude de 150 à 180 mètres au-dessus du sol. Le poids des longueurs de guides-ropes traînant sur le sol et remorqué par l'aérostat, pourra être d'environ 500 kilogrammes.

La partie inférieure des guides-ropes, destinée à prendre contact avec le sol, est disposée de façon à présenter des points faibles pour que les parties usées puissent se détacher successivement.

La nacelle est faite en jonc et en osier.

Elle est munie d'un couvercle également en vannerie au-dessus duquel est placée une toile. La nacelle a 2 mètres de diamètre et une hauteur de $1^m,40$. Elle est surmontée du *pont* ou couvercle et de la *hune*.

La nacelle forme la chambre à coucher des aéronautes, qui pourront se reposer à tour de rôle ; des peaux et des fourrures y sont placées et deux ouvertures servant de fenêtres sont percées dans ses parois.

Fig. 155. — Andrée au Pôle Nord.

Une autre ouverture est percée dans le fond de la nacelle, afin de donner accès à une cuisine portative suspendue à dix mètres au-dessous de la nacelle, cela pour éviter tout danger d'incendie.

Les provisions extraites du panier supérieur seront placées sur un réchaud qu'on descendra à l'aide de cordelettes. Ce réchaud sera ensuite allumé par un procédé électrique. Lorsque la cuisson sera achevée, le feu pourra être éteint de la nacelle et la cuisine portative pourra être aisément remontée. Le *pont*, constitué par le couvercle de la nacelle, laquelle forme, pour ainsi dire la *cale*, est en pente, à la façon d'un toit, pour faciliter le glissement des corps étrangers, et surtout de la neige, qui pourraient se déposer dessus.

Les aéronautes se tiendront le plus souvent sur ce toit et seront protégés contre les chutes possibles par de la toile enroulée tout autour des cordages jusqu'à une certaine hauteur

Une échelle de corde conduit de la nacelle au cercle de suspension, constituant la *hune* avec son mât horizontal supportant les voiles.

Le poids de la nacelle est de 179 kilogrammes sans son aménagement.

L'aérostat, gonflé à l'hydrogène, peut se maintenir pendant 30 jours dans les airs. Son poids total, y compris les aéronautes et le matériel, est d'environ 5.000 kilogrammes.

Son chargement comporte des lunettes, boussoles, appareils pour recueillir et analyser l'air et l'eau, divers appareils enregistreurs, appareils photographiques, sextants, etc...

Andrée voulait profiter d'un vent très vif ayant une vitesse de 15 à 20 mètres par seconde pour partir. Le départ devait avoir lieu du Spitzberg et la distance à parcourir pour atteindre le pôle était sensiblement la même que celle qui sépare Paris de Marseille. Andrée comptait qu'un vent violent entraînerait l'aérostat rapidement vers le but.

L'aérostat emportait néanmoins des vivres pour quatre mois, un traîneau en aluminium pouvant servir de bateau et des armes.

Malgré toutes les dispositions prises, il semblait imprudent de se hasarder vers les régions mystérieuses du pôle Nord et on ne pouvait, en outre, prévoir comment s'effectuerait le retour.

Cependant, le 11 juillet 1897, l'aérostat l'*Oernen,* ce qui signifie l'*Aigle,* emportant Andrée et ses deux compagnons, partit de l'île des Danois située à la partie septentrionale du Spitzberg. Un hangar avait été construit sur le rivage par une équipe d'ouvriers amenés de Suède, en même temps que les explorateurs, par le vapeur le *Virgo.* L'aérostat était abrité dans ce hangar et le gonflement avait pu être effectué à l'hydrogène pur.

Le jour du départ un vent assez vif soufflait du sud. Les derniers préparatifs sont faits. On ne néglige aucun détail, et lorsqu'enfin tout est au point, l'aérostat n'est retenu à la terre que par trois cordes et les aéronautes sont debout sur le toit de la nacelle. Andrée commande d'une voix énergique : « Un, deux, coupez! » Trois aides coupent, en même temps, à l'aide de couteaux, les trois cordes de retenue et l'aérostat s'élève dans les airs, partant héroïquement à la conquête du Pôle.

En arrivant au-dessus de la mer, il s'abaisse un moment jusqu'à toucher l'eau avec sa nacelle ; mais il remonte et franchit bientôt une colline bornant, du côté nord, la baie d'où s'est effectué le départ. Pendant cette manœuvre deux des guides-ropes de l'aérostat furent perdus, mais celui-ci continua néanmoins sa route, emportant les trois courageux explorateurs, et disparut bientôt derrière la colline.

Depuis, personne n'a retrouvé des traces de l'expédition Andrée!

On a espéré, jusqu'à l'année 1900, que les voyageurs, après trois ans d'hivernage pourraient encore revenir ; hélas! le temps a passé, et ni Andrée ni aucun de ses compagnons n'ont donné de leurs nouvelles. Ils sont considérés comme perdus et ensevelis à tout jamais dans les glaces du Pôle.

Le manque de renseignements précis sur les vents qui soufflent dans les régions polaires a causé certainement la mort de ces imprudents et intrépides voyageurs.

La baie d'où est parti l'aérostat d'Andrée a été nommée baie de *la Virgo,* du nom du bateau qui amena jusqu'à cette terre inhospitalière le matériel et l'équipage de l'expédition tragique au pôle Nord en aérostat.

On peut lire encore sur un rocher une inscription tracée par Andrée : *Virgo,* dont les caractères ont déjà été un peu effacés par le temps, et au-dessous, la première lettre de son nom : A.

Un monument commémoratif constitué par un monticule de pierres surmonté d'un drapeau suédois en métal, a été placé, en 1900, par des marins suédois, à l'endroit d'où est parti Andrée.

Autres voyages en aérostat Les ascensions en aérostat libre de professionnels et surtout d'amateurs de sport sont devenues de plus en plus fréquentes à mesure que les progrès de la Science aéronautique se sont affirmés, et on peut enregistrer des ascensions mémorables de distance et de durée.

Le 11 octobre 1900, l'aérostat le *Centaure,* piloté par l'habile aéronaute le comte de la Vaulx, accompagné du comte de Castillon de Saint-Victor, partait de Vincennes, de l'annexe de l'Exposition universelle de Paris, et atterrissait à Korostyscheff, dans la Russie méridionale, après un voyage d'une durée de 35 heures 45 minutes.

L'aérostat avait parcouru d'une seule traite une distance de 1.925 kilomètres. Depuis lors, aucun autre aérostat n'a parcouru une distance plus grande en un seul trajet.

Le comte de la Vaulx, d'ailleurs, a effectué quelques autres voyages remarquables, parmi lesquels celui de la traversée de la Méditerranée de Toulon à Port-Vendres, en 1901, voyage dont nous avons parlé lors de l'examen des engins de déviation employés à cette occasion. La durée de cette ascension, particulièrement intéressante au point de vue des résultats obtenus, avait été de 41 heures.

L'année d'après, le comte de la Vaulx compléta ses expériences

Fig. 156. — Départ du comte de la Vaulx pour la traversée de la Méditerranée.

d'engins spéciaux utilisés en aérostat libre au-dessus de la mer, par des ascensions effectuées sur la Méditerranée, en partant de la plage de Palavas (Hérault).

Deux autres ascensions dont l'intérêt réside dans leur durée ont eu lieu en 1908. L'une d'elles a été faite par M. Victor de Beauclair dans son aérostat *Cognac*. Le pilote, accompagné d'un passager, M. Ricken, se proposait de gagner le prix offert par M. Santos-Dumont au premier pilote-aéronaute membre de l'Aéro-club de France qui effectuerait, en partant d'un point quelconque du continent européen, un voyage sans escale d'au moins 48 heures.

Le départ eut lieu de Bitterfeld (Allemagne), le 4 décembre 1908 à 3 heures 30 du soir. L'aérostat, de 2.200 mètres cubes, était gonflé à l'hydrogène pur. Sa force ascensionnelle totale était de 2.240 kilogrammes. La quantité de lest emporté était de 1.400 kilogrammes.

Le 6 décembre, à 11 heures 30 du soir, après un voyage aérien d'une durée de 56 heures, l'aérostat atterrissait au sud de Casale, dans la province de Pise (Italie), à 3 kilomètres de la Méditerranée, et par un vent soufflant à 60 kilomètres à l'heure.

Il restait dans la nacelle environ 400 kilogrammes de lest disponible.

L'aérostat était demeuré fort longtemps dans les airs, mais la distance parcourue n'était que de 900 kilomètres environ.

L'autre ascension de durée a été effectuée par le colonel Schaeck, le gagnant de la Coupe Gordon-Bennett de 1908. Cette ascension, faite avec l'aérostat l'*Helvetia,* de 2.200 mètres cubes, s'est prolongée pendant 73 heures.

Le départ avait été donné à Berlin le 11 octobre 1908. L'aérostat naviguant au guide-rope sur la mer du Nord, à proximité des côtes ouest de la Norvège, fut remorqué par des pêcheurs jusqu'à terre, où l'aéronaute prit pied le 14 octobre.

Nous reparlerons de ce voyage ultérieurement, à propos des Coupes Gordon-Bennett.

Traversée des Alpes La plupart des expéditions qui offrent par les voies de terre des difficultés presque insurmontables, ont été tentées par la voie des airs. Certaines, comme la malheureuse expédition au pôle Nord, ont fait des victimes; d'autres, comme la traversée du Sahara en aérostat libre projetée par le regretté capitaine du génie Debuveau et par M. Dibos, ingénieur maritime, capitaine du génie territorial, sont restées à l'état de projet. Cette expédition, d'ailleurs, sera peut-être réalisée d'ici peu, grâce à un autre vaisseau aérien : l'aéroplane.

Il est enfin des expéditions qui ont fort heureusement atteint leur but, malgré les nombreux obstacles qu'il y avait à surmonter.

La traversée des Alpes en aérostat libre est un de ces voyages; il a été effectué à plusieurs reprises par un aéronaute courageux et expérimenté, de nationalité suisse, le capitaine Spelterini.

La traversée des Alpes, offre, comme tout voyage aérien au-dessus de massifs montagneux, des difficultés qu'il y a quelque danger à affronter pour les voyageurs.

Le pilote de l'aérostat doit parfaitement connaître les conditions atmosphériques habituelles des régions à traverser, faire preuve du plus grand sang-froid et être un habile manœuvrier.

Il convient de choisir judicieusement le point de départ, car de ce choix dépend, le plus souvent, la réussite du voyage. Il faut s'attendre, en cours de route, à être pris dans des remous d'air, au-dessus des vallées, ou à l'entrée de gorges, puis à voir subitement se déchaîner un orage.

En outre, l'aérostat devant se maintenir à de hautes altitudes, on s'expose à ressentir des malaises provenant des troubles physiologiques occasionnés par la trop grande dépression atmosphérique. Le froid est généralement vif à ces hauteurs; il rend peu aisées la manœuvre et les observations. Mais le plus grand danger à éviter est l'atterrissage forcé. Il faut que le pilote reste toujours suffisamment maître de la manœuvre de son aérostat pour choisir son lieu d'atterrissage. Ce lieu est, assez souvent, bien difficile à trouver parmi les rochers à bords escarpés et surmontés d'aiguilles, au bas desquels sont creusés d'insondables ravins.

Atterrir sur ces rochers, ces aiguilles, au fond des précipices, c'est la mort certaine. Il faut pouvoir, si l'on est obligé d'atterrir dans le massif montagneux, trouver un plateau assez spacieux pour y aborder ou un espace propice pour prendre terre. L'esprit de décision et le sang-froid de l'aéronaute sont de précieux éléments de sécurité dans ce cas.

Le capitaine Spelterini, qui a effectué plus de 600 ascensions s'était proposé de traverser la chaîne des Alpes pour faire des observations *météorologiques* et *orographiques*, c'est-à-dire pour connaître la conformation exacte de ce massif montagneux.

A six reprises le capitaine Spelterini s'est élevé en aérostat libre au-dessus des Alpes. Le 3 octobre 1903, parti de Sion, dans le Valais, à 11 heures 1/2, dans l'aérostat *Véga*, de 3.350 mètres cubes, fait en soie, et gonflé à l'hydrogène pur, il atterrit près de Langres à 4 heures 1/2, après avoir traversé les Alpes.

Le gonflement de l'aérostat avait nécessité le transport d'un générateur à hydrogène au point choisi pour le départ, ce qui ne s'était pas fait sans difficulté. L'aérostat avait emporté trois passagers et avait atteint une altitude de 6.800 mètres. La température s'était abaissée jusqu'à 22 degrés au-dessous de zéro.

Dans d'autres ascensions, faites avec les aérostats *Jupiter* et *Stella*, en partant respectivement du Righi-First et de Zermatt, l'aéronaute put explorer une partie de la chaîne des Alpes formant la limite de la Suisse et de l'Italie.

Le départ de l'une des ascensions eut lieu à l'altitude de 2.322 mètres où s'effectua le gonflement. C'était à la station Eiger Gletscher du chemin de fer de la Jungfrau. L'aérostat *Stella* longea le massif des Alpes Bernoises, traversa la vallée du Rhône, atteignit presque au Mont-Blanc et revint, poussé par un vent contraire, atterrir près de Adelboden.

Une cinquième ascension, faite dans l'aérostat *Augusta*, de 1.700 mètres cubes, gonflé à l'hydrogène pur, permit, en partant d'Andermatt, de franchir le massif du Saint-Gothard et, de passer au-dessus des lacs italiens.

L'atterrissage eut lieu près de Bergame (Italie).

La plus complète traversée des Alpes en aérostat fut effectuée par M. Spelterini, le 6 septembre 1908, dans l'aérostat le *Sirius* de 2.000 mètres cubes, gonflé au gaz d'éclairage. Le départ eut lieu d'Interlaken. Les massifs des Alpes bernoises et des Alpes Pennines furent traversés dans une direction Nord-Sud, et l'atterrissage s'effectua sans incident en Italie, près de Brusson.

Dans presque toutes ces ascensions, le capitaine Spelterini avait à bord de l'aérostat des passagers.

Des observations météorologiques purent être faites, et de nombreuses et intéressantes photographies des Alpes, vues d'altitudes supérieures à celles de leurs plus hautes cimes, furent rapportées de ces divers voyages aériens.

Coupes Gordon-Bennett

Le goût des ascensions libres s'est considérablement développé pendant ces dernières années. Ces ascensions sont aujourd'hui très fréquentes, on pourrait presque dire quotidiennes.

En vue d'encourager le sport aéronautique et de développer l'émulation entre aéronautes de diverses nationalités, M. Gordon-Bennett, Directeur du grand journal américain le *New-York-Herald*, institua une sorte de course d'aérostats libres, ayant pour but de parcourir la plus grande distance sans escales. Le Club auquel appartient le vainqueur reçoit en dépôt une

Cliché Vérascope Richard.

Fig. 157. — Coupe Gordon-Bennett 1906. Départ des Tuileries.

coupe, objet d'art en argent massif valant 12.500 francs, qui devient sa propriété après trois victoires successives, et organise l'épreuve de l'année suivante. Le pilote vainqueur reçoit une somme de 12.500 francs et la moitié des droits d'inscription. Le second et le troisième se partagent l'autre moitié des droits.

De là, le nom de *Coupe Gordon-Bennett* donné à l'épreuve annuelle dans laquelle un certain nombre d'aérostats, pilotés par des aéronautes de tous pays, partent d'un point déterminé et cherchent à parcourir la plus grande distance possible.

C'est en 1906 que le départ pour la coupe Gordon-Bennett fut donné pour la première fois. Ce départ eut lieu à Paris, dans le jardin des Tuileries.

Un grand nombre d'aérostats prirent part à la course, et ce fut le lieutenant américain Franck Lahm qui en fut le vainqueur. Pilotant l'aérostat *United States,* il atterrit à Scarborough, près de Hull, port situé sur la côte orientale de l'Angleterre, sur la mer du Nord.

L'aérostat avait parcouru 645 kilomètres et avait traversé le nord de la France et la mer du Nord pour atterrir sur les côtes anglaises.

D'après la clause du règlement de la Coupe Gordon-Bennett se rapportant à l'organisation des épreuves, le départ de la Coupe Gordon-Bennett de 1907 s'effectua en Amérique, pays du lieutenant Lahm, vainqueur de la première course.

Il eut lieu à Forest-Park, à Saint-Louis, le 21 octobre 1907.

Neuf aérostats, dont deux français, trois américains, trois allemands et un anglais participèrent à cette épreuve.

D'une façon générale, les aérostats furent poussés par les vents dans une direction ouest-est, de sorte que la plupart des aéronautes furent obligés d'atterrir en arrivant sur les côtes de l'océan Atlantique, après avoir traversé de l'ouest à l'est une grande partie des États-Unis.

Le vainqueur fut l'aéronaute allemand Oscar Erbsloh, qui devait périr plus tard dans un accident de dirigeable. Il montait l'aérostat le *Pommern*, d'un volume de 2.200 mètres cubes. L'atterrissage eut lieu sur les bords de l'Atlantique, au sud de New-York.

Cliché Verascope Richard.
Fig. 158. — Coupe Gordon-Bennett de 1906.

L'ascension, commencée le 21 octobre à 4 heures du soir, s'était terminée le 23 octobre à 8 heures du matin et avait duré quarante heures; la distance parcourue était de 1.403 kilomètres 500.

L'aérostat avait encore du lest pour continuer le voyage, mais le vent le dirigeant sur l'océan obligea l'aéronaute à atterrir.

Le pilote classé deuxième fut M. Alfred Leblanc, un Français à qui la pratique de l'aérostat libre devait permettre, plus tard, de cueillir d'autres lauriers en aéroplane.

M. Leblanc, ayant comme compagnon de route M. Mix, ingénieur américain, atterrit à peu de distance du vainqueur, arrêté, lui aussi, par l'Océan Atlantique.

La distance parcourue avait été de 1.394 kilomètres 500.

L'aérostat monté par MM. Leblanc et Mix, l'*Ile-de-France*, avait 2.270 mètres cubes.

Parti le 21 octobre, à 4 heures 10 du soir, de Saint-Louis, il atterrissait à Herbertsville, le 23 octobre, à midi 13. Il avait parcouru quelques kilomètres de moins que le *Pommern*, mais, par contre, il était resté plus longtemps dans les airs : quarante-quatre heures environ.

Les aéronautes espérant être conduits vers les grands lacs du nord de l'Amérique et de là, peut-être, dans le Canada, s'étaient munis d'engins de chasse et de pêche pour pouvoir, le cas échéant, s'alimenter pendant quelque temps en pays inconnu et peu fréquenté. Leur nacelle insubmersible pouvait leur permettre de se maintenir sur l'eau dans le cas d'une descente dans les lacs américains ou même sur la mer.

La plus grande altitude atteinte par l'*Ile-de-France* fut de 1.950 mètres.

L'aérostat était muni d'un ventilateur pour remplir un ballonnet contenu dans l'enveloppe et éviter ainsi des variations trop brusques d'altitude.

Six autres aérostats parcoururent plus de 1.000 kilomètres. Un seul, l'aérostat anglais, n'atteignit pas cette distance. Il atterrit à Sabina, dans l'Ohio, après un parcours de 578 kilomètres.

Deux aérostats américains : *America* et *Saint-Louis,* furent classés quatrième et cinquième, après le *Dusseldorf,* aérostat allemand, qui eut la troisième place.

Le second aérostat français l'*Anjou,* de 2.200 mètres cubes, piloté par M. Gasnier ayant comme second M. Levée, parcourut 1.082 kilomètres, resta trente-huit heures en l'air et fut classé septième.

Le départ de la Coupe Gordon-Bennett pour l'année 1908 a eu lieu en Allemagne.

C'est de Berlin-Schmargendorf que le 11 octobre 1908, le départ fut donné à 23 aérostats, entre 3 et 5 heures du soir.

La France, l'Allemagne, l'Amérique, l'Angleterre, l'Italie, l'Espagne, la Suisse, la Belgique étaient représentées par leurs meilleurs aéronautes.

Le vent poussa d'abord les aérostats dans la direction sud-est; mais, par suite de la variation des courants aériens, quelques-uns, parmi eux étaient signalés à une trentaine de kilomètres seulement de Berlin le lendemain matin. Enfin, un vent nord-ouest dirigea les aérostats vers la mer du Nord et le Danemark.

On pouvait craindre qu'emportés par leur ardeur et leur désir de vaincre, quelques pilotes ne vinssent échouer dans les flots. C'est, d'ailleurs, ce qui se produisit; fort heureusement, tous les courageux aéronautes tombés à la mer purent être sauvés.

Les aérostats le *Castilla,* monté par le pilote espagnol M. Montojo, et le *Busley,* ayant à bord le docteur allemand Niemeyer furent recueillis au large de l'île d'Héligoland, dans la mer du Nord. M. Arnold, pilotant l'aérostat américain le *Saint-Louis,* fut sauvé au large de Wilhemshaven, et à l'embouchure du Weser on recueillit un autre aérostat, le *Ruwenkori,* monté par un aéronaute italien, M. Usuelli.

Le vainqueur de la *Coupe*, le colonel suisse Schaeck, parti dans l'aérostat l'*Helvetia,* resta 73 heures dans les airs. L'aérostat passa d'abord sur Magdebourg, puis, le vent ayant changé de direction, il fut poussé vers le nord, et, après 43 heures de navigation aérienne au-dessus de la mer, se trouva en vue des côtes de Norvège. La marche au guide-rope fut utilisée au-dessus de l'eau et une barque de pêcheur remorqua l'aérostat jusqu'à la côte, où le débarquement s'effectua à la station d'Ersholmen.

Les aéronautes français, MM. Leblanc, Faure et Carton, qui pilotaient les aérostats *Ile-de-France, Condor II* et *Brise d'automne,* effectuèrent leur descente au sud du Danemark, sur la côte ouest du Slesvig, arrêtés par la mer du Nord, en trois points peu éloignés les uns des autres. Ils avaient parcouru, à vol d'oiseau, environ 390 kilomètres et étaient restés dans les airs pendant 34 et 36 heures.

Deux accidents dont les suites furent heureusement peu graves, se produisirent pendant la course.

Un aérostat américain, le *Conqueror,* ayant comme pilote M. Forbes accompagné d'un aide, se déchira après le départ, à

500 mètres en l'air. Les aéronautes avaient eu l'imprudence de prolonger la manche d'appendice de l'aérostat par un tuyau de plus faible diamètre, pour conserver le plus longtemps possible le gaz intérieur.

La pression du gaz avait atteint, à un moment, une valeur telle, que l'étoffe constituant l'enveloppe ne fut plus assez solide pour résister à cette pression.

L'enveloppe se déchira à sa partie inférieure, à l'endroit où elle n'est pas consolidée par les mailles du filet qui ne repose pas sur elle.

L'aérostat tomba rapidement; cependant, l'enveloppe faisant effet de parachute amortit la chute, et les aéronautes se trouvèrent sains et saufs sur le toit d'une maison de Friedenau, près de Berlin, où les pompiers les recueillirent.

Le second accident arriva à l'aérostat espagnol *Montana,* piloté par le lieutenant Herrera, accompagné d'un aide.

Cet aérostat était à l'altitude d'environ 2.000 mètres, lorsqu'on le vit descendre brusquement. Le panneau de déchirure qui aurait dû être fixé par des coutures et des points de sûreté, avait été simplement collé au dernier moment.

L'action du soleil avait, peu à peu, provoqué le décollage du panneau sur une certaine longueur et l'aérostat s'était mis à descendre avec une grande vitesse. Fort heureusement, les aéronautes purent amortir la chute dans une certaine mesure et éviter ainsi des accidents graves.

Le départ de la quatrième épreuve aéronautique internationale Gordon-Bennet a été donné le 3 octobre 1909, sur la pelouse de Schlieren, près de Zurich (Suisse), à 17 aérostats. Ces aérostats se répartissent ainsi, suivant la nationalité de leurs pilotes : 1 autrichien, 3 allemands, 1 américain, 3 belges, 2 italiens, 3 français, 1 anglais et 3 suisses.

L'aérostat *America,* piloté par le champion américain M. Mix, qui avait déjà participé à la coupe de 1907 à Saint-Louis, comme second de M. Leblanc, ayant parcouru la plus grande distance, a été classé premier, et M. Mix déclaré vainqueur de la coupe Gordon-Bennett 1909.

L'aéronaute, accompagné de son second, M. Roussel, a atterri à Ostrolenka, au nord de Varsovie, le 5 octobre, à 3 heures du matin, après avoir franchi une distance d'environ 950 kilomètres.

Le deuxième aérostat classé est l'*Ile-de-France,* piloté par M. Leblanc, ayant comme second M. Delebecque. Il a atterri à Zazriva, en Hongrie, après un parcours de 832 kilomètres.

L'aérostat *Azuréa,* monté par le pilote suisse, M. Messner et un passager, M. Givodan, est classé troisième, avec une distance parcourue de 828 kilomètres.

L'atterrissage s'est effectué en Silésie, à Thule.

Cette course a eu lieu dans des conditions atmosphériques peu favorables, sous la pluie et avec un vent soufflant en tempête qui a dirigé les aérostats vers des régions accidentées et boisées.

C'est dire que le voyage aérien de la plupart des concurrents ne manqua pas de péripéties quelquefois émotionnantes.

Les trois pilotes français, MM. Leblanc, Émile Dubonnet et Bienaimé effectuèrent des voyages mouvementés, surtout les deux premiers.

Le guide-rope de l'aérostat le *Condor,* monté par M. Dubonnet, se prend à 11 heures du soir dans un arbre. Le pilote sacrifie son guide-rope, le coupe et l'aérostat bondit à 2.000 mètres d'altitude. Quelques heures après, en pleine obscurité, la nacelle rencontre une maison située sur le point culminant d'une montagne. L'aérostat se déchire près de l'appendice; il s'élève néanmoins jusqu'à 3.000 mètres, puis plus tard, par l'action du soleil il atteint 6.000 mètres malgré la déchirure, et la descente s'effectue de cette hauteur considérable sans accident, grâce au sang-froid et à l'habileté des aéronautes.

Le voyage de M. Leblanc se termina par un atterrissage des plus durs.

Voici un extrait du récit du courageux aéronaute, publié par l'*Aérophile :*

« Le lest s'épuise toujours... Le baromètre marque maintenant 6.000 mètres.

« Oppressés par la raréfaction de l'air, nous grelottons dans nos fourrures. Le thermomètre indique — 11 degrés.

« Il est 2 heures de l'après-midi et il va falloir songer à reprendre terre.

« Nous n'avons plus, en effet, que deux sacs et demi de lest, ce qui représente un très strict minimum pour descendre d'une altitude de 6.000 mètres. Aussi nous gardons-nous bien de contrarier le premier mouvement de descente de l'*Ile-de-France*. Au début, tout va bien. Mais, vers 3.500 mètres, nous traversons une épaisse couche de nuages, ce qui a pour résultat d'accélérer considérablement cette chute. Tout à coup, la terre nous apparaît sous la forme d'un chaos de montagnes aux formes abruptes d'un aspect peu rassurant. Néanmoins, il n'y a pas d'alternative, il faut atterrir.

« Nous arrivons au sol à grande vitesse, au bas d'une pente boisée, à l'entrée d'une vallée. L'endroit est, somme toute, passable. A quelques mètres du sol, je tire la corde de déchirure. Tout est sauvé.

« Non, tout est compromis, car la corde de déchirure ne fonctionne pas. Emporté par une rafale de vent formidable, l'*Ile-de-France* s'engouffre dans la vallée et remonte, avec une rapidité vraiment impressionnante, la pente couverte de bois et semée de rochers. Désormais les instants sont précieux. Nous jetons par-dessus bord nos provisions, nos tubes d'oxygène. Deux ou trois chocs brutaux, puis le ballon s'arrête brusquement : la corde qui attachait notre sac à bâches vient de se prendre dans les racines. Et immédiatement, sous la pression du vent, l'appendice s'arrache au-dessus du cercle.

« La situation est évidemment mauvaise. Nous sommes ballottés le long d'une paroi de rochers presque à pic, à une centaine de mètres au-dessus de la vallée.

« Impossible de maîtriser le ballon. Delebecque tire sur la soupape de toutes ses forces, mais cette manœuvre risque de devenir dangereuse, car si l'*Ile-de-France* finit par se vider, la nacelle, entraînée par le poids de l'enveloppe, risque fort de nous précipiter le long du mur rocheux contre lequel le vent nous rabat sans cesse. Aussi nous décidons-nous à quitter notre nacelle. Au moment où, pour la dixième fois peut-être, nous sommes rejetés le long du rocher, profitant d'un moment d'arrêt dans les soubresauts du ballon, que nous jugions devoir être les derniers, nous nous accrochons à la paroi presque verticale de la montagne. Nous sommes sauvés. Mais, par malheur, l'*Ile-de-France* ne l'est pas, car le vent s'engouffre dans les plis de notre pauvre ballon qui forme alors cerf-volant et qui, se détachant des racines auxquelles il restait accroché, s'élève lentement et disparaît dans les airs, emportant nos instruments, nos provisions, nos pardessus et... nos chaussures.

« Un moment de stupéfaction, puis, malgré les désagréments de la situation, nous éclatons de rire. Ce qui aurait pu être un drame s'achève en vaudeville. Nous sommes dans un pays perdu, à peine habillés et en pantoufles. Dégringolant avec précaution au fond de la vallée, nous apercevons quelques paysans vêtus de peaux et coiffés de larges chapeaux aux bords retroussés. Ils commencent par s'enfuir à notre approche. Enfin l'un d'eux, plus hardi, s'avance près de nous timidement, nous tâte, puis nous débite un flot de paroles en une langue inconnue. De guerre lasse, nous le quittons et nous prenons au hasard un sentier rocailleux.

« Une demi-heure plus tard, nous parvenons à un groupe de maisons et nous avisons, sur le pas de sa porte, un gros homme à la face bourgeonnante qui fume une énorme pipe. Chance inespérée, il comprend quelques mots d'allemand. Désormais nous sommes hors d'affaire. On nous conduit aux principaux du village et nous apprenons que nous sommes à Zazriva, dans les Karpathes, sur les confins de la Hongrie et de la Galicie.

« Le reste du voyage se passe sans péripéties. Un horrible chariot nous mène en deux heures à une station de chemin de fer, où nous prenons le train pour Budapest. Nous y arrivons le lendemain matin, dans une tenue qui provoque chez les Hongrois civilisés un étonnement visible. Par bonheur, en face de la gare, un magasin de chaussures nous ouvre ses portes hospitalières. Nous nous y précipitons. Désormais nous pouvons nous promener par les rues sans être remarqués. Nous ne sommes certes pas élégants, mais nous ne sommes plus grotesques.

« Quarante heures plus tard nous étions de retour à Paris sans rapporter, hélas! la coupe Gordon-Bennet, mais avec la conscience d'avoir fait tout ce qu'il fallait pour la gagner. »

La coupe Gordon-Bennet 1910 a été courue en Amérique, pays de M. Mix, vainqueur de la coupe 1909. Elle a été de nouveau gagnée par un aéronaute américain, de sorte que si, en 1911, un pilote de même nationalité est proclamé vainqueur, la coupe restera la propriété définitive du Club américain, qui aura remporté trois fois de suite la victoire.

Le départ a été donné à Saint-Louis, choisi par sa situation géographique favorable, au centre des États-Unis, le 17 octobre 1910.

Dix aérostats ont pris part à la course; ils se répartissent ainsi par rapport aux nationalités : 3 américains, 3 allemands, 2 français et 2 suisses.

L'aérostat américain, *America II*, piloté par M Hawley, accompagné de M. Post, a atterri dans le nord-ouest du Canada en pleine forêt, à Péribouka-River, au nord du lac Chilonga, après avoir parcouru 1.884 kilomètres.

On a cru un moment que le record de la distance détenu par le comte de la Vaulx par 1.925 kilomètres franchis en aérostat libre sans escales venait d'être battu, mais, après contrôle et rectification, la distance parcourue par l'*America* fut estimée égale à 1.884 kilomètres et le record du comte de la Vaulx établi en 1900 tient toujours.

On a été pendant quelques jours fort inquiet sur le sort des aéronautes de l'*America II* dont on n'avait plus eu de nouvelles depuis le passage de l'aérostat au-dessus du lac Huron, dans lequel on avait cru le voir descendre.

C'est qu'après leur atterrisage dans la forêt, qui eut lieu dans l'après-midi du 19 octobre, les vainqueurs passèrent la nuit dans leur nacelle, puis, le lendemain, ils abandonnèrent l'aérostat après l'avoir abrité dans une hutte et partirent à pied, à la rencontre d'un lieu habité.

C'est seulement le quatrième jour que, grâce à des chasseurs enfin rencontrés, ils purent atteindre Saint-Ambroise, d'où ils avisèrent qu'ils étaient sains et saufs.

Le deuxième aérostat classé a été le *Dusseldorf*, piloté par le lieutenant allemand, Hans Gericke qui a parcouru 1.820 kilomètres.

Un autre aérostat allemand, *Germania*, ayant comme pilote le capitaine von Abercorn, a pris la troisième place avec une distance parcourue de 1.376 kilomètres. Les deux aérostats français : l'*Ile-de-France*, monté par M. Leblanc, et le *Condor*, piloté par M. Faure, furent classés respectivement septième et neuvième, l'un avec un parcours de 1.166 kilomètres, l'autre de 660.

L'industrie française, cependant, a eu sa part de succès dans les deux coupes Gordon-Bennett 1909 et 1910, gagnées par des Américains, car le même aérostat *America II*, monté par ces deux vainqueurs, a été construit dans les ateliers de la Société Astra, à Billancourt, près de Paris.

Drames aériens Nous avons, précédemment, dans l'historique des aérostats, raconté comment se sont produits les principaux drames de l'air jusqu'à l'année 1870. Depuis cette époque, quelques ascensions ont été troublées par des accidents qui ont malheureusement occasionné, parfois, la mort de quelques courageux aéronautes. Nous allons donner le récit de quelques-unes de ces ascensions les plus mouvementées, dont celle de l'aérostat le *Zénith*, racontée plus haut, est une des plus dramatiques.

Il convient de remarquer, cependant, que les accidents dus à l'aérostation libre, quoique évidemment encore trop nombreux, sont relativement peu fréquents par rapport au nombre considérable d'ascensions qui s'effectuent depuis quelques années.

Le 31 août 1874, l'aéronaute Duruof, à l'occasion de grandes fêtes données à Calais, tenta de traverser la Manche en passant de France en Angleterre, à l'inverse du célèbre voyage qu'avait fait Blanchard en 1812.

Duruof était cet aéronaute qui partit le premier de Paris pendant le siège. Le 23 septembre 1870, il s'élevait de la place Saint-Pierre, à Montmartre, emportant 125 kilogrammes de dépêches et remplit heureusement sa mission en atterrissant près d'Évreux.

Dans l'ascension du 31 août 1874, la femme de Duruof, qui n'était jamais montée dans un aérostat, l'accompagnait. Cette ascension était leur voyage de noces, voyage fort accidenté et qui faillit avoir un dénouement tragique.

La direction du vent devait pousser infailliblement l'aérostat le *Tricolore* sur la mer du Nord. Le maire de Calais et le capitaine du port s'opposaient vivement au départ, et le gros de la foule commençait à quitter la place. Mais, dans certains groupes, on murmurait, et on lançait des propos désobligeants contre l'aéronaute. Il fallait rendre la recette ou partir. En présence des mauvaises dispositions de la foule, Duruof retourne vers son aérostat, il y monte avec sa femme, et donne le signal du départ (Fig. 159).

Les cordes sont coupées, le vent pousse l'aérostat vers la mer du Nord, et on le perd de vue.

Pendant trois longs jours, on n'eut aucune nouvelle des voyageurs et on les crut perdus.

On ne pouvait supposer, en effet, que l'aérostat d'un volume si réduit, car il ne cubait que 800 mètres, ait pu se maintenir assez longtemps dans les airs pour avoir quelques chances de gagner soit les côtes d'Angleterre, soit le continent.

Ces craintes furent heureusement vaines, malgré le danger couru par les aéronautes.

Le *Tricolore*, en effet, prit son essor à 7 heures et demie du soir et fut immédiatement poussé vers la haute mer.

Jusqu'au lever du jour, il flotta au-dessus de la mer, sans trop s'élever, l'aéronaute ménageant son lest. Heureusement le ballon était neuf et d'une étoffe solide ; il faisait bonne contenance.

Mais, au matin, la situation commença à devenir terriblement inquiétante. L'aérostat flottait à une faible hauteur au-dessus de l'eau. Duruof compte ses sacs de lest ; il en a cinq, ce qui lui assure, d'après son estimation, dix à douze heures de séjour dans l'air. Le vent le poussait vers les côtes de la Norvège, et il pouvait espérer y atteindre. Mais le vent change, et le ballon demeure immobile. Il faut absolument prendre un parti. Duruof attend qu'un navire apparaisse à l'horizon, pour faire descendre son aérostat au niveau de l'eau. Une voile se montre précisément, presque au-dessous de lui. Il ouvre la soupape et descend au-dessus des

Fig. 159. — Duruof partant de Calais pour son essai de traversée de la Manche.

flots, décidé à se laisser traîner sur les vagues, jusqu'à ce qu'il soit recueilli par l'équipage du navire en vue. Il encourage sa femme, qui montre, d'ailleurs, beaucoup de résignation et d'énergie.

Ici commencent de terribles angoisses. L'aérostat fait des bonds énormes à la surface des flots, tantôt enlevé par le gaz, tantôt submergé par les vagues. Accroupis dans la nacelle, ou suspendus au cercle qui retient les cordages, les naufragés sont complètement trempés. Leurs membres s'engourdissent, et Duruof voit sa malheureuse compagne, épuisée, perdre ce qui lui restait de forces. Il la prend dans ses bras et l'encourage, en lui montrant le navire qui s'approche d'eux.

Depuis deux heures, ils étaient assaillis par les vagues, et Mme Duruof était à demi morte de froid. Appuyée contre la paroi de la nacelle, sa tête seule sortait de l'eau, et quelquefois une lame énorme la submergeait complètement. Ils étaient emportés à la surface des flots, avec une vitesse vertigineuse. Quelquefois, Duruof plongeait au fond de la nacelle, pour en retirer un sac de sable, transformé par l'eau en une véritable boue, mais qui, jeté par-dessus bord, n'en allégeait pas moins l'esquif, et lui permettait de mieux flotter.

A bout de forces, Mme Duruof était évanouie, quand le navire qui s'était mis à leur poursuite finit par les atteindre.

C'était un petit navire anglais, frété pour la pêche du hareng. Son capitaine s'efforçait, depuis deux heures, de joindre le ballon en détresse à la surface de la mer. Parvenu enfin à s'en approcher à 200 mètres, il fait mettre la chaloupe à l'eau; il y descend lui-même, avec un matelot, et il parvient à saisir une des cordes flottantes du malheureux aérostat. Mais la vaste surface de l'enveloppe forme une grande voile, qui sous l'action du vent entraîne la chaloupe et manque de la faire chavirer. Le moment est critique. Les deux marins vont-ils périr avec les naufragés de l'air?

Duruof se met en devoir de couper les cordes qui suspendent la nacelle à l'aérostat, mais il n'a pas terminé sa besogne que les deux courageux sauveteurs sont près de lui. Ils réunissent leurs efforts pour prendre dans leurs bras les deux aéronautes, et les font descendre dans la barque, où ils tombent eux-mêmes épuisés (Fig. 130).

Le capitaine conduisit Duruof et sa femme à Grimsly. Là, ils reçurent le plus chaleureux accueil. En Angleterre, on avait annoncé leur mort, de sorte qu'à leur passage à Londres ils furent reçus avec un véritable enthousiasme.

Plus grandiose encore fut la réception qui leur fut faite à Calais. A la nouvelle de leur périlleux sauvetage, les habitants de la ville ouvrirent une souscription de 10.000 francs, qui, rapidement couverte, permit à Duruof de remplacer le *Tricolore*.

Tels sont les jeux de la fortune et du hasard. Condamnés à la plus cruelle mort, les passagers du *Tricolore* étaient les triomphateurs et les héros du jour.

En 1880, trois aéronautes périrent au Mans, à Marseille, et à Paris, dans les circonstances dramatiques que nous allons rapporter.

La mort de l'aéronaute Petit, qui périt au Mans, le 4 juillet 1880, a été racontée en ces termes par un témoin oculaire.

« Le ballon l'*Exposition* partit du quinconce des Jacobins, le dimanche 4 juillet, à 6 heures du soir, emportant l'aéronaute Petit et sa femme. En même temps s'élevait un ballon moins gros, conduit par le fils de M. Petit, jeune garçon de treize ans. Je les observais de mes fenêtres et de très près, avec une lorgnette marine. Je remarquai de suite avec inquiétude que le grand ballon jetait tout son lest et ne montait pour ainsi dire pas. L'autre ballon, au contraire, s'élevait rapidement. D'une seconde à l'autre, sa distance au grand ballon augmentait tellement qu'il était évident qu'il n'était plus retenu. Petit avait lâché la corde, criant à son fils : « Tu vas seul maintenant! »

« Quelques secondes encore, et je vis avec épouvante le grand ballon se déchirer du haut en bas, et disparaître, dans une chute terrible, derrière les maisons. Je m'élançai vers l'endroit où la chute devait avoir eu lieu, à quelques minutes de la ville.

« L'accident avait été observé de partout, et tout le monde s'était précipité, car une foule nombreuse stationnait déjà à cet endroit, entourant la maison où les aéronautes recevaient les premiers soins. Je vis là M. Petit étendu sur un matelas, sanglant... Il n'était pas mort... il parlait... Sa femme n'avait rien, du moins extérieurement; elle pouvait marcher, et ils venaient de faire une chute de 1.600 mètres!... Peu de jours après, l'aéronaute Petit était mort. »

L'aéronaute Charles Brest périt à Marseille, le 8 août 1880.

Charles Brest avait fait dans cette ville, le 1er août, sa première ascension, avec le ballon le *Nautilus*. Parti à 5 heures du Prado, par un temps très calme, il franchissait, vers 5 heures et demie, la chaîne des montagnes de l'Esterel, et atterrissait, peu après, dans les plaines de Peyrolles, près d'Aix.

Le dimanche, suivant, 8 août, malgré un vent violent du nord-ouest, Charles Brest s'élevait, pour la deuxième fois, avec le *Nautilus*, et disparaissait bientôt à l'horizon, poussé vers la mer par le mistral.

Depuis ce moment, on n'a plus revu le malheureux voyageur aérien. Seulement, le lendemain, on trouvait près d'Ajaccio, au bord de la mer, le *Nautilus*, avec sa nacelle vide!

Le capitaine d'un bateau à vapeur, *Segesta*, allant de Marseille à Palerme, vit en mer le ballon de Charles Brest, dans une situation des plus critiques, courant presque à fleur d'eau, suivant les ondulations des vagues et disparaissant à moitié dans les creux formés entre elles.

L'aérostat atteignit et dépassa le vapeur, et disparut à l'horizon avec une rapidité vertigineuse. L'aéronaute, dans la nacelle, se hissait sur une échelle de corde pour échapper aux chocs produits par les coups de mer qui la secouaient violemment.

Une autre victime du métier d'aéronaute forain est un pauvre diable qui n'avait jamais fait d'ascension, et qui, avec la plus étonnante témérité, se hasardait, pour la première fois, à faire des exercices de trapèze au-dessous, non d'un aérostat à gaz, mais d'une simple montgolfière, ce qui ajoutait encore au danger d'une telle aventure.

C'est à Courbevoie, le 21 octobre 1880, que s'est passé cet événement.

La montgolfière s'élevait, à quatre heures trois quarts, emportant, en guise de nacelle, un trapèze sur lequel un jeune gymnasiarque, nommé Navarre, devait faire dans les airs des tours de force et d'adresse.

La foule, le voyant s'élever, applaudit. Lui, montait en saluant, se tenant au trapèze, d'un seul bras. Mais à une hauteur de 100 mètres environ, on le vit s'accrocher des deux mains à la barre du trapèze, et ne plus bouger.

La montgolfière traversa la Seine. Elle était à 600 mètres de hauteur au moins, et celui qui la montait ne paraissait pas plus grand que la main.

Vous figurez-vous un homme, accroché à un trapèze suspendu sous une montgolfière qu'il ne peut diriger, à 600 mètres au-dessus du sol, perdu dans l'espace, voyant un vide effroyable au-dessous de lui, et n'ayant pour se cramponner dans cette immensité, qu'un faible rouleau de bois, qu'il serre de ses mains crispées! C'est ce spectacle dont furent témoins les habitants de Neuilly et de Courbevoie, qui suivaient la montgolfière emportant le téméraire acrobate.

Tout à coup, la foule poussa un cri d'horreur; les femmes se cachaient la figure avec leurs mouchoirs. Le malheureux lâchait prise, et tombait, de cette hauteur effroyable, en tournoyant sur lui-même. On eut le temps de le suivre du regard, pendant cette longue chute.

Navarre alla se broyer dans une propriété particulière, située sur l'avenue du Roule. Son corps fit dans la terre un trou de 60 centimètres de profondeur; puis il rebondit, à quatre mètres de là, affreusement disloqué.

Les empreintes de la tête, du buste, des jambes, des bras et même des doigts, étaient gravées par de profonds sillons dans le sol, très dur en cet endroit. Les os étaient broyés, le crâne était brisé, et le sang s'échappait par les oreilles.

Pendant ce temps, brusquement allégée du poids de l'aéronaute, la montgolfière faisait un brusque saut dans les airs et, poussée par le vent sur Paris, elle venait s'enflammer et tomber sur la place Saint-Michel, sans occasionner d'accidents de personnes.

Un autre drame semblable s'était produit en 1879, en Angleterre. Un gymnasiarque, à Falborough, tomba des nues et s'abattit sur le toit d'une maison qu'il défonça.

En 1881, c'est un personnage politique anglais, Powel, membre de la chambre des Communes, qui est victime de l'aérostation.

Powel, Gardner et le capitaine Templer, se proposaient, avec l'aérostat le *Saladin*, de faire des observations et des expériences scientifiques dont ils devaient rendre compte à la Société météorologique de Londres.

Ils partirent de Bath le 10 décembre 1881, à midi. L'aérostat prit la direction d'Exeter et arriva vers 5 heures à environ 1 kilomètre de la mer, vers laquelle il était entraîné. Les aéronautes décidèrent d'atterrir.

L'aérostat descendit si rapidement que la nacelle vint heurter violemment le sol et que Gardner et le capitaine Templer furent projetés hors de cette nacelle : le premier voyageur se brisa la jambe, l'autre se contusionna gravement. Powel était demeuré dans la nacelle. Le capitaine Templer cramponné à la corde de manœuvre de la soupape dût lâcher prise sous l'action du vent.

L'aérostat s'élança d'un bond dans les airs, emportant Powel qui, debout dans la nacelle, envoyait de la main un dernier adieu à ses amis. Il prit la direction de la mer et disparut bientôt dans l'obscurité.

Devant l'absence de nouvelles de l'aéronaute, les recherches les plus actives furent entreprises pour découvrir ses traces.

Quelques indices parurent, à divers intervalles se rapporter à cette catastrophe; mais la plupart des nouvelles furent, après vérification, reconnues erronées.

Cependant, on avait trouvé près de Portland, sur le rivage, un fragment de thermomètre brisé qui fut reconnu comme appartenant au capitaine Templer. Un chapeau avait été également retrouvé en mer, près de Bridport.

Neuf jours après le départ, des dépêches de Madrid annonçaient le passage de l'aérostat près de Santander, puis près de Bilbao et vers la fin de décembre, le *Saladin* fut trouvé dans les montagnes de la Galice, en Espagne, montagnes sauvages et très peu habitées. On retrouva le corps de l'infortuné Powel au fond de la nacelle.

En 1885, deux catastrophes du même genre coûtèrent la vie à deux hommes de cœur et d'énergie, Eloy et Gower.

Eloy était un aéronaute de profession. Il avait exécuté divers voyages aériens, dont certains sur le Pas de Calais, avec Lhoste.

Il s'était engagé à entreprendre une ascension à Lorient à l'occasion de la fête

Fig. 130. — Le ballon le *Saladin* tombant dans la montagne de la Galice (Espagne), avec le corps de Powel.

nationale du 14 Juillet, dans un aérostat de petite dimension, gonflé au gaz d'éclairage.

Il s'éleva à 6 heures et demie; mais le vent poussa l'aérostat sur l'Océan.

Bientôt il dépassa les bateaux du port qui étaient partis à sa poursuite; il fut impossible aux marins de le rejoindre et on le perdit de vue.

Deux jours après, des marins trouvèrent au large de l'île de Groix, flottant sur la mer, la casquette et la jaquette de l'aéronaute.

Un peu plus tard, un voilier rencontra, au delà de Belle-Isle-en-Mer, un aérostat, encore gonflé, mais sans aéronaute.

Il est probable qu'Eloy essaya de gagner l'île de Groix à la nage et qu'il ne put, à bout de forces, atteindre le rivage. Il périt dans les flots.

L'autre victime, Gower était un ingénieur américain de valeur, inventeur d'appareils téléphoniques.

Il s'occupait avec passion, depuis plusieurs années, d'aéronautique et il avait réussi à traverser la Manche en aérostat. Le 1er juin 1885, il était parti de Hythe, près de Folkestone, vers midi. Il s'était élevé seul et avait atterri sur les côtes de France, vers Etaples, à 4 heures du soir.

Il avait aussi effectué plusieurs ascensions avec les frères Tissandier et avec Lhoste.

C'est en voulant continuer cette série d'ascensions, à la suite de sa brillante traversée de la Manche, que Frédéric Gower trouva la mort.

Il voulait créer un système « d'aérostats-torpilles » fonctionnant automatiquement dans l'atmosphère, et il s'était installé à Cherbourg pour effectuer ses expériences. Il voulut alors tenter une seconde fois la traversée de la Manche, en partant de Cherbourg pour atterrir en Angleterre.

Le 18 juin, Gower partit seul dans l'aérostat la *Ville d'Hyères*, précédé de son petit aérostat automatique. Le temps était beau, mais la direction du vent ne pouvait pas permettre la traversée de la Manche. Gower comptait atterrir aux environs de Dieppe.

Parti à 1 heure 45 de l'après-midi, l'aérostat fut signalé par le sémaphore de Gatteville à 3 heures, puis personne ne donna de ses nouvelles pendant deux jours. Au bout de ce temps, un petit navire rentrant à Cherbourg rapporta le petit aérostat automatique trouvé au large de Barfleur, et le capitaine déclara avoir vu le grand aérostat avec sa nacelle descendant sur la mer, s'élever et s'abaisser plusieurs fois, puis s'élever de nouveau très rapidement et disparaître.

Il ne put dire si, à ce moment, l'aérostat était encore pourvu de sa nacelle. D'autre part, une barque de pêche trouva l'aérostat la *Ville d'Hyères* au large de Dieppe, sans nacelle; les cordages avaient été coupés au couteau.

Il est à supposer que son aérostat traînant sur l'eau et s'éloignant du bateau dont il espérait des secours, Gower coupa les cordages pour flotter dans la nacelle d'osier et permettre au bateau d'arriver. Mais le secours attendu n'était pas venu.

Il est encore possible que la nacelle ait été abandonnée pour alléger l'aérostat, l'aéronaute s'étant placé sur le cercle de suspension jusqu'au moment où l'épuisement de ses forces le força à abandonner ce dernier et fragile appui. Quoi qu'il en soit, Gower périt dans la mer et son corps ne fut pas retrouvé.

Le voyage en aérostat à travers la Manche, en allant de France en Angleterre, fit, en 1887, encore deux victimes : le jeune aéronaute Lhoste dont nous avons raconté les voyages aéronautiques, et un de ses compagnons, Mangot.

Nous avons dit que l'intrépide Lhoste joignait à son grand courage une témérité excessive qui faisait craindre pour lui une fin tragique. Ce pressentiment devait malheureusement se réaliser.

Lhoste mit à tenter une seconde traversée de la Manche, qu'il avait réussie une première fois, un tel empressement, qu'il partit avec un aérostat en mauvais état et un outillage défectueux; il trouva la mort dans cette entreprise, en entraînant dans la même destinée un ami qui partageait sa confiance exagérément audacieuse et son mépris du danger.

Lhoste partit le 13 novembre 1887 au matin, dans l'aérostat l'*Arago*, pour traverser la Manche, accompagné des jeunes Mangot et Archdéacon. L'aérostat était un vétéran qui avait porté différents noms et subi beaucoup de vicissitudes; il était très fatigué et laissait apparaître bien des blessures à son enveloppe de soie. Lhoste l'avait muni de deux ballonnets pour ne pas recourir à la manœuvre de la soupape avant l'atterrissage.

A 11 heures du matin, l'*Arago* atterrit près de Quillebeuf et un des passagers, Archdéacon, descendit et essaya de dissuader ses deux compagnons de leur tentative. Il ne put les convaincre; le voyageur descendu fut remplacé par son poids de lest, et à 11 heures 15 l'aérostat repartit, entraîné vers la mer.

On le suivit de terre, jusqu'à 1 heure 55. L'aérostat variant constamment d'altitude perdait beaucoup de gaz et de lest pendant ces manœuvres pour chercher un courant aérien favorable. Puis on le perdit de vue.

On demeura longtemps sans nouvelles des malheureux aéronautes. Enfin, le capitaine d'un navire anglais, qui les avait rencontrés se débattant à la surface de la mer avec les débris de leur aérostat et avait vainement essayé de leur porter secours, fit le récit de ce drame poignant.

Les aéronautes étaient venus au contact des flots vers 4 heures du soir. Le capitaine du navire, apercevant l'aérostat en détresse, chercha à l'aborder.

Malheureusement la mer était très grosse, le vent très violent, et il tombait une pluie abondante. Successivement les deux aéronautes, étourdis, assommés par des lames furieuses qui déferlaient avec violence, lâchèrent prise. Le capitaine comprenait bien que l'aérostat en détresse, bondissant dans l'espace pour retomber bientôt au milieu des vagues, avait à bord des êtres humains qui luttaient contre la tourmente, mais lorsque l'*Arago* passa sur le travers du bateau, la nacelle était vide. Des recherches furent vainement effectuées : il n'y avait plus traces d'aéronautes.

Bientôt le vent, qui continuait son œuvre, finit de détruire l'aérostat. L'enveloppe s'ouvrit; les débris tombèrent sur la mer qui les engloutit.

Les drames aériens comme ceux dont nous venons de relater les péripéties ont heureusement été peu nombreux. Il y a eu quelques ascensions parmi celles effectuées, fort nombreuses, qui ont été très mouvementées : il y a eu aussi des atterrissages périlleux, mais, le plus souvent, on n'a eu à déplorer aucun accident de personne.

Le 7 mars 1909, un aérostat, le *Risque-tout*, monté par deux aéronautes, MM. H. Leblanc et Dupont-Degoud, parti de Rueil à 7 heures 20 du matin, arrivait à 1 heure 40 minutes vers l'embouchure de l'Escaut, où les aéronautes décidaient d'atterrir. L'Escaut, à cet endroit, a 12 kilomètres de large, et il importait d'éviter les marais qui sont à son embouchure.

La soupape est ouverte, l'aérostat descend dans des conditions normales; mais en traversant, entre 400 et 200 mètres, un nuage chargé d'eau, l'aérostat s'alourdit brusquement et la descente s'accélère rapidement. 50 kilogrammes de lest sont dépensés sans pouvoir diminuer la vitesse de chute, et la nacelle tombe dans l'eau à 200 mètres du rivage.

L'ancre, qui était décrochée, prête à être jetée, tombe, par suite du choc, au fond du fleuve et retient l'aérostat captif au-dessus de l'eau. L'enveloppe dégonflée forme voile, et sous l'action du vent la nacelle est immergée. Les aéronautes se suspendent aux cordages et, pour sortir de cette situation dangereuse, coupent la corde de l'ancre. L'aérostat s'élève aussitôt, arrive sur le sable marécageux, où les voyageurs sont recueillis par un yacht qui les amène à terre. L'aérostat, qui avait dû être abandonné, fut retrouvé le même jour, à 5 heures du soir, sur la mer du Nord et recueilli par un vapeur norvégien.

Une descente plus tragique d'un aérostat sur la mer eut lieu le 4 avril 1909, en face du petit port de Gouville (Manche).

L'aérostat le *Gay-Lussac* partait, ce jour-là, du parc de l'Aéro-Club de France, à Saint-Cloud. Il emportait trois passagers, MM. Panion et Wateau et Mme Masson. Poussé par un vent d'Est assez vif, l'aérostat arrivait à proximité de la Manche, au sud de Coutances, vers 4 heures. Il était, à ce moment, à une altitude de 1.500 mètres.

Les aéronautes manœuvrèrent pour atterrir avant de gagner la mer; mais, par suite de la vitesse de plus en plus grande du vent et du manque d'un espace libre propice à l'atterrissage, l'aérostat tomba malheureusement dans la mer, à peine à 100 mètres du rivage.

La nacelle fut complètement immergée; les passagers purent, à grand'peine, se hisser jusqu'au filet. Mme Masson s'évanouit et fut entraînée par un paquet de mer. Les deux autres aéronautes parvinrent à la saisir, mais l'enveloppe se dégonflait de plus en plus, la soupape étant restée ouverte, elle s'enfonçait et obligeait les naufragés à remonter de plus en plus haut dans le filet. Pendant ces mouvements dont la difficulté était accrue par la violence des vagues, Mme Masson évanouie fut arrachée à ses compagnons par une vague plus impétueuse que les autres, et, malgré les efforts des deux voyageurs, elle disparut dans les flots.

Vingt minutes plus tard, une barque envoyée de la côte au secours des naufragés recueillait les survivants. Ce n'est que dans la nuit que le corps de l'infortunée voyageuse fut retrouvé.

Nous terminerons l'énumération des drames aériens en faisant le récit de la catastrophe survenue le 3 avril 1910 à l'aérostat allemand, le *Pommern*, qui avait participé à la Coupe Gordon-Bennett de 1906 et avait triomphé en 1907 aux États-Unis dans cette même Coupe, ayant comme pilote l'aéronaute Erbsloh.

Le *Pommern*, partait le 3 avril, dans la matinée, de Stettin, emportant quatre aéronautes : le pilote Dr Delbruck, député au Reichstag, MM. Hein, Benduhn et Semmelhack.

Au départ, il accrocha des fils télégraphiques, heurta par deux fois le toit d'une fabrique en démolissant des cheminées, et fut poussé par le vent à vive allure dans une direction Nord-Ouest.

Les chocs successifs reçus par la nacelle avaient occasionné de graves blessures aux passagers, dont deux avaient un bras et une jambe brisés. Tous avaient, en outre, reçu des blessures assez graves à la tête.

Le filet avait été détérioré en frottant contre les fils télégraphiques; un certain nombre de mailles s'étaient rompues, ce qui faisait pencher la nacelle.

La situation des aéronautes était périlleuse. Le pilote voulait atterrir, mais la corde de manœuvre de la soupape avait été emportée dans les accidents du départ. Comme l'aérostat s'était élevé brusquement à une altitude de près de 2.000 mètres, il eût été fort téméraire d'ouvrir le panneau de déchirure.

Malgré leurs graves blessures, les aéronautes attendirent le mouvement de descente naturel de l'aérostat.

Cependant le vent les avait poussés sur

la mer Baltique et ils pouvaient avoir l'espoir d'atterrir en Suède, lorsqu'un courant de direction différente les conduisit vers l'île de Rügen et Sassnitz.

A 500 mètres de la côte, le pilote ouvrit le panneau de déchirure ; l'aérostat tomba dans la mer.

Les aéronautes blessés purent sortir de la nacelle ; mais, épuisés, ils ne purent résister assez longtemps pour recevoir les secours qui leur furent envoyés et qui tardèrent à arriver, par suite de l'état de la mer.

Trois d'entre eux furent engloutis dans la mer. Un seul, M. Semmelhack, put s'accrocher à l'épave du filet et fut recueilli évanoui.

On put le rappeler à la vie, et c'est lui qui donna tous les détails de cette malheureuse ascension.

AÉROSTATS CAPTIFS

EMPLOI DES AÉROSTATS CAPTIFS.
GRÉEMENT DES AÉROSTATS CAPTIFS.
SUSPENSIONS : Giffard. — Yon. — Godard. — Renard.
AÉROSTATS CAPTIFS MILITAIRES. — CABLES. — TREUILS.
PARCS AÉROSTATIQUES MILITAIRES.
AÉROSTATS CAPTIFS DIVERS.

Emploi des aérostats captifs. L'emploi des aérostats captifs, quoique moins développé que celui des aérostats libres, est cependant justifié dans quelques cas particuliers.

On se souvient des entreprises diverses, faites, le plus souvent, à l'occasion d'Expositions universelles, ayant pour objet d'organiser des ascensions captives publiques. Il était aisé, de la sorte, de se procurer, pour une somme relativement réduite, un aperçu des sensations que l'on ressent en ascension libre.

Un certain nombre de ces entreprises ont eu un grand succès, et nous examinerons plus loin le mode d'installation de plusieurs d'entre elles.

Mais l'application la plus importante des aérostats captifs a été leur emploi pour les observations militaires.

Dès le début de l'invention des aérostats, l'utilisation des aérostats captifs aux armées de la première République rendit, ainsi que nous l'avons dit précédemment, de précieux services.

Depuis la réouverture de l'Ecole aérostatique de Chalais-Meudon, les aérostats captifs sont toujours employés utilement dans l'Armée et peuvent l'être également dans la Marine.

Ils sont surtout utilisés comme postes d'observations, et, quoique la portée des armes à feu actuelles les oblige à se tenir à de grandes distances de l'ennemi, ils n'en constituent pas moins un observatoire précieux du haut duquel on peut, rapidement, à l'aide du téléphone, indiquer aux chefs de corps amis les mouvements divers que l'on aperçoit plus aisément à une certaine altitude. On peut, aussi, contribuer à régler avec précision le tir de l'artillerie en indiquant exactement les corrections à y apporter d'après la chute des projectiles.

Malgré la distance qui sépare un aérostat captif des lignes ennemies, les aéronautes peuvent, cependant, suivre aisément les mouvements de troupes à l'aide des lunettes spéciales utilisées de nos jours dans l'armée.

Ils peuvent même faire des photographies

à distance à l'aide des procédés de *télépho-tographie*.

D'autre part, les aérostats captifs sont sensiblement à l'abri des projectiles ennemis, puisqu'ils peuvent s'élever à 1.000 mètres de hauteur.

l'ennemi, et surtout pour se garer des attaques des torpilleurs qui perdraient ainsi leur dangereux incognito devant ces vigies aériennes.

En outre, l'aérostat captif pouvait être d'un grand secours pour la surveillance

Fig. 161. — Aérostat effectuant une ascension captive du bord d'un cuirassé.

On a fait aussi d'intéressants essais d'aérostats captifs appliqués à la Marine de guerre.

En 1888, l'escadre d'évolution de la Méditerranée fit, en rade de Toulon, l'expérience de l'emploi des aérostats captifs pour l'observation des mouvements d'une flotte ennemie. On voulait établir, à bord des bâtiments d'escadre, des observatoires volants destinés à découvrir les mouvements de

des mouvements de l'ennemi sur les côtes.

Un appareil téléphonique, reliant la nacelle de l'aérostat au bateau portant son amarre, permettait de correspondre rapidement et de connaître, au fur et à mesure qu'ils se produisaient, les mouvements des adversaires.

Diverses expériences furent exécutées avec succès, mais, néanmoins, l'emploi des aérostats captifs ne s'est pas généralisé dans la marine de guerre.

Un autre engin de combat maritime créé depuis ces expériences, peut, aussi, être observé par la vigie d'un aérostat captif.

Nous voulons parler du sous-marin.

Nous avons déjà eu l'occasion de signaler cette particularité que de la nacelle d'un aérostat planant au-dessus de la mer, on pouvait apercevoir nettement, dans la plupart des cas, soit le fond de la mer, soit, à une profondeur considérable, les objets ou rayons lumineux provenant de cet objet, qui devient, pour lui, invisible.

La surface du liquide forme ainsi une sorte d'écran masquant l'objet observé.

De la hune d'un navire, l'obliquité du rayon d'observation est évidemment moindre que du pont du bateau et on peut voir à une plus grande profondeur dans l'eau; cependant le champ de visibilité reste assez limité. Par contre, il est évident que si l'observateur se place dans la nacelle d'un aérostat captif, il peut fouiller plus effica-

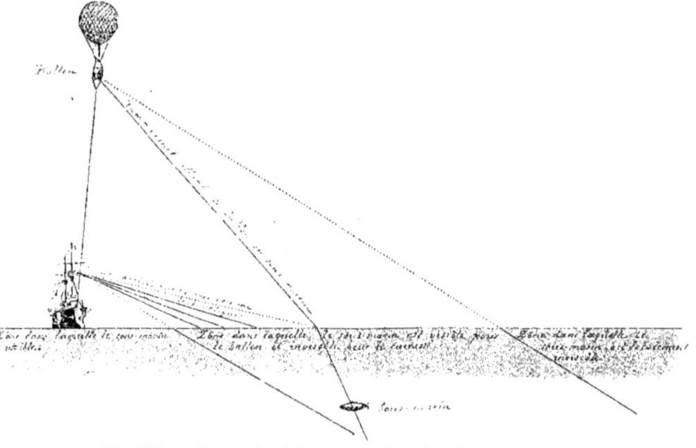

Fig. 162. — Zones de vision d'un cuirassé et de son aérostat.

les êtres vivants nageant entre les eaux.

En effet, quand un observateur est placé sensiblement au niveau de la surface de la mer, il ne peut apercevoir un objet qui est enfoncé dans l'eau, même à une faible profondeur. Cela s'explique en considérant que les rayons lumineux, en passant du milieu liquide au milieu aérien, sont *déviés*, par suite du phénomène de *réfraction*, et l'angle que ces rayons font avec la surface de l'eau, appelé *angle de sortie*, peut, pour une certaine position de l'observateur, devenir assez grand pour que le rayon ne sorte pas du milieu liquide. L'observateur placé, dans ce cas, trop obliquement par rapport à l'objet immergé, ne reçoit aucun des cement au sein des flots et signaler, d'une manière plus sûre, au cuirassé auquel il est attaché, l'approche d'un sous-marin en plongée (Fig. 162).

Les diverses utilisations des aérostats captifs ne manquent certainement pas d'intérêt.

Ces aérostats militaires captifs furent utilisés avec succès pendant la campagne du Tonkin, en 1884, pendant la campagne des Anglais au Soudan, et pendant la guerre russo-japonaise en 1904.

Ils rendirent, dans ces circonstances, de réels services au point de vue des reconnaissances.

Dans la campagne malheureuse engagée par l'Italie contre l'Abyssinie en 1896, les aérostats captifs furent employés, mais on n'en put tirer, dans ce pays trop accidenté, tout le parti qu'on était en droit d'en attendre.

Gréement des aérostats captifs

Les aérostats captifs sont des aérostats constitués de la même façon que les aérostats libres que nous venons d'examiner, mais qui comportent, en outre, un dispositif d'attache qui les relie avec le sol ou plutôt à un treuil dont la manœuvre permet de faire varier l'altitude de l'aérostat.

Il résulte de cette disposition qu'alors qu'en aérostat libre on ne sent aucun vent, puisque l'aérostat chemine avec la vitesse même de ce vent, en aérostat captif, au contraire, le vent exerce une action considérable sur l'enveloppe. L'aérostat se trouve soumis à des oscillations d'autant plus grandes que la vitesse du vent est plus considérable et que cette vitesse est plus variable. Un aérostat captif prend, en effet, une position oblique, par rapport au point d'attache du câble sur le sol, laquelle position est une résultante de la force ascensionnelle, d'une part, et de la force exercée par le vent sur l'enveloppe, d'autre part.

Fig. 163. — Aérostat captif militaire au départ.

Le câble qui retient l'aérostat sera donc de plus en plus oblique au fur et à mesure que l'action du vent augmentera par rapport à la force ascensionnelle.

Si l'on se contentait d'attacher simplement la nacelle au point fixe du treuil par un câble sans aucun dispositif intermédiaire, cette nacelle suivrait nécessairement toutes les oscillations de l'aérostat : elle s'inclinerait plus ou moins suivant la violence du vent, et par à coups, de sorte que l'observateur pourrait difficilement remplir sa mission, en admettant, toutefois, que les chocs brusques et répétés ne lui occasionnent aucun accident.

Il convient donc que, malgré les oscillations de l'aérostat, la nacelle puisse toujours revenir à une position d'équilibre ayant une direction verticale. Pour cela, le câble qui retient l'aérostat ne doit pas être attaché directement à la nacelle. On place entre elle et lui un dispositif de *suspension* destiné à permettre à la nacelle d'avoir cet équilibre vertical.

Il importe aussi que le câble exerce uniformément son action sur les diverses parties de l'enveloppe, par l'intermédiaire du filet, et sur les cordes de suspente de la nacelle.

C'est pour répondre à ces conditions que différents modèles de suspension ont été créés.

Suspension Giffard (Fig. 164.) Cette suspension, réalisée par l'ingénieur Giffard pour son aérostat captif construit en 1867, consiste à attacher l'extrémité supérieure du câble A en un point B où viennent se réunir les cordages terminant le filet qui recouvre l'enveloppe de l'aérostat.

La nacelle C est suspendue à l'aide de cordes qui aboutissent également au même point B et afin que cette nacelle ne soit pas gênée, pour reprendre sa position d'équilibre verticale, par l'obliquité du câble, on lui a donné la forme d'une galerie circulaire au centre de laquelle est ménagé un grand espace libre. C'est dans cet espace, de forme circulaire, que passe le câble pour aller rejoindre le point d'attache supérieur B.

On comprend que pour une inclinaison du câble limitée, la nacelle peut prendre une position verticale malgré l'oscillation de l'aérostat, sans que ses parois intérieures viennent toucher contre le câble.

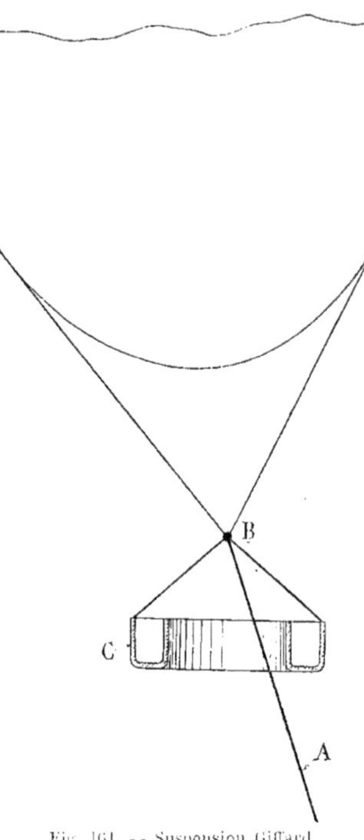

Fig. 164. -- Suspension Giffard.

Cette suspension, qui convenait à l'aérostat captif de Giffard, dont le volume était considérable, et qui avait, par conséquent, une force ascensionnelle importante, aurait été insuffisante pour un aérostat captif, de volume réduit, car l'inclinaison du câble aurait pu être telle qu'il aurait rencontré la nacelle. Cette nacelle aurait alors participé à l'inclinaison du câble et sa suspension n'aurait pas été libre.

Suspension Yon (Fig. 165.) Cette suspension remédie, par sa disposition, à l'inconvénient que nous venons de signaler dans la suspension Giffard.

Elle permet de munir l'aérostat captif d'une nacelle ordinaire qui est plus légère que la nacelle à galerie circulaire et cette nacelle peut toujours prendre une position d'équilibre verticale, quelle que soit l'obliquité du câble d'attache. La nacelle A est suspendue par des cordages à un cercle de suspension B, relié lui-même, en un seul point C, aux cordages provenant d'un second cercle D auquel le filet est attaché.

Sur le cercle de suspension supérieur D est fixée horizontalement une traverse robuste en bois E, des extrémités de laquelle partent deux câbles F attachés solidement, à leur partie inférieure, à une autre traverse G. Deux cordes obliques H relient, en outre, le cercle de suspension supérieur D aux câbles verticaux F.

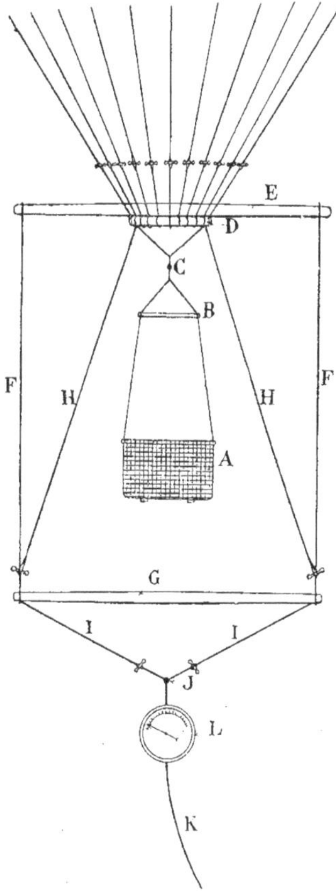

Fig. 165. — Suspension Yon.

Des extrémités de la traverse inférieure partent deux autres câbles obliques I qui se réunissent en un seul point J, lequel est le point d'attache du câble de manœuvre K. Entre le câble et le point de jonction J on dispose assez souvent un *dynamomètre* L. Cet instrument indique, à chaque instant, l'effort de traction exercé par le câble pour retenir l'aérostat. On peut, de la sorte, en suivant sur le cadran de l'appareil l'excursion de l'aiguille et en lisant le chiffre indiqué, savoir si la tension que supporte le câble est normale et s'il n'y a pas à craindre une rupture.

Cette suspension répond aux deux conditions que nous avons précédemment indiquées. Elle permet, en effet, de répartir,

Fig. 166. — Suspension trapézoïdale d'aérostat captif. (L. Godard.)

uniformément sur l'enveloppe de l'aérostat, par l'intermédiaire du filet, l'effort de traction exercé par le câble et, d'autre part, elle laisse à la nacelle toute liberté de se maintenir verticale, malgré l'obliquité de l'aérostat, grâce au point de suspension unique C de cette nacelle.

L'aérostat militaire captif représenté par la figure 163 au moment où il commence son ascension, est muni de la suspension Yon.

Suspension Godard (Fig. 166.) Cette suspension diffère de la précédente par le mode d'attache de la nacelle au filet de l'aérostat.

Dans la suspension précédente, en effet, la nacelle étant suspendue par un seul point peut encore prendre un mouvement d'oscillation d'une certaine amplitude autour de cet axe vertical. Dans celle-ci, la nacelle est d'abord suspendue à une première traverse reliée elle-même par une série de cordes à une seconde traverse placée au-dessus, dans une direction perpendiculaire. Cette seconde traverse est suspendue au cercle de l'aérostat.

Par suite de cette disposition, la nacelle peut toujours garder sa position d'équilibre dans un axe vertical et les oscillations autour de cet axe ne peuvent se produire.

L'attache du câble s'effectue, comme dans le dispositif précédent, à une traverse inférieure reliée par des câbles à une autre traverse supérieure fixée sur le cercle de suspensionde l'aérostat.

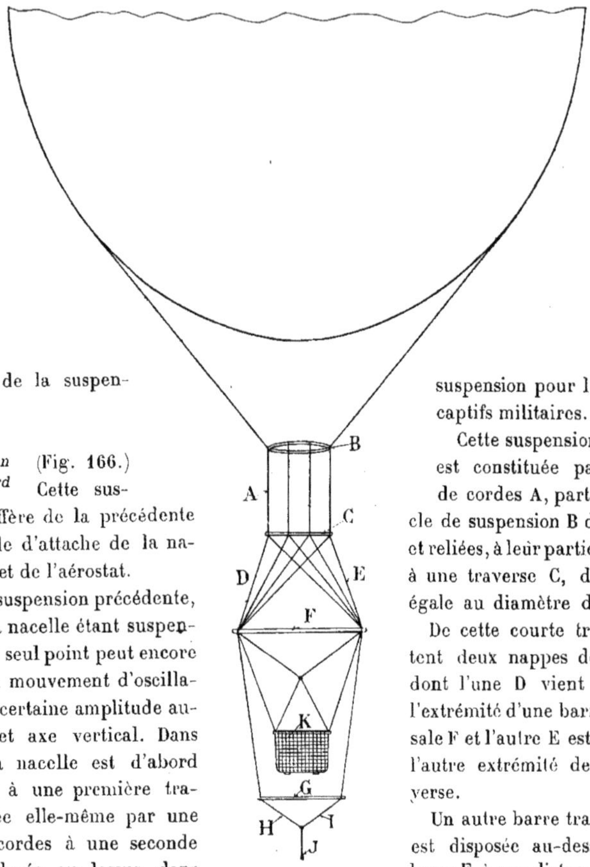

Fig. 167. — Suspension Renard.

Suspension Renard

Le colonel Renard a établi, alors qu'il était capitaine et dirigeait l'Ecole aérostatique de Chalais-Meudon, une suspension pour les aérostats captifs militaires.

Cette suspension (Fig. 167) est constituée par une série de cordes A, partant du cercle de suspension B de l'aérostat et reliées, à leur partie inférieure, à une traverse C, de longueur égale au diamètre du cercle B.

De cette courte traverse partent deux nappes de cordages, dont l'une D vient se fixer à l'extrémité d'une barre transversale F et l'autre E est attachée à l'autre extrémité de cette traverse.

Un autre barre transversale G est disposée au-dessous de la barre F, à une distance suffisante pour que la nacelle ne puisse venir y toucher lors des oscillations effectuées par l'aérostat sous l'action du vent.

De chaque extrémité de la traverse G part une corde et ces deux cordes, H et I se réunissent en un point commun, duquel part le câble J qui retient l'aérostat captif.

La nacelle K est suspendue à la traverse F

par une série de cordages dont la disposition en forme de triangles rend la nacelle solidaire de la traverse. Comme la traverse F reste toujours horizontale malgré la position prise par le dispositif d'attache, la nacelle peut garder aisément sa position d'équilibre verticale.

Fig. 168. — Suspension de Louis Godard pour ballon captif. Exposition du Champ-de-Mars, à Paris, 1895.

Câbles Les câbles retenant les aérostats au sol ont été primitivement faits en chanvre. C'était, en somme, un cordage d'une importance un peu plus considérable que les autres. On ne pouvait guère, cependant, avec les câbles de chanvre, permettre à un aérostat captif de s'élever à plus de 500 mètres d'altitude.

On emploie généralement, aujourd'hui, des câbles en fil d'acier, dont la solidité a contribué à augmenter l'excursion des aérostats captifs dans l'atmosphère et à leur permettre d'atteindre une altitude de 1.000 mètres.

Le câble d'un aérostat captif doit avoir assez de solidité pour ne pas se rompre par suite de la tension exercée sur lui par l'aérostat. Cependant, il convient de donner à ce câble des dimensions telles que, dans le cas d'un effort exceptionnel et imprévu exercé par le vent, par exemple, sur l'aérostat, ce soit le câble d'attache qui se rompe plutôt que les autres cordages qui servent de suspension à la nacelle.

Il arrive, dans ce cas, que l'aérostat captif devient un aérostat libre, et comme la nacelle d'un aérostat captif comporte tous les engins d'un aérostat libre, les aéronautes subitement emportés dans l'espace manœuvrent pour atterrir.

Si le câble offrait plus de résistance que les cordages retenant la nacelle, il pourrait se produire de graves accidents lors d'un coup de vent anormal. Le câble ne se romprait pas, mais les cordages reliant la nacelle à l'aérostat, plus faibles que lui, pourraient se rompre et la nacelle, séparée du ballon, s'écraserait sur le sol tandis que le ballon libéré ferait un bond dans l'espace.

La sécurité des observateurs et des passagers montés en aérostats captifs exige donc que les câbles d'attache de ces aérostats n'aient pas des dimensions exagérées quoiqu'en apparence des dimensions de ce genre semblent devoir ôter toutes craintes.

Il convient simplement de proportionner les diamètres des câbles et ceux des cordages de la nacelle de façon que si, par suite d'un effort extraordinaire, une rupture se produit, ce soit le câble qui cède.

Il est bien évident que cette éventualité se produit très rarement, mais il importe cependant de parer aux inconvénients graves qu'elle peut occasionner.

Treuils Le câble attaché, d'une part, à son extrémité supérieure, à l'aérostat, par l'intermédiaire d'un des dispositifs que nous venons d'examiner, est relié, d'autre part, à son extrémité inférieure, à un mécanisme placé sur le sol qui doit permettre de l'enrouler et de le dérouler à volonté.

Fig. 169. — Treuil Louis Godard pour aérostat captif. Tambour à gorges.

On laisse, par ces manœuvres, l'aérostat s'élever dans l'atmosphère, ou bien on le ramène vers le sol, suivant les circonstances.

Le câble est attaché à un *tambour* de treuil. Ce tambour (Fig. 169), sorte de poulie de grande longueur, est un cylindre sur la surface duquel sont pratiquées des rainures servant à recevoir le câble.

Le tambour est actionné par un mécanisme, mû soit à la main, soit à l'aide d'un moteur. Le tambour peut prendre un mouvement de rotation dans les deux sens.

Pour l'un des sens de marche, le câble se déroule et l'aérostat fixé à son extrémité s'élève ; pour l'autre sens de marche, le câble s'enroule sur le tambour et l'aérostat est tiré et, par conséquent, descend. On peut de la sorte régler la hauteur de l'aérostat, en faisant effectuer au tambour du treuil un certain nombre de tours en avant ou en arrière.

Fig. 170. — Aérostat captif H. Giffard de 10.000 mètres cubes. Exposition de Londres, en 1868. Aéronaute L. Godard.

Lorsque les aérostats captifs sont établis pour le public, comme « attractions », les treuils qui les manœuvrent sont fixes et les machines actionnant ces treuils peuvent aussi être établies à demeure. Ils peuvent, également, comme dans l'installation Louis Godard représentée par la figure 169, être actionnés par des machines *demi-fixes* ou des *locomobiles*.

Quand les aérostats captifs sont destinés à des observations militaires, il est indispensable de rendre le matériel mobile et facilement transportable.

On a établi, dans ce but des *parcs aérostatiques* comportant généralement un chariot destiné à transporter l'appareil producteur d'hydrogène et une *voiture-treuil* sur laquelle est monté tout le mécanisme, moteur et rouages, qui provoque l'enroulement et le déroulement du câble.

Parcs aérostatiques militaires

Nous examinerons plus loin la disposition des chariots destinés au transport des générateurs d'hydrogène.

Nous allons indiquer simplement, à cette place, comment sont constituées les *voitures-treuils*.

Une des premières voitures-treuils pour

parc aérostatique militaire est celle construite aux ateliers Lachambre et dont la figure 171 donne une vue d'ensemble.

Elle est constituée par un châssis métallique monté sur quatre roues et muni d'un avant-train permettant d'y atteler des chevaux.

Le chariot comporte un siège S où se placent le conducteur et deux aides.

poulies de renvoi A avant d'aller s'attacher à la suspension de l'aérostat. Un dispositif à cliquet sert à assurer la position du tambour pendant la manœuvre d'enroulement.

D'autre part, un frein spécial permet de modérer la vitesse de déroulement du câble pendant l'ascension.

A l'arrière de la voiture et sous le châssis est placé un *rouet* B sur lequel le câble

Fig. 171. — Voiture-treuil Lachambre.

Le mécanisme de manœuvre du câble est disposé partie au-dessus et partie au-dessous du chariot. Il est commandé à la main au moyen de plusieurs manivelles M. Ces manivelles, actionnées par des hommes de manœuvre, permettent de donner à un tambour cylindrique placé transversalement sous le chariot, un mouvement de rotation. Le câble s'enroule sur ce tambour ou se déroule suivant le sens du mouvement des manivelles.

Du tambour, le câble passe sur deux

vient s'emmagasiner en spires régulières, au fur et à mesure que l'aérostat descend. Cette bobine reçoit un mouvement de rotation par l'intermédiaire de poulies reliées par une courroie et actionnées par la manœuvre des manivelles.

Sur le chariot peut être placée la nacelle N de l'aérostat, dans laquelle on loge son enveloppe pendant les voyages ou les séjours. En outre, un coffre C est disposé à l'avant, derrière le siège, et contient les divers accessoires.

Cette *voiture-treuil,* construite pour un aérostat n'emportant qu'un seul observateur, peut fonctionner tout attelée et peut transporter l'aérostat tout gonflé d'un lieu d'observation à un autre.

Le câble adapté à cette voiture est en chanvre et tressé en trois torons.

Il a une forme cylindro-conique, forme que l'on doit à Giffard, et qui a pour effet

Les fils sont placés chacun dans un toron de la corde, de sorte qu'ils sont à l'abri et suivent sans effort toutes les variations de longueur du câble.

L'un des trois fils peut être utilisé pour relier un poste situé à une certaine distance de l'aérostat. Il reste à établir la communication entre l'extrémité inférieure du câble et le poste correspondant.

Fig. 172. — Voiture-treuil de Yon servant au transport de l'hydrogène.

de proportionner le diamètre de ce câble à la force ascensionnelle de l'aérostat. Ce diamètre diminue, en effet, au fur et à mesure que la force ascensionnelle de l'aérostat s'affaiblit. Le câble devient ainsi progressivement plus léger pour une certaine longueur.

A l'intérieur du câble sont placés des fils de cuivre qui servent de fils conducteurs à un appareil téléphonique mettant en communication l'observateur placé dans la nacelle avec ceux restés à terre.

Généralement, on prend le contact par les tourillons du treuil, mais on opère aussi d'une façon plus sûre en reliant l'extrémité des fils avec des bagues en cuivre, isolées de la masse métallique, lesquelles, placées sur le tambour d'enroulement, plongent, par leur rebord extérieur, dans un godet contenant du mercure. Le contact est ainsi assuré d'une façon permanente et efficace.

Une autre *voiture-treuil* comportant une manœuvre à bras d'hommes a été construite par Yon (Fig. 172).

Ce véhicule a été établi pour porter, en même temps que le mécanisme de manœuvre du câble, le gaz hydrogène servant au gonflement de l'aérostat.

Les aérostats militaires anglais, dans la campagne du Soudan, transportaient l'hydrogène comprimé dans des tubes d'acier afin de pouvoir, dans un pays aussi nu que certaines plaines d'Afrique où le bois et même l'eau peuvent manquer, gonfler un aérostat captif sans être obligés de fabriquer l'hydrogène sur place.

Le caisson disposé à l'arrière de la voiture-treuil de Yon peut contenir des tubes remplis d'hydrogène comprimé.

Le mécanisme d'enroulement et de déroulement du câble est placé en avant du caisson.

Le câble A retenant l'aérostat passe sur une poulie P pouvant osciller dans tous les sens et munie d'un contrepoids qui sert à l'équilibrer. De la poulie P, le câble passe sur un tambour auquel un mouvement de rotation est imprimé par la manœuvre d'une manivelle M actionnant un train d'engrenages.

Un dispositif de frein à cliquet E assure, à chaque instant, la position de la manivelle et empêche le déroulement trop rapide pendant l'ascension.

Fig. 173. — Voiture-treuil à vapeur Louis Godard, pour parc de campagne militaire.

La bobine B, sur laquelle le câble est emmagasiné lorsque l'aérostat est ramené à terre, reçoit son mouvement de rotation du rouage mis en marche par la manivelle.

Les treuils d'aérostats captifs militaires manœuvrés à bras d'hommes s'appliquent à des aérostats de petit volume.

On emploie aussi des aérostats d'un volume plus considérable pouvant enlever plusieurs observateurs. Le volume de ces aérostats dépasse 550 mètres cubes.

Il devient indispensable, dans ce cas, de remplacer la manœuvre à bras par une manœuvre au moyen d'un moteur. L'enroulement et le déroulement du câble s'effectuent ainsi plus aisément, et ces opérations immobilisent un moins grand nombre d'hommes. C'est pour répondre à ces conditions qu'un treuil semblable au précédent a été installé sur un chariot, pour pouvoir être commandé par un moteur à vapeur. Cette voiture-treuil à vapeur (Fig. 173) est construite dans les ateliers Louis Godard.

Le mécanisme proprement dit de manœuvre du câble comporte, comme dans le système précédent, une poulie oscillante et équilibrée, sur laquelle le câble passe avant de s'enrouler sur le tambour. Cette poulie peut se mouvoir dans tous les sens pour faciliter l'enroulement du câble sur le tambour. La bobine servant de magasin est disposée sous le siège du conducteur et reçoit un mouvement de rotation du mécanisme, actionné lui-même par un petit moteur à vapeur.

Ce moteur comporte deux cylindres disposés horizontalement, dont les pistons sont attelés, par l'intermédiaire de bielles, à deux plateaux - manivelles. Les manivelles sont calées à angle droit pour régulariser le mouvement.

L'arbre portant les plateaux-manivelles transmet son mouvement de rotation au tambour du câble par l'intermédiaire de roues d'engrenage.

La vapeur nécessaire au fonctionnement du moteur est fournie par une chaudière verticale du type Field disposée à l'arrière du chariot.

Le chariot se compose d'un châssis métallique monté sur quatre roues. Des ressorts de suspension sont interposés entre les essieux et le châssis pour amortir les chocs.

Le chariot peut être traîné par des chevaux, permettant ainsi le déplacement facile de l'aérostat même gonflé.

Aérostats captifs divers

C'est l'ingénieur Henry Giffard, bien connu pour ses intéressantes inventions, parmi lesquelles la plus remarquable est l'*injecteur* qui porte son nom, qui, le premier, conçut le projet d'un aérostat captif pour enlever au milieu des airs des amateurs et des curieux.

Cette entreprise fut réalisée avec plein succès, pendant l'Exposition universelle de Paris, en 1867.

Le volume de l'aérostat captif construit par Giffard était de 5.000 mètres cubes. Pour retenir attachée au sol une semblable masse, et pour combattre l'effet du vent s'exerçant sur elle, il fallait à l'aérostat une force ascensionnelle suffisante et le concours d'un moteur mécanique pour effectuer aisément les manœuvres de montée et de descente.

C'est une machine à vapeur qui fut employée par Giffard, dans ce but.

Ce moteur actionnait l'arbre d'un tambour de 1 mètre de diamètre et de 6 mètres de longueur.

Le câble, de 330 mètres de longueur, et d'un poids de 900 kilogrammes avait, comme nous l'avons dit, un diamètre de plus en plus faible depuis son point d'attache à la nacelle jusqu'à son extrémité inférieure fixée au treuil. Sa résistance à la rupture était de 50.000 kilogrammes à son extrémité de gros diamètre et de 12.000 kilogrammes à son extrémité de petit diamètre.

La machine à vapeur, alimentée par une chaudière placée hors de l'enceinte où se trouvait l'aérostat, avait une puissance de 50 chevaux. Elle comportait quatre cylindres.

Une coulisse de changement de marche permettait d'intervertir le sens du mouvement de rotation du tambour, de laisser l'aérostat s'élever ou de le ramener à terre.

Pour modérer la vitesse de déroulement du câble, le treuil était muni de deux freins manœuvrés par deux aides.

Le câble partant du treuil aboutissait,

Fig. 174. — Le ballon captif construit par Giffard en 1867. (*D'après une gravure de l'époque.*)

Fig. 175. — Système de suspension du ballon captif de Giffard.

par un couloir creusé dans le sol, à une cavité circulaire creusée au milieu de l'enceinte et dans laquelle pouvait descendre la nacelle. Il s'attachait à l'aérostat après avoir passé sur une poulie A (Fig. 175) rendue mobile dans tous les sens par une *articulation à la Cardan*. Cette poulie, en effet, pouvait osciller autour de l'axe E, supporté lui-même par un cadre rectangulaire pouvant pivoter autour de l'axe fixe CD disposé perpendiculairement à l'axe E. Un contrepoids F équilibrait la poulie.

L'enveloppe de l'aérostat était constituée par deux toiles, réunies par une dissolution de caoutchouc et enduites, à l'extérieur, d'un vernis à l'huile de lin. L'aérostat fut gonflé à l'hydrogène préparé au moyen de la réaction de l'acide sulfurique sur le fer, dispositif que nous décrirons dans le chapitre suivant. L'aérostat ne comportait pas de manche d'appendice, car ne devant s'élever qu'à 300 mètres on n'avait pas à craindre l'effet d'une dilatation du gaz pouvant nuire à la conservation de l'enveloppe. D'ailleurs, trois soupapes étaient établies à la partie inférieure de l'enveloppe et pouvaient, le cas échéant, s'ouvrir de l'intérieur vers l'extérieur pour laisser échapper le gaz porté à une pression trop considérable.

Une autre soupape, placée à la partie supérieure de l'aérostat, pouvait être manœuvrée à la main par l'intermédiaire d'une corde.

Un manomètre à mercure indiquait la pression du gaz à l'intérieur de l'enveloppe.

Un dynamomètre constitué par une série de lames d'acier, sur lesquelles l'effort de tension du câble se transmettait, faisait connaître, par le déplacement, devant un cadran gradué, d'une aiguille actionnée par le mouvement des lames, la valeur en kilogrammes de cet effort. Le dynamomètre était placé à la portée du regard des aéronautes.

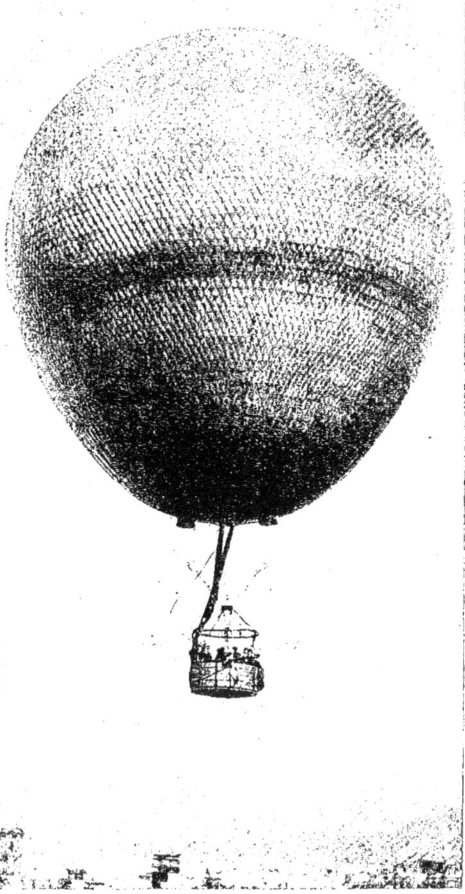

Fig. 176. — Aérostat captif à vapeur construit par Gabriel Yon et Louis Godard, Exposition de Barcelone ([illegible]).

L'aérostat captif de Giffard effectua avec succès un grand nombre d'ascensions.

En 1868 un autre aérostat captif fut établi par Giffard à Londres. Son volume était de 10.000 mètres cubes. La figure 170 représente une vue d'ensemble de la disposition de la nacelle, maintenue immobile avant le commencement de l'ascension par de forts cordages attachés, sur le sol, à des pieux disposés tout autour de l'aérostat.

Le câble, relié à un cercle de suspension supérieur, passait au centre de la nacelle disposée en forme de galerie circulaire comportant un espace libre en son milieu. Lors de l'Exposition universelle de Paris de 1878, Giffard construisit un autre aérostat captif, dont les dimensions extraordinaires dépassèrent tout ce qui avait été fait jusqu'à ce moment.

Le volume de l'aérostat atteignait 25.000 mètres cubes. L'enveloppe était formée de

Fig. 177. — Treuil fixe Louis Godard, pour aérostat captif, avec changement de marche et freins.

une ascension libre, pour parer au cas de la rupture accidentelle du câble. Des grappins, des ancres, des guides-ropes étaient placés à bord. Du lest avait été emmagasiné dans la nacelle sous forme de poudre de plomb qui, pour un poids déterminé, occupe un volume moins considérable que le sable.

L'aérostat fut établi dans la cour des Tuileries et effectua avec succès de nombreuses ascensions.

Un grand nombre d'aéros-

six couches d'étoffe de toile, de soie et de caoutchouc superposées. Elle était peinte en blanc extérieurement pour empêcher l'action des rayons solaires sur le gaz intérieur.

La hauteur de l'aérostat muni de ses accessoires était de 55 mètres, son diamètre de 38 mètres.

Le filet posé sur l'enveloppe comportait 6.000 mailles et avait demandé, pour être confectionné, une longueur de corde de 35.000 mètres.

Le câble, de 650 mètres de long, pesait 2.500 kilogrammes. Il était manœuvré par un treuil dont le tambour avait un diamètre de 2 mètres et 7 mètres de longueur. Le treuil était actionné par une machine à vapeur à quatre cylindres d'une puissance de 200 chevaux.

La nacelle, d'un diamètre de 15 mètres, était pourvue de tous les engins nécessaires à

Fig. 178. — Ascension libre d'un ballon captif de 3.050 mètres cubes, de l'Exposition de 1889, avec vingt voyageurs à bord. Aéronaute Louis Godard.

Fig. 179. — Ascension d'un ballon captif gonflé par le gaz hydrogène comprimé dans des tubes d'acier. (Armée italienne d'Abyssinie.)

tats captifs ont été établis depuis, dans quelques grandes villes.

La figure 176 représente celui qui a été installé à Barcelone en 1888 par les ateliers Yon et Godard. L'aérostat est en pleine ascension.

En 1889, à l'occasion de l'Exposition universelle de Paris, un aérostat captif fut installé par les ateliers Godard, au Trocadéro.

Cet aérostat, d'un volume considérable, était muni d'une nacelle de grandes dimensions pouvant contenir un grand nombre de personnes (Fig. 178).

Après la série d'ascensions captives effectuées pendant 161 jours sans interruption, l'aérostat, avant son dégonflement, fut utilisé pour faire une ascension libre. Il emportait vingt passagers dans la nacelle. Le voyage aérien s'accomplit sans incident.

En 1895, un autre aérostat captif, construit par les mêmes ateliers, fut placé au Champ-de-Mars à Paris.

Cet aérostat à nacelle circulaire (Fig. 168), était manœuvré par l'intermédiaire d'un treuil à vapeur (Fig. 177), muni d'un tambour cylindrique à rainures.

Le mécanisme de manœuvre, commandé par une locomobile, par l'intermédiaire de poulies et de courroies, comportait un dispositif de changement de marche et des freins de sécurité.

Aérostats captifs militaires

Nous avons vu, dans l'historique des aérostats, comment était constitué le matériel des parcs aérostatiques militaires des armées de la première République.

Le treuil de manœuvre était remplacé par quarante soldats aérostiers, qui, tenant chacun un bout de cordage, maintenaient l'aérostat captif et le laissaient remonter ou le faisaient descendre suivant les indications données par les officiers placés dans la nacelle. Les parcs aérostatiques militaires sont mieux outillés actuellement ; nous venons d'examiner les voitures-treuils successivement employées pour la manœuvre des aérostats captifs militaires, dont un type comporte un mécanisme à vapeur.

Les aérostats captifs ont été employés dans quelques expéditions militaires : par la France au Tonkin, par l'Angleterre au Soudan, par l'Italie en Abyssinie, lors de la guerre russo-japonnaise.

Le matériel aérostatique utilisé lors de la campagne d'Abyssinie et fourni par des ateliers français, comprenait une voiture-treuil semblable à celle que nous avons décrite (Fig. 172), pouvant recevoir dans un caisson spécialement aménagé des tubes d'hydrogène comprimé pour gonfler l'aérostat sur place.

Le gaz hydrogène, produit dans une station fixe où on pouvait se procurer aisément les matières nécessaires à sa fabrication, était emmagasiné, sous une pression de 135 atmosphères, dans une série de tubes en acier de $2^{m},40$ de longueur, 130 millimètres de diamètre et 13 millimètres d'épaisseur.

La figure 179 représente l'aérostat captif de l'armée italienne utilisé pendant la campagne d'Abyssinie. Pour le gonflement de l'aérostat, les tubes pleins de gaz sont disposés à terre les uns contre les autres en deux séries opposées bout pour bout. Les deux groupes sont réunis à un tube commun qui alimente le tuyau de conduite aboutissant à l'aérostat. Les tubes sont ouverts les uns après les autres pour donner passage au gaz, car on risquerait, en opérant autrement, de provoquer un refroidissement excessif dans les conduits par suite de la détente provenant du passage du gaz de plusieurs tubes, de 135 atmosphères à la pression atmosphérique.

CHAPITRE XIII

HYDROGÈNE

HYDROGÈNE INDUSTRIEL.

PRÉPARATION CHIMIQUE DE L'HYDROGÈNE : Appareil à tonneaux. — Appareil Tissandier. — Appareil à circulation Renard. — Appareil Yon.

APPAREILS MOBILES.

PRÉPARATION ÉLECTROLYTIQUE DE L'HYDROGÈNE.

AUTRES PROCÉDÉS DE FABRICATION : Procédé à l'hydrolithe. — Procédé à l'hydrogénite. — Procédé au silicol.

LIQUÉFACTION ET SOLIDIFICATION DE L'HYDROGÈNE. — EMMAGASINEMENT ET TRANSPORT DE L'HYDROGÈNE. — DÉTERMINATION DU POIDS SPÉCIFIQUE DE L'HYDROGÈNE.

Hydrogène industriel L'hydrogène est un gaz léger qui avait été observé dès le commencement du dix-septième siècle; mais ce n'est que vers 1775 qu'il fut étudié avec précision et, en quelque sorte, classé par l'illustre chimiste et physicien anglais Cavendish; on observa qu'il pesait quatorze fois et demie moins que l'air atmosphérique et on lui donna le nom singulier d'*air inflammable*.

C'est grâce à sa faible densité par rapport à celle de l'air et aussi à celle du gaz d'éclairage, que l'hydrogène joue un grand rôle en aéronautique.

Si, le plus souvent, en effet, les aérostats libres sont gonflés avec du gaz d'éclairage, plus lourd mais d'un prix de revient moins élevé, emploi justifié par la nécessité de perdre le gaz à la fin de chaque ascension, les aérostats captifs que nous venons d'examiner et les aérostats dirigeables dont nous allons nous occuper dans le chapitre suivant, sont gonflés avec du gaz hydrogène.

Il y a, à cela, deux raisons : la première, c'est que pour ces deux sortes d'aérostats il y a intérêt à avoir une force ascensionnelle considérable pour le volume le plus réduit possible, et la seconde, c'est que le même gaz hydrogène sert, pour chacun des aérostats, à effectuer un grand nombre d'ascensions. On n'a qu'à remplacer au fur et à mesure de la déperdition du gaz, par suite de la perméabilité de l'enveloppe, la quantité de gaz échappée, par un volume égal de nouveau gaz hydrogène.

La densité de l'hydrogène est de 0,0692 si l'on prend pour unité la densité de l'air. Le mètre cube d'hydrogène pris à la pression atmosphérique et à une température de 0 degré pèse 0 kilog. 09 environ, soit 90 grammes.

C'est le poids de l'hydrogène chimiquement pur, mais celui qui est utilisé pour gonfler les aérostats contient toujours d'autres gaz et, parmi eux, de la vapeur d'eau, qui l'alourdissent, de sorte que l'on compte un poids moyen de **120** grammes par mètre cube pour l'hydrogène impur, appelé aussi *hydrogène industriel*.

Cet hydrogène industriel, qui s'obtient par des procédés différents de ceux des laboratoires et que nous allons indiquer, est constitué, pour la plus grande partie, par de l'hydrogène, ce qui lui assure une densité encore très réduite, par rapport à celle du gaz d'éclairage, laquelle est de 0,44.

Préparation chimique de l'hydrogène L'hydrogène peut se préparer de diverses façons, soit directement en décomposant l'eau en ses deux éléments, oxygène et hydrogène, soit indirectement, c'est-à-dire en traitant un produit composé, dans lequel on l'a préalablement emmagasiné, ou encore, en l'extrayant d'un corps qui en contient en proportion considérable.

Pour obtenir chimiquement le gaz hydrogène par la décomposition de l'eau, on peut aussi employer plusieurs méthodes : les procédés chimiques et le procédé électrolytique.

Au début de l'aérostation, le physicien Charles, pour fabriquer l'hydrogène nécessaire au gonflement de ses aérostats, plaçait, ainsi que nous l'avons vu, dans des tonneaux remplis d'eau, de la limaille de fer, et il y versait de l'acide sulfurique.

L'eau est décomposée par le fer en raison de la présence de l'acide sulfurique. L'hydrogène se dégage et il reste du sulfate de fer.

Ce procédé, encore très employé, consiste, en principe, à attaquer à froid un métal ayant une grande affinité pour l'oxygène en présence d'un réactif : *alcali* ou *acide*. Généralement, on emploie comme métaux le fer et le zinc, dont on peut se procurer des débris à un prix peu élevé, et, comme réactifs, des acides parmi lesquels l'acide sulfurique et l'acide chlorhydrique.

On obtient donc au fond des récipients des sulfates ou des chlorhydrates, et l'hydrogène qui est libéré est recueilli.

L'emploi de l'acide chlorhydrique offre l'inconvénient, s'il se produit des entraînements dans l'enveloppe de l'aérostat, de corroder cette enveloppe et de la détériorer. Aussi ne se sert-on presque exclusivement que d'acide sulfurique comme réactif dans ce procédé de préparation de l'hydrogène.

Une autre méthode de préparation de l'hydrogène employée pour fabriquer le gaz destiné aux aérostats captifs des armées de la première République consistait à décomposer l'eau par son contact avec du fer porté au rouge.

Par ce procédé, préconisé par Guyton de Morveau, pour éviter l'emploi du soufre réservé à la fabrication de la poudre, l'oxygène de l'eau forme avec le fer un oxyde et l'hydrogène se dégage.

Plus tard, Coutelle organisa même une installation comportant un fourneau dans lequel un tuyau de fonte de **1** mètre de longueur et de 40 centimètres de diamètre était rempli de rognures et de copeaux de fer. Un autre tuyau contenait de l'eau. Sous l'action de la chaleur, de la vapeur d'eau était produite, et, en passant sur les rognures de fer portées, elles aussi, à une haute température, la décomposition de cette eau donnait lieu à un dégagement d'hydrogène.

C'est à l'aide de cette installation (Fig. 38) que fut produit le gaz hydrogène qui permit de gonfler l'aérostat captif l'*Entreprenant*, lequel fut utilisé lors du siège de Maubeuge.

Ce procédé de décomposition de l'eau en présence du fer porté au rouge est encore employé dans les expériences des cours de chimie pour obtenir l'hydrogène, ce qui a permis de donner aux élèves la formule poétique de préparation que voici :

Pour préparer de l'hydrogène,
Prenez un tube en porcelaine,
Mettez-y du fer et de l'eau,
Placez le tout sur un fourneau.
L'eau, par le fer décomposée,
Sera bientôt analysée :
L'oxygène s'unit au fer,
L'hydrogène s'en va dans l'air.

Appareil à tonneaux Le procédé de préparation de l'hydrogène indiqué par Charles a été longtemps utilisé pour obtenir le gaz destiné aux aérostats.

La figure 180 représente l'ensemble d'une installation de ce genre, pouvant fournir une quantité importante d'hydrogène, établie par Giffard pour gonfler son aérostat captif de l'Exposition de 1867. Elle comporte aussitôt que l'acide sulfurique est versé dans les tonneaux. Elle s'accompagne d'une effervescence plus ou moins vive, laquelle donne lieu à une production plus ou moins considérable de gaz.

Il convient d'agiter de temps à autre le contenu du tonneau pour que toutes les parcelles de fer qu'il contient se trouvent en contact avec l'acide sulfurique.

Fig. 180. — Appareil à tonneaux pour la préparation de l'hydrogène.
(D'après une gravure de l'époque.)

une série de tonneaux A dont le fond supérieur est percé de deux trous donnant passage à deux tubes en plomb. L'un des tubes est surmonté directement d'un entonnoir par lequel on verse l'acide sulfurique dans le tonneau. L'autre tube est recourbé et communique avec un collecteur B, qui conduit le gaz produit dans un récipient de lavage D.

Nous savons que l'on met dans les tonneaux de l'eau, des rognures de fer et de l'acide sulfurique. La réaction se produit

L'acide sulfurique tend à se combiner avec l'oxyde de fer produit par suite de l'affinité de l'oxygène pour le fer. L'eau est ainsi décomposée et l'hydrogène qu'elle contient se dégage.

Dans cette installation, on comptait que 3 kilogrammes de fer et 5 kilogrammes d'acide sulfurique à 66 degrés de l'*aréomètre* fournissaient un mètre cube de gaz.

L'hydrogène obtenu par ce procédé n'est pas pur. Comme, en effet, le fer et l'acide sulfurique employés contiennent des impuretés, il se produit, par la réaction, de l'acide sulfureux et de l'hydrogène sulfuré. Ces deux gaz étant solubles dans l'eau, il est indispensable de laver le gaz produit pour le débarrasser de ces éléments qui en augmentent le poids.

Pour cela, les deux collecteurs de gaz B débouchent dans un conduit unique C (Fig. 181) qui pénètre dans la cuve de lavage D. Le conduit d'arrivée de gaz se prolonge à l'intérieur de la cuve sur presque toute sa longueur et porte une grande quantité de trous *l* par lesquels le gaz s'échappe dans la cuve pour ressortir par un conduit E placé à la partie supérieure du récipient.

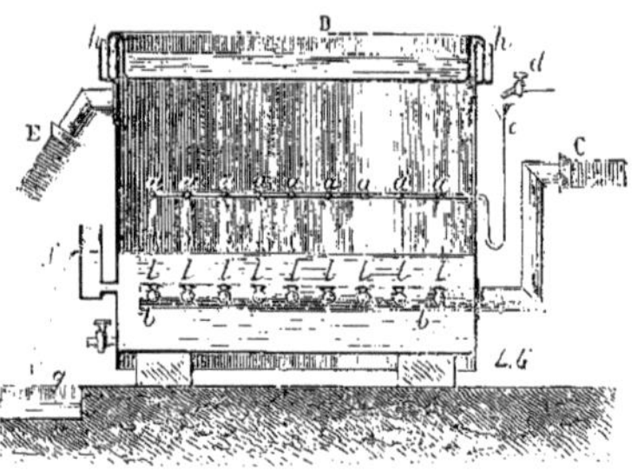

Fig. 181. — Coupe de la cuve de lavage du gaz produit dans l'appareil à tonneaux.

Pendant son trajet dans la cuve, le gaz rencontre une nappe liquide provenant de nombreux filets d'eau qui s'écoulent par de petits trous *a* percés sur un conduit *c*. L'eau est fournie à ce conduit par la manœuvre d'un robinet *d*. Elle se répand en jets très divisés dans la cuve, lave le gaz qui la traverse et tombe à la partie inférieure du récipient.

Un dispositif de *trop-plein*, établi sur le côté de la cuve, empêche l'eau de la remplir et permet l'évacuation de celle qui a été utilisée. Le gaz se trouve ainsi soumis à l'action de l'eau non encore employée et le lavage est efficace.

Le gaz contient, en outre, une faible quantité d'acide carbonique et il est humide. Avant de l'admettre dans l'aérostat, il convient de le débarrasser de ce gaz et de le sécher.

On interpose, à cet effet, entre la cuve de lavage et le conduit qui débouche dans l'enveloppe, un récipient cylindrique F rempli de chaux vive, dans lequel le gaz lavé abandonne son acide carbonique et se dessèche.

Un hygromètre et un thermomètre contenus dans un manchon de verre H complètent l'installation et servent à connaître, à chaque instant, le degré d'humidité ainsi que la température de l'hydrogène qui pénètre dans l'aérostat.

Le gaz hydrogène préparé de cette façon par Giffard était d'un prix de revient assez élevé : il revenait à environ 1 franc le mètre cube.

Aussi Giffard eut-il recours à un autre procédé pour obtenir l'hydrogène nécessaire à son aérostat captif.

Le principe de la décomposition de l'eau est conservé dans ce second procédé, mais cette décomposition est opérée par des moyens différents.

L'eau réduite en vapeur est dissociée par son passage sur un foyer chargé de coke incandescent. La réaction produite donne naissance à la combinaison de l'oxygène et de l'hydrogène de l'eau avec le carbone et forme de l'hydrogène carboné et de l'oxyde de carbone.

Pour transformer l'hydrogène carboné en hydrogène et l'oxyde de carbone en acide carbonique, on fait arriver, à l'autre extrémité du fourneau, un nouveau courant de vapeur d'eau. Cette vapeur, en réagissant par son oxygène sur les deux gaz qui remplissent le fourneau, donne lieu à de l'hydrogène et à de l'acide carbonique.

Ce mélange d'hydrogène et d'acide carbonique est alors dirigé à travers un *dépurateur*, plein de chaux. L'hydrogène y abandonne l'acide carbonique et on peut, à la sortie du *dépurateur*, utiliser le gaz pour gonfler l'aérostat.

Cette manière de procéder fournit de

l'hydrogène à un prix de revient bien inférieur à celui du gaz obtenu par la méthode précédente, mais elle exige des dispositions plus compliquées qui se prêtent peu à une installation mobile de production d'hydrogène.

En outre, on ne parvient pas à débarrasser complètement le gaz hydrogène, ainsi obtenu, d'une certaine quantité d'oxyde de carbone dont la densité est relativement considérable, ce qui diminue notablement la force ascensionnelle de l'aérostat.

Appareil Tissandier En 1883, les frères Tissandier ont construit un appareil dans lequel le gaz hydrogène est obtenu par l'action de l'acide sulfurique sur le fer et l'eau.

Le générateur vertical C (Fig. 182), formé d'une série de tuyaux de grès superposés, est fermé, à sa partie inférieure, par une maçonnerie de briques cimentées par un mélange de soufre fondu, de résine, de suif et de verre pilé. Ce même ciment a été employé pour garnir les joints des tuyaux et les rendre solidaires les uns des autres.

Certains de ces tuyaux sont munis de deux tubulures qui permettent de brancher sur le générateur des conduits de plus petit diamètre.

Le générateur étant rempli de tournure de fer, on introduit, à sa partie inférieure, par l'intermédiaire du conduit A, de l'eau additionnée d'acide sulfurique.

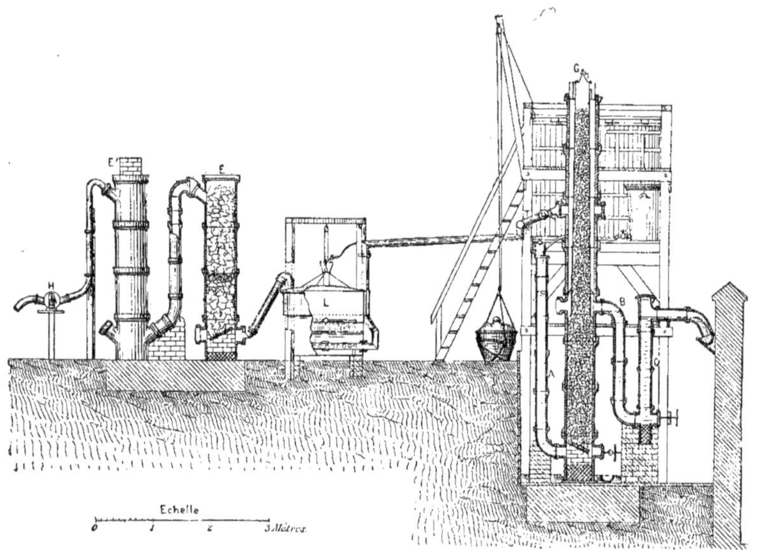

Fig. 182. — Appareil de Gaston et Albert Tissandier pour la préparation du gaz hydrogène.

Le liquide traverse un double fond percé de trous, et il s'élève à travers la tournure de fer en l'attaquant progressivement. On sait que le fer, sous l'action de l'acide sulfurique, décompose l'eau, dont il fixe l'oxygène; il se forme ainsi du sulfate de fer et il se produit un abondant dégagement de gaz hydrogène.

Ce gaz sort du générateur par un tuyau supérieur T. Le liquide ayant produit son action et chargé de sulfate de fer s'écoule par l'intermédiaire des conduits B et G dans un caniveau qui le mène à l'égout.

L'écoulement de l'eau acidulée a lieu d'une façon continue, de sorte que la production d'hydrogène est également continue et à mesure que les débris de fer sont dissous dans la partie inférieure du générateur, ils sont sans cesse renouvelés par la quantité en réserve contenue dans la partie supérieure du tuyau.

Cette réserve de fer qui alimente le générateur est placée dans un tube supérieur métallique, de forme légèrement tronconique. La partie inférieure de ce tube est en cuivre plombé et elle pénètre de quelques centimètres dans le liquide où se produit la réaction; la dissolution de sulfate de fer, en s'échappant par le conduit B, ne peut, avec cette disposition, entraîner de la tournure de fer.

A sa partie supérieure, le générateur est fermé par un couvercle à fermeture hydraulique, disposé pour former soupape de sûreté en cas d'obstruction du conduit de sortie T.

Le gaz hydrogène sortant du générateur doit être lavé et épuré.

Il passe d'abord dans une cuve de lavage L. Il arrive à sa partie inférieure dans une masse d'eau constamment renouvelée par un écoulement continu; le gaz traverse le liquide, qui tombe en pluie, et qui se divise en un grand nombre de jets provenant de nombreux trous percés sur le tuyau adducteur.

A la sortie de la cuve, qui s'effectue par un tuyau placé à sa partie supérieure, le gaz traverse deux épurateurs E et E', contenant de la soude caustique et du chlorure de calcium. Le gaz doit être alors desséché, refroidi et avoir perdu l'acide qu'il contenait.

Une cloche de verre H contenant un hygromètre, un thermomètre, et du papier de tournesol, est traversé par le gaz avant son arrivée dans l'aérostat. On peut, ainsi, connaître le degré de dessiccation du gaz, sa température et son acidité, car on sait que le papier de tournesol a la propriété de devenir rouge sous l'action d'un acide.

L'hydrogène obtenu dans ces conditions a une force ascensionnelle de 1.190 grammes par mètre cube.

Pour obtenir une production considérable d'hydrogène, les frères Tissandier employaient quatre générateurs semblables au générateur C, ce qui donnait 300 mètres cubes de gaz par heure.

Les quatre générateurs étaient alimentés de liquide acide par de grands réservoirs de huit mètres cubes, sortes de cuves en bois très épais, munies à leur partie inférieure de robinets en terre, permettant d'alimenter à la fois les quatre générateurs. Une solide charpente, placée autour des générateurs et munie d'une plate-forme supérieure, permettait de manœuvrer aisément, à l'aide d'un palan, les touries d'acide sulfurique ainsi que les sacs de débris de fer nécessaires à l'alimentation de l'appareil.

Appareil à circulation Renard

C'est à l'École aérostatique de Meudon que le capitaine Renard eut l'idée d'utiliser, pour la préparation de l'hydrogène en grande quantité, le système de la circulation de l'eau acidulée que nous avons vu appliqué dans l'appareil précédent. Il fut établi, au parc aérostatique de Chalais-Meudon, une installation fixe pouvant produire 3.000 mètres cubes d'hydrogène à l'heure. On étudia et l'on réalisa également, pour produire l'hydrogène, une installation mobile dont nous parlerons plus loin.

L'appareil à circulation Renard (Fig. 183) comporte un générateur A fait en fonte de fer et doublé intérieurement de plomb. Dans ce récipient on verse, par un orifice supérieur fermé par un couvercle B, de la tournure de fer. Le couvercle B est muni d'un joint hydraulique C pour empêcher toute fuite de gaz, mais il est néanmoins disposé pour pouvoir, le cas échéant, faire office de soupape de sûreté s'il se produit une pression anormale du gaz à l'intérieur du générateur A.

Par un conduit P, on fait arriver à la partie inférieure du générateur, de l'eau acidulée, dans de certaines proportions, par de l'acide sulfurique.

Cette eau acidulée provient d'un bac G, dans lequel s'effectue le mélange de l'eau pure et de l'acide sulfurique.

L'eau contenue dans un récipient F arrive dans le bac G par un conduit muni d'un robinet J. L'acide sulfurique placé dans la cuve H est amené dans le réservoir G par un tuyau portant un robinet I.

Par la manœuvre appropriée des robinets I et J on règle la proportion d'acide que doit contenir l'eau envoyée dans le générateur. Lorsque le réglage est effectué, il suffit d'alimenter la cuve F avec de l'eau et la cuve H avec de l'acide sulfurique pour que l'eau acidulée, dans une proportion bien définie, pénètre constamment dans le générateur.

Cette eau, se trouvant au contact de la tournure de fer placée dans le générateur, provoque la réaction que nous connaissons : l'hydrogène se dégage, monte à la partie supérieure du générateur et sort par le conduit Q après avoir traversé une boîte D.

Le conduit amène le gaz dans le laveur K, qui a pour but de débarrasser le gaz de l'acide sulfurique qu'il pourrait contenir et de le refroidir. La vapeur d'eau, qu'il tient en suspension quand il sort du générateur, à une température assez élevée produite par la réaction, se trouve ainsi en grande partie condensée.

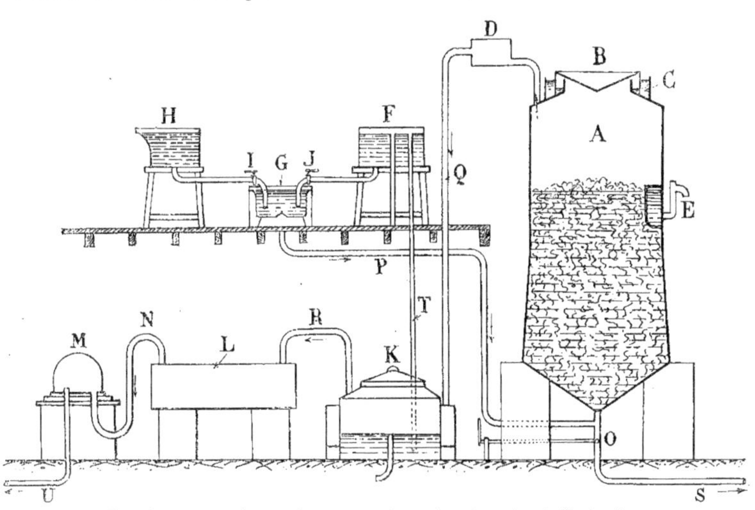

Fig. 183. — Appareil à circulation Renard pour la préparation de l'hydrogène.

Le laveur contient une certaine quantité d'eau froide qui se renouvelle d'une façon permanente et que le gaz est obligé de traverser.

L'eau qui arrive dans le laveur est fournie par la cuve à eau F. Un conduit de trop-plein évacue l'eau qui a été utilisée.

Par un conduit R, le gaz qui sort du laveur est amené dans un récipient L dans lequel sont disposés des réactifs ayant pour but d'arrêter les impuretés qu'il contient et principalement l'hydrogène sulfuré ou l'hydrogène arsénié qui offre quelque danger pour le personnel. Cette disposition a aussi pour résultat d'enlever son humidité au gaz. A sa sortie de l'*épurateur,* celui-ci arrive par un conduit N dans une cloche d'épreuve M, qui contient, comme nous l'avons déjà vu dans d'autres installations, un hygromètre, un thermomètre et du papier de tournesol.

teurs à gaz A (Fig. 185), grands récipients dans lesquels est placée de la tournure de fer. Par un tuyau B placé entre les deux générateurs arrive l'eau mélangée avec l'acide sulfurique. Cette eau pénètre dans les récipients A par la partie inférieure, baigne la tournure de fer jusqu'à une certaine hauteur, puis s'écoule à l'extérieur par des conduits de trop-plein.

Fig. 184. — Appareil Yon pour la préparation du gaz hydrogène. Vue d'ensemble.

Appareil Yon (Fig. 184 et 185.) Le Gouvernement italien, au moment de la campagne d'Abyssinie, ayant voulu munir le corps expéditionnaire d'aérostats légers, facilement transportables et pouvant être gonflés sur place rapidement, s'adressa au constructeur français Yon, qui fabriqua le matériel aérostatique nécessaire. Nous avons donné, précédemment, la description de la voiture-treuil établie; voici comment l'appareil producteur du gaz hydrogène a été constitué.

Cet appareil se compose de deux généra-

La réaction se produit au fur et à mesure que l'eau acidulée prend contact avec la tournure de fer : l'hydrogène produit sort, par un tuyau, de chaque générateur. Les deux tuyaux se rejoignent pour pénétrer dans une cuve à lavage F aux deux tiers remplie d'eau. Le gaz abandonne là ses impuretés et il est refroidi par l'action de l'eau constamment renouvelée. Cette eau arrive par un conduit E et est évacuée par un tuyau de trop-plein H.

Le gaz prêt à être employé sort par un tuyau supérieur C.

Tous ces organes sont montés sur un châssis métallique : l'ensemble peut être assez facilement transporté à proximité du champ d'opération d'une armée. Les deux générateurs peuvent être rechargés de tournure de fer, à tour de rôle, sans arrêter le dégagement du gaz, en les séparant alternativement du circuit par la manœuvre d'un robinet.

L'appareil ne comporte pas de sécheur, organe qui n'a pas paru indispensable pour une installation de campagne.

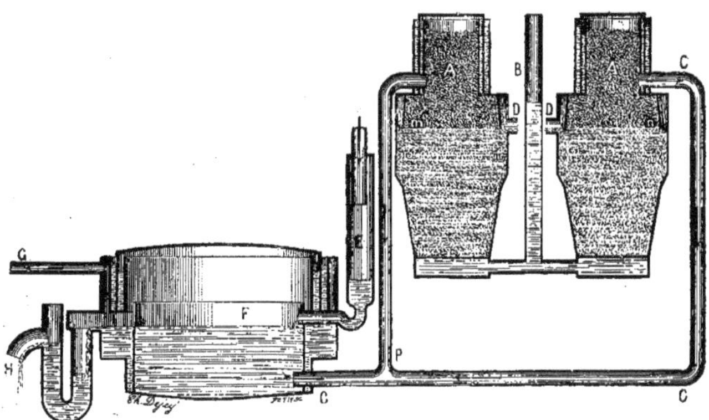

Fig. 185. — Coupe de l'appareil Yon.

A,A. Générateurs contenant de la tournure de fer baignée dans de l'acide sulfurique étendu d'eau. — B. Tuyau distribuant l'acide étendu d'eau dans les deux générateurs A, A. — *m*. Niveau du liquide acidulé. — D. Trop-plein. — P. Arrivée du gaz venant des générateurs se rendant au barboteur à gaz, ou laveur F. — F. Laveur du gaz. — C. Sortie du gaz lavé. — H. Déversoir du trop-plein d'eau de lavage à écoulement intermittent.

Appareils mobiles

L'appareil à circulation Renard, établi d'abord à poste fixe, a été ensuite disposé pour pouvoir être facilement déplacé, afin de faciliter son emploi dans les expéditions militaires.

Les divers organes ont reçu une forme appropriée et sont fixés sur un châssis métallique supporté par quatre roues. L'installation complète peut être aisément déplacée à l'aide de chevaux.

L'industrie privée a construit également des appareils mobiles pour produire l'hydrogène.

La figure 186 donne une vue d'ensemble de l'appareil construit par les ateliers Lachambre. Il se compose de quatre générateurs A, B, C, D, faits en tôle doublée de plomb intérieurement, qui peuvent fonctionner soit ensemble, soit séparément.

A la partie inférieure de chaque générateur débouche un tuyau en plomb par lequel arrive le mélange d'eau et d'acide sulfurique, mélange que l'on refoule de bas en haut au moyen de deux pompes P.

Les quatre générateurs sont reliés par un cylindre en fonte *b*, émaillé intérieurement, nommé *boîte à siphons*, par lequel s'écoule le sulfate de fer en dissolution. La boîte à siphons est disposée de façon à former joint hydraulique pour s'opposer à la sortie du gaz.

Celui-ci doit quitter les générateurs par des tuyaux supérieurs qui, réunis en un même collecteur E, le conduisent au laveur L.

A la partie inférieure de chaque générateur est disposé un trou d'homme, qui sert à extraire la tournure de fer restant dans le générateur après l'opération.

L'orifice est fermé, pendant le fonctionnement, par un tampon portant au centre un ajutage qu'on peut ouvrir pendant la marche de l'appareil, pour évacuer du liquide.

Le laveur L est constitué par une caisse rectangulaire dans laquelle est disposée une série de tubes percés de petits trous destinés à déverser le gaz en jets multiples. La caisse contient de l'eau que le gaz traverse en abandonnant l'acide sulfurique qu'il peut entraîner. En outre, un courant permanent d'eau froide entretenu dans le laveur par une des deux pompes P condense la vapeur d'eau que le gaz contient.

Fig. 186. — Appareil Lachambre, pour la préparation du gaz hydrogène.

Un tuyau de trop-plein conduit l'excédent d'eau, du laveur dans la boîte à siphons; elle s'y mélange avec les eaux sulfatées.

Après le laveur, le gaz pénètre dans le *sécheur* S, constitué par deux cylindres disposés horizontalement et remplis de fragments de chlorure de calcium ou de chaux. Les dernières traces d'acide sulfurique et de vapeur d'eau que peut encore renfermer le gaz en sortant du laveur se trouvent absorbées.

A l'orifice de sortie du sécheur, le gaz traverse un compartiment grillagé, contenant de la paille de fer qui, sans faire obstacle à son passage, arrête toutes les poussières qui pourraient être entraînées hors du sécheur.

Les pompes P servant à refouler, dans les générateurs, l'eau mélangée d'acide sulfurique, sont au nombre de quatre, attelées deux à deux. Elles sont du type à *piston plongeur* avec *clapet à boule*. On les manœuvre à la main à l'aide d'une manivelle placée sur un volant.

L'acide sulfurique peut être ainsi aspiré directement dans les *touries* par le tuyau T en même temps que l'eau d'un réservoir voisin, par le conduit *u*. Les proportions de mélange des deux liquides peuvent être réglées.

Tout l'appareil repose sur un chariot constitué par un châssis métallique monté sur quatre roues. L'avant-train du chariot est articulé pour lui permettre de passer dans les chemins non nivelés.

Un autre appareil mobile, représenté par la figure 187, a été construit dans les ateliers Louis Godard. Il comporte deux générateurs, un laveur et deux sécheurs, destinés à laver le gaz, à le refroidir, le sécher, et le débarrasser de ses impuretés.

La pompe d'alimentation des générateurs en eau acidulée est placée à l'arrière du chariot qui supporte tous les organes. Ce chariot métallique roule sur quatre roues.

Fig. 187. — Appareil mobile à production d'hydrogène. Louis Godard.

La pompe est actionnée par une petite machine à vapeur qui est alimentée de vapeur par un tuyau provenant de la chaudière de la voiture-treuil que nous avons précédemment décrite, et qui fait partie du parc aérostatique.

Cette pompe est, en réalité double. Un corps de pompe envoie l'eau dans les générateurs, l'autre envoie l'acide.

La quantité d'acide admis dans les générateurs est proportionnée, par suite d'un réglage, à la quantité d'eau admise.

Préparation électrolytique de l'hydrogène

Dans les procédés directs d'obtention de l'hydrogène, on peut placer la méthode électrolytique.

Nous avons vu dans le tome II des *Merveilles de la Science* (1), qu'en faisant passer un courant à travers une masse d'eau, cette eau se trouve décomposée en ses deux éléments : l'oxygène se porte à l'électrode positive et l'hydrogène à l'électrode négative.

Pour que le courant électrique puisse s'établir d'une électrode à l'autre à travers l'eau, il faut que cette masse liquide soit rendue conductrice, ce qui s'obtient en mélangeant, généralement, à cette eau de l'acide sulfurique.

(1) *Merveilles de la Science*, Tome II, Électricité.

Ce procédé, très répandu dans les laboratoires et dans les cours de Chimie pour démontrer, par l'emploi du *voltamètre,* la constitution de l'eau, peut évidemment être appliqué, en principe, pour obtenir de l'hydrogène pur destiné aux aérostats, mais il a fallu modifier certaines dispositions primitives pour le rendre pratique.

Par suite du mélange de l'acide sulfurique avec l'eau à décomposer, il était nécessaire en effet d'avoir des électrodes inattaquables par ces acides, ce qui obligeait à les constituer en métaux précieux et notamment en platine, métal d'un prix de revient très élevé.

On ne pouvait constituer des électrodes de surface considérable avec ce coûteux métal pour produire l'hydrogène en grande quantité, car la dépense eût été trop considérable.

A la suite des recherches du professeur d'Arsonval, de l'ingénieur russe Latchinow et du colonel Renard, celui-ci établit un appareil *électrolytique* dans lequel l'acide était remplacé par un *alcali,* tel que la *soude caustique.*

Cette simple et ingénieuse substitution a permis de rendre le procédé industriel, car les électrodes peuvent être constituées en métaux ordinaires dont le prix est abordable.

Le *voltamètre* construit par le colonel Renard (Fig. 188) se compose d'un récipient cylindrique en métal A, qui constitue l'électrode négative, c'est-à-dire que ce récipient est mis en communication avec le pôle négatif de la source électrique. Dans ce réservoir on verse de l'eau rendue conductrice par un alcali.

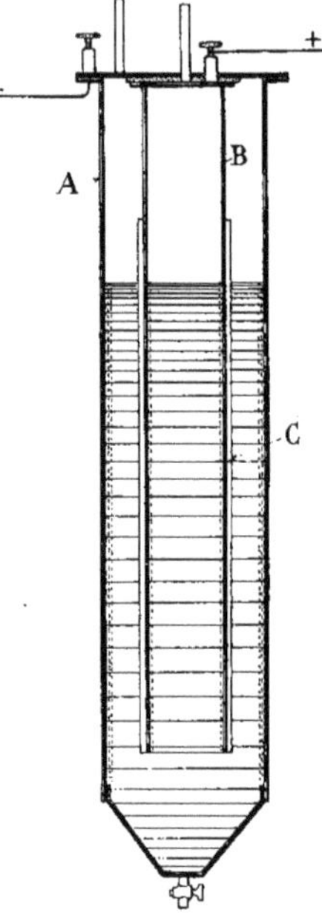

Fig. 188. — Voltamètre du colonel Renard.

La seconde électrode est fournie par un cylindre en fer B placé concentriquement à l'intérieur du premier, bien isolé électriquement de celui-ci et communiquant avec l'électrode positive de la source électrique.

Le voltamètre ainsi constitué comporte donc deux électrodes de grande surface séparées par un intervalle réduit, ce qui facilite le passage du courant électrique et la décomposition de l'eau.

Une dernière disposition a permis de séparer nettement l'hydrogène, lequel se porte sur l'électrode négative, de l'oxygène qui, lui, va à l'électrode positive, cela afin que le gaz utilisé pour gonfler l'aérostat ne contienne pas d'oxygène.

A cet effet, une cloison en toile d'amiante C est interposée à travers le liquide entre les deux cylindres métalliques faisant office d'électrodes. Cette cloison laisse aisément circuler le liquide, mais elle empêche le passage des gaz à condition que la pression se maintienne sensiblement la même de chaque côté de la cloison.

Le procédé électrolytique de production de l'hydrogène, s'il donne un gaz très pur, a le grand inconvénient de ne le fournir que d'une manière fort peu rapide, car il serait nécessaire, pour obtenir de l'hydrogène en grande quantité et rapidement, d'employer un très grand nombre de *voltamètres,* ce qui ne répond pas aux conditions pratiques de fabrication industrielle.

Il pourrait cependant être employé pour produire de l'hydrogène destiné à être emmagasiné dans des tubes en vue d'être utilisé ultérieurement au fur et à mesure des besoins.

Autres procédés de fabrication

On peut produire l'hydrogène par un certain nombre d'autres procédés, parmi lesquels nous allons citer les principaux.

En Allemagne, on emploie la méthode Richter-Majest, qui consiste à décomposer, par le zinc, l'eau contenue dans l'hydrate de chaux.

L'eau se décompose, oxyde le zinc, et son hydrogène se dégage. Il reste comme résidu, du zincate de chaux, l'oxyde de zinc formé jouant le rôle d'acide.

Cette réaction se produit à une température relativement basse. Il convient que le zinc soit à l'état pulvérulent, tel, par exemple, qu'on le retire des cornues des mines, et que l'on désigne sous le nom de *cadmie*.

Pour fabriquer l'hydrogène par ce procédé, on charge le mélange de zinc et de chaux hydratée dans des coupelles qui sont introduites dans des cornues de fonte. Ces cornues sont disposées sur plusieurs rangs dans une sorte de four portatif monté sur roues. Le foyer peut être chauffé au bois.

Ce procédé donne un dégagement très lent d'hydrogène.

On emploie également en Allemagne le procédé français d'obtention d'hydrogène Hubun, qui a été utilisé notamment pour produire le gaz destiné au gonflement des aérostats dirigeables du type *Zeppelin*.

Ce procédé repose sur l'emploi de l'acétylène. Ce gaz, fortement comprimé, explose et se décompose en carbone, qui se présente sous forme de noir de fumée très fin, et en hydrogène pur qui se dégage.

On obtient ainsi économiquement le gaz hydrogène, mais cette méthode, reposant sur un dispositif à explosion, demande à être pratiquée avec une grande prudence.

La méthode C. P. Claus consiste à faire passer du *gaz à l'eau* dans des cornues contenant de l'oxyde de fer chauffé au rouge. L'oxyde de fer se réduit à l'état de fer métallique sur lequel on lance un courant de vapeur d'eau surchauffée vers 1.000 degrés; le fer devient du peroxyde et l'hydrogène se dégage.

Le *gaz pauvre* obtenu dans les gazogènes, par les diverses méthodes que nous avons décrites dans le troisième volume des *Merveilles de la Science* (1), peut permettre de fabriquer l'hydrogène.

Ce gaz est, en effet, un mélange complexe d'hydrocarbures, d'oxyde de carbone, d'acide carbonique, d'azote. En le traitant par des moyens appropriés, on peut en extraire l'hydrogène. On isole d'abord, par l'épuration, l'oxyde de carbone et l'hydrogène, mélange que l'on envoie dans une cornue chauffée au rouge, en même temps que l'on y fait pénétrer un courant de vapeur d'eau.

Il se forme de l'acide carbonique, par l'action de l'oxygène de l'eau sur l'oxyde de carbone, et de l'hydrogène. On retient l'acide carbonique en le faisant circuler dans de la lessive de soude et l'hydrogène, purifié par un barbotage dans l'acide sulfurique, se dégage.

Le procédé Georges Claude consiste à extraire l'hydrogène du gaz d'éclairage par l'emploi de *l'air liquide*. L'inventeur des remarquables méthodes et des appareils de fabrication de l'air liquide a montré qu'en faisant passer le gaz d'éclairage dans un serpentin entouré d'air liquide qui l'amène à la température de 193 degrés au-dessous de zéro, tous les gaz : *méthane*, ou *gaz des marais*, *oxygène*, *oxyde de carbone*, contenus dans le gaz d'éclairage, sont liquéfiés ou solidifiés, à l'exception de l'hydrogène.

L'hydrogène seul, qui entre dans la composition du gaz d'éclairage pour une proportion de 60 %, sort du serpentin dans un état de très grande pureté.

M. George F. Jaubert, à la suite de persévérantes recherches sur la question de la préparation sur place, en campagne, de l'hydrogène nécessaire au gonflement et

(1) *Les Merveilles de la Science*, Tome III, MOTEURS.

au ravitaillement des aérostats captifs et dirigeables, a établi trois procédés de préparation de ce gaz, fort intéressants.

Ces diverses méthodes ont été décrites en détail par leur savant auteur, dans la *Revue générale de Chimie pure et appliquée*. Nous allons indiquer, d'après cette description, en quoi consistent ces trois procédés, qui sont : le procédé à l'*hydrolithe*, le procédé à l'*hydrogénite* et le procédé au *silicol*.

Le procédé à l'hydrogénite est le seul, parmi les trois, qui emploie la voie sèche, procédé dans lequel on n'a pas besoin d'eau. Les deux autres emploient la voie humide.

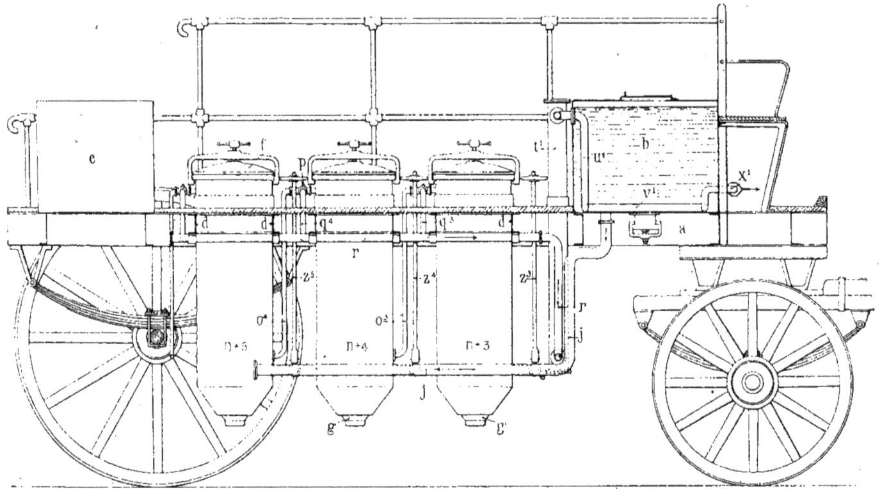

Fig. 189. — Appareil à hydrolithe de 500 mètres cubes à l'heure. Élévation et coupe.

Procédé à l'hydrolithe L'*hydrolithe* est un *hydrure de calcium* qui se décompose sous l'action de l'eau, d'une façon semblable au carbure de calcium, en donnant lieu à un très vif dégagement d'hydrogène pur. Un kilogramme d'hydrolithe pure dégage 1.143 litres d'hydrogène mesurés à une température moyenne.

Pour fabriquer l'*hydrolithe*, on chauffe le *calcium métallique* dans des cornues horizontales portées à haute température. Dans ces cornues circule, en même temps, un courant d'hydrogène pur; le calcium l'absorbe peu à peu pour se transformer complètement, au bout d'un certain temps, en *hydrure*.

Le *calcium métallique*, d'autre part, s'obtient par l'électrolyse du *chlorure de calcium fondu*. Il se présente en barres cylindriques d'une couleur blanche, pesant quelques kilogrammes.

L'hydrolithe chimiquement pure se présente sous forme d'une matière blanche, fondue, cristalline, dissociable à 600 degrés dans le vide. L'hydrolithe industrielle a l'aspect irrégulier et une couleur gris ardoise. Elle contient environ 90 % de produit pur et donne lieu à un dégagement de 1 mètre cube d'hydrogène par kilogramme, sous l'action de l'eau.

Lors de la campagne du Maroc, en 1907, un premier appareil à hydrolithe fut construit, après des essais concluants effectués au service aérostatique de l'armée à Chalais-Meudon. Cet appareil fut envoyé au Maroc; il pouvait produire 50 mètres cubes d'hydrogène à l'heure.

Depuis cette époque, les essais se sont poursuivis à Chalais-Meudon, et sous la direction du colonel Bouttiaux, le capitaine Lelarge a mis au point des appareils à hydrolithe transportables, pouvant produire 1.200 mètres cubes d'hydrogène à l'heure, c'est-à-dire pouvant gonfler, en campagne, un dirigeable du type *Colonel-Renard* (Fig. 5) en moins de 4 heures.

Ces appareils ont pris part aux grandes manœuvres de 1910, avec un approvisionnement de 20.000 kilogrammes d'hydrolithe, représentant 20.000 mètres cubes environ d'hydrogène pur.

Le procédé de fabrication de l'hydrogène à l'hydrolithe a, cependant, deux inconvénients sérieux : le prix de revient du gaz ainsi obtenu est très élevé, et il nécessite l'emploi d'une grande quantité d'eau pour attaquer l'hydrure et pour laver et refroidir le gaz.

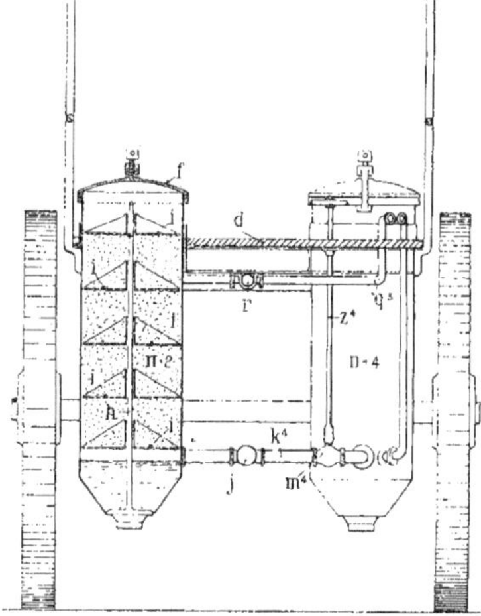

Fig. 190. — Appareil à hydrolithe de 500 mètres cubes à l'heure. — Coupe transversale.

Le prix du kilogramme d'hydrolithe revient, en effet, à 7 francs, et c'est ce qui, surtout, sauf dans des conditions toutes spéciales, pourra arrêter l'extension de ce procédé. L'appareil générateur mobile est représenté par la figure 189 en élévation et par la figure 190 en coupe transversale.

Cet appareil, pouvant produire 500 mètres cubes de gaz par heure, se compose d'un chariot formé d'un châssis métallique *a*, monté sur quatre roues.

Le châssis supporte, au milieu de sa longueur, six récipients cylindriques *n*, qui sont les générateurs de gaz. Les générateurs sont disposés en deux rangées de trois dans le sens de la longueur. Chaque générateur est fermé à sa partie supérieure par un tampon *f* à étrier et à vis et porte, à sa partie inférieure, un trou de vidange conique fermé par un bouchon *g* faisant corps avec une tige cylindrique *h* disposée verticalement au centre du générateur sur presque toute sa hauteur.

Cette tige (Fig. 189-190) sert de guide à une série de plates-formes *i*, faites en tôle perforée, sur lesquelles est placée l'hydrolithe. Cette disposition a pour but de diviser la masse d'hydrolithe contenue dans le générateur et lui permet de n'être mise en contact avec l'eau que par échelons successifs.

A l'avant du châssis est disposé un réservoir d'eau *b*. Sur le fond de ce réservoir est branché un tuyau *j* qui relie les générateurs, à leur partie inférieure, par l'intermédiaire de branchements k, k^1... munis chacun d'une vanne m, m^1, pouvant être manœuvrée, de la plate-forme du chariot, au moyen d'un petit volant terminant une tige verticale z, z^1... Chaque générateur est mis en communication avec le générateur suivant par un conduit de dégagement de gaz *o* partant de la partie supérieure du premier pour aboutir à la partie inférieure du second. Sur chacun des tuyaux *o* est disposé un robinet *p* à trois voies comportant un branchement *q*, lequel aboutit à un conduit collecteur de gaz *r*.

Ce conduit, qui part de l'arrière du chariot, est disposé longitudinalement sous le châssis et aboutit vers l'avant, après s'être retourné à angle droit, à la partie inférieure de deux récipients cylindriques t, t^1 servant d'épurateurs.

Chaque épurateur comporte à sa partie supérieure un tuyau de sortie u, u^1 qui pénètre dans le réservoir d'eau b et se prolonge dans le fond de ce réservoir en forme de serpentin v, v^1, pour aboutir, extérieurement, à deux brides x, x^1 de prise de gaz.

Pour mettre l'appareil en fonctionnement, on remplit le réservoir d'eau b, et on charge les générateurs en plaçant successivement, les uns au-dessus des autres, les divers plateaux en tôle perforée après les avoir chargés d'hydrolithe. On ferme hermétiquement les générateurs et on manœuvre le robinet p du premier réservoir n, de façon à l'isoler du conduit collecteur r et à le mettre en communication avec le générateur suivant $(n + 1)$. Ce second générateur est, de son côté, par la manœuvre de son robinet p, mis en communication avec le conduit collecteur r, mais il est isolé du générateur suivant $(n + 2)$.

On laisse pénétrer l'eau du réservoir b dans le premier générateur n en manœuvrant la vanne m correspondante. L'eau arrive dans le générateur à sa partie inférieure, s'élève dans ce récipient, et, au fur et à mesure, attaque l'hydrolithe disposée sur les plateaux en tôle. Il se produit un dégagement de gaz et de vapeur d'eau qui passe dans le second générateur par l'intermédiaire du conduit o.

Dans ce second générateur, le mélange gazeux produit dans le générateur précédent, attaque l'hydrure de calcium frais, lequel absorbe la vapeur d'eau en dégageant une nouvelle quantité de gaz : ce gaz, par le branchement correspondant, se rend au collecteur r et de là dans l'épurateur.

Dans cet épurateur il abandonne les impuretés qu'il contient et, en particulier, l'ammoniaque, puis le gaz arrive, par le tuyau u et le serpentin v, à la prise de gaz x.

Lorsque le premier générateur n est épuisé en hydrolithe, on l'isole complètement de tous les autres organes par la manœuvre de sa vanne m et de son robinet p. On met alors en communication le troisième générateur avec le second. On admet l'eau dans ce second générateur et le fonctionnement de l'appareil continue de la même façon que nous venons de l'indiquer, le second générateur $(n + 1)$ produisant le gaz par l'attaque directe de l'hydrolithe par l'eau, et le troisième générateur $(n + 2)$ servant à sécher le gaz produit, ainsi que nous venons de le dire.

L'appareil continue donc à fonctionner avec deux générateurs, et successivement ceux dont la charge d'hydrolithe est épuisée sont isolés des autres.

Par suite de cette disposition, il est possible, lorsque, par exemple, le cinquième générateur et le sixième générateur sont accouplés, de vider les autres et de les recharger successivement en commençant par le premier, qui sera mis en communication avec le sixième lorsque la charge du cinquième sera épuisée.

La production d'hydrogène peut, de la sorte, être continue.

L'appareil peut, en outre, être mis en état de fonctionner très rapidement, car il suffit que les deux premiers générateurs soient chargés; le chargement des autres peut s'effectuer pendant le fonctionnement des deux premiers.

Le gaz recueilli aux prises x et x^1 est sec; son passage dans les serpentins v et v^1 disposés au fond du réservoir d'eau suffit pour le ramener à une température assez faible pour permettre son utilisation immédiate.

Le chariot porte, à l'avant, un siège pour le conducteur, et à l'arrière, un caisson c dans lequel on peut placer une réserve d'hydrolithe.

Procédé à l'hydrogénite

L'hydrogénite est un composé de *chaux sodée* et de *silicol*, constitué, lui-même, par un alliage de silicium.

L'hydrogénite, qui a l'aspect du sable très fin a la remarquable propriété de s'allumer et de produire, par incinération, de l'hydrogène, soit à l'air libre, soit en vase clos. Un kilogramme d'hydrogénite peut dégager par combustion de 270 à 370 litres d'hydrogène pur suivant la conduite de l'appareil.

au moyen d'une pincée de poudre spéciale, nommée *poudre d'allumage* que l'on fait brûler avec une allumette.

L'hydrogénite brûle sans flamme et rapidement, car une cartouche de 50 kilogrammes est consumée en 10 minutes. Elle se consume comme l'amadou, en produisant de l'hydrogène pur et de la fumée blanche. Cette fumée provient des poussières de soude caustique libérées par la dissociation de l'hydrogénite sous l'action de la température.

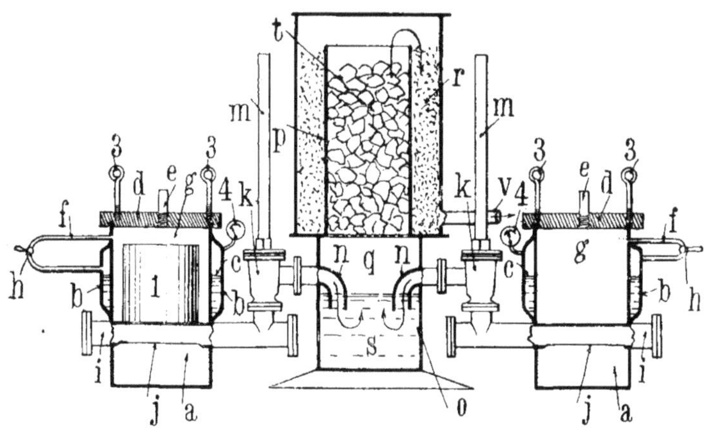

Fig. 191. — Appareil à hydrogénite de 50 mètres cubes à l'heure. Coupe.

L'hydrogénite peut être agglomérée et comprimée sous forme de *pains*. Un de ces blocs d'un volume d'un décimètre cube donne lieu, en brûlant, à une production de 800 litres d'hydrogène pur.

L'hydrogénite conserve constamment ses propriétés, à condition d'être enfermée dans une boîte métallique soigneusement close et tenue à l'abri de l'humidité.

On la livre, d'ailleurs, enfermée dans des *cartouches* métalliques disposées pour que la combustion puisse s'y effectuer.

Elle peut être allumée avec une simple allumette lorsqu'elle est réduite en poudre très fine. En pains, on l'allume aisément

Pour diminuer la formation de cette fumée et augmenter le rendement en hydrogène, on injecte à la fin de la combustion de chaque cartouche une petite quantité d'eau ou de préférence de vapeur d'eau.

L'appareil utilisant l'hydrogénite (Fig. 191) se compose d'un générateur *a*, récipient cylindrique comportant une double enveloppe *b*. L'espace compris entre les deux enveloppes sert à recevoir de l'eau *c* et communique, d'une part, au moyen d'un conduit *f*, avec la partie intérieure du générateur et, d'autre part, avec un manomètre 4. Un robinet *h*, disposé sur le conduit *f*, permet, par sa manœuvre, d'établir ou d'intercepter la communication entre la chambre à eau et le générateur. Un couvercle *d*, percé en son centre d'un trou dans lequel est placé un bouchon *e*, ferme le générateur à sa partie supérieure. La coupe 192 montre deux générateurs semblables disposés dans une même installation.

Un tuyau *i* traverse horizontalement le générateur *a* vers le tiers de sa hauteur. Ce tuyau porte une ouverture *j* tournée vers le fond du générateur et, à une extrémité, un branchement muni d'un robinet *k* à trois voies. La manœuvre de ce robinet permet de faire communiquer le tuyau *i* et, par conséquent, l'intérieur du générateur, soit avec une cheminée de dégagement *m* débouchant à l'air libre, soit, par l'intermédiaire d'un conduit *n*, avec un réservoir *o* dans lequel est contenue une certaine quantité d'eau S.

Ce réservoir est surmonté d'un récipient cylindrique divisé en deux compartiments par un tube vertical *p*. Une plaque perforée formant fond sépare ce récipient du réservoir inférieur et permet de placer dans le compartiment *t* une matière filtrante comme du coke, par exemple. L'autre compartiment *r* contient de la sciure de bois et porte, à sa partie inférieure, un tuyau V par lequel s'échappe le gaz.

Pour faire fonctionner l'appareil, on introduit dans le générateur une cartouche d'hydrogénite. Cette cartouche 1 est un simple récipient métallique contenant de l'hydrogénite et dont le couvercle s'enlève aisément. Le couvercle est retiré avant l'introduction de la cartouche, que l'on pose au-dessus du tube *i*.

Le couvercle du générateur est ensuite posé, sans être boulonné, au-dessus du récipient et, par le trou découvert en enlevant le bouchon *e*, on laisse tomber sur l'hydrogénite contenue dans la cartouche une *allumette tison* dont la flamme persiste quelque temps sans s'éteindre.

Par la manœuvre du robinet *k*, on met en communication l'intérieur du générateur avec la cheminée de dégagement *m*, par l'intermédiaire du tuyau *i*.

L'hydrogénite se consume en produisant un dégagement intense d'hydrogène. Dès le commencement du dégagement, le gaz produit sort à l'air libre par la cheminée *m*. Lorsque le gaz qui s'échappe de cette cheminée a une teinte bleuâtre, c'est que l'air contenu dans le générateur a été rejeté dans l'atmosphère.

On tourne alors le robinet *k* pour mettre en communication le générateur *a* avec le réservoir *o* par l'intermédiaire du conduit *n*.

La combustion de l'hydrogénite produit une élévation de température dans les cartouches ; elle peut atteindre 1.200 à 1.500 degrés. La chaleur dégagée est utilisée pour porter à l'ébullition l'eau *c* contenue entre les deux enveloppes du générateur. Il se produit de la vapeur d'eau qui est dirigée, par la manœuvre du robinet *h*, à la partie supérieure du générateur, où elle rencontre le mélange gazeux produit par la combustion. Nous avons dit précédemment que ce dispositif avait l'avantage d'augmenter le rendement d'hydrogène. Le manomètre 4 indique à chaque instant la pression de la vapeur.

L'hydrogène produit arrive dans la masse d'eau S contenue dans le réservoir *o*, la traverse, en se lavant et se refroidissant, puis monte dans le compartiment *t*, à travers le coke, s'y épure et enfin gagne le second compartiment *r* où il se sèche avant d'arriver au conduit V, qui le distribue pour être utilisé.

Le couvercle du générateur est simplement posé au-dessus de ce récipient, pour que, dans le cas d'une production considérable et instantanée de gaz, il puisse se soulever et éviter ainsi une surpression dangereuse dans le générateur. Il est cependant assez lourd pour se maintenir fixe pendant la marche normale de l'appareil.

Pour obtenir une production continue de gaz hydrogène, on peut disposer autour du réservoir constituant le laveur, l'épurateur et le sécheur, un certain nombre de récipients générateurs, comme l'appareil représenté par la figure 192.

Pendant que l'un des générateurs est en fonctionnement, on recharge les autres en remplaçant la cartouche vide par une nouvelle cartouche d'hydrogénite.

La mise en train de l'appareil est, on l'a vu, rapide, et, dans un court espace de temps, on peut obtenir, de l'hydrogène pur.

Fig. 192. — Appareil à hydrogénite de 50 mètres cubes à l'heure : les générateurs sont ouverts. Au pied du générateur de gauche on voit une cartouche de 25 kilogr. d'hydrogénite ainsi que son cadre.

Procédé au silicol

Cette méthode de préparation de l'hydrogène consiste à décomposer des alliages de silicium préparés au four électrique, tels que les *ferro* ou *mangano-silicium*, en employant une solution concentrée de soude caustique.

On place dans un bac, dans lequel est disposé un mécanisme agitateur, la soude en morceaux; on y ajoute deux fois environ son poids d'eau; puis on met en mouvement l'agitateur; la soude se dissout en produisant un dégagement de chaleur qui porte la température entre 60 et 80 degrés centigrades.

La solution arrive alors dans le générateur avec une température suffisante pour que la réaction puisse se produire quand elle prend contact avec l'alliage de silicium.

Cet alliage, réduit en poudre, est distribué par une trémie; son contact intime avec la solution de soude caustique est assuré par un second agitateur disposé dans le générateur.

L'hydrogène se dégage, mais il se trouve à une haute température. On le dirige dans un condenseur-laveur où il se refroidit et où il abandonne la vapeur d'eau qu'il contient. Il peut, à la sortie du laveur, être utilisé.

Liquéfaction et solidification de l'hydrogène

Des recherches effectuées depuis longtemps en vue de liquéfier l'hydrogène ont abouti, en 1899, à l'obtention de l'*hydrogène liquide*. Ces recherches, poussées ensuite encore plus loin, permettaient de *solidifier l'hydrogène* en 1902. Ces résultats, qui intéressent au plus haut degré l'aérostation, ont été obtenus par le savant J. Dewar, continuant les travaux d'Olszewski.

On sait qu'un liquide ne peut rester dans cet état liquide que lorsqu'il est soumis à une pression supérieure ou tout au moins égale à celle pour laquelle il passe à l'état de vapeur. Ce point coïncide avec la *tension de vapeur* de ce liquide à une certaine température. Lorsque la température s'accroît, sa tension de vapeur s'élève jusqu'à une certaine température maximum.

Lorsqu'un liquide est sous une pression plus considérable que la plus forte des tensions de sa vapeur, il ne donne pas de vapeur même pour les plus hautes températures, et se dilate d'une façon continue.

Fig. 193. — Le gonflement de l'*Hirondelle* au parc de l'Aéro-Club de France; on étend le ballon; dans le fond, devant le hangar de l'Aéro-Club, on distingue l'appareil à hydrogénite.

La pression minimum pour laquelle ce phénomène se produit est désignée sous le nom de *pression critique*. Suivant la valeur de la température, ou bien le gaz se laisse comprimer d'une façon continue, ou bien il se liquéfie pour une pression déterminée.

Fig. 194. — Le gonflement de l'*Hirondelle* au parc de l'Aéro-Club de France : 15 cartouches d'hydrogénite ont déjà brûlé, le gonflement est fait à moitié.

M. Dewar put déterminer *la pression critique de l'hydrogène* et en déduisit la *température critique* à laquelle devait se produire la liquéfaction sous forme d'un liquide stable. Cette température, l'air liquide devait la lui fournir.

En effet, l'air liquide bout à 194 degrés centigrades au-dessous de zéro, alors que l'hydrogène se liquéfie à 252 degrés centigrades au-dessous de zéro. Il fallait réaliser cette différence de température. M. Dewar y est parvenu en détendant de 200 atmosphères l'air bouillant dans un serpentin refroidi également au moyen de l'air liquide. L'hydrogène comprimé à 180 atmosphères soumis à cette température et détendu dans le vide se transforme en un liquide parfaitement stable que l'on peut recueillir, conserver, transporter dans des récipients. L'hydrogène liquide pourra donc certainement passer dans le domaine industriel. Des appareils ont été établis. L'un d'eux, le dispositif Kamerling-Onnes demande pour l'obtention d'un litre d'hydrogène liquide une puissance de 3 chevaux-heure et 2 litres d'air liquide. Comme la préparation d'un litre d'air liquide exige une dépense de 1 cheval 1/4 par heure, la dépense de force motrice totale par heure, pour produire 1 litre d'hydrogène liquéfié est de 5 chevaux 1/2.

Un autre procédé fort curieux imaginé par le docteur Erdmann et qui a été décrit dans la *Revue aérienne*, consiste à liquéfier l'hydrogène *en cascade* à très basse pression au-dessous de sa température critique. L'inventeur l'avait conçu pour liquéfier de l'azote, mais il s'applique, d'après lui, à des gaz quelconques.

Fig. 195. — Les munitions : 15 cartouches d'hydrogénite de 25 kilos chacune. Au premier plan un nouveau modèle de cartouche en tôle ondulée qui peut être expédié tel quel par chemin de fer sans autre emballage.

Ce procédé exige l'emploi d'un gaz bouillant à une température légèrement supérieure à celle du gaz que l'on veut liquéfier; l'air liquide, ainsi que nous l'avons dit précédemment ne suffirait donc pas.

Pour liquéfier l'hydrogène, d'après le docteur Erdmann, il faudrait recourir à un des nouveaux et extraordinaires gaz contenus dans l'atmosphère et découverts il y a quelques années par William Ramsay et M. Travers : l'*argon*, le *crypton*, le *néon*, le *xénon*, l'*hélium*.

Ces gaz sont, probablement, des vapeurs métalliques subtiles d'étranges métaux ou même leurs émanations. Toujours est-il que, parmi eux, le docteur Erdmann considère le *néon* comme particulièrement apte à se prêter, dans son appareil en cascade, à la liquéfaction de l'hydrogène. Il bout, en effet, à 243 degrés au-dessous de zéro à la pression ordinaire, et on peut le récupérer aisément. Sa proportion dans l'atmosphère est de quinze millionièmes en volume.

L'hydrogène solide obtenu par M. Dewar se présente sous forme de glace transparente dont la densité est de 0.086. La fusion de cette glace à 258 degrés au-dessous de zéro donne un liquide dont la densité est de 0.07.

Il est aisé de concevoir quel parti l'aérostation paraît appelée à tirer de l'hydrogène ainsi rendu transportable, dans des récipients de volume réduit.

En effet, à l'état liquide, l'hydrogène n'occupe que le *huit centième* de son volume gazeux; autrement dit, un litre d'hydrogène liquide fournit huit cents litres de gaz.

Emmagasinement de l'hydrogène

En dehors des procédés d'emmagasinement de l'hydrogène à l'état liquide, qui n'ont pas encore reçu une consécration industrielle, on peut recueillir l'hydrogène à l'état gazeux pour le transporter et l'utiliser immédiatement à son point d'arrivée. C'est une condition qui peut avoir une très grande importance au point de vue de l'aérostation militaire.

On peut emmagasiner l'hydrogène gazeux à la pression ordinaire ou à une pression beaucoup plus élevée.

Dans le premier cas, le volume des récipients dans lesquels on le recueille est toujours considérable et leur transport n'est pas pratique ; il faut utiliser le gaz sur place. On peut emmagasiner le gaz dans des ballons, mais il convient, dans ce cas, de l'employer peu de temps après, car l'hydrogène s'échappe toujours à travers l'enveloppe et on ne peut guère éviter des rentrées d'air qui troublent la composition du gaz.

On peut, également, recueillir l'hydrogène dans des gazomètres, à condition de réaliser des joints parfaitement étanches.

L'intérêt, pour son emploi dans l'aérostation militaire, consiste à pouvoir disposer de l'hydrogène à l'état gazeux en un lieu quelconque, et il convient pour cela qu'il puisse être contenu dans des récipients de volume réduit.

C'est pour cela qu'on l'a emmagasiné sous une forte pression dans des tubes en acier de petit volume, facilement transportables, malgré leur poids relativement grand, nécessité par l'épaisseur du récipient soumis à la pression du gaz.

Nous avons précédemment parlé de ces tubes à hydrogène et indiqué la façon d'opérer pour procéder au gonflement d'un aérostat captif.

Fig. 196. — Le transport des cartouches brûlées : chacun des hommes porte un gant d'amiante pour se protéger contre la chaleur.

Détermination du poids spécifique de l'hydrogène

On sait que le poids spécifique d'un corps est le poids de l'unité de volume de ce corps. Il est très important de connaître le poids spécifique de l'hydrogène produit par un des divers procédés que nous venons d'examiner. On connaît, ainsi, d'abord, le degré de pureté de l'hydrogène, car plus le gaz est lourd, plus il contient de gaz étrangers, et on peut déterminer, en outre, la valeur de la force ascensionnelle de l'hydrogène obtenu. On a construit, pour déterminer le poids spécifique de l'hydrogène, des appareils parmi lesquels l'appareil de Schilling ou appareil d'Elster.

Cet appareil repose sur le principe du rapport de l'écoulement des gaz à travers un orifice percé dans une mince paroi.

La vitesse d'écoulement de l'air atmosphérique étant prise comme terme de comparaison, on détermine le rapport existant entre le temps d'écoulement d'un même volume d'air et d'hydrogène; un tableau spécialement dressé donne, en regard du chiffre trouvé, le poids du litre d'hydrogène observé, ramené à la température de 0 degré et à la pression de 760 millimètres de mercure.

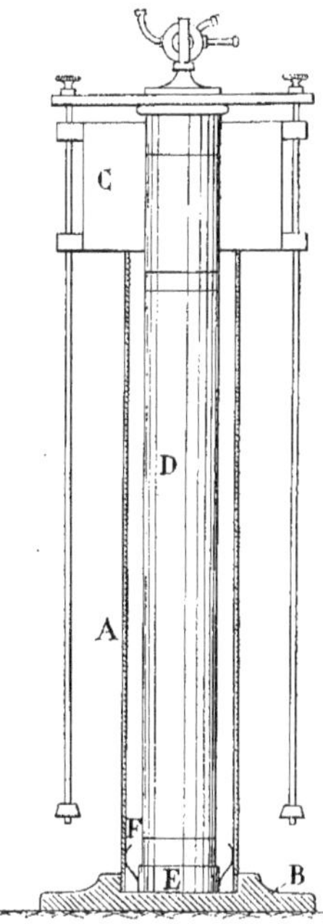

Fig. 197. — Appareil Schilling-Josse.

M. Josse a apporté à l'appareil Schilling certaines modifications pour le mieux approprier à l'emploi qu'on lui destine.

Cet appareil (Fig. 197), qui a été décrit dans l'*Aérophile,* se compose d'une éprouvette extérieure A en verre, solidaire d'un socle B métallique, assurant la stabilité de l'appareil.

L'éprouvette est surmontée d'une cuve cylindrique C.

A l'intérieur de l'éprouvette A est disposée une seconde éprouvette cylindrique D, dans laquelle un volume de 500 centimètres cubes est indiqué par deux traits circulaires gravés sur la paroi en verre de l'éprouvette.

Une bague E, munie de ressorts F, termine cette éprouvette à sa partie inférieure, et sert à la guider quand on la déplace verticalement. Deux tringles aident également à ce guidage.

A la partie supérieure de l'éprouvette D est placé un robinet, dont la manœuvre permet de mettre à volonté en communication cette éprouvette soit avec la source de gaz, soit avec l'atmosphère, soit avec un ajutage capillaire. On peut aussi placer le robinet à l'arrêt; il interrompt alors toute communication.

En remontant l'éprouvette et en manœuvrant d'une façon appropriée le robinet, on peut d'abord introduire le gaz à analyser dans l'appareil, puis le rejeter dans l'atmosphère.

On effectue plusieurs fois cette manœuvre de façon à chasser complètement de l'appareil l'air qu'il peut contenir, puis on fait un prélèvement définitif de gaz que l'on emprisonne dans l'appareil par le placement du robinet au point d'arrêt.

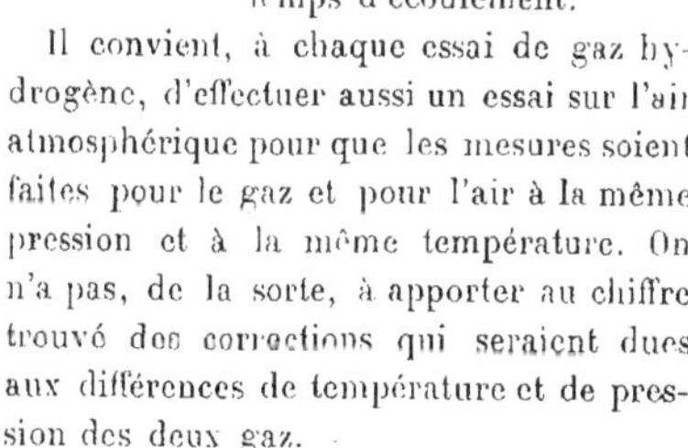

Au moment choisi pour l'expérience, on laisse le gaz s'écouler par l'ajutage capillaire et on mesure le temps d'écoulement. Le tableau spécial donne, dès lors, les résultats correspondant à ce temps d'écoulement.

Il convient, à chaque essai de gaz hydrogène, d'effectuer aussi un essai sur l'air atmosphérique pour que les mesures soient faites pour le gaz et pour l'air à la même pression et à la même température. On n'a pas, de la sorte, à apporter au chiffre trouvé des corrections qui seraient dues aux différences de température et de pression des deux gaz.

CHAPITRE XIV

AÉROSTATS DIRIGEABLES

HISTORIQUE.

PROJETS DIVERS D'AÉROSTATS DIRIGEABLES.

AÉROSTATS : Meusnier. — Petin. — Giffard. — Dupuy-de-Lôme. — Tissandier. — *« LA FRANCE »* de l'École aérostatique de Meudon.

AUTRE EXPÉRIENCE DE L'AÉROSTAT TISSANDIER.

SORTIES DE L'AÉROSTAT « LA FRANCE ».

PROJETS D'AÉROSTATS A VAPEUR : de Woelfert. — Yon.

AÉROSTATS A MOTEURS A EXPLOSION : de Woelfert. — Schwartz. — Severo. — de Brasky.

Historique On peut dire que la recherche de la *direction des aérostats* date de l'époque même de leur invention.

Les premiers aéronautes avaient, en effet, voulu, dès lors qu'ils pouvaient se maintenir dans l'air, pouvoir s'y diriger, et ils avaient muni leur appareil de rames et de voiles pour tâcher d'obtenir ce résultat.

Nous avons représenté précédemment quelques-uns de ces aérostats, parmi lesquels celui de Blanchard dont le dispositif ne put, d'ailleurs, être utilisé.

Une tentative plus sérieuse fut faite en 1784, par l'Académie de Dijon, avec un aérostat que Guyton de Morveau avait établi.

L'enveloppe de l'aérostat était en soie et recouverte d'un vernis gras et siccatif. Sa partie supérieure était coiffée d'un fort filet en tresse de rubans, venant s'attacher, vers la moitié du globe, à un cercle de bois, qui l'entourait comme une ceinture et supportait la nacelle, au moyen de cordes. Ce cercle servait en même temps à supporter deux voiles placées aux deux extrémités opposées, et qui étaient destinées à *fendre* l'air dans la direction que l'on voulait suivre. Ces voiles étaient composées de toile tendue sur un cadre de bois. Sur l'une de ces voiles étaient peintes les armes de la famille de Condé. L'autre, qui était bariolée comme un pavillon, devait se comporter à la façon d'un gouvernail. En outre, deux rames, placées entre la *proue* et le *gouvernail*, devaient battre l'air comme les ailes d'un oiseau. Les rames, la proue et le gouvernail, devaient être manœuvrés, à l'aide de cordes, par les aéronautes placés dans la nacelle,

A la nacelle étaient attachées d'autres rames plus petites.

C'est avec ces moyens d'action que Guyton de Morveau, de Virly, et l'abbé Bertrand essayèrent de se diriger dans les airs.

Dans le récit d'une ascension effectuée le 12 juin 1784, par Guyton de Morveau et de Virly, avec cet aérostat, on trouve la trace des tentatives faites pour *diriger* l'aérostat ou, plus exactement, pour le dévier de la direction que lui imprimait le vent.

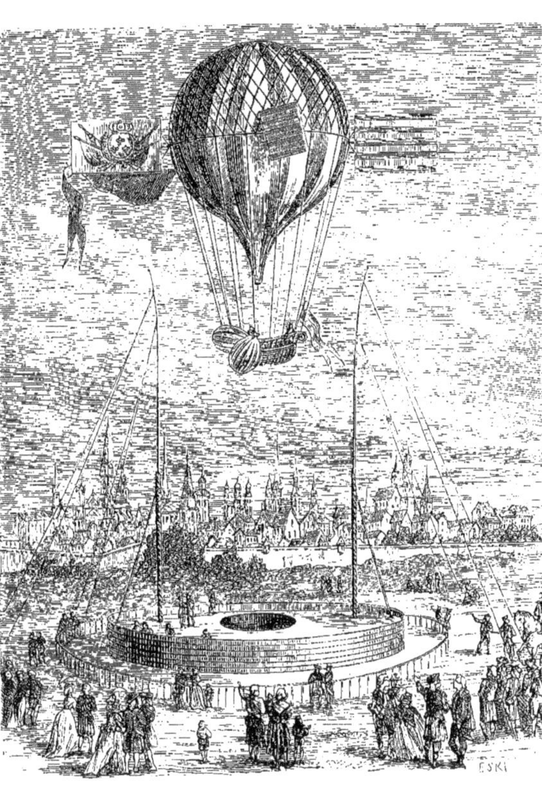

Fig. 198. — Ascension faite le 12 juin 1784 avec l'aérostat de l'Académie de Dijon, par Guyton de Morveau et de Virly. — Premier essai de direction des aérostats, à l'aide de rames. (*D'après une gravure de l'époque.*)

Voici quelques détails de la relation de ce voyage.

« Nous résolûmes d'essayer les manœuvres à la vue de toute la ville, et de la tourner de l'Est au Nord; nous reconnûmes avec plaisir que les rames produisaient leur effet : *le gouvernail déplaçait l'arrière et portait le cap du côté que nous désirions, en changeant chaque fois la direction d'environ 3 à 4 degrés sur la boussole, ce qui fut estimé très exactement par M. de Virly sur une boussole portant un second cercle divisé en heures et quarts d'heure*. Le déplacement se trouva de deux divisions ou d'un 96e.

« *Les rames, jouant d'un seul côté, appuyaient le gouvernail et hâtaient le déplacement ; jouant ensemble, elles faisaient aller en avant.*

« Nous parcourûmes ainsi un certain espace, le vent nous rejetant sensiblement sur l'est.

« Arrivés sur les carrières de Dromont, nous prîmes la résolution de profiter du calme pour nous porter en droite ligne sur Dijon.

« M. de Virly manifesta cette intention par un billet attaché à une pelote qui pouvait peser deux onces, avec banderoles, qu'il laissa tomber tout près de ce hameau. Sa chute jusqu'à terre, où nous la revîmes après qu'elle fut arrêtée, fut de 37 secondes.

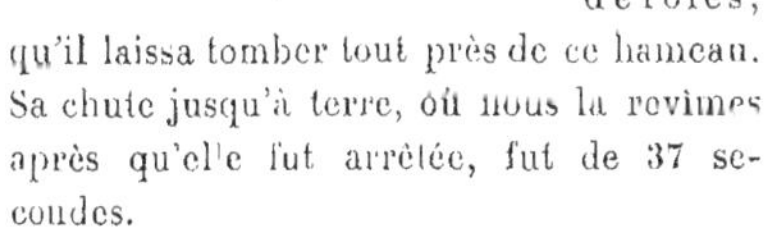

« *Ayant viré par le gouvernail, nous fîmes force de rames, et nous voguâmes en effet dans cette direction, sur une longueur*

d'environ 200 *toises*. Nous aurions rempli probablement notre projet, si nous eussions pu suffire au travail qu'il exigeait; mais la chaleur et la fatigue nous obligèrent à le suspendre...

« Après avoir décrit avec l'exactitude la plus scrupuleuse tout ce que nous avons fait et observé, nous croyons devoir ajouter ici quelques réflexions qui peuvent contribuer au progrès de l'art aérostatique.

« Lorsque le vent était sensible, la résistance latérale de l'avant décidait peu à peu l'aérostat à prendre une position parallèle au courant, la proue fendant l'air.

« Par un vent moins fort, le gouvernail restant dans le milieu de l'arc de sa révolution sans y être assujetti, s'est quelquefois présenté le premier et nous marchions par l'arrière. Quelquefois aussi l'avant et le gouvernail faisaient voile, et nous étions portés quelques instants par le travers. Il nous était facile d'observer toutes ces évolutions en regardant l'ombre très prononcée de l'aérostat sur les champs que nous traversions; mais cela ne durait qu'autant que nous ne faisions aucune manœuvre; le gouvernail seul a toujours décidé la position; le déplacement était plus prompt, quand on faisait travailler en même temps les rames de l'équateur et même de la gondole.

« Pour s'assurer de l'effet du gouvernail, M. de Virly m'avait proposé, dès que nous fûmes élevés, de manœuvrer, pour placer à l'avant un chemin qui faisait alignement à l'arrière; je le laissai agir seul; il y parvint en très peu de temps. Cette expérience a été répétée plusieurs fois, avec le même succès, tournant à droite ou à gauche, à volonté. »

On voit que les rames et le gouvernail produisirent quelque effet, quand l'air était tranquille. Mais le vice de ce système, comme celui de beaucoup d'essais du même genre qui furent tentés depuis, c'était l'insuffisance de la *force humaine* employée comme *moteur*.

L'insuccès des diverses expériences relatives à la direction des aérostats fut, pendant longtemps, la cause du peu de développement pris par l'aérostation et des faibles progrès qui furent réalisés dans l'art de la navigation aérienne.

Et cependant, la possibilité de diriger à volonté les aérostats lancés dans l'espace, est une question qui a préoccupé un grand nombre de savants. Meusnier, Monge, Lalande, Guyton de Morveau, Bertholon et beaucoup d'autres physiciens, n'hésitaient pas à regarder le problème comme pouvant se résoudre assez facilement. Les beaux travaux mathématiques que Meusnier nous a laissés sur les conditions d'équilibre des aérostats et les moyens de les diriger, montrent à quel point ces idées l'avaient séduit. On peut en dire autant de Monge, qui a traité avec soin les diverses questions qui se rattachent à l'aérostation. Cependant, on pourrait citer une très longue liste de géomètres qui ont combattu les opinions de Monge et de Meusnier. D'un autre côté, une foule d'ingénieurs et d'aéronautes ont essayé diverses combinaisons mécaniques, propres à diriger les aérostats Mais toutes ces tentatives n'ont eu, pendant longtemps, aucun succès, et la pratique renversait les espérances que les inventeurs avaient conçues.

C'est que la direction des aérostats s'environne d'un grand nombre de difficultés qui ont été et qui seront peu à peu résolues.

L'agitation de l'atmosphère est, en effet, une règle qui souffre peu d'exceptions. Lorsque le temps nous semble le plus calme à la surface de la Terre, les régions élevées de l'air sont souvent parcourues par des courants très forts. La résistance considérable que l'air, même le plus tranquille, oppose à la progression d'un aérostat ne peut être surmontée par la force de l'homme réduit à ses bras, ou à un mécanisme destiné à transmettre cette force.

Le seul point d'appui offert à l'engin moteur, c'est l'air atmosphérique. En raison de la ténuité de ce fluide, il faut le frapper avec une grande vitesse, pour produire un effet sensible de réaction. Mais pour obtenir cette vitesse, il fallait primitivement employer divers appareils plus ou moins compliqués, appliqués à un mécanisme tournant dans l'air. Or, les rouages, les engrenages et les agents moteurs, qu'il fallait embarquer pour produire un résultat, étaient d'un poids trop considérable pour être utilement adaptés à un aérostat dont la légèreté est la première et la plus indispensable des conditions.

Si, pour obvier à cet inconvénient capital, on voulait augmenter, dans les proportions nécessaires, le volume du ballon, on tombait dans un autre défaut tout aussi grave. L'aérostat présentait alors en surface un développement considérable. Or, en augmentant les dimensions du ballon, on offre nécessairement à l'action de l'air une prise plus considérable ; c'est comme la voile d'un navire sur laquelle le vent agit avec d'autant plus d'énergie que sa surface est plus grande. Ainsi, en augmentant la force, on augmentait en même temps la résistance, et comme ces deux éléments croissaient dans le même rapport, les conditions premières restaient les mêmes.

Il est donc manifeste qu'aucun des innombrables systèmes de rames, de roues, d'hélices, de gouvernails, *mus par la force humaine*, etc., dès l'abord proposés ou essayés, ne pouvaient en aucune manière, permettre d'arriver au but que l'on se proposait d'atteindre.

C'était donc un *moteur d'une grande puissance* qu'il fallait substituer à la force humaine. Pouvait-on trouver un moteur capable de remplir cet objet? Les moteurs à vapeur, qui produisent un résultat mécanique si puissant, ne paraissent pouvoir s'installer sous un aérostat qu'au prix de bien des difficultés. Le poids de la machine à vapeur, celui du combustible, et surtout les dangers qu'occasionne l'existence d'un foyer dans le voisinage d'un gaz inflammable comme l'hydrogène, sont autant de conditions qui semblaient interdire l'emploi de la vapeur, comme force motrice, dans les appareils destinés à traverser les airs. Cependant, la belle expérience exécutée, en 1852, par Henry Giffard, et qui a été aussi remarquable que démonstrative, prouve que l'on peut parvenir à installer sans danger, au-dessous d'un ballon à gaz hydrogène, une chaudière à vapeur et un foyer plein de combustible en ignition.

Quant aux moteurs autres que ceux à vapeur, c'est-à-dire les ressorts, l'air comprimé, le moteur électrique, qui pour des puissances plus faibles avaient un poids plus considérable, un vent d'une faible vitesse paralysait toute leur action.

Depuis, ainsi que nous allons le voir plus loin, les progrès faits en Électricité et en Mécanique ont permis de réaliser des aérostats comportant des moteurs électriques, auxquels on a réussi à faire parcourir un itinéraire déterminé d'avance.

Mais c'est grâce à la création du *moteur à explosion*, alimenté par les essences de pétrole, et aux incessants perfectionnements qui y ont été apportés, que le problème de la direction des aérostats a fait des progrès très rapides et a pu être définitivement résolu.

Il n'est pas sans intérêt de passer en revue les essais faits à différentes époques pour parvenir à diriger les aérostats, quoique, pendant longtemps, le concours qu'ils ont apporté à l'avancement de la question ait été des plus minimes.

En dehors de la tentative de Guyton de Morveau et presque au début de l'aérostation, Monge traita cette question. Il proposa un système de vingt-cinq petits aérostats sphériques, attachés les uns aux autres comme les grains d'un collier, formant un assemblage flexible dans tous les sens, et susceptible de se développer en ligne droite, de se courber en arc dans toute sa longueur, ou seulement dans une partie de sa longueur, et de prendre, avec ces formes rectilignes ou ces courbures, soit la situation horizontale, soit différents degrés d'inclinaison. Chaque aérostat devait être muni de sa nacelle et dirigé par un ou deux aéronautes. En montant ou en descendant, suivant l'ordre transmis, au moyen de signaux, par le commandant de l'équipage, ces globes auraient imité dans l'air le mouvement du serpent dans l'eau. Cet étrange projet ne fut pas mis à exécution.

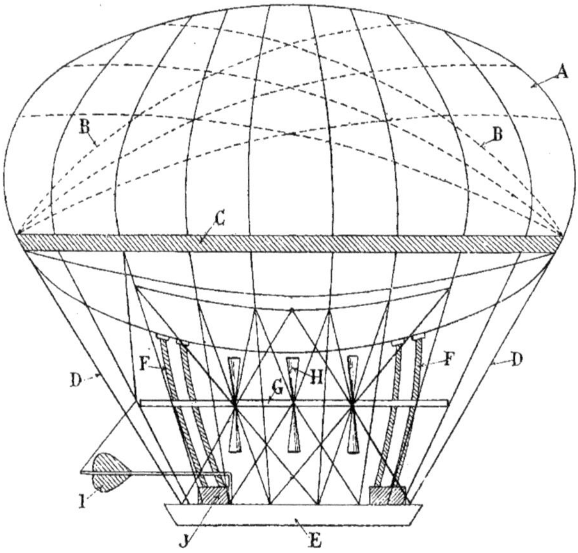

Aérostat Meusnier

(Fig. 199.) Meusnier a traité plus sérieusement le problème de la direction des aérostats. Le travail mathématique qu'il a exécuté sur cette question, en 1784, est digne d'être encore médité. Meusnier, qui était alors lieutenant du Génie, qui fut Membre de l'Académie des Sciences à l'âge de vingt-neuf ans, et qui devint général, avait conçu un projet de dirigeable comportant les principales dispositions adoptées de nos jours pour ces aérostats. C'était un an après l'invention des aérostats par Montgolfier, et on comprend qu'à cette époque Meusnier n'ait compté pour diriger son aérostat que sur le concours de son équipage.

L'aérostat de Meusnier était constitué par deux enveloppes qui devaient s'appliquer exactement l'une sur l'autre. Ces enveloppes étaient recouvertes d'un vernis destiné à empêcher le gaz contenu dans le ballon de s'échapper. Le gaz prévu pour remplir l'enveloppe intérieure était de l'hydrogène. Lorsque cette enveloppe était complètement remplie, elle devait s'appliquer sur l'enveloppe extérieure; mais, dans le cas de déperdition d'hydrogène, l'espace restant libre entre les deux enveloppes pouvait être rempli d'air de façon à assurer la permanence de la forme extérieure de l'aérostat. Cette disposition constituait le *ballonnet à air,* qui joue un rôle si important, ainsi que nous le verrons plus loin, dans la stabilité des aérostats dirigeables.

Fig. 199. — Aérostat Meusnier.

Les deux enveloppes imperméables destinées à contenir l'hydrogène et l'air étaient recouvertes par une troisième enveloppe A (Fig. 199), dite *enveloppe de force.* Cette enveloppe servait à supporter la nacelle et tous les organes qu'elle devait renfermer.

L'enveloppe extérieure avait la forme d'une sorte d'ellipsoïde dont la longueur égalait environ deux fois le plus grand diamètre. Elle était très résistante, et sa forme était assurée par un réseau de *sangles* B qui se croisaient sur sa surface. Un filet la recouvrait. Le filet et les sangles soutenaient une *ralingue* C placée tout autour de l'aérostat, au quart environ de sa hauteur, et cousue sur cette enveloppe A.

C'est de cette *ralingue* que partaient les suspentes D qui soutenaient la nacelle E.

Un autre réseau de cordages, des *balancines* se croisant avec les suspentes D, reliait également la nacelle à l'enveloppe et constituait un système de suspension triangulaire destiné à rendre l'ensemble indéformable.

En trois points de jonction, ou *nœuds des balancines*, était appliqué l'axe G de trois *rames tournantes* H, destinées à donner le mouvement à l'aérostat.

Ces trois organes, appelés *rames tournantes* par Meusnier, étaient en réalité des sortes d'hélices dont l'application devait ainsi être faite à la navigation aérienne avant même qu'on ait eu l'idée de les utiliser dans la navigation maritime.

La nacelle E avait la forme d'un bateau et était prévue pour pouvoir se soutenir sur l'eau et au besoin naviguer dans le cas d'une descente en mer.

Elle supportait, en plus de l'équipage, deux pompes à air J, qui, par l'intermédiaire de manches F, permettaient d'envoyer de l'air dans le ballonnet disposé entre les deux enveloppes intérieures.

Un mécanisme à manivelles, placé également dans la nacelle, manœuvré par l'équipage, devait donner le mouvement aux *rames tournantes* et faire progresser l'aérostat.

Un gouvernail I était disposé à l'arrière.

On voit donc que, dès l'année 1784, Meusnier avait découvert les éléments essentiels qui assurent la stabilité des aérostats dirigeables. Il ne lui manquait qu'un moteur suffisamment puissant pour avoir résolu le problème de la direction des aérostats.

D'ailleurs, pour assurer le mouvement de son aérostat Meusnier comptait surtout sur les courants atmosphériques; en se plaçant dans leur direction, on devait obtenir une vitesse considérable. Mais pour chercher ces courants et pour s'y rendre, il fallait un moteur et un moyen de direction. Meusnier pensait que le moteur le plus avantageux, c'étaient les bras des hommes de l'équipage, qu'il employait à faire tourner les *rames*, dont l'inclinaison était telle, qu'en frappant l'air, elles transmettaient à l'axe une impulsion dans le sens de sa longueur, impulsion qui devait faire avancer l'aérostat.

L'auteur de ce projet avait calculé qu'en employant toutes les forces des passagers, on ne pourrait communiquer au ballon que la vitesse *d'une lieue* par heure. Cette vitesse suffisait cependant au but qu'il se proposait, c'est-à-dire pour trouver le courant d'air propice auquel il devait ensuite abandonner sa machine.

Après Meusnier, on voulut lutter directement contre les courants atmosphériques, en essayant de construire, avec des mécanismes mis en action par la force de l'homme, divers appareils destinés à vaincre la résistance de l'air. On n'aboutit qu'aux échecs les plus déplorables.

C'est ce qui arriva, par exemple, à un certain Calais, qui fit, au jardin Marbeuf, à Paris, en 1801, une expérience aussi ridicule que malheureuse, sur la direction des aérostats.

En 1812, un horloger de Vienne, nommé Jacob Deghen, échoua tout aussi tristement, à Paris. Le système qu'il employait était une sorte de combinaison du cerf-volant et de l'aérostat. Il différait peu de celui que Blanchard avait essayé à Paris. Un plan incliné, se portant à droite ou à gauche au moyen de la pression des mains ou des pieds, devait offrir à l'air une résistance et à l'aéronaute un centre d'action. La figure 200 montre les dispositions de l'appareil que Deghen avait construit pour faire mouvoir, à l'aide des mains ou des pieds, des espèces d'ailes qui auraient imprimé à l'aérostat la direction désirée.

L'expérience tentée au Champ-de-Mars trompa complètement l'espoir de l'horloger viennois. Le pauvre aéronaute fut battu par la populace, qui mit en pièces sa machine.

Fig. 200. — Appareil de Deghen pour la direction des aérostats. (*D'après une gravure du temps.*)

En 1816, Pauly, de Genève, l'inventeur du fusil à piston, voulut établir à Londres des transports aériens. Il construisit un aérostat colossal en forme de baleine, mais n'obtint aucun succès.

Cet appareil de Pauly n'était d'ailleurs que l'imitation du système que le baron Scott avait imaginé, dès le début des tentatives de ce genre.

En 1788, le baron Scott de Martinville avait soumis au monde savant, le projet d'un immense aérostat, représentant une sorte de poisson aérien, muni de sa nageoire articulée et mobile, qui devait rappeler, par sa marche dans l'air, la progression du poisson dans l'eau. Mais ce plan, qui, dès le commencement de l'année 1789, avait réuni un assez grand nombre de souscripteurs, ne fut pas exécuté, par suite de la gravité des événements politiques que la Révolution fit éclore.

C'est encore parmi les projets qu'il faut ranger la machine proposée en 1825, par Edmond Genet, établi aux États-Unis, qui publia à New-York un mémoire sur les *forces ascendantes des fluides*, et qui obtint un brevet du Gouvernement américain pour un *aérostat dirigeable*.

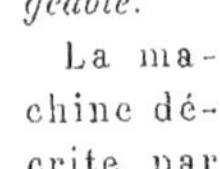

La machine décrite par Genet était d'une forme ovoïde et allongée dans le sens horizontal. Le moyen mécanique dont l'auteur voulait faire usage, était un manége mû par des chevaux; il embarquait dans l'appareil les matières nécessaires à la production du gaz hydrogène.

Nous pouvons citer encore le projet d'une machine aérienne dirigeable, qui fut conçue par Dupuis-Delcourt et Regnier. C'était un aérostat de forme ellipsoïde, soutenant un plancher sur lequel fonctionnait un arbre mû par une manivelle. Cet arbre, qui s'étendait depuis le milieu de la nacelle jusqu'à son extrémité, était muni d'une hélice destinée à faire avancer l'appareil horizontalement.

« Pour obtenir l'ascension ou la descente, entre l'aérostat et la nacelle, on dispose, disait Dupuis-Delcourt, un châssis recouvert d'une toile résistante et bien tendue. Si l'aéronaute veut s'élever, il baisse l'arrière de ce châssis, et la colonne d'air, glissant en dessous, fait monter la machine. S'il veut descendre, il abaisse le châssis par devant, l'air qui glisse en dessus oblige l'appareil à descendre. »

Les divers projets qui viennent d'être énumérés n'ont pas été mis à exécution.

En 1834, un ancien colonel d'infanterie, Lenox, construisit un aérostat dirigeable. Cet aérostat avait 50 mètres de longueur sur 20 de hauteur. Il portait une nacelle de 20 mètres de long, pouvant enlever dix-sept personnes, et était muni d'un gouvernail, de rames tournantes, etc. « Le ballon est construit, disait l'inventeur, au moyen d'une toile préparée de manière à contenir le gaz pendant près de quinze jours. » Hélas! on eut toutes les peines du monde à faire parvenir jusqu'au Champ-de-Mars la malheureuse machine, qui pouvait à peine se soutenir. Elle ne put s'élever, et la foule la mit en pièces.

Un autre essai exécuté à Paris, par Eubriot, au mois d'octobre 1839, ne réussit pas mieux. Ce mécanicien avait construit un aérostat de forme allongée, ressemblant à peu près à un œuf, et comportant comme moyens mécaniques deux moulinets mus à la main.

Aérostat Petin (Fig. 201.) Le problème de la direction des aérostats fut remis à l'ordre du jour vers 1850. A la suite de la faveur nouvelle que le caprice de la mode vint rendre, à cette époque, aux ascensions et aux expériences aérostatiques, un inventeur distingué, Petin, que n'avaient point découragé les insuccès de ses nombreux devanciers, traça, au mois de juin 1850, le plan d'une sorte de *vaisseau aérien* dont nous parlons à titre purement historique. On ne saurait sourire, à l'heure actuelle, du vaisseau aérien de Petin, alors que l'on voit les prouesses des dirigeables et des aéroplanes emportant plusieurs personnes à bord. Comme tant d'autres inventeurs de génie, Petin eut le désavantage de « devancer le progrès » : il mérite qu'on lui rende justice.

Petin proposait de réunir en un système unique quatre aérostats à gaz hydrogène reliés, par leur base, à une charpente de bois, qui formait comme le pont de ce nouveau vaisseau. Sur ce pont s'élevaient, soutenus par des poteaux, deux vastes châssis, garnis de toiles disposées horizontalement. Quand la machine s'élevait ou s'abaissait, ces toiles, présentant une large surface qui donnait prise à l'air, se trouvaient soulevées ou déprimées uniformément par la résistance de ce fluide; mais, si l'on en repliait une partie, la résistance devenait inégale, et l'air passait librement à travers les châssis ouverts; comme il continuait cependant d'exercer son action sur les châssis encore munis de leurs toiles, il résultait de là une rupture d'équilibre qui devait faire incliner le vaisseau et le faire monter ou descendre à volonté, le long d'un plan incliné.

Le projet de Petin présentait un vice irrémédiable. Les mouvements provoqués par la résistance de l'air ne pouvaient s'exécuter que pendant l'ascension ou la descente ; ils étaient impossibles quand le ballon était en repos. Pour provoquer ces effets, il était indispensable d'élever ou de faire descendre l'aérostat, en jetant du lest ou en perdant du gaz; on n'atteignait donc le but désiré qu'en usant peu à peu la cause même du mouvement.

En outre, il n'avait pas été prévu de moteur. Petin disait que ce moteur serait la main des hommes, ou *tout autre moyen mécanique;* mais c'est justement ce moyen mécanique qu'il s'agissait de trouver, car en cela, précisément, consistait la difficulté qui s'était opposée jusqu'à ce jour à la réalisation de la navigation aérienne.

Après une active propagande faite dans toute la France et qui eut pour résultat la réunion d'une somme importante, l'inventeur entreprit la construction d'une machine différant, en certains points, de son premier modèle, mais qui n'avait pas beaucoup plus de valeur. Au mois de septembre 1851, le gigantesque appareil était terminé. Malheureusement le préfet de police de Paris partagea l'avis des savants qui condamnaient cette entreprise, et l'autorisation demandée par Petin, pour exécuter son ascension, lui fut refusée, par la crainte de compromettre la vie des personnes qui devaient l'accompagner.

Petin passa alors en Angleterre; mais l'hospitalité britannique lui fut peu favorable, pour les mêmes raisons qu'en France et bientôt après, il se rendait en Amérique, pour y montrer son appareil.

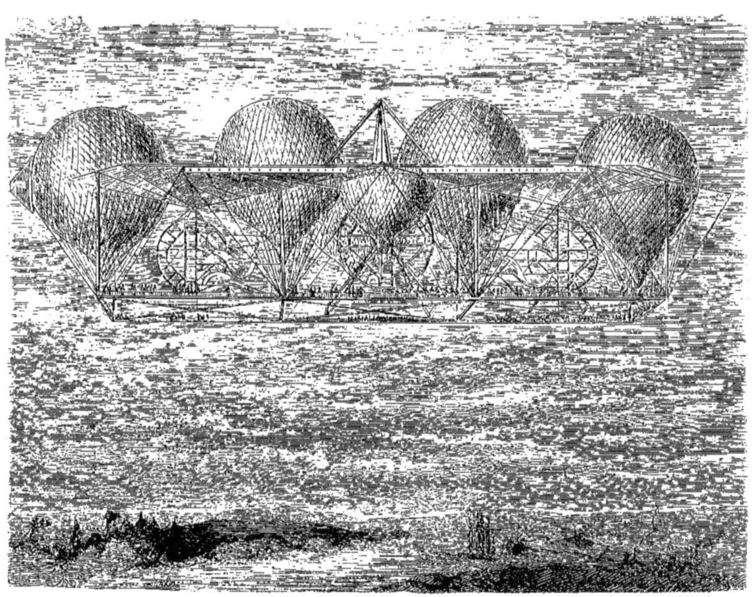

Fig. 201. — Aérostat de Petin. (*D'après une gravure du temps.*)

Il fit une ascension à New-York, avec l'un des ballons qui entraient dans la composition de son système : il était accompagné d'un aéronaute de profession. Mais la chance leur fut contraire, car ils allèrent tomber dans la mer, d'où l'on eut grand'peine à les retirer.

Petin se rendit ensuite à la Nouvelle-Orléans, où il fit une ascension avec un autre de ses ballons. Mais il tomba encore dans l'eau. Ce fut, cette fois, dans le lac Pontchartrain, où il faillit périr.

Jusque-là Petin n'avait jamais mis à l'épreuve son fameux système. Il en fit l'essai public à la Nouvelle-Orléans. Mais, toujours poursuivi par la mauvaise chance qui semble s'être attachée à son entreprise, il ne put jamais parvenir à gonfler ses quatre ballons : le gaz fourni par les usines de la ville ne put suffire, ou bien il existait des fuites dans l'appareil. Le fait est qu'il ne put effectuer son ascension; de sorte qu'il est impossible de dire comment se serait comporté dans l'air ce bizarre et intéressant équipage.

Finalement, l'inventeur revint en France, après sa malheureuse campagne dans le Nouveau-Monde, qui n'eut pas, d'ailleurs, d'autres suites.

Un aéronaute, M. Delamarne essaya, en 1866, dans le jardin du Luxembourg, de lancer un aérostat à gaz hydrogène, mû par des rames en forme d'hélice. Il avait annoncé qu'il décrirait en l'air, un cercle, grâce à son mécanisme directeur. Mais l'événement ne répondit pas à ses promesses. L'aérostat s'éleva, incliné sur lui-même, prouvant ainsi qu'il obéissait mal à l'action de l'hélice.

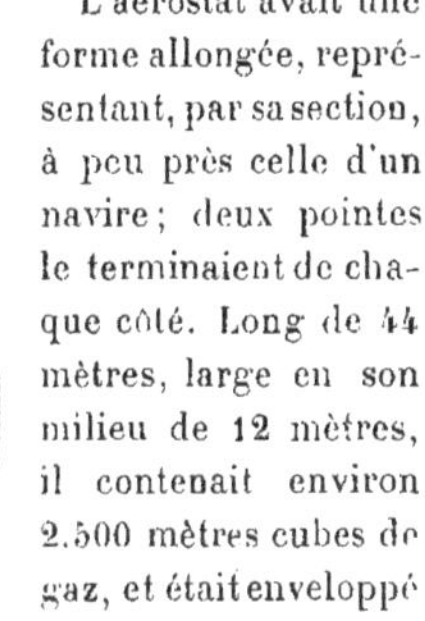

Fig. 202. — Henry Giffard.

Le même aéronaute répéta cette expérience, peu de temps après, sur l'esplanade des Invalides, en présence de l'Empereur Napoléon III. Mais, dans les mouvements du départ, l'hélice vint à accrocher l'étoffe du ballon, et la déchira du haut en bas.

Aérostat Giffard

Bien avant ce dernier essai, en 1852, Henri Giffard, persuadé que l'insuffisance de la puissance motrice empêchait de réaliser la direction des aérostats, fit une expérience, vraiment remarquable, pour l'application de la vapeur aux aérostats. Le 22 septembre 1852, Paris eut le spectacle d'un aérostat portant, suspendue à son filet, une machine à vapeur destinée à le diriger à travers les airs; l'expérience donna un résultat satisfaisant.

La figure 204 représente la vue d'ensemble de l'aérostat. Henry Giffard pensait, avec raison, que la forme sphérique est peu avantageuse pour obtenir la direction, et que pour naviguer dans l'air, il faut adopter la forme des vaisseaux qui naviguent sur l'eau.

L'aérostat avait une forme allongée, représentant, par sa section, à peu près celle d'un navire; deux pointes le terminaient de chaque côté. Long de 44 mètres, large en son milieu de 12 mètres, il contenait environ 2.500 mètres cubes de gaz, et était enveloppé de toutes parts, sauf à sa partie inférieure et aux pointes, d'un filet, dont les extrémités, en pattes d'oie, venaient se réunir à une série de cordes, fixées à une traverse horizontale de bois, de 20 mètres de longueur. Cette traverse portait à son extrémité une sorte de voile triangulaire, assujettie par un de ses côtés à la dernière corde partant du filet, et qui lui tenait lieu de charnière ou d'axe de rotation.

Cette voile représentait le gouvernail; il suffisait, au moyen de deux cordes qui venaient se réunir à la machine, de l'incliner de droite à gauche, pour produire une déviation correspondante de l'appareil, et changer de direction ; à défaut de cette manœuvre, elle revenait aussitôt se placer d'elle-même dans l'axe de l'aérostat ; son effet normal consistait alors à faire l'office de girouette, c'est-à-dire à maintenir l'ensemble du système dans la direction du vent.

A 6 mètres au-dessous de la traverse était suspendue la machine à vapeur, avec tous ses accessoires.

Cette machine à vapeur (Fig. 203), était posée sur un châssis en bois, dont les quatre extrémités étaient soutenues par les cordes de suspension, et dont le milieu, garni de planches, était destiné à supporter les passagers, ainsi que l'approvisionnement d'eau et de charbon de l'aérostat.

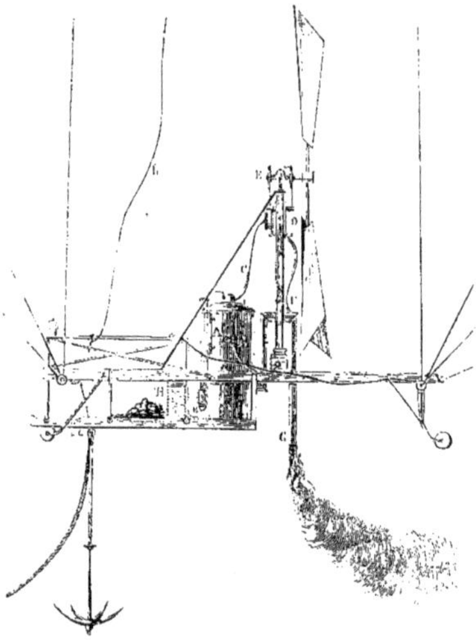

La chaudière A était verticale et à foyer intérieur, sans tubes à feu. Elle était entourée, en partie, extérieurement, d'une enveloppe de tôle qui, tout en utilisant mieux la chaleur du charbon, permettait aux gaz de la combustion de s'écouler à une plus basse température. Le tuyau de cheminée P F était renversé, c'est-à-dire dirigé de haut en bas, afin de ne pas mettre le feu au gaz. Le tirage s'opérait dans ce tuyau, au moyen de la vapeur qui venait, comme dans les locomotives, s'y élancer avec force à sa sortie du cylindre, et qui, en se mélangeant avec la fumée, abaissait encore considérablement sa température, tout en projetant rapidement cette vapeur dans une direction opposée à celle de l'aérostat.

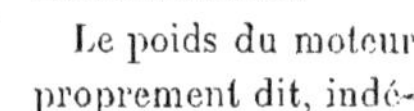

Fig. 203. — Machine à vapeur de l'aérostat Giffard. (*D'après un dessin de l'inventeur.*)

Le charbon brûlait sur une grille complètement entourée d'un cendrier, de sorte qu'il était impossible d'apercevoir extérieurement la moindre trace de feu. Le combustible employé était du coke.

La vapeur produite se rendait aussitôt dans la machine proprement dite.

La machine à vapeur se composait d'un cylindre vertical D, dans lequel coulissait un piston qui, par l'intermédiaire d'une bielle, faisait tourner l'arbre coudé E placé au sommet.

Cet arbre portait à son extrémité, une hélice à trois palettes de 3^{m},40 de diamètre, destinée à prendre point d'appui sur l'air et à faire progresser l'appareil. La vitesse de l'hélice était d'environ cent dix tours par minute et la puissance de la machine qui l'actionnait était de trois chevaux, ce qui représente la puissance de vingt-cinq à trente hommes.

Le poids du moteur proprement dit, indépendamment de l'approvisionnement et de ses accessoires, était de 100 kilogrammes pour la chaudière et de 50 kilogrammes pour la machine ; en tout, 150 kilogrammes, ou 50 kilogrammes par force de cheval, ou bien encore 5 à 6 kilogrammes par « force d'homme », de sorte que s'il avait fallu obtenir le même effet mécanique à bras d'homme, il aurait fallu employer vingt-cinq à trente individus, représentant un poids moyen de 1.800 kilogrammes, c'est-à-dire un poids douze fois plus considérable, et que l'aérostat n'aurait pu porter.

De chaque côté de la machine étaient

deux bâches, dont l'une contenait le combustible et l'autre l'eau destinée à remplacer, dans la chaudière, celle qui disparaissait par l'évaporation. Une pompe, mue par la tige du piston, servait à refouler cette eau dans la chaudière. Cette dépense d'eau remplaçait, considération intéressante, le lest ordinaire des aéronautes. Ce lest d'un nouveau genre avait pour effet, étant dépensé graduellement par la disparition de l'eau en vapeurs de délester peu à peu l'aérostat sans qu'il fût nécessaire d'avoir recours à des projections de sable.

L'appareil moteur était monté tout entier sur quelques roues, mobiles en tous sens, ce qui permettait de le transporter facilement à terre.

Gonflé avec le gaz d'éclairage, l'aérostat à vapeur de Giffard avait une force ascensionnelle de 1.800 kilogrammes environ, distribués comme il suit :

Aérostat avec la soupape..........	320 kil.
Filet..........................	150
Traverses, cordes de suspension, gouvernail, cordes d'amarrage.......	300
Machine et chaudière vide.........	150
Eau et charbon contenus dans la chaudière au moment du départ.	60
Châssis de la machine, brancard, planches, roues mobiles, bâches à eau et à charbon...............	420
Corde traînante pour arrêter l'appareil en cas d'accident............	80
Poids de la personne conduisant l'appareil........................	70
Force ascensionnelle nécessaire au départ........................	10
	1.560

Il restait donc à disposer d'un poids de 240 kilogrammes, que l'on avait affecté à l'approvisionnement d'eau et de charbon, et, par conséquent, de lest.

Dans l'expérience, si intéressante et si neuve, qu'il entreprenait, Giffard avait à vaincre des difficultés de deux genres : 1° suspendre une machine à vapeur au-dessous d'un aérostat à gaz hydrogène, de la manière la plus convenable en évitant le danger terrible qui devait résulter de la présence d'un foyer dans le voisinage du gaz inflammable; 2° obtenir, avec l'hélice mue par la vapeur, la direction de l'aérostat.

Il y avait, sur la première question, bien des difficultés à surmonter. En effet, les appareils aérostatiques que l'on avait employés jusque-là, étaient à peu près invariablement des globes sphériques, tenant suspendus par une corde, soit une nacelle pouvant contenir une ou plusieurs personnes, soit tout autre objet. Toutes les expériences tentées en dehors de cette primitive et unique disposition, avaient eu lieu — ce qui était infiniment moins dangereux — sur de petits modèles tenus captifs par l'expérimentateur; le plus souvent même, comme il résulte de la revue historique qui précède, ces expériences étaient restées à l'état de projet ou de promesse.

En l'absence de tout fait antérieur concluant, l'inventeur devait encore concevoir certaines craintes sur la stabilité de son aérostat en forme de carène de navire. L'expérience vint le rassurer pleinement à cet égard ; elle prouva que l'emploi d'un *aérostat allongé,* était aussi avantageux que possible. La même expérience établit de façon concluante, que le danger résultant de la proximité du feu et d'un gaz inflammable, pouvait être écarté.

Quant au second point, c'est-à-dire celui de la direction, les résultats obtenus furent les suivants: dans un air parfaitement calme, la vitesse de transport en tous sens était de 2 à 5 mètres par seconde; cette vitesse était naturellement augmentée ou diminuée de toute la vitesse du vent, suivant qu'on marchait avec ou contre ce vent, absolument comme pour un bateau montant ou descendant le courant d'un fleuve. Dans tous les cas, l'appareil avait la faculté de dévier plus ou moins de la ligne du vent, et de former avec celle-ci un angle qui dépendait de la vitesse de ce dernier.

Voici maintenant comment se passa l'expérience du 25 septembre 1852.

Henry Giffard partit seul de l'Hippodrome, à 5 heures et quart. Le vent soufflait assez vivement. Il ne songea pas un seul instant à lutter directement contre le vent; la force de la machine ne l'eût pas permis; mais il opéra, avec succès, diverses manœuvres de déviation latérale et de mouvement circulaire.

L action du gouvernail se faisait parfaitement sentir. A peine l'aéronaute avait-il tiré légèrement une des deux cordes L de ce gouvernail, qu'il voyait immédiatement l'horizon tournoyer autour de lui.

Il s'éleva à une hauteur de 1.500 mètres, et s'y maintint quelque temps.

Cependant, la nuit approchait, et notre hardi expérimentateur ne pouvait rester plus longtemps dans l'atmosphère. Craignant que l'appareil n'arrivât à terre avec une certaine vitesse, il commença à étouffer le feu avec du sable et il ouvrit tous les robinets de la chaudière. Aussitôt la vapeur s'échappa de toutes parts, avec un fracas épouvantable, enveloppant pendant quelques instants l'aéronaute d'un nuage de vapeur qui ne lui permettait plus de rien distinguer.

L'aérostat, au moment où la vapeur fut lâchée, était à la plus grande élévation qu'il eût atteinte : le baromètre indiquait une hauteur de 1.800 mètres.

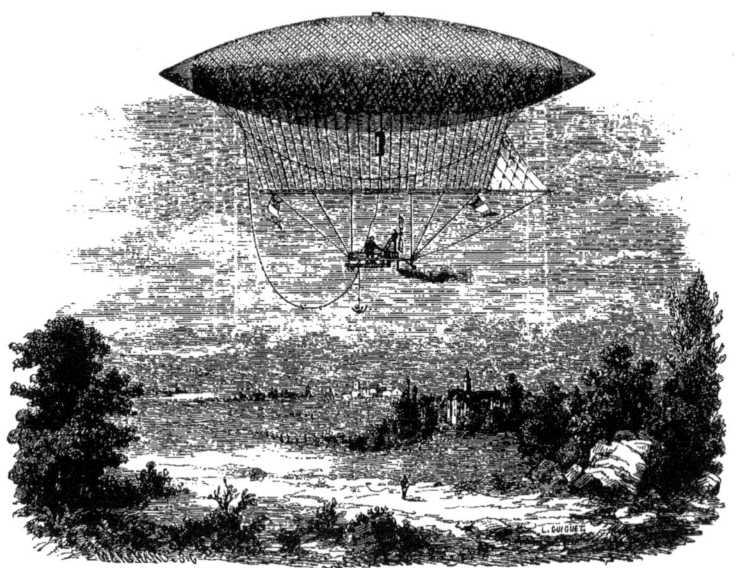

Fig. 201. — Aérostat à vapeur de Giffard. (Expérience du 25 septembre 1852.)
(*D'après une gravure du temps.*)

Giffard effectua très heureusement sa descente dans la commune d'Élancourt, près de Trappes, dont les habitants l'accueillirent avec le plus grand empressement, et l'aidèrent à dégonfler l'aérostat.

A 10 heures du soir, il était de retour à Paris. L'appareil n'avait éprouvé, en touchant le sol, que quelques avaries insignifiantes.

Giffard répéta une semblable expérience, en 1855, et obtint des résultats très encourageants, qui méritent d'occuper une place particulièrement honorable dans l'historique de la dirigeabilité des aérostats.

territoire français. Les aérostats libres permettaient bien de sortir de la ville, mais ils couraient le risque de tomber dans les lignes ennemies, ce qui, d'ailleurs, est arrivé à quelques-uns d'entre eux. Les aérostats dirigeables, au contraire, auraient pu être d'une utilité incontestable en ces circonstances tragiques.

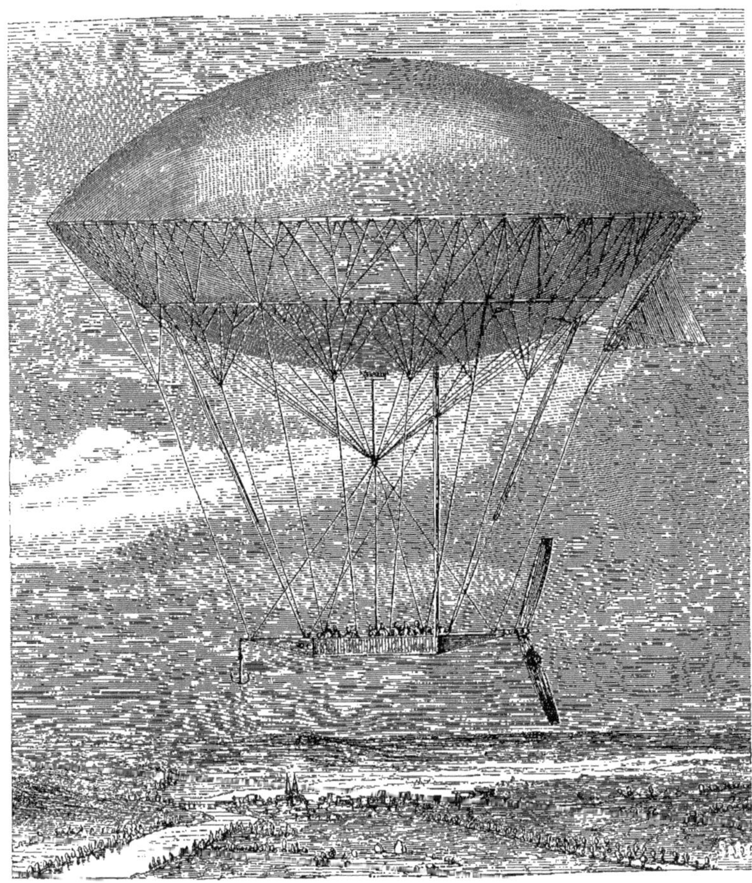

Fig. 205. — Aérostat dirigeable de Dupuy de Lôme.

Aérostat Dupuy de Lôme

(Fig. 205.) Lors du siège de Paris pendant la guerre franco-allemande de 1870-1871, on avait pensé, ainsi que nous l'avons dit, à utiliser les aérostats pour assurer la communication entre la capitale assiégée et le restant du territoire français.

Aussi, un grand nombre d'ingénieurs et de savants retenus dans la capitale effectuèrent des recherches relatives à la direction des aérostats. L'Académie des sciences, avait reçu un grand nombre de projets mal conçus, et elle n'avait accordé à aucun des auteurs de ces projets ni approbation, ni subside. Toutefois, l'œuvre de l'un de ses membres devait attirer toute son attention. Dupuy de Lôme, l'ingénieur éminent à qui la France doit la création des bâtiments cuirassés, s'occupait, depuis l'investissement de Paris, à essayer de construire un aérostat dirigeable. Lorsqu'il en communiqua les plans à l'Académie, ce corps savant en comprit toute la valeur, et demanda au gouvernement les fonds nécessaires pour parachever l'édifice aérostatique commencé par Dupuy de Lôme.

Le célèbre ingénieur maritime avait construit un aérostat de soie vernie, d'une forme ovoïde allongée. Il n'avait pas la prétention de lutter contre un courant aérien d'une certaine intensité; il voulait seulement, si le vent était fort, pouvoir faire dévier le ballon, afin de présenter au vent une voile oblique, qui le ferait avancer, en louvoyant, comme le fait un navire à voiles voguant sur les eaux.

Pour maintenir le ballon sans cesse gonflé malgré les déperditions du gaz qui se produisent toujours, Dupuy de Lôme employait le moyen qui avait été proposé par le général Meusnier. Il introduisait de l'air dans un petit ballon, un *ballonnet* qui était d'avance logé, à cet effet, dans le grand ballon.

L'appareil chargé d'imprimer le mouvement à l'équipage aérien, était fixé à la nacelle du ballon. Mais quel était ce moteur? Une simple hélice, de 8 mètres de diamètre. Un travail de 30 kilogrammètres, exécuté par cette hélice, devait produire une vitesse de 8 kilomètres à l'heure, dans une direction voulue. Les ressources dont aurait disposé l'esquif aérien étaient évidemment bien réduites!

« En présence de cette puissance motrice, disait Dupuy de Lôme, il m'a paru avantageux de ne pas recourir à une machine à feu quelconque, et d'employer simplement la force des hommes. Quatre hommes peuvent, sans fatigue, soutenir *pendant une heure*, en agissant sur une manivelle, le travail de 30 kilogrammètres, qui n'exige de chacun d'eux que 7 kilogrammètres et demi. Avec une relève de deux hommes, chacun d'eux pourra travailler une heure, se reposer une demi-heure, et ainsi de suite, pendant les dix heures d'un voyage.

Le ballon était pourvu d'un gouvernail placé à l'arrière, afin de pouvoir s'orienter.

Le gaz adopté n'était pas l'hydrogène, mais simplement le gaz d'éclairage.

« Un appareil de ce genre, disait Dupuy de Lôme, ne permettra d'avancer vent debout, ou de suivre, par rapport à cette surface, toutes les directions désirées, que quand le vent n'aura qu'une vitesse audessous de 8 kilomètres à l'heure. Cela ne sera sans doute pas très fréquent, car cette vitesse n'est que celle d'un vent qualifié *brise légère*. Quoi qu'il en soit, cet aérostat ayant une vitesse propre de 8 kilomètres à l'heure, lorsqu'il sera emporté par un vent plus rapide, aura la faculté de suivre à volonté toute route comprise dans un angle résultant de la composante des deux vitesses. »

Il y avait en tout cela peu d'innovations. L'aérostat adopté par Dupuy de Lôme différait peu, en somme, de celui qui avait été expérimenté, en 1852, par Giffard.

Seulement Giffard avait osé emporter au sein des airs une machine à vapeur, tandis que Dupuy de Lôme craignant, non sans raison, d'ailleurs, la présence d'un foyer dans le voisinage d'un gaz inflammable, s'était contenté de la force des hommes.

Il est probable que l'appareil de Dupuy de Lôme, ne disposant que de la force humaine, serait resté insuffisant pour réaliser la direction, s'il avait eu à lutter contre un courant aérien de quelque importance. Dans tous les cas, on n'eut pas à s'en assurer pendant le siège, car les travaux pour la construction de l'aérostat ayant traîné en longueur, la guerre se termina avant que l'appareil de Dupuy de Lôme pût s'élancer dans les airs, et montrer sa valeur.

Après la guerre, Dupuy de Lôme continua ses études sur son *aérostat dirigeable*, qui fut construit dans une cour du fort de Vincennes.

La forme de cet aérostat, très savamment étudiée est celle d'un œuf ou d'un ellipsoïde allongé. Sa longueur est de 36 mètres, son plus grand diamètre de 14 mètres, et son volume de 3.450 mètres. Il est porteur d'une nacelle de 6 mètres de long, et de 4 mètres de large, au maximum. Cette nacelle est munie d'une hélice à deux ailes; le diamètre de cette hélice est de 9 mètres et son pas de 2 mètres. Pour prévenir les déformations de l'enveloppe, on maintient son volume invariable en plaçant à l'intérieur un petit ballon, ou *ballonnet*, qui peut être gonflé à volonté en insufflant de l'air dans sa capacité, au moyen d'une pompe à air.

Fig. 206. — Dupuy de Lôme.

L'aérostat est entouré de deux filets : le filet porteur de la nacelle, et le filet dit des *balancines*, qui a pour but de maintenir la stabilité constante de la nacelle, quelle que soit l'inclinaison que le vent imprime à l'aérostat. C'est cette suspension triangulaire indéformable qui constitue la principale innovation de Dupuy de Lôme dans les aérostats dirigeables.

L'hydrogène pur, et non le gaz d'éclairage, fut employé dans cette expérience, pour remplir le ballon, ce qui lui donnait une force ascensionnelle considérable, sans exiger un grand volume. Le gaz hydrogène avait été obtenu par l'action de l'acide sulfurique étendu sur la tournure de fer.

L'étoffe du ballon était composée d'une double enveloppe de soie blanche, pesant 52 grammes par mètre carré, et d'une toile doublée de caoutchouc; le tout revêtu, intérieurement et extérieurement, d'un enduit de glycérine et de caoutchouc, qui assurait la complète imperméabilité de l'enveloppe à l'air, et prévenait, autant qu'on pouvait l'espérer avec un gaz aussi subtil, la perte de l'hydrogène à travers l'étoffe.

Le moteur employé pour faire agir l'hélice était, avons-nous dit, la force humaine.

C'est le 2 février 1871 que Dupuy de Lôme fit l'expérience définitive de son aérostat dirigeable.

Le ballon s'élança, par un vent assez vif. Quatorze personnes le montaient : Dupuy de Lôme ; Yon, ingénieur aéronaute ; Zédé, capitaine de frégate ; plus trois aides et huit hommes d'équipage, employés à faire mouvoir l'hélice.

Le poids total du ballon et de son chargement, y compris les quatorze passagers et 600 kilogrammes de lest, était de

3.800 kilogrammes. Le but de l'ascension était de s'assurer si l'aérostat obéirait à l'action de l'hélice et du gouvernail, dans le sens voulu et prévu.

Voici, d'après le mémoire de l'auteur, ce qui fut obtenu. Dès que l'hélice était mise en mouvement, l'influence du gouvernail se faisait sentir, et l'aérostat suivait une direction qui, calculée sur la direction du vent, prouvait que le ballon avait un mouvement propre. La vitesse de ce mouvement propre aurait été, selon Dupuy de Lôme, de 10 kilomètres par heure.

Au moment du départ, le vent, avons-nous dit, était assez fort; mais, en imprimant à l'hélice un mouvement de 35 tours par minute, on réalisa une vitesse de 5 kilomètres à l'heure, dans le sens du vent, mais avec une déviation de 10° à 12° sur la direction que lui aurait imprimée la simple impulsion de l'air. En louvoyant ainsi, il devait être possible, selon Dupuy de Lôme, de marcher dans un sens déterminé. L'expérience du 2 février 1871 ne fut cependant pas concluante.

On pouvait, à l'aide d'un moyen fort simple, décrit par l'auteur dans son mémoire, déterminer la vitesse de l'aérostat, et reconnaître la route suivie. Une boussole fixée dans la nacelle et ayant sa *ligne de foi* parallèle à l'axe de l'aérostat, jointe à une seconde boussole, portant sur l'une de ses faces latérales une planchette parallèle au plan vertical passant par la *ligne de foi*, servait à déterminer la route suivie sur la terre. On lisait directement la hauteur occupée dans l'atmosphère, au moyen d'un baromètre qui, au lieu des indications de la longueur de la colonne mercurielle, indiquait les hauteurs réelles dans l'air, calculées par avance, pour chaque millimètre de la colonne barométrique.

Les moyens employés pour reconnaître la route étaient tellement sûrs que, lorsque l'ordre de s'arrêter fut donné, Zédé, qui inscrivait la marche, put indiquer le nom du village sur lequel on se trouvait : Mondécour.

La descente se fit avec une facilité extraordinaire, sans secousse ni traînage sur le sol.

La stabilité de la nacelle fut le fait le plus remarqué. Pendant toute l'ascension, on pouvait aller et venir sur ce plancher mobile, comme sur la terre ferme.

Tel est le résumé du long travail technique que les *Comptes rendus de l'Académie des sciences* ont publié.

Quels furent les résultats positifs de cette expérience?

Dupuy de Lôme avait-il résolu le problème de la direction des aérostats? En faisant usage de moyens de locomotion et de direction depuis longtemps connus et expérimentés, le célèbre ingénieur de marine n'a pas obtenu de résultat sensiblement supérieur à ceux de ses devanciers, mais il assura la stabilité, la tranquillité absolue de la nacelle, grâce au système ingénieux de suspension triangulaire indéformable.

D'autre part, le genre de moteur adopté par Dupuy de Lôme pour son aérostat dirigeable, n'était pas suffisamment puissant pour lutter contre le vent. Un tel moyen d'action put suffire pour les premières expériences d'essai de direction des aérostasts, mais il devint bientôt évident qu'un tel agent moteur était insuffisant. Il fallait emporter dans les airs un moteur digne de ce nom et que l'avenir devait, en effet, fournir aux expérimentateurs, comme nous le verrons par la suite.

Aérostat Tissandier (Fig. 208 à 210.) Peu d'années après la belle tentative de Dupuy de Lôme, en vue de la construction d'un aérostat stable et dirigeable, est venue à Gaston et Albert Tissandier l'idée remarquable d'appliquer le moteur électrique à la propulsion des aérostats.

C'est à l'Exposition d'électricité de Paris, en 1881, que l'on vit, pour la première fois, le modèle du petit aérostat dirigeable de Gaston Tissandier, désormais historique, mû par l'énergie électrique.

La découverte de l'*accumulateur électrique* par Gaston Planté, et les applications qu'avait déjà reçues la *pile secondaire* (1), donnèrent l'idée à Gaston et Albert Tissandier d'appliquer à la marche des aérostats les accumulateurs, qui, sous un poids relativement faible, emmagasinent une grande somme d'énergie.

Une petite batterie d'accumulateurs actionnant une petite machine dynamo-électrique, attelée à l'hélice propulsive d'un aérostat, offre certains avantages. Le moteur électrique, fonctionnant sans aucun foyer, supprime le danger provenant du feu placé sous une masse d'hydrogène, disposition nécessaire si l'on emploie une machine à vapeur. Son poids est constant; car il n'abandonne pas à l'air, comme la chaudière à vapeur, des produits de combustion, qui délestent sans cesse l'aérostat, et tendent à le faire s'élever dans l'atmosphère. Enfin, il se met en marche ou s'arrête avec une incomparable facilité, par la manœuvre d'un simple commutateur.

Fig. 207. — Albert Tissandier.

Le petit aérostat que Gaston Tissandier avait construit, pour servir de modèle, et que l'on voyait à l'Exposition d'électricité de 1881, était de forme allongée; il se terminait par deux pointes. Il n'avait que 3^{m},50 de longueur, sur 1^{m},30 de diamètre, au milieu. Le volume total de cet engin n'était que 2.200 litres environ. Gonflé d'hydrogène pur, son excédent de force ascensionnelle n'était que de 2 kilogrammes.

Trouvé avait construit, pour faire mouvoir cet aérostat minuscule, une toute petite machine dynamo-électrique, du type Siemens, ne pesant que 220 grammes, et dont l'arbre était muni d'une hélice à deux branches, très légère, de 0^{m},40 de diamètre. Ce petit moteur était fixé à la partie inférieure de l'aérostat, avec un couple secondaire Planté, pesant 1^{k},30.

L'hélice, dans ces conditions, tournait à 6 tours et demi par seconde. Elle agissait comme propulseur, et imprimait à l'aérostat, dans un air calme, une vitesse de 1 mètre par seconde, pendant plus de 40 minutes. Avec deux éléments secondaires montés en tension et pesant 500 grammes chacun, on aurait pu adapter au moteur une hélice de 0^{m},60 de diamètre, qui aurait donné à l'aérostat une vitesse de 2 mètres environ par seconde.

Gaston et Albert Tissandier n'avaient, disons-nous, présenté à l'Exposition d'électricité qu'un simple modèle. En 1883, ils construisirent un aérostat de dimensions suffisantes pour emporter deux personnes; et le 8 octobre de la même année ils procédaient à l'expérience du nouveau véhicule aérien.

L'aérostat électrique dirigeable de Gaston et Albert Tissandier, que représente la figure 208, a la même forme que ceux de

(1) Voir les *Merveilles de la Science*, Tome II, ÉLECTRICITÉ.

Giffard et de Dupuy de Lôme, c'est-à-dire la forme ellipsoïde. Il a 28 mètres de longueur, de pointe en pointe, et 9m,20 de diamètre au milieu. La forme allongée en fuseau fut reconnue comme la plus convenable pour vaincre la résistance de l'air. Il est muni, à sa partie inférieure, d'un appendice, terminé par une soupape automatique. Le tissu est de la percaline rendue imperméable par un vernis d'excellente qualité. Son volume est de 1.060 mètres cubes.

Fig. 208. — L'aérostat dirigeable électrique de Gaston et Albert Tissandier.

La housse de suspension est formée de rubans cousus à des fuseaux longitudinaux, qui les maintiennent dans la position géométrique qu'ils doivent occuper. Les rubans ainsi disposés s'appliquent parfaitement sur l'étoffe gonflée, et ne forment aucune saillie, comme le feraient les mailles d'un filet.

Les flancs de l'aérostat supportent la housse de suspension, au moyen de deux brancards latéraux flexibles, qui en épousent complètement la forme. Ces brancards sont formés de minces lattes de noyer, adaptées à des bambous sciés longitudinalement ; ils sont consolidés par des lanières de soie. A la partie inférieure de la housse, des pattes d'oie se terminent par vingt cordes de suspension, qui s'attachent, par groupes de cinq, aux quatre angles supérieurs de la nacelle.

La nacelle a la forme d'une cage. Elle est construite avec des bambous assemblés, consolidés par des cordes et des fils de cuivre, recouverts de gutta-percha. Sa partie inférieure est formée de traverses en bois de noyer, qui servent de support à un fond de vannerie d'osier. Les cordes de suspension l'enveloppent entièrement. Elles sont tressées dans la vannerie inférieure et ont été préalablement entourées d'une gaine de caoutchouc, qui, en cas d'accident, les préserverait du contact du liquide acide qui est contenu dans la nacelle et sert à alimenter les piles.

Les cordes de suspension sont reliées horizontalement entre elles par une couronne de cordages placée à deux mètres au-dessus de la nacelle. Les engins d'arrêt pour la descente, *guide-rope* et *corde d'ancre*, sont attachés à cette couronne, qui a, en outre, pour but de répartir également la traction à la descente. Le *gouvernail,* formé d'une grande surface de soie non vernie, maintenue à sa partie inférieure par un bambou, y est aussi adapté à l'arrière.

Fig. 209. — L'aérostat dirigeable électrique de Gaston et Albert Tissandier, vu en bout.

L'aérostat, avec ses soupapes, pèse 170 kilogrammes. La housse avec le gouvernail et les cordes de suspension pèsent 70 kilogrammes. Les brancards flexibles latéraux pèsent 34 kilogrammes; la nacelle a un poids de 100 kilogrammes. Moteur, hélice et piles, avec le liquide pour les faire fonctionner pendant 2 heures et demie, pèsent 280 kilogrammes. Engins d'arrêt, ancre et *guide-rope,* 50 kilogrammes.

Ainsi, le poids du matériel fixe est de 704 kilogrammes, auxquels il faut ajouter les poids des deux voyageurs, avec instruments, soit 150 kilogrammes, ainsi que le lest enlevé, 386 kilogrammes. En tout, 1.240 kilogrammes.

La force ascensionnelle était, en comptant 10 kilogrammes d'excès de force pour l'ascension, de 1.250 kilogrammes. Le gaz avait donc une force ascensionnelle de 1.180 grammes par mètre cube, ce qui est considérable. C'est que le gaz hydrogène préparé par les frères Tissandier était presque pur; il était obtenu au moyen de l'action de l'acide sulfurique, de l'eau et du fer, à l'aide de l'appareil que nous avons précédemment décrit (Fig. 182).

Le courant électrique, produit par 24 éléments de pile au bichromate de potasse, actionnait une petite machine dynamo-électrique, M (Fig. 210).

La machine dynamo-électrique était du type Siemens; elle comportait une longue bobine et 4 électro-aimants. Elle pesait 56 kilogrammes.

Le 8 octobre 1883, le gonflement du ballon s'effectua en moins de 7 heures. A 3 h. 20 minutes, les voyageurs aériens s'élevèrent lentement, par un vent faible de E.-S.-E. A 500 mètres de hauteur, la vitesse de l'aérostat était de 3 mètres par seconde, soit environ 10 kilomètres par heure.

Quelques minutes après le départ, la batterie de piles fonctionna. Elle était composée de quatre auges à six compartiments; les vingt-quatre éléments étaient montés en tension. Un commutateur à mercure permettait de faire fonctionner à volonté six, douze, dix-huit, ou vingt-quatre éléments, et d'obtenir ainsi quatre vitesses différentes de l'hélice, variant de 60 à 180 tours par minute.

Au-dessus du bois de Boulogne, quand le moteur fonctionna à grande vitesse, la translation devint appréciable : on sentait, d'après les expérimentateurs, un vent frais, produit par le déplacement de l'aérostat.

Fig. 210. — Nacelle de l'aérostat dirigeable des frères Tissandier.

Quand le ballon faisait face au vent, il tenait tête au courant aérien et restait immobile. Malheureusement les mouvements ne pouvaient être maîtrisés par le gouvernail.

En coupant le vent dans une direction perpendiculaire à la marche du courant aérien, le gouvernail se gonflait, comme une voile, et les rotations se produisaient avec beaucoup plus d'intensité.

Le moteur ayant été arrêté, l'aérostat passa au-dessus du mont Valérien. Une fois qu'il eut bien pris l'allure du vent, on recommença à faire tourner l'hélice, en marchant avec le vent. La vitesse de translation s'accéléra alors: l'action du gouvernail faisait dévier le ballon à droite et à gauche de la ligne du vent.

La descente s'opéra à 4 heures 1/2, dans une grande plaine avoisinant Croissy-sur-Seine. L'aérostat resta gonflé toute la nuit, et le lendemain il n'avait pas perdu de gaz.

En résumé, il résulte de cette expérience, qu'avec l'aérostat électrique expérimenté le

8 octobre 1883, quand l'hélice, de 2m,80 de diamètre, tournait avec une vitesse de 180 tours à la minute, produisant un travail effectif de 100 kilogrammètres, les aéronautes tinrent tête à un vent de 3 mètres à la seconde, et qu'en suivant le courant ils dévièrent très facilement de la ligne du vent.

Aérostat « La France » de l'Ecole aérostatique de Meudon

Après les intéressants essais effectués par l'aérostat des frères Tissandier, les capitaines Renard et Krebs, attachés à l'École aérostatique de Meudon, expérimentèrent un autre aérostat dirigeable, construit par eux au parc aérostatique militaire, lequel devait donner des résultats fort encourageants.

C'est le 9 août 1884 que l'aérostat de l'École de Meudon *La France*, monté par les capitaines Renard et Krebs, s'éleva dans les airs, actionné par un moteur électrique. Il monta, par un temps calme, à une hauteur de 300 mètres environ. L'hélice fut alors mise en mouvement, et l'aérostat se dirigea vers un point assigné d'avance. Sa marche, lente d'abord, s'accéléra graduellement, et l'aérostat s'engagea au-dessus de la forêt de Meudon.

La brise soufflait de l'est, avec une vitesse de 5 mètres par seconde : la marche de l'aérostat s'effectuait contre le vent.

Les aéronautes Renard et Krebs remplissaient des fonctions diverses. Tandis que l'un manœuvrait le gouvernail, l'autre maintenait la permanence de la hauteur. Arrivés au-dessus de l'ermitage de Villebon, l'officier qui tenait le gouvernail agita un drapeau : c'était le signal du retour. On était arrivé à l'endroit désigné par avance, et il s'agissait de revenir au point de départ.

On vit alors l'aérostat *virer de bord*, en décrivant majestueusement un demi-cercle de 400 mètres de rayon environ, et il se dirigea vers Meudon.

Arrivé près de la pelouse, d'où le départ avait eu lieu, le ballon s'abaissa graduellement, obliqua, fit machine en arrière, machine en avant, et finalement, atterrit à l'endroit voulu.

Les capitaines Renard et Krebs, suivant un procédé précédemment employé, ont établi à l'intérieur de l'aérostat, un *ballonnet compensateur*. Chaque fois que les nécessités de la manœuvre exigent une déperdition d'hydrogène, on insuffle dans ce ballonnet, au moyen d'un ventilateur, une quantité équivalente d'air, et la surface externe reprend sa rigidité première.

Il faut, en effet, pour qu'un aérostat offre à l'air une résistance suffisante, que l'enveloppe présente une rigidité absolue.

Dans le cas contraire, elle est détendue et n'est plus qu'une surface flottante se comportant comme une voile, dans les plis de laquelle le vent s'engouffre.

L'enveloppe, de forme allongée, est plus effilée à l'arrière qu'à l'avant. Elle est en soie de Chine vernie et découpée en fuseaux longitudinaux limités par des *méridiens*.

Une housse recouvre la partie supérieure de l'enveloppe, sauf aux extrémités. Elle est faite également en soie de Chine, mais n'est pas vernie.

La housse se termine à la partie inférieure par trois séries de pattes d'oie auxquelles sont reliées soixante-six cordes de suspentes destinées à supporter la nacelle.

Les efforts se trouvent ainsi également répartis sur l'enveloppe.

Pour assurer la stabilité de la nacelle et rendre la suspension indéformable, les suspentes sont disposées en deux faisceaux qui s'attachent d'une part à deux traversières et d'autre part à la nacelle.

La nacelle est constituée par des barres longitudinales faites en bambou, reliées entre elles par des montants, des entretoises croisées et des ligatures en fer.

C'est une poutre de grande longueur qui sert à supporter les organes de propulsion de l'aérostat, les piles, le moteur et l'hélice.

Un gouvernail vertical est placé à l'arrière de l'aérostat et au-dessous de lui est disposé horizontalement un autre gouvernail à deux bras pouvant faire office de *stabilisateur*.

L'hélice, qui a 7 mètres de diamètre, peut faire 47 tours à la minute. La force motrice, susceptible d'atteindre huit chevaux, est obtenue à l'aide d'une machine dynamo-électrique, construite dans des conditions de légèreté exceptionnelles.

Enfin, le générateur d'électricité est une pile d'une grande puissance, quoique d'un très petit volume.

La communication adressée à l'Académie des sciences, le 18 août 1884, ne donnait aucune indication au sujet de la composition de cette pile.

Le voyage aérien du 9 août 1884 a été raconté par les voyageurs eux-mêmes, dans une communication faite à l'Académie des sciences, dans la séance du 18 août. Voici cette intéressante communication :

« A 4 heures du soir, disent les auteurs, l'aérostat, de forme allongée, muni d'une hélice et d'un gouvernail, s'est élevé, en ascension libre, monté par MM. le capitaine du génie Renard, directeur des ateliers militaires de Chalais, et le capitaine d'infanterie Krebs, son collaborateur depuis six ans.

« Après un parcours total de 7 kilomètres 600 mètres, effectué en vingt-trois minutes, le ballon est venu atterrir à son point de départ, après avoir exécuté une série de manœuvres avec une précision comparable à celle d'un navire à hélice évoluant sur l'eau.

« La solution de ce problème, tentée déjà en 1855, en employant la vapeur, par H. Giffard, en 1872 par M. Dupuy de Lôme, qui utilisa la force musculaire des hommes, et enfin l'année dernière (1) par M. Tissandier, qui le premier a appliqué l'électricité à la propulsion des ballons, n'avait été jusqu'à ce jour que très imparfaite, puisque, dans aucun cas, l'aérostat n'était revenu à son point de départ.

« MM. Renard et Krebs ont été guidés dans leurs travaux par les études de M. Dupuy de Lôme relatives à la construction de son aérostat de 1870-1872, et, de plus, ils se sont attachés à remplir les conditions suivantes :

« Stabilité de route obtenue par la forme du ballon et la disposition du gouvernail ;

« Diminution des résistances à la marche par le choix des dimensions ;

« Rapprochement des centres de traction et de résistance, pour diminuer le moment perturbateur de stabilité verticale ;

« Enfin, obtention d'une vitesse capable de résister aux vents régnant les trois quarts du temps dans notre pays.

« L'exécution de ce programme et les études qu'il comporte ont été faites par ces officiers en collaboration ; toutefois, il importe de faire ressortir la part prise plus spécialement par chacun d'eux dans certaines parties de ce travail.

« L'étude de la disposition particulière de la chemise de suspension, la détermination du volume du *ballonnet*, les dispositions ayant pour but d'assurer la stabilité longitudinale du ballon, le calcul des dimensions à donner aux pièces de la nacelle, enfin l'invention et la construction d'une pile nouvelle, d'une puissance et d'une légèreté exceptionnelles, sont l'œuvre personnelle de M. le capitaine Renard.

« Les divers détails de construction du ballon, son mode de réunion avec la chemise, le système de construction de l'hélice et du gouvernail, l'étude du moteur électrique calculé d'après une méthode nouvelle basée sur des expériences préliminaires permettant de déterminer tous les éléments pour une force donnée, sont l'œuvre de M. Krebs, qui, grâce à des dispositions spéciales, est parvenu à établir cet

(1) C'est-à-dire en 1883.

appareil dans des conditions de légèreté inusitées.

imprimer à l'aérostat une vitesse donnée a été faite de deux manières :

Fig. 211. — Le parc de l'École aérostatique de Chalais-Meudon.

« Les dimensions principales du ballon sont les suivantes : longueur, 52m,42; diamètre, 8m,40; volume, 1.864 mètres cubes.

« L'évaluation du travail nécessaire pour

1° En partant des données posées par M. Dupuy de Lôme et sensiblement vérifiées dans son expérience de février 1872;

2° En appliquant la formule admise dans

la marine pour passer d'un navire connu à un autre de formes très peu différentes, et en admettant que, dans le cas du ballon, les travaux soient dans le rapport des densités des deux fluides.

« Les quantités indiquées en suivant ces deux méthodes concordent à peu près, et ont conduit à admettre, pour obtenir une vitesse par seconde de 8 à 9 mètres, un travail de traction utile de 5 chevaux de 75 kilogrammètres, ou, en tenant compte des rendements de l'hélice et de la machine, un travail électrique sensiblement double, mesuré aux bornes de la machine.

« La machine motrice a été construite de manière à pouvoir développer sur l'arbre 8,5 chevaux-vapeur, représentant, pour le courant aux bornes d'entrée, 12 chevaux. Elle transmet son mouvement à l'arbre de l'hélice par l'intermédiaire d'un pignon engrenant avec une grande roue.

« La pile est divisée en quatre sections, pouvant être groupées en surface ou en tension de trois manières différentes. Son poids, par cheval-heure, mesuré aux bornes, est de 19 kg. 350.

« Quelques expériences ont été faites pour mesurer la traction au point fixe, qui a atteint le chiffre de 60 kilogrammes pour un travail électrique développé de 840 kilogrammètres et de 46 tours d'hélice par minute.

« Deux sorties préliminaires, dans lesquelles le ballon était équilibré et maintenu à une cinquantaine de mètres au-dessus du sol, ont permis de connaître la puissance de giration de l'appareil.

« Enfin, le 9 août, les poids enlevés étaient les suivants (force ascensionnelle totale environ 2.000 kilogrammes) :

	kg.
Ballon et *ballonnet*..............	369 »
Chemise et filet..................	127 »
Nacelle complète.................	452 »
Gouvernail.......................	46 »
Hélice...........................	41 »
Machine..........................	98 »
Bât et engrenages................	47 »
Arbre moteur.....................	30, 500
Pile, appareils et divers........	435, 500
Aéronautes.......................	140 »
Lest.............................	214 »

« A 4 heures du soir, par un temps presque calme, l'aérostat, laissé libre et possédant une très faible force ascensionnelle, s'élevait lentement jusqu'à hauteur des plateaux environnants. La machine fut mise en mouvement, et bientôt, sous son impulsion, l'aérostat accélérait sa marche, obéissant fidèlement à la moindre indication de son gouvernail.

« La route fut d'abord tenue nord-sud, se dirigeant sur le plateau de Châtillon et de Verrières; à hauteur de la route de Choisy à Versailles, et pour ne pas s'engager au-dessus des arbres, la direction fut changée, et l'avant du ballon dirigé sur Versailles.

« Au-dessus de Villacoublay, nous trouvant éloignés de Chalais d'environ 4 kilomètres, et entièrement satisfaits de la manière dont le ballon se comportait en route, nous décidons de revenir sur nos pas et de tenter de descendre sur Chalais même, malgré le peu d'espace découvert laissé par les arbres. Le ballon exécuta son demi-tour sur la droite, avec un angle très faible (environ 11°) donné au gouvernail. Le diamètre du cercle décrit fut d'environ 800 mètres.

« Le dôme des Invalides, pris comme point de direction, laissait alors Chalais un peu à gauche de la route.

« Arrivé à hauteur de ce point, le ballon exécuta, avec autant de facilité que précédemment, un changement de direction sur sa gauche, et bientôt il venait planer à 300 mètres au-dessus de son point de départ. La tendance à descendre que possédait le ballon à ce moment, fut accusée davantage par une manœuvre de la soupape. Pendant ce temps, il fallut, à plusieurs reprises faire machine en arrière et en avant, afin de ramener le ballon au-dessus du point choisi pour l'atterrissage. A 80 mètres au-dessus du sol, une corde larguée du ballon fut saisie par des hommes, et l'aérostat fut ramené dans la prairie même d'où il était parti.

« Voici quelques chiffres documentaires.

« A plusieurs reprises, pendant la marche, le ballon eut à subir des oscillations de 2 à 3° degrés d'amplitude, analogues au tangage; ces oscillations peuvent être attribuées soit à des irrégularités de forme, soit à des courants d'air locaux dans le sens vertical.

Fig. 212. — Première ascension de l'aérostat électrique dirigeable des capitaines Renard et Krebs, le 9 août 1884.

Chemin parcouru avec la machine, mesuré sur le sol..............	$7^{km},600$
Durée de cette période...........	23^{m}
Vitesse moyenne à la seconde (1).	$5^{m},50$
Nombre d'éléments employés.....	32
Force électrique dépensée aux bornes à la machine..............	250^{kgm}
Rendement probable de la machine.	0,70
Travail de traction...............	125^{kgm}
Résistance approchée du ballon...	$22^{kil},800$

(1) Le vent étant presque nul, la vitesse absolue se confond sensiblement avec la vitesse propre par rapport à l'air, d'autant plus que l'aérostat a décrit une trajectoire fermée.

« Ce premier essai, ajoutait le capitaine Renard sera suivi prochainement d'autres expériences faites avec la machine au complet, permettant d'espérer des résultats encore plus concluants. »

On a remarqué que, dans le récit de leur ascension de 1884, les deux capitaines de Meudon ne disaient rien de la composition de la pile dont ils faisaient usage pour animer leur machine dynamo-électrique. On pensait généralement que c'était la pile au bichromate de potasse, qui était alors la plus répandue pour fournir un courant d'une grande intensité, mais de peu de durée et d'une énergie décroissante, c'est-à-dire celle dont avaient fait usage les frères Tissandier, en 1883. Tel n'était pas cependant le générateur électrique du ballon de Chalais. La constitution de cette pile n'a été divulguée que plus tard, dans une communication adressée en 1888, à l'Académie des sciences.

Dans cette pile, le liquide actif est de l'acide chlorhydrique à 11° Baumé. Elle renferme l'acide chlorhydrique et l'acide chromique à équivalents égaux. Chaque élément de cette pile est un tube contenant une électrode positive et un cylindre de zinc placé suivant l'axe de cette électrode. Cette disposition a pour effet d'augmenter la densité du courant électrique à la surface du zinc (elle atteint de 25 à 40 *ampères* par décimètre carré). L'électrode positive n'est pas en charbon, comme celle de la pile à bichromate. L'électrode se compose d'une large lame d'argent platiné par laminage sur ses deux faces. L'épaisseur totale de la lame platinée est de $0^{mm},1$; l'épaisseur du platine, sur chaque face, est de $0^{mm},0025$ seulement. A conductibilité égale, le charbon de cornue serait environ 2.500 fois plus épais et 200 fois plus lourd. Le zinc n'est pas amalgamé, car, amalgamé ou non, il se dissout. En supprimant l'amalgamation, on peut employer des zincs de faibles dimensions, ce qui ne serait pas possible avec l'amalgamation, car le mercure rend le zinc très cassant.

Si l'on ajoute au liquide chloro-chromique de l'acide sulfurique, on obtient, selon la proportion du mélange, des liquides actifs atténués, dont la capacité reste la même que celle de la solution normale, mais qui permettent de diminuer l'activité de la pile. On peut, par conséquent, régler ainsi la durée du fonctionnement et appliquer la pile à des usages très divers.

Chaque élément est renfermé dans un tube en ébonite ou en verre, dont la hauteur est de dix fois son diamètre. Au potentiel normal de 1,2 *volt*, le courant est proportionnel à la surface du zinc.

Comme l'acide chromique cristallisé est cher, on peut le remplacer par des liquides obtenus en traitant le bichromate de soude par l'acide sulfurique; on recueille directement l'acide chloro-chromique dans l'eau.

Un *élément* peut résulter du groupement de plusieurs tubes en surface. L'élément employé pour l'aérostat dirigeable se composait de 6 tubes réunis en surface, pouvant donner jusqu'à 120 *ampères*, à un potentiel de 1,2 *volts*.

C'est en faisant usage de cette puissante pile que les officiers de l'École de Meudon sont arrivés à produire sous un poids de 480 kilogrammes la puissance de 16 chevaux persistant pendant deux heures, ce qui représente, selon eux, une puissance huit fois plus grande, à résistance électrique égale, que celle dont pouvaient disposer tous les aérostats dirigeables construits jusque-là. En effet, aucune pile, aucun accumulateur, ne pouvait développer pendant une heure le travail d'un cheval-vapeur avec le faible poids d'environ 30 kilogrammes, c'est-à-dire réaliser l'effet accompli par l'appareil électro-mécanique des officiers de l'École de Meudon.

Une nouvelle expérience de l'aérostat de Chalais fut faite le 12 septembre 1884, mais elle n'eut pas tout le succès qu'on en attendait. Le ministre de la guerre était présent. On avait constaté que la vitesse du vent était de 25 kilomètres à l'heure : celle du ballon fut de 26 kilomètres seulement.

Les capitaines Renard et Krebs s'élevèrent, à 4 h. 40 minutes. Le vent menait le ballon vers Vélizy. A 10 minutes de Chalais, on mit l'hélice en action, et l'aérostat revint vers son point de départ. Ensuite les aéronautes laissèrent le vent les pousser vers Vélizy. L'échauffement du moteur ayant immobilisé cet organe, l'aérostat atterrit dans une plaine et les voyageurs mirent pied à terre à 5 heures. La gaz s'était échappé en grande partie, et des laboureurs ramenèrent le ballon à Chalais.

Renard et Krebs ont affirmé que si un accident ne s'était pas produit, ils seraient revenus, contre le vent, à leur point de départ. Ils donnent pour preuve ce fait que, malgré la rupture de l'une des piles, ils ont pu opérer leur descente dans une clairière dont la superficie totale ne dépasse pas 20 mètres carrés.

Autre expérience de l'aérostat Tissandier

Gaston et Albert Tissandier, qui avaient précédé les deux capitaines de Meudon dans l'emploi d'un aérostat électrique dirigeable, ne voulurent pas rester sous le coup du succès, universellement proclamé, des aéronautes militaires.

Ils reprirent donc leurs expériences aériennes. Le 26 septembre 1884, ils faisaient, avec leur aérostat dirigeable, une ascension, qu'un succès complet couronna.

On voit dans la figure 213 l'installation des piles accumulatrices dans la nacelle de l'aérostat dirigeable, pendant cette ascension.

Gaston Tissandier, en son nom et au nom de son frère, a rendu compte, le 29 septembre 1884, à l'Académie des sciences, des particularités de cette expérience dont voici le récit :

« A la suite de l'ascension que nous avons exécutée, le 8 octobre 1883, dans notre aérostat à hélice, le premier qui ait emprunté à l'électricité sa force motrice, nous avons dû modifier quelques parties du matériel et refaire notamment de toutes pièces le gouvernail, dont le rôle n'est pas moins important que celui du propulseur.

« Nous avons exécuté, le vendredi 26 septembre 1884, un deuxième essai : il a donné tous les résultats que nous pouvions attendre d'une construction faite dans un but d'étude expérimentale. Notre aérostat, dont la stabilité n'a jamais rien laissé à désirer, obéit à présent avec la plus grande sensibilité aux mouvements du gouvernail, et il nous a permis d'exécuter au-dessus de Paris des évolutions nombreuses dans des directions différentes, et de remonter même, à plusieurs reprises, le courant aérien avec vent debout, comme ont pu le constater des milliers de spectateurs.

« L'ascension a eu lieu à 4 h. 20 minutes. A 400 mètres d'altitude, nous avons été entraînés par un vent assez vif du nord-est, et aussitôt l'hélice a été mise en mouvement, d'abord à petite vitesse. Quelques minutes après, tous les éléments de la pile montés en tension ont donné leur maximum de débit. Grâce aux dimensions plus volumineuses de nos lames de zinc et à l'emploi d'une dissolution de bichromate de potasse plus chaude, plus acide et plus concentrée, il nous a été donné de disposer d'une force motrice effective de un cheval et demi avec une rotation de l'hélice de 190 tours à la minute.

« L'aérostat a d'abord suivi presque complètement la ligne du vent; puis il a viré de bord sous l'action du gouvernail et, décrivant une demi-circonférence, il a navigué vent debout. En prenant des points de repère sur la verticale, nous constations que nous nous rapprochions lentement, mais sensiblement de la direction d'Auteuil (notre point de départ), ayant une complète stabilité de route. La vitesse du vent était environ de 3 mètres à la seconde, et notre vitesse propre, un peu supérieure, atteignait à peu près 4 mètres à la seconde. Nous avons ainsi remonté le vent au-dessus du quartier de Grenelle pendant plus de quinze minutes. Après notre première évolution, la route fut changée et l'avant du ballon tenu vers l'Observatoire.

« On nous vit recommencer, dans le quartier du Luxembourg, une manœuvre de louvoyage semblable à la précédente, et l'aérostat, la pointe en avant contre le vent, a encore navigué à courant contraire. Après avoir séjourné pendant plus d'une heure au-dessus de Paris, l'hélice a été arrêtée, et nous a été facile de mesurer par le chemin parcouru au-dessus du sol notre vitesse de translation et d'obtenir ainsi très exacte-

Fig. 213. — Nacelle de l'aérostat dirigeable de Gaston et Albert Tissandier, contenant le moteur et les piles, pendant l'ascension du 26 septembre 1884.

l'aérostat, laissé à lui-même, tout en étant maintenu à une altitude à peu près constante, a été aussitôt entraîné par un vent assez rapide. Il passa au sud du bois de Vincennes, et à partir de cette localité il ment celle du courant aérien lui-même. Cette vitesse variait de 3 à 5 mètres par seconde ; elle a changé fréquemment au cours de notre expérience. Arrivés au-dessus de la Varenne-Saint-Maur, au moment du coucher du soleil, nous avons profité d'une accalmie pour recommencer de nouvelles évolutions. L'hélice fut remise en mouvement, et l'aérostat, obéissant docilement à son action, remonta avec beaucoup plus de facilité le courant aérien devenu plus faible. Si nous avions eu encore une heure devant nous, il ne nous aurait pas été impossible de revenir à Paris.

« L'ascension du 26 septembre 1884 aura donné une démonstration expérimentale des aérostats *fusiformes, symétriques,* avec *hélice à l'arrière,* et cela sans qu'il ait été nécessaire de rapprocher dans la construction les centres de traction et de résistance. La disposition que nous avons adoptée favorise considérablement la stabilité du système, sans exclure la possibilité de construire des aérostats très allongés et de très grandes dimensions, qui peuvent seuls assurer l'avenir de la locomotion atmosphérique.

« MM. les capitaines Renard et Krebs ont brillamment démontré, d'autre part, que *l'hélice* pouvait être *placée à l'avant*, et qu'il était possible de rapprocher considérablement la nacelle d'un aérostat pisciforme auquel elle est attachée ; ils ont obtenu, grâce à l'emploi d'un moteur très léger, une vitesse propre qui n'avait jamais été atteinte avant eux. Nous rendons hommage au grand mérite de MM. Renard et Krebs, comme ils ont fait eux-mêmes à l'égard de l'antériorité de nos essais en ce qui concerne l'application de l'électricité à la navigation aérienne. »

Autres essais de l'aérostat la « France »

Pour terminer l'histoire de la campagne aérostatique de 1884, nous dirons que les capitaines Renard et Krebs prirent, le 8 novembre 1884, une revanche de leur insuccès relatif du 12 septembre.

Nous avons dit que, le 12 septembre, le ballon de Chalais avait exécuté une ascension peu réussie. Aussi le public, d'abord enthousiasmé, n'avait-il pas tardé à revenir sur sa première impression. L'admiration de la première heure avait fait place au doute. Mais il ne fallait attribuer l'insuccès de l'essai du 12 septembre qu'à un accident de machine, qui avait mis momentanément l'appareil hors de service. Cet accident n'enlevait rien à la valeur du système.

L'expérience du 8 novembre le prouva.

Vers midi, l'aérostat dirigeable de Chalais-Meudon s'élevait lentement au-dessus de la pelouse de départ. Arrivé à la hauteur des plateaux, le ballon commença à se mouvoir, sous l'influence de son hélice, dont la vitesse s'accéléra peu à peu. Après un premier virage, l'aérostat se dirigea en droite ligne vers le viaduc de Meudon, qu'il franchit bientôt. Une légère brise du nord-ouest lui fit traverser la Seine, en aval du pont de Billancourt. Il s'engagea sur la rive droite, pendant quelques minutes encore, dans la direction de Longchamp, et s'arrêta brusquement à 500 ou 600 mètres du fleuve.

Les aéronautes s'abandonnèrent alors au courant aérien, probablement pour mesurer sa vitesse. Après cinq minutes d'arrêt, l'hélice fut remise en mouvement : le ballon décrivit un demi-cercle, et se dirigea vers son point de départ avec une rectitude parfaite.

Il traversa Meudon assez rapidement, et après 45 minutes de voyage, descendit sur la pelouse de départ, sans difficulté apparente.

Après deux heures de repos, les aéronautes montaient une deuxième fois dans leur nacelle, et exécutaient, dans les environs de Chalais, de nouvelles évolutions. Le brouillard qui s'élevait alors les empêcha de s'éloigner davantage. D'ailleurs, les aéronautes avaient probablement pour but d'étudier les facultés de leur appareil, en le soumettant à des épreuves diverses, car on vit successivement l'aérostat évoluer à droite et à gauche, s'arrêter, repartir, et finalement atterrir encore une fois sur la pelouse d'où il s'était élevé.

Les quelques personnes qui assistèrent à ce voyage aérien furent particulièrement frappées de la précision avec laquelle l'aérostat dirigeable obéissait à l'action de son gouvernail et se maintenait dans une direction rectiligne.

En 1885, les aéronautes de Meudon continuèrent de s'occuper d'expériences sur la direction des aérostats.

Le mardi 25 août, le capitaine Renard, aidé de son frère, exécuta un nouveau voyage avec son aérostat dirigeable.

L'ascension eut lieu par un vent assez vif : ce qui n'empêcha pas l'aérostat de résister au vent, en accomplissant des manœuvres qui réussirent complètement. La descente se fit à l'endroit désigné d'avance, dans l'enclos de la ferme de Villacoublay, près du Petit-Bicêtre.

Le mardi 22 septembre 1885, à 4 heures, le même aérostat, monté par les capitaines Charles et Paul Renard, et par M. Duté-Poitevin, aéronaute civil attaché à l'établissement de Chalais, s'élevait au-dessus du bois de Meudon, évoluait pendant quelques instants, et changeait de direction, au gré de ses conducteurs ; puis, vers 4 heures et demie, mettant le cap sur le nord, il arrivait rapidement au-dessus de la gare de Meudon. Poursuivant ensuite sa route, le ballon passait au-dessus de la Seine, à la hauteur de l'Ile de Billancourt, et s'arrêtait au Point-du-Jour.

Depuis l'ascension précédente, les aéronautes de Meudon avaient réalisé certains progrès. Dès que l'hélice était mise en mouvement, l'aérostat fendait les airs, avec précision et rapidité.

Un petit ballon de quelques décimètres de diamètre, abandonné au moment où l'aérostat dirigeable passait au-dessus de la Seine, fut promptement dépassé par les voyageurs aériens.

Arrivé au-dessus du Point-du-Jour, l'aérostat vira de bord, et mit le cap sur le bois de Meudon. Il avait, cette fois, le vent pour auxiliaire; aussi la distance qui sépare le Point-du-Jour du camp de Chalais fut-elle franchie en quelques minutes. A 6 heures, l'aérostat arrivait au-dessus du camp. Il descendit, sans secousses et sans incidents, juste au milieu du parc.

Fig. 214. — Le capitaine Renard (1884).

Le lendemain, l'expérience fut renouvelée avec succès en présence du ministre de la guerre.

Les essais effectués par l'aérostat dirigeable construit par les capitaines Renard et Krebs étaient concluants.

La direction des aérostats était résolue,

en principe, c'est-à-dire que l'*équilibre*, la *déviation* et la *progression* des appareils pouvaient être obtenus.

Cependant, au point de vue pratique, il restait encore beaucoup à faire pour recueillir les avantages que l'on attendait de la navigation aérienne dirigée.

L'organe essentiel, en effet, le moteur, ne pouvait fournir qu'une puissance relativement réduite pour un poids déterminé, qui ne pouvait être dépassé sans augmenter considérablement le volume de l'aérostat et sans changer ses conditions de stabilité.

En outre, cette puissance réduite ne pouvait être obtenue que pendant quelques heures.

Le problème se posait donc autrement et consistait à *trouver un moteur* qui pût fournir sous un *poids réduit* un *travail considérable*.

Fig. 215. — Le capitaine Krebs (1884).

C'est pour cela qu'après les heureuses sorties de l'aérostat la *France* et alors que dans le public on s'attendait à voir se développer rapidement cette nouvelle invention, le silence se fit sur cette question, après quelques recherches faites en vue d'utiliser le moteur à vapeur comme agent de propulsion. Ce n'est qu'environ seize ans plus tard que le problème fut à nouveau posé et définitivement résolu. On était alors en possession, en effet, du moteur léger et puissant : le moteur à explosion. Dès lors, la direction des aérostats fut pratiquement réalisée, et nous verrons plus loin les applications militaires qui en ont été faites.

Il convient donc de rendre hommage à la science et à la persévérance des savants précurseurs : Meusnier, Giffard, Dupuy de Lôme, Tissandier, Renard et Krebs, qui ont contribué à rendre réalisable la direction des aérostats recherchée depuis près d'un siècle. Parmi eux, le colonel Charles Renard, par ses études approfondies sur la stabilité des aérostats, sur les moteurs, sur les hélices et, en général, sur tous les organes et engins utilisés dans la navigation aérienne, mérite une mention particulière pour la contribution scientifique qu'il a apportée à *l'aéronautique*.

Signalons, en terminant cet historique, les quelques projets d'aérostats dirigeables qui furent établis après les belles expériences de l'aérostat la *France*, jusqu'au moment où on songea à utiliser le moteur à explosion pour actionner l'hélice propulsive.

Aérostat à vapeur Woelfert

(Fig. 216.) En Allemagne, on établit un aérostat mû par la vapeur. La figure 216 représente une vue d'ensemble de l'appareil, dont nous résumons les principales dispositions d'après un journal de l'époque.

L'*aérostat à vapeur* conçu par Woelfert a son hélice de propulsion montée à l'avant de l'appareil, dans un cadre en bois où elle reçoit directement du moteur à vapeur son mouvement de rotation.

Le cadre du gouvernail se meut sur des pivots en actionnant des cordages qui traversent le ballon, lesquels sont mis en jeu par une manivelle placée dans la nacelle.

Il porte à l'intérieur un ballonnet destiné à maintenir l'enveloppe rigide et dont le remplissage s'effectue par l'intermédiaire d'un tuyau conducteur en toile au moyen d'un ventilateur actionné par une manivelle. La nacelle, construite en fer forgé en T et entourée d'un treillage métallique, con-

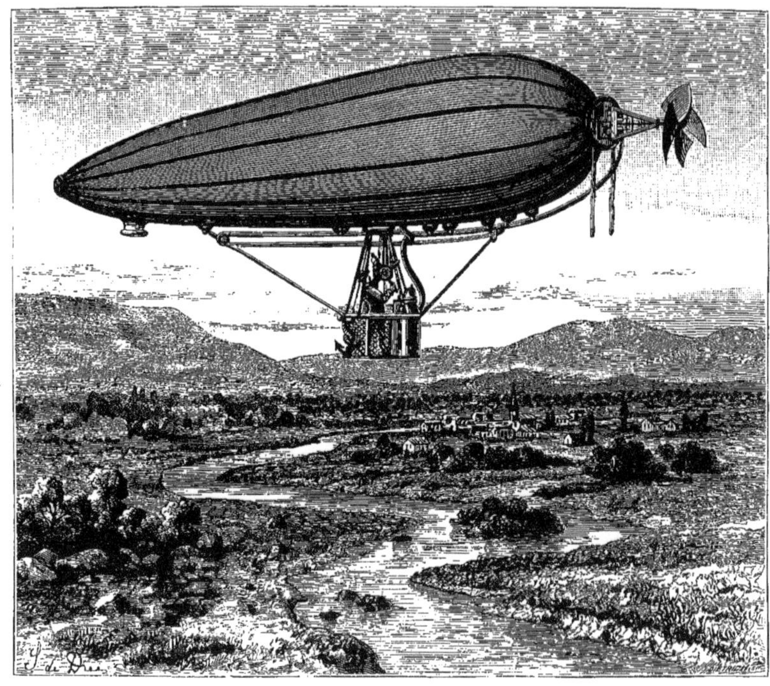

Fig. 216. — L'aérostat à vapeur Woelfert.

Ces cordes passent à leur sortie dans des sortes de presse-étoupes, de façon à prévenir la déperdition de gaz. Le ballon, d'une longueur de 30 mètres, effilé à ses deux extrémités, se compose d'une enveloppe de forte toile à voile, et le filet est remplacé par un agencement de cerceaux intérieurs. Le plus grand diamètre de l'aérostat est de 8 mètres et le plus petit de 4. Son volume est de 750 mètres cubes.

tient une petite chaudière à vapeur chauffée à l'alcool ; elle peut porter, en outre, deux personnes et le lest nécessaire. La chaudière, timbrée à 12 atmosphères, est reliée par un tuyau en caoutchouc à deux petites machines à vapeur conjuguées, placées dans le cadre du gouvernail à l'avant.

La puissance totale est de 3 chevaux-vapeur.

Sous l'aérostat est placé un poids mobile,

dont le rôle est d'équilibrer le ballonnet. La nacelle est placée à 4 mètres en dessous de l'aérostat et à 10 mètres de sa pointe antérieure. La direction est obtenue par une inclinaison de l'hélice pivotant de 75° de droite à gauche avec son cadre.

L'inventeur prétendait assurer sa marche, même contre un vent debout de 6 mètres à la seconde, mais les résultats ne confirmèrent pas ses espérances.

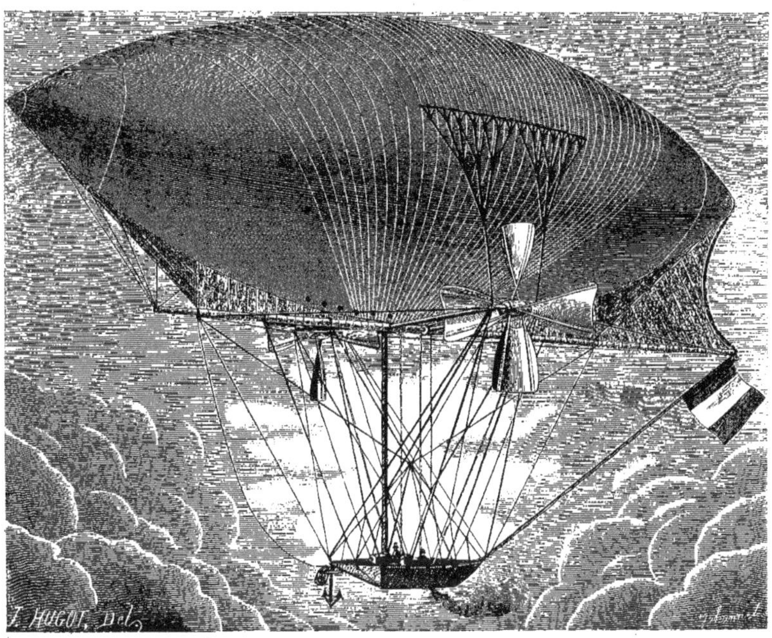

Fig. 217. — Projet d'aérostat à vapeur de G. Yon.

Aérostat Yon (Fig. 217.) Un autre projet d'aérostat à vapeur a été conçu en 1886 par l'ingénieur-aéronaute Gabriel Yon, qui fut le compagnon de Henry Giffard dans un grand nombre de ses ascensions. Cet aérostat, dont la figure 217 donne une vue d'ensemble, a une forme ovoïde.

Une machine à vapeur à grande vitesse, du système compound, à triple expansion et du genre *pilon*, est placée dans la nacelle. Elle est chauffée par le pétrole, et la fumée se rabat à la partie inférieure, comme dans le ballon de Giffard de 1852. La vapeur vient ensuite se liquéfier dans un *condenseur*, puis, ainsi liquéfiée, retourne à la chaudière, comme sur les chaudières marines, de sorte que la même eau peut de nouveau servir à l'alimentation.

L'arbre de la machine fait tourner, par une courroie de transmission, deux hélices placées sur les flancs de l'aérostat, le plus près possible du centre de la résistance, lequel correspond à peu près au centre de gravité de l'appareil total.

M. Gabriel Yon a donné les tableaux suivants des dimensions et des conditions principales de son aérostat à vapeur :

Vitesse absolue en air calme à l'heure.	40^{km}
Longueur du ballon	60^{m}
Diamètre du ballon	10^{m}
Hauteur du ballon	$13^{m},1533$
Section du maître couple	88^{m}
Surface totale de l'aérostat	1.450^{m}
Volume de la poche à air	500^{mc}
Cube total de l'aérostat	2.900^{mc}
Effort ascensionnel correspondant	3.200^{kg}
Vitesse de l'aérostat par seconde	$11^{m},111$
Section de l'aérostat	88^{m}
Coefficient de résistance du plan mince par mètre carré pour 1 mètre à la seconde	135^{gr}
Résistance proportionnelle à l'avancement du système	$2.036^{km},0475$
Force correspondante en chevaux sur l'aérostat	$27^{ch},160$
Recul de l'hélice et frottement des ailes dans l'air	20 p. 100
Nombre de tours de l'hélice par minute	70^{t}
Vitesse de l'hélice à la circonférence.	$40^{m},317$
Poids du matériel aérostatique	800^{kg}
Poids de la partie mécanique complète.	1.600
Engins de guerre soulevés (dynamite et torpilles)	400
Effort ascensionnel disponible	400

Gabriel Yon estimait qu'un pareil véhicule, grâce à ses dimensions et à la puissance de sa machine à vapeur, atteindrait la vitesse de 40 kilomètres à l'heure, en air calme.

Le projet de l'ingénieux aéronaute ne put être mis à exécution.

Aérostats à moteurs à explosions

Jusqu'en l'année 1897, diverses tentatives furent faites, à l'étranger surtout, pour établir des aérostats dirigeables actionnés soit par des moteurs à vapeur, soit par des moteurs électriques.

En Allemagne, notamment, la recherche de la direction des aérostats était l'objet d'études suivies.

Woelfert, qui avait imaginé le dirigeable à moteur à vapeur dont nous venons de parler, avait successivement conçu divers projets d'aérostats comportant des moteurs électriques, mais aucun d'eux ne fut réalisé.

Aérostat Woelfert

En 1897, Woelfert eut l'idée d'employer comme organe moteur un moteur à explosion. C'était un moteur Daimler alimenté avec de l'essence de pétrole. L'aérostat dirigeable le *Deutschland*, construit pour recevoir ce moteur, avait une forme allongée. Sa longueur était de 28 mètres, son plus grand diamètre de $8^{m},50$ et son volume de 800 mètres cubes.

Le moteur de 8 chevaux actionnait deux hélices en aluminium.

La nacelle, faite en bambou, avait une grande longueur et était suspendue par de très courts cordages, de sorte que le moteur et l'enveloppe de l'aérostat n'étaient séparés que par une faible distance. Cette imprudente disposition devait provoquer une catastrophe.

Après quelques essais d'ascension non couronnés de succès, l'aérostat *Deutschland* fut préparé pour effectuer une ascension le 14 juin 1897.

Pendant les préparatifs précédant le départ, le filet se rompit en deux points. Cependant l'aérostat s'enleva et atteignit même une altitude d'environ 1.000 mètres. A cette hauteur, une avarie se produisit au gouvernail, puis, tout à coup, une grande flamme jaillit, en même temps qu'une formidable explosion se faisait entendre.

La nacelle s'abattit sur le sol, où les aéronautes vinrent s'écraser.

La proximité du moteur et du gaz hydrogène gonflant l'enveloppe avait provoqué l'inflammation de ce gaz et déterminé l'explosion.

Aérostat Schwartz

Un aérostat dirigeable complètement métallique fut construit en Allemagne, en 1898, par un Autrichien nommé Schwartz.

L'enveloppe de l'aérostat était faite en tôle d'aluminium de 0,2 millimètre d'épaisseur. Elle était soutenue par des poutrelles également en aluminium.

L'enveloppe avait une forme cylindrique.

Elle était terminée en avant par une partie conique et à l'arrière par une face plane. Sa longueur était de 47m,50 et son volume atteignait 3.700 mètres cubes environ.

La liaison entre la nacelle et l'enveloppe n'était pas réalisée par l'intermédiaire d'un

Ce moteur actionnait quatre hélices : trois à axe horizontal, destinées à provoquer le déplacement et la direction de l'aérostat dans le sens horizontal ; la quatrième, disposée verticalement devait servir à propulser l'aérostat dans le sens de la hauteur. Toutes les hélices étaient en aluminium.

Fig. 218. — Le dirigeable *Pax*, de Severo.

filet. C'est une série de poutres à treillis, en aluminium qui, disposées tangentiellement à l'enveloppe, servaient à supporter la nacelle.

Cette nacelle était constituée par des tubes verticaux sur lesquels était fixée une tôle d'aluminium.

Dans la nacelle était disposé un moteur Daimler à essence de pétrole, d'une puissance de 12 chevaux.

Pour remplir l'enveloppe avec du gaz hydrogène, il fallait, auparavant, chasser l'air contenu dans cette enveloppe rigide, mais on ne pouvait le faire sous peine de voir cette enveloppe très mince se déformer par l'action d'une pression extérieure supérieure à la pression intérieure.

On eut alors recours à un curieux procédé. On remplit d'hydrogène une enveloppe en soie de même volume que l'aérostat, après l'avoir introduite dégonflée, dans la carcasse métallique. L'enveloppe de soie remplie de gaz vint s'appliquer contre les parois intérieures de l'enveloppe métallique après en avoir chassé l'air. Il ne restait plus qu'à sortir l'enveloppe en laissant le gaz dans l'aérostat, ce qui fut fait en déchirant la soie et en l'enlevant par morceaux par les orifices des appendices. Ces appendices, au nombre de trois, étaient fermés par des soupapes.

Fig. 219. — Vue du dirigeable *Pax*, pendant sa construction, montrant l'armature intérieure, revêtue d'une toile indiquant la place occupée par l'enveloppe à sa partie inférieure.

En novembre 1897, l'aérostat fut gonflé et effectua sa première ascension, qui fut malheureusement aussi sa dernière.

La force ascensionnelle de l'aérostat lui permit de s'enlever, mais il ne pouvait emporter qu'un aéronaute. Cet aéronaute, un jeune mécanicien, mit le moteur en marche à une altitude de 250 mètres; or, la multiplicité des manœuvres du mécanisme en aurait nécessité plusieurs, de sorte que le moteur n'ayant pas fonctionné convenablement, l'aéronaute voulut atterrir en ouvrant la soupape. La descente fut très brusque et en arrivant sur le sol avec une grande vitesse, l'aérostat fut démoli.

L'aérostat Schwartz est le premier aérostat à carcasse rigide qui ait pu s'enlever. Ainsi que nous le verrons ultérieurement, les études sur ce type d'aérostat se sont poursuivies en Allemagne avec persistance et ont donné naissance à l'aérostat le *Zeppelin*.

En France, un Brésilien, M. Santos Dumont, faisait, en septembre 1898, ses premiers essais d'aérostats dirigeables en effectuant à Paris quelques ascensions à faible altitude, pendant lesquelles il put se diriger dans tous les sens.

Nous examinerons plus loin les dispositions établies par cet intrépide aéronaute, pour les différents aérostats qu'il a construits, et nous verrons l'essor que ces expériences ont donné à la navigation aérienne dirigée.

Il convient de signaler, aussi, deux tentatives malheureuses faites, à Paris, par un autre aéronaute brésilien, Severo, et par un Allemand, de Brasky, avec des aérostats dirigeables, tentatives qui se terminèrent d'une façon tragique.

Aérostat de Severo

Severo d'Albuquerque, qui avait déjà établi au Brésil, en 1894, un aérostat dirigeable de 60 mètres de longueur, fit construire à Paris, en 1902, un dirigeable auquel il donna le nom de *Pax*.

Cet aérostat était constitué par une enveloppe A en soie vernie de forme allongée terminée en pointe à ses deux extrémités B et C. La longueur était de 30 mètres et le plus grand diamètre avait une dimension de 13 mètres.

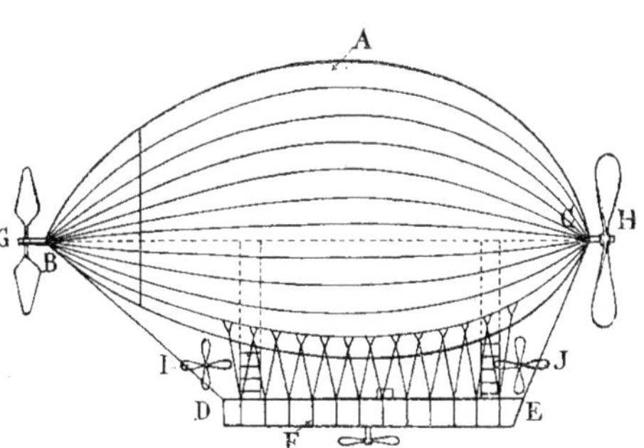

Fig. 220. — Schéma de l'aérostat dirigeable *Pax*.

Cette enveloppe était disposée à cheval sur une armature B D E C en bambou qui s'engageait longitudinalement et sur une certaine hauteur, dans l'enveloppe, à sa partie inférieure.

L'armature faisait corps avec la nacelle F, grâce à un dispositif de poutres en treillis qui étaient simplement en bambou.

La longueur de l'armature était la même que celle de l'enveloppe et les deux extrémités de chaque organe se confondaient.

Par suite de cette disposition, l'enveloppe devait conserver une longueur constante déterminée par la longueur de l'armature rigide dont la poutre supérieure B C formait, en quelque sorte, l'axe général du ballon.

Sur cet axe, et à chacune des extrémités, était placée une hélice de propulsion à axe horizontal. Ces hélices placées ainsi, l'une G, de 5 mètres de diamètre, à l'avant, l'autre, H, de 6 mètres, à l'arrière, étaient mues par l'intermédiaire d'arbres de renvoi constitués par des tubes en acier et par des roues d'engrenage coniques.

Deux moteurs donnaient le mouvement à ces organes. L'un des moteurs, placé à l'avant de la nacelle, avait une puissance de 16 chevaux; l'autre, d'une puissance de 24 chevaux, était placé à l'arrière. C'étaient des moteurs à essence de pétrole à quatre cylindres.

En plus des deux hélices de propulsion, les moteurs actionnaient chacun une paire d'hélices dont l'axe était disposé perpendiculairement à l'axe de l'aérostat.

Il y avait ainsi deux hélices latérales à l'avant I et deux à l'arrière J, disposées au-dessous de l'enveloppe. Ces quatre hélices avaient quatre ailes et devaient faire office de *gouvernails*.

Enfin une dernière hélice était placée sous la nacelle pour assurer la stabilité d'altitude.

Les dispositions prises pour l'établissement de l'aérostat le *Pax* marquaient déjà un progrès dans la recherche de la direction des aérostats. Malheureusement, comme dans l'aérostat de Woelfert, la nacelle était bien près de l'enveloppe et le gaz inflammable bien près du moteur.

Aussi une catastrophe était-elle fort à craindre. C'est ce qui se produisit. Lors de la première ascension, qui eut lieu le 12 mai 1902, à Paris, l'aérostat, après avoir navigué pendant un quart d'heure en obéissant à la commande de son pilote, explosa tout à coup. Une grande flamme fut aperçue à la hauteur de la nacelle en même temps qu'on entendait une forte détonation produite par l'éclatement de l'enveloppe. La nacelle vint s'abattre en travers de l'avenue du Maine, dans un quartier très populeux de Paris, et on ne dut qu'à l'heure matinale de l'accident de ne pas compter plus de victimes. Les deux malheureux aéronautes, Severo et son mécanicien Sachet, furent broyés dans la chute.

Le gaz s'échappant, par suite de sa dilatation, de l'un des clapets, avait provoqué, au contact du moteur et de sa flamme d'allumage, l'incendie et l'explosion de l'aérostat.

Aérostat de Brasky L'ascension de cet aérostat se termina également par une catastrophe dont la cause fut différente de celle qui avait provoqué la chute des aérostats Woelfert et Severo.

Dans l'aérostat de Brasky, la nacelle, en effet, avait été éloignée de l'enveloppe et l'allumage du moteur avait été placé dans un carter hermétiquement fermé. L'échappement s'effectuait, en outre, par plusieurs cheminées horizontales de grande longueur, dont les extrémités se trouvaient ainsi éloignées de l'enveloppe.

L'enveloppe, de 34 mètres de longueur, était en soie et était gonflée à l'hydrogène.

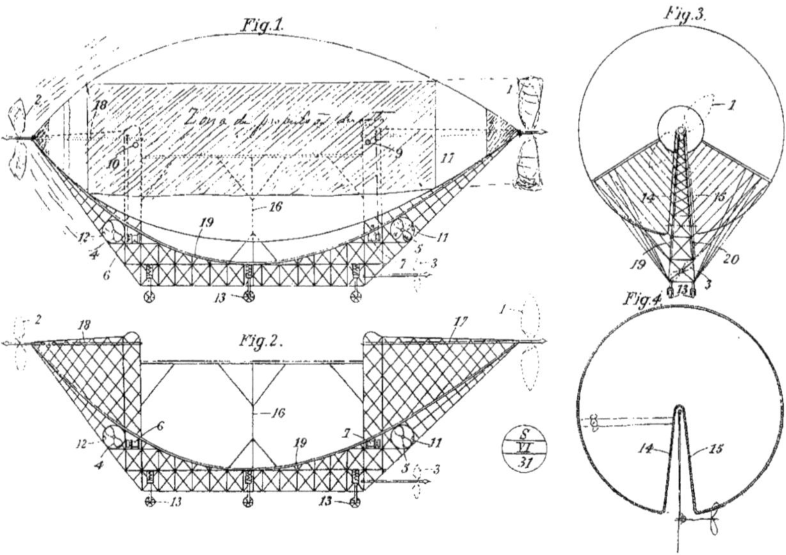

Fig. 221. — Reproduction des dessins originaux de Severo, relatifs à la construction de son aérostat.

Son volume était de 850 mètres cubes.

Deux membrures en bois, disposées horizontalement sur toute la longueur de l'enveloppe et dans son axe, servaient à attacher les suspentes de la nacelle et à maintenir la rigidité de l'enveloppe.

La nacelle, de 17 mètres de longueur, était constituée en tubes d'acier. Elle était suspendue directement aux membrures par des fils d'acier ou *cordes à piano*. Deux fils transversaux devaient rendre l'attache de la nacelle indéformable, mais, en réalité, c'est l'action insuffisante de ces tirants qui provoqua la catastrophe. Un moteur à essence de 16 chevaux à quatre cylindres, placé à l'arrière de la nacelle, actionnait une hélice à deux ailes, de 4 mètres de diamètre.

Une seconde hélice à axe horizontal était placée sous la nacelle ; elle devait produire le mouvement ascensionnel de l'aérostat et assurer sa sustentation.

L'aérostat, en effet, était sensiblement équilibré et ne devait avoir aucune force ascensionnelle due au gaz.

Un gouvernail était disposé à l'arrière de l'enveloppe et dans son axe. En outre, deux gouvernails latéraux, placés sur les membrures, devaient s'opposer au tangage.

Le 13 octobre 1902 l'aérostat s'enleva. Le voyage s'effectua d'abord sans incident; mais, lors d'une manœuvre un peu brusque de changement de direction, la suspension de la nacelle, qui n'avait pas été rendue suffisamment indéformable, prit un mouvement de torsion. L'enveloppe s'inclina laissant le gaz s'accumuler à sa partie supérieure par suite de l'absence de ballonnet d'air. La nacelle, non liée rigidement à l'enveloppe, fut, dans cette position, supportée presque en entier par les suspentes placées en avant, qui se rompirent sous l'effort exagéré de traction auxquelles elles étaient soumises.

La nacelle se sépara alors de l'enveloppe et vint s'abîmer sur le sol en écrasant les aéronautes, tandis que le ballon délesté disparaissait dans les airs.

A la suite de ces ascensions tragiques, les conditions de stabilité et de sécurité de marche des aérostats dirigeables furent déterminées avec plus de soin, et bientôt on put voir évoluer dans l'espace des vaisseaux aériens dirigés dans tous les sens.

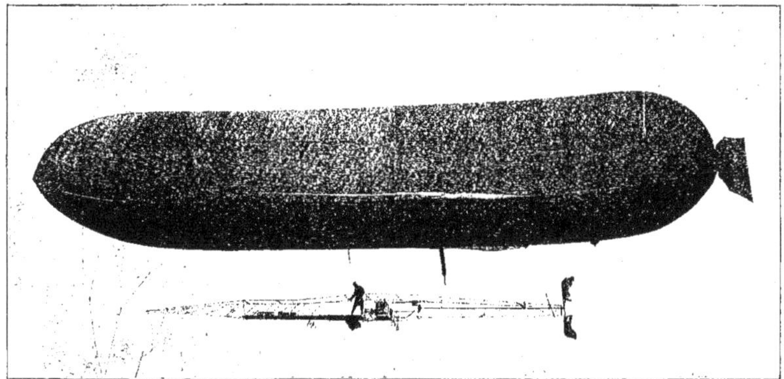

Fig. 222. — L'aérostat dirigeable de Brasky.

Un grand nombre de types d'aérostats dirigeables furent établis.

Nous allons examiner dans leurs détails ces divers types, mais il est nécessaire, auparavant, d'indiquer comment on réalise les conditions qui assurent à l'*aéronat* sa direction, sa stabilité dans tous les sens et sa progression dans l'atmosphère.

CHAPITRE XV

DIRECTION. — PROPULSION. — STABILITÉ DES AÉROSTATS DIRIGEABLES

SUSTENTATION. — DIRECTION.
ZONE ABORDABLE. — PROPULSION. — RAYON D'ACTION.
FORME DES ENVELOPPES. — CONFECTION DES ENVELOPPES.
PERMANENCE DE LA FORME. — BALLONNET.
LIAISON DE L'ENVELOPPE A LA NACELLE. — SUSPENSION DE LA NACELLE. — NACELLE. — ORIENTATION.
STABILITÉ : Statique, — dynamique, — d'altitude, — longitudinale, — transversale, — de direction.

Sustentation Un aérostat dirigeable appelé aussi *aéronef* ou, le plus souvent, *aéronat*, est un aérostat muni d'un mécanisme capable de lui imprimer un mouvement de progression suffisant pour assurer sa direction. Il se soutient dans les airs de la même façon qu'un aérostat libre.

La *sustentation* de l'aérostat dirigeable est due simplement, en effet, au gaz léger que l'on emmagasine dans son enveloppe et ne demande pour être réalisée aucun travail mécanique.

Comme les organes mécaniques assurant la marche de l'aérostat sont lourds, la charge totale enlevée par un aérostat dirigeable est considérable.

Il convient donc, afin de disposer d'une force ascensionnelle suffisante à assurer la sustentation de l'appareil, de donner à l'enveloppe un volume important et d'utiliser, pour la remplir, le gaz le plus léger possible.

On peut, de la sorte, employer une enveloppe d'un volume minimum pour soulever un poids déterminé.

C'est pour cela que le gaz hydrogène, qui est le gaz le plus léger qui puisse être obtenu industriellement, est le seul utilisé pour gonfler les aérostats dirigeables. Nous avons précédemment examiné en détail les divers procédés de fabrication de ce gaz.

Direction Si la *sustentation* d'un aérostat dirigeable est obtenue sans le secours de moyens mécaniques, on ne pourrait, par contre, assurer la direction de cet aérostat, sans mettre en action des organes moteurs.

Pour que l'aéronat puisse, en effet, se déplacer dans tous les sens dans l'atmosphère, il est nécessaire que l'organe propulseur lui imprime une vitesse *qui lui soit propre*, c'est-à-dire indépendante de toutes les causes extérieures de mouvement dues à l'action du vent sur l'enveloppe et sur les divers organes de l'aérostat.

On comprend aisément l'obligation, pour un vaisseau aérien dirigeable, de se déplacer *par ses propres moyens,* si on le compare à un vaisseau ou à une embarcation naviguant sur l'eau. Ces bateaux, qu'ils soient mis en mouvement au moyen de rames, de voiles, ou au moyen de machines, n'obéissent à la direction donnée à l'aide du gouvernail, qu'autant que les rames, les voiles, ou les machines, sont en action. Si l'action motrice cesse, le bateau, quelle que soit la position du gouvernail, sera poussé par les vagues dans la direction du vent. Il est alors privé de direction, et on sait que cette situation est si dangereuse pour un navire, que, par une forte tempête, sur les gros vaisseaux mis à l'ancre on tient les machines prêtes à fonctionner, pour être maître de la direction dans le cas où les amarres viendraient à se rompre.

C'est donc le mouvement propre du navire qui assure sa direction dans tous les sens.

Il en est de même du vaisseau aérien ; il doit posséder une vitesse propre, laquelle lui est donnée par le moteur, pour pouvoir se diriger.

La vitesse de l'aérostat ainsi obtenue doit pouvoir vaincre la vitesse du vent pour assurer une *dirigeabilité* complète à l'appareil. En outre, la résistance que l'air oppose à son avancement concourt également à réduire sa vitesse propre.

Il convient donc de réduire le plus possible l'action de la résistance de l'air sur les organes qui se déplacent, et c'est pour cela que la forme de l'enveloppe des aérostats dirigeables n'est pas sphérique, parce qu'elle offrirait une résistance trop considérable à l'air pendant son déplacement.

On a donné aux enveloppes des formes que nous examinerons plus loin, en vue d'obtenir une résistance minimum pendant leur progression dans l'air.

L'action du vent est l'obstacle principal qui s'oppose au mouvement de l'aérostat dans tous les sens, de sorte que la vitesse du vent et la vitesse de l'aérostat *composées* dans leur direction respective impriment au navire aérien une vitesse *résultante* à la

Fig. 223. — Chute de l'aérostat *Pax*, dans l'avenue du Maine, à Paris.

fois comme grandeur et comme direction.

La direction suivie et le chemin parcouru dépendent, évidemment, de la valeur et de la direction des vitesses *composantes* et dé-

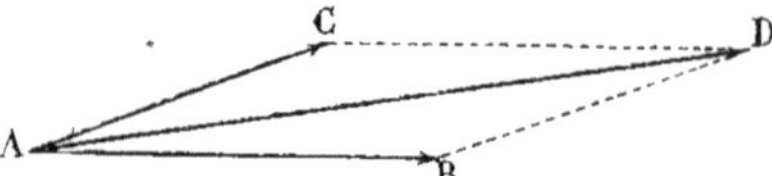

Fig. 224. — Chemin parcouru par un aéronat dont la direction fait un angle aigu avec celle du vent.

terminent ce que l'on nomme la *zone abordable,* c'est-à-dire les points de terrain que l'aérostat pourra atteindre du fait de sa vitesse propre, et malgré l'action du vent ayant, au maximum, une vitesse déterminée.

Supposons, par exemple, que l'aéronat étant au point A (Fig. 224), le vent le pousse dans la direction A B et qu'il le conduise dans un temps déterminé, au point B. L'aéronat aura parcouru le chemin A B sous l'action du vent, si on ne tient pas compte de la vitesse qu'il peut posséder en propre, ce qui revient à dire qu'un aérostat libre, se trouvant dans les mêmes conditions, aurait parcouru dans le même temps un chemin représenté en grandeur et en direction par la ligne A B.

D'autre part, si l'aéronat n'était soumis qu'à l'action de son mécanisme moteur, il parcourrait, pendant le même temps, un chemin égal A C dans la direction de cette droite, direction donnée par l'aéronaute à l'aide du gouvernail.

Donc, par un temps calme, c'est-à-dire sans aucun vent, l'aéronat parti du point A, atteindrait au point C au bout du temps considéré.

Si les deux actions du vent et de la propulsion s'exercent à la fois sur l'aéronat, le chemin qu'il suivra sera représenté en grandeur et en direction par la ligne A D qui est la *résultante* des deux *composantes* A B et A C.

On sait que cette résultante est la diagonale du parallélogramme construit avec, comme côtés, les composantes portées avec leur valeur et dans leur direction.

Dans le cas que nous venons d'examiner, la vitesse du vent est supérieure à la vitesse de l'aéronat, mais les actions de ces deux forces sont dirigées à peu près dans le même sens, c'est-à-dire que ces directions font entre elles un angle aigu. L'aérostat parcourt alors une distance A D plus grande que chacune des deux autres A B et A C.

Si, au contraire, l'aéronat, tout en conservant sa même vitesse A' C' = A C (Fig. 225), prend une direction différente, représentée dans le sens de la ligne A' C', et si la vitesse du vent est, comme dans le cas précédent, égale à la longueur A' B' et dirigée suivant cette ligne, le chemin parcouru par l'aéronat pendant l'unité de temps sera représenté en *grandeur et en direction* par la ligne A' D'.

On voit que, dans ce cas, où la direction de l'aéronat et celle du vent sont dans des sens à peu près opposés ou, du moins, font entre elles un angle obtus, l'aéronat ne parcourt qu'une distance A' D' à la fois moins grande que chacune des deux autres.

On s'explique aisément, que lorsque les deux directions coïncident exactement et que les actions s'exercent dans le même sens (Fig. 226), les deux vitesses s'ajoutent et, qu'au contraire, elles se retranchent lorsque

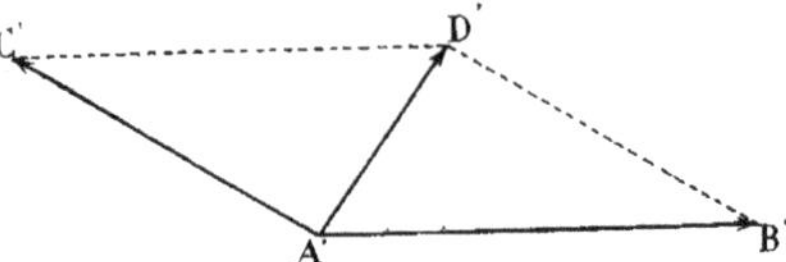

Fig. 225. — Chemin parcouru par un aéronat dont la direction fait un angle obtus avec celle du vent.

les actions sont dirigées exactement en sens inverse (Fig. 227).

Dans le premier cas, en effet, si on suppose l'aéronat conduit par le vent du point E

parcourus seront respectivement les résultantes A D, A F, A H.

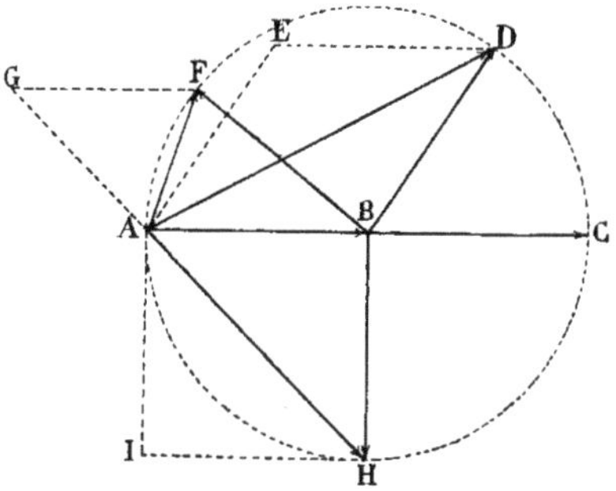

Les points abordés au bout d'un temps déterminé seront, comme précédemment, situés sur une circonférence ayant comme rayon la longueur représentative de la vitesse de l'aéronat, B C et comme centre le point B. Cette circonférence passera par le point de départ A, puisque, par hypothèse, nous avons supposé que la vitesse du vent A B était égale à la vitesse du dirigeable, B C. Les tangentes menées du point A à la circonférence se confondront avec la perpendiculaire menée de ce point à la direction A C; l'angle abordable aura, de la sorte, 180 degrés.

Fig. 229. — Zone abordable par un aéronat dont la vitesse est égale à celle du vent.

Dans ce cas, l'aéronat pourra atteindre tous les points situés dans le cercle de rayon A B, mais il ne pourra atterrir que dans cet espace. La direction de l'aéronat, tout en étant moins limitée que dans le cas précédent, n'est encore que partielle.

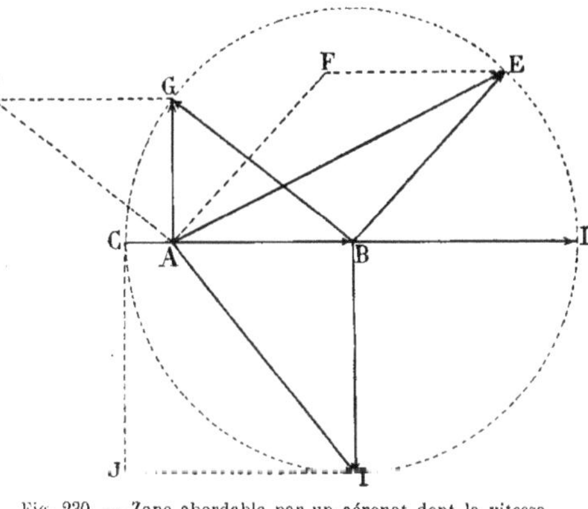

Fig. 230. — Zone abordable par un aéronat dont la vitesse est plus grande que celle du vent.

La direction n'est assurée d'une manière effective et complète que lorsque la vitesse propre de l'aéronat est supérieure à la vitesse du vent qui l'entraîne. Supposons, en effet, que le point de départ étant en A (Fig. 230), la vitesse du vent soit représentée par la ligne A B et que la vitesse de l'aéronat soit égale à la longueur B D, cette dernière longueur étant plus grande que la longueur A B.

Cherchons, comme dans les deux cas précédents, les points que pourra atteindre l'aéronat suivant la direction qui lui sera donnée.

S'il est dirigé dans le sens même du vent, il parcourra, au bout d'un certain temps, la distance A D qui est la somme des longueurs A B et B D.

Si, au contraire, il marche contre le vent, comme sa vitesse est plus grande que celle du vent, il pourra parcourir une certaine distance A C à gauche du point de départ.

Pour des directions diverses, telles que B E, B G, B I, l'aéronat atteindra les points E, G, I, après avoir parcouru respectivement les chemins A E, A G, A I.

Tous ces points seront situés sur une circonférence tracée du point B comme centre avec un rayon B D, égal à la longueur représentative de la vitesse de l'aéronat. Le point de départ A est situé à l'intérieur du cercle ainsi limité, de sorte que l'on ne peut mener aucune tangente à la circonférence tracée. L'angle abordable est donc de 360 degrés, c'est-à-dire que la direction de l'aéronat est assurée d'une façon totale. En effet, si, pendant un temps donné, il peut aborder en tous les points du cercle de rayon B D, pour atteindre un point situé en dehors de ce cercle, l'aéronat devra marcher pendant un temps plus long, mais il pourra toujours, à condition que le moteur fonctionne pendant tout le temps voulu et en adoptant une direction appropriée, aborder en un point désigné à l'avance.

Voilà donc la condition de *l'entière indépendance* de l'aérostat dirigeable : il est nécessaire que sa vitesse propre soit supérieure à la vitesse du vent. On peut en conclure, d'une part, que le rôle du moteur et du propulseur est capital, puisque de ces organes dépend la valeur de la vitesse que l'on peut imprimer à l'aérostat ; d'autre part, il apparaît comme évident que lorsque le vent souffle en ouragan et possède une vitesse anormale, la direction d'un aéronat devient impossible. Mais ce sont des cas assez rares, dans lesquels un aérostat dirigeable ne peut être utilisé.

Propulsion La progression d'un aéronat, c'est-à-dire son déplacement dans une direction déterminée, dépendant surtout de la vitesse qu'il peut prendre, examinons dans quelles proportions cette vitesse peut varier suivant les dimensions de l'aérostat.

Plus ces dimensions sont considérables, plus la résistance de l'air exerce une action considérable sur la surface de base qui est à l'avant. Mais, d'autre part, si nous supposons qu'un aéronat a ses dimensions, rapportées théoriquement à trois : longueur, largeur, hauteur, doubles de celles d'un autre, cherchons ce que devient la valeur de la résistance de l'air par rapport à la nouvelle force ascensionnelle que procure à l'aérostat son volume plus considérable.

On admet que la résistance de l'air est sensiblement proportionnelle à la surface du plan qui se déplace, et proportionnelle au carré de la vitesse de déplacement. Si donc nous avons, par exemple, un aérostat dont la surface d'avant est représentée par un carré de 2 mètres de côté et dont la longueur égale 20 mètres, un aérostat de dimensions doubles aura une surface d'avant qui sera un carré ayant 4 mètres de côté et dont la longueur sera de 40 mètres.

La surface du premier aérostat sera de $2 \times 2 = 4$ mètres carrés, tandis que dans le deuxième cas elle sera de $4 \times 4 = 16$ mètres carrés. Cette surface sera donc quatre fois plus grande que la première, et la résistance de l'air à l'avancement, pour une même vitesse, sera aussi quatre fois plus considérable.

Le volume du premier aérostat est de 4 mètres carrés $\times$ 20 mètres de longueur $= 80$ mètres cubes. L'aérostat de dimensions doubles aura comme volume $16 \times 40 = 640$ mètres cubes. Le volume se trouve ainsi *huit fois* plus grand.

Le deuxième aérostat contient donc huit fois plus de gaz que le premier. Sa force ascensionnelle est huit fois plus grande, ce qui lui permet d'enlever un moteur d'une puissance au moins *huit fois* plus considérable alors cependant que la résistance de l'air n'est que *quatre fois* plus forte.

Il y a donc intérêt à augmenter le volume de l'aéronat pour obtenir une force ascensionnelle plus importante qui permet d'emporter des passagers, des provisions, des instruments et des engins divers, et aussi des moteurs plus puissants pouvant imprimer à l'aéronat une vitesse capable de lui assurer une direction complète.

Il faut considérer, d'autre part, que la vitesse d'un aéronat ne croît pas proportionnellement à l'augmentation de puissance du moteur. En effet, l'effort nécessaire pour provoquer le déplacement d'un corps dans un fluide est proportionnel *au carré* de la vitesse.

Si, par exemple, un aéronat se déplace dans l'air calme par ses propres moyens avec une vitesse de 2 mètres par seconde, il faudra un certain effort pour le faire avancer.

Si on double la vitesse de l'aéronat qui devient égale à 4 mètres par seconde, l'effort nécessaire pour réaliser cette vitesse sera proportionnel au carré des vitesses, c'est-à-dire au rapport de 2 × 2, soit 4, à 4 × 4, soit 16. Ce rapport est quatre fois plus grand. Il résulte de cela que pour doubler la vitesse d'un aéronat il est nécessaire de disposer d'un effort quatre fois plus considérable.

D'autre part, le travail demandé au moteur varie dans un rapport encore plus grand, car le travail est, on le sait, le produit de l'effort par le chemin parcouru. L'effort est, nous venons de le voir, quatre fois plus grand; le chemin parcouru dépendant de la vitesse est, par hypothèse, deux fois plus considérable. Le travail qui est le produit de ces deux facteurs devra donc être *huit fois plus grand* pour produire une *vitesse double,* ce qui s'exprime en disant que le travail nécessaire pour provoquer l'avancement d'un corps dans un fluide est proportionnel *au cube de la vitesse*.

Ainsi donc, si nous supposons un aéronat muni d'un moteur de 60 chevaux et possédant une vitesse de 30 kilomètres à l'heure, pour lui donner une vitesse 2 fois plus grande, c'est-à-dire la porter à 60 kilomètres à l'heure,

Fig. 231. — Chute du *Santos-Dumont* n° 5, aux hôtels du Trocadéro, à Paris.

il faudrait multiplier la puissance du moteur par le cube de 2, qui est de $2 \times 2 \times 2 = 8$. Le moteur devrait donc avoir une puissance de $60 \times 8 = 480$ chevaux.

On voit que les conditions de sustentation seraient considérablement changées, car le poids du nouveau moteur aurait une telle importance qu'il faudrait augmenter le volume de l'enveloppe pour obtenir une force ascensionnelle suffisante. D'autre part, en augmentant le *volume,* on augmenterait en même temps la *section de l'aéronat* et, par conséquent, la *résistance de l'air.* En outre, il faudrait établir de nouvelles *conditions de stabilité.*

On peut, par cet aperçu, se rendre compte de la complexité des conditions à réaliser pour établir un aérostat dirigeable. Il convient que tous les éléments soient calculés en vue d'un résultat bien déterminé à atteindre et il faut surtout que la puissance du moteur et la vitesse que peut prendre l'aéronat soient appropriées à l'appareil et au degré de stabilité qu'il doit nécessairement posséder.

L'organe de propulsion proprement dit de l'aéronat, qui reçoit son mouvement du mécanisme moteur, est *l'hélice.*

Nous examinerons plus loin les moteurs de dirigeables et, dans une autre partie de ce livre, les hélices qui servent également à propulser les *aéroplanes* et qui ont donné lieu à des études fort intéressantes.

Rayon d'action Le rayon d'action d'un aérostat dirigeable est la distance que peut parcourir cet aérostat en partant d'un point déterminé pour y revenir par ses propres moyens, sans s'approvisionner de combustible en route.

Plus le rayon d'action est étendu, plus les services rendus par l'aérostat peuvent être importants, surtout au point de vue d'une reconnaissance militaire, par exemple.

En principe, d'ailleurs, on cherche toujours, en aérostat dirigeable comme en aérostat libre, à prolonger le plus possible la durée du voyage aérien, ce qui pour les aérostats dirigeables est d'une utilité incontestable, à quelque application que l'on destine ces appareils.

La grandeur du rayon d'action dépend évidemment de la valeur de la force motrice dont on dispose et de la vitesse que l'on donne à l'aéronat.

Pour qu'un aérostat dirigeable puisse s'éloigner le plus possible de son point d'attache, en se conservant la possibilité d'y revenir, doit-il marcher le plus vite possible en consommant plus de combustible ou, au contraire, doit-il ménager son combustible en ne progressant qu'avec une vitesse plus réduite?

Étant donnés un moteur d'une certaine puissance et une charge de combustible déterminée, il est plus avantageux pour un aéronat de marcher à faible allure; l'étendue du rayon d'action s'en trouve augmentée.

Pour nous en rendre compte, prenons un exemple.

Supposons un aéronat muni d'un moteur qui, pour lui imprimer une vitesse propre de 50 kilogrammes à l'heure, nécessite une consommation de 50 kilogrammes de combustible par heure. Si l'aéronat peut emporter une provision de 800 kilogrammes d'essence, par exemple, il pourra donc marcher pendant $800 : 50 = 16$ heures.

S'il veut revenir à son point de départ, il pourra s'éloigner pendant 8 heures et les 8 autres heures seront consacrées au retour. Comme, par hypothèse, il parcourt 50 kilomètres à l'heure, l'aérostat aura donc un rayon d'action de $50 \times 8 = 400$ kilomètres.

Que deviendra la valeur du rayon d'action, si nous supposons la vitesse diminuée de telle façon que la puissance du moteur nécessaire pour propulser l'aérostat ne soit que la moitié de la précédente?

Nous avons vu précédemment que la

puissance d'un moteur croît comme *le cube de la vitesse*. Inversement, on peut dire que la vitesse imprimée à un corps dans un fluide, par un moteur, décroît comme *la racine cubique de la puissance*.

Si donc nous divisons par 2 la puissance, la vitesse diminuera d'une valeur égale à la racine cubique de 2, soit 1,25.

Cette vitesse supposée précédemment égale à 50 kilomètres à l'heure ne sera donc plus que de 50 : 1,25 = 40 kilomètres.

Notre aéronat se trouve donc, tout en conservant son approvisionnement d'essence de 800 kilogrammes, dans d'autres conditions.

D'une part, sa vitesse ne sera que de 40 kilomètres à l'heure, mais comme la puissance du moteur est diminuée de moitié, sa consommation sera aussi diminuée sensiblement de moitié, de sorte que le moteur ne consommera plus que 25 kilogrammes d'essence à l'heure.

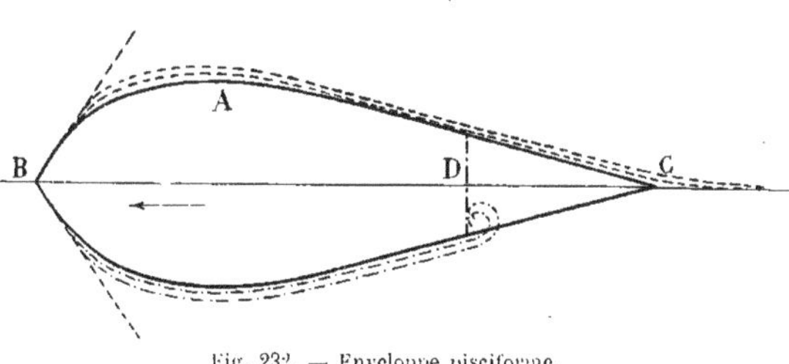

Fig. 232. — Enveloppe pisciforme.

Les 800 kilogrammes d'essence lui permettront donc un voyage de 800 : 25 = 32 heures, soit 16 heures de voyage pour l'aller et 16 pour le retour.

Pendant ce trajet la vitesse n'est plus que de 40 kilomètres à l'heure. Pendant les 16 heures de voyage il aura donc parcouru 40 × 16 = 640 kilomètres, et il pourra en parcourir autant pour revenir à son point de départ.

Le rayon d'action de l'aéronat, qui n'était que de 400 kilomètres dans le cas précédent, est devenu égal à 640 kilomètres en diminuant de moitié sa vitesse.

Cette combinaison peut être avantageuse dans certains cas où il importe de pousser le plus loin possible une reconnaissance ou une excursion, mais il est évident que le temps mis à effectuer cette reconnaissance ou cette excursion est plus long que lorsque la vitesse de l'aéronat est plus grande.

Dans quelques cas particuliers où la rapidité de l'information et de l'excursion dans un rayon réduit offre un grand intérêt, on donnera à l'aéronat la vitesse maximum compatible avec le moteur et les organes de l'appareil, de façon, toutefois, que la consommation de combustible permette toujours de revenir au point d'attache.

Donc, en résumé, pour étendre le rayon d'action, il faut marcher à une vitesse réduite, mais il faut, cependant, que cette vitesse soit supérieure à celle du vent, si l'on veut conserver à l'aérostat ses qualités de direction, ainsi que nous l'avons vu plus haut.

Forme des enveloppes Nous avons dit que la résistance qu'offre l'air à l'avancement d'un aéronat est un élément important dont il faut tenir compte dans l'établissement de l'enveloppe de l'aérostat.

La forme donnée à cette enveloppe doit offrir la moins grande résistance possible à l'air pendant la progression de l'appareil.

On comprend que l'extrémité avant B de l'enveloppe A (Fig. 232), qui pénètre dans l'air et doit l'écarter pour avancer, ne peut pas être une surface plane, car dans l'air comme dans l'eau une surface plane offre une résistance considérable au déplacement, par suite de la compression du fluide dans la direction même de la marche. De même cette surface ne pourra pas être concave, car l'air serait aussi difficilement déplacé.

L'extrémité avant de l'enveloppe sera *convexe* et terminée par une pointe, de façon que, pendant le déplacement, l'air soit écarté sans qu'il se produise de remous (Fig. 232). C'est une disposition à peu près semblable qui est adoptée pour l'avant des bateaux.

A l'arrière, la forme de l'enveloppe ne doit pas également être une surface plane, car, par suite de son avancement, cette surface D provoquerait, à l'arrière, une dépression d'air occasionnant des remous et donnant lieu, à l'avant, à une compression plus considérable de l'air sur l'enveloppe, qui s'opposerait à la marche.

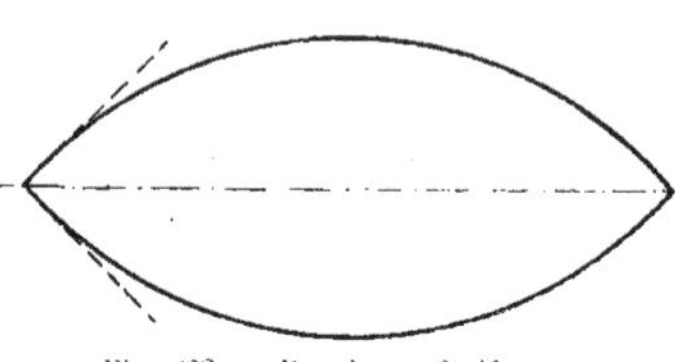

Fig. 233. — Enveloppe fusiforme.

En ce qui concerne l'avant, la forme de l'enveloppe doit être telle que l'air déplacé puisse, sans produire un frottement excessif, glisser le long de l'enveloppe et reprendre sa place à l'arrière C sans remous.

Pour obtenir ce résultat, on avait primitivement donné aux enveloppes d'aérostats dirigeables une forme allongée, ovoïde et symétrique à l'avant et à l'arrière.

Les aérostats de Giffard, Dupuy de Lôme et Tissandier étaient ainsi établis.

Cette forme, qui a reçu le nom de *fusiforme* (Fig. 233), offrait une trop grande résistance à l'air le long de ses parois.

C'est le colonel Renard qui, par des calculs et de nombreuses expériences, établit la meilleure forme à donner aux enveloppes d'aéronat pour diminuer le plus possible l'effet du frottement de l'air sur ses parois extérieures.

Il adopta l'enveloppe *pisciforme,* qui rappelle la forme générale des poissons (Fig. 232). Le long de cette enveloppe les veines d'air rejetées sur les côtés par l'avant glissent sur l'enveloppe et se rejoignent sans se heurter et sans donner lieu à des remous vers l'arrière.

C'est la forme rationnelle des enveloppes d'aéronat adoptée pour presque tous les types construits actuellement.

Une troisième forme appliquée spécialement dans les aérostats à enveloppe rigide du type Zeppelin est cylindrique (Fig. 234). Cette forme donne lieu à un frottement assez important sur une grande partie des parois de l'enveloppe.

Confection des enveloppes

Les enveloppes d'aérostats dirigeables sont, ainsi que nous venons de le voir, toujours allongées. Ce sont des surfaces de révolution qui ne peuvent être développées sur un plan. Comme pour les aérostats sphériques, on doit les constituer en un certain nombre de parties qui puissent être considérées comme développables. En assemblant, par des coutures, ces diverses pièces, on obtient l'enveloppe ayant sensiblement la forme qu'on se proposait d'obtenir.

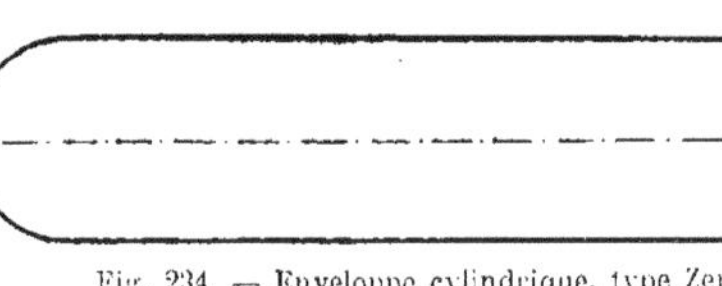

Fig. 234. — Enveloppe cylindrique, type Zeppelin.

Les enveloppes peuvent être constituées par l'assemblage de fuseaux ou par l'assemblage de panneaux.

Les fuseaux sont taillés suivant la longueur de l'enveloppe. Les extrémités des fuseaux se confondent avec les extrémités de l'enveloppe et se réduisent à une pointe.

Le fuseau développé augmente de largeur au fur et à mesure que l'on s'éloigne de l'avant jusqu'à la distance correspondant au diamètre le plus grand de l'enveloppe.

Puis, le fuseau diminue de largeur pour se réduire à un point à l'extrémité arrière.

Pour tracer les fuseaux, on établit, à une échelle réduite, l'épure exacte de l'un d'eux en portant successivement en un certain nombre de points pris sur sa longueur, les largeurs correspondant aux diverses sections faites dans l'enveloppe.

On réunit les points ainsi déterminés par une ligne courbe continue et on obtient la forme du fuseau à échelle réduite.

Il suffit de reporter en vraie grandeur les dimensions trouvées sur une surface plane pour constituer un *patron* avec lequel on taillera tous les fuseaux constituant l'enveloppe. La largeur de ces fuseaux devra être évidemment augmentée *de la largeur des deux coutures* nécessaires à l'assemblage.

Les fuseaux, juxtaposés et cousus, forment l'enveloppe.

La fabrication des enveloppes par fuseaux offre l'inconvénient de donner lieu à des coutures ayant toute la longueur de l'enveloppe et disposées dans le sens perpendiculaire aux tensions exercées sur cette enveloppe.

Pour donner plus de solidité à l'enveloppe, on sectionne ces coutures longitudinales en divisant chaque fuseau en un certain nombre de panneaux. Les panneaux qui ont chacun une petite surface, sont cousus les uns aux autres, et on les assemble de façon à ce que deux séries de panneaux juxtaposés aient leur ligne de couture longitudinale décalée d'une demi-largeur. Les coutures longitudinales sont, de la sorte, successivement interrompues par suite du chevauchement des panneaux.

Le tracé des fuseaux et des panneaux d'une enveloppe d'aéronat offre plus de difficulté que le tracé relatif à une enveloppe d'aérostat sphérique, car il convient de réaliser exactement la forme déterminée de l'enveloppe, qui doit offrir, nous l'avons vu, la moindre résistance à l'air et ne pas produire de remous.

Permanence de la forme des enveloppes

La forme de l'enveloppe étant bien établie pour répondre à des conditions déterminées, il importe que cette forme se maintienne constante pendant l'avancement de l'aéronat dans l'air. C'est pour atteindre ce but qu'on a constitué des *enveloppes métalliques* qui, rigides par construction, ne peuvent pas se déformer. Comme ces enveloppes offrent l'inconvénient d'être lourdes et, en même temps, faciles à se détériorer lors de l'atterrissage, on a cherché à maintenir une forme constante aux enveloppes non rigides.

On sait que lorsqu'un aérostat s'élève avec une enveloppe complètement remplie de gaz, au fur et à mesure que l'altitude croît, le gaz se dilate dans l'enveloppe et, comme sa pression intérieure pourrait devenir dangereuse pour cette enveloppe, on lui ménage un échappement dans l'atmosphère par l'orifice de l'appendice.

Lorsque l'aérostat, ayant atteint une certaine altitude, descend, après avoir perdu du gaz, le gaz intérieur qui reste se contracte, diminue de volume et l'enveloppe devient flasque. La permanence de la forme n'est donc pas réalisée dans ce cas et la résistance de l'air s'exerce d'une façon anormale sur les parties creuses de l'enveloppe.

Cette action peut, parfois, prendre une telle valeur qu'un accident peut en résulter. Le cas s'est plusieurs fois produit, d'ailleurs. Il importe donc de remédier à ce vide partiel de l'enveloppe. On ne peut introduire dans cette enveloppe du gaz hydrogène, car la nécessité de n'enlever que le poids strictement nécessaire ne permet pas de fabriquer du gaz en marche ou d'emporter de l'hydrogène comprimé dans des tubes trop lourds.

On a recours alors à un expédient, qui consiste à *faire le plein de l'enveloppe* avec de l'air atmosphérique.

Cet air, pris dans l'atmosphère, est refoulé, par un ventilateur qu'actionne le moteur de l'aéronat, à l'intérieur de l'enveloppe, au moyen d'une manche à air spéciale. Quand le volume d'air refoulé est équivalent au volume de gaz perdu, l'enveloppe a repris sa forme rationnelle.

Mais l'air ainsi introduit dans l'enveloppe n'est pas mélangé avec le gaz. Il y aurait à cela deux inconvénients graves : d'abord l'air et le gaz pourraient former un mélange détonant très dangereux et ensuite lorsque l'aéronat s'élèverait de nouveau, c'est le mélange dilaté qui s'échapperait; on ne pourrait pas ainsi se réserver la possibilité de laisser échapper seulement l'air, en conservant la plus grande quantité possible de gaz dans l'enveloppe.

On a donc été conduit, pour remédier à ces inconvénients, à séparer l'air refoulé dans l'enveloppe, du gaz qu'elle contient, et, pour cela, on a établi, à l'intérieur même de l'enveloppe, une capacité étanche, ne communiquant par sa manche d'appendice qu'avec le ventilateur qui lui envoie de l'air atmosphérique. Cette capacité, dont les parois sont constituées par de l'étoffe souple, forme une sorte de petit ballon placé dans le grand, et dont le volume varie suivant la quantité d'air refoulée par le ventilateur. Lorsque l'enveloppe est pleine de gaz, la capacité est réduite à zéro et l'étoffe formant sa paroi s'applique sur l'enveloppe de l'aéronat. Ce petit ballon à air auxiliaire a été appelé *ballonnet*.

Ballonnet C'est le général Meusnier, nous l'avons dit, qui, le premier, préconisa, en 1784, l'emploi du ballonnet pour obtenir la stabilité d'altitude des aérostats libres, et qui en munit son aérostat dirigeable. Pendant de longues années, cependant, on n'utilisa pas cet organe.

Dupuy de Lôme, dans son aérostat dirigeable essayé en 1872, en établit un, en disposant à l'intérieur de l'enveloppe un diaphragme souple formant la paroi du ballonnet.

Puis, le capitaine Renard montra la nécessité de son emploi et il en munit l'aérostat dirigeable la *France*.

Aujourd'hui, tous les aéronats à enveloppe non rigide comportent des ballonnets à air qui sont devenus des organes indispensables pour assurer la permanence de la forme de l'enveloppe et, comme nous allons le voir, la stabilité de l'aéronat.

Le ballonnet doit être établi de façon que le volume d'air qu'il peut contenir soit au moins égal au volume de gaz total que l'aéronat peut perdre.

Ce volume de gaz, qui s'échappera par la manche d'appendice à mesure que l'altitude croîtra, peut être déterminé par le poids de lest qui est emporté au départ. Ce poids de lest permet à l'aérostat de s'élever à une altitude que l'on peut préciser, et en calculant la dilatation du gaz qui correspond à cette altitude, on en déduira la quantité qui peut s'échapper.

Le ballonnet devra avoir un volume au moins égal au volume maximum du gaz qui peut être perdu.

Le ballonnet peut affecter diverses formes. On en a constitué par un véritable ballon sphérique de diamètre réduit A (Fig. 236), placé à l'intérieur de l'enveloppe B. Le ballonnet ainsi établi peut remplir son rôle au point de vue du maintien de la permanence de la forme, mais lorsque l'aéronat oscille, ce ballonnet peut facilement changer de position par rapport à l'enveloppe et il en résulte des inconvénients au point de vue de la stabilité de l'aéronat.

On a donc songé, pour empêcher le déplacement du ballonnet, à coudre ses parois à l'enveloppe même, tout en leur laissant la possibilité de s'aplatir les unes contre les autres et contre l'enveloppe,

Fig. 235. — Fabrication des enveloppes de dirigeables aux ateliers Lachambre.

dont elles épousent la forme intérieure quand le ballonnet est dégonflé.

La figure 237 représente une disposition dans laquelle le ballonnet A est formé par deux parois d'étoffe fixées à l'enveloppe B, en haut et en bas, et reliées entre elles de façon à former une capacité fermée.

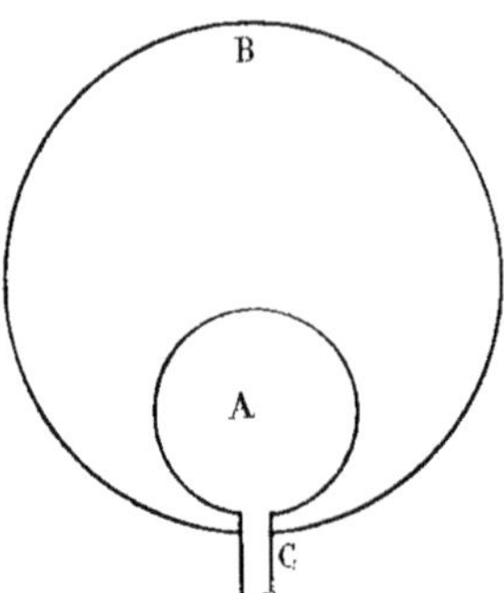

Fig. 236. — Ballonnet sphérique.

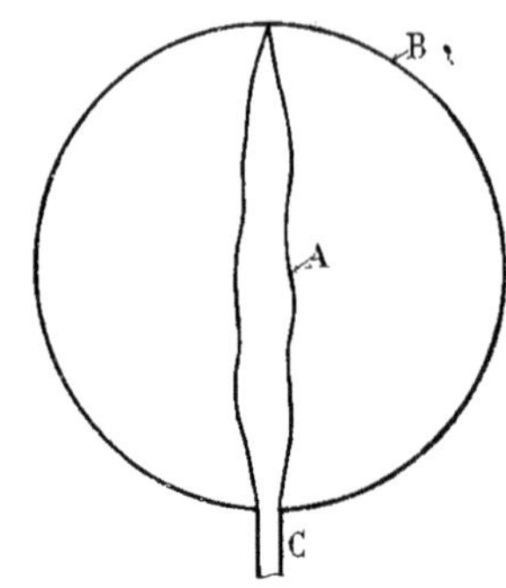

Fig. 237. — Ballonnet disposé transversalement dans l'enveloppe.

Une manche à air C débouchant dans ce ballonnet permet d'y introduire de l'air provenant d'un ventilateur. L'air peut remplir cette capacité et ne peut, dans aucun

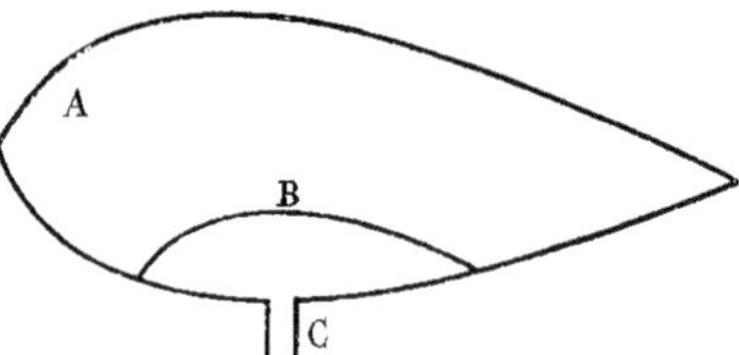

Fig. 238. — Ballonnet sans cloison.

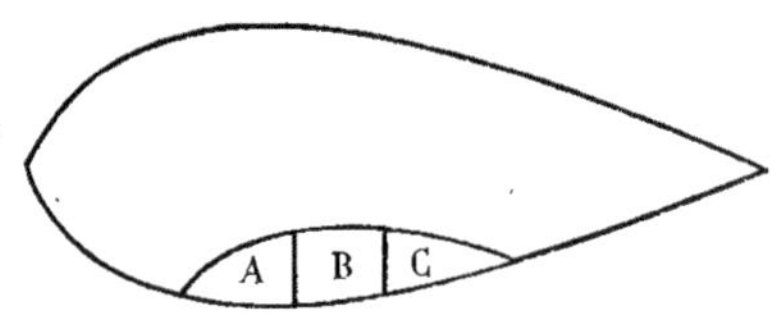

Fig. 239. — Ballonnet avec cloison.

cas, se mélanger au gaz contenu dans l'enveloppe.

Le ballonnet des aérostats dirigeables est le plus souvent constitué par une capacité formée entre l'enveloppe même de l'aérostat A (Fig. 238) et une cloison B en étoffe cousue sur cette enveloppe. Une manche à air C conduit dans le ballonnet l'air provenant d'un ventilateur. Lorsque le ballonnet ne contient pas d'air, la cloison B s'applique exactement contre la paroi intérieure de l'enveloppe de l'aéronat, de sorte que cette enveloppe peut être complètement remplie de gaz.

Pour des raisons de stabilité que nous examinerons un peu plus loin, le ballonnet est assez souvent fractionné lui-même en plusieurs capacités.

Ces capacités A, B, C (Fig. 239) sont obtenues en interposant dans le ballonnet des cloisons qui sectionnent sa capacité totale en trois parties et divisent ainsi le volume d'air qui peut y être introduit.

Le ballonnet est muni d'un clapet qui permet de laisser arriver l'air dans la capacité et qui peut s'ouvrir, sous une certaine pression, de l'intérieur vers l'extérieur, pour laisser échapper l'air préalablement introduit.

L'appendice de l'enveloppe porte, également, un clapet qui ferme l'orifice d'admission du gaz, mais ce clapet automatique peut aussi s'ouvrir de l'intérieur vers l'extérieur pour permettre au gaz de s'échapper dans l'atmosphère par suite de sa dilatation provoquée par l'augmentation de l'altitude.

Il importe que les deux clapets automatiques du ballonnet et de l'enveloppe soient réglés de façon que l'ouverture du premier se produise avant l'ouverture du second.

En effet, lorsque, par suite de la descente de l'aéronat, l'enveloppe devient flasque, on lui conserve la permanence de sa forme en remplissant le ballonnet d'air sous pression. Lorsque, du fait des variations atmosphériques ou d'un jet de lest l'aéronat remonte, il est essentiel de ne pas perdre une nouvelle quantité de gaz, ce qui contribue à diminuer sa force ascensionnelle. Comme la dilatation s'exerce sur le gaz intérieur, au fur et à mesure que l'altitude croît, le gaz tendrait à s'échapper par son clapet, si le clapet du ballonnet à air ne s'ouvrait d'abord. Ce clapet, appuyé sur son siège par un ressort antagoniste plus faible que celui du clapet de l'enveloppe, laisse échapper une certaine quantité d'air contenue dans le ballonnet, correspondant au volume supplémentaire occupé par le gaz dilaté.

Il est plus avantageux, on le comprend, de perdre l'air que le gaz; car il suffit, lorsque l'enveloppe se dégonfle de nouveau, de comprimer une nouvelle quantité d'air dans le ballonnet pour maintenir une forme constante à l'aérostat.

Liaison de l'enveloppe de la nacelle

La pratique des aérostats libres sur lesquels sont disposés des filets portant la nacelle, avait fait adopter ce mode de liaison entre l'enveloppe de certains aérostats dirigeables et la nacelle. L'aérostat de Giffard, par exemple, était muni d'un filet dont les pattes d'oie recevaient l'extrémité supérieure des cordes de suspension de la nacelle.

Le filet, placé au-dessus de l'enveloppe allongée d'un aérostat dirigeable, a l'inconvénient de former sur cette enveloppe une série de petites proéminences provenant de la pression exercée par la corde du filet sur l'enveloppe. Il se produit une saillie, à chacune des mailles du filet. L'enveloppe n'est donc plus parfaitement unie et, de ce fait, la résistance de l'air est plus considérable pendant l'avancement de l'aérostat. En outre, le filet comporte parfois des nœuds qui sont une gêne pour son application sur l'enveloppe.

Ces inconvénients ont fait écarter le filet comme organe de liaison entre l'enveloppe et la nacelle; actuellement aucun aérostat dirigeable ne comporte de filet.

Le filet a d'abord été remplacé par un réseau de sangles disposées de façon à répartir uniformément, sur toute la surface de l'enveloppe, la tension des cordes de suspension. Le général Meusnier avait préconisé ce système et reliait les sangles à une *ralingue* longitudinale, ainsi que nous l'avons vu, à laquelle les suspentes étaient attachées.

Puis, le système des sangles a fait place à une chemise en taffetas qui recouvrait toute la partie supérieure de l'enveloppe et après laquelle on fixait les cordes d'attache de la nacelle. Cette chemise, qu'on trouve dans l'aérostat de Dupuy de Lôme, alourdissait l'enveloppe, puisqu'elle constituait elle-même une demi-enveloppe extérieure. Elle était donc confectionnée en étoffe légère qui n'avait nul besoin d'être vernie pour être rendue imperméable, puisqu'elle n'était pas en contact avec le gaz.

Le poids supplémentaire que la chemise donnait à l'enveloppe fit qu'on songea à supprimer cette chemise, et comme on ne voulait pas revenir à l'emploi défectueux du filet, on fut conduit à étudier le moyen pratique d'attacher directement les cordes de suspension de la nacelle à l'enveloppe même de l'aéronat. C'est par l'intermédiaire de *ralingues* que la liaison s'effectue.

Ces ralingues sont des bandes d'étoffes cousues longitudinalement sur l'enveloppe, et après lesquelles sont attachées les extrémités supérieures des suspentes.

De cette façon, la nacelle est suspendue directement à l'enveloppe qui fait corps avec les ralingues. Les ralingues doivent être disposées sur l'enveloppe de façon que les cordes de suspension soient tangentes à cette enveloppe latéralement. Ainsi elles ne la déforment pas en la comprimant ou en creusant des sillons qui laissent déborder certaines parties.

Suspension de la nacelle. La suspension de la nacelle est constituée par un réseau de cordages qui la relient à l'enveloppe.

Ces cordages, d'abord faits en chanvre, sont presque tous aujourd'hui faits en fil d'acier. Les cordes en chanvre avaient un diamètre plus considérable, mais étaient disposées en moins grand nombre. Les cordages en fil d'acier doivent être en quantité plus grande, mais leur diamètre est plus réduit. Ce sont des fils de 1 m/m de diamètre environ, en acier étiré. On les désigne assez souvent sous le nom de *cordes à piano* qui indique leur emploi le plus répandu.

En multipliant le nombre de suspentes, on augmente un peu la résistance de l'air à l'avancement de l'aéronat, mais d'autre part, les efforts de traction sont répartis d'une façon plus uniforme sur les ralingues et, par conséquent, sur l'enveloppe et, en outre, les cordages en fil d'acier ne peuvent être atteints et détériorés par la chaleur ou même par les flammes accidentelles provenant du moteur.

La première qualité d'ensemble d'une suspension est la rigidité, c'est-à-dire que l'assemblage des cordes, entre la nacelle et l'enveloppe, doit être réalisé de façon que le tout soit indéformable. C'est là une qualité indispensable que doit posséder la suspension de la nacelle, sinon il pourrait se produire des accidents et même des catastrophes.

Meusnier avait indiqué cette particularité de la suspension et Dupuy de Lôme l'avait réalisée.

On comprend, en effet, la nécessité d'assurer une liaison pour ainsi dire rigide entre la nacelle et l'enveloppe, car l'axe de propulsion, c'est-à-dire l'axe suivant lequel se transmet le travail du moteur qui provoque l'avancement de l'aéronat, est généralement placé soit à proximité de la nacelle, soit entre la nacelle et l'enveloppe. L'*effort moteur* est donc appliqué sensiblement sur la nacelle, tandis que l'*effort résistant* représenté par la résistance que l'air offre à l'avancement, est appliqué plus près de l'enveloppe qui a une grande surface.

Si la rigidité de l'ensemble n'était pas assurée, l'enveloppe pourrait prendre une position très oblique par rapport à la nacelle sans qu'on puisse compter sur un couple de redressement pour remettre l'aéronat à sa position normale. Il y aurait, dans ce cas, à craindre un renversement et une rupture d'équilibre. Nous verrons plus loin le grave inconvénient que peut offrir une suspension qui n'est pas indéformable au point de vue des tensions variables qui peuvent s'exercer sur les cordes de suspension et qui risquent de provoquer, pour certaines positions, des ruptures très dangereuses.

Le type de suspension indéformable est la suspension triangulaire appliquée par Dupuy de Lôme et, après lui, par tous les constructeurs d'aérostats dirigeables.

Dans cette suspension, dont la figure 240 représente le schéma, la nacelle B est reliée à l'enveloppe A par une série de cordes D et C qui s'attachent, en bas, à cette nacelle et, en haut, à deux ralingues G H, disposées une de chaque côté de l'enveloppe. D'autres câbles E et F joignent respectivement les extrémités de la nacelle aux extrémités des ralingues. Comme tous ces câbles sont *inextensibles*, c'est-à-dire qu'ils ne peuvent varier de longueur, la nacelle suivra toutes les inclinaisons que pourra prendre l'enveloppe et, ainsi, l'ensemble de l'appareil formera un tout indéformable. Les mouvements d'une partie de cet appareil se transmettront exactement aux autres parties qui en sont solidaires, ce qui est une bonne condition pour obtenir la *stabilité longitudinale*. Quand l'enveloppe, par exemple, s'inclinera, la nacelle s'inclinera également (Fig. 241), comme si la liaison était constituée par des poutres rigides.

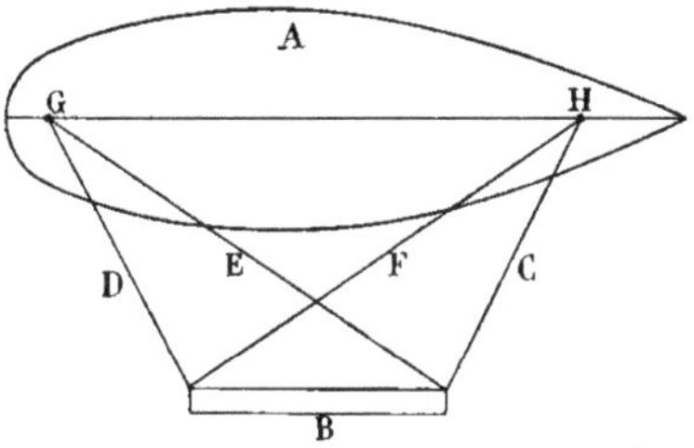

Fig. 240. — Suspension triangulaire indéformable.

Les cordes de suspension seront soumises de la sorte, toujours au même effort, lequel continuera à être réparti uniformément.

Il n'en serait évidemment pas de même si la suspension de la nacelle était libre, c'est-à-dire si les croisillons E et F étaient supprimés (Fig 241).

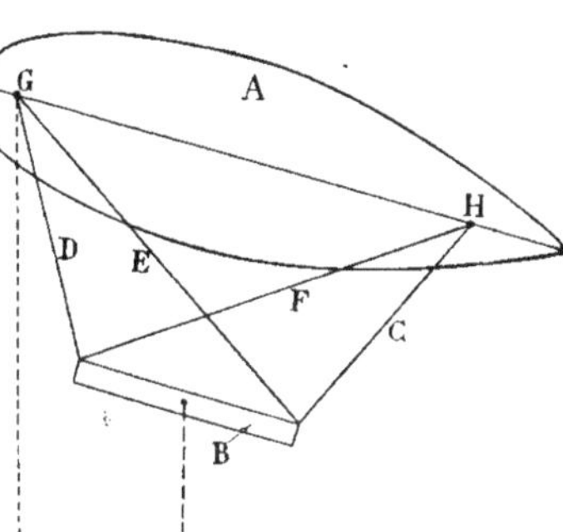

Fig. 241. — Rôle de la suspension indéformable lors de l'inclinaison de l'aéronat.

Lorsque l'enveloppe prendrait une position oblique, la nacelle tendrait à rester horizontale par l'action de la pesanteur. Cet effort s'exercerait sur les suspentes directes D et C. Les unes supporteraient une tension à laquelle elles pourraient résister, mais les suspentes placées à l'extrémité de l'enveloppe la plus élevée devraient résister à un effort bien plus considérable que celui qui avait été prévu. Ces cordes pourraient se rompre successivement; la nacelle pourrait se détacher de l'enveloppe et tomber à terre. Cet accident s'est malheureusement produit plusieurs fois et la catastrophe où de Brasky a trouvé la mort a été provoquée par le manque de rigidité dans le dispositif de liaison de la nacelle à l'enveloppe.

Lorsque la suspension est indéformable, comme dans la suspension triangulaire type (Fig. 241), l'inclinaison de l'enveloppe peut atteindre un angle assez grand sans que la rigidité de la liaison soit troublée.

La limite de l'inclinaison de l'enveloppe pour laquelle la suspension reste indéformable est atteinte lorsque le centre de gravité de l'ensemble de la nacelle se trouve sur la ligne verticale passant par le point d'attache extrême G. A ce moment, en effet, le point d'application du poids total des organes suspendus sous l'enveloppe se trouve sur cette ligne verticale menée du point G et si l'enveloppe s'incline encore davantage dans le même sens, la verticale menée du point G passe à la droite du centre de gravité. Celui-ci tend à se placer sur cette ligne et un effort anormal s'exerce sur les cordes de suspension correspondantes.

Il convient de dire que cette obliquité de

l'enveloppe pour laquelle la suspension triangulaire peut se déformer, n'est jamais atteinte dans la pratique.

Les suspensions indéformables sont réalisées de diverses façons. Nous en avons déjà donné quelques exemples, nous en examinerons d'autres, lors de la description des différents types de dirigeables.

Nacelles Nous trouverons aussi au cours de cette description, les formes différentes qui ont été données aux nacelles.

Ces nacelles ont été également établies de façon à diminuer le plus possible la résistance de l'air pendant leur avancement.

Elles ont généralement une grande longueur et sont terminées en pointe à leurs extrémités avant et arrière. Les parois sont, le plus souvent, unies vers l'extérieur pour faciliter le glissement de l'air.

Dans certaines nacelles, ces parois ont été constituées par des bandes d'étoffe qui recouvrent la carcasse de la nacelle. Dans d'autres, les parois sont en tôle métallique mince et légère.

Les corps mêmes des nacelles peuvent être faits soit en osier, soit en bois, soit en pièces métalliques. Assez souvent, ils sont formés par des assemblages de parties en bois supportées par des poutrelles, des montants et des croisillons métalliques.

Lorsque la nacelle a une grande longueur, elle est divisée en plusieurs compartiments, contenant chacun quelques organes, mais l'aéronaute ne peut se déplacer sur toute la longueur de cette nacelle, de crainte de compromettre la stabilité.

D'ailleurs la disposition de la nacelle ne le permet pas. Le pilote se tient dans un compartiment; il a devant lui les divers instruments indicateurs et à la portée de sa main les volants ou les leviers de manœuvre de l'aéronat.

Le ou les mécaniciens sont placés auprès du moteur, qui peut être séparé des autres organes; ils surveillent et règlent son fonctionnement.

On a établi des nacelles plus courtes dans lesquelles les organes moteurs et de manœuvre ont été groupés de façon à ce qu'ils soient tous aisément accessibles. Les passagers peuvent se déplacer sans inconvénient dans la nacelle, par suite de sa faible longueur.

Orientation L'orientation de l'aéronat, c'est-à-dire la direction dans laquelle il se déplace sous l'action de sa vitesse propre, est donnée par un organe nommé *gouvernail.*

Le gouvernail est, en principe, constitué par une surface plane, mobile autour d'un axe vertical et qui donne à l'aéronat une direction appropriée aux mouvements que lui imprime autour de cet axe, l'organe de manœuvre.

Le gouvernail d'un aérostat dirigeable est disposé d'une façon analogue au gouvernail d'un bateau.

On a donné au gouvernail des formes diverses, mais il importe surtout que le plan qui le constitue soit rigide, de manière que, sous l'action de la résistance de l'air pendant le déplacement, il ne puisse se déformer, ce qui nuirait à la régularité de la direction qu'on se propose de donner à l'aéronat.

Le gouvernail est, assez souvent, formé par un cadre en bois ou métallique sur lequel est tendue de l'étoffe. Le cadre, qui doit être indéformable, est consolidé, lorsque la surface du gouvernail est importante, par des traverses et des croisillons.

Le cadre peut avoir une certaine épaisseur permettant de tendre de l'étoffe sur chacune des faces.

Un des côtés du cadre, généralement celui de plus grande longueur, est disposé pour servir de pivot. Le gouvernail peut s'obliquer en tournant d'un certain angle autour de ce côté sous l'action de la commande de manœuvre.

L'axe d'oscillation est généralement disposé verticalement. Cependant, on le place parfois un peu oblique, de façon que, lorsqu'on n'agit plus sur le gouvernail, il puisse, par l'effet de son poids, se placer automatiquement à une position médiane correspondant à l'axe du dirigeable.

Le gouvernail a une surface appropriée à l'aéronat qu'il doit permettre d'orienter. Il est placé vers l'arrière de l'appareil, généralement entre la nacelle et l'enveloppe, et est manœuvré par une sorte de *roue* et par l'intermédiaire de câbles qui assurent, par traction, sa déviation.

Stabilité statique La condition primordiale que doit remplir un aérostat dirigeable est d'avoir ses organes disposés de façon que sa stabilité soit assurée dans tous les sens.

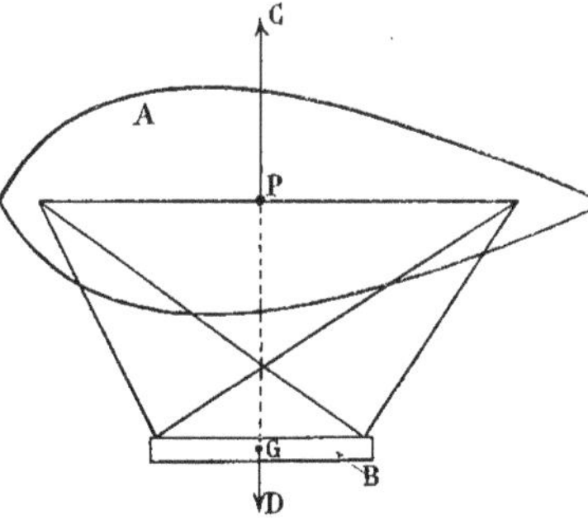

Fig. 242. — Stabilité statique d'un aéronat.

Comme l'enveloppe d'un aéronat a une forme allongée et dissymétrique par rapport à son axe vertical et que, d'autre part, la nacelle a une grande longueur et est inégalement chargée en ses différents points, il faut que les différents organes occupent une position telle, les uns par rapport aux autres, que l'aéronat flotte dans l'air en conservant toujours son axe longitudinal placé dans une direction horizontale.

C'est la *stabilité statique,* c'est-à-dire la stabilité à l'état de repos.

Pour que cette stabilité soit effective, comme l'est celle d'un aérostat sphérique qui ne porte, placée dans son axe vertical, qu'une nacelle de petite surface, il faut, comme dans l'aérostat sphérique, que le *centre de poussée verticale* dirigée de bas en haut se trouve sur la même ligne verticale que le centre de gravité de la nacelle supportant les divers organes, point où est supposé appliqué le poids de tout le matériel enlevé par l'enveloppe.

Si nous supposons (Fig. 242) que le centre de poussée de l'enveloppe A soit en P, en ce point sera supposée appliquée la force ascensionnelle due au gaz léger contenu dans l'enveloppe. L'action de cette force ascensionnelle se traduira par une poussée dirigée verticalement de bas en haut suivant la ligne P C.

Cette poussée a pour but de soulever dans les airs la nacelle B et tous les organes qui s'y rattachent. Le point d'application P de cette poussée se trouvera sur l'axe horizontal de l'enveloppe A, puisque cette enveloppe a une forme symétrique par rapport à cet axe, mais il ne sera pas placé au milieu de la longueur de cette enveloppe, car l'enveloppe n'est pas symétrique dans le sens longitudinal. Le point P sera disposé plus près de l'avant que de l'arrière, qui est plus effilé que l'avant.

D'autre part, le poids de la nacelle et de tous les organes sera supposé appliqué au point G qui est le *centre de gravité* du système. Il y aura donc un effort produit par l'action de la pesanteur et dirigé verticalement de haut en bas suivant la ligne G D.

Les efforts agissant ainsi sur l'aéronat, si nous le supposons immobile dans un air calme, sont d'une part un effort P C et d'autre part un effort G D dirigés en sens inverse. Pour que l'axe de l'enveloppe se maintienne dans une position horizontale, il faut que les deux efforts contraires aient des directions diamétralement opposées et que les points P et G soient placés sur une même ligne verticale.

Si l'effort de poussée appliqué en P est, une fois ces conditions réalisées, plus grand que l'effort de la pesanteur appliqué en G, l'aéronat s'élèvera dans l'atmosphère et s'y maintiendra horizontal.

Si les deux efforts antagonistes ne se trouvaient pas dirigés suivant une même verticale (Fig. 243), la distance P E séparant les deux perpendiculaires menées respectivement des points P et G constituerait un bras de levier qui provoquerait le placement oblique de l'enveloppe.

En effet, si nous considérons l'effort de traction vertical dirigé suivant P C et si le point d'application G de l'effort résistant se projette en E, il est évident que l'enveloppe tendra à s'incliner étant tirée dans la direction P C avec un bras de levier égal à P E. Mais, en outre, le même effet se produit si on considère l'action dirigée vers le bas suivant la ligne G D. Cet effort, appliqué au bout d'un bras de levier déterminé par la distance entre les deux perpendiculaires P C et G D, tendra à faire incliner la nacelle dans le même sens que l'enveloppe.

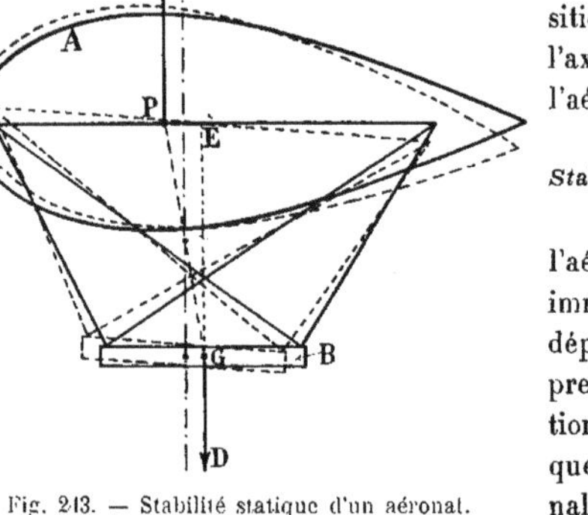

Fig. 243. — Stabilité statique d'un aéronat.

La rigidité de la suspension faisant de la nacelle et de l'enveloppe « *un tout* » indéformable, les deux actions de la poussée et de la pesanteur n'étant pas appliquées sur la même verticale tendront à obliquer l'aéronat tout entier.

Cette obliquité sera d'autant plus grande que la distance entre les deux verticales des deux points P et G sera plus considérable, et l'aéronat atteindra une position oblique telle qu'une même ligne verticale réunira les points P et G. Ce sera sa position de stabilité statique, pour laquelle l'aéronat ne sera pas horizontal.

Comme le centre de poussée pour une enveloppe déterminée ne peut être déplacé, on change la position du centre de gravité pour ramener l'aérostat dans une position horizontale. On déplace des organes dans la nacelle, et on répartit le poids des appareils de façon que le centre de gravité se trouve sur la verticale du point P. La stabilité statique est ainsi obtenue pour une position horizontale de l'axe longitudinal de l'aéronat.

Stabilité dynamique Lorsque l'aéronat cesse d'être immobile et qu'il se déplace par ses propres moyens, des actions autres que celles que nous venons d'analyser s'exercent sur lui.

En plus de la force ascensionnelle et du poids total de la nacelle qui sont appliqués verticalement et dans des directions contraires, l'aéronat est soumis encore à l'effort de propulsion donné par l'hélice et à l'effort créé par la résistance de l'air. Ces deux efforts, qui sont aussi dirigés en sens contraire, puisque c'est le déplacement provoqué par l'effort de propulsion qui détermine l'effort résistant de l'air, ont une direction horizontale.

Il convient donc que, pendant le déplacement de l'aéronat, les efforts verticaux et les efforts horizontaux se fassent respectivement équilibre à chaque instant, pour que l'appareil puisse progresser en conservant sa stabilité.

Mais les oscillations de l'aéronat, même réduites, déterminent des variations dans la grandeur de ces efforts et déplacent leur point d'application. Il résulte de cela une instabilité de l'ensemble et il convient que des dispositions soient prises pour ramener constamment, à sa position normale d'équilibre, l'aéronat qui en aura été devié pour une cause quelconque.

Pour assurer la *stabilité dynamique* d'un aérostat, c'est-à-dire son équilibre pendant sa marche, il faut assurer sa *stabilité d'altitude*, sa *stabilité longitudinale*, sa *stabilité transversale* et sa *stabilité de direction* ou *stabilité de route*.

Examinons les conditions à remplir pour que chacune de ces stabilités puisse être réalisée, car c'est l'obtention de la stabilité d'un aéronat dans tous les sens qui constitue la base de la navigation aérienne dirigée.

Stabilité d'altitude

Nous avons précédemment examiné les cas de *stabilité d'altitude* des aérostats libres et nous avons vu que le jet d'une certaine quantité de lest assure l'ascension de l'aérostat, tandis que la perte d'une certaine quantité de gaz qu'on laisse échapper par la soupape, permet à l'aérostat de descendre.

En outre, nous avons pu nous rendre compte que le dégonflement de l'enveloppe, par suite de la perte de gaz, constituait une des principales raisons d'instabilité de l'aérostat en altitude.

Fig. 211. — Gouvernail et stabilisateur de l'aérostat dirigeable *Ville de Paris*.

Pour un aérostat dirigeable, la stabilité d'altitude doit répondre aux mêmes conditions que la stabilité d'un aérostat libre, c'est-à-dire que le jet de lest ou la perte de gaz peuvent provoquer respectivement la montée ou la descente de l'aérostat et que le dégonflement de l'enveloppe est une cause essentielle d'instabilité. Cette dernière cause d'instabilité est corrigée dans les aérostats dirigeables par l'emploi du ballonnet à air, dont la fonction consiste, nous le savons, à maintenir la permanence de la forme de l'enveloppe, quoique, par suite des variations de l'altitude, une certaine quantité de gaz se soit échappée.

Lorsque, par suite de la descente de l'aéronat, son enveloppe tend à se dégonfler, on introduit dans le ballonnet un volume d'air destiné à compenser le volume de gaz perdu.

On assure, de la sorte, non seulement la permanence de la forme, ce qui diminue l'action de la résistance de l'air, mais encore on contribue à assurer l'équilibre de l'aéronat au point de vue de l'altitude. Nous avons, à propos des aérostats libres, expliqué comment un aérostat flasque doit, pour retrouver son équilibre quand il s'élève du fait, par exemple, d'un jet de lest, atteindre une altitude pour laquelle l'enveloppe se trouve de nouveau remplie de gaz. Cette altitude est toujours plus élevée que l'altitude atteinte précédemment, pour que le gaz dilaté puisse avoir le même volume que l'enveloppe.

Donc quand un aérostat est flasque, il n'a pas de stabilité d'altitude. Il importe, par conséquent, de le maintenir toujours gonflé pour que les variations d'altitude ne puissent être considérables. C'est le rôle du ballonnet à air, rôle très important puisqu'il permet d'éviter les montées et les descentes successives d'amplitudes de plus en plus grandes telles qu'elles se produisent pour les aérostats libres qui ne sont généralement pas munis de ballonnets.

Une autre cause qui permet d'obtenir pour les dirigeables une stabilité d'altitude plus grande que celle des aérostats libres, est que les variations accidentelles de la force ascensionnelle sont moins considérables.

La différence de température du gaz intérieur et de l'air atmosphérique, par exemple, est moins grande dans les dirigeables parce que ces appareils ont, dans l'air, un mouvement relatif que ne possèdent pas les aérostats libres, mouvement qui facilite le refroidissement du gaz intérieur et rapproche sa température de celle de l'air. C'est, nous le savons, une condition qui contribue à conserver une valeur constante à la force ascensionnelle et, par conséquent, favorable à la stabilité d'altitude.

Les variations de la force ascensionnelle de l'aéronat peuvent être provoquées volontairement par des pertes de gaz ou par des jets de lest.

Les pertes de gaz doivent être réduites le plus possible, car l'hydrogène pur est d'un prix de revient assez élevé.

Le jet de lest peut être pratiqué avec moins d'inconvénients pour provoquer l'ascension de l'appareil. Cependant, il convient d'emporter dans la nacelle un poids de lest le plus réduit possible, pour ne pas augmenter inutilement le poids total à enlever.

Une certaine quantité de ce lest est indispensable à conserver pour pouvoir, en cas de descente accidentelle, modérer la chute et atterrir sans choc.

En dehors de ces sacs de lest, la quantité qui est emportée pour servir à faire varier l'altitude est assez faible, parce qu'on a recours à d'autres moyens pour provoquer l'ascension ou la descente d'un aérostat sans employer du lest ou sans perdre du gaz.

On a songé, en effet, à utiliser l'énergie mécanique pour faire varier l'altitude.

On a pensé à établir une hélice dont l'axe serait disposé verticalement et qui, mue par le mécanisme moteur, pourrait maintenir l'aérostat à une altitude déterminée.

On pourrait également, comme l'avait proposé Hervé, rendre l'hélice de propulsion mobile autour d'une articulation, de façon à pouvoir la manœuvrer et l'incliner, l'inclinaison ainsi donnée à l'hélice devant servir, dans cette disposition, à déterminer un changement d'altitude de l'aérostat.

Ces procédés nécessitent des complications de mécanisme. En outre, ils sont peu efficaces, le premier surtout.

Aussi leur a-t-on préféré des dispositifs plus simples et qui donnent de bons résultats.

On a établi des surfaces planes qui, en marche normale, sont maintenues horizontales. Ces plans sont articulés autour d'un axe horizontal disposé perpendiculairement à l'axe de l'aéronat. Ils peuvent, par l'intermédiaire de liens, être placés dans une position oblique par le pilote qui les manœuvre de la nacelle.

Lorsque les plans sont inclinés, la résistance de l'air en s'exerçant sur ces surfaces obliques détermine une composante verticale qui constitue une poussée de l'aérostat de bas en haut ou de haut en bas, suivant le sens dans lequel est incliné le plan. Cette poussée varie évidemment avec l'inclinaison des surfaces.

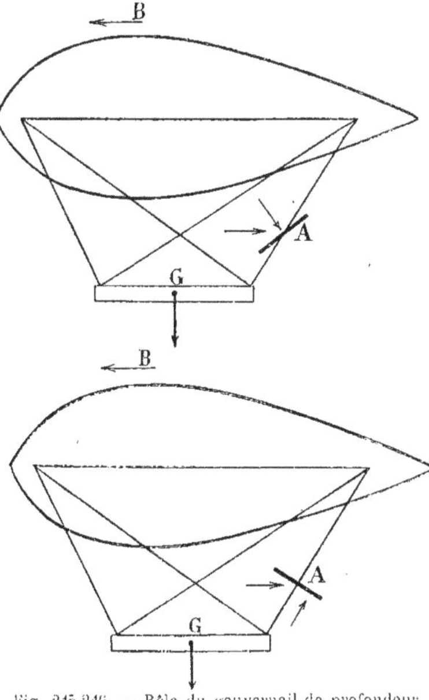

Fig. 245-246. — Rôle du gouvernail de profondeur dans la stabilité d'altitude.

La poussée ainsi exercée permet, en élevant ou en abaissant l'aéronat, de le maintenir à une altitude sensiblement constante sans que l'on soit dans l'obligation de jeter du lest ou de perdre du gaz, et de compenser ainsi la diminution ou l'augmentation de la force ascensionnelle.

Les surfaces oscillantes utilisées pour obtenir la stabilité d'altitude sont nommées *stabilisateurs* ou, le plus souvent, *gouvernails de profondeur*.

Le gouvernail de profondeur peut être placé soit à l'arrière, soit à l'avant de l'aérostat.

Ainsi disposé, il provoque, par sa manœuvre, l'inclinaison de l'aéronat, soit vers le haut, soit vers le bas, suivant la position qu'on lui donne. Si le gouvernail A est placé comme l'indique la figure 245, le sens de marche de l'aéronat s'effectuant suivant la flèche B, l'action de l'air s'exercera sur la surface oblique. Il se crée sur cette surface une résistance à l'avancement qui, dans le cas considéré, tend à incliner l'aéronat, l'avant dirigé vers le haut.

En effet, le poids du matériel suspendu à l'enveloppe est supposé appliqué au centre de gravité G du système. Si l'air exerce une action sur le gouvernail dans le sens de la flèche, il se produira nécessairement un couple de déviation provoqué par l'écartement du point G et du gouvernail A. Cet écartement sera le bras de levier, et l'action de l'air sur le gouvernail sera l'effort qui déterminera l'inclinaison de l'aéronat. L'oscillation se produira pour ainsi dire autour du point G, de sorte que l'avant sera tourné vers le haut, puisque la poussée sur le gouvernail s'exerce de haut en bas.

Si le gouvernail était obliqué comme l'indique la figure 246, l'action de l'air s'exercerait sur cette surface dans un sens différent du cas précédent, de sorte que le centre de gravité étant toujours supposé en G, l'oscillation de l'aéronat aurait lieu en sens inverse, c'est-à-dire que la poussée effectuée sur le gouvernail ferait incliner l'aérostat l'avant tourné vers le bas.

La poussée de l'air sur le gouvernail permet de compenser, suivant le sens dans lequel elle s'exerce, soit une augmentation, soit une diminution de force ascensionnelle.

Dans le premier cas, il faudra, évidemment, que la poussée tende à faire descendre l'aéronat, et dans le second cas, au contraire, la poussée devra provoquer son ascension pour contrebalancer la diminution de force ascensionnelle. On pourra, de la sorte, obtenir la stabilité d'altitude.

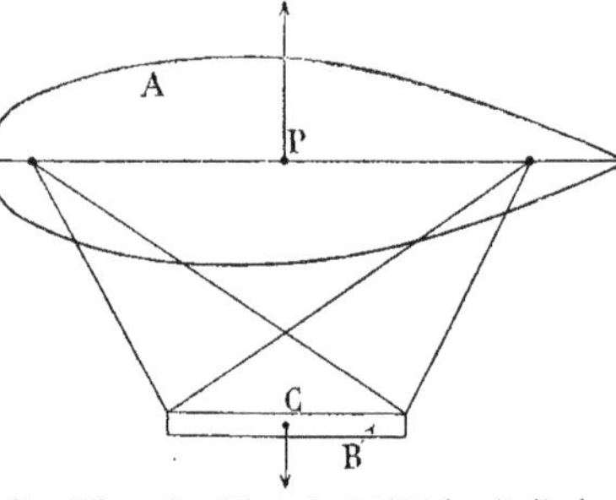

Fig. 247. — Conditions de stabilité longitudinale d'un aéronat.

Si le gouvernail est placé sur la ligne verticale passant par le centre de gravité, les couples de déviation dont nous avons parlé précédemment sont annulés, puisque le bras de levier est réduit à zéro.

L'aéronat ne s'incline donc pas; il se maintient toujours, malgré l'action de l'air sur le gouvernail incliné, dans sa position horizontale et il conserve sa stabilité d'altitude, déplacé parallèlement à lui-même par la poussée de l'air soit vers le haut, soit vers le bas, suivant la position du gouvernail, à mesure que sa force ascensionnelle diminue ou augmente.

Les gouvernails de profondeur ou stabilisateurs ne sont pas toujours constitués par une simple surface. Ils comportent parfois plusieurs plans ne formant qu'un seul organe. Une série de traverses et de croisillons rendent ces divers plans solidaires.

Sur le châssis ainsi constitué est tendue de l'étoffe qui forme la surface active du gouvernail.

La figure 244 représente un stabilisateur de ce type installé sur l'aérostat dirigeable *Ville de Paris*.

Stabilité longitudinale Tangage

La stabilité longitudinale d'un aérostat est assurée lorsque, pendant son déplacement, il conserve sa position horizontale. Lorsque l'aérostat s'écarte de cette position, il doit pouvoir y revenir, mais il effectue, pour cela, un certain nombre d'oscillations, comme un bateau subissant un effet de *tangage*. C'est par analogie qu'on a appelé *tangage* le défaut de stabilité d'un aérostat dirigeable dans le sens longitudinal; il se traduit par des oscillations se produisant dans un plan vertical. Pendant ces oscillations, l'extrémité avant de l'aéronat s'élève et s'abaisse successivement, comme l'avant d'un bateau sous l'action des vagues.

Nous avons, dans l'examen de la stabilité statique d'un aéronat, indiqué que le centre de poussée P (Fig. 247) et le centre de gravité C doivent se trouver sur une même ligne verticale, pour que l'aérostat se maintienne dans une position horizontale. Nous savons aussi que le centre de poussée P est le point d'application de la force ascensionnelle qui agit sur l'aéronat verticalement de bas en haut et que le centre de gravité est le point d'application du poids total enlevé. C'est la pesanteur qui agit verticalement du haut vers le bas.

Si une rupture d'équilibre se produit par

suite du déplacement momentané d'un organe ou d'un des aéronautes ou, même, par suite d'un changement de vitesse, l'aéronat s'incline; mais il faut que des dispositions soient prises pour qu'il puisse revenir automatiquement à sa position horizontale.

Une des conditions essentielles à remplir pour cela, consiste à rendre la suspension de la nacelle indéformable. La liaison s'effectue, nous l'avons vu, au moyen du dispositif triangulaire.

Dans ce cas, lorsque l'aéronat s'incline et prend, par exemple, la position représentée par la figure 250, l'ensemble étant indéformable, le centre de poussée P et le centre de gravité G resteront à leur position respective par rapport à l'appareil, mais celui-ci étant incliné, la verticale passant par le point P ne sera pas la même que celle qui passe par le point G. L'aéronat sera ainsi, dans sa position oblique, soumis à deux efforts : l'un appliqué en P et dirigé vers le haut, l'autre appliqué en G et dirigé vers le bas. Les points d'application étant séparés par une certaine distance, cette longueur formera le bras de levier d'un *couple de déviation* qui, du fait de la direction des deux efforts, tendra à ramener l'aéronat dans sa position d'équilibre, pour laquelle la même ligne verticale passera par les points P et G. Cette position d'équilibre correspond, nous l'avons dit, à la position horizontale de l'aéronat.

Phot. Raffaele.

Fig. 248. — Vue en dessous de la *Ville de Paris*, montrant la nacelle et les plans stabilisateurs.

Si l'aéronat était incliné en sens inverse, c'est-à-dire l'avant dirigé vers le bas, le centre de poussée P se trouverait à une certaine distance du centre de gravité et sur sa gauche, et le *couple de déviation* tendrait également à ramener l'aéronat dans la position horizontale.

En résumé donc, lorsque la suspension de la nacelle est indéformable, il se produit, dans le cas d'inclinaison de l'aérostat, un couple de déviation qui tend à le redresser et à le remettre horizontal. C'est

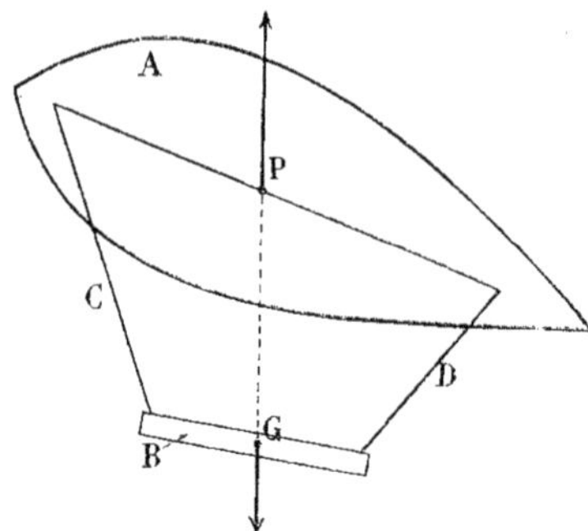

Fig. 249 — Instabilité due au défaut de rigidité de la suspension.

ce qu'on a appelé le *couple redresseur*. Si la suspension de la nacelle était constituée par de simples séries de câbles C et D (Fig. 249), lorsque l'aéronat s'inclinerait, les câbles conserveraient une position telle que le centre de gravité G continuerait à se trouver sur la verticale passant par le centre de poussée, puisque aucun tirant transversal n'obligerait la nacelle à suivre les mouvements de l'enveloppe.

Si donc, pour une raison quelconque, l'aéronat prenait une position oblique, il ne se produirait, dans ce cas, aucun couple redresseur tendant à le ramener dans sa position horizontale. L'aéronat continuerait donc à rester incliné et ne pourrait se redresser automatiquement.

On voit le danger d'une telle position qui aboutirait, du fait de la résistance de l'air et de diverses autres causes que nous allons examiner, à rapprocher l'axe de l'aéronat de la verticale, ce qui détermine une tension inégale sur les câbles de suspente et peut produire leur rupture les uns après les autres.

Il est donc indispensable d'assurer la rigidité de la suspension.

Il convient également d'assurer la permanence de la forme de l'enveloppe. Cette condition nécessaire pour assurer la stabilité d'altitude, ainsi que nous l'avons vu, l'est également pour empêcher le *tangage*, c'est-à-dire pour assurer la stabilité longitudinale.

Supposons, en effet, que l'enveloppe soit incomplètement remplie de gaz. Si l'aéronat s'incline l'avant vers le haut, par exemple (Fig. 250), l'arrière de l'enveloppe sera flasque parce qu'elle sera plus basse que l'avant et le gaz se portera à la partie supérieure de l'enveloppe, c'est-à-dire vers l'avant. Par suite de ce déplacement de gaz, le centre primitif de poussée P changera aussi de position, et viendra se placer en P′, par exemple, reporté évidemment vers l'avant de l'aéronat. Tant que la nouvelle position du centre de poussée n'aura pas atteint la ligne verticale passant par le centre de gravité, l'aéronat possédera encore un *couple redresseur*, qui deviendra

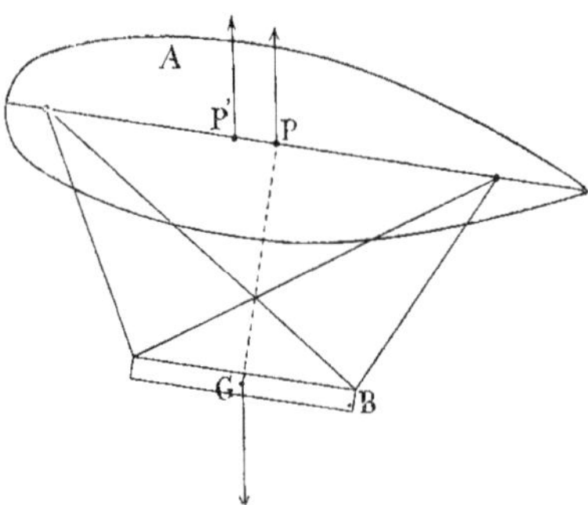

Fig. 250. — Couple redresseur et instabilité due au dégonflement de l'enveloppe.

de plus en plus faible, à mesure que le point P′ se déplacera vers l'avant.

Lorsque l'enveloppe sera suffisamment dégonflée pour que, pour une certaine inclinaison, le centre de poussée P′ se trouve sur la verticale du centre de gravité, l'aéronat ne pourra plus se redresser automatiquement. Il se retrouvera placé dans les mêmes conditions que l'aéronat muni d'une suspension de nacelle non rigide. Les mêmes causes tendront à augmenter son inclinaison et à provoquer la rupture successive des câbles de suspente.

Si l'enveloppe se dégonflait encore davantage, le centre de poussée P′ pourrait se trouver sur la gauche de la verticale passant par le centre de gravité et, dans ce cas, il se produirait un couple de déviation qui tendrait à placer le grand axe de l'aéronat vertical, l'avant en haut, l'arrière en bas.

Il est inutile d'insister sur les dangers pouvant résulter de cette cause.

Il est donc très important que l'enveloppe reste constamment gonflée. Nous savons qu'on obtient ce résultat à l'aide du *ballonnet*.

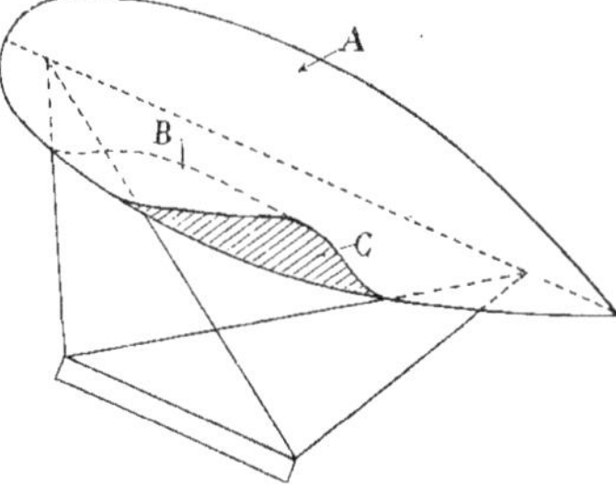

Fig. 251. — Rôle du ballonnet sans cloison dans la stabilité longitudinale d'un aéronat.

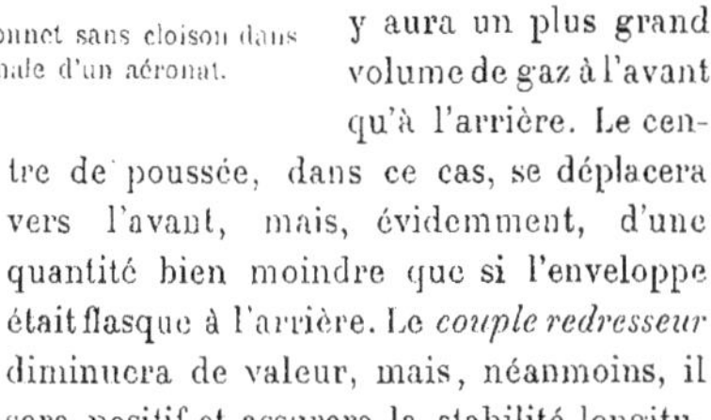

Le ballonnet, dont nous connaissons le rôle important au point de vue de la stabilité d'altitude, joue donc, au point de vue de la stabilité longitudinale, un rôle aussi essentiel.

Ce ballonnet B (Fig. 251), en effet, gonflé plus ou moins, empêche, dans le cas où l'aéronat se trouve dans une position inclinée, l'arrière de l'enveloppe de devenir flasque.

La résistance de l'air ne peut, d'abord, s'exercer, de la sorte, avec une action plus vive sur cette enveloppe et aider à son renversement. En outre, le volume de gaz restant dans l'enveloppe se trouve mieux réparti que dans le cas que nous venons d'examiner.

Lorsque le gaz perdu a un volume égal à celui du ballonnet, celui-ci étant complètement gonflé rétablit l'équilibre, car il est établi de façon que, par suite de la répartition du gaz à l'intérieur de l'enveloppe, le centre de poussée ne se déplace pas.

On aura donc, dans le cas d'une inclinaison de l'aéronat et en supposant la liaison de la nacelle rigide, un *couple redresseur* pour le ramener à sa position horizontale.

Si le volume de gaz perdu est plus faible, le ballonnet ne sera qu'en partie gonflé pour compenser cette perte. Le gaz se portant toujours à la partie la plus haute, si l'aéronat occupe une position inclinée (Fig. 251), la partie C du ballonnet B contiendra seule de l'air. Le volume d'air ainsi introduit dans l'enveloppe n'occupe pas une position symétrique par rapport au centre de poussée, de sorte qu'il y aura un plus grand volume de gaz à l'avant qu'à l'arrière. Le centre de poussée, dans ce cas, se déplacera vers l'avant, mais, évidemment, d'une quantité bien moindre que si l'enveloppe était flasque à l'arrière. Le *couple redresseur* diminuera de valeur, mais, néanmoins, il sera positif et assurera la stabilité longitudinale de l'aéronat.

En réalité, le ballonnet n'assure pas une stabilité longitudinale parfaite et rapide de l'aéronat, parce qu'il n'est généralement pas entièrement gonflé, mais l'instabilité qui en résulte ne peut être rapportée qu'à un volume maximum égal au volume du ballonnet.

L'instabilité se trouve ainsi réduite dans des limites assez étroites et le renversement de l'enveloppe n'est pas à craindre.

Cependant, dans le but de diminuer encore davantage la valeur de cette instabilité, le colonel Renard a constitué le ballonnet en plusieurs compartiments indépendants les uns des autres.

Le ballonnet comporte des cloisons ainsi que nous l'avons déjà indiqué précédemment (Fig. 239). Ces cloisons souples et l'enveloppe formant la paroi du ballonnet peuvent s'appliquer, intérieurement, contre l'enveloppe de l'aéronat, lorsque celle-ci est complètement remplie de gaz. Au fur et à mesure que l'enveloppe se dégonfle, on introduit de l'air dans les compartiments du ballonnet (Fig. 252). Lorsque, comme dans le cas examiné plus haut, la perte du gaz est telle que le ballonnet B est incomplètement rempli, le volume d'air introduit dans ce ballonnet est partagé entre les trois compartiments C, D et E.

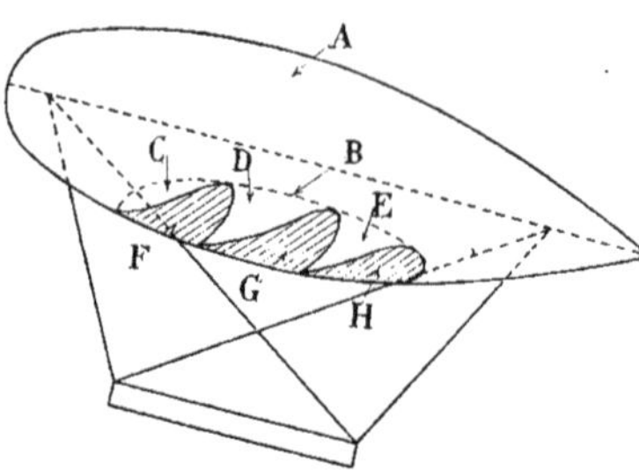

Fig. 252. — Rôle du ballonnet à cloisons dans la stabilité longitudinale d'un aéronat.

Si l'aéronat s'incline, le gaz tendra à gagner la partie supérieure de l'enveloppe. Le volume d'air F, G, H contenu dans chacun des compartiments sera déplacé en sens inverse, mais on comprend que ce déplacement dans chaque compartiment aura une amplitude bien plus réduite que le déplacement d'air qui s'effectue dans le ballonnet ne comportant aucune cloison. Le mouvement de tangage se trouvera, de la sorte, diminué, car il convient de considérer que pendant l'oscillation soit vers le haut, soit vers le bas de l'enveloppe, le volume d'air contenu dans le ballonnet se porte tantôt à l'avant, tantôt à l'arrière, par suite de la pression du gaz. Ce mouvement de va-et-vient ne peut qu'entretenir le tangage, comme le ferait un poids se déplaçant alternativement vers l'avant ou vers l'arrière, en suivant les oscillations de l'appareil.

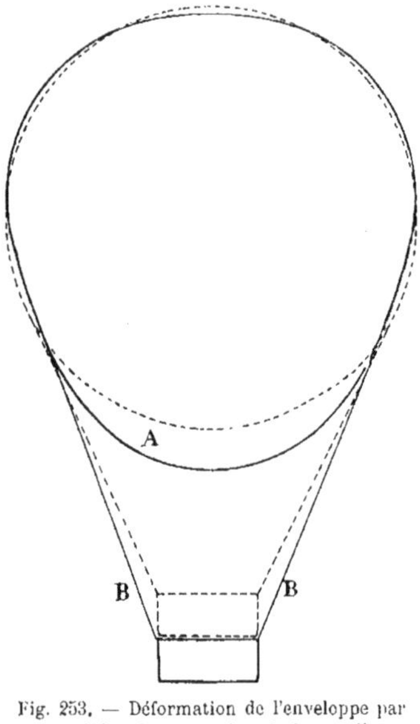

Il est donc utile de réduire à la fois le volume d'air pouvant créer cette perturbation et de diminuer l'amplitude de son déplacement pour éviter ces sortes de *pulsations* provenant du ballonnet. Le ballonnet cloisonné répond à ces conditions qui ont pour résultat d'assurer une plus grande stabilité longitudinale à l'aéronat.

Fig. 253. — Déformation de l'enveloppe par les câbles de suspension de la nacelle.

D'autres causes peuvent provoquer l'instabilité longitudinale et contribuer à entretenir le mouvement de tangage quand il est commencé ou à augmenter l'amplitude des oscillations.

Comme dans le ballonnet, mais pour des causes différentes, il peut se produire dans l'enveloppe des *pulsations* dues au déplacement du gaz.

Quoique l'enveloppe soit remplie de gaz,

il peut se produire à la surface de celle-ci des déformations dues aux câbles qui servent à supporter la nacelle (Fig. 253). Les câbles B doivent être, en principe, disposés de façon qu'ils soient tangents à l'enveloppe A dont la section est circulaire. Mais, par suite de la tension qui s'exerce sur eux et de la pression du gaz intérieur, la partie de l'enveloppe sur laquelle portent les câbles tend à se déformer et la section faite en travers de cette enveloppe a une forme semblable à celle de la figure 253.

L'enveloppe A, au lieu d'être circulaire, est allongée vers le bas et aplatie à sa partie supérieure.

Lorsque l'aéronat oscille, la tension des *câbles de suspente* varie, puisque la charge n'est plus, momentanément, uniformément répartie. Suivant la valeur de cette tension, l'enveloppe est plus ou moins déformée dans une même section, de sorte que le gaz va et vient dans l'enveloppe en produisant, par suite de ces déplacements successifs, des *pulsations* qui contribuent à entretenir le mouvement de tangage.

Il est une autre cause plus grave qui peut accentuer les effets de tangage et compromettre la stabilité longitudinale. C'est l'action de la *résistance de l'air*. Lorsque l'aéronat se déplace horizontalement, la résistance de l'air s'exerçant sur l'enveloppe de forme appropriée a une valeur déterminée dont on a tenu compte pour établir l'aéronat. Cette valeur varie, d'ailleurs, comme le *carré de la vitesse*.

Lorsque l'aéronat s'incline, la résistance qu'oppose l'air à son déplacement en agissant sur l'enveloppe augmente d'autant

Cliché Vérascope Richard.

Fig. 254. — Vue arrière de la *Ville de Paris*, montrant l'empennage.

plus que l'enveloppe est plus oblique, puisqu'elle offre, au fur et à mesure qu'elle s'incline, une plus grande surface d'action. En outre, la résistance de l'air augmente toujours proportionnellement au carré de la vitesse. On voit donc que pour une obliquité quelconque de l'aéronat, soit vers le haut, soit vers le bas, la résistance de l'air intervient pour augmenter son inclinaison dans un sens ou dans l'autre, et si sa valeur devenait suffisante, elle tendrait à placer l'enveloppe dans une position verticale.

Nous avons expliqué plus haut comment se produit un *couple de redressement* de l'aéronat, lorsque la suspension de la nacelle est indéformable.

Ce couple redresseur doit donc pouvoir compenser l'action de la résistance de l'air sur l'enveloppe pour que l'aéronat reprenne sa stabilité longitudinale. Or, pour un aéronat déterminé, ce couple ne varie pas sensiblement, puisqu'il est fonction de la poussée ascensionnelle et du poids enlevé, mais, par contre, la résistance varie et c'est surtout la vitesse donnée à l'aéronat qui en augmente la valeur, puisque nous savons qu'elle varie comme le carré de la vitesse. Il en résulte que pour une certaine vitesse de l'aéronat, il pourra y avoir équilibre entre la résistance de l'air et le couple de redressement. A ce moment, l'aéronat commencera à ne plus pouvoir revenir à sa position horizontale lorsqu'il l'aura quittée pour une cause quelconque.

Si la vitesse augmente, l'équilibre de l'aéronat est rompu, et celui-ci tend à se dresser verticalement. Si la vitesse diminue, au contraire, l'équilibre est mieux assuré et la stabilité longitudinale augmente.

Vitesse critique Cette *vitesse limite* qu'un aéronat ne doit pas dépasser sous peine de détruire sa stabilité longitudinale, a été appelée *vitesse critique* par le colonel Renard.

La vitesse critique ne doit donc pas être dépassée et ne doit même pas être atteinte pour que le voyage aérien puisse s'effectuer dans des conditions de sécurité normales.

Ainsi, il ressort de cet examen qu'il n'est pas avantageux de munir un aéronat d'un moteur trop puissant pouvant lui donner une trop grande vitesse. Il convient que le moteur et la vitesse qu'il imprime à l'aéronat soient appropriés au volume de l'enveloppe et au poids soulevé, et répondent aux conditions de stabilité à réaliser.

Cependant, pour un aéronat déterminé, on peut augmenter la vitesse sans craindre le renversement, si on donne au couple redresseur une plus grande valeur. Comme cette valeur dépend non seulement de la valeur des actions en jeu : force ascensionnelle et poids, mais encore du bras de levier qui sépare les points d'application de ces actions, on a cherché à augmenter ce bras de levier.

On a préconisé plusieurs moyens. On peut d'abord abaisser la nacelle ; le centre de gravité se trouvant placé plus bas, pour une inclinaison déterminée, il se déplace d'une plus grande quantité que lorsqu'il est disposé au-dessus et le bras de levier du couple redresseur est plus considérable. La valeur du couple sera évidemment plus grande et la vitesse critique pourra également être plus importante.

Ce procédé a l'inconvénient de nécessiter une plus grande longueur des câbles de suspente et il en résulte une augmentation de la résistance de l'air qui s'exerce sur eux.

On peut aussi charger la nacelle, mais, dans ce cas, la force ascensionnelle doit être augmentée de manière appropriée et le volume de l'enveloppe doit être plus considérable.

Il est également possible de faire varier le bras de levier du couple redresseur en faisant manœuvrer des poids mobiles qui, par leur déplacement provoqué au moment opportun, font varier la position du centre de gravité et assurent la stabilité. Ce moyen a été employé par plusieurs aéronautes, mais il a l'inconvénient de n'être pas automatique, c'est-à-dire qu'il nécessite un certain temps pour que la manœuvre puisse s'effectuer complète, afin de contrebalancer l'action perturbatrice. Ce retard dans le mouvement peut, parfois, suivant sa durée, provoquer sur l'aéronat une action en sens inverse de celle que l'on comptait exercer, ce qui n'est quelquefois pas sans danger.

Empennages Pour éviter les inconvénients des divers procédés que nous venons d'indiquer tendant à augmenter le couple stabilisateur, le colonel Renard a proposé des dispositifs d'*empennage* dont l'action est automatique et dépend de cette même résistance de l'air qui tend, lorsque la vitesse est trop grande, à renverser l'aéronat.

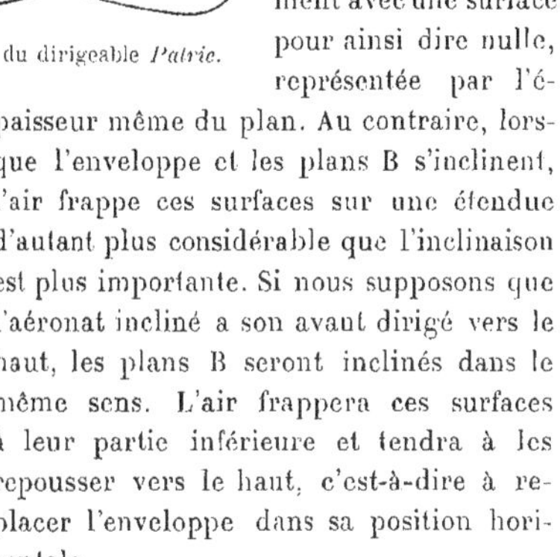

Fig. 255. — Empennage du dirigeable *Patrie*.

Ainsi donc, la stabilité est obtenue en utilisant l'élément perturbateur lui-même et plus sa valeur croît en s'exerçant, d'une part, pour détruire la stabilité, plus son action est considérable, d'autre part, pour augmenter cette stabilité, de sorte que ces deux actions antagonistes dues à la résistance de l'air peuvent se contrebalancer.

On peut obtenir ce résultat par des dispositifs divers qui ont été appliqués à différents types d'aérostats dirigeables.

Dans l'aéronat *Patrie*, on a réalisé l'empennage en disposant à l'arrière de l'enveloppe A, le plus loin possible du centre de gravité de l'ensemble, des surfaces B et C disposées horizontalement et verticalement. Les quatre surfaces placées symétriquement par rapport à l'axe de l'enveloppe ont une disposition semblable à celles qui terminent à l'arrière les *flèches empennées*.

Pour la stabilité longitudinale, ce sont les plans horizontaux B qui agissent; les plans verticaux exercent leur action lorsque l'aéronat dévie de sa route.

Nous allons nous occuper de ce dernier cas, un peu plus loin.

Examinons comment s'exerce, par exemple, l'action des plans horizontaux pour rétablir l'équilibre dans le sens longitudinal lorsque l'aéronat, étant animé d'une certaine vitesse, s'incline soit vers le haut, soit vers le bas.

Dans cette position oblique, la résistance de l'air due à l'inclinaison des plans horizontaux qui sont solidaires de l'enveloppe croît en raison même de la valeur de l'inclinaison et en raison du carré de la vitesse.

Lorsque l'aéronat est horizontal, la résistance de l'air n'agit pas sur les plans horizontaux qui se présentent à l'avancement avec une surface pour ainsi dire nulle, représentée par l'épaisseur même du plan. Au contraire, lorsque l'enveloppe et les plans B s'inclinent, l'air frappe ces surfaces sur une étendue d'autant plus considérable que l'inclinaison est plus importante. Si nous supposons que l'aéronat incliné a son avant dirigé vers le haut, les plans B seront inclinés dans le même sens. L'air frappera ces surfaces à leur partie inférieure et tendra à les repousser vers le haut, c'est-à-dire à replacer l'enveloppe dans sa position horizontale.

Cette action de l'air sera d'autant plus énergique, en dehors de la valeur de l'inclinaison et de la vitesse, que la distance des plans horizontaux au centre de gravité sera plus considérable.

En effet, du fait de la résistance de l'air sur ces plans horizontaux B, il se produit un couple de redressement qui dépend à la fois de la valeur de l'effort appliqué sur ces surfaces et du bras de levier représenté par la distance séparant le centre de gravité des plans B.

Le couple ainsi formé peut contrebalancer l'action de la résistance de l'air sur l'enveloppe inclinée, car cette enveloppe offre, évidemment, une surface plus considérable à l'action de l'air, mais le point d'application résultant de cette résistance est peu éloigné du centre de gravité, de sorte que le couple de renversement ainsi produit devient plus faible que le couple de redressement obtenu grâce au dispositif d'empennage.

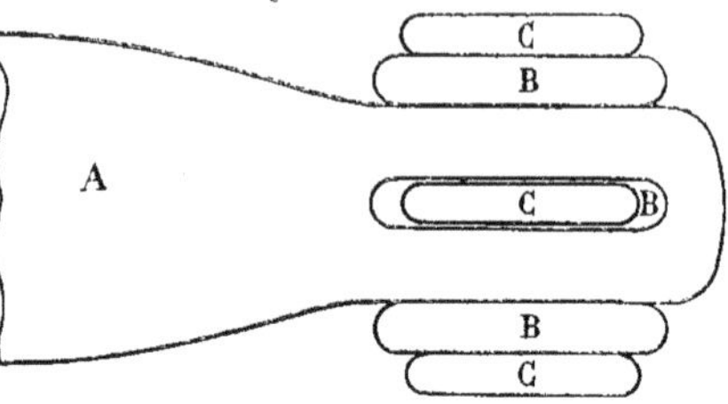

Fig. 256. — Empennage de l'aéronat *Ville-de-Paris.*

Lorsque la vitesse augmente, la résistance de l'air croît, avons-nous dit, comme le carré de cette vitesse, mais comme cette résistance de valeur plus élevée s'exerce avec cette même valeur d'une part sur l'enveloppe et d'autre part sur les plans inclinés, l'action respective de l'air sur chacune de ces surfaces reste proportionnelle à la grandeur de ces surfaces, malgré l'accroissement de vitesse et, comme précédemment, la stabilité longitudinale de l'aéronat peut être assurée si la distance qui sépare le centre de gravité de l'empennage est établie d'une façon appropriée à la surface de l'enveloppe soumise à l'action de l'air, pour une inclinaison déterminée.

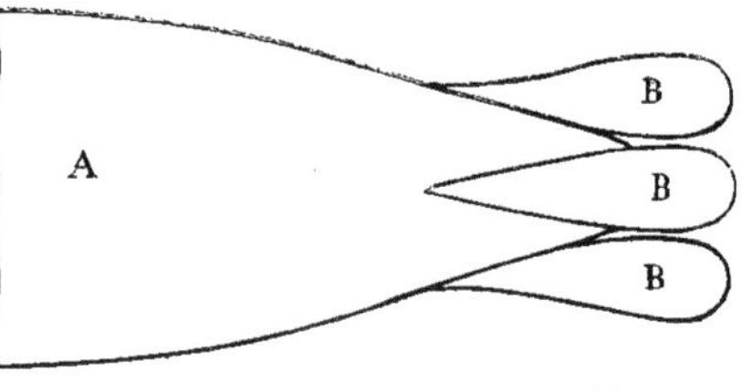

Fig. 257. — Empennage de l'aéronat *Bayard-Clément.*

C'est pour cela que les plans stabilisateurs formant l'empennage sont reportés le plus loin possible à l'arrière de l'enveloppe, afin d'augmenter autant qu'on le peut la grandeur du bras de levier du couple de redressement.

On comprend que ce bras de levier n'aura jamais une valeur trop grande, puisque de cette plus ou moins grande valeur dépend le degré plus ou moins grand de stabilité longitudinale de l'aéronat.

On peut reprocher au dispositif précédent d'empennage, constitué par des surfaces planes disposées perpendiculairement, de peser sur l'arrière de l'enveloppe. En effet, quoique ces plans soient établis le plus légèrement possible, comme ils doivent être appliqués, par principe, le plus loin possible du centre de gravité, ils produisent, si on les considère indépendamment des autres organes, un *couple de déviation* qui tend à obliquer l'enveloppe, vers le haut. En outre, ces surfaces offrent, pour être assujetties à l'enveloppe, une certaine difficulté de construction.

Pour obvier à ces inconvénients, le colonel Renard a préconisé l'emploi de *ballonnets extérieurs,* au lieu de *plans rigides.* Ces ballonnets extérieurs solidaires de l'enveloppe sont gonflés d'hydrogène et, de cette façon, ne surchargent pas l'arrière de l'enveloppe. Ils offrent, quand l'enveloppe est inclinée, une surface assez considérable à la résistance de l'air et leur liaison à l'enveloppe s'effectue aisément, puisqu'ils sont constitués par de l'étoffe cousue à celle qui forme l'enveloppe.

Dans l'aérostat dirigeable *Ville de Paris* (Fig. 256) l'empennage a été constitué par une série de ballonnets disposés à l'arrière de l'enveloppe. Cette enveloppe A, de forme cylindrique à son extrémité arrière, est munie de quatre séries de ballonnets B et C disposés sur son pourtour.

Chaque série de ballonnets en comporte deux, dont l'un, B, fixé contre l'enveloppe, a un volume plus considérable que le second C, disposé extérieurement.

Cet empennage comporte donc au total huit ballonnets.

Lorsque l'aéronat navigue horizontalement, l'air, glissant sur l'enveloppe, vient à l'arrière frapper les ballonnets sur leur extrémité arrondie et offrant une surface très réduite. Si, par contre, l'aéronat s'incline, les ballonnets suivant ce mouvement présentent chacun une surface plus considérable à la résistance de l'air.

Deux séries de ballonnets servent à assurer la stabilité longitudinale. Les deux autres groupes placés perpendiculairement, servent à assurer la stabilité de route ou de direction.

Dans l'aérostat dirigeable *Bayard-Clément* (Fig. 257), l'empennage a été également réalisé au moyen de ballonnets.

Ces ballonnets B placés à l'arrière de l'enveloppe A, sont au nombre de quatre disposés symétriquement sur le pourtour de l'enveloppe. Deux se trouvent ainsi placés dans un plan horizontal lorsque l'enveloppe est horizontale et les deux autres sont, pour cette même position, placés verticalement.

Fig. 258. — Vue arrière du dirigeable *Bayard-Clément*.

Les ballonnets ont leur extrémité avant effilée de sorte que pendant la marche horizontale de l'aéronat l'air n'a aucune prise sur eux et la résistance due au déplacement ne s'exerce que lorsque l'enveloppe s'incline.

Déversement

La stabilité longitudinale qui dépend des diverses conditions que nous venons d'examiner peut, en outre, être troublée par la disposition du point d'application de la force propulsive de l'aéronat.

Il semble, au premier examen, que puisque la plus grande valeur de la résistance de l'air s'exerce sur l'enveloppe, l'hélice propulsive doit naturellement se trouver sur l'axe même de cette enveloppe. On paraît ainsi avoir établi la disposition capable d'assurer le mieux l'équilibre horizontal de l'aéronat pendant son déplacement, car la résistance de l'air par rapport à l'enveloppe a son point d'application sur l'axe même de l'hélice. Les efforts antagonistes sont, dans ce cas, dirigés exactement en sens inverse, et leur point d'application se trouvant sur la même ligne horizontale, il ne saurait se produire de couple de renversement.

Quelques constructeurs de dirigeables, parmi lesquels Severo dans son aéronat le *Pax*, et aussi Santos-Dumont, ont employé ce dispositif.

Mais il convient de remarquer que la résistance de l'air exerce également son action sur les câbles de suspension de la nacelle, sur cette nacelle et sur tous les organes qu'elle contient et qui font saillie audessus d'elle. La valeur de cette résistance est évidemment moindre que celle qui s'exerce sur le bout de l'enveloppe dont la surface est plus considérable; mais, cependant, on ne saurait la négliger, de sorte que la vraie place de l'hélice propulsive n'est pas sur l'axe même de l'enveloppe.

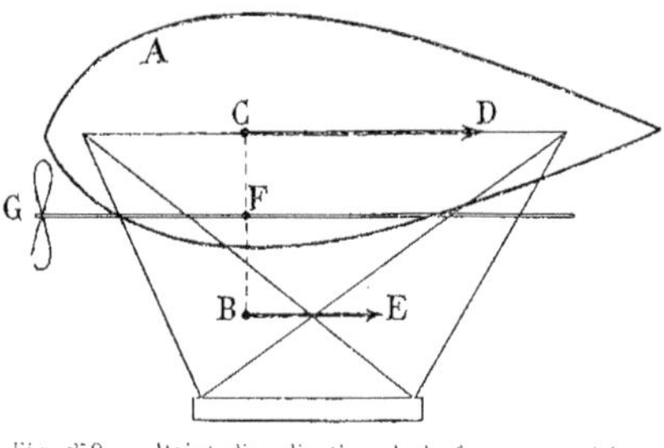

Fig. 259. — Point d'application de la force propulsive sur un aéronat.

Cette disposition, d'ailleurs, présente de grandes difficultés de réalisation, car il faut rendre l'axe de l'hélice rigide et le supporter à cette hauteur considérable, ce qui nécessite l'établissement de carcasses rigides particulières, dont celle de l'aéronat *Pax* offre un exemple. On a pu se rendre compte de la complexité de cette armature.

On a donc été conduit, pour obvier à ces difficultés de construction et pour répondre plus exactement aux conditions assurant la stabilité longitudinale, à descendre l'axe de l'hélice et à le placer plus près de la nacelle.

Certains constructeurs ont été même plus loin dans ce sens et ils ont disposé l'axe de l'hélice sur la nacelle même.

Si cette disposition a l'avantage de pouvoir être réalisée plus simplement, elle n'augmente pas la stabilité longitudinale. Elle tend, au contraire, à la diminuer, puisque le plus grand effort de la résistance de l'air s'exerce sur l'axe de l'enveloppe situé à une grande distance du point d'application de la force propulsive.

Il en résulte un couple de déviation qui tend à faire incliner l'aéronat l'avant dirigé vers le haut. C'est ce que l'on appelle le *déversement*, lequel diffère du *tangage* en ce que son action ne donne pas au dirigeable le mouvement oscillant de va-et-vient dans le plan vertical comme les causes diverses qui produisent le *tangage*. L'effort de déversement trouble la stabilité longitudinale d'une façon permanente et dans le même sens lorsque l'hélice est en fonction. Cet effort s'ajoute, par conséquent, aux diverses actions provoquées par d'autres causes dans le même sens pour déplacer l'aéronat de sa position d'équilibre horizontal.

Il est donc avantageux de disposer l'hélice entre la nacelle et l'enveloppe à une distance telle de l'une et de l'autre qu'il ne se produise aucun couple de déversement.

Pour déterminer cette place, il faut considérer que le point d'application C, par exemple (Fig. 259), de l'effort résultant de la résistance de l'air sur l'enveloppe A se trouve sur l'axe horizontal de cette enveloppe supposée symétrique par rapport à cet axe. Cet effort sera dirigé suivant la ligne CD en sens inverse du sens de marche de l'aéronat, et la longueur CD pourra le représenter comme valeur.

Une autre action due à la résistance de l'air s'exerce, avons-nous dit, sur la nacelle, sur ses câbles de suspension et sur des organes divers. Supposons le point d'application de cet effort placé en B, point qui sera nécessairement tout près de la nacelle puisque celle-ci offre à l'air une résistance supérieure à celle des cordages.

La direction de cet effort sera toujours en sens inverse de la marche de l'aéronat et la ligne BE sera sa représentation graphique en grandeur et en direction. La résistance de l'air agira donc aux points C et B dans le sens des flèches et proportionnellement en ces deux points aux longueurs CD et BE. La force propulsive dirigée en sens inverse devra donc avoir son point d'application F situé entre le point B et le point C, et il est évident que la distance qui séparera ce point F du point C devra être plus faible que celle qui sera mesurée entre F et B, car l'action CD à contrebalancer au-dessus du point F est plus considérable que l'action BE à équilibrer au-dessous.

La vraie position du point E sera déterminée pour que les deux efforts CD, et BE, produisent avec leurs bras de leviers respectifs CF et FB, deux couples de déviation égaux. Comme ils s'exerceront l'un au-dessus, l'autre au-dessous de l'axe de l'hélice qui sera placé en F, la stabilité horizontale de l'aéronat sera assurée.

La position théorique de l'arbre de l'hélice devrait donc être au point F, mais ce dispositif offre aussi des complications de réalisation. Néanmoins, il est employé dans plusieurs types de dirigeables, parmi lesquels celui du comte de la Vaulx.

Les hélices sont placées soit à l'arrière, soit à l'avant de l'aéronat comme dans les dirigeables *Bayard-Clément* ou *Ville de Paris*, soit sur le côté, dans les aéronats Lebaudy.

Lorsque les hélices sont, pour des raisons de simplification de mécanisme, placées sur la nacelle et que l'aéronat se trouve ainsi soumis à un couple de déversement, on corrige ce déversement en donnant une inclinaison appropriée au gouvernail de profondeur, lequel rétablit l'équilibre horizontal.

Stabilité latérale. Roulis

La stabilité latérale d'un aéronat diffère de la stabilité longitudinale, en ce que celle-ci se rapporte aux mouvements que peut prendre l'aéronat par rapport à son axe longitudinal, mais dans un même plan vertical, tandis que la stabilité latérale se rapporte aux *mouvements de rotation* que peut prendre l'aéronat autour de ce même axe longitudinal.

En assimilant l'aéronat à un bateau, la stabilité longitudinale dépend du mouvement de *tangage*, déterminant des oscillations dirigées de la *proue*, vers la *poupe*, c'est-à-dire de l'avant à l'arrière, ou inversement, tandis que la stabilité latérale dépend du mouvement de *roulis* déterminant des oscillations de *bâbord* à *tribord*, c'est-à-dire de gauche à droite, ou inversement.

Comme l'enveloppe est latéralement symétrique par rapport à cet axe, que les câbles de suspension sont aussi disposés symétriquement, ainsi que la nacelle et les organes de propulsion, la stabilité latérale est normalement assurée.

Aucune action extérieure due au déplacement de l'aéronat ne tend à provoquer l'instabilité latérale ni à l'amplifier.

Un effort dû à un coup de vent dirigé dans le sens perpendiculaire au sens de la marche peut, parfois, troubler cette stabilité, mais elle est aisément rétablie par suite du poids de la nacelle, qui se trouve suspendue généralement assez bas au-dessous de l'enveloppe, de sorte qu'il se produit, comme nous l'avons vu précédemment à propos de la stabilité longitudinale, un couple de redressement qui remet rapidement tous les organes dans leur position normale.

On assure d'une manière encore plus efficace la stabilité latérale en disposant contre l'enveloppe des plans horizontaux.

Dans l'aéronat *Lebaudy* la partie inférieure de l'enveloppe même forme une surface plane, qui est horizontale dans la position de marche normale et qui sert à conbalancer l'effet de roulis.

rection est établie, il importe que l'aéronat n'en puisse dévier par suite de circonstances indépendantes de la volonté de l'aéronaute. Il faut assurer la *stabilité de direction* de l'aéronat. Cette stabilité est aussi désignée sous le nom de *stabilité de route.*

Pendant son déplacement, l'aéronat est soumis à certains mouvements de *lacet*

Fig. 260. — Vue arrière du *Patrie,* montrant les dispositifs d'empennage.

Les plans horizontaux disposés principalement sur l'enveloppe pour assurer la stabilité longitudinale interviennent également pour assurer la stabilité latérale.

Stabilité de direction ou stabilité de route

Lorsqu'un aéronat se déplace par ses propres moyens pour atteindre un point déterminé, le gouvernail lui donne la direction à suivre, mais lorsque cette di-

dus à l'action de l'air, lesquels tendent à le dévier de la route qu'il suit.

On peut, à la vérité, en manœuvrant le gouvernail, compenser l'effet des déviations et ramener l'aéronat sur sa route, mais cette solution n'assure la stabilité de direction qu'au prix d'une manœuvre constante et pénible du gouvernail. Elle offre, en outre, l'inconvénient de provoquer parfois des mouvements extérieurs à la route à suivre

Fig. 251. — Le *Santos-Dumont* n° 6, à sa première sortie, tombe dans le parc du château de Boulogne.

qui risquent de se répéter dans des sens opposés.

Lorsqu'on manœuvre brusquement le gouvernail pour corriger un écart de direction, la masse gazeuse contenue dans l'enveloppe tend à suivre, par inertie, la direction primitivement imprimée à l'appareil. Comme l'enveloppe elle-même, sous l'action du gouvernail, obéit plus rapidement, il peut résulter, de cette manœuvre, des pulsations dans l'enveloppe, sortes de vagues dont l'action peut troubler la stabilité de direction en retardant d'abord le placement de l'aéronat sur sa route, puis, un moment après, en accentuant sa déviation dans le même sens que le gouvernail. Un nouveau coup de barre de plus faible amplitude et donné en sens inverse peut, dès lors, être nécessaire pour ramener l'aéronat en direction. Il peut résulter de ces diverses manœuvres des mouvements répétés d'oscillation de côté et d'autre, qui nuisent à la progression normale de l'appareil et qui augmentent l'action de la résistance de l'air. Pour assurer la stabilité de direction sans avoir recours à la manœuvre constante du gouvernail, on munit l'enveloppe de plans verticaux disposés à l'arrière.

Ces *stabilisateurs* verticaux complètent l'empennage constitué pour assurer la stabilité longitudinale et que nous avons précédemment examiné.

L'enveloppe a, nous le savons, une forme plus effilée à l'arrière qu'à l'avant. Ainsi l'action de l'air ne s'exerce sur les organes stabilisateurs placés à l'arrière, soit dans le sens horizontal, soit dans le sens vertical, que lorsque l'aéronat dévie de sa position normale.

Nous savons quel est l'effet produit par les plans stabilisateurs horizontaux au point de vue de la stabilité longitudinale. Les plans stabilisateurs verticaux exercent une action semblable pour assurer la stabilité de direction.

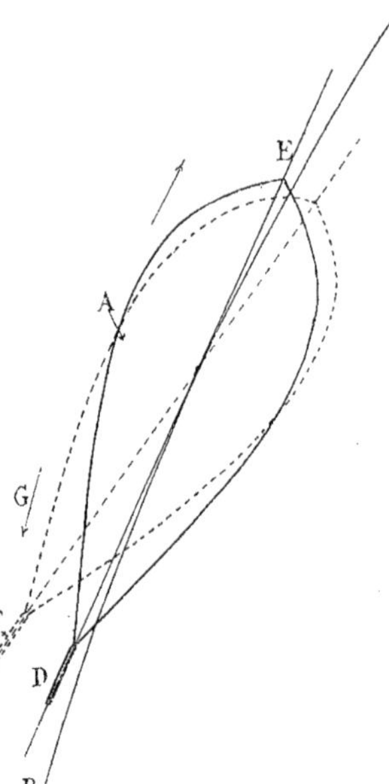

Fig. 262. — Stabilité de route d'un aéronat.

Si nous supposons, en effet, un aéronat A (Fig. 262) devant suivre une route représentée par la ligne BC, la stabilité de direction de cet aéronat sera obtenue lorsque l'axe DE de l'appareil se maintiendra constamment tangent à la trajectoire qu'il doit suivre.

Si, pour une raison quelconque, la direction de l'aéronat se trouve momentanément déviée, l'axe de cet aéronat ne sera plus tangent à la trajectoire suivie; il la coupera en un point. Si nous supposons la nouvelle position de l'appareil représentée en pointillé sur la figure 262, on voit que les plans stabilisateurs verticaux F représentés sur champ dans la vue en plan qui constitue cette figure, se déplacent et sont, pour la nouvelle position de l'appareil, disposés obliquement par rapport à la direction à suivre.

L'action de l'air, qui est nulle sur ces plans stabilisateurs lorsque l'aéronat n'oscille pas, s'exerce, au contraire, sur un des côtés de ces plans lorsque l'aéronat s'oblique.

Pour la position de l'aéronat indiquée en pointillé sur notre dessin, l'action de l'air dirigé suivant la flèche G, s'exerce sur la face gauche des plans stabilisateurs verticaux. Comme ces plans sont placés à une certaine distance du centre de gravité, l'action produite par l'air sur ces surfaces obliques tend à repousser l'arrière de l'aéronat vers la trajectoire BC et, par conséquent, tend à le ramener dans la direction à suivre.

Donc, aussitôt que l'aéronat tend à dévier de sa route, l'air, en agissant sur les plans verticaux et du côté obliqué, rétablit automatiquement la stabilité de route.

De même que pour l'obtention de la stabilité longitudinale, la stabilité de route est d'autant plus assurée que la distance des plans stabilisateurs verticaux au centre de gravité est plus grande, car cette distance constitue le bras de levier du couple de redressement. Plus la valeur de ce bras de levier sera considérable, plus tôt se produira le redressement sous une action de l'air plus minime et, par conséquent, pour une déviation moindre.

La stabilité de direction dépend également de la permanence de la forme de l'enveloppe. Si cette enveloppe est dégonflée, le vent s'engouffrant dans ses parties creuses exerce sur elle une action perturbatrice considérable; il peut même, par sa violence et suivant sa direction, faire pivoter l'aéronat sur lui-même et le placer dans une direction opposée à celle qu'il doit suivre. Dans ce cas encore, le rôle du ballonnet d'air a son importance, de sorte que cet organe, qui semble accessoire, a, dans les aérostats dirigeables, une fonction essentielle pour assurer d'une façon générale leur stabilité, ainsi que nous l'avons précédemment indiqué.

Par l'analyse que nous venons de faire des diverses conditions de stabilité à réaliser pour qu'un aérostat dirigeable puisse naviguer normalement dans les airs et sans danger, on peut se rendre compte de la complexité du problème qu'il faut résoudre pour établir un appareil offrant toute sécurité.

C'est souvent pour avoir négligé quelques-uns de ces principes essentiels, que la navigation aérienne dirigée a eu ses accidents et, malheureusement aussi, ses catastrophes.

CHAPITRE XVI

AÉROSTATS DIRIGEABLES DIVERS.

AÉROSTATS DIRIGEABLES : Santos-Dumont. — Lebaudy. — Patrie. — République. — Liberté. — Ville de Paris. — Bayard-Clément. — De la Société de construction Astra. — Belgique. — Zodiac.
AÉROSTATS DIRIGEABLES ÉTRANGERS : Zeppelin. — Parseval. — Gross. — Italia. — Nulli-Secundus.
AÉROSTATS DIRIGEABLES DIVERS.

Aérostat dirigeable Santos Dumont

Nous avons dit, dans l'historique des aérostats dirigeables, que le premier aérostat dirigeable comportant un moteur à pétrole avait été essayé en France par M. Santos Dumont.

M. Santos Dumont, Brésilien d'origine, vint à Paris en 1891.

Son goût très prononcé pour tous les sports le porta bientôt à faire de l'automobilisme, puis de l'aérostation libre.

Le charme des voyages aériens le captiva au point qu'il conçut le projet de continuer les études entreprises en vue de réaliser la direction des aérostats et de construire un aérostat dirigeable.

Le moteur à pétrole commençait à recevoir dans l'automobilisme des applications de plus en plus appréciées, et on construisait des *tricycles à pétrole* qui avaient alors le plus grand succès.

M. Santos Dumont eut l'idée de construire un aérostat de petit volume dont la propulsion devait être assurée au moyen d'une hélice actionnée par un moteur à pétrole établi comme ceux des tricycles.

Nous allons voir comment, à la suite de transformations successives, il parvint, à force de persévérance, à établir un aéronat qui lui permit, en parcourant un certain trajet déterminé d'avance, de gagner un prix de 100.000 francs que M. Deutsch de la Meurthe, un fervent adepte de l'aérostation, avait institué.

Les expériences répétées de M. Santos Dumont et son succès dans l'épreuve qui lui valut le prix Deutsch, donnèrent une vigoureuse impulsion à la navigation aérienne dirigée, et ce fut le point de départ d'études faites sur des bases nouvelles, qui devaient donner naissance aux différents types d'aérostats dirigeables que nous allons examiner.

Il est donc juste de reconnaître que, par son initiative et par son courage, M. Santos Dumont a contribué à hâter la solution du passionnant problème consistant à réaliser la direction des aérostats.

Dans ses nombreuses tentatives, M. Santos Dumont a, par suite de son manque d'expérience, en matière d'aéronautique, et des conditions insuffisamment établies de stabilité et de rigidité de ses aéronats, été victime de plusieurs accidents qui auraient pu avoir des conséquences fort graves; il en est toujours, fort heureusement, sorti indemne.

Examinons, parmi les divers modèles d'aérostats dirigeables que M. Santos Dumont a construits, et qui sont au nombre de seize, ceux qui présentent le plus d'intérêt.

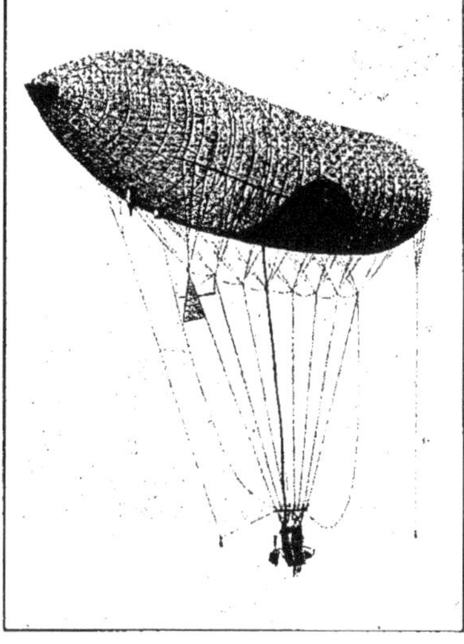

Fig. 63. — Le *Santos-Dumont* n° 1.

Le premier aéronat construit par M. Santos Dumont avait une forme cylindrique (Fig. 263) et était terminé, à l'avant et à l'arrière, par une surface conique. Sa longueur était de 25 mètres, son diamètre de 3 mètres 50 et son volume de 180 mètres cubes. Il était établi pour porter, outre le moteur, le combustible, la nacelle et les accessoires, ainsi qu'un seul aéronaute, qui était son constructeur lui-même, dont le poids ne dépassait guère 50 kilogrammes.

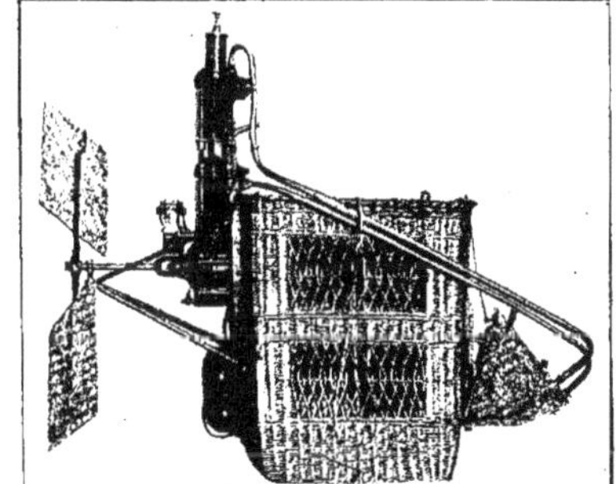

Fig. 264. — Nacelle des *Santos-Dumont* n° 1, 2 et 3.

Pour ne pas surcharger l'appareil, le filet et la chemise de suspension furent supprimés et la nacelle fut suspendue à l'enveloppe même de l'aérostat par l'intermédiaire de tiges en bois de petit diamètre qui furent placées dans des bandes cousues contre l'enveloppe sur presque toute sa longueur.

L'enveloppe, qui devait être légère, était faite en soie du Japon.

Un gouvernail de forme triangulaire était disposé à l'arrière. Il était fait en étoffe de soie tendue sur un châssis métallique.

Deux poids pouvant être déplacés pendant la marche de l'aéronat furent disposés l'un à l'avant, l'autre à l'arrière. Ces poids étaient simplement deux sacs de lest, suspendus directement par des cordes à l'enveloppe même de l'aéronat. Une autre corde, attachée à chacun des sacs et aboutissant à la nacelle, permettait de les ramener jusqu'à cette nacelle. L'action des poids pouvait ainsi s'exercer plus ou moins loin de la nacelle, et soit vers l'avant, soit vers l'arrière. C'était un dispositif destiné à faire varier le centre de gravité suivant l'instabilité de l'aéronat. Un guide-rope de 60 mètres de longueur devait faire office de lest facile à déplacer.

La nacelle, en osier (Fig. 264), supportait le moteur et l'hélice; elle était suspendue à une assez grande distance de l'enveloppe.

Le moteur, avons-nous dit, était un

moteur de tricycle à pétrole, mais, comme il comportait deux cylindres, il avait été constitué par deux de ces moteurs dont les deux cylindres avaient été superposés de façon à pouvoir actionner la même bielle tout en ne nécessitant qu'un seul carburateur. Ce moteur, allégé le plus possible, avait une puissance de 3 chevaux et demi et pesait 30 kilogrammes.

Le 18 septembre 1898, l'aéronat *Santos-Dumont,* ainsi équipé, fut gonflé à l'hydrogène au Jardin d'Acclimatation de Paris et s'éleva dans les airs.

Fig. 265. — Le *Santos-Dumont* n° 2.

Le lancement fut mal effectué et la première ascension du premier aérostat dirigeable de M. Santos Dumont ne dura que quelques secondes, car l'aéronat fut projeté sur des arbres avoisinants où l'enveloppe se déchira.

Deux jours après, le 20 septembre, le dirigeable n° 1 s'enlevait du même point et, cette fois, passait sans encombre au-dessus des arbres.

Le moteur mis en marche, l'aérostat put évoluer dans tous les sens à l'aide des manœuvres du gouvernail, du guide-rope, et des poids mobiles.

Une foule considérable suivait avec intérêt ces diverses évolutions.

Le dirigeable, qui s'était d'abord maintenu à une faible altitude, s'éleva progressivement jusqu'à environ 400 mètres. C'est ce qui provoqua l'accident qui devait terminer l'ascension.

En effet, le gaz contenu dans l'enveloppe se dilatait par suite de la montée de l'appareil et s'échappait par le clapet spécial. L'enveloppe se maintenait néanmoins rigide; mais lorsque la descente de l'aéronat commença, cette enveloppe devint flasque. Une pompe à air, qui devait, par sa manœuvre, compenser la perte de gaz, ne put fournir un volume d'air suffisant, de sorte que l'enveloppe se dégonflait de plus en plus au fur et à mesure qu'elle descendait.

A un certain moment, l'enveloppe se plia en deux vers le milieu de sa longueur, les deux extrémités pointues restant tournées vers le ciel.

La tension des cordes de suspente de la nacelle, se trouvant inégalement répartie, pouvait provoquer leur rupture une à une ainsi que la chute de la nacelle et de l'aéronaute sur le sol. Les cordes résistèrent heureusement pendant la descente de l'aéronat, laquelle s'accéléra de plus en plus et ne pouvait plus être enrayée. Il se trouvait, à ce moment, au-dessus des pelouses de Bagatelle, aux portes de Paris.

L'aéronaute se rendant compte du danger qu'il courait, cria à des enfants qui jouaient au cerf-volant sur la pelouse, de s'emparer du guide-rope et de courir le plus rapidement possible vers le vent. Cette manœuvre put être effectuée avec assez de promptitude pour diminuer la violence du choc contre le sol, et l'aéronaute se tira sans dommage de cette fâcheuse situation.

Il n'en fut pas de même de l'aéronat et de ses divers organes.

Au commencement de l'année 1899, un autre aéronat fut construit par M. Santos Dumont : c'était le *Santos-Dumont* n° 2 (Fig. 265). Établi avec la même longueur que le précédent, il avait un volume un peu plus grand, soit 200 mètres cubes; son diamètre se trouvait donc un peu augmenté.

L'aéronat était muni d'un ballonnet dont la paroi était cousue intérieurement sur l'enveloppe même. Un ventilateur en aluminium, remplaçant la pompe à air du premier dirigeable, devait permettre de remplir d'air ce ballonnet par l'intermédiaire d'une manche spéciale. Le ballonnet était muni d'une valve automatique d'échappement et l'enveloppe contenant le gaz comportait deux autres valves automatiques.

Le gaz de l'enveloppe ainsi que l'air du ballonnet pouvaient ainsi, par suite d'une augmentation d'altitude, se dilater sans inconvénient.

Le 11 mai 1899, le *Santos-Dumont* n° 2 fut gonflé et lancé sous la pluie dans de mauvaises conditions. Il avait à peine quitté le sol que la contraction du gaz rendit l'enveloppe flasque; le ballonnet à air ne put jouer son rôle compensateur, car avant que le ventilateur, par sa manœuvre, eût pu le remplir d'air, un coup de vent avait plié l'enveloppe en deux par le milieu et poussé l'aéronat sur les arbres.

Le troisième modèle de dirigeable construit par M. Santos Dumont (Fig. 266) différait des deux premiers en ce que la longueur était moins considérable, mais le diamètre et le volume étaient plus grands.

L'enveloppe avait une longueur de 20 mètres : son plus grand diamètre était de 7 m. 50, et son volume de 500 mètres cubes. L'augmentation de volume avait pour but de gonfler l'enveloppe avec du gaz d'éclairage tout en conservant à l'appareil une force ascensionnelle suffisante.

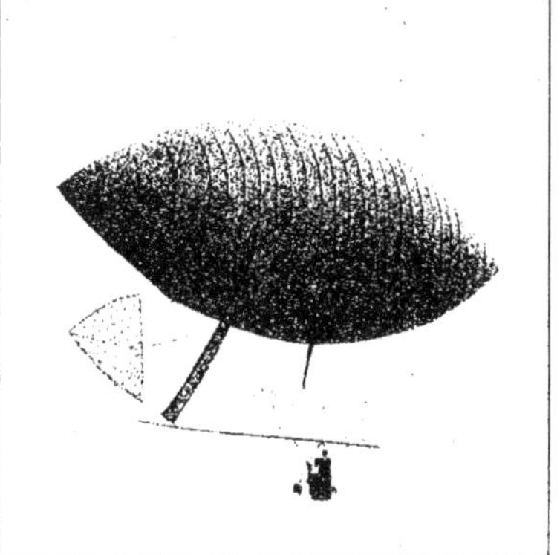

Fig. 266. — Le *Santos-Dumont* n° 3.

L'enveloppe, au lieu d'avoir, comme dans les deux premiers modèles, une forme cylindrique sur une grande partie de sa longueur, se rapprochait de la forme *fusiforme*. Elle était symétrique par rapport à ses deux axes.

Le ballonnet à air fut supprimé et, pour donner de la rigidité à l'enveloppe, une tige de bambou rigide, de 10 mètres de longueur, fut disposée entre les cordes de suspension, longitudinalement, entre l'enveloppe et la nacelle.

Le 13 novembre 1899, le *Santos-Dumont n° 3*, s'enlevait de Vaugirard à Paris. Manœuvré par M. Santos Dumont, l'aéronat vint évoluer au-dessus du Champ-de-Mars, contourna la Tour Eiffel et atterrit sur la pelouse de Bagatelle, au-dessus de laquelle s'était produit le premier accident.

Plusieurs autres ascensions furent faites

avec ce modèle de dirigeable. Dans la dernière, le gouvernail se détacha de l'aéronat.

M. Santos Dumont, qui avait fait construire un hangar au parc de l'Aéro-Club, à Saint-Cloud, résolut de construire un autre appareil moins lourd, muni d'un moteur de plus grande puissance, pouvant rester gonflé pendant longtemps et être remisé à l'abri dans le hangar. Ce fut le *Santos-Dumont n° 4* (Fig. 267).

Vers le milieu de ce réseau était suspendu un *cadre de bicyclette* muni d'une selle, d'un guidon, et de pédales. La selle permettait au pilote de se tenir à califourchon sur cette nacelle d'un nouveau genre; le guidon servait à manœuvrer le gouvernail de direction, et les pédales à mettre le moteur en marche.

Diverses cordes aboutissaient à portée de la main du pilote et servaient à effectuer la manœuvre des poids mobiles, à com-

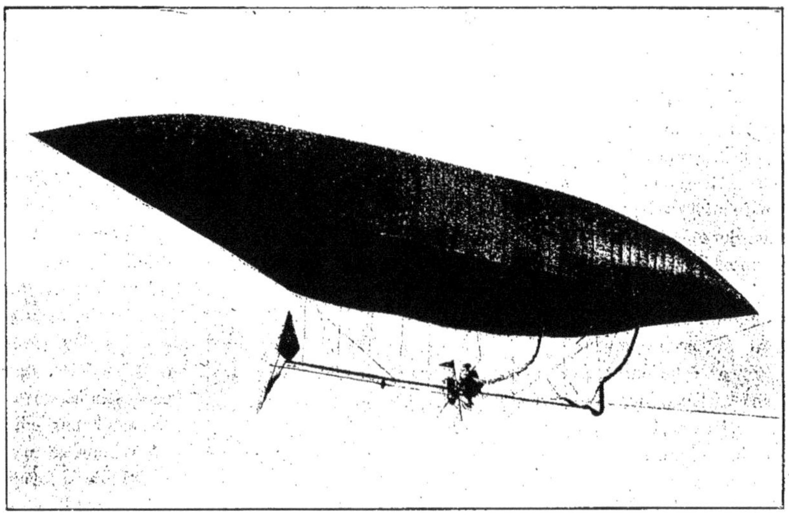

Fig. 267. — Le *Santos-Dumont* n° 4.

L'enveloppe avait une longueur de 39 mètres, un diamètre maximum de $5^m,10$ et un volume de 420 mètres cubes. Elle avait une forme *dissymétrique* et était terminée en pointe à l'avant et à l'arrière. Elle comportait un ballonnet à air alimenté par un ventilateur, et devait être gonflée avec du gaz hydrogène.

La nacelle était remplacée par une tige en bambou longitudinale, rendue solidaire d'un ensemble formé de traverses et de cordes reliées à l'enveloppe et servant à supporter les organes divers de l'aéronat.

mander l'allumage du moteur, et à diverses autres manœuvres auxiliaires.

Le moteur destiné à actionner l'aérostat était un moteur à pétrole d'une puissance de 7 chevaux, donnant un mouvement de rotation à une hélice propulsive comportant deux ailes ayant chacune 4 mètres de largeur. Ces ailes étaient constituées par des plaques d'acier sur lesquelles était tendue de l'étoffe de soie. L'hélice était placée vers l'avant de l'appareil et devait le *tirer*, au lieu d'être placée à l'arrière et de le *pousser* comme dans les trois modèles précédents. Elle tournait autour de la tige-traverse en bambou.

Avec cet aéronat, M. Santos Dumont fit des essais successifs sur le terrain de l'Aéro-Club de France à Saint-Cloud et devant les membres du Congrès international d'aéronautique qui avait eu lieu à Paris, en 1900, à l'occasion de l'Exposition universelle.

A la suite de ces intéressants essais, M. Santos Dumont résolut de doubler la puissance de son moteur et d'employer un moteur à pétrole à quatre cylindres, dans lequel le refroidissement devait s'effectuer au moyen d'ailettes et ne comportant pas, par conséquent, de *chambre à eau*.

Fig. 268. — Le *Santos-Dumont* n° 5, descendant au Trocadéro, le 12 juillet 1901.

Pour supporter ce moteur il convenait d'augmenter le volume de l'enveloppe. Dans ce but, l'enveloppe du dirigeable n° 4 fut coupée au milieu de sa longueur et l'allongement de l'enveloppe fut réalisé en ajoutant entre ces deux tronçons une partie nouvelle d'enveloppe.

Dans le dirigeable n° 5 (Fig. 268 et 269), la nacelle fut constituée par un châssis en bois dont la section était triangulaire et qui était rendu rigide par des tirants en fil d'acier, ou *cordes de piano*. Cette quille, d'une longueur de 18 mètres, pesait seulement 41 kilogrammes et fut suspendue à l'enveloppe également par l'intermédiaire de cordes de piano, ce qui réalisait un progrès appréciable au point de vue de la diminution de l'action de la résistance de l'air sur les suspentes. Le moteur de 12 chevaux, placé vers le milieu de la poutre, actionnait, par l'intermédiaire d'un arbre creux, une hélice placée à l'arrière, afin que la manœuvre du guide-rope, disposé à l'avant, pût s'effectuer librement.

Un panier en osier destiné à recevoir le pilote était placé en avant pour contrebalancer le poids du moteur et de l'hélice.

Le guide-rope, disposé à l'extrémité avant de la quille, pouvait être déplacé au moyen d'une cordelette attachée vers le milieu de sa longueur et qui, passant sur une poulie de renvoi disposée vers l'arrière, aboutissait à la nacelle à portée de la main de l'aéronaute. Lorsque cette cordelette était tirée, le guide-rope, au lieu d'agir par tout son poids vers l'avant, agissait au fur et à mesure de son déplacement de plus en plus vers l'arrière. Cette manœuvre déplaçait ainsi le centre de gravité de la nacelle et provoquait l'inclinaison de l'aéronat. Le lest était constitué par de l'eau remplissant deux réservoirs qui en contenaient chacun 54 litres. Ces réservoirs étaient fixés à la quille vers l'arrière ; ils portaient des robinets pouvant être ouverts ou fermés par la manœuvre de cordes aboutissant à la nacelle.

Après une ascension d'essai, le *Santos-Dumont* n° 5 fut amené le 12 juillet 1901, à 4 h. 30 du matin, du parc de Saint-Cloud sur l'hippodrome de Longchamp et à dix reprises successives, M. Santos Dumont en faisant le tour de l'hippodrome s'arrêta en des points préalablement déterminés. Après avoir poussé une pointe jusqu'à Puteaux et être revenu à Longchamp, l'aéronat se dirigea vers la Tour Eiffel. En arrivant au-dessus du Champ-de-Mars une des cordes de manœuvre se rompit. M. Santos Dumont atterrit dans les jardins du Trocadéro, remplaça la corde détériorée et repartit vers Longchamp après avoir contourné la Tour Eiffel, puis, de là, au parc de l'Aéro-Club où l'aéronat fut remisé dans son hangar.

Un prix de 100.000 francs, dû, comme nous l'avons dit, à la générosité de M. Deutsch de la Meurthe, devait être attribué au premier aérostat dirigeable qui, s'élevant du parc de l'Aéro-Club de St-Cloud entre le 1er mai et le 1er octobre des années 1900, 1901, 1902, 1903 ou 1904, pourrait, sans escale, et par ses propres moyens, contourner la Tour Eiffel et revenir à son point de départ dans un délai maximum d'une demi-heure.

M. Santos Dumont résolut de concourir pour le prix Deutsch avec son dirigeable n° 5, dont les qualités étaient nettement supérieures à celles de ses modèles antérieurs d'aéronats.

Il partit le 13 juillet 1901, à 6 heures 41 du matin, en présence de la Commission scientifique de l'Aéro-Club qui avait été convoquée. Le trajet imposé fut effectué, mais la durée de ce trajet fut de 41 minutes. Le prix n'était donc pas gagné. En outre, en arrivant au parc de l'Aéro-Club le moteur s'arrêta accidentellement et l'aéronat, poussé par le vent, s'abattit sur des arbres avoisinants.

Fig. 269. — Le *Santos-Dumont* n° 5, bouclant la Tour Eiffel, le 13 juillet 1901.

L'appareil ne subit, cependant, que de légères avaries qui furent rapidement réparées et, le 8 août 1901, M. Santos-Dumont fit une seconde tentative pour gagner le prix Deutsch.

Le voyage du parc de l'Aéro-Club à la Tour s'effectua sans incident et la Tour Eiffel fut contournée en 9 minutes; mais, au retour, l'enveloppe s'étant en partie dégonflée, les cordes de suspension s'obliquèrent à un tel degré que celles d'arrière furent saisies par l'hélice en marche et aussitôt rompues.

Le moteur fut immédiatement arrêté, mais l'aéronat se trouvait ainsi livré au vent et l'enveloppe, ne pouvant plus conserver sa forme par suite de l'arrêt du moteur qui n'actionnait plus le ventilateur, fut poussée vers le Trocadéro; elle vint heurter le toit d'un des hôtels bâtis au bord de la Seine, éclata, et la quille de l'aéronat ainsi que la nacelle tombèrent dans la cour des hôtels du Trocadéro. La quille fut arrêtée par le toit d'une maison plus basse construite dans la cour et s'adossa presque verticalement contre le mur des hôtels. Elle résista fort heureusement au choc et le hardi pilote, M. Santos Dumont, fut retiré de sa dangereuse situation par les pompiers accourus aussitôt. Il était indemne.

La figure 270 représente le *Santos-Dumont* n° 5 quelques instants avant sa chute, et la figure 231 montre le sauvetage de M. Santos Dumont, et la position qu'occupait la quille de l'aéronat. Les débris de l'aéronat ne purent être enlevés qu'en faisant un démontage de toutes leurs parties.

Fig. 270. — Le *Santos-Dumont* n° 5, tombant sur les hôtels du Trocadéro, le 8 août 1901.

Aussitôt après cet accident, qui aurait pu être une catastrophe, M. Santos Dumont se mit à l'œuvre pour construire un autre type de dirigeable, et vingt-deux jours après, le *Santos-Dumont* n° 6 (Fig. 272) était achevé.

L'enveloppe de cet aéronat avait la forme d'un ellipsoïde allongé, dont la longueur était de 33 mètres et le diamètre le plus grand de 6 mètres. Elle était terminée à ses deux extrémités par une partie conique.

Un ballonnet à air fut établi dans l'enveloppe. Il avait un volume de 60 mètres cubes et était alimenté par un ventilateur dont le mouvement de rotation était rendu complètement solidaire du mouvement du moteur. L'air devait, avec cette disposition, être envoyé automatiquement et d'une façon constante dans le ballonnet. Le volume d'air admis en excédent devait être évacué au moyen d'une valve réglée pour pouvoir s'ouvrir automatiquement sous une pression déterminée. Ainsi l'enveloppe devait conserver constamment sa forme. Deux valves étaient disposées sur cette enveloppe pour laisser échapper l'hydrogène dans le cas où la dilatation de ce gaz aurait pu constituer pour elle un danger de rupture.

Le nouvel aéronat avait un volume de 630 mètres cubes; il comportait un moteur à pétrole de 12 chevaux à 4 cylindres,

Fig. 271. — Nouvelle chute du *Santos-Dumont* n° 6, à Longchamp.

Fig. 272. — Le *Santos-Dumont* n° 6, atterrissant après avoir gagné le prix Deutsch.

muni d'un dispositif de refroidissement constitué par une circulation d'eau réalisée autour de la culasse de chaque cylindre. Des essais furent effectués avec le *Santos-Dumont* n° 6, en septembre 1901. Après quelques petits accidents qui furent rapidement réparés, M. Santos Dumont fit une nouvelle tentative pour gagner le prix Deutsch. Ce nouvel essai, exécuté le 19 octobre 1901, fut entièrement couronné de succès et eut une répercussion mondiale qui contribua, pour une large part, à donner à l'aérostation dirigée un essor considérable.

Ce jour-là, à 2 heures 42 de l'après-midi, le départ fut donné à M. Santos-Dumont du parc de l'Aéro-Club à Saint Cloud, en présence d'une commission officielle. Le vent de Sud-Est soufflait à la vitesse de 6 mètres par seconde.

Piquant droit sur la Tour Eiffel, malgré la poussée latérale du vent, le pilote s'élevait progressivement de façon à se trouver à une altitude plus élevée que celle de la Tour lorsque l'aéronat arriverait près d'elle pour la contourner. Il évitait ainsi la possibilité d'être jeté contre elle par un coup de vent ou par une fausse manœuvre.

En 9 minutes la Tour fut atteinte. L'aéronat décrivit un demi-cercle autour du paratonnerre et reprit la même route en sens inverse pour revenir à son point de départ.

Fig. 273. — Le *Santos-Dumont* n° 7.

Le retour s'effectua moins rapidement que l'aller. Le dirigeable était gêné par le vent dans son déplacement; en outre, le moteur avait des ratés, de sorte que l'action propulsive s'en trouvait diminuée. Les manœuvres du guide-rope et des poids mobiles permirent, en donnant à l'aéronat une inclinaison convenable, de le maintenir à une certaine altitude, malgré l'alourdissement de l'enveloppe provoqué par le passage du dirigeable au-dessus du Bois de Boulogne. Le moteur, après quelques réglages, se remit à fonctionner normalement et M. Santos Dumont franchit la ligne d'arrivée à 3 heures 11 minutes 30 secondes, ayant parcouru le trajet imposé, d'une longueur de 10 kilomètres, en 29 minutes 30 secondes. La durée du parcours étant limitée à 30 minutes, le prix Deutsch était gagné.

La persévérance et le courage de l'intrépide inventeur se trouvaient, ainsi, justement récompensés.

Le gouvernement de la République du Brésil offrit, en outre, à M. Santos Dumont, qui, on le sait, était Brésilien, un prix de 125.000 francs et une médaille d'or commémorant son remarquable voyage aérien.

Après ce succès, M. Santos Dumont, à qui le prince de Monaco avait offert un garage pour son aéronat dans un hangar qu'il avait fait construire à Monte-Carlo, au bord

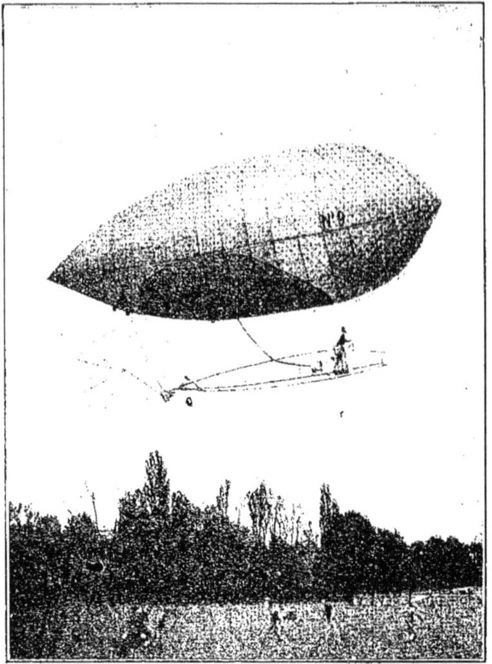

Fig. 274. — Le *Santos-Dumont* n° 9 (la Balladeuse).

Une autre sortie du dirigeable n° 6 sur la baie de Monaco devait être moins heureuse. Le **14** février **1902**, cet aéronat sortait de son hangar et s'élevait au-dessus de la mer. Dès le début de son ascension, l'enveloppe, insuffisamment gonflée, s'inclina, le gaz restant à l'intérieur se porta à la partie la plus élevée, c'est-à-dire vers l'avant. L'inclinaison s'accentuait de plus en plus, à un tel point que des cordes de suspension d'avant se rompirent, tandis que d'autres cordes d'arrière s'accrochaient à l'hélice.

Le moteur fut arrêté, et le pilote, afin d'éviter d'être emporté par le vent sur les obstacles de la côte, ouvrit la soupape d'échappement de gaz de façon à provoquer la descente de l'aéronat.

Celui-ci vint se poser sur les flots, la nacelle en partie immergée. M. Santos Dumont fut re-

de la mer, projeta de faire de la navigation aérienne dirigée au-dessus de la Méditerranée.

La première ascension fut effectuée au-dessus de la mer, le 29 janvier 1902. L'appareil évolua en utilisant le guide-rope, qui, reposant sur une plus ou moins grande longueur sur l'eau, permettait de maintenir la stabilité d'altitude.

Plusieurs autres ascensions furent effectuées au-dessus de la Méditerranée ; dans l'une d'elles M. Santos Dumont parcourut au-dessus des flots la distance qui sépare Monte-Carlo du Cap Martin et revint atterrir en face de son hangar.

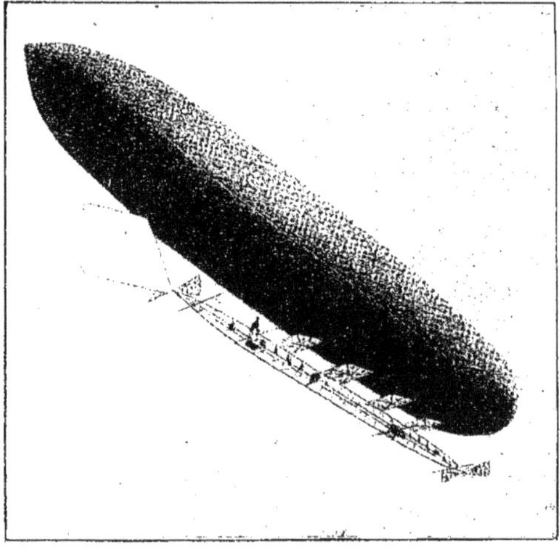

Fig. 275. — Le *Santos-Dumont* n° 10.

Fig. 276. — Le *Santos-Dumont* n° 9, à la Revue du 14 juillet 1903.

Fig. 277. — Le *Santos-Dumont* n° 9, atterrissant avenue des Champs-Elysées.

cueilli par un bateau et l'appareil fut repêché le lendemain. Ce fut la fin du *Santos-Dumont* n° 6, qui avait eu vraiment son heure de gloire.

Cependant M. Santos Dumont continua à construire divers autres modèles d'aérostats dirigeables, parmi lesquels son n° 7 (Fig. 273) qu'il appelait son dirigeable de course, dont le volume était de 1.257 mètres cubes. Il comportait un moteur de 60 chevaux, à 4 cylindres, muni d'un dispositif de refroidissement par circulation d'eau.

Cet aéronat, établi surtout pour participer à un concours d'aérostats dirigeables qui devait avoir lieu à l'occasion de l'exposition universelle de Saint-Louis, aux États-Unis fut détérioré avant que les essais aient pu être effectués.

Comme contre-partie de son dirigeable de course, M. Santos Dumont construisit son dirigeable de promenade, qu'il dénommait la *Balladeuse aérienne*. C'était l'aéronat n° 9 (Fig. 274) d'un volume de 261 mètres cubes muni d'un moteur Clément de trois chevaux ne pesant que 12 kilogrammes.

A bord de cet aéronat, M. Santos Dumont faisait des promenades aériennes à faible altitude, guide-ropant même sur l'avenue des Champs-Élysées et l'avenue du Bois, atterrissant à la porte de son domicile (Fig. 277), montant chez lui prendre une tasse de café, puis repartant pour atterrir de nouveau en un point déterminé d'avance.

C'est ce modèle de dirigeable qui figura, pour la première fois, à la revue du 14 juillet en 1903. M. Santos Dumont passa, pendant la revue, au-dessus des troupes rassemblées à Longchamp et salua le Président de la République par une salve de vingt et un coups de revolver tirés à blanc (Fig. 276).

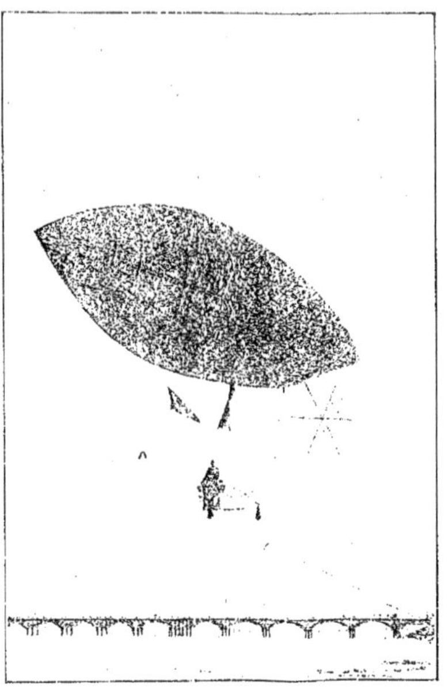

Fig. 278. — Le *Santos-Dumont* n° 11, à Trouville.

Le *Santos-Dumont* n° 10 (Fig. 275) appelé l'*Omnibus*, devait emporter quatorze personnes. Son volume était approprié à l'usage qu'on lui destinait. Il cubait 2.010 mètres.

Les essais de ce type de dirigeable n'ont pas été poussés jusqu'à un résultat pratique.

Il en est de même pour les quelques autres aérostats dirigeables établis par M. Santos Dumont après le n° 10, et dont l'un d'eux, le n° 14, avait 41 mètres de long sur 3 mètres 40 de large (Fig. 278).

D'ailleurs, si les voyages audacieux de M. Santos Dumont avaient fait de la direction des aérostats une question d'actualité que l'on cherchait ardemment à résoudre, on a pu déduire des nombreux et variés modèles d'aéronat qu'il a établis, que les conditions essentielles de stabilité n'étaient pas toujours scientifiquement réalisées.

C'est pour cela, sans doute, que, dès l'instant qu'un aérostat dirigeable fut définitivement conçu et construit sur des bases entièrement scientifiques répondant à toutes les conditions de stabilité que nous avons

Phot. Raffaele.

Fig. 279. — Le *Lebaudy*, dans l'ancienne Galerie des Machines, à Paris.

examinées dans le chapitre précédent, M. Santos Dumont abandonna la construction des dirigeables pour consacrer son ingénieuse initiative et son intrépidité indomptable à la recherche de la solution de cet autre captivant problème : assurer la sustentation et la direction d'un appareil *plus lourd que l'air*.

C'est le *Lebaudy*, qui fut le premier aérostat dirigeable ayant pu fournir des trajets relativement considérables, et cela en naviguant avec une entière sécurité.

Aérostat dirigeable Lebaudy

C'est dans les ateliers de la raffinerie de sucre appartenant à MM. Lebaudy frères que fut construit l'aérostat dirigeable *Lebaudy*, sur les plans de M. Julliot, ingénieur des Arts et Manufactures. Les essais de ce dirigeable eurent lieu à Moisson, dans une grande plaine située au bord de la Seine, où avait été construit un hangar pouvant recevoir l'aéronat et l'abriter.

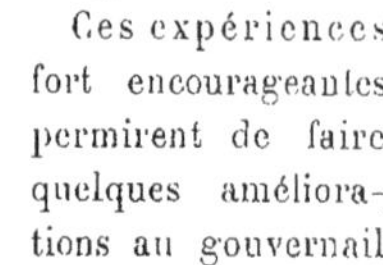

Phot. Raffaele.

Fig. 280. — Le *Lebaudy*, se rendant de Paris à Chalais, double la Tour Eiffel.

Vers le commencement de l'année 1900, les études du dirigeable furent commencées; mais ce n'est qu'en 1902, au mois d'octobre, que les premiers essais purent être effectués, *à la corde*, c'est-à-dire en ascension captive. Pendant près de trois ans, les études furent poursuivies sur les diverses parties de l'aéronat. Après des essais répétés des divers organes, le modèle en fut définitivement arrêté et l'appareil complètement achevé.

Cette méthode de travail, basée sur des calculs et sur des expériences se rapportant aux divers éléments constituant le dirigeable, ne pouvait donner que d'excellents résultats établis à la fois sur des bases scientifiques et sur des observations répétées. Aussi, au mois d'octobre 1902, dès la première série d'essais on put constater que l'équilibre et la stabilité dynamique étaient très satisfaisants; après plusieurs expériences effectuées avec un câble d'une longueur de 500 mètres, on procéda, le 13 novembre 1902, à une ascension libre, pendant laquelle l'aérostat dirigeable évolua dans tous les sens avec une grande facilité et vint atterrir à plusieurs reprises devant son hangar.

Ces expériences fort encourageantes permirent de faire quelques améliorations au gouvernail et au dispositif d'empennage.

Au mois d'avril 1903 commença une seconde série d'expériences progressives, qui furent méthodiquement effectuées. Lors d'une ascension faite le 8 mai, au cours de ces essais, le *Lebaudy*, piloté par M. Juchmès, parcourut un trajet d'une longueur de 37 kilomètres et resta plus d'une heure et demie dans les airs.

Une troisième campagne d'expériences

eut lieu en juin, juillet, et août 1903, pendant laquelle le dirigeable effectua quatorze ascensions. L'une d'elles, celle du 24 juin, dura 2 heures 46 minutes, et l'aéronat parcourut, pendant ce temps, un trajet de 98 kilomètres. Cela représentait déjà une vitesse moyenne de 35 kilomètres 500 à l'heure environ, pour un aérostat dirigeable parcourant un circuit fermé. Les progrès de l'aérostation dirigée s'affirmaient.

Au mois de novembre de la même année, une dernière campagne d'essais fut entreprise, et à l'occasion de ces expériences les

Une manœuvre imparfaitement exécutée à l'atterrissage, par les aides, permit au vent de pousser l'aéronat, dont le moteur était arrêté, sur un bouquet d'arbres où l'enveloppe se déchira. Les aéronautes ne furent pas blessés et la nacelle et les divers organes qu'elle portait ne furent pas endommagés (Fig. 281).

Cependant, comme la saison d'hiver était avancée, on ne songea pas à réparer sur place l'enveloppe de l'aéronat pour lui faire regagner son point d'attache par la voie des airs.

Phot. Raffaële.

Fig. 281. — Accident du *Lebaudy*, à son arrivée à Chalais.

constructeurs du *Lebaudy* décidèrent de lui faire effectuer non un parcours fermé avec retour au hangar, mais un véritable voyage comportant deux escales : Paris et Chalais-Meudon. Le 12 novembre 1903, le *Lebaudy*, toujours conduit par M. Juchmès, partait de Moisson à 9 heures 20 et après un trajet de 62 kilomètres atterrissait au Champ-de-Mars à Paris.

Il fut abrité dans la Galerie des Machines (Fig. 279) qui subsistait encore de l'Exposition universelle de 1900 au Champ-de-Mars, et en sortit le 19 novembre pour faire route vers le parc aérostatique de Chalais-Meudon, où il arriva malgré un vent contraire assez vif.

On profita de la confection d'une nouvelle enveloppe pour augmenter son volume. Le volume du ballonnet fut également augmenté, ainsi que le débit du ventilateur et la provision d'essence emportée.

D'autres modifications légères furent apportées aux soupapes ainsi qu'à la confection des plans stabilisateurs et, en août 1904, douze ascensions furent effectuées avec succès, plusieurs d'entre elles avec des passagers.

Le 28 août, lors d'une ascension faite avec un vent assez vif, le pilote du dirigeable, à la fin de l'ascension, voulut atterrir assez loin du hangar, de crainte que le vent ne poussât l'aéronat contre lui. Les hommes formant l'équipage du dirigeable, en attendant l'arrivée des aides de manœuvre, tentèrent de l'amarrer aux arbres formant la lisière d'un petit bois, à l'aide des deux guide-ropes; mais un des arbres fut rompu sous la violence du vent exerçant son action sur l'enveloppe; deux autres arbres furent aussi endommagés, et l'aéronat, arraché des mains des aéronautes impuissants, s'enleva dans les airs, sa nacelle vide.

Il atteignit très rapidement une altitude de 1.500 mètres. La pression intérieure du gaz, brusquement dilaté à cette altitude, ne provoqua aucune détérioration de l'enveloppe : le jeu des clapets automatiques s'était normalement effectué.

On se lança en automobile à la poursuite du dirigeable qui, après un trajet de quatre heures, s'arrêta aux environs de Lisieux.

Il n'avait subi aucun dommage pendant sa randonnée, mais il fut légèrement détérioré en prenant contact avec le sol, de sorte que pour le ramener à son point d'attache, à Moisson, on dut crever l'enveloppe pour la vider et transporter les divers organes de l'aéronat dans un certain nombre de véhicules.

Une dernière campagne d'essais techniques eut lieu à partir du mois d'octobre 1904. L'aérostat dirigeable fit dix-huit ascensions, dont l'une put avoir lieu avec succès le 24 octobre, entre 1 heure et 2 heures du matin par une nuit brumeuse. A la fin de l'année 1904, l'aérostat dirigeable *Lebaudy* avait terminé ses essais complets, après avoir effectué soixante-trois ascensions.

Fig. 282. — Vue du côté gauche de la nacelle d'un aéronat *Lebaudy*.

On se trouvait ainsi en possession d'un aérostat dirigeable qu'on songea à utiliser au point de vue militaire.

Les essais avaient été très satisfaisants; un seul inconvénient, sérieux, à la vérité, était apparu au cours de ces campagnes; c'était la difficulté éprouvée pour protéger efficacement l'aérostat au repos et hors d'un abri, contre l'action d'un vent assez vif.

Il importe, en effet, qu'un aérostat dirigeable qui reste constamment gonflé puisse être *campé* en toute sécurité, hors de son abri habituel, afin qu'il puisse entreprendre des voyages comportant des escales et qu'il puisse atterrir et séjourner, suivant les circonstances, sur des emplacements dépourvus de hangar.

La grande surface de l'enveloppe, qui offre à l'action du vent une prise considérable, constitue le grand obstacle au campement d'un aérostat en plein air, un grand nombre d'accidents survenus à des dirigeables, n'ont pas eu d'autres causes.

En continuant, plus loin, l'historique du dirigeable *Lebaudy*, nous verrons comment il s'est transformé, après quelques légères modifications, pour devenir l'aérostat dirigeable militaire *Patrie*, le premier aérostat dirigeable commandé par le Gouvernement pour être affecté au service de l'armée française.

Examinons, auparavant, comment ont été constitués les divers organes du *Lebaudy* et leur fonction dans l'appareil dirigeable.

L'enveloppe A (Fig. 285) a une forme allongée, effilée aux deux extrémités : à l'avant, pour diminuer le plus possible l'action due à la résistance de l'air, à l'arrière pour éviter des remous.

La longueur de l'enveloppe est de 6 fois environ son plus grand diamètre. Cette longueur est de 57 mètres 75 tandis que le diamètre au *maître-couple* est de 9 mètres 80.

L'enveloppe est symétrique par rapport à un plan horizontal (Fig. 284), mais elle est déformée dans le plan vertical, la partie inférieure de cette enveloppe ayant une forme appropriée pour recevoir l'organe qui la relie à la nacelle.

Le volume de l'enveloppe est de 2.660 mètres cubes. Elle est constituée par deux couches de tissus de coton séparés par une couche de caoutchouc vulcanisé. Une seconde couche de caoutchouc vulcanisé est disposée sur la partie intérieure de l'enveloppe. Elle protège le tissu contre l'action corrosive des impuretés que contient assez souvent l'hydrogène employé.

L'enveloppe ainsi établie est légère et son étanchéité se trouve assurée.

Pour atténuer l'action nuisible des rayons lumineux sur les couches caoutchoutées, l'enveloppe est peinte extérieurement avec une couleur, au bichromate de plomb, dont la teinte jaune a fait donner au dirigeable *Lebaudy* le nom de *Jaune*.

Pour confectionner l'enveloppe, on a

Fig. 283. — Vue du côté droit de la nacelle d'un aéronat *Lebaudy*.

employé 1.400 panneaux d'étoffe coupés à la forme et aux dimensions appropriées. Ces panneaux sont cousus les uns aux autres avec beaucoup de soin, à l'aide d'une machine à coudre actionnée électriquement. Au-dessus de chaque couture sont collées, à l'aide de la dissolution de caoutchouc, trois bandes de toile caoutchoutée.

A l'intérieur de l'enveloppe est disposé le ballonnet à air, dont nous connaissons les multiples et essentielles fonctions. Ce ballonnet comporte trois cloisons pour sectionner le volume d'air qu'il peut renfermer et pour éviter, nous le savons, les pulsations nuisibles à la stabilité de l'aéronat.

L'enveloppe une fois achevée est remplie d'air, de façon à vérifier son étanchéité et à obturer les fuites qui pourraient se produire.

A la partie inférieure de l'enveloppe est fixée une plate-forme E, de forme elliptique, à laquelle est suspendue la nacelle B.

Cette plate-forme est reliée à l'enveloppe par l'intermédiaire d'une bande de filet de petite largeur. Les mailles supérieures de cette étroite bande sont rendues solidaires de l'enveloppe par l'ajustage de petits cabillots dans des œillets pratiqués tout le long d'une bande d'étoffe collée et cousue autour de l'enveloppe, à sa partie inférieure.

Les mailles inférieures du filet sont assujetties à la plate-forme elliptique E.

C'est à cette plate-forme qu'est suspendue la nacelle B par un système de câbles C constituant un ensemble triangulaire indéformable.

Ces câbles sont en acier et sont munis de dispositifs de tension servant à assurer une régulière répartition de leurs efforts de traction sur la plate-forme.

La nacelle B a ses deux extrémités terminées en pointe ; elle a la forme d'un petit bateau à fond plat, de 4 mètres 80 de longueur, 1 mètre 60 de largeur. Sa hauteur est de 0m,80.

Elle comporte trois compartiments. Dans celui d'avant se place le pilote du dirigeable qui trouve, à la portée de sa main, tous les organes servant à assurer la manœuvre de l'aéronat.

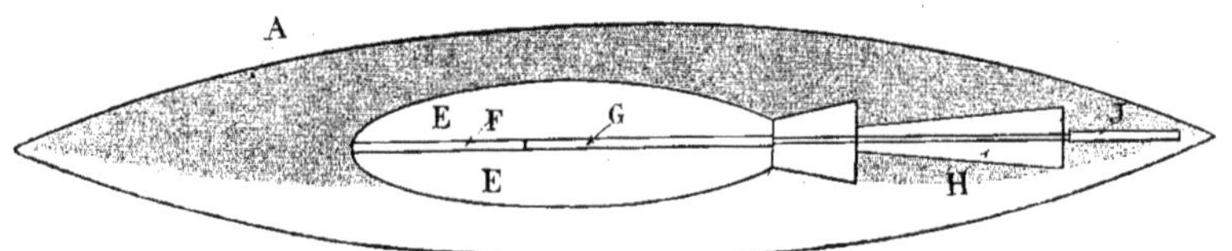

Fig. 284. — Vue schématique en dessous de l'aéronat *Lebaudy* n° 3.

Dans le compartiment central est placé le moteur et dans le compartiment arrière se tient le mécanicien.

Les compartiments avant et arrière peuvent recevoir chacun, outre le pilote et le mécanicien, deux passagers. L'équipage peut donc être porté à six hommes.

On dispose également dans ces deux compartiments, les sacs de lest emportés lors de chaque ascension.

La nacelle est constituée par une carcasse faite en tubes d'acier au nickel.

Elle est garnie à l'avant de plaques en tôle de fer, tandis qu'à l'arrière est disposé un simple grillage. Ces dispositions sont destinées à diminuer l'action de la résistance de l'air sur les parois de la nacelle, car, à l'avant, l'air glisse le long des parois en tôle, et à l'arrière, le grillage permet à l'air de s'échapper librement sans créer une résistance à l'avancement.

Le fond de la nacelle est un cadre fait en cornières d'acier, sur lequel est fixé le moteur.

A l'avant de la nacelle est disposé un réseau de tubes d'acier D, formant une sorte de cadre rigide articulé à sa partie supérieure à la plate-forme E et à sa partie inférieure à la nacelle. Cet organe, nommé *cadre de poussée,* sert à relier rigidement l'avant de l'enveloppe à la nacelle pour éviter la tendance au déversement de l'aéronat. Nous savons que cette tendance au

Au-dessous de la nacelle est fixée la *béquille* K, qui sert, à l'aéronat, à prendre point d'appui sur le sol. La béquille est formée par un assemblage de tubes en acier se réunissant à la partie inférieure en un seul point qui prend seul contact avec le sol.

La hauteur de la béquille est suffisante pour que les ailes des hélices ne puissent, dans une position quelconque, toucher la terre et risquer de se détériorer.

Lorsque l'appareil est à terre, il repose tout entier sur la pointe de la béquille, et cette disposition facilite les manœuvres d'o-

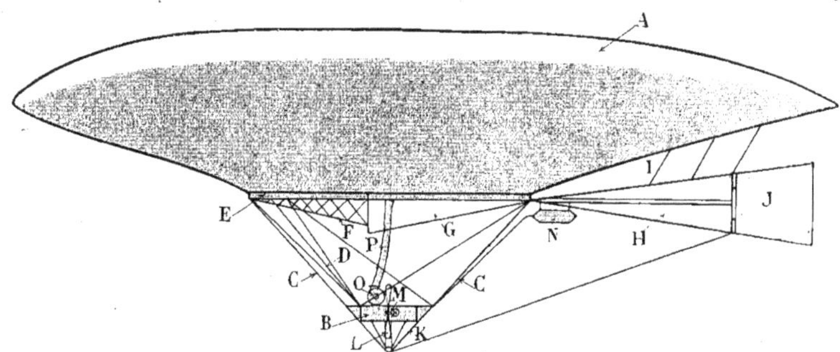

Fig. 285. — Élévation schématique de l'aéronat *Lebaudy* n° 3.

déversement est produite du fait que l'action propulsive se trouve appliquée à la hauteur de la nacelle, tandis que la plus grande partie de l'action de la résistance de l'air est appliquée sur l'enveloppe.

Le cadre de poussée transmet donc, pour ainsi dire, à l'avant de l'enveloppe l'effort de propulsion. Il peut aussi servir à maintenir, au-dessus de l'enveloppe, la plate-forme de liaison, dans le cas où cette enveloppe se déchirerait et se dégonflerait.

Deux barres sont disposées dans les cordages au-dessus de la nacelle, pour que, lors d'une descente un peu rapide, les aéronautes puissent se suspendre par les mains et éviter ainsi un choc dangereux,

rientation de l'aéronat par rapport au vent. Il convient, en effet, de diriger constamment l'avant du dirigeable du côté du vent, pour éviter une action trop considérable de celui-ci sur l'enveloppe et, pour cela, on le fait pivoter à volonté sur l'extrémité de la béquille.

Divers moteurs ont été employés pour actionner les dirigeables *Lebaudy*. Dans le dirigeable n° 2, on a placé un moteur à essence d'une puissance de 40 chevaux. Ce moteur Mercédès est à quatre cylindres, et tourne à une vitesse normale de 1.000 tours. Cette vitesse peut être rendue variable par le réglage du carburateur. L'allumage s'effectue par magnéto et l'échappement des gaz brûlés a lieu au-dessous de la nacelle et à une grande distance en arrière, de façon que l'hydrogène, sortant par un des clapets automatiques, ne puisse prendre contact avec les gaz d'échappement.

Le conduit d'échappement est recouvert d'amiante pour que, dans le cas de projection d'essence, ce liquide ne puisse s'enflammer. Il est terminé par une sphère en treillis métallique empêchant la sortie des flammes dans le cas de ratés du moteur.

Le refroidissement des cylindres et des culasses du moteur s'effectue au moyen d'une circulation d'eau. Un radiateur contenant 13 litres d'eau permet de refroidir l'eau de circulation.

Le moteur commande la rotation de deux hélices L, disposées une de chaque côté de la nacelle. Les axes M des hélices sont placés parallèlement à l'axe de l'aéronat, et comme l'axe du moteur est placé perpendiculairement à cet axe, le mouvement de rotation

Fig. 286. — Vue de l'intérieur de la nacelle d'un aéronat *Lebaudy*.

La provision d'essence emportée pour alimenter le moteur est contenue dans un réservoir en aluminium N, placé au-dessous de la plate-forme et tout à fait à l'arrière; ce récipient se trouve ainsi très éloigné du moteur.

Il est placé plus haut que le moteur, de sorte que l'alimentation s'effectue aisément au moyen d'un conduit métallique.

Le réservoir d'essence a été également placé au-dessous de la nacelle. Il convient, en tout cas, qu'il soit disposé de manière que l'essence ne puisse, accidentellement, se répandre sur les organes du moteur portés à une certaine température.

est donné aux axes des hélices par l'intermédiaire d'un train de roues d'engrenage coniques. Les roues sont enfermées dans un capot protecteur.

Chaque hélice comporte deux branches. Son diamètre est faible : 2 mètres 44, mais elle tourne à grande vitesse : 1.000 à 1.200 tours par minute. Elle est entièrement métallique : les ailes sont en tôle d'acier de très faible épaisseur et polie.

Les deux hélices, disposées symétriquement par rapport à l'axe du dirigeable, tournent en *sens inverse*, afin d'annuler, par « dégyroscopage, » les divers mouvements auxiliaires qui se produisent pendant le

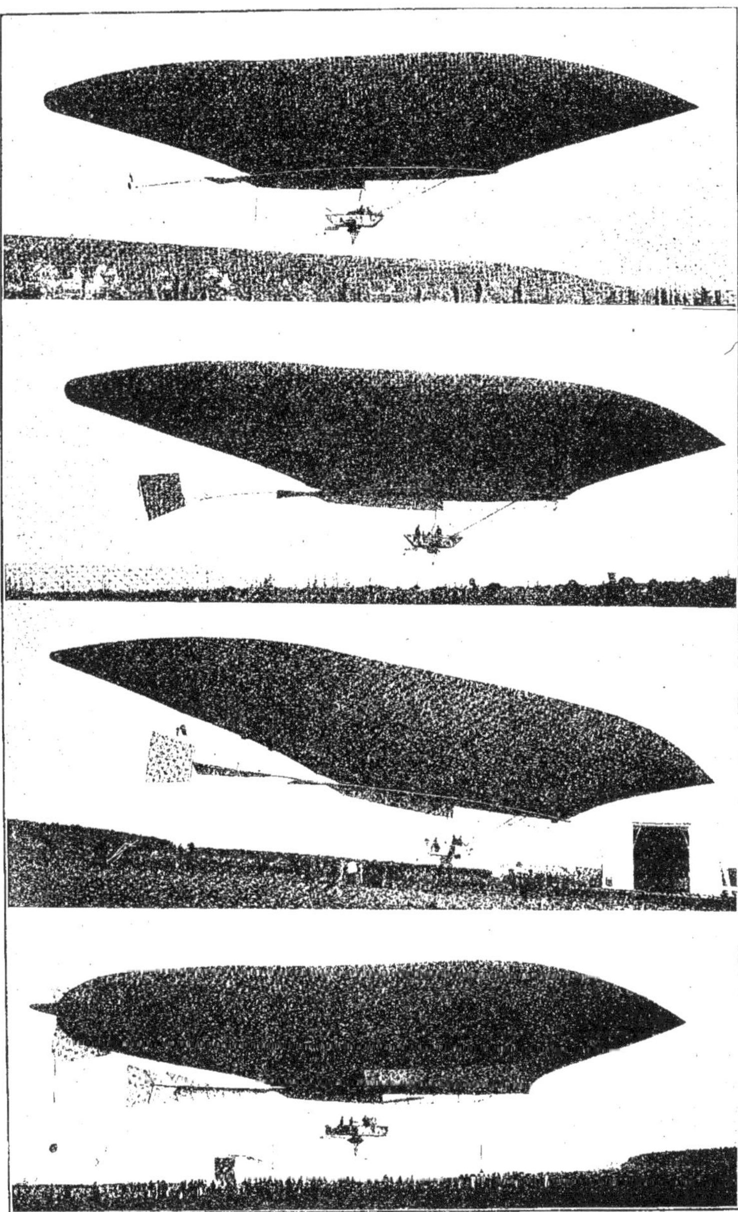

Fig. 287 à 290. — Transformations successives des aéronats *Lebaudy*, types nos 1, 2, 3, 4 (*République*).

fonctionnement des hélices et qui tendent à troubler la stabilité de l'appareil.

La disposition des hélices sur les côtés de la nacelle a pour but de faire travailler ces organes propulseurs en dehors des obstacles que peuvent créer à l'air, déplacé par l'hélice, les organes du dirigeable lorsque l'hélice est placée dans l'axe même, soit en avant, soit en arrière.

Le moteur actionne également le ventilateur O dont le débit égale un mètre cube par seconde. Le ventilateur comporte une roue à aubes tournant à une vitesse de 3.000 tours à la minute : il permet, en cas de perte d'hydrogène, d'envoyer de l'air dans le ballonnet compensateur, par l'intermédiaire d'une manche en toile P. Le ventilateur est en aluminium et cuivre. Il peut être actionné, dans le cas d'un arrêt du moteur à pétrole, par une petite machine dynamo.

La stabilité du dirigeable *Lebaudy* est obtenue par l'emploi de surfaces stabilisatrices diversement disposées.

La plate-forme rigide E, disposée audessous de l'enveloppe, sert non seulement d'organe de liaison entre l'enveloppe et la nacelle, mais elle a aussi son rôle au point de vue de la stabilité longitudinale et latérale, ainsi que nous l'avons précédemment expliqué.

La plate-forme est rendue rigide au moyen d'une poutre F métallique dont la moitié arrière G est recouverte de toile. Cette surface verticale constitue un plan stabilisateur empêchant le roulis.

A l'arrière de cette surface est disposée une poutre armée H ayant une section en forme de croix et comportant un plan horizontal et un plan vertical se coupant. Cet *empennage* concourt également à assurer la stabilité de l'appareil. Il est relié à la poutre G au moyen d'une charnière horizontale qui permet de régler aisément sa position et de le fixer ensuite à l'enveloppe au moyen des câbles I.

A l'arrière de la flèche d'empennage sont placés un gouvernail horizontal et un gouvernail vertical J.

Le gouvernail horizontal est articulé autour d'une charnière horizontale et occupe normalement une position horizontale. On peut, par une commande appropriée, le relever mais non l'abaisser. Sa fonction consiste à offrir à l'air une résistance suffisante pour que l'avant du dirigeable puisse se relever. On peut, de la sorte, conserver sa stabilité d'altitude à l'aéronat sans perte de lest, dans le cas où la force ascensionnelle vient momentanément à diminuer ; on peut, ainsi, augmenter la valeur de cette altitude sans dépense de lest.

Le gouvernail vertical, qui oscille autour d'un axe disposé verticalement, sert à assurer la direction de l'aéronat.

Pour augmenter l'action du gouvernail horizontal, on peut dérouler à l'avant de la nacelle, sur le cadre rigide de poussée que nous avons décrit précédemment, deux bandes d'étoffe qui forment ainsi des surfaces donnant prise au vent et disposées obliquement. Ces surfaces peuvent jouer un rôle stabilisateur pour maintenir le dirigeable à une certaine altitude malgré les variations de force ascensionnelle. Ces variations ne doivent pas être trop considérables, sans quoi on serait obligé de recourir au jet de lest.

L'aérostat dirigeable *Lebaudy* ne comportait pas l'empennage arrière de l'enveloppe que nous trouverons dans l'aéronat *Patrie* et qu'on a appelé *papillons de queue*, mais on voit que dans le projet de cet aérostat, tous les organes avaient été soigneusement étudiés et disposés en vue de fonctions nettement déterminées.

Un certain nombre d'organes accessoires ont été disposés pour assurer la sécurité la plus grande possible pendant l'ascension.

En dehors des organes de commande des gouvernails, du moteur, des hélices et du ventilateur, on a placé dans la nacelle deux *baromètres* indiquant l'altitude, dont l'un est à enregistrement automatique, un *statoscope*, un *anémomètre* à compteur pour connaître, à chaque instant, la vitesse, un *thermomètre* et trois *manomètres* destinés à faire connaître la valeur de la pression intérieure de l'enveloppe. Ces manomètres, de différents systèmes, ont été mis au nombre de trois, afin d'assurer la sécurité de la lecture, car il est très important de connaître à tout moment la pression intérieure de l'enveloppe pour lui redonner sa valeur, s'il y a lieu, en gonflant le ballonnet.

Au-dessous de la nacelle est placée une *sirène* actionnée par le moteur. Un conduit partant du fond de la nacelle et terminé à sa partie supérieure par un entonnoir sert à vider le sable contenu dans les sacs de lest. Ce sable se répand ainsi dans l'atmosphère sans risquer de pénétrer dans les organes en mouvement du moteur.

La nacelle est, en outre, munie des engins qu'on emporte à bord d'un aérostat libre : ancre, guide-rope, câble stabilisateur, désigné plus généralement sous le nom de *serpent*. De plus, elle contient des pieux formés par des tubes métalliques que l'on enfonce en terre pour amarrer l'aéronat dans le cas d'un atterrissage effectué loin du hangar.

D'autres appareils accessoires sont aussi placés dans la nacelle, tels que jumelles, boîte à outils, phare à acétylène servant aux ascensions de nuit, appareil photographique, etc.

L'hydrogène nécessaire pour gonfler l'enveloppe du *Lebaudy* a été obtenu au moyen d'un appareil spécial (Fig. 291) installé à Moisson, centre des diverses expériences. Le gaz hydrogène est produit par la réaction de l'eau additionnée d'acide sulfurique, sur de la tournure de fer.

Le ravitaillement, en gaz hydrogène, d'un aérostat dirigeable offre quelque difficulté, à moins que ce dirigeable ne revienne s'approvisionner à son lieu d'attache où se trouve l'appareil générateur. Mais, dans ce cas, il se trouve avoir un rayon d'action nécessairement limité.

Lorsque l'aéronat doit effectuer un certain trajet de longue durée, il convient de disposer sur la route qu'il doit suivre des centres de ravitaillement comportant chacun un appareil à hydrogène pouvant fournir au dirigeable le volume de gaz qu'il a perdu. Ces stations comportent aussi, quelquefois, un hangar permettant d'abriter l'appareil.

On peut également disposer, en des points déterminés, des réserves de gaz hydrogène constituées par des ballons contenant un certain volume de ce gaz. Dans ce cas, ces *ballons-réserves* reçoivent leur gaz de l'appareil générateur, lequel reste à un poste fixe, et ce sont eux que l'on transporte sur le lieu désigné de ravitaillement.

L'hydrogène peut aussi, nous le savons, se transporter, comprimé à une forte pression, dans des tubes d'acier : mais ces tubes fort épais pèsent très lourd et les voitures qui les transportent ne peuvent pas toujours aisément se mouvoir dans tous les terrains, ce qui est presque une nécessité pour les applications militaires.

Après les concluants essais effectués en 1904 par le dirigeable *Lebaudy* du type que nous venons de décrire, les propriétaires, MM. Lebaudy, et l'ingénieur M. Julliot, résolurent de le perfectionner dans certains détails pour en faire un appareil apte à rendre des services au point de vue militaire.

L'arrière fut arrondi pour permettre d'y placer des plans stabilisateurs horizontaux et verticaux. C'étaient les *papillons de queue*.

Le volume de l'enveloppe fut augmenté et porté à 2.950 mètres cubes. La puissance du moteur fut aussi augmentée, et en 1905, après une entente entre MM. Lebaudy et le ministre de la guerre, une commission militaire, composée de trois officiers de l'établissement aérostatique de Chalais-Meudon, contrôla les ascensions du dirigeable transformé.

Ces ascensions devaient s'effectuer dans des conditions particulières. Dans une première série d'essais, le dirigeable devait évoluer comme s'il suivait un armée en campagne; dans une seconde période d'expériences, il devait être mis au service d'une place forte.

Le 4 juin 1905 la première ascension de cette campagne fut effectuée, et on essaya les jours suivants, dans la plaine de Moisson, des dispositifs de campement du dirigeable en plein air, ainsi que des procédés de ravitaillement en gaz, en combustible destiné au moteur, et en lest.

Le 27 juin, le *Lebaudy* se maintint pendant trois heures onze minutes dans les airs.

Ces essais ayant donné satisfaction, on décida de faire entreprendre au dirigeable un long voyage comportant plusieurs escales. L'itinéraire choisi fut le trajet de Moisson au camp de Châlons, puis à Toul et à Verdun. De Moisson au camp de Châlons on avait prévu un arrêt à Meaux pour ravitailler le dirigeable. On avait désigné d'avance le lieu d'atterrissage où devait se trouver du gaz hydrogène, transporté comprimé dans des tubes d'acier. Des hommes de troupe devaient aussi se trouver au point fixé pour aider aux manœuvres d'atterrissage et de campement de l'aéronat.

Le 3 juillet, à trois heures et demie du matin, le *Lebaudy* quittait son hangar de Moisson et faisait route vers l'est. La première étape Moisson-Meaux, comportant une distance de 93 kil. 500, fut effectuée en 2 h. 37 minutes.

Fig. 291. — Production de l'hydrogène aux établissements *Lebaudy*, à Moisson.

Le dirigeable put être campé aux environs de Meaux et resta ainsi en plein air jusqu'au lendemain matin, malgré un vent assez vif qui s'éleva dans la nuit.

Le 4 juillet, à quatre heures et demie du matin, le départ fut pris pour la seconde étape. Les conditions atmosphériques étaient fort défavorables; le dirigeable partit néanmoins et les aéronautes résolurent de tenter un essai de campement en un lieu convenable non déterminé à l'avance.

Après un court trajet de 18 kilomètres, le dirigeable atterrit dans une clairière d'un

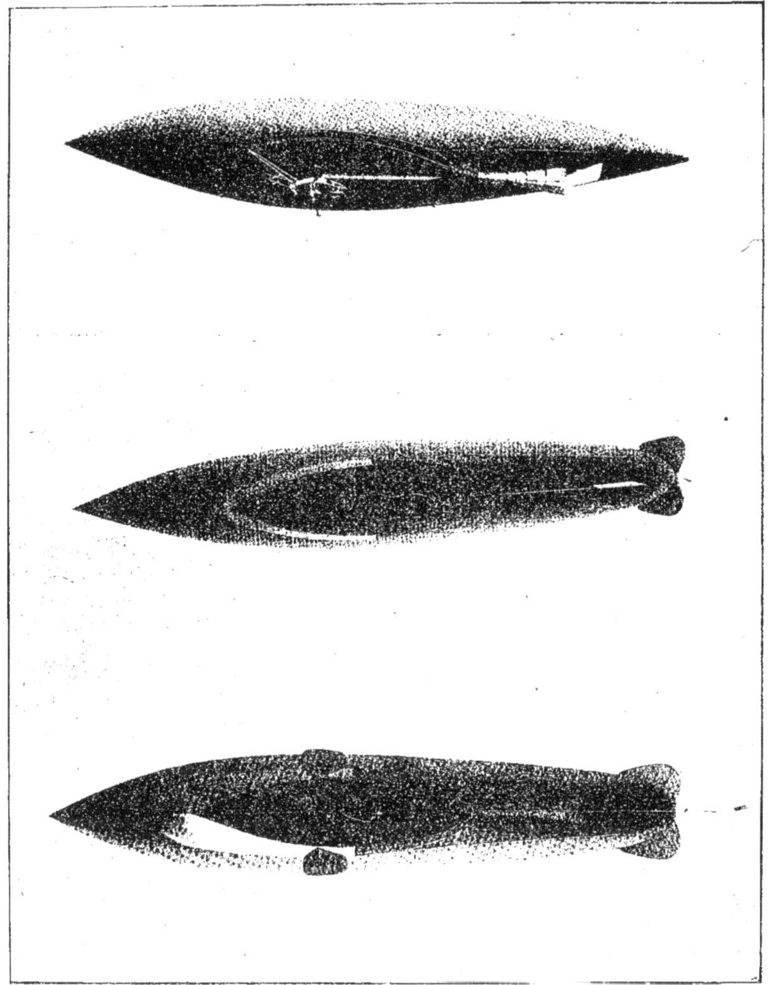

Fig. 292 à 294. — Les *Lebaudy* n°s 3, 4 et 5 (type *Patrie*), au zénith.

bois, près de Jouarre. Une équipe de 70 paysans fut recrutée pour maintenir l'appareil, car un violent orage se déchaînait. L'aéronat resta ainsi campé pendant deux nuits, soumis à la pluie incessante. Il ne subit cependant aucune avarie grave. Son ravitaillement en hydrogène fut assuré au moyen de gaz comprimé contenu dans des tubes que des voitures apportèrent sur le lieu de campement; toujours sous la pluie, il partit après deux jours d'arrêt, pour le camp de Châlons.

La distance de 96 kil. 5 qu'il y avait à parcourir pour atteindre le but fut effectuée sans arrêt en 3 h. 20 minutes.

L'arrivée au camp de Châlons du dirigeable *Lebaudy* fut saluée par des acclamations enthousiastes adressées aux vaillants aéronautes.

L'appareil fut amarré; mais, là encore, il était campé en plein air, aucun hangar n'ayant été disposé pour le recevoir, suivant le programme des essais qui avait été tracé.

Quelques heures après son atterrissage, une violente tempête saccagea le camp; le dirigeable, traîné par le vent, malgré les efforts impuissants des soldats qui le maintenaient, fut soulevé et, après avoir parcouru quelques centaines de mètres, alla s'abattre sur des arbres et des fils télégraphiques voisins.

L'enveloppe fut déchirée; cependant les divers organes et mécanismes sortirent à peu près intacts de cette tourmente.

La période d'essais se trouva, de la sorte, terminée tout d'un coup. On avait pu, pourtant, apprécier les qualités de l'appareil, qui s'était très bien comporté pendant son voyage de Moisson à Châlons, et la commission militaire, qui avait participé à ce voyage, était fixée sur les services qu'il pourrait rendre à une armée en campagne.

Il restait à effectuer la deuxième série d'expériences se rapportant à la défense d'une place forte.

On choisit, à Toul, un emplacement favorable pour faciliter les manœuvres du dirigeable. Un manège existant fut aménagé pour servir de hangar à l'aérostat. Comme sa hauteur seule était insuffisante, on creusa dans le sol une tranchée de 10 mètres de profondeur, dont le fond se raccordait, par un long plan incliné, avec le sol voisin, à l'extérieur du hangar.

De cette façon, la nacelle étant logée dans la tranchée, le dirigeable pouvait séjourner tout gonflé sous son hangar.

Le matériel sauvé de l'accident du camp de Châlons fut transporté à Toul; l'enveloppe fut rétablie dans sa forme primitive et gonflée.

Le 8 octobre, le dirigeable se trouvait prêt à effectuer la première ascension de la série de neuf qui devaient être faites.

Le 12 octobre, le *Lebaudy* fit le voyage de Toul à Nancy et retour en deux heures quinze minutes, ayant à bord quatre passagers.

Le 18 octobre, eut lieu une ascension au-dessus des forts avoisinant Toul, pendant laquelle furent faites des photographies des divers ouvrages. On procéda aussi à l'essai de lancement de projectiles.

Ces diverses expériences furent jugées satisfaisantes et furent renouvelées dans les ascensions suivantes.

Le 24 octobre, le ministre de la guerre, en tournée d'inspection des places fortes de l'Est, vint visiter le parc du dirigeable et prit part à une ascension. La nacelle contenait six personnes. Le dirigeable évolua au-dessus de la ville de Toul et du fort Saint-Michel, puis, conduit par son pilote avec une parfaite sûreté, il vint atterrir à son point de départ sans secousse.

Cette ascension, très réussie, provoqua l'admiration de tous les assistants, et le ministre de la guerre ne ménagea pas ses félicitations aux constructeurs, à l'ingénieur et à l'équipage.

Cette seconde campagne d'essais se poursuivait donc dans d'excellentes conditions. La dernière ascension, qui eut lieu le 10 novembre, devait être une ascension d'altitude : l'aéronat devait s'élever au-dessus de 1.000 mètres.

A travers un épais brouillard et des nuages qui leur cachèrent le sol à partir de 200 mètres, les aéronautes s'élevèrent progressivement jusqu'à 1.370 mètres en jetant du lest : ils redescendirent aux environs de

1.000 mètres et remontèrent de nouveau jusqu'à l'altitude précédemment atteinte. Puis la descente commença et le dirigeable sortant du brouillard vint atterrir en face de son hangar.

Une charge de lest de 495 kilogrammes avait été emportée; les aéronautes en avaient jeté 345 kilos.

Cette dernière expérience venait de démontrer que le dirigeable pouvait, le cas échéant, gagner les hautes régions pour se soustraire à la vue et au tir de l'ennemi.

Les essais étaient terminés et parurent concluants à la commission militaire qui les avait contrôlés. Le dirigeable Lebaudy fut dégonflé, remisé dans son hangar pour la saison d'hiver, et ses propriétaires, MM. Lebaudy, eurent la généreuse et patriotique idée de l'offrir au ministre de la guerre pour être affecté au service de l'armée française.

Cette offre fut acceptée aussitôt et le *Lebaudy* ayant comme point d'attache la place de Toul, fut le premier aérostat dirigeable militaire français.

Peu de temps après, le gouvernement français commandait à MM. Lebaudy un autre aérostat dirigeable établi suivant le modèle du *Lebaudy* n° 4.

Ce nouvel aérostat, destiné à être attaché à la place forte de Verdun, fut terminé au mois de novembre 1906 et reçut le nom de *Patrie*.

Aérostat dirigeable Patrie

L'aérostat *Patrie*, établi sur les plans de l'aérostat dirigeable *Lebaudy*, n'en diffère que par la forme de l'enveloppe et son volume, et par la puissance du moteur qui l'actionne.

L'enveloppe du dirigeable *Patrie* a 60 mètres de longueur et son diamètre au maître-couple est de 10^{m},30. Son volume, supérieur de 200 mètres cubes au volume du *Lebaudy*, est de 3.150 mètres cubes.

Le ballonnet établi dans cette enveloppe a un volume total de 650 mètres cubes. L'enveloppe, au lieu d'être effilée vers l'arrière comme les premiers modèles du *Lebaudy*, est fortement arrondie pour lui permettre de recevoir les *papillons de queue*, empennage stabilisateur comportant des plans verticaux et horizontaux disposés en forme de croix.

Les divers organes qui ont été établis sur le dirigeable *Lebaudy* ont été disposés de façon semblable et dans le même but sur l'aéronat *Patrie*.

La puissance du moteur a cependant été augmentée. Le moteur à pétrole Panhard et Levassor a une puissance de 70 chevaux. Il actionne deux hélices de 2^{m},60 de diamètre, qui tournent à 1.000 tours par minute.

Deux autres modifications faites dans l'aéronat *Patrie* ont consisté à placer le gouvernail horizontal sur les côtés et à l'arrière de la poutre armée en forme de croix formant plans stabilisateurs, et à remplacer les *plans déroulables* qu'on déployait sur le cadre de poussée, par deux surfaces planes, ou *ailerons*, disposées en avant et une de chaque côté de la plate-forme rigide. Ces ailerons peuvent osciller autour d'un axe horizontal et assurer, par leur manœuvre, la stabilité d'altitude.

Le dirigeable *Patrie* peut enlever un poids utile de 1.260 kilogs. Il peut donc emporter sept personnes en dehors du lest et du combustible.

Avant la fin de l'année 1906 l'aéronat *Patrie* avait effectué onze ascensions d'essai.

Pendant l'été de l'année 1907, les ascensions se poursuivirent au parc aérostatique de Chalais-Meudon, pour éprouver les divers organes de l'appareil et pour instruire les équipages. Ces ascensions, au nombre de vingt et une, permirent d'apporter à l'aérostat quelques modifications de détails, et à l'automne de la même année une nouvelle campagne d'expériences fut organisée avant la mise en service définitive.

Au cours de cette campagne, lors d'une ascension effectuée le 23 octobre, l'aéronat parcourut un trajet de 100 kilomètres environ, de Chalais-Meudon à Étampes et retour en trois heures quarante-quatre minutes.

Le 26 octobre, pendant la marche, une des hélices se détacha en détériorant le radiateur du moteur. Le dirigeable atterrit; l'équipage répara l'avarie et l'aéronat put revenir par ses propres moyens au parc de Chalais avec une seule hélice en fonctionnement. Le 9 novembre eut lieu une autre sortie à grand rayon. Le dirigeable, parti du parc aérostatique, atteignit Fontainebleau, évolua au-dessus de la ville et, sans prendre terre, revint à son point d'attache à Chalais.

Le trajet de Chalais à Fontainebleau s'était effectué à une altitude variant entre 300 et 850 mètres.

Le retour eut lieu à une hauteur moyenne de 1.000 mètres. Le trajet total parcouru était de 140 kilomètres et la durée du voyage de quatre heures. La dépense de lest avait été très faible, par suite de l'utilisation de divers plans de stabilisation. La campagne d'essais de 1907 se termina par une ascension d'altitude. Le dirigeable *Patrie* s'éleva à 1.035 mètres de hauteur, le 16 novembre, en dépensant 300 kilos de lest. Il restait, à l'atterrissage, 300 kilos de lest dans la nacelle.

Le succès de ces diverses expériences fut complet et l'aéronat pouvait être mis en service à Verdun. Il s'y rendit par la voie des airs.

Le 23 novembre 1907, le dirigeable *Patrie* ayant à bord les aéronautes militaires : le commandant Bouttieaux, le commandant Voyer, le capitaine Bois, et deux mécaniciens, part du parc de Chalais-Meudon à neuf heures du matin pour gagner la place forte de Verdun, son nouveau point d'attache.

Il passe successivement sur Coulommiers, sur Montmirail, sur Châlons, et continue sa route, quoiqu'une escale ait été prévue au camp de Châlons. Des voitures portant des tubes d'hydrogène comprimé avaient, en effet, été envoyées au camp pour ravitailler l'aéronat.

A 2 heures, le dirigeable passe au-dessus de Sainte-Menehould et à 3 h. 25 il était en vue de Verdun. Peu de temps après, il atterrissait devant le hangar qui lui avait été préparé dans le parc aérostatique de la place forte.

Le voyage avait duré six heures quarante-cinq minutes et le chemin parcouru était de 236 kilomètres, compté à vol d'oiseau.

Ce voyage s'était effectué sans incident : tous les organes avaient admirablement fonctionné. Sur une grande partie du parcours, l'altitude avait été de 900 mètres. La quantité de lest dépensé était de 130 kilogrammes. Il en restait 400 kilos dans la nacelle à l'arrivée. De même, la quantité de combustible utilisée avait été de 150 litres, tandis qu'on avait emporté une provision de 290 litres d'essence. La durée du voyage aurait pu, de la sorte, être considérablement prolongée.

Le magnifique *raid* de l'aéronat *Patrie*, suscita, dans toute la France, un très grand enthousiasme : mais, malheureusement, ce bel engin militaire devait être irrémédiablement perdu quelques jours après, emporté par une violente tempête.

Le 29 novembre, en effet, le dirigeable s'élevait du parc de Verdun à une heure et demie de l'après-midi, emportant sept passagers parmi lesquels se trouvait le général Andry, gouverneur de la place forte. Il effectua quelques évolutions au-dessus de la ville, mais après une heure d'excursion environ, se produisit un accident qui, dépourvu de toute gravité, devait, néanmoins, provoquer la catastrophe finale.

Le mécanisme de commande de la magnéto d'allumage du moteur ayant saisi le pantalon du mécanicien, quelques lambeaux d'étoffe emportés par les organes en mouvement avaient détérioré le dispositif d'allumage et détruit sa régularité. L'allumage ne pouvant fonctionner, le moteur s'arrêta et le dirigeable se trouva dans les airs dans les mêmes conditions qu'un aérostat libre.

On aurait certainement pu atterrir au moment où *la panne* se produisit, mais on voulut réparer, par les moyens du bord, la légère avarie du mécanisme d'allumage. Pendant ce temps le vent, d'ailleurs assez faible, poussait l'aérostat au delà de la ville. La nuit commençait à tomber, et le moteur ne pouvait pas encore fonctionner. On décida d'atterrir. L'atterrissage put s'effectuer à 4 h. 1/2, en pleine campagne. L'équipage descendit et le dirigeable fut maintenu en place par une compagnie d'infanterie arrivée à 9 heures du soir. La nuit se passa sans incidents.

Le 30 novembre au matin, le vent devint assez vif. L'aéronat fut ravitaillé en hydrogène; il fut mené à bras d'hommes dans un repli de terrain pour l'abriter le plus possible; mais l'abri était insuffisant. Il fut, en outre, chargé au moyen de pierres placées dans la nacelle et dans la *béquille*. Une magnéto de rechange put être montée à la place de la magnéto avariée et à 7 heures, alors que tout allait se trouver en place, le dirigeable, sous le coup d'une violente rafale, fut arraché des mains des soldats qui le maintenaient et emporté dans les airs.

Phot. Raffaële.

Fig. 295. — Le dirigeable *Patrie*.

Les soldats manœuvraient de façon à tenir la pointe de l'aéronat tournée constamment du côté d'où arrivait le vent, mais, par suite des remous, cette direction variait très rapidement, de sorte que la manœuvre devenait difficile et pénible. Un brusque tourbillon de vent vint, à un certain moment, agir sur le flanc de l'enveloppe, et, malgré tous les efforts des équipes de manœuvre, celle-ci fut couchée sur le flanc. Dans ce mouvement, un des plans stabilisateurs latéraux touche à terre et ses câbles de commande se rompent, de sorte que lors du mouvement de relevage de l'aéronat, l'*aileron* s'accroche dans la corde actionnant le *panneau de déchirure*.

Le mouvement brusque d'oscillation de l'enveloppe avait fait lâcher prise à quelques hommes de manœuvre. Le dirigeable, insuffisamment maintenu, commença à être entraîné par le vent, l'extrémité de sa béquille labourant le sol.

Le lieutenant Lenoir, commandant les équipes de manœuvre, voit le danger. Il tire sur la corde du panneau de déchirure pour dégonfler l'enveloppe, mais la corde, enchevêtrée dans l'aileron détérioré, ne remplit pas ses fonctions. Aidé de l'adjudant Vincenot, il monte dans la nacelle pour libérer la corde et tenter d'arracher le panneau, mais dans l'obscurité et gênés par les soubresauts de l'appareil, ils ne peuvent y parvenir et ils redescendent de la nacelle pendant que les soldats font de vains efforts pour retenir le dirigeable.

Il continue à être poussé par le vent dans toutes les directions. Ces mouvements désordonnés font encore lâcher prise à quelques hommes. Sous le coup d'un violent remous, l'enveloppe se soulève, l'avant en l'air, le gouvernail touchant le sol. Les soldats qui le maintenaient en avant sont brusquement soulevés de terre et abandonnent les cordes; les pierres qui avaient été placées dans la béquille et dans la nacelle pour faire surcharge, tombent à terre, allégeant l'aéronat qui tend de plus en plus à s'élever.

Le danger devient de plus en plus grand pour les soldats qui tiennent encore des cordages. Aussi, pour éviter des accidents graves, et se rendant compte qu'il n'y avait plus aucune chance de soutenir la lutte contre le vent, le lieutenant Lenoir commande : « Lâchez tout ». Tous les soldats lâchent les cordes, et le dirigeable *Patrie*, libre, s'enfuit dans l'espace, emporté par la tempête.

A une vitesse de 80 kilomètres à l'heure, l'aéronat traverse le nord de la France. Il ne fut pas aperçu pendant cette traversée parce qu'elle fut effectuée pendant la nuit et fort probablement à une très haute altitude, étant donné son allègement considérable.

Les clapets automatiques d'échappement du gaz durent fonctionner normalement pour laisser perdre l'excédent de volume d'hydrogène dû à l'augmentation rapide d'altitude, car le lendemain, le dirigeable *Patrie* fut aperçu au-dessus de l'Angleterre, à Cardiff, puis à Cardigan, dans le pays de Galles.

Après avoir traversé la mer d'Irlande, il est aperçu aux environs de Belfast, en Irlande. Il touche le sol à environ 12 kilomètres de cette ville et traîne pendant un certain temps en labourant la terre et en heurtant une digue qu'il détériore. Les chocs successifs provoquent la chute de quelques pièces métalliques et l'aérostat, de nouveau allégé, remonte dans les airs et continue sa course. Il reprend contact avec le sol à proximité des côtes Nord-Ouest de l'Irlande. Une hélice et son arbre se détachent, tombent à terre, allégeant le dirigeable d'environ 150 kilogrammes. Il remonte immédiatement dans l'atmosphère et disparaît sur l'Océan. A partir de ce moment, il ne fut aperçu que par un navire au large des îles Hébrides poussé par le vent vers le Nord.

L'aéronat militaire *Patrie* s'est certainement perdu dans la mer du Nord. Personne n'a rencontré son épave. Les diverses pièces tombées de l'appareil avaient permis de suivre son trajet au-dessus de la terre, mais sa trace fut perdue dès qu'il navigua au-dessus des flots. Il avait ainsi parcouru, entre Verdun et le nord de l'Irlande, plus de 1.000 kilomètres, comptés à vol d'oiseau, en moins de dix-neuf heures.

La fuite et la perte du dirigeable *Patrie,* malgré les précautions prises et malgré les efforts désespérés des équipes de manœuvre, produisirent dans toute la France et à l'étranger une très grande émotion.

Cet accident, dû à une cause initiale de bien minime importance, démontra une fois de plus la nécessité d'organiser d'une façon plus efficace les campements des dirigeables et de leur ménager, le plus possible, des abris en divers points de la zone qu'ils sont appelés à parcourir.

Au moment où l'aéronat *Patrie* entrait d'une façon effective en service, un autre aérostat dirigeable se construisait aux ateliers Lebaudy. C'était l'aéronat *République,* qui devait remplacer le dirigeable *Patrie* après sa fuite.

Fig. 296. — Carte indiquant le trajet suivi par le dirigeable *Patrie,* dans sa fuite.

Aérostat dirigeable République

(Fig. 297.) Le dirigeable militaire *République,* commandé par l'État à MM. Lebaudy, a été commencé en 1907 et fini en 1908. Semblable dans la plus grande partie de ses organes au dirigeable *Patrie,* il présente, cependant, quelques améliorations.

L'enveloppe en tissu caoutchouté a une longueur de 61 mètres, son diamètre au maître couple est de 10 mètres 80 et son volume de 3.700 mètres cubes.

L'arrière de l'enveloppe, semblable à celle du dirigeable *Patrie,* porte aussi les plans stabilisateurs en forme de croix qui constituent l'empennage.

Les plans stabilisateurs fixes placés sous l'enveloppe à l'arrière de la nacelle sont disposés de la même façon. Deux ailerons mobiles servant de gouvernails de profondeur, sont placés un de chaque côté de la plate-forme rigide formant le dessous de l'enveloppe. Ces ailerons, manœuvrés de la nacelle par le pilote, permettent d'assurer la stabilité d'altitude.

Les dimensions de la nacelle ont été augmentées afin de réserver plus de place à l'équipage et d'éviter le retour d'accidents semblables à celui qui a causé la perte de l'aéronat *Patrie.* Le moteur Panhard et Levassor a la même puissance. Il peut fournir 70 chevaux et comporte 4 cylindres. Des dispositions ont été prises pour dégager et protéger les organes mobiles.

Le radiateur, destiné à refroidir l'eau de

circulation du moteur, est placé, ainsi que son ventilateur, vers l'arrière de la nacelle, sur une des parois.

Le récipient contenant l'essence destinée à alimenter le moteur est disposé au-dessous de la nacelle et le combustible liquide est fourni sous pression au moteur.

L'échappement des gaz brûlés s'effectue, à l'arrière de la nacelle, à l'aide d'un conduit terminé par une sorte de cage en treillis métallique destinée à parer à tout danger d'incendie.

Au mois de mai 1908 le dirigeable *République* était complètement achevé, et sa première ascension d'essai eut lieu le 24 juin. Elle dura environ 30 minutes et permit de constater que les divers organes fonctionnaient bien.

La stabilité d'altitude put, surtout, être maintenue avec une minime dépense de lest de 10 kilogrammes, grâce à la manœuvre des plans stabilisateurs mobiles.

Pendant cette ascension, le poids du matériel enlevé était de 2.700 kilos, les engins divers pesaient 90 kilos; la provision d'eau était de 30 kilos et celle d'essence, de 100 kilos.

L'aéronat emportait quatre personnes, qui pesaient, en y ajoutant quelques instruments et accessoires divers, 300 kilogs. Enfin, le poids du lest emporté était de 820 kilos.

Quelques autres ascensions d'essai furent effectuées les jours suivants, et à la quatrième, qui eut lieu le 3 juillet, le dirigeable *République* fit ses expériences de recette devant une commission militaire. Il évolua, suivant le programme établi, pendant deux heures. Sa vitesse moyenne fut égale à 42 kilomètres à l'heure malgré un vent assez vif.

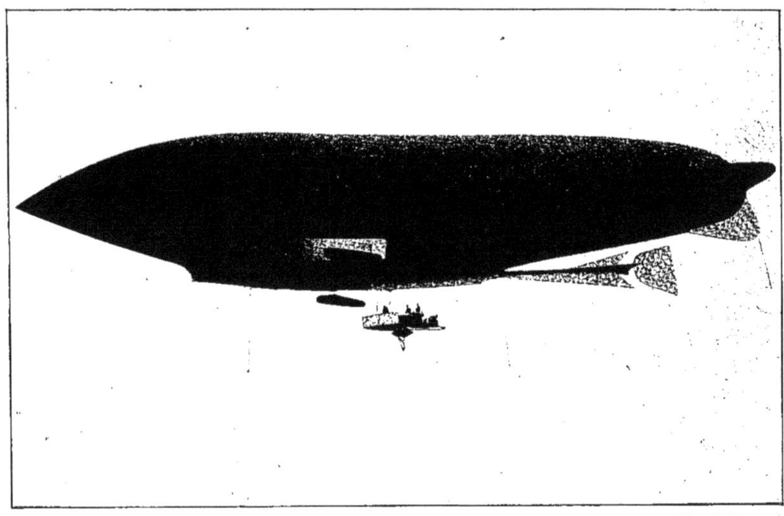

Phot. Raffaële.

Fig. 297. — Le dirigeable *République*.

Ces « essais de recette » eurent le plus grand succès.

L'aéronat, accepté par la commission de recette militaire, devait effectuer au parc de Chalais-Meudon une série d'ascensions destinées à compléter ses essais et à former les équipages.

Les ascensions eurent lieu du 21 août au 5 septembre. La dernière ascension d'essais faite ce jour-là comportait une épreuve de longue durée.

Le dirigeable, parti de Chalais-Meudon à 8 heures 35 du matin, ayant à bord trois passagers, traversa Paris, puis se dirigeant vers le nord, atteignit Compiègne à midi et demi.

Après quelques évolutions effectuées au-dessus de la ville il revint vers Paris sans du trajet de six heures trente-quatre minutes.

L'altitude à laquelle s'était maintenu le dirigeable avait varié entre 300 et 400 mètres, sauf à un certain moment où l'altitude atteinte fut de 650 mètres.

Les conditions atmosphériques fort variables provoquèrent une dépense de lest de 230 kilogrammes.

Phot. Matin.

Fig. 298. — Catastrophe du dirigeable *République*.

toucher terre et arriva au parc de Chalais-Meudon à 3 heures 10 du soir.

Un seul incident de peu d'importance se produisit pendant ce voyage. A un certain moment, l'aérostat descendit brusquement et arriva tout près du sol. On fut obligé de jeter 100 kilogrammes de lest pour retrouver l'altitude moyenne et de bien veiller à la manœuvre du gouvernail pour ne pas jeter le dirigeable sur les obstacles voisins.

Le chemin parcouru pendant ce voyage avait été de 181 kilomètres et la durée

Il en restait néanmoins encore 190 kilos à l'arrivée du dirigeable.

Le combustible liquide consommé fut de 190 litres.

Après cette ascension de durée, l'aéronat *République*, qui était resté gonflé pendant 110 jours, fut dégonflé et remis en état pour entrer en service.

En 1909, le 14 juillet, le dirigeable *République* figurait à la revue des troupes de Paris à Longchamp, puis, après un accident éprouvé pendant une autre sortie, il fut prêt à participer aux grandes manœuvres du Bourbonnais effectuées en septembre.

Après quelques ascensions d'essai, le dirigeable prenait part à ces manœuvres de corps d'armée; son rôle y fut fort efficace au point de vue des reconnaissances qu'il permit d'effectuer.

Les généraux commandant les corps d'armée se plurent à reconnaître les services rendus par l'aéronat en dévoilant au parti ami les dispositions prises par l'ennemi et en permettant de préparer judicieusement les plans de défense et d'attaque. Le succès du dirigeable *République* aux manœuvres fut très vif.

Pour terminer cette campagne féconde en résultats, et démontrer la facilité d'évolution du dirigeable dans l'hypothèse d'un cas de guerre, son équipage décida de regagner son point d'attache, le parc de Chalais-Meudon, par la voie des airs.

Après une attente de quelques jours, et profitant de conditions atmosphériques favorables, le dirigeable partait le 25 septembre à 6 heures ¼ du matin, de Lapalisse pour Chalais-Meudon. Il était monté par le capitaine Marchal, le lieutenant Chauré, et les adjudants Réau et Vincenot.

Dès son départ, il se dirigeait sur Moulins en suivant la route nationale. Il atteignait la ville de Moulins à 8 heures 30 et continuait sa route vers Nevers. A environ 8 kilomètres de Moulins, au-dessus du château d'Avrilly, on vit tout à coup le dirigeable s'incliner sur sa gauche, puis se redresser sous un coup de gouvernail. Au même moment, une aile de l'hélice placée à droite de la nacelle se détache et frappe avec violence l'enveloppe qu'elle ouvre.

L'hydrogène contenu dans l'enveloppe s'échappe par cette ouverture qui s'agrandit brusquement, et l'appareil, tombant d'une hauteur de 200 mètres, vient, à une vitesse vertigineuse, s'écraser sur le sol. L'enveloppe flasque recouvre les débris, parmi lesquels gisent quatre cadavres.

Une équipe d'aérostiers et des correspondants de journaux qui suivaient en automobile le dirigeable et qui avaient été les témoins impuissants de ce spectacle terrifiant, accoururent.

Au milieu d'un inextricable enchevêtrement de fils, de tubes d'acier, de pièces métalliques brisées, on trouve le corps du lieutenant Chauré, la cuisse gauche déchiquetée et portant de profondes plaies à la tête. Le capitaine Marchal a la boîte crânienne ouverte. Les deux adjudants Vincenot et Réau étaient écrasés sous le moteur et on ne put dégager leur corps qu'à l'aide de crics.

Les quatre vaillants soldats avaient été tués sur le coup. Leurs corps furent transportés dans un pavillon du château d'Avrilly, près de Moulins.

A l'examen des débris des divers organes de l'aéronat on acquit la certitude que cette terrible catastrophe était bien due à la rupture d'une pale de l'hélice de droite. Cette pièce fut, en effet, retrouvée à près de 100 mètres des débris du dirigeable, et elle portait encore des bouts d'étoffe caoutchoutée provenant de l'enveloppe qu'elle avait éventrée.

L'aile de l'hélice, en tôle de fer, était montée et rivée sur un tube en acier formant une sorte de bras. Ce bras était rendu solidaire du moyeu de l'hélice, lequel était monté sur l'arbre.

C'est une brisure qui, en se produisant à l'intérieur de l'assemblage du tube et du moyeu, provoqua l'arrachement de l'aile pendant le mouvement de rotation, qui s'effectuait à grande vitesse.

La brisure initiale a été attribuée à l'effet des vibrations répétées auxquelles se trouvent soumis les organes en mouvement. La *contexture* du métal peut en effet être modifiée par l'action de ces vibrations et provoquer une rupture.

La catastrophe du dirigeable *République* provoqua une poignante et universelle émotion. Les victimes, sur les cercueils desquels fut déposée la croix de la Légion d'honneur, furent transportées à Moulins, où la levée du corps donna lieu à d'émouvantes manifestations, puis à Versailles.

C'est dans cette ville que furent faites à l'équipage du dirigeable des funérailles nationales solennelles auxquelles assistaient les membres du Gouvernement, des délégations des corps constitués et de nombreuses sociétés civiles et militaires.

Avec le dirigeable *République* disparaissait la plus belle unité de notre flotte aérienne militaire. Le dirigeable *Liberté* venait bien d'être achevé, mais il commençait à peine ses essais au moment de la catastrophe.

Pour remplacer l'aéronat détruit, le journal *Le Temps* ouvrit une souscription nationale afin de recueillir les fonds nécessaires pour reconstituer la flotte aérienne militaire et de ne pas se laisser distancer dans cette voie par les puissances voisines. Cette souscription eut un grand succès et permit de construire deux dirigeables, dont les essais ne purent commencer qu'au début de l'année 1911.

Aérostat dirigeable Liberté

Le dirigeable *Liberté* a été mis en construction au moment où l'on procédait aux essais du dirigeable *République*.

Ce dirigeable, du type *République*, a un volume légèrement supérieur. Son enveloppe, d'une longueur de 63 mètres et d'un diamètre au maître-couple de 12^{m},50, peut contenir 4.200 mètres cubes de gaz.

Elle comporte un ballonnet à air compensateur, divisé en trois compartiments. La forme générale est la même que celle du dirigeable *République*. Les organes de stabilisation ont aussi une forme identique.

Les ailerons seuls qui, dans le dirigeable *République*, formaient les plans stabilisateurs d'altitude, ont été remplacés par deux séries de surfaces stabilisatrices formées chacune de deux plans superposés. Ces stabilisateurs, de forme spéciale, sont disposés en avant de la nacelle, sous la plateforme rigide de l'enveloppe.

Le moteur actionnant le dirigeable a une puissance de 120 chevaux. Il commande la rotation de deux hélices disposées latéralement sur la nacelle. Les essais du dirigeable *Liberté* ont été effectués avec succès. Le 19 septembre 1909, une ascension d'expériences entre Moisson, Mantes et Vernon dura 5 heures 16 minutes.

Attaché au parc aérostatique de Chalais-Meudon, il participa, en septembre 1910, aux grandes manœuvres de Picardie, pendant lesquelles on fit des expériences très intéressantes de reconnaissances militaires à l'aide d'aérostats dirigeables et d'aéroplanes.

Le 14 septembre 1910, l'aéronat partait du parc de Chalais à 10 h. 45 du matin pour rejoindre le cantonnement qui lui avait été désigné pour les manœuvres à l'aérodrome de Briot. Des hangars avaient été préparés pour recevoir les engins aériens.

Le dirigeable s'arrêta pendant une heure à Beauvais pour faire une petite réparation et arriva sans autre incident au parc de Briot.

Vers le soir, il effectuait une première sortie et évoluait au-dessus de Grandvilliers.

Le 16 et le 18 septembre l'aéronat participa à des reconnaissances et le 19 septembre, le jour de la dislocation, il se mit en route pour regagner par la voie aérienne le parc de Chalais-Meudon.

Pendant le trajet, un défaut de fonctionnement dans le mécanisme d'allumage nécessita l'atterrissage du dirigeable. Les organes furent rapidement remis en bon état, mais, comme le gaz hydrogène devant servir au ravitaillement de l'aérostat n'arriva que vers le soir, le dirigeable campa sur une place où il passa la nuit sous la pluie. Il put, cependant, malgré cela, poursuivre, le lendemain, son trajet interrompu et il arriva vers 9 heures du matin au parc de Chalais-Meudon, sans qu'aucun autre incident vînt troubler son voyage.

Le dirigeable *Liberté* est une des unités de la flotte aérienne militaire française.

forme cylindrique était terminée aux deux extrémités par des pointes. Sur des planches courbées emboîtant l'enveloppe en-dessous et faisant corps avec elle, étaient fixés des câbles en fil d'acier supportant la nacelle.

La nacelle avait une longueur de 30 mètres, une largeur de $1^m,30$ et une hauteur de 2 mètres. Elle était constituée par quatre longerons en sapin, entretoisés

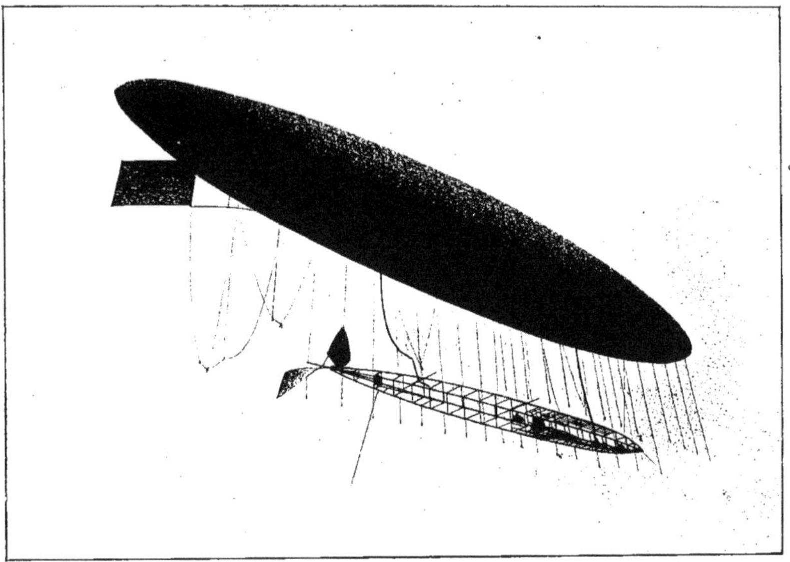

Phot. Raffaële.

Fig. 299. — Le dirigeable *Ville de Paris* n° 1.

Aérostat dirigeable Ville de Paris. Pendant que les études et la confection des aérostats dirigeables Lebaudy se poursuivaient, M. Deutsch de la Meurthe, qui avait fondé, pour encourager la navigation aérienne dirigée, le prix de 100.000 francs, gagné par M. Santos Dumont, faisait construire un aérostat dirigeable sur les plans de M. Tatin.

Cet aéronat, terminé en 1902 (Fig. 299) comportait une enveloppe de 60 mètres de longueur et de 8 mètres de diamètre. Son volume était de 2.000 mètres cubes, et sa

sur toute la longueur de la nacelle par des traverses en bois et des câbles en fil d'acier. Les extrémités des longerons étaient raccordées entre elles par une pièce d'aluminium. La pièce extrême d'arrière portait un palier dans lequel tournait l'arbre de l'hélice.

Cette hélice se trouvait ainsi placée à l'arrière de la nacelle et recevait son mouvement de rotation d'un moteur Mors de 60 chevaux.

Son pas était de 6 mètres et son diamètre de $7^m,50$. Elle tournait à environ 120 tours par minute. Comme le moteur tournait à une vitesse d'environ 1.000 tours, un train d'engrenage servant à réduire la vitesse de l'hélice était disposé entre elle et le moteur.

Un gouvernail était placé à l'arrière de l'enveloppe.

Pour assurer la stabilité de l'aéronat, un chariot mobile pouvant se déplacer sur des rails avait été disposé à l'avant de la nacelle. Ce chariot devait, par son déplacement, permettre de faire varier la position du centre de gravité de l'aéronat et de rétablir sa stabilité longitudinale.

Les essais de ce dirigeable furent effectués et ne donnèrent pas les résultats concluants qu'on en attendait.

En 1906, M. Deutsch fit construire par M. Surcouf un autre aérostat dirigeable, dont la carrière a été très brillante. C'est cet aéronat *Ville de Paris* que M. Deutsch offrit au ministre de la guerre, lors de la perte du dirigeable *Patrie,* pour remplacer cette unité de la flotte aérienne à la place forte de Verdun.

Phot. Raffaële.

Fig. 300. — Le dirigeable *Ville de Paris* n° 2.

L'aérostat dirigeable *Ville de Paris* (Fig. 300), se compose d'une enveloppe A de 60 mètres de longueur, pouvant contenir 3.200 mètres cubes de gaz hydrogène. Il a une forme effilée à l'avant et se termine, en arrière, par une partie cylindrique de diamètre plus faible, destinée à recevoir les ballonnets extérieurs constituant l'empennage. Ces ballonnets sont disposés en quatre groupes répartis régulièrement autour de l'enveloppe. Chacun des groupes comporte deux ballonnets superposés B et C. Celui qui est fixé à l'enveloppe de l'aérostat a un volume plus grand que l'autre. La partie avant des ballonnets a reçu une forme effilée, pour donner moins de prise à l'air en bout et produire une résistance moindre pendant l'avancement de l'aéronat ; la partie arrière des ballonnets est arrondie.

Le tissu formant l'enveloppe des ballonnets est cousu à l'enveloppe du dirigeable. Des ouvertures E sont cependant ménagées pour que la communication de tous les ballonnets avec l'enveloppe et entre eux soit assurée.

Un orifice D, disposé à l'extrémité arrière d'un des ballonnets, permet de procéder au gonflement de l'enveloppe et des ballonnets.

Nous connaissons la fonction de l'empennage ainsi constitué et nous avons dit

Le ventilateur I est actionné d'une façon permanente par le moteur, de sorte qu'il fournit constamment de l'air au ballonnet. L'enveloppe de l'aéronat peut ainsi garder facilement sa forme malgré les pertes de gaz. Le volume d'air introduit dans le ballonnet compense au fur et à mesure ces pertes.

Comme le ventilateur alimente constamment d'air le ballonnet, cet air est ainsi envoyé en excès. Pour une pression déterminée de l'air contenu dans le ballonnet, cet air peut s'échapper par un clapet automatique J, placé au-dessous du ballonnet.

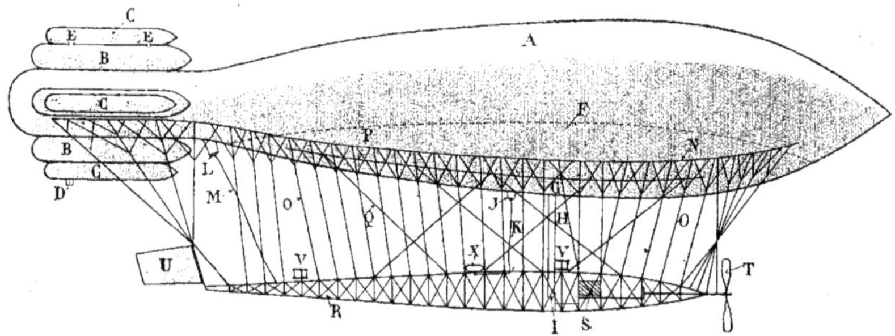

Fig. 301. — Le dirigeable *Ville de Paris*. Élévation.

que l'emploi de ballonnets, pour constituer des surfaces offrant une certaine résistance à l'air lors d'une position oblique de l'aéronat, a pour but d'alléger le dispositif d'empennage, qui se soutient ainsi lui-même dans l'espace, grâce au gaz hydrogène remplissant les ballonnets qui le constituent. A l'intérieur de l'enveloppe A du dirigeable est disposé un ballonnet à air F destiné à compenser par un apport d'air la perte de gaz de l'aéronat.

L'enveloppe de ce ballonnet est cousue à la paroi intérieure de l'enveloppe du dirigeable, de façon à former une capacité indépendante dans laquelle on peut introduire de l'air par un orifice G au moyen d'une manche H raccordée, à sa partie inférieure, avec un ventilateur I.

La soupape découvrant l'orifice d'échappement est réglée en conséquence et manœuvre automatiquement lors d'un excès de pression d'air.

Cette valve automatique peut, en outre, être commandée à la main par le pilote, grâce à l'intermédiaire d'une corde de manœuvre K.

L'enveloppe du dirigeable est également munie d'une soupape L à clapet automatique, servant à laisser échapper le gaz lorsque sa pression devient trop forte. Cette soupape, placée sous l'enveloppe et à l'arrière, peut aussi être commandée par une corde M manœuvrée par le pilote.

A l'enveloppe est fixée longitudinalement, et sur chacun des côtés, une ralingue N sur laquelle sont attachés les câbles de suspente O. Ces câbles sont reliés aux ralingues par l'intermédiaire de petites *pattes d'oie* disposées le long des ralingues mêmes et par de grandes *pattes d'oie* placées un peu plus bas. Chaque câble est, à sa partie inférieure, fixé à la nacelle.

La suspension de la nacelle ainsi constituée ne répondrait pas aux conditions exigées pour qu'elle soit indéformable. Aussi a-t-on disposé des tirants obliques réalisant la suspension triangulaire indéformable. Ces câbles Q, appelés aussi *balancines,* tandis que les autres sont généralement nommés *suspentes,* sont rendus solidaires de l'enveloppe par l'intermédiaire de deux autres ralingues P placées parallèlement aux ralingues des suspentes N et au-dessous d'elles.

Les balancines sont successivement obliquées vers l'avant et vers l'arrière de la nacelle et fixées à elle à leur extrémité inférieure.

La nacelle R est une longue poutre armée effilée à ses deux extrémités et supportant, à l'avant, l'axe de l'hélice propulsive T et à l'arrière, le gouvernail de direction U.

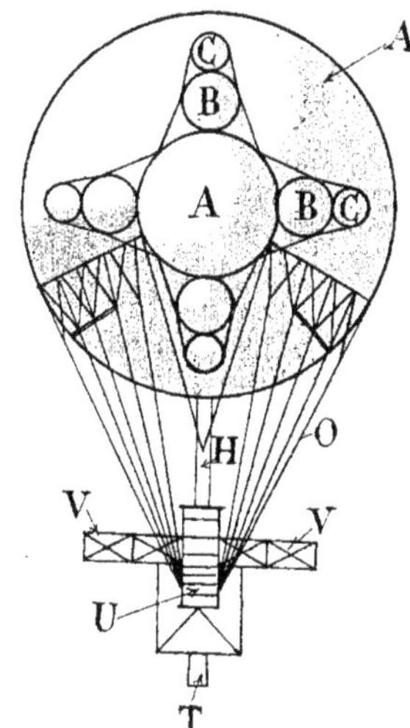

Fig. 302. — Vue arrière du dirigeable *Ville de Paris.*

Dans un compartiment placé vers l'avant est placé le moteur S muni de son carburateur, du radiateur permettant de refroidir l'eau de circulation et de son ventilateur. Les divers organes sont fixés sur une plate-forme métallique solidement assujettie à la nacelle.

Dans le même compartiment se tient le mécanicien, qui trouve à la portée de sa main les manettes et leviers de manœuvre des divers mécanismes.

Le moteur actionne l'hélice T, placée à l'avant, par l'intermédiaire d'un train de roues d'engrenage destiné à réduire la vitesse de rotation de l'hélice.

Le moteur commande également le ventilateur I du ballonnet, lequel est muni d'un registre que le pilote peut fermer au moyen d'un câble de manœuvre, interceptant ainsi la communication entre le ventilateur et le ballonnet.

Dans un autre compartiment disposé un peu en arrière du milieu de la nacelle, se tient le pilote, qui trouve à portée de sa main des volants à l'aide desquels il peut effectuer les diverses manœuvres de chacun des organes du dirigeable.

Il commande notamment le déplacement du gouvernail de direction U à l'aide de deux cordes qui peuvent lui imprimer respectivement un mouvement d'oscillation dans un sens ou dans l'autre autour d'un axe disposé presque verticalement.

La légère inclinaison donnée à cet axe a pour but de permettre au gouvernail de revenir à sa position normale lorsque les câbles de manœuvre ne sont plus actionnés.

Deux autres séries de câbles aboutissant aux volants de manœuvre du pilote commandent respectivement deux plans stabilisateurs V et X. L'un de ces stabilisateurs est placé en avant du pilote et l'autre en arrière. Ces deux organes sont disposés entre l'enveloppe et la nacelle et supportés par cette dernière. Ils se composent chacun de deux plans superposés entretoisés et rendus indéformables par des traverses obliques. Ces stabilisateurs peuvent pivoter autour d'un axe horizontal lorsqu'on tire sur les cordes auxquelles ils sont reliés. Ils servent à maintenir la stabilité d'altitude de l'aéronat sans dépense de lest et de gaz et permettent de compenser, suivant le sens de leur inclinaison, les variations de la force ascensionnelle qui provoquent soit la descente soit la montée de l'aéronat.

Le compartiment du pilote contient les sacs de lest enlevés par le dirigeable et le câble servant de guide-rope.

L'aérostat dirigeable *Ville de Paris*, ainsi constitué à la suite d'un certain nombre d'ascensions d'essai, reprenait, le 14 novembre 1907, la série de ses expériences après avoir subi quelques légères modifications.

Le hangar abritant l'appareil était établi dans la plaine de Sartrouville, au bord de la Seine, situation favorable aux expériences diverses que le dirigeable pouvait avoir à effectuer.

Le 14 novembre, pour sa vingt et unième ascension, l'aéronat *Ville de Paris*, parti de Sartrouville à 11 heures 1/2 du matin, se dirigeait sur Paris, atteignait la capitale, et après avoir évolué au-dessus de l'Hôtel de Ville et des grands boulevards, planait un moment au-dessus du Grand Palais, où se tenait à ce moment l'Exposition décennale de l'Automobile, du Cycle et des Sports.

Puis le dirigeable reprenait la route de Sartrouville et atterrissait devant son hangar. Le voyage avait duré 1 heure 1/2 et les voyageurs étaient MM. Deutsch de la Meurthe, propriétaire de l'aéronat, M. Kapferer qui pilotait le dirigeable et le mécanicien Paulhan qui devait, peu d'années après, s'illustrer dans une autre branche de la conquête des airs par l'appareil plus lourd que l'air, l'aéroplane.

Les jours suivants, le dirigeable *Ville de Paris* continua ses ascensions d'essais et ses excursions. Le 18 novembre, il fait le trajet de Sartrouville au champ de manœuvres d'Issy-les-Moulineaux en 33 minutes. Il atterrit sur le champ de manœuvres, est maintenu pendant quelques heures par une équipe de fantassins, et repart, en emportant cinq passagers, pour Sartrouville, où il atterrit après 36 minutes de voyage, sans avoir dépensé de lest.

Le 19, le dirigeable fait le tour de Paris; le 20, une excursion sur Versailles; le 21 il se rend à l'aérodrome de Buc.

Quelques jours après, dès que la nouvelle de la perte du dirigeable militaire *Patrie* fut connue, M. Deutsch offrit spontanément, ainsi que nous l'avons dit, mû par un sentiment patriotique fort louable, son aérostat au ministre de la guerre pour remplacer le dirigeable *Patrie* à Verdun.

L'offre généreuse fut acceptée et le 2 décembre 1907 commençait une autre série d'épreuves effectuées avec le concours de l'autorité militaire.

Le 6 décembre, le dirigeable *Ville de Paris* effectuait un parcours de 83 kilomètres en 2 heures 1/2 et le 18 décembre un trajet de 110 kilomètres en 3 heures 5.

Les expériences se continuèrent avec succès et l'aéronat fut définitivement attaché à la place de Verdun.

Les sorties qu'a effectuées le dirigeable *Ville de Paris* au-dessus de Verdun et dans ses environs sont nombreuses et n'ont été, sauf de rares exceptions, marquées par aucun incident. D'ailleurs les quelques incidents qu'on a eu à enregistrer n'ont eu aucune fâcheuse conséquence et n'ont diminué en rien la valeur de cet aéronat.

Aérostat dirigeable Bayard-Clément La société de constructions aéronautiques *Astra*, continuant les travaux entrepris par les ateliers Surcouf, qui avaient construit le dirigeable *Ville de Paris*, établirent pour M. Clément, chef d'une des plus importantes maisons de construction de voitures automobiles, un autre aérostat dirigeable, conçu, d'une façon générale, comme l'aéronat *Ville de Paris*, mais comportant néanmoins quelques perfectionnements dus aux expériences répétées effectuées avec ce dernier aérostat dirigeable.

L'aéronat construit pour M. Clément a été nommé le *Bayard-Clément*, nom désignant la marque des voitures automobiles fabriquées par ce constructeur.

Le dirigeable *Bayard-Clément* (Fig. 305) comporte une enveloppe A ayant une forme fusiforme, effilée à l'avant et légèrement arrondie à l'arrière, mais ayant à cette extrémité postérieure un diamètre plus faible qu'à l'extrémité antérieure. Le plus grand diamètre de l'enveloppe est de 10 mètres 58 et sa longueur de 56 mètres 25. L'enveloppe peut contenir 3.500 mètres cubes de gaz. L'étoffe qui la constitue a une surface de 2.250 mètres carrés et pèse 805 kilogrammes.

L'enveloppe est formée d'une grande quantité de petits panneaux cousus les uns aux autres et porte vers le milieu de sa longueur le *panneau de déchirure* B.

C'est une bande d'étoffe fixée sur l'enveloppe au-dessus d'une ouverture qui y est ménagée, laquelle bande peut être arrachée par la manœuvre de la corde de déchirure lorsqu'il est nécessaire de provoquer un dégonflement rapide de l'aéronat.

Sur l'arrière de l'enveloppe est placé le dispositif d'empennage. Ce dispositif comporte quatre ballonnets C de forme conique mais terminés à leur partie arrière par une demi-sphère. Leur extrémité avant est en forme de pointe.

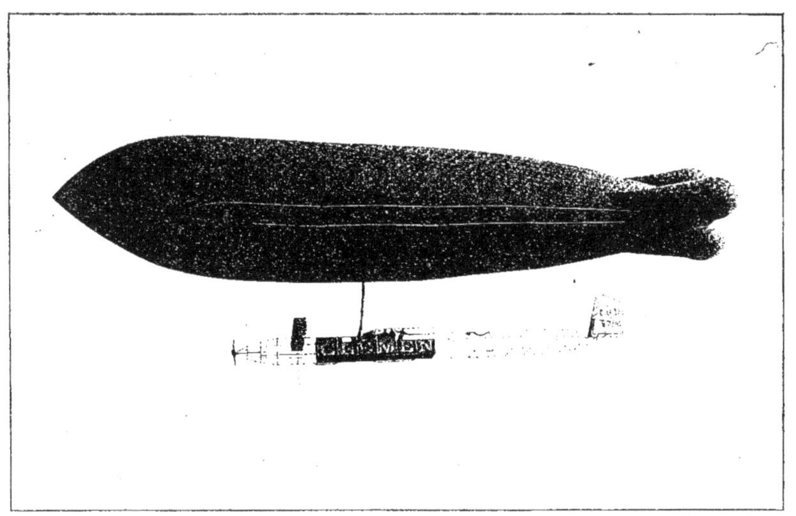

Phot. Raffaële.

Fig. 305. — Le dirigeable *Bayard-Clément*.

Ces ballonnets sont cousus à l'enveloppe par une de leurs génératrices et des ouvertures sont pratiquées dans l'étoffe pour laisser la libre communication entre les ballonnets et l'intérieur de l'enveloppe.

A la partie inférieure de l'enveloppe A, et à l'intérieur, est cousue une large bande d'étoffe formant l'enveloppe du ballonnet à air compensateur D. Ce ballonnet a 23 mètres de longueur et peut contenir 1.100 mètres cubes d'air. Il est divisé en deux compartiments. Chacun de ces compartiments porte un clapet automatique E, par lequel l'air peut s'échapper lorsque sa pression atteint une trop grande valeur dans le ballonnet.

D'autres soupapes, à ouverture automatique F, sont disposées sur l'enveloppe pour faciliter la sortie du gaz porté à une pression déterminée, considérée comme pression limite.

Avec la manche principale G, communiquent deux autres manches aboutissant respectivement aux deux compartiments du ballonnet. Les orifices de ces deux manches sont disposés, du côté du ballonnet, pour former clapet de retenue d'air. La manche principale est, d'autre part, munie

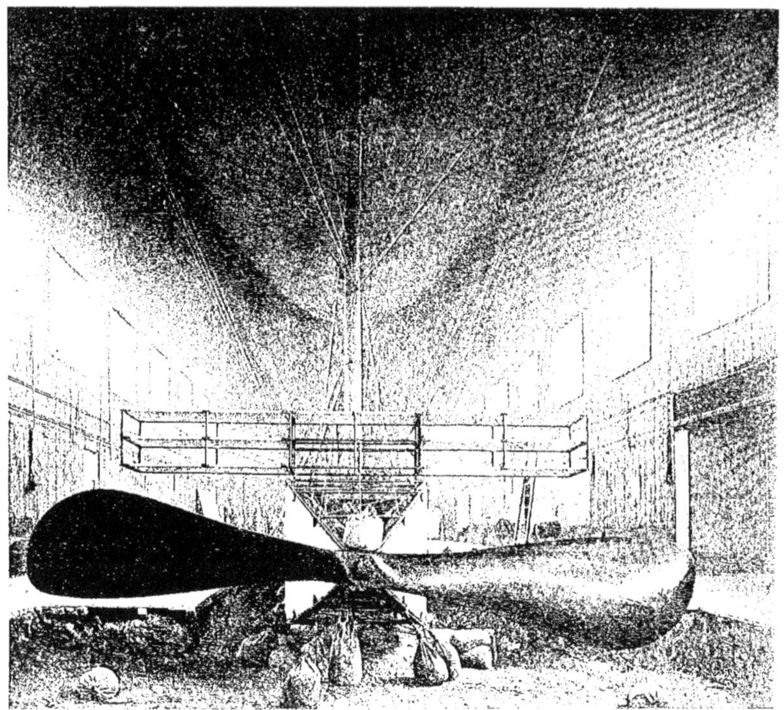

Fig. 301. — Hélice et stabilisateur du dirigeable *Bayard-Clément.*

Ces soupapes peuvent aussi être ouvertes par l'intermédiaire de cordes de manœuvre manœuvrées par le pilote.

Les deux compartiments du ballonnet, séparés par une cloison étanche, reçoivent l'air, indépendamment l'un de l'autre, par une manche G, reliée à un ventilateur H, actionné par le moteur I de l'aérostat dirigeable.

d'une cloison qui permet, par la manœuvre d'un organe fixé sur le ventilateur, de faire pénétrer de l'air dans l'un ou l'autre des compartiments du ballonnet. Le ventilateur est actionné d'une façon constante par le moteur. L'air est ainsi envoyé continuellement dans les compartiments du ballonnet et la forme de l'enveloppe est toujours conservée.

Le ventilateur est disposé pour pouvoir être commandé à la main, dans le cas où le moteur subirait un arrêt.

Le long de l'enveloppe sont établies des ralingues, dont les deux supérieures J, placées une de chaque côté de l'enveloppe, servent à fixer les extrémités supérieures des câbles de suspente, et les deux autres K, placées au-dessous, servent de support aux balancines.

Les suspentes L sont des câbles en acier formés de trois torons de fil d'acier comportant chacun trois brins. Ces câbles, établis pour supporter des charges de 400 et 600 kilogrammes, sont rendus solidaires, à leur partie supérieure, de pattes d'oie faites en corde de chanvre. Les pattes d'oie sont attachées à des sortes de chevilles en buis, placées entre les deux bandes d'étoffe cousues, qui forment la ralingue J.

Les *balancines* M, reliées à la ralingue inférieure K, sont des câbles en acier disposés obliquement par rapport aux suspentes et servant à rendre la suspension de la nacelle indéformable. Elles sont alternativement inclinées vers l'avant et vers l'arrière et sont reliées, vers leur extrémité inférieure, à la nacelle.

Les balancines se coupent en quatre points qui forment les *nœuds fixes* de la suspension.

La nacelle N, supportée par les suspentes et les balancines, est une poutre armée, composée de tubes en acier entretoisés par des traverses en fil d'acier, lesquelles portent des tendeurs servant à répartir uniformément la tension.

La longueur de la nacelle est de 28m,50, sa largeur de 1m,50 et sa hauteur de 1m,50.

Vers le milieu de la nacelle, est disposé un compartiment O, dans lequel se tiennent le pilote et les passagers. Dans ce compartiment, la hauteur de la nacelle est plus grande, de façon à rendre plus aisés les mouvements des aéronautes. La partie de ce compartiment destinée au pilote porte un plancher surélevé de 60 centimètres. Le pilote peut ainsi dominer l'avant et l'arrière de la nacelle, voir aisément le terrain et faire les manœuvres appropriées lors du départ du dirigeable ou quand il atterrit.

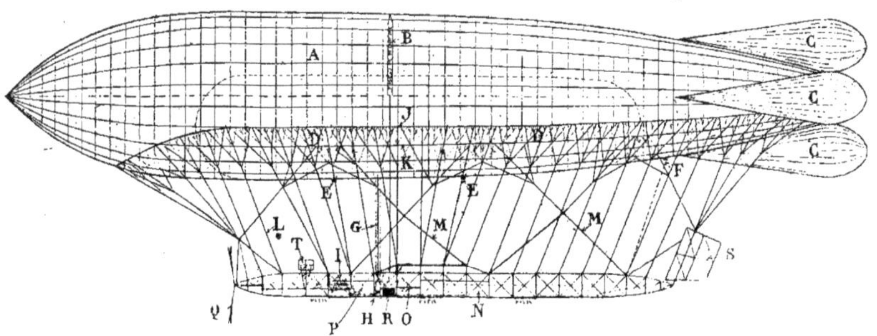

Fig. 305. — Le dirigeable *Bayard-Clément*. Élévation.

Les parois de la nacelle sont garnies extérieurement, sur une certaine longueur, d'étoffe ou de plaques en tôle d'aluminium.

Dans un autre compartiment P, de la nacelle, disposé en avant du compartiment des passagers, se place le mécanicien. Dans ce compartiment est fixé le moteur I.

Ce moteur, du type Bayard-Clément, peut développer une puissance de 105 chevaux. Il est rendu solidaire du plancher de la nacelle par l'intermédiaire de ressorts destinés à amortir les trépidations qui se produisent pendant son fonctionnement.

Le moteur donne un mouvement de rotation à un arbre horizontal qui, par l'intermédiaire d'un train d'engrenages ayant pour but de réduire la vitesse de rotation, actionne l'arbre de l'hélice Q.

L'hélice est placée à l'avant de la nacelle. Son diamètre est de 5 mètres et elle tourne

surfaces parallèles faites en acier. Le gouvernail peut osciller autour d'un axe légèrement oblique, par la manœuvre de deux câbles en acier reliés à des organes de commande placés à la portée du pilote. Il a une surface de 18 mètres carrés. Un stabilisateur T, ou gouvernail de profondeur, est installé vers l'avant de la nacelle, entre celle-ci et l'enveloppe.

Fig. 306. — Nacelle du dirigeable *Bayard-Clément.*

à une vitesse de 380 tours par minute.

Entre le mécanicien et le pilote, est disposé le ventilateur H muni, ainsi que nous l'avons dit, d'un organe de répartition d'air dans les deux compartiments du ballonnet compensateur. Le ventilateur est directement actionné par le moteur. Un petit compartiment spécial, R, reçoit les guides-ropes, qui peuvent être aisément lancés hors de la nacelle par un homme de l'équipage.

A l'arrière de la nacelle est placé le gouvernail de direction S, formé de deux

Il est formé de trois plans superposés constituant un ensemble rigide, fait en tubes d'acier assemblés. Sa surface est de 16 mètres carrés et il peut osciller autour d'un axe horizontal par la manœuvre de câbles aboutissant au compartiment du pilote.

Le 29 octobre 1908, le dirigeable que nous venons de décrire, construit pour le compte de M. Clément, effectua ses premiers essais. L'aéronat, sous le nom de *Clément-Bayard,* s'éleva, malgré un vent qui soufflait à la vitesse de 9 mètres à la seconde.

Pendant environ une heure et demie il évolua au-dessus de Saint-Germain et de Maisons-Laffitte, et atterrit devant son hangar de Sartrouville sans incident.

Il repartait une heure après, ayant à bord sept passagers. Il était onze heures quarante-cinq. Le dirigeable faisait route vers Paris, atteignait rapidement la capitale, évoluait au-dessus de la place de la Concorde, de la Bourse, de la Madeleine et revenait à son hangar de Sartrouville où il arrivait à midi trente-cinq, après avoir, pendant cinquante minutes, effectué son parcours à raison de 50 kilomètres à l'heure, en moyenne.

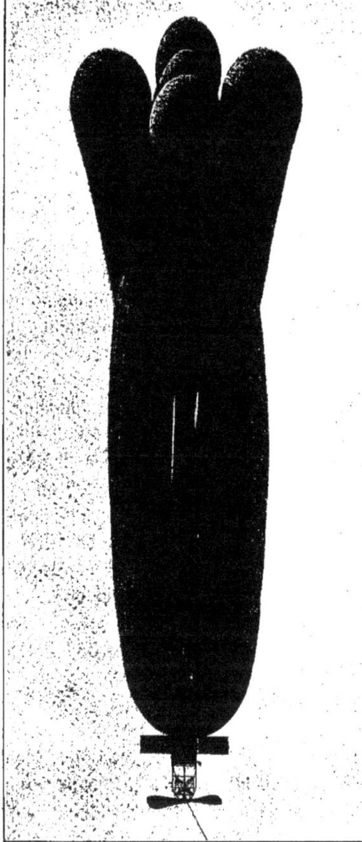

Fig. 307. — Le *Bayard-Clément* au zénith

Ces essais tout à fait remarquables furent suivis, le 31 octobre, d'une autre sortie sur Paris et, le 1er novembre, d'un voyage de Sartrouville à Pierrefonds et retour. A onze heures quinze du matin, le dirigeable partait de Sartrouville emportant six passagers. Il se dirigeait vers Compiègne qu'il atteignait à une heure et demie, puis, modifiant sa route, passait au-dessus de Pierrefonds, vers deux heures, et reprenait sa route sur Paris où il arrivait à trois heures et demie au-dessus de la porte de Pantin. La capitale fut traversée en évoluant au-dessus des boulevards, des Champs-Élysées, puis, par le Bois de Boulogne, Chatou, Le Vésinet, le dirigeable atteignait Sartrouville où il atterrit vers quatre heures.

Le trajet, effectué à une altitude moyenne de 200 mètres, avait été d'environ 200 kilomètres, parcourus en moins de cinq heures.

Le lendemain 2 novembre, l'aéronat emportant huit passagers faisait une courte sortie de trente minutes et revenait à son hangar sans incident.

Pendant tout le mois de novembre, les sorties d'essai se poursuivirent avec le même succès. Les excursions se continuèrent pendant le mois de décembre et se terminèrent pour l'année 1908, le 24 décembre. Parti ce jour-là de Sartrouville pour aller à Compiègne, le dirigeable *Bayard-Clément*, après avoir parcouru près de 60 kilomètres rencontra un brouillard si intense qu'il revint vers son point d'attache. Il put, avec beaucoup de difficulté, reconnaître son hangar et atterrir sans incident.

La campagne d'expériences de 1909 commença le 8 mars. Une commission militaire russe suivait les diverses ascensions, car des pourparlers étaient engagés pour vendre l'aéronat à la Russie.

Après plusieurs sorties destinées à effectuer les épreuves d'endurance imposées, le *Bayard-Clément,* ayant rempli avec succès toutes les conditions, fit une dernière ascension d'altitude ayant à bord la mission russe. Cette ascension eut le même succès que les précédentes et le dirigeable se préparait à atterrir non loin de son hangar, lorsqu'un coup de vent le poussant sur un bouquet d'arbres provoqua des avaries à son enveloppe et sa chute dans la Seine, à côté du pont de Maisons-Laffitte.

Cet extraordinaire accident s'était produit avec une telle rapidité qu'il faillit coûter la vie aux aéronautes; ils furent tirés de leur dangereuse situation par des embarcations accourues à leur secours.

La nacelle et les organes moteurs, complètement immergés, purent être retirés de l'eau le lendemain; l'enveloppe était complètement déchirée. On avait déjà mis en chantier, en prévision de la vente du dirigeable, un autre aéronat établi de manière semblable, mais d'un volume plus considérable. C'était le *Bayard-Clément II,* qui remplaça le dirigeable qu'un accident fortuit venait de détruire.

Le dirigeable *Bayard-Clément II* comporte une enveloppe d'un volume de 6.000 mètres cubes. Sa longueur est de 76 mètres et son diamètre au maître-couple est de $13^{m},20$. Le plus grand diamètre est situé environ au quart de la longueur de l'enveloppe, vers l'avant.

L'enveloppe est du type pisciforme. Elle a une section cylindrique; son avant est fortement arrondi, son arrière effilé.

Le ballonnet à air est sectionné en deux parties cubant chacune 1.000 mètres cubes.

La nacelle, suspendue à l'enveloppe par un dispositif triangulaire en câbles d'acier, est une poutre dont la longueur est de 45 mètres. Elle est constituée par des tubes d'acier entretoisés par des tirants en fil d'acier.

Le dirigeable possède deux hélices en bois ayant 6 mètres de diamètre. Elles sont disposées une de chaque côté de la nacelle et sont actionnées par deux moteurs ayant chacun une puissance de 125 chevaux. Les deux moteurs, identiques, sont placés dans la nacelle, un de chaque côté, et symétriquement par rapport à l'axe longitudinal. Chaque moteur peut, à volonté, commander une seule, ou les deux hélices. On peut, de la sorte, continuer à propulser l'aéronat lorsque accidentellement un des moteurs se trouve immobilisé.

Les organes stabilisateurs sont tous fixés sur la nacelle. L'enveloppe ne comporte pas, à l'arrière, les quatre ballonnets formant empennage.

Un stabilisateur multicellulaire est disposé horizontalement à l'arrière de la nacelle et sert à assurer la stabilité longitudinale. Des plans verticaux posés contre ce stabilisateur interviennent pour rétablir la stabilité latérale.

En outre, un gouvernail de profondeur, constitué par un plan de faible épaisseur, est placé au-dessous du stabilisateur. Le gouvernail de direction, formé de deux plans verticaux, est disposé à l'arrière et au-dessous de l'enveloppe.

Le dirigeable *Bayard-Clément II* ayant, comme point d'attache, son hangar de Lamotte-Breuil, près de Compiègne, a effectué ses premiers essais au mois de juin 1910.

Au mois de septembre de la même année il a pris part aux grandes manœuvres de Picardie. Une installation d'un poste de télégraphie sans fil avait été faite à bord, de sorte que, le 11 septembre, le jour de son départ, il put se maintenir en communication constante pendant son trajet de Lamotte-Breuil au camp de Briot-Aviation, avec le poste de la Tour Eiffel. Il put annoncer également son arrivée au poste du camp. Le commandant Ferrié, chef du service de la télégraphie militaire, était à bord. Six autres passagers avaient pris place dans la nacelle, et parmi eux M. Clément, le propriétaire du dirigeable.

Le 14 septembre, l'aéronat, chargé d'une mission, se rend par la voie des airs à Paris, atterrit sur le champ de manœuvres d'Issy-les-Moulineaux ayant parcouru, à une altitude moyenne de 400 mètres, 120 kilomètres en deux heures dix-sept minutes.

Le 16 septembre, le dirigeable repart pour les manœuvres; mais un brouillard très intense l'oblige à revenir à Issy, qu'il quitte le 18 septembre pour le camp de Briot-Aviation où il arrive sans incident.

A la fin des manœuvres, l'aéronat retourne à son point d'attache de Lamotte-Breuil, après avoir subi, vers la fin de son voyage, un violent orage pendant lequel des étincelles frappèrent les parties métalliques de la nacelle.

Le voyage eut, néanmoins, une heureuse issue.

Après son retour, le dirigeable continua ses ascensions et, le 24 septembre, notamment, il en effectua une qui dura une heure et demie, en ayant à bord douze passagers.

Moins d'un mois après, le 16 octobre 1910, il accomplit une extraordinaire prouesse qui eut un énorme retentissement : le dirigeable *Bayard-Clément* se rendit de Lamotte-Breuil à Londres, d'une seule traite, en traversant le Pas-de-Calais en face de Boulogne.

Parti à sept heures du matin environ, il passait au-dessus d'Amiens à huit heures vingt, puis, continuant sa route par Abbeville, Étaples, il arrivait à Boulogne à dix heures quinze. Le détroit était traversé après une heure de route environ et, à onze heures vingt, l'aéronat planait sur les côtes anglaises, au-dessus de Folkestone. Ensuite il poursuivait sa route vers Londres où il atterrissait à une heure dix minutes.

Ce superbe voyage, qui avait duré environ six heures, s'était effectué dans d'excellentes conditions mettant en relief les qualités du vaisseau aérien.

Aérostats dirigeables de la Société Astra

La Société de constructions aéronautiques *Astra*, qui a construit les dirigeables *Ville de Paris* et *Bayard-Clément*, a fabriqué aussi plusieurs autres aéronats destinés à des usages différents. L'un d'eux, le dirigeable *Colonel-Renard*, est un aéronat militaire. D'autres, comme les dirigeables *Ville de Nancy*, *Ville de Bordeaux*, *Ville de Bruxelles*, *Ville de Lucerne*, ont été construits pour le compte de la *Compagnie Transaérienne* qui a projeté de créer un réseau de transport aérien entre les principales villes et un service de tourisme par dirigeables qui ne manquerait certes pas d'agrément.

Le dirigeable militaire *Colonel-Renard* (Fig. 308) est du type *Bayard-Clément I* que nous avons précédemment décrit.

Sa longueur est de $64^{m},75$, son plus grand diamètre de $10^{m},80$ et son volume de 4.700 mètres cubes. Les différents organes de cet aéronat sont disposés de la même façon que sur le *Bayard-Clément*. L'enveloppe porte, à l'arrière, quatre ballonnets d'empennage et à l'intérieur un ballonnet compensateur divisé en deux compartiments. La nacelle, formée d'une poutre armée, porte, en avant, l'hélice et un gouvernail de profondeur cellulaire. Le gouvernail de direction est placé à l'arrière.

Un moteur Panhard-Levassor de 120 chevaux actionne l'hélice et commande un ventilateur qui envoie dans le ballonnet compensateur l'air nécessaire pour maintenir la permanence de la forme de l'enveloppe.

Le dirigeable *Colonel-Renard* a pris part aux grandes manœuvres de Picardie en 1910. D'abord tenu en réserve au champ de manœuvre d'Issy-les-Moulineaux, il accompagna le dirigeable *Liberté* pendant une partie de son parcours, lorsque cet aéronat rejoignit son poste au camp de Briot-Aviation, puis il revint à Issy pour se conformer aux ordres qui avaient été donnés.

Le 18 septembre, il arriva sur le terrain des manœuvres et évolua au-dessus des troupes. Le lendemain, jour de la dislocation, il partit de Briot à 6 heures 30 du matin et après avoir effectué quelques reconnaissances en cours de route, il arriva à Issy-les-Moulineaux à 11 heures 15, après avoir parcouru un trajet d'environ 250 kilomètres en 4 heures 45 minutes.

Le dirigeable *Ville de Nancy,* construit à l'occasion de l'Exposition qui a eu lieu dans cette ville en 1909, est aussi un dirigeable du type *Bayard-Clément*. Son volume est un peu moindre : 3.300 mètres cubes; sa longueur est de 55 mètres et son diamètre au maître-couple est de 10 mètres.

Toutes les dispositions des organes sont semblables à celles du *Bayard-Clément*. Le moteur actionnant le propulseur de l'aéronat a une puissance de 115 chevaux.

Le dirigeable *Ville de Nancy* a commencé ses essais le 27 juin 1909. Une ascension effectuée ce jour-là a duré 45 minutes. Le lendemain et les jours suivants, les ascensions se sont poursuivies avec succès, malgré une légère détérioration de l'hélice due à la brusquerie d'un atterrissage.

Le dirigeable *Ville de Nancy* figurait le 14 juillet 1909 à la revue de Longchamp, en même temps que le dirigeable *République*.

Quelques jours plus tard, il partait de son hangar de Sartrouville pour gagner Nancy. Ce départ avait lieu le 16 juillet à 4 heures 1/2 du matin. Après 45 minutes de route, des ratés dans le moteur l'obligent à atterrir, et pendant cette manœuvre l'hélice est brisée.

On prend toutes les dispositions pour attacher solidement le dirigeable et le mettre à l'abri du vent en attendant le montage d'une autre hélice. Il reste sous la pluie sans inconvénient et, le 18, il repart pour Nancy. Il fait une escale sur le champ de manœuvres de Meaux où on le ravitaille en hydrogène, puis reprend sa route et arrive à Nancy devant son hangar ce même jour, à 8 heures du soir.

Phot. *Matin.*

Fig. 308. — Le dirigeable *Colonel-Renard.*

Le dirigeable *Ville de Bordeaux* a une longueur de 52 mètres et un diamètre au maître-couple de 15 mètres. Il a des dispositions semblables à celles du dirigeable *Bayard-Clément,* mais est actionné par un moteur Renault de 90 chevaux.

Les aérostats dirigeables *Ville de Lucerne* et *Ville de Bruxelles* ont été construits le premier pour effectuer des excursions aériennes sur Lucerne, le lac des Quatre-Cantons et les environs, le second pour figurer un aspect nouveau les beaux paysages de la Suisse.

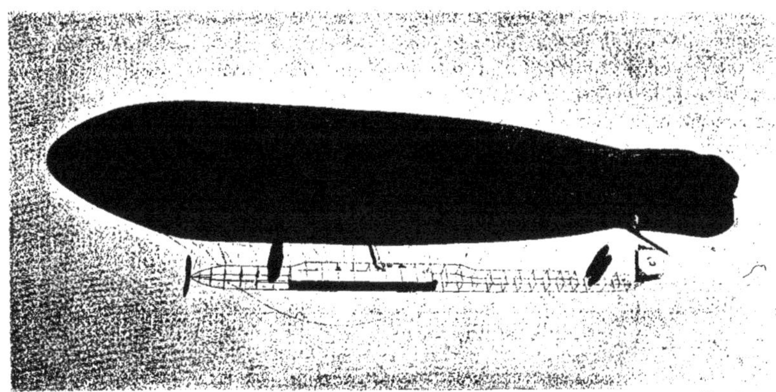

Phot. *Matin.*

Fig. 309. — Le dirigeable *Ville de Bruxelles.*

à l'Exposition universelle de Bruxelles de 1910.

Les voyages de cet aérostat dirigeable ont été effectués sur le lac, sur la ville de

Fig. 310. — Le dirigeable *Ville de Lucerne.*

L'aéronat *Ville de Lucerne* a fait un grand nombre d'ascensions en enlevant de nombreux touristes qui ont pu contempler sous Lucerne, vers Meggen, Weggis, vers le Rigi, etc. Il a accompli également le trajet Lucerne-Zurich et retour.

Le nombre d'ascensions était parfois de deux par jour et le nombre de voyageurs transportés de 14.

Nous avons donné (Fig. 310), la photographie de ce dirigeable pendant une de ses excursions au-dessus d'un pays où les sites pittoresques abondent et ont un charme particulier pour les voyageurs aériens.

Aérostat dirigeable Belgique Cet aéronat, construit par l'ingénieur aéronaute Louis Godard, comporte une enveloppe dont le volume est de 3.000 mètres cubes.

Cette enveloppe pisciforme a son plus grand diamètre reporté vers l'avant.

Elle porte, fixée au-dessous d'elle, une quille verticale dont l'arête horizontale inférieure sert d'appui à une perche qui en est solidaire.

A l'arrière de l'enveloppe est placé le dispositif d'empennage comportant, dans le sens horizontal, un ballonnet formant une sorte de demi-tore dont les extrémités sont effilées pour donner moins de prise à l'air pendant la marche de l'aéronat. Dans le sens vertical, l'empennage est constitué par des surfaces planes formées par de l'étoffe tendue sur deux châssis verticaux fixés à l'enveloppe.

Par l'intermédiaire de ralingues longitudinales, la nacelle est suspendue à l'enveloppe au moyen de câbles dont la disposition réalise la suspension triangulaire indéformable.

Un ballonnet à air compensateur est ménagé à l'intérieur de l'enveloppe.

Une soupape à gaz est placée sur l'enveloppe et une autre soupape est disposée sur le ballonnet. Ces soupapes laissent automatiquement échapper le gaz ou l'air lorsque la pression de ces fluides devient trop considérable.

Phot. *Louis Godard.*

Fig. 311. — Le dirigeable *Belgique II.*

La nacelle est une longue poutre armée dans laquelle sont placés deux moteurs. Chacun des moteurs actionne une hélice, de sorte que l'aérostat dirigeable comporte deux hélices, l'une disposée en avant de la nacelle, l'autre en arrière.

Ces deux hélices tournent en sens inverse l'une de l'autre pour équilibrer les effets de réaction dus à leur mouvement de rotation, et produire le *dégyroscopage.*

Les moteurs ont, chacun, une puissance de 60 chevaux; ils peuvent fonctionner ensemble ou séparément, dans le cas où une avarie viendrait à se produire à l'un d'eux.

Au milieu de la nacelle est disposé le poste du pilote, où viennent aboutir toutes les commandes des organes de direction et de stabilité.

Les moteurs peuvent actionner un ventilateur destiné à envoyer dans le ballonnet compensateur l'air nécessaire à assurer la permanence de la forme de l'enveloppe.

Un gouvernail de direction est placé à l'arrière de la quille verticale; vers l'avant de la nacelle est suspendu, au-dessous de la quille verticale, un stabilisateur horizontal cellulaire faisant office de gouvernail de profondeur.

Le dirigeable *Belgique* appartenant à un ingénieur belge, M. Goldschmidt, qui avait construit les moteurs, fit ses premiers essais le 28 juin 1909 à Boitsford, près de Bruxelles, sous la conduite de son habile constructeur et aéronaute Louis Godard. Son propriétaire était aussi à bord.

Malgré la pluie, l'aérostat évolua à 300 mètres d'altitude en toute sûreté et, après 36 minutes d'expériences, vint atterrir devant son hangar.

En 1910, Louis Godard construisit un autre aérostat dirigeable nommé *Belgique II*, ayant les mêmes dispositions d'organes que le dirigeable précédent, mais dont l'enveloppe avait un volume de 4.000 mètres cubes.

Aérostat dirigeable Zodiac

Ce type d'aérostat dirigeable, construit par la *Société Zodiac*, diffère des aérostats dirigeables que nous venons de décrire, sur plusieurs points essentiels.

Le dirigeable *Zodiac*, en effet, a été établi pour servir, en quelque sorte, d'engin de tourisme aérien; on l'a rendu, pour cela, démontable et facilement transportable par voitures ou chemin de fer. Alors que les aérostats dirigeables de grand volume conservent, par principe, le plus long-temps possible, le gaz hydrogène qu'ils contiennent, pour éviter à chaque ascension une dépense considérable, le dirigeable *Zodiac* peut être gonflé avec du gaz d'éclairage et on peut opérer avec lui comme on le fait pour un aérostat libre.

Lorsqu'on est parvenu au terme du voyage, on dégonfle le ballon, on plie l'enveloppe, et en démontant les organes en leurs diverses parties, on peut rassembler toutes les pièces du dirigeable sous un volume relativement restreint, ce qui permet de l'expédier par la voie ferrée.

On perd, lors de chaque ascension, le gaz que contient le ballon, mais comme il s'agit du gaz d'éclairage dont le prix de revient est bien moins élevé que celui du gaz hydrogène, la perte se trouve réduite. De plus, le volume de l'enveloppe a été diminué et porté à 700 mètres cubes.

D'autre part, le sacrifice que l'on fait du gaz, rend inutile l'établissement d'un hangar au point d'atterrissage de l'aéronat et donne à celui-ci une certaine indépendance dans ses excursions.

Le dirigeable *Zodiac* de 700 mètres cubes est d'un prix de revient bien inférieur à celui des dirigeables que nous avons précédemment examinés. Alors que ceux-ci sont estimés à 300.000 francs environ, celui-là peut s'établir pour 25.000 francs. Il convient cependant de remarquer que les conditions d'emploi des deux sortes d'appareils ne sont pas les mêmes et que le dirigeable *Zodiac* de 700 mètres cubes ne peut enlever qu'un seul aéronaute. Il ne peut en emporter deux qu'à la condition d'être gonflé avec 600 mètres cubes de gaz et 100 mètres cubes d'hydrogène.

Dans ce cas, la perte est plus sensible lorsqu'on dégonfle le ballon.

On a établi également un type de dirigeable *Zodiac* d'un volume de 1.000 mètres cubes pouvant emporter trois passagers. Ce dernier appareil est muni d'un moteur de 45 chevaux, tandis que le dirigeable *Zodiac* de 700 mètres cubes comporte un moteur de 16 chevaux.

L'aéronat se compose d'une enveloppe A (Fig. 312), faite en tissu caoutchouté, dont l'extrémité avant, terminée en pointe, est fortement arrondie, tandis que l'extrémité arrière, d'un diamètre plus faible, est terminée par une calotte effilée.

L'enveloppe porte, vers le milieu de sa longueur, à sa partie supérieure, une soupape B par laquelle le gaz peut s'échapper. Cette soupape peut être manœuvrée à la main par le pilote, au moyen de la corde C d'une manche à air I. Un clapet automatique J, pouvant être commandé par le pilote au moyen d'une corde K, est disposé sur ce ballonnet.

De chaque côté de l'enveloppe est placée, longitudinalement, une ralingue L servant à fixer, à leur partie supérieure, les câbles de suspente M de la nacelle N.

Certains de ces câbles sont disposés obliquement pour assurer la rigidité de la suspension et sont attachés à leur extrémité inférieure sur les longerons supérieurs de la nacelle.

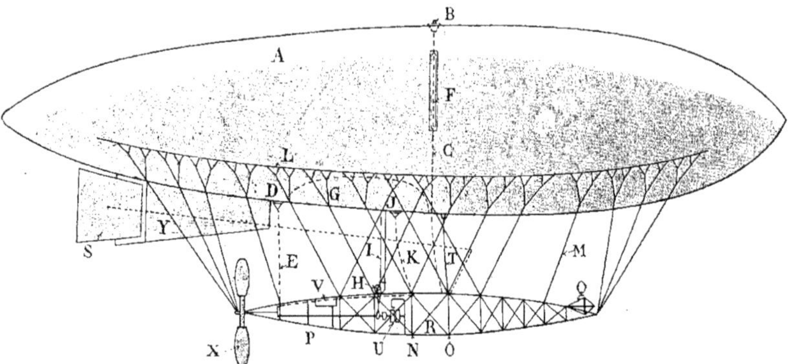

Fig. 312. — Élévation schématique du dirigeable *Zodiac*.

qui traverse l'enveloppe pour aboutir au compartiment de manœuvre.

Une seconde soupape D à ouverture automatique est disposée au-dessous de l'enveloppe et vers l'arrière ; elle est actionnée à la main par l'intermédiaire d'une autre corde E.

Sur l'enveloppe se trouve placé le panneau de déchirure F que l'on ouvre en tirant sur une corde lorsque, après l'atterrissage, on veut provoquer le dégonflement rapide du ballon.

Dans l'enveloppe est disposée une capacité indépendante G faisant office de ballonnet à air. L'air est envoyé dans le ballonnet par la manœuvre d'un ventilateur H placé dans la nacelle et par l'intermédiaire

Cette nacelle N est formée de barres longitudinales et transversales solidement entretoisées par des câbles obliques. C'est une sorte de panier à claire-voie effilé à ses deux extrémités et démontable en trois parties. Le démontage de la nacelle s'effectue suivant les deux lignes de jonction O et P. Les diverses parties sont reliées entre elles à l'aide de boulons.

La partie avant porte le gouvernail de profondeur Q et est reliée à l'enveloppe par une série de câbles de suspente.

La partie centrale de la nacelle est la plus importante. Elle comprend le compartiment R où se place le pilote. Dans ce compartiment aboutissent les divers câbles de commande des soupapes, du gouvernail de profondeur Q et du gouvernail de direction S. Les différents instruments emportés pendant une ascension sont également disposés dans ce compartiment : baromètre, thermomètre, statoscope, etc.; le manomètre, relié à l'intérieur de l'enveloppe par un conduit T, permet de connaître, à chaque instant, la valeur de la pression du gaz dans l'enveloppe et de faire les manœuvres nécessaires pour que cette pression n'atteigne pas un degré dangereux.

La partie médiane contient, en outre, le mouvement de rotation de l'arbre du moteur au moyen de deux poulies respectivement calées sur les deux arbres, dont les mouvements de rotation sont rendus solidaires par une petite courroie.

La partie arrière de la nacelle, maintenue en bout par une série de câbles de suspente, porte l'hélice X et son arbre. Cette hélice dont le diamètre est de 2 mètres 30, tourne à 600 tours.

En plus du stabilisateur horizontal, ou, gouvernail de profondeur Q, placé à l'avant

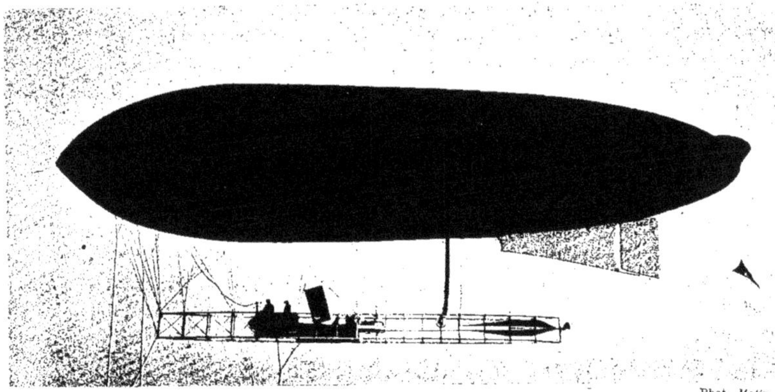

Phot. *Matin.*

Fig. 313. — Le dirigeable *Zodiac.*

moteur U qui, dans le dirigeable *Zodiac* de 700 mètres cubes, a une puissance de 16 chevaux et comprend quatre cylindres. Le refroidissement s'effectue au moyen d'une circulation d'eau. Un radiateur est placé au-dessus du moteur pour ramener l'eau de refroidissement à sa température normale.

L'arbre du moteur se prolonge horizontalement le long de la partie médiane de la nacelle; il actionne, par l'intermédiaire d'un train d'engrenage réducteur de vitesse, l'arbre de l'hélice placé dans la troisième partie de la nacelle, à l'arrière.

Le ventilateur H du ballonnet à air et le réservoir d'essence V sont disposés dans la partie centrale; le ventilateur reçoit son du dirigeable, et du gouvernail de direction S placé à l'arrière de l'enveloppe, l'aéronat possède une quille stabilisatrice verticale Y disposée au-dessous de l'enveloppe et précédant immédiatement le gouvernail de direction.

Les essais du dirigeable *Zodiac* furent intéressants. Lors d'une ascension d'expériences effectuée le 11 mars 1909, l'aéronat, gonflé avec du gaz d'éclairage, et portant à bord le pilote, M. le comte de la Vaulx, et le constructeur du moteur, M. Clerget, évolua au-dessus de l'hippodrome d'Auteuil, puis se dirigea vers le parc de Chalais-Meudon, où il atterrit sur la pelouse sans incident. Le dirigeable fut remisé sous un hangar. Les jours suivants, le mauvais temps persistant empêcha l'aéronat de regagner son hangar de Saint-Cyr; il fut dégonflé, démonté et reconduit aisément à son garage.

A partir de ce moment, le dirigeable *Zodiac* effectua un certain nombre de sorties bien réussies.

Un autre dirigeable, appelé *Zodiac II*, fut établi d'une manière semblable. Il avait un volume de 900 mètres cubes.

Un troisième aéronat, du même type le *Zodiac III*, a effectué sa première sortie le 27 mars 1910, et accompli, depuis, de nombreuses sorties destinées principalement à former des pilotes pour des aéronats semblables en cours de construction.

Aérostat dirigeable Zeppelin L'aérostat dirigeable construit par le comte Zeppelin est d'un type qui diffère essentiellement de ceux des dirigeables français que nous venons d'examiner.

Cet aérostat est du type *rigide,* alors que le type *Lebaudy* et, avec lui, les aéronats *Patrie, République, Liberté,* sont du type dit *semi-rigide,* caractérisé par la plate-forme indéformable placée sous l'enveloppe et que les aérostats dirigeables *Ville de Paris, Bayard-Clément* sont du type dit *souple,* c'est-à-dire ne comportant aucun organe rigide pouvant maintenir la forme de l'enveloppe. La permanence de la forme de l'enveloppe est assurée, dans les types *souple*, et *semi-rigide,* à l'aide des ballonnets d'air compensateurs.

Dans l'aérostat *Zeppelin,* la carcasse formant enveloppe est entièrement rigide et ne peut se déformer même si un vide partiel se produisait dans la capacité qui renferme le gaz. Le dirigeable *Zeppelin* procède, en principe, de l'aérostat de *Schwartz,* dont nous avons précédemment parlé et dans lequel l'enveloppe était constituée par des feuilles très minces d'aluminium.

L'aérostat rigide a été exclusivement le type de dirigeable allemand ; ce n'est qu'à la suite des nombreux accidents et des destructions successives d'aérostats du type *Zeppelin,* que les types de dirigeables souples ont été construits pour l'armée allemande sur les modèles établis par les majors Parseval et Gross.

Si l'aérostat dirigeable rigide offre, au point de vue de la permanence de la forme, un avantage appréciable, il est, par contre, et du fait même de son principe de construction, plus lourd que les aérostats comportant une enveloppe en tissu, car sa carcasse métallique pèse relativement assez lourd, malgré toutes les dispositions d'allégement qui peuvent être prises.

Il convient donc, pour assurer la sustentation du dirigeable rigide, de lui donner une force ascensionnelle plus considérable, et pour cela d'augmenter le volume de gaz qui remplit son enveloppe; de là, résultent des dimensions plus importantes et un encombrement plus grand de l'aéronat.

En outre, le comte Zeppelin a voulu faire de son dirigeable un grand vaisseau aérien capable de transporter une grande quantité de matériel de guerre et de nombreux hommes d'équipage.

Ainsi conçu, l'aéronat paraissait devoir rendre de grands services au point de vue militaire, mais son encombrement considérable et son manque de souplesse semblent être les causes principales des nombreux accidents qui ont marqué les essais de ce type de dirigeable, dont plusieurs unités ont été anéanties dans des circonstances critiques.

C'est en 1895 que le comte Zeppelin, général bavarois, prit les premiers brevets concernant son aérostat dirigeable. Ses premiers essais, pour lesquels 1 million de marks furent dépensés, dont la moitié environ fut prise sur sa fortune personnelle, ne furent pas bien concluants.

Encouragé par l'Empereur d'Allemagne, il put, à la suite d'une souscription nationale, faite en 1900, construire un aérostat dirigeable, le *Zeppelin I.*

L'enveloppe du dirigeable a une forme de cylindre très allongé.

Sa longueur est de 128 mètres et son diamètre de 11^{m},66. La section droite de l'enveloppe n'est cependant pas un cercle. C'est un polygone de 24 côtés; extérieurement, l'enveloppe présente donc dans le sens de la longueur 24 surfaces planes dis-

Fig. 314. — Le dirigeable *Zeppelin*.

posées côte à côte sur la périphérie.

Pour constituer cette enveloppe métallique, on a établi longitudinalement 24 cornières en aluminium, qui sont placées respectivement aux 24 sommets du polygone formant la section et sur lesquelles viennent se river 16 entretoises transversales qui divisent la longueur de l'enveloppe en 17 compartiments.

Chaque entretoise transversale est constituée par un polygone métallique de 24 côtés, rendu rigide et indéformable par un dispositif de tension comportant des câbles en acier reliant les côtés entre eux et tangents à une circonférence de 1 mètre de diamètre tracée au centre du polygone.

D'autres câbles réunissent les sommets de l'entretoise, de quatre en quatre.

La rigidité des armatures intérieures donne la rigidité à l'ensemble de l'enveloppe. Les compartiments ont une longueur de 8 mètres, sauf un compartiment à l'avant et un compartiment à l'arrière, qui ont tous deux une longueur de 4 mètres. C'est au-dessous de ces deux compartiments que sont suspendues les deux nacelles de l'aérostat dirigeable.

Une poutre métallique armée, placée longitudinalement au-dessous de l'enveloppe, entre les deux nacelles, assure la rigidité de la cornière longitudinale.

Au-dessus de toute la carcasse métallique de l'enveloppe ainsi constituée, est disposé une sorte de filet en fibre de ramie comportant des mailles de diverses dimensions et qui a pour but, tout en servant à entretoiser les divers éléments constituant la carcasse, de soutenir l'étoffe qui est posée au-dessus de lui et qui forme la véritable enveloppe extérieure. Cette enveloppe sert à faciliter le glissement de l'air le long des parois extérieures du dirigeable et à diminuer sa résistance à l'avancement.

L'enveloppe est formée de plusieurs tronçons fixés à la fois sur les cornières longitudinales et sur les entretoises transversales et rendus solidaires entre eux par des crochets. Le volume total de l'enveloppe est de 11.300 mètres cubes.

La partie supérieure de l'enveloppe est en tissu imperméable pour résister à la pluie; la partie inférieure est en tissu de coton.

Dans chacun des compartiments formés par suite de la disposition des cloisons transversales, est placé un ballonnet pouvant contenir de l'hydrogène.

Chacun des petits ballons a donc une forme cylindrique et se termine à ses extrémités par une paroi plate. Il peut ainsi remplir sensiblement chaque compartiment. Il porte à sa partie inférieure un clapet pouvant s'ouvrir automatiquement pour laisser échapper le gaz dans le cas d'une pression intérieure excessive.

Les ballonnets contenant l'hydrogène peuvent être incomplètement remplis de gaz, pour permettre à ce gaz de se dilater sans s'échapper, puisque le gonflement de ces ballons n'intervient pas pour assurer la permanence de la forme.

Les nacelles, suspendues au-dessous de l'enveloppe, sont en aluminium et ont reçu une forme de ponton de façon à pouvoir sans inconvénient se reposer sur l'eau. Elles ont une longueur de 7 mètres, une largeur de $1^{m},80$ et 1 mètre de hauteur. Elles sont munies d'un double fond pour permettre d'emmagasiner une certaine quantité d'eau servant de lest; elles sont reliées chacune à la carcasse métallique de l'aéronat par quatre tubes et quatre tirants.

Les nacelles ont été réunies par une sorte de passerelle, ayant une longueur de 50 mètres.

Cette passerelle, détériorée dès les premières expériences, fut supprimée par la suite, puis, de nouveau établie.

Dans chacune des nacelles est disposé un moteur Daimler, d'une puissance de 16 chevaux. Ces moteurs à quatre cylindres ont un poids de 450 kilogrammes, y compris l'eau de refroidissement. La circulation de l'eau est assurée par une petite pompe centrifuge.

Chacun des moteurs actionne deux hélices disposées une de chaque côté de la carcasse, au-dessus de la nacelle, à une hauteur convenable pour éviter l'effet de déversement. La commande des hélices s'effectue par l'intermédiaire de roues d'engrenage d'angle et d'un arbre creux oblique, comportant des joints à la cardan.

Chaque hélice a quatre ailes. Leur diamètre est d'environ $1^{m},15$ et elles tournent à plus de 900 tours par minute.

Le dirigeable *Zeppelin* est muni de deux gouvernails de direction. Ces gouvernails sont disposés verticalement : un de petite surface placé à l'avant, l'autre plus grand, placé à l'arrière. Un stabilisateur ou gouvernail de profondeur est placé vers l'avant de l'enveloppe et au-dessous d'elle.

Pour remédier à l'instabilité longitudinale produisant le tangage, un poids de 150 kilogrammes peut être déplacé le long de la poutre armée inférieure en manœuvrant des câbles aboutissant à la nacelle.

En dehors du lest liquide renfermé dans deux récipients de 200 kilos, et dans douze autres récipients contenant 50 kilos, quatre sacs de sable de 40 kilos sont encore emportés. Le lest d'eau peut être vidé par 20 kilos à la fois. Le jet de lest doit être réparti uniformément sur tous les récipients, de crainte de détruire la stabilité longitudinale de l'aéronat.

Pour gonfler les nombreux ballonnets, il a fallu 2.600 tubes en acier contenant chacun 5 mètres cubes de gaz hydrogène comprimé à forte pression. Ces tubes alimentaient un conduit collecteur unique duquel partaient dix-sept autres petits conduits aboutissant chacun à un des ballonnets.

Le gonflement effectué pour la première fois eut une durée de 14 heures.

Ce temps de gonflement a, depuis, été fort réduit.

Pour abriter un aérostat dirigeable de dimensions semblables, et pour pouvoir effectuer aisément la manœuvre de départ, on a construit un hangar flottant. Ce hangar, établi sur le rivage du lac de Constance, a 142 mètres de long, 23 mètres de large et 21 mètres de hauteur. Il est supporté par vingt-quatre pontons flottants et le plancher repose sur des radeaux laissant entre eux un intervalle suffisant pour permettre aux nacelles de manœuvrer librement quand le dirigeable est sorti du hangar.

Le hangar flottant a le grand avantage de pouvoir être orienté dans la direction du vent, de sorte que l'aéronat, en sortant de son hangar pour prendre le départ, n'est pas soumis à une action latérale du vent, il ne « met pas à la voile ».

L'aérostat dirigeable *Zeppelin* effectua ses premiers essais le 2 juillet 1900. Après une ascension de 18 minutes, par suite d'une mauvaise manœuvre du contrepoids mobile, il prit une position oblique qu'il conserva et qui rendit fort difficile le retour au hangar.

Dans deux autres ascensions faites les 17 et 21 octobre 1900, des incidents se produisirent également. On a estimé à 6 ou 7 mètres par seconde la vitesse de l'aéronat, mais des détériorations d'organes survenues pendant les essais suspendirent les ascensions. En outre, pour remédier à certains inconvénients qui étaient apparus pendant les essais, on décida de construire un autre dirigeable possédant de plus grandes qualités de stabilisation.

Cet autre aéronat, le *Zeppelin II*, avait des organes disposés de la même façon que le premier. Ses dimensions étaient presque les mêmes, mais les moteurs qui le propulsaient avaient chacun une puissance de 85 chevaux.

La première sortie d'essai fut malheureuse : l'aéronat « piqua une tête » dans le lac. Dans une autre sortie faite plus d'un mois après, le gouvernail de direction fut tordu ; les moteurs eurent des avaries qui les immobilisèrent ; le dirigeable désemparé atterrit à Allagaen, en Suisse, et un orage le poussa sur des arbres où il se brisa.

Le dirigeable *Zeppelin II* étant détruit, le comte Zeppelin entreprit la construction d'un autre aéronat du même type, comportant quelques modifications.

Le dirigeable *Zeppelin III* avait un volume total de 12.000 mètres cubes. Des surfaces stabilisatrices avaient été disposées pour obtenir un meilleur équilibre de l'aéronat.

Deux plans horizontaux étaient placés à l'arrière et une quille verticale établie entre les nacelles.

Les moteurs toujours placés dans les nacelles actionnaient chacun une paire d'hélices à trois branches.

Ce nouveau dirigeable *Zeppelin* effectua ses premiers essais dans le courant de l'année 1907, mais au mois de décembre de cette même année, une violente tempête détériora très sérieusement l'appareil, pourtant enfermé, à ce moment, dans son hangar flottant de Manzell, près de Friedrischafen, sur le lac de Constance.

Ce nouvel accident vint ébranler un peu la confiance qu'on avait placée en Allemagne dans les aérostats dirigeables Zeppelin ; mais, cependant, des crédits furent votés pour continuer les expériences et un autre aéronat, le *Zeppelin IV*, fut mis en construction en 1908.

Cet aérostat dirigeable, en beaucoup de points semblable au dirigeable précédent, avait une longueur de 136 mètres et un diamètre de 13 mètres. Son volume était de 13.000 mètres cubes.

Il était actionné par deux moteurs Daimler du 11 chevaux chacun.

Des retouches furent faites à quelques organes et, le 23 juin, le dirigeable put évoluer à 150 mètres au-dessus du lac, pendant plus de 2 heures. Le 29 juin il fit une ascension de plus longue durée et le 1er juillet le dirigeable *Zeppelin IV*, parti de son hangar à 8 heures et demie du matin, y retournait à 8 heures et demie du soir, après avoir, pendant 12 heures, navigué dans les airs, au-dessus du territoire suisse.

Après le succès de cette sortie, le comte Zeppelin voulut tenter, avec son dirigeable,

Fig. 315. — Vue du hangar du *Zeppelin* sur le lac de Constance.

Le dispositif d'empennage différait de celui du *Zeppelin III* en ce qu'un seul plan vertical, au lieu de trois, était disposé de chaque côté entre les quatre surfaces fixes solidaires de l'enveloppe à l'arrière et faisant fonction de stabilisateurs.

Ces deux plans verticaux étaient rendus solidaires dans leurs mouvements d'un gouvernail de direction placé à l'arrière de la carcasse.

Les premiers essais de l'aérostat dirigeable *Zeppelin IV* eurent lieu le 19 juin 1908. L'ascension eut lieu au-dessus du lac de Constance et dura environ 20 minutes.

l'épreuve de 24 heures sans escale, imposée par le ministre de la guerre allemand pour la réception de l'aéronat comme engin militaire.

Le 4 août 1908, à 6 h. 45 du matin, le dirigeable, ayant à bord douze personnes, parmi lesquelles le comte Zeppelin, s'enlevait au-dessus du lac de Constance pour effectuer le voyage de 24 heures. Le dirigeable devait aller de Friedrichshafen, où était son hangar, à Mayence et revenir à son point d'attache. Le trajet d'aller s'effectua en suivant le cours du Rhin, de façon à permettre à l'appareil, en cas de descente forcée, de venir se reposer sur l'eau. Successivement le *Zeppelin IV* passa au-dessus de Schaffouse, de Bâle, puis en vue de Mulhouse et de Colmar et arriva vers midi, au-dessus de Strasbourg. Des acclamations enthousiastes saluèrent son arrivée sur cette ville.

L'aéronat, poursuivant sa route en longeant le Rhin, arriva à Manheim à 2 h. 45 et continua son voyage vers Mayence.

Mais avant d'atteindre cette ville, une avarie du mécanisme de propulsion obligea le dirigeable à faire escale. Il descendit sur le Rhin dans une anse abritée. On remit le mécanisme en bon état de fonctionnement et on ravitailla l'aéronat d'essence. Puis, à 10 heures 15 du soir, après un arrêt de 4 heures et demie, il repartait avec neuf personnes à bord.

Il arrivait à 11 heures du soir au-dessus de Mayence. On pouvait suivre sa route grâce à ses fanaux qu'on distinguait seuls dans la nuit. Il vira de bord au-dessus de cette ville et commença son trajet de retour.

Il repassait à 1 h. 45 du matin, le 5 août, au-dessus de Manheim, et au lieu de suivre, comme à l'aller, le cours du Rhin, il prit la direction de Stuttgart en longeant le Neckar, affluent du Rhin. A 6 h. 20 il avait atteint cette ville, mais, peu après, le dirigeable paraissait péniblement lutter contre un vent assez vif, et brusquement il descendait et atterrissait à quelques kilomètres de Stuttgart, à Echterdingen, dans un champ.

L'échauffement d'un coussinet de l'un des moteurs, et la diminution de la force ascensionnelle avaient provoqué cet atterrissage.

La diminution de la force ascensionnelle provenait de la contraction du gaz, par suite de l'abaissement considérable de la température pendant la nuit, et de l'alourdissement de l'enveloppe par l'humidité.

L'aéronat devait encore parcourir 117 kilomètres pour regagner son hangar.

Des mécaniciens furent demandés pour réparer le moteur. On demanda aussi 500 tubes d'hydrogène pour remplir les ballonnets. Le dirigeable fut campé, et amarré avec toutes les précautions que l'on put prendre, sous la garde et avec l'aide de deux compagnies de grenadiers.

Vers 2 heures de l'après-midi un violent ouragan s'abattait brusquement sur le dirigeable et malgré les efforts des soldats, l'enlevait, rompant les cordages qui le retenaient au sol et brisant les pieux d'attache. L'appareil, traîné sur le sol par l'action du vent s'exerçant sur sa grande surface d'enveloppe, était projeté sur des arbres où l'enveloppe se déchirait.

Tout à coup une grande flamme jaillit à l'avant du dirigeable et une terrible explosion se produisit. L'appareil fut en peu de temps tout entier en feu et ne présenta bientôt plus qu'un amas de débris.

Les spectateurs, impuissants à empêcher la catastrophe, étaient consternés, et le comte Zeppelin assista, navré, à la destruction de son appareil, sur lequel il était en droit de fonder un grand espoir à la suite même du voyage qu'il venait si heureusement d'effectuer.

On n'a pu déterminer exactement la cause qui provoqua l'incendie. On a supposé que c'était la foudre, mais c'est plus probablement le gaz hydrogène s'échappant d'un des ballonnets crevés par le choc qui est venu s'enflammer au contact d'un moteur en fonctionnement pour les essais. Quoi qu'il en soit, la catastrophe qui anéantit le *Zeppelin IV* eut en Allemagne un retentissement considérable. Le comte Zeppelin reçut de chaleureuses marques de sympathie de toutes les parties du territoire allemand, et une souscription nationale, ouverte en vue de la construction d'un autre dirigeable, réunissait en peu de temps une somme de plus de 2 millions de francs. En décembre 1908 cette somme atteignait le chiffre de 7.506.845 francs. En ajoutant à cette somme 3.125.000 francs représentant la part de contribution de l'État, cela faisait une somme totale de 10.631.845 francs, affectés à la construction de dirigeables.

Le comte Zeppelin reprit les organes du dirigeable *Zeppelin III* détérioré dans son hangar par un ouragan à la fin de l'année 1907 et après avoir apporté à l'aéronat quelques modifications, le remit en état de procéder à des expériences.

L'enveloppe fut augmentée de longueur ; on plaça à l'arrière un empennage vertical.

Au mois d'octobre 1908, le nouveau dirigeable, qui n'était, en somme, que le *Zeppelin III* transformé et que l'on nomma cependant, en Allemagne, le *Zeppelin I,* effectua plusieurs ascensions d'essai qui furent couronnées de succès, malgré quelques petits incidents dus à des ratés d'un moteur.

Le 27 octobre, le dirigeable ayant à bord le prince Henri de Prusse, frère de l'empereur d'Allemagne, et le comte Zeppelin, fit une ascension qui dura six heures.

Le 7 novembre, le Kronprinz, héritier du trône d'Allemagne, accompagnait à son tour le comte Zeppelin dans une ascension de l'aéronat. Le *Zeppelin I* alla à la rencontre de l'empereur d'Allemagne qui se rendait par le train au château de Donaueschingen ; les passagers purent le saluer, à 100 mètres de hauteur, au moment où il arrivait en gare, puis le dirigeable regagna son hangar où il aborda après un voyage de six heures et demie.

Après plusieurs autres sorties d'essai, dont l'une fut effectuée devant l'empereur Guillaume II, le dirigeable *Zeppelin I* fut acheté au comte Zeppelin par le ministère de la guerre allemand pour la somme de 2.062.500 francs.

Avec le produit de la souscription nationale, une société fut constituée pour construire des dirigeables. Deux autres aéronats furent construits en dehors du *Zeppelin I* qui était l'ancien *Zeppelin III*. Les deux nouveaux dirigeables furent appelés *Zeppelin II* et *Zeppelin III* et étaient, en réalité, le sixième et le septième aéronats établis sur le type Zeppelin.

Nous leur conserverons ces numéros pour la suite de notre description, les dirigeables *Zeppelin* portant précédemment ces mêmes chiffres n'existant plus en l'année 1908.

Nous avons indiqué, plus haut, comment était constitué le dirigeable *Zeppelin* primitif. Voici comment sont établies les trois unités de la flotte aérienne allemande : les dirigeables *Zeppelin I*, *Zeppelin II* et *Zeppelin III*.

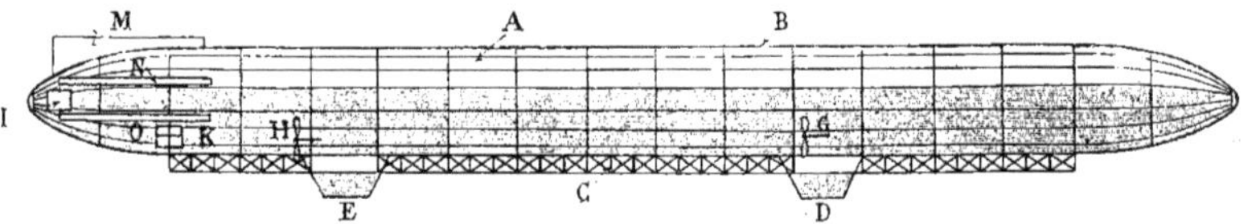

Fig. 316. — Élévation schématique du dirigeable *Zeppelin*.

Comme dans le modèle primitif, le dirigeable *Zeppelin* est constitué par une enveloppe rigide. Cette enveloppe A (Fig. 316) est une carcasse métallique, dont les diverses parties sont assemblées comme nous l'avons indiqué plus haut. Nous savons que cette carcasse est divisée en 17 compartiments B, contenant chacun un ballonnet qui est rempli d'hydrogène. Une enveloppe en tissu caoutchouté recouvre la carcasse métallique.

A la partie inférieure de l'enveloppe est disposée, longitudinalement, une quille C, poutre métallique armée qui renforce la carcasse et donne de la rigidité à l'ensemble. La quille réunit les deux nacelles D et E suspendues, par un dispositif de tubes d'acier entrecroisés, à l'enveloppe du dirigeable.

Dans chacune des nacelles est placé un moteur à pétrole d'une puissance de 110 chevaux. Ce moteur actionne, par l'intermédiaire d'arbres obliques F, deux hélices G et H disposées une de chaque côté de l'enveloppe. Le dirigeable se trouve donc propulsé par quatre hélices à trois ailes.

Ces divers organes sont restés sensiblement les mêmes que dans le modèle primitif, sauf en ce qui concerne leur puissance. C'est surtout dans les dispositifs de direction, de stabilisation et d'empennage que des modifications importantes ont été apportées au premier modèle.

Les gouvernails de direction, au nombre de deux, I et J, sont placés à l'arrière de la carcasse métallique, sur l'axe horizontal de cette carcasse, et un de chaque côté. Ils sont constitués chacun par une série de trois plans verticaux, rendus solidaires les uns des autres.

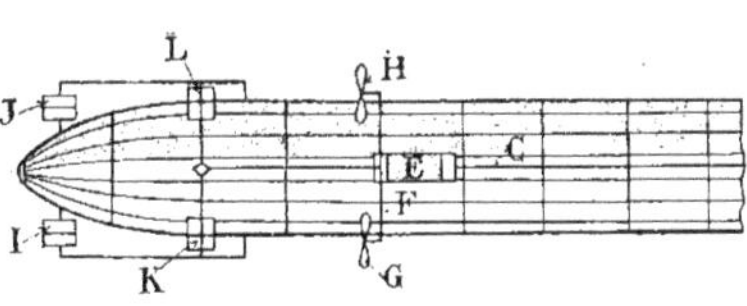

Fig. 317. — Vue en plan et en dessous de l'arrière du *Zeppelin*.

Ces gouvernails peuvent osciller autour d'un axe vertical et ils sont actionnés de la nacelle d'arrière.

Les stabilisateurs d'altitude, ou gouvernails de profondeur, sont également au nombre de deux, K et L. Ils sont placés à l'extrémité arrière de la quille verticale, un de chaque côté de l'enveloppe, vers sa partie inférieure. Ils sont constitués par des plans horizontaux disposés à la façon des lames de persiennes, et sont manœuvrés de la nacelle d'arrière.

L'empennage fixé à l'arrière de l'enveloppe comporte un plan vertical M, servant à assurer la stabilité de direction, et deux séries de plans stabilisateurs disposés de chaque côté de l'enveloppe, au milieu de sa hauteur, servant à assurer la stabilité longitudinale. Ces plans stabilisateurs, N et O, sont légèrement obliques, débordent de l'enveloppe et sont maintenus assujettis contre elle par des haubans reliés à l'armature métallique. C'est entre les deux plans obliques N et O, constituant un des stabilisateurs, qu'est placé un des gouvernails de direction.

Le dirigeable *Zeppelin I* a fait ses premiers essais le 9 mars 1909. Le 11 mars il a effectué une ascension de 3 heures de durée; le 12 mars, une ascension d'altitude dans laquelle il a atteint 1.250 mètres. Le 20 mars il est sorti, ayant à bord 26 passagers.

Le 1er avril, le comte Zeppelin partait à bord de son aéronat pour effectuer le trajet de Friedrichshafen à Munich et retour. Parti à 4 heures du matin, le dirigeable passant à Biberach et au sud d'Augsbourg, arrive à Munich à 9 heures du matin.

Mais poussé par un vent très vif, il ne peut atterrir et se trouve emporté au delà de la ville. Après de nombreuses évolutions, il réussit à atterrir à 3 heures, à 60 kilomètres de Munich, sans incident.

Jusqu'au lendemain matin il fut maintenu la pointe au vent par une forte équipe de soldats.

Le vent s'étant calmé, le 2 avril, vers 11 heures du matin, le *Zeppelin I* s'élevait et venait atterrir à Munich. Il en repartait 2 heures plus tard et regagnait sans incident son hangar de Friedrichshafen.

Ce voyage permit au dirigeable *Zeppelin I* de faire escale en descendant sur la terre, au lieu de venir se reposer sur l'eau.

Après ces essais, l'aéronat fut accepté par l'autorité militaire allemande et il devait se rendre, par la voie des airs, à Metz où il était affecté.

Le départ pour Metz eut lieu le 29 juin 1909, un peu après minuit. L'équipage était composé d'aérostiers militaires commandés par le major Sperling, qui pilotait le dirigeable.

A 5 heures du matin, un orage et une *panne* de moteur forcèrent l'aéronat à atterrir. L'atterrissage put s'effectuer sans incident et le dirigeable se trouva campé en en plein air, exposé à la pluie et au vent. Il était maintenu par de nombreux soldats que l'on avait fait venir en toute hâte des garnisons voisines.

Le *Zeppelin I* resta ainsi jusqu'au 3 juillet, pour réparer l'avarie de son moteur et attendant un temps favorable pour repartir.

Le départ eut lieu le 3 juillet, à 11 heures du soir, et le dirigeable atterrit sans incident devant son hangar, à Metz, le lendemain, à 8 h. 20 du matin.

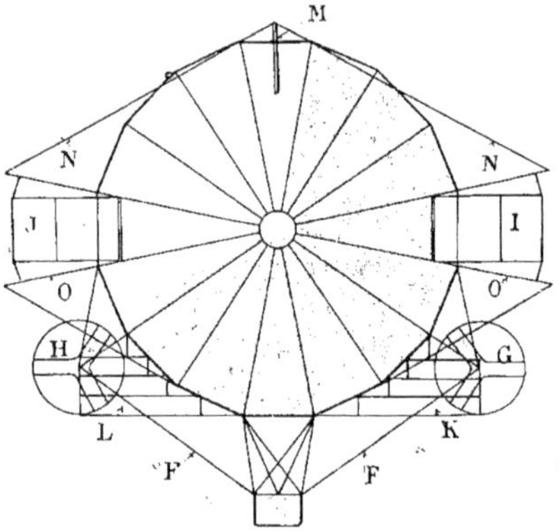

Fig. 318. — Vue en bout d'arrière du dirigeable *Zeppelin*.

L'aérostat dirigeable *Zeppelin II* est en beaucoup de points semblable au précédent. Sa longueur est de 136 mètres, son diamètre de 13 mètres. Son volume est de 15.200 mètres cubes. L'empennage vertical a été supprimé, les gouvernails de profondeur ont été disposés plus en arrière et un gouvernail vertical, placé à l'extrémité arrière de la carcasse, a été adjoint aux deux autres gouvernails verticaux cellulaires de direction.

Il est actionné par deux moteurs Daimler de 110 chevaux. Les hélices tournent à 900 tours par minute : deux d'entre elles n'ont que deux branches au lieu de trois.

Les premiers essais du dirigeable *Zeppelin II* ont eu lieu le 26 mai 1909.

Après quelques sorties satisfaisantes, le dirigeable part le 29 mai pour gagner vraisemblablement Berlin, situé à 700 kilomètres environ de Friedrichshafen.

Le départ a lieu 9 h. 50 du soir. Le lendemain 30 mai, vers 7 heures du matin, le dirigeable a parcouru environ 200 kilomètres. A 8 heures et demie il passe au-dessus de Nuremberg. Il poursuit sa route au nord, passe sur Bayreuth et arrive à Leipzig à 4 h. 45 du soir, ayant parcouru 510 kilomètres. A 7 heures du soir, il passe au-dessus de Bitterfeld. Il reste 140 kilomètres à parcourir pour atteindre Berlin.

Mais un vent assez vif gêne fortement la marche de l'aéronat, et à 7 h. 20, il vire de bord après avoir annoncé son retour par deux dépêches jetées de la nacelle.

A Berlin, une foule enthousiaste attendait le dirigeable, qui devait atterrir au champ de manœuvres de Tempelhoff. L'empereur, venu de Potsdam, était aussi présent avec toute sa cour. Ce fut une grande désillusion lorsqu'on apprit que le *Zeppelin II* avait fait demi-tour.

Le dirigeable, aidé par le vent, poursuivait facilement sa route vers Friedrischshafen. Un seul moteur était mis en action, ce qui permettait de laisser reposer l'autre. Pendant toute la nuit le voyage s'effectua sans incident. Le 31 mai, à 9 heures du matin, l'aéronat avait atteint Stuttgart. Deux heures plus tard, comme le dirigeable voulait atterrir pour se ravitailler en essence, un coup de vent le projeta sur un arbre et l'avant de la carcasse métallique fut fortement endommagé. Il avait parcouru 970 kilomètres et avait navigué pendant 37 heures et demie.

Toutes les dispositions furent immédiatement prises pour munir le dirigeable d'un avant de fortune, lui permettant de parcourir les 150 kilomètres qui le séparaient de son hangar.

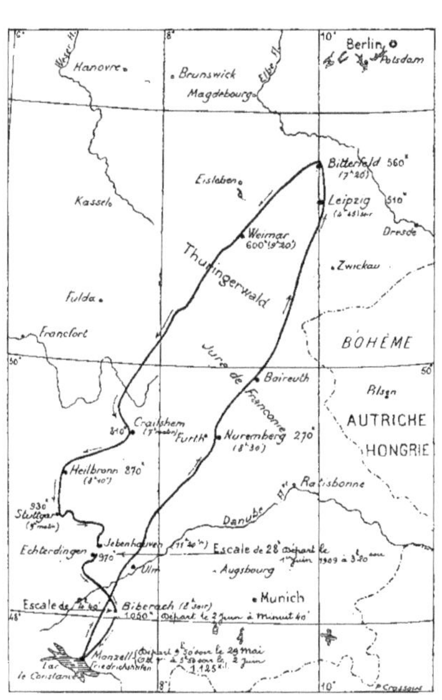

Fig. 319. – Itinéraire du voyage du dirigeable *Zeppelin*, du 29 mai au 2 juin 1909.

Après 28 heures d'arrêt, il peut s'élever, le 1er juin, vers 3 heures du soir, n'ayant plus sa nacelle avant et monté par 5 hommes d'équipage. Il parcourt 80 kilomètres, puis atterrit à 8 heures du soir, pour se ravitailler. Il repart à minuit 40 et après 75 kilomètres de route, arrive, enfin, vers 6 heures du matin, devant son hangar de Friedrichshafen. Ainsi se termina cette audacieuse randonnée, qui fut bien près, cependant, de devenir triomphale.

Le dirigeable *Zeppelin III* est semblable au dirigeable *Zeppelin II*. Les quatre hélices ont seulement deux branches flexibles et leur diamètre est un peu augmenté. Les hélices d'avant sont actionnées par l'intermédiaire d'arbres obliques et de roues d'engrenage coniques, tandis que celles d'arrière sont commandées au moyen de poulies et de courroies en acier enfermées dans des carters. En outre, on a disposé le long de l'enveloppe une bande d'étoffe qui sert à canaliser l'eau qui tombe sur la partie supérieure et à la rejeter vers l'extérieur.

Pour effacer la mauvaise impression due au voyage manqué du dirigeable *Zeppelin II* à Berlin, le comte Zeppelin décida d'effectuer avec l'aéronat *Zeppelin III* le trajet Friedrichshafen-Berlin et retour.

Le départ eut lieu le 27 août, vers 5 heures du matin. A 11 heures, une avarie étant survenue à une hélice et à un moteur, le dirigeable atterrissait à Ostheim pour faire les réparations nécessaires. Deux heures après il repartait, mais il s'arrêtait à Nuremberg pour remplacer un moteur.

Le lendemain, 28 août, à 3 heures du matin l'aéronat s'enlevait de nouveau et se dirigeait sur Berlin. Mais comme, par suite du vent contraire et d'une autre panne de moteur, il ne pouvait espérer atteindre Berlin pendant le jour, on décida de faire escale à Bitterfeld où le dirigeable arriva dans la nuit. Le jour suivant, le 29 août, à 7 h. 1/2 du matin, il partait pour la capitale allemande. Il arrivait à Potsdam à midi, et à midi et demi, au-dessus du champ de manœuvres de Tempelhoff. L'empereur d'Allemagne était présent. Une ovation enthousiaste fut faite par les spectateurs, au nombre d'environ 100.000, au comte Zeppelin qui pilotait lui-même le dirigeable. A 1 heure 50 il atterrissait sur le champ de tir de Tegel.

Le soir même, à 11 h. 1/2, le dirigeable *Zeppelin III*, qui avait procédé au remplacement d'une hélice, repartait pour Friedrichshafen.

Le 30 août au matin, une des hélices éclata; les morceaux détachés crevèrent l'enveloppe et un des ballonnets. Le dirigeable atterrit pour que les réparations pussent être effectuées. Malgré des difficultés de toutes sortes, elles furent terminées le 1er septembre, et ce jour même, à 11 heures du soir, sous la conduite de l'ingénieur Durr, l'aéronat repartait, emportant neuf passagers.

Après un voyage de 23 heures pendant lequel il ne fit aucune escale, le dirigeable *Zeppelin III* arriva le 2 septembre, à 10 heures, devant son hangar.

Il effectua, par la suite, d'autres voyages de moins grande envergure, dont l'un à Francfort, pour participer aux manœuvres, pendant lequel il eut quelques avaries.

Le dirigeable *Zeppelin III* eut une fin tragique. Acheté par une société de voyages aériens, il était remisé dans un hangar, à quelques kilomètres de Baden-Baden. Il effectuait des excursions avec des passagers.

Le 14 septembre 1910, il revint à son hangar pour réparer une avarie survenue à un moteur. A l'abri du hangar on procéda aux réparations; mais après avoir nettoyé les moteurs à l'essence, on en mit un en marche. Le feu prit aussitôt dans la nacelle. On put l'éteindre avec du sable, mais un bidon d'essence resté dans la nacelle s'enflamma lorsqu'on le retirait et, cette fois, l'enveloppe, qui était placée à peu de distance de la nacelle, prit feu. Le dirigeable tout entier flamba et fut détruit en quelques minutes. Les moteurs seuls et les nacelles n'avaient presque pas souffert.

On voit, par les diverses relations que nous venons de donner des voyages des différents dirigeables *Zeppelin*, que leur grand encombrement et leur défaut de souplesse, joints à la multiplicité des organes mécaniques, ont occasionné un grand nombre d'accidents et ont immobilisé assez souvent ce genre d'aéronats.

Quoique l'enthousiasme pour les grands dirigeables rigides du type Zeppelin ait été toujours fort grand en Allemagne, il semble que les autres aéronats allemands : le *Parseval* et le *Gross*, soient appelés à donner des résultats meilleurs.

Examinons ces deux autres types d'aérostats dirigeables allemands, construits pour être affectés à la flotte aérienne militaire.

Aérostat dirigeable Parseval (Fig. 320.) Ce dirigeable, à enveloppe souple, a été établi par le major von Parseval, officier de l'armée allemande, de façon à pouvoir être facilement transporté sur deux fourgons, et à pouvoir se déplacer à la suite d'une armée en campagne. Les divers organes ont été conçus pour que l'aéronat puisse être dégonflé, démonté et plié rapidement.

L'enveloppe A est en tissu de soie, rendu imperméable pour empêcher la fuite du gaz qu'elle contient.

Cette enveloppe, de section cylindrique, a une forme arrondie vers l'avant et effilée vers l'arrière. Elle a 48 mètres de longueur et son volume est de 2.300 mètres cubes.

Pour maintenir la permanence de sa forme malgré la dilatation ou la contraction du gaz intérieur, deux ballonnets B et C sont disposés dans l'enveloppe. Ces ballonnets peuvent être remplis d'air au moyen d'un ventilateur D disposé au-dessus de la nacelle et actionné par le moteur du dirigeable. Une manche E relie le ballonnet à une double tubulure F F, qui communique avec chacun des ballonnets.

Deux clapets automatiques placés sur les tubulures et correspondant chacun à un ballonnet permettent, par leur manœuvre, de laisser échapper l'air des ballonnets.

Les enveloppes constituant les ballonnets sont reliées entre elles par une corde G, disposée, à l'intérieur de la grande enveloppe, sur une série de galets de renvoi qui la guident.

La nacelle H est suspendue à l'enveloppe d'une façon spéciale. Des câbles I et J, solidaires de l'enveloppe, passent sur des rouleaux-guides K qui font corps avec la nacelle.

Ce dernier organe n'est donc pas fixé rigidement aux câbles; il peut se déplacer lors du mouvement en avant par exemple. Il s'établit, à ce moment, sous la poussée de l'hélice, une position d'équilibre de la nacelle et des câbles par rapport à l'enveloppe.

L'hélice L est placée entre la nacelle et l'enveloppe, afin de réduire le plus possible la valeur du couple de déversement. L'hélice est actionnée par un moteur Daimler de 85 chevaux, comportant 4 cylindres. Le refroidissement s'effectue par une circulation d'eau. Le moteur est muni, pour cela, d'un radiateur et d'un ventilateur en aluminium.

L'hélice comporte quatre branches. Lorsque l'hélice est au repos, ces ailes, formées de bras en acier recouverts d'une étoffe lestée de plomb, sont molles et tombent. Lorsqu'elle est en mouvement, l'action de la force centrifuge a pour effet de développer les ailes et de les rendre rigides. Leur dimension est de 4m,30 de diamètre et elles sont actionnées à raison de 260 tours par minute.

Le dirigeable *Parseval* est muni d'organes de stabilisation et de direction. La direction est obtenue par la manœuvre d'un gouvernail vertical M, placé à l'arrière et au-dessous de l'enveloppe. Ce gouvernail fait suite à un plan stabilisateur N également vertical, qui sert à assurer la stabilité de direction.

Ces surfaces planes sont constituées par des cadres en bois sur lesquels de l'étoffe a été tendue.

L'empennage horizontal est formé de deux plans horizontaux O fixés latéralement contre l'enveloppe, vers l'arrière. Ces plans assurent la stabilité longitudinale.

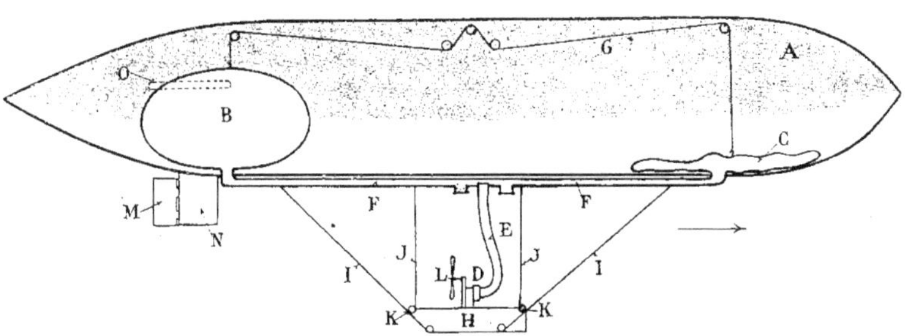

Fig. 320. — Coupe schématique longitudinale du *Parseval*.

La stabilité d'altitude est obtenue en vidant, au moment propice, un des ballonnets d'air contenus dans l'enveloppe du dirigeable. En vidant le ballonnet arrière, on provoque l'ascension de l'appareil.

On peut régler, par ces manœuvres, l'altitude dans une limite de 200 mètres, sans employer du lest.

Comme pour les autres types de dirigeables, on a construit plusieurs modèles de l'aéronat *Parseval,* au fur et à mesure que les essais indiquaient des modifications et des améliorations à apporter à l'appareil.

Après les premières expériences faites avec

le dirigeable *Parseval I*, on établit l'aéronat *Parseval II*, semblable à celui que nous venons de décrire.

Le 15 septembre 1908, cet appareil effectua une ascension d'une durée de plus de 11 heures pour ses essais de recette imposés par l'autorité militaire; mais, à la fin de ce voyage qui devait durer 12 heures, un coup de vent, en brisant un des plans stabilisateurs horizontaux, provoqua une déchirure

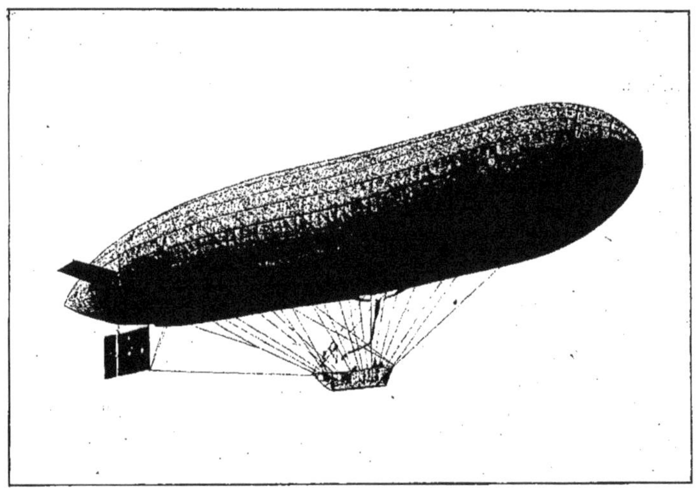

Fig. 321. — Le dirigeable *Parseval*.

dans l'enveloppe et détermina la descente rapide de l'appareil, qui ne fut cependant pas très endommagé.

Le lendemain matin, en effet, la déchirure étant réparée, le dirigeable *Parseval II* se rendait, suivant le désir de l'empereur Guillaume II, au champ de manœuvres avec le *Gross II*, mais le vent gênait fortement la marche des dirigeables. L'aéronat *Gross II* vira de bord, mais le *Parseval II* descendit brusquement sur un toit, où les pompiers allèrent recueillir les aéronautes, qui n'avaient aucune blessure.

Le *Parseval II* eut à subir pendant ces essais de durée et d'altitude quelques autres avaries, qui purent d'ailleurs être toujours assez facilement réparées.

Le troisième modèle de ce type de dirigeable, le *Parseval III*, a été augmenté de volume.

La longueur de l'enveloppe est de 69 mètres; son diamètre est de 11 mètres et son volume de 5.600 mètres cubes. Le poids total de l'aéronat est de 6.000 kilos.

Il est actionné par deux moteurs d'une puissance de 100 chevaux, donnant le mouvement à deux hélices. Ces moteurs tournent en sens inverse et sont placés symétriquement à droite et à gauche de la nacelle. Les hélices sont disposées pour être actionnées soit par un seul moteur soit par les deux, et pour tourner avec la même vitesse. Pour réduire le plus possible le poids des moteurs, toutes les pièces ont été évidées et allégées et faites en matière très résistante.

Plusieurs aérostats dirigeables du type *Parseval* font partie de la flotte aérienne militaire allemande.

Aérostat dirigeable Gross Cet aéronat est un autre type de vaisseau aérien militaire allemand. Il a été conçu par le major Gross et l'ingénieur Basenach.

Son enveloppe est en tissu, mais supportée par une sorte d'armature constituée en tubes d'acier, lesquels sont rendus solidaires d'une plaque concave, faite en aluminium. L'enveloppe a une longueur de 66 mètres et un diamètre de 11 mètres.

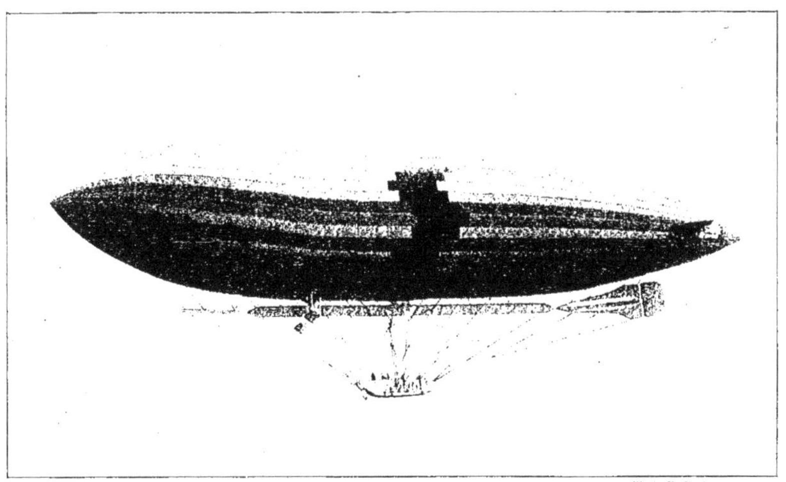

Phot. Raffaele.

Fig. 322. — Le dirigeable *Gross*.

Elle supporte, par l'intermédiaire de tiges fixées dans des boites à billes, la nacelle, qui a 5 mètres de longueur sur 2 mètres de largeur. Cette nacelle est confectionnée en tubes d'acier et contient deux moteurs d'une puissance de 75 chevaux chacun.

Chacun des moteurs actionne une hélice portant trois ailes d'aluminium.

Les hélices sont disposées au-dessus de la nacelle, sous l'enveloppe.

Le dirigeable Gross est muni d'une quille verticale placée sous l'enveloppe, continuée, vers l'arrière, par un empennage en forme de croix après lequel est disposé le gouvernail de direction placé verticalement. Un gouvernail horizontal de profondeur est disposé vers l'avant.

Le dirigeable Gross a subi plusieurs transformations, et différents modèles en ont été construits. Ces divers aéronats ont également connu, pendant les essais et les expériences de mise au point, des chutes brusques et des fausses manœuvres qui ont provoqué aussi des avaries, dont l'importance n'a généralement pas été très considérable.

Ils ont effectué des trajets importants et sont affectés au service de l'armée allemande.

Aérostat dirigeable Italia Cet aérostat dirigeable, construit en 1905 par le comte Almerico da Schio, a été le type primitif de l'aérostat militaire italien.

Son enveloppe avait une forme cylindrique, terminée à ses deux extrémités par deux calottes allongées. La particularité de cette enveloppe consistait en une disposition élastique disposée à sa partie inférieure, sur une grande partie de sa longueur; cela devait permettre au gaz intérieur de se contracter ou de se dilater, tout en maintenant l'enveloppe toujours tendue.

Cette disposition, à laquelle on a donné le nom de *ventre élastique,* devait éviter l'emploi du ballonnet compensateur à air. Elle constituait, en quelque sorte, un moyen automatique de conserver à l'enveloppe une forme sensiblement la même. Mais l'amplitude du déplacement du *ventre élastique* ne permettait pas une grande variation de volume, de sorte que l'enveloppe comportait néanmoins une soupape automatique servant à laisser échapper le gaz dans le cas d'une dilatation trop grande.

L'enveloppe avait une longueur de 38 mètres, un diamètre de 6 mètres et un volume d'environ 1.200 mètres cubes; elle était faite en soie et recouverte extérieurement d'une poudre d'aluminium qui lui donnait un aspect argenté; cet enduit avait pour but de préserver l'enveloppe de l'action de la lumière en même temps que le gaz intérieur, de la chaleur.

A la partie supérieure de l'enveloppe, sur une partie de sa longueur, était fixée une housse à laquelle était suspendue la nacelle. Des câbles en acier, fixés d'une part à la housse et d'autre part à la nacelle, assuraient cette suspension.

La nacelle, en forme de poutre armée, était faite en tubes d'aluminium. Elle avait une section quadrangulaire, une longueur de $17^{m},60$, et le compartiment contenant les instruments et les organes de manœuvre pouvait contenir quatre personnes.

Le moteur actionnant le dirigeable avait une puissance de 12 chevaux. L'hélice était disposée à l'avant de la nacelle; les dispositifs de stabilisation étaient constitués par une surface verticale, placée à l'arrière de l'enveloppe et par deux plans horizontaux fixés sur l'enveloppe et faisant office de gouvernails de profondeur.

A l'extrémité arrière et au-dessous de l'enveloppe, un plan vertical mobile formait gouvernail de direction.

Les essais effectués en 1905 et en 1906 avec le dirigeable *Italia* furent satisfaisants, et conduisirent à quelques modifications et améliorations.

L'enveloppe conserva son *ventre élastique,* formé par une succession de cordons caoutchoutés; la nacelle fut augmentée de longueur et allégée.

La puissance du moteur fut portée à 40 chevaux, et l'hélice placée au-dessus du moteur, entre la nacelle et l'enveloppe.

Un autre aérostat dirigeable italien a été construit en 1908 par la section militaire spéciale, pour être affecté au service de l'armée.

L'enveloppe de l'aérostat a une forme dissymétrique, le plus grand diamètre étant reporté vers l'avant. L'extrémité avant de l'enveloppe est fortement arrondie et le bout arrière est très effilé. L'enveloppe est recouverte d'un enduit à base de poudre d'aluminium comme pour le précédent dirigeable.

La nacelle, suspendue directement à l'enveloppe, a été faite en forme de canot. Elle porte un moteur Bayard-Clément de 70 chevaux actionnant deux hélices.

Sous l'enveloppe est placée, à partir du milieu de la longueur et allant vers l'arrière, une quille rigide verticale, à laquelle fait suite le gouvernail vertical de direction. Vers l'arrière sont disposés deux stabilisateurs horizontaux, un de chaque côté de l'enveloppe. Ces stabilisateurs sont formés de trois plans superposés et peuvent être manœuvrés de la nacelle pour assurer la stabilité d'altitude.

Ce dirigeable a fait des essais qui ont bien réussi en octobre et novembre 1908, et cela ayant à bord des officiers et des équipages militaires.

En 1909 un autre aérostat militaire italien appelé *1 bis* a été établi par le génie militaire italien. Cet aérostat diffère du précédent par la constitution de l'enveloppe. Cette enveloppe est formée par une armature métallique, faite en tubes d'acier. Au-dessus de l'armature est tendue une étoffe donnant une forme régulière à l'enveloppe et facilitant le glissement de l'air pendant l'avancement. L'enveloppe, par suite de sa disposition, est souple dans le sens longitudinal, mais elle est rigide dans le sens transversal, de sorte que le gaz de l'enveloppe et l'air du ballonnet peuvent varier de volume sans provoquer des déformations trop grandes.

Sous l'enveloppe est placée une quille constituée par un assemblage de tubes d'acier. La quille est démontable et est recouverte d'étoffe.

La nacelle est un canot suspendu au tiers de la longueur de l'enveloppe, vers l'avant.

Le moteur, de 100 chevaux, actionne deux hélices jumelées et tournant en sens contraire. Ce dirigeable a fait des essais très satisfaisants. Il a également effectué des voyages de longue durée, parmi lesquels celui de Naples à Bracciano, ville située à 40 kilomètres au nord de Rome. Le trajet a été de 520 kilomètres, parcourus en quatorze heures.

Aérostat dirigeable Nulli-Secundus

Cet aérostat dirigeable, construit en Angleterre en 1907 pour être mis au service de l'Armée britannique, n'a eu qu'une fort courte carrière. En effet, après quelques essais, qui ne furent pas très satisfaisants, il fut détruit complètement d'une façon tout à fait imprévue.

Un autre dirigeable, appelé le *Nulli-Secundus II,* fut établi en 1908 sur les mêmes données que le premier. Les organes étaient semblables et disposés de la même manière; quelques modifications de détail y furent simplement apportées.

Le dirigeable *Nulli-Secundus II* a un volume de 2.400 mètres cubes.

L'enveloppe, de section cylindrique, terminée par deux bouts arrondis, est munie, à sa partie inférieure, d'une quille rigide recouverte complètement d'étoffe. Cette étoffe se raccorde au-dessous de l'enveloppe.

La quille est maintenue fixée à l'enveloppe par des sangles, qui sont posées tout autour de cette enveloppe.

A l'arrière de la quille sont disposés les plans stabilisateurs horizontaux, au-dessous desquels est fixé le gouvernail de direction. Ce gouvernail est formé de deux surfaces polygonales placées côte à côte, parallèlement. Un gouvernail de profondeur est placé à l'extrémité avant de la quille.

La nacelle est suspendue un peu vers l'avant de l'enveloppe, pour équilibrer l'empennage arrière. Elle est munie, à sa partie inférieure, d'une *béquille,* semblable à celle des aérostats *Patrie* et *République,* faite en tubes d'acier qui se rejoignent au bas, en un même point.

Dans la nacelle est fixé un moteur Antoinette de 50 chevaux, actionnant deux hélices de 2^{m},50 de diamètre. Ces hélices sont disposées une de chaque côté de la nacelle.

Les essais faits avec ce nouveau dirigeable ne paraissent pas avoir donné toute satisfaction à l'autorité militaire anglaise.

Aérostats dirigeables divers

Nous venons de décrire les principaux aérostats dirigeables français et étrangers, presque tous établis pour être affectés au service des armées.

On a conçu et construit un grand nombre d'autres aérostats dirigeables, parmi lesquels quelques-uns ont été établis en vue d'expéditions spéciales.

Nous allons, en terminant ce chapitre, dire quelques mots de ces divers dirigeables.

Certains sont demeurés à l'état de projet, les fonds nécessaires à leur construction n'ayant pu être réunis.

M. Ch. Sibillot avait conçu, dès 1898, un aéronat à enveloppe rigide et constitué une Société sous le titre de *Compagnie générale Transaérienne,* pour la fabrication de cet aéronat, qui devait avoir un volume considérable et qui ne put être mis en construction.

Le comte de la Vaulx a construit un dirigeable dont le caractère principal consiste dans la position qu'il a donnée à l'hélice de propulsion.

Cette hélice a été placée entre la nacelle et l'enveloppe, de façon à réduire à une valeur négligeable le couple de déversement qui se produit lorsque le point d'application de la force propulsive est situé sur la nacelle.

Le comte de la Vaulx a fait avec succès en 1907, à bord de son dirigeable, une série d'ascensions de courte durée.

En 1906, un Américain, M. Wellmann, qui devait plus tard tenter la traversée de l'Atlantique en aéronat, conçut le projet d'atteindre le Pôle Nord à l'aide d'un aérostat dirigeable. Le départ devait s'effectuer en juillet ou août 1906, de la baie de la Virgo, dans l'île des Danois, d'où partit Andrée

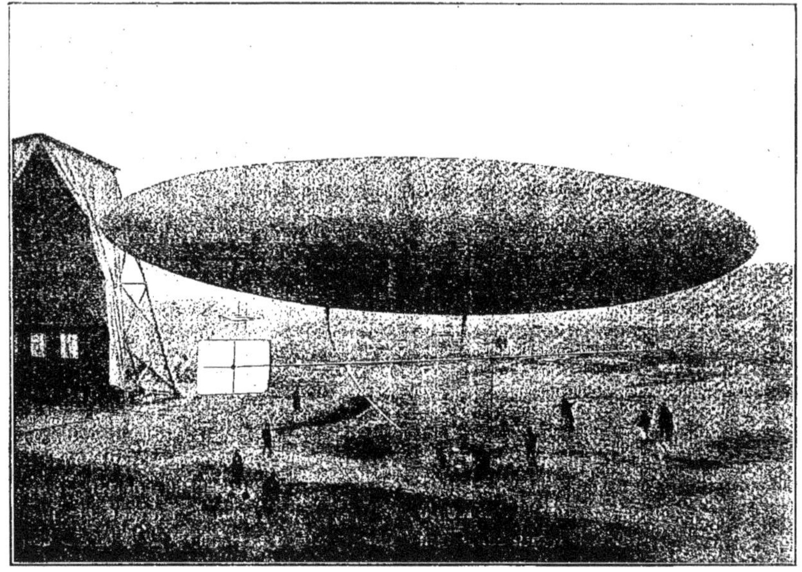

Fig. 323. — Le dirigeable *de la Vaulx*.

L'enveloppe, de forme ellipsoïde, supporte une longue tige formant quille, située entre l'enveloppe et la nacelle; c'est à cette tige qu'est suspendue la nacelle. A l'extrémité avant de la tige peut tourner l'hélice, placée ainsi au-dessus de la nacelle. L'hélice est commandée par le moteur fixé dans la nacelle, par l'intermédiaire d'arbres montés à la cardan et de roues d'engrenage. A l'arrière de la tige est disposé le gouvernail, au-dessus duquel sont placés des plans stabilisateurs.

en aérostat libre vers le Pôle Nord; mais les préparatifs n'étant pas terminés, le départ de Wellmann fut ajourné.

On avait élevé, pour recevoir le dirigeable, un grand hangar, dont les fermes étaient entièrement construites en bois, assez solidement pour résister à l'action des vents violents qui soufflent au Spitzberg. Un atelier de réparation fut également agencé, ainsi qu'une maison d'habitation.

L'enveloppe du dirigeable, construite dans les ateliers Louis Godard, après avoir été expédiée au Spitzberg fut ramenée à Paris, lorsque le départ fut ajourné, et essayée dans la Galerie des Machines pour savoir si elle n'avait perdu aucune de ses qualités. Elle fut gonflée au gaz d'éclairage et son imperméabilité fut jugée satisfaisante. Sa longueur était de 55 mètres et son volume fut porté alors de 6.300 à 7.300 mètres cubes.

La partie mécanique de l'aéronat essayée au Spitzberg n'avait pas donné satisfaction à M. Wellmann. Il décida de remplacer les deux moteurs primitifs par un moteur de 100 chevaux actionnant deux hélices métalliques disposées une de chaque côté de la nacelle.

La nacelle primitive, trouvée trop lourde, fut construite en tubes d'acier.

Elle avait une longueur de 35 mètres et pesait 800 kilogrammes. A l'arrière était disposé le réservoir d'essence, pouvant contenir 4.000 litres.

Le dirigeable devait emporter des traîneaux automobiles et même douze chiens esquimaux pour parer à une panne des moteurs. La date du départ fut plusieurs fois retardée pour des mises au point successives, et, finalement, le projet d'expédition au Pôle Nord en dirigeable fut abandonné.

En 1908 furent construits à l'étranger plusieurs aérostats dirigeables : le dirigeable militaire *Baldwin* en Amérique, l'aéronat *Torres Quevedo* en Espagne, ce dernier comportant deux moteurs à 8 cylindres, pouvant actionner une hélice à deux branches.

A Oakeland, en Californie, un autre dirigeable, construit par un Américain, était détruit à sa première sortie. Ce dirigeable, d'un volume considérable, était actionné par cinq moteurs de 40 chevaux. Il avait seize passagers à bord.

L'appareil n'était pas rationnellement établi. A une altitude de 100 mètres il se mit brusquement à descendre et vint s'écraser sur le sol.

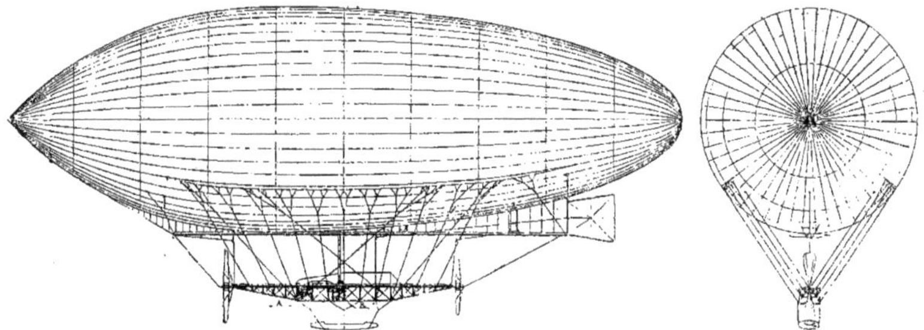

Fig. 321. — Élévation et vue en bout du dirigeable construit en vue d'une expédition au Pôle Nord.

Trois passagers furent tués.

M. Jacques Faure, un habile aéronaute mort en 1911, avait fait construire, en 1909, un aérostat dirigeable, avec lequel il se proposait d'effectuer la traversée de la Méditerranée de Nice en Corse.

L'enveloppe du dirigeable *Jacques Faure* mesure 33 mètres de long, et a un volume de 1.050 mètres cubes. Elle est munie d'un panneau de déchirure et porte à l'intérieur un ballonnet à air compensateur.

Une vergue horizontale est disposée entre l'enveloppe et la nacelle. Elle est supportée par des suspentes qui sont fixées à l'enveloppe et est munie d'antennes transversales d'où partent d'autres suspentes reliées à la nacelle.

La nacelle, faite en tubes d'acier, a 18m,75

de long et se divise en deux compartiments, dont l'un reçoit l'équipage et l'autre contient le moteur.

Ce moteur, d'une puissance de 28 chevaux, actionne une hélice métallique, dont le diamètre est de 3m,20 et le pas de 3m,90. Cette hélice, placée à l'avant de la nacelle, tourne à une vitesse de 340 tours par minute.

Un gouvernail vertical est placé à l'arrière de la vergue horizontale, à la suite d'un dispositif d'empennage constitué par des surfaces planes. Un stabilisateur horizontal est placé au-dessus de la nacelle.

deux ailerons ou gouvernails de profondeur et deux ailerons vers l'arrière, à l'extrémité d'une poutre armée faisant suite à la quille. Le gouvernail de direction, qui est vertical, est placé à l'extrémité arrière de la poutre.

Au mois d'octobre 1909, un autre aérostat militaire, *Espana,* construit par les ateliers de la Société *Astra* pour le gouvernement espagnol, effectuait ses essais de recette, à l'aérodrome de Beauval, près de Meaux. Ce dirigeable, du type *Colonel-Renard,* fut, après une série d'heureuses ascensions

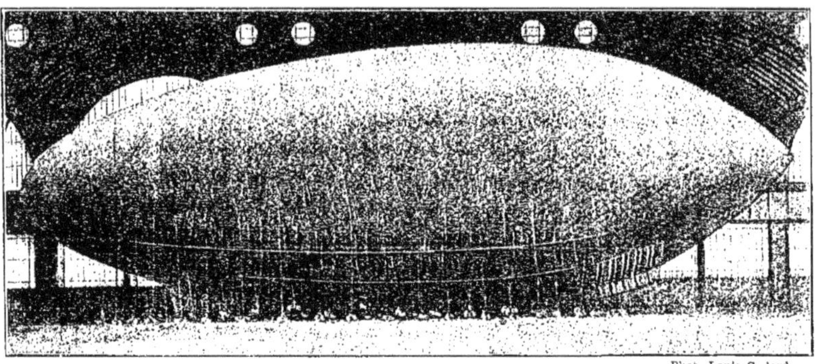

Phot. Louis Godard.

Fig. 325. — Le dirigeable *Wellmann.*

Ce dirigeable, essayé à Monte-Carlo le 26 mars 1909, fit une sortie malheureuse pendant laquelle son hélice vint heurter le toit du Musée Océanographique et se détériora. Le dirigeable eut aussi des avaries assez sérieuses.

En juin 1909, un aérostat dirigeable, *Russie,* construit par les ateliers Lebaudy pour le compte du gouvernement russe, faisait avec succès ses ascensions de recette devant une délégation russe. Ce dirigeable, du type *République* et *Liberté,* comporte une enveloppe qui mesure 61m,20 de long et 10m,90 au maître-couple. Elle est munie d'un empennage en forme de croix. L'aéronat porte sur l'avant, entre la nacelle et l'enveloppe,

d'expériences, livré à l'Espagne pour prendre part à la campagne du Maroc.

Un aérostat dirigeable allemand, *Erbsloh,* portant le nom d'un hardi aéronaute qui s'est distingué dans les coupes Gordon-Bennett pour aérostats libres, fut accidentellement détruit le 13 juillet 1910 et causa la mort de cinq passagers qui le montaient, parmi lesquels se trouvait l'aéronaute Erbsloh. Ce dirigeable, qui avait été endommagé lors d'une ascension, vers la fin de l'année 1909, avait été réparé et porté à un volume de 3.200 mètres cubes.

Les premiers essais effectués après la réparation furent satisfaisants et le 13 juillet 1910 il quittait son hangar de Liechlingen, près de Cologne, pour faire une ascension de longue durée, piloté par l'aéronaute Erbsloh. Il y avait à bord quatre autres passagers.

Après un voyage d'une durée de 30 minutes environ, l'enveloppe du dirigeable éclatait et l'appareil descendait verticalement, la pointe en avant, vers le sol où il venait se réduire en miettes, les débris recouvrant les corps ensanglantés des cinq malheureux voyageurs. Tous avaient cessé de vivre.

Il est probable que l'éclatement fut provoqué par la brusque dilatation du gaz qui ne put trouver une issue de sortie suffisante par les orifices des soupapes, soit que la manœuvre de ces soupapes n'ait pu s'effectuer normalement, soit que les orifices aient eu une section trop faible.

Le dirigeable venait, en effet, de traverser une épaisse couche de brouillard et de retrouver un brillant soleil, dont la chaleur provoqua la dilatation rapide du gaz, qui s'était contracté pendant la traversée du brouillard. L'aéronat était monté brusquement jusqu'à 750 mètres et le pilote avait manœuvré ses gouvernails de profondeur pour descendre lorsque l'éclatement se produisit.

Au début de l'année 1910 un aérostat dirigeable italien, *Leonardo-da-Vinci,* fit des essais très réussis au-dessus de Milan.

Ce dirigeable, conçu par l'ingénieur Forlanini, a été établi pour diminuer, dans la plus grande mesure possible, la valeur de la résistance de l'air pendant son déplacement. Pour obtenir ce résultat, l'enveloppe a reçu une forme qui la rend semblable à un gigantesque poisson; la nacelle et les divers et organes du dirigeable font très peu saillie au-dessous de cette enveloppe, et cela afin d'éviter l'action de la résistance de l'air.

L'avant de l'enveloppe, très arrondi, a une forme ogivale; à l'arrière, elle est un peu plus allongée et a une forme parabolique. Sa longueur est de 40 mètres, et son plus grand diamètre, qui est situé à environ 15 mètres de l'avant, a une dimension de 14 mètres. L'enveloppe a un volume de 3.265 mètres cubes et comporte un ballonnet d'air de 360 mètres cubes.

Au-dessous de l'enveloppe, sur toute la longueur, est fixée une poutre armée constituée en tubes et fils d'acier.

Cette poutre forme la quille de la nacelle, qui se trouve donc ainsi fixée d'une façon rigide à l'enveloppe. Toutes les parois extérieures de la poutre armée et, par conséquent, de la nacelle sont recouvertes de tissu semblable à celui qui forme l'enveloppe. C'est, en quelque sorte, un prolongement de cette enveloppe disposé pour ne produire qu'une faible résistance à l'air pendant l'avancement.

La nacelle, prise dans la poutre, est placée à l'extrémité avant. Elle est munie à sa partie antérieure d'une partie vitrée, derrière laquelle se tient le pilote.

Le dirigeable est actionné par un moteur *Antoinette* de 40 chevaux, fixé dans la nacelle et donnant, au moyen d'un embrayage à friction, le mouvement en avant ou en arrière à deux hélices disposées une de chaque côté de la quille et en arrière. Leur diamètre est de 2m,70; leur pas de 6m,50.

L'air du ballonnet est maintenu sous pression par un ventilateur actionné par un moteur auxiliaire ou *petit cheval* fonctionnant à vitesse constante.

La nacelle, dans laquelle se trouvent les machines, est bien ventilée.

A l'arrière de la quille sont disposés deux gouvernails de direction constitués chacun par trois plans verticaux de grande longueur entretoisés par plusieurs plans horizontaux. Ces gouvernails peuvent osciller autour d'axes verticaux.

La stabilité d'altitude est obtenue par la manœuvre de deux plans fixés à la nacelle et par le chauffage, au moment propice, du ballonnet à air, au moyen de la chaleur provenant des gaz brûlés du moteur.

Un empennage cellulaire, disposé à l'arrière de l'enveloppe, assure la stabilité longitudinale et la stabilité de route.

Les essais ont été satisfaisants.

Le journaliste américain, M. Wellmann, qui avait préparé en 1906 et 1907 une expédition en aérostat dirigeable au Pôle Nord, expédition dont nous avons parlé et qui fut abandonnée, conçut, nous l'avons dit, le projet de traverser l'Océan Atlantique en dirigeable. Il fit construire en France, avec des fonds réunis par souscription, un dirigeable, *America*, agencé spécialement en vue de cette téméraire expédition.

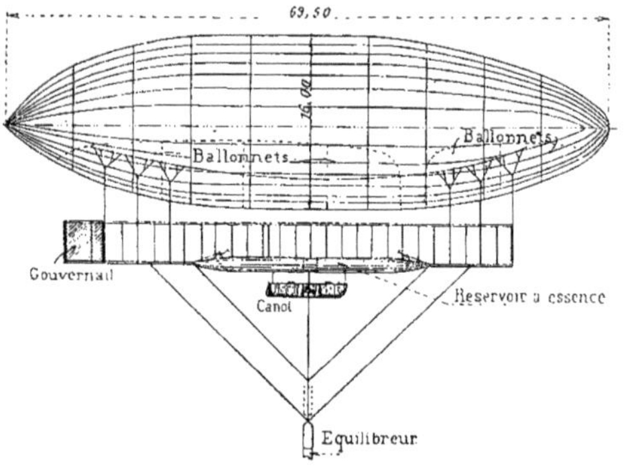

Le dirigeable *America* a été établi, dans son principe, d'une façon à peu près semblable à celui qui devait effectuer l'expédition polaire. L'enveloppe a été portée à une longueur de 70 mètres et son diamètre à 16 mètres. Son volume est de 1.000 mètres cubes environ. Le tissu qui la constitue est formé de deux tissus de soie et un de coton, superposés et collés les uns aux autres pour parer aux fuites de gaz.

L'enveloppe pèse 2.000 kilogrammes. Elle est munie d'un panneau de déchirure, placé au maître-couple, dont la corde est terminée par une ancre à deux pointes fort aiguës.

A l'intérieur de l'enveloppe sont disposés six ballonnets à air, compensateurs.

Ces divers ballonnets sont alimentés par un même ventilateur et par une même conduite. Ils ont, cependant, chacun, leur soupape d'échappement qui peut être manœuvrée de la nacelle, de sorte que l'on peut, à volonté, en remplissant les ballonnets appropriés, faire varier la stabilité horizontale de l'aéronat en chargeant soit son avant, soit son arrière.

A l'enveloppe est suspendue la nacelle, formée de deux poutres à section triangulaire d'une longueur de 47^{m},50, constituées par des tubes d'acier. Ces deux poutres sont réunies, à leur partie inférieure, par un cylindre creux en acier de 23 mètres de longueur formant un réservoir destiné à contenir la provision d'essence. A la partie supérieure de la poutre sont placées, perpendiculairement, des traverses, aux extrémités desquelles sont attachés les câbles de suspension reliés d'autre part à l'enveloppe. Cette disposition a pour but de diminuer l'obliquité des suspentes et de permettre de placer la nacelle relativement près de l'enveloppe, sans que les câbles de suspension touchent à cette enveloppe.

Fig. 326. — Vue schématique du dirigeable *America*.

La poutre est entourée de toile raccordée à l'enveloppe et percée, à certains endroits, d'ouvertures permettant aux passagers de faire leurs observations.

Le dirigeable est actionné par trois moteurs à essence. Deux de ces moteurs, d'une puissance de 90 chevaux, commandent chacun une paire d'hélices.

Le troisième moteur, auxiliaire, d'une puissance de 12 chevaux, actionne le ventilateur qui alimente d'air les ballonnets, et sert aussi à mettre en route les autres moteurs.

Les arbres des deux moteurs principaux sont placés transversalement par rapport à la nacelle et actionnent, par des roues d'engrenage coniques, les hélices placées latéralement de chaque côté de la nacelle.

Les deux hélices d'avant ont un diamètre de $3^m,55$; celle d'arrière un diamètre de $3^m,15$.

La disposition des deux hélices d'arrière permet d'incliner à volonté leur axe ; les hélices peuvent ainsi jouer le rôle des stabilisateurs ou gouvernails horizontaux. Ces stabilisateurs ont été, de ce fait, supprimés dans ce type d'aéronat.

Sous la nacelle a été placé un canot construit en toile et en lames d'acajou, pouvant être mis à l'eau automatiquement pour effectuer, le cas échéant, le sauvetage en mer de l'équipage du dirigeable. Ce canot, d'une longueur de $8^m,20$ et de 2 mètres de largeur pèse 450 kilogrammes. Il est muni de deux compartiments étanches, d'un mât et d'une voile ; il sera chargé de provisions.

Dans le compartiment avant du canot est disposé un poste de télégraphie sans fil. Le courant nécessaire pour alimenter ce poste est fourni par une dynamo commandée par le moteur auxiliaire. La dynamo sert aussi à charger une batterie d'accumulateurs, dont le courant est utilisé pour éclairer la nacelle et le canot. Le poste de télégraphie sans fil a une portée d'environ 160 kilomètres.

Une communication téléphonique est établie entre le canot et la nacelle.

Le combustible à emporter doit pouvoir alimenter les moteurs pour que l'aéronat puisse parcourir une distance de 5.000 kilomètres. Il a été prévu qu'un seul moteur actionnerait le dirigeable ; les deux moteurs fonctionneront successivement. Le cylindre, placé sous la nacelle, peut contenir 4.000 kilos d'essence. Les 1.000 autres kilos sont contenus dans une série de récipients formant l'*équilibreur*.

Cet équilibreur est constitué (Fig. 327) par un câble en acier qui pend au-dessous de la nacelle et dont la longueur est d'environ 100 mètres. Sur ce câble sont empilés trente réservoirs en acier les uns à la suite des autres. L'extrémité supérieure de chaque réservoir a une forme convexe qui s'emboîte dans l'extrémité inférieure du réservoir qui le surmonte, de façon à constituer une sorte de rotule permettant à chaque réservoir de prendre une position oblique par rapport aux réservoirs voisins. C'est, en somme, un équilibreur à peu près semblable à celui que nous avons précédemment décrit, mais dont les blocs de bois sont ici remplacés par les récipients d'essence.

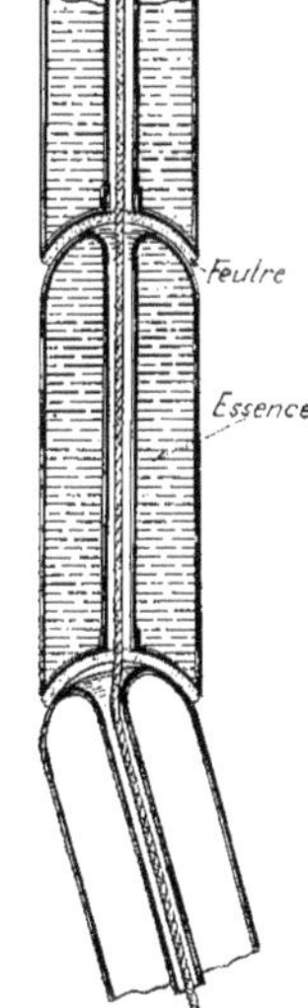

Fig. 327. — Coupe de de l'équilibreur de l'*America*.

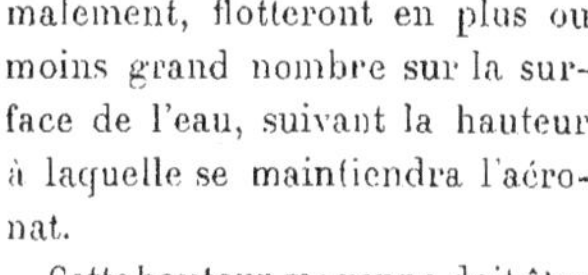

D'ailleurs, à la suite des récipients enfilés sur le câble sont disposés 40 blocs de bois qui, normalement, flotteront en plus ou moins grand nombre sur la surface de l'eau, suivant la hauteur à laquelle se maintiendra l'aéronat.

Cette hauteur moyenne doit être de 60 mètres au-dessus de l'eau.

Nous avons expliqué le rôle de l'*équilibreur* ou *serpent*, qui est une sorte de guide-rope employé dans les ascensions au-dessus de l'eau.

L'équilibreur peut être soulevé au moyen de câbles qui passent sur des treuils.

Cette manœuvre s'effectue pour retirer, au fur et à mesure des besoins, les bidons d'essence qui sont enfilés sur le câble. C'est le récipient supérieur qui doit être enlevé après que la manœuvre a permis de détacher les câbles de suspension, qui sont ensuite attachés plus bas sur l'équilibreur.

On a estimé que la diminution de la force

ascensionnelle de l'aéronat, due aux fuites de l'enveloppe, sera de 90 kilos par jour. Mais comme pendant une journée la consommation d'essence prévue est de 450 kilos environ, il en résultera un excédent quotidien de force ascensionnelle pouvant atteindre 360 kilos. Ce serait là un grave inconvénient si une correction n'était pas apportée à cette variation connue de la force ascensionnelle. Pour la ramener à sa valeur normale on enlève de l'enveloppe un certain volume d'hydrogène, qui est remplacé par de l'air introduit dans les ballonnets.

L'hydrogène retiré de l'enveloppe n'est pas perdu. Le carburateur du moteur arrière a été disposé, en effet, pour pouvoir utiliser comme combustible, soit l'essence, soit l'hydrogène, de sorte que le rayon d'action de l'appareil peut s'en trouver augmenté.

Le gouvernail de direction est constitué par une série de trois plans verticaux disposés à l'arrière de la poutre armée, et manœuvrés, de la nacelle, par des câbles.

L'aéronat dirigeable *America* ainsi équipé, ayant à bord six passagers, parmi lesquels MM. Wellmann et Melvin Vaniman, ingénieur du dirigeable, partit le 15 octobre 1910, à 8 h. 1/2 du matin, de son hangar d'Atlantic City, pour traverser l'océan Atlantique. Pendant toute cette journée, le voyage se poursuivit d'une façon normale et l'équipage put, à l'aide du poste de télégraphie sans fil, signaler à plusieurs postes de terre et à des paquebots que tout allait bien à bord. Jusqu'au 16 octobre, dans l'après-midi, le dirigeable suivit sa même direction vers l'Europe et se trouva au sud du cap Sablé.

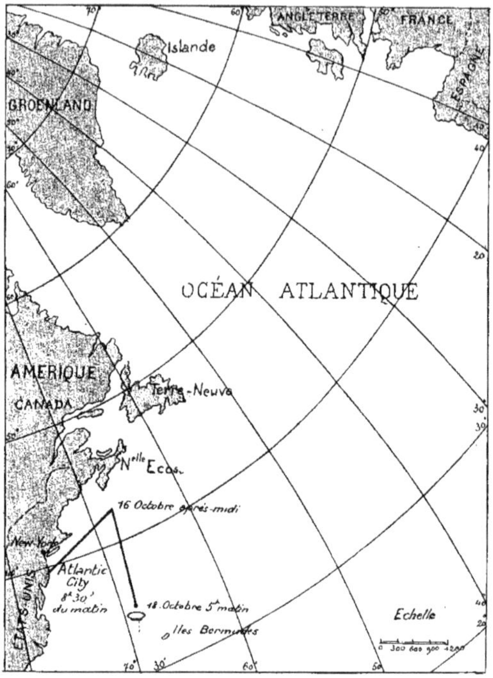

Depuis lors on resta sans nouvelles de l'aéronat jusqu'au 18 octobre.

Ce jour-là, à 5 heures du matin, le commandant du steamer *Trent*, faisant le trajet des îles Bermudes à New-York, annonçait par un radiotélégramme qu'il avait recueilli à 5 heures du matin l'équipage de l'*America*, à cent cinquante milles au large du cap Hatteras, sur la côte de la Caroline du Nord.

Fig. 328. — Tracé du parcours du dirigeable *America* au-dessus de l'Atlantique.

Depuis le 16 octobre, le dirigeable, qui ne possédait plus ses moyens de direction et de propulsion, avait été poussé vers le sud, hors de sa route, par un fort vent du nord qui l'avait conduit vers les îles Bermudes. A l'aide du poste de télégraphie sans fil installé à bord, l'équipage demanda du secours et ce message, reçu par le steamer *Trent,* permit au commandant du bateau de se porter au secours des aéronautes.

Après trois heures de manœuvres rendues fort difficiles par suite d'un vent violent, l'équipage de l'aéronat, qui avait très péniblement pu quitter le dirigeable en s'embarquant dans le canot, fut recueilli à bord du steamer.

Le dirigeable fut abandonné et, aussitôt délesté, disparut dans les airs en prenant la direction du nord. On n'en a retrouvé aucune trace.

L'ascension du dirigeable *America* avait duré soixante-neuf heures.

Cette périlleuse expédition fait honneur au courage de M. Wellmann et de ses compagnons.

Il est fort heureux que les audacieux sportsmen n'aient pas payé de leur vie leur héroïque entreprise. Le hasard a amené sur leur route un paquebot, dans une région de l'Atlantique où ne passent régulièrement qu'une fois par semaine les deux navires qui font le service entre les îles Bermudes et New-York; c'est aussi à la télégraphie sans fil qu'ils doivent leur salut.

Il convient cependant de reconnaître l'ingéniosité avec laquelle avaient été établis les divers organes du dirigeable et les précautions qui avaient été prises pour assurer sa marche. On peut regretter que ces précieux éléments n'aient pas été mis au service d'une expédition qui ait été couronnée du succès qu'elle méritait.

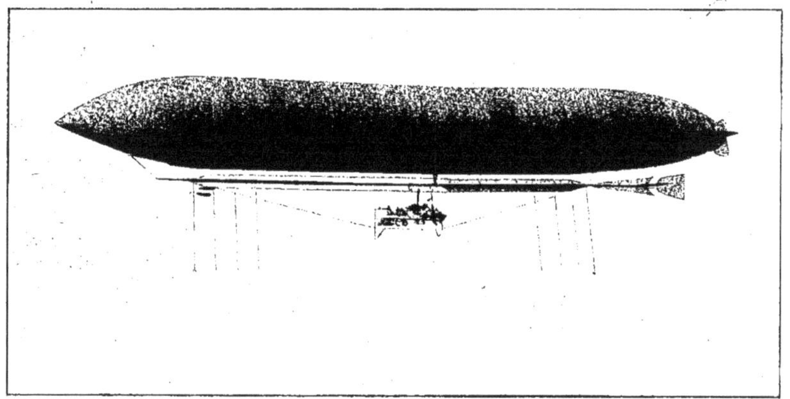

Fig. 329. — Le dirigeable *Morning-Post.*

Un nouvel aéronat, le *Suchard,* a été construit et lancé à Kiel le 15 février 1911, pour tenter à nouveau la traversée de l'Atlantique.

L'*Aérophile* donne à ce sujet des détails instructifs.

Le *Suchard* est du type « non rigide », de 6.730 mètres cubes, correspondant à 60^{m},50 de longueur sur 17^{m},10 de diamètre. Il contient, pour la stabilisation, un « ballonnet à air » de 3.500 mètres cubes; son poids propre est de 2.130 kilogrammes.

De même que dans l'aérostat de Wellmann, la nacelle, qui a 10 mètres de long sur 3^{m},10 de large, constitue un véritable canot destiné au sauvetage en cas de naufrage aérien. Elle est munie de deux moteurs, dont l'un de réserve, actionnant deux hélices. Ces moteurs développent une puissance de 100 chevaux environ à 1.200 tours; en cas de panne de leur part, un petit moteur auxiliaire de 4 chevaux servirait à actionner le ventilateur alimentant le ballonnet. La nacelle-canot a également une hélice qui lui permettrait de progresser avec le secours des gros moteurs si, après avoir largué les câbles qui la relient à l'enveloppe, elle se trouvait à flot.

Le réservoir d'essence nécessaire pour ce grand voyage en contient 1.700 kilos renfermés dans sept compartiments cloisonnés : il y aura aussi à bord 300 kilos d'huile de graissage.

Trois batteries d'accumulateurs, pesant 50 kilos chacune, fourniront l'éclairage électrique nécessaire : au fur et à mesure que l'une d'elles sera épuisée, elle sera précipitée par-dessus bord.

Le lest sera tout simplement de l'eau de mer puisée, à la traîne, au moyen de flotteurs en acier ayant la forme d'un gros obus de 70 centimètres de long et qui seront remontés dans la nacelle au moyen d'un treuil. Une partie de cette eau permettra, au moyen de pulvérisateurs, d'asperger la partie supérieure du ballon afin d'entraver les dilatations brusques dues à l'action solaire.

Le départ de l'expédition aura lieu des îles Canaries, afin de profiter des vents alizés, comme le fit Christophe Colomb, et d'aller, autant que possible, vent arrière ou « au plus près du vent » vers les Antilles.

La traversée de la Manche en aérostat dirigeable, dont l'utilité apparaît plus nettement que celle de la traversée de l'Océan Atlantique et qui offre moins de périls, a été effectuée le 16 octobre 1910 par le dirigeable *Bayard-Clément II,* parti de Lamotte-Breuil, dans l'Oise, et atterrissant à Londres après un voyage de six heures sans escale.

Quelques jours plus tard, un autre aérostat dirigeable, le *Morning-Post,* a traversé également la Manche sur une plus grande largeur, en effectuant le voyage de Moisson, en Seine-et-Oise, au camp d'Aldershot, à Farnborough en Angleterre.

Le dirigeable *Morning-Post* a été construit pour l'Angleterre, par les ateliers Lebaudy, à Moisson. C'est le plus grand aéronat qui ait été construit en France. Son volume est de 10.000 mètres cubes. L'enveloppe a une longueur de 103 mètres; son diamètre est de 12 mètres. Elle a une forme cylindrique terminée, à l'avant et à l'arrière, par deux parties arrondies et effilées.

Le dirigeable est du type *Lebaudy,* c'est-à-dire *demi-souple.*

L'enveloppe est *armée,* à sa partie inférieure, par une carène métallique qui supporte la nacelle, dans laquelle sont placés deux moteurs à pétrole Panhard-Levassor, ayant chacun une puissance de 135 chevaux.

Ces moteurs actionnent deux hélices disposées une de chaque côté de la nacelle.

Les hélices sont en bois, ont un diamètre de 5 mètres et tournent à faible vitesse.

Le dirigeable *Morning-Post,* après cinq ascensions d'essai concluantes, fit ses préparatifs pour entreprendre le voyage de France en Angleterre. La route avait été soigneusement repérée. Un ballon captif indicateur avait été installé au sémaphore de Saint-Léger sur les côtes de France, près de Saint-Valéry-en-Caux, et un autre à Brighton sur les côtes anglaises.

Le 26 octobre 1910, le dirigeable partait de Moisson à dix heures du matin, ayant à bord le pilote Capazza, l'ingénieur Julliot, et six autres passagers. Suivant le livre de bord de l'aéronat, l'altitude atteinte est aussitôt de 200 mètres. A onze heures cinq, le dirigeable passe au-dessus de Rouen (Fig. 330), et à midi trois il arrive au sémaphore de Saint-Léger. Il est, à ce moment, à une altitude de 600 mètres et commence la traversée de la Manche. Le ballon captif du sémaphore indique un vent d'est assez vif, ce qui permet au pilote de corriger la direction pour arriver à Brighton, sur la côte anglaise.

Pendant la traversée, l'aéronat rencontre un yacht, un torpilleur, un trois-mâts et un vapeur, qui sont tous dépassés, et après plus de deux heures de voyage au-dessus de l'eau, le dirigeable passe au-dessus de Brighton. Une heure et demie après, à trois heures trente, il planait au-dessus du camp d'Aldershot, à 700 mètres d'altitude. Le voyage était terminé. Le dirigeable atterrit devant son hangar, après quelques manœuvres nécessitées par un fort vent, et en remisant le bel engin dans ce hangar, dont les dimensions étaient un peu trop justes, l'enveloppe, en frottant contre une des fermes métalliques, se déchira à la partie supérieure. La durée du voyage a été de cinq heures et demie et la distance parcourue de 370 kilomètres environ, dont 130 au-dessus de la mer.

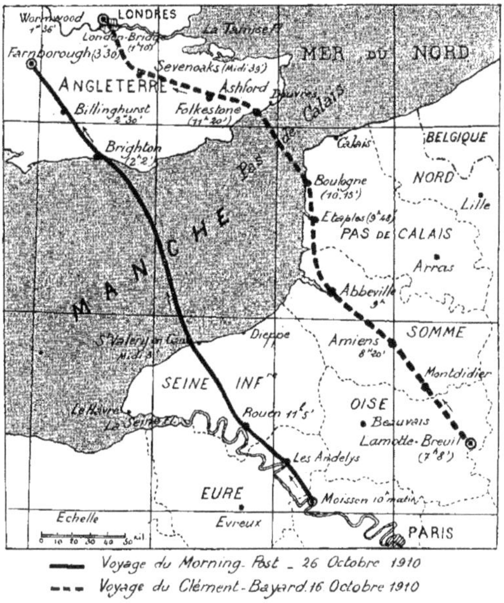

Fig. 330. — Voyages du *Morning-Post* et du *Clément-Bayard* entre la France et l'Angleterre.

Après ces deux traversées successives de la Manche en partant de France pour arriver en Angleterre, on devait s'attendre à voir cette traversée tentée en sens inverse, d'Angleterre au Continent. Elle fut, en effet, effectuée peu de jours après par un petit aérostat dirigeable, *City of Cardiff*.

Ce dirigeable, construit par un sportsman anglais de Cardif, M. Willow, a un volume qui atteint à peine 1.200 mètres cubes. Il est actionné par un moteur de 35 chevaux qui peut lui donner au maximum une vitesse de 35 kilomètres à l'heure.

M. Willow avait fait avec son petit dirigeable quelques ascensions. Dans une d'elles, il fit en pleine nuit, seul à bord, le voyage de Cardiff à Londres, d'une durée de neuf heures.

Le 4 novembre 1910, à trois heures trente du soir, le dirigeable *City of Cardiff*, monté par M. Willow pilote et son ingénieur, quittait le hangar de Wormwood-Scrubbs, près de Londres. Le voyage au-dessus de l'Angleterre s'effectua sans incident.

A six heures trente, le dirigeable arrivait sur la côte anglaise de la Manche, au-dessus de Folkestone, et s'élançait sur la mer. Un brouillard épais obligea les aéronautes à s'élever à environ 1.000 mètres d'altitude, pour pouvoir se diriger à l'aide de la boussole et des étoiles. Vers huit heures trente, l'aéronat arrivait sur les côtes françaises, aux environs de Saint-Valéry. Il avait à vaincre un fort vent du sud-ouest qui gênait sa marche vers Paris.

Une avarie survenue à la courroie du ventilateur fournissant l'air au ballonnet compensateur, obligea le pilote à réparer en cours de route cette courroie, le moteur étant arrêté. Cette réparation ne put suffire et la forme de l'enveloppe ne pouvant pas être maintenue, l'atterrissage fut inévitable. Il eut lieu à deux heures du matin, aux environs de Douai. Le dirigeable fut poussé contre des arbres et quelques organes furent détériorés.

Les aéronautes lestèrent leur appareil en emplissant de terre les sacs vides qu'ils possédaient et attendirent dans leur nacelle le lever du jour. Vers six heures du matin, des secours leur arrivèrent. Les réparations furent faites aux organes détériorés du dirigeable; il fut ravitaillé en hydrogène et il partit pour Issy-les-Moulineaux où il arriva en pleine nuit, après avoir fait une escale à Lamotte-Breuil où se trouve le hangar du dirigeable *Bayard-Clément*.

Au mois de février 1911, un nouveau dirigeable allemand a fait ses premiers essais. Ce dirigeable, *Siemens-Schuckert*, comporte une enveloppe dont le volume est de 13.000 mètres cubes. Elle a une longueur de 145 mètres et un diamètre de près de 18 mètres. L'enveloppe est cylindrique. Elle est arrondie en avant et effilée à l'arrière. Elle est divisée en un certain nombre de compartiments et est solidaire d'une quille rigide à section trapézoïdale, terminée en biseau à chaque extrémité. Cette quille sert à supporter trois nacelles disposées une à l'avant, une au milieu et la troisième à l'arrière de la quille. La quille est recouverte d'étoffe et sert à recevoir les divers récipients d'eau, d'huile et d'essence.

Les nacelles d'avant et d'arrière sont appelées les nacelles motrices, car elles portent chacune deux moteurs Daimler de 120 chevaux, actionnant trois hélices, deux disposées latéralement sur les flancs de la nacelle, et la troisième à l'arrière.

Le dirigeable comprend donc quatre moteurs actionnant six hélices.

Dans la nacelle du milieu, qui est moins basse que les autres, se tient le pilote. Elle porte deux moteurs auxiliaires de 24 chevaux, servant à actionner les ventilateurs qui maintiennent les ballonnets-compensateurs pleins d'air.

Les premiers essais du dirigeable *Siemens-Schuckert* ont été effectués le 23 janvier 1910, avec douze personnes à bord. Ils furent jugés satisfaisants.

A la suite de la catastrophe du dirigeable militaire *République*, survenue le 25 septembre 1909, le journal le *Temps*, sur l'initiative de son directeur, M. Hébrard, et de son Conseil d'administration, ouvrit, ainsi que nous l'avons dit, une souscription nationale pour remplacer le dirigeable détruit et l'offrir à l'État. La Société *Zodiac* fut chargée de construire le nouveau dirigeable, qu'on a nommé le *Temps*, lequel a effectué ses premiers essais le 11 mars 1911. D'autre part, MM. Lebaudy offrirent spontanément un autre dirigeable au ministre de la Guerre, et ce dirigeable, qui a reçu le nom de *Capitaine-Marchal*, a effectué sa première sortie quelques jours après, le 24 mars 1911. Le dirigeable militaire le *Temps* comporte une enveloppe à forme ellipsoïde dissymétrique. Sa longueur est de $50^{m},20$ et son diamètre, au maître-couple, de 9 mètres; son volume est de 2.300 mètres cubes. Il est muni de deux ballonnets compensateurs, pouvant contenir 514 mètres cubes d'air.

La nacelle est en bois; elle a une longueur de 25 mètres et peut se démonter en quatre parties.

Le dirigeable est actionné par un moteur Dansette et Gillet de 70 chevaux, à quatre cylindres. Ce moteur commande le mouvement de rotation de deux hélices en bois, entoilées, ayant $3^m,10$ de diamètre et disposées de part et d'autre de la nacelle sur un pylône surélevé.

Le dirigeable le *Temps* a effectué, le 11 mars 1911, deux premières ascensions qui furent très réussies. Ces ascensions font partie d'une série d'essais dits de réglage, destinés à permettre la retouche de certains points de détail si le délégué du ministre de la guerre, chargé de recevoir le dirigeable, le juge utile. Les ascensions de réglage seront suivies des essais de réception proprement dits, consistant en une ascension d'une durée de cinq heures et une ascension d'altitude.

Le dirigeable *Capitaine-Marchal*, qui porte le nom de l'officier qui commandait le dirigeable *République* le jour de la catastrophe, a un volume de 7.200 mètres cubes et une longueur de 85 mètres. Il est du type *République* et actionné par deux moteurs Panhard-Levassor, d'une puissance de 130 chevaux, disposés en tandem : ils commandent la rotation de deux hélices placées une de chaque côté de la nacelle et supportées par deux poutres métalliques faisant saillie au-dessus de cette nacelle.

La première sortie de ce dirigeable a été faite avec succès le 24 mars 1911, avec neuf personnes à bord. L'aéronat a évolué pendant une heure au-dessus de la plaine de Moisson.

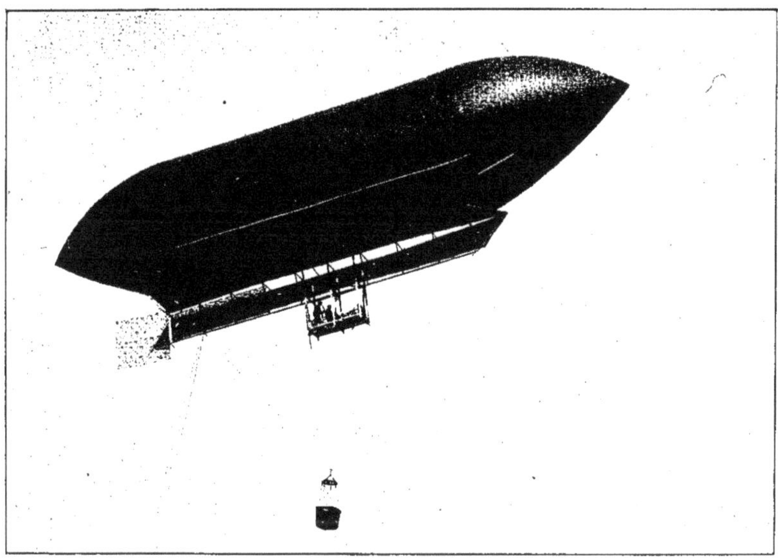

Fig. 331. — Le dirigeable *Malécot*.

Il nous reste, en terminant la description des divers dirigeables qui ont été construits, à examiner deux dirigeables spéciaux : le *dirigeable Malécot* et le *dirigeable lorrain*.

Le *dirigeable Malécot* (Fig. 331) est un appareil mixte, dans lequel on a cherché à profiter des avantages de l'appareil plus léger et de l'appareil plus lourd que l'air.

Il se compose d'une enveloppe faite en

soie, ayant une forme cylindrique allongée, terminée en pointe à chaque extrémité. Sa longueur est de 33 mètres et son diamètre de 7m,30. Le volume de l'enveloppe est d'environ 1.000 mètres cubes. Elle est munie d'un ballonnet à air.

Au-dessous de l'enveloppe sont disposés des panneaux entoilés sur une longueur de 20 mètres et dont la surface totale est de 140 mètres carrés. Ces panneaux, qui constituent la partie *aéroplane* de l'appareil, sont supportés par une poutre armée dont la section est triangulaire.

Au milieu de cette poutre est suspendue la nacelle. Dans cette nacelle se tient l'équipage ; elle porte aussi un moteur de 28 chevaux qui actionne une hélice de 2m,65 de diamètre. Cette hélice, faite en noyer et aluminium, tourne à 1.200 tours par minute.

Une autre nacelle, dite de stabilisation, est fixée à un câble d'acier sans fin et pend au-dessous de la première. Le câble passe sur des poulies à gorges placées aux extrémités de la poutre et peut être enroulé sur un treuil, ou déroulé. Ces manœuvres ont pour but de déplacer la nacelle de stabilisation, dans laquelle on peut placer un certain poids, soit vers l'avant, soit vers l'arrière du dirigeable.

Lorsque le dirigeable effectue une ascension, sa force ascensionnelle est suffisante pour soulever l'appareil et la première nacelle portant l'équipage et le moteur, mais cette force ascensionnelle ne peut pas enlever la nacelle de stabilisation. Au repos donc, le dirigeable reste en contact avec le sol par cette seconde nacelle.

Lorsque le moteur est mis en marche, l'hélice fonctionne ; l'appareil tend à avancer. La réaction de l'air sous les panneaux entoilés du dirigeable détermine la sustentation de l'ensemble de l'engin y compris la nacelle de stabilisation. Le dirigeable perd le contact du sol et progresse dans l'atmosphère.

Pour faire varier l'altitude, soit dans le sens de la montée, soit dans le sens de la descente, on manœuvre la nacelle de stabilisation à l'aide du câble et on la déplace soit vers l'arrière de l'appareil, soit vers l'avant. Le dirigeable lève ou baisse son avant et, par conséquent, monte ou descend.

La direction est obtenue à l'aide d'un gouvernail vertical placé à l'arrière de la poutre armée.

La première grande ascension faite par le dirigeable *Malécot* après les essais préparatoires a eu lieu le 27 septembre 1908. Dans cette ascension, l'aéronat, ayant à bord MM. Malécot et Yvon, a évolué à une altitude de 500 mètres pendant près d'une heure, allant jusqu'au-dessus du parc de Chalais-Meudon pour revenir atterrir devant son hangar d'Issy-les-Moulineaux.

Le 17 octobre, le dirigeable *Malécot* ayant le même équipage partait à 9 heures d'Issy. Après avoir suivi les fortifications qui entourent Paris, il atterrissait au polygone de Vincennes. Il repartait en contournant Paris, mais, vers St-Ouen, un remous d'air provoquait sa descente, pendant laquelle il eut quelques avaries réparées, d'ailleurs, sur place aisément.

A 3 h. 40 le dirigeable s'élevait de nouveau et arrivait une heure après sans incident, devant son hangar, à Issy-les-Moulineaux.

Les essais du dirigeable *Malecot* effectués devant une commission militaire ne durent pas être concluants, car l'autorité militaire n'acheta pas l'appareil. D'ailleurs, un violent ouragan démolit le hangar dans lequel il était remisé et endommagea sérieusement le dirigeable.

Un autre curieux aéronat est le *dirigeable lorrain* de MM. Bot et Lallemand en construction au parc aéronautique de Lunéville.

Les auteurs le nomment *aéroplane-diri-*

geable, parce qu'il tient tout à la fois de l'aéroplane et de l'aéronat. L'enveloppe, en forme de croissant, comporte un ballon destiné à recevoir de l'hydrogène, terminé, à sa partie inférieure, par une surface courbe qui constitue le *planeur.*

Cette enveloppe est munie d'un ballonnet à air disposé intérieurement et destiné à maintenir la permanence de sa forme.

Le planeur est une sorte de poutre armée constituée par des tubes d'acier étirés. Elle a une longueur de 62^{m},50 et 15 mètres de largeur. Tronquée à l'avant sur une largeur de 5 mètres, elle reçoit les deux hélices de l'appareil.

La forme arquée de la poutre peut permettre de l'utiliser, le cas échéant, comme parachute, à la condition toutefois que des remous d'air ne viennent pas, en déferlant latéralement, faire chavirer l'ensemble. Pour obvier à ce danger, l'enveloppe est traversée en son milieu par une cheminée en aluminium de 1^{m},50 de diamètre.

La nacelle suspendue au planeur a 9 mètres de longueur. Placée à 10^{m},50 du planeur, elle lui est reliée par une suspension rigide dans le sens transversal, mais articulée dans l'autre sens, de façon à permettre la variation de l'angle que fait le planeur avec l'horizon. En ordre de marche, elle pèse 3.000 kilos, et la charge utile 1.300 kilos.

En outre des deux hélices de propulsion, tournant en sens inverse l'une de l'autre pour compenser les mouvements secondaires gyroscopiques, une hélice de sustentation est placée au-dessous de la nacelle. Son diamètre est de 6 mètres et elle tourne à une vitesse de 160 tours par minute.

La nacelle porte, à l'avant et à l'arrière, une roue munie d'un pneumatique pour atténuer les chocs contre le sol lors des atterrissages.

CHAPITRE XVII

MATÉRIEL DE DIRIGEABLES

HANGARS.
CAMPEMENT DE DIRIGEABLE.
INSTALLATION D'UN POSTE DE TÉLÉGRAPHIE SANS FIL A BORD D'UN DIRIGEABLE.
TIR CONTRE DIRIGEABLE.
PARALLÈLE ENTRE LE SOUS-MARIN ET LE DIRIGEABLE.

Nous avons, dans le troisième volume des *Merveilles de la Science* (1), décrit quelques types de moteurs établis pour actionner des dirigeables. Ces moteurs sont, d'une façon générale, ceux qui sont utilisés pour commander les voitures automobiles. Pour des puissances plus considérables, ils sont établis spécialement, mais le principe de leur fonctionnement reste néanmoins le même. Nous ne reviendrons donc pas sur la description de ces moteurs.

D'autre part, la confection des hélices, organes propulseurs des aéronats, a donné lieu à des études délicates et approfondies dont les résultats ont été plus particulièrement appréciés en *aviation*. Nous examinerons ces organes dans la partie de ce livre qui va suivre.

En dehors de ces organes et de ceux que nous avons examinés au cours de la description des divers dirigeables, on a établi un matériel spécial pour abriter ces vaisseaux aériens, pour les maintenir campés en plein air en toute sûreté. On a agencé à bord des aéronats des installations permettant, à l'aide de la télégraphie sans fil, de mettre les aéronautes en relation constante avec les différents postes disséminés sur le territoire.

On a aussi créé un matériel d'artillerie destiné à protéger les armées contre les investigations des dirigeables et des aéroplanes ennemis.

Nous allons, en terminant la partie de cet ouvrage consacrée aux dirigeables, examiner succinctement en quoi consistent ces matériels spéciaux.

Hangars pour dirigeables

Il est nécessaire d'aménager, pour mettre les dirigeables tout gonflés à l'abri des vents et des intempéries atmosphériques, des garages où l'aéronat puisse pénétrer facilement et y stationner en toute sécurité pendant le temps nécessaire.

En France, un certain nombre de hangars ont été édifiés pour recevoir les dirigeables militaires. On en a construit au parc de Chalais-Meudon, au champ de manœuvres d'Issy-les-Moulineaux, à Verdun, à Toul, au camp de Beauval, près de Meaux.

En outre, des Sociétés privées, dont le but est de développer le tourisme aérien, ont établi des hangars en divers points du

(1) MERVEILLES DE LA SCIENCE. — Tome III : *Moteurs*.

territoire français. C'est ainsi qu'on a édifié les hangars de Sartrouville (Seine-et-Oise), de Juvisy, de Fontainebleau, d'Issy-les-Moulineaux, de Beauval, de Reims, de Nancy, d'Orléans, Tours, Bordeaux, Pau, Clermont-Ferrand et Lyon.

Cela est la conséquence de ce que l'on pourra nommer, par la suite, l'établissement du premier réseau français de transport aérien.

A l'étranger, et particulièrement en Allemagne, on a construit un grand nombre de hangars pour dirigeables. La société allemande Zeppelin a ouvert un concours de hangars, dont nous dirons quelques mots plus loin, pour lequel ont été établis d'intéressants modèles.

En France, on a construit des hangars de types variés.

Lors de la participation du dirigeable *République* aux manœuvres du Bourbonnais, en 1909, le Gouvernement français commanda un hangar démontable devant être édifié à la Palisse, au centre des opérations militaires.

Ce hangar, étudié par M. Vaniman, ingénieur du dirigeable *America,* devait résister aux plus violentes tempêtes, avoir un poids et un encombrement aussi réduits que possible, être composé de tronçons ne pesant pas plus de 500 kilos et pouvoir se transporter aisément au moyen d'un véhicule quelconque. Le hangar démontable réalisé (Fig. 332 et 333) se compose de neuf fermes A, cintrées, en acier, et d'un pylône B, à section carrée, placé à l'extrémité arrière. Les fermes et les poutres qui les relient ont une section en forme de caisson ; elles sont constituées par un assemblage à treillis métallique.

A l'arrière, le hangar est terminé en forme de pointe pour offrir le minimum de résistance au vent.

La charpente ainsi constituée est maintenue fixée sur le sol par une série de haubans C faits en fils d'acier galvanisé, pouvant supporter, à la rupture, une charge de 180 kilogrammes par millimètre carré. Ces haubans sont terminés, à leur partie inférieure, par une chaîne portant en bout une plaque *d'ancrage* D. Un dispositif de tension permet d'effectuer le réglage de chaque hauban. La plaque d'ancrage est solidement encastrée dans la terre. D'autres câbles, disposés longitudinalement en forme de croix de Saint-André, entre les fermes, empêchent la déformation dans le sens longitudinal.

Au-dessus de la charpente métallique est disposée une toile imperméable fixée contre l'ossature.

En avant, le hangar est muni d'une porte formée par deux rideaux raidis par des

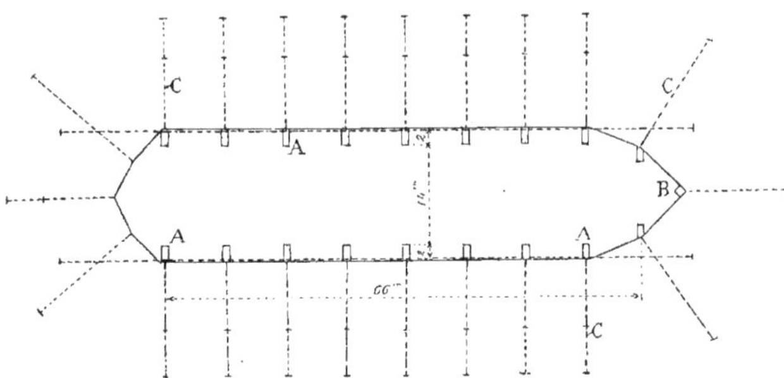

Fig. 332. — Vue en plan du hangar démontable du dirigeable *République.*

ceintures horizontales de câbles en chanvre et fixés au sol par six haubans munis de plaques d'ancrage. La disposition des haubans est telle que, lorsque la porte est fermée, elle a une forme effilée pour offrir moins de résistance au vent.

Pour ouvrir la porte, une manœuvre permet d'appliquer sur les piliers latéraux chaque moitié de porte et de dégager ainsi l'ouverture d'accès du hangar.

Les fermes et le pylône sont divisés en tronçons boulonnés, assujettis entre eux lors du montage, et qu'il est aisé de séparer, par dévissage des boulons, lors du démontage.

Ce modèle de hangar, avant d'être mis en service, a été soumis à des essais de réception. Ces essais ont été effectués avec succès au champ de manœuvres d'Issy-les-Moulineaux. Démonté, il a été transporté en tronçons à La Palisse, où le Génie militaire a procédé à son remontage, lequel a été terminé en quarante-huit heures, dont vingt ont été nécessitées pour monter la charpente métallique.

A Moisson, MM. Lebaudy ont fait édifier en 1909 un vaste hangar pour abriter leurs dirigeables en cours d'essais.

Le hangar, construit par M. de Sainte-Beuve, couvre 5.000 mètres carrés. Il a une longueur de 130 mètres, 38 mètres de largeur, et 30 mètres de hauteur.

La nef principale a 18 mètres de large et une longueur de 110 mètres. Il reste donc sur les côtés au niveau du sol, du fait de l'obliquité des piliers des fermes, une largeur de 10 mètres qui a permis d'installer à l'intérieur du hangar, et sur chaque côté, des ateliers ou magasins.

La charpente est entièrement confectionnée en bois. Elle peut ainsi être facilement démontée et remontée rapidement. Les piliers latéraux sont inclinés à 60 degrés. Les fermes sont constituées par des montants, des croisillons, et des traverses; toutes ces pièces sont assemblées au moyen de boulons. La couverture est faite en tuiles, sauf la partie supérieure du hangar qui est recouverte de carton bitumé. La porte d'entrée est formée par une très grande toile que l'on écarte en manœuvrant des câbles.

Le hangar pour dirigeables construit en 1910 au camp d'Aldershot, en Angleterre, a une longueur de 120 mètres, une largeur extérieure de 38 mètres, et une hauteur intérieure de 25 mètres. Il est composé de 13 fermes, dont la partie supérieure est en forme de demi-circonférence d'un rayon de 10 mètres.

Les fermes reposent sur des piliers en béton. Des appentis sont ménagés sur les côtés du hangar pour servir d'ateliers et de magasins.

La porte est constituée par quatre panneaux pleins qui sont supportés par des chariots roulants.

Un autre hangar, construit sur les bords du lac de Lucerne (Fig. 310) afin de recevoir les dirigeables de tourisme aérien, est fait en bois. Certains assemblages importants sont seuls consolidés au moyen de brides métalliques.

La longueur de ce hangar est de 96 mètres, sa largeur de 46 mètres, et sa hauteur de 30 mètres. Il est formé par l'assemblage de 13 fermes réunies par des longerons longitudinaux et entretoisées par un certain nombre de « croix de Saint-André ».

Les parois du hangar sont en planches.

La porte est constituée par deux panneaux à claire-voie pouvant pivoter autour de leurs montants extérieurs.

A un concours de hangars qui a eu lieu à Friedrichshafen, il a été présenté de curieux projets. Parmi eux figure un hangar tournant dont la longueur est de 150 mètres, la largeur 20 mètres, et le poids, de 900.000 kilogrammes.

Ce hangar est supporté à la fois par un pivot central, par un dispositif à flotteur, qui peut se déplacer dans un bassin annulaire dont le diamètre intérieur est de 3 mètres et le diamètre extérieur de 32 mètres, et enfin, vers les extrémités, par des wagonnets pouvant rouler sur une voie circulaire ayant 45 mètres de diamètre.

Il est prévu une machine électrique d'une puissance de 50 chevaux pour donner au hangar son mouvement de rotation. En outre, un dispositif à air comprimé peut permettre le réglage de la répartition de la charge sur les trois sortes de supports, en provoquant soit le déplacement dans le sens vertical du pivot central, soit celui du flotteur.

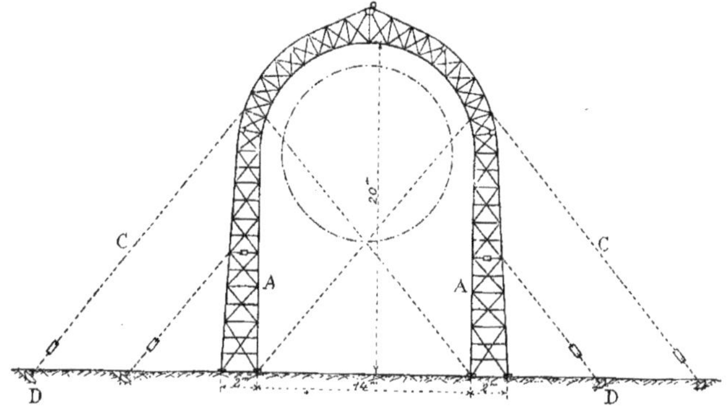

Fig. 333. — Coupe transversale du hangar du dirigeable *République*.

Les parois verticales du hangar sont en tôle raidie par des nervures verticales et horizontales. La porte est constituée par une série de plaques de tôle qui peuvent se replier les unes sur les autres en faisant une manœuvre d'engrenages.

Le type de hangar est, on le voit, assez compliqué.

Un autre projet comporte une sorte de *rotonde* pour dirigeable, ressemblant aux *rotondes* établies pour garer les locomotives. C'est un hangar circulaire de 180 mètres de diamètre, supporté par un fort pilier au centre et une série d'autres piliers disposés suivant la circonférence extérieure, réservant entre eux un espace suffisant pour laisser pénétrer des dirigeables dans les sortes de cases ainsi constituées.

Un autre dispositif, plus intéressant, consiste à placer trois hangars partant d'un même point et dont les axes font entre eux un angle de 120 degrés.

A leur extrémité commune, ces hangars sont raccordés par une sorte de hall circulaire d'un diamètre suffisant pour que le dirigeable puisse être retourné bout pour bout à l'intérieur des hangars. Chacun des trois hangars longitudinaux porte une ouverture à son extrémité; une autre ouverture est percée, dans son prolongement, dans la paroi du hall circulaire. L'ensemble possède donc six ouvertures par lesquelles on peut, à volonté, faire sortir le dirigeable, suivant la direction du vent.

La disposition des portes de hangars a donné lieu aussi à des recherches.

Ces portes, en effet, par suite de leurs grandes dimensions et de leur poids considérable, sont assez difficiles à manœuvrer.

Parmi les modèles établis, dont nous avons donné plus haut quelques exemples, il en est un qui consiste à constituer la porte en deux vantaux, chacun d'eux ayant une forme en arc de cercle. Les vantaux métalliques reposent sur des galets qui peuvent rouler sur un rail. Les rails sont disposés sur le sol, un de chaque côté du hangar; ils ont la forme d'un arc de cercle de même rayon que le vantail. Pour ouvrir la porte du hangar, on pousse les deux vantaux l'un à droite, l'autre à gauche, mais au lieu de se développer comme des vantaux qui tournent autour d'une charnière, ils roulent sur le rail circulaire et viennent s'appliquer extérieurement contre les parois du hangar.

Campement de dirigeable La nécessité d'établir, de distance en distance, des hangars pour permettre aux aérostats dirigeables d'être en sécurité pendant les escales, provient surtout de la difficulté que l'on rencontre à constituer un campement de dirigeable offrant toute sûreté, par suite du changement incessant de la direction du vent et des brusques tourbillons

Cependant quelques dirigeables ont pu, parfois, être maintenus campés en plein air pendant plusieurs journées.

En France, lors de ses derniers essais, l'aéronat *Lebaudy*, à plusieurs reprises, a été campé en plein air au parc de Chalais-Meudon ou sur le plateau de Satory. Il est intéressant de connaître quelles étaient les dispositions prises pour maintenir le dirigeable amarré au sol. Nous allons les indiquer.

Fig. 331. — Vue d'ensemble du hangar démontable du dirigeable *République*.

Entre deux chevalets démontables placés à une distance l'un de l'autre suffisante pour que le dirigeable puisse sans inconvénient passer entre eux, est tendu un filet qui doit servir de *housse d'arrimage* à l'appareil.

Le filet est placé à une hauteur telle que l'aéronat puisse, avec tout son gréement, passer au-dessous de lui.

Lorsque le dirigeable a atterri, on l'amène tout gonflé au-dessous de la housse.

On place une grande quantité de sacs de lest dans la nacelle, on rabat la housse sur l'enveloppe, et on l'attache à la plate-forme métallique constituant la partie inférieure de cette enveloppe. L'appareil se trouve donc emprisonné dans le filet, qui porte, aux places convenables, des câbles d'amarrage.

Des amarres rayonnantes partent des bords de la plate-forme et sont fixées sur une série de pieux profondément enfoncés dans la terre. Au-dessus de *l'équateur du filet* sont disposées d'autres amarres, lesquelles sont fixées à une autre série de pieux un peu plus éloignés de l'aéronat que les premiers.

Le dirigeable se trouve ainsi amarré latéralement.

Au-dessous de la plate-forme sont passés des cordages supportés par des chevalets et tendus fortement, limitant ainsi le mouvement de l'appareil dans le sens vertical.

Le réseau d'amarres est complété par un câble partant de l'avant, et se subdivisant en plusieurs brins de grande longueur. Ces brins sont fixés à des voitures très lourdes portant les tubes d'hydrogène. Enfin, deux autres câbles passant par l'avant de l'appareil et disposés perpendiculairement à son axe sont fixés au sol.

Le dirigeable est, de la sorte, immobilisé dans tous les sens. On a le soin de l'orienter de façon que son avant soit dirigé du côté d'où vient le vent.

Lorsque la direction du vent change, on oriente l'aéronat en déplaçant les points d'attache des amarres d'avant et en fixant aux pieux qui se présentent en bonne place les amarres aboutissant à la plate-forme métallique de l'enveloppe ainsi qu'au filet.

Télégraphie sans fil à bord des dirigeables

Les aérostats dirigeables affectés au service des armées sont destinés à effectuer des reconnaissances. Il est, par conséquent, très utile que ces appareils puissent se mettre aisément en communication avec les chefs de l'armée à laquelle ils appartiennent, de façon à les tenir constamment au courant des observations faites.

Les communications peuvent être assurées soit par des signaux optiques, soit par pigeons voyageurs, soit par la télégraphie sans fil. Ce dernier moyen, grâce aux progrès de la science électrique, est celui qui est de plus en plus employé, car il a sur les autres des avantages considérables.

L'installation à bord d'un aérostat dirigeable d'un poste de télégraphie sans fil exige certaines précautions; des dispositions spéciales doivent être prises pour que le poste puisse utilement fonctionner sans que la sécurité des aéronautes puisse être compromise.

Le commandant du génie Ferrié, chef du Service de télégraphie militaire, dans une intéressante communication faite à la Commission scientifique de l'Aéro-Club de France, a indiqué les conditions d'établissement d'un poste de télégraphie sans fil à bord d'un dirigeable. Nous allons, en résumant cette communication, donner un aperçu de cette installation.

Une station complète de télégraphie sans fil comporte les appareils de *transmission*, les appareils de *réception*, l'*antenne*. Les appareils de transmission servent à produire les ondes, les appareils de réception à les percevoir, et l'antenne, avec sa *prise de terre*, qui peut être reliée soit aux appareils de transmission, soit aux appareils de réception, suivant le cas, fait office, dans le premier cas, de *distributeur d'ondes* et, dans le second cas, de *collecteur d'ondes*.

On sait que les signaux d'un poste sont émis à une distance plus ou moins grande, suivant que l'énergie de production des ondes est plus ou moins considérable, que la hauteur de l'antenne est plus grande, et qu'elle comporte un plus ou moins grand nombre de fils (1).

La *prise de terre* prolonge, pour ainsi

(1) Voir : MERVEILLES DE LA SCIENCE. — Tome II : *Électricité*.

dire, l'antenne et on peut la remplacer, lorsque le terrain se prête mal à cette prise de terre, par des fils isolés placés au-dessus du sol. On a donné à ce dispositif le nom de *contrepoids*.

Pour une installation de télégraphie sans fil à bord d'un dirigeable, on ne peut pas avoir une « prise de terre ». On utilisera donc le dispositif avec *contrepoids*.

Le poste à terre ainsi disposé est représenté par la figure 335. Ses appareils de transmission sont supposés en A, ceux de réception en B, l'antenne C et le contrepoids D sont reliés respectivement aux bornes E et F pour transmettre des signaux et aux bornes G et H pour en recevoir.

Si la *prise de terre* était possible, elle s'effectuerait par le fil I s'enfonçant dans le sol.

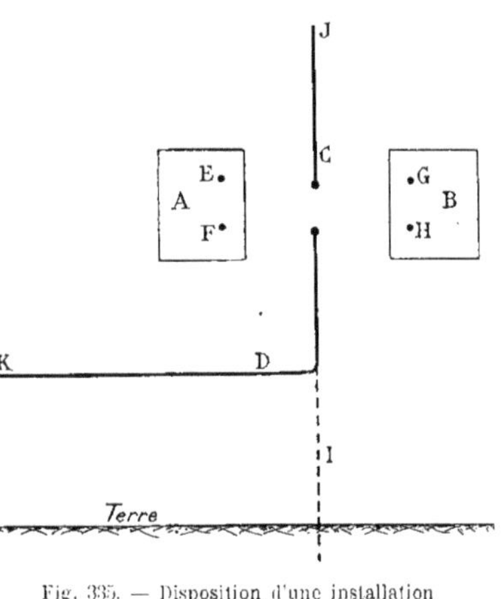

Fig. 335. — Disposition d'une installation de télégraphie sans fil.

Nous avons, dans le volume II des *Merveilles de la Science*, décrit les divers organes de transmission et de réception et la façon dont ils fonctionnent.

Nous avons vu que la tension électrique des oscillations hertziennes est considérable à l'extrémité de l'antenne. Il se produit aux points extérieurs J et K de l'antenne et du contrepoids une succession d'*aigrettes* dont l'importance augmente avec l'énergie utilisée et, par conséquent, avec le rayon d'action du poste. Les aigrettes, qui, dans un poste à terre, n'ont pas d'inconvénient, sont, au contraire, dangereuses lorsque le poste est installé à bord d'un dirigeable, car elles peuvent enflammer le gaz hydrogène s'échappant du ballon, et provoquer une catastrophe.

Il convient donc de diminuer le plus possible la production des aigrettes et, en tous cas, d'éloigner des clapets de l'aéronat, les points où elles peuvent se manifester.

La diminution de l'importance des aigrettes dépend du procédé de production des ondes. En employant le procédé d'*étincelles musicales* qui consiste à produire les étincelles en nombre tel qu'on obtient un son musical, le nombre d'aigrettes est diminué. Par le procédé des *ondes entretenues*, le nombre d'aigrettes est encore plus réduit.

Ainsi, à bord d'un dirigeable, la difficulté consiste, pour installer avec sécurité un poste de télégraphie sans fil, à disposer convenablement l'*antenne* et le *contrepoids*.

Les appareils de transmission et de réception sont placés dans la nacelle.

L'antenne est, généralement, constituée par un fil métallique d'une longueur variant de 100 à 200 mètres, qui pend de la nacelle et qui est lesté à son extrémité inférieure afin que pendant la marche du dirigeable sa position ne soit pas trop oblique.

Pour constituer le *contrepoids*, on peut prendre des combinaisons différentes, appropriées à la disposition des organes du dirigeable.

Pour les aérostats dont l'enveloppe est entièrement en tissu, la nacelle métallique ou certains agrès métalliques peuvent faire office de contrepoids, mais il importe que les extrémités de ces organes où peuvent se produire des aigrettes soient éloignées de l'enveloppe et de l'orifice des soupapes qu'elle porte. On peut disposer aux extrémités, des boules métalliques qui atténuent la longueur des aigrettes.

Lorsque les dirigeables comportent des pièces métalliques mises en contact avec l'enveloppe, il est nécessaire de constituer le contrepoids par un fil métallique spécial isolé des autres organes. Ce dispositif s'applique aux dirigeables type *Zeppelin* et aux dirigeables type *République*.

Dans ce dernier type qui comporte, on le sait, une plate-forme métallique solidaire de l'enveloppe, on peut disposer le contrepoids

On peut aussi, dans certains cas, constituer le contrepoids par un câble métallique supporté par un cerf-volant. Mais cette disposition peut être gênante pour la marche de l'aéronat.

D'une façon générale, il convient de recouvrir tous les organes entre lesquels peuvent se produire des étincelles, d'un treillis métallique semblable à celui qui entoure la lampe des mineurs.

Pour produire les ondes à bord d'un dirigeable on commande par le moteur de l'aéronat, un *alternateur à fréquence musicale*.

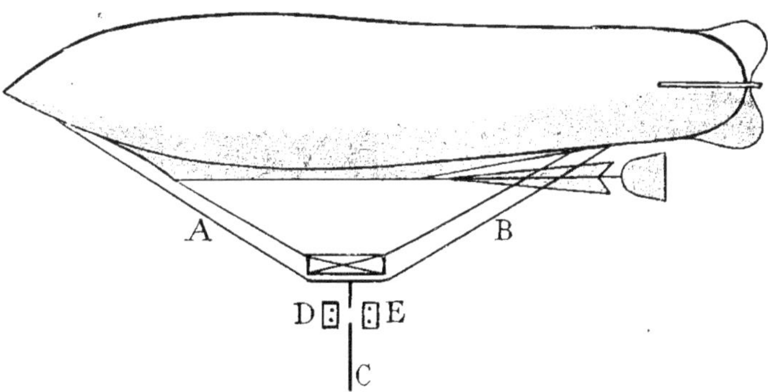

Fig. 336. — Installation d'un poste de télégraphie sans fil, à bord d'un dirigeable type *République*.

ainsi que l'indique la figure 336. Ce contrepoids est formé par un fil métallique AB, sectionné en plusieurs tronçons reliés par des isolants et suspendu par des câbles isolants, à l'enveloppe.

L'antenne C pend perpendiculairement au dessous de la nacelle. Les appareils de transmission D et ceux de réception E (représentés schématiquement au-dessous de cette nacelle) sont placés à l'intérieur, mais les câbles qui y aboutissent et qui forment le *contrepoids* et l'*antenne* sont isolés de la carcasse métallique de la nacelle, laquelle communique avec la plateforme de l'enveloppe par des suspentes en acier.

On peut, à volonté, embrayer ou débrayer cet alternateur.

La réception s'effectue généralement au son, au moyen d'un téléphone dans lequel on perçoit les signaux Morse envoyés : ils ont une durée plus longue quand il s'agit d'un trait que lorsqu'il s'agit d'un point. On peut aussi établir des appareils inscripteurs; ils offrent plus de complications

La portée d'un poste de télégraphie sans fil de dirigeable dépensant une énergie de 2 kilowatts peut dépasser 50 kilomètres, et le poids de l'installation complète peut varier de 100 à 400 kilogrammes suivant la portée à atteindre.

Tir contre dirigeables Les aérostats dirigeables ayant été affectés, aussitôt que leur direction a été véritablement obtenue d'une manière efficace, au service des armées, pour effectuer des reconnaissances, il était certain qu'on allait chercher à créer un autre engin de guerre pouvant entraver l'action de ces dirigeables.

On a donc songé à détruire les aéronats à l'aide de pièces d'artillerie.

Les divers modèles existants de pièces d'artillerie établis pour tirer dans un plan horizontal ne pouvaient convenir pour atteindre un dirigeable passant à 1.000 ou 1.500 mètres au-dessus de ces pièces. Il a fallu construire un matériel spécial en vue de détruire les dirigeables, puis, ensuite, les aéroplanes. Le problème n'est pas le même en ce qui concerne ces deux engins aériens et si, pour les dirigeables, l'efficacité du tir reste encore problématique, elle l'est bien davantage pour l'aéroplane.

Dans le tir contre le dirigeable, on cherche, en effet, à percer l'enveloppe qui constitue, en somme, un but d'amplitude relativement considérable, et à provoquer l'éclatement du ballon en enflammant le gaz hydrogène au moyen d'obus spéciaux, ou encore à l'obliger, par suite de la perte de son gaz, à atterrir, de façon à pouvoir s'en rendre maître.

Contre l'aéroplane, le tir ne peut être de quelque utilité que s'il atteint le pilote ou le moteur. C'est, on s'en rend compte, une bien minime chance de succès.

Quoi qu'il en soit, on a constitué un matériel d'artillerie spécial contre les dirigeables et les aéroplanes.

Le dirigeable, quoique plus aisément vulnérable que l'aéroplane, est cependant bien difficile à atteindre. Son altitude est peu aisée à déterminer. En outre, son déplacement continuel, qui peut se produire dans n'importe quel sens, rend le réglage du tir pour ainsi dire impossible.

Il est nécessaire, enfin, que l'engin qui se propose la destruction du dirigeable puisse suivre le vaisseau aérien avec une vitesse sensiblement égale à la sienne, pour tenter de l'empêcher d'évoluer au-dessus de toutes les troupes dont il veut connaître la disposition. C'est pour cela que le canon créé contre les engins aériens a nécessairement été un canon automobile pouvant, par ses propres moyens, se déplacer aisément et avec rapidité.

Des pièces de siège spécialement aménagées peuvent tirer contre les dirigeables : mais ces pièces ne se déplaçant pas, leur chance de réussite est véritablement bien faible étant donnée l'aisance de manœuvre du dirigeable qui vient reconnaître l'état de la place.

Les canons automobiles eux-mêmes, qui peuvent, dans certaines conditions, pourchasser les dirigeables et leur lancer des projectiles ayant quelques chances d'atteindre le but, sont dans l'impossibilité, le plus souvent, de suivre pendant longtemps l'aéronat. Si la vitesse propre de celui-ci, qui peut dépasser 60 kilomètres à l'heure, se trouve, en effet, quelque peu augmentée par la vitesse du vent, le canon automobile marchant sur route aura déjà de la difficulté à maintenir pendant longtemps une allure qui peut facilement devenir anormale et, de plus, il est bien évident que le pilote du dirigeable s'attachera fort peu à suivre la direction de cette route sur laquelle peut le plus aisément se déplacer l'ennemi.

Pour toutes ces raisons, on admet que l'efficacité du tir contre les dirigeables est assez précaire, mais on n'en a pas moins créé un matériel d'artillerie contre les patrouilles aériennes.

L'Allemagne s'est préoccupée de cette question aussitôt que nos premiers dirigeables ont été militarisés. Les usines Krupp ont construit un canon qui peut facilement tirer dans toutes les directions. Les roues qui le supportent peuvent, lorsque le canon est en batterie, se déplacer en pivotant autour des bouts d'essieu et se disposer en avant de l'affût, de telle sorte que celui-ci, en s'appuyant sur elles, puisse décrire, autour de la *bêche de crosse* qui appuie sur le sol, une circonférence complète.

L'affût proprement dit du canon comporte un dispositif à *recul différentiel*. Ce dispositif, semblable à celui qui existe sur quelques pièces françaises, consiste à faire déplacer vers l'avant le canon sur l'affût, par l'action de ressorts, avant que le coup de feu soit tiré. Lorsque le coup part, le recul du canon se produit : il a pour effet de comprimer les ressorts précédemment détendus et de ramener le canon à sa position normale.

Quelques autres adjonctions permettent d'effectuer le tir sous un grand angle. Le projectile utilisé est *fumigène*, c'est-à-dire qu'il laisse tout le long de sa trajectoire une trace qui permet de le suivre d'un bout à l'autre de son excursion. L'efficacité de ce projectile est la même sur toute la longueur de la trajectoire.

Les obus sont de différents types. Certains portent en avant une capsule de mousse de platine qui est portée à l'incandescence lorsque l'obus traverse l'enveloppe et se trouve en contact avec l'hydrogène. Cette incandescence provoque l'allumage d'une charge de poudre qui peut faire éclater un récipient contenant de l'oxygène. Le mélange d'hydrogène et d'oxygène forme un gaz détonant qui fait exploser l'enveloppe.

D'autres types d'obus contiennent une matière qui s'enflamme au départ. Les flammes peuvent sortir de l'obus par des orifices disposés vers l'avant, et lorsque l'obus traverse l'enveloppe, ces flammes provoquent la combustion de l'hydrogène qu'elle contient et la destruction de l'aéronat.

En plus des brûleurs, certains obus possèdent des bras articulés munis de dents de scie. Ces bras repliés avant le lancement, se développent par suite de la rotation de l'obus, et contribuent à augmenter l'amplitude et la gravité de la déchirure faite dans l'enveloppe lorsqu'elle est traversée par le projectile.

Les usines Krupp ont établi plusieurs autres pièces d'artillerie contre les dirigeables, dont une pièce de marine du calibre 105 millimètres, avec projectile de 18 kilos dont la vitesse initiale est de 700 mètres. La pièce peut s'incliner sous un angle de 75 degrés.

On a établi également en Allemagne des automobiles blindées, actionnées par un moteur de 60 chevaux et supportant une tourelle blindée, dans laquelle est disposé un canon à tir rapide de 50 millimètres pouvant s'orienter dans tous les sens.

On a songé aussi à munir les dirigeables d'engins destructeurs pouvant être employés contre des dirigeables ennemis. Des canons légers dont le poids ne dépasse pas 75 kilogrammes ont été réalisés. En outre, on a construit des torpilles volantes qui peuvent être lancées de la nacelle d'un dirigeable, ou même, d'un aéroplane. La torpille effectue son lancement, à une vitesse initiale de 50 mètres par seconde ; cette vitesse s'accélère au fur et à mesure et peut atteindre 300 mètres à la seconde. La torpille peut contenir 2 kilogrammes d'explosif : elle a une portée de 4.500 mètres. On règle son moment d'éclatement au moyen d'un mécanisme d'horlogerie, ou bien on la dispose pour exploser lorsqu'elle touche le but.

Parallèle entre les aérostats dirigeables et les sous-marins

Nous ne saurions clore le dernier chapitre de l'aérostation dirigée sans établir une brève comparaison entre les *deux flotteurs* combinés par la Science pour l'air et pour l'eau. Le *dirigeable* et le *sous-marin*, sont tous deux des organes importants de la guerre, appelés à naviguer dans des éléments essentiellement différents, mais astreints, cependant, à des principes mécaniques fondamentaux qui sont les mêmes, de telle sorte que l'on peut dire que le *dirigeable* constitue la *solution aérienne* d'un certain nombre de problèmes dont le *sous-marin* serait, d'autre part, la *solution aquatique*.

Ces deux organes sont nés le jour où l'on a pu emmagasiner une énergie suffisante sous un poids et un volume restreints, et bien que le dirigeable et le sous-marin doivent satisfaire à des conditions fort différentes, ils n'en ont pas moins un grand nombre de points communs qu'il est intéressant de mettre en relief.

Tout d'abord, le dirigeable et le sous-marin résolvent d'une manière analogue le problème de la sustentation dans l'air et dans l'eau : l'un et l'autre possèdent une densité moyenne très voisine de celle du milieu dans lequel ils évoluent. C'est ce que l'on exprime en disant que leur force ascensionnelle, ou flottabilité, est voisine de zéro, au contraire de l'*aéroplane* ou du *navire de surface,* l'un nettement plus lourd que l'air, l'autre plus léger que le volume d'eau déplacé par sa coque complètement immergée.

Il convient cependant de remarquer que tous les types de dirigeables, sauf le type Malecot, ont une force ascensionnelle *positive,* c'est-à-dire qu'ils pèsent moins lourd que le volume d'air déplacé. Les sous-marins, au contraire, peuvent fort bien naviguer avec une flottabilité négative sensible, car l'action des gouvernails horizontaux permet, pendant la marche, de maintenir le navire à l'immersion voulue.

Si, maintenant, nous examinons la forme même des dirigeables et des sous-marins, nous constatons une similitude presque parfaite. L'un et l'autre sont allongés et affectent la forme d'un cigare à section circulaire et renflé à l'avant. On a remarqué, dans les deux cas, que cette forme est la plus favorable à l'utilisation de l'effort propulsif.

La section circulaire est, en outre, celle qui présente la plus grande résistance à la pression extérieure, et cette considération a son intérêt si l'on songe aux pressions considérables que peut avoir à supporter la coque d'un sous-marin, car, à 30 mètres d'immersion, cette pression est déjà de 3 kilogrammes par centimètre carré.

De même, il est logique d'allonger le dirigeable comme le sous-marin dans le sens de la marche, afin d'améliorer la stabilité de route, c'est-à-dire l'aptitude de l'appareil à suivre une trajectoire déterminée *en direction,* sans avoir à donner d'amples mouvements au gouvernail.

On voit, d'ailleurs, qu'au point de vue des formes, la logique a amené à donner à l'ensemble de l'enveloppe des dirigeables, comme à la coque des sous-marins, sensiblement l'aspect des poissons les plus rapides, comme le thon ou le marsouin.

D'autre part, lorsqu'il s'est agi de donner au dirigeable la stabilité nécessaire pour l'empêcher, par suite de sa forme, de rouler sur lui-même, il a fallu l'alourdir suivant une génératrice, et c'est ainsi que l'on a été conduit à le munir d'une nacelle allongée qui reste constamment à la partie inférieure de l'appareil, en raison de son poids.

De même, dans le sous-marin, les poids sont répartis de façon à ce que le *centre de gravité* de l'ensemble soit placé plus bas que le *centre de poussée* de l'eau sur la coque. La stabilité du dirigeable, comme celle du sous-marin, est donc une stabilité due à la répartition des poids ou, plus simplement, une *stabilité de poids,* par opposition à la *stabilité de forme* qui est celle des navires de surface, ou, tout au moins, de la plupart d'entre eux.

Les appareils de manœuvre du dirigeable et du sous-marin présentent enfin des analogies remarquables ; leur manœuvre en direction est assurée par un gouvernail vertical placé dans le plan longitudinal à l'arrière, tandis que pour obtenir les changements d'altitude ou d'immersion, ils ont chacun à leur disposition deux procédés comparables; le dirigeable peut, soit changer de poids en jetant du lest ou en manœuvrant ses ballonnets-compensateurs, soit agir, pendant la marche, sur ses gouvernails horizontaux, ou plans stabilisateurs. De même, le sous-marin peut, soit changer son poids en vidant ou remplissant convenablement ses récipients spéciaux ou *water-ballasts,* soit manœuvrer des gouvernails horizontaux ou gouvernails de plongée.

C'est surtout en ce qui concerne la puissance motrice que le dirigeable et le sous-marin diffèrent. Alors que le premier a pu s'affranchir de l'accumulateur électrique trop lourd, en utilisant, bientôt après son apparition, le moteur à combustion interne, l'autre a dû, jusqu'à présent, s'en tenir, pour la propulsion en plongée, à son premier système moteur.

D'intéressants essais sont faits actuellement avec des chaudières à vapeur spéciales, capables de fournir de la vapeur plusieurs heures après la mise-bas des feux; les dispositions nouvelles de production de force motrice en plongée ne peuvent que donner un essor nouveau aux sous-marins.

En dehors de la différence des organes moteurs, il est curieux de noter que les recherches au sujet de la navigation aérienne par les dirigeables ont abouti à l'adoption de méthodes identiques à celles qui ont été employées pour la navigation sous-marine.

AVIATION

HISTORIQUE DU PLUS LOURD QUE L'AIR.

Historique Un autre problème, encore plus complexe que celui de l'aérostation dirigée et dont la solution paraissait beaucoup plus incertaine, a été résolu magistralement dans ces dernières années, par la création du merveilleux nouvel engin de navigation aérienne : l'*aéroplane*. Tandis que les appareils aériens que nous avons examinés précédemment se soutiennent dans l'atmosphère par l'emmagasinement, dans une capacité close, d'un certain volume de gaz plus léger que l'air, les engins que nous allons décrire, ne possédant aucune réserve de gaz léger pour assurer leur sustentation et étant, par cela même, appliqués sur le sol par leur propre poids, ce qui leur a fait donner le nom de *plus lourds que l'air,* se soutiennent dans les airs et se dirigent par suite de l'action propulsive des organes mécaniques dont ils sont munis.

L'origine de ces appareils remonterait, si l'on en croit la légende, à des temps fort reculés.

Ovide, en effet, raconte que Dédale et son fils Icare, prisonniers en Crète, où ils avaient construit le Labyrinthe, et songeant à regagner la Sicile, leur pays natal, dont la mer les séparait, s'écrient : « La terre et les ondes s'opposent à notre passage, mais le ciel est ouvert, nous irons par ce chemin. »

Dédale, alors, suivant le poète latin, « dispose des plumes avec ordre, en prenant d'abord les plus petites, chacune d'elles étant moins longue que celle qui la suit, et toutes s'élevant par une gradation insensible. Il attache ces plumes au milieu avec du lin, à leur extrémité avec de la cire, et il leur imprime ensuite une légère courbure, afin de mieux imiter l'aile des oiseaux. Non loin de là était une colline qui ne s'élevait pas tout à fait à la hauteur d'une montagne, mais dominait cependant la plaine. C'est de là qu'ils s'élancent pour commencer leur périlleux voyage. »

Icare, dans son vol, s'étant trop rapproché du soleil, la cire maintenant les ailes se fondit, les ailes se détachèrent de son corps, qui fut précipité dans la mer. De cette fable de l'Antiquité, si l'on retranche tout ce qu'y ajouta la poétique imagination des Grecs, il reste une tradition qui doit se rapporter à quelques tentatives de vol aérien, faites à l'origine des sociétés humaines et que les recherches et la mort de l'éminent aviateur allemand Lilienthal ont effectivement renovées à travers les siècles.

L'Antiquité grecque rapporte qu'un mécanicien, Archytas, qui vivait à Tarente vers l'an 360 avant Jésus-Christ, et qui a inventé la vis, la poulie, et le cerf-volant, avait construit une *colombe volante*. C'était un oiseau de bois qui se soutenait dans les airs, par une action mécanique, disaient certains, par « le souffle du gaz renfermé et caché », affirmaient quelques autres.

Il faut arriver au premier siècle de l'ère chrétienne pour trouver un fait relatif à l'art de voler, malheureusement altéré par l'esprit de mysticisme et de superstition de ce temps. Il s'agit de Simon le Magicien.

Ce Simon, de Samarie, était un jongleur extraordinaire fort admiré des païens, des nouveaux chrétiens, et de Néron lui-même, pour ses prodiges qui lui valurent son surnom de Magicien. Une rivalité d'influence s'établit bientôt entre Pierre, le premier des papes, et Simon, et se termina par ce que les historiens du temps nomment le *combat apostolique,* dont voici les amusantes phases qui nous conduisent à la tentative de vol aérien.

Simon le Magicien avait, paraît-il, l'habitude de faire garder sa porte par un gros dogue, qui dévorait tous ceux que son maître ne voulait pas laisser entrer. Pierre voulant parler à Simon, ordonna au chien d'aller lui dire, en langage humain, que Pierre, serviteur de Dieu, le demandait. Devenu aussi doux qu'un mouton, mais plus intelligent, le chien s'acquitta de la commission, à la grande stupéfaction du magicien. Pour prouver néanmoins à Pierre qu'il était aussi fort que lui, Simon ordonna à son dogue fidèle, d'aller lui répondre qu'il pouvait entrer. C'est ce que le docile animal exécuta sur-le-champ. A prodige, prodige et demi!

Pour prendre sa revanche et rétablir son prestige de magicien, un peu compromis par « le miracle » de Pierre, Simon de Samarie annonça à la cour de Néron, qu'à un jour fixé, il s'élèverait de terre, et parcourrait facilement les airs, sans ailes, ni char, ni appareil d'aucune sorte. Tout le peuple s'assembla pour être témoin de ce spectacle extraordinaire. Mais au moment où le magicien s'élançait du haut d'une tour, pour accomplir le prodige annoncé, Pierre se mit en prières, et par la puissance de sa volonté, affirme la légende, arrêta le magicien dans son vol. Simon tomba lourdement sur le sol, et se cassa les jambes dans sa chute. On peut expliquer sans « miracle » le fait historique de la tentative de vol aérien, faite par Simon de Samarie. Il avait probablement fabriqué des ailes factices, qui, appliquées à son corps, devaient lui donner la faculté de voler. Mais l'appareil étant sans doute mal conçu, se détraqua en l'air, et l'infortuné mécanicien fut précipité à terre.

Toutefois il ne perdit point la vie à la suite de cet accident.

On a su, en effet, comment mourut Simon le Magicien. Il avait imprudemment annoncé que, si on lui tranchait la tête, il ressusciterait trois jours après.

Néron le prit au mot, et le fit décapiter. Inutile d'ajouter que le miracle de la résurrection ne se produisit pas.

Dans l'*Histoire de Constantinople,* Cousin raconte qu'au XIIe siècle, sous le règne de l'empereur Emmanuel Commène, un Sarrasin qui passait d'abord pour magicien, mais qui ensuite fut reconnu pour fou, se vanta qu'il traverserait, en volant, l'Hippodrome. Il monta sur la tour de l'Hippodrome, vêtu d'une robe blanche fort longue et fort large, dont les pans retroussés avec de l'osier, devaient lui servir de voile pour recevoir le vent. L'Empereur et le Sultan des Turcs étaient présents à l'expérience et se trouvaient partagés entre l'espérance de la réussite et la crainte que le Sarrasin ne pérît honteusement. « Il étendait quelquefois les bras pour recevoir le vent; quand il crut l'avoir favorable, il s'éleva comme un oiseau, mais son vol fut aussi infortuné que celui d'Icare, car le poids de son corps ayant plus de force pour l'entraîner en bas que ses ailes artificielles n'en avaient pour le soutenir, il se brisa les os ».

Au XIIIe siècle, le génial Roger Bacon dit dans son ouvrage intitulé : *De secretis operibus artis et naturæ :*

« On peut construire des bateaux allant sur l'eau sans rameurs, de grands vaisseaux, conduits par un seul homme et marchant avec plus de vitesse que ceux conduits par une foule de matelots ; on fabriquera des voitures qui rouleront avec une vitesse inimaginable sans aucun attelage ; enfin, on peut faire des machines pour voler, dans lesquelles l'homme, étant assis ou suspendu au centre, tournerait quelque manivelle qui mettrait en mouvement des ailes faites pour battre l'air, à l'instar de celles des oiseaux. »

Plus loin, passant à l'application de ses idées, Roger Bacon donne la description d'une *machine volante*.

Après la mort de cet illustre savant, on trouve un certain nombre de mécaniciens qui essayent de construire des appareils imitant le vol des oiseaux. Quelques-uns, parmi eux, osent même confier leur vie au jeu de ces machines.

Jean-Baptiste Dante, habile mathématicien, qui vivait à Pérouse, vers la fin du XVe siècle, construisit des ailes artificielles, lesquelles, appliquées au corps de l'homme, lui permettaient, a-t-on dit, de s'élever dans les airs.

D'après un mémoire lu à l'Académie de Lyon, le 11 mai 1773, au sujet du *vol aérien,* J.-B. Dante aurait fait plusieurs fois l'essai de son appareil, sur le lac de Trasimène. Mais ces expériences eurent une assez triste fin. Le jour de la célébration du mariage de Barthélemy d'Alviane, Dante voulut donner à la ville de Pérouse le spectacle d'une ascension. « Il s'éleva très haut, et vola par-dessus la place; mais le fer avec lequel il dirigeait une de ses ailes, s'étant brisé, il tomba sur le toit de l'église de Saint-Maur et se cassa la cuisse. »

Dante ne mourut point des suites de cet accident, qui lui valut une chaire de mathématiques à Venise.

Selon le même écrivain, un accident semblable serait arrivé précédemment à un savant bénédictin anglais, Olivier de Malmesbury. Ce bénédictin passait pour fort habile dans l'art de prédire l'avenir ; cependant, il ne sut point deviner le sort qui l'attendait. Il fabriqua des ailes, d'après la description qu'Ovide nous a laissée de celles de Dédale, les attacha à ses bras et à ses pieds, et s'élança du haut d'une tour. Mais ses ailes le soutinrent à peine l'espace de cent vingt pas ; il tomba au pied de la tour, se cassa les jambes, et traîna depuis ce moment une existence languissante.

Il se consolait néanmoins de sa disgrâce en affirmant que son entreprise aurait certainement réussi s'il avait eu soin de se munir d'une queue !

On affirme que Léonard de Vinci aurait construit une machine à voler. Le célèbre artiste de la Renaissance, qui fut en même temps peintre, chimiste, mécanicien et physicien de premier ordre, avait assez de génie pour aborder une telle entreprise.

Dans l'*Histoire des sciences mathématiques en Italie*, M. Libri dit que « Léonard de Vinci étudia longuement le mouvement des animaux et le vol des oiseaux. Il avait entrepris ces recherches pour essayer s'il serait possible de faire voler les hommes ».

Après Léonard de Vinci, les essais de machines à voler sont assez rares.

Vers l'année 1600, un architecte italien, Guidotti, « se servit plusieurs fois, avec succès, d'ailes en baleine recouvertes de plumes, mais il tomba et se cassa les jambes ».

Un peu plus tard, en 1660, un savant anglais, Hooke « imagina, dit l'Encyclopédie de Diderot, d'employer des ailes assez semblables à celles des chauves-souris pour les bras et les jambes et fit une machine pour s'élever en l'air par le moyen de girouettes horizontales placées un peu de travers au vent, lesquelles, en faisant le tour, font tourner une vis continue au centre, qui aide à faire mouvoir les ailes et que la personne dirige pour s'élever ».

La même année, un danseur de corde, nommé Allard essaya, sans y réussir, de voler, en présence de Louis XIV, de la terrasse de Saint-Germain en Laye jusqu'à la forêt du Vésinet, en passant au-dessus de la Seine.

En 1670, dans un ouvrage publié par un jésuite de Brescia, nommé Lana, il est décrit la construction d'un *vaisseau volant,* accompagnée d'une figure.

Ce vaisseau volant (Fig. 337), tout à fait fantaisiste, devait, dit son auteur, être à mâts et voiles. Il porterait à la poupe et à la proue deux montants de bois surmontés chacun, à leur extrémité, de deux globes de cuivre.

Lana assure que si l'on chasse l'air contenu dans ces boules de cuivre, ces globes étant devenus plus légers que l'air environnant, s'élèveront dans l'atmosphère et entraîneront le vaisseau. Ce procédé fantaisiste qui, malgré l'emploi des ballons n'a aucun rapport avec l'aérostation, aurait été bien peu efficace pour assurer la sustentation du vaisseau « plus lourd que l'air ».

En 1736, un Portugais, Barthélemy Lourenço, prétendit avoir découvert « un instrument pour cheminer dans l'air de la même manière que sur la terre et par mer... ».

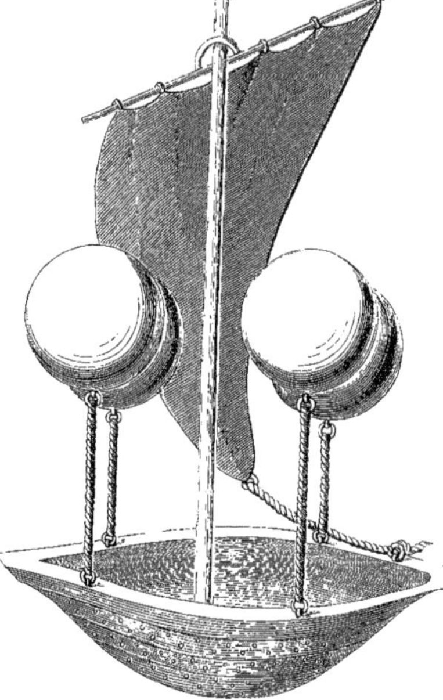

Fig. 337. — Vaisseau volant de Lana.

« Il ne faut pas s'étonner, dit David Bourgeois dans son ouvrage l'*Art de voler,* si la machine de Lourenço n'a jamais été employée et si elle était tombée dans l'oubli. Elle représente, sous une espèce de figure d'oiseau, un corps de bâtiment soutenu par des tuyaux où le vent devait s'engouffrer, et se porter à des espèces de voiles attachées au-dessus du navire pour l'enlever; à défaut du vent, on devait y suppléer en faisant usage de gros soufflets.

« Un grand nombre de morceaux d'ambre étaient attachés à un bout de fil de fer, afin, à ce que présumait l'auteur, d'attirer en l'air le bas du bâtiment qui, pour cet effet, était garni de nattes faites de paille de seigle. Deux sphères contenaient, suivant lui, le secret attractif, et une pierre d'aimant. Des ailes attachées aux côtés n'avaient d'autre emploi que d'empêcher la machine de chavirer. Elle devait être montée par dix hommes. »

La figure 338 représente l'appareil de Lourenço dont parle David Bourgeois : il existe à notre Bibliothèque nationale des estampes.

En 1768, un mécanicien, nommé Le Besnier, originaire de la province du Maine, fit, à Paris, diverses expériences avec une *machine à voler.*

Cette machine était composée de quatre ailes de taffetas formées, chacune, de deux volets et reliées deux à deux par des barres

Fig. 338. — La machine de Lourenço.
(D'après une estampe de la Bibliothèque nationale.)

qui reposaient sur les épaules. Le mouvement des ailes était obtenu en faisant mouvoir alternativement les pieds et les mains.

« Les ailes, dit le *Journal des Savants* du 13 septembre 1768, qui sont chacune un châssis oblong de taffetas, sont attachées à chaque bout de deux bâtons que l'on ajustait sur les épaules. Ces châssis se pliaient du haut en bas, comme des battants de volets brisés. Ceux de devant étaient remués par les mains, et ceux de derrière par les pieds, en tirant chacun une ficelle qui leur était attachée. L'ordre du mouvement était tel, que, quand la main droite faisait baisser l'aile de droite de devant, le pied gauche faisait remuer l'aile gauche de derrière; ensuite la main gauche et le pied droit faisaient baisser l'aile gauche de devant et l'aile droite de derrière.

« Ce mouvement en diagonale paraissait très bien imaginé, parce que c'est celui qui est naturel aux quadrupèdes et aux hommes quand ils marchent, ou lorsqu'ils nagent. On trouvait néanmoins qu'il manquait deux choses à cette machine pour la rendre d'un plus grand usage : la première, qu'il faudrait y ajouter une grande pièce très légère, qui, étant appliquée à quelque partie choisie du corps, pût contre-balancer dans l'air le poids de l'homme; la seconde, que l'on y ajustât une queue qui servît à soutenir et à conduire celui qui volerait; mais on trouvait bien de la difficulté à donner le mouvement et la direction à cette espèce de gouvernail, après les expériences qui avaient été inutilement faites autrefois par plusieurs personnes. »

Le Besnier ne prétendait pas s'élever de terre, ni planer longtemps en l'air, mais il assurait qu'en partant d'un lieu peu élevé, il pourrait se transporter aisément d'un endroit à un autre, de manière à franchir, par exemple, un bois ou une rivière.

Besnier fit, paraît-il, usage de ses ailes avec un certain succès, et un baladin lui en acheta une paire dont il se servit heureusement à la foire de Guibray.

Il n'en fut pas de même d'un certain Bernon, qui, à Francfort, se tua en essayant de voler.

Le marquis de Baqueville se blessa à Paris, en effectuant un vol avec un appareil qu'il avait construit. Cet appareil avait

Fig. 339. — Machine à voler de Le Besnier.
(D'après une ancienne estampe.)

d'énormes ailes. Le marquis de Baqueville annonça qu'il s'élancerait de la fenêtre de son hôtel, situé sur le quai, au coin de la rue des Saints-Pères, et traverserait la Seine en volant pour descendre dans le jardin des Tuileries. Il s'élança, en effet, dans l'air, de sa fenêtre.

Il paraît que dans les premiers instants son vol fut assez heureux; mais, lorsqu'il fut parvenu au milieu de la Seine, ses mouvements devinrent incertains et il finit par tomber sur un bateau-lavoir. Les dimensions de ses ailes amortirent un peu la chute : il en fut quitte pour une cuisse cassée.

Pancton, en 1768, donne la description d'une machine volante, actionnée par la force de l'homme, communiquant une vitesse circulaire suffisante à un *ptérophore* qui soutient l'appareil en l'air. Un autre *ptérophore* le déplacerait horizontalement. La machine ainsi décrite est une sorte d'*hélicoptère* où déjà se manifeste l'emploi d'organes tournants, palettes ou hélices, pour assurer la sustentation et la propulsion.

En 1772, l'abbé Desforges, chanoine à Étampes, fit publier, par la voie des journaux, qu'il avait trouvé l'art de voler; mais il ajouta qu'il n'aurait pas plutôt exposé sa machine au grand jour, que sa simplicité la ferait bientôt imiter, et il proposa, en conséquence, que quand l'expérience aurait couronné du plus grand succès sa voiture volante, on lui délivrât une somme de cent mille livres, dont il demandait que la consignation fût faite chez un notaire, avant l'expérience.

L'argent fut trouvé et déposé chez un notaire de Lyon. L'expérience devait avoir lieu à Étampes; on y courut de toutes parts. Le chanoine se plaça dans sa voiture, sur la vieille tour de Guitel.

Sa machine avait la forme d'une nacelle, longue de sept pieds et large de trois et demi. Elle était couverte pour être à l'abri de la pluie. Elle était complètement faite au moyen d'assemblages, sans qu'il entrât un clou dans sa construction. Elle était munie de quatre charnières servant au mouvement des ailes, qui devaient, par leur battement, soulever l'appareil.

Selon l'inventeur, tout avait été prévu; la voiture volante, qui pouvait au besoin, servir de bateau, devait faire trente lieues à l'heure; ni les vents, ni la pluie, ni l'orage, ne devaient arrêter son essor.

Le chanoine, une fois dans sa voiture, déploya ses ailes qui furent mises en mouvement avec une grande vitesse. Mais, d'après un mémoire du temps, il parut aux spectateurs que plus il les agitait, plus sa machine semblait presser la terre et vouloir s'identifier avec elle, comme si la mécanique du chanoine avait un mouvement contraire à celui qu'il avait voulu lui donner.

La machine se refusa obstinément à prendre son vol. L'expérience ne put donc avoir lieu et la Comédie Italienne joua, à propos de cette tentative avortée, un vaudeville ayant pour titre le *Cabriolet volant*, qui fit courir tout Paris.

Quelques années plus tard, de 1780 à 1783, Blanchard, dont nous avons raconté les prouesses aéronautiques, faisait l'exhibition dans l'hôtel de Taranne, appartenant à l'abbé Viennay, son protecteur, d'un *bateau volant*.

Blanchard travailla plusieurs années à son bateau volant, mais il n'en fit jamais une expérience sérieuse.

Il montra longtemps sa machine dans les jardins de l'hôtel de la rue Taranne, toujours au moment de procéder à une expérience de vol aérien, et ne se décidant jamais à la faire. Il avait construit deux appareils différents, qu'il modifiait d'ailleurs sans cesse. C'était d'abord son *bateau volant* proprement dit, espèce de nacelle aérienne, munie de rames, dont il voulait faire usage dans son ascension au Champ-de-Mars le 2 mars 1784, mais dont il ne put tirer aucun parti.

Blanchard, outre ce premier système,

avait construit une paire d'ailes qu'il appliquait à son corps, et qui lui permettait de s'élever jusqu'à 25 mètres de hauteur, au moyen d'un contre-poids.

Pour se servir de ce dernier appareil, que représente la figure 340, il se plaçait à terre, et s'élevait à 25 mètres de hauteur, au moyen d'un contre-poids de 10 kilos, qui glissait le long d'un mât.

Mais pour voler, il aurait fallu supprimer ce contre-poids, et là était la difficulté. Pendant plusieurs années, il chercha, sans y parvenir, le moyen de se délivrer de cette entrave.

Le peu de résultats pratiques provenant des essais faits avec les appareils précédents, fit abandonner ce genre de recherches.

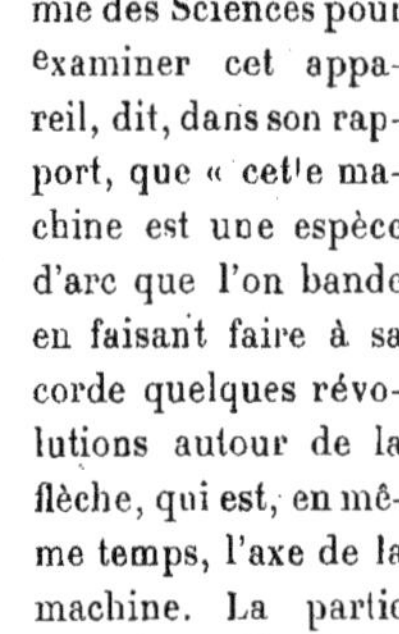
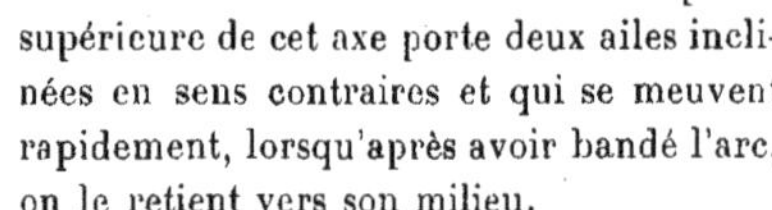

Fig. 340. — Appareil de Blanchard.

La découverte des aérostats, en 1783, vint couper court à ces essais. A partir de ce moment et pendant de nombreuses années, les *volateurs* cédèrent la place aux *aéronautes*.

« Je rends, écrivait Blanchard, à l'occasion de sa première ascension en ballon au Champ-de-Mars, le 2 mars 1784, un hommage pur et sincère à l'immortel Montgolfier, sans le secours duquel j'avoue que le mécanisme de mes ailes ne m'aurait peut-être jamais servi qu'à agiter un élément indocile qui m'aurait obstinément repoussé sur la terre, comme la lourde autruche, moi, qui comptais disputer à l'aigle le chemin des nues. »

Néanmoins les expériences faites avec ces diverses machines à voler ne furent pas inutiles, lorsqu'on songea à donner à l'aéronaute le moyen de se séparer de son ballon au milieu des airs, c'est-à-dire lorsqu'on voulut créer le *parachute*, appareil propre à favoriser la descente du navigateur, dans les cas périlleux ou embarrassants. Ce dernier problème put être plus facilement résolu, grâce aux données fournies par les anciennes expériences concernant le vol aérien.

Il y eut, cependant, en cette même année 1784 qui marqua une orientation nouvelle dans le problème de la sustentation aérienne, une tentative intéressante concernant un appareil « plus lourd que l'air ».

Lannoy et Bienvenu construisirent un *hélicoptère* qui put voler.

Une Commission déléguée par l'Académie des Sciences pour examiner cet appareil, dit, dans son rapport, que « cette machine est une espèce d'arc que l'on bande en faisant faire à sa corde quelques révolutions autour de la flèche, qui est, en même temps, l'axe de la machine. La partie supérieure de cet axe porte deux ailes inclinées en sens contraires et qui se meuvent rapidement, lorsqu'après avoir bandé l'arc, on le retient vers son milieu.

« La partie inférieure de la machine est garnie de deux ailes semblables qui se meuvent en même temps que l'arc et qui tournent en sens contraire des ailes supérieures.

« L'effet de cette machine est très simple; lorsqu'après avoir bandé le ressort et mis l'axe dans la situation verticale, par exemple, on a abandonné la machine à elle-même, l'action du ressort fait tourner rapidement les deux ailes supérieures dans un sens et les deux ailes inférieures en sens contraire.

« Ces ailes étant disposées de manière que

les *percussions* horizontales de l'air se détruisent et que les *percussions* verticales s'ajoutent pour enlever le moteur, la machine s'élève, en effet, et retombe ensuite par son propre poids ».

Et le rapport sur cet ingénieux jouet concluait ainsi : « Nous ne doutons pas qu'en mettant plus de précision dans l'exécution de cette machine, on ne parvienne facilement à en construire de plus grandes, et à les élever plus haut et plus longtemps ; mais, les limites, en ce genre, ne peuvent être que très étroites ».

Donc, en dehors de ce dernier appareil, capable seulement de soulever son propre poids, et qui, d'ailleurs, passa inaperçu, les autres appareils lourds furent abandonnés. Les montgolfières et les aérostats étaient les seules machines aériennes sur lesquelles tout le monde comptait, vers la fin du XVIIIe siècle, pour réaliser la Navigation aérienne dirigée.

Nous avons précédemment indiqué par quelles étapes successives l'Aérostation dut passer avant l'établissement définitif des dirigeables.

Ces recherches, et la période troublée que traversèrent la France et l'Europe à la fin du XVIIIe siècle et au commencement du XIXe, firent négliger les études relatives au *plus lourd que l'air* et retardèrent les expériences.

En 1812, l'horloger Degen, de Vienne, vint faire à Paris des essais sur une machine à ailes battantes qu'il réussissait à soulever du sol en s'aidant d'un contrepoids, à la manière de celle de Blanchard.

Pour pouvoir supprimer le contrepoids, il eut l'idée de placer au-dessus de sa machine un petit ballon contenant de l'hydrogène, et il prétendait pouvoir assurer la direction de l'appareil.

Nous avons déjà, dans l'histoire des aérostats, parlé des tentatives de Degen et de leur complet insuccès.

Jusqu'en 1840, quelques travaux sont effectués sur le même sujet en France, en Angleterre, en Allemagne, en Italie, mais aucun fait remarquable ne mérite de retenir l'attention.

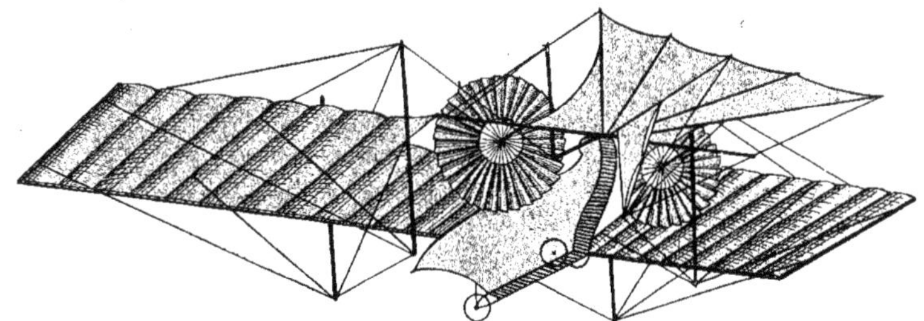

Fig. 341. — Appareil Henson.

Vers cette époque, un brevet est pris pour une machine volante comportant un moteur à vapeur. C'est l'appareil Henson (Fig. 341).

Le brevet concernait une machine formée par un châssis en bois, d'une longueur de 30 mètres et d'une largeur de 10 mètres, d'un poids très réduit quoique solide, et sur lequel était tendue une étoffe.

Ce châssis faisait fonction d'aile, mais ne comportait aucune articulation et devait s'avancer dans l'air obliquement, l'avant relevé. Sur le côté placé le plus bas, une queue d'environ 15 mètres de longueur était fixée en son milieu, et portait à son extrémité-arrière, et en dessous, un gouvernail servant à diriger l'appareil et manœuvré par des cordes.

A ce châssis était suspendue une sorte de voiture destinée à recevoir les voyageurs et même les marchandises à transporter, ainsi qu'un moteur à vapeur destiné à produire l'avancement de l'appareil dans l'atmosphère.

La machine à vapeur avait une puissance de 20 chevaux. La vapeur était fournie par une chaudière composée d'une série de tubes coniques placés au-dessus du foyer et sur tout son pourtour.

La machine à vapeur était munie d'un condenseur constitué par un faisceau tubulaire comportant un grand nombre de tubes de petit diamètre dans lesquels la vapeur en circulant se refroidissait. L'action de l'air, pendant la marche, devait maintenir ces tubes à une température assez basse pour produire la condensation de la vapeur.

La machine à vapeur ainsi constituée était relativement légère et servait à donner un mouvement de rotation à deux sortes de roues ayant un diamètre d'environ 7 mètres et portant des ailes assez semblables à celles de moulins à vent. C'est par l'action de ces ailes sur l'air, pendant la rotation des roues, que la machine devait se soutenir et progresser dans l'atmosphère.

Cet appareil, ingénieusement combiné, ne put effectuer des essais satisfaisants. La puissance du moteur, en effet, était trop faible pour le poids considérable de l'ensemble qui était d'environ 1.500 kilos.

Après une série d'expériences sans résultats positifs, Henson s'aboucha avec un autre chercheur, Stringfelow, qui ne manquait pas d'ingéniosité et ils résolurent d'établir un modèle réduit de la machine à voler. Ce modèle, d'environ 10 mètres de surface et d'un poids de 14 kilos, actionné par deux hélices à quatre ailes tournant à la vitesse de quatre cents tours par minute, comportait une petite machine à vapeur. Le mauvais équilibrage de ce modèle ne permit pas de faire de bons essais et il fut abandonné.

Cependant Stringfelow entreprenait seul, bientôt après, la construction d'un autre modèle encore plus réduit, dont la surface était ramenée à 2 mètres et dont le poids, y compris l'eau et le combustible, atteignait à peine 3 kilos. La machine à vapeur devant lui donner le mouvement, avait des pistons dont le diamètre était de 18 millimètres et la course de 50 millimètres. Cette machine actionnait deux sortes d'hélices de 40 centimètres de diamètre. L'appareil put effectuer un vol de 40 mètres.

Voilà donc un premier monoplan capable de se soutenir en l'air par ses propres moyens, mais ne pouvant enlever que son moteur. Il y avait là, cependant, de quoi encourager tous les chercheurs à poursuivre l'étude du passionnant problème de la navigation aérienne par le « plus lourd que l'air ».

En 1850, en Angleterre, un autre inventeur, Philipps, construisit une machine volante qui s'est, paraît-il, élevée à une grande hauteur en enlevant son moteur. Cet appareil, différent du précédent, était un *hélicoptère,* dont les hélices, disposées sur un axe vertical, étaient actionnées par un moteur à vapeur.

A partir de cette époque, les essais d'appareils sont plus fréquents. Ces appareils ou machines volantes sont généralement d'un des trois types suivants : ou ils comportent des ailes battantes qui par leur mouvement alternatif doivent assurer leur sustentation ; ces appareils cherchant à réaliser les mouvements des oiseaux ont été appelés *ornithoptères :* ou bien ce sont des *hélicoptères,* actionnés par des hélices montées sur des axes verticaux ; ou enfin, ce sont des appareils à ailes fixes, c'est-à-dire à surfaces portantes constituées, en principe, comme l'appareil d'Henson, et auxquels on a donné le nom d'*aéroplanes.*

Les appareils à ailes battantes ont été fort nombreux, mais, comme les résultats obtenus avec eux ont été rarement satisfaisants, les recherches se sont peu à peu orientées

Fig. 342. — Chute de l'*homme volant* à Londres. (D'après une gravure de l'époque.)

vers les hélicoptères et, ensuite, vers les aéroplanes, qui ont fourni la solution tant cherchée de la sustentation du *plus lourd que l'air*.

Quelques constructeurs de machines volantes constituaient leur appareil avec une sorte de grand parapluie formant parachute, et destiné, par conséquent, à retarder sa descente, sous l'effet de son propre poids, cependant que des ailes manœuvrées à bras par l'intermédiaire d'un mécanisme, devaient permettre à l'appareil de s'enlever.

Letur, en 1852, et Degroof, en 1864, exécutèrent des appareils semblables avec lesquels ils firent des expériences malheureuses.

L'appareil de Letur, dont la surface était de 73 mètres carrés, était muni de deux ailes et d'un gouvernail. L'inventeur de la machine se faisait enlever par un aérostat et, une fois dans les airs, se détachait de lui en coupant les attaches. L'appareil descendait comme le fait un parachute, et c'est pendant la descente que les expériences de sustentation s'effectuaient. Lors d'un essai ainsi organisé, fait à Londres en 1853, le câble retenant l'appareil à l'aérostat ne put être rompu, et Letur, traîné sur un assez long trajet, fut mortellement blessé.

Quant à Degroof, il mit de longues années à construire son *appareil volateur*, qui comportait aussi un parachute muni de deux ailes de 8 mètres de longueur et d'une queue de 7 mètres.

En 1874, les journaux anglais annonçaient que le 9 juillet, à sept heures et demie, Degroof, inventeur belge, dit l'*homme volant*, tenterait une ascension à Cremorn-Garden, et traverserait les airs sur une longueur de 1.500 mètres.

Degroof avait, l'année précédente, essayé pour la première fois son appareil, dont les ailes, semblables à celles de la chauve-souris, avaient leurs membranes faites en baleines, entre lesquelles était tendue de la soie caoutchoutée.

L'essai avait eu lieu sur une des places de Bruxelles. Il s'était élancé d'une grande hauteur; mais il était tombé lourdement, quoique sans se faire de mal, et la foule, mécontente, avait mis son appareil en pièces.

Cependant, une seconde expérience faite le 29 juin 1874, à Londres, réussit : Degroof se fit enlever dans son appareil par un aérostat, puis l'appareil fut séparé de l'aérostat, livré à lui-même et lancé dans l'espace. Il descendit lentement et toucha terre sans incident. C'était, en somme, un plus grand succès pour le parachute que pour la machine à voler.

Enfin le 9 juillet 1874 une autre expérience était tentée, expérience qui devait lui être fatale. L'appareil attaché à l'aérostat, celui-ci s'éleva lentement dans une atmosphère absolument calme. Après quelque temps de voyage, comme l'aérostat se rapprochait de terre, le câble de retenue fut coupé, mais l'appareil, au lieu de descendre doucement les ailes déployées, tourna sur lui-même et Degroof vint, circonstance macabre, s'abattre dans un cimetière, sur une tombe.

Il était sans connaissance, mais respirait encore. Transporté à l'hôpital, il mourut en y entrant, pendant que la foule, ignorant ce qui venait de se passer, mettait l'appareil en pièces, avant que la police ait eu le temps de l'en empêcher.

Avant Degroof, Le Bris avait, en 1857, construit un appareil à voler ayant la forme d'un oiseau (Fig. 343). Le corps, en forme de sabot, avait une longueur de 4 mètres et un peu plus d'un mètre de large. L'expérimentateur se plaçait dans cette sorte de nacelle et pouvait, par la manœuvre de deux leviers, faire fonctionner deux ailes disposées une de chaque côté.

Les ailes étaient fixées sur des nervures flexibles en bois, et avaient une longueur de 7 mètres. Leur inclinaison pouvait être rendue variable par la manœuvre de petits câbles aboutissant à la nacelle et passant sur des poulies fixées à l'avant.

Jusqu'en 1868, date de la première Exposition aéronautique de Londres, un certain nombre d'appareils à voler, à ailes battantes, sont brevetés, mais n'offrent pas grand intérêt. A cette Exposition, quelques-uns de ces appareils sont fort remarqués. L'un d'eux, construit par Spencer, constitué par une surface portante de 12 mètres carrés, était muni de deux ailes de 2 mètres carrés de surface. Manœuvré par son inventeur, cet appareil put effectuer des vols de 40 mètres. Son succès fut très grand.

C'est en 1871, que Penaud fit connaître le parti que l'on pourrait tirer, pour propulser des petits appareils à voler, de l'énergie emmagasinée dans une tresse de caoutchouc fortement tordue et qu'on laisse ensuite se dérouler, sous l'action de son élasticité.

Fig. 313. — Appareil de Le Bris.

Pendant près de vingt années Penaud, Pline et Jobert, Hureau de Villeneuve, Tatin, Trouvé, construisirent un grand nombre d'appareils à voler de petites dimensions, qui ont été un peu considérés comme des jouets scientifiques, mais qui, en réalité, ont été successivement établis pour étudier, en dehors de la force motrice qui les propulsait, l'équilibre dans l'air des surfaces constituant les ailes, surfaces auxquelles de nombreuses formes et dispositions ont été données.

Les oiseaux mécaniques ainsi constitués volaient avec rapidité. Penaud en a établi plusieurs, disposés de façons différentes, et a déterminé les conditions du vol mécanique dans un intéressant mémoire dont voici quelques extraits :

« Au milieu de la théorie de l'aile que donnaient Petitgrew, Marey, d'Esterno, etc... et des mouvements si compliqués qu'ils assignaient à cet organe, et à chacune de ses plumes, mouvements dont la plupart étaient inimitables pour un appareil mécanique, nous nous décidâmes à chercher nous-mêmes par le raisonnement seul, appuyé sur les lois de la résistance de l'air et quelques faits d'observation la plus simple, quels étaient les mouvements nécessaires de l'aile.

« Nous trouvâmes : 1° une oscillation double, abaissement et relèvement, transversale à la trajectoire suivie par le volateur ; 2° le changement de plan de la rame pendant ce double mouvement, la face inférieure de l'aile regardant en bas et en arrière pendant l'abaissement, de façon à soutenir et à propulser ; cette même face regardant en bas et en avant pendant le relèvement, de façon que l'aile puisse se relever sans éprouver de résistance sensible et en coupant les airs par sa tranche, tandis que l'oiseau se meut dans les airs.

« Ces mouvements étaient d'ailleurs admis par un grand nombre d'observateurs ; mais, en considérant la difficulté de la construction de notre oiseau mécanique, nous dûmes, malgré notre désir de faire un appareil simple et facile à comprendre, chercher à perfectionner ce jeu un peu sommaire. Il est évident, d'abord, que les différentes parties de l'aile, depuis sa racine jusqu'à son extrémité, sont loin d'agir sur l'air dans les mêmes conditions.

« La partie interne de l'aile, dénuée de vitesse propre, ne saurait produire aucun effet propulsif à aucune période du battement, mais elle est loin d'être inutile, et l'on comprend que pendant la rapide translation de l'oiseau dans l'espace, elle peut, en présentant sa face inférieure en bas, et un peu en avant, « faire cerf-volant » pendant le relèvement comme pendant l'abaissement et soutenir aussi, d'une façon contraire, une partie du poids de l'oiseau.

« La partie moyenne de l'aile a un jeu intermédiaire entre celui de la partie interne de l'aile, et celui de la partie externe ou rame. De la sorte, l'aile, pendant son action, est tordue sur elle-même d'une façon continue, depuis sa racine jusqu'à son extrémité.

« Le plan de l'aile, à sa racine, varie peu pendant la durée des battements; le plan de l'aile médiane se déplace sensiblement, de part et d'autre, de sa position moyenne; enfin, la rame et surtout sa position extrême éprouvent des changements de place notables. Ces gauchissements de l'aile se modifient à chaque instant du relèvement et de l'abaissement, dans le sens que nous avons indiqué; aux extrémités de ses oscillations, l'aile est à peu près plane. Le jeu de l'aile se trouve, de la sorte, intermédiaire entre celui d'un *plan incliné* et celui d'une *branche d'hélice* à *pas* très long et incessamment variable :

« Malgré les différences de leurs théories, entre elles et avec celle-ci, divers auteurs nous donnaient, tantôt l'un, tantôt l'autre, des confirmations de la plupart de ces idées.

« Selon nous, il y a une distinction complète à établir entre le vol sur place et le vol avançant ordinaire, et l'amplitude des changements de plans de la rame est essentiellement « fonction de la vitesse de translation » du volateur. A l'extrémité de l'aile, où se produisent les changements de plans les plus considérables, ils atteignent 90 degrés et plus, dans le vol sur place, mais ils sont bien moindres dans le vol avançant

« D'après nos calculs, les portions extrêmes de la surface de la rame du corbeau ne sont, en plein vol, inclinées vers l'avant pendant l'abaissement que de 7 à 11 degrés au-dessous de l'horizon et de 15 à 20 degrés au-dessus, pendant le relèvement. Le plan de l'aile, à sa racine, fait d'ailleurs, pendant ce temps, cerf-volant sous un angle de 2 à 4 degrés seulement.

« Il est facile de vérifier la petitesse des inclinaisons de l'aile et, par suite, de ses angles d'attaque sur l'air, en regardant voler un oiseau qui se meut sur un rayon visuel horizontal. On ne voit, en effet, alors à peu près que la tranche de ses ailes. Il est, en somme, inexact de dire que l'aile change de plan; à peine pourrait-on dire qu'elle change de plans. La vérité est qu'elle passe d'une façon continue par une série de gauchissements gradués et d'une intensité généralement assez faible. C'est du reste ainsi que l'avait compris un auteur anglais, sir G. Cayley, dont nous nous avons retrouvé les travaux, publiés en 1810, depuis la construction de notre oiseau, et dont la connaissance nous eût évité plusieurs recherches.

« C'est avec ces idées, qui ont été jugées favorablement par l'Académie, que nous entreprîmes, en septembre 1871, l'application du caoutchouc tordu au problème de l'oiseau mécanique. Les ailes de notre oiseau battent dans un même plan, par l'intermédiaire des bielles et d'une manivelle. Après quelques essais grossiers, nous reconnûmes la nécessité d'avoir, pour cette transformation de mouvement, un mécanisme très solide, relativement à son poids, et je m'adressai à un habile mécanicien, M. Jobert, pour la construction d'un mécanisme d'acier, que mon frère, M. E. Pénaud, avait imaginé. »

Phot. J. Boyer.

Fig. 344. — Vue générale d'un atelier de fabrication d'aéroplanes.

On voit, par ce mémoire de Penaud, que l'observation du vol des oiseaux et des mouvements de leurs ailes avait été poussée fort loin. D'ailleurs, vers cette époque, plusieurs savants étudiaient le vol des oiseaux : Marey, en France, Petitgrew, en Angleterre, Mouillard, en Égypte, d'Esterno, en France, et bien d'autres, établissaient scientifiquement les phases compliquées des différents vols d'un grand nombre d'oiseaux. Nous nous étendrons avec plus de détails, un peu plus loin, sur ces fort instructives études.

Pline et Jobert ont construit aussi, en 1872, des machines volantes qui ont bien fonctionné, mues par le caoutchouc tordu. L'une d'elles se composait d'un axe horizontal formé du faisceau de caoutchouc qui était tordu pour produire la propulsion. Elle était munie, en outre, de quatre ailes qui changeaient de place pour battre l'air et imiter la flexion naturelle de l'aile de l'oiseau. Une queue à surface triangulaire, était disposée en bout de l'axe.

Fig. 345. — Oiseau mécanique du docteur Hureau de Villeneuve.

Le docteur Hureau de Villeneuve a construit également un grand nombre d'appareils volateurs destinés à exécuter les mouvements de l'oiseau dans l'air.

L'un de ces oiseaux mécaniques (Fig. 345), a l'aspect d'une chauve-souris et, grâce à la détorsion d'un faisceau de brins de caoutchouc, il fend l'air avec une vitesse de 9 mètres par seconde.

Trouvé construisit, en 1891, un oiseau mécanique qui comportait comme moteur, au lieu du faisceau de caoutchouc tordu, un dispositif spécial fort ingénieux.

Dans un tube manométrique flexible, semblable à ceux qui sont utilisés dans les manomètres métalliques de Bourdon que nous avons décrits dans le 1er volume de cet ouvrage (1), se produisait l'explosion d'un mélange dosé d'oxygène et d'hydrogène. Le tube, par suite de la pression intérieure, se déformait. Les extrémités, auxquelles étaient fixées des ailes, s'écartaient et se rapprochaient successivement, de sorte que les ailes effectuaient des mouvements appropriés en battant l'air. Une queue était placée à l'arrière. Cet oiseau, lancé par une escarpolette, volait pendant environ 80 mètres et lorsque le mécanisme se trouvait arrêté il descendait doucement à terre, en planant.

A l'étranger, un grand nombre de constructeurs établirent des oiseaux mécaniques semblables, et l'un d'eux, qui figurait à Vienne à l'Exposition aéronautique de 1894, était un oiseau, construit par Welner, imitant le vol de l'abeille. D'autres furent établis, ayant comme moteurs des moteurs à vapeur ou à air comprimé.

Dans la seconde classe des appareils plus lourds que l'air, nommés *hélicoptères*, on a cherché à réaliser la sustentation au moyen d'organes qui, au lieu d'être animés de mouvements alternatifs, comme les ailes des *ornithoptères*, ont reçu un mouvement de rotation. Ces organes : rames, palettes, hélices, sont disposés sur un axe vertical, de sorte que leur mouvement de rotation s'effectue dans un plan horizontal et provoque l'enlèvement de l'appareil.

Dès l'année 1784, un projet d'hélicoptère était présenté par Launoy et Bienvenu, à l'Académie des Sciences. Le moteur qui actionnait l'organe de sustentation était un ressort en baleine.

Divers autres appareils furent établis plus

(1) MERVEILLES DE LA SCIENCE. Tome I : *Chaudières et Machines à vapeur.*

tard sur le même principe, mais tous ces appareils n'étaient que des jouets scientifiques, avec lesquels on obtint cependant des résultats qui encouragèrent un grand nombre d'inventeurs à poursuivre les recherches dans cette voie. Marc Seguin, Philipps, Babinet construisirent quelques-uns de ces jouets.

En 1851, Le Bris, qui devait, quelques années plus tard, construire un oiseau mécanique dont nous avons parlé, commença ses recherches sur un hélicoptère.

En 1863, Ponton d'Amécourt qui, depuis dix ans, avait combiné plusieurs appareils, fit construire, secondé par de La Landelle, Nadar, puis par Babinet, un hélicoptère à vapeur, dans lequel on utilisait la rotation d'une hélice pour réaliser la sustentation. Cet appareil s'allégeait sensiblement pendant le fonctionnement du mécanisme, mais il ne put cependant quitter le sol.

Pour pouvoir faire face aux dépenses assez élevées que nécessitèrent les études et la réalisation de cet hélicoptère, Nadar avait conçu le projet de construire un immense aérostat et, en effectuant des ascensions publiques, il comptait recueillir des ressources suffisantes pour continuer les travaux sur *le plus-lourd-que l'air*. Il construisit l'aérostat le *Géant* dont nous avons précédemment raconté le tragique voyage en Hanovre, et nous avons également relaté l'insuccès d'un autre projet de Nadar qui devait fournir des fonds pour établir des hélicoptères.

Malgré les résultats peu brillants de l'hélicoptère de Ponton d'Amécourt, les recherches continuèrent de divers côtés sur ces appareils.

En 1870, Pomier et de la Pauze en construisirent un dont le moteur fonctionnait par l'explosion de la poudre. Ce moteur actionnait une hélice dont l'axe était incliné par rapport à la verticale pour produire l'ascension oblique de l'appareil.

En 1874, Aschenbach établit un hélicoptère à vapeur. Cet appareil (Fig. 346), était muni d'une chaudière à vapeur et d'un moteur actionnant une grande hélice à quatre ailes qui tournait entre des palettes de bois CD, lesquelles, d'après l'inventeur, devaient fournir à l'hélice un point d'appui aérien plus efficace. A l'arrière des palettes de bois était disposé un gouvernail circulaire.

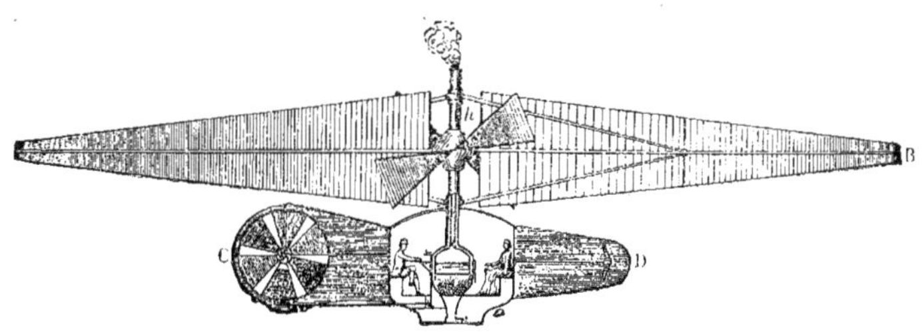

Fig. 346. — Hélicoptère à vapeur d'Aschenbach.

Au centre de l'appareil était ménagé un espace dans lequel se logeait la nacelle où prenaient place les voyageurs aériens.

Deux autres hélices plus petites étaient disposées au-dessus de la chaudière et tournaient entre une autre pièce de bois AB, destinée à servir de *coupe-vent*.

Dieuaide, en 1877, conçut et exécuta un autre dispositif. Son hélicoptère (Fig. 347) comportait deux hélices à larges pales rectangulaires, mises en mouvement par une machine à vapeur. La chaudière était installée à terre et envoyait la vapeur à la machine au moyen d'un tube. A la suite d'expériences répétées, on reconnut que la force ascensionnelle ainsi obtenue ne dépassait pas 14 kilogrammes par cheval-vapeur.

La même année, un physicien de Milan, le professeur Forlarini, exécutait un hélicoptère à vapeur qui put, par ses propres moyens, quitter le sol.

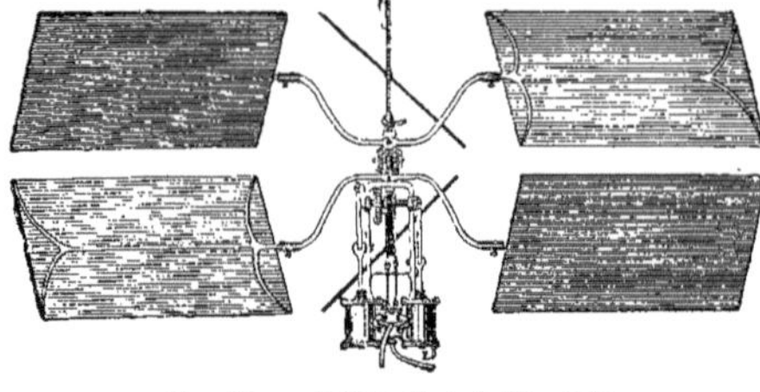
Fig. 347. — Hélicoptère de Dieuaide.

Pour alléger son appareil du poids de la chaudière, il emplissait une capacité sphérique *b* (Fig. 348) de vapeur surchauffée sous pression. Cette vapeur permettait de mettre en mouvement une petite machine comportant deux cylindres.

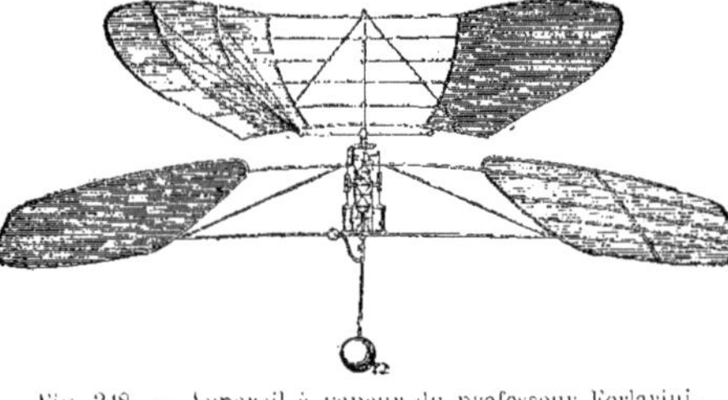
Fig. 348. — Appareil à vapeur du professeur Forlarini.

La machine actionnait une hélice de grande surface, dont l'axe était disposé verticalement. C'était l'hélice de sustentation. Une autre hélice placée au-dessous et faisant corps avec le mécanisme moteur, avait pour fonction d'empêcher l'appareil de tourner sur lui-même pendant la marche de l'hélice de sustentation.

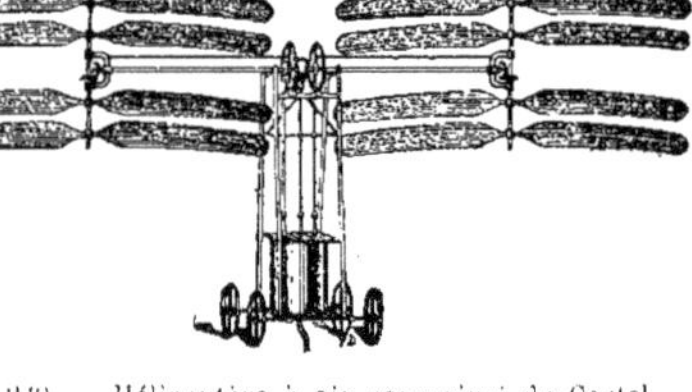
Fig. 349. — Hélicoptère à air comprimé de Castel.

L'hélicoptère, ainsi constitué par Forlarini, s'éleva à 13 mètres de hauteur et put se maintenir en l'air pendant environ 20 secondes. Malgré cet essai encourageant, les expériences avec cet appareil ne furent pas continuées.

En 1878, Castel construisit un hélicoptère mû par l'air comprimé. Le moteur actionnait, par l'intermédiaire de roues d'engrenage, quatre paires d'hélices superposées (Fig. 349). Les hélices étaient disposées par paires, deux de chaque côté de l'appareil, au-dessus les unes des autres. Elles tournaient dans des sens inverses. L'appareil servant à comprimer l'air destiné à alimenter le moteur, restait à terre et était relié à l'hélicoptère par un tube de caoutchouc.

Un accident mit fin aux essais de l'appareil.

Un an plus tard Mélikoff conçut un hélicoptère dont le curieux moteur était une turbine à réaction, qui fonctionnait par des explosions successives d'un mélange formé d'air et de vapeur d'éther. L'hélice de sustentation était disposée de façon que les faces internes pussent faire office de parachute. Une petite hélice comportant trois ailes servait à assurer la propulsion.

De nombreux chercheurs ont encore établi des hélicoptères jusqu'au moment où les aéroplanes se sont imposés par suite des prouesses extraordinaires accomplies par les aviateurs modernes.

Les frères Dufaux, en 1905, construisent un hélicoptère d'un poids de 17 kilos, qui s'enleva. En 1907, MM. Bréguet et Richet en établissent un pouvant supporter un homme; il peut quitter le sol par ses propres moyens. La même année un autre hélicoptère, dû à M. Cornu, parvenait également à s'enlever.

Nous examinerons plus loin avec plus de détails ces appareils volants.

La troisième catégorie d'appareils plus lourds que l'air, les *aéroplanes,* donnait lieu, en même temps, à des recherches.

Après l'aéroplane d'Henson, dont Steingfelow exécuta un modèle réduit qui parvint à voler, un autre appareil à *ailes fixes* fut construit en 1852 par Michel Loup. C'était une sorte de grand oiseau comportant une grande surface de *glissement,* et devant être mû au moyen de quatre rames tournantes.

Le mot d'*aéroplane* est donné en 1855, par Pline, à un appareil constitué par un ballon plus lourd que l'air muni de grands plans horizontaux. Les frères Du Temple, deux ans plus tard, prenaient un brevet pour un aéroplane, appareil auquel ils travaillèrent pendant vingt ans sans arriver à des résultats satisfaisants. Cet appareil comportait deux ailes de grande surface; il était muni d'une queue et d'un gouvernail à l'arrière. Un châssis supporté par trois roues devait permettre le lancement de l'aéroplane. Une hélice placée à l'avant devait, par traction, produire son avancement. L'hélice était actionnée par un moteur à vapeur. Pour diminuer le plus possible le poids de l'appareil moteur qui comportait la chaudière génératrice de vapeur, les frères Du Temple avaient combiné une chaudière multitubulaire, qui sous un faible volume et un poids réduit pouvait produire de la vapeur rapidement et en quantité suffisante pour alimenter le moteur. Ces chaudières ont été employées dans la marine militaire, surtout pour les torpilleurs, et nous en avons donné la description dans le premier volume de cet ouvrage (1).

(1) MERVEILLES DE LA SCIENCE. — Tome I : *Chaudières et Machines à vapeur.*

Pendant plus de dix ans, les recherches continuent sans donner lieu à des essais retentissants. De Louvrié, d'Esterno, Wenham, Edwards, Danjard, etc., se livrent à des études sur la sustentation à l'aide de grandes surfaces fixes.

Wenham propose de superposer un certain nombre de plans de sustentation, de façon à obtenir une plus grande surface sans augmenter trop considérablement les dimensions de l'appareil.

En 1872, Penaud, dont nous avons résumé le remarquable mémoire sur les mouvements des ailes des oiseaux, réalisa des *planophores* dans lesquels le problème de la stabilité se trouvait résolu, et voici l'opinion qu'il exprimait à ce sujet en 1875, dans un rapport présenté à l'Académie des Sciences :

« Le problème de l'aviation, du *plus lourd que l'air,* suivant une expression déjà populaire, est résolu, en principe, dans ses trois formes principales : l'oiseau mécanique, l'hélicoptère, l'aéroplane. Les questions fondamentales d'équilibre, de soutien, de propulsion sont éclairées; la vraie théorie du vol est connue, la démonstration est faite. Il faut maintenant remplacer les ressorts par des moteurs thermiques, dont l'action soit continue et la puissance suffisante.

« Il faut donner aux appareils dans leur ensemble et dans leurs détails, des formes qui les rendent propres à porter des voyageurs; il faut les munir de moyens de départ et d'atterrissage. »

Penaud voulait établir un aéroplane comportant un moteur à vapeur actionnant deux hélices tractives. L'appareil avait une seule surface portante; c'était donc un *monoplan;* il devait être muni de deux gouvernails horizontaux et d'un gouvernail vertical. La construction de cet appareil fut abandonnée parce qu'on ne pouvait pas obtenir un moteur suffisamment puissant, tout en n'ayant qu'un poids réduit.

D'ailleurs, les divers appareils réalisés par la suite jusqu'à l'apparition et à la mise au point des moteurs à explosion, ne purent fournir que des indications intéressantes au point de vue de la disposition des surfaces portantes, mais ne donnèrent pas de résultats appréciables au point de vue du vol, parce que le poids de l'ensemble était trop considérable par rapport à la puissance du moteur employé.

Parmi les essais qui offrent le plus d'intérêt, il faut citer celui de Linfeld, qui construisit en 1878 un appareil comportant deux châssis, sur chacun desquels étaient placés 25 plans de sustentation superposés. L'appareil était muni d'une queue et portait à l'avant une hélice à 9 ailes qui était mue par le pilote de la machine.

Pour provoquer l'enlèvement de son appareil, Linfeld l'attela à une locomotive. L'appareil ne quitta le sol que lorsque la locomotive eut atteint la vitesse de 74 kilomètres à l'heure, mais il fut projeté par le vent sur les poteaux télégraphiques.

Tatin, en 1879, construisit un aéroplane actionné par un moteur à air comprimé. L'air, à une pression de 20 kilos, était emmagasiné dans un récipient de 8 litres et alimentait un moteur horizontal donnant le mouvement de rotation à 2 hélices tractives. L'appareil comportait une grande surface portante constituée par un seul plan et était muni d'une queue. Cet aéroplane a pu effectuer plusieurs vols à Chalais-Meudon, en enlevant simplement son moteur. Tatin établit plusieurs autres aéroplanes pendant les années qui suivirent et l'un d'eux, mû par un moteur à vapeur, fut essayé en 1890 à Sainte-Adresse ; il vola pendant 80 mètres, mais son défaut d'équilibre provoqua sa chute. En 1897, une machine semblable put voler en ligne droite pendant 140 mètres, mais toujours sans enlever son pilote.

En 1881, Mouillard, qui avait étudié en détail le vol des oiseaux, et Goupil, en 1883, établirent des aéroplanes dans le but de déterminer les conditions d'équilibre et de sustentation des appareils volants.

Après les essais précédents et à partir de l'année 1890, les expériences se multiplient et partout, dans le monde entier, se poursuivent les constructions d'appareils à voler.

En Angleterre, Sir Hiram Maxim, le constructeur bien connu des canons et d'un appareil télégraphique imprimeur, construisit un aéroplane de dimensions considérables. Commencé en 1889, il fut achevé en 1894. Les surfaces portantes avaient une longueur de 30 mètres et une largeur de 40. Elles étaient disposées en cinq plans superposés et avaient une surface totale de 500 mètres carrés environ. Les deux moteurs à vapeur qui devaient actionner l'appareil avaient une puissance de 300 chevaux. Le poids total de l'aéroplane était de 4.000 kilogrammes.

L'appareil générateur de vapeur était une chaudière Thornycroft à grande surface de vaporisation, chauffée au pétrole, injecté à une pression de 4 kilos. Le poids de la chaudière était de 600 kilogrammes avec l'eau qu'elle contenait. Les deux machines à vapeur, de 150 chevaux chacune, étaient à deux cylindres et comportaient une distribution à tiroirs cylindriques. Elles actionnaient deux hélices de 7 mètres de diamètre qui devaient propulser l'appareil.

L'aéroplane était disposé sur un wagonnet qui roulait sur une voie d'une longueur de 600 mètres. Les rails de la voie étaient disposés de façon que les roues du wagonnet pussent porter soit en dessous, lors du départ de l'appareil, soit en dessus, dans le cas où il s'enlèverait de terre. L'enlèvement devait s'effectuer lorsque l'appareil aurait atteint une vitesse de 40 kilomètres à l'heure.

Lors des essais, qui se prolongèrent pendant un temps fort long, l'appareil se souleva et les roues roulèrent sur le rail supérieur; mais le défaut de stabilité de l'aéroplane provoqua sa chute. L'appareil fut brisé et la tentative de réalisation du vol, qui avait coûté à Sir Hiram Maxim un million, ne fut pas poursuivie.

En 1893, Philipps fit l'essai d'un appareil volant muni d'un moteur à vapeur. Cet appareil était constitué par un corps formant nacelle, d'une longueur de 7^{m},50 et ayant moins de 1 mètre de largeur. Perpendiculairement à cette nacelle était disposé un grand châssis rectangulaire dans lequel étaient placés des volets en forme de lames de persiennes, qui constituaient les surfaces portantes. Les lames avaient un profil courbe qui avait été déterminé à la suite d'essais répétés.

La machine à vapeur et la chaudière étaient disposées dans la nacelle. Ce mécanisme donnait le mouvement à une hélice propulsive de 2 mètres de diamètre. Cet appareil fut essayé sur une piste circulaire. Il était guidé dans son déplacement et ne pouvait s'élever très haut. Il parcourut sans pilote près de 300 mètres, avec un poids total de 185 kilos environ, la machine seule pesant environ 160 kilos. Il y avait 25 kilos de surcharge.

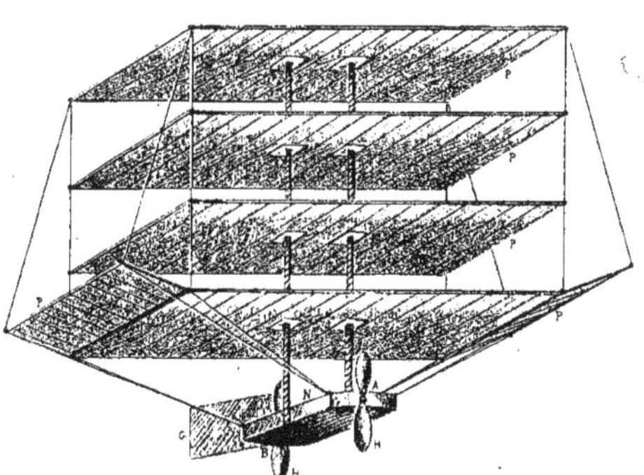

Fig. 350. -- Aéroplane de Langley.
PP, planeurs; HH, hélices; G. gouvernail; N, nacelle.

En Amérique, Langley, attaché à l'observatoire d'Alleghery (Pensylvanie), après avoir, dès l'année 1887, commencé des expériences aérodynamiques fort intéressantes, qui se continuèrent pendant près de quatre ans, construisit plusieurs aéroplanes, dont l'un était actionné par un moteur à gaz carbonique et les autres par des moteurs à vapeur.

Les essais de ces divers appareils furent une succession de déceptions pour l'inventeur et démontrèrent la nécessité d'entreprendre des études de détails de plus en plus approfondies. Un cinquième appareil put, en 1896, effectuer un vol, et à la fin de la même année un autre aéroplane à vapeur d'un modèle réduit et ne pesant que 13 kilos, parcourut 1.200 mètres au-dessus du Potomac. Langley, en effet, avait décidé de faire ses essais de vol au-dessus de l'eau.

A la suite des expériences satisfaisantes de son modèle réduit, une somme de 50.000 dollars fut mise en 1898 à sa disposition pour construire un appareil volant, pouvant porter un homme et être utilisé en cas de guerre.

Après une série de déboires, l'appareil fut terminé en 1903, sous la direction du professeur Manley. Il était muni d'un moteur à gaz de 52 chevaux, dont le poids atteignait à peine 2 kilos 5 par cheval.

Le lancement de l'appareil devait s'effectuer sur l'eau comme pour les précédents modèles. Placé sur une plate-forme surmontant une maison flottante, il devait être poussé au moyen d'une catapulte.

Une première fois, le 7 octobre 1903, le nouvel aéroplane était lancé sur les flots, le professeur Manley étant à bord. Le lancement fut mal effectué; l'appareil ne put s'envoler et tomba dans le Potomac. Le professeur Manley fut recueilli par une barque qui se tenait prête à toute éventualité.

L'appareil réparé fut relancé en décembre

1903; mais, cette fois encore, le lancement ne fut pas bien exécuté : l'aéroplane ayant accroché un poteau de soutien d'arrière, l'appareil tomba de nouveau dans l'eau.

Après cette expérience malheureuse qui, cependant, ne fut provoquée que par un malencontreux accident d'ordre secondaire, l'aéroplane Langley fut totalement abandonné en Amérique et les fonds nécessaires à la continuation des expériences ne purent être recueillis.

Le professeur Langley, qui avait publié en 1905 un rapport remarquable sur ses travaux, fut bafoué, tourné en ridicule, et mourut peu de temps après. Il avait, cependant, établi sur des bases scientifiques son intéressant appareil, qui aurait certainement pu se soutenir dans les airs, par ses propres moyens, si son lancement avait pu être convenablement effectué.

En France, Ader avait construit, dès 1890, un appareil volant prévu pour pouvoir enlever son pilote. C'est à la suite d'une longue série d'études sur le vol des oiseaux et sur l'aérodynamique, commencées depuis 1874, qu'Ader établit son *avion :* c'est ainsi qu'il dénommait son aéroplane.

Son avion, appelé *Éole,* fut construit en vue d'être utilisé pour la défense nationale. Il comportait deux ailes semblables à celles des chauves-souris et qui pouvaient se replier.

L'appareil était supporté par deux roues à l'avant et par une troisième à l'arrière, pouvant servir à diriger l'appareil se déplaçant à terre. Un gouvernail était disposé pour la direction dans l'air.

Le moteur actionnant l'appareil était à vapeur et commandait la rotation d'une hélice disposée à l'avant.

Lorsque l'appareil fut achevé, il fut essayé discrètement dans le parc d'Armainvilliers, et voici le passage d'un mémoire d'Ader qui relate ces essais : « Une aire fut tracée en ligne droite, le terrain dégazonné, battu et égalisé par un rouleau, de manière à voir et à enregistrer la trace des roues, depuis les plus petits allégements, jusqu'aux soulèvements complets. A l'une de ces expériences, le 9 octobre 1890, sur une distance d'environ 50 mètres, l'*Éole* perdit terre pour la première fois avec la seule ressource de la force motrice. Ce petit événement ne fut constaté par aucun procès-verbal, mais nos contremaîtres enfouirent en terre des blocs de charbon à l'endroit précis où nous nous étions élevé dans notre appareil. Ce qu'il y a de certain, c'est que ces témoins sont encore dans le sol et qu'il serait possible de les y retrouver si cela devenait nécessaire. »

Les essais de l'avion furent interrompus par suite d'une avarie survenue au générateur de vapeur, mais la Presse enregistra cet événement et l'appareil d'Ader fut considéré comme étant la première machine volante ayant quitté le sol par ses propres moyens en enlevant son pilote.

En 1891, l'avion l'*Éole,* modifié et muni d'un nouveau générateur, reprit ses expériences au camp de Satory avec l'autorisation du Ministre de la guerre. « L'aire était encore droite, comme la première, dit Ader, mais bien plus longue, 800 mètres environ, préalablement nivelée et battue. Il y avait, longitudinalement, au milieu, une raie blanche de 1 mètre de largeur pour orienter l'aviateur qui était encore nous-même. Plusieurs essais furent faits en voletant, et à l'une de ces expériences, l'*Éole* sortit de la piste à gauche, sur une longueur d'environ 100 mètres, sans laisser de traces sur le sol; il était à une faible hauteur, mais complètement soutenu par ses ailes. Cette déviation à gauche, en volant, fut causée par le propulseur unique central, dès que l'avion fut libre en perdant terre. Malheureusement, il vint buter violemment contre un matériel de chariots, de baquets, etc., qui avaient servi à tracer, à la chaux, la raie centrale; l'appareil s'avaria au point

Phot. J. Boyer.

Fig. 351. — Ajustage des ailes d'un aéroplane.

de ne plus pouvoir continuer les essais. »

Cependant, les résultats obtenus pendant ces expériences furent connus, et le Ministre de la guerre décida de les faire continuer en vue de la défense nationale.

Un laboratoire fut créé, en 1892, à Auteuil, où se poursuivirent une série de recherches sur le vol des oiseaux, sur les propriétés mécaniques des matériaux, sur les vapeurs et sur les divers combustibles.

Un avion n° 2 avait été projeté, mais comme il était prévu, ainsi que le précédent, à traction centrale par hélice unique, on mit en construction un troisième appareil comportant une double traction, c'est-à-dire deux hélices. Les ailes de cet appareil étaient pliantes. Il était mû par une machine à vapeur. La vapeur était produite par une chaudière; un condenseur complétait l'installation. Des essais préalables avaient été effectués sur le moteur et sur la charpente constituant les ailes, à la suite desquels une commission nommée par le Ministre de la guerre décida de faire procéder à des expériences de l'appareil au camp de Satory.

La piste d'essai fut établie circulaire. Elle avait un diamètre de 450 mètres et une largeur de 40 mètres; une raie blanche tracée à la chaux et ayant un mètre de largeur, indiquait le milieu de cette piste. Les expériences devaient s'effectuer progressivement. Il s'agissait d'abord de quitter la terre et en se maintenant à faible hauteur de suivre la raie blanche sans sortir de la piste. On devait ainsi exercer les aviateurs à se servir de l'appareil en volant soit avec le vent, soit contre lui, et le but final consistait à partir de Satory et à aller atterrir au polygone de Vincennes.

Voici comment Ader raconte l'expérience qui termina les essais.

« Le 14 octobre 1897, la journée s'annonçait mauvaise; il avait plu le matin, le vent était fort; le voyage de Satory n'était pas engageant; il y avait lieu de supposer que ce jour-là nous n'allions faire aucune expérience et nous n'espérions pas trop voir arriver la Commission; néanmoins, dans l'après-midi MM. les généraux Mensier et Grillon se rendirent sur le terrain. Nous étions bien indécis sur les déterminations à prendre; les beaux jours se faisaient de plus en plus rares et remettre l'expérience, c'était peut-être l'ajourner à l'année suivante.

« A un certain moment, le vent ayant faibli, nous prîmes la résolution de monter dans l'avion et de partir, l'expérience précédente nous ayant un peu enhardi, trop peut-être.

« Après quelques tours de propulseurs et quelques mètres parcourus, nous nous lançâmes à une vive allure; la pression marquait environ sept atmosphères; presque aussitôt, les trépidations de la roue arrière cessèrent; un peu après, nous ne ressentions plus que par intervalles celles des roues d'avant.

« Malheureusement, le vent était redevenu subitement fort et nous éprouvâmes des difficultés pour maintenir l'avion sur la ligne blanche. Nous fîmes monter la pression vers huit à neuf atmosphères, et immédiatement la vitesse s'accrut considérablement. Il ne venait plus des roues aucune trépidation.

« L'avion se trouvait donc librement supporté par ses ailes; sous la force du vent, il avait constamment tendance à sortir de l'aire sur la droite, malgré l'action du gouvernail. Arrivé en un certain point, il se trouva dans une position très critique; le vent soufflait fort et de travers, par rapport à la ligne blanche, direction qu'aurait dû suivre la translation. L'appareil sortit alors vite, quoique progressivement, de l'aire; immédiatement, nous portâmes le gouvernail entièrement à gauche, en donnant encore plus de vapeur, pour tâcher de revenir sur la piste. L'avion obéit, se redressa bien un peu et se maintint pendant quelques secondes vers le retour à l'aire, mais il ne put lutter contre un vent trop fort; au lieu de s'en rapprocher, au contraire, il s'en éloignait de plus en plus. Et la malchance voulut que l'embardée prît la direction d'une installation d'École de tir, garnie de barrières et de poteaux.

« Effrayé par la perspective d'aller nous briser contre ces obstacles, surpris de voir le sol s'abaisser sous l'avion, et très impressionné de le voir fuir de travers, à une vitesse vertigineuse, instinctivement, nous arrêtâmes tout. Ce qui se passait dans nos idées, à ce moment qui commençait de tourner au tragique, serait difficile à traduire.

« Tout à coup, survinrent un grand choc, des craquements, une forte secousse : c'est l'atterrissage. L'appareil fut très endommagé dans ses ailes, ses roues furent rompues et ses propulseurs brisés. Nous pûmes nous dégager de dessous les ailes sain et sauf.

« MM. les généraux étaient loin lorsqu'ils virent se produire l'accident : ils accoururent nous dire quelques paroles réconfortantes, puis s'en retournèrent à Versailles.

« Ce moment d'émotion passé, nous parcourûmes, avec M. le lieutenant Binet, le trajet fait par l'avion depuis l'abri jusqu'à son atterrissage et nous dressâmes un croquis (Fig. 352). Nous examinâmes très attentivement les traces des roues; la pluie ayant détrempé le sol dans la matinée, les empreintes étaient très nettes. Depuis l'abri A jusqu'au point R, les traces du départ étaient profondes; elles diminuèrent ensuite; sur la partie RC elles n'étaient apparentes que par intervalles. Passé le point C, toutes traces disparurent, et nous n'en vîmes plus aucune sur le parcours CV. De même sur celui de l'embardée VT, ni l'herbe, ni les aspérités du terrain, rien n'indiquait le passage de l'avion; précisément, sur toute cette portion de l'envolée, les roues se présentèrent de travers par rapport au sol, ce qui aurait rendu tout roulement impossible sur un sol plat, et, à plus forte raison, sur un terrain inégal et rugueux.

« Les distances furent trouvées d'environ 60 mètres de A à R, 150 mètres à C, 100 mètres de C à V. Hors la piste, de V à T, il y

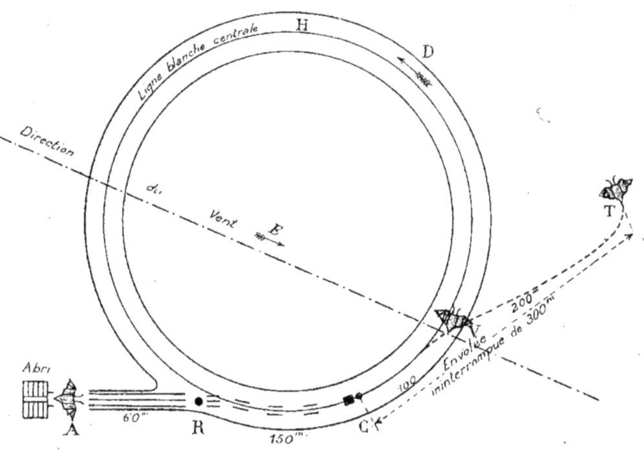

Fig. 352. — Trajet de l'Avion d'Ader.

avait 200 mètres. L'envolée *ininterrompue* de l'avion, depuis le point C, où il avait perdu terre complètement, jusqu'à son atterrissage au point T, avait donc été de 300 mètres.

« Nous n'avions rien préparé pour mesurer, pendant les diverses expériences, les hauteurs auxquelles s'était élevé l'*avion*, après qu'il avait quitté le sol; cela, d'ailleurs, nous paraissait peu important; l'appareil volait : c'était l'essentiel. Néanmoins, pendant cette malheureuse embardée, nous étions sûrement plus haut qu'à l'expérience précédente; en effet, ainsi que nous l'avons déjà dit, nous vîmes le sol s'abaisser de plus en plus, sans pouvoir rien distinguer à sa surface, tellement il fuyait vite, ce qui ne nous permit pas d'évaluer en ce moment critique une hauteur assez exactement pour pouvoir l'affirmer; et encore, c'était de travers que le sol fuyait, ce qui nous produisit l'illusion bizarre de pencher et de tomber constamment à notre droite.

« MM. les généraux se trouvaient au point R du croquis, c'est-à-dire à 450 mètres; de si loin, ils ne purent remarquer l'élévation graduelle de l'appareil, mais ils constatèrent parfaitement sa chute, ce qui revient au même, car pour tomber, il faut, d'abord, s'être élevé, chute d'autant plus visible pour eux que l'envolée se présentait en enfilade. En réalité, ce ne fut pas une chute; elle n'en eut que l'apparence, car, après que les machines furent arrêtées, l'avion fit encore 30 ou 40 mètres avant d'atterrir, et cela ne dura peut-être pas deux secondes.

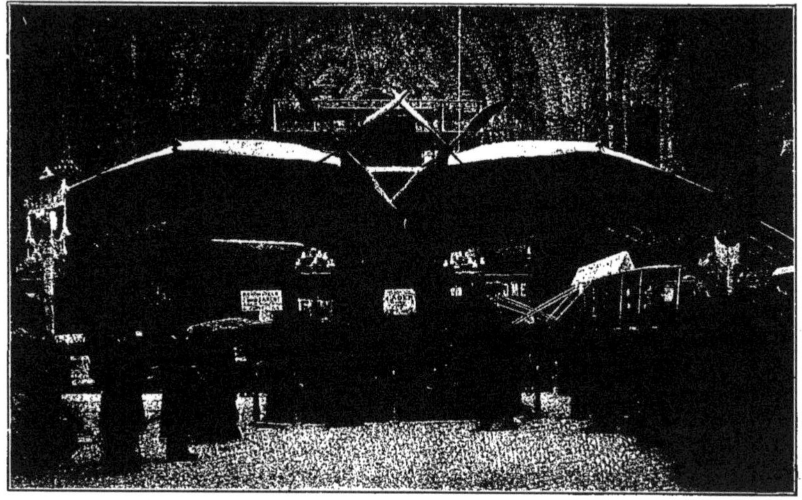

Fig. 353. — L'Avion d'Ader, à l'Exposition de Locomotion aérienne.

« Il ne fut fait d'autres constatations que celles expliquées ci-dessus, et de procès-verbal aucun : à quoi bon? Tout le monde, depuis MM. les généraux jusqu'aux assistants et nous-même, étions convaincus que nous avions fait un grand pas, que nous allions continuer et que nous obtiendrions des résultats encore meilleurs. Il ne vint à l'idée de personne que tout ce que nous avions réalisé avec tant de persévérance pouvait se perdre. »

Cependant, à la suite de cette expérience, l'autorité militaire décida l'abandon absolu des essais. Malgré les nombreuses tentatives faites par Ader pour poursuivre ses études, il ne fut donné aucune autre suite à ses travaux; il dut remettre ses plans à l'administration de la guerre et il donna son appareil au Conservatoire des arts et métiers de Paris, renonçant à continuer ses recherches.

Nous avons reproduit, en grande partie, le rapport d'Ader sur la fameuse expérience du 14 octobre 1897, car il fait de cette expérience un récit très clair dont l'authenticité ne semble pouvoir être mise en doute. Pendant plus de dix ans, le silence le plus complet se fit sur les diverses circonstances de cet essai, et ce n'est qu'au bout de ce temps que l'on rendit justice à Ader, qui s'est, d'autre part, fait remarquer par ses travaux sur la téléphonie, sa création du *théâtrophone* et des moteurs équilibrés en forme de V.

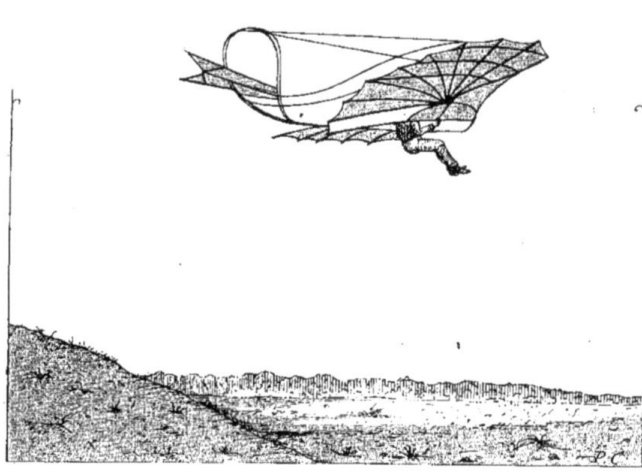

Fig. 354. — Expériences de Lilienthal en 1891.

Cependant, on a cru pouvoir, ces temps derniers, soutenir, en se basant sur le rapport de la commission militaire d'expériences, que l'avion d'Ader n'avait pas volé. Il semble plutôt que le rapport défavorable a été provoqué par les circonstances de l'expérience, relatées tout au long dans le rapport d'Ader.

Pendant que ces divers essais étaient ainsi réalisés, un ingénieur allemand, Lilienthal, après avoir pendant longtemps étudié et observé le vol des oiseaux, conçut le projet d'expérimenter, en dehors du moteur, un appareil destiné à se soutenir dans les airs par l'action du vent et de la résistance de l'air, à la façon des oiseaux planeurs dont les ailes ne battent pas pendant leur vol plané.

C'est en l'année 1891 que Lilienthal fit un essai de vol avec un appareil d'amplitude suffisante pour pouvoir le supporter. Cet appareil était muni de deux ailes ayant une surface de 8 mètres carrés, dont la section, dans le sens du vol, avait une forme parabolique. Elles avaient 7 mètres d'envergure et 2 mètres de largeur (Fig. 354).

La monture des ailes, qui étaient en soie, était disposée pour pouvoir engager les avant-bras, de sorte qu'en saisissant deux poignées avec les mains, on pouvait se rendre solidaire de l'appareil et l'entraîner pour le départ en se laissant soulever ensuite.

Lilienthal commença ses vols dans son jardin, en s'élançant sur une pelouse d'une hauteur de 5 à 6 mètres. Puis, il choisit une colline sablonneuse d'environ 10 mètres de hauteur pour procéder à ses essais. Il s'élançait en courant le long de la pente rapide de cette colline contre le vent qui, généralement, soufflait dans sa direction.

Il utilisait ainsi la résistance due à l'air du fait de la vitesse qu'il acquérait en courant, et, en outre, il utilisait l'action du vent, qui, en remontant la pente de la colline, devenait un vent *ascendant* et soulevait son appareil et son pilote. Lilienthal put ainsi parcourir 15 mètres au début de ses essais et plus de 100 mètres par la suite. Lorsque la vitesse du vent devenait considérable, l'appareil était soulevé parfois à une hauteur supérieure à celle de la colline d'où il s'élançait, ce qui lui permettait de parcourir une plus grande distance avant d'atterrir.

Au fur et à mesure que Lilienthal acquérait plus de sûreté dans ses différents vols, il construisait des appareils dont l'envergure était de plus en plus grande, et il s'élançait de hauteurs de plus en plus considérables.

Il avait muni son appareil d'un gouvernail vertical qui permettait de le maintenir dans sa direction. Il pouvait manœuvrer aussi de façon à faire dévier l'appareil d'un côté ou d'un autre, suivant qu'il déplaçait le centre de gravité de l'ensemble par un mouvement d'extension des jambes. Il avait acquis dans toutes ces manœuvres une telle habileté, qu'il put, dans certains cas, dévier jusqu'à revenir dans la direction du point de départ.

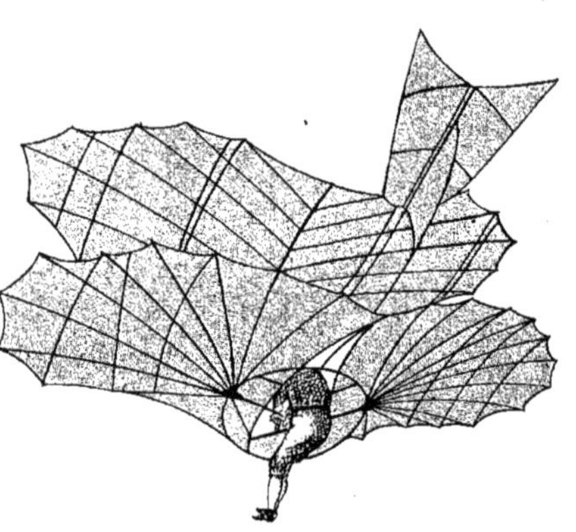

Fig. 355. — Expériences de Lilienthal en 1894.

Il s'élança aussi d'une hauteur de 30 mètres et parcourut en vol plané des distances de 200 et 300 mètres.

En 1894, il volait avec un appareil composé de deux séries d'ailes superposées et d'une queue horizontale mobile faisant office de gouvernail (Fig. 355).

Après plus de deux mille expériences de vol faites sans accident, il commença à jeter les bases d'un autre appareil qui ne devait pas seulement faire du *vol plané,* mais encore réaliser le mouvement du *vol ramé* des oiseaux. Dans cet appareil, les extrémités des ailes pouvaient battre, étant actionnées par un moteur à acide carbonique comprimé, et par l'intermédiaire de leviers.

Pendant qu'il poursuivait ces études, il continuait ses essais de vol plané, et c'est pendant une de ces expériences qu'il trouva la mort. Le vol de l'appareil, d'abord normal jusque vers la moitié du parcours, fut ensuite troublé; l'appareil s'inclina, l'avant dirigé vers le haut, et il vint s'abîmer sur le sol d'une hauteur de 15 mètres.

Lilienthal fut relevé la colonne vertébrale brisée; il mourut le lendemain.

Ce fut une grande perte pour la science et pour l'aviation, mais il laissa après lui des élèves qui reprirent et continuèrent ses intéressants essais, lesquels contribuèrent dans une très large mesure à réaliser le vol en aéroplane.

Parmi les plus remarquables de ces élèves, il convient de citer Pilcher en Angleterre, Chanute en Amérique, Ferber en France.

Pilcher avait, en Angleterre, construit un appareil semblable à celui de Lilienthal; mais il avait adopté une manière de lancement tout à fait différente.

Au lieu de courir pour s'enlever, il faisait tirer son appareil par des chevaux.

Les chevaux agissaient sur une corde dont il tenait une extrémité. Il les lançait au galop; l'appareil s'enlevait à la façon d'un cerf-volant. Lorsqu'il jugeait qu'une hauteur suffisante était atteinte, il lâchait la corde qui le reliait aux chevaux, et l'appareil livré à lui-même continuait sa trajectoire en vol plané et venait atterrir doucement, par suite du relèvement des ailes vers l'avant, ainsi que le faisait Lilienthal.

Fig. 356. — Appareil de Chanute à ailes multiples.

Le 30 septembre 1899, pendant un essai fait par un fort vent, la queue de l'appareil fut détériorée pendant le vol; l'équilibre fut détruit, et Pilcher, précipité avec son appareil sur le sol, fut mortellement blessé.

En Amérique, un ingénieur de Chicago, d'origine française, Chanute, qui s'était occupé d'aviation, fut séduit par les expériences de Lilienthal et résolut de les effectuer lui-même. Il les fit ensuite renouveler par ses aides Herring et Avery, son âge ne lui permettant pas de les continuer tout seul.

Fig. 357. — Appareil de Chanute à surfaces parallèles.

Il fut conduit à modifier l'appareil de Lilienthal et à rechercher une disposition permettant d'obtenir automatiquement l'équilibre. Il superposa cinq paires d'ailes (Fig. 356), de sorte que suivant l'inclinaison prise par l'appareil, les surfaces supérieures s'effaçaient ou, au contraire, devenaient actives, suivant le sens de l'inclinaison, et contribuaient par leur position même à ramener automatiquement l'appareil dans son état d'équilibre. Après la construction de plusieurs autres modèles, il établit un appareil à voler composé de deux surfaces parallèles et superposées. Cet appareil était muni d'une queue destinée à assurer son équilibre et sa direction (Fig. 357).

Un grand nombre de vols furent effectués avec ce dispositif planeur en 1896 et en 1897 et le trajet parcouru fut, pendant l'un d'eux, de 109 mètres. C'est cet appareil planeur ainsi constitué, embryon du futur biplan, que les frères Orville et Wilbur Wright utilisèrent pour faire leurs premiers essais de vol.

Cependant, ils lui firent subir une importante modification. Ils remplacèrent la queue d'arrière, que ses dimensions rendaient fort encombrante, par un gouvernail de profondeur placé à l'avant. En outre, au lieu de se tenir debout pendant le vol, ils se couchaient sur la surface inférieure afin de diminuer la valeur de la résistance de l'air pendant le glissement de l'appareil (Fig. 358).

L'appareil ainsi modifié en 1900 avait des surfaces de 15 mètres carrés.

Pour lancer l'appareil, comme son pilote ne pouvait plus courir, puisqu'il était allongé dans sa machine, il était nécessaire de le faire soutenir à chacune de ses extrémités par un aide; ces deux aides couraient contre le vent et lâchaient le planeur lorsqu'ils sentaient que le vent pouvait le maintenir en l'air.

Fig. 358. — Expériences des frères Wright.

Parfois même, lorsque le vent était assez fort, il se soulevait sur place. Par la manœuvre du gouvernail de profondeur, il était placé dans une direction parallèle à celle de la pente, il avançait à ce moment en planant et, à l'atterrissage, une autre manœuvre du même gouvernail relevait l'appareil vers l'avant, annulant ainsi sa vitesse, et lui permettait de se poser à terre doucement en glissant sur des patins dont il était muni.

En 1900, les frères Wright ne firent que quelques expériences. En 1901, ils augmentèrent leurs surfaces portantes et leur donnèrent 27 mètres carrés. Leurs essais se multiplient; ils parcourent, en volant, des distances de 50 et 100 mètres.

En 1902, ils ajoutent à l'arrière de leur appareil un gouvernail vertical qui leur permet, en volant, de modifier leur direction et de décrire des arcs de cercle. En 1903, ils perfectionnent leurs vols, deviennent très habiles à manœuvrer leur appareil à la suite de nombreuses expériences effectuées; et vers la fin de cette même année, possédant bien la pratique du vol, de l'équilibre en l'air, et de l'atterrissage, ils songent à munir leur appareil d'un moteur.

Les frères Wright construisirent un aéroplane dont les surfaces avaient 50 mètres carrés de superficie, comportant un moteur de 20 chevaux actionnant deux hélices disposées à l'arrière. Le poids total de l'appareil était de 338 kilogrammes. Pour lancer l'appareil, on le posait par son milieu sur une roue roulant sur un rail en bois, ce dispositif de lancement devant rester sur le sol lorsque l'aéroplane s'enlèverait.

Quelques expériences furent faites avec cet appareil, qui put voler pendant près d'une minute avec une vitesse de 16 kilomètres à l'heure. Une fausse manœuvre provoqua la détérioration de l'aéroplane; mais les frères Wrigth étaient dans la bonne voie, et après avoir réalisé des vols mécaniques de courte durée, ils devaient, grâce à leur ténacité et à leur esprit d'observation, réussir plus tard, les premiers, de superbes envolées. Pendant toute l'année 1904, on n'entendit plus parler des vols des frères

Wright, de sorte que l'on n'accorda que peu de créance à l'annonce des vols faits à la fin de l'année 1905.

Cependant, en 1905, ils annoncèrent qu'ils avaient effectué, avec un aéroplane modifié, des vols de 25, 33 et 39 kilomètres. Pendant quelques années on ne crut pas, en France, à de telles prouesses; on engagea les frères Wright à venir voler dans notre pays devant témoins, et c'est ainsi qu'ils vinrent en France, où le succès de leur vol en aéroplane devait avoir un retentissement considérable.

Nous relaterons plus loin, lors de la description de l'aéroplane des frères Wright, les circonstances qui marquèrent leurs mémorables essais dans notre pays.

Pendant que les frères Wright procédaient, en Amérique, à leurs expériences de de vol plané, en France, le capitaine Ferber, frappé des essais de Lilienthal, commençait, dès l'année 1899, à construire et à essayer des appareils planeurs. Le premier de ces appareils, qui avait 25 mètres carrés de surface, et pesait 30 kilogrammes, fut essayé en Suisse, au château *de Rue,* pseudonyme sous lequel l'officier aviateur devait se faire inscrire, plus tard, pour participer aux meetings d'aviation.

Plusieurs autres appareils furent successivement établis avec des surfaces portantes de formes différentes, et en 1901, à Nice, un aéroplane de 15 mètres carrés de surface et de 30 kilos, lancé, avec l'opérateur, de 5 mètres de hauteur, parcourut 15 mètres en longueur et mit deux secondes pour atterrir.

Fig. 350. — Expériences d'Archdeacon et Voisin à Issy-les-Moulineaux.

Informé des expériences de Chanute et des frères Wright, Ferber les reprend en France, pour tâcher d'aboutir à la solution avant les Américains.

Il construit un appareil planeur du type Chanute ayant 33 mètres carrés de surface, 9m,50 d'envergure et pesant 50 kilogrammes. L'appareil, essayé à Beuil (Alpes-Maritimes), en 1902, donna des résultats intéressants qui conduisirent à y apporter quelques modifications. En 1903, un appareil plus petit, comportant, sur le côté, deux gouvernails verticaux de direction, fut essayé au Conquet (Finistère).

A la suite de ces essais, le capitaine Ferber songea à munir son aéroplane d'un moteur. A cette époque, les moteurs à pétrole n'avaient pas encore été amenés au degré de perfectionnement qu'ils devaient connaître quelques années plus tard. Le capitaine Ferber installa dans son aéroplane un moteur de 6 chevaux, et pour pouvoir effectuer des essais sans danger, il fit construire, à Nice, un *aérodrome* constitué par un poteau métallique d'une hauteur de 18 mètres, autour duquel pouvait pivoter une poutre transversale de 30 mètres de longueur portant, suspendu à une de ses extrémités, l'aéroplane à essayer, et à l'autre, un contrepoids mobile.

L'appareil ainsi équilibré dans l'espace, pouvait être essayé en toute sécurité pour l'aviateur. Le moteur était disposé à l'avant, le pilote à l'arrière, pour faire contrepoids. La propulsion devait être assurée par deux hélices ayant des pas égaux, mais de sens différents.

Ces essais avaient néanmoins attiré l'attention de ceux que le problème de l'aviation intéressait, et le colonel Renard fit venir le capitaine Ferber au parc d'aérostation de Chalais. Comme la situation du parc ne permet pas l'utilisation des vents ascendants, Ferber installa pour le lancement de l'appareil un plan incliné réalisé d'une manière toute particulière : ce plan était constitué par un câble fixé d'une part à un pylône de 20 mètres de hauteur et soutenu à son autre extrémité par un câble transversal supporté par deux autres pylônes de 10 mètres de hauteur entre lesquels l'aéroplane peut aisément passer à la fin de sa période de lancement. L'inclinaison du câble principal était de 33 %; cette pente permettait à l'appareil d'acquérir une vitesse initiale de 10 mètres par seconde en quittant le câble. Un chariot, roulant sur le câble, supportait l'aéroplane, lequel, au moyen d'un dispositif de déclenchement, était libéré au moment où il atteignait l'extrémité la plus basse de ce câble.

L'aéroplane était muni à l'avant de deux roues pour faciliter l'atterrissage. Des patins disposés à l'arrière faisaient office de freins en glissant sur le sol.

Une longue queue était adaptée à l'arrière de l'appareil. La stabilité longitudinale se trouvait ainsi assurée. La stabilité latérale était obtenue en donnant aux surfaces sustentatrices une forme en V très ouvert. Deux gouvernails latéraux servaient à obtenir le changement de direction de l'aéroplane.

La stabilité ainsi obtenue dans cet appareil permettait au pilote de se tenir assis sans avoir besoin de se déplacer constamment en tous sens pour assurer son équilibre.

Un essai ayant établi que la force motrice n'était pas suffisante pour maintenir la sustentation, un moteur de 24 chevaux fut commandé à la Société Antoinette. Ce moteur devait faire tourner deux hélices, dans des sens inverses, à raison de 600 tours par minute. C'était le huitième modèle d'aéroplane construit par le capitaine Ferber. Cet appareil, sorti de son hangar du parc aérostatique de Chalais-Meudon pour faire place au dirigeable *Patrie,* lors de son raid dont nous avons précédemment parlé, fut détérioré par une tempête, en novembre 1906, avant d'avoir procédé à ses essais.

Un neuvième aéroplane, construit par la Société Antoinette sur le modèle du huitième, volait, le 25 juillet 1908, au-dessus du champ de manœuvres d'Issy-les-Moulineaux, et le traversait en conservant un parfait équilibre.

Le capitaine Ferber, qui avait obtenu un congé de trois ans pour s'occuper d'aviation, contribua beaucoup, par ses études, à faire progresser cette science. Il exécuta de nombreux vols aériens, fit des conférences, forma des pilotes d'aéroplanes.

Il fut malheureusement victime, le 22 septembre 1909, d'un accident mortel.

En atterrissant, après un trajet d'essai d'environ 2 kilomètres, sur un aérodrome près de Wimereux, dans le Pas-de-Calais, les roues portant l'appareil s'engagèrent dans un petit fossé servant à l'écoulement des eaux.

L'aéroplane brusquement immobilisé fit *panache*, et Ferber fut écrasé par le moteur. Il mourut presque aussitôt.

Le capitaine Ferber n'était pas le seul à faire, en France, des recherches sur l'aviation, en même temps que les frères Wright en Amérique.

MM. Archdeacon et Gabriel Voisin effectuaient également, dans le courant de l'année 1904, des essais de vols avec un appareil semblable à celui des frères Wright.

M. Archdeacon, qui avait déjà apporté de précieux encouragements aux industries de locomotion nouvelle qui nous ont successivement donné les vélocipèdes et les automobiles, et à la locomotion aérienne par aérostats, s'intéressa à l'aviation après les expériences de Chanute.

Il fit construire un appareil du type Wright que M. Voisin devait expérimenter.

M. Gabriel Voisin, venu à Paris pour se consacrer à l'aviation, avait pris cette résolution après une conférence faite à Lyon par le capitaine Ferber, en janvier 1904. Il était venu se mettre au service de M. Archdeacon, et dès le mois d'avril de la même année, il commençait ses vols à Berck-sur-Mer en partant du haut d'une dune. Les premiers essais ne réussirent pas très bien, mais le capitaine Ferber, déjà familiarisé avec l'appareil, étant venu rejoindre les deux expérimentateurs, une série de vols put être exécutée avec succès.

A la suite de ces expériences, M. Archdeacon pensa pouvoir faire le lancement en tirant l'aéroplane à la façon d'un cerf-volant. C'est au champ de manœuvres d'Issy-les-Moulineaux, aux portes de Paris, que cet essai de lancement eut lieu (Fig. 359). L'appareil fut attelé à une voiture automobile. Il n'était pas monté, et ce fut fort heureux, car il tomba et fut complètement détérioré.

Pour parer au danger d'une chute semblable, les expériences de vol se poursuivirent au-dessus de l'eau. L'aéroplane, qui avait été disposé sur des flotteurs, avait été muni de plans verticaux placés entre les surfaces portantes horizontales ; cela formait ainsi des *cellules*. Une autre série de cellules semblablement disposées était placée à l'arrière de l'appareil, constituant une sorte de queue.

L'aéroplane ressemblait ainsi à un grand cerf-volant cellulaire muni d'un gouvernail de profondeur à l'avant. Ces modifications, apportées par M. Voisin à l'appareil du type Wright, devaient donner lieu au modèle d'aéroplane construit plus tard par lui.

L'appareil, essayé sur la Seine, à Billancourt, le 8 juin 1905, fut remorqué par un canot automobile et vola pendant environ 150 mètres à 17 mètres de hauteur (Fig. 361).

Il était piloté par M. Voisin. D'autres essais de vols effectués sur la Seine furent moins heureux ; on put, cependant, chose fort intéressante, déterminer que l'appareil commençait à s'enlever avec une traction égale à environ le quart de son poids. Pour faire cette détermination, un dynamomètre avait été interposé entre le câble de traction et l'appareil.

Ces données constituaient, on le voit, une base sérieuse pour pousser les études des mécanismes moteur et propulseur. C'est à cela que M. Voisin travailla, comme associé, d'abord, de M. Surcouf, puis de M. Blériot et de son frère, en construisant des aéroplanes divers dont les modèles étaient exécutés au gré des clients et que nous examinerons plus loin.

En résumé donc, à la fin de l'année 1905, un aéroplane Wright muni d'un moteur avait volé par ses propres moyens, mais le mystère dont on avait entouré ses expériences de vols faisait douter de leur réalité.

En France, on avait appris à faire du vol plané; mais, en dehors de l'expérience d'Ader que nous avons relatée et dont on trouvera un récit complet et documenté dans l'instructif ouvrage de notre confrère Jacques May, intitulé Ader (1), on n'avait encore effectué aucun essai où un appareil plus lourd que l'air ait pu se maintenir dans l'atmosphère par l'action de son moteur et de son propulseur. Au point où en étaient arrivées les études relatives à tout ce qui concernait l'aviation, on ne pouvait tarder à récolter les fruits de ces patientes et tenaces recherches, et c'est pourquoi, sous l'impulsion des Voisin, des Blériot, des Santos Dumont, des Wright, et de bien d'autres qui successivement vinrent prendre place, dans cette pléiade de chercheurs, les progrès de l'aviation s'affirmèrent d'une façon éclatante et avec une rapidité quelque peu déconcertante même.

Fig. 360. — Expériences d'Archdeacon et Voisin, à Billancourt.

Ces progrès, dont la relation constitue l'histoire de l'aviation, sont, à partir de ce moment, si intimement liés aux appareils construits et aux prouesses effectuées avec eux, que nous arrêtons ici l'historique général du *plus lourd que l'air*. On trouvera, par la suite, le récit de toutes les étapes heureuses et souvent triomphales, parfois, hélas! tragiques aussi, qui ont marqué cette nouvelle conquête de la Science, depuis l'année 1905 jusqu'à nos jours.

Avant de continuer cette glorieuse histoire de l'aviation par la description des appareils merveilleux qui ont permis à l'homme d'accomplir de si étonnantes et

(1) *Ader*, par Jacques May, un vol., Librairie aéronautique, Paris.

si audacieuses envolées, il convient de dire quelques mots sur certains travaux spéciaux qui ont grandement contribué à résoudre le problème de l'aviation.

Ces travaux remarquables qui concernent l'observation du vol des oiseaux, les cerfs-volants, les études sur la résistance de l'air, ont permis de jeter les bases scientifiques de la sustentation et du vol, et d'apporter successivement les modifications et les perfectionnements nécessaires pour serrer sans cesse de plus près le résultat depuis longtemps espéré.

Certes, ce n'est pas dans l'imitation mécanique absolue de l'oiseau qu'il faut chercher la solution définitive du problème de la conquête de l'espace.

L'idée naïve de cette imitation était, en quelque sorte, instinctive, mais elle aboutissait à une chimère : on ne peut lui demander que « des indications », surtout en ce qui concerne l'équilibre, indications précieuses à la vérité, car elles ont constamment engagé les chercheurs à ne pas reculer devant ce qui paraissait être un paradoxe, c'est-à-dire : « Soutenir dans le milieu aérien un objet volant plus lourd que lui ».

Le savant Sir Hiram Maxim, qui commença l'étude des machines volantes dès 1856, n'eut garde de dédaigner ce que pouvaient lui suggérer le fonctionnement des ailes de l'oiseau déjà nettement étudiées au XVe siècle par l'admirable Léonard de Vinci. Mais dès qu'il arriva à serrer de près la question dynamique, il constata que « le moteur puissant » obligeait le mécanicien à sortir de la voie tracée par le vol de l'oiseau. De même que les machines artificielles de locomotion terrestres et aquatiques ont dû être établies sur des plans infiniment plus robustes et plus vastes que les animaux terrestres et aquatiques, de même les machines aériennes doivent être bien plus lourdes et plus robustes que l'oiseau le plus grand. Si l'on s'attachait à mouvoir de telles machines avec des ailes, on s'attaquerait, suivant l'expression même et originale de Sir Hiram Maxim, à un problème aussi difficile que celui de faire une « locomotive à pattes ». Ce qu'il faut pour une machine volante, c'est quelque chose qui puisse recevoir et restituer directement, d'une façon continue, avec une très grande quantité d'énergie, sans intervention de leviers, ou d'articulations : on a trouvé cette réalisation énergétique dans l'*hélice de propulsion.*

Il n'en est pas moins vrai, au moteur près, que l'observation des mouvements de l'oiseau était profondément documentaire, comme l'a été celle du poisson pour la conquête mécanique du bateau sous-marin et du submersible. La photographie et le cinématographe sont venus, à point nommé, fournir à ceux qui étudiaient ce problème, de véritables documents. Il n'est pas vraisemblable, ainsi que l'ont dit MM. Painlevé et Borel dans leur Traité de l'*Aviation,* que l'homme arrive, de longtemps, à acquérir la souplesse instinctive avec laquelle l'oiseau *sent,* à chaque instant, le vent et modifie en conséquence la disposition de sa voilure.

Mais peut-être pourra-t-il créer des mécanismes ayant la sensibilité qu'il n'a pas lui-même et exécutant automatiquement les manœuvres nécessitées par le vent. Les recherches du regretté Paul Regnard sur la stabilisation électrique des aéroplanes au moyen du gyroscope, recherches qu'il communiqua peu avant sa mort, en 1910, à l'Académie des Sciences, étaient un pas important fait dans cette direction de recherches. Sans essayer de « copier l'oiseau », ce qui paraît bien être une entreprise chimérique, les créateurs du « plus lourd que l'air » ont un intérêt réel à « s'inspirer de l'oiseau ». L'orthoptère, l'ornithoptère, et l'hélicoptère, qui ont été au début des recherches de l'aviation, n'ont peut-être pas dit leur dernier mot.

CHAPITRE XIX

ÉTUDES DIVERSES CONCERNANT L'AVIATION

ÉTUDES SUR LE VOL DES OISEAUX. — DIFFÉRENTES SORTES DE VOL. — VOL RAMÉ. — VOL A VOILE. — VOL PLANÉ. — AILES DES OISEAUX. — OBSERVATIONS DIVERSES.

CERFS-VOLANTS. — ÉQUILIBRE DU CERF-VOLANT. — TYPES DIVERS DE CERFS-VOLANTS. — TRAVAUX SUR LA RÉSISTANCE DE L'AIR. — APPAREILS : **Hagen, — Dines, — Langley, — Renard, — Cailletet et Colardeau, — Eiffel.** *— LABORATOIRES AÉRODYNAMIQUES :* **Eiffel.** *— DISTRIBUTION DES PRESSIONS.*

Etudes sur le vol des oiseaux

Les études sur le vol des oiseaux sont nombreuses et ont été faites, nous venons de le dire, en vue de connaître le mécanisme des divers organes des oiseaux pendant le vol, afin de tâcher de réaliser, par similitude, et mécaniquement, la sustentation de l'homme dans l'air. Des travaux remarquables ont été faits, à ce sujet, par d'Esterno, Mouillard, Penaud, Marey.

Marey, le savant physiologiste, a publié, notamment, un très intéressant ouvrage, *Le vol des oiseaux* (1), dans lequel il a donné le résultat des précieuses observations provenant d'un grand nombre d'années de patientes études.

Différentes sortes de vols

On a classé le vol des oiseaux en plusieurs catégories, suivant la façon dont il s'effectue. C'est ainsi qu'on distingue le *vol ramé,* le *vol à voile,* le *vol plané.*

Dans le *vol ramé,* l'oiseau vole par suite des battements successifs de ses ailes ; dans le *vol à voile,* il ne se déplace que du fait de l'action du vent, ainsi que pourrait le faire sur l'eau une embarcation à voile. Quant au *vol plané,* il est constitué par un *glissement* sur l'air, pouvant s'effectuer même en l'absence du vent. Il importe, toutefois, que l'oiseau ait acquis une certaine vitesse pour réaliser un vol plané.

C'est à la fauconnerie, qui était très en faveur au Moyen Age, que l'on doit les premières observations faites sur la différence essentielle qui distingue le *vol ramé* du *vol à voile.* Les fauconniers, chargés d'élever et de dresser, pour la chasse, les oiseaux de proie, avaient noté les diverses évolutions de ces oiseaux et observé les manœuvres qu'ils opèrent pour atteindre leur proie.

On trouve, décrite dans les Traités de fauconnerie, la curieuse manière dont les oiseaux de chasse : *faucons, gerfauts, sacres,* opèrent pour fondre sur l'oiseau chassé.

Ces oiseaux chasseurs s'élèvent tout d'abord très haut, puis se laissent tomber sur leur proie. Pour s'élever à une grande altitude, le faucon vole toujours contre le vent, quelque faible qu'il soit. Par de rapides

(1) *Le Vol des oiseaux,* par Marey, Masson, éditeur, Paris. — *Du Vol des oiseaux,* par M. d'Esterno, Librairie Nouvelle, Paris, 1865. — *Les progrès de l'Aviation depuis 1891, par le vol plané,* par F. Ferber, capitaine d'artillerie, Berger-Levrault et Cie, éditeur, 1905. — *Le Vol plané,* par J. Bretonnière, sous-ingénieur des ponts et chaussées en retraite, H. Dunod et E. Pinat, éditeurs, Paris, 1909.

battements d'ailes, il monte sous un angle assez faible : 15 ou 20 degrés par rapport à l'horizon, mais comme il fait des efforts visibles pour effectuer son ascension, il la fractionne, le plus souvent, en un certain nombre de périodes pendant lesquelles il cesse de s'élever. Il se laisse alors entraîner par le vent au-dessus de son point de départ A (Fig. 361). Le chemin AB ascendant, parcouru en battant des ailes, a reçu le nom de *carrière* en termes de fauconnerie, le chemin BC parcouru en arrière sous l'action du vent est appelé *degré.*

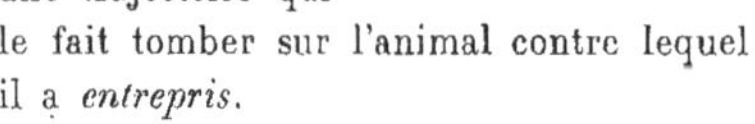

Fig. 361. — Schéma du vol d'un faucon.

En ce point C, une autre période de vol ascendant commence, se poursuit jusqu'au point D, puis de D en E c'est encore un autre déplacement du faucon vers l'arrière, pendant lequel l'oiseau conserve la hauteur qu'il a atteinte. C'est donc par une succession de *carrières* et de *degrés* que le faucon s'élève à une hauteur suffisante pour fondre sur sa proie. Il serre alors les ailes contre le corps et se laisse glisser en suivant une trajectoire qui le fait tomber sur l'animal contre lequel il a *entrepris.*

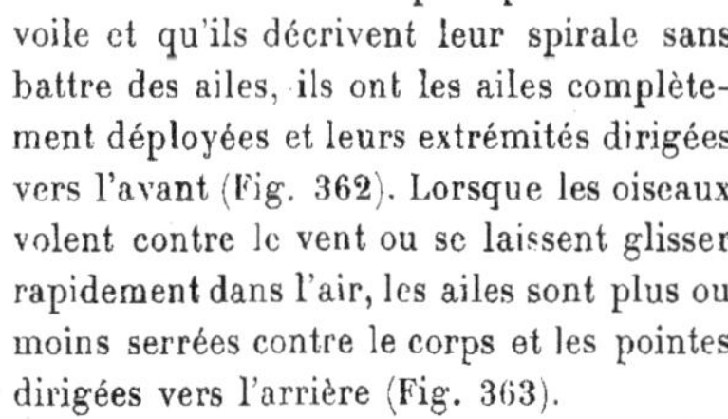
Fig. 362. — Position de l'oiseau pendant le vol à voile.

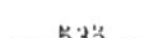

Si l'animal chassé, par des mouvements brusques, parvient, par ce qu'on nomme une *esquivade,* à échapper à cette première attaque, le faucon, par un simple changement d'orientation de ses ailes, peut remonter à une hauteur presque égale à celle dont il tombe. C'est ce que l'on appelle une *passade.*

Le faucon peut faire successivement plusieurs *passades,* et répète cette manœuvre jusqu'à ce que sa proie soit *liée* et qu'il puisse la culbuter à terre où il l'achève.

La remontée du faucon, dans une passade, après la chute, a reçu le nom de *ressource;* elle est très rapide et provient de la force vive qu'acquiert l'oiseau pendant sa descente, force vive qui est utilisée pour le faire remonter après un changement d'orientation des ailes.

Certains oiseaux de proie, parmi lesquels l'aigle, le vautour, la buse, le milan, utilisent le *vol à voile.* Ce vol est pratiqué lorsque le vent souffle.

Ces oiseaux, qui volent avec moins de vitesse que les faucons, s'élèvent à l'aide du vent, en tournant en spirale et sans battre des ailes, jusqu'à une grande hauteur, pour dominer leur proie. Puis ils *plongent* en s'aidant parfois, dans la descente, de leurs ailes pour tomber sur leur victime.

On a observé que lorsque les oiseaux pratiquent le vol à voile et qu'ils décrivent leur spirale sans battre des ailes, ils ont les ailes complètement déployées et leurs extrémités dirigées vers l'avant (Fig. 362). Lorsque les oiseaux volent contre le vent ou se laissent glisser rapidement dans l'air, les ailes sont plus ou moins serrées contre le corps et les pointes dirigées vers l'arrière (Fig. 363).

En outre, la courbure que présentent les ailes dans ces deux différentes sortes de vols diffère, lorsqu'on regarde l'oiseau de face. Dans le vol ramé, les ailes sont incurvées de façon à présenter d'une manière à peu près constante les extrémités dirigées vers le bas (Fig. 364). Au contraire, dans le vol à voile, la courbure des ailes est disposée dans le sens opposé, les extrémités des ailes se trouvant dirigées vers le haut (Fig. 365).

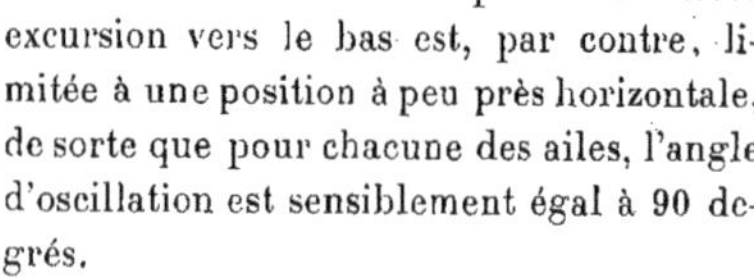

Fig. 363. — Position de l'oiseau pendant le vol ramé.

D'autre part, l'orientation de la queue de l'oiseau *voilier* change deux fois pendant qu'il décrit une orbe. Ces changements se produisent aux extrémités opposées d'un même diamètre dont la direction est la même que celle du vent.

Cette orientation permet au vent d'exercer son action sur la surface inférieure de cette queue et d'aider ainsi à la sustentation de l'arrière du corps de l'oiseau.

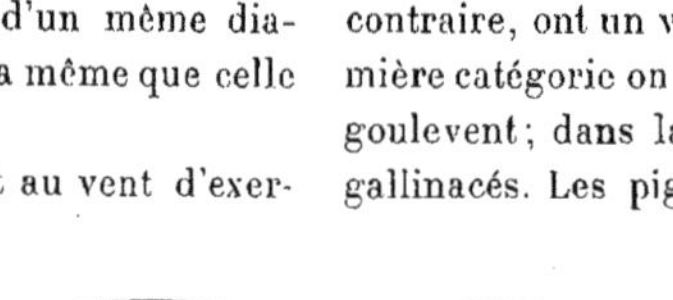

Fig. 364. — Vue de face de l'oiseau rameur.

Examinons les particularités qui caractérisent, chez l'oiseau, les différentes sortes de vols.

Vol ramé Le vol ramé, avons-nous dit, est produit par les battements successifs et plus ou moins rapides des ailes de l'oiseau. Mais avant de pouvoir utiliser ces battements d'ailes pour avancer, l'oiseau prend son *essor*, c'est-à-dire imprime à son corps une certaine vitesse au départ, soit en s'élançant d'un point élevé, soit en courant, soit en sautant. De nombreuses observations viennent corroborer ces particularités.

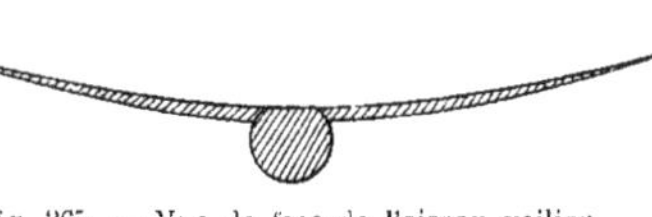

Fig. 365. — Vue de face de l'oiseau voilier.

La rapidité des battements d'ailes augmente avec la diminution de la taille des oiseaux : les oiseaux les plus petits battent des ailes bien plus rapidement que les grands. D'ailleurs, cette rapidité varie aussi pour la même espèce d'oiseaux, suivant les circonstances dans lesquelles s'effectue le vol. Elle augmente lors du vol ascendant et diminue dans le vol descendant. Quand on rogne les ailes à un pigeon, par exemple, comme l'a observé Mouillard, la rapidité des battements est plus considérable.

Quelques espèces d'oiseaux ont un vol silencieux ; d'autres, au contraire, ont un vol bruyant. Dans la première catégorie on trouve la chouette, l'engoulevent ; dans la seconde se placent les gallinacés. Les pigeons, par exemple, font un grand bruit d'ailes en volant, mais le claquement perçu, qui provient du choc des deux ailes qui sont, à ce moment, verticales, ne se produit qu'au départ de l'oiseau, à l'essor.

Marey a, en effet, observé chez les pigeons, les variations de la position des ailes entre le début du vol, le plein vol et la fin du vol. Au commencement du vol, les ailes viennent se toucher dans leur position verticale (Fig. 367) et produisent le claquement dont nous parlons plus haut. Leur excursion vers le bas est, par contre, limitée à une position à peu près horizontale, de sorte que pour chacune des ailes, l'angle d'oscillation est sensiblement égal à 90 degrés.

Lorsque l'oiseau a bien pris son vol, les ailes dans leur position extrême supérieure ne se touchent plus (Fig. 368) ; elles laissent

Fig. 366. — Confection des cellules d'un aéroplane.

entre elles une distance assez grande : on n'entend plus le claquement du départ. Vers le bas, les ailes descendent au-dessous de l'horizontale. Elles battent donc pendant le vol de part et d'autre de l'horizontale et décrivent un angle total d'environ 80 degrés.

Quand le pigeon arrive vers la fin de son vol (Fig. 369), la position extrême supérieure des ailes dépasse à peine l'horizontale, tandis que dans la position inférieure, les extrémités des ailes sont beaucoup plus dirigées vers le bas que dans le plein vol.

Pour arrêter son vol et se poser, l'oiseau doit perdre sa vitesse, ce qu'il fait en battant des ailes d'une façon spéciale, son corps étant placé obliquement, la tête relevée et les jambes pendantes. Quelquefois, quand l'oiseau est à une certaine hauteur, il cesse ses battements d'ailes, les déploie, ainsi que la queue, et descend doucement vers le sol. Avant d'atterrir, il effectue les battements d'ailes qui l'arrêtent et lui permettent de se poser sans vitesse au point choisi.

Le vent exerce une influence sur le vol des oiseaux *rameurs*. Ceux-ci, en effet, pour prendre leur essor, s'orientent toujours contre le vent et s'envolent ainsi plus facilement; de même pour atterrir ils se placent le bec vers le vent, et Mouillard cite ce cas curieux de jeunes pigeons inexpérimentés, qui s'étaient fait rouler par le vent, pour s'être orientés d'une façon défectueuse pour atterrir.

Lorsque le vent souffle avec violence, il peut provoquer la transformation du vol ramé habituel de certains oiseaux, en vol à voile. Les goélands, par exemple, dit Marey, rament continuellement quand l'air est calme, et volent à voile par les grands vents.

On a pu exactement déterminer la vitesse du vol des différentes espèces d'oiseaux. C'est surtout pour les pigeons voyageurs que cette détermination a pu se faire d'une façon assez précise. On admet que la vitesse maximum des pigeons voyageurs est de 100 à 125 kilomètres à l'heure; la caille peut voler, suivant Jackson, à raison de 60 kilomètres à l'heure; l'aigle à 110 kilomètres, l'hirondelle à 240, et le martinet à plus de 300.

On a cherché également à connaître quelle distance les oiseaux pouvaient parcourir sans se reposer. On raconte qu'un faucon de Henri II, égaré à la chasse dans la forêt de Fontainebleau, fut retrouvé le surlendemain dans l'île de Malte, distante de 1.400 kilomètres de Fontainebleau.

Un pigeon parcourut en un jour la distance de 530 kilomètres séparant Toulouse de Versailles.

Certains oiseaux qui semblent ne voler que difficilement, comme la caille, font cependant des trajets considérables, et traversent les mers en bandes en se maintenant à de grandes hauteurs.

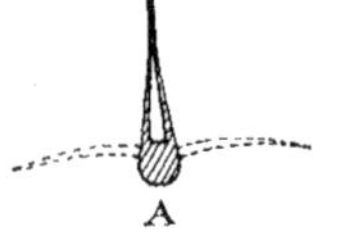

Fig. 367. — Position des ailes au commencement du vol.

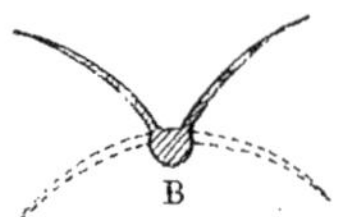

Fig. 368. — Position des ailes au milieu du vol.

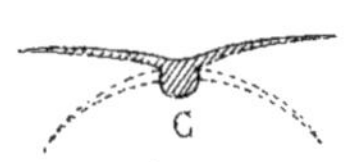

Fig. 369. — Position des ailes à la fin du vol.

Vol à voile Le vol à voile est, par définition, celui qui s'effectue sous la seule action du vent. C'est dire que le vent est indispensable pour pratiquer ce genre de vol; les espèces d'oiseaux qui l'utilisent généralement doivent, lorsque l'atmosphère est absolument calme, ou faire du vol ramé, ou, s'abstenir de voler.

Les oiseaux qui pratiquent le vol à voile sont appelés les *oiseaux voiliers;* on les distingue ainsi des autres qui, le plus souvent, battent des ailes pour voler et qu'on nomme les *oiseaux rameurs*.

Les oiseaux voiliers gardent, dans le vol à voile, les ailes étendues, ces ailes n'effectuant aucun mouvement d'oscillation. Ces oiseaux ont généralement les ailes plates, longues et peu larges. Les espèces les mieux organisées pour ce vol peuvent voler à voile avec un vent très faible, mais il est néanmoins nécessaire que le vent souffle.

La frégate est un des oiseaux les mieux doués pour le vol à voile; les goélands, les mouettes et les pétrels, sont aussi des oiseaux voiliers, mais leurs ailes ont une surface moins grande et il leur faut un vent un peu plus vif qu'à la frégate pour voler à voile.

La possibilité du vol à voile a été longtemps contestée et considérée comme une absurdité. Les observations et les études de d'Esterno, de Basté, de Goupil, et de Marey, ont permis d'établir une comparaison rationnelle entre le vol à voile des oiseaux et la marche à voile des embarcations.

La voile de l'embarcation peut recevoir le vent sur le côté sous un angle assez aigu. Le vent réfléchi sur la voile s'échappe en donnant lieu à une réaction qui provoque le déplacement de la voile et de l'embarcation. Il en est de même lorsque le vent agit sur l'aile de l'oiseau; seulement, au lieu d'être reçu sur le côté, le vent est, dans ce dernier cas, reçu sous l'aile, de sorte que la réaction qui se produit tend à soulever l'aile et l'oiseau dans l'air.

Dans l'embarcation, la présence de la quille l'empêche d'être entraînée dans la direction du vent et lui permet de manœuvrer dans une direction fort différente. Pour l'oiseau, l'action du vent qui provoque son ascension peut aussi être contrebalancée par l'action de la pesanteur qui s'exerce sur son corps. Quant au gouvernail de l'embarcation, qui la maintient dans une direction déterminée, il est remplacé chez l'oiseau par la queue, dont la manœuvre assure sa direction pendant le vol; l'oiseau peut aussi obtenir le même résultat en déplaçant son centre de gravité, ce qu'il fait aisément par instinct, ou par volonté.

Le vol à voile de l'oiseau contre le vent ne peut, d'après d'Esterno, se produire que grâce à une dépense de vitesse de l'oiseau. Cependant Mouillard a vu des oiseaux qui, partant du repos, s'élèvent sans battre des ailes et avancent contre le vent. La frégate et le pétrel se maintiennent pendant de violentes tempêtes contre le vent et avancent même sans donner de coups d'ailes. Marey a vu des goélands voler à voile contre un vent très vif en avançant lentement. Il résulte des observations diverses ainsi faites sur le vol à voile des oiseaux, que pour qu'ils puissent s'élever directement contre le vent, il faut que celui-ci soit assez fort. Lorsque la brise est faible, l'ascension de l'oiseau voilier s'effectue en décrivant des trajectoires en spirales. C'est ainsi que l'aigle se maintient à de très grandes hauteurs qui dépassent 7.000 mètres, dans un air considérablement raréfié.

On peut expliquer le vol à voile en orbes, en considérant que lorsque l'oiseau vole par vent arrière, le vent a une vitesse plus grande que la sienne, parce que l'oiseau résiste par inertie; il se trouve, dès lors, soutenu et, suivant la vitesse relative que possède le vent par rapport à lui, il peut conserver sa hauteur, monter ou descendre. Il est néanmoins entraîné dans le sens du vent, et plus cet entraînement s'accroît, plus la vitesse de l'oiseau tend à devenir égale à celle du vent. La vitesse *relative* du vent par rapport à l'oiseau tend donc, dans ce cas, à diminuer de plus en plus, et la force ascensionnelle de l'oiseau se trouve également affaiblie. Avant que cette diminution de force ascensionnelle ne provoque une descente trop grande de l'oiseau, celui-ci, en décrivant son orbe, se retourne face au vent.

Il est, à ce moment, animé d'une certaine vitesse qui est un peu inférieure à celle du vent, de sorte qu'il possède une force vive qui est opposée directement au vent lors du changement de direction. Cette force vive est dépensée tout entière pendant le vol contre le vent, et lorsque la vitesse de l'oiseau redevient nulle, il change de nouveau de direction et vole vent arrière. Pendant cette partie de l'orbe décrit, il acquiert de nouveau une certaine vitesse qui lui permet de voler en sens inverse et de décrire en volant une trajectoire fermée.

Vol plané La *vol plané* diffère des deux sortes de vols que nous venons d'analyser, en ce qu'il ne nécessite pas des battements d'ailes comme pour le *vol ramé*, et qu'il n'exige pas de vent comme pour le *vol à voile*.

Le vol plané qui attira surtout l'attention du précurseur Lilienthal lors de ses recherches sur l'aviation, est un glissement sur l'air qui se produit même lorsqu'il n'y a aucun vent, par suite de la vitesse préalablement acquise par l'oiseau, quelle que soit d'ailleurs, la manière dont cette vitesse a pu être obtenue. La force vive que l'oiseau possède est dépensée pendant le planement et contrebalance l'action de la pesanteur, à moins que le vol plané ne soit descendant. Dans ce cas, la pesanteur peut maintenir la vitesse de l'oiseau constante jusqu'à ce que le vol plané redevienne horizontal.

Le vol plané s'observe facilement chez les oiseaux. Un oiseau rameur qui a acquis, en battant des ailes, une certaine vitesse, arrête parfois leur mouvement, et, tout en les maintenant déployées, avance dans l'air en glissant sur lui sans aucun mouvement. On a pu également remarquer des oiseaux qui s'élancent d'un point élevé et se laissent tomber. Lorsque dans leur chute ils ont atteint, du fait de la pesanteur, une certaine vitesse, ils ouvrent leurs ailes et continuent à se mouvoir dans l'air en vol plané.

On admet que l'angle le plus faible que doit faire la trajectoire du vol avec l'horizon, pour que le vol plané puisse avoir lieu, est d'environ 10 degrés. D'autre part, cette trajectoire n'est pas d'une de ses extrémités à l'autre une ligne droite : elle est pour ainsi dire verticale au début, prend ensuite l'allure d'une courbe parabolique, puis fait avec l'horizon un angle qui se maintient constant jusqu'à la fin.

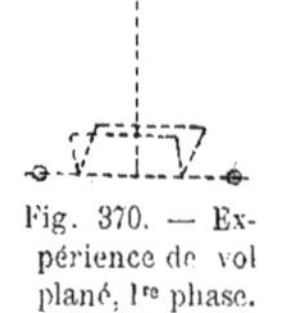

Fig. 370. — Expérience de vol plané, 1re phase.

On peut aisément reproduire le planement de l'oiseau à l'aide d'une feuille de papier pliée en deux de façon à former un *angle dièdre*. A l'intérieur de ce dièdre, on place le long de l'arête qui est disposée horizontalement, une petite tige de métal qui est rendue solidaire de la feuille au moyen de boulettes de cire. Si, aux deux extrémités de cette tige, on fixe deux faibles masses égales, comme la tige déborde également de chaque côté du dièdre, le système est équilibré. Si dans cet état, on le laisse tomber, il descend verticalement (Fig. 370).

Supposons une des masses enlevée et laissons, comme précédemment, tomber l'appareil. Le *centre de gravité* du système sera déplacé et se portera du côté où se trouve la masse. La feuille de papier descendra obliquement en glissant sur l'air et se portera du côté où se trouve la masse (Fig. 371).

Si maintenant, on rabat vers l'intérieur, les deux bords arrière de la feuille de papier (Fig. 372), la descente se produira d'abord comme dans le cas précédent, mais lorsque la vitesse acquise sera suffisante, les bords rabattus agiront comme des gouvernails et le planeur, déviant de sa trajectoire, s'élèvera brusquement en perdant sa vitesse, puis retombera sur le sol, à moins que la hauteur d'où il est lancé ne soit importante; dans ce cas, le planeur pourra décrire une série d'oscillations avant de toucher le sol.

Si les mêmes bords de la feuille étaient rabattus vers l'extérieur (Fig. 373), le planeur en un point de sa trajectoire normale, au lieu de remonter, descendrait au contraire verticalement, la pesanteur contribuant à accélérer sa chute.

L'observation du vol plané des oiseaux a conduit à énoncer certaines lois relatives à la position du *centre de pression* de l'air sous les ailes et à son déplacement. Avanzini admet que lorsque l'oiseau ayant les ailes déployées horizontalement, se laisse tomber verticalement, le centre de pression de l'air coïncide pour chacune des ailes avec le centre de figure. Si l'oiseau descend obliquement, plus sa vitesse est grande, plus le centre de pression se rapproche du bord de l'aile et ce rapprochement est d'autant plus considérable que l'aile fait avec la direction du vol un angle plus aigu.

Ce déplacement du centre de pression tend à rompre l'état d'équilibre de l'oiseau dans l'atmosphère; il y remédie soit par des manœuvres de la queue qui agit ain comme un stabilisateur vertical, soit en portant l'aile en arrière, soit encore en déplaçant son centre de gravité par l'allongement du cou, par exemple. Le déplacement en avant du centre de gravité de l'oiseau a pour résultat d'accélérer la vitesse de son vol plané. C'est ce que l'on a observé chez le héron, qui d'ordinaire vole avec le cou replié et qui, lorsqu'il est poursuivi, allonge son cou pour fuir plus rapidement. Sa vitesse augmente, en même temps que son centre de gravité est porté plus en avant du fait de l'allongement de son cou.

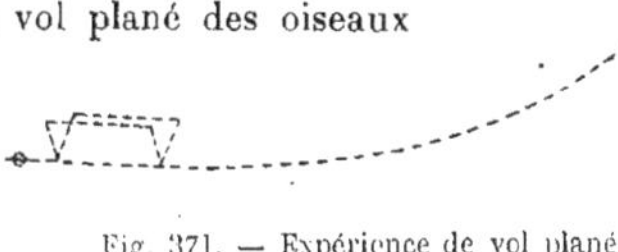

Fig. 371. — Expérience de vol plané, 2e phase.

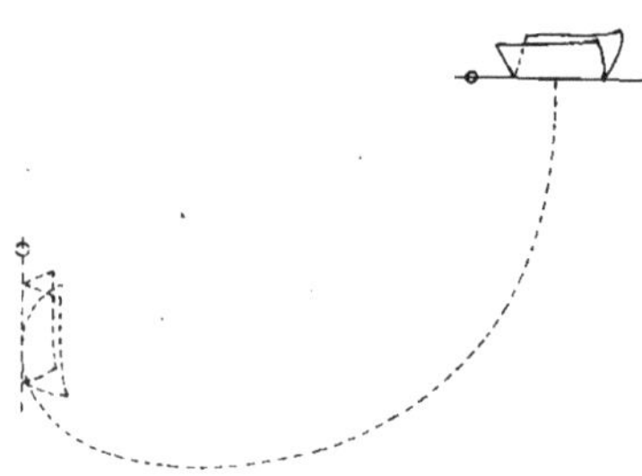

Fig. 372. — Expérience de vol plané, 3e phase.

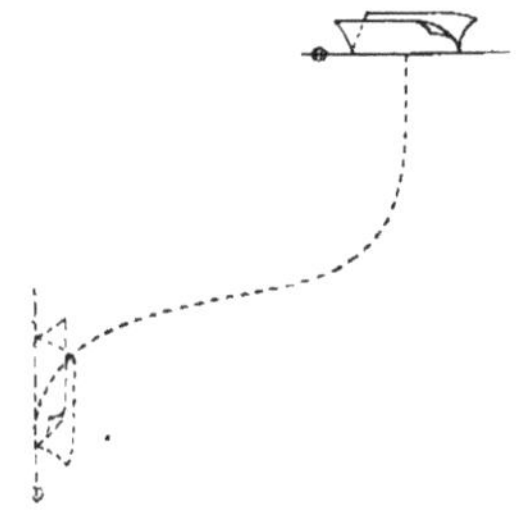

Fig. 373. — Expérience de vol plané, 4e phase.

Ailes des oiseaux Les ailes qui permettent aux oiseaux d'effectuer les différents vols sont constituées par des plumes. Les plumes sont superposées les unes aux autres et se chevauchent de façon à former à l'oiseau une protection très efficace contre l'abaissement de la température. On donne en exemple les canards des glaces polaires, qui conservent, malgré la rigueur du froid et grâce à leurs plumes, la température, nécessaire pour assurer le libre jeu des muscles pendant le vol.

Les plumes se chevauchent de telle sorte que le vent, pendant la généralité des vols, les maintient appliquées les unes sur les autres.

Parmi les plumes, les plus grandes, appelées *rémiges*, sont celles qui interviennent surtout dans le vol et le fait est facile à contrôler, car les jeunes oiseaux ne possédant pas leurs grandes plumes ou rémiges, ne peuvent pas voler.

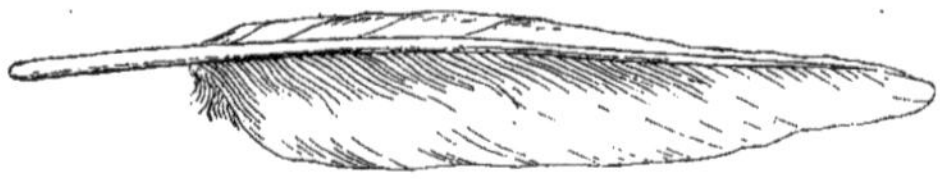

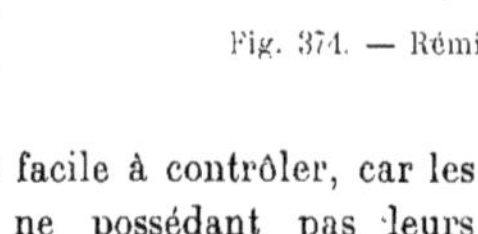

Fig. 374. — Rémige d'oiseau rameur.

La rémige (Fig. 374) est constituée par une sorte de tube formé d'une substance cornée à la fois légère et résistante. Ce tube, nommé *canon*, n'a pas une section circulaire. Il est elliptique et le grand axe de l'ellipse formant la section est dirigé dans le sens où les efforts à vaincre sont les plus considérables.

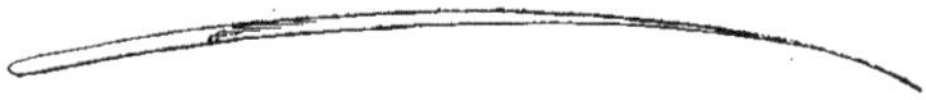

Fig. 375. — Courbure de la rémige.

Le tube est prolongé tout le long de la plume par une tige qui devient de plus en petite à mesure qu'elle s'éloigne du canon. Cette tige, qui constitue, pour ainsi dire, l'*armature* de la rémige, a une forme quadrangulaire. Elle porte sur sa face inférieure un sillon longitudinal qui lui donne de la rigidité et sa face supérieure est convexe.

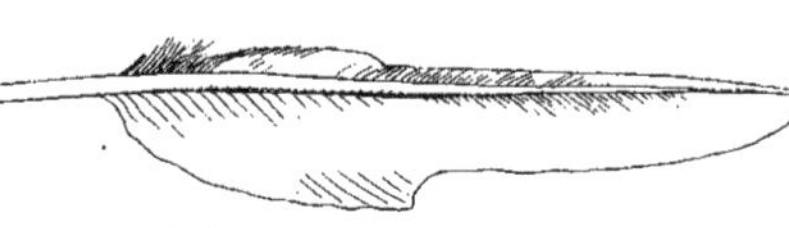

Fig. 376. — Rémige d'oiseau voilier.

De chaque côté de la tige sont disposées les *lames* de la rémige. Elles sont formées par une certaine quantité de petites lames en substance cornée, disposées les unes à la suite des autres. Ce sont les *barbes* de la plume, placées dans une direction transversale par rapport à la tige de la rémige. Chaque barbe porte des sortes de franges nommées *barbules,* munies elles-mêmes de très petites aspérités, appelées *barbelles,* lesquelles contribuent à réunir entre elles les barbes de la plume. La rémige comporte donc deux *lames* disposées une de chaque côté de la tige. Ces deux lames ont des dimensions et des formes différentes. Une des lames, celle qui est placée du côté du corps de l'oiseau, est près de trois ou quatre fois plus large que l'autre, et ses barbes font avec la tige un angle se rapprochant plus de l'angle droit que les barbes de la lame étroite.

La rémige tient au corps de l'oiseau par le canon. Celui-ci est tenu dans une sorte de gaine placée sur la peau de l'animal : des ligaments assurent la liaison des rémiges entre elles et maintiennent leur écartement.

La rémige a une courbure en arc de cercle ; elle est concave vers le bas et vers l'arrière de l'oiseau (Fig. 375).

Les rémiges sont disposées les unes par rapport aux autres à la façon des lames d'un éventail. Elle se chevauchent de telle façon que la large lame de l'une se trouve recouverte par la lame étroite de la rémige suivante et ainsi de suite. Entre deux tiges de rémiges se trouvent donc superposées deux lames, l'une large au-dessous, l'autre étroite au-dessus. Le jeu de ces deux lames superposées, sous l'action de l'air, peut donc être comparé à celui d'une soupape qui s'ouvrirait lorsque l'air aurait une direction du haut vers le bas et qui se fermerait au contraire pour la direction inverse : de bas en haut. Cela revient à dire que l'aile peut laisser un libre passage à l'air lorsqu'elle s'élève, et devient imperméable lorsqu'elle s'abaisse. Ce mécanisme a été considéré par un grand nombre d'observateurs comme très important au point de vue du vol des oiseaux.

L'aile porte, en outre, du côté où s'implantent les rémiges, des petites plumes appelées *couvertures,* disposées sur les deux faces de cette aile, servant à remplir les intervalles laissés libres entre les canons, et à rendre l'aile imperméable.

Les ailes des oiseaux rameurs comportent de fortes rémiges et se terminent en pointe. Celles des oiseaux voiliers, comme le vautour ou l'aigle, sont arrondies à leur extrémité, et laissent entre les bouts des rémiges des intervalles qui donnent à l'aile une forme déchiquetée.

Fig. 377. — Différentes phases du vol du goéland.

La queue de l'oiseau est formée de *pennes* qui sont disposées en forme de deux éventails placés symétriquement par rapport à l'axe du corps de l'oiseau. Ces pennes sont mues par de nombreux muscles qui les étalent ou les resserrent. La queue n'est pas, chez l'oiseau, un gouvernail nécessaire, car il peut voler et se diriger sans queue. Elle l'aide néanmoins dans son vol, et on a pu observer que les *oiseaux voiliers* la tiennent déployée pendant leur vol, et que les *oiseaux rameurs,* l'étalent aussi lorsqu'ils s'envolent et lorsqu'ils se posent.

Observations diverses Les observations sur le vol des oiseaux ont conduit à apprécier les dispositions favorables de la conformation de l'oiseau pour maintenir sa stabilité dans l'air. Les ailes étant attachées en haut du thorax, le centre de gravité du corps se trouve placé très bas par rapport au centre de pression de l'air sur l'aile, ce qui est une bonne condition de stabilité.

Cette stabilité, d'ailleurs, peut être assurée par des manœuvres diverses. Une des ailes peut donner des battements plus étendus que l'autre; le centre de gravité peut être déplacé par la manœuvre du cou qui est sorti ou rentré suivant l'inclinaison que l'oiseau veut prendre. Le déplacement des pattes permet, aussi, de faire varier cette inclinaison et l'orientation donnée à la queue peut lui permettre d'obtenir une direction déterminée. Il y a une mobilité automatique, ou voulue de tous les organes.

De même, la forme du corps de l'oiseau, qui est effilée aussi bien à l'avant qu'à l'arrière, est bien appropriée à sa fonction, qui est de glisser dans l'air, en rencontrant le moins de résistance possible de la part de cet air.

Voilà, très succinctement résumées comme on peut le penser, les principales observations faites sur le vol des oiseaux : on en trouvera de plus grands développements dans les ouvrages spéciaux. Ce sont ces études qui ont incité tous les chercheurs à construire des appareils imitant les divers vols des oiseaux et qui ont finalement permis d'arriver à résoudre le problème de la sustentation du « plus lourd que l'air ».

Les travaux sur les études des oiseaux ont été fort longs et pleins de difficultés.

Marey, pour décomposer les mouvements

des organes d'oiseaux pendant le vol, mouvements pour ainsi dire impossibles à saisir à l'œil nu, a employé des méthodes graphiques pour lesquelles il a combiné des instruments fort ingénieux. De même, pour étudier la succession des mouvements des oiseaux pendant leur déplacement en l'air, il a construit des appareils *chronophotographiques* qui permettent d'obtenir l'image photographique de l'animal prise dans une courte fraction de seconde, de sorte que ces images, placées dans leur ordre, successivement à la suite les unes des autres, représentent les diverses phases du mouvement de l'oiseau pendant le vol, phases que l'on peut dès lors étudier en détail (Fig. 377).

Pour prendre la photographie de l'oiseau pendant son vol, Marey avait fait construire un appareil photographique curieux. Cet appareil avait la forme d'un fusil et était muni d'une crosse pour le maintenir assujetti contre l'épaule. Un grand *barillet* circulaire, semblable à celui d'un revolver, constituait la chambre photographique proprement dite et pouvait recevoir une grande glace sensible. Pour photographier le vol de l'oiseau, le fusil était épaulé et on visait l'animal de la façon dont on opère lorsqu'on chasse. En appuyant sur la détente au moment propice, on provoquait le déclenchement d'un mécanisme intérieur qui déterminait la rotation du barillet. Ce mouvement obligeant la plaque à présenter successivement divers points de sa surface devant l'objectif et déterminant la manœuvre de l'obturateur, on obtenait ainsi une succession d'images photographiques faites en un temps très court, ce qui permettait de détacher les diverses phases du mouvement du vol effectué pendant l'opération photographique.

Nous n'entrerons pas dans les détails des études graphiques et photographiques faites par Marey au sujet du vol des oiseaux : cela sortirait de notre cadre ; on trouvera décrites, d'ailleurs, dans ses intéressants ouvrages et dans les Comptes rendus de l'Académie des Sciences, la description des expériences faites en vue de ces études.

Cerfs-volants Les nombreuses études et expériences faites sur les cerfs-volants ont également, comme celles effectuées sur le vol des oiseaux, permis de déterminer certaines conditions de sustentation et de stabilité des appareils volants.

Certains auteurs attribuent l'invention du cerf-volant à un philosophe grec, Archytas, qui, environ quatre siècles avant l'ère chrétienne, avait aussi construit, paraît-il, une *colombe volante* dont nous avons précédemment dit quelques mots.

D'autres donnent au cerf-volant une origine chinoise. Ce serait un général chinois, Han-Sin, qui, deux cent six ans avant l'ère chrétienne, en aurait construit un pour assurer la communication entre une ville assiégée et des troupes de secours.

Quoi qu'il en soit, l'invention du cerf-volant remonte certainement à des temps fort reculés, mais son application à des études et expériences diverses est plus récente.

On sait que de Romas en France et Franklin en Amérique, l'utilisèrent pour étudier l'électricité atmosphérique (1). Le cerf-volant, longtemps considéré comme un simple jouet d'enfant, attira petit à petit l'attention des savants et des chercheurs, et on en a établi des modèles différents : *cellulaires,* à *poches,* etc. qui donnent de très intéressants résultats et ont permis de poursuivre utilement les études sur la sustentation et aussi d'utiliser ces nouveaux instruments comme engins de sauvetage, comme signaux, et pour explorer les hautes régions atmosphériques. Ils permettent même d'enlever des aéronautes et, pendant cette ascension d'un caractère tout spécial, de faire des observations, principalement militaires, qu'il serait parfois très difficile d'exécuter autrement.

(1) Merveilles de la Science. — Tome II : *Électricité.*

Phot. J. Boyer.

Fig. 338. — Peinture et vernissage d'un triplan.

Équilibre du cerf-volant

Supposons un cerf-volant AB (Fig. 379) incliné dans l'air, et dont le plan fait avec l'horizontale BC un angle ABC. Si le cerf-volant est en équilibre dans l'air, c'est que l'action des forces qui agissent sur lui se compensent. Quelles sont donc les forces qui s'exercent sur ce plan ?

Il y a d'abord l'action du vent. Ce vent, supposé horizontal, a une direction représentée par la ligne DE ; mais la force du vent qui agit sur toute la surface du cerf-volant dont la ligne AB représente le profil, peut être supposée appliquée en un certain point D de cette surface. Le point d'application de l'action du vent est nommé *centre de pression*. Si au centre de pression de la surface considérée on attache une corde de retenue DF exerçant dans la direction opposée au vent une tension déterminée, la surface se trouvera en équilibre dans l'air, à condition que la pesanteur n'intervienne pas. Mais il est bien évident qu'il faut tenir compte de la pesanteur.

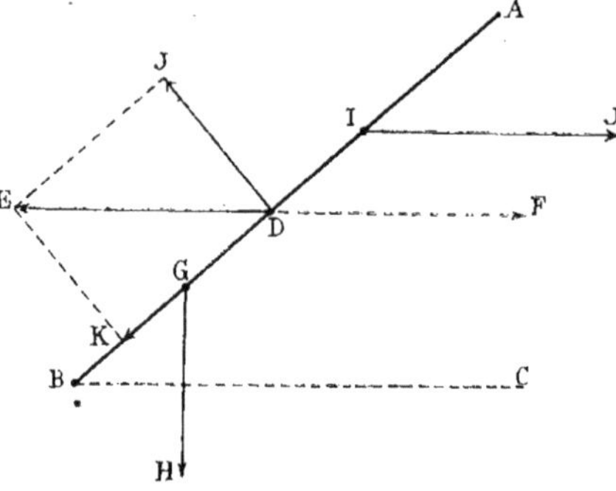

Fig. 379. — Équilibre du cerf-volant.

Le cerf-volant a un certain poids. Ce poids, que l'on peut supposer appliqué au *centre de gravité* G de l'appareil, exerce son action verticalement de haut en bas. La force à laquelle est soumis le cerf-volant de ce fait, a une direction représentée par la ligne GH.

Ainsi donc, un cerf-volant tenu par une corde et en équilibre dans l'air est soumis à l'action de trois forces : la pression du vent, la tension de la ficelle et la pesanteur.

L'action de la pesanteur ne permet pas d'obtenir l'équilibre du cerf-volant en attachant la corde de retenue au centre de pression D. Il faut que cette corde soit fixée en un autre point I, de façon que la composition des trois forces représentées en grandeur et en direction par les lignes DE, IJ et GH donne une résultante sans valeur, c'est-à-dire que ces efforts s'équilibrent.

D'autre part, la pression du vent que nous supposons dirigée horizontalement peut se décomposer en deux forces *composantes*, dont l'une DK est dirigée exactement suivant le plan du cerf-volant AB et l'autre DJ est perpendiculaire à ce plan. La première composante DK ne peut influencer l'équilibre de l'appareil, puisqu'elle représente l'action de l'air glissant sur la surface AB ; cette action est donc nulle. La pression du vent peut ainsi être ramenée à la force DJ s'exerçant perpendiculairement sur la surface AB et passant par le centre de pression. L'équilibre du cerf-volant revient ainsi à équilibrer les trois forces DJ, pression du vent, GH pesanteur et IJ tension de la corde. Si sur ces trois forces on suppose que deux d'entre elles puissent être déterminées, c'est-à-dire la pesanteur et la pression du vent, on peut se proposer de chercher le point d'attache de la corde de retenue pour que le cerf-volant se tienne en équilibre dans l'air sous un certain angle.

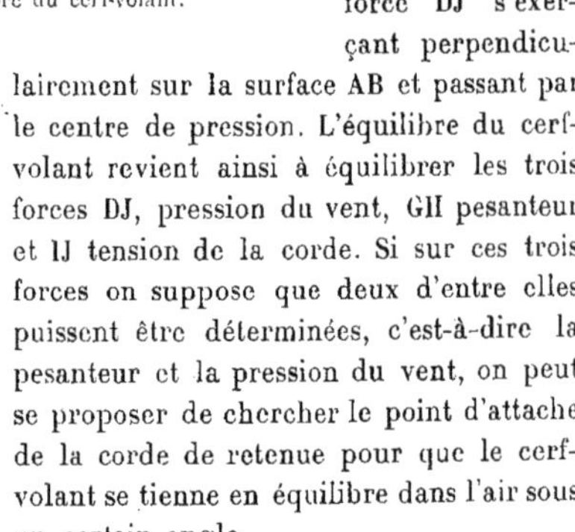

Disons d'abord que l'action de la pesanteur sur l'appareil appliquée à son centre de gravité peut être aisément déterminée et que la valeur de la pression du vent dépend de sa vitesse, de la grandeur de la surface

AB sur laquelle s'exerce son action et de l'angle d'inclinaison qu'elle fait avec l'horizon.

La résultante de ces deux forces considérées à part sera représentée en grandeur et en direction par la ligne EF (Fig. 380). En effet, du point E, intersection de la direction DE de la pression du vent et de la direction GH de la pesanteur, on porte sur le prolongement de la ligne DE, une longueur ET égale à cette pression et sur la direction IE, une longueur EJ représentant la valeur de la pesanteur. La résultante de ces deux composantes EI et EJ sera, nous le savons, la diagonale du parallélogramme dont elles formeront les côtés. La résultante sera donc la ligne EF, ce qui revient à dire que les deux efforts de pression du vent et de la pesanteur pourront se résoudre en un seul représenté en grandeur et en direction par la droite EF.

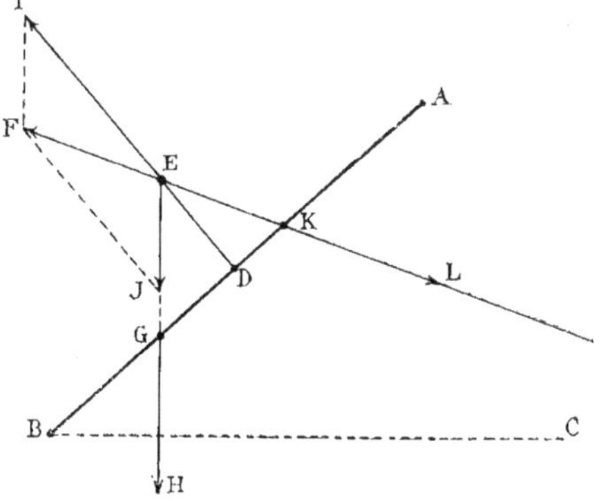

380. — Détermination du point d'attache d'un cerf-volant.

Le cerf-volant peut donc être considéré comme étant soumis, d'une part à cette action résultante, et d'autre part à la tension de la corde, troisième force que nous avions momentanément laissée de côté.

Pour que l'équilibre du cerf-volant s'établisse dans l'air en supposant que l'action du vent reste constante, il faut que la tension de la corde compense la résultante EF des deux autres efforts. Pour cela, la corde devra être placée dans la direction EF. Elle sera attachée au point K sur le cerf-volant et la tension de cette corde aura une valeur représentée par la longueur KL égale à la longueur EF. Cette tension étant égale et dirigée en sens contraire de la résultante des deux autres forces, l'équilibre de l'appareil sera, dès lors, obtenu.

Le cerf-volant dont nous venons de déterminer les conditions d'équilibre, est supposé formé d'une seule surface, la corde de soutien n'étant attachée qu'en un point; mais, en réalité, les cerfs-volants ne sont pas constitués aussi simplement. Des organes spéciaux ont dû leur être adjoints pour assurer leur stabilité et, d'autre part, parmi les types construits, en nombre considérable, la plupart comportent plus d'une surface, soit de sustentation, soit de direction. La surface d'un cerf-volant qui, comme celle que nous avons précédemment considérée, reçoit la pression du vent et permet à l'appareil de se maintenir dans l'atmosphère, est appelée surface de *sustentation*, ou *plan sustentateur*. A cette surface est parfois ajouté un autre plan, disposé perpendiculairement et qui a pour fonction d'assurer la stabilité de direction; c'est pour cela qu'on le nomme *plan directeur*.

Les *plans directeurs* jouent dans la stabilité de direction du cerf-volant le même rôle que l'*empennage vertical* dans la stabilité de route d'un aérostat dirigeable, rôle que nous avons examiné précédemment.

En effet, le plan directeur étant placé perpendiculairement au plan sustentateur, se trouve disposé dans la même direction que la composante normale de la pression du vent, ainsi que nous venons de le voir.

Donc, tant que le cerf-volant occupera sa position d'équilibre normal, le vent n'aura aucune action sur ce plan directeur, puisque leurs directions seront parallèles. Il n'en sera pas de même si, pour une raison quelconque, l'équilibre de l'appareil est troublé et si le cerf-volant prend une inclinaison différente par rapport à l'horizon. A ce moment, la composante normale de la pression du vent ne sera plus parallèle au plan directeur et agira sur une de ses faces, suivant le sens de l'inclinaison, pour tendre à ramener le cerf-volant dans sa position d'équilibre. On peut, avec cette disposition, éviter aux cerfs-volants les oscillations répétées qui troublent leur stabilité.

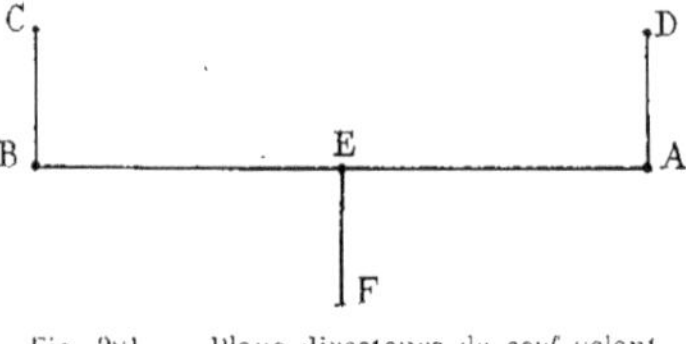

Fig. 381. — Plans directeurs de cerf-volant.

Lorsque les plans directeurs sont placés à l'arrière du plan sustentateur, on en dispose généralement deux, un à chaque extrémité de ce dernier plan et latéralement (Fig 381); lorsqu'il est placé en avant, on en met un qui porte l'attache de la corde de retenue (Fig 381).

Dans les cerfs-volants en forme de V, appelés *cerfs-volants dièdres,* parce que leurs deux plans forment entre eux un angle dièdre, ces deux plans peuvent faire office de plans sustentateurs et de plans directeurs, suivant la direction du vent. On place aussi, quelquefois, à l'extrémité supérieure du cerf-volant un plan dirigé vers l'arrière et faisant avec le plan de sustentation un angle déterminé (Fig 382). C'est le *plan régulateur* qui a pour fonction de ramener le cerf-volant à sa position d'équilibre normale, lorsqu'il en a été dévié par une pression de vent anormale. Cette pression, en effet, tend à faire basculer le cerf-volant suivant la position pointillée. Le plan régulateur offre, à ce moment, une surface plus considérable à la pression du vent; la pression sur lui augmente donc de valeur et tend à ramener à sa position primitive le plan sustentateur.

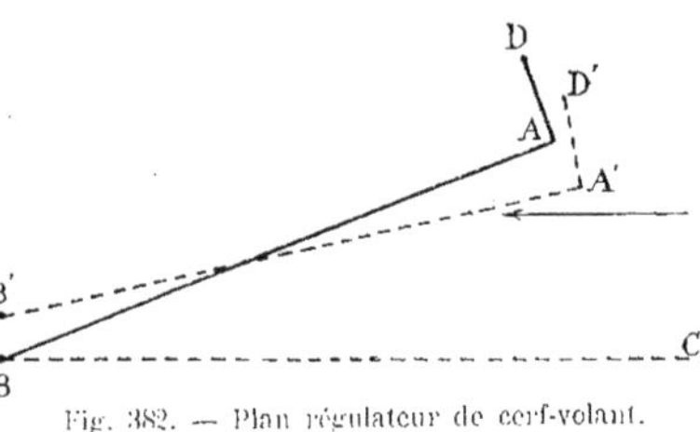

Fig. 382. — Plan régulateur de cerf-volant.

Certains cerfs-volants sont munis de *poches trouées*, placées sur les plans sustentateurs et qui servent à laisser écouler, par leur orifice, l'air qui a exercé son action sur la surface sustentatrice. Lorsque cette surface est importante, l'écoulement d'air évite à l'appareil des oscillations provenant de l'échappement, lequel ne pourrait s'effectuer que sur les bords. Le même effet se produit lorsqu'un parapluie ou un parachute tombent en chute libre. Si l'air ne trouve pas un orifice d'écoulement qui est pratiqué à la partie supérieure pour le parachute, il s'échappe sur les côtés en produisant des oscillations de grande amplitude qui peuvent détruire l'équilibre. Il ne faut donc pas s'étonner de trouver dans certains cerfs-volants des orifices d'échappement d'air.

Il est un autre organe généralement employé dans les cerfs-volants à un seul plan sustentateur : c'est la *queue*. La queue du cerf-volant est, on le sait, constituée par une succession de petits morceaux de papier ou d'étoffe, attachés à une ficelle fixée à la partie inférieure du plan sustentateur du cerf-volant. La queue est un organe qui sert à assurer la stabilité du cerf-volant en abaissant son centre de gravité. L'action du vent sur la queue est, en outre, régulatrice, car elle s'exerce sur un bras de levier considérable et, de ce fait, le cerf-volant se maintient plus stable dans l'air. On a même certainement remarqué qu'un cerf-volant, muni d'une queue trop courte ou encore trop légère, fait des embardées de grande amplitude et le plus souvent *pique* de la tête.

La queue a été considérée pendant longtemps comme indispensable pour assurer la stabilité du cerf-volant. Il existe cependant des types de cerfs-volants qui n'en possèdent pas et qui volent, néanmoins, d'une façon parfaite.

Modes d'attache des cerfs-volants

La façon dont la corde de retenue est attachée au cerf-volant intervient aussi dans l'obtention de sa stabilité.

Si la corde était attachée directement en un seul point du plan sustentateur, sa direction devrait constamment passer par le point d'intersection de la direction de la pesanteur et de la composante normale de la pression du vent, ainsi que nous l'avons vu plus haut (Fig. 380). Cette condition est, on le comprend, très difficile à réaliser d'une façon permanente, car le plan de sustentation est essentiellement mobile ainsi, par conséquent, que le point d'intersection considéré. Il convient donc de constituer l'attache d'une autre manière.

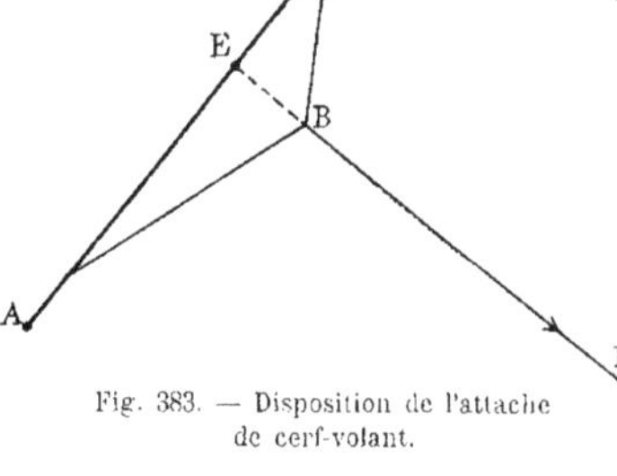

Fig. 383. — Disposition de l'attache de cerf-volant.

On fixe, en effet, la corde de retenue à une bride (Fig. 383). Cette bride est composée de brins AB et CB, attachés à la surface sustentatrice du cerf-volant, et la corde BD est reliée à cette bride au point B. Dans cette position, c'est comme si la corde se trouvait fixée au point E sur le plan sustentateur.

Avec cette disposition, cependant, si l'inclinaison du plan AC vient à varier, les brins de la bride oscillent autour du point B et la direction de la corde BD rencontre le plan de sustentation en un point qui représente le point d'attache fictif et qui occupe une autre position que le point primitif E.

Le point d'attache a donc pu, grâce à la disposition des brides, se déplacer dans un sens favorable au maintien de l'équilibre du cerf-volant.

On emploie quelquefois des brides *élastiques* pour amortir les à-coups provoqués par des coups de vent violents. La bride élastique ne comporte qu'un seul brin élastique. C'est le brin inférieur, le brin supérieur étant rigide. La corde est, comme pour la bride ordinaire, attachée à l'intersection des deux brides. C'est le brin inférieur qui doit posséder de l'élasticité, car il permet à la surface de sustentation qui reçoit le vent, de se rapprocher de l'horizontale sous l'action de ce vent, et de s'effacer, en somme, en ne présentant au vent, au fur et à mesure que sa violence augmente, qu'une surface de plus en plus réduite. Lorsque l'action du vent diminue et redevient normale, l'élasticité de la bride permet de ramener le plan de sustentation à sa position ordinaire.

L'emploi de brides élastiques a l'avantage de ne faire supporter à la surface de sustentation et au câble du cerf-volant qu'une pression de sécurité malgré la grande vitesse momentanée du vent.

Types divers de cerfs-volants

On a construit de nombreux types de cerfs-volants. Dans un livre très documenté et

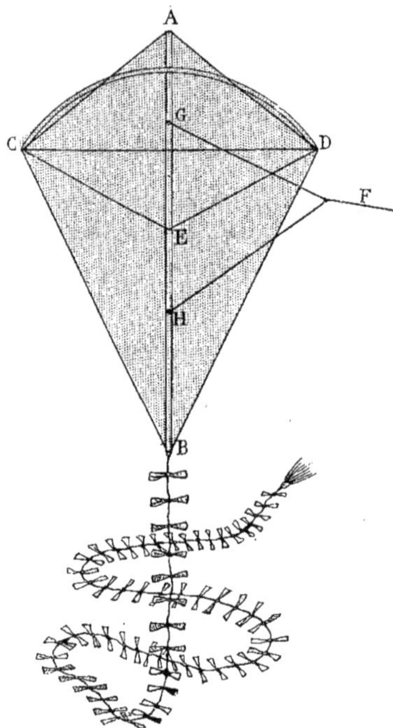

Fig. 384. — Cerf-volant allongé.

fort instructif : *Les Cerfs-volants* (1), M. J. Lecornu, ingénieur des Arts et Manufactures, donne les plus intéressants détails sur ces divers modèles de cerfs-volants et sur leur mode de construction.

Nous ne nous étendrons donc pas sur ces questions que l'on trouvera exposées avec les plus complets développements dans cet ouvrage spécial ; nous examinerons simplement, et très succinctement, les divers types de cerfs-volants les plus employés, en nous basant sur les principes établis dans l'étude de M. Lecornu.

Tout le monde connaît le cerf-volant à simple surface, de forme allongée (Fig. 384), qui est depuis fort longtemps en usage dans nos contrées. Il est composé d'un axe AB, appelé aussi *épine dorsale*, fait en bois, et d'un arc CD, ordinairement en châtaignier, que l'on fixe en son milieu à quelques centimètres au-dessous de l'extrémité supérieure de l'axe. L'arc doit être cintré et il est maintenu dans cette position par une ficelle qui, partant du sommet A de l'axe, réunit un bout C de l'arc à l'autre extrémité B de l'axe, puis s'attache à l'autre bout de l'arc D. Cette ficelle est ensuite fixée au point C pour maintenir l'écartement entre les deux extrémités de l'arc, puis attachée sur l'axe rigide en un point E. Elle revient ensuite se fixer en D et enfin au sommet A de l'axe. Cette ficelle d'un seul tenant, ainsi disposée, forme la charpente du cerf-volant et maintient l'écartement entre les quatre extrémités A, C, D, B de l'armature.

On recouvre ensuite l'ensemble ainsi formé, de papier, qui est collé à la pâte sur la charpente : le cerf-volant est dès lors cons-

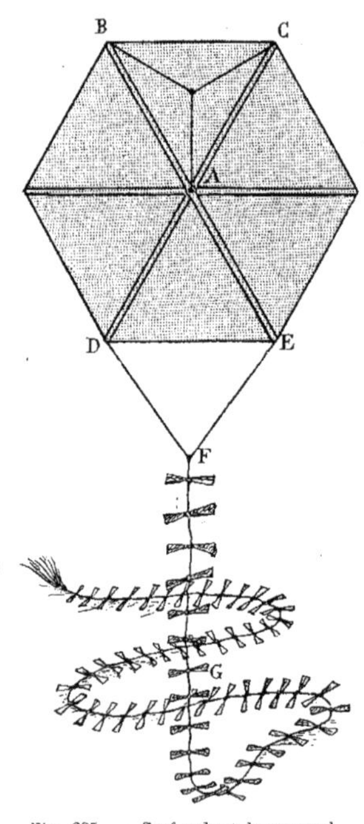

Fig. 385. — Cerf-volant hexagonal.

(1) *Les Cerfs-volants*, par J. Lecornu, Nony, éditeur, Paris.

truit. On le munit d'une queue qui a environ de 12 à 15 fois sa longueur et qui est constituée par une série de brins de papier attachés sur une même ficelle à la suite les uns des autres et espacés de 8 à 10 centimètres.

L'attache de la corde de retenue F se fait au moyen d'une bride à deux brins fixés respectivement l'un en G au 1/5 environ de la hauteur du cerf-volant à partir de l'extrémité supérieure, l'autre en H aux 2/3 de cette hauteur en partant du même point.

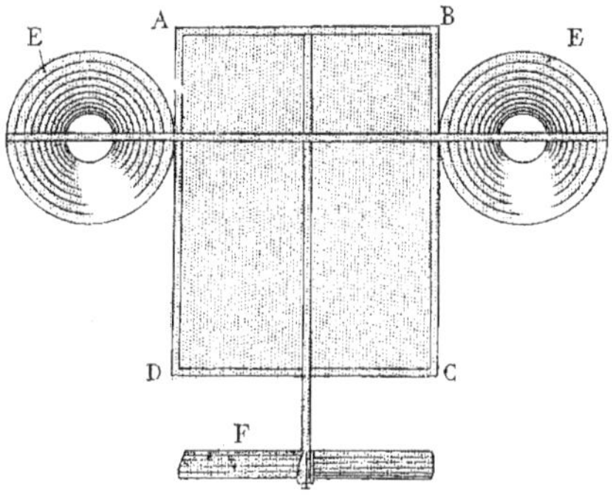

Fig. 386. — Cerf-volant Biot.

On a donné aux cerfs-volants à simple surface d'autres formes qui permettent à l'appareil d'avoir plusieurs axes de symétrie. On en construit ayant la forme d'un carré, d'un hexagone (Fig. 385), d'un octogone. La bride d'attache est à 3 brins, dont l'un part du centre de figure A et les deux autres de deux des sommets B et C du polygone.

Ces cerfs-volants sont également munis d'une queue G, fixée à une bride à deux brins, ces brins étant reliés aux deux sommets D et E du polygone, diamétralement opposés à ceux qui reçoivent les deux brins supérieurs de la bride d'attache.

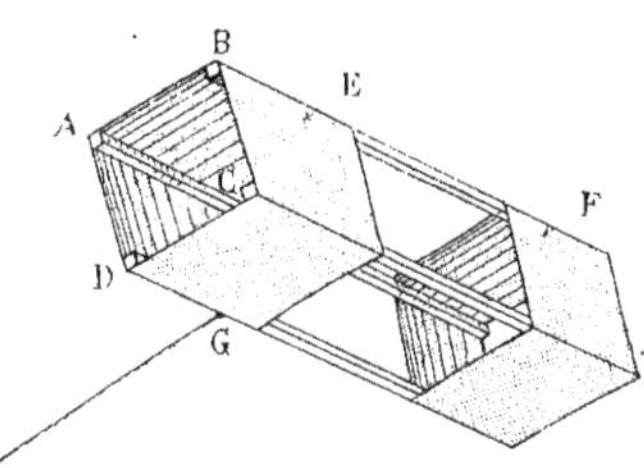

Fig. 387. — Cerf-volant Hargrave.

Un autre cerf-volant de simple surface, très curieux, est le cerf-volant Biot, qui est constitué par une surface plane rectangulaire A B C D (Fig. 386). De chaque côté de ce plan est disposé, vers la partie supérieure, un cône E, E, sorte d'entonnoir ouvert à chacun de ses bouts. Ces deux cônes constituent ce que nous avons appelé, un peu plus haut, des *poches trouées,* qui ont pour but d'éviter à l'appareil des oscillations brusques et répétées.

A la partie inférieure du plan et sur la baguette qui forme son axe médian, est placée une sorte d'hélice F, montée folle sur cet axe. Cette hélice est à deux branches fortement arquées; elle tient lieu de queue au cerf-volant, en assurant sa stabilité, par suite de sa rotation rapide sous l'action du vent pendant l'enlèvement de l'appareil.

Ce cerf-volant s'est élevé jusqu'à 2.500 mètres de hauteur en conservant sa stabilité, par des vents ayant une vitesse de 15 mètres à la seconde.

Les cerfs-volants multiples sont formés de plusieurs *surfaces sustentatrices.*

Un des types les plus répandus de cerfs-volants multiples, est le *cerf-volant cellulaire* de Hargrave. Ce cerf-volant, qui a reçu des formes variées par suite de modifications apportées à sa construction, se compose, en principe, de deux cellules ayant une section en forme de carré ou de rectangle, et disposées l'une à la suite de l'autre.

Le modèle le plus connu du cerf-volant Hargrave, se compose de quatre tiges de bois A, B, C, D (Fig. 387), disposées parallèlement les unes aux autres et placées dans les quatre coins de deux cellules E et F, lesquelles sont fixées chacune respectivement vers une extrémité des tiges en bois. Les cellules sont constituées par un morceau de toile tendue sur les quatre montants et fixée sur eux. L'ensemble constitue le cerf-volant cellulaire.

La ficelle de retenue s'attache en un seul point G. Cette attache a lieu sur le montant inférieur et le point G est situé près de l'extrémité supérieure de ce montant. Le cerf-volant présente, en volant, une de ses arêtes au vent, celle qui porte la ficelle, de sorte que l'attache faite en un seul point n'a pas d'inconvénient, dans ce cas, et permet la suppression de la bride.

M. Lecornu a établi des cerfs-volants cellulaires à cellules superposées.

Le premier type, construit en 1898, qu'il a appelé *cerf-volant étagère*, nom justifié par sa forme, est constitué par plusieurs surfaces planes superposées, entretoisées à leurs extrémités par des montants en bois verticaux. La rigidité est complétée par une traverse centrale disposée horizontalement et réunissant les deux montants verticaux.

Les surfaces de sustentation sont faites en calicot, disposées horizontalement, et cousues à chaque bout sur deux bandes de calicot verticales fixées aux montants de bois. Ces bandes verticales constituent des *surfaces directrices* et complètent les cellules, de sorte que le cerf-volant se compose d'un certain nombre de cellules placées les unes au-dessus des autres, ce qui donne bien à l'appareil la forme d'une étagère.

L'attache de la corde se fait par l'intermédiaire de deux brides, chacune d'elles étant à deux brins fixés latéralement aux extrémités de chaque montant. Ces deux brides sont maintenues à un écartement convenable par une traverse en bois des bouts de laquelle partent les deux brins d'attache de la corde.

M. Lecornu a construit un autre cerf-volant multicellulaire, auquel on a attribué le premier prix au Concours des cerfs-volants qui eut lieu à Vincennes en 1900, à l'occasion de l'Exposition universelle.

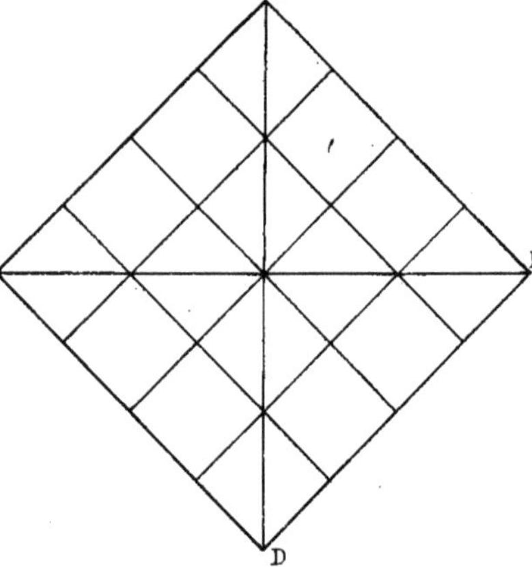

Fig. 388. — Cerf-volant multicellulaire Lecornu.

Ce cerf-volant est constitué (Fig. 388) par deux croisillons A B et C D, faits en bois et disposés suivant les diagonales du carré qui limite l'appareil. Ces deux croisillons sont placés sur les deux faces du cerf-volant et sont maintenus à leur écartement par des entretoises en bois fixées aux quatre sommets du carré A C B D.

Ces entretoises servent à fixer la voilure qui forme le périmètre du cerf-volant. Cette voilure est en calicot, ou, en étoffe légère. A l'intérieur du carré sont disposés et cousus d'autres morceaux d'étoffe assemblés, de façon à former des bandes parallèles aux côtés du carré, ce qui donne, après assemblage, une série de cellules juxtaposées et de mêmes dimensions. L'ensemble de ces cellules forme le cerf-volant *multicellulaire*.

On peut former des cerfs-volants multiples en superposant une série de cerfs-volants à simple surface attachés les uns à la suite des autres, une corde unique retenant l'ensemble. Le capitaine Baden-Powel, en Angleterre, disposait ses diverses surfaces assez près les unes des autres et les reliait entre elles par des cordes, de sorte que l'ensemble formait un cerf-volant à plans sustentateurs multiples et à liaison souple.

En Chine et au Japon, l'usage des cerfs-volants est très développé; ce sont non seulement les enfants qui jouent avec, mais encore les grandes personnes qui les font voler. Ces cerfs-volants ont des formes extraordinaires; ils sont ornés de figures et de dessins bizarres et fantastiques. Certains ont des formes d'oiseaux, d'autres sont en forme d'angles dièdres, d'autres encore ont des ailes formant *poche trouée* pour assurer leur stabilité. Il y en a même auxquels on a donné une forme d'animal chimérique et qui volent en ondulant.

Fig. 389. — Expérience militaire de cerf-volant. (Le lieutenant Basset.)

Applications des cerfs-volants

L'étude des cerfs-volants, qui a permis de déterminer les meilleures conditions de sustentation et de stabilité de ces appareils plus lourds que l'air, a permis également leur utilisation dans un grand nombre de cas.

Les cerfs-volants sont employés pour faire des observations météorologiques dans les régions atmosphériques très élevées.

En 1878, M. Hervé-Mangon, en France, fit des expériences ayant pour but de faire enlever à un cerf-volant divers appareils enregistreurs : thermomètres, baromètres, hygromètres. En 1882, on enleva, en Angleterre des appareils scientifiques de ce genre à une altitude de 500 mètres à l'aide de cerfs-volants. Les essais se poursuivirent encore pendant plusieurs années. A l'Observatoire de Blue-Hill, en Amérique, ils étaient en particulier suivis avec le plus grand intérêt et en 1897 les altitudes auxquelles purent être enlevés les appareils enregistreurs atteignirent 2.820 mètres, puis 3.379 mètres. Le *train* de cerfs-volants se composait de deux cerfs-volants Hargrave d'environ 3 mètres carrés 5 dixièmes de surface et de cinq autres cerfs-volants du même type, de 2 mètres carrés de surface, placés à des distances différentes. Un petit treuil, mû par une machine à vapeur, servait à effectuer les manœuvres de déroulement et d'enroulement du câble de retenue.

En France, à l'observatoire de Trappes (Seine-et-Oise), le savant M. Teisserenc de Bort a fort judicieusement utilisé les cerfs-volants pour explorer les hautes régions de l'atmosphère, avant l'emploi des ballons-sondes dont nous avons précédemment parlé.

En 1899, les *cerfs-volants sondes* de l'observatoire de Trappes atteignirent 3.500 mètres d'altitude. Le *train* se composait de 8 cerfs-volants Hargrave de 5 mètres carrés de surface chacun, placés en ligne à 500 mètres les uns des autres.

Lorsque les cerfs-volants ont pu être établis pour enlever des appareils météorologiques, on a songé à les utiliser pour transporter des appareils photographiques dans les airs, afin d'obtenir, par exemple, une sorte de plan photographique de terrains difficilement accessibles. Des expériences intéressantes ont été faites à ce sujet et les études ont surtout porté sur l'agencement et la suspension des appareils photographiques enlevés ainsi dans les airs.

Les cerfs-volants ont servi à transmettre des signaux : on les a utilisés comme porte-amarres, mais il était bien évident que ces diverses applications devaient être complétées par leur emploi à transporter des observateurs dans les airs.

Les ascensions en cerf-volant ont été tentées depuis longtemps. C'est en 1886 que M. Maillot put faire enlever par un cerf-volant de 72 mètres carrés de surface un poids de 70 kilogrammes, mais il ne fit aucune ascension. Le capitaine anglais Baden-Powell, en 1894, se fit enlever un certain nombre de fois avec succès à 10 mètres de hauteur. Son cerf-volant à simple surface, avait la forme d'un hexagone; sa hauteur était de 11 mètres et sa surface de $46^{m},50$. Les difficultés de manœuvre de ce cerf-volant engagèrent le capitaine Baden-Powel à établir un autre dispositif. Il réunit en tandem une série de cerfs-volants de surfaces plus réduites et parvint ainsi à maintenir en l'air un poids de 57 kilogrammes à 90 mètres de hauteur, pendant près d'une journée. Avec des séries de cerfs-volants comportant de trois à huit appareils et dont les surfaces portantes variaient de 28 à 74 mètres carrés, le capitaine Baden-Powel put se faire enlever à plusieurs reprises jusqu'à 90 mètres de hauteur. Hargrave, en 1894, fit également, en Australie, une ascension à l'aide d'une série de quatre cerfs-volants cellulaires de son système. Le lieutenant américain Wise, en employant des cerfs-volants Hargrave, se fit enlever en 1897 par un vent de 24 kilomètres à l'heure.

En France, le capitaine Madiot, qui devait mourir tragiquement des suites d'un accident d'aéroplane, et le lieutenant Basset, ont exécuté un grand nombre d'ascensions, enlevés par un train de cerfs-volants soutenant la nacelle dans laquelle ils prenaient place. Ces expériences très réussies étaient faites en vue de l'emploi des cerfs-volants pour effectuer des observations militaires.

Études et travaux sur la résistance de l'air

Les premières expériences relatives à la résistance des fluides et en particulier de l'air, remontent fort loin.

On les doit, semble-t-il, à Galilée et à Newton qui étudiaient la loi de la chute des corps dans l'air.

Plus tard, Mariotte reprit ces expériences et mesura, en outre, la valeur de la pression du vent, puis d'un courant d'eau, sur des corps de sections diverses.

D'Alembert et quelques autres physiciens s'occupèrent de ces études au XVIIIe siècle, études qui furent poursuivies par un grand nombre de chercheurs pendant le siècle suivant. Ce sont les progrès de l'aviation qui nous ont valu, ces dernières années, les études les plus complètes et les plus sérieuses sur la résistance de l'air.

Parmi ces études et ces travaux récents que nous allons, examiner sommairement, il faut mettre en première ligne ceux de M. Eiffel, le savant ingénieur, constructeur de la Tour de 300 mètres.

M. Eiffel a publié sur ses essais trois livres remarquables (1) dans lesquels il examine les travaux divers faits avant lui sur cette question et donne dans tous leurs détails les résultats des nombreuses et intéressantes expériences qu'il a effectuées avec des surfaces de sections différentes et de positions variées.

Fig. 390. — Expérience militaire de cerf-volant. (Le capitaine Madiot.)

Nous allons résumer le bel ensemble des travaux décrits par M. Eiffel et donner les principaux résultats qu'il a personnellement obtenus.

Formule de la résistance de l'air

Lorsqu'un corps solide se meut dans un fluide au repos, il provoque en avant de lui le refoulement des molécules fluides, qui s'écartent, glissent vers les bords du corps en mouvement et reprennent, à l'arrière de ce corps, leur position de repos après s'être de nouveau réunies.

Le corps en mouvement, possédant, par conséquent, une certaine force vive a dû

(1) *Recherches expérimentales sur la résistance de l'air*, — *La Résistance de l'air*, — *La résistance de l'air et l'aviation*, — par G. Eiffel ; Dunod et Pinat, éditeurs, Paris.

utiliser une fraction de cette force vive pour provoquer le déplacement des molécules; la portion de force vive ainsi employée représente la *résistance* que le fluide oppose au déplacement du corps considéré.

Donc, quand un corps se déplace dans l'air, cet air oppose à son avancement une résistance dont on a, plutôt expérimentalement que théoriquement, déterminé la *formule*.

On admet, en effet, que pour des vitesses de déplacement du corps ne dépassant pas 50 mètres par seconde, cette résistance est proportionnelle à la *masse spécifique* de l'air, à la surface de la section du corps qui se présente normalement à la direction du mouvement, au carré de la vitesse et à un *coefficient* qui est variable principalement avec la forme du corps, de sorte que la formule ainsi exprimée peut s'écrire sous la forme :

$$R = z \frac{\delta}{g} S V^2$$

Dans cette formule R désigne la résistance de l'air à chercher; z est le coefficient exprimé par un nombre, qui dépend de la forme du corps et de ses dimensions; δ représente le poids de l'unité de volume de l'air; g est l'accélération, S désigne la surface de la section du corps qui est normale à la direction du mouvement, et V la vitesse de ce corps.

On remarquera que $\frac{\delta}{g}$ dont le terme supérieur est le *poids de l'unité de volume d'air* et le terme inférieur l'*accélération due à la pesanteur,* représente, par conséquent, la *masse* de l'unité de volume.

On a, pour simplifier la formule précédente, remplacé l'expression $z \frac{\delta}{g}$ par un coefficient désigné par la lettre K, de sorte que la formule de la résistance de l'air habituellement employée se présente sous la forme :

$$R = KSV^2$$

Le coefficient K représente donc la résistance opposée par l'air, par unité de surface, à un corps solide se déplaçant par rapport à cet air avec une vitesse égale à l'unité, ou, en d'autres termes, et en prenant comme unités, le mètre, le kilogramme et la seconde, c'est *la résistance en kilogrammes* qu'éprouve, par mètre carré de surface, un corps solide se déplaçant avec une vitesse de un mètre par seconde dans l'air ayant une densité normale.

La variation de la densité de l'air fait varier, dans une proportion dont il convient de tenir compte, la valeur du coefficient K que l'on appelle ordinairement la *résistance spécifique.*

Dans la formule précédente, le *coefficient* K, est le terme le plus difficile à déterminer. C'est la détermination exacte de ce coefficient pour des corps de formes diverses qui a donné lieu aux différents travaux sur la résistance de l'air, que nous allons exposer.

Pour étudier la résistance de l'air, on a employé, en principe, deux méthodes. L'une comporte le déplacement du corps dans l'air au repos; l'autre comporte, au contraire, un déplacement d'air par rapport au corps qui est au repos.

Pour chacune de ces méthodes, on a établi diverses catégories d'appareils. On peut, en effet, en appliquant la première méthode, faire déplacer un corps dans l'air de manières différentes. On peut lui donner un mouvement circulaire en le plaçant au bout d'un bras de levier tournant sur un pivot; on peut le faire déplacer en ligne droite, ou on peut encore lui donner un mouvement pendulaire.

Le dispositif circulaire, le *manège,* ainsi qu'on le désigne, présente l'avantage de pouvoir permettre, tout en étant réalisé assez simplement, d'obtenir une vitesse uniforme; il offre, par contre, quelques inconvénients.

Pendant le mouvement de rotation d'un corps autour d'un centre formant l'extrémité d'un bras de levier, tandis qu'il occupe l'autre, la vitesse des différents points de ce corps varie suivant que ces points sont plus ou moins éloignés du centre de rotation; cette vitesse augmente au fur et à mesure que la distance du centre devient plus grande. Les pressions exercées sur le corps, qui sont fonction du carré de la vitesse, varient aussi et le centre de pression ne coïncide pas avec le centre de figure. Lorsque le rayon du bras de levier est très grand par rapport à la dimension du corps supporté, qui est généralement une plaque d'essai, la différence qui existe entre les positions de ces deux centres est peu importante, mais elle s'accentue à mesure que le bras de levier se raccourcit.

Un autre inconvénient provient de ce que, dans le mouvement circulaire, la plaque repasse, à chaque tour, par les mêmes points, de sorte que si le manège tourne vite et n'a qu'un faible rayon, cette plaque peut parfaitement rencontrer, après plusieurs tours, des molécules d'air encore en mouvement, du fait du précédent passage de la plaque; cette circonstance peut influencer et fausser les résultats. Un manège de grand rayon et tournant lentement offrira donc, pour l'obtention des mesures, une plus grande précision que les dispositifs à grande vitesse et à bras de leviers réduits.

Dans les dispositifs d'appareils à mouvement rectiligne, les inconvénients précédents disparaissent, mais ces dispositifs offrent, en général, plus de complication pour arriver à obtenir une vitesse uniforme.

Parmi les nombreux appareils à mouvement circulaire construits pour étudier la résistance de l'air, examinons ceux de Hagen, de Dines et de Langley.

Appareil Hagen (Fig. 391 et 392.) L'appareil de Hagen avec lequel il procéda à de minutieuses expériences, dont les résultats furent présentés en 1874 à l'Académie des Sciences de Berlin, se compose d'une sorte de balance à deux plateaux A et B. Chaque plateau est suspendu au bout d'un fil et ces deux fils C et D s'enroulent sur un tambour en ivoire E après être passés sur deux galets de renvoi F et G. Une traverse horizontale H réunit les deux fils tout près du plateau et porte une aiguille I (Fig. 392) se déplaçant devant une règle divisée J, au fur et à mesure que les plateaux descendent. Ces plateaux descendent sous l'action du poids qu'on y place.

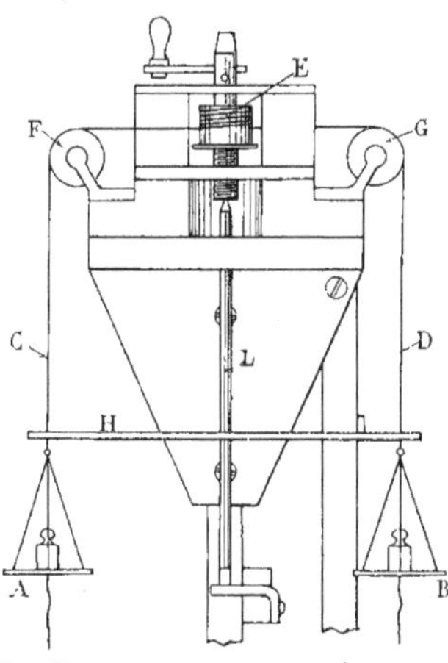

Fig. 391. — Appareil de Hagen. Élévation.

Les fils agissant sur le tambour en ivoire provoquent sa rotation. Ce mouvement est transmis par le moyeu du tambour à deux bras de manège K, ayant une longueur de $2^m,50$. Sur ces bras sont fixées les surfaces d'études.

Au fur et à mesure, donc, que les plateaux descendent, le manège tourne. Pour que les fils aient constamment, entre le tambour en ivoire et les galets de renvoi une direction horizontale, le tambour est solidaire d'une vis qui s'enfonce dans un écrou fixe de la quantité nécessaire pour maintenir l'horizontalité des fils. Ceux-ci agissent, de la sorte, toujours normalement à l'axe.

Le tambour tourne sur un pivot terminant, à sa partie supérieure, une tige L munie à son autre extrémité d'un couteau reposant au bout d'un levier M. Un contrepoids N, placé à l'autre bout du levier, équilibre le système.

Lorsque, par l'action des poids, l'appareil commence à tourner, il possède un mouvement accéléré, et le mouvement de rotation ne devient uniforme que lorsque la résistance qu'oppose l'air au déplacement des plaques et le frottement des pièces équilibrent l'action des poids. En tenant compte des poids mis dans les plateaux, du rayon du tambour, et du rayon du manège, on établit une formule simple qui permet d'obtenir le terme K S V², après avoir retranché des forces résistantes, la valeur du frottement des pièces les unes sur les autres. Cette valeur se détermine aisément en faisant tourner le manège sans que les bras portent de surfaces.

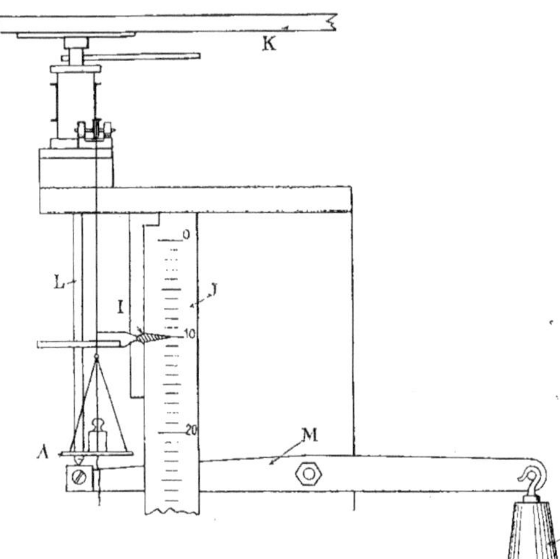

Fig. 392. — Appareil de Hagen. Vue de profil.

Dans le terme KSV², si sa valeur est connue, on connaît également la surface de la plaque et la vitesse; on peut, de la sorte, avoir la valeur de K.

Pour une pression atmosphérique de 758 $^m/_m$ 5 et à une température de 15 degrés centigrades, Hagen a trouvé pour la valeur de la *résistance spécifique* K, 0,075 pour une surface circulaire, de 1 décimètre carré et 0,076 pour une surface carrée de même dimension, cette valeur augmentant avec la surface.

Appareil Dines (Fig. 393.) Dines, un savant anglais qui a fait de multiples expériences sur la résistance de l'air, a construit un appareil dans lequel la pression de l'air sur la plaque essayée est équilibrée par la force centrifuge s'exerçant sur une masse de valeur déterminée.

Cet appareil se compose d'un levier formé de deux branches AB et CD disposées à angle droit, et pouvant tourner autour d'un axe C placé verticalement.

Ce dispositif est monté au bout du bras ED du manège. Sur la branche CD du levier est fixée la plaque à essayer F. Sur la branche perpendiculaire AB est placé un contre-poids G. Cette pièce, d'un poids connu, est réglable en position, sur la branche CB.

Lorsque le manège tourne autour du point E dans le sens de la flèche H, par exemple, l'action de l'air sur la plaque F s'exerce dans la direction opposée. D'autre part, par suite du mouvement de rotation, la force centrifuge agissant sur le contrepoids G tend à faire tourner la branche de levier C B autour de l'axe C, dans le sens de la flèche J.

Le levier à deux branches AB, CD est

donc soumis à deux actions : la résistance de l'air, d'une part, et la force centrifuge, d'autre part, qui tendent à le faire osciller autour de l'axe vertical C, mais en sens inverse l'une de l'autre. Lorsque ces deux actions auront la même valeur, la branche CD du levier et, par conséquent, la plaque étudiée seront dans le prolongement du bras du manège pendant le mouvement de rotation. On pourra alors soustraire, de la valeur de la force centrifuge agissant sur le poids G, la valeur de la résistance qu'oppose l'air à l'avancement de la plaque F et en déduire la valeur du coefficient K.

On sait que la force centrifuge est proportionnelle à la *masse du corps* et au *carré de la vitesse acquise* et inversement proportionnelle *au rayon*.

Pour que l'équilibre soit établi entre les deux forces antagonistes, il faut, avons-nous dit, que la branche CD du levier soit dans le prolongement du bras du manège. Pour être certain que cette condition se réalise, on a ajouté à l'appareil un dispositif électrique qui indique le sens dans lequel se déplace la plaque F pendant le mouvement de rotation. La branche portant la plaque est, en effet, limitée dans ses oscillations dans les deux sens par des butées isolées électriquement l'une de l'autre et de l'appareil. Ces deux butées forment contact et sont intercalées dans deux circuits électriques disposés de telle sorte que suivant la butée qui est en contact, l'aiguille d'un galvanomètre dévie dans un sens ou dans l'autre par rapport à un point de repère qui indique la position d'équilibre.

On peut ainsi connaître, à chaque instant, quelle est la force prépondérante et régler, s'il y a lieu, le contrepoids sur la branche CB. On peut également savoir à quel moment l'équilibre s'établit.

Cet appareil a reçu divers perfectionnements pour augmenter la précision des mesures. Avec le premier type d'appareil la valeur de K avait été trouvée égale à 0,088 ; avec le second cette valeur est de 0,071.

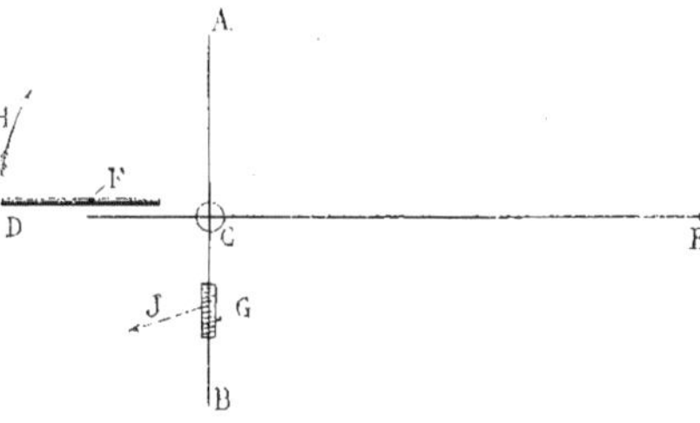

Fig. 393. — Schéma de l'appareil Dines.

Appareil Langley (Fig. 394.) Langley, qui s'est si activement occupé, ainsi que nous l'avons vu précédemment, de vol mécanique, avait construit à l'observatoire d'Alleghany (Pensylvanie), un manège pour étudier le vol, et c'est à l'aide de ce manège qu'il a été amené à faire des expériences sur la résistance de l'air.

Le manège, composé de deux bras de $9^{m},25$ de longueur, tourne autour d'un axe vertical. Le mouvement de rotation lui est donné par une machine à vapeur.

Sur le bras du manège sont placés les appareils destinés à effectuer les mesures. Plusieurs dispositifs ont été établis pour cela.

L'un d'eux, auquel on a donné le nom d'*enregistreur de résultante,* se compose d'un fléau AB supporté en C par le bras du manège DE. Le fléau porte à son extrémité extérieure la plaque F sur laquelle doivent se faire les études de résistance. A son autre extrémité, le bras du fléau s'engage exactement dans un anneau supporté par quatre ressorts fixés d'autre part à un cadre circulaire solidaire du bras du manège. L'extrémité du fléau supportant la plaque est disposée pour que cette plaque puisse recevoir une inclinaison quelconque afin de pouvoir faire des mesures avec la plaque perpendiculaire ou oblique.

Pendant le mouvement de rotation du manège, la plaque reçoit la pression de l'air, ce qui provoque l'oscillation du fléau. Ce fléau se déplace jusqu'à ce que l'action des ressorts qui agissent sur son extrémité B équilibre la pression de l'air sur la plaque. Un style G, porté par le bras intérieur du fléau, actionné, au moment propice, par la manœuvre d'un petit électro-aimant, trace, sur une feuille de papier, un signe qui indique la déviation du fléau.

Un tarage préalable de l'appareil permet d'établir la valeur de la pression de l'air sur la plaque suivant les déviations enregistrées.

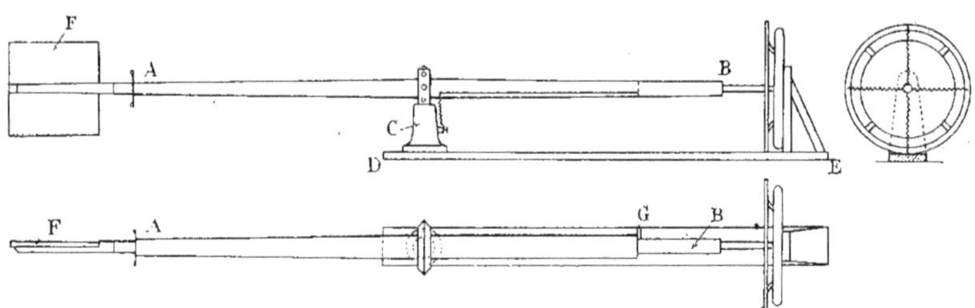

Fig. 394. — Appareil Langley.

Ce tarage s'effectue en suspendant des poids connus à l'extrémité intérieure du fléau en un point situé à même distance du support C que le centre de la plaque, et en notant les oscillations correspondantes du fléau.

Avec cet appareil, Langley a trouvé après plusieurs expériences, dont certaines avaient été troublées par le vent, une valeur de K égale à 0.084 pour une plaque carrée d'une surface de $0^{m},0929$.

Un autre dispositif comportant un *chariot roulant* a été adapté au manège pour effectuer des mesures plus précises. Ce chariot, portant à une extrémité la plaque, peut rouler sur des rails, lorsque la pression de l'air s'exerce sur cette plaque. Ce déplacement est contrebalancé par l'action d'un ressort placé à l'autre extrémité du chariot, qui, par sa tension, s'oppose au mouvement. Lorsque sa tension est suffisante pour maintenir le chariot immobile, elle représente la valeur de la pression de l'air sur la plaque. La variation de longueur du ressort indique, de la sorte, la variation de la pression de l'air. Un tarage préalable des ressorts établit les diverses valeurs de la pression correspondant aux différentes longueurs. Un dispositif spécial permet d'enregistrer les variations d'allongement du ressort.

Les expériences faites à l'aide du chariot roulant par Langley ont donné comme valeur moyenne de la résistance spécifique : 0.089.

Nombre d'autres expériences ont été faites sur la résistance de l'air à l'aide de manèges. Les valeurs trouvées pour la résistance spécifique varient suivant les expérimentateurs, ce qui provient surtout des causes d'erreurs imputables aux appareils eux-mêmes, dont certains ne permettent pas d'obtenir toute la précision désirable.

Von Lössl en Allemagne, Mannesmann, Finzi et Soldati en Italie, le colonel Renard, Reichel en France, ont employé dans leurs études de la résistance de l'air des appareils à mouvement circulaire.

Balance Renard (Fig. 395.) La *balance dynamométrique* du colonel Renard, destinée à mesurer la résistance de l'air sur les surfaces courbes, est un manège d'une disposition toute particulière.

Fig. 395. — Les débuts de l'aviation. — Santos-Dumont vole à Bagatelle en mars 1907.

Fig. 396. — Les débuts de l'aviation. — Delagrange vole à Bagatelle en avril 1907.

Sur le fléau A B d'une balance, monté sur couteaux C, est disposé un moteur électrique D qui donne le mouvement de rotation aux bras du manège portant les plaques à essayer. Tout cet ensemble formé du fléau, de la balance, des plateaux, du moteur, du manège et des plaques, peut donc osciller autour des couteaux. Au repos, le système est en équilibre, mais lorsqu'on met le moteur électrique en marche, en lui envoyant un courant électrique, le manège tourne, la résistance de l'air agit sur les plaques et l'équilibre se trouve ainsi détruit. Le fléau de la balance oscille; pour le ramener dans sa position normale d'équilibre, on place dans un des plateaux les poids nécessaires. La valeur des poids étant déterminée et le bras de levier de la balance l'étant aussi, on peut aisément connaître la valeur du *couple* ainsi constitué, qui a la même valeur que le *couple résistant* produit par la résistance de l'air sur les plaques pendant leur mouvement de rotation.

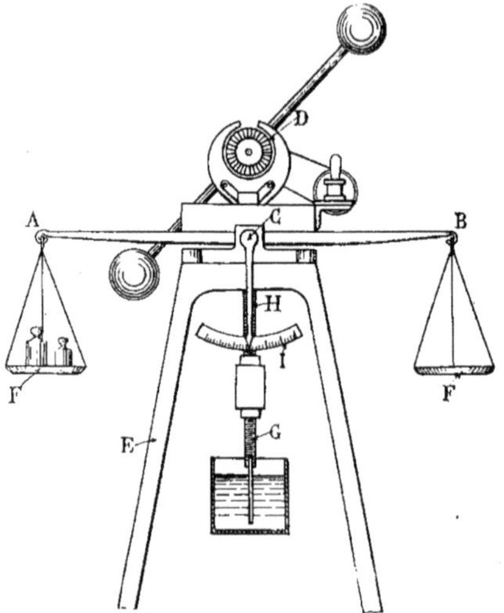

Fig. 397. — Balance Renard.

On peut ainsi déterminer la valeur de la résistance spécifique.

Le colonel Renard a utilisé sa « balance dynamométrique » pour comparer la valeur de la résistance de l'air sur des plaques de formes diverses, en prenant comme base une résistance spécifique de 0.085 pour une plaque carrée.

Ces travaux l'ont conduit à établir la forme rationnelle à donner aux enveloppes d'aérostats dirigeables pour que la résistance de l'air soit minimum.

Les appareils d'études de la résistance de l'air à mouvement rectiligne, ont été moins nombreux que les types d'appareils précédents. On les a d'abord utilisés pour déterminer l'influence de la forme de l'avant des locomotives sur la valeur de la résistance opposée à leur progression. Plusieurs appareils ont été, dans ce but, montés sur des locomotives, et les pressions exercées sur des surfaces de formes diverses ont été relevées et enregistrées. Ces études ont conduit à donner à l'avant de quelques locomotives des formes en *coupe-vent* qui ont fourni d'assez bons résultats.

Appareil Cailletet et Collardeau

(Fig. 398.) MM. Cailletet et Collardeau ont fait en 1892, à la tour Eiffel, des expériences très intéressantes sur la résistance de l'air, à l'aide d'un appareil à mouvement rectiligne, utilisant la chute d'un corps.

L'appareil est basé sur le principe suivant : lorsqu'un corps se déplace dans l'air, la résistance qu'il rencontre croît en même temps que la vitesse qu'il possède.

Si le corps est soumis à l'action d'une force constante, comme cela se produit lorsqu'il est abandonné en chute libre et qu'il tombe par son propre poids, lequel ne ne varie pas, au fur et à mesure que la vitesse du corps s'accroît, la résistance qu'il éprouve de la part de l'air augmente également, et le mouvement, qui au début était accéléré, deviendra uniforme lorsque la valeur de la résistance de l'air équilibrera l'action de la pesanteur.

Ainsi, si on connaît la vitesse du corps, lorsque son mouvement devient uniforme, l'effort exercé par l'air sur ce corps animé de cette vitesse sera égal au poids même de ce corps, poids évidemment connu.

Si on augmente le poids du corps sans changer la valeur de la surface soumise à l'action de l'air, la vitesse pour laquelle le mouvement deviendra uniforme augmentera également, ce qui peut permettre d'établir pour une même surface les variations de la résistance de l'air suivant la vitesse acquise.

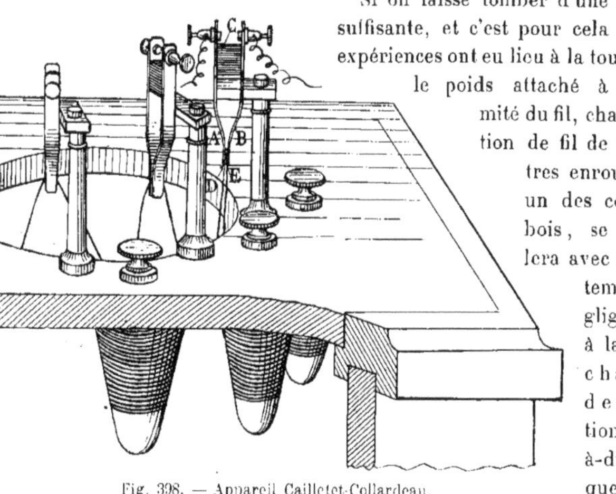

Fig. 398. — Appareil Cailletet-Collardeau.

Pour appliquer cette méthode, MM. Cailletet et Collardeau ont réalisé un appareil qui se compose d'une grande longueur de fil, subdivisée en sections égales ayant chacune 20 mètres et portant, à une de ses extrémités, un corps pesant.

Les diverses sections de fils sont respectivement enroulées sur des cônes en bois, fixés verticalement sur un plancher, et dont la petite base est tournée vers le bas.

A chacune de ces bobines coniques correspond un dispositif électrique constitué par deux lames métalliques A et B isolées à l'une de leurs extrémités par un bloc d'ébonite C et communiquant entre elles, à l'autre bout, par l'intermédiaire de contacts en platine D et E. Ces deux lames sont intercalées dans un circuit électrique qui actionne le *style* d'un enregistreur. Lorsque les deux contacts de platine sont séparés, le courant est interrompu et le style indique sur le tambour de l'enregistreur le moment de l'interruption et sa durée.

Chaque section de 20 mètres de fil enroulée sur les bobines coniques se termine par une boucle passant entre les deux lames A et B d'un interrupteur.

Si on laisse tomber d'une hauteur suffisante, et c'est pour cela que les expériences ont eu lieu à la tour Eiffel, le poids attaché à l'extrémité du fil, chaque section de fil de 20 mètres enroulée sur un des cônes en bois, se déroulera avec un frottement négligeable et à la fin de chacune des sections, c'est-à-dire chaque fois que le poids aura parcouru 20 mètres de plus verticalement, le fil passé entre les lames les écartera un instant pour continuer à se dérouler de la bobine suivante. Le courant sera donc interrompu autant de fois qu'il y a de subdivisions et le style de l'enregistreur indiquera sur le tambour le moment où cette interruption s'est produite. On aura, de la sorte, sur le tracé, une série de signes faits par le style, les divers intervalles séparant ces signes représentant des parcours successifs d'une longueur de 20 mètres effectués par le poids mobile.

En adjoignant à l'enregistreur un diapason dont le nombre de vibrations est bien déterminé et en entretenant ces vibrations pendant la chute du poids, la plume de ce diapason fixée en bout d'une des branches tracera, à côté du style de l'enregistreur, une courbe sinusoïdale composée d'autant de sinuosités que le diapason effectue de vibrations par seconde. Il est donc possible, en comptant le nombre de sinuosités qui séparent chacun des signes tracés par le style, de savoir les divers intervalles de temps qui se sont écoulés entre le point de départ du poids, lequel est enregistré par un contact électrique, et les parcours successifs de 20 mètres de ce poids. Lorsque le mouvement de la chute du poids sera devenu uniforme, les intervalles entre les signes tracés par le style seront devenus égaux et le nombre de sinuosités compris entre ces intervalles indiquera le temps mis, à ce moment, par le poids pour parcourir une longueur de 20 mètres. On pourra aisément en déduire la vitesse et pour cette vitesse, ainsi déterminée, la valeur de la résistance de l'air exercée sur le corps tombant sera égale au poids de ce corps.

Appareil Eiffel (Fig. 399.) M. G. Eiffel, utilisant la tour de 300 mètres qu'il a construite, a établi un appareil de chute dans lequel la plaque à étudier peut tomber d'une hauteur de 115 mètres, dont 95 de course utile. Les expériences effectuées de 1903 à 1905 avec cet appareil ont été consignées en détail dans le très intéressant ouvrage de M. Eiffel : *Recherches expérimentales sur la résistance de l'air, exécutées à la Tour Eiffel,* et ont été présentées à l'Académie des Sciences où elles ont été très favorablement accueillies.

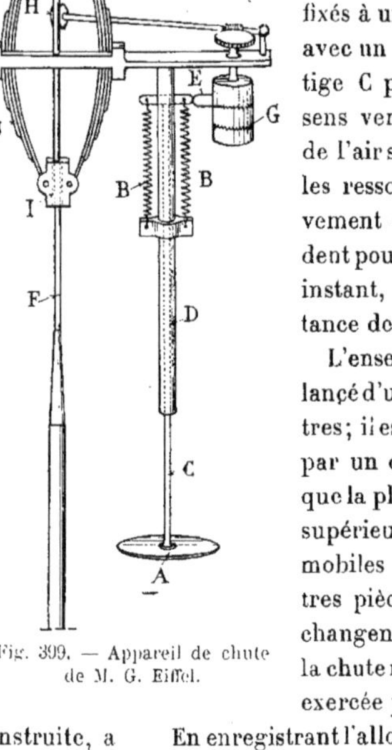

Fig. 399. — Appareil de chute de M. G. Eiffel.

L'appareil Eiffel se compose d'une masse pesante portant à son extrémité inférieure la plaque A, sur laquelle il s'agit d'étudier la résistance de l'air. En tombant, cette surface reçoit la pression de l'air, pression qui est contrebalancée par la tension de ressorts à boudin B, soigneusement tarés.

Ces ressorts sont réunis à leur extrémité supérieure par une traverse solidaire de la tige C, qui porte, en bout, la plaque à essayer. A l'autre extrémité, les ressorts sont fixés à un collier faisant corps avec un tube D dans lequel la tige C peut coulisser dans le sens vertical lorsque l'action de l'air s'exerce sur la plaque ; les ressorts, pendant le mouvement de la plaque, se tendent pour équilibrer, à chaque instant, la valeur de la résistance de l'air.

L'ensemble de l'appareil est lancé d'une hauteur de 115 mètres ; il est guidé dans sa chute par un câble F, mais on voit que la plaque et les extrémités supérieures des ressorts sont mobiles par rapport aux autres pièces de cet appareil et changent de position pendant la chute même, suivant l'action exercée par l'air sur la plaque.

En enregistrant l'allongement des ressorts, on détermine leur tension et on peut en déduire la valeur de la résistance de l'air. Pour cela, *un diapason* E taré à 100 vibrations à la seconde, est solidaire de la traverse réunissant les ressorts et se déplace avec eux. Ce diapason porte un style qui peut, dès lors, se déplacer verticalement suivant la génératrice d'un tambour G sur lequel il appuie.

ig. 400. — Disposition, à la tour de 300 mètres, de l'appareil de M. G. Eiffel pour mesurer la résistance de l'air.

En même temps, le diapason, mis en marche au commencement de la chute, vibre et la plume solidaire d'une des branches, trace sur le tambour de l'enregistreur une courbe qui permet de connaître le temps de chute. En effet, le cylindre G enregistreur, sur lequel est enroulée une feuille de papier noircie à la fumée pour que les traces des styles soient apparentes, reçoit un mouvement de rotation dont la vitesse est proportionnelle à la vitesse de chute. Ce mouvement lui est donné à l'aide d'un galet H, portant sur sa périphérie de fines dentelures et appliqué énergiquement sur le câble-guide F. Lorsque l'appareil tombe, le galet roule sans glisser sur le câble. Son axe commande, par l'intermédiaire d'un train d'engrenage, la rotation du tambour G.

De cette façon, sur le tambour de l'enregistreur se trouve tracée une courbe sinusoïdale représentant le *temps*, dont les *ordonnées* indiquent la tension des ressorts pour chaque position de l'appareil, les *abscisses* étant proportionnelles au chemin parcouru pendant la chute.

On connaît ainsi les éléments permettant de déterminer la résistance spécifique. L'appareil de chute Eiffel, qui est d'un poids considérable, tombant d'une hauteur de 115 mètres irait évidemment s'écraser sur le sol s'il ne comportait un dispositif pour amortir sa chute et l'arrêter avant l'arrivée à terre.

Ce dispositif consiste à donner au câble-guide, à sa partie inférieure, un diamètre plus considérable, raccordé au diamètre normal du câble par un cône allongé. Cette partie renflée du câble est placée à 21 mètres au-dessus du sol. Les deux douilles I qui guident l'appareil sur le câble sont appuyées sur lui par deux forts ressorts J destinés à absorber la force vive à la fin de la chute et à freiner l'appareil. Lorsque les douilles arrivent, en effet, sur la partie conique, elles tendent à s'écarter en comprimant les ressorts, d'une quantité de plus en plus grande au fur et à mesure que le diamètre augmente. La tension des ressorts augmente aussi de plus en plus et ces organes agissent comme frein en appuyant fortement les douilles sur la partie du câble de grand diamètre. L'appareil peut ainsi être arrêté à quelques mètres au-dessus du sol.

De nombreuses et intéressantes expériences ont été effectuées avec cet appareil de chute. Voici, d'ailleurs, les conclusions du rapport de la Commission de l'Académie des Sciences, à son sujet :

« Des expériences préliminaires ont permis d'évaluer tous les éléments des résistances passives ou des causes perturbatrices pouvant influencer les mesures et d'en corriger au besoin les effets. Des corrections spéciales ont ramené les résultats obtenus à ce qu'ils auraient été à la température de 15 degrés et à la pression de 760 millimètres. Il a été aussi reconnu que les seules expériences dont il était possible de tenir compte étaient celles qui avaient pu être effectuées par un calme parfait. Dans ces conditions, on peut admettre que les résultats obtenus par M. Eiffel et consignés dans son ouvrage représentent aujourd'hui les valeurs les plus précises que l'on connaisse pour la mesure de la résistance que l'air oppose au mouvement rectiligne de surfaces ayant les dimensions et les formes qu'il indique, pour des vitesses de déplacement comprises entre les limites où il a opéré.

« On peut donc conseiller à ceux qui ont besoin de connaître et d'utiliser ces valeurs, de se reporter aux nombres et résultats indiqués dans son ouvrage, et l'on peut considérer comme établies avec une suffisante exactitude les conclusions principales qu'il indique et qui peuvent se résumer comme il suit :

« Dans la limite des mesures effectuées, c'est-à-dire pour des vitesses comprises entre 18 mètres et 40 mètres, la résistance de l'air est sensiblement proportionnelle au carré de la vitesse. Toutefois, dans la réalité, l'exposant de la vitesse paraît croître, pour les plaques, d'une façon continue, en passant par la valeur 2 pour la vitesse de 33 mètres environ, mais en restant toujours assez voisin de cette valeur pour qu'on puisse accepter cette proportionnalité. Le coefficient K de la formule ainsi admise a été trouvé constamment compris entre 0,068 et 0,080 pour l'air ramené à la température de 15 degrés et à la pression de 760 millimètres, la dernière valeur étant celle qu'atteignent seulement les plaques d'assez grandes dimensions. Le coefficient augmente graduellement avec la surface de la plaque et avec son périmètre. »

Les appareils d'études de la résistance de l'air qui utilisent des courants d'air créés artificiellement, comportent généralement un ventilateur qui crée un courant d'air pouvant être canalisé à l'aide d'un tube ou qui peut être employé à l'air libre.

Lorsque le courant d'air est envoyé dans un tube, il convient que ce tube ait un diamètre suffisant par rapport à la surface de la plaque à essayer, de façon à éviter les perturbations provenant du frottement de l'air sur les parois du tube. Ce frottement empêche la vitessse de l'air de se maintenir uniforme dans le tube, du centre aux parois. Pour remédier à cet inconvénient, on place dans le tube une succession de diaphragmes et on n'utilise que la partie centrale du courant d'air.

La surface à essayer doit, en outre, être tenue à une certaine distance des parois du tube, car l'air doit pouvoir s'écouler librement sur les côtes, sans provoquer en avant de la plaque une pression supplémentaire nuisible à l'exactitude des mesures.

M. Stanton a fait en 1903, à Londres, des expériences très intéressantes à l'aide d'un appareil dans lequel un courant d'air était créé dans un tube à l'aide d'un ventilateur qui aspirait l'air dans ce tube. La pression de l'air sur la plaque placée au centre du courant d'air était mesurée par une balance spéciale et, en outre, on pouvait mesurer également à l'aide de manomètres les pressions s'exerçant en avant et en arrière.

Sir Hiram Maxim a construit aussi un appareil à courant d'air artificiel, pour étudier spécialement la résistance de l'air sur les ailes d'aéroplanes et les hélices.

D'ailleurs, après les nombreux essais faits pour déterminer la valeur du coefficient K, et devant les progrès extraordinairement rapides de l'aviation, on a été conduit à étudier plus spécialement l'influence de la forme des ailes des aéroplanes au point de vue de leur tenue dans l'air et à chercher, pour les hélices, les conditions pour lesquelles leur rendement peut être maximum.

On a créé des *laboratoires aérodynamiques*, dans lesquels on s'ingénie à établir et à grouper les appareils nécessaires aux études concernant la tenue des aéroplanes dans l'air en utilisant les méthodes d'investigation les plus aptes à fournir des résultats précis.

Laboratoires aérodynamiques

Les laboratoires aérodynamiques ont été établis dans un grand nombre de pays où les recherches sur l'aviation ont suscité la plus utile émulation.

En Russie, c'est l'institut aérodynamique de Koutchino; en Angleterre, les expériences faites par M. Stanton au *National Physical Laboratory*, et celles de Maxim, sont continuées par des travaux présentés à l'Institut de Northampton par MM. Larard et Boswal sur les essais de modèles d'aéroplanes. A Rome, la Brigade d'aérostiers du Génie militaire italien a créé une installation pour des études d'aérodynamique.

En Allemagne, c'est à Gottingen qu'a été installé un laboratoire où l'on effectue des essais sur les hélices et aussi sur les modèles de dirigeables.

En France, M. Eiffel a établi, non loin de la Tour Eiffel, dont l'usine lui fournit la force motrice, un laboratoire d'aérodynamique dans lequel il étudie méthodiquement toutes les questions relatives à la résistance de l'air, et M. Deutsch, de la Meurthe, a, par ses libéralités, permis de construire, à Saint-Cyr, un autre laboratoire où doivent être faites les études se rapportant à l'aéronautique.

Coupe longitudinale A B.

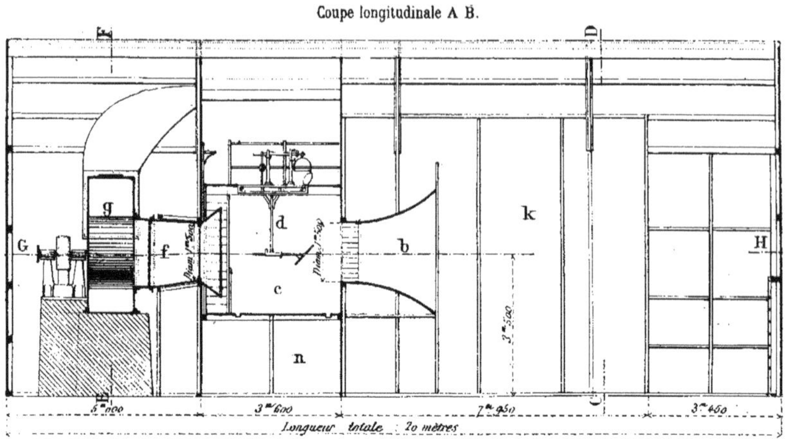

Fig. 401. — Laboratoire aérodynamique de M. G. Eiffel. Coupe longitudinale.

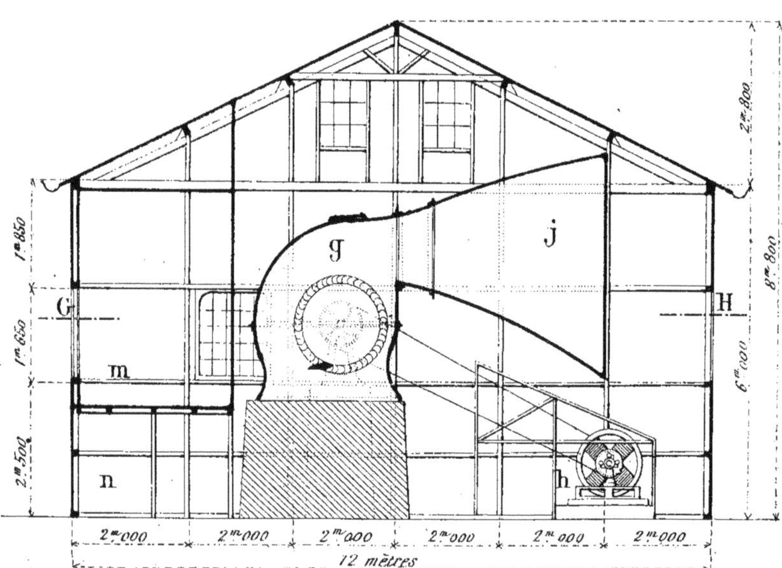

Fig. 402. — Laboratoire aérodynamique de M. G. Eiffel. Coupe transversale.

Nous allons donner quelques indications sur ces deux installations.

Laboratoire aérodynamique Eiffel

Dans l'installation de M. Eiffel, la surface à essayer est maintenue immobile et placée dans un courant d'air fourni par un ventilateur. Pour éviter les inconvénients que nous avons signalés plus haut et qui proviennent du trouble apporté à la direction du courant d'air par la proximité des parois, les conduits employés ont de grands diamètres : les buses ont, en effet, un diamètre de 2 mètres et le conduit est élargi à l'endroit où se trouve la plaque par une grande capacité hermétiquement close dans laquelle s'effectuent les essais.

L'air est aspiré par un ventilateur G (Fig. 401) dans un vaste hangar A renfermant l'installation, au moyen d'un ajutage B de grand diamètre, à courbure régulière.

Le ventilateur a un diamètre de $1^m,75$; il est commandé par une machine dynamo-électrique de 68 chevaux, à laquelle le courant est fourni par les groupes électrogènes de la Tour Eiffel. Le nombre de tours peut varier de 40 à 200 par la manœuvre d'un rhéostat; la vitesse du courant d'air peut atteindre de 5 à 20 mètres par seconde lorsque l'ajutage a un diamètre de 1 mètre 50 centimètres.

Pour un ajutage de 2 mètres de diamètre, on peut encore lui donner une vitesse de 12 mètres par seconde.

L'air aspiré par le ventilateur G arrive de l'ajutage B dans la chambre close C et passe, avant de pénétrer dans cette capacité, par un diaphragme composé d'un certain nombre de cellules ayant pour objet d'assurer le parallélisme des filets d'air à leur entrée dans la chambre où se trouve la plaque à étudier D.

Un conduit F, faisant suite à la chambre, aboutit au ventilateur et reçoit l'air aspiré qui sort de cette chambre. Cet air est ensuite rejeté par une large buse dans un grand couloir I ménagé sur le côté du hangar, d'où il est repris pour être de nouveau aspiré.

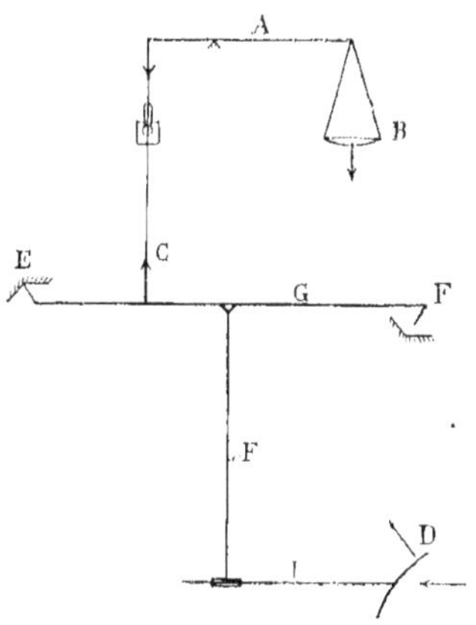

Fig. 403. — Principe de la balance aérodynamique.

Pour mesurer la vitesse de l'air, on détermine sa pression à l'aide d'un manomètre qui communique avec l'air du hangar et avec l'air de la chambre close. De la différence des pressions on déduit, en appliquant une formule simple, la vitesse de l'air.

On peut aussi mesurer cette vitesse à l'aide de l'instrument spécial nommé *tube de Pitot*, placé normalement au courant et correspondant avec un manomètre dont une autre branche débouche dans la chambre close.

La plaque D étant soumise à l'action de l'air dans la chambre, on mesure la poussée qu'elle reçoit, au moyen d'une balance spéciale E.

Cette balance se compose (Fig. 403) d'un fléau A oscillant sur un couteau et portant à une extrémité un plateau de balance B, et à l'autre un dispositif d'attache permettant à une tige C de s'y fixer.

La tige C peut équilibrer, autour de deux séries de couteaux E et F, un châssis G en fer portant un bras vertical F auquel est reliée une tige horizontale I au bout de laquelle se place la plaque D à étudier.

La balance étant préalablement équilibrée, lorsque l'air arrive sur la plaque, il provoque, par sa poussée, l'oscillation du châssis G autour d'une série de couteaux. On rétablit l'équilibre en faisant varier les poids placés dans le plateau de la balance. On procède ensuite à une autre expérience en prenant comme points d'oscillation l'autre série de couteaux. On complète l'essai en effectuant une mesure après avoir fait tourner la tige support I de 180 degrés. A chaque expérience, on détermine le poids nécessaire à placer dans le plateau de la balance pour rétablir l'équilibre. Ces poids permettent d'établir des équations dans lesquelles se trouve l'effort exercé par l'air. On peut donc établir trois équations à la suite de trois expériences, à l'aide desquelles on détermine la grandeur de l'effort de l'air, sa direction et son point d'application.

M. Eiffel a pu, avec cette installation aérodynamique, effectuer de nombreuses expériences sur la pression qui s'exerce sur des surfaces de formes et sections diverses, sur la répartition de ces pressions par rapport aux bords des surfaces, dont nous donnons quelques exemples un peu plus loin. Il a déterminé également la variation des centres de pression sur les modèles d'ailes d'aéroplanes les plus employés, ce qui est d'un intérêt capital au point de vue de l'étude rationnelle des types divers d'aéroplanes.

Institut aérotechnique de l'Université de Paris

Cet institut, fondé grâce à la générosité de M. Deutsch, de la Meurthe, est un vaste laboratoire installé sur le plateau de Saint-Cyr ; il a pour but de fournir à tous ceux qui s'occupent d'aéronautique, toutes les indications utiles en vue de déterminer les formes les meilleures à donner aux appareils d'aérostation et d'aviation.

L'emplacement dont on dispose a une superficie totale de 71.000 mètres carrés, de sorte qu'on peut effectuer les essais en faisant déplacer en plein air un chariot roulant sur une voie électrique.

Plusieurs bâtiments ont été établis pour séparer les divers services.

La piste équipée électriquement pour les essais à faire à l'air libre, a une longueur de 1.400 mètres. Les essais, qui peuvent être faits également en espace clos, sont, autant que possible, effectués dans les conditions même des appareils évoluant en plein air. On détermine l'action de l'air sur les surfaces portantes et directrices des aéroplanes et des dirigeables, ainsi que sur les agrès; l'on étudie aussi les hélices.

La piste est horizontale et en ligne droite; les appareils peuvent s'y déplacer à une vitesse de plus de 100 kilomètres à l'heure.

La force motrice est fournie par une machine à vapeur d'une puissance de 150 chevaux ; elle actionne une dynamo produisant le courant nécessaire pour commander le chariot électrique, lequel se déplace sur la piste et porte les surfaces à essayer. Un autre moteur de 30 chevaux sert à l'excitation de la dynamo principale et, en outre, à commander divers autres petits moteurs et machines d'atelier et fournit aussi le courant d'éclairage. Des générateurs Belleville produisent la vapeur qui alimente les deux moteurs.

Un *manège*, actionné par un des moteurs auxiliaires, permet de faire des essais à l'intérieur des bâtiments et de préparer certains essais sur piste.

Un atelier de réparation, d'entretien et de mise au point est installé avec tout l'outillage nécessaire dans un local spécial.

Il a été prévu aussi un bureau d'études, un laboratoire d'héliographie et de photographie en dehors du laboratoire de physique et de chimie comportant le matériel et les instruments nécessaires pour étudier les gaz légers, leurs propriétés, leur fabrication, leur prix de revient, la mesure de leur pression, de leur densité, l'action de l'humidité, de la chaleur, de la lumière sur les gaz et les enveloppes, etc.

En résumé, l'Institut aérotechnique de l'Université de Paris, construit en 1910, se propose l'étude des rapports des corps avec l'air dans lequel ils sont plongés, qu'ils soient plus légers ou plus lourds que lui, qu'ils soient en repos ou en mouvement.

Cette installation est appelée à rendre de très grands services à la science aéronautique et aidera certainement à la réalisation de nouveaux progrès.

Distribution des pressions du vent sur des surfaces diverses

La pression qui s'exerce sur une surface exposée au vent et dont la valeur moyenne peut être déterminée, ainsi que nous venons de le voir, n'est pas cependant uniformément répartie sur toute l'étendue de cette surface. Suivant la forme et la position de la surface par rapport à la direction du vent, certains points reçoivent une pression dont la valeur est différente de celle qui s'exerce en des points voisins. Il est très important de connaître de quelle façon s'effectue la distribution de ces pressions pour des plaques de formes et de positions diverses et quelle est leur valeur pour l'avant et pour l'arrière de ces plaques.

De nombreux expérimentateurs, parmi lesquels MM. Dines, Nipher, von Lössl et, tout récemment, Eiffel, ont étudié cette distribution. Les expériences de M. Eiffel, qu'il a publiées avec les plus grands détails dans son livre : *La résistance de l'air et l'aviation,* ont, surtout, été poussées fort loin et ont fourni des indications extrêmement intéressantes.

Voici la méthode employée par M. Eiffel pour l'étude de ces distributions et quelques-uns des résultats obtenus.

Nous avons examiné plus haut la façon dont était mesurée, à l'aide de la balance aérodynamique Eiffel, la *résultante* de la pression du vent sur une surface. Pour connaître comment est répartie cette pression à l'avant et à l'arrière de la plaque exposée au vent, cette plaque porte de nombreux trous pouvant recevoir à volonté soit une vis soigneusement affleurée sur chaque face de la plaque, soit un ajutage percé à sa partie centrale d'un canal de 0 millimètre 5 de diamètre, relié, du côté opposé à la face à étudier, avec un manomètre. Lorsque l'on veut mesurer la résistance totale sur chaque face, tous les trous sont bouchés avec les vis; lorsque l'on veut procéder à l'étude des pressions en divers points de la plaque, on dispose en ces points des ajutages, de sorte que la pression du vent qui s'exerce sur la plaque en ce point est mesurée à l'aide du manomètre. En notant les diverses valeurs de la pression pour divers points d'une surface à étudier, on peut aisément connaître la répartition de cette pression par rapport aux bords de la plaque et tracer sur cette plaque les *courbes d'égale pression* pour des formes et des inclinaisons différentes.

Pour faire ces mesures, on suspend la plaque, à l'aide de fils de fer munis de tendeurs, à un châssis en bois roulant sur deux rails. Ce châssis peut ainsi être tiré rapidement hors du courant d'air pour changer l'ajutage de place, ou pour faire varier la position de la plaque.

Un grand nombre de mesures ainsi faites sur de nombreux points de plaques ont donné ce résultat remarquable, que la somme des pressions partielles obtenues correspond à la pression totale enregistrée à l'aide de la balance aérodynamique, de sorte que l'on peut en conclure que les deux méthodes de mesure de la *pression totale* et des *pressions partielles* se vérifient tout en se complétant.

Parmi les mesures faites à l'aide de ces méthodes, nous allons donner, comme exemple d'application, celles qui ont été faites sur une plaque courbe et sur une plaque plane ayant sensiblement les mêmes dimensions et indiquer, sur ces surfaces, les courbes d'égale pression et les variations des centres de poussée.

La plaque courbe choisie est un rectangle de 90 centimètres de longueur, 15 centimètres de largeur, courbé dans le sens de sa longueur à la façon d'une aile d'aéroplane. La flèche est de 10,8 millimètres soit 1/13,5 de la corde : c'est par un rapport que l'on désigne le plus souvent les courbures des ailes.

Par suite de cette disposition, l'angle que fait la corde avec les tangentes menées à la courbe, au bord de la plaque est de 16 degrés.

Les différentes valeurs obtenues suivant l'inclinaison de la plaque pour la pression totale et pour les deux composantes de cette pression : composante ou *poussée horizontale* et composante ou *poussée verticale,* sont indiquées par les trois courbes Ki, Kx, Ky de la figure 404.

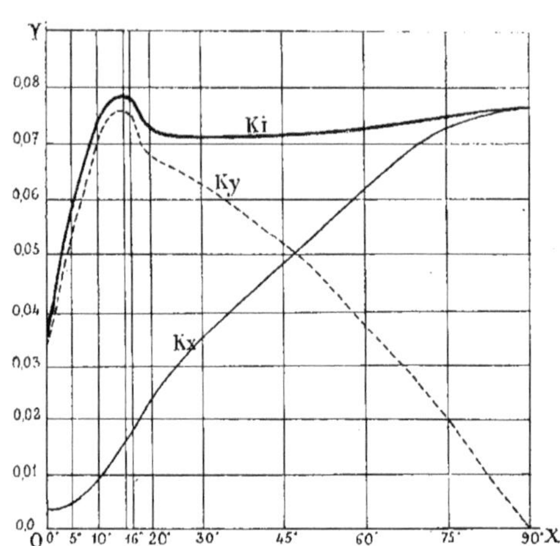

Fig. 404. — Courbes des variations des poussées totales verticale et horizontale, sur plaque courbe de 90 × 15, flèche 1/13,5.

Les valeurs des poussées respectives sont portées sur l'axe vertical OY des *ordonnées,* tandis que les angles d'inclinaison que prend successivement la plaque sont portés sur l'axe horizontal des *abscisses* OX.

On voit, à l'examen de ces courbes, que la poussée totale représentée par la courbe Ki a une valeur de 0,034 pour un angle de 0 degré, c'est-à-dire pour une inclinaison nulle de la plaque et cette poussée atteint sa valeur maximum 0,078 pour un angle d'inclinaison de 16 degrés. On remarquera que lorsque la plaque courbe examinée possède une inclinaison de 16 degrés, son *bord d'attaque,* c'est-à-dire le bord sur lequel le vent agit au début, se trouve, pour cette position, dans la direction même de ce vent, puisque nous avons vu précédemment que la tangente à la courbe de la plaque faisait précisément avec la corde un angle de 16 degrés. Donc, pour cette position, le coefficient de la poussée totale est maximum ; il décroît ensuite légèrement pour une inclinaison d'environ 20 degrés et reste à peu près constant en augmentant, toutefois, d'une faible quantité, lorsque l'inclinaison se rapproche de 90 degrés.

La courbe Ky représentative de la poussée verticale, une des composantes a, pour des inclinaisons variant de 0 à 20 degrés, une allure à peu près semblable à celle de la courbe de poussée totale, et la poussée verticale maximum correspond également à une inclinaison de la plaque de 16 degrés, lorsque le bord d'attaque est dans la direction du vent. Par contre, la courbe Kx représentant les variations de la poussée horizontale indique des valeurs faibles du coefficient pour des inclinaisons de 0 à 16 degrés, et cela se comprend, car, moins la plaque est inclinée, moins elle offre de prise horizontalement au vent, et il est évident que lorsque la plaque a une inclinaison de 90 degrés, c'est-à-dire lorsqu'elle est placée verticalement par rapport à la direction du vent, le coefficient de poussée horizontale est maximum, car cette poussée s'exerce sur la plus grande section que puisse offrir la plaque. En effet, la courbe Kx, à partir d'une inclinaison de 10 degrés, s'élève constamment, et le coefficient de poussée horizontale, qui a une valeur presque nulle à 0 degré, est de 0,019 pour une inclinaison de 16 degrés; il atteint 0.076 à 90 degrés, tandis que le coefficient de poussée verticale, après avoir atteint 0.076 pour 16 degrés d'inclinaison, diminue rapidement de valeur à mesure que l'inclinaison augmente et devient nul pour une inclinaison de 90 degrés, lorsque la plaque est verticale. Aux environs d'une inclinaison de 45 degrés, exactement à 46, les valeurs des coefficients de poussée horizontale et verticale sont égaux; mais, pour l'angle de 16 degrés, le coefficient de poussée verticale est 4 fois plus fort que celui de la poussée horizontale; à 20 degrés, il est encore près de trois fois plus considérable.

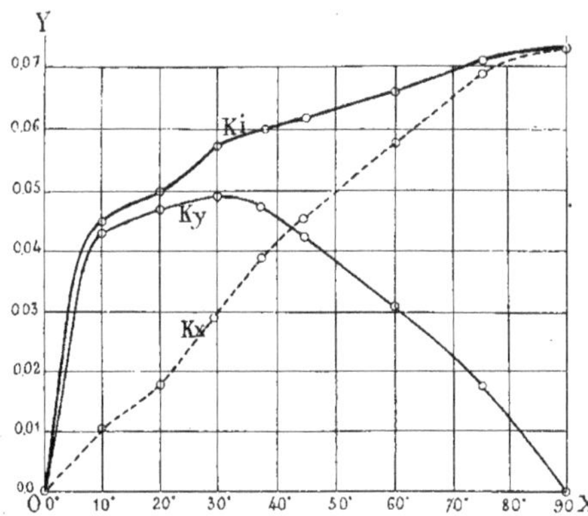

Fig. 405. — Courbe des variations des poussées totales, verticale et horizontale sur plaque plane de 90 × 15, flèche 1/13,5.

Examinons, maintenant, les variations du coefficient de poussée totale, horizontale et verticale, pour une plaque qui serait absolument plane, au lieu d'être courbée comme celle que nous venons d'étudier.

M. Eiffel a fait ses expériences sur une plaque plane ayant une longueur de 85 centimètres et une largeur de 15 centimètres; il a obtenu des courbes de variations des divers coefficients de poussée, représentées par la figure 405.

La courbe Ki représente, comme précédemment, les variations du coefficient de poussée totale, la courbe Kx celles du coefficient de poussée horizontale, la courbe Ky celles du coefficient de poussée verticale.

La poussée totale croît à mesure que la plaque prend une inclinaison de plus en plus grande. A 0 degré, c'est-à-dire lorsqu'elle est horizontale, le coefficient est nul. et, en effet, la poussée est nulle, la plaque se présentant par sa tranche à la direction du vent qui n'a aucune prise sur elle. Pour une inclinaison de 90 degrés, au contraire, lorsque la plaque est verticale, la poussée est maximum et le coefficient atteint 0,073. L'accroissement de la valeur du coefficient de poussée totale est très rapide entre 0 et 10 degrés d'inclinaison; il augmente dans de moins grandes proportions entre 10 et 30 degrés, et l'augmentation est encore moins rapide entre 30 et 90 degrés. La courbe Ky représentant les poussées verticales suit sensiblement, comme dans le cas précédent, la courbe des poussées totales jusqu'à une inclinaison de 20 degrés; elle s'élève encore jusqu'à 30 degrés, puis descend et le coefficient atteint une valeur nulle à 90 degrés, la plaque étant, à ce moment, verticale.

Les poussées horizontales représentées par la courbe Kx croissent, pour ainsi dire, d'une façon proportionnelle pour toutes les inclinaisons jusqu'à 60 degrés.

Cette courbe peut, en effet, jusqu'à cet angle, être confondue sans erreur sensible avec une ligne droite. De 60 à 90 degrés, elle est légèrement incurvée, et le coefficient atteint, pour cette dernière inclinaison, une valeur maximum de 0.073.

Il était très intéressant, au point de vue de l'aviation, de comparer les résultats obtenus à l'aide des deux plaques courbe et plane de dimensions à peu près semblables, pour déterminer la forme la plus rationnelle à donner aux ailes des aéroplanes. M. Eiffel a traduit les résultats enregistrés dans les deux figures précédentes de façon à représenter (Fig. 406) par deux courbes les poussées verticales pour la plaque courbe et pour la plaque plane. On peut ainsi se rendre aisément compte que pour une certaine résistance totale de l'air sur une surface, *la poussée verticale,* c'est-à-dire celle qui assure *la sustentation,* est toujours plus grande pour une surface courbe que pour une surface plane pour les mêmes inclinaisons données à cette surface.

En effet, considérons les deux courbes tracées dans la figure 406. La courbe dessinée en trait plein représente les variations de la poussée verticale pour la plaque courbe précédente ayant une flèche de $\frac{1}{13,5}$, et la courbe tracée en éléments représente les variations de la poussée verticale sur une plaque plane pour des inclinaisons variant de 0 à 90 degrés.

Ces courbes sont tracées de façon que les ordonnées ou lignes verticales représentent la valeur de la poussée verticale correspondant en chaque point de la courbe à la valeur de la poussée horizontale portée en abscisses sur la ligne horizontale O X.

Ainsi, par exemple, si nous prenons le point A de la courbe en trait plein, nous voyons immédiatement que le coefficient de poussée verticale pour ce point a une valeur de 0,06, représentée par l'ordonnée A B, et qu'à cette ordonnée, qui représente la poussée verticale, correspond une poussée horizontale dont le coefficient a une valeur de 0,036, poussée représentée en *grandeur* et en *direction* par l'abscisse O B.

D'autre part, si la ligne A B est la poussée ou composante verticale de la poussée totale au point A, et si la ligne O B en est la poussée ou composante horizontale, la diagonale O A du rectangle ayant pour côtés ces deux lignes A B et O B sera la résultante de ces deux composantes et représentera la poussée totale pour le point considéré, A.

Ce point correspond à une certaine inclinaison de la plaque courbe. Cette inclinaison est d'environ 32 degrés. On a, en effet, pour tracer la courbe, rapporté les angles au point d'origine O, à partir duquel on a tracé des angles de 10 en 10 degrés depuis 0 degré en Y, jusqu'à 90 degrés en X, et on voit que le point A correspond à un angle d'environ 32 degrés.

Chacune des deux courbes correspondant l'une à la plaque cintrée, l'autre à la plaque plane indique donc pour chacun de ses points les valeurs respectives des poussées totales, verticale et horizontale pour une inclinaison déterminée de la plaque.

L'examen de ces deux courbes tracées côte à côte permet de comparer les plaques courbes et les plaques planes, au point de vue de l'effort sustentateur et de la résistance à l'avancement pour une direction horizontale.

Les poussées totales comme la résultante O A, étant, pour chacune des courbes, représentées par une ligne joignant le point considéré au point d'origine, O, il convient de remarquer que les poussées totales exercées sur la plaque courbe sont, quelle que soit l'inclinaison, toujours supérieures à celles qui s'exercent sur la plaque plane. En effet, pour un angle d'inclinaison quelconque, prenons 40 degrés, par exemple, les deux points correspondants sur les deux courbes seront les points C et D, de sorte que la poussée totale sera représentée dans un cas par la longueur O C et dans l'autre cas par la longueur O D. Or le point C est obtenu avec une plaque incurvée, tandis que le point D l'a été avec une plaque plane. La poussée pour la première plaque sera donc plus grande que pour la seconde, quand l'inclinaison est de d'environ 40 degrés. On peut aisément se rendre compte qu'il en est ainsi pour une inclinaison quelconque.

Un autre examen essentiel des résultats obtenus, consiste à rechercher quelle est la plaque la plus avantageuse au point de vue de la sustentation, pour une même résistance totale de l'air, ou, en d'autres termes, pour une même poussée totale.

On sait que sur les deux composantes qui constituent cette poussée totale, la composante verticale représente l'effort de sustentation. Cherchons donc, pour une poussée totale d'une longueur égale à O D, par exemple, la valeur de la composante verticale correspondant à chacune des deux courbes, c'est-à-dire à chacune des deux plaques : cintrée et plane.

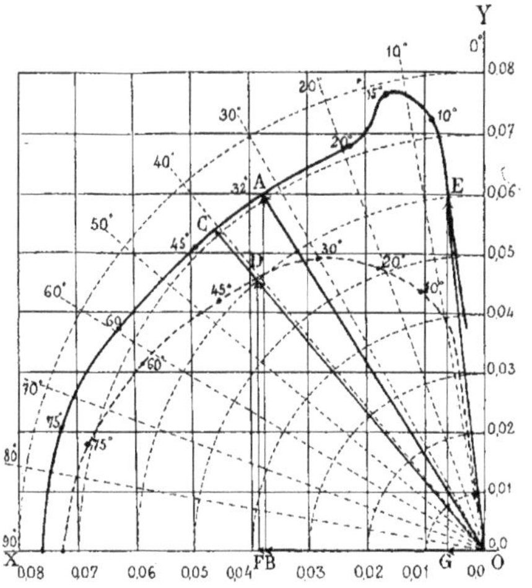

Fig. 406. — Comparaison des résultats obtenus avec plaque courbe et plaque plane.

Pour la courbe pointillée, la composante verticale de la résultante O D sera la ligne FD, la ligne OF étant la composante horizontale. Par rapport à la courbe en trait plein, le point de cette courbe pour lequel la poussée totale sera égale à la longueur O D, sera le point E obtenu en traçant du point O un arc de cercle de rayon égal à O D. La longueur O E égalera donc la longueur O D. La composante verticale de la résultante O E sera la ligne G E, la ligne O G étant la composante horizontale.

Nous obtenons ainsi, dans un cas, une poussée verticale de valeur représentée par F D, dans l'autre cas, une poussée verticale de valeur G E. Cette dernière longueur, bien supérieure à la première, indique que pour une des courbes correspondant à la plaque cintrée, l'effort vertical de sustentation obtenu est supérieur à l'effort qui correspond à l'autre courbe, c'est-à-dire à la plaque plane, pour une même poussée totale reçue par les deux plaques.

On peut, en outre, remarquer que la poussée totale supposée, qui est la même pour les deux plaques, est obtenue, pour la plaque cintrée, avec une inclinaison beaucoup plus faible qu'avec la plaque plane.

On pourrait, pour diverses valeurs de la poussée totale, comparer les poussées verticales des deux courbes et on trouverait toujours cette poussée plus grande pour la plaque cintrée que pour la plaque plane.

De plus, la composante horizontale, c'est-à-dire la résistance à l'avancement dans l'air, a une valeur moindre, O G, pour la plaque incurvée que pour la plaque plane, dont la poussée horizontale égale O F.

Il est donc rationnel de donner aux ailes d'aéroplanes une certaine courbure plutôt que de les constituer par une surface complètement plane. On assure ainsi une meilleure sustentation à l'appareil avec un effort de propulsion moindre, et il n'est pas surprenant de voir tous les construc-

Fig. 407. — Les débuts de l'aviation. — L'aéroplane Blériot n° 3, à Bagatelle, en 1907.

Fig. 408. — Les débuts de l'aviation. — Farman boucle le kilomètre à Issy, en janvier 1908.

teurs d'aéroplanes employer cette disposition. Les courbures données aux ailes varient toutefois suivant les constructeurs. Des expériences faites avec les appareils eux-mêmes permettront certainement, d'ici peu de temps, de déterminer quelle est celle qui donne les résultats les plus avantageux.

Fig. 409. — Chambre d'expériences du laboratoire aéronautique de M. G. Eiffel.

On voit l'intérêt considérable que présentent les études faites sur la résistance de l'air et les résultats obtenus à la suite des recherches expérimentales de M. Eiffel.

Ces recherches ont également porté sur les positions successives que peut occuper

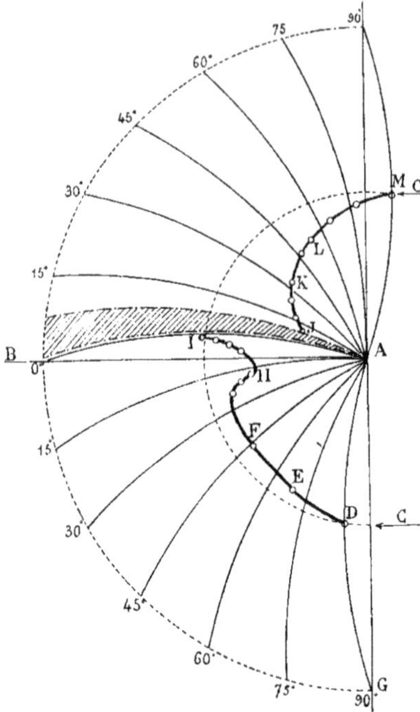

Fig. 410. — Courbe de variation du centre de pression sur une plaque courbe, suivant son inclinaison.

le centre de pression pour une plaque exposée au vent sous des inclinaisons différentes.

Examinons, pour la même plaque cintrée et la même plaque plane précédentes, comment se déplace ce centre de pression.

Supposons d'abord que la plaque courbe AB (Fig. 410) prenne, en pivotant autour de son bord d'attaque A, une série d'inclinaisons de façon à tourner de 90 degrés en dessus et en dessous de sa position normale AB. Le vent étant supposé dirigé horizontalement suivant les flèches C, c'est-à-dire parallèlement à la ligne AB, les centres de pression occupent pour les diverses positions de la plaque les points D, E, F, etc... indiqués sur la figure 410. La courbe de variation de la position du centre de pression est donc la courbe qui réunit ces divers points. Cette courbe a été tracée au-dessous de la ligne AB pour la face concave de la plaque, et au-dessus pour la face convexe.

Lorsque la plaque occupe la position extrême AG, c'est-à-dire quand elle est placée perpendiculairement à la direction du vent et qu'elle a, par conséquent, une inclinaison de 90 degrés, le centre de pression est au point D situé au milieu de la face AG de la plaque. Au fur et à mesure que l'inclinaison de la plaque diminue pour se rapprocher de la position normale AB, le centre de pression se rapproche du bord A de la plaque. Pour l'angle de 16 degrés qui est l'angle donné par la courbure au bord de la plaque, le centre de pression H occupe la position la plus rapprochée du bord A, puis entre 16 et 0 degrés le centre de pression s'éloigne du bord A et se rapproche du centre de la plaque, où il se trouve, sensiblement, au point I, lorsque la plaque occupe la position AB.

Si l'on continue à faire pivoter la plaque

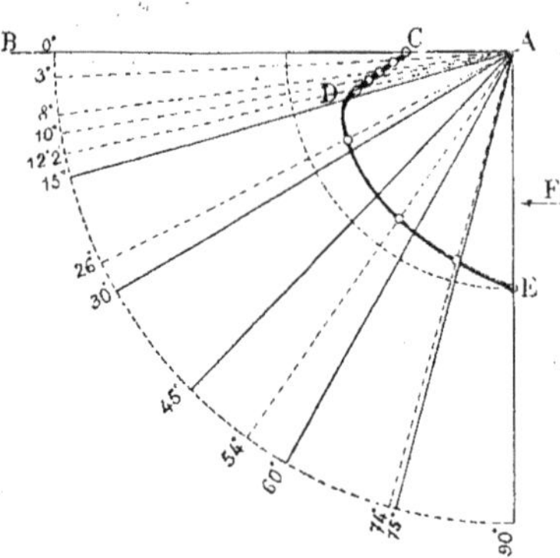

Fig. 411. — Courbe de variation du centre de pression sur une plaque plane suivant son inclinaison.

autour de son bord A de façon à lui donner, au-dessus de la ligne AB, toutes les inclinaisons depuis 0 jusqu'à 90 degrés, c'est la face convexe de la plaque, sa face supérieure, sur laquelle s'exerce l'action du vent dont la direction est toujours supposée horizontale et représentée par la flèche C. Pendant les 9 premiers degrés, le centre de pression n'occupe pas une position bien déterminée. A partir de 9 degrés, il se trouve au point J, plus près du bord de la plaque que de son centre, et au fur et à mesure que l'inclinaison augmente, le centre de pression occupe des positions successives K, L, etc., qui se rapprochent progressivement du centre de la plaque. Lorsque l'angle atteint 90 degrés, ce centre de pression se trouve en M, au centre même de la plaque.

Ainsi, le centre de la pression due à la résistance de l'air se déplace sur une plaque courbe. Ce déplacement, mesuré sur une aile d'aéroplane d'une largeur de 2 mètres, atteint 30 centimètres comptés du centre de la plaque en allant vers le *bord d'attaque*.

Il en résulte que le *changement d'inclinaison* des ailes d'un aéroplane, en provoquant le déplacement du *centre de pression*, trouble la stabilité de l'appareil qu'une manœuvre appropriée doit rétablir.

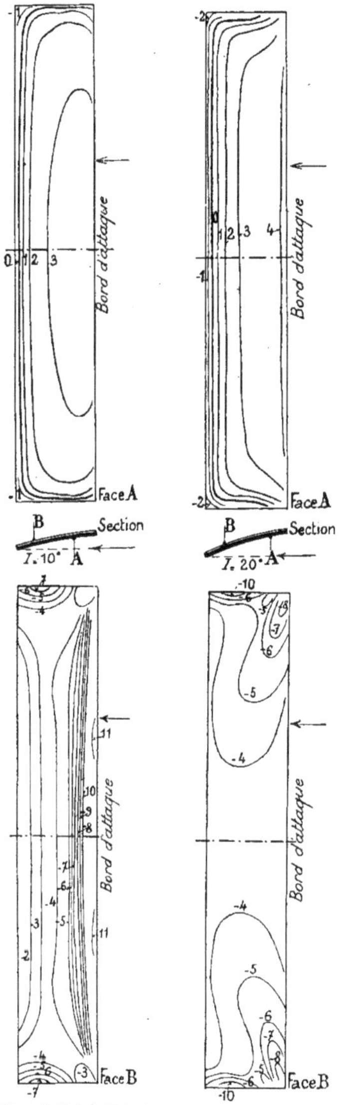

Plaque inclinée de 10 degrés. Plaque inclinée de 20 degrés.

Fig. 412 et 413. — Répartition des pressions sur une plaque cintrée.

S'il s'agit d'une plaque plane, les variations du centre de pression pour chacune des faces supérieure ou inférieure sont représentées par la courbe de la figure 411.

De 0 à 15 degrés, le centre de pression se déplace rapidement de C en D, c'est-à-dire du bord de la plaque vers le centre. Après 15 degrés, et au fur et à mesure que l'angle augmente, le centre de pression se rapproche du milieu de la plaque, et c'est en ce milieu même E qu'il se trouve, lorsque la plaque, étant inclinée de 90 degrés, est, par conséquent, perpendiculaire à la direction F du vent.

Les expériences faites par M. Eiffel sur la plaque cintrée et la plaque plane, pour lesquelles nous venons de déterminer la valeur des poussées et la variation des centres de pression, ont été complétées par la recherche de la répartition des pressions sur la surface totale de ces plaques et par le tracé des courbes d'égale pression sur chaque face, pour des inclinaisons diverses.

Les figures 412 et 413 représentent le tracé de ces courbes sur chaque face de la plaque cintrée pour des inclinaisons de 10 et de 20 degrés et les figures 414 et 415 représentent le tracé des courbes sur les faces de la plaque plane pour les deux mêmes angles.

Les chiffres indiqués mesurent la pression, en millimètres d'eau, rapportée à une vitesse du vent de 10 mètres par seconde. On sait qu'une pression indiquée en millimètres d'eau correspond à un effort d'autant de kilogrammes par mètre carré qu'il y a de millimètres d'eau.

L'examen de ces courbes indique que pour une inclinaison de 10 degrés de la plaque cintrée (Fig. 412), la pression sur la face A qui reçoit le vent reste sensiblement constante sur la ligne médiane de la plaque, et cela, sur une grande partie de sa longueur. Cette pression, égale à 3 millimètres d'eau, diminue ensuite à mesure qu'on s'éloigne du *bord d'attaque*, pour devenir égale à zéro pour le *bord de sortie* du vent.

Pour cette même face A de la même plaque inclinée à 20 degrés (Fig. 413), la répartition des pressions est un peu différente. La pression est plus forte à proximité du bord d'attaque : elle a une valeur de 4 millimètres d'eau et elle décroît à mesure qu'on se rapproche du bord de sortie; tout près de ce bord, il se manifeste même une *dépression* de 1 millimètre d'eau, indiquée par — 1, et, vers les coins de sortie, cette dépression atteint 2 millimètres.

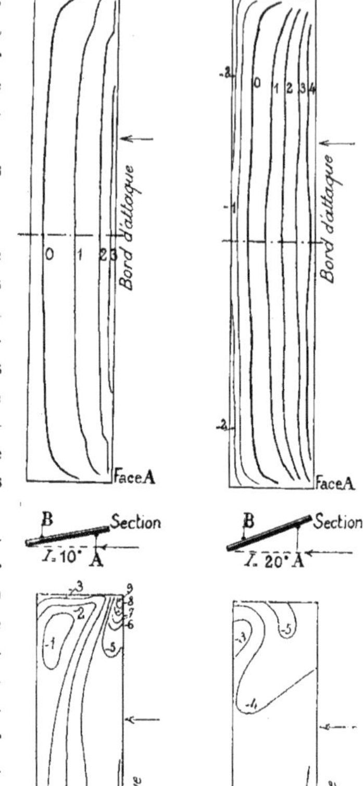

Plaque inclinée de 10 degrés. Plaque inclinée de 20 degrés.

Fig. 414 et 415. — Répartition des pressions sur une plaque plane.

En ce qui concerne l'autre face B de la plaque cintrée, on remarquera, pour l'inclinaison de 10 degrés (Fig. 412), qu'il se produit une très forte *dépression* atteignant 10^{mm},8 d'eau du côté du bord d'attaque. Cette dépression diminue ensuite rapidement et elle a une valeur de 2 millimètres vers le bord de sortie. Toutefois, sur les bords latéraux, cette dépression conserve une valeur assez forte.

Pour l'inclinaison de 20 degrés (Fig. 413), la dépression sur la même face B de la plaque cintrée est moins grande vers le bord d'attaque; elle a une grande valeur vers les bords latéraux, mais elle devient sensiblement constante sur la ligne médiane, sur une partie de la longueur de la plaque.

Les figures 414 et 415 indiquent de quelle

façon se fait la répartition des pressions sur les deux faces d'une plaque plane successivement inclinée à 10 et à 20 degrés. On pourra faire aisément la comparaison entre les résultats trouvés pour cette plaque et ceux trouvés pour la plaque courbe.

Ces résultats démontrent que pour une plaque courbe et pour des angles d'inclinaison compris entre 10 et 20 degrés, la pression sur la face qui reçoit le vent a une valeur d'environ 1/3 de la pression totale et que la dépression sur l'autre face est égale à environ les 2/3.

Sur la plaque plane, la pression pour une inclinaison de 10 à 20 degrés n'est que le 1/5 de la pression totale sur la face exposée au vent, et la dépression sur l'autre face en est les 4/5.

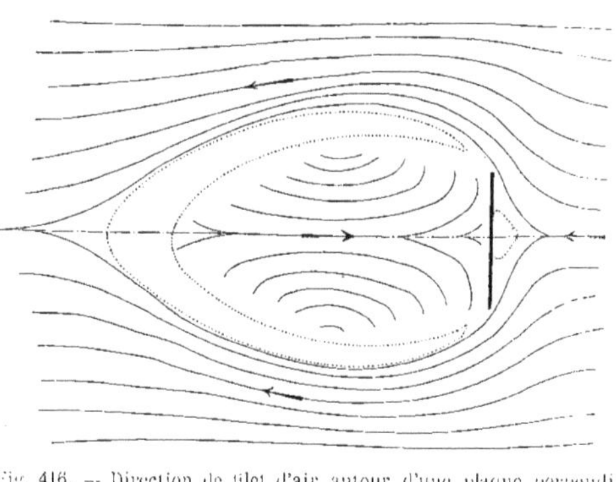

Fig. 416. — Direction de filet d'air autour d'une plaque perpendiculaire à la direction du vent.

On peut tirer, de cette étude très instructive, la conclusion que pour les angles d'inclinaison de valeur faible, ne dépassant pas 20 degrés, l'effort exercé par l'air sur les plaques provient en grande partie de la dépression produite sur la face supérieure, et on a remarqué que les efforts de pression et de dépression se manifestent surtout vers le *bord d'attaque*, les bords latéraux étant soumis sur la face supérieure à des dépressions de grande valeur qui rendent plus considérable l'effort de l'air sur la plaque.

Direction des filets d'air autour d'une plaque

En dehors des nombreuses expériences dont nous venons d'indiquer quelques très intéressants résultats, M. Eiffel a déterminé pour des plaques de formes et de dimensions différentes la direction que prennent les filets d'air autour de ces plaques simples, ou incurvées, et aussi sur un système de deux plaques placées l'une au-devant de l'autre.

Pour faire des observations sur la direction des filets d'air, on emploie assez souvent de la fumée qui est entraînée dans la direction de l'air, et on note les diverses directions suivies. M. Eiffel s'est servi d'un autre procédé pour effectuer ses expériences. Ce procédé consiste à utiliser des fils de soie fixés à l'extrémité d'une petite tige. Ces fils, très légers, sont entraînés par les filets d'air dans leur direction, ce qui permet d'observer aisément toutes les inflexions de ces filets autour de la plaque expérimentée.

C'est ainsi qu'ont été tracés les schémas représentés par les figures 416 à 418.

Dans la figure 416, pour une plaque plane carrée de 50 centimètres de côté, placée perpendiculairement à la direction d'un vent ayant une vitesse de 10 à 15 mètres par seconde, on voit que les filets d'air s'écartent un peu avant de rencontrer la plaque, passent par ses bords, puis se rejoignent à l'arrière, assez loin, pour redevenir parallèles à la direction du vent. Il se produit une dépression, à l'arrière de la plaque, de sorte que certains filets d'air qui s'en étaient éloignés sont rappelés vers elle.

Les filets d'air qui ont des directions symétriques par rapport à l'axe horizontal, dans le cas de la plaque placée perpendiculairement à la direction du vent, prennent, dans le cas où les plaques sont inclinées sur cette direction (Fig. 417 et 418), des formes très complexes. Ces deux schémas indiquent nettement les remous d'air qui se produisent autour de ces plaques d'inclinaisons différentes

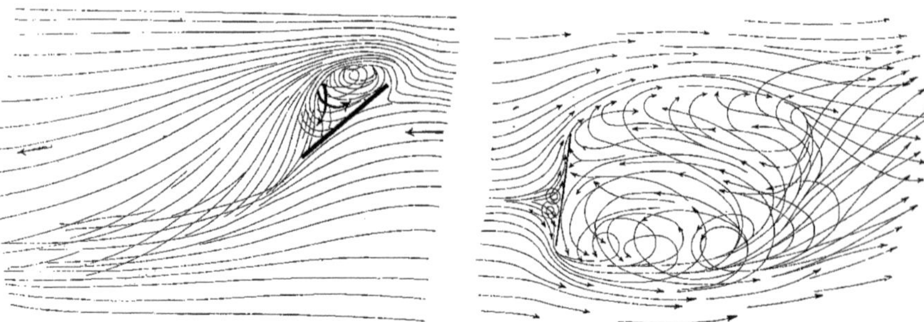

Fig. 417 et 418. — Direction des filets d'air autour de plaques inclinées par rapport à la direction du vent.

CHAPITRE XX

SUSTENTATION, PROGRESSION, STABILITÉ DE L'AÉROPLANE

SUSTENTATION ET ÉQUILIBRE DE L'AÉROPLANE.
GOUVERNAIL DE PROFONDEUR.
STABILITÉ DE L'AÉROPLANE : Stabilité longitudinale. — Stabilité latérale. — Stabilité de route.
VIRAGES.
STABILISATEURS MÉCANIQUES : Regnard, — Marmonnier, — Boutbien.
DÉGYROSCOPAGE.

Les études et travaux divers que nous venons de résumer, et qui se rapportent aux cerfs-volants et à la résistance de l'air, vont nous permettre d'établir les conditions à réaliser pour assurer la sustentation, la progression et la stabilité de l'aéroplane.

L'aéroplane est, comme on l'a dit fort justement, un cerf-volant automobile, de sorte que le vent qui est nécessaire pour soutenir le cerf-volant en l'air et qui est produit, quand il est insuffisant, par la course des enfants qui le font voler, est créé, pour ainsi dire, dans l'aéroplane, par l'appareil lui-même. En réalité, l'aéroplane ne produit pas du vent; mais comme, par ses propres moyens, l'appareil peut se déplacer dans l'air avec une certaine vitesse, le résultat obtenu est celui que l'on aurait si l'appareil était immobile le vent ayant une vitesse égale à celle que peut prendre l'appareil. Donc, du fait du déplacement de l'aéroplane dans l'air, il se produit sur les surfaces qui le constituent, les mêmes actions que sur les surfaces du cerf volant, et les effets de la résistance de l'air sur ces mêmes surfaces sont identiques à ceux que nous avons examinés plus haut.

Il y a, toutefois, entre le cerf-volant et l'aéroplane une différence essentielle : c'est que ce dernier appareil n'est pas retenu au sol par une corde dont la tension intervient dans l'équilibre du cerf-volant; mais, d'autre part, cette tension est remplacée, dans l'aéroplane, par la force tractive de l'hélice qui lui donne le mouvement.

Sustentation et équilibre de l'aéroplane

Proposons-nous donc de déterminer les conditions de sustentation et d'équilibre de l'aéroplane. Considérons un aéroplane réduit à sa surface sustentatrice AB (Fig. 419) supposée plane, visible seulement par sa tranche, par suite de sa projection sur le plan vertical. Supposons l'aéroplane, dont la surface A B est inclinée par rapport à l'horizontale, mis en mouvement dans le sens de la flèche CD par un moteur actionnant une hélice, la force de propulsion de cette hélice étant représentée par la ligne CD.

L'appareil en mouvement est soumis à

l'action de trois forces : la traction de l'hélice, la résistance de l'air due à son déplacement, et son poids.

Ces trois forces sont appliquées au point C, qui est le centre de figure de la surface sustentatrice de l'aéroplane. Ce point se confondra en effet, théoriquement, avec le centre de gravité et avec le centre de pression de l'air, et c'est par lui que passera l'axe de traction de l'hélice, parce que nous supposons la surface symétrique par rapport au point C et les charges également réparties sur cette surface.

Le poids de l'appareil appliqué en C sera représenté par la ligne CE en grandeur et en direction. On sait, en effet, que l'ation de la pesanteur s'exerce verticalement. La troisième force appliquée au point C est produite par l'avancement de l'aéroplane dans l'air. C'est la résistance qu'oppose l'air à cet avancement, résistance qui s'accroît, nous le savons, proportionnellement au carré de la vitesse, entre certaines limites. La pression totale exercée par l'air sur la surface AB est représentée par la ligne CF, perpendiculaire, au point C, à cette surface, ainsi que nous l'avons expliqué plus haut à propos de l'équilibre du cerf-volant.

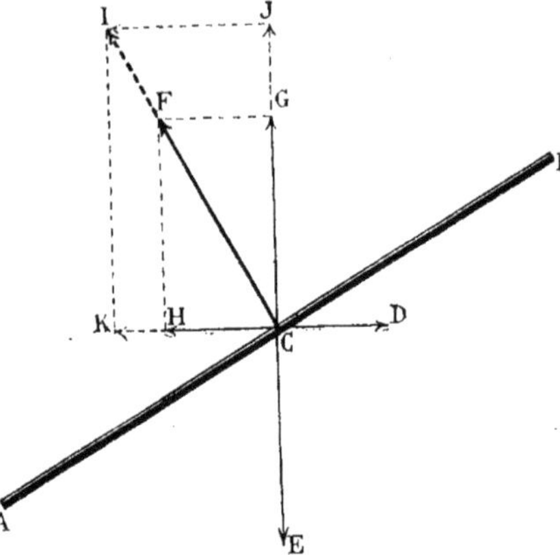

Fig. 419. — Sustentation et équilibre de l'aéroplane.

Donc, en résumé, l'aéroplane est soumis à l'action des trois forces CD, CE et CF. Cette force CF, qui est la pression, ou *poussée totale,* est la résultante de deux autres forces composantes, dont l'une CG est *verticale* et l'autre CH est *horizontale.*

Elle peut donc être remplacée par ses deux composantes, de sorte que l'appareil peut être considéré comme recevant, en un même point C, l'action de quatre forces, deux étant dirigées verticalement, deux horizontalement, et respectivement dans des directions contraires.

Au fur et à mesure que l'aéroplane avance, sous l'action de son hélice, en roulant sur le sol, sa vitesse augmente et la pression totale de l'air qui s'exerce sur la surface AB augmente également. Les deux composantes de cette poussée totale deviennent aussi de plus en plus grandes, et pour une certaine vitesse, la pression de l'air sur la surface sustentatrice a une valeur telle, CI, par exemple, que la composante verticale CJ est supérieure à la pesanteur CE. A ce moment, sous l'action de cette poussée verticale, l'aéroplane quitte le sol et il s'élève de plus en plus à mesure que la vitesse augmente.

La sustentation de l'aéroplane est, de la sorte, assurée, et persistera pendant tout le temps que la vitesse conservera une certaine valeur pour laquelle la composante verticale de la résistance de l'air sera plus grande que le poids de l'appareil.

Ainsi donc, voilà l'aéroplane progressant en se soutenant dans l'air.

Si on suppose que l'inclinaison de la surface AB reste constante, plus la vitesse croîtra, plus la poussée verticale sera importante, et plus l'aéroplane s'élèvera, puisque son poids reste toujours le même. Il importe, cependant, que l'appareil, après avoir atteint une certaine hauteur, puisse progresser d'une manière à peu près horizontale. Pour cela, le pilote de l'aéroplane fait varier l'angle d'inclinaison de l'appareil par la manœuvre

Fig. 420. — Les débuts de l'aviation. — Vue arrière du cellulaire Blériot (1906).

Fig. 421. — Les débuts de l'aviation. — Les hélices et le moteur du cellulaire (1906).

d'un organe spécial : *le gouvernail de profondeur,* dont nous examinerons le rôle plus loin.

Pour un angle d'inclinaison plus grand (Fig. 422) et pour une même poussée totale CI', égale à CI (Fig. 419), la poussée verticale CJ', qui provoque la montée, est plus faible. Il existe donc un angle pour lequel la composante verticale deviendra exactement égale au poids CE de l'appareil. A ce moment, l'aéroplane cessera de monter et, si toutes les conditions restent les mêmes, il progressera horizontalement à la hauteur atteinte avant la modification de l'angle d'inclinaison.

La vitesse, d'autre part, ne peut pas croître constamment. En effet, comme la résistance de l'air augmente suivant le carré de cette vitesse, sa composante horizontale CH (Fig. 419), qui représente la *résistance à l'avancement,* croît rapidement, et lorsque la vitesse a atteint une certaine valeur, cette composante horizontale CH devient égale à l'effort de propulsion CD.

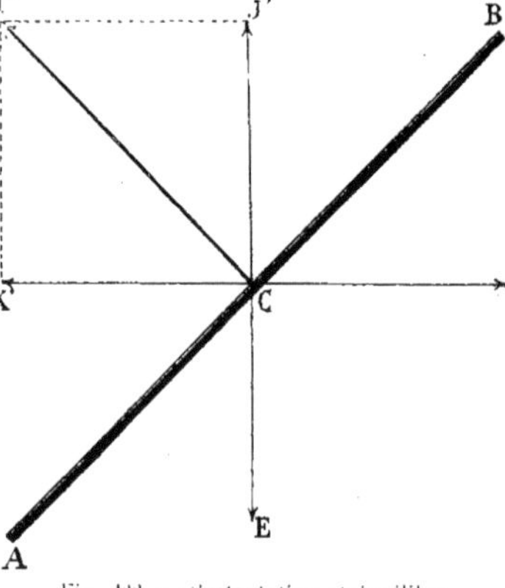

Fig. 422. — Sustentation et équilibre de l'aéroplane.

Comme elle est dirigée exactement dans le sens opposé à celui-ci, les deux efforts se compensent et à partir de ce moment la vitesse ne croît plus.

Si les conditions de marche du mécanisme moteur restent les mêmes, la vitesse de l'aéroplane est constante.

Voilà donc établies les conditions nécessaires pour qu'un aéroplane progressant dans l'air vole horizontalement avec une vitesse constante. Elles se résument ainsi : Il est nécessaire, pour qu'un aéroplane vole horizontalement, que la poussée verticale soit égale au poids de l'appareil, et pour que sa vitesse reste constante, il faut que l'effort de traction de l'hélice soit égal à la poussée horizontale qui représente la résistance à l'avancement.

L'aéroplane se trouve, de la sorte, en *équilibre* dans l'air, pour un certain angle d'inclinaison de sa surface portante par rapport à l'horizontale.

Si l'un des éléments varie, l'équilibre est détruit. Si la vitesse diminue par exemple, la poussée verticale diminue également; le poids est prépondérant, l'appareil tend à descendre; il faut changer l'angle d'inclinaison pour retrouver une zone d'équilibre. Si le poids de l'appareil diminue par suite de la consommation du combustible, ou, s'il augmente, par suite de pluie, par exemple, l'équilibre est encore détruit; dans le premier cas l'appareil s'élève et il faut augmenter l'angle d'inclinaison pour rétablir l'équilibre, et dans le deuxième cas l'appareil descend et il faut diminuer l'angle d'inclinaison pour redonner une position d'équilibre.

L'angle d'inclinaison que la surface portante de l'aéroplane fait avec l'horizontale pendant la marche de l'appareil, est appelé *angle d'incidence, angle d'attaque,* ou encore *angle de route.* On donne généralement à cet angle une valeur de 5 degrés.

Il est avantageux, en effet, que cet angle ne soit pas trop grand, car, ainsi qu'on peut s'en rendre compte sur les deux figures 419 et 422, plus cet angle est grand et plus la composante verticale est petite, tandis que la composante horizontale croît de plus en plus. La poussée totale est, il est vrai, plus grande, mais, par suite de la plus grande valeur de la composante horizontale, la résistance à l'avancement se trouve augmentée.

Avec un angle d'incidence petit, la poussée totale, quoiqu'un peu plus faible, est mieux utilisée, car elle est presque complètement transformée en composante verticale, la composante horizontale ou résistance à l'avancement, se trouvant réduite à une valeur très petite.

En résumé, donc, pour assurer dans de bonnes conditions la sustentation d'un aéroplane, on donne à l'angle d'incidence une faible valeur, tandis que la vitesse doit avoir la plus grande valeur possible, afin de permettre de diminuer la surface portante. Cette surface, cependant, constituée par les ailes, doit être suffisante pour que, dans le cas d'arrêt du moteur, pendant la marche en l'air, l'appareil puisse descendre en étant soutenu par ces surfaces et ne pas se briser sur le sol. La proportion à donner aux dimensions des ailes est importante également, au point de vue de la sustentation. On établit ces ailes de façon que leur longueur soit cinq à six fois plus grande que leur largeur. Les ailes ont, de la sorte, une grande *envergure* qui, tout en permettant d'utiliser plus complètement la résistance des filets d'air, aide également à la stabilité latérale, ainsi que nous allons le voir. Les surfaces sustentatrices sont, en outre, incurvées. Nous avons, précédemment, montré les avantages qu'ont ces surfaces courbes sur les surfaces planes et la meilleure utilisation qu'elles permettent de la résistance de l'air.

Les divers éléments que nous venons d'énumérer et qui concourent à assurer une meilleure sustentation de l'appareil, déterminent ce que l'on appelle la *qualité sustentatrice* de l'aéroplane.

Gouvernail de profondeur L'organe qui permet, par sa manœuvre, de faire varier l'angle d'incidence, est le *gouvernail de profondeur*. Cette manœuvre provoque donc, d'après ce que nous venons de voir, ou la montée, ou la descente de l'aéroplane.

Le gouvernail de profondeur est une surface, placée soit en avant, soit en arrière de la surface sustentatrice, qui peut, en oscillant autour d'un axe horizontal, prendre des inclinaisons différentes par rapport à l'horizontale, à la volonté du pilote de l'aéroplane.

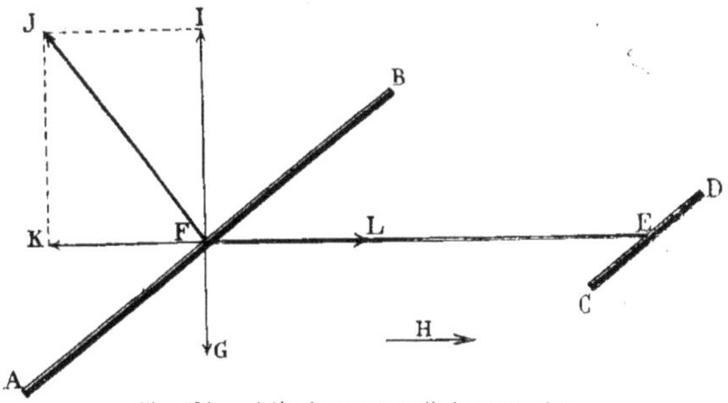

Fig. 423. — Rôle du gouvernail de profondeur.

Examinons de quelle façon s'exerce l'action du gouvernail de profondeur.

Prenons un aéroplane dont la surface sustentatrice est représentée schématiquement, vue par sa tranche, par la ligne AB (Fig. 423), et supposons qu'en avant de cette surface soit disposé le gouvernail de profondeur représenté par une surface CD vue par sa tranche. Ce plan peut pivoter autour de l'axe horizontal E fixé en bout d'une charpente rigide quelconque FE solidaire de la surface sustentatrice. Si nous supposons l'aéroplane en marche dans le sens de la flèche H avec une vitesse uniforme, nous savons que la résistance totale de l air FJ qui s'exerce sur la surface AB a une composante verticale FI égale au poids FG de l'appareil et que sa composante horizontale FK est égale à l'effort de traction FI de l'hélice, ces forces étant appliquées au *centre de poussée* F, qui se confond avec le *centre de gravité* de l'appareil.

Si cet état d'équilibre est troublé par la manœuvre du gouvernail de profondeur et si cet organe est orienté pour faire, par exemple, avec l'horizontale, un angle plus grand (Fig. 424), quelle va être l'influence de cette oscillation sur la stabilité d'altitude de l'aéroplane?

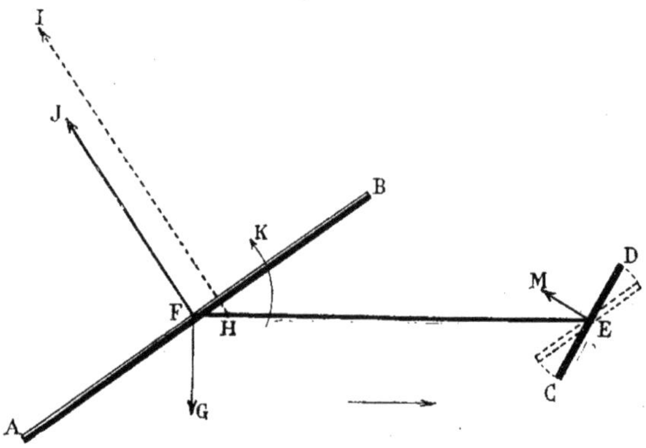

Du fait de son inclinaison plus grande, l'action de l'air s'exerce sur la surface du gouvernail de profondeur d'une manière plus efficace, et la poussée totale sur ce plan se trouve augmentée. Si la résistance supplémentaire de l'air reçue par le gouvernail de profondeur est représentée par la ligne EM, l'aéroplane se trouve ainsi être soumis à une force supplémentaire placée au bout du bras de levier FE, la pression totale de l'air sur la surface sustentatrice étant toujours restée égale à FJ. On peut remplacer les deux efforts FJ et EM qui s'exercent maintenant sur l'appareil par un effort unique, mais le point d'application de cet effort ne peut plus se confondre avec le point F. Il se trouvera nécessairement en avant de ce point et à une distance qui sera d'autant plus grande que l'augmentation de la résistance de l'air sur le gouvernail de profondeur, c'est-à-dire l'effort EM, sera plus considérable.

Si l'effort unique est représenté par la ligne HI dont le point d'application est en H, on voit qu'il s'est produit un couple qui détruit l'équilibre de l'aéroplane.

En effet, l'appareil est soumis d'une part à cet effort HI et d'autre part la pesanteur s'exerce suivant la ligne FG. Ces deux efforts qui, auparavant, avaient le même point d'application F, sont séparés maintenant par un bras de levier FH. L'aéroplane sollicité par ces efforts se déplacera dans le sens de la flèche K, l'inclinaison de la surface sustentatrice augmentera et la pression de l'air sur cette surface augmentera également.

Fig. 424. — Rôle du gouvernail de profondeur.

Ce mouvement d'inclinaison suivant la flèche se continuera jusqu'à ce que le nouveau centre de poussée se trouve sur la ligne verticale passant par le centre de gravité. Mais, pendant ce mouvement, tout l'avant de l'appareil se déplace et celui-ci progresse en montant. Lorsque l'altitude désirée est atteinte, une autre manœuvre appropriée du gouvernail de profondeur permet de reprendre la marche dans la direction horizontale.

Quand le gouvernail horizontal prend une inclinaison inverse de celle de la figure 424, l'aéroplane s'incline aussi en sens inverse et il descend en progressant.

Stabilité de l'aéroplane La progression et la sustentation de l'aéroplane étant obtenues, il reste à assurer sa stabilité. Nous venons d'examiner le rôle du gouvernail de profondeur dans l'obtention de l'équilibre de l'appareil pendant la marche. Ce gouvernail de profondeur assure, en quelque sorte, la *stabilité d'altitude,* mais il faut, en outre, comme pour les aérostats dirigeables, que la *stabilité longitudinale,* la stabilité longitudinale pourraient aisément être obtenus.

Mais cette condition ne pourrait être réalisée que dans une atmosphère absolument calme, ce qu'il n'est pas possible d'escompter. Il y a, en effet, constamment dans l'atmosphère, des courants aériens, des vents dirigés dans tous les sens, produisant des déplacements plus ou moins violents d'air et des remous qui nuisent considérablement à la stabilité

Fig. 425. — Les débuts de l'aviation. — L'oiseau Blériot, ailes relevées, à Bagatelle (1907).

stabilité latérale et la *stabilité de route* de l'aéroplane soient également réalisées pour que sa marche s'effectue en toute sécurité.

Examinons par quels dispositifs on assure à l'appareil ces différentes stabilités.

Stabilité longitudinale Quand un aéroplane progresse dans l'air, sa sustentation est assurée, nous le savons, par la résistance de l'air qui s'exerce sur les ailes. Si cette résistance intervenait seule, l'équilibre de l'aéroplane et, par conséquent, sa de l'aéroplane. L'action de ces courants aériens sur les surfaces sustentatrices vient s'ajouter à l'action de la résistance de l'air et il en résulte, suivant le point d'application de ce nouvel effort, un mouvement de *tangage* de l'aéroplane. Si, en effet, le centre de poussée, par suite de l'action du vent se trouve reporté en avant, c'est-à-dire vers le bord d'attaque des surfaces sustentatrices, ce centre de poussée n'étant plus sur la verticale qui passe par le centre de gravité, il se produit *un couple de renversement* qui tend, comme nous venons de le voir plus haut, à donner aux surfaces sustentatrices et, par conséquent, à l'appareil une inclinaison plus considérable. L'appareil *se cabre,* pour employer une expression couramment usitée par les aviateurs. Si, au contraire, le vent agit sur les surfaces sustentatrices de telle sorte que le centre de poussée se trouve reporté en arrière de la ligne verticale passant par le centre de gravité, l'appareil s'incline en avant; on dit alors qu'il *pique du nez*. Dans les deux cas, sa stabilité longitudinale est troublée.

Le pilote peut, dans une certaine mesure, corriger ces défauts de stabilité par la manœuvre du gouvernail de profondeur, mais les actions du vent se produisent d'une façon si brusque et si imprévue qu'il faudrait à l'aviateur une habileté extraordinaire, une attention continuelle et une dépense de force physique considérable pour maintenir cette stabilité.

On a donc songé à rendre cette stabilisation automatique et, pour cela, on a employé de nombreux dispositifs.

L'un d'eux, le plus employé, consiste à munir l'aéroplane d'une queue qui porte, à son extrémité, une surface constituée d'une façon analogue aux surfaces sustentatrices.

Cette nouvelle surface CD (Fig. 426) est rendue solidaire de la surface sustentatrice AB par une légère charpente, faite, le plus souvent à claire-voie, pour diminuer la résistance de l'air pendant la marche. C'est le *fuselage* qui relie, en somme, les *ailes* à la *surface stabilisatrice* de queue et dans lequel est ménagé un espace où pourront prendre place le pilote et les passagers.

Le fuselage a, ainsi que nous le verrons lors de la description des appareils, une forme effilée, la partie rétrécie se trouvant vers l'arrière, afin de permettre aux filets d'air de glisser le long des parois sans exercer d'action perturbatrice sur la charpente qui le constitue. On recouvre même, dans certains modèles d'appareils, le fuselage d'une toile pour assurer d'une façon plus efficace le glissement des filets d'air.

La surface stabilisatrice CD est placée au bout de la queue de l'aéroplane, dans le sens horizontal, c'est-à-dire suivant la direction de marche normale. Lorsque, pour une raison quelconque, l'appareil tend à *se cabrer,* comme l'oscillation se produit autour du centre de gravité supposé en E, — alors qu'il se trouve, en réalité, placé toujours un peu plus bas en G, mais toujours sur la même verticale EF, — la surface sustentatrice AB fait un angle plus grand avec l'horizontale et par suite le fuselage dont elle est solidaire s'abaisse vers l'arrière et vient prendre la position indiquée en pointillé dans la figure 426. La surface stabilisatrice placée à l'extrémité arrière prend une position C'D' qui est oblique par rapport à la direction de la marche. L'action de l'air peut donc s'exercer sur cette surface et cette action, dirigée dans le sens de la flèche H, tend à replacer l'extrémité arrière de l'appareil dans la position d'équilibre primitive pour laquelle la progression s'effectuait horizontalement. L'effet de redressement

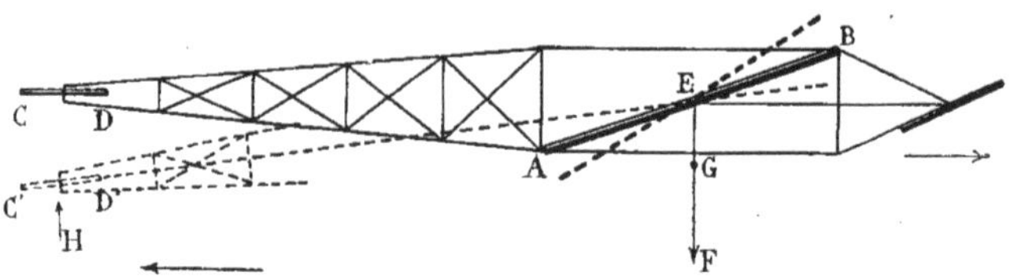

Fig. 426 — Stabilité longitudinale de l'aéroplane.

sera d'autant plus efficace que la distance qui sépare le plan CD du centre de gravité et qui constitue le bras de levier du couple de redressement sera plus considérable; c'est ce qui explique que l'on puisse obtenir le redressement en ne plaçant au bout du fuselage qu'une surface de dimensions relativement réduites et dont le poids est faible.

En donnant au plan stabilisateur et au bras de levier de redressement des dimensions appropriées à celles des surfaces sustentatrices, on peut obtenir, dans certaines limites, une stabilisation longitudinale automatique.

Si l'aéroplane, au lieu de se *cabrer,* avait des tendances à *piquer du nez,* c'est l'action en sens inverse de la résistance de l'air sur la surface stabilisatrice CD qui provoquerait le redressement de l'appareil.

Celui-ci, en effet, dans ce cas, prendrait une inclinaison telle que son extrémité arrière se trouverait relevée. Le plan CD présenterait alors sa face supérieure à l'air, lequel exercerait sur elle une pression de haut en bas, de sorte que cet effort appliqué au bout du bras de levier de redressement tendrait à ramener l'aéroplane à sa position primitive, qui est sa position d'équilibre pour une marche horizontale.

Ainsi, la stabilité longitudinale peut être obtenue automatiquement entre certaines limites, par un dispositif d'empennage comportant une queue stabilisatrice.

Stabilité transversale La stabilité transversale de l'aéroplane consiste à éviter ou à modérer l'amplitude des mouvements de *roulis* que l'appareil peut effectuer dans le sens transversal par suite, principalement, de l'action du vent, qui peut agir sur les surfaces de l'aéroplane dans des directions quelconques.

Lorsque l'appareil suit une trajectoire en ligne droite ou constituée par une courbe de très grand rayon, la stabilité transversale est assurée par l'envergure donnée aux ailes qui forment la surface sustentatrice. Ces ailes, dont la longueur est de cinq à six fois plus grande que la largeur, ainsi que nous l'avons dit, s'étendent perpendiculairement à l'axe de l'aéroplane. Lorsque, sous l'action du vent, l'appareil a des tendances à s'incliner d'un côté, la résistance de l'air qui s'exerce sur les ailes par suite de leur envergure s'oppose à l'oscillation dans le sens transversal et tend à ramener l'appareil dans sa position normale.

En outre, une disposition spéciale des organes provoque automatiquement un effort qui agit dans le même sens. Les poids de l'aéroplane sont, en effet, répartis lors de l'établissement de l'appareil, de telle façon que le centre de gravité se trouve toujours au-dessous du centre de poussée.

Lorsque l'appareil s'incline latéralement, le centre de poussée et le centre de gravité ne sont donc plus sur la même verticale. Il se produit alors un couple de redressement qui a pour bras de levier l'écartement momentané de ces deux centres, et ce couple a pour effet de ramener à sa position de stabilité transversale l'appareil qui reçoit des oscillations.

Virages La stabilité latérale est assez facilement assurée, en somme, lorsque l'aéroplane suit une trajectoire sensiblement en ligne droite. Mais lorsque l'appareil change brusquement de direction par une manœuvre que nous indiquerons plus loin, c'est-à-dire lorsqu'il effectue un *virage,* la stabilité latérale est plus difficile à obtenir.

Dans ce cas, en effet, intervient la force centrifuge qui est d'autant plus grande que la vitesse est plus considérable et qui tend à rejeter l'appareil à l'extérieur de la circonférence représentant la trajectoire à suivre pendant le virage. L'inclinaison latérale de l'aéroplane compense les effets de la force centrifuge et permet d'effectuer le virage, et ceci s'explique aisément, car, si

Fig. 427. — Les débuts de l'aviation. — Le nouvel oiseau Blériot, à Bagatelle, en 1907.

Fig. 428. — Les débuts de l'aviation. — Chute de l'oiseau Blériot, après s'être élevé de terre (1907).

Fig. 429. — Les débuts de l'aviation. — Essais d'équilibre du *Santos-Dumont*, en juillet 1906.

Fig. 430. — Les débuts de l'aviation. — L'appareil de Vuija, ailes déployées, à Bagatelle, en 1907.

nous supposons un aéroplane AB (Fig. 431) faisant un virage circulaire autour d'un centre C, nous remarquons que l'extrémité B de l'aile qui est du côté du centre décrit une circonférence de rayon plus petit que l'autre extrémité A. Cette extrémité A parcourra donc, pendant que l'aéroplane passera de la position AB à la position A′ B′, un trajet AA′ plus grand que le trajet BB′ parcouru par l'autre extrémité. Comme ces trajets sont nécessairement effectués pendant le même temps, il en résulte que la vitesse de l'extrémité A est plus grande que la vitesse de l'extrémité B. La résistance de l'air va, dès lors, s'exercer avec des valeurs inégales sur ces deux bouts d'ailes; et, comme elle varie, nous l'avons vu, proportionnellement au carré de la vitesse, elle sera bien plus considérable à l'extrémité A qu'à l'extrémité B. La poussée supplémentaire exercée sur le bout d'aile A provoquera l'inclinaison de cette surface dans le sens transversal, l'extrémité B placée du côté du centre étant plus basse que l'extrémité A.

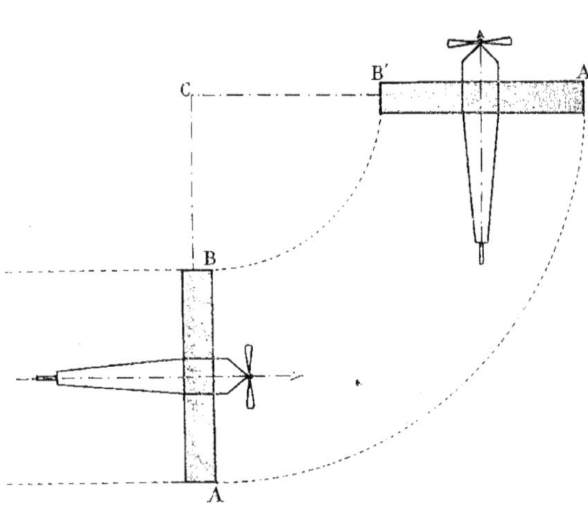

Fig. 431. — Virage d'un aéroplane.

L'inclinaison sera d'autant plus grande que le rayon de la circonférence sera petit et que la vitesse de l'appareil sera considérable.

En effet, lorsque l'aile AB (Fig. 432) a une certaine inclinaison, la pression totale due à la résistance de l'air et appliquée à son centre de poussée C peut être représentée par la ligne CD perpendiculaire à la direction AB. Cette poussée résultante peut être décomposée en deux forces, l'une CE, verticale, l'autre CF, horizontale ; la force CE est la poussée verticale qui assure la sustentation, et la force horizontale CF tend à contrebalancer l'action de la force centrifuge qui agit suivant la direction CA. Lorsque la composante horizontale CF deviendra égale à la force centrifuge, comme ces deux forces sont exactement dirigées dans des sens contraires, l'appareil pourra virer sans qu'il puisse être rejeté vers l'extérieur de sa trajectoire.

La valeur de la composante CF deviendra égale à la valeur de la force centrifuge pour une inclinaison déterminée de l'aile AB, car, plus cette inclinaison augmente, plus la composante horizontale de la même poussée totale CD augmente aussi, et il est possible de trouver une inclinaison pour laquelle l'équilibre s'établisse entre la force centrifuge et cette composante horizontale.

On voit que plus l'action de la force centrifuge est considérable, plus la composante horizontale CF doit être grande, et plus l'aile AB doit être inclinée.

Il en résulte que la force centrifuge ne doit pas dépasser une certaine valeur pour laquelle l'inclinaison de l'appareil serait excessive et pourrait devenir dangereuse. L'appareil étant trop fortement incliné peut recevoir, par suite d'un tourbillon, d'un remous de vent, une poussée supplémentaire sur l'extrémité de l'aile relevée, capable de le faire chavirer. C'est ce qui s'est malheureusement produit et ce qui a coûté la vie, en mai 1911, à deux aviateurs, nommés Pierre-Marie et Dupuis, dont l'aéroplane a été retourné, lors d'un virage trop audacieux, par le vent qui soufflait en tempête.

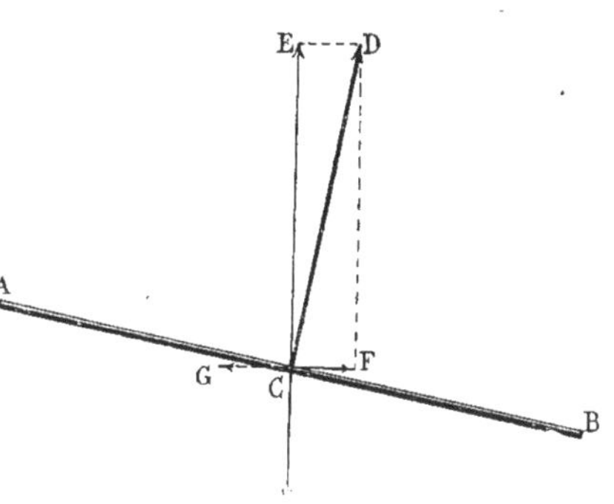

Fig. 432. — Stabilité d'un aéroplane en virage.

Donc, on peut, en donnant à l'aéroplane une inclinaison appropriée, effectuer un virage de court rayon. Mais que devient, pendant ce virage, la poussée verticale qui assure la sustentation de l'appareil? Cette poussée, qui est la composante verticale CE (Fig. 432) diminue de plus en plus de valeur au fur et à mesure que l'inclinaison de l'aile augmente, et, en effet, on voit à l'examen de la figure 433 que pour une inclinaison plus grande de l'aile A'B', la résultante C'D', dont la valeur est supposée égale à celle de la résultante CD, donne deux composantes C'E' et C'F' dont l'une C'E', la poussée verticale, est plus petite que la composante primitive CE et dont l'autre, la poussée horizontale C'F', est plus grande. Nous savons que cette dernière composante, qui grandit avec l'inclinaison, contrebalance la force centrifuge; mais, par contre, la force de sustentation diminue quand l'inclinaison augmente.

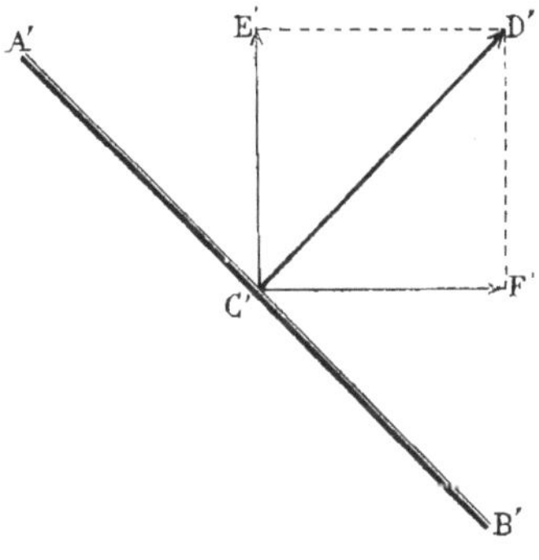

Fig. 433. Équilibre d'un aéroplane en virage.

Il en résulte que pendant un virage, l'*aéroplane descend* si on ne modifie aucune condition de propulsion. Pour que l'altitude reste la même, il est nécessaire d'augmenter la force de sustentation et, par conséquent, la résistance totale de l'air sur les ailes. Pour cela, il faudra augmenter légèrement la vitesse de l'aéroplane et demander un peu plus de puissance au moteur. Ainsi, en résumé, pendant un virage, l'aéroplane s'incline sur un côté et descend. Il est par conséquent possible de provoquer le virage de l'appareil si on peut lui donner une inclinaison latérale. Il y a, d'autre part, un grand intérêt à pouvoir, à volonté, obtenir cette inclinaison de l'aéroplane, car il est possible, de la sorte, d'assurer sa stabilité transversale dans le cas où le vent exercerait, *par le travers*, une action trop considérable, capable de *coucher* l'appareil sur un côté, en dehors même du virage.

Les dispositifs employés pour assurer pendant les virages la stabilité latérale des aéroplanes sont de deux sortes : ou *commandés* ou *automatiques*.

Les dispositifs *commandés* permettent de donner aux aéroplanes une inclinaison latérale à la volonté du pilote. Les dispositifs *au-*

tomatiques permettent d'obtenir un redressement automatique des appareils pendant les virages.

Parmi les dispositifs commandés, celui des aviateurs américains précurseurs, les frères Wright, est un des plus curieux. Il consiste à provoquer, lors d'un virage ou pour obtenir l'inclinaison de l'appareil, le *gauchissement* des ailes. Ce gauchissement est obtenu par la manœuvre d'organes que nous indiquerons lors de la description des appareils. Le résultat de cette manœuvre est que les extrémités AB et CD (Fig. 434) des surfaces sustentatrices du biplan Wright peuvent s'abaisser ou se relever.

Les deux extrémités AB sont solidaires l'une de l'autre et s'abaissent ou se relèvent ensemble; il en est de même des autres extrémités C et D; mais, en outre, le mouvement de commande provoque, du même coup, l'abaissement à un bout des surfaces, en AB, par exemple, et le relèvement au bout opposé CD, ou inversement.

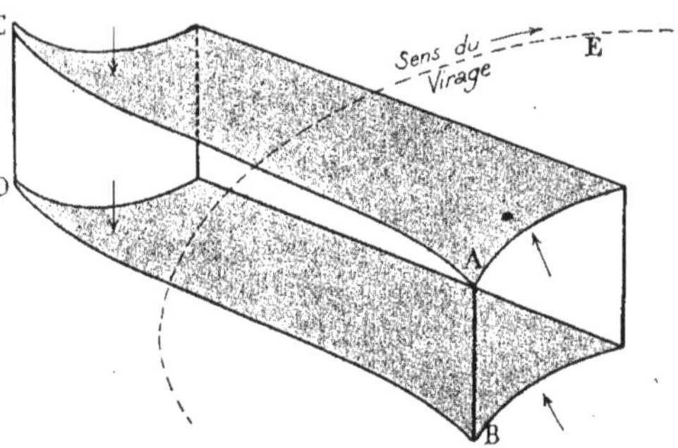

Fig. 434. — Le gauchissement des ailes, dans les appareils Wright.

Si nous supposons le gauchissement des surfaces effectué comme il est indiqué à la figure 434 et que l'aéroplane suive pendant le virage une trajectoire courbe, suivant la flèche E, l'action de l'air s'exerce sur les coins rabattus des extrémités A B et tend à soulever davantage ces extrémités qui offrent, en dessous, plus de surface à l'action de cet air. Du côté AB l'aéroplane tendra à monter. Du côté CD, au contraire, où le gauchissement a eu pour effet de relever les coins C et D, l'action de l'air s'exerce en sens inverse, c'est-à-dire que les surfaces présentées en dessus offrant plus de résistance à l'air l'action de cet air tendra à abaisser l'extrémité CD de l'aéroplane.

On voit donc que d'une part, pendant le virage, l'appareil tend à s'incliner vers l'intérieur, ainsi que nous le savons, c'est-à-dire que l'extrémité AB tend à s'abaisser et l'extrémité CD tend à se soulever, et que, d'autre part, le *gauchissement des ailes* provoque, au contraire, le relèvement de l'extrémité AB et l'abaissement de l'extrémité CD. L'action du gauchissement intervient donc pour redresser l'appareil pendant le virage, de sorte qu'avec l'aéroplane Wright, le pilote peut, en gauchissant ses ailes d'une quantité appropriée, effectuer les virages sans que son appareil soit incliné, ce qui augmente sa stabilité latérale. Si l'aéroplane parcourt une trajectoire rectiligne, le gauchissement des ailes a pour effet, au contraire, de le faire incliner sur un des côtés, et on peut, de la sorte, compenser un effort anormal du vent dans le sens transversal.

Le capitaine Ferber avait employé pour obtenir une action de l'air de valeur différente à l'extrémité de ses ailes, deux sortes de voiles triangulaires, deux *focs,* placés en bout de ses ailes; et, suivant que ces focs, par une manœuvre spéciale, étaient *présentés* ou *effacés,* l'action de l'air devenait plus ou moins grande à ces extrémités des ailes; le résultat obtenu était le même que celui qu'obtenaient les frères Wright avec leur dispositif de gauchissement.

M. Blériot a adapté à ses aéroplanes un

Fig. 435. — Les débuts de l'aviation. — Biplan Ferber avec ses focs triangulaires.

Fig. 436. — Les débuts de l'aviation. — Le biplan avec lequel Farman a bouclé le kilomètre.

autre dispositif à l'aide duquel on obtient les mêmes effets. Ce dispositif consiste à placer en bout des ailes fixes AB (Fig. 437) de l'aéroplane, qui est un *monoplan,* des *ailerons* C et D pouvant osciller autour d'un axe horizontal. Ces ailerons mobiles sont commandés par le pilote et peuvent prendre une inclinaison variable par rapport à la direction de la marche.

Pendant un virage, comme l'action sustentatrice de l'air est plus considérable sur l'extrémité extérieure de l'aile que sur l'extrémité intérieure, ainsi que nous l'avons vu, il suffit, pour rétablir l'équilibre transversal et pour empêcher l'aéroplane de s'incliner, d'augmenter la pression de haut en bas vers l'extrémité extérieure, et de bas en haut vers l'extrémité intérieure. Ce résultat est obtenu en donnant aux deux ailerons une inclinaison appropriée. L'aileron extérieur C est relevé et l'aileron intérieur D est abaissé. On voit que l'action de l'air, pendant la marche, s'exerce sur les surfaces des ailerons ainsi présentées, de façon différente. Elle tend à faire abaisser l'extrémité A en s'exerçant sur l'aileron C et, au contraire, à relever l'extrémité B en s'exerçant sur l'aileron D. Ces deux actions concourent à redresser l'appareil pendant un virage, de la même façon que le gauchissement des ailes dans l'aéroplane Wright. Cette manœuvre permet aussi, lorsque l'appareil suit une trajectoire rectiligne, de lui donner une inclinaison latérale.

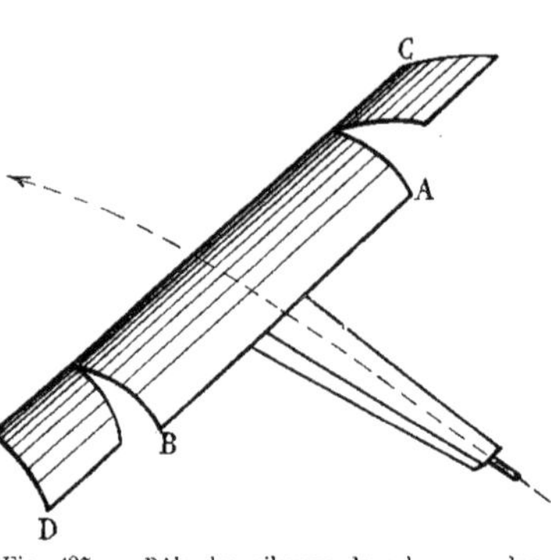

Fig. 437. — Rôle des ailerons dans le monoplan Blériot.

Parmi les dispositifs de stabilisation latérale automatique, celui des frères Voisin a consisté à munir leurs aéroplanes *biplans,* de cloisons verticales réunissant les deux surfaces sustentatrices. L'appareil est ainsi formé de cellules assez semblables à celles qui constituent le cerf-volant Hargrave. Les cloisons n'offrent aucune résistance à l'air lorsque l'appareil n'a aucune inclinaison latérale, puisqu'elles se présentent par leur tranche dans le sens normal de l'avancement, mais lorsque l'appareil s'incline sur un côté, ces cloisons offrent à l'action de l'air une surface plus ou moins importante suivant l'inclinaison, et cette action tend à replacer dans sa position horizontale l'appareil qui s'était incliné latéralement.

Les cloisons permettent en outre à l'aéroplane de résister à l'action de la force centrifuge qui tend dans un virage à le rejeter en dehors de sa trajectoire. Il est nécessaire, en effet, pour virer, que l'appareil prenne point d'appui sur l'air, sinon, il ne suit pas la direction qu'on lui donne ; il dérive : c'est un véritable *dérapage* aérien. Les cloisons verticales agissent pour créer ce point d'appui, car si l'aéroplane a des tendances à être rejeté sur le côté pendant qu'il vire, ces cloisons reçoivent de l'air une pression qui ramène l'appareil dans une direction pour laquelle elles se présentent *sur champ.* Cette direction est celle de l'axe de l'aéroplane, c'est-à-dire la trajectoire à suivre.

Stabilisateurs mécaniques — Les dispositifs de stabilisation longitudinale et latérale que nous venons d'indiquer et qui sont commandés par le pilote, exigent de lui une grande habileté ainsi que des qualités de décision et de sang-froid. L'attention continuelle qui doit être portée à la manœuvre de ces organes, indépendamment de celui qui assure la direction, provoque une fatigue physique que l'on a cherché à éviter en établissant des *stabilisateurs mécaniques* capables de provoquer automatiquement le redressement, dans tous les sens, de l'aéroplane dont la stabilité longitudinale ou latérale se trouve troublée, pour une raison quelconque.

L'aviateur n'aurait de la sorte à s'occuper, le plus souvent, que d'assurer la stabilité d'altitude par la manœuvre d'un gouvernail de profondeur, et la stabilité de direction par la manœuvre d'un gouvernail spécial.

Un *stabilisateur automatique* doit nécessairement comporter un organe dont la direction reste fixe dans l'espace malgré les inclinaisons que peut prendre l'appareil, et c'est sur cette propriété de cet organe qu'est basé le principe de la stabilisation. Cet organe est réalisé soit par le *pendule*, soit par le *gyroscope*. Le *pendule* est constitué, en principe, par une masse placée au bout d'un bras vertical oscillant, laquelle masse tend toujours à reprendre sa position verticale lorsqu'elle en a été écartée pour une cause quelconque.

Le *gyroscope* est constitué par une masse animée d'un mouvement de rotation très rapide et qui a la propriété de se maintenir constamment dans une direction bien déterminée en résistant aux actions diverses qui se produisent dans tous les sens pour déplacer son axe. Tout le monde connaît ces toupies gyroscopiques auxquelles on fait exécuter des prodiges d'équilibre qui mettent en joie les enfants et font rêver aussi, parfois, les grandes personnes. C'est un petit gyroscope. Celui qui est utilisé dans les stabilisateurs automatiques, tout en participant du même principe, est établi avec des dimensions appropriées au rôle qu'on exige de lui.

Le pendule et le gyroscope donnant des directions bien déterminées, on utilise le déplacement relatif de l'aéroplane *roulant* ou *tanguant* par rapport à ces organes, pour leur faire actionner les dispositifs qui assurent la stabilité de l'appareil. Ces organes remplacent ainsi le pilote et commandent la manœuvre du gouvernail de profondeur, des ailerons latéraux ou de toute autre surface stabilisatrice. Ils doivent fonctionner instantanément et, quoique nécessairement rendus solidaires de l'aéroplane, être complètement indépendants de ses mouvements et n'être pas influencés par eux.

Ces conditions sont assez difficiles à réaliser, et c'est pour cela que, malgré la création d'appareils stabilisateurs automatiques, dont nous allons décrire les plus ingénieux, leur emploi ne s'est pas encore très développé. Il est certain, cependant, qu'il y aurait un grand intérêt pour l'aviation à pousser à fond l'étude de ces appareils, et à consentir les sacrifices nécessaires pour les porter, par des essais répétés, au degré de perfection nécessaire pour être utilisés en toute sûreté.

Nous allons examiner quelques appareils stabilisateurs automatiques.

Stabilisateur Regnard (Fig. 438.) L'appareil de stabilisation automatique du regretté P. Regnard, ingénieur de l'École Centrale, comporte un gyroscope. Ce gyroscope se compose d'un volant A monté sur un axe vertical B et parfaitement centré par rapport à cet axe, qui peut prendre un mouvement de rotation très rapide autour de ses deux extrémités façonnées en forme de pivots. Sur le même axe vertical et sous le volant est disposé l'induit C d'une petite machine dynamo-électrique comprenant son collecteur, ses balais et son inducteur D, sorte d'anneau fixe qui enveloppe l'induit. Le courant est fourni à cette dynamo par une batterie d'accumulateurs de 8 ou 10 éléments. La vitesse de rotation de l'induit de la dynamo et, par conséquent, de l'axe portant le volant, est maintenue à raison de 10.000 tours environ par minute.

Par suite de cette vitesse considérable, le volant conserve dans l'espace une direction constante, ainsi que le démontrent les lois de la mécanique. Comme sa position normale est horizontale, il fait donc avec l'aéroplane, suivant l'inclinaison prise par celui-ci, un angle plus ou moins grand. Pour permettre au volant et à son axe de garder toute leur indépendance par rapport aux parties fixées à l'aéroplane, le gyroscope est monté *à la cardan*, c'est-à-dire que l'anneau E qui porte les chapes des pivots de l'axe B peut lui-même osciller autour de pivots fixés dans une autre couronne horizontale F. Les chapes de ces pivots sont placées dans une seconde couronne horizontale G, qui peut elle-même osciller autour de deux pointes vissées sur deux colonnes I fixées au châssis de l'aéroplane. L'axe B peut, de la sorte, prendre toutes les positions par rapport aux colonnes I, ou plutôt, comme l'axe B conserve sa même direction, les colonnes qui suivent

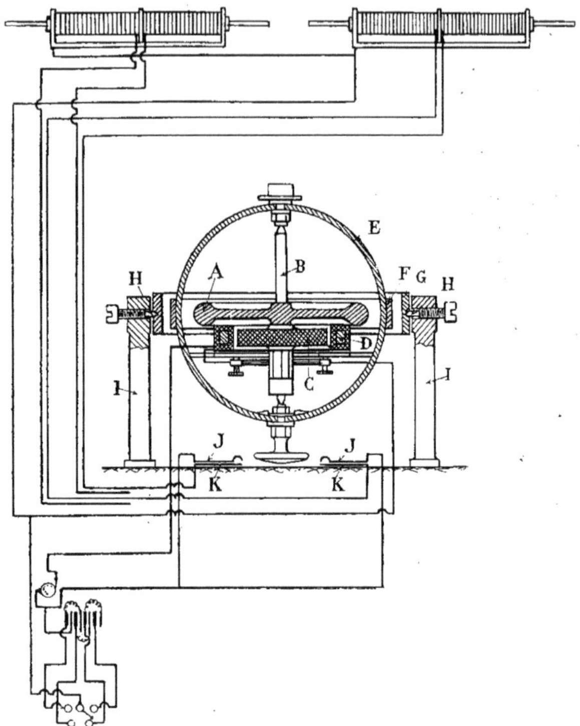

Fig. 438. — Stabilisateur système gyroscopique de Regnard. Coupe longitudinale.

les inclinaisons du châssis peuvent prendre par rapport au volant et à son axe toutes les positions d'inclinaison possibles. Il en résulte que des contacts électriques, formés de deux lames J et K et reposant sur le socle support des colonnes, peuvent se rapprocher ou s'éloigner du bouton terminant à sa partie inférieure l'anneau E. Il y a, disposés sur le socle, quatre contacts semblables, faisant

Fig. 439. — Les débuts de l'Aviation. — Le monoplan à deux ailes Blériot (1908).

Fig. 440. — Les débuts de l'Aviation. — Le monoplan à deux ailes Blériot (1908). Vue 3/4 arrière.

entre eux un angle de **90** degrés (Fig. **441**) et, suivant la position que prend l'aéroplane par rapport à sa position normale qui est celle du gyroscope, un des quatre contacts est touché par le bouton. La lame supérieure du contact, qui a reçu une forme appropriée, se trouve abaissée par le bouton dont la face inférieure est arrondie. Les deux lames isolées du contact électrique sont ainsi mises en communication et un circuit électrique se trouve fermé. Chaque paire de lames correspond à un circuit électrique spécial.

Deux des contacts diamétralement opposés commandent la manœuvre du gouvernail de profondeur dans un sens ou dans l'autre ; les deux autres commandent les mouvements en sens inverse de l'aileron de droite et de l'aileron de gauche. Ces commandes peuvent s'effectuer au moyen de petits treuils électriques ou par l'intermédiaire de *solénoïdes,* comme dans le modèle qui a été présenté par M. P. Regnard à l'Académie des Sciences. Des noyaux de fer doux placés au centre de bobines prennent, sous l'action du courant qui traverse les bobines, un mouvement rectiligne dans un certain sens qui dépend de la direction du courant : on utilise ce déplacement pour effectuer une traction, au moyen de câbles et galets, sur des poulies fixées sur les axes autour desquels peuvent osciller les organes de stabilisation (Fig. **442**).

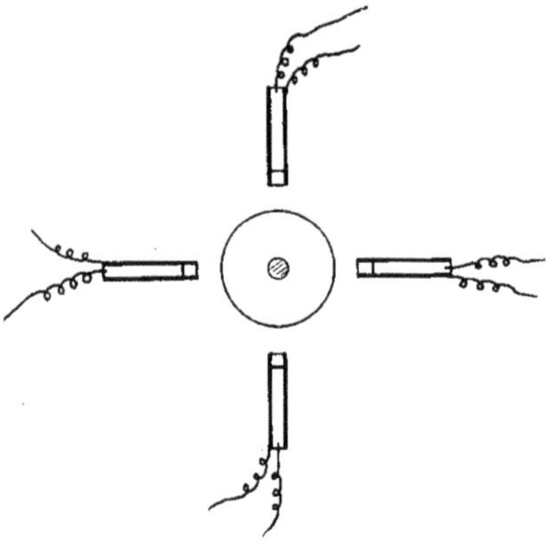

Fig. 441. — Schéma des contacts électriques du système gyroscopique Regnard.

Lorsque le gyroscope a été lancé de façon que son axe ait une direction verticale, il gardera cette position malgré les inclinaisons prises par l'appareil, et suivant le sens dans lequel ces inclinaisons se produiront, un des quatre contacts électriques sera fermé par le bouton L et l'organe redresseur sera actionné. Il est même possible que deux contacts soient fermés à la fois si, par exemple, l'aéroplane s'incline à la fois dans le sens longitudinal et dans le sens transversal. Le gouvernail de profondeur et les ailerons latéraux sont alors manœuvrés simultanément dans le sens approprié.

Lorsque l'équilibre est rétabli, le bouton abandonne les lames des contacts : les circuits électriques se trouvant interrompus, les organes de stabilisation reprennent leur position normale.

Pour permettre au pilote de l'aéroplane de conserver, malgré la présence du stabilisateur automatique, la possibilité d'effectuer lui-même ses manœuvres, un bouton a été disposé de façon que par une simple pression, l'aviateur puisse placer hors du circuit les commandes automatiques et se rendre ainsi maître de ses organes de stabilisation.

En résumé, dans le stabilisateur Regnard, on utilise les propriétés du gyroscope, non pour rétablir par son action directe la stabilité, ce qui exigerait une masse tournante d'un poids considérable, mais pour effectuer un travail de minime importance consistant à ouvrir ou à fermer des circuits au moment propice, la force nécessaire pour manœuvrer les organes de stabilisation étant empruntée à une batterie d'accumulateurs.

blable pour une certaine vitesse et un rayon de giration donné.

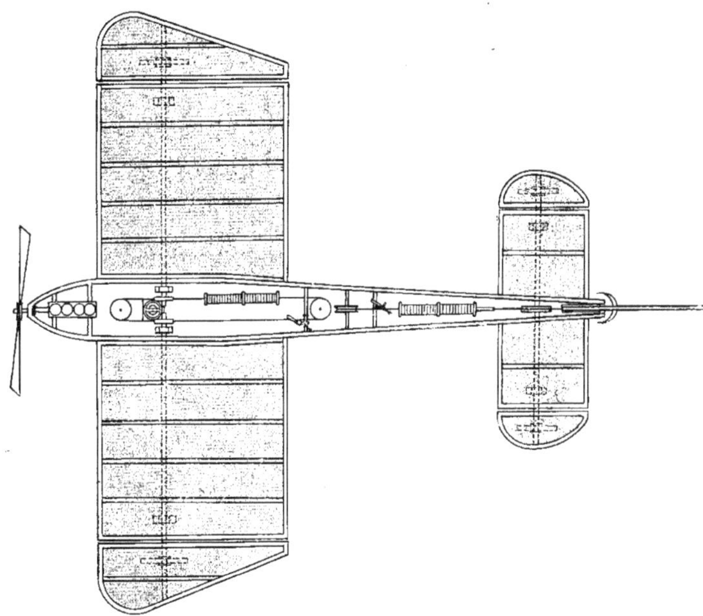

Fig. 442. — Plan d'un aéroplane muni d'un stabilisateur du système gyroscopique Regnard.

Stabilisateur Marmonnier (Fig. 443) Le stabilisateur automatique *Marmonnier* est établi pour utiliser à la fois les propriétés du gyroscope et celles du pendule. Le pendule, en effet, quoique la pesanteur tende constamment à le ramener dans une position verticale, ne se place pas immédiatement dans cette position ; il n'y arrive qu'après avoir effectué un certain nombre d'oscillations.

La combinaison du pendule et du gyroscope permet d'obtenir une base de stabilisation complètement indépendante de l'aéroplane qui porte ce dispositif.

Lorsque l'appareil suit une trajectoire rectiligne, le stabilisateur se maintient parfaitement vertical : lorsque l'aéroplane effectue un virage, il prend une inclinaison de valeur bien déterminée et toujours semblable pour une certaine vitesse et un rayon de giration donné.

Le stabilisateur se compose d'un *pendule à gyroscope,* d'organes mécaniques intermédiaires destinés à actionner les surfaces stabilisatrices disposées sur l'aéroplane et d'une surface plane placée sur champ dans la direction de marche, au-dessus du pendule, lequel peut suivre toutes ses oscillations et qui a pour fonction de modifier l'inclinaison de l'aéroplane selon la direction et la force du vent.

Le pendule gyroscopique est constitué par un tube A fixé à son extrémité supérieure à une fourche B supportée par un axe C tourillonnant dans des paliers solidaires de l'aréroplane. A l'extrémité inférieure du tube est suspendu un axe horizontal D sur lequel sont fixés deux volants E formant gyroscope. Le mouvement est donné à ce gyroscope par l'intermédiaire d'une série de roues d'engrenages et d'un axe F qui occupe la partie cen-

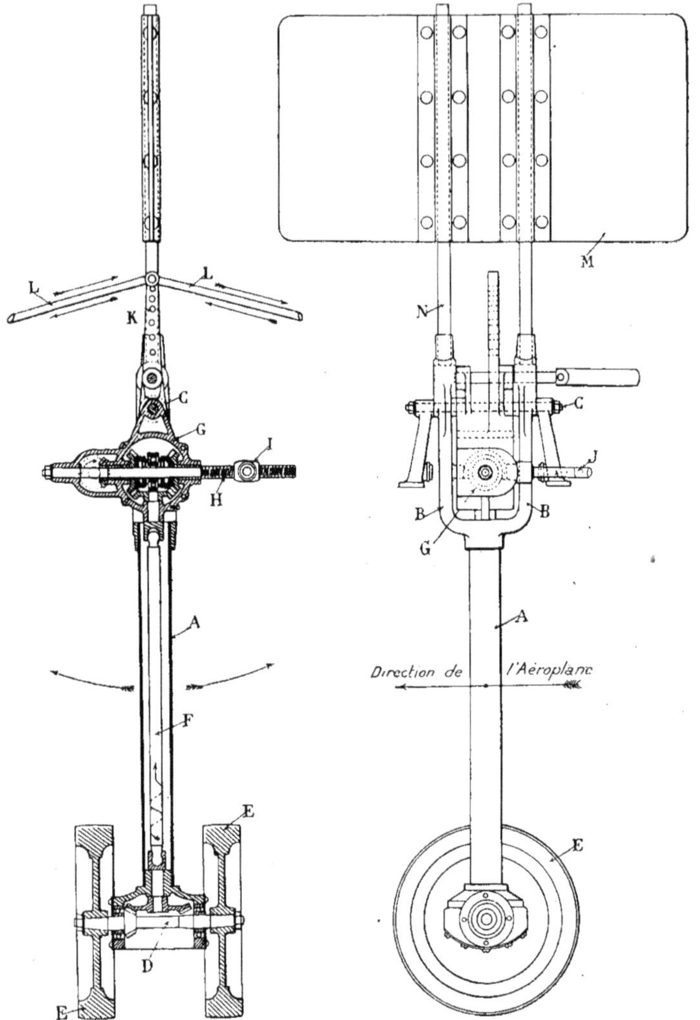

Fig. 443. — Stabilisateur-pendule Marmonnier.

trale du tube A. La boîte à engrenages placée entre les branches de la fourche B peut se déplacer par suite du mouvement d'une vis H tournant dans un écrou fixe I. Une disposition spéciale de pignons et de cuvettes de friction permet de provoquer, suivant le cas, la rotation dans des sens opposés de l'arbre H. Le mouvement de rotation est donné à tout le système par un arbre J qui est, lui-même, commandé par le moteur.

Par suite de la rotation en sens inverse que prennent les pignons coniques commandés à la partie supérieure, le pendule provoquera le déplacement de la boîte à engrenages dans le sens corespondant à ses oscillations.

Un levier K pouvant pivoter sur des tourillons solidaires de la boîte à engrenages suit, par conséquent, les mouvements de déplacement transmis à cette boîte par le pendule; il est relié par des câbles L aux organes de stabilisation latérale de l'aéroplane. Ce levier peut être rendu indépendant pour permettre à l'aviateur d'effectuer, à la main, la manœuvre des plans stabilisateurs.

Lorsque l'aéroplane suit une trajectoire rectiligne, l'appareil de stabilisation automatique conserve sa position de repos et les ailerons latéraux ou les plans de gauchissement ne manœuvrent pas. Si, sous une influence quelconque, l'aéroplane s'incline d'un côté, le pendule, conservant sa position verticale, provoque la manœuvre des ailerons ou le gauchissement des ailes et rétablit l'équilibre.

Quand l'aéroplane fait un virage, la force centrifuge, exerçant son action sur le stabilisateur, le rejette en dehors et la commande des plans de stabilisation se produit. Après le virage, lorsque la trajectoire devient rectiligne, le stabilisateur se place verticalement et les surfaces stabilisatrices sont ramenées à leur position normale.

Dans le cas où le vent exerce son action dans une direction différente de celle de sa marche, il faut que l'aéroplane prenne, par rapport à la direction de ce vent, une position appropriée qui assure sa stabilité.

C'est par l'intermédiaire du plan supérieur M que la manœuvre de stabilisation s'effectue. Cette surface est montée à l'extrémité de la fourche B au moyen de deux bras N qui la rendent solidaire du pendule gyroscopique.

Lorsque l'aéroplane suit une trajectoire rectiligne, si le vent souffle sur un côté, il agit sur la surface M et tend par sa poussée à faire osciller le pendule. Cette oscillation provoque la commande des organes de stabilisation pour le sens correspondant à la direction du vent. L'aéroplane s'incline et peut continuer à progresser en ligne droite, malgré l'action latérale du vent.

Pendant un virage, l'action du vent sur la surface M donne au pendule une position plus ou moins inclinée, suivant la direction du vent, par rapport à celle que le pendule occuperait lors d'un virage en temps calme. L'inclinaison de l'aéroplane se trouve ainsi corrigée dans le sens convenable pendant le virage.

Stabilisateurs Guérin et Corneloup-Korganiantz (Fig. 444.) Ce stabilisateur n'est pas basé, comme les précédents, sur le principe du pendule ni du gyroscope.

Il utilise l'action même de l'air sur les surfaces sustentatrices pour leur donner, à l'aide d'organes spéciaux, une orientation et une position convenables, permettant de réaliser la stabilité longitudinale et latérale, la stabilité d'altitude, et d'obtenir une variation de vitesse. Ce stabilisateur, appelé par ses inventeurs *balance différentielle,* se place sur le fuselage de l'aéroplane. Celui qui est représenté schématiquement par la figure 444 est supposé monté sur un *monoplan,* les tiges A, B, C, et D constituant les longerons du fuselage. Les ailes sustentatrices E et F, au lieu d'être rigidement fixées au châssis comme dans la plupart des aéroplanes, sont solidaires chacune d'un axe G placé parallèlement à leur grand côté, au tiers environ de sa largeur vers le bord d'attaque. Ces axes G sont creux et sont terminés vers le châssis par un pignon d'engrenage conique H. Les deux pignons H engrènent ensemble avec un troisième pignon I. Les deux axes G peuvent ne pas être dans le prolongement l'un de l'autre;

leur direction peut former, comme celle des ailes sur lesquelles ils sont fixés, un angle dièdre, sorte de V très ouvert. Par suite de la disposition des pignons H engrenant avec le pignon I, cet angle initial restera toujours le même, malgré les variations d'inclinaisons données aux ailes.

Le pignon d'engrenage conique I fait corps avec un levier J dont une extrémité est formée par un bras K perpendiculaire, tourillonnant à chacun de ses bouts dans deux paliers supportés par les longerons A et B du châssis.

A l'autre extrémité du levier J est fixé un câble L qui s'enroule sans glissement autour d'une came M et qui aboutit, après être passé sur un galet de renvoi N, à l'extrémité O d'un ressort à boudin, dont la tension peut être réglée par la manœuvre d'un volant P, solidaire d'une vis pouvant se déplacer dans un écrou fixé au châssis. Le câble L exerce donc, sous l'action du ressort à boudin, une traction de haut en bas sur l'extrémité du levier J et provoque son oscillation autour des tourillons portés par le bras K. L'angle d'incidence des ailes peut ainsi varier suivant la tension du ressort et du câble. Lorsque cet angle augmente, la tension du ressort diminue, et au contraire cette tension augmente lorsque l'angle d'incidence devient plus petit.

Sur le levier J peut tourillonner une sorte de croisillon Q, rendu solidaire des deux ailes au moyen de bras qui pénètrent dans les axes creux G, et qui portent les pignons coniques H. Le tourillonnement du croisillon peut s'effectuer sur le levier J dans un sens perpendiculaire à la direction de ce levier. Lorsque cette rotation se produit, les deux pignons coniques H tournent autour du pignon I, lequel reste immobile; en engrenant avec lui, les deux pignons H prennent un mouvement de rotation dans des sens opposés. Les ailes solidaires de ces pignons font des angles d'incidence qui varient aussi en sens contraires.

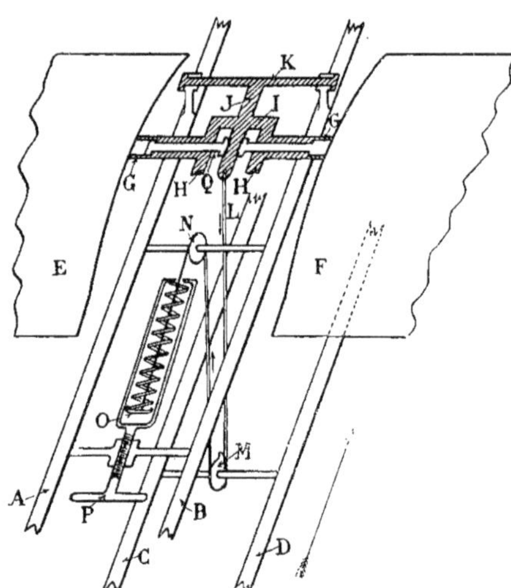

Fig. 444. — Stabilisateur dit « balance différentielle ».

En résumé, les organes mécaniques ainsi disposés ont pour fonction de permettre une oscillation simultanée des ailes autour de l'arbre K, ce qui fait varier dans le même sens l'angle d'incidence des ailes et provoque une tension plus ou moins grande du câble L et du ressort à boudin O. En outre, on peut obtenir une oscillation dans le sens transversal, ce qui produit une rotation, en sens inverses, des ailes autour de leur axe G. L'angle d'incidence de ces ailes n'est alors plus le même; toutefois leurs axes G font constamment entre eux le même angle dièdre donné par la construction dans le sens transversal.

Ces dispositions assurent la stabilité longitudinale, la stabilité d'altitude et la stabilité transversale.

En effet, un courant aérien descendant a pour effet, en agissant sur l'aile, de faire automatiquement augmenter l'incidence, la tension du ressort équilibrant la poussée de l'air. L'appareil tendra donc à monter, ce qui compensera l'action du courant descendant. La stabilité d'altitude sera donc obtenue. La vitesse diminuera légèrement, mais le pilote pourra toujours régler son moteur pour que cette vitesse ne descende pas au-dessous d'une certaine valeur indispensable à obtenir.

Lorsqu'il se produit un courant aérien ascendant, une action inverse s'exerce sur les ailes ; l'incidence diminue, la nouvelle tension du ressort équilibrant cette nouvelle poussée ; l'appareil tend à descendre et la stabilité d'altitude se trouve maintenue ; dans ce cas, la vitesse augmente.

La stabilité en hauteur peut de la sorte être automatiquement réglée et l'aéroplane peut progresser suivant une direction sensiblement horizontale.

La stabilité longitudinale est troublée par suite de la variation de position du centre de poussée sur les ailes, ainsi que nous l'avons précédemment indiqué. Pour corriger cette variation, la came M, sur laquelle s'enroule le câble L qui relie le ressort au levier des ailes a, vers l'avant, un profil approprié, déterminé expérimentalement. Vers l'arrière, la came M a reçu un profil destiné à corriger les variations de tension du ressort.

Ce dispositif et l'adjonction de l'empennage horizontal permettent d'obtenir la stabilité longitudinale.

La stabilité latérale est automatiquement maintenue par suite de l'oscillation dans des sens inverses des ailes de l'aéroplane sous l'action d'un effort latéral de l'air. Cette manœuvre automatique correspond à la manœuvre des ailerons latéraux ou du gauchissement des ailes qu'effectue le pilote de l'aéroplane pour maintenir sa stabilité dans le sens transversal.

Stabilisateur Boutbien (Fig. 445.) Ce type de stabilisateur, tout en utilisant le principe du pendule, se sert des mouvements d'oscillation de ce pendule, provoqués par l'inclinaison latérale de l'aéroplane, pour produire le déplacement automatique du centre de gravité de l'appareil dans le sens convenable, de façon que sa stabilité soit assurée. Pour cela, le pendule en fermant, à partir d'une inclinaison déterminée, un circuit électrique, provoque l'avancement, dans le sens voulu, d'un chariot actionné électriquement. Ce chariot portant son poids soit à droite, soit à gauche de l'axe de l'aéroplane, déplace son centre de gravité, et tend à rétablir l'équilibre.

Le stabilisateur Boutbien, dont le principe, on le voit, est très intéressant, réalise donc, automatiquement, pour les aéroplanes, la manœuvre du poids stabilisateur que nous avons vu appliquer dans certains dirigeables, manœuvre qui, en s'effectuant à la main n'avait pas la rapidité et la précision désirables, mais qui peut, en s'effectuant électriquement, répondre à la nécessité d'un déplacement immédiat et rapide du poids équilibreur dans la direction favorable.

Le stabilisateur se compose, en principe, de trois systèmes pendulaires. Deux des balanciers A et B peuvent osciller de façon à venir respectivement au contact des plots C et D pour le premier et des plots E et F pour le second. Ces deux pendules, suivant qu'ils s'appuieront sur l'une ou l'autre des séries de plots, fermeront des circuits électriques, dans lesquels le courant circulera dans des sens différents. Ils jouent donc le rôle d'inverseurs de courant et produiront, suivant leur position, le mouvement du chariot stabilisateur G soit vers la droite, soit vers la gauche, ainsi que nous allons le voir.

Le troisième pendule H peut osciller librement ; mais, selon l'angle qu'il fait avec la verticale d'un côté ou de l'autre, il peut prendre successivement contact avec trois plots I, J et K. A ces plots sont reliées des bobines de résistances destinées à intercaler dans le circuit électrique des résistances de valeurs variables. L'intensité du courant est ainsi rendue plus ou moins forte et la commande du chariot formant équilibreur tionné lui-même par l'énergie électrique provenant de la batterie d'accumulateurs, lorsque, par suite de l'inclinaison de l'aéroplane, les pendules ferment le circuit électrique de la façon que nous venons d'indiquer.

Le chariot porte, à chacune de ses extrémités, une pièce isolante. Ces deux pièces

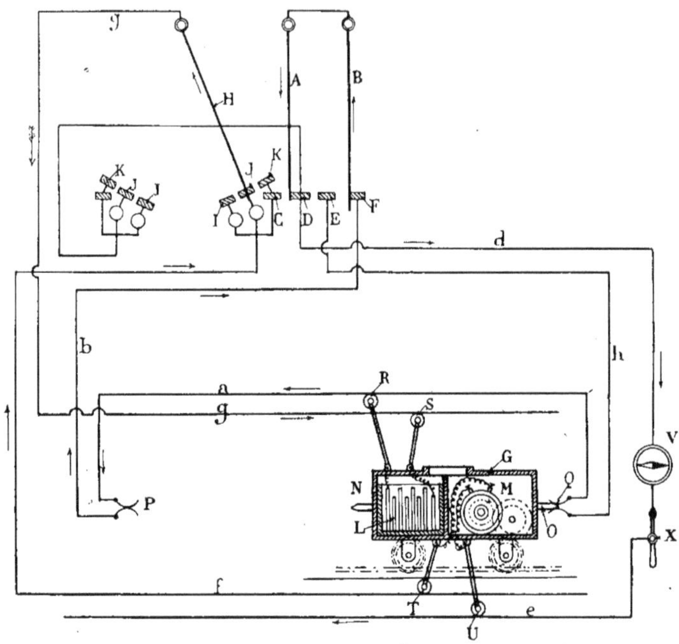

Fig, 116. — Stabilisateur Boutbien.

est, de la sorte, obtenue avec une énergie appropriée à la déviation du pendule H, c'est-à-dire de l'aéroplane.

La source d'énergie électrique est constituée par une batterie d'accumulateurs L qui peut être placée dans le chariot G.

Ce chariot porte des roues dentées, reposant sur des rails taillés en crémaillère et pouvant rouler sur eux. Ces roues reçoivent un mouvement de rotation d'un moteur électrique M disposé dans le chariot, et ac-

N et O peuvent venir s'engager, lorsque le chariot, par suite de l'inclinaison de l'aéroplane, atteint les extrémités de sa course, à gauche ou à droite, entre deux séries de deux lames P et Q qui, normalement, sont placées au contact l'une de l'autre. En outre, sur le chariot sont disposés deux frotteurs R et S communiquant respectivement avec les deux pôles positif et négatif de la batterie d'accumulateurs et deux autres frotteurs T et U qui sont reliés aux deux bornes de la machine dynamo-électrique. Ces quatre frotteurs sont maintenus constamment appuyés, à la façon de trolleys, sur quatre fils conducteurs intercalés dans le circuit.

Un galvanomètre V est placé dans le circuit pour indiquer, à chaque instant, la valeur du courant électrique, et un commutateur X permet d'interrompre le circuit et de mettre hors d'action le chariot, soit au départ soit à l'atterrissage, pour éviter les effets d'inertie qui peuvent influencer d'une façon exagérée les pendules ou, encore, d'immobiliser le chariot dans le cas d'un fonctionnement défectueux.

La figure 446 représente le schéma des connexions électriques établies pour assurer le fonctionnement automatique de l'appareil stabilisateur.

On peut, à l'aide de ce schéma, se rendre compte du fonctionnement théorique du stabilisateur.

Le chariot étant supposé placé en fin de course vers sa droite, la pièce isolante O est engagée entre les deux lames Q. Ces lames, se trouvant séparées, interrompent le circuit en ce point.

Par contre, le courant peut passer à l'autre extrémité du circuit, les lames P se trouvant mises au contact.

A la position des chariots vers la droite correspondent, pour les pendules, des inclinaisons telles que les pendules A et B sont placés respectivement au contact des plots D et F, tandis que le troisième pendule libre H est supposé au contact du plot J à droite.

Examinons quel est l'effet qui va se produire du fait de ces diverses dispositions. Suivons pour cela le trajet parcouru par le courant électrique. Ce courant, pris à partir du pôle positif de la batterie d'accumulateurs, par exemple, arrive, par l'intermédiaire du frotteur R, dans le fil conducteur *a* ; il ne peut suivre ce fil vers la droite puisque, par hypothèse, le circuit est interrompu entre les lames Q. Le courant, suivant le fil *a* vers sa gauche, passe, par les lames P qui sont au contact, dans le conducteur *b* et aboutit au plot F. Comme le pendule B est supposé mis au contact de ce plot, le courant suit la tige métallique de ce pendule et parcourt la tige du second pendule A, par suite de la communication établie entre les axes de ces pendules. Le courant arrive ainsi au plot D. De ce plot partent deux conducteurs, l'un qui aboutit au groupe de plots I, J, K, de gauche, l'autre *d* qui va à une borne du galvanomètre V. Le courant ne peut suivre que le conducteur *d*, car, dans l'autre sens, le circuit est interrompu. Il traverse donc le galvanomètre V, passe par l'interrupteur X et parcourt le fil conducteur *e*. De là, par le frotteur U, il arrive à une des bornes du moteur électrique, parcourt le circuit de la dynamo, ressort par la seconde borne et par l'intermédiaire, du frotteur T, qui communique avec elle, arrive dans le conducteur *f* en suivant une direction représentée par les flèches indiquées sur la figure.

Le conducteur *f* amène le courant aux trois plots I, J, K de droite. Comme le pendule H est supposé placé au contact du plot J, le courant suit la tige de ce pendule et, par le conducteur *g* relié à son axe d'oscillation, arrive au frotteur S qui communique avec le pôle négatif de la batterie d'accumulateurs. Le circuit électrique se trouve ainsi fermé entre le pôle positif et le pôle négatif de la source électrique, par l'intermédiaire des contacts établis par les pendules inclinés par rapport à l'aéroplane. Le courant parcourra donc le circuit de la dynamo et provoquera sa mise en marche. Les roues du chariot se trouveront ainsi actionnées et leur mouvement de rotation sur les rails en forme de crémaillère provoquera l'avancement vers la gauche du chariot équilibreur. Le centre de gravité de l'aéroplane qui, par suite de son inclinaison, s'était déplacé, va tendre à reprendre automatiquement sa position normale par suite du déplacement du poids du chariot. L'aéroplane va tendre à reprendre sa position d'équilibre.

Le mouvement du chariot vers la gauche a provoqué le rapprochement des lames Q, parce que la pièce isolante O n'est plus engagée entre ces lames. Mais, cependant, malgré le contact de ces lames, le courant ne peut passer par elles, car le circuit est interrompu au plot E auquel aboutit le conducteur *h* partant de la lame inférieure Q. Le courant parcourt toujours le trajet que nous venons d'indiquer, et cela se produira pendant tout le temps que les trois pendules resteront en contact avec les plots sur lesquels ils sont placés.

Lorsque, par suite du redressement de l'aéroplane, provoqué par le déplacement du chariot, les pendules reprendront leur position verticale, ils ne se trouveront plus en contact avec aucun plot, et le circuit se trouvera automatiquement interrompu; le courant électrique ne sera plus établi; la dynamo du chariot s'arrêtera et le chariot lui-même restera immobilisé à la place qu'il occupera. La stabilité sera assurée jusqu'à ce qu'une nouvelle oscillation vienne remettre, suivant le sens de l'inclinaison, les pendules en contact avec les plots de droite ou de gauche. La même manœuvre du chariot se produira alors dans le sens convenable pour rétablir la stabilité.

Nous venons d'indiquer la disposition schématique des organes du stabilisateur Bouthien. Pratiquement, les pendules, les contacts, le chariot ont reçu des formes et ont été disposés pour assurer un fonctionnement régulier de ces divers organes.

On a établi de nombreux systèmes de stabilisateurs automatiques participant à peu près tous des mêmes principes essentiels, mais comportant des différences dans la réalisation des manœuvres de stabilisation. Ces appareils doivent, évidemment, pour assurer une stabilisation efficace et certaine de l'aéroplane, être réalisés de la façon la plus simple et la plus robuste possible pour que leur fonctionnement ne laisse rien à désirer. Il n'est pas douteux qu'après de sérieux essais de mise au point quelques-uns d'entre eux puissent être utilement employés pour rendre la stabilité des aéroplanes automatique, ce qui contribuera à diminuer dans une large mesure, la fatigue que s'impose le pilote pour conduire son appareil.

Stabilité de route

En dehors des stabilités d'altitude, longitudinale, latérale que nous venons d'examiner, il convient encore de donner à l'aéroplane la *stabilité de route,* c'est-à-dire la stabilité dans la *direction* de la marche qu'il veut suivre. C'est à l'aide d'un gouvernail vertical, semblable à celui qui est employé pour guider les bateaux et les aérostats dirigeables, qu'il est possible de diriger dans l'air un aéroplane.

Ce gouvernail est une surface plane pouvant osciller autour d'un axe vertical, à droite ou à gauche, à la volonté du pilote qui le manœuvre à l'aide d'un volant et de câbles de commande. Le gouvernail est placé à l'arrière de l'aéroplane, en bout du fuselage et le plus loin possible des surfaces sustentatrices, de sorte que lorsqu'il est dévié, l'air exerce une poussée sur la face qui est obliquée par rapport à la direction de la marche et tend, en déplaçant l'arrière de l'aéroplane, à lui donner une direction de marche différente de la précédente.

Supposons, en effet, un aéroplane dont les surfaces sustentatrices sont représentées par le rectangle A (Fig. 447). En bout du fuselage B est disposé, verticalement, le gouvernail C, vu en plan, suivant sa tranche. Lorsque rien ne vient troubler la stabilité de route de l'aéroplane et qu'il marche en ligne droite, le gouvernail occupe la position C dans une direction parallèle à l'axe de l'appareil. L'action de l'air est alors nulle sur les faces latérales du gouvernail, puisque celui-ci se présente par sa tranche dans le sens du mouvement, et rien ne s'oppose à ce que l'aéroplane poursuive sa route en ligne droite. Si l'on incline le gouvernail à gauche et qu'on lui donne la position D représentée en pointillé, l'action de l'air se fera sentir sur la face gauche et la résultante de cette action sera la force E perpendiculaire au plan D. Ainsi, l'arrière de l'aéroplane sera poussé vers la droite et l'appareil tendra à osciller autour de son centre de gravité, l'avant se portant vers la gauche.

Pour que ce mouvement puisse s'effectuer et provoquer, par conséquent, le changement de direction de l'aéroplane, il faut que celui-ci offre une certaine résistance latérale à l'air, afin qu'il puisse *s'appuyer* en quelque sorte sur cet air, pour osciller autour de son centre de gravité. Sinon, il va à la dérive et n'obéit pas au gouvernail de direction. Il est donc nécessaire que l'aéroplane comporte des surfaces qui s'opposent à la dérive transversale. Le fuselage ou coque de l'appareil comportant des parois pleines, ou bien une quille verticale permettent d'obtenir ce résultat. Les cloisons disposées dans les biplans, entre les surfaces sustentatrices offrent un point d'appui très efficace pour gouverner sûrement.

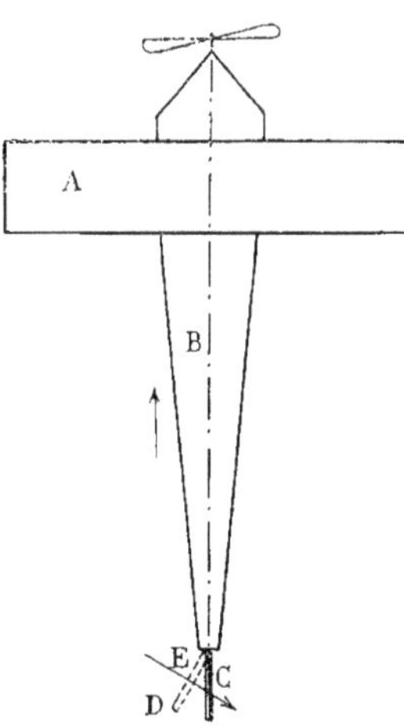

Fig. 117. — Rôle du gouvernail de direction.

Lorsque l'aéroplane a un point d'appui qui l'empêche d'être chassé latéralement, l'action du gouvernail est d'autant plus grande que sa surface est plus considérable et qu'il est plus éloigné du centre de gravité de l'appareil. Il est donc possible, en donnant à cet écartement une grande longueur, de diminuer la surface du gouvernail, sans que son action en soit affaiblie.

Action du vent sur la direction de l'aéroplane

Nous avons précédemment étudié, pour les aérostats dirigeables, les conditions à remplir afin que la *dirigeabilité* soit complète. Nous avons examiné l'action du vent qui pousse dans sa propre direction le navire aérien, alors que celui-ci est propulsé dans un sens déterminé par son organe moteur, et nous savons que la route véritablement suivie par l'appareil est une résultante de la combinaison de ces deux actions : *l'action propulsive* et *l'action du vent*. Ces mêmes considérations s'appliquent, en principe, aux aéroplanes ; mais il est bien évident que l'action du vent ne saurait être aussi grande sur un aéroplane que sur un dirigeable, par rapport à l'action propulsive, car le dirigeable offre du fait de sa plus grande surface une *prise* plus importante au vent.

Donc l'aéroplane qui progresse dans une certaine direction, peut être dévié de sa route par un vent latéral, par exemple, et le chemin parcouru est la résultante des deux forces composantes : *la vitesse de l'appareil* et *la vitesse du vent*, et cela dans la direction même de cette résultante, de sorte que si l'aéroplane s'avance dans le même sens que le vent, il parcourt un chemin qui est la somme des deux composantes, c'est-à-dire que sa vitesse effective est la somme de sa vitesse propre et de la vitesse du vent. Au contraire, s'il marche contre le vent, sa vitesse réelle est la différence des deux vitesses composantes.

Il est donc indispensable pour l'aéroplane, comme pour le dirigeable, que sa vitesse propre soit supérieure à celle du vent, si l'on veut qu'il puisse se diriger dans tous les sens, et l'examen des *zones abordables* que nous avons fait pour les dirigeables s'applique exactement aux aéroplanes. Nous n'y reviendrons donc pas.

La *dérive* que donne à l'aéroplane l'action du vent offre, pour la sûreté de la route à suivre, un grand inconvénient, qui devient même fort grave lorsque le brouillard, par exemple, empêche de reconnaître à la surface de la terre des repères déterminés. L'aviateur se dirige alors *à la boussole;* mais comme cet instrument peut être influencé par la proximité du moteur, on a construit des boussoles spéciales, munies, en outre, de dispositifs permettant de se rendre compte, à chaque instant, de la concordance de la direction suivie par l'appareil avec la route réelle à suivre. Nous décrirons plus loin une de ces boussoles.

Dégyroscopage La stabilisation des aéroplanes préoccupe avec juste raison les techniciens et les praticiens de l'aviation. Les chutes d'aéroplanes, si cruellement nombreuses, qui se sont produites au fur et à mesure que les progrès de l'aviation semblaient s'affirmer, et principalement vers la fin de l'année 1910, ont vivement impressionné l'opinion publique. Des discussions scientifiques se sont engagées à ce sujet, et on a été conduit à se demander si les accidents qui se sont assez souvent produits lors d'un virage, n'avaient pas pour cause une perturbation provoquée par la rotation de l'hélice et la rotation du moteur lui-même, car on sait qu'on emploie fréquemment sur les aéroplanes des moteurs rotatifs, dans le genre du moteur Gnôme que nous avons décrit dans le troisième volume des *Merveilles de la Science* (1). Pour les *moteurs fixes*, d'ailleurs, une partie importante de leur poids qui est évaluée à 25 à 30 % suivant les modèles, tourne et engendre les effets gyroscopiques nuisibles.

(1) MERVEILLES DE LA SCIENCE. — Tome III : *Moteurs*, pages 632 et suivantes.

L'hélice et le moteur, d'après M. Bouchaud-Praceiq, jouent, à bord de l'aéroplane, le rôle intempestif d'énormes gyroscopes. Tant que l'on navigue en ligne droite ou avec de larges virages, leur action de décomposition des forces est relativement modérée. Mais si on vient à virer brusquement, soit pour éviter un obstacle dans la course aérienne, soit pour atterrir, il se produit une composante brusque, violente, incoercible, qui détruit l'équilibre, brise le gréement, stoppe le mécanisme; c'est la chute fatale et inévitable. On en a la preuve dans la précipitation funeste de tant d'aéroplanes, précisément alors qu'en fin de course ils viraient brusquement pour atterrir.

La violence de cette décomposition de forces ne peut se comparer, d'après l'expression même de M. Bouchaud-Praceiq, qu'à celle, fort redoutée, du *coup de bélier,* qui, par une brusque fermeture de valve ou de robinet, fait sauter tous les joints d'une conduite d'eau, la détraque et la brise.

Pour obvier à ce grave inconvénient, il préconise *le dégyroscopage* des aéroplanes en calculant les masses tournantes motrices et réceptrices de façon qu'elles aient respectivement la même valeur, par rapport aux vitesses et aux *moments d'inertie.* En outre, on fait tourner ces masses différentes dans des sens de rotation inverses, de sorte que les *couples giratoires* qui en résultent se contrebalancent.

Si l'hélice est placée sur l'arbre même du moteur, on peut la commander par l'intermédiaire d'un différentiel; si elle est calée sur un arbre auxiliaire, une paire de roues d'engrenage à denture droite permettra la commande dans des sens contraires; si enfin les deux axes sont placés à une certaine distance l'un de l'autre, on peut actionner l'hélice à l'aide d'une chaîne croisée qui donne à un des arbres un mouvement de rotation en sens inverse de l'autre.

M. Bouchaud-Praceiq a établi un petit appareil simple, démonstratif de sa thèse, qui

Fig. 448. — Les débuts de l'aviation. — Monoplan Blériot à Issy les Moulineaux, en 1908.

Fig. 449. — Les débuts de l'aviation. — Wright vole au camp d'Auvours, en septembre 1908.

a été présenté à une séance de la Société des Ingénieurs civils de France (Fig. 450).

Sur une planchette figurant un aéroplane il installe deux petits gyroscopes, l'un représentant le moteur, et l'autre, placé à l'avant, figurant l'hélice. La planchette est suspendue à deux fils attachés au centre de gravité de l'appareil.

En les lançant comme des toupies, à l'aide d'une simple ficelle, il fait tourner les deux gyroscopes, soit dans le même sens, soit en sens inverse l'un de l'autre. Puis il fait virer l'aéroplane.

Si les deux gyroscopes tournent dans le même sens, suivant que le virage s'effectue de droite à gauche ou inversement, la planchette *pique du nez* ou bien *se cabre;* et cela avec une vigueur qui permet d'imaginer ce qui doit se passer lorsqu'il s'agit d'un aéroplane.

Si les gyroscopes sont lancés en sens inverses, que l'on essaye de virer à droite ou à gauche, la planchette reste parfaitement horizontale, même si le virage est brusque, c'est-à-dire s'il est *sec*, suivant une expression très employée. M. Bouchard-Praceiq a dressé un graphique fort impressionnant destiné à montrer le développement des efforts gyroscopiques proportionnellement à la *sécheresse* des virages.

On peut, à l'examen de ce graphique, se rendre compte que lors d'un virage *lent*, c'est-à-dire un virage demandant 15 ou 20 secondes, l'effet gyroscopique peut être considéré comme sensiblement négligeable. Par contre, au fur et à mesure que le virage devient de plus en plus *sec*, c'est-à-dire qu'il s'effectue plus rapidement, l'effet gyroscopique atteint brusquement des valeurs considérables, décuples et centuples, en prenant la forme de chocs de plus en plus brutaux assimilables même à des *coups de bélier* hydrauliques.

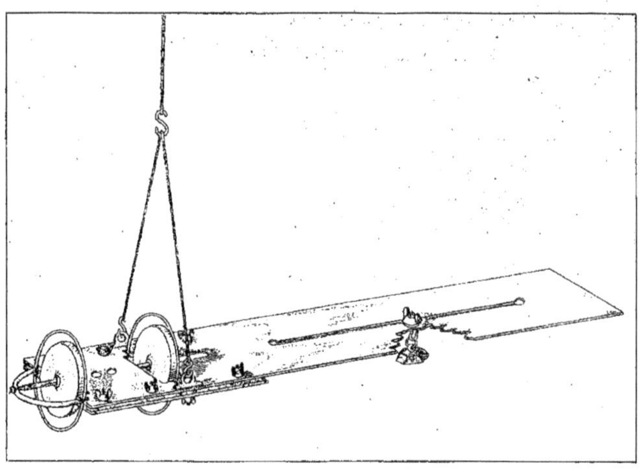

Fig. 450. — Appareil de démonstration du dégyroscope.

Le virage brusque est donc dangereux dans ce cas. Cependant, on sait que le pilote d'un aéroplane n'a pas toujours la facilité de pouvoir virer lentement. Des obstacles à éviter, ou des courants aériens violents, peuvent l'obliger à virer très rapidement. L'effort gyroscopique peut alors atteindre des milliers de kilogrammes que les surfaces sustentatrices et les haubans devront supporter, et on comprend qu'il puisse se produire des ruptures de ces haubans et, comme conséquence, des détériorations des ailes qui cassent, se replient et provoquent la catastrophe finale.

De récentes expériences, faites au champ d'aviation d'Issy-les-Moulineaux avec un aéroplane disposé en *dégyroscopage,* semblent justifier entièrement la théorie et les expériences de M. Bouchaud-Praceiq. En combinant comme il convient les influences gyroscopiques qui se manifestent sur l'aéroplane, on les annihile.

D'autres expériences sont en préparation. On ne peut que souhaiter de leur voir tenir toutes les promesses des premières, car la stabilisation certaine de l'aéroplane, c'est la possibilité de pratiquer *l'aviation en commun,* déjà réalisée, à la vérité, dans quelques circonstances, mais qui constitue encore dans une assez large mesure le *tour de force* sur lequel on ne saurait baser, jusqu'à présent, un véritable moyen de transport.

CHAPITRE XXI

ORGANES D'AÉROPLANES

ORGANES D'AÉROPLANES. — AILES. — TENDEURS. — FUSELAGES.
MOTEUR. — HÉLICE.
ORGANES DE LANCEMENT. — ORGANES D'ATTERRISSAGE.
ORGANES AUXILIAIRES.

Organes d'aéroplanes

D'après les conditions à remplir, conditions que nous venons d'examiner, pour obtenir la sustentation, la progression, l'équilibre et la stabilité dans tous les sens d'un aéroplane, il est aisé de déterminer quels sont les organes qui doivent constituer cet appareil.

Ces organes peuvent être et sont, en réalité, disposés de façons très diverses suivant le type d'aéroplane et suivant les constructeurs; mais, en principe, un aéroplane comporte : des surfaces sustentatrices ou *ailes,* une *carène* ou *fuselage*, auquel les ailes sont attachées, dans lequel se place le pilote et qui sert à supporter les divers autres organes parmi lesquels les principaux sont le *moteur* et l'*hélice*. L'aéroplane comporte encore un *gouvernail de profondeur*, un *gouvernail de direction,* et, suivant les types, des surfaces stabilisatrices, de queue, des ailerons, etc...

Nous allons examiner comment sont constitués, d'une façon générale, ces organes, nous réservant d'indiquer, lors de la description des divers types d'appareils, les dispositions spéciales qui leur ont été données.

Ailes

Les ailes, ou surfaces sustentatrices, ou plans de sustentation, sont différemment constituées, suivant que l'aéroplane comporte un seul plan ou plusieurs plans. On sait que dans le premier cas, l'aéroplane est appelé *monoplan,* tandis que dans le second cas on lui donne le nom de *multiplan*. Parmi les appareils multiplans, c'est l'aéroplane à deux plans superposés qui s'est le plus généralisé; on le nomme *biplan*.

Les ailes d'un biplan sont relativement plus faciles à construire et à rendre rigides que les ailes d'un monoplan.

Les appareils biplans du type Wright, que la Société Astra construit, ont leurs ailes constituées de la façon suivante : chacun des plans sustentateurs est formé de deux longerons plats, placés parallèlement à une distance d'environ 1^{m},35 et c'est entre ces deux longerons qu'est tendue la toile qui forme la surface sustentatrice. Le longeron A (Fig. 451) placé en avant, a son bord arrondi pour diminuer, le plus possible, la résistance à l'avancement.

L'étoffe qui forme l'aile est tendue entre les longerons par l'interposition entre eux de *nervures* B, qui ont le double but de maintenir l'écartement de ces longerons et de supporter l'étoffe. Les nervures sont constituées par des lames courbes en frêne, maintenues à leur écartement par des cales en chêne D, sur lesquelles elles sont clouées. Ces lames sont également clouées en avant et en arrière du plan de sustentation aux longerons qui le limitent.

Les deux ailes du biplan Wright sont réunies par des montants à l'aide d'assemblages rigides, permettant de placer des fils tendeurs. Les extrémités des ailes sont disposées pour pouvoir être gauchies par la manœuvre d'organes commandés par le pilote et dont nous trouverons plus loin les détails.

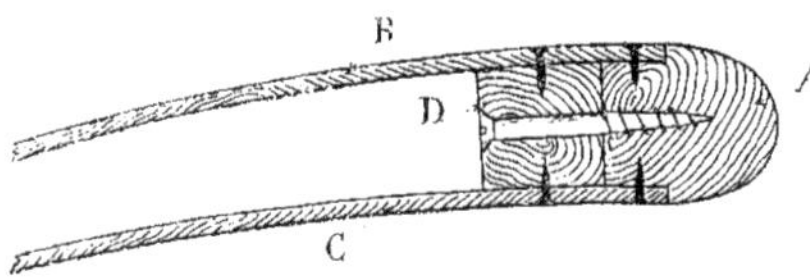

Fig. 451. — Montage de l'aile d'un biplan.

Les ailes de monoplans sont plus compliquées de construction. Elles sont constituées par une véritable charpente faite soit en bois, soit en tubes métalliques. On leur donne une forme incurvée, justifiée par l'action plus efficace de la résistance de l'air, ainsi que nous l'avons précédemment signalé. La section de l'aile a, en outre, une forme qui rappelle celle du poisson; le bord d'avant est fortement arrondi, tandis que le bord d'arrière est effilé. Les ailes comportent deux longerons A (Fig. 452), entre lesquels sont disposées les nervures B et C. Dans certains aéroplanes, les nervures sont des tiges de frêne de faible épaisseur, assemblées à leurs deux extrémités aux longerons avant et arrière et entretoisées sur toute la longueur par des cales D. D'autres nervures sont constituées en un seul morceau. Ce sont des planchettes auxquelles on a donné la forme extérieure convenable et qui ont été allégées en les découpant, de façon à former des sortes de poutres en bois ajourées.

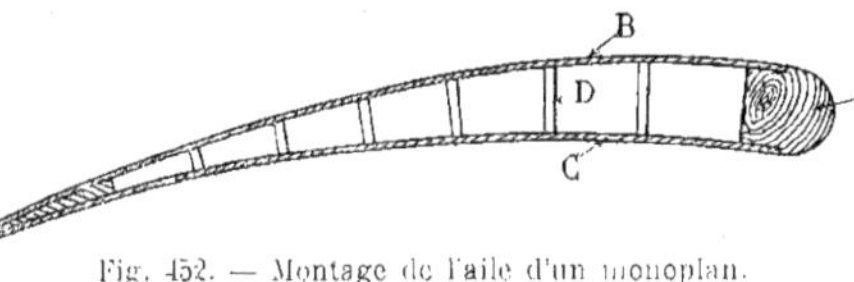

Fig. 452. — Montage de l'aile d'un monoplan.

Certains appareils ont des ailes formées par l'assemblage de tubes d'acier et de nervures en bois. Dans d'autres, les ailes sont entièrement constituées par des tubes métalliques assemblés à l'aide de la soudure autogène.

Sur l'ossature des ailes ainsi constituée rigidement, est tendue l'étoffe sur laquelle doit s'exercer la pression de l'air. Cette étoffe est spécialement fabriquée pour être à la fois résistante et légère et ne doit pas se déformer par suite des variations hygrométriques de l'atmosphère. On n'emploie actuellement, pour recouvrir les ailes d'aéroplanes, que de l'étoffe caoutchoutée, qui offre toutes les conditions de sécurité désirables. Pour fixer l'étoffe à la carcasse des ailes, on recourt à divers procédés; on la colle, ou on la lace sur les bords rigides. Dans son aéroplane, Wright la clouait simplement sur les longerons et les nervures.

Le collage de l'étoffe demande à être fait avec grand soin. L'étoffe lacée est plus facile à disposer, et c'est ainsi qu'on la monte généralement. Quel que soit son mode de montage, la toile est fortement tendue et vernie pour diminuer la résistance de l'air pendant l'avancement de l'appareil. Pour assurer la solidité de l'aile qui doit pouvoir effectuer un mouvement de gauchissement, on dispose la *trame* de l'étoffe dans le sens de la charnière autour de laquelle se produit le mouvement.

Les ailes sont fixées au fuselage en encastrant solidement dans celui-ci les extrémités des longerons. On emploie souvent pour assurer cette liaison très importante, des dispositifs divers que nous examinerons lors de la description des différents aéroplanes.

En outre, pour rendre les ailes complètement solidaires de l'appareil et pour éviter les effets de porte-à-faux qui peuvent être sérieux, surtout dans les monoplans, on *haubanne* ces ailes.

Pour haubanner les ailes d'un aéroplane, on attache généralement des fils métalliques, d'une part à une tige rigide verticale faisant corps avec le fuselage, et, d'autre part, en divers points de l'aile, de façon que celle-ci soit rendue complètement solidaire de l'appareil et lui transmette sans mouvements dangereux pour sa solidité, l'effort que l'air exerce sur elle. Ces fils métalliques ou *haubans* sont en acier; mais pour assurer et régulariser leur tension, ils sont sectionnés en deux parties, chacune d'elle étant attachée à une extrémité soit à l'aile, soit à la tige rigide. Les deux autres bouts des fils sont réunis par une pièce spéciale, nommée *tendeur*, qui permet de les rapprocher successivement jusqu'à ce que la tension du câble ne formant ainsi qu'une seule pièce, soit obtenue.

Tendeurs Les *tendeurs* ont des formes très diverses, mais, en principe, un tendeur est une pièce en bronze A (Fig. 453) portant, suivant son axe longitudinal, un trou traversant de part et d'autre et taraudé sur une demi-longueur dans un sens et en sens inverse sur l'autre demi-longueur.

La pièce A est donc un écrou taraudé à droite à un bout et à gauche à l'autre bout. Deux tiges B et C, terminées par un œillet et portant un pas de vis dans le sens approprié, sont engagées aux deux extrémités dans le trou taraudé du tendeur. Ce sont les œillets des tiges B et C qui reçoivent les deux bouts du câble à tendre.

On comprend qu'en donnant au tendeur un simple mouvement de rotation, on provoque, suivant le sens de ce mouvement, soit le rapprochement, soit l'écartement des deux tiges par suite de la direction inverse de leur pas de vis. Pour tendre le hauban on fait tourner la pièce A en se servant d'une broche que l'on introduit dans le trou D, de façon que les tiges B et C se rapprochent. Lorsque la position de réglage de tension est obtenue, on serre les écrous E, qui, se vissant sur un filetage conique, bloquent les parois du tendeur contre les tiges B et C. Ce serrage peut s'effectuer grâce à une fente F pratiquée aux extrémités du tendeur, laquelle donne à cette partie de l'organe une légère élasticité. Comme les haubans doivent résister à des efforts considérables, il est indispensable que l'attache qui réunit les deux bouts G et H du hauban aux œillets des tiges B et C soit très solidement établie.

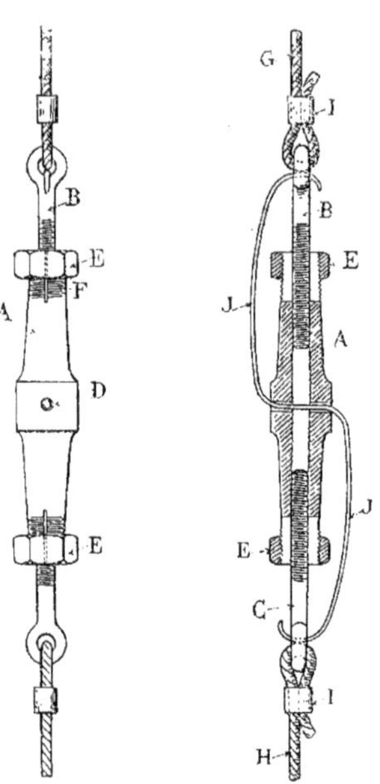

Fig. 453. — Tendeur de haubans.

A cet effet, on fait d'abord passer, avant de l'attacher, le fil formant le hauban dans un tube de cuivre I; on le passe ensuite dans l'œillet de la tige et on l'enfile de nouveau en sens inverse dans le tube en cuivre I. L'extrémité qui sort du tube est recourbée et le tube serré. De cette façon, la traction qui peut s'exercer sur l'œillet ainsi constitué ne peut déformer cet œillet, et la solidité du hauban est assurée.

On place souvent, en dehors des écrous de serrage E qui empêchent le desserrage du tendeur, des dispositifs de sécurité devant remplir le même but.

L'un de ces dispositifs consiste à placer un fil métallique dans le trou D du tendeur, et à arrêter ce fil à chacune de ses extrémités en le passant dans l'œillet des tiges B et C et en recourbant le bout.

Ce dispositif simple empêche le desserrage des tiges et, par conséquent, assure le maintien de la tension du hauban.

On ne saurait trop prendre de précautions pour donner à tous les organes de l'aéroplane, et principalement aux organes de sustentation, toute la sécurité désirable : aucun détail, même le plus insignifiant en apparence, ne doit être négligé, car en aviation, certaines petites causes ont eu, malheureusement trop souvent, comme effets, d'épouvantables catastrophes.

Fuselage Le *fuselage* est le corps de l'aéroplane. C'est lui qui supporte le moteur et l'hélice, le pilote et les passagers, les organes de commande et de manœuvre. C'est sur lui que sont fixées les ailes et les dispositifs d'atterrissage destinés à amortir le choc lorsque l'appareil arrive à terre. Il porte aussi les gouvernails. Le fuselage doit donc être très robuste, pouvoir résister sans se déformer aux chocs et aux vibrations, comme il doit être, en même temps, le plus léger possible. On voit que la construction du fuselage offre de grandes difficultés et demande beaucoup de soin.

Les types de fuselage sont nombreux. Nous en verrons plus loin les principaux modèles. La forme qu'on leur donne dépend, en grande partie, de la place que doivent occuper le moteur et l'hélice.

Les fuselages sont assez souvent faits en bois. Cependant quelques types sont réalisés en tubes d'acier. Quelle que soit la matière que l'on emploie pour sa confection, le fuselage est, en principe, une poutre armée composée de longerons, d'entretoises et de tirants qui assurent la liaison des diverses pièces entre elles et la rigidité de l'ensemble.

Les poutres formant les fuselages ont généralement une section quadrangulaire.

Les fuselages métalliques sont d'une construction plus aisée que les fuselages en bois, mais leur poids est plus considérable. D'autre part, ils sont très rigides.

On a aussi, dans certains types d'aéroplanes, constitué le fuselage comme un véritable canot, comportant des parois pleines auxquelles on a donné une forme incurvée appropriée, pour éviter les remous d'air le long de ces parois et diminuer, le plus possible, la valeur de la résistance de l'air pendant la marche de l'appareil.

Les organes de commande établis dans le corps de l'appareil à la portée du pilote, ont reçu des dispositions si diverses, qu'on en peut seulement dire, d'une façon générale, qu'ils sont actionnés au moyen de leviers et de volants différemment disposés. Nous examinerons ces divers systèmes lors de la description des appareils.

Moteur Le moteur est l'organe essentiel de l'aéroplane, car, nous l'avons dit, les progrès de l'aviation ont été intimement liés aux progrès faits dans la construction des moteurs, et l'aéroplane a pu voler lorsque le moteur a atteint un degré de perfection lui permettant d'être à la fois suffisamment puissant et léger.

Nous avons, dans le troisième tome de cet ouvrage (1), décrit quelques types de moteurs d'aviation. Nous les remettons sous les yeux du lecteur sans entrer dans le détail de leur description. Nous examinerons seulement les dispositifs nouveaux qui ont pu y être adjoints et nous décrirons les quelques types de moteurs qui ont, depuis,

(1) MERVEILLES DE LA SCIENCE. — Tome II, *Moteurs d'aviation*, p. 632 et suivantes.

été créés et mis au point et qui se distinguent par leur caractère particulier.

Il est nécessaire, cependant, au point de vue général, d'indiquer ici quelles sont les conditions que doivent remplir les moteurs d'aviation pour donner des résultats satisfaisants.

Le moteur d'aviation dérive, nous le savons, du moteur d'automobile, et quoique ces deux sortes de moteurs soient établis sur le même principe, les conditions d'emploi, dans les deux cas, sont assez différentes pour que les deux types de moteurs aient entre eux des différences notables.

Ce sont évidemment les progrès de l'automobilisme qui ont permis de réaliser d'abord un moteur d'automobile de grande puissance pour un faible poids, et ensuite un moteur d'aviation à la fois robuste, puissant et léger.

Le moteur d'aviation, en effet, doit posséder par rapport au moteur d'automobile la particularité suivante : c'est que tout en étant le plus léger possible, il doit fonctionner d'une manière constante à sa puissance maximum.

Il a donc été nécessaire de donner aux organes du moteur d'aviation une forme et une disposition telles que les pièces qui le composent soient à la fois robustes et légères. Cette condition constitue la base même des nombreuses et intéressantes études concernant les moteurs d'aviation.

Fig. 154. — Moteur d'aviation à cylindres verticaux : Bariquand et Marre. (Aéroplane Wright.)

Il faut cependant considérer que l'allègement des organes du moteur d'aviation doit être approprié à la fonction de ces organes, et on comprend que, puisque le moteur doit marcher constamment à sa plus grande puissance, on doit donner aux pièces qui transmettent le mouvement des dimensions suffisantes leur permettant de fonctionner en toute sécurité, de sorte que ces organes pourront être parfois plus lourds que ceux d'un moteur semblable, destiné à l'automobilisme. Par contre, un certain nombre d'autres organes qui ne se trouvent soumis qu'à de plus faibles efforts, peuvent sans inconvénient être rendus plus légers, et c'est pour cela que les épaisseurs des cylindres et des pistons sont plus faibles, que les radiateurs et les enveloppes d'eau sont constitués en feuilles minces, etc.

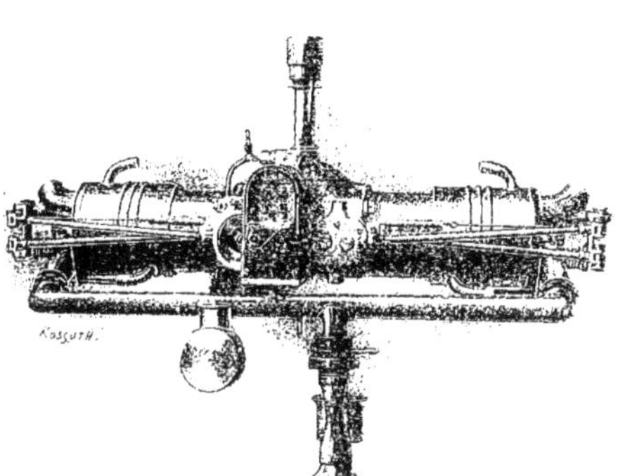

Fig. 455. — Moteur d'aviation à cylindres horizontaux : Clément-Bayard.

Ces diverses considérations ont conduit à la réalisation successive des divers types de moteurs d'aviation. Pour diminuer le poids en conservant, toutefois, la régularité du fonctionnement du moteur, le volant, dont la fonction régulatrice est dépendante de son poids, lequel est toujours considérable, a été supprimé et remplacé par une augmentation du nombre de cylindres. Nous avons, dans l'étude des moteurs, expliqué comment, avec des cylindres multiples, on obtenait une régularité de mouvement; il est facile de comprendre, en effet, que plus l'effort sera réparti pendant le mouvement de rotation sur l'arbre moteur, plus la régularité sera grande. Cette répartition s'effectue au moyen de bielles multiples qui, reliées chacune à un des pistons des cylindres, sont calées sur l'arbre commandé suivant des angles d'autant plus faibles que le nombre de cylindres est plus grand. Les efforts accélérateurs et retardateurs qui se produisent lorsque le moteur comporte un seul cylindre et qui proviennent du changement de sens de mouvement du piston à chaque demi-tour, sont atténués et disparaissent même lorsque les cylindres sont en nombre suffisant.

Fig. 456. — Moteur d'aviation à cylindres horizontaux : Darracq.

Donc, pour supprimer le volant, tout en conservant la régularité, il a été nécessaire d'établir des moteurs d'aviation à cylindres multiples.

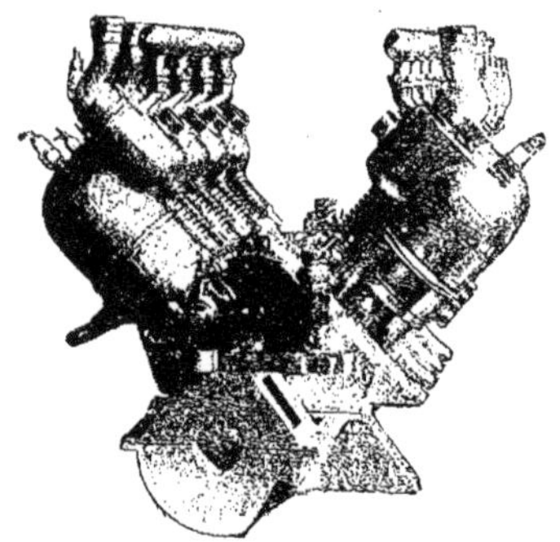

Fig. 457. — Moteur d'aviation à cylindres en V : Antoinette.

La multiplicité des cylindres a, en outre, un grand avantage au point de vue de l'équilibrage du moteur. Cette question d'équilibrage est de toute importance en aviation, et c'est ce qui a conduit à donner au moteur composé de plusieurs cylindres des dispositions spéciales, assurant pendant la marche un équilibre parfait.

Les moteurs d'aviation employés actuellement peuvent, par suite de ces dispositions, être classés en plusieurs catégories.

On trouve des *moteurs à cylindres horizontaux*, des *moteurs à cylindres verticaux*, le nombre de cylindres pouvant être de quatre, six ou huit. Une autre catégorie comprend les moteurs à cylindres placés en *forme de V* et comportant quatre ou huit cylindres. Il existe aussi des *moteurs à cylindres rayonnants,* disposés en forme d'éventail. Ces moteurs ont été construits avec trois, cinq, sept cylindres et quelquefois davantage. On remarquera, toutefois, qu'alors que pour les autres catégories le nombre de cylindres est pair, pour cette dernière catégorie le nombre des cylindres est impair. Ces dispositions sont nécessitées par la considération de l'équilibrage.

Pour les cylindres verticaux ou disposés en forme de V, comme ces cylindres doivent être placés symétriquement par rapport à l'arbre moteur pour contrebalancer les effets d'inertie provenant de chacun d'eux, il est nécessaire que leur nombre soit pair.

Il n'en est pas de même pour les cylindres rayonnants, qui étant disposés sur plusieurs rangs, par suite de la nécessité de diminuer l'encombrement, comportent un cylindre placé dans l'axe et un nombre égal de cylindres placés de chaque côté de celui-ci pour obtenir l'équilibre. Le nombre total de cylindres se trouve donc être forcément un nombre impair.

Il est une autre catégorie fort intéressante de moteurs d'aviation. Ce sont les moteurs *rotatifs* dans lesquels les cylindres multiples, au lieu d'être fixes, comme dans tous

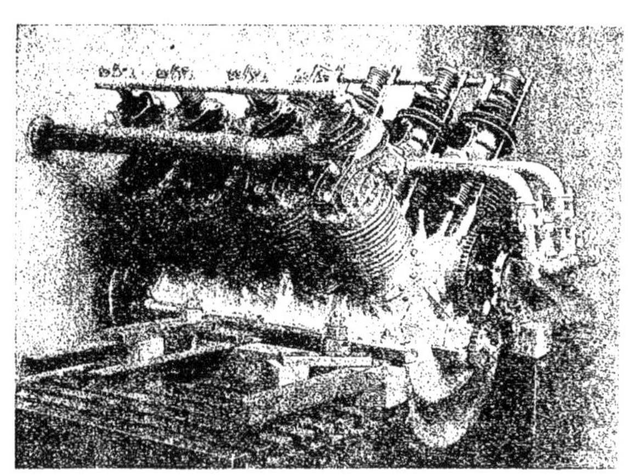

Fig. 458. — Moteur d'aviation à cylindres en V : Farcot.

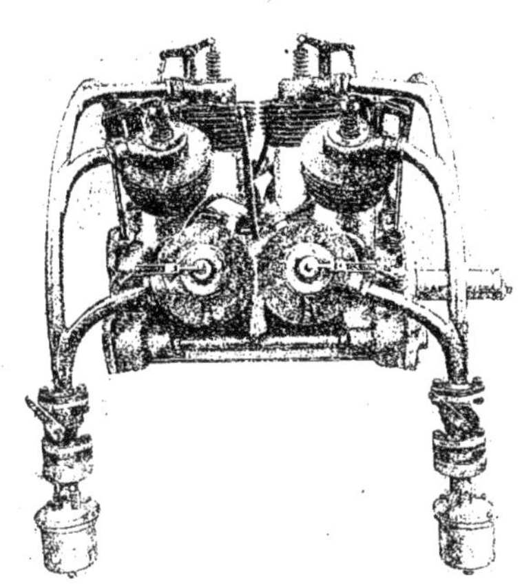

Fig. 459. — Moteur d'aviation à cylindres en éventail : Esnault-Pelterie.

fixes, il faut établir un système de refroidissement à circulation d'eau, système qui comporte, nous le savons, un réservoir d'eau, un *radiateur* dans lequel l'eau circule pour se refroidir et une canalisation permettant à l'eau d'effectuer un circuit complet entre les organes à refroidir et le réservoir d'eau, en passant par le radiateur. Le refroidissement par circulation d'eau, nécessite également des doubles enveloppes entre lesquelles l'eau est admise pour exercer son action réfrigérante.

En dehors du poids de ces divers organes, ce dispositif de refroidissement offre encore quelques difficultés au point de vue de son installation sur un aéroplane. En effet, le radiateur, composé en principe, nous l'avons vu précédemment, d'une série de tubes à ailettes, doit être placé sur l'appareil dans une position telle que l'air, pendant l'avancement, puisse facilement circuler entre

les autres genres de moteurs, sont animés d'un mouvement de rotation. Dans ces moteurs, dont le type est le *moteur Gnôme*, et qui donnent de très bons résultats, on utilise ainsi la masse même des cylindres tournants non seulement pour régulariser le mouvement, les cylindres faisant fonction de volant, mais encore pour obtenir un refroidissement efficace des organes sans employer un dispositif à circulation d'eau. Il est enfin un autre moteur tout spécial que nous décrivons plus loin : c'est le *turbo-propulseur* Coanda, établi pour supprimer l'hélice.

Refroidissement Le procédé de refroidissement du moteur d'aviation intervient aussi, suivant le type du moteur, pour alléger ou alourdir son poids.

Dans les moteurs à cylindres

Fig. 460. — Moteur d'aviation à cylindres rotatifs : Gnôme.

ces tubes, de façon que le refroidissement soit vraiment efficace. On sait que dans les automobiles, par exemple, les radiateurs sont, pour cette raison, presque toujours disposés à l'avant en travers de la voiture. Ils reçoivent ainsi le vent directement sur toute leur surface aussitôt que la voiture se met en marche, c'est-à-dire lorsque le dispositif de refroidissement doit commencer à fonctionner. L'action réfrigérante du vent est ainsi très bien répartie.

Pour les aéroplanes, on peut bien, évidemment, procéder de la même façon pour installer le radiateur ; mais, dans ce cas, l'air n'aurait pas seulement une action réfrigérante sur cet organe, il offrirait à l'avancement une résistance qui est négligeable pour une automobile, mais qui l'est d'autant moins pour l'aéroplane que sa vitesse est plus grande que celle de la voiture. Il n'est donc pas avantageux, en principe, d'installer dans l'aéroplane le radiateur face au vent, c'est-à-dire perpendiculairement à la direction suivie. On peut bien, pour diminuer la résistance de l'air sur le radiateur, le placer parallèlement à l'axe longitudinal de l'aéroplane, c'est-à-dire dans le sens même de l'avancement ; mais alors, le refroidissement de l'eau qui circule dans ce radiateur, se fait mal, car l'air, au lieu d'agir sur toute sa surface, n'agit que sur sa tranche. On se trouve donc placé entre deux conditions à remplir qui sont contradictoires et qui sont également importantes, de sorte que, dans certains appareils, le radiateur est placé de face, dans d'autres, il est placé sur le côté ou obliqué et établi pour que les tubes aient entre eux un certain écartement permettant la circulation de l'air et un refroidissement suffisant.

Pour concilier, dans une certaine mesure, les deux conditions précédentes, on a placé les tubes du radiateur contre les surfaces portantes elles-mêmes sur lesquelles l'air circule constamment. On comprend que ce dispositif nécessite un arrangement tout spécial pour que la surface de l'aile reste unie et n'offre aucune aspérité dans le sens de marche de l'appareil.

En somme, l'installation d'un radiateur sur un aéroplane offre des difficultés. On comprend donc avec quel intérêt on s'est attaché à rechercher des combinaisons permettant de refroidir les organes du moteur sans employer une circulation d'eau.

Dans certains moteurs, on a simplement muni les cylindres, dans la partie qui reçoit la culasse et qui a, par conséquent, besoin d'être énergiquement refroidie, d'ailettes prises dans la masse même du métal formant le cylindre.

Ces ailettes, offrant une grande surface à l'action réfrigérante de l'air qui circule entre elles, assurent le refroidissement de la chambre à explosion du cylindre et le fonctionnement normal des soupapes.

Dans d'autres moteurs, le refroidissement est assuré par une circulation d'air au lieu d'eau. Cet air est envoyé par un ventilateur actionné par l'arbre du moteur, dans une capacité entourant la culasse du cylindre et constituée par une double enveloppe. L'air remplace l'eau, dans ce cas, et ce dispositif nécessite moins d'organes que le système à circulation d'eau.

Dans les moteurs rotatifs, le refroidissement se fait par suite du mouvement même de rotation des cylindres, lesquels sont munis d'ailettes sur toute leur partie pouvant être portée à une haute température. Il y a là évidemment un avantage appréciable.

Il convient cependant de remarquer que le refroidissement par l'air permet, moins que le refroidissement par circulation d'eau, de maintenir la température constante dans le cylindre, car ce refroidissement est nécessairement influencé par la température de l'atmosphère et par son état hygrométrique.

Alimentation

La question de l'alimentation du moteur d'aviation est diffé-

Fig. 461. — Sortie du hangar d'un biplan Farman.

Fig. 462. — Biplan Ferber, montrant le moteur et l'hélice.

rente, également, de celle de l'alimentation du moteur d'automobile.

La nécessité, pour le premier, de marcher toujours à pleine puissance crée des difficultés que n'a pas le second.

Il convient, en effet, que le débit des carburateurs puisse se maintenir constant, malgré les variations atmosphériques, à des altitudes différentes et malgré les oscillations de l'aéroplane dans tous les sens.

La difficulté est assez grande pour qu'on ait employé d'autres dispositifs d'alimentation; quelques constructeurs ont supprimé le carburateur et distribuent l'essence dans les moteurs d'une autre façon.

C'est ainsi que dans le moteur de l'aéroplane Wright, le combustible liquide est envoyé à l'aide d'une pompe rotative dans le tuyau d'air.

De même, dans le moteur Antoinette, une pompe à débit réglable refoule le combustible dans les chambres des soupapes d'admission.

Fig. 463. — Montage d'un allumage de magnéto sur moteur REP. Vue de profil.

Dans le moteur rotatif Gnôme, l'alimentation se fait par le centre de l'arbre qui est fixe, à l'aide d'une sorte d'*éjecteur,* qui introduit l'essence dans le carter du moteur.

Cette essence se mélange avec l'air et le mélange, brassé par suite du mouvement de rotation des organes du moteur, se trouve être favorablement préparé pour être introduit successivement dans les diverses chambres d'admission.

Graissage Le graissage a une fonction capitale dans les moteurs d'aviation. Il s'effectue comme nous l'avons indiqué lors de la description des moteurs d'automobile et d'aviation.

Dans quelques cas particuliers, comme dans les moteurs rotatifs surtout, on est obligé de mettre en contact l'huile de graissage avec le mélange explosif. Dans ce cas, l'huile se mélange avec un peu d'essence et il peut en résulter un certain inconvénient au point de vue de l'efficacité du graissage.

Pour remédier, dans une certaine mesure, à cet inconvénient, on emploie de l'huile de ricin, pour graisser les organes. L'huile de ricin, en effet, dissout peu l'essence et souvent même, on emploie cette huile après qu'elle a été saturée d'essence. Le mélange explosif ne peut donc pas être changé dans ses proportions d'air et d'essence par le contact de l'huile.

L'huile de ricin, toutefois, a l'inconvénient de ne pas se prêter parfaitement au graissage des pièces portées à une haute température, et il convient de l'employer en quantité considérable pour qu'elle refroidisse les parois destinées à être lubrifiées. Les dépôts provenant de l'emploi de l'huile de ricin doivent être expulsés à chaque période d'échappement, et les organes du moteur doivent être établis en conséquence.

Distribution La distribution des moteurs d'aviation s'effectue généralement au moyen de soupapes.

Ces soupapes se divisent en deux catégories : les soupapes d'admission et les soupapes d'échappement. Dans certains types de moteurs la distribution est assurée au moyen de tiroirs cylindriques concentriques qui glissent les uns sur les autres et qui remplacent les soupapes. Des lumières ménagées sur les parois de ces tiroirs en des places appropriées permettent de distribuer soit le mélange explosif, soit d'évacuer les gaz brûlés suivant la position respective des tiroirs. Nous avons, dans le troisième volume, décrit en détail un de ces moteurs sans soupapes appliqués à l'automobilisme.

Allumage et mise en marche

L'allumage des moteurs d'aviation se fait au moyen des magnétos que nous avons décrites dans le Tome III des *Merveilles de la Science* (1). Ces diverses magnétos, dont les organes sont appropriés au nombre des cylindres que comporte le moteur, sont commandées par les arbres moteurs et produisent un courant électrique qui, rompu au moment voulu entre les extrémités des *bougies* contenues dans les cylindres, donne lieu à une étincelle qui enflamme le mélange explosif. On trouvera dans le Tome en question tous les détails relatifs à la distribution successive des étincelles dans les divers cylindres. Les figures 463, 464 représentent le montage d'une magnéto sur un moteur Esnault-Pelterie. Les magnétos Lavalette, Bosch, Nilmelior sont, en aviation comme en automobile, les plus employées.

On trouvera également dans la description de ces magnétos des dispositifs de *mise en marche automatique* du moteur. Les dispositifs qui s'appliquent aux moteurs d'automobiles peuvent aussi s'employer pour les moteurs d'aviation. Il est d'ailleurs très utile, indispensable même, que le moteur d'un aéroplane qui a été arrêté pendant le vol, puisse être, à la volonté du pilote, remis en marche, en toute sécurité, par une manœuvre simple.

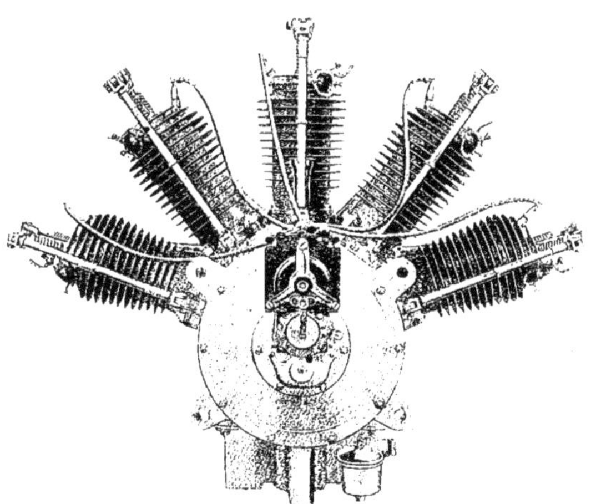

Fig. 464. — Montage d'un allumage de magnéto sur moteur REP. Vue de face.

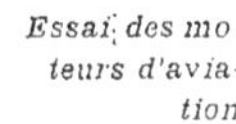

Essai des moteurs d'aviation

Les *essais des moteurs* destinés à actionner les aéroplanes doivent être faits dans des conditions différentes des conditions d'essai des moteurs d'automobiles. Tandis que pour ces derniers moteurs, l'essai au *banc fixe*, soit à l'aide d'un *frein de Prony*, d'une machine électrique *dynamométrique*, ou du *moulinet Renard*, donne les valeurs de puissance que l'on obtiendra lorsque le moteur fonctionnera sur l'automobile ; pour les moteurs d'aviation essayés de la même façon, ces valeurs seront différentes de celles sur lesquelles on peut compter pendant la marche de l'aéroplane.

(1) Merveilles de la Science. — Tome III : *Moteurs*, p. 506 et suiv.

Il faut, pour connaître les résultats réels, essayer les moteurs d'aviation dans les conditions mêmes où ils sont appelés à fonctionner en réalité.

C'est pour cela qu'il est nécessaire de soumettre le moteur en essai à un courant d'air qui exerce son action réfrigérante sur tous les organes de ce moteur, de la même façon que cela se produit lorsque le moteur est sur l'aéroplane en marche. Ce courant d'air doit avoir l'intensité et la direction appropriées.

En outre, l'arbre du moteur doit subir une poussée dans le sens longitudinal, représentant la poussée de l'hélice fonctionnant dans l'air, poussée qui crée sur le palier de butée un frottement dont il est nécessaire de tenir compte, puisqu'il existe en réalité pendant le fonctionnement du moteur de l'aéroplane.

L'essai d'un moteur d'aviation pourra donc être fait en plaçant sur son axe une hélice, dont les dimensions seront suffisantes pour le *freiner*, c'est-à-dire pour absorber complètement l'énergie qu'il développe. En outre, le pas de cette hélice sera établi de façon à obtenir sur le moteur et sur ses organes auxiliaires : radiateur, carburateur, conduits divers, un refoulement d'air correspondant à celui qui se produirait dans les conditions de marche de l'aéroplane actionné par ce moteur.

L'hélice ainsi employée pour les essais doit être soigneusement « tarée » en la plaçant dans les mêmes conditions de montage, de marche et de fonctionnement que lorsqu'elle est sur l'aéroplane actionné par le moteur.

D'autres méthodes peuvent être appliquées pour essayer les moteurs d'aviation, suivant le type de ces moteurs. C'est ainsi que pour les moteurs rotatifs Gnôme, le mode d'essai consiste à monter le moteur sur un plateau pouvant osciller autour d'un axe placé dans le prolongement de celui du moteur. Le moteur portant une hélice ou un moulinet est *freiné* par un dispositif spécial, et il se produit ainsi un *couple* de freinage qui détermine un couple de même valeur dirigé en sens inverse, lequel couple agissant sur le plateau-support du moteur le fait osciller. Si on place des poids au bout d'un levier, d'une longueur déterminée, fixé au plateau, on équilibrera le *couple de déviation* du plateau et on aura ainsi la valeur de la puissance du moteur. Comme dans la valeur trouvée se trouve comprise celle qui correspond au frottement dans l'air des cylindres du moteur rotatif, il suffit de mesurer ce frottement en faisant tourner le moteur à vide à la vitesse normale et de retrancher la valeur du frottement de la valeur totale pour obtenir la puissance utilisable fournie par le moteur.

Moteurs à cylindres fixes

Parmi les *moteurs à cylindres fixes,* nous trouvons des dispositions diverses qui ont donné lieu à des moteurs à cylindres *horizontaux,* à cylindres *verticaux,* à cylindres *obliques,* à cylindres *rayonnants.* Examinons quelques-uns de ces moteurs.

Moteurs à cylindres horizontaux

Le moteur d'aviation Clément-Bayard et le moteur Darracq, que nous avons décrits dans le volume précédent et que nous représentons figures 455 et 456 du présent ouvrage, comportent deux cylindres horizontaux en acier, placés dans le prolongement l'un de l'autre. Ils ont été construits pour actionner des aéroplanes légers que l'on a appelés *demoiselles.*

Moteur Éole

C'est également un moteur à cylindres horizontaux, construit par les ateliers Duthcil et Chalmers. Le type de moteur à deux cylindres donne une puissance de 25 chevaux ; le moteur à quatre cylindres opposés deux à deux, donne une puissance de 35 chevaux, et le moteur à six cylindres une puissance de 100 chevaux. La chambre d'explosion, de forme demi-sphérique, réduit au minimum l'espace nuisible. En outre, l'allumage d'un des cylindres est indépendant de l'allumage dans l'autre, et cette disposition facilite la mise en marche.

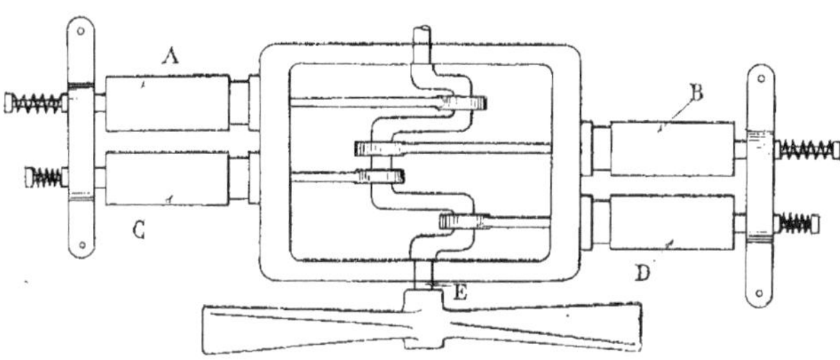

Fig. 465. — Schéma du moteur Œrlikon.

Une disposition spéciale de ces moteurs permet de commander deux hélices ayant un mouvement de rotation dans des sens opposés.

Moteur Œrlikon Le moteur Œrlikon (Fig. 465 et suiv.), d'une puissance de 50 à 70 chevaux, comporte quatre cylindres horizontaux. Ces cylindres, A, B, C, D, sont disposés deux de chaque côté de l'arbre moteur et perpendiculairement à sa direction, de façon que les deux bielles des pistons se mouvant dans les cylindres B et C attaquent la même manivelle de l'arbre E. Le

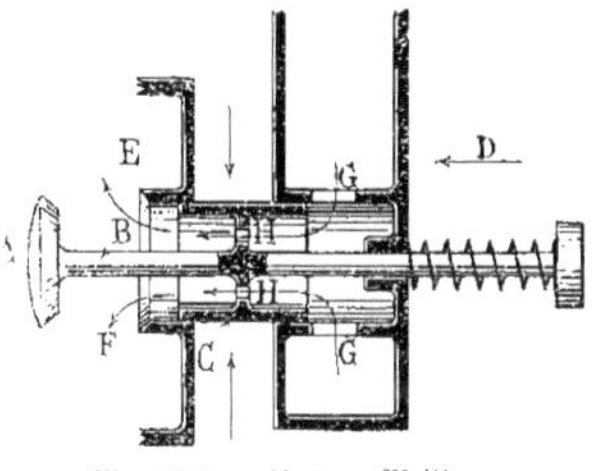

Fig. 466. — Moteur Œrlikon, phase d'admission.

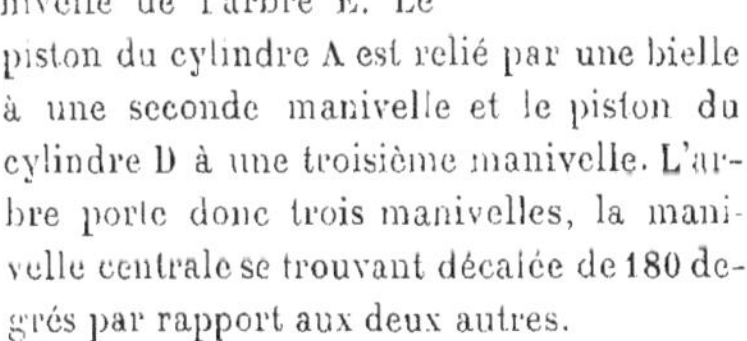

piston du cylindre A est relié par une bielle à une seconde manivelle et le piston du cylindre D à une troisième manivelle. L'arbre porte donc trois manivelles, la manivelle centrale se trouvant décalée de 180 degrés par rapport aux deux autres.

L'écartement des cylindres A et B est le même que l'écartement des cylindres C et D, de sorte que l'équilibrage est assuré pendant le mouvement alternatif des pistons par la disposition des deux groupes de cylindres AB et CD. L'action de la force centrifuge se trouve également annulée.

Les cylindres sont en acier forgé; ils sont munis d'une enveloppe en aluminium permettant le refroidissement par circulation d'eau, et montés sur un bâti en aluminium auquel des entretoises et des tendeurs donnent une rigidité complète.

Les pistons, faits en fonte de fer, sont reliés aux bielles par l'intermédiaire d'un roulement à billes, et la tête de bielle est reliée aussi à l'arbre moteur par un autre roulement à billes. Cette disposition a pour but de diminuer d'abord le frottement des parties en mouvement, et d'éviter leur échauffement. Le graissage se trouve, par conséquent, facilité. De la graisse consistante placée dans les roulements à billes permet une marche des moteurs de plusieurs heures.

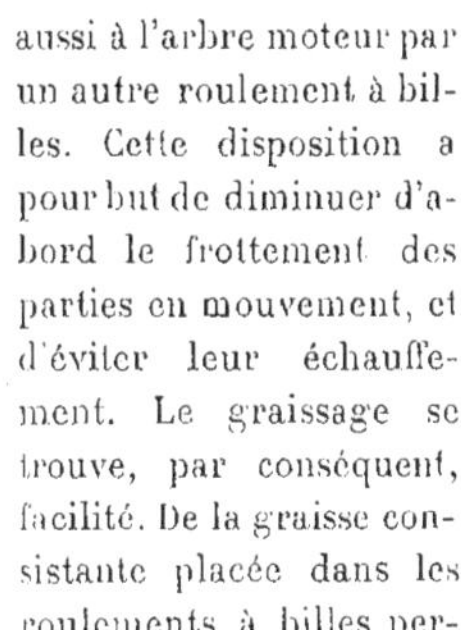

La distribution s'effectue par l'intermédiaire de soupapes. Pour chaque cylindre une seule soupape sert à l'aspiration et à l'échappement. Les soupapes sont commandées, grâce à l'intermédiaire de tiges et de leviers, par deux cames ayant un mouvement de rotation deux fois plus faible que celui de l'arbre moteur. La soupape unique de chaque cylindre se compose d'un clapet A (Fig. 466) monté en bout d'une tige cylindrique B qui porte un petit piston C. Cette tige est guidée par son passage dans le bâti; un ressort à boudin extérieur tend, en agissant sur elle, à appliquer la soupape sur son siège. Lorsque la soupape, soulevée de son siège dans le sens de la flèche D, occupe la position représentée par la figure 467 les gaz brûlés contenus dans le cylindre E trouvent des orifices d'échappement ouverts. Ils se répandent dans l'atmosphère en suivant le trajet indiqué par les flèches F. D'autre part, comme dans cette position le piston C obture les lumières G pratiquées sur les parois de la boîte d'admission, le mélange explosif ne peut pas être admis dans le cylindre. Cette position de la soupape correspond donc à la phase d'échappement.

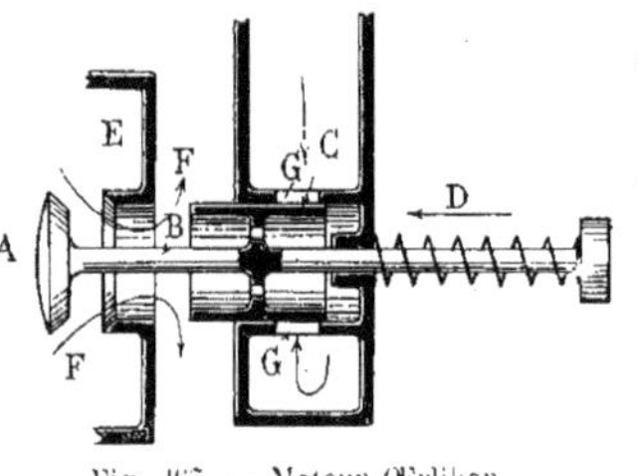

Fig. 467. — Moteur Œrlikon. phase d'échappement.

Au fur et à mesure que la tige de soupape est poussée dans le sens de la flèche D, l'orifice d'évacuation s'agrandit autour du siège, mais le tiroir C, au contraire, intercepte de plus en plus la communication avec le conduit qui débouche dans l'atmosphère, et lorsque le tiroir occupe la position représentée par la figure 466, l'échappement ne peut plus se produire. C'est la période d'admission. Le mélange, en effet, venant de la boîte d'admission, passe par les lumières G, arrive à l'intérieur du petit piston C, et ne peut que s'écouler dans l'intérieur du cylindre par les ouvertures H pratiquées dans la paroi centrale du piston C et par l'orifice de la soupape largement découvert. Le conduit d'échappement est totalement obturé. L'admission s'effectue alors jusqu'au moment où la soupape se ferme brusquement pour la période de compression et d'explosion. Le carburateur est placé sur la boîte à soupape de façon à recevoir de la chaleur de cette soupape, ce qui garantit une carburation convenable même par des froids vifs.

L'allumage est assuré par une *magnéto à haute tension*. Un réservoir d'huile placé en charge distribue l'huile de graissage dans une rampe d'où elle s'écoule jusqu'aux divers organes.

Le refroidissement est obtenu par une circulation d'eau provoquée par une pompe centrifuge.

Les cylindres ont un diamètre d'alésage intérieur de 100 millimètres et la course des pistons est de 200 millimètres.

Moteurs à cylindres verticaux

Parmi ces moteurs nous avons précédemment décrit le moteur Bariquand et Marre actionnant les organes propulseurs de l'aéroplane Wright et nous avons aussi examiné le moteur Aster. Nous ne reviendrons pas sur ces descriptions (1).

Moteurs à cylindres obliques

En dehors du moteur *Antoinette*, qui est le type des moteurs dont les cylindres sont disposés en forme de V, et du moteur *Farcot*, que l'on trouvera décrits en détail dans notre Tome III, d'autres ont été construits avec cette disposition.

Le moteur *Renault*, notamment, comprend 8 cylindres placés en deux séries de quatre, obliquement. Les pistons qui se meuvent dans ces cylindres commandent deux par deux l'arbre moteur lequel porte quatre manivelles. Les organes sont les mêmes que dans les moteurs du même type que nous connaissons. Quelques dispo-

(1) Voir Merveilles de la Science. — Tome III : *Moteurs*, p. 632 et suiv.

sitions spéciales de détail en diffèrent seules.

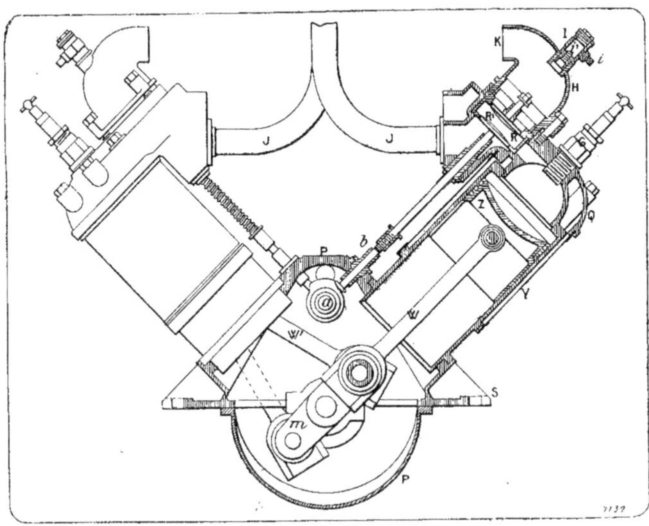

Fig. 468. — Moteur d'aéroplane Antoinette. Coupe par un cylindre.

Le refroidissement est obtenu par un ventilateur produisant autour des cylindres une circulation d'air très intense. Ces cylindres sont munis d'ailettes facilitant le refroidissement.

Le moteur *Clerget* comporte aussi 8 cylindres disposés obliquement en V.

Les cylindres sont en acier et sont munis de doubles enveloppes en cuivre formant *chemises d'eau*. La distribution s'effectue par des soupapes commandées. La soupape d'aspiration est actionnée par une tige disposée à l'intérieur d'une autre tige actionnant la soupape d'échappement par l'intermédiaire d'un levier culbuteur. Les huit cylindres sont disposés en deux groupes de quatre cylindres chacun et chaque groupe est muni d'une magnéto d'allumage et d'un carburateur, de façon que l'un quelconque des deux groupes puisse toujours fonctionner lorsque l'autre est arrêté.

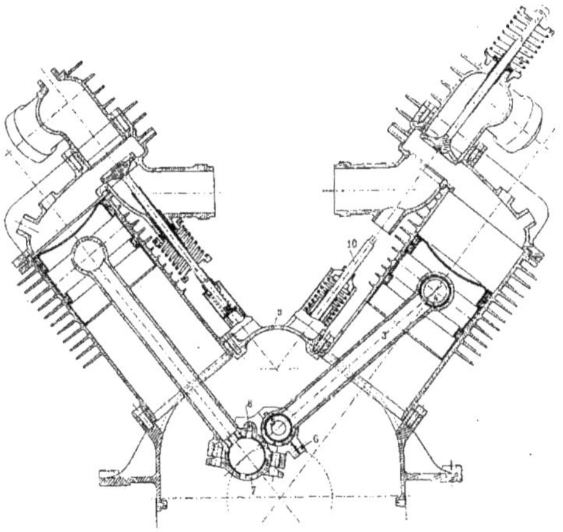

Fig. 469. — Moteur d'aviation Farcot. Coupe verticale.

Moteurs à cylindres rayonnants

Le type de cette catégorie de moteurs est le moteur *Esnault-Pelterie,* dont les cylindres sont disposés en éventail sur deux rangs, moteur que nous connaissons dans tous ses détails.

Le moteur *Anzani,* qui était monté sur le monoplan Blériot lors de la fameuse première traversée de la Manche en aéroplane, est aussi un moteur à cylindres rayonnants. Ces cylindres, au nombre de trois, ont été portés à cinq dans un nouveau modèle qui figurait au salon de l'aviation en 1910. Ils sont munis à leur partie supérieure d'ailettes qui assurent leur refroidissement. La distribution s'effectue par soupapes commandées et l'allumage est réalisé dans les divers cylindres de façon à obtenir une grande régularité de marche du moteur.

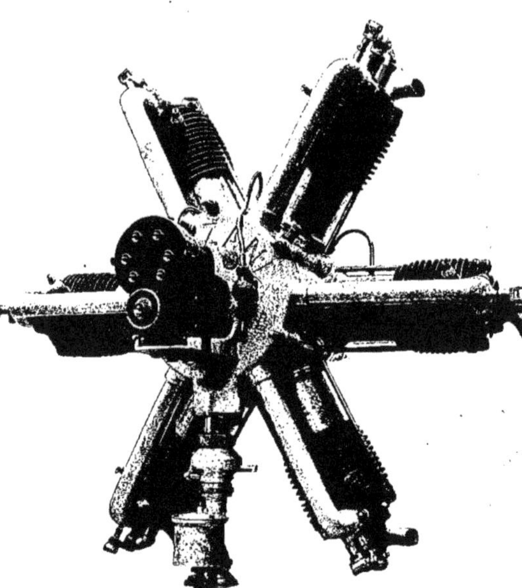

Fig. 170. — Moteur Anzani à six cylindres.

Le moteur *Viale* à trois et cinq cylindres rayonnants et le moteur *Gobron* dont les cylindres sont disposés en X font partie de cette même catégorie. Le moteur Gobron comporte huit cylindres disposés deux par deux sur les quatre branches de l'X, autour d'un carter qui occupe le centre. L'équilibrage est ainsi assuré. La distribution se fait au moyen de soupapes d'aspiration manœuvrées automatiquement et de soupapes d'échappement commandées par une came. L'allumage est obtenu par deux magnétos; un seul carburateur alimente le moteur. Le refroidissement est obtenu par une circulation d'eau assurée par la manœuvre d'une pompe. Le graissage s'effectue sous pression.

Moteurs rotatifs

Le *moteur rotatif Gnôme,* qui a été si ingénieusement établi, ainsi que nous l'avons vu dans le Tome III, est le type des moteurs rotatifs. On connaît ses avantages au point de vue de la régularité du fonctionnement, le corps des cylindres eux-mêmes, en tournant, faisant office de volant, et au point de vue du refroidissement des organes par suite de leur rotation dans l'air.

Le moteur *Gnôme* que nous avons décrit est à sept cylindres rayonnants et a une puissance de 50 chevaux. On a construit des moteurs *Gnôme* de 100 chevaux qui actionnent des aéroplanes marchant aux vitesses vertigineuses de 100 et 150 kilomètres à l'heure.

Le moteur *Gnôme* de 100 chevaux est constitué par l'accouplement de deux moteurs de 50 chevaux à sept cylindres. Les

Fig. 471. — Hélice montée sur un moteur Anzani à 5 cylindres.

Fig. 472. — Essais du moteur et de l'hélice d'un aéroplane Antoinette.

deux séries de cylindres sont décalées de 26 degrés. Les particularités d'organes que nous avons signalées pour le moteur de 50 chevaux se retrouvent donc dans le moteur de 100 chevaux.

Le *carter central* a une largeur double de celui du moteur de 50 chevaux.

Le moteur comporte ainsi quatorze cylindres. Les quatorze soupapes d'échappement sont actionnées du même côté. Deux magnétos d'allumage sont disposées à l'arrière et sont munies d'un distributeur de courant provoquant l'allumage dans les cylindres avant et arrière en des points diamétralement opposés.

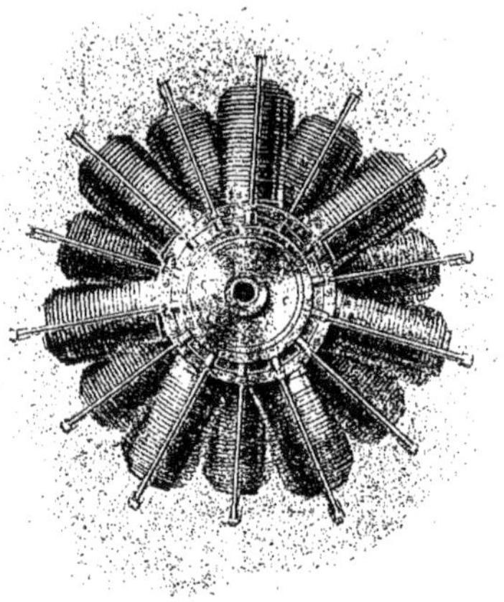

Ce moteur tourne entre 1.200 et 1.250 tours par minute et consomme environ 270 grammes d'essence par cheval-heure.

Fig. 173. — Moteur Gnôme de 100 chevaux, à 14 cylindres.

Il se monte sur l'aéroplane à l'aide de deux supports pour éviter le *porte-à-faux*.

On a construit quelques autres moteurs rotatifs dont certains sont très curieux.

Le moteur *Filtz* est formé d'un nombre pair de cylindres rayonnants munis d'ailettes : ces cylindres tournent autour de l'arbre. Les soupapes sont commandées.

L'alimentation s'effectue par un carburateur ne comportant pas de flotteur.

L'allumage est obtenu par une magnéto dont le distributeur est disposé pour produire une explosion dans chaque cylindre par tour du moteur.

Le graissage a lieu sous pression.

Le moteur *Canda* (Fig. 174) est constitué par dix cylindres disposés en étoile autour du carter. Mais les axes de ces cylindres, au lieu de concourir vers le centre comme ceux de la généralité des moteurs à cylindres rayonnants, sont tangents à une même circonférence ayant comme centre le centre même du moteur. La culasse des cylindres occupe ce centre. Cette culasse est traversée par la bielle qui, pour chaque cylindre, est reliée à son piston et qui est solidaire, vers le centre, de deux galets pouvant se déplacer dans une rainure.

Les bielles et les galets sont disposés de telle façon que lorsque l'explosion se produit, le piston étant maintenu à une distance fixe de la rainure, c'est le cylindre qui se déplace. Le mouvement de rotation commence et la disposition du mécanisme oblige, pendant la rotation du moteur, les pistons à effectuer pendant un tour, deux courses, aller et retour.

La distribution se fait sans soupapes. Une lumière pratiquée sur chaque cylindre permet, par son passage devant des conduits ménagés sur un plateau de distribution, soit d'admettre du mélange explosif, soit de rejeter les gaz brûlés suivant la position du cylindre par rapport au plateau distributeur.

Le moteur rotatif *Beck* ne comporte pas de cylindres rayonnants. Il est constitué par deux sortes de segments pris dans *un tore*. Le centre du tore est le centre de rotation du moteur. Dans chaque segment se trouvent deux pistons rendus solidaires entre eux et reliés par une bielle à l'axe du moteur. Cette bielle forme ainsi un rayon du tore et sort du segment contenant les pistons par une ouverture appropriée, tandis que les deux extrémités du segment sont fermées et portent les soupapes d'admission. L'échappement a lieu par des lumières disposées vers le milieu.

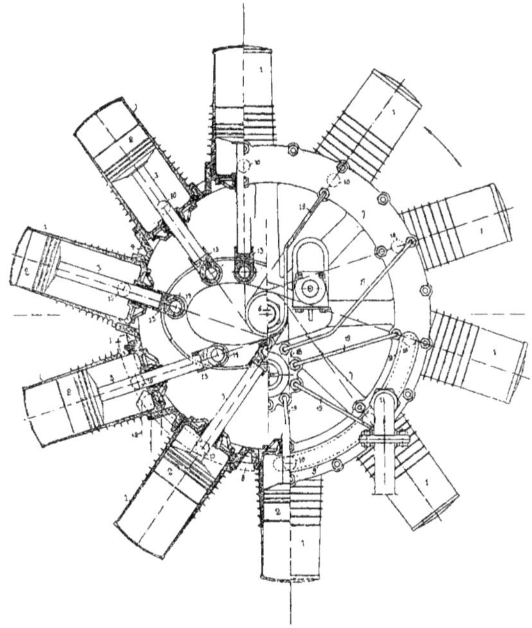

Fig. 471. — Coupe du moteur rotatif Canda.

La liaison des pistons et de leur bielle à l'arbre par un système de biellettes articulées provoque, à chaque explosion, le déplacement des segments de tore et le mouvement de rotation est obtenu.

Il est un autre type de moteur dont les pistons sont fixes et les cylindres mobiles sans que le moteur soit toutefois rotatif, c'est le moteur *Weisz*.

Dans ce moteur, les bielles sont reliées à l'extrémité supérieure des cylindres, lesquels sont disposés verticalement. L'arbre moteur est placé horizontalement au-dessus de ces cylindres. Les cylindres, par suite de l'explosion, sont poussés vers le haut. Ils prennent un mouvement rectiligne alternatif en glissant sur les pistons fixes. Ils sont munis d'ailettes hélicoïdales pour assurer le refroidissement. Dans chaque cylindre la distribution se fait au moyen d'une soupape d'admission et d'une soupape d'échappement. Ces deux soupapes sont logées dans la paroi inférieure du piston et elles sont commandées par un arbre à cames disposé parallèlement à l'arbre moteur, mais à la partie inférieure du moteur. Les dispositions des organes de ce moteur ont pour but de les rendre plus accessibles et, par conséquent, plus faciles à contrôler pendant la marche.

Hélice Lorsqu'on a voulu donner à l'aérostat sa liberté de manœuvre et de direction, en le rendant dirigeable, on a songé à emprunter au navire son propulseur, *l'hélice*, qui donnait des résultats satisfaisants. On devait donc logiquement penser à l'hélice pour propulser les aéroplanes.

A la vérité, ce n'est pas sous cette forme que fut imaginée, dès l'origine, l'organe de propulsion aérien, et nous avons vu les systèmes de *rames tournantes* que les premiers chercheurs employèrent pour obtenir la direction de leur aérostat.

Il faut aller jusqu'en 1850 pour trouver une véritable hélice sur un modèle d'aérostat dirigeable, et on la voit ensuite prendre une utilisation pratique et effective dans les belles expériences que nous avons relatées des dirigeables Dupuy-de-Lôme, Giffard, Tissandier, Renard et Krebs. L'organe était dès lors créé et expérimenté. L'hélice paraît avoir débuté en principe, dans l'aviation, lors des recherches de Sir Georges Cayley, en 1809 ; mais on ne devait s'en préoccuper d'une façon effective pour l'usage spécial des aéroplanes, qu'après les travaux tout récents des constructeurs et des aviateurs auxquels on doit l'établissement de moteurs d'aviation capables de donner aux propulseurs hélicoïdaux un effet réellement utile.

Fig. 475. — Hélice montée sur moteur Gnôme.

Il est bien certain que l'étude, ainsi que l'emploi des hélices propulsives pour les navires, aura considérablement facilité l'adaptation de l'hélice à l'aérostation et à l'aviation, quoique les conditions d'emploi soient fort différentes, en raison de la grande différence de densité qu'il y a entre l'air et l'eau et aussi en raison de ce fait que l'hélice marine, ainsi que son navire, ne sont pas plongés totalement dans le même *milieu*. Il convient de faire exception, toutefois, pour le *sous-marin*. L'hélice de navire se fait en métal. Il y a à cela une nécessité de résistance de l'organe à l'action d'un liquide pesant, dont les *filets* possèdent une force vive considérable.

L'hélice aérienne s'adapte, par contre, au milieu gazeux dans lequel elle doit fonctionner, et cela en se faisant légère. Cependant on la fait aussi quelquefois en métal, grâce à la légèreté jointe à la résistance suffisante que présentent certains métaux, aciers ou alliages que la métallurgie est venue, à point nommé, mettre à la disposition des conquérants de l'espace. En principe, les hélices aériennes peuvent se construire en métal, en bois, ou en soie très fine, tendue sur une armature métallique légère.

On a toutefois une tendance de plus en plus marquée à employer le bois dans la construction des hélices aériennes et elles sont actuellement, pour ainsi dire, toutes faites ainsi.

Les dimensions des hélices aériennes et la vitesse de rotation qu'on leur imprime font l'objet de recherches et de discussions intéressantes. On peut, en effet, donner à l'hélice aérienne un grand diamètre, mais on doit, dans ce cas, ne lui donner qu'une faible vitesse de rotation. On peut également faire tourner l'hélice très vite, mais alors son diamètre doit être diminué, car l'action de la force centrifuge pourrait, dans le cas contraire, provoquer sa rupture.

C'est précisément l'action destructive de la force centrifuge aux grandes vitesses sur les hélices métalliques plus lourdes que les hélices en bois, qui fait de plus en plus abandonner les hélices en métal au profit des autres.

D'autres questions annexes se posent également pour l'hélice aérienne. Faut-il la placer à l'avant de l'aéroplane ou à l'arrière? Dans le premier cas on dit qu'elle *tire,* tandis que dans le second cas on dit qu'elle *pousse*. Certains aéroplanes ont été construits avec l'hélice en avant et notamment les aéroplanes Blériot et Esnault-Pelterie, tandis que d'autres, comme l'aéroplane Wright et l'aéroplane Farman, ont été établis avec l'hélice à l'arrière. L'expérience paraît s'être prononcée en faveur de l'hélice placée en avant de l'appareil, car elle est disposée ainsi sur les aéroplanes monoplans.

Doit-on aussi munir les appareils d'une seule hélice, ou de deux?

En principe, deux hélices disposées pour se visser à droite pour l'une et à gauche pour l'autre, offrent l'avantage d'assurer l'équilibre dynamique de l'aéroplane, mais si pendant la marche de l'appareil une des hélices s'immobilise, l'autre continuant à tourner, il se produit une poussée qui, n'étant plus dirigée suivant l'axe de l'aéroplane, tend à le dévier de sa direction et à troubler son équilibre, de sorte que l'arrêt d'une des deux hélices peut devenir dangereux. On peut remédier à cet inconvénient en rendant solidaires les mouvements des deux hélices, mais l'arrêt de l'une immobilise l'autre, et si l'appareil est en plein vol, il doit, à ce moment, atterrir en vol plané en se laissant glisser sur l'air, sans utiliser ses propulseurs.

L'emploi d'une seule hélice sur les aéroplanes se généralise de plus en plus.

Tracé de l'hélice L'hélice est, en somme, un organe auquel on donne un mouvement de rotation par l'intermédiaire d'un moteur, et qui restitue un effort soit de traction, soit de poussée dans le sens de son axe, effort dont on se sert pour obtenir la propulsion de l'aéroplane sur lequel elle est montée.

L'hélice primitivement utilisée dans l'eau avait la forme d'une *vis d'Archimède.* En tournant elle semblait se *visser* dans l'eau qui faisait office d'écrou, et on en avait aussitôt déduit que, par similitude avec la vis se vissant dans un écrou métallique, l'hélice devait, à chacun de ses tours, se déplacer d'une quantité égale à son *pas*.

On sait que le pas d'une hélice, comme d'ailleurs le pas d'une vis, est la distance comprise entre deux filets de cette hélice ou de cette vis.

Mais le vissage de l'hélice dans l'eau provoque sur l'écrou fluide un *recul,* de sorte que pendant que l'hélice fait un tour l'eau cède, en arrière du mouvement, à la poussée de l'hélice et que l'avancement réel du propulseur par tour est égal au *pas* diminué du *recul.*

Comme les hélices ont un pas de grandeur considérable, on ne peut leur donner la forme d'une vis complète; on a alors pris dans la surface engendrée par le filet de la vis quelques parties seulement de cette surface, et c'est ce qui a formé les branches ou *ailes* de l'hélice. Ces ailes ne représentent donc qu'*une partie du pas*. En outre, soit pour faciliter la construction, soit pour diminuer la résistance de l'aile pendant le mouvement de rotation ou encore pour permettre au fluide de s'écouler normalement à travers l'hélice, on a été conduit à façonner les ailes de diverses manières, de sorte que cette aile ne représente pas, exactement, en réalité, une partie de la surface de la vis.

Le pas même de l'hélice n'a point, d'une façon générale, une valeur constante d'un bout à l'autre de l'aile, et suivant les constructeurs le pas varie dans des sens parfois opposés. C'est ainsi que dans l'hélice Zeise pour bateaux, le pas a une valeur qui diminue en allant du moyeu vers la périphérie, tandis que l'hélice Drzewiecki, au contraire, est établie avec un pas qui augmente du moyeu à la périphérie. L'hélice Chauvière, appelée hélice *intégrale*, comporte deux pas différents, le plus grand se trouvant vers la périphérie de l'aile. Un certain nombre d'autres hélices sont construites avec un pas qui varie suivant le rayon. Dans l'hélice Wright, le pas augmente d'abord en partant du moyeu, puis diminue. Certains types d'hélices sont constitués pour que l'orientation des ailes puisse varier suivant le travail à développer, de sorte que ces hélices, qui peuvent être construites avec un *pas constant*, ont, en réalité, pendant leur marche, un *pas variable*, suivant les conditions mêmes de leur fonctionnement.

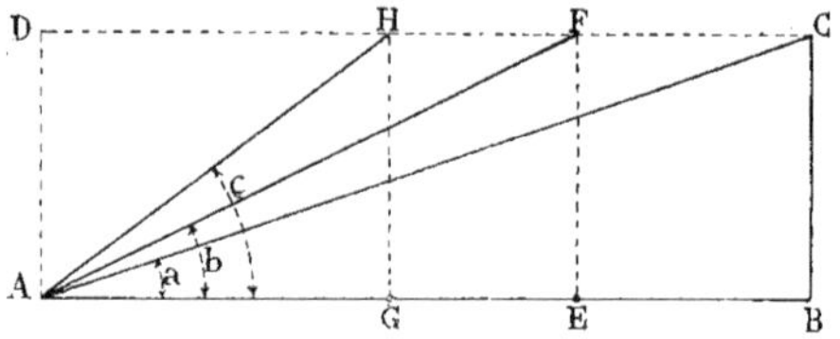

On voit que les modes de réalisation des hélices aériennes sont fort nombreux; ils dérivent de théories différentes qui, tout en se basant sur de judicieuses observations, offrent néanmoins, parfois, des contradictions sur quelques points, de sorte que le moyen le plus rationnel de juger de la valeur d'une hélice consiste à effectuer, en dehors de toutes les considérations théoriques, des essais dans les conditions d'emploi de cette hélice et à déterminer ainsi son *rendement*. C'est ainsi, d'ailleurs, que l'on opère généralement.

Dans une aile d'hélice, l'inclinaison de cette aile varie depuis le centre jusqu'à la périphérie. Dans le mouvement de rotation, en effet, les parties extérieures de l'hélice tournent à une plus grande vitesse que les parties rapprochées du moyeu et, par suite de la forme même de l'hélice, l'angle d'attaque vers la périphérie est faible. A mesure que l'on se rapproche du moyeu, comme la vitesse diminue, il faut que l'angle d'attaque devienne plus grand pour que l'on puisse obtenir une plus grande résistance. Mais à partir d'un certain point, la variation de la vitesse et de l'angle n'a plus lieu dans des proportions normales, et vers le moyeu on aurait des éléments d'hélice qui créeraient, pendant la rotation, une résistance considérable et ne fourniraient par contre qu'un effort de traction très faible. On supprime donc ces éléments d'hélice du côté du moyeu, mais il est bien évident qu'on ne peut le faire que jusqu'au point où la solidité de l'hélice peut se trouver compromise.

Fig. 176. — Tracé donnant les inclinaisons de l'hélice en divers points.

Pour déterminer, aux divers points de l'hélice, l'angle d'incidence, le procédé employé par les ateliers Voisin consiste à porter sur une droite, une longueur A B représentant le développement de la circonférence décrite par le bout de l'aile de l'hélice. On sait que cette longueur est obtenue en multipliant le diamètre de l'hélice par 3,1416.

Au point B on élève, sur la ligne A B, une perpendiculaire B C à laquelle on donne une longueur égale au pas de l'hélice.

En joignant les points A et C on détermine un angle C A B, désigné par *a*, qui représente l'angle d'inclinaison de la pale de l'hélice à son extrémité. Pour connaître l'angle en un point quelconque de l'aile, on trace la ligne horizontale CD et on porte sur la droite AB une distance AE, par exemple, correspondant à l'écartement du point considéré du centre de l'hélice. On élève du point E une perpendiculaire à la ligne AB.

Cette perpendiculaire rencontre la ligne horizontale CD en un point F qui, joint au point d'origine A, donne une ligne AF qui fait avec l'horizontale AB l'angle d'incidence cherché. Cet angle FAE ou *b* représente donc l'inclinaison de la pale d'hélice en un point correspondant au point E. On pourrait déterminer pour d'autres points de l'aile l'inclinaison correspondante et l'on aurait pour le point G, par exemple, l'angle *c*.

Comme pendant la rotation de l'hélice, l'appareil qu'elle propulse avance, on tient compte de cet avancement en donnant aux divers points de la pale une inclinaison plus faible que celle qui est obtenue par le tracé.

On remarquera que l'angle devient de plus en plus grand au fur et à mesure que le point est pris près du centre.

On limite la surface active de l'hélice à une certaine distance du centre de l'hélice, pour la raison que nous avons donnée plus haut. La largeur de la pale d'hélice a été prise égale au quinzième du diamètre. Lorsque par le tracé on a déterminé les diverses inclinaisons en des points situés à des distances connues du centre, on peut faire le calibre ou *gabarit* qui permettra d'exécuter l'hélice.

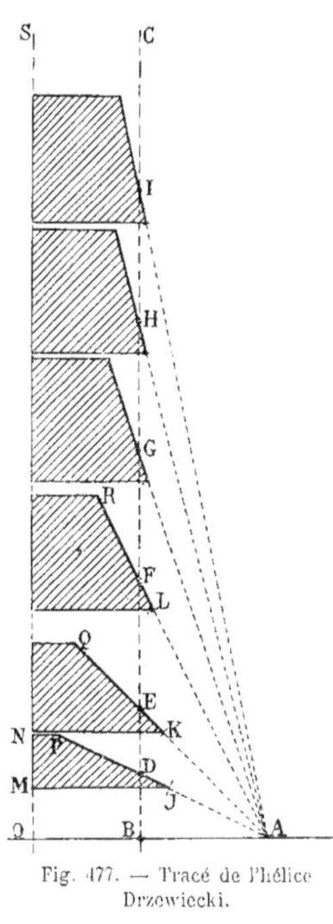

Fig. 477. — Tracé de l'hélice Drzewiecki.

Le tracé indiqué par M. Drzewiecki pour obtenir les calibres servant à fabriquer l'hélice, est basé sur la valeur du *module* de l'hélice.

Le module est obtenu en divisant la vitesse que doit avoir l'appareil par le nombre de tours de l'hélice *en une seconde*, multiplié par 2π. Cette formule s'écrit ainsi : $M = \frac{V}{2\pi\ n}$, dans laquelle V est la vitesse de l'aéroplane, et n le nombre de tours par seconde. Le diamètre de l'hélice égale le module multiplié par 10.

Lorsqu'on a le module, on porte, à partir d'un point A (Fig. 477), une longueur AB égale à ce module et on élève de ce point B une perpendiculaire BC sur la direction de la ligne AB. On porte ensuite sur cette perpendiculaire des distances BE, EF, FG, GH et HI égales entre elles et ayant pour valeur le module AB. La première distance BE est divisée par le point D en deux parties égales, de sorte que les longueurs BD et DE ont pour valeur le demi-module.

Si on joint le point A aux divers points ainsi obtenus D, E, F, etc., on obtiendra des droites ayant par rapport à la ligne verticale BC des inclinaisons différentes. Ces diverses inclinaisons sont celles de l'hélice en différents points de sa longueur.

Pour obtenir les gabarits qui serviront à déterminer la surface de l'hélice, on donne à l'hélice une largeur constante et égale aux trois quarts du module. Cette dimension est appelée par M. Drzewiecki *largeur spécifique* de la pale. Des divers points, D, E, F, etc. on porte sur les droites inclinées DA, EA, etc., une longueur vers le point A égale au quart de la largeur spécifique de la pale d'hélice. On obtient ainsi divers points J, K, L, etc., par lesquels on mène des horizontales J, M, K, N, etc., qui limiteront les gabarits dans un sens. Des mêmes points, D, E, F, etc., et sur les mêmes droites inclinées on porte dans le sens opposé de A d'autres longueurs D P, E Q, F R, etc., représentant les trois quarts de la largeur spécifique de la pale, et par ces nouveaux points on mène d'autres horizontales qui limiteront le gabarit dans le sens inverse du précédent.

Si nous supposons une droite OS verticale tracée à une distance quelconque du point B et limitant les calibres sur le quatrième côté, chacune des figures obtenues semblables au trapèze M N P J représentera le gabarit qu'il faudra placer en divers points correspondant aux points D, E, F, etc., pour déterminer la surface de l'hélice. Dans chacun de ces gabarits, l'inclinaison de la face de droite représentera l'incidence de l'aile au point correspondant et la longueur de cette face est dans chaque figure égale à la largeur de l'aile.

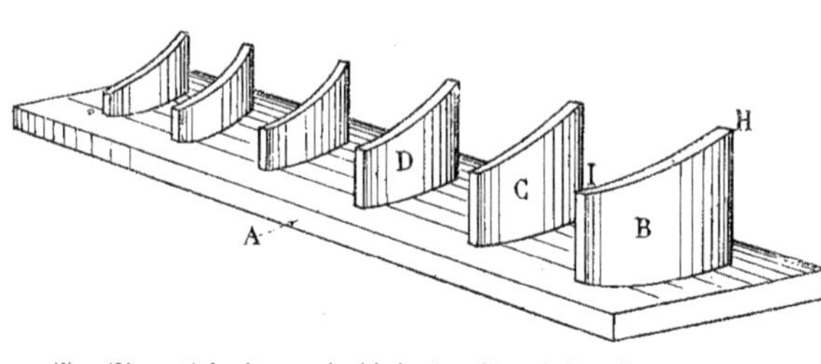

Fig. 478. — Gabarit pour la fabrication d'une hélice. Vue perspective.

Les gabarits étant ainsi déterminés, pour constituer le calibre d'ensemble, on place sur une planche A (Fig. 478 et 479), servant de socle, des planchettes de faible épaisseur B, C, D, auxquelles on a donné la forme des figures trouvées dans le tracé.

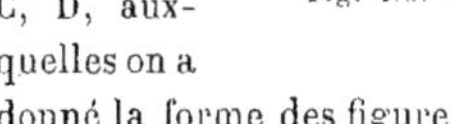
Fig. 479. — Gabarit pour la fabrication d'une hélice. Vue en plan.

Ces planchettes sont disposées sur la planche A de façon que tous les points correspondant aux points D, E, F de la figure 477 soient placés sur une même droite F G et aux mêmes distances que sur cette figure. Elles sont posées perpendiculairement à la planche A et on leur donne une courbure d'un rayon égal à leur écartement du point d'origine F. On obtient ainsi un ensemble représenté en perspective par la figure 478, dans lequel l'aile supérieure HI de chaque planchette B, C, D indique la forme que doit avoir, au droit de chaque planchette, la surface de l'hélice.

On présentera donc, au fur et à mesure que se poursuivra la confection de l'hélice, l'aile de cette hélice d'abord dégrossie, puis plus approchée de sa forme, sur le calibre ainsi constitué, et on verra immédiatement si l'hélice épouse, au droit de chaque planchette, exactement son profil. On retouchera la surface de l'aile aux points voulus jusqu'à ce que l'hélice s'adapte parfaitement sur toutes les planchettes en même temps. Sa surface sera alors correctement établie. L'hélice ainsi obtenue a une section limitée, du côté de la face active, par une ligne droite. Nous avons dit qu'on donnait généralement à cette face une certaine courbure, de même que l'on incurve les ailes des aéroplanes pour avoir un meilleur résultat au point de vue de la sustentation.

En dehors de la forme, de la surface de l'hélice que l'on peut obtenir par des tracés semblables à ceux que nous venons d'examiner, il faut construire l'hélice de façon à rendre les ailes solidaires du moyeu et donner à l'organe propulseur la solidité néces-

Fig. 480. — Hélice double montée sur monoplan Esnault-Pelterie.

Fig. 481. — Hélice Voisin, montée sur un biplan Delagrange.

saire tout en diminuant le plus possible son poids.

La construction des hélices diffère suivant le genre d'hélice.

Hélices métalliques Les hélices métalliques comportent généralement des bras métalliques en acier, auxquels on a donné une forme aplatie et qui servent à la fois à supporter les pales façonnées à la forme convenable et à rendre ces pales solidaires de l'axe du moteur.

Les pales sont rivées sur les bras métalliques et ceux-ci sont fixés sur un moyeu claveté sur l'arbre. La liaison du bras au moyeu se fait de manières diverses. Dans l'hélice Voisin (Fig. 482), les bras A et B ne sont pas dans le prolongement l'un de l'autre. Ils sont fixés par des écrous à une pièce commune C servant de moyeu. Les pales D et E sont fixées sur ces bras au moyen de rivets. Cette hélice métallique présente la particularité de posséder un dispositif de réglage pour faire varier le pas dans de certaines limites. Les bras peuvent, en effet, tourner dans leur support C, ce qui permet d'orienter les pales et de les immobiliser dans la position convenable par le serrage des écrous placés à l'extrémité. Cette hélice est, en outre, établie pour que son plan de rotation soit conique, et l'axe représentant le sommet du cône est en arrière du plan des ailes. Par suite de cette disposition, la force centrifuge tend, pendant la marche de l'hélice, à ramener les ailes dans le plan du moyeu, tandis que la poussée tend, au contraire, à les maintenir dans leur position normale. L'hélice se trouve, ainsi, équilibrée dans le sens avant et arrière. D'autres hélices métalliques ont leurs bras placés dans le prolongement l'un de l'autre, comme les hélices Esnault-Pelterie et Antoinette.

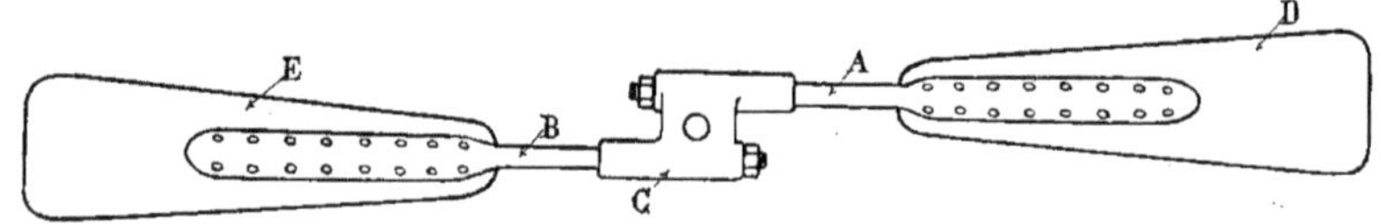

Fig. 482. -- Hélice Voisin.

Les hélices qui ne comportent qu'une carcasse d'acier, recouverte d'étoffe, ont comme type l'hélice construite par le colonel Renard pour propulser son aérostat dirigeable. Dans l'hélice Renard, la charpente était constituée par deux tubes en acier partant de l'axe de deux points différents et qui avaient une courbure hélicoïdale appropriée. Sur ces tubes était tendue de la toile qui formait la surface extérieure de l'hélice.

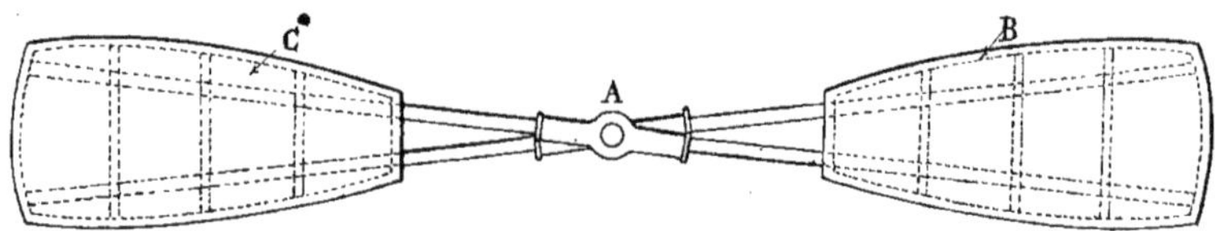

Fig. 483. — Hélice Tatin.

M. Tatin a construit une hélice semblable (Fig. 483), comportant une charpente métallique, reliée solidement au moyeu de l'arbre A. Au-dessus de cette carcasse en acier est tendue de la soie qui forme les deux ailes B et C de l'hélice.

Les métaux employés dans la confection des hélices métalliques sont l'acier et l'aluminium. Les bras et les carcasses sont faits en acier et les pales généralement en aluminium. Les rivets qui fixent les pales aux bras sont, le plus souvent, en cuivre. Ils sont placés en très grand nombre afin de constituer un assemblage parfaitement rigide de ces pièces.

Hélices en bois Les hélices en bois qui tendent, de plus en plus, à remplacer les hélices métalliques, lesquelles sont plus lourdes, plus difficiles à façonner et qui vibrent pendant la marche, peuvent être faites avec des épaisseurs suffisantes pour qu'elles puissent résister à l'action de la force centrifuge.

Le bois, en effet, résiste très bien à la traction, et comme sa densité permet de lui donner une grande épaisseur sans alourdir trop considérablement l'hélice, celle-ci résistera également très bien à la flexion et on pourra la faire tourner à des vitesses considérables sans inconvénient.

Dans la construction des hélices en bois, on place le fil du bois dans le sens de la longueur de la pale.

Les hélices en bois peuvent être faites en une seule pièce, à laquelle on donne la forme des deux ailes, en ménageant entre elles le moyeu dans lequel s'ajustera l'arbre du moteur. C'est ainsi qu'est établie l'hélice de Wright.

M. Chauvière, ingénieur des Arts et Métiers, construit d'une autre façon son hélice dite *intégrale,* qui donne d'excellents résultats. Cette hélice est faite en plusieurs épaisseurs de bois. Un certain nombre de planchettes sont superposées, collées et travaillées ensemble de façon à constituer une hélice d'une seule pièce d'une très grande solidité. On peut, en effet, par ce procédé d'emploi de planchettes multiples de faible épaisseur, choisir des morceaux de bois qui n'ont aucun défaut, aucun nœud, ni aucune fente, ce qui ne peut toujours être fait lorsqu'on doit employer un seul morceau de bois de grande épaisseur.

Les diverses planchettes découpées à des dimensions suffisantes pour qu'elles puissent former l'hélice sont superposées les unes au-dessus des autres et centrées par rapport à leur trou par l'intermédiaire d'un axe sur lequel elles sont enfilées (Fig. 484). Ces planchettes, découpées toutes à la même forme, sont décalées successivement d'une petite quantité par rapport à celle qui est placée au-dessous, de sorte que les planchettes ressemblent à deux éventails disposés un de chaque côté de l'axe.

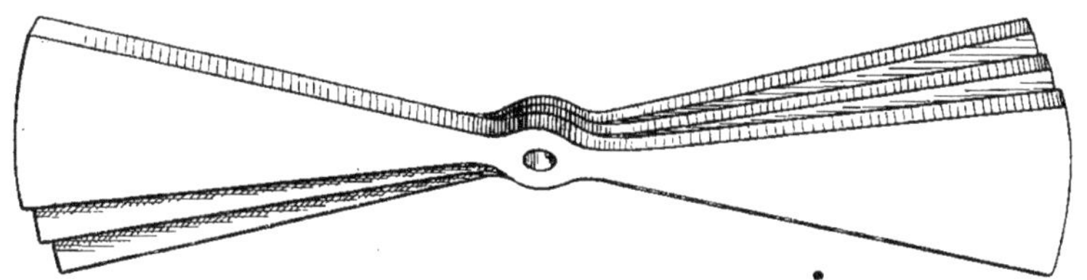

Fig. 484. — Hélice Chauvière préparée.

Au fur et à mesure que l'on superpose les planchettes, on les colle.

Le collage doit être fait avec un très grand soin, car c'est de lui que dépend toute la solidité de l'hélice. La colle employée est d'une composition spéciale qui la rend insoluble. Les planchettes forment, une fois placées et collées à la presse, un ensemble d'une seule pièce que l'on façonne. On abat les angles constitués par les épaisseurs des planchettes et on raccorde les surfaces, de façon à donner à l'aile la forme qu'elle doit avoir (Fig. 485), ce que l'on contrôle au fur et à mesure de la construction au moyen de calibres semblables à ceux que nous venons d'examiner.

Lorsque la forme de la surface de l'hélice est très exactement obtenue, on polit soigneusement la pièce et on la recouvre d'une couche de vernis, afin de faciliter le glissement des molécules d'air pendant son fonctionnement et d'éviter ainsi des résistances nuisibles.

On a construit un grand nombre d'hélices, en dehors de celles que nous venons de voir. L'une d'elles comporte des ailes qui, au repos, ne conservent pas la position qu'elles occupent pendant le fonctionnement. Les ailes sont pendantes lorsque l'hélice est immobile. Elles sont formées par des toiles tendues sur des châssis reliés par un système articulé à l'axe de l'hélice. Chaque aile porte, à son extrémité extérieure, un poids, de sorte que lorsque l'axe du moteur se met en marche, l'aile sous l'action de la force centrifuge tend à s'écarter de l'arbre et prend, par rapport à cet arbre, une position correspondant à son effort. Les ailes sont ainsi déployées simultanément et l'hélice effectue son travail de propulsion, comme si les ailes avaient été disposées de cette façon d'une manière invariable.

Lorsque le moteur s'arrête, les ailes retombent, ce qui permet de diminuer l'encombrement de l'hélice. Ce type d'hélice a été employé pour propulser les aérostats dirigeables du major de Parseval.

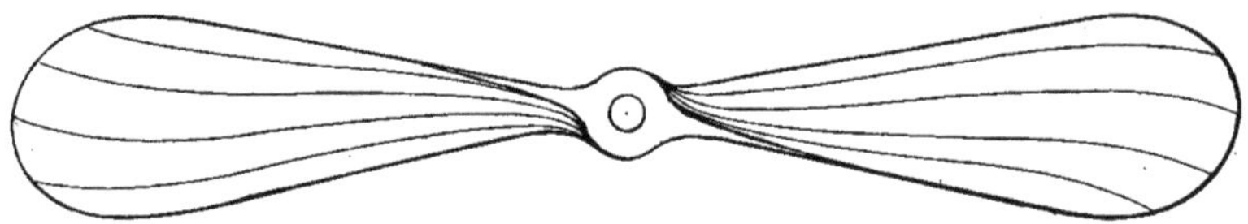

Fig. 485. — Hélice Chauvière terminée.

Essai des hélices

Les variétés de méthodes et de procédés employés pour leur confection donnent aux essais effectués avec ces diverses hélices, en pleine marche, une importance capitale, car ces études expérimentales permettent seules de déterminer avec précision la valeur de la poussée.

Comme pour les moteurs, on a d'abord procédé aux essais de l'hélice au point fixe, c'est-à-dire que les mesures ont été faites en plaçant l'hélice et le moteur sur un banc d'épreuve immobile portant les instruments nécessaires : dynamomètre, enregistreur, pour déterminer et inscrire les valeurs de la poussée.

Les essais au point fixe n'étant pas effectués dans les conditions mêmes du fonctionnement de l'hélice, ne donnent pas des mesures strictement semblables à celles qu'il importe de connaître et qui sont celles qui devraient être relevées sur un appareil en plein vol. On a donc songé naturellement à mesurer la poussée des hélices en les faisant progresser dans l'air. On les a installées soit au bout de bras de manèges, soit dans des courants d'air produits par des ventilateurs, à la façon dont on a procédé pour mesurer la résistance de l'air sur diverses surfaces, dispositifs que nous avons précédemment décrits. On a fait également des essais sur des hélices d'aérostats dirigeables pendant la marche même de l'aéronat et sur des chariots spécialement aménagés.

M. Chauvière a construit un dispositif destiné à s'adapter à une voiture automobile

Fig. 486. — Dispositif d'atterrissage du monoplan Blériot (modèle traversée de la Manche).

Fig 487. — Hélice et dispositif d'atterrissage du monoplan Train (1911).

et ayant également pour but de mesurer la poussée des hélices pendant la marche de la voiture.

A l'arrière de la voiture est fixé très solidement un châssis pouvant recevoir une hélice de 3m,60 de diamètre. Le moteur du véhicule, d'une puissance de 70 chevaux, peut, à l'aide d'un dispositif approprié d'embrayage, actionner seulement soit la voiture, soit l'hélice, soit à la fois la voiture et l'hélice.

Lorsque la voiture est en marche, et elle peut même être propulsée par la seule action de l'hélice lorsque celle-ci a un grand diamètre, il faut pouvoir mesurer, en dehors de la vitesse de la voiture, le nombre de tours que fait l'hélice et la valeur de sa poussée suivant son axe. Il convient aussi de mesurer la valeur du *couple de rotation.*

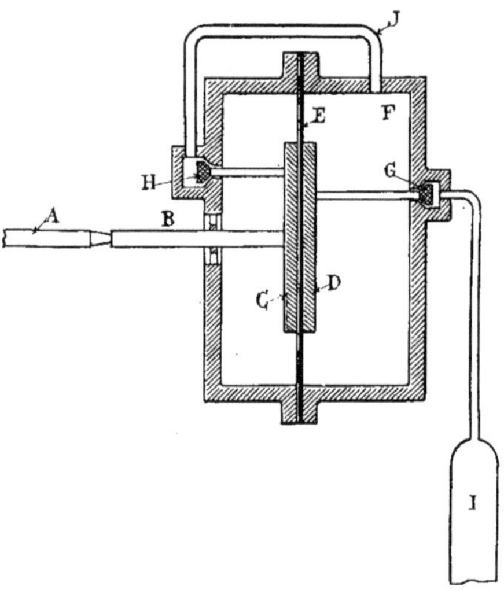

Fig. 488. — Dispositif Chauvière pour l'essai des hélices.

La mesure de la vitesse de la voiture et du nombre de tours de l'hélice est très aisément obtenue. Les deux autres offrent plus de difficultés. Pour avoir la valeur de la poussée, l'arbre de l'hélice A (Fig. 488) a été disposé de façon qu'il puisse avoir un déplacement longitudinal de faible valeur, d'ailleurs.

Lorsque l'hélice ne fonctionne pas, son arbre appuie sur l'extrémité d'une tige B qui est solidaire d'un plateau C. Derrière le plateau C est fixé un autre plateau D, mais entre les deux plateaux est disposée une membrane flexible E, serrée sur sa périphérie dans une boîte métallique F qui porte le siège de deux soupapes G et H, et sur laquelle sont disposés les conduits et les orifices nécessaires au fonctionnement du mécanisme.

Les deux soupapes G et H sont rendues solidaires, par l'intermédiaire de leur tige, des plateaux C et D et participent ainsi aux mouvements de la membrane flexible dont le centre peut, par conséquent, sous une action appropriée, se déplacer dans un sens ou dans l'autre.

La soupape G est établie sur un orifice par lequel on peut admettre de l'air comprimé, provenant d'un réservoir I, dans la chambre F. La soupape H provoque, par sa manœuvre, l'ouverture ou la fermeture d'un orifice par lequel l'air comprimé admis dans la chambre F peut s'échapper au dehors.

Lorsqu'on met la voiture et l'hélice en marche pour effectuer les essais, la poussée de l'hélice se transmet à son arbre qui est mobile dans le sens longitudinal.

Cet arbre, en appuyant sur la tige B, provoque le déplacement vers la droite des plateaux et de la membrane.

La soupape G, par suite de ce déplacement, découvre l'orifice d'arrivée d'air comprimé, tandis que la soupape H ferme l'orifice d'échappement. L'air comprimé, provenant du réservoir I, et admis dans la chambre F exerce une pression sur la surface de la membrane E et tend à la déplacer de la droite vers la gauche. Cette pression équilibrera d'abord la poussée de l'hélice, qui est dirigée en sens inverse, et provoquera ensuite le déplacement vers la gauche du centre de la membrane.

Ce mouvement déterminera la fermeture de l'orifice d'admission d'air comprimé par la soupape G et, au contraire, l'ouverture de l'orifice d'échappement, par l'écartement de la soupape H. L'air comprimé contenu dans la chambre F pourra s'échapper dans l'atmosphère par le conduit J et l'orifice d'échappement qui est ouvert.

Mais aussitôt que la pression diminuera dans la chambre F, la poussée de l'hélice sur son arbre et sur la membrane provoquera à nouveau la fermeture de la soupape H et l'ouverture de la soupape G, manœuvre qui aura pour résultat d'introduire une nouvelle quantité d'air comprimé dans la chambre F.

Il se produira donc des mouvements longitudinaux successifs de la membrane vers la droite et vers la gauche; l'arbre de l'hélice suivra ces mouvements d'une très faible amplitude et la pression de l'air comprimé admis dans la chambre F équilibrera, à chaque instant, la poussée de l'hélice. En mesurant cette pression au moyen d'un manomètre, on peut connaître la valeur de la poussée de l'hélice.

La mesure du *couple de rotation* s'effectue au moyen d'un dispositif semblable dans lequel on mesure la valeur de l'action qui s'exerce sur les paliers et le bâti supportant l'hélice, dans un sens opposé à celui de l'hélice.

Il est nécessaire, par conséquent, que ce mécanisme soit disposé pour pouvoir osciller dans tous les sens, ce qui s'obtient au moyen de commandes à rotules et à la cardan.

M. Legrand et M. Gaudart ont effectué des mesures sur la poussée des hélices montées sur un aéroplane, pendant le vol même de l'aéroplane.

Ces essais ont été relatés dans un mémoire que M. Legrand a adressé à la Société d'encouragement pour l'industrie nationale, laquelle avait accordé une subvention de trois mille francs pour faire des recherches sur les hélices.

Les expériences ont été faites avec un moteur rotatif Gnôme, monté sur l'aéroplane et actionnant l'hélice à essayer. On sait que dans le moteur Gnôme l'arbre est fixe et est rendu solidaire d'un plateau.

L'effort de l'hélice qui est directement montée sur le moteur, se transmet au corps de l'aéroplane par l'intermédiaire de ce plateau monté sur une plaque de tôle flexible. D'autre part, l'arbre fixe est supporté à l'avant par un collier dans lequel il peut glisser, collier rendu solidaire d'une plaque de tôle rigide.

Par suite de son glissement longitudinal dans le collier, l'arbre entraîne le bout d'un balancier qui peut osciller autour d'un axe porté par la plaque de tôle rigide. L'autre extrémité du balancier commande la manœuvre d'un dynamomètre Richard qui comporte une petite presse hydraulique à laquelle l'effort à mesurer donne une certaine pression pour un déplacement très faible de son point d'application. En lisant la pression obtenue sur un manomètre ou en l'enregistrant, à l'aide d'un manomètre enregistreur, on pourra connaître, à chaque instant, la valeur de la poussée de l'hélice.

Avec cette poussée, il faut connaître aussi le nombre de tours, la vitesse de translation, l'incidence de la voilure. Ces trois mesures ont été faites à l'aide d'instruments spéciaux : un tachymètre magnétique, un manomètre et un niveau établis avec des dispositions particulières.

Les essais ont été effectués par MM. Legrand et Gaudart, avec des hélices différentes, sur plusieurs aéroplanes, et les résultats obtenus permettent de constater que la valeur de la poussée de l'hélice est réduite pendant le vol de près de 33 p. 100 par rapport à la valeur de cette poussée, mesurée au point fixe. L'augmentation du nombre de tours peut atteindre 15 p. 100. Les rendements obtenus varient entre 53 p. 100 et 79 p. 100. D'autre part, la résistance des aéroplanes à l'avancement a paru plus faible que celle qui est prévue par les constructeurs.

Tels sont les intéressants dispositifs établis pour effectuer les essais des hélices.

Organes de départ et d'atterrissage

Nous avons vu précédemment que l'aéroplane devait, avant de pouvoir quitter le sol, posséder une vitesse suffisante pour que la poussée de l'air s'exerçant verticalement sous les ailes ait atteint une valeur plus grande que le poids total de l'appareil. A ce moment, l'aéroplane commence à voler, mais il a dû, auparavant, parcourir un certain chemin pour acquérir de la vitesse. Il résulte de cette obligation que l'aéroplane doit rouler ou glisser sur le sol pendant un certain temps avant de prendre son vol. Il convient donc de disposer sur l'appareil des organes permettant son déplacement initial à la surface du sol.

Ce sont les organes de départ. Ces organes consistent, suivant le cas, en châssis munis de roues supportant l'aéroplane pendant qu'il parcourt son trajet sur le sol, ou en patins sur lesquels l'appareil glisse.

Ces dispositifs de départ sont, en général, montés sur tous les aéroplanes. L'aéroplane Wright, cependant, était mis en route à l'origine au moyen d'un dispositif spécial de lancement, nécessitant un pylône du haut duquel on laissait tomber un poids. Ce poids, solidaire d'un câble tirant sur l'aéroplane qui pouvait glisser sur un plan incliné, provoquait par sa chute le déplacement de l'appareil sur son rail et son lancement dans l'espace (Fig. 489).

Les organes à roues ou à patins, utilisés pour faciliter le départ des aéroplanes, sont disposés pour servir aussi d'organes d'atterrissage.

Il faut qu'ils puissent, dans ce cas, amortir les chocs, parfois brusques, que peut recevoir l'appareil lorsqu'il prend contact avec le sol. L'organe devra comporter, par conséquent, une disposition élastique et, en outre, comme l'orientation de l'aéroplane peut être brusquement changée en arrivant au sol, il importe que les organes qui prennent d'abord le contact soient montés de façon à permettre une orientation facile, dans tous les sens, du fuselage par rapport à eux.

Les nombreux dispositifs de départ et d'atterrissage qui ont été établis répondent à ces conditions. Nous trouverons la description des principaux de ces moyens un peu plus loin, lors de l'examen des types d'aéroplanes.

Nous allons simplement indiquer ici les dispositions adoptées pour quelques-uns de ces organes pour répondre aux conditions à remplir lors du départ ou de l'atterrissage de l'aéroplane.

Le dispositif Blériot comporte des roues. Ces roues sont reliées au corps de l'appareil par l'intermédiaire d'une suspension élastique (Fig. 486 et 491).

Un châssis rigide A, composé de tubes d'acier reliés par des entretoises et de montants en bois, supporte le fuselage de l'appareil. Ce châssis porte à sa partie inférieure les deux roues B, montées entre deux fourches C et D formant les deux côtés d'un triangle, dont le troisième côté est un des montants verticaux du cadre. Les roues peuvent tourner sur leur axe horizontal, et, en outre, elles peuvent pivoter autour du montant vertical servant d'axe. Sur ce montant est disposé un fort ressort à boudin qui,

Fig. 489. — Dispositif de lancement du biplan Wright. Rail et pylône.

Fig. 490. — Dispositif d'atterrissage d'un monoplan Esnault-Pelterie.

par sa tension, maintient le train des roues à sa position normale inférieure pendant le vol.

A l'atterrissage, les roues prennent d'abord contact avec le sol. Le choc est amorti par les ressorts à boudin qui reçoivent la poussée exercée sur les roues, par l'intermédiaire des fourches, et qui se compriment. En même temps, les roues en roulant sur le sol, permettent à l'appareil d'éviter un arrêt brusque qui pourrait avoir de sérieux inconvénients.

Les deux roues sont rendues solidaires dans leurs mouvements par une entretoise qui maintient constant l'écartement des fourches, et par des tirants disposés en diagonale.

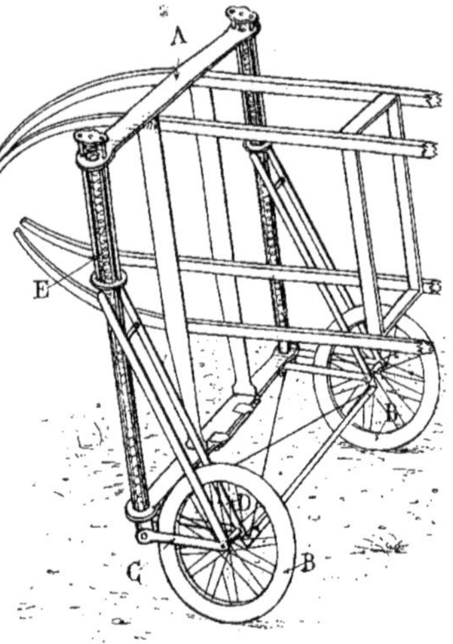

Fig. 491. — Dispositif d'atterrissage Blériot.

Le train amortisseur Blériot est complété par une roue placée sur l'arrière du fuselage et monté élastiquement d'une façon semblable à celle des roues d'avant. Dans l'aéroplane Antoinette, le dispositif de départ et d'atterrissage comporte aussi deux roues. Ces roues sont montées tout près l'une de l'autre et fixées d'une façon rigide au châssis. L'amortissement dû aux pneus montés sur ces roues ne serait pas suffisant pour parer au choc d'atterrissage. Aussi a-t-on disposé sur les côtés deux amortisseurs à air comprimé. Ces amortisseurs sont solidaires d'un bras mobile qui prend contact avec le sol avant les roues et permet d'absorber en grande partie la puissance vive de l'appareil à sa descente. L'appareil repose ensuite sur ses roues et parcourt un certain chemin avant de s'immobiliser.

Les cadres des châssis supportant les roues et les organes amortisseurs sont faits en tubes d'acier brasés dans des pièces d'assemblages métalliques ou encore réunis au moyen de la soudure autogène.

Un autre type de dispositif d'atterrissage est le dispositif à patins.

Les patins, faits en bois, généralement en sapin d'Amérique, sont fortement recourbés vers l'avant. Ils sont très flexibles et se fixent aux longerons inférieurs du fuselage.

Les patins permettent d'amortir le choc lors de l'atterrissage, mais ils ne conviennent pas pour faciliter le départ. C'est pour cela que les premiers aéroplanes Wright qui en étaient munis étaient lancés par un procédé tout spécial.

Les avantages des patins comme amortisseurs et ceux des roues pour faciliter le départ, ont conduit à établir des systèmes mixtes, comportant à la fois des roues et des patins.

Dans le biplan Sommer, ce dispositif mixte est employé. Il est constitué par une paire de roues placées à cheval sur un patin et reliées à lui par l'intermédiaire d'un ressort formé d'une série de lames d'acier placées au-dessus les unes des autres. Le patin est solidaire des ailes.

Un dispositif semblable est fixé sur chaque côté du fuselage.

Lorsque l'aéroplane atterrit, les roues portent d'abord sur le sol. Si le choc est faible, les pneus des roues suffisent à l'amortir. Si le choc est violent, les ressorts réunissant les roues aux patins entrent en action, cèdent; les patins viennent au contact du sol, et ils jouent leur rôle amortisseur.

Un autre dispositif mixte de départ et d'atterrissage représenté par la figure 490 est monté sur les aréoplanes Esnault-Pelterie. Le patin, monté à l'avant, est relié au fuselage par l'intermédiaire d'un ressort qui le maintient à un écartement fixe du châssis.

Le dispositif mixte est employé sur la plupart des aéroplanes.

Nous en verrons divers exemples en décrivant les appareils d'aviation.

Organes auxiliaires

En dehors des organes principaux que nous venons d'examiner et qui constituent l'aéroplane, il en est quelques autres qui sont des organes auxiliaires, mais dont l'utilité est cependant fort grande.

Boussole

Parmi ces organes, le plus important est l'instrument servant à l'orientation de l'aviateur dans les airs. C'est la boussole. En aviation, on ne peut pas utiliser la boussole ordinaire, car la proximité des masses métalliques du moteur l'influence, la fait dévier et ses indications se trouvent faussées. En outre, malgré l'exactitude des indications données, l'aéroplane peut être dévié de sa route par le vent lorsqu'il souffle, par exemple, de côté.

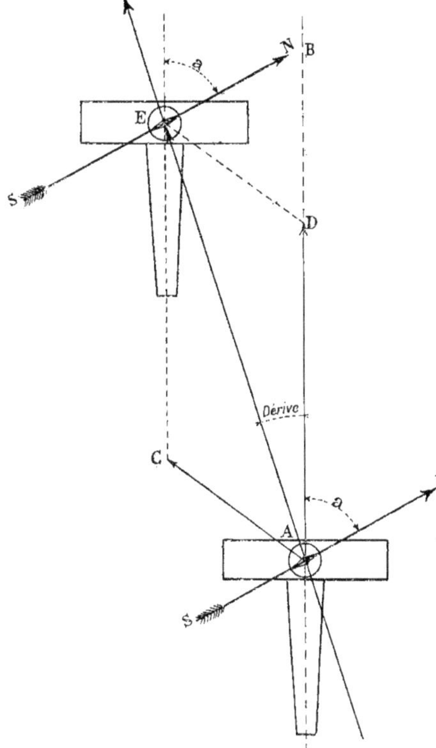

Fig. 192. — Dérive d'un aéroplane.

Sur mer, pour maintenir la direction de son bateau, le capitaine qui a déterminé l'angle que fait la direction qu'il doit suivre avec la direction nord-sud donnée par la boussole, manœuvre pour que l'axe du navire fasse toujours un angle de valeur constante avec l'aiguille de la boussole.

Quoique le navire soit lourd et que l'influence du vent et des courants s'exerce faiblement sur lui pendant la marche, il dévie cependant de sa route et pour se rendre compte de cette déviation, on mesure de temps à autre, à l'arrière du bateau l'angle que fait l'axe de ce bateau avec le sillage qu'il laisse sur l'eau. On peut ainsi déterminer *l'angle de dérive*.

Pour plus de sûreté, on fait le point tous les jours à bord du navire maritime.

Dans le navire aérien, les mêmes actions se produisent, dues au vent, et l'aéroplane est entraîné à la dérive bien plus facilement que le bateau.

Si, en effet, un aéroplane suivant la direction A B part du point A, le vent ayant une direction suivant la ligne A C et une vitesse égale à la longueur de cette ligne AC, si la vitesse propre de l'aéroplane est représentée par la longueur AD, nous savons que le chemin que suivra l'aéroplane sera représenté par la ligne AE qui est la *résultante* des deux *composantes* AC et AD.

Donc l'aéroplane, au lieu de se trouver au point D où il devrait être arrivé sous la simple action de son propulseur, est au point E. L'angle que font entre elles les deux directions AB et AE est *l'angle de dérive,* dû à l'action du vent, et on voit que plus la distance à parcourir sera grande, plus l'aéroplane s'écartera latéralement du but à atteindre.

Cependant, pendant cette dérive, l'angle que fait l'axe de l'appareil avec l'aiguille de la boussole est resté constant, puisque l'axe de l'aéroplane est toujours resté parallèle à lui-même.

On voit donc que la boussole ainsi employée *ne permet pas d'apprécier la dérive.*

D'autre part, le navire aérien n'a pas, comme le navire maritime, un sillage qui permette un contrôle de la direction suivie. On ne peut non plus faire le point. Il était donc nécessaire de munir la boussole d'un dispositif de repérage. C'est ce qui a été réalisé dans la boussole Daloz.

Cette boussole (Fig. 493) est constituée, en tant que montage de ses organes, comme la boussole marine. L'aiguille A peut tourner librement sur un pivot B et se place constamment suivant la direction nord sud.

L'aiguille aimantée peut entraîner dans son mouvement d'oscillation un léger disque de mica C, très transparent, sur lequel sont tracées des lignes parallèles. Ce disque peut toutefois être orienté dans toutes les directions par rapport à l'aiguille aimantée. Il est, pour cela, monté à frottement doux sur cette aiguille et peut être manœuvré à l'aide d'un bouton D, extérieur à la boussole, qu'un ressort tient écarté du disque.

Le fond de la boussole est formé par une lentille E servant de *viseur clair,* grâce auquel l'image du terrain viendra se projeter sur le disque transparent de mica.

Fig. 493. — Boussole Daloz.

Pour conserver à l'aide de cette boussole la direction voulue, on détermine, avant le départ, à l'aide d'une carte, l'angle que fait cette direction à suivre avec le méridien géographique du point de départ. On trace cet angle sur le sol sur une longueur d'environ 2 mètres, puis, en amenant l'aéroplane au-dessus de ce tracé, l'image du terrain se projettera sur le disque en mica de la boussole. On orientera ce disque de façon que la ligne tracée sur le sol et indiquant la direction à suivre soit rigoureusement parallèle aux lignes tracées sur le disque en mica. Nous avons dit que cette orientation peut s'effectuer à l'aide du bouton D, sans que l'aiguille aimantée soit déviée de sa direction normale.

En plaçant les lignes du disque parallèlement à la direction à suivre, on détermine bien sur la boussole l'angle de déviation par rapport à la direction nord-sud.

Pendant la marche de l'aéroplane, en regardant la boussole, on verra l'image du terrain défiler au-dessous de soi. Cette image se projettera sur le disque en mica et tant que les objets vus sur le sol défileront parallèlement aux lignes tracées sur le disque, la direction suivie par l'appareil sera la bonne.

Si l'aéroplane est dévié de sa direction par un vent latéral, par exemple, les images du sol passent obliquement par rapport aux parallèles du disque. Il faut alors rectifier la direction à l'aide du gouvernail jusqu'au moment où les objets vus sur le sol défilent parallèlement aux lignes.

L'axe de l'aéroplane ne se trouve plus dans le prolongement de la direction à suivre, mais la direction qu'il suit en réalité, sous l'influence de son propulseur et du vent qui tend à lui donner de la dérive, reste la même que celle de la route à suivre.

En effet, on voit, à l'examen de la figure 494, que si on suppose qu'il n'existe aucun vent latéral, l'aéroplane A suivant la direction BC, son axe se superpose avec cette ligne, la boussole de l'appareil présente les lignes tracées sur le disque, parallèlement à cette direction, et l'aiguille aimantée indique l'angle constant de déviation par rapport à la ligne nord-sud. Si en arrivant au point D, l'aéroplane se trouve soumis à un vent soufflant dans la direction DE, la route qu'il va suivre sera la résultante de sa vitesse propre et de la vitesse du vent. Pour que cette résultante ait la même direction que la trajectoire DE et se projette en grandeur en DF, il faut, puisque la vitesse du vent est représentée en grandeur et en direction par la ligne DE, que la vitesse de l'aéroplane soit égale à la droite DG et que son axe soit disposé suivant cette direction. Dans ce cas, en effet, les deux composantes DG et DE donneront bien comme résultante une droite DF ayant même direction que la trajectoire. Il faudra donc que l'aéroplane ait son axe dirigé suivant la ligne DG pour qu'il suive, sous l'action du vent latéral, la trajectoire B C. Quelle que soit l'orientation de l'axe de l'aéroplane, l'aiguille aimantée de la boussole sera toujours dirigée suivant la ligne nord-sud, et comme elle entraîne avec elle le disque en mica, les lignes parallèles de ce disque feront toujours avec la direction de l'aiguille l'angle initial déterminé au départ.

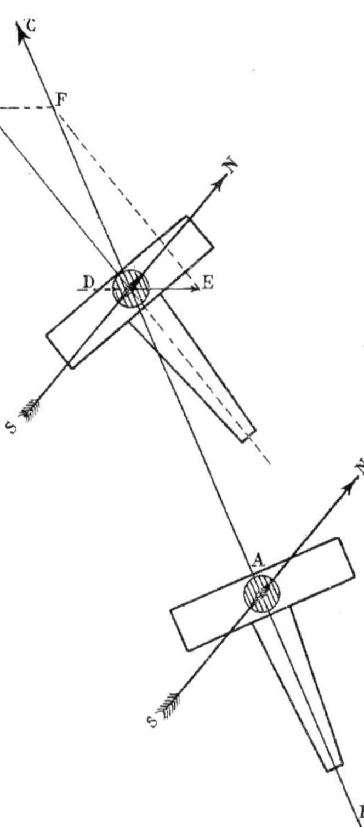

Fig. 494. — Rectification de la direction par la boussole.

Donc, en résumé, lorsque les objets défilent parallèlement aux lignes de la boussole, la direction suivie est bonne; lorsqu'ils se déplacent obliquement, il faut, par une manœuvre du gouvernail, modifier la direction jusqu'à ce que le déplacement redevienne parallèle.

Nous avons dit que la boussole est influencée par les masses de fer et d'acier entrant dans la constitution des divers organes de l'aéroplane ; la magnéto influence aussi l'aiguille de la boussole. On peut compenser ces influences en disposant, aux places appropriées, sur l'aéroplane, d'autres pièces ou barreaux d'acier et de fer provoquant une déviation égale et de sens contraire à la première. Ce moyen de compensation que l'on emploie aussi sur les bateaux est moins aisé à appliquer à l'aéroplane, parce que les pièces métalliques à ajouter peuvent être lourdes, et qu'une augmentation de poids est toujours difficile à faire accepter pour un appareil aérien.

Dans la boussole Daloz, comme le réglage de l'angle de route se fait avant le départ, la boussole étant déjà soumise à l'influence des pièces métalliques qui l'environnent dans les conditions mêmes de la marche, la compensation se trouve, de ce fait, effectuée, c'est-à-dire qu'il ne se produira pas en cours de route de nouvelles perturbations sur la boussole dues à la proximité des organes de l'appareil. Un autre tracé, fait sur le disque de mica de la boussole, permet de connaître la vitesse efficace de l'aéroplane suivant la trajectoire. Deux lignes perpendiculaires aux lignes parallèles ont été tracées sur le disque, à une distance telle l'une de l'autre que, vue sur la boussole, l'image du terrain comprise entre ces lignes représente une largeur de terrain de 100 mètres, lorsque l'aéroplane est à 100 mètres de hauteur. En observant le temps que met un point du terrain à passer d'une ligne à l'autre, on sait que l'aéroplane parcourt 100 mètres pendant ce temps-là. Si l'appareil n'est pas à 100 mètres de hauteur, ce que le pilote constatera en consultant son baromètre, une proportionalité fera connaître la vitesse réelle de l'aéroplane.

Fig. 495. — Dérouleur automatique de cartes.

Cartes La carte de la région au-dessus de laquelle vole un aviateur est très utile à consulter pendant que l'aéroplane poursuit sa route. On commence d'ailleurs à établir des cartes spéciales aéronautiques et à étudier le moyen de jalonner les routes aériennes en disposant à la surface du sol des repères appropriés.

La carte est d'autant moins facile à consulter en aéroplane que ces engins aériens marchent à de grandes vitesses et peuvent parcourir des trajets considérables, à moins que l'aéroplane n'enlève un pilote et un passager. Ce dernier s'occupe alors seul de la lecture de la carte, et cette lecture se trouve facilitée.

Pour la rendre possible au pilote montant seul un aéroplane, on a songé à faire dérouler automatiquement la carte au fur et à mesure de l'avancement de l'engin aérien, de sorte que l'aviateur a constamment sous les yeux le plan du terrain au-dessus duquel il se trouve.

Le dérouleur automatique de cartes Desmons (Fig. 494) a été établi dans ce but. C'est un instrument qui comporte deux rouleaux cylindriques placés parallèlement à une distance l'un de l'autre de 30 centimètres. Sur ces rouleaux est enroulée la carte : ils sont rendus solidaires dans leur mouvement de rotation, de telle sorte que la carte se déroule de l'un pour s'enrouler sur l'autre en restant, dans l'intervalle qui les sépare, parfaitement tendue. L'aviateur peut donc la consulter.

Les rouleaux sont montés dans une boîte fermée dont le couvercle est muni d'une glace.

Le mouvement de déroulement est rendu automatique par le fonctionnement d'une petite *hélice-turbine* placée à l'avant de l'instrument. Cette hélice actionne, par l'intermédiaire d'organes démultiplicateurs de vitesse, les rouleaux portant la carte, et sa vitesse de rotation dépend de la vitesse de l'aéroplane qui porte l'instrument.

La carte se déroule donc automatiquement avec une vitesse appropriée pendant que l'appareil continue sa route.

Cependant, la vitesse de translation de l'aéroplane par rapport à la terre n'est pas toujours égale à la vitesse propre de l'appareil, puisque, ainsi que nous l'avons vu, le vent exerce aussi son action, soit retardatrice, soit accélératrice, sur l'aéroplane. Il était donc nécessaire de pouvoir faire varier la vitesse de déroulement de la carte. Pour cela, l'instrument est muni d'un dispositif de commande placé à la portée du pilote, dispositif qui permet de faire varier le pas de l'hélice, de sorte que pour une même vitesse de translation l'hélice *à pas plus petit* tournera plus vite que l'hélice *à pas plus grand.*

Le changement de pas s'obtient par la manœuvre d'un bouton.

Les rouleaux sont également pourvus de boutons qui permettent de les faire tourner à la main.

Appareils accessoires d'aéroplanes — L'aéroplane est muni d'autres instruments parmi lesquels un baromètre qui comporte généralement un dispositif d'enregistrement et à l'aide duquel l'aviateur connaît à chaque instant l'altitude où il se trouve, ce qui lui permet de l'augmenter ou de la diminuer suivant les obstacles qu'il a à franchir sur sa route et suivant les remous d'air violents qu'il veut éviter et qui sont souvent produits par suite de la configuration du sol au-dessus duquel il vole.

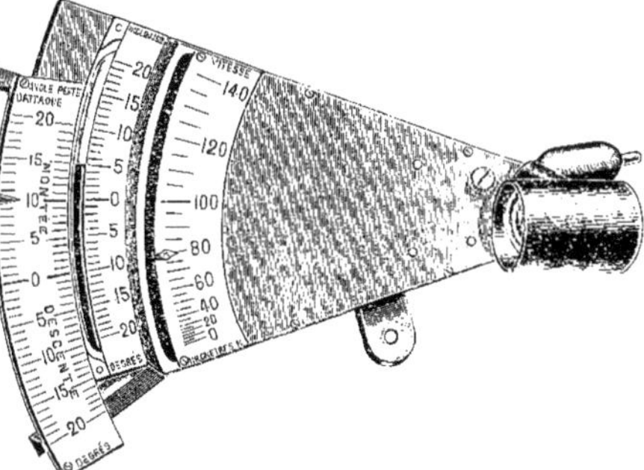

Fig. 496. — Girouette d'aviation Chauvin et Arnoux.

D'autres appareils montés sur l'aéroplane peuvent permettre de mesurer l'angle d'attaque des ailes, l'inclinaison donnée en « pour cent » de la trajectoire de l'aéroplane, l'inclinaison des surfaces portantes par rapport à l'horizontale, la vitesse de l'aéroplane par rapport à l'air ambiant. Un appareil construit par les ateliers Chauvin et Arnoux et nommé *girouette d'aviation* donne ces indications.

La girouette d'aviation comporte une partie mobile formée par une boîte dont deux parois font entre elles un angle de

40 degrés et sont exposées obliquement à l'action de l'air. Dans cette boîte est placé un niveau d'horizontalité contenant un liquide coloré.

La boîte porte un axe monté sur billes disposé parallèlement à l'arête du sommet de l'angle dièdre et elle est équilibrée par rapport à cet axe et dans toutes les positions qu'elle peut prendre, au moyen d'un contrepoids placé sur une tige solidaire de la boîte.

L'air, en exerçant son action sur les deux parois obliques de la boîte, maintient d'une façon permanente le plan bissecteur de l'angle qu'elles forment dans la trajectoire de l'aéroplane. D'autre part, la pesanteur maintient le liquide coloré du niveau dans un plan horizontal qui passe par l'axe d'oscillation de la girouette. On peut alors, en examinant la position du niveau du liquide par rapport à une graduation de forme circulaire établie sur une paroi, connaître la direction de la trajectoire par rapport à l'horizontale. Si le niveau est au-dessous du zéro, l'aéroplane descend; s'il est au-dessus, il monte, et la valeur de la rampe ou de la pente est inscrite sur le secteur en *pour cent*.

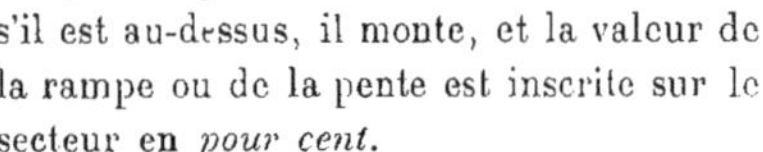

Une aiguille montée à frottement dur sur la partie de l'axe fixe de la girouette et dont l'extrémité recourbée se présente devant une graduation portée par la paroi, permet de connaître, à chaque instant, la valeur de l'angle d'attaque des surfaces portantes par rapport à la trajectoire de l'aéroplane.

Cette aiguille est réglée avant le départ de façon à se présenter parallèlement à ces surfaces portantes, et lorsque la boîte oscille autour de l'axe fixe par suite de l'inclinaison de l'appareil, la division qu'elle porte se déplace devant l'aiguille qui indique l'angle d'attaque.

Sur l'axe de la girouette est fixée une autre boîte portant aussi un niveau à liquide coloré dont le déplacement devant une graduation appropriée donne, en pour cent, l'inclinaison des surfaces sustentatrices par rapport à l'horizontale. On en déduit en pour cent du poids total de l'aéroplane l'effort que l'hélice doit fournir pour que ces surfaces conservent leur inclinaison.

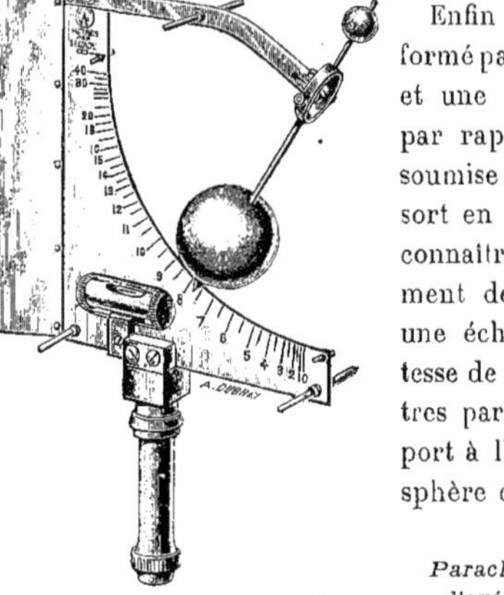

Fig. 497. — Anémomètre à main Chauvin et Arnoux.

Enfin un *anémomètre* formé par une sphère creuse et une aiguille équilibrée par rapport à son axe et soumise à l'action d'un ressort en spirale, permet de connaître, par le déplacement de l'aiguille devant une échelle divisée la vitesse de l'aéroplane en mètres par seconde, par rapport à l'air qui agit sur la sphère creuse.

Parachutes d'aviation Les trop nombreux accidents qui se sont produits en aéroplane donnent à l'étude d'un dispositif de sécurité en cas de chute, poursuivie par un grand nombre de chercheurs, un intérêt capital.

De nombreux systèmes ont été combinés mais aucun ne semble remplir, pour le moment, toutes les conditions de sécurité désirables. Des essais sont cependant effectués sur quelques modèles de parachutes et il faut conserver l'espoir qu'on arrivera à réaliser un appareil de sécurité pouvant protéger les aviateurs en cas de chute.

Parmi les parachutes d'aviation, celui de M. Hervieu, expérimenté le 5 et le 9 février 1911 de la tour Eiffel, a déjà donné des résultats satisfaisants. Le parachute plié est placé dans une boite recouverte d'une toile et disposée le long du fuselage. L'encombrement du parachute est alors de $1^m,60$ de longueur, $0^m,40$ de largeur et 8 centimètres de hauteur, lorsqu'il est fait en coton. Cet encombrement pourra être réduit s'il est confectionné en soie. Son poids, fait en coton, est de 16 kilogrammes et ce poids se réduirait à 10 kilogrammes s'il était en soie.

Fig. 498. — Aviateur revêtu de vêtements protecteurs.

Le parachute est suspendu par des cordes à une barre placée au-dessus du pilote, supportée par deux montants verticaux solidaires du fuselage. Le pilote est lui-même suspendu à cette barre à l'aide de deux cordes passées à sa ceinture.

Lorsque l'aviateur se voit en danger, il lève les bras, mouvement qui d'ailleurs se fait pour ainsi dire instinctivement dans ce cas. Par ce mouvement il soulève la barre d'environ 3 centimètres. Cette barre se trouve enlevée de ses supports et le déclenchement du parachute s'effectue. Le parachute sort de sa boîte, s'ouvre automatiquement sous l'action de ressorts et atténue la descente.

On a confectionné aussi, pour protéger les aviateurs contre les chutes, des costumes spéciaux destinés à amortir les chocs. Ce sont des vêtements très épais, rembourrés, et garnis de caoutchouc, qui peuvent, dans certains cas, être d'une grande utilité, mais qui ne constituent pas cependant le dispositif de toute sécurité dont on voudrait pouvoir munir tous les engins aériens.

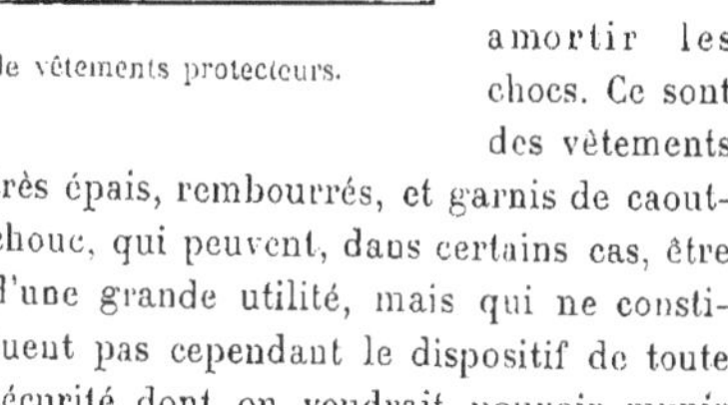

CHAPITRE XXII

APPAREILS D'AVIATION

AÉROPLANES : Santos Dumont. — Vuia. — Delagrange. — Farman. — Voisin. — Ferber. — Blériot. — Esnault-Pelterie.

BIPLANS : Wright. — H. Farman. — M. Farman. — Sommer. — Paulhan. — Bréguet. — Caudron.

MONOPLANS : Blériot. — Esnault-Pelterie. — Antoinette. — Nieuport. — Morane. — Deperdussin. — Train. — Sommer. — Coanda.

TRIPLANS.

HYDROPLANES : Fabre.

HÉLICOPTÈRES : Bertin. — Cornu.

GYROPLANE : Bréguet. — Richet.

Appareils d'aviation

Nous avons donné précédemment l'historique des appareils d'aviation jusqu'au moment où le moteur à explosion a pu être utilisé pour actionner ces engins aériens. Nous avons aussi examiné les conditions à remplir pour réaliser la sustentation, la propulsion et la stabilité des aéroplanes, et nous avons passé en revue les principaux organes qui les constituent. Il nous reste à décrire, parmi le grand nombre d'appareils d'aviation qui ont été construits depuis l'emploi du moteur à explosion, les principaux d'entre eux, ceux à l'aide desquels l'homme a pu accomplir des exploits merveilleux en vue de la conquête de l'espace.

Ces appareils d'aviation, qui, à l'origine des essais, étaient à peu près tous constitués par deux plans superposés et que l'on a nommés pour cela *biplans,* se sont en partie peu à peu transformés, au fur et à mesure que le progrès s'affirmait en aviation, en appareils à un seul plan, c'est-à-dire ne possédant qu'une seule série de surfaces sustentatrices. Ce sont les *monoplans.*

Cependant les améliorations apportées à la fois aux deux types d'aéroplanes ont fait du *monoplan* et du *biplan* deux genres d'appareils qui ont chacun leurs qualités. Le *monoplan* est l'appareil léger et rapide; le *biplan* est l'aéroplane de transport.

On construit également des aéroplanes à trois surfaces : les *triplans,* mais en fort petit nombre, et leur emploi ne s'est pas généralisé, pas plus que celui de quelques *multiplans* de formes particulières.

Certains aéroplanes ont été disposés pour pouvoir s'élancer de la surface de l'eau et venir s'y reposer. Ce sont les *hydroplanes.*

Enfin, on a réalisé l'appareil d'aviation sous la forme d'*hélicoptères,* ces appareils avaient donné lieu à de très intéressantes études sur leur sustentation et leur propulsion, études et essais que la création des aéroplanes et leur succès ont arrêtés.

Nous allons examiner ces divers types d'appareils d'aviation. Nous nous placerons, au début de cet examen, au point de vue historique, afin de marquer les diverses étapes qui ont conduit à la création des deux principaux types d'aéroplanes : les *biplans* et les *monoplans*; nous continuerons ensuite la description en donnant dans chacune de ces catégories les appareils les plus connus.

Aéroplanes Santos Dumont

Santos Dumont est le premier homme qui, en Europe, ait effectu sur un aéroplane un vol chronométré officiellement. Le 23 octobre 1906, M. Santos Dumont, monté sur son appareil 14 *bis*, gagnait la coupe Archdeacon, après avoir parcouru 60 mètres en l'air, au-dessus de la pelouse de Bagatelle.

Quelques jours après, le 12 novembre, il volait sur une distance de 220 mètres.

Avant M. Santos Dumont, les frères Wright avaient volé en Amérique, mais les premières expériences des deux célèbres aviateurs avaient été entourées d'un tel mystère qu'en France on n'avait pas ajouté foi à leur succès, de sorte que les vols effectués par M. Santos Dumont, publiquement, vinrent démontrer que la solution du problème de la sustentation du plus lourd-que-l'air était sur le point d'être trouvée. Cet événement donna un essor prodigieux à l'aviation, en incitant les chercheurs et les ingénieurs à étudier et à construire l'*appareil volant,* dont les essais de réalisation avaient, pendant de longues années, coûté tant d'efforts

Fig 499. — Essais d'allégement d'aéroplane par M. Santos Dumont.

M. Santos Dumont avait d'abord commencé ses essais avec un appareil comportant des flotteurs qui le maintenaient à la surface de l'eau. L'appareil, muni d'un moteur, glissait facilement sur l'eau, mais ne pouvait pas se soulever. Ensuite il fit d'autres essais avec un *hélicoptère* qui ne lui donna pas de résultats satisfaisants.

Il construisit alors un appareil constitué par deux sortes de cerfs-volants à cellules, du type Hargrave, ces deux cerfs-volants comportant chacun trois cellules et se trouvant accolés par une de leurs cloisons, de façon à former un angle dièdre, ou un V très ouvert.

C'étaient là les surfaces sustentatrices, composées, en somme, de deux plans formant entre eux un angle très ouvert, et reliées par des cloisons verticales.

Fig. 500. — Les essais du *Santos-Dumont* mixte, à Bagatelle.

Fig. 501. — Le *Santos-Dumont* n° 15, à Saint-Cyr.

L'armature de ces surfaces se composait de tiges en peuplier et en bambou et sur cette armature était disposée de la toile vernie.

L'envergure des ailes ainsi formées était de 12 mètres et leur surface de 60 mètres carrés.

Une longue charpente en bambou fixée à la carcasse des ailes, à l'avant de l'appareil, supportait, à son extrémité, une cellule pouvant osciller dans tous les sens par rapport à cette charpente. La longueur totale de l'appareil était de 10 mètres et la cellule orientable placée en avant, faisait office de gouvernail de profondeur.

L'appareil était muni d'un moteur Antoinette, donnant le mouvement de rotation à une hélice à deux branches placée à l'arrière. L'hélice avait un diamètre de 2 mètres et son pas était de 1 mètre.

Une petite nacelle en osier placée sur la poutre, à côté des ailes et en avant du moteur, était occupée par le pilote Santos Dumont lui-même, qui pouvait provoquer, à l'aide d'un levier placé à sa droite, les mouvements verticaux du gouvernail de profondeur, tandis qu'un volant disposé à sa gauche permettait d'obtenir les mouvements horizontaux.

L'appareil était supporté par un dispositif à roues montées élastiquement, son poids total tout monté était de 250 kilogrammes.

Les premiers essais de cet appareil furent faits en l'allégeant à l'aide du ballon dirigeable 14, construit par M. Santos Dumont. L'aéroplane fut d'ailleurs désigné sous le nom de 14 *bis*. Cet allègement lui permit d'effectuer des essais de stabilité.

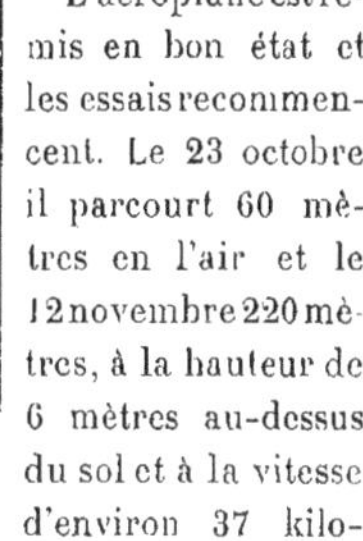

Fig. 502. — Le *Santos-Dumont* n° 19 s'envolant à Issy-les-Moulineaux.

Au mois d'août, l'aéroplane essayé sans l'aide du ballon ne peut quitter le sol, la puissance du moteur de 24 chevaux étant reconnue trop faible. Un moteur de 50 chevaux est disposé sur l'appareil et en septembre, après force tentatives au cours desquelles l'aéroplane reçoit quelques avaries, vite réparées, il quitte le sol et parcourt, à environ 1 mètre de hauteur, une dizaine de mètres. En atterrissant, le bâti est endommagé et l'hélice brisée.

L'aéroplane est remis en bon état et les essais recommencent. Le 23 octobre il parcourt 60 mètres en l'air et le 12 novembre 220 mètres, à la hauteur de 6 mètres au-dessus du sol et à la vitesse d'environ 37 kilomètres à l'heure, cette distance ayant été officiellement chronométrée.

Ces vols faisaient M. Santos Dumont détenteur de la Coupe d'aviation offerte par M. Archdeacon.

Trouvant le terrain de Bagatelle trop petit pour y effectuer des essais de vols, M. Santos Dumont fait construire un hangar en bordure du terrain de manœuvres de Saint-Cyr et recommence en avril 1907 ses expériences. Le 4, après un vol de 50 mètres, son aéroplane tombe brusquement sur le sol et se brise.

M. Santos Dumont construit un autre appareil, le *Santos-Dumont 15*, dans lequel il dispose, vers l'arrière, une queue stabilisatrice semblable à celle qui était placée en avant, dans son modèle précédent.

Les surfaces sustentatrices étaient toujours constituées par six cellules disposés trois par trois suivant un angle dièdre. Ces cellules étaient formées par des cloisons en bois verni et supportées par une monture en tubes d'acier entretoisés à l'aide de cordes de piano (Fig. 501).

Le gouvernail de profondeur était placé à l'extrémité arrière de la queue.

Deux autres gouvernails de plus petites dimensions, disposés dans les cellules extrêmes de chaque aile, servaient à obtenir la direction.

L'appareil reposait sur une seule roue, placée au milieu, et l'équilibre de l'appareil était maintenu au départ en manœuvrant le gouvernail de profondeur.

Un moteur Antoinette de 50 chevaux actionnait une hélice métallique faite en acier et en aluminium, d'un diamètre de 2^m, 05 et dont le pas était de 1^m,70.

L'hélice était placée en avant de l'appareil et le pilote assis sur une selle, en arrière et en dessous du moteur. Le poids total de l'appareil monté était de 325 kilogrammes.

Les essais effectués avec ce nouvel appareil sur le champ de manœuvres de Saint-Cyr ne donnèrent pas satisfaction à M. Santos Dumont, qui résolut d'abandonner la forme à double plan sustentateur, pour établir un aéroplane à une seule surface, un monoplan.

Fig. 503. — La *Demoiselle* de Santos Dumont, à Saint-Cyr.

Ce monoplan, de faibles dimensions et léger, a été appelé *Demoiselle*, en raison même de sa légèreté et de sa souplesse qui rappellent les insectes portant ce nom.

La demoiselle *Santos-Dumont 19* était constituée par une tige en bambou, entretoisée par des haubans d'une longueur de

8 mètres, faisant suite à deux plans sustentateurs formant entre eux un angle dièdre. Les plans, d'une envergure de 2 mètres, avaient une surface totale de 10 mètres, et étaient constitués par une carcasse légère sur laquelle était tendue de la soie du Japon.

Ces plans étaient placés en avant de l'appareil; un moteur Dutheil et Chalmers de 20 chevaux, à cylindres horizontaux, disposé également vers l'avant, actionnait une hélice à deux branches, d'un diamètre de $1^m,35$ et de $1^m,05$ de pas.

A l'extrémité arrière de la tige de bambou, formant la queue de l'appareil, était placé un gouvernail pouvant osciller dans tous les sens et constitué par deux plans perpendiculaires se coupant, ce qui donnait à ce gouvernail une forme en croix.

Deux autres gouvernails placés en avant, un de chaque côté de l'appareil, servaient à assurer la direction.

L'appareil était supporté par un châssis de forme rectangulaire, entre les montants duquel était disposée une sangle servant de siège au pilote et reposant sur le sol par l'intermédiaire de trois roues. Le poids total de l'aéroplane monté était de 106 kilogrammes.

Après des essais effectués en novembre 1907 et après avoir tenté de gagner, sans y pouvoir parvenir, le grand prix d'aviation Deutsch-Archdeacon, de 50.000 francs, M. Santos Dumont, qui avait eu une aile de son hélice cassée pendant la marche, disposa deux propulseurs pour actionner son appareil. Ces propulseurs qui avaient une faible vitesse de rotation, se composaient d'une carcasse en bois sur laquelle était tendue de la soie.

Les résultats obtenus n'ayant pas été satisfaisants, M. Santos Dumont construisit une seconde Demoiselle : *Santos-Dumont 20*, semblable dans ses parties principales à l'appareil précédent, mais ne comportant qu'une seule hélice faite en bois, d'un diamètre de $1^m,80$ et de 1 mètre de pas. En outre, dans cet aéroplane, la stabilité latérale était assurée par un dispositif de gauchissement des ailes. La commande de ce gauchissement s'effectuait d'une curieuse manière. Des câbles aboutissant aux extrémités des ailes pouvant être gauchies étaient passés dans un gousset placé sur le dos du vêtement de l'aviateur, de sorte que celui-ci en s'inclinant tantôt à droite, tantôt à gauche, suivant les mouvements qui troublaient l'équilibre de l'aéroplane, provoquait le gauchissement approprié des bouts d'ailes, modification qui avait pour résultat de rétablir l'équilibre.

Le poids total de l'aéroplane monté était de 145 kilogrammes.

Avec cet appareil, M. Santos Dumont effectua un grand nombre de vols en 1909, parcourant des distances de plus en plus grandes, en passant au-dessus des arbres et des fils télégraphiques.

M. Santos Dumont n'a pas poursuivi au delà de ces expériences, ses essais sur l'aviation, mais il a joué dans son progrès un rôle aussi remarquable que méritoire.

Aéroplane Vuia — Il convient de citer cet aéroplane monoplan conçu fort ingénieusement et dont les essais, qui avaient donné en 1907 des résultats encourageants, ne furent pas poursuivis faute de ressources financières et par suite des rapides progrès faits en aviation, grâce aux aéroplanes biplans.

Vuia, originaire de l'Autriche, avait commencé, en 1903, à Paris, à construire son aéroplane monoplan. L'appareil (Fig. 504) comportait deux ailes affectant la forme de celles des chauves-souris. Elles étaient établies en étoffe vernie, et mesuraient 8 mètres d'envergure. Des haubans faits en fil d'acier assuraient leur rigidité. Leur surface totale atteignait 20 mètres carrés.

Ces ailes pouvaient se replier pour diminuer l'encombrement de l'appareil et ne se déployaient que pour prendre le vol. Elles étaient supportées par une charpente faite en tubes d'acier assemblés, montée elle-même sur un châssis reposant sur le sol par quatre roues garnies de pneumatiques. Sur le châssis était fixé le siège du pilote. L'aéroplane Vuia était muni d'un moteur à acide carbonique qui actionnait une hélice de $2^m,20$ de diamètre et de $2^m,35$ de pas. Le moteur et l'hélice étaient disposés en avant de l'appareil. Un gouvernail à axe horizontal était placé en arrière des ailes et faisait office de gouvernail de profondeur. Un second plan vertical, disposé également à l'arrière, servait de gouvernail de direction.

Fig. 504. — Appareil de Vuia roulant sur le sol.

La mise au point du moteur à acide carbonique demanda longtemps et lorsque les essais furent effectués, en 1906, sa puissance fut reconnue insuffisante, car elle ne permettait à l'appareil que de voler pendant quelques mètres. En outre, la stabilité de l'aéroplane laissait à désirer. Après quelques modifications et le remplacement du premier moteur par un moteur Antoinette de 24 chevaux, l'aéroplane fit quelques essais de vol satisfaisants. Mais les succès remportés par d'autres aviateurs, parmi lesquels M. Santos Dumont, et un accident qui endommagea gravement l'appareil, interrompirent définitivement les expériences de l'aéroplane Vuia.

Aéroplane Delagrange Les premiers vols de M. Santos Dumont avaient produit une impression considérable et fait surgir de tous côtés des projets d'aéroplanes. Un sculpteur, Delagrange, fit construire par les frères Voisin, dont nous avons précédemment indiqué les études et les travaux sur l'aviation, un appareil à deux surfaces sustentatrices superposées (Fig. 505).

Ce biplan était constitué par les deux surfaces sustentatrices réunies par des cloisons verticales, formant ainsi un ensemble cellulaire semblable à la disposition du cerf-volant Hargrave. Les surfaces avaient une longueur de 10 mètres et 2 mètres de largeur. La surperficie totale des deux plans sustentateurs était donc de 40 mètres carrés.

Une légère charpente en bois formant le corps de l'aéroplane était disposée à l'arrière des surfaces sustentatrices, et à l'extrémité arrière de cette poutre était placé un autre ensemble cellulaire de dimensions plus réduites. Son envergure était de 6 mètres. C'était la *cellule stabilisatrice*, au milieu de laquelle était placé le gouvernail de direction à axe vertical.

En avant des ailes, la charpente en bois se prolongeait avec, toutefois, une largeur plus faible, et portait à son extrémité un plan articulé servant de gouvernail de profondeur.

Le moteur placé derrière le pilote était un moteur Antoinette, pouvant fournir une puissance de 50 chevaux; il actionnait une hélice de $2^m,30$ de diamètre et de $1^m,40$ de pas, placée derrière les surfaces sustentatrices. L'hélice agissait donc en poussant.

L'aéroplane était supporté par un châssis fait en tubes d'acier reposant sur le sol par l'intermédiaire de deux roues munies de pneumatiques. Les roues orientables servaient à faciliter le départ et l'atterrissage.

La manœuvre des gouvernails de profondeur et de direction s'effectuait à l'aide d'un volant semblable à ceux qui sont employés pour la commande des automobiles.

Fig. 505. — Essais de l'aéroplane Delagrange, à Bagatelle.

Le poids total du biplan monté était de 530 kilogrammes.

Après quelques essais effectués au polygone de Vincennes, à la suite desquels des modifications lui furent apportées, l'aéroplane, monté par M. Charles Voisin, fit, le 30 mars 1907, un vol de 60 mètres à Bagatelle.

Delagrange pilota, à son tour, le biplan (Fig. 396), exécuta quelques vols de 30 et 50 mètres et, le 5 novembre, pendant un vol plus long, le gouvernail de profondeur s'étant accidentellement calé à un angle trop grand, l'aéroplane s'éleva en perdant de sa vitesse et vint s'abattre sur le sol en glissant vers l'arrière. Delagrange n'eut aucun mal, mais l'appareil fut sérieusement endommagé et c'est avec un nouvel appareil transformé qu'en janvier 1908, l'aviateur recommença ses vols avec un succès croissant.

Fig. 506. — Farman, à Issy-les-Moulineaux, au départ du 13 janvier 1908.

Le 20 janvier il parcourt 100 mètres ; le 14 mars 300 mètres, le 16 mars 600 mètres. Le lendemain, il gagne un des prix de l'Aéro-Club de France pour un parcours de plus de 200 mètres. Le 21 mars il réussit un vol de 1 kilomètre 500. Henri Farman avait déjà, toutefois, volé sur un kilomètre en circuit fermé. Le 11 avril 1908, après un parcours de 3 kilomètres 925, Delagrange devint définitivement détenteur de la coupe Archdeacon.

En mai 1908, Delagrange partit en Italie pour voler devant le public. A Rome, ses premiers vols, contrariés par le vent, ne réussirent pas à contenter le public, qui voulut lui faire un mauvais parti et qui aurait détruit son appareil sans l'intervention des soldats. Il dut se soustraire à la fureur irraisonnée de la foule, qui exigeait des vols de longue durée malgré le vent. Il fut, d'ailleurs, quelques jours après, porté en triomphe par cette même foule, à la suite de quelques vols réussis, effectués devant le roi et la reine d'Italie.

Il fit à Rome, à Milan, et à Turin, des vols de 12 et 17 kilomètres de longueur et revint en France continuer ses essais à Issy-les-Moulineaux. C'est au-dessus de ce champ de manœuvres qu'il vola, en septembre 1908, pendant une demi-heure, exploit qui suscita un enthousiasme considérable parmi les nombreux et fervents adeptes de l'aviation. Delagrange participa, depuis lors, aux grands meetings d'aviation et fut mortellement blessé lors d'une chute d'un monoplan qu'il pilotait et dont les ailes, sous l'effort de l'air, craquèrent et se replièrent verticalement l'une contre l'autre.

Aéroplane H. Farman Avec Santos Dumont et Delagrange, H. Farman a été un des premiers aviateurs ayant volé en France et en Europe.

Henri Farman, ancien élève de l'École des essais préliminaires, pour se familiariser avec la commande des organes et les manœuvres de stabilité. Il fait d'abord des vols de 100 et 200 mètres, puis, le 26 octobre 1907, il parcourt 700 mètres en ligne droite sur le champ de manœuvres d'Issy-les-Moulineaux. Il s'essaie ensuite aux virages, parvient à effectuer un circuit complet et le 13 janvier 1908, il remporte le grand prix

Fig. 507. — Biplan Voisin, monté par Ch. Voisin, à Bagatelle, en mars 1907.

Beaux-arts, s'était adonné d'abord au sport cycliste, puis à l'automobilisme, et dans ces deux genres de sport il s'était placé, ainsi que son frère Maurice Farman, au premier rang. Dès le début de l'aviation, Henri Farman s'engagea dans la voie nouvelle qui devait mener à la conquête des airs.

Il fit, en 1907, construire par les frères Voisin un aéroplane du type Delagrange. C'était donc un biplan cellulaire, muni d'une cellule stabilisatrice à l'arrière et d'un gouvernail de profondeur à l'avant.

Il effectua avec son appareil de nombreux Deutsch-Archdeacon en accomplissant un trajet de 1 kilomètre en circuit fermé (Fig. 408 et 506). Ce vol, officiellement contrôlé, valut à Henri Farman la somme de 50.000 francs, montant du prix.

Il apporta quelques modifications à son appareil, remplaça, notamment, la toile des ailes par de l'étoffe caoutchoutée, et parcourut, le 21 mars, plus de 2 kilomètres.

Un accident qui se produisit lors d'un virage de l'aéroplane, par suite du contact d'une aile avec le sol, faillit avoir de graves conséquences. Farman continua, néanmoins ses vols, tantôt à Issy-les-Moulineaux, tantôt à Gand, puis au camp de Châlons, où il fit établir un hangar.

Le 30 mai 1908, à Gand, il parcourt 1 kilom. 241, ayant à bord de son biplan, comme passager, M. Archdeacon.

Le 6 juillet, il gagne le prix Armengaud, d'une valeur de 10.000 francs, en volant pendant 20 minutes 19 secondes, sans prendre contact avec le sol, puis au mois de septembre et d'octobre de la même année, il parcourt jusqu'à 42 kilomètres, en restant en l'air pendant 44 minutes.

Dans un de ces vols, il prend comme passager M. Painlevé, membre de l'Institut.

Le 30 octobre 1908, Farman effectua son premier voyage à travers la campagne.

Il se rendit de son hangar, établi à côté de Bouy, à Reims, en volant au-dessus des arbres, des fils télégraphiques et des maisons. La distance parcourue avait été de 27 kilomètres et le temps mis pour la parcourir n'avait été que de 20 minutes. L'aéroplane avait donc volé avec une vitesse de 71 kilomètres à l'heure en s'élevant, parfois, jusqu'à une hauteur de 50 mètres.

Ce remarquable voyage, qui eut un retentissement considérable, donna à l'aviation un nouvel essor.

Le lendemain, 31 octobre, Farman gagnait le prix de la hauteur, offert par l'Aéro-Club de France à l'aviateur qui volerait à 25 mètres de hauteur. Il avait, la veille, pendant son voyage atteint une hauteur de 50 mètres. Contrôlé officiellement, il s'éleva ce jour-là à 30 mètres de hauteur.

Après ces premiers succès, Farman transforma son appareil ; il lui adjoignit des ailerons servant à assurer la stabilité transversale. Il fit même de son appareil un *triplan,* c'est-à-dire qu'il lui ajouta une troisième surface sustentatrice.

Ce modèle fut d'ailleurs abandonné, et Henri Farman étudia et construisit des aéroplanes biplans, qui ont eu leur succès dans les divers meetings et courses d'aéroplanes et dont nous décrirons plus loin le type le plus récent.

Aéroplane Voisin

Les aéroplanes Delagrange et Farman avaient été étudiés et construits par les frères Voisin, et établis suivant le type de leur biplan cellulaire à cloisons, comportant une cellule stabilisatrice à l'arrière et un gouvernail de profondeur à l'avant.

Le premier modèle de biplan Voisin comportait deux plans sustentateurs, ayant une forme légèrement incurvée. La cellule stabilisatrice avait 2^m,70 d'envergure et 2 mètres de profondeur. Le gouvernail de direction vertical était placé au milieu de cette cellule, et le gouvernail de profondeur, ou stabilisateur, était un plan de 4^m,20 de longueur et de 1 mètre de largeur. Ce gouvernail était manœuvré à l'aide d'une pédale.

La propulsion était assurée par une seule hélice placée en arrière des surfaces, de 2^m,30 de diamètre, de 1^m,40 de pas tournant entre 1.100 et 1.500 tours. L'hélice était actionnée par un moteur Antoinette de 40 chevaux.

Le fuselage supportant, à l'avant, le gouvernail de profondeur, supportait aussi le moteur et était disposé pour recevoir le pilote.

L'appareil était monté sur un châssis fait en tubes d'acier et muni de deux roues garnies de pneumatiques. Deux autres roues, placées à l'arrière, sous la cellule stabilisatrice, permettaient le roulement de l'aéroplane sur le sol.

Ce premier type d'appareil Voisin établi à la suite des nombreuses expériences de vol plané effectuées par son constructeur, expériences que nous avons précédemment relatées, fut modifié et il devint l'aéroplane type Delagrange et Farman.

Depuis, d'autres modifications importantes ont été apportées au biplan Voisin, dont nous décrivons plus loin le dernier type.

Aéroplane Ferber. Le capitaine Ferber, dont nous avons raconté les intéressants essais de vol plané, fut un des premiers pionniers de l'aviation. A la suite de ses expériences de vol, il avait construit au parc de Chalais-Meudon un aéroplane biplan qui, sorti de son hangar pour faire place à l'aérostat dirigeable *Patrie*, fut détérioré par la tempête. Le capitaine Ferber se fit mettre en congé de trois ans pour se consacrer aux études d'aviation et il fit établir aux ateliers de la Société Antoinette son aéroplane n° IX, dont la figure 435 donne une vue d'ensemble.

Fig. 508. — Le capitaine Ferber sur biplan Voisin, au départ.

L'appareil comporte deux surfaces sustentatrices : c'est un biplan. La carcasse des ailes est constituée en tiges de bambou ligaturées. Sur cet assemblage souple sont disposées des nervures de bois sur lesquelles est tendue de la toile.

Les ailes n'ont pas une forme rectangulaire. Elles ont leurs côtés longitudinaux légèrement cintrés, de sorte que l'aile, vue en plan, ressemble à une portion de couronne. Cette disposition avait été adoptée par le capitaine Ferber pour assurer une plus grande stabilité à l'appareil. En outre, ces ailes pouvaient être gauchies à la volonté du pilote pour rétablir l'équilibre transversal. En avant des surfaces sustentatrices et placé en bout d'une armature en bambou, est disposé un gouvernail de profondeur. L'armature se prolonge à l'arrière et porte, à son extrémité, un plan stabilisateur horizontal au dessous duquel est disposé, verticalement, un autre plan de stabilisation. De plus, à chacune des extrémités de la surface sustentatrice inférieure est placé un foc triangulaire, servant à assurer la stabilisation latérale.

Le biplan comporte un moteur Antoinette à 8 cylindres, d'une puissance de 50 chevaux actionnant une hélice de 2^{m},20 de diamètre et de 1^{m},10 de pas. L'hélice est disposée en avant de l'appareil (Fig. 462).

Le biplan est supporté par un châssis monté sur deux roues garnies de pneumatiques. Ces roues sont placées l'une derrière l'autre dans l'axe de l'appareil. Comme, au repos, l'appareil ne peut pas se maintenir en équilibre sur ces roues, des béquilles servant aussi de patins sont disposées de chaque côté de la surface inférieure et, lors du départ ou au moment de l'atterrissage, l'une de ces béquilles prend contact avec le sol tandis que l'appareil roule sur ses roues pour prendre son essor ou pour s'arrêter.

Le poids total du biplan est de 400 kilogrammes; son envergure est de 10^{m},50 et la surface des plans sustentateurs est de 40 mètres carrés.

Le capitaine Ferber fit des essais très satisfaisants avec son appareil. Le 25 juillet 1908 il effectuait un vol de 300 mètres. Il fut peu après rappelé à l'activité, mais obtint, un peu plus tard, un nouveau congé. Entre temps, son mécanicien Legagneux continuait les expériences de vol. A la suite d'une de ces expériences très réussies, pendant laquelle l'aéroplane avait volé pendant 500 mètres, un atterrissage un peu brusque causa la détérioration complète de l'appareil.

Le capitaine Ferber, avec un biplan Voisin prit part, sous le pseudonyme de *de Rue*, aux meetings de Reims et de Boulogne (Fig. 508).

Pendant les vols d'essais faits à l'aérodrome de Boulogne, Ferber fut victime d'un épouvantable accident qui lui coûta la vie, le 22 septembre 1909. Il venait de s'élever avec son aéroplane progressivement jusqu'à une dizaine de mètres du sol. Après avoir effectué un virage, il vint atterrir, le moteur étant toujours en marche. Il avait l'intention de rouler sur le sol, de parcourir une certaine distance et de repartir de nouveau sans s'arrêter.

L'aéroplane, en roulant, rencontra un fossé peu large mais profond; les roues s'engagèrent dans cette ornière arrêtant net l'appareil lancé. Celui ci, par suite du lancé, *fit panache*, se retourna complètement sur l'aviateur qui fut écrasé sous le poids du moteur. Il eut cependant la force de se dégager, mais il expira une demi-heure après, malgré les soins immédiats qui lui furent donnés.

L'aviation perdait un de ses vaillants adeptes de la première heure qui avait toujours eu une foi inébranlable dans son avenir.

Aéroplanes Blériot M. Blériot est aussi l'un de ceux qu'il faut placer, parmi l'élite, dans la phalange de ces chercheurs ingénieux et tenaces qui ont contribué à donner à l'aviation l'essor que nous lui avons vu prendre.

Ancien élève de l'École centrale des Arts et Manufactures, M. Blériot s'intéressa de bonne heure à l'aviation. En 1900, il construisait un oiseau à ailes battantes.

Il expérimenta ensuite sur la Seine, de la façon qu'avaient employée MM. Archdeacon et Voisin, un planeur. Bientôt après, sur le lac d'Enghien, il essayait un aéroplane à flotteurs comportant des cellules elliptiques et muni de deux moteurs *Antoinette* de 24 chevaux. C'était le *Blériot III*. Ces divers appareils n'ayant donné aucun résultat satisfaisant, M. Blériot disposa son quatrième appareil avec des cellules quadrangulaires et le munit d'un organe lui permettant de rouler sur le sol (Fig. 420 et 421). Pendant un essai, le *Blériot IV* se brisa en passant dans un caniveau.

En mars 1907, à la suite de cet accident, M. Blériot établit son premier *monoplan*, et c'est sur ce type d'aéroplane qu'il devait continuer inlassablement ses recherches jusqu'à l'établissement du désormais célèbre appareil avec lequel il effectua triomphalement la première traversée de la Manche.

Le monoplan *Blériot V* avait l'aspect d'un canard aux ailes étendues (Fig. 427). Le corps de l'appareil était une carcasse en bois renduc rigide au moyen d'entretoises également en bois et de fils d'acier. Il avait une section quadrangulaire, et chacune des faces était recouverte de soie vernie.

La surface sustentatrice comportait un seul plan divisé en deux parties par le fuselage, ce qui formait deux ailes. Ces ailes, d'une envergure totale de $7^m,80$ et ayant une surface de 14 mètres carrés, étaient relevées à leur extrémité suivant une courbe rappelant les ailes des oiseaux planeurs. Les ailes pouvaient être *gauchies*. Elles étaient constituées par une armature très légère, faite en bois, au-dessus de laquelle était collé du papier parcheminé ayant une grande résistance et enduit de vernis. L'appareil ne comportait aucun hauban. Il offrait peu de résistance à l'avancement. Les ailes pouvaient en outre être relevées au repos pour diminuer l'encombrement de l'appareil (Fig. 425).

A l'extrémité avant du fuselage étaient disposés deux gouvernails, l'un, horizontal, était le gouvernail de profondeur, l'autre, vertical, servait à assurer la direction. Ces gouvernails étaient manœuvrés à la fois ou séparément, à l'aide d'une manette et pouvaient s'écarter de 45 degrés de leur position de repos.

L'appareil ne portait aucune queue stabilisatrice à l'arrière; cela lui donnait bien l'aspect d'un canard qui n'a pas de queue et dont le cou s'allonge en avant.

L'aéroplane était actionné par un moteur Antoinette à 8 cylindres, d'une puissance de 24 chevaux. Il était placé à l'arrière de l'aéroplane et commandait une hélice à deux bras tangents faits en tubes d'acier auxquels étaient fixées des pales constituées par un alliage d'aluminium et de cuivre. Le diamètre de l'hélice était de $1^m,60$ et son pas de $0^m,98$; elle se débrayait automatiquement lors de l'arrêt du moteur.

Un levier passant entre les genoux du pilote permettait de faire la manœuvre du gauchissement des ailes.

L'aéroplane était supporté par un chariot monté sur deux roues de bicyclette; entre l'appareil et le chariot étaient interposés des ressorts d'acier ainsi qu'un amortisseur à air formant *matelas*.

Le poids total de l'appareil monté était de 236 kilogrammes.

Les essais commencèrent au mois de mars 1907. Des modifications furent apportées à l'appareil après les premières expériences; les roues du chariot furent rendues plus robustes, le fuselage relevé et le gouvernail augmenté de dimensions. Le 2 avril, après un essai, l'hélice fut faussée en heurtant le sol. Du 5 au 15 avril, à une vitesse d'environ 50 kilomètres à l'heure, l'appareil effectua quelques bonds et le 19, par suite d'un trop brusque atterrissage, il se brisa (Fig. 428).

M. Blériot, qui était sorti indemne de cet accident, construisit un autre monoplan. C'était le *Blériot VI*, appelé *la Libellule*, dont les figures 407, 439 et 440 représentent diverses vues d'ensemble.

Cet aéroplane comportait deux paires d'ailes disposées en *tandem*, à la suite les unes des autres; elles étaient fixées à une légère charpente longitudinale constituant le corps de l'aéroplane. Les ailes formaient deux à deux un angle dièdre de 166 degrés d'ouverture. Leur envergure était de $5^m,85$ et elles avaient une largeur de 1 ,50.

Le corps de l'aéroplane, fait en bois, était recouvert de papier parcheminé verni, et les ailes étaient également constituées par une armature en bois recouverte de papier parcheminé verni.

A chaque extrémité des ailes antérieures était disposé un *aileron*, surface mobile autour d'un axe horizontal, dont la manœuvre devait permettre la montée ou la descente de l'aéroplane. Le gouvernail de direction était placé à l'arrière.

Le monoplan ainsi constitué était du type Langley, mais alors que l'aéroplane Langley était propulsé par deux hélices placées entre les deux paires d'ailes, *la Libellule* n'avait qu'un propulseur placé à l'avant. Cette hélice comportait quatre pales métalliques; son diamètre était de 1m,80 et son pas de 1m,25. Elle était actionnée par un moteur à 16 cylindres, d'une puissance de 25 chevaux.

Les essais faits avec cet appareil indiquèrent un manque de stabilité. Après quelques modifications apportées au monoplan, les essais reprirent. Le 11 juillet 1907, il parcourt 30 mètres à 2 mètres de hauteur; le 15, il effectue des vols de 25, 40 et 78 mètres, ce dernier contre un vent soufflant à 6 mètres par seconde; le 25 juillet le chemin parcouru en l'air est de 150 mètres, et de 140 à 12 mètres de hauteur, le 6 août.

Fig. 509. — Le *Blériot VIII*. Vue avant

Les ailerons stabilisateurs d'avant avaient été supprimés et remplacés par une seule surface disposée derrière l'hélice, sous l'avant du fuselage.

Ce plan était rendu solidaire du mouvement oscillant que pouvait prendre le siège du pilote, de sorte que celui-ci, en se penchant en arrière ou en avant, agissait sur l'équilibre longitudinal et facilitait le départ ou l'atterrissage.

Au commencement du mois de septembre, de nombreux vols furent effectués avec succès et le 17, après avoir pris un départ à une vitesse estimée à 80 kilomètres à l'heure, le monoplan, qui avait parcouru environ 180 mètres, se cabra, s'éleva brusquement en suivant une pente de 15 %, jusqu'à près de 20 mètres. A ce moment, le moteur s'arrêta. L'appareil bascula et tomba l'avant vers le sol. Pendant la chute, l'aviateur Blériot put, en déplaçant son corps, ramener l'appareil à l'horizontalité. Le choc fut néanmoins très dur : l'appareil fut complètement brisé et, fort heureusement, M. Blériot sortit sain et sauf de cette chute de 20 mètres.

Il mit, peu après, en construction le *Blériot VII*, qui ne comportait que deux ailes incurvées et formant entre elles un angle très obtus. Le fuselage portait à son extrémité arrière un plan stabilisateur horizontal. Ce plan était divisé en deux parties pouvant osciller autour d'un axe horizontal. La manœuvre de ces surfaces orientables pouvait être faite soit simultanément, soit séparément, pour rétablir l'équilibre ou pour effectuer un virage. Entre ces deux plans horizontaux mobiles était placé le gouvernail vertical de direction, sous lequel était disposée une roue porteuse solidaire de ses mouvements. La commande de ce gouvernail était faite avec le pied.

Un moteur Antoinette de 50 chevaux, monté sur le fuselage, actionnait une hélice métallique à quatre pales disposée à l'avant de l'appareil, dont le poids total monté était de 425 kilogrammes.

Après les premiers essais du 5 novembre 1907 faits au champ de manœuvres d'Issy-les-Moulineaux, pendant lesquels l'aéroplane eut à subir quelques avaries, vite réparées, des vols de 150, 200 et 500 mètres furent effectués et, le 6 décembre, le premier virage fut réussi; mais la faible hauteur à laquelle se maintenait l'appareil et sa vitesse considérable permettaient à peine les manœuvres assurant sa stabilisation; au cours d'une expérience, le monoplan heurtant le sol avec une aile, se brisa et se renversa sur l'aviateur, qui n'eut heureusement aucun mal.

Avec une ténacité et une vaillance incomparables, M. Blériot mit en construction son huitième appareil. Le *Blériot VIII* avait un fuselage d'une longueur de 10 mètres, sur lequel étaient fixées, à l'avant, deux ailes d'une envergure de 11^{m},80.

Les ailes et le corps de l'aéroplane étaient recouverts de papier parcheminé verni, et l'appareil était supporté par un châssis métallique élastique et articulé, monté sur trois roues, deux à l'avant et une à l'arrière.

Un gouvernail de profondeur et un gouvernail de direction étaient disposés à l'extrémité arrière du fuselage. Le moteur Antoinette de 50 chevaux actionnait une hélice à quatre branches flexibles, d'un diamètre de 2^{m},20 et du pas de 1^{m},30.

Ce modèle d'appareil subit des modifications successives qui en firent les types *Blériot VIII bis* et *Blériot VIII ter*.

Dans le *Blériot VIII bis*, deux *ailerons* avaient été ajoutés, un à chaque extrémité des surfaces sustentatrices. Ces ailerons étaient rectangulaires et pouvaient prendre un mouvement d'oscillation autour d'un des côtés. Le corps de l'aéroplane n'était plus recouvert de papier; il était à claire-voie.

Le 17 juin 1908, M. Blériot fit avec cet appareil un vol de 600 mètres, à Issy, et le lendemain douze vols de 500 à 600 mètres, à une hauteur de 4 mètres.

Le 29 juin, il parcourut 700 mètres, à 6 mètres de hauteur, malgré un vent assez vif. Le 6 juillet, il se maintint en l'air pendant 10 minutes, en volant à une hauteur d'environ 10 mètres. Quelques jours après, au cours d'un essai, l'aéroplane fut renversé et fortement endommagé.

Le *Blériot VIII ter* fut alors établi. Dans ce modèle, les ailerons latéraux de stabilisation, au lieu d'osciller autour d'un des côtés, comme dans l'appareil précédent, disposition qui rendait leur manœuvre difficile aux grandes vitesses, étaient mobiles autour d'un axe horizontal passant par le milieu de leur surface.

L'effort nécessaire pour effectuer la manœuvre devenait moins considérable.

A l'arrière du fuselage et sur sa face inférieure furent disposés des stabilisateurs horizontaux mobiles, tandis qu'un peu plus en avant et sur la face supérieure du fuselage était placé un plan horizontal fixe. Le gouvernail de direction restait toujours disposé verticalement à l'arrière du fuselage.

Avec ce monoplan, M. Blériot fit des expériences très intéressantes.

Dès les premiers essais, effectués en septembre 1908, il put voler pendant 100 et 200 mètres, avec un vent d'une vitesse de 10 à 12 mètres par seconde. Il fit de nombreuses expériences de virage très réussies, et lorsqu'après un accident matériel qui endommagea le *Blériot VIII ter*, cet appareil fut réparé et légèrement modifié pour devenir le *Blériot IX*, M. Blériot se trouva enfin en possession d'un monoplan qui n'était plus un aéroplane d'études, puisqu'il allait devenir le type du monoplan avec lequel fut effectuée la traversée de la Manche et qui, quelques années plus tard, devait accomplir les prouesses que nous relaterons par la suite.

Ainsi donc les laborieuses et patientes recherches de l'ingénieur Blériot recevaient leur juste récompense.

Nous décrirons plus loin, dans ses détails, le monoplan Blériot. Citons seulement, dans cette partie historique, le premier voyage à travers la campagne, fait avec un monoplan, le *Blériot IX*, voyage qui eut lieu le 31 octobre 1908, presque en même temps que celui de Farman volant du camp de Châlon à Reims.

Dans la matinée du 31 octobre M. Blériot, qui avait établi son champ d'expériences à Toury (Eure-et-Loir), partit à travers la campagne et exécuta un vol de 5 minutes, à 15 mètres de hauteur en revenant à son point de départ.

L'après-midi il se dirigeait vers le village d'Artenay, situé à 14 kilomètres de Toury, l'atteignait au bout de onze minutes de vol et atterrissait pour réparer la magnéto qui ne fonctionnait pas bien. Il repartait, s'arrêtait de nouveau en cours de route et venait finalement atterrir devant son hangar de Toury, ayant effectué le premier voyage en aéroplane avec escales à travers la campagne.

Aéroplanes Esnault-Pelterie

M. Robert Esnault-Pelterie fait également partie de la phalange remarquable des ingénieurs et des constructeurs qui établirent, les premiers, des appareils volants. Il y tient une place parmi les plus savants et les plus persévérants

Ayant commencé ses essais avec des appareils à plans superposés, il abandonna rapidement ce type d'appareil et poursuivit l'étude et la construction d'un appareil *monoplan*. Il réussit à établir un modèle de monoplan très ingénieux comportant des dispositions originales et il créa un moteur léger à cylindres multiples disposés en éventail, moteur que nous avons précédemment décrit. Sous la marque R. E. P., ces trois lettres étant les initiales de son nom, M. Robert Esnault-Pelterie a donné à l'aviation un appareil et un moteur de premier ordre (1).

Avec son premier monoplan, M. Esnault-Pelterie effectua ses premiers vols en octobre 1907, sur un champ d'expériences qu'il avait choisi à côté de Buc, près Versailles. Parcourant d'abord 150 mètres en volant, il parvenait bientôt à effectuer des virages et des circuits fermés. Mais l'équilibre de l'appareil laissait à désirer et il fut endommagé au cours des essais. M. Esnault-Pelterie construisit un autre monoplan composé d'un fuselage auquel les deux ailes sont fixées. Ces ailes ont de chaque côté du fuselage une envergure de $9^m,60$ et leur surface est de 17 mètres carrés. Elles ont, vues en plan, une forme trapézoïdale et leur section droite a une forme incurvée. Ces ailes peuvent être gauchies par une manœuvre du pilote. Cette manœuvre se fait à l'aide d'un levier qui commande un ensemble de pièces métalliques, dont les mouvements sont rendus élastiques et solidaires entre eux au moyen de ressorts à lames. Le gauchissement des deux ailes peut se faire ainsi dans le sens approprié.

Les ailes sont munies à leur extrémité d'une roue garnie d'un pneumatique. Cette

(1) Voir MERVEILLES DE LA SCIENCE. — Tome III : *Moteurs*, p. 638 et suiv.

disposition permet à l'appareil, soit au départ, soit à l'atterrissage, de s'incliner sur un des côtés en continuant à rouler sans que l'aile risque d'être détériorée par son contact avec le sol.

Le dispositif de départ et d'atterrissage est complété par une seule roue à pneumatique placée sous le corps de l'aéroplane, dans son axe, vers l'avant. Un galet de bois vant de gouvernail de profondeur. Au-dessous de ce plan est placé, verticalement, le gouvernail de direction.

Le poids total de l'appareil monté est de 350 kilogrammes.

Au mois de juin 1908, M. Esnault-Pelterie effectua avec cet appareil des vols de 300, 500 et 1.500 mètres à une altitude qui atteignit 40 mètres.

Fig. 510. — Monoplan Esnault-Pelterie n° 2. — Vue d'ensemble.

est placé sur la même ligne à l'arrière du fuselage.

Ce fuselage est constitué par une charpente faite en bois, en tubes d'acier et en aluminium. Cette charpente rigide et légère a une forme renflée vers le tiers de sa longueur à partir de l'avant et effilée vers l'arrière. Elle est recouverte de toile caoutchoutée et supporte, à son extrémité antérieure, le moteur. Ce moteur actionne directement une hélice métallique à quatre branches flexibles. A l'arrière du fuselage est disposée une *queue stabilisatrice*. Cette queue qui est souple, est munie d'un plan horizontal ser-

Lors du vol de 1.500 mètres, l'atterrissage eut lieu très brutalement; l'appareil fut endommagé assez sérieusement et le pilote reçut une forte commotion sans blessures graves.

M. Esnault-Pelterie construisit un autre appareil de 8 mètres de longueur, 9^{m},60 d'envergure. Le fuselage, fait en tubes d'acier assemblés à l'aide de la soudure autogène, est un châssis indéformable fusiforme auquels sont reliées les deux ailes.

Chacune des ailes est rendue solidaire du châssis par deux haubans fixés à la partie inférieure de ce châssis et qui servent à commander le gauchissement de l'aile.

A l'arrière du fuselage est placé le gouvernail de profondeur et, au-dessous, verticalement, est disposé le gouvernail de direction qui fait également office d'empennage stabilisateur.

La manœuvre de l'aéroplane s'effectue au moyen de deux leviers verticaux.

L'un des leviers commande les organes profondeur, permet de rétablir l'équilibre longitudinal.

Le levier commandant la direction se déplace latéralement dans le sens où le pilote veut virer.

Une pédale placée sous le pied droit permet de faire varier la vitesse du moteur en rendant variable l'admission du mélange dans le moteur.

Fig. 511. — Aéroplane Robert Esnault-Pelterie. Type primitif. Vue 3/4 arrière.

de stabilisation, l'autre, l'organe de direction.

Le levier de stabilisation, monté à la cardan, est manœuvré dans deux sens perpendiculaires; il commande le gauchissement des ailes et le gouvernail de profondeur. Ces organes sont reliés au levier placé à gauche du pilote de telle façon que sa manœuvre latérale, en provoquant le gauchissement des ailes, aide à rétablir l'équilibre transversal, tandis que sa manœuvre dans le sens de l'axe de l'appareil, en déterminant l'orientation du gouvernail de

Une seconde pédale, manœuvrée par le pied gauche, provoque la mise en marche du moteur, du siège de l'aviateur.

Le dispositif de départ et d'atterrissage est constitué par un châssis porteur comportant deux roues placées l'une derrière l'autre dans l'axe de l'appareil. Comme pour le premier appareil, ce dispositif est complété par une roue montée à l'extrémité de chaque aile. Au départ, l'aéroplane roule incliné soit d'un côté soit de l'autre. Au fur et à mesure que sa vitesse augmente, l'aile inclinée se redresse; la roue qu'elle porte ne touche plus le sol et l'appareil roule simplement sur les deux roues du milieu placées en tandem, jusqu'au moment où elles quittent, à leur tour, le sol. L'aéroplane commence alors son vol.

Pour diminuer le choc à l'atterrissage, une des roues du milieu, la roue d'avant, est rendue solidaire de l'appareil par l'intermédiaire d'un amortisseur à air et à huile.

A la fin de 1908, cet aéroplane, monté par M. Château, vola pendant plus de 300 mètres et le 17 février 1909, piloté par M. Guffroy, il effectuait en l'air un parcours de 800 mètres, à 5 mètres de hauteur; mais, en faisant un virage, l'extrémité d'une aile vint heurter un talus, ce qui provoqua le renversement et la détérioration de l'appareil; le pilote était indemne.

M. Esnault-Pelterie a construit d'autres monoplans basés sur les mêmes principes. Nous décrirons plus loin le type 1911.

Les aéroplanes que nous venons d'examiner, dans l'ordre chronologique de leurs essais et des premiers vols effectués, sont, avons-nous dit, comme des appareils d'études qui ont permis de créer les types actuels, lesquels se divisent en deux catégories principales : les *biplans* et les *monoplans*.

Nous allons examiner, dans chacune de ces catégories, les principaux modèles d'aéroplanes en commençant par les biplans, qui ont été, en réalité, les premiers appareils à l'aide desquels l'homme ait pu effectivement parcourir une certaine distance dans les airs.

Biplan Wright Bien avant que M. Santos Dumont effectuât en France son premier vol sur un aéroplane, les frères Wright, en Amérique, avaient réussi à voler.

Le 17 décembre 1903, en effet, un des frères Wright pilotant un aéroplane biplan qu'ils avaient eux-mêmes construit, parcourait une distance de 260 mètres en plein vol, contre un vent soufflant à la vitesse de 33 kilomètres à l'heure. L'annonce de ce vol accompli en Amérique, en dehors de tout témoin, fut accueillie avec beaucoup de scepticisme en France.

Cependant, le fait était exact, et voici ce qu'écrivaient, à ce sujet, Wilbur et Orville Wright :

« Comme les expériences ont toujours été faites à nos frais, sans le secours d'aucune institution ni d'aucun particulier, nous ne nous sentons pas encore disposés à donner une reproduction ou une description détaillée de la machine.

« Le volateur Wright est une véritable machine volante. Il n'y a ni sac de gaz ni ballon d'aucune espèce, mais seulement une paire de surfaces courbes ou ailes, dont l'étendue est de 510 pieds carrés (48 mètres carrés). L'aéroplane a 40 pieds ($12^m,25$) d'une pointe à l'autre, transversalement, et les dimensions extrêmes d'avant à l'arrière sont de 20 pieds ($6^m,12$). Le poids, y compris le corps même de l'expérimentateur, dépasse un peu 745 pounds (335 kilogrammes). La machine est mise en mouvement par deux hélices placées juste derrière les ailes principales.

« La force est fournie par un moteur à gazoline, dessiné et construit par MM. Wright dans leur atelier. C'est un moteur du type dit à *quatre temps,* à quatre cylindres. Les pistons ont un alésage et une course de 4 inches ($101^m/_m,5$). Son poids, y compris le carburateur et le volant, est de 152 pounds (62 kilos). A la vitesse de 1.200 tours par minute, le moteur développe 16 chevaux-vapeur, avec une consommation d'un peu moins de 4 kilogr. 500 de gazoline à l'heure.

« Les ailes, quoique apparemment très légères, ont été éprouvées avec des poids atteignant jusqu'à plus de cinq fois le poids normal, et il est certain que la machine entière est une machine pratique, capable de résister aux chocs d'atterrissage répétés, et non pas un jouet qu'il faudrait entièrement reconstruire après chaque essai. »

Le vol avait été effectué dans le comté de Dure, dans la Caroline du Nord (États-Unis). Il avait duré 59 secondes, et c'était le quatrième fait ce même jour du 17 décembre 1903, les trois autres ayant eu une durée plus courte et l'appareil étant successivement piloté pendant ces quatre essais par chacun des frères Wright.

Fig. 512. — Wilbur Wright et son aéroplane à Auvours, en 1908.

Les expériences des aviateurs américains continuèrent dans le plus grand secret, et ils s'installèrent, pour faire leurs essais, dans une vaste prairie de Springfield, dans l'Ohio, aux environs de Dayton, leur ville natale. Ces essais aboutirent à des résultats remarquables que les frères Wright rendirent publics par une lettre adressée à M. Georges Besançon, directeur de l'*Aérophile*, à Paris, dont voici les principaux passages :

« En raison d'un certain nombre de changements que nous avons apportés à notre appareil 1904, nous n'avons obtenu aucun résultat nouveau pendant les huit premiers mois de cette année, période qui a servi aux essais de notre machine. C'est seulement le 6 septembre que nous avons réussi à battre notre record de l'année dernière qui était de 4 kilom. 500.

« L'état de liquéfaction du sol, résultat des pluies fréquentes en été, a grandement contrarié nos expériences. Les progrès ont été néanmoins rapides, et, le 23 du mois de septembre, nous avons, pour la première fois, dépassé les 10 milles, ayant fait 17 kilom. 961 en 18 minutes 9 secondes. Le réservoir à essence aurait bien contenu une provision suffisante pour un vol de 20 minutes, mais on perd toujours un peu de temps pour prendre le départ, après que le moteur a été mis en marche.

« C'est ainsi que, le 29 septembre, a été arrêté à 19 kilom. 570 un vol que nous avions fait en 19 minutes 55 secondes, à cause du manque d'essence.

« Le 30 septembre, un des coussinets de la transmission a chauffé, interrompant le vol après 17 minutes 15 secondes. Nous n'avions de godet à huile sur aucun des coussinets, et nous avions dû nous contenter de quelques gouttes que nous introduisions juste avant le départ et qui avaient été suffisantes pour les vols plus courts.

« Le 3 octobre, nous avons placé sur l'appareil un réservoir plus grand, d'une capacité suffisante pour un vol d'une heure.

« Toutefois, le vol, ce jour-là, fut limité à 24 kilom. 535, accomplis en 25 minutes 5 secondes, à cause de l'échauffement d'un coussinet.

« Le 4 octobre, nous avons adapté au coussinet qui nous avait donné le plus d'ennuis, un godet graisseur ; mais, après être resté dans l'air 33 minutes 17 secondes, un autre coussinet s'échauffa et força l'opérateur à retourner au point de départ et à atterrir. Une distance de 33 kilom. 456 avait été couverte. Le 5 octobre, après avoir adapté un godet graisseur au seul coussinet qui ne marchait pas encore bien, nous mîmes la machine en marche. Par inadvertance, on avait oublié de faire le plein du réservoir après un essai préliminaire, et il n'a pu fournir de l'essence pour un temps plus long que 38 minutes 3 secondes, temps pendant lequel une distance de 38 kilom. 956 fut couverte.

« Tous ces vols ont été faits en cercle, en revenant et passant au-dessus des têtes des spectateurs restés au point de départ, plusieurs fois pendant le vol. L'atterrissage se faisait toujours sans la moindre avarie.

« Quoique un train routier, ainsi que la voie ferrée de la Compagnie électrique de Dayton de Springfield, passassent tout le long du champ d'expériences, nous avons pu, en choisissant notre moment, faire nos vols de 10 à 15 minutes, dans le secret le plus complet. Les fermiers voisins, seuls, ont été témoins de tous nos vols. Mais dès que nos vols ont été plus prolongés, il nous a été impossible d'éviter le passage des trains, et la nouvelle de ce que nous faisions s'est répandue si rapidement que, dans le but d'empêcher le public de se rendre compte de l'appareil, nous avons été obligés de cesser tout d'un coup nos expériences, juste au moment où nous sentions que nous étions en mesure de rester plus d'une heure en l'air. »

Cette lettre produisit en France une certaine sensation ; mais, d'une façon générale, on n'ajouta pas foi à la réalité des vols qu'elle signalait et le silence se fit sur ces expériences, tandis qu'on commençait, en France, à procéder aux essais de vol mécanique dont nous venons de parler.

Cependant, en février 1908, on apprenait que le Gouvernement américain avait commandé, à l'usage de l'armée américaine, trois aéroplanes à trois constructeurs américains; l'un d'eux était commandé aux frères Wright et devait être payé 125.000 francs, après avoir satisfait aux essais de recette imposés. Ces essais consistaient à parcourir d'abord, aller et retour, une distance de 8 kilomètres, soit au total 16 kilomètres, puis à voler pendant une heure à la vitesse de 40 milles à l'heure (64 kilom. 360) en enlevant deux personnes. Les essais devaient être contrôlés par le *Signal Corps* et être faits au fort Myer (Virginie).

Les frères Wright faisaient des expériences en vue de répondre aux conditions de ce programme, lorsqu'on apprit qu'une société française qui venait de se fonder pour l'achat des brevets Wright, offrait aux deux frères une somme de 500.000 francs pour la réalisation en France d'un programme déterminé de vols en aéroplane.

Au mois de juin 1908, Wilbur Wright arrivait en France pour faire ses expériences, tandis que son frère Orville restait en Amérique pour continuer les siennes devant le *Signal Corps*.

Wilbur Wright fit lui-même le montage

de son appareil à l'usine Bollée au Mans, et, le 8 août 1908, sur le champ de courses des Hunaudières, il démontra, publiquement, en volant avec la plus grande sûreté, l'exactitude de ce qu'il avait annoncé concernant ses vols en Amérique.

Le premier vol dura 1 minute 45 secondes et Wright exécuta des virages à droite et à gauche qui indiquaient son expérience de la manœuvre de l'aéroplane.

du Mans, que Wright s'installa pour procéder à ses essais. L'appareil fut placé transversalement, sans être démonté, sur un train de roues, et remorqué par une automobile du champ de courses des Hunaudières, au polygone d'Auvours.

Le 21 septembre 1908, Wright vola pendant 1 heure 34 minutes 25 secondes, battant tous les records, et ce vol pendant lequel il parcourut un trajet de 66 kilom. 600

Fig. 513. — Aéroplane Wright. Organes de commande.

Son appareil ayant été ainsi mis au point, Wilbur Wright se prépara à remplir les conditions imposées par la Société française d'achat du brevet. Il s'agissait d'effectuer, à quelques jours d'intervalle, deux vols de 50 kilomètres par un vent moyen, c'est-à-dire d'une vitesse minimum de 6 mètres par seconde. L'aéroplane devait être monté par deux personnes et posséder une provision d'essence suffisante pour faire un trajet de 200 kilomètres.

C'est au camp d'Auvours, à 10 kilomètres

aurait pu être prolongé sans la tombée de la nuit. Ce vol fut officiellement contrôlé par une commission spéciale.

Le 11 octobre, Wright ayant comme passager M. Painlevé, membre de l'Institut, fit un vol d'une durée de 1 heure 9 minutes 45 secondes.

Le 18 décembre, dans le but de s'approprier la coupe Michelin, laquelle devait appartenir à l'aviateur qui aurait, le 31 décembre, parcouru en une ou plusieurs fois le plus long trajet dans les airs, Wright vola pendant 1 heure 54 minutes 53 secondes, parcourant, pendant ce temps, une distance de 99 kilom. 800. Ce vol avait été effectué dans la matinée. Le soir, Wright gagnait le prix de la hauteur institué par l'Aéro-Club de la Sarthe, en atteignant dans son vol une altitude de 110 mètres.

Le 30 décembre, il parcourait 96 kilom. 800 dans un vol qui dura 1 heure 52 minutes 40 secondes, avec une température de 5 degrés au-dessous de zéro. Enfin, le lendemain, 31 décembre, dernier jour de vol comptant pour la coupe Michelin 1908, Wilbur Wright montant seul son aéroplane accomplit la prouesse remarquable de rester 2 heures 20 minutes 23 secondes en plein vol, parcourant une distance de 124 kilomètres 700.

La coupe Michelin de 20.000 francs revenait à l'ingénieux et courageux aviateur américain qui, pour la première fois, par la durée de son vol audacieux, laissait entrevoir le brillant avenir réservé à l'Aviation.

Son frère, Orville Wright, fut moins heureux dans ses expériences. Après avoir fait devant la Commission de contrôle du *Signal Corps* plusieurs vols très réussis pour remplir le programme imposé, il prit successivement à bord, comme passagers, quelques officiers.

Le 17 septembre 1908, Orville Wright partit enlevant sur son aéroplane le lieutenant américain Selfridge. Pendant le vol, l'extrémité d'une hélice rencontra un des haubans maintenant le gouvernail de direction. Ce fil d'acier fut tranché, ce qui provoqua la rupture d'un autre hauban rencontré par la seconde hélice. Le gouvernail n'étant plus maintenu, l'appareil eut un fort mouvement de roulis et s'abattit par le côté, sur le sol, d'une hauteur de 30 mètres. Il fut complètement brisé. Orville Wright eut de graves contusions qui ne mettaient pas, toutefois, sa vie en danger, mais son malheureux passager, le lieutenant Selfridge, écrasé par le moteur, expirait presque aussitôt.

Lorsque Orville Wright fut rétabli, il vint rejoindre son frère Wilbur en France, et les deux aviateurs américains s'installèrent aux environs de Pau, dans les landes de Pont-Long où ils formèrent, suivant les engagements pris, trois élèves pilotes : le comte de Lambert, Paul Tissandier et le capitaine Lucas-Girardville. La mission des frères Wright, en France, était dès lors terminée.

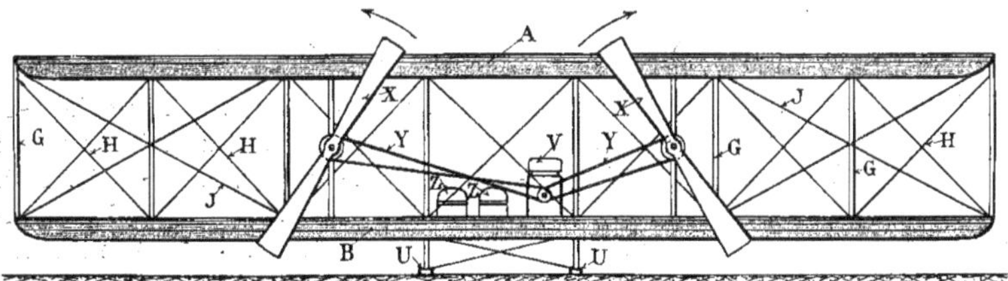

Fig. 514. — Biplan Wright. — Vue d'arrière.

Examinons maintenant l'appareil avec lequel les frères Wright purent, les premiers, se maintenir plusieurs heures en l'air.

L'aéroplane biplan Wright (Fig. 514 à 519) est constitué par deux surfaces sustentatrices A et B ayant $12^m,50$ d'envergure et une longueur de 2 mètres, mesurée du bord avant au bord arrière. La surface totale des plans sustentateurs est donc de 50 mètres carrés.

Ces plans sont formés chacun d'un cadre en bois comportant, dans le sens transversal de l'appareil deux longerons C et D, distants l'un de l'autre de $1^m,30$, entretoisés à leurs extrémités par des traverses. Le longeron d'avant a 5 centimètres d'épaisseur et est fortement arrondi pour ne pas créer de la résistance à l'avancement pendant la marche de l'appareil dans l'air. Les deux longerons de chaque aile supportent 34 nervures E disposées parallèlement à l'axe de l'appareil et à égales distances les unes des autres. Ces nervures sont cintrées et disposées pour que l'angle d'attaque soit de 8 à 9 degrés. Elles sont composées de deux lames, maintenues à l'écartement convenable par une série de cales formant entretoises. Les deux lames sont réunies en avant par une bande de tôle posée sur la partie arrondie du longeron ; elles sont flexibles à l'arrière, entre le deuxième longeron D et le bord postérieur F du plan sustentateur sur une longueur de 70 centimètres et se réunissent à leur extrémité arrière. L'aile a donc une forme arrondie et a une certaine épaisseur vers l'avant, tandis qu'elle a une forme effilée vers l'arrière.

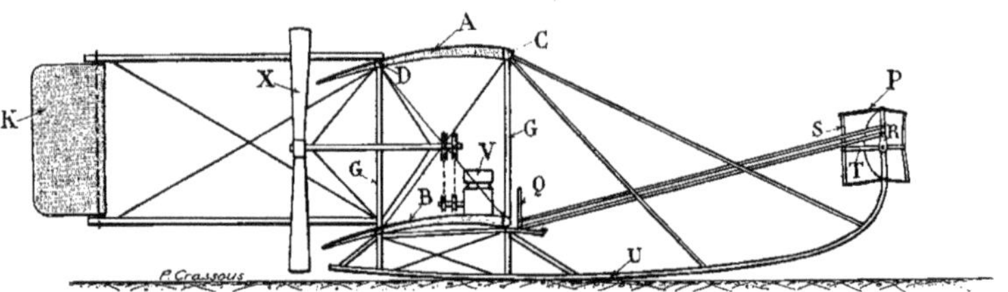

Fig. 515. — Biplan Wright. — Vue de profil.

Sur le cadre en bois ainsi constitué est disposée de la toile sur les faces supérieures et inférieures. La toile du dessus est clouée au longeron d'avant et fixée à l'arrière à un tendeur en fil d'acier qui réunit les extrémités postérieures des 34 nervures. La toile de la face inférieure est également clouée en avant, mais, en outre, elle est cousue le long des nervures au moyen de goussets. Le tissu est disposé en fil biais par rapport à la direction des longerons pour qu'il ne se détériore pas à l'usage.

Les deux plans sustentateurs sont distants de $1^m,80$. Ils sont reliés par des montants qui sont assemblés avec les surfaces sustentatrices de façon à permettre le gauchissement de ces surfaces. Pour cela, les montants G portent à leur extrémité un œil qui peut s'enfiler sur un crochet (Fig. 516), fixé sur le longeron. Une goupille traversant la tige du crochet empêche l'anneau du montant de sortir du crochet et, de la sorte, le montant peut prendre, par rapport aux deux plans sustentateurs, des positions différentes suivant le gauchissement de ces surfaces. Le même crochet est façonné de façon à recevoir les bouts des haubans H en acier servant à maintenir à leur distance respective les plans sustentateurs.

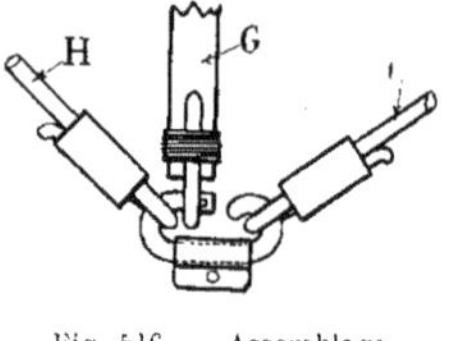

Fig. 516. — Assemblage des montants.

Ces fils d'acier sont terminés par un œillet formé par un retour du fil passant dans un petit tube de cuivre soudé sur les deux brins. Le bout libre du fil est recourbé légèrement.

Cette disposition, que nous avons précédemment indiquée, assure la solidité de l'œillet. Les haubans sont montés *sans tendeur*. Les tendeurs, au nombre de huit, ne sont employés que pour les fils soutenant les arbres des hélices et les câbles entretoisant les patins.

Le gauchissement des ailes peut s'effectuer, car, ainsi que nous l'avons dit, ces surfaces sont, en avant, solidaires du longeron rigide, mais peuvent se relever ou s'abaisser vers l'arrière, grâce à l'élasticité des nervures et au montage des montants, pour donner à la surface une torsion qui permette de faire varier l'angle d'incidence des extrémités pendant un virage, par exemple. Nous avons précédemment analysé les effets de ce gauchissement (Fig. 434). Voici de quelle façon il peut être réalisé.

Un levier I (Fig. 517 et 518), manœuvré par pilote, de droite à gauche, ou inversement, provoque l'oscillation, dans le sens convenable, d'une tige horizontale coudée à angle droit. A l'extrémité de la petite branche perpendiculaire sont attachés des fils d'acier J qui passent sur des galets de renvoi pour aller se fixer, à leur extrémité, aux coins du plan sustentateur supérieur. Un autre système de fils passant sur les galets de renvoi relie les deux extrémités de la surface portante inférieure.

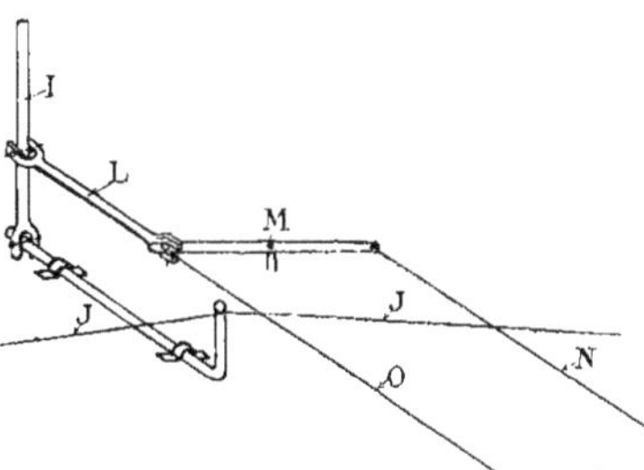

Fig. 517. — Détails du levier de gauchissement.

Lorsque l'on manœuvre le levier en le portant vers la droite, par exemple, cette manœuvre provoque une traction sur le câble J de gauche et cette traction détermine l'abaissement de l'extrémité gauche du plan supérieur. Comme cette extrémité est reliée à l'extrémité correspondante du plan inférieur par des montants, le bout du plan inférieur s'abaissera également de la même quantité. En outre, cet abaissement par l'intermédiaire du second système de fils d'acier reliant les bouts du plan inférieur, provoquera une traction sur ce fil et, par conséquent, un mouvement de relèvement de l'extrémité opposée de l'aile d'une amplitude égale à celle de l'abaissement.

La manœuvre du levier en sens inverse déterminerait un relèvement et un abaissement dans des sens opposés des mêmes extrémités de l'aile.

On voit donc que le système de liaison des ailes flexibles permet, par un simple déplacement latéral du levier, de gauchir les extrémités de chaque aile dans des sens inverses, d'une même quantité, les bouts correspondants des deux surfaces manœuvrant simultanément.

Ce même levier I qui sert au gauchissement est utilisé aussi pour manœuvrer le gouvernail de direction. Pour cela, une tige L, portant à chacune de ses extrémités une chape, est articulée à un bout sur la branche du levier I et à l'autre bout sur un balancier horizontal M, aux extrémités duquel sont attachés les deux câbles N et O qui commandent le mouvement du gouvernail.

Alors que pour commander le gauchissement, le levier I se déplace de droite à gauche ou inversement, pour commander le gouvernail de direction K, il se déplace de l'avant vers l'arrière ou inversement. Chacune des deux manœuvres peut être faite indépendamment de l'autre, grâce à la disposition adoptée, de sorte que lorsque le levier I est poussé vers l'avant, la tige coudée de gauchissement n'oscille pas ; c'est le levier qui oscille autour d'un axe placé à son extrémité. Par contre, la tige L est entraînée dans le même sens que le levier I. Son mouvement détermine l'oscillation du balancier M autour de son axe et un des câbles O tire sur le gouvernail de direction, tandis que l'autre câble N relié également au gouvernail, mais du côté opposé, se déplace en sens inverse.

La manœuvre opposée du levier I déterminerait l'oscillation du gouvernail dans le sens opposé.

On peut aussi, par la manœuvre oblique du levier I, commander à la fois le gauchissement et le gouvernail de direction.

Le gouvernail de direction K est constitué par deux surfaces parallèles disposées verticalement à 2^{m},75 à l'arrière des plans sustentateurs; ces surfaces de 1^{m},80 de hauteur et de 0^{m},50 de largeur sont espacées de

Les deux surfaces sont distantes de 0^{m},90.

La manœuvre du gouvernail de profondeur se fait à l'aide d'un levier indépendant du premier. Ce levier Q (Fig. 515), placé à la gauche du pilote, peut osciller de l'avant à l'arrière et inversement. Pendant ces mouvements, il pousse ou tire une tige en bois qui agit à l'extrémité d'un petit levier R solidaire d'un tube en acier, lequel porte des bielles T, articulées, à leur extrémité, à des tiges S supportant les plans du gouvernail.

Lorsque le levier est à sa position verticale de repos, les surfaces du gouvernail de profondeur ont une légère courbure convexe.

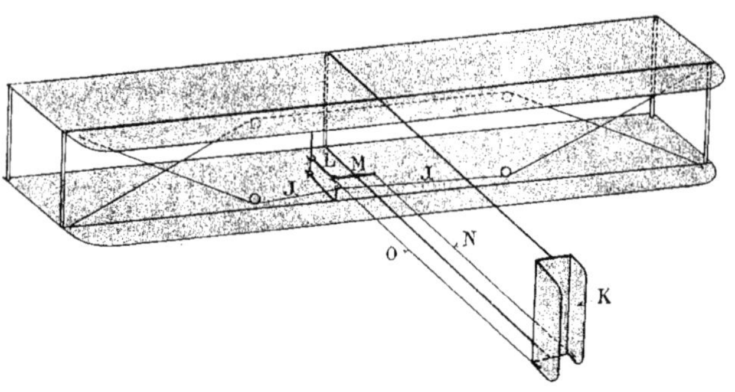

Fig. 518. — Vue perspective montrant la manœuvre de gauchissement des ailes du gouvernail de direction.

0^{m},50. Elles sont reliées rigidement entre elles et oscillent autour d'un axe vertical. Elles sont supportées par un dispositif rigide fixé aux surfaces, et entretoisées par des fils en acier. Le gouvernail, cependant, peut, dans le cas où il prend contact avec le sol avant les patins, lors de l'atterrissage, se relever sans se briser, par suite de la disposition à ressort de l'un des fils d'acier. En avant des surfaces portantes est placé le gouvernail de profondeur P. Ce gouvernail est constitué par deux plans superposés de 5^{m},25 de longueur et de 0^{m},80 de largeur. Chacun des plans est formé de 13 nervures flexibles reliées à leur extrémité par une latte de bois rigide. Chaque surface du gouvernail se termine en forme de pointe à droite et à gauche.

Quand le levier est poussé en avant, la tige de bois agit, par l'intermédiaire du levier R, sur les bielles T, mais comme ces bielles ont des longueurs différentes en avant et en arrière de leur centre d'oscillation, il s'ensuit que les tiges S parcourent une course ascendante vers l'arrière, plus grande que la course descendante des tiges d'avant. Les surfaces du gouvernail prennent donc une forme incurvée, mais concave, ce qui convient pour empêcher l'aéroplane de se cabrer. Lorsque le levier est tiré vers l'arrière, la courbure des surfaces est plus convexe que lorsque le levier est vertical. Cette manœuvre se fait pour provoquer la montée de l'appareil.

On voit donc que non seulement l'ensemble du gouvernail de profondeur oscille en avant ou en arrière, selon la manœuvre du levier, mais encore que ses surfaces prennent une courbure variable suivant cette oscillation même.

Entre les deux surfaces du gouvernail sont fixés deux plans verticaux en forme de demi-cercle destinés à offrir une résistance latérale à l'air pendant un virage et d'empêcher le *dérapage*. Ces plans sont solidaires et placés à l'extrémité recourbée des patins U.

Les patins, au nombre de deux, sont constitués par des longerons faits en sapin d'Amérique de 6 centimètres de largeur, 5 d'épaisseur et de 6m,50 de longueur. Ils sont à une distance de 2 mètres l'un de l'autre, sont recourbés vers l'avant et portent les tiges sur lesquelles est monté le gouvernail de profondeur. A l'arrière, ils se prolongent sur une longueur d'environ 50 centimètres. Quatre montants relient les patins à la surface sustentatrice inférieure. Ces montants sont entretoisés et réunis au moyen de feuilles de tôle et de boulons. Les patins servent à amortir le choc lors de l'atterrissage de l'appareil, grâce à l'élasticité que possède l'ensemble du dispositif ainsi établi.

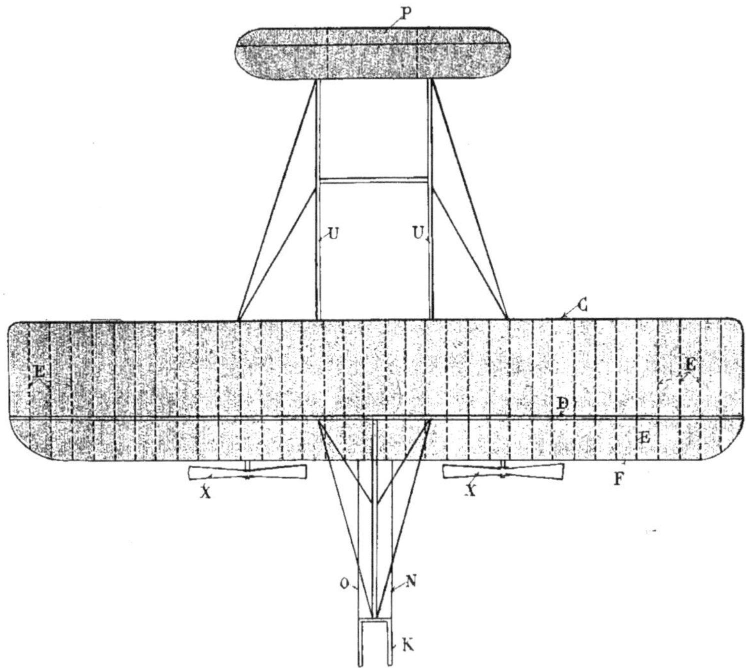

Fig. 519. — Biplan Wright. Vue en plan.

Voilà donc les éléments qui constituent l'aéroplane Wright. Il nous reste à examiner les organes moteurs et propulseurs.

Le moteur V comporte quatre cylindres verticaux fixes. Les pistons ont un diamètre de 106m/m et une course de 102m/m. Il est du type *à quatre temps*. Les soupapes d'aspiration ont un fonctionnement automatique ; les soupapes d'échappement sont commandées. La culasse de chaque cylindre porte les soupapes et la bougie d'allumage. Le courant d'allumage est fourni par une magnéto à haute tension.

L'alimentation s'effectue à l'aide d'une pompe placée dans le carter qui envoie l'essence dans un ajutage disposé perpendiculairement au conduit d'amenée d'air. Le réservoir d'essence, contenant 50 litres, est placé au-dessus des culasses, entre le moteur et le siège du milieu destiné au passager.

Le moteur pèse 90 kilos et développe 25 chevaux en tournant à 1.400 tours. Son graissage est assuré par la manœuvre d'une pompe qui prend de l'huile dans un réservoir placé à la partie inférieure du carter et l'envoie aux organes en mouvement.

Le refroidissement se fait par circulation d'eau. Cette circulation s'obtient par la manœuvre d'une pompe centrifuge commandée par l'arbre du moteur.

L'eau est envoyée, pour se refroidir, dans un *radiateur* formé de tubes aplatis disposés le long d'un des montants reliant les deux plans sustentateurs. Ce radiateur peut contenir 10 litres d'eau.

Le moteur commande la rotation, en sens inverses, de deux hélices en bois d'un diamètre de 2^{m},60.

Pour cela, en bout de l'arbre du moteur sont montés deux pignons dentés. Chacun de ces pignons donne, par l'intermédiaire d'une chaîne Z, un mouvement de rotation à une roue dentée disposée, au-dessus, sur un axe solidaire d'une hélice X. Les roues ont un diamètre plus grand que les pignons, de façon que les hélices tournent à une vitesse moins grande que l'arbre du moteur.

Les chaînes qui transmettent le mouvement passent dans des tubes qui les empêchent de sauter de leur roue dentée, ce qui aurait pour résultat de provoquer l'arrêt d'une hélice, arrêt qui nuirait considérablement à la stabilité de l'appareil. Une des chaînes est croisée, et l'autre est droite, pour que les mouvements de rotation donnés aux hélices puissent s'effectuer dans des sens opposés.

Maintenant que nous connaissons dans tous ses détails l'aéroplane Wright, voyons comment il se manœuvre.

Le lancement de l'appareil s'effectue, généralement, à l'aide d'un rail et d'un poids tombant du haut d'un pylône. Ce mode de départ s'applique au type primitif d'aéroplane Wright, qui a pu, cependant, quelquefois, être lancé en glissant simplement sur le rail incliné sans l'aide du poids et du pylône.

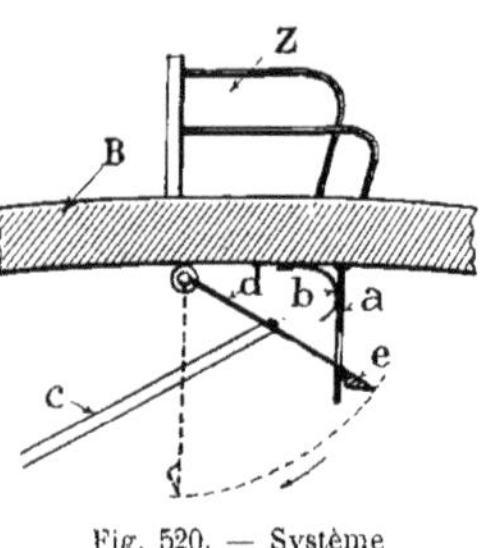

Fig. 520. — Système de décrochage.

Pour effectuer le lancement à l'aide du rail et du pylône, l'aéroplane est placé sur un petit chariot qui roule sur le rail, dont la longueur est de 21 mètres et qui est fait en bois garni d'une mince lame métallique. Les hélices sont mises en marche et pour maintenir l'appareil en équilibre sur son chariot, un aide le retient par l'extrémité d'une aile. Un fil d'acier double *c* (Fig. 520) fixé à la voie maintient l'aéroplane immobile, malgré l'action des hélices et celle du poids de 700 kilogrammes placé en haut du pylône et pouvant tomber d'une hauteur de 5 mètres. Pour libérer l'appareil, le pilote opère le déclenchement du dispositif d'accrochage représenté par la figure 520. Ce dispositif comporte un levier *d* muni en bout d'une sorte de taquet *e* qui repose, lors de l'accrochage, contre une lame *a* sollicitée à osciller de la gauche vers la droite par l'action d'un ressort-lame *b*. L'extrémité du levier et son taquet passent dans une ouverture ménagée dans la lame a. Le câble de retenue c à double brin passe sur la branche du levier, et l'appareil ne peut partir tant que ce levier est engagé dans l'ouverture de la plaque a. Ce dispositif est placé au-dessous du siège Z du pilote, situé sur le plan sustentateur inférieur B, de sorte que l'aviateur, pour partir, remonte l'extrémité du levier muni d'un taquet. Cette manœuvre se fait à la main.

Lorsque le taquet se présente en face de l'ouverture ménagée dans la plaque a, cette plaque, sous l'action du ressort b, oscille vers la droite; elle libère le taquet et le levier tombe pour se placer dans une position verticale. Le câble c glisse alors le long du levier et l'appareil peut s'élancer sur son rail. Le poids de 700 kilos tombe avec un mouvement accéléré donnant à l'appareil une vitesse croissante qui favorise le départ. Aussitôt que l'appareil démarre, l'aide lâche le bout de l'aile. Pour effectuer la manœuvre de départ, on donne au gouvernail de profondeur au début du mouvement de l'appareil sur le rail, une position qui permette de maintenir l'aéroplane appliqué sur le rail sur presque toute sa longueur.

Ce n'est qu'au moment où l'aéroplane va quitter ce rail que le gouvernail de profondeur est orienté en sens inverse, c'est-à-dire placé pour faciliter l'essor de l'aéroplane.

Les deux leviers de manœuvre placés l'un à la gauche, l'autre à la droite du pilote, sont disposés de façon à être maintenus constamment dans une position verticale afin d'assurer la stabilité de l'aéroplane.

Fig. 521. — Aéroplane Wright à train de roues porteuses. Vue d'ensemble.

Le levier qui est placé à gauche et qui commande la manœuvre du gouvernail de profondeur, se trouve, en effet, incliné en avant lorsque l'aéroplane *pique du nez;* en le tirant en arrière, pour le remettre vertical, on provoque le *redressement* de l'appareil. Quand, au contraire, l'appareil se *cabre,* le levier se trouve incliné vers l'arrière. Pour le remettre vertical, on le pousse en avant, et ce mouvement permet de rétablir l'équilibre.

Le second levier, placé à droite, sert à assurer la *stabilité latérale*. Lorsque l'aéroplane penche vers la droite, ce levier, qui doit être constamment maintenu perpendiculaire aux surfaces portantes, se trouve incliné également vers la droite. En le manœuvrant latéralement pour le ramener à sa position verticale, on provoque le gauchissement des ailes en augmentant l'incidence de l'aile droite. L'équilibre latéral se trouve ainsi rétabli.

Quand l'aéroplane penche à gauche, le levier est poussé vers la droite pour provoquer le gauchissement des ailes, lequel assurera l'équilibre transversal. On voit que la manœuvre des leviers pour maintenir la stabilité longitudinale et la stabilité transversale est simple, en somme, et s'effectue, pour ainsi dire, instinctivement.

La manœuvre du gouvernail de direction est moins instinctive. Pour virer à gauche, on tire le levier de droite de l'avant vers l'arrière, et pour virer à droite, au contraire, on le pousse vers l'avant. Le gouvernail de direction se trouve ainsi placé dans la position qui convient pour virer dans le sens convenable.

L'aéroplane Wright a été modifié d'abord pour permettre son départ sans l'aide du poids et du pylône. Un train de roues porteuses a été ajouté à l'arrière des patins (Fig. 521). Ces roues facilitent le départ, l'aéroplane pouvant ainsi rouler sur le sol; les patins constituent les dispositifs amortisseurs lors de l'atterrissage.

La *Société de Constructions Aéraunotiques Astra*, qui construit des aéroplanes Wright, a modifié la disposition de certains organes de ces appareils.

L'aéroplane est toujours constitué par deux plans sustentateurs, reliés par des montants en bois. Ces deux plans sont à un écartement de $1^{m},70$. A la différence de l'aéroplane Wright que nous venons de décrire et qui porte le gouvernail de profondeur placé en avant, le *biplan Astra* a son gouvernail de profondeur placé à l'arrière des surfaces sustentatrices.

Il est conjugué avec un plan stabilisateur, placé également à l'arrière.

Les plans sustentateurs sont constitués chacun, par un cadre de bois formé de deux longerons dans le sens de l'envergure. Des nervures disposées parallèlement au sens de marche de l'aéroplane entretoisent ce cadre et servent à supporter le tissu.

Les montants reliant les surfaces sustentatrices sont disposés comme dans l'aéroplane Wright précédent; la partie avant de ces surfaces est, comme dans cet appareil, fixe et maintenue par des fils croisés, tandis que la partie arrière peut se gauchir.

Un seul levier sert à commander la manœuvre de gauchissement et celle de la surface arrière formant stabilisateur. Ces deux manœuvres peuvent s'effectuer successivement ou simultanément, le levier pouvant osciller dans tous les sens.

Sur ce levier est placé, en outre, un volant permettant de manœuvrer le gouvernail de direction.

Cet aéroplane ne comporte qu'une seule hélice au lieu de deux.

Cette hélice est montée directement sur l'axe d'un moteur de 55 chevaux.

Par suite de cette disposition, les roues dentées et les chaînes servant à transmettre le mouvement de rotation aux deux hélices de l'aéroplane Wright du type primitif, sont supprimées.

Les commandes des organes sont doublées, de façon que chacun des deux passagers que peut enlever l'appareil puisse à volonté prendre la direction et effectuer la manœuvre de l'aéroplane.

Le châssis d'atterrissage est formé par des patins portant, montées élastiquement sur eux, des roues servant à faciliter le départ.

Biplan Maurice Farman (Fig. 522 à 526.) C'est avec cet appareil que l'aviateur Eugène Renaux, parti le 7 mars 1911 de l'aérodrome de Buc, emmenant avec lui un passager observateur, M. Senouque, atterrit au sommet du Puy-de-Dôme, à une altitude de 1.463 mètres, après avoir parcouru 360 kilomètres en 5 heures 10 minutes 46 secondes.

Le biplan Maurice Farman se compose de deux surfaces portantes A et B (Fig. 524) superposées et placées à une distance de 1m,50 l'une de l'autre. L'envergure de la surface supérieure est de 16 mètres, tandis que l'envergure de la surface inférieure est de 14m,50.

La longueur de ces surfaces prise dans le sens de l'axe de l'appareil est de 2 mètres. La surface totale portante est de 61 mètres carrés. Les plans sustentateurs ont une forme légèrement incurvée; en projection horizontale, ils ont une forme rectangulaire, les coins étant arrondis.

A l'arrière des surfaces sustentatrices est disposée une poutre C dont la section rectangulaire a des dimensions de plus en plus réduites au fur et à mesure qu'elle s'éloigne de ces surfaces. Les quatre membrures formant les longerons sont incurvées en allant vers l'arrière.

A l'extrémité arrière de cette poutre C sont disposés deux panneaux D et E superposés et fixes. Le panneau supérieur D a une envergure de 3m,50 et le panneau inférieur E a une envergure de 2m,50. La longueur de ces plans sustentateurs d'arrière dans le sens de la poutre est de 2 mètres.

Fig. 522. — Biplan Maurice Farman. Vue d'arrière.

Cette cellule, formée des deux plans sustentateurs, constitue l'*empennage arrière*. Le gouvernail de direction F est placé verticalement, derrière cette cellule stabilisatrice. Ce gouvernail est constitué par deux panneaux recouverts de toile, disposés parallèlement et accouplés de façon à pouvoir osciller autour d'axes verticaux par la traction de câbles de commande en acier, aboutissant à deux pédales placées sous les pieds du pilote.

La stabilisation longitudinale est assurée par un gouvernail de profondeur G placé à l'avant de l'appareil et pouvant osciller autour d'un axe horizontal supporté à l'extrémité antérieure des patins H de l'aéroplane.

Ce gouvernail est un panneau rectangulaire, dont les coins sont arrondis, qui a 4 mètres d'envergure et $0^m,80$ mesurés de l'avant vers l'arrière. La manœuvre de ce gouvernail s'effectue au moyen d'un volant que l'on pousse ou que l'on tire. Ces mouvements sont transmis au gouvernail par l'intermédiaire de bielles rigides articulées.

Le gouvernail de profondeur G est relié, par des câbles en acier, à un plan I faisant office de gouvernail de profondeur auxiliaire et placé à l'arrière de la surface supérieure D de la cellule d'empennage. Ce second gouvernail est un plan de $3^m,50$ d'envergure, de $0^m,50$ de longueur, qui peut pivoter autour d'une charnière fixée en bout de la surface D.

Les deux câbles J et K qui rendent solidaires les mouvements des deux gouvernails de profondeur G et I sont croisés, de telle façon que les actions de ces gouvernails se compensent en partie. Cette disposition permet de donner une grande souplesse à la manœuvre destinée à assurer la stabilisation longitudinale.

Fig. 523. — Biplan Maurice Farman. Vue d'avant.

La stabilisation transversale est obtenue au moyen de quatre ailerons L placés chacun à un coin des surfaces portantes et à l'arrière. Ces ailerons peuvent osciller autour d'axes horizontaux. Cette manœuvre se fait par l'intermédiaire de câbles qui sont actionnés par une poulie montée sur l'arbre portant le volant de manœuvre placé au-devant du pilote.

Les quatre ailerons sont commandés de

façon à ce que les deux ailerons du même côté manœuvrent ensemble, tandis que les deux ailerons opposés manœuvrent en sens inverse. Cette manœuvre remplace le gauchissement des ailes réalisé dans le biplan Wright.

mécaniquement par un arbre portant les cames. L'alimentation du moteur est faite au moyen d'un carburateur à débit automatique comportant un dispositif de réchauffage pour assurer une carburation régulière, même par temps froid.

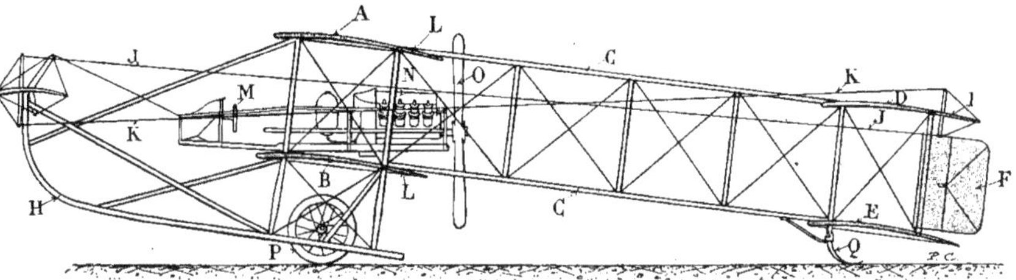

Fig. 524. — Biplan Maurice Farman. Vue de profil.

Donc, en résumé, la stabilisation longitudinale et la stabilisation latérale sont obtenues par la manœuvre du volant M, en le poussant ou le tirant dans le premier cas, et en le faisant tourner, dans le second cas. La direction est obtenue en appuyant sur

L'allumage s'effectue par magnéto et bougies.

La vitesse de rotation du moteur, en marche normale, est de 1800 tours par minute.

L'hélice O est commandée par ce moteur,

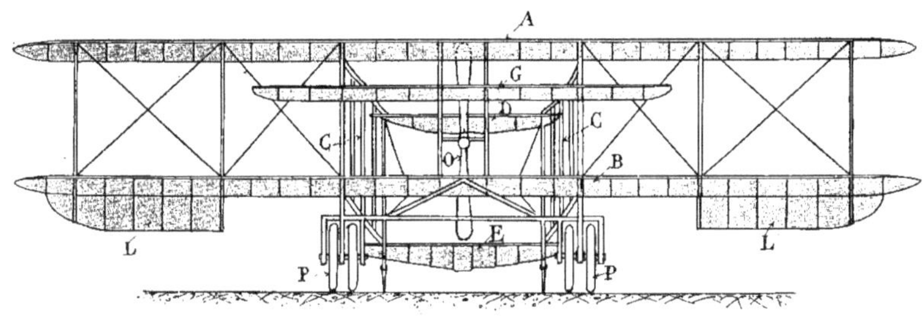

Fig. 525. — Biplan Maurice Farman. Vue de face.

les pédales droite ou gauche placées sous les pieds.

Les organes moteur et propulseur se composent d'un moteur Renault N de 60 chevaux comportant 8 cylindres de 90 $^m/_m$ d'alésage disposés en forme de V. La course des pistons est de 120 $^m/_m$. Les cylindres portent des ailettes qui assurent leur refroidissement.

Toutes les soupapes sont commandées

par l'intermédiaire d'engrenages qui réduisent sa vitesse de rotation de moitié, de sorte que cette hélice ne tourne qu'à raison de 900 tours par minute. L'hélice du type *intégrale Chauvière* a un diamètre de $2^m,85$ et un pas de $1^m,70$.

Le dispositif de départ et d'atterrissage de l'appareil est composé de deux paires de roues munies de pneumatiques. Chaque paire de roues P est placée à cheval sur un patin de bois H qui se recourbe fortement en avant.

Une liaison élastique relie chaque paire de roues aux patins. Ceux-ci sont espacés de cées, au-dessous de la cellule d'empennage, des crosses-béquilles Q montées élastiquement, qui, lors de l'atterrissage, amortissent le choc et forment frein.

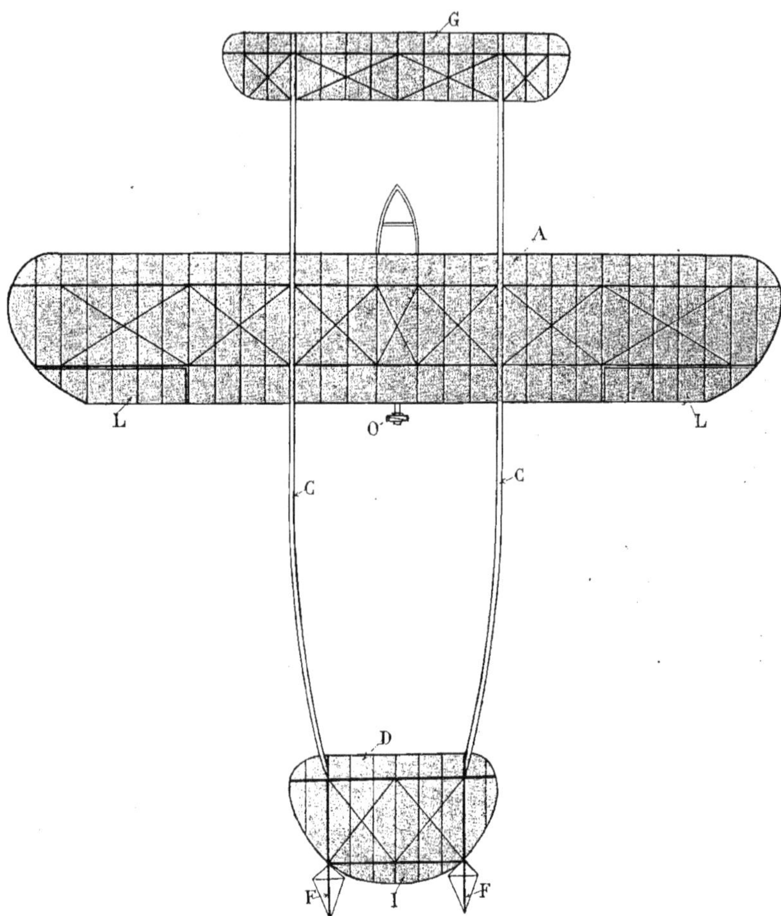

Fig. 526. — Biplan Maurice Farman. Vue en plan.

$3^m,10$, ce qui donne une bonne assise à l'appareil posé sur le sol ; ils remontent très haut, en avant, pour supporter le tourillon du gouvernail de profondeur.

A l'arrière de l'aéroplane se trouvent pla-

Le moteur est placé sur un fuselage de section rectangulaire, lequel repose sur la surface sustentatrice inférieure et qui est assemblé, à l'aide de cornières métalliques, avec les longerons inférieurs de la poutre formant queue. Le même fuselage porte, en avant, le siège du pilote et en arrière celui du passager. Il supporte, en outre, les réservoirs d'essence pouvant contenir 140 litres et la provision d'huile.

Le poids total de l'appareil monté, avec essence et huile, est de 785 kilogrammes.

Biplan Henri Farman (Fig. 527 à 530.) C'est avec cet appareil piloté par son constructeur même que fut effectué, les 17, 18 et 19 avril 1910, un voyage de ville à ville d'une longueur totale de 298 kilomètres environ, en trois étapes.

Fig. 527. — Biplan Henri Farman. Vue d'ensemble.

Le 17 avril, Henri Farman allait d'Étampes à Chevilly en emmenant un passager à bord; le lendemain Paulhan, pilotant l'appareil, volait de Chevilly à Arcis-sur-Aube, et le 19 avril, il partait d'Arcis-sur-Aube pour atterrir à Mourmelon, au camp de Châlons.

C'était le premier voyage au long cours aérien effectué dans des conditions particulières qui obligèrent à laisser l'appareil campé pendant deux nuits en pleine campagne, hors de tout hangar.

Le succès de ce voyage eut pour pendant un autre grand succès remporté par Paulhan, quelques jours après, dans le raid Londres-Manchester.

Le journal anglais le *Daily-Mail* avait fondé un prix de 250.000 francs destiné à l'aviateur qui effectuerait le trajet Londres-Manchester qui est de 298 kilomètres, dans le délai maximum de 24 heures, deux escales étant permises.

Un aviateur anglais, Graham White, avait, les 23 et 24 avril, vainement tenté de gagner le prix Paulhan, le 27 avril, partait de Londres, atterrissait ce jour-là à Lichfield après avoir parcouru 188 kilomètres et le lendemain matin 28 avril, partait à l'aube et parcourait les 110 kilomètres qui le séparaient de Manchester, s'attribuant ainsi le prix pour un trajet de 298 kilomètres fait en 4 heures 12 minutes de vol réel.

Le biplan Henri Farman se compose de deux surfaces sustentatrices superposées A et B (Fig. 528). Ces surfaces ont une forme incurvée et sont constituées par des cadres en bois entretoisés par des nervures sur lesquelles est tendue de l'étoffe.

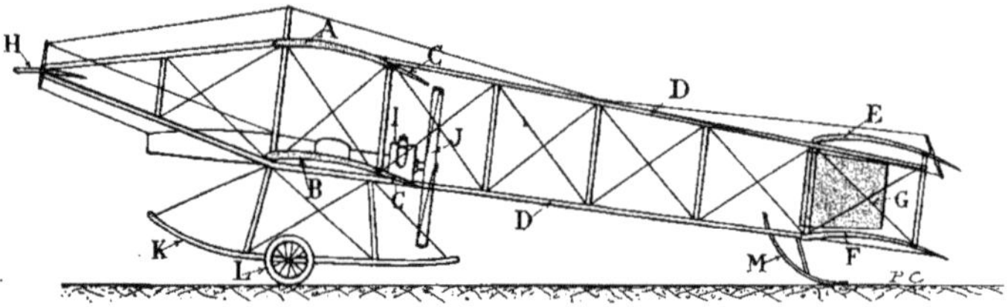

Fig. 528. — Biplan Henri Farman. Vue de profil.

L'envergure des plans sustentateurs est de 16 mètres et la surface totale de 70 mètres carrés.

Quatre ailerons C, placés aux extrémités de chaque surface portante, et vers l'arrière, servent à assurer la stabilité transversale. Ces ailerons manœuvrent deux à deux simultanément, du même côté de l'appareil, et cette manœuvre provoque le mouvement en sens inverse des ailerons de l'extrémité opposée.

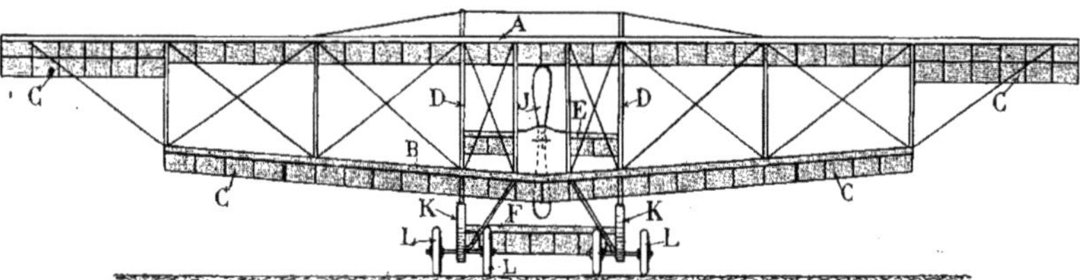

Fig. 529. — Biplan Henri Farman. Vue de face.

Une poutre D, fixée à l'arrière des plans A et B et rendue indéformable par des montants et des tirants, supporte, en bout, deux surfaces stabilisatrices fixes E et F entre lesquelles est placé verticalement le gouvernail de direction G. Ce gouvernail se compose de deux surfaces pivotant autour d'un axe vertical.

Le gouvernail de profondeur H est disposé à l'avant et supporté par une poutre à l'extrémité de laquelle est placé, entre les deux flasques, l'axe d'oscillation horizontal de ce gouvernail. Le gouvernail est constitué par un châssis sur lequel se trouve tendue de l'étoffe.

Sur la surface sustentatrice inférieure repose le corps de l'aéroplane rigide formé de montants et de traverses, sur lequel sont placés les sièges des aviateurs ou passagers et auquel est fixé le moteur.

Le moteur I, du type Gnôme, qu'on peut placer sur l'aéroplane peut avoir une puissance de 100 chevaux. On installe également des moteurs de 50 chevaux. Le moteur rotatif porte, directement fixée sur les cylindres mobiles, une hélice intégrale Chauvière J, d'un diamètre de $2^{m},60$ et d'un pas de $1^{m},65$. L'hélice est placée derrière le pilote et tourne, comme le moteur, à 1.100 tours par minute.

La commande des ailerons et les manœuvres de stabilisation se font à l'aide d'un levier. La manœuvre du gouvernail a lieu par l'intermédiaire d'un *palonnier*.

Le dispositif de départ et d'atterrissage se compose d'un châssis porteur, fixé audessous de la surface sustentatrice inférieure, et terminé à sa partie inférieure par deux longerons recourbés K faisant office de patins. A cheval sur chacun des patins se trouve disposée une paire de roues L garnies de pneumatiques et montées élastiquement sur ces patins.

A l'arrière, sous la poutre formant la queue stabilisatrice, est fixée une crosse M sur laquelle s'appuie l'appareil au repos. Au départ, l'appareil roule sur les roues jusqu'à ce qu'il prenne son vol. A l'atterrissage, les roues et les patins amortissent le choc et aident à l'arrêt.

Le poids total du biplan Henri Farman monté et en ordre de marche est de 700 kilogrammes.

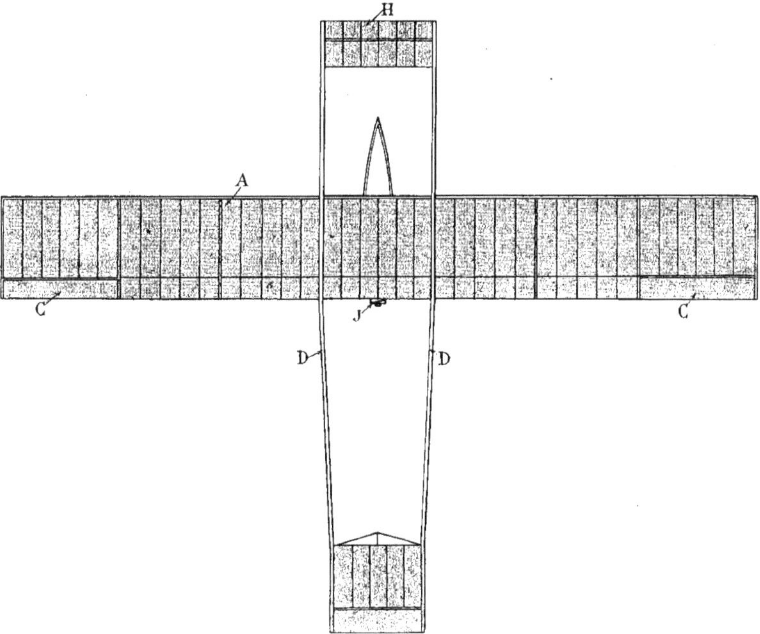

Fig. 530. — Biplan Henri Farman. Vue en plan.

Biplan Voisin

(Fig. 531 à 534.) Les frères Voisin qui, les premiers, ont fabriqué industriellement des aéroplanes pour divers clients, ont établi un grand nombre de types de biplans.

Nous avons précédemment indiqué les particularités de quelques uns de ces appareils Voisin et plus spécialement de ceux de Delagrange et de Farman. Les frères Voisin, qui avaient, dès le début de la construction des aéroplanes, fort ingénieusement réalisé la stabilité latérale de leur appareil par la disposition cellulaire, furent amenés, par la suite, à supprimer le cloisonnement.

En outre, ils songèrent à utiliser les aéroplanes comme engins de tourisme et de sport et à les adapter aux besoins de l'aviation militaire, au fur et à mesure que ces aéroplanes augmentaient leur rayon d'action et tenaient l'air pendant de nombreuses heures.

Comme, du fait précisément de la longue durée du vol, il importait de diminuer le plus possible les fatigues imposées au pilote-touriste, dans le biplan Voisin, qui est à deux places, les organes sont disposés pour permettre leur commande des deux sièges. Le pilote peut, dès lors, se faire suppléer par le second aviateur, lorsqu'il se sent fatigué par la conduite de l'appareil.

Le biplan à double direction convient aussi pour les explorations militaires aériennes à grand rayon d'action. Les deux aviateurs peuvent, à tour de rôle, piloter l'appareil et faire les observations.

Un biplan Voisin piloté par l'aviateur Bielovucic effectua, en septembre 1910, le voyage de Paris à Bordeaux, en 6 heures 15 minutes.

Le biplan Voisin de tourisme, à double direction, est constitué par une carcasse faite en tubes d'acier au nickel dont la section est circulaire ou elliptique suivant les efforts auxquels ils ont à résister.

Les deux surfaces sustentatrices A et B (Fig. 531 à 533), sont superposées. Le plan supérieur A est tendu d'étoffe caoutchoutée. A chacune des extrémités de ce plan, est placé un aileron C qui peut osciller autour d'un axe horizontal disposé le long même de l'arête de ce plan.

La surface sustentatrice inférieure B porte, à chacun des bouts, et en dessous, un patin cintré D qui, lors du départ ou de l'atterrissage, protège l'aile contre une détérioration possible pouvant provenir d'un contact avec le sol par suite d'une inclinaison latérale.

A l'arrière des plans sustentateurs une queue E supporte, à son extrémité, un empennage comportant un plan F disposé horizontalement. A la suite de ce plan se trouve le gouvernail de profondeur G pouvant osciller autour d'un axe horizontal.

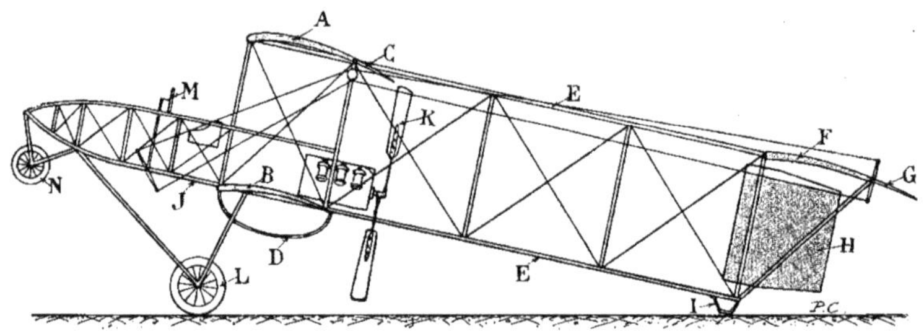

Fig. 531. — Biplan Voisin. Vue de profil.

Au-dessous du plan d'empennage est disposé le gouvernail de direction H, châssis recouvert d'étoffe qui peut se mouvoir autour d'un axe vertical.

Deux sabots I, placés à l'extrémité des longerons inférieurs de la queue E, appuient sur le sol, au repos et au moment du départ.

En avant des surfaces sustentatrices est disposé le fuselage J, qui repose sur le plan sustentateur inférieur auquel il est fixé. Ce fuselage a une faible longueur; il porte les deux sièges des aviateurs, placés à côté l'un de l'autre, les organes de manœuvre et les réservoirs. Le moteur est également fixé au fuselage, derrière les aviateurs.

Le moteur actionne l'hélice par l'intermédiaire d'une jonction à la cardan.

L'hélice K, du type Voisin, est métallique : les bras sont en acier, les pales en aluminium. Cette hélice est disposée, ainsi que nous l'avons vu précédemment, de façon que son pas soit réglable.

Le train porteur du biplan comporte deux roues L supportées par un cadre fait en tubes d'acier. Les roues ne sont pas orientables, mais deux des tubes du cadre se prolongent vers le haut, par des tiges qui coulissent dans une douille renfermant un fort ressort amortisseur. Les roues sont donc montées élastiquement sur l'appareil et amortissent le choc à l'atterrissage.

Le cadre portant les roues est relié au fuselage vers l'avant et en dessous, par l'intermédiaire de jambes de force articulées qui assurent la solidité du train porteur.

Pour assurer la double direction, une tige rigide M est placée au-devant de chaque siège de pilote. Chacune de ces deux tiges est rendue solidaire, à sa partie inférieure, d'un axe horizontal constitué par un tube. Ce tube peut osciller dans de petits paliers et à chacune de ses extrémités porte une double attache de câbles en fil d'acier aboutissant au gouvernail de profondeur et servant à sa manœuvre.

En manœuvrant d'avant en arrière, ou inversement, chacune des tiges, l'un ou l'autre des pilotes provoque la commande du gouvernail de profondeur. En outre, à l'extrémité de chaque tige est disposé un volant solidaire d'une roue dentée, sur laquelle est placée une chaîne faisant suite à un câble en fil d'acier relié au gouvernail de direction. D'une des roues dentées le câble descend et s'enroule sur des galets pour passer sur l'autre roue solidaire du second volant.

De chaque côté donc, le câble du gouvernail aboutit à une des roues, de sorte que l'un ou l'autre des passagers peut, en manœuvrant le volant, rectifier la direction de l'appareil.

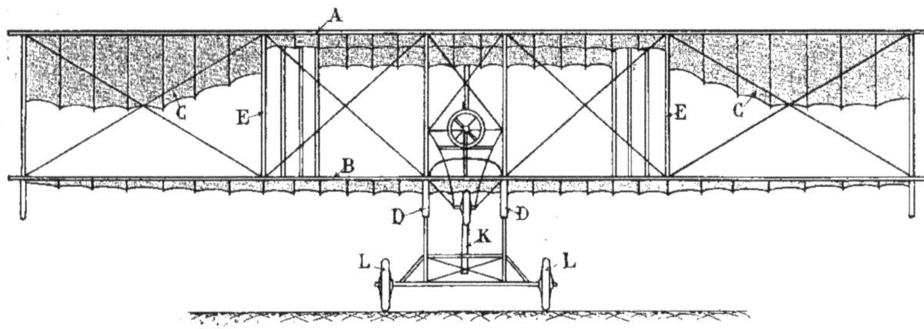

Fig. 532. — Biplan Voisin. Vue de face.

La manœuvre des ailerons assurant la stabilisation transversale se fait au moyen de deux *palonniers*, accouplés de façon à rendre leurs mouvements solidaires. Chaque palonnier est constitué par une sorte de balancier en bois, disposé horizontalement et pouvant pivoter autour d'un axe vertical placé au milieu de sa longueur. Chaque pilote place un pied sur une des branches d'un des palonniers, et il suffit d'une pression plus ou moins grande exercée d'un côté ou de l'autre pour faire osciller ce balancier et provoquer la traction, dans le sens voulu, du câble qui actionne les ailerons. Comme les palonniers sont conjugués dans leurs mouvements, l'un ou l'autre des deux aviateurs peut, à volonté, effectuer la manœuvre.

Le biplan Voisin a une envergure de 11 mètres, une longueur totale de $9^m,50$. La surface des plans sustentateurs est de 32 mètres carrés. Son poids, en ordre de marche, non compris les pilotes, est de 400 kilogrammes; il peut enlever un poids utile de 200 kilogrammes. Le moteur a une puissance de 50 chevaux et l'appareil prend son vol après avoir roulé pendant 25 mètres sur le sol.

Le biplan Voisin à double direction type militaire est semblable, en principe, à l'appareil que nous venons de décrire, mais les surfaces portantes sont plus considérables pour permettre d'enlever un poids utile plus grand. Pour augmenter la surface des plans sustentateurs, on a adjoint à l'aile supérieure des plans supplémentaires placés aux extrémités de cette aile et qui peuvent se rabattre, en oscillant autour d'une charnière. Ils sont soutenus, lorsqu'ils sont déployés, par des tubes constituant des jambes de force, tubes qui sont eux-mêmes maintenus en position par des haubans. L'envergure de l'appareil se trouve ainsi portée à 16 mètres et sa surface portante est de

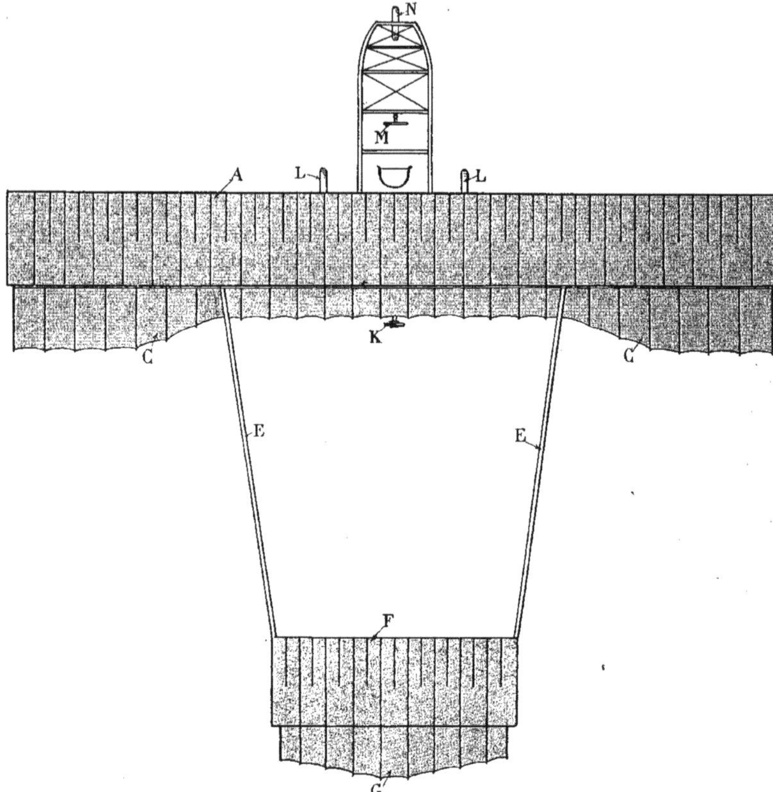

Fig. 533. — Biplan Voisin. Vue en plan.

42 mètres carrés. Une roue supplémentaire N est, souvent, disposée sous l'avant du fuselage pour permettre l'atterrissage en terrain accidenté sans que l'appareil risque, à la rencontre d'un obstacle, de se renverser en avant, autrement dit, de *capoter*.

Les frères Voisin ont construit récemment un autre type de biplan ne comportant aucune queue stabilisatrice et dont le fuselage s'allonge, au contraire, en avant pour soutenir, en bout, le gouvernail de profondeur et le gouvernail de direction. L'aspect de cet appareil lui a fait donner le nom de *Canard Voisin* (Fig. 534).

Fig. 534. — Biplan Voisin, dit *Canard Voisin*.

Il se compose de deux surfaces sustentatrices superposées, reliées à leurs extrémités par une cloison verticale, de sorte que l'ensemble forme une grande cellule. Il n'existe aucun dispositif d'empennage à l'arrière des surfaces sustentatrices. Seule, l'hélice, actionnée par un moteur Gnôme de 50 chevaux, déborde en arrière. A l'extrémité avant, le gouvernail de profondeur est constitué par deux panneaux que l'on peut incliner à volonté, et entre ces panneaux et au-dessus est disposé, verticalement, le gouvernail de direction.

Des ailerons sont placés aux extrémités des deux surfaces portantes et deux trains porteurs sont disposés l'un en avant du fuselage, l'autre sous le plan sustentateur inférieur.

Biplan Sommer (Fig. 536 et 537.) Le biplan Sommer comporte deux plans sustentateurs dont l'envergure est de 10 mètres et dont la surface totale est de 31 mètres carrés.

Ces plans, constitués d'une manière rigide, sont recouverts, tous deux, de tissu caoutchouté et sont assez fortement incurvés.

En arrière de ces plans est fixée une poutre rigide supportant, à son extrémité, un plan de 5 mètres carrés de surface, susceptible d'osciller autour d'un axe horizontal à la volonté du pilote, lequel peut ainsi faire varier l'incidence de cette surface stabilisatrice et assurer la stabilité longitudinale.

Un peu en avant de ce plan mobile et supporté par la poutre légère formant queue, est disposé, verticalement, le gouvernail de direction.

Le moteur, du type Gnôme, actionne une hélice Chauvière fixée directement sur les cylindres rotatifs.

L'aéroplane est supporté par un chariot comportant des roues et des patins. Quatre montants entretoisés fixent ce chariot au plan sustentateur inférieur.

Les roues sont garnies de pneumatiques. Le tube d'acier qui forme l'essieu de ces

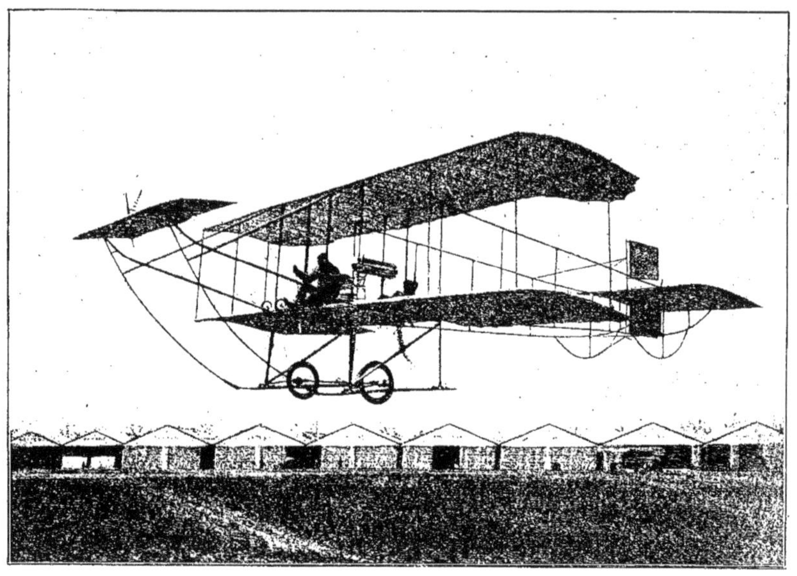

Fig. 535. — Biplan Sommer. Vue d'ensemble.

Le plan stabilisateur est commandé par la manœuvre d'un volant et le gouvernail de direction est manœuvré au pied.

La stabilité transversale s'obtient au moyen d'ailerons placés à l'extrémité et en arrière de la surface sustentatrice supérieure. Les mouvements des ailerons sont commandés par le déplacement même du corps du pilote. En avant des surfaces sustentatrices, à environ $2^{m},50$ est monté le gouvernail de profondeur, qui a $1^{m},05$ de largeur et qui est supporté par une légère charpente rigide solidaire des plans sustentateurs.

roues est monté élastiquement sur les patins; les montants sont, en outre, munis d'un amortisseur. Toutes ces dispositions facilitent l'atterrissage, qui s'effectue sans choc.

A l'arrière de la queue de stabilisation sont disposés deux patins formés par des barres cintrées qui protègent les organes de stabilisation arrière au départ et à l'atterrissage, en prenant d'abord contact avec le sol.

Le montage des organes constituant le biplan Sommer est étudié de façon que l'appareil puisse se replier pour faciliter le transport.

Les longerons d'arrière formant la queue et le plan stabilisateur peuvent être repliés le long des plans sustentateurs. Le support du gouvernail de profondeur peut, aussi, être rabattu le long des plans. Le gouvernail

Fig. 536. — Biplan Sommer. Vue de profil.

est, dans cette manœuvre, détaché et accroché entre les surfaces sustentatrices. Les diverses barres et longerons sont, pour permettre le repliage, montés à articulation.

Le biplan Sommer est relativement léger. Il pèse 320 kilogrammes à vide.

Le biplan Sommer, muni d'un moteur de 170 chevaux, a enlevé, le 24 mars 1911, treize passagers représentant un poids de 653 kilogrammes.

Biplan Bréguet Ce biplan diffère des types de biplans que nous venons d'examiner par des particularités originales. Il se compose de deux surfaces sustentatrices A et B (Fig. 537 à 539) qui ne sont entretoisées que par quelques tubes verticaux C dans le but de diminuer la résistance à l'avancement. Les montants et les haubans qui relient les deux surfaces dans les biplans, offrent, en effet, une résistance d'autant plus grande à l'avancement qu'ils sont plus nombreux et que leurs dimensions sont plus considérables. Les tubes de liaison des surfaces

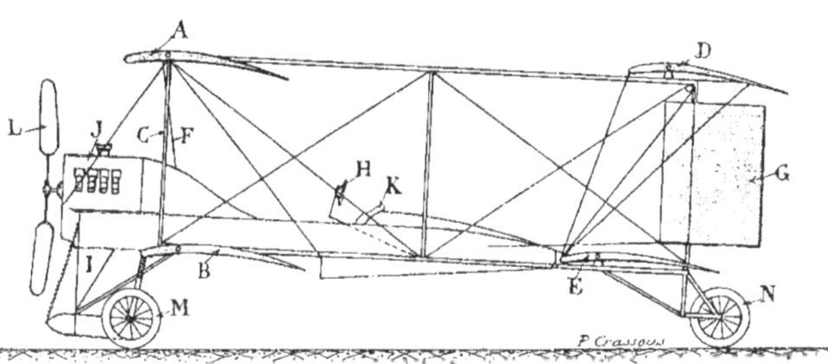

Fig. 537. — Biplan Bréguet. Vue de profil.

du biplan Bréguet réduisent au minimum cette résistance.

L'envergure des plans sustentateurs est de 12 mètres et leur largeur de $1^{m},80$. Leur surface totale est de 40 mètres carrés.

A l'arrière des surfaces sustentatrices sont disposés deux autres plans D et E auxiliaires, dont la flexion commandée par le pilote permet d'assurer la stabilisation longitudinale. Dans le cas de la rupture de la commande de ces surfaces auxiliaires, elles reprennent leur position normale, étant simplement montées à flexion et ne pivotant pas autour d'un axe.

Les surfaces principales ou ailes sont constituées par des nervures en aluminium ayant une section en forme d'U et enfilées dans un tube de 65 $^m/_m$ de diamètre. Ces nervures sont reliées élastiquement au tube, ce qui contribue à rendre l'aile souple et flexible tout en lui conservant une grande solidité; de sorte que les ailes, sous des actions diverses et des valeurs différentes de l'air, peuvent fléchir en des points déterminés et adoucir ainsi le vol en s'adaptant, pour ainsi dire, aux remous et aux ondes des courants aériens. Sur les nervures est tendue l'étoffe.

Les plans sustentateurs sont, en réalité, formés chacun de deux ailes. Les deux ailes formant la surface sustentatrice supérieure A peuvent prendre automatiquement des inclinaisons différentielles entre elles. Elles sont, pour cela, reliées à la façon dont on relie, par un train différentiel, les roues motrices d'une voiture automobile.

Lorsque l'aéroplane fait un virage, l'aile qui est à l'extérieur possède, nous le savons, une vitesse plus considérable que l'aile intérieure. Cette aile extérieure tend, par suite, à s'effacer sous l'action plus énergique de l'air, et ce mouvement, transmis par le différentiel, donne à l'aile intérieure une incidence telle que l'action de l'air s'équilibre sur les deux parties de la surface sustentatrice.

La stabilisation latérale est donc assurée automatiquement dans le biplan Bréguet, par la souplesse des ailes métalliques et par le jeu du mécanisme différentiel de commande des deux parties du plan sustentateur supérieur. Cependant, le pilote, qui n'intervient pas dans la manœuvre de ces ailes, peut commander deux ailerons F pour parer à un défaut imprévu de stabilisation latérale. Ces ailerons sont remplacés dans un autre type de biplan Bréguet par deux surfaces verticales disposées au-dessus de l'appareil.

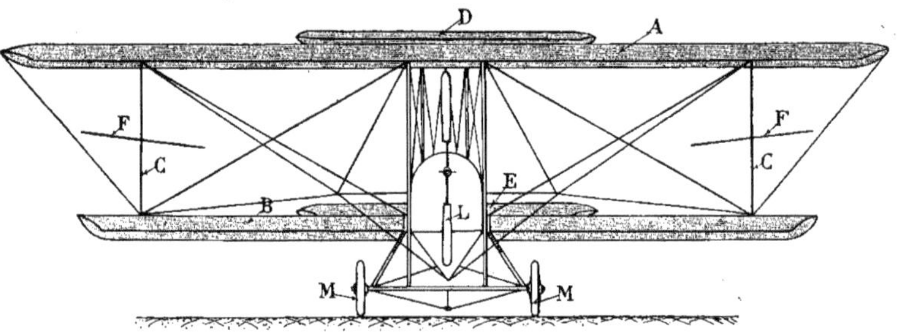

Fig. 538. — Biplan Bréguet. Vue de face.

A l'arrière de l'appareil est placé entre les surfaces portantes auxiliaires D et E le gouvernail de direction G. Ce gouvernail est une surface pouvant osciller autour d'un axe vertical équilibré, et qui est ramenée automatiquement à sa position normale par l'action d'un ressort, lorsqu'on cesse d'agir sur les câbles de commande.

La manœuvre des organes de stabilisation longitudinale : plans stabilisateurs arrière, ailerons de stabilisation latérale et gouvernail de direction, s'effectue à l'aide d'un seul levier monté à la cardan pour pouvoir osciller dans tous les sens, et muni à sa partie supérieure d'un volant H.

Le corps de l'aéroplane I est constitué par un cadre de section triangulaire fait en tubes d'acier entretoisés par des haubans. En avant de ce corps se trouve fixé le châssis supportant le moteur J, derrière lequel sont disposés les sièges K servant au pilote et aux passagers.

Le moteur du type Renault a une puissance

Le châssis sur lequel est placé l'appareil comporte, à l'avant, deux roues M garnies de pneumatiques. Ces roues sont espacées de 2 mètres 20 et sont rendues solidaires du châssis par l'intermédiaire d'un frein à huile et à air. Ce frein est basé sur l'écoulement de l'huile à travers des orifices dont on peut faire varier la section. La résistance

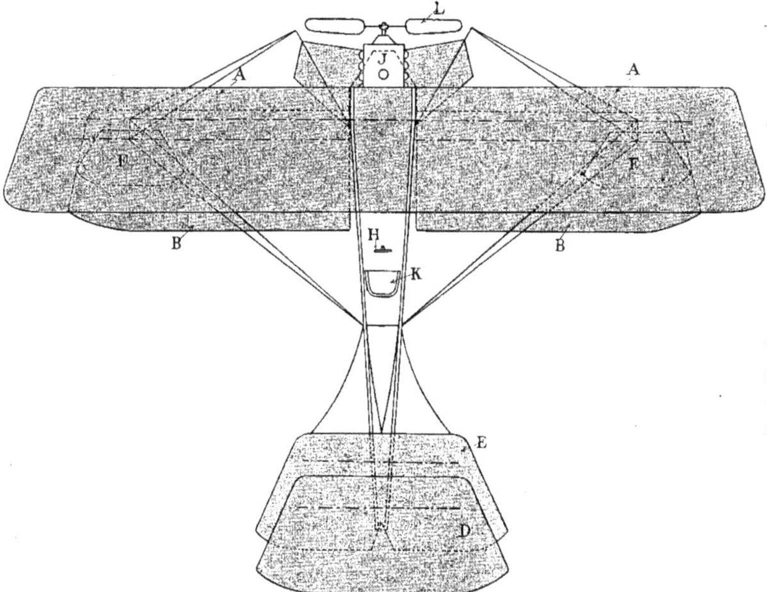

Fig. 539. — Biplan Bréguet. Vue en plan.

de 55 chevaux. De son siège, le pilote peut le mettre en route au moyen d'une manivelle. L'hélice L a un diamètre de $2^{m},50$. Elle est constitué par trois bras faits en tubes d'acier supportant chacun une pale en aluminium, reliée au bras par l'intermédiaire d'une rotule élastique pour éviter les ruptures dans des brusques à-coups du moteur.

L'hélice est fixée sur le prolongement de l'arbre à cames du moteur. Elle tourne ainsi à une vitesse deux fois plus faible que celle du moteur, soit à 900 tours par minute.

plus ou moins grande que rencontre le liquide pour s'écouler par les orifices découverts est utilisée pour faire frein et amortir le choc à l'atterrissage.

Une troisième roue N est disposée à l'arrière de l'appareil et est rendue solidaire du châssis par l'intermédiaire d'une suspension élastique. Cette roue peut être orientée, à la volonté du pilote, au moyen d'un *palonnier* placé sous ses pieds. L'aéroplane peut ainsi être dirigé pendant qu'il roule sur le sol.

Le biplan Bréguet a subi quelques modifications qui intéressent surtout la disposition du plan stabilisateur de queue. Ce plan, qui se composait de deux surfaces superposées, a été ramené à une seule surface dont les deux parties sont disposées de part et d'autre du gouvernail de direction placé verticalement.

Avec ce biplan, muni d'un moteur Gnôme de 100 chevaux, Bréguet vola, le 22 mars 1911, à l'aérodrome de la Brayelle, près de Douai, en enlevant onze passagers : ce qui portait à douze le nombre de personnes enlevées par le biplan. Il parcourut, à plusieurs reprises, un trajet de 1 kilomètre à 15 mètres de hauteur et de 5 kilomètres à une vitesse de 60 kilomètres à l'heure. La plupart des passagers étaient des jeunes gens et ne pesaient, par conséquent, pas très lourd; mais, cependant, la charge utile enlevée atteignait 632 kilogrammes 950 et le poids total de l'appareil était de 1.182 kilos.

Fig. 540. — Biplan Bréguet.

Biplan Paulhan (Fig. 541.) Cet appareil comporte deux surfaces sustentatrices superposées. Ces deux surfaces sustentatrices sont divisées, pour ainsi dire, chacune, en deux parties par un rétrécissement pratiqué au milieu de leur envergure. Les carcasses des ailes sont formées par trois tubes d'acier assemblés par filetage et par rivure. Ces tubes sont entretoisés par des cadres démontables, rendus eux-mêmes rigides et indéformables au moyen de haubans. Sur la carcasse est placée la voilure, qui se compose d'un tissu en simili-soie recouvert d'un vernis. Cette étoffe est posée en *fil biais* et porte des coulisses qui permettent de la faire glisser dans le sens de l'envergure, le long des tubes d'acier constituant la carcasse. En manœuvrant quatre *moufles* placés aux extrémités des ailes, on peut, à volonté, tendre complètement la voilure ou la replier vers le milieu de la carcasse.

Les deux plans sustentateurs sont réunis par des montants faits en tubes d'acier et soudés dans des pièces de raccord métalliques.

Aux extrémités de la surface sustentatrice supérieure, sont placés des ailerons de stabilisation pouvant osciller autour d'un axe parallèle aux bords du plan.

A l'arrière des plans sustentateurs, est fixée une charpente formant queue, portant à l'extrémité un empennage ou plan stabilisateur, à la suite duquel est monté, verticalement, le gouvernail de direction. Ce gouvernail est constitué par une carcasse recouverte d'étoffe ; mais, de même que pour la voilure des ailes, cette étoffe peut, par la manœuvre d'un dispositif à moufle, être soit étendue, soit repliée.

En avant des surfaces est monté, en bout de longerons solidaires de l'appareil, le gouvernail de profondeur. Le corps même de l'aéroplane est fixé au plan sustentateur inférieur et porte les sièges du pilote et des passagers.

Le moteur est monté sur ce corps, et commande une hélice placée derrière le pilote. Ce biplan peut recevoir un moteur Gnôme de 100 chevaux.

A la partie inférieure est disposé le train porteur et amortisseur, constitué par des patins et des roues. Les roues, au nombre de quatre, sont disposées par paires à cheval sur chacun des deux patins. Elles sont rendues solidaires de ces patins par l'intermédiaire d'un dispositif élastique qui fait office d'amortisseur lors de l'atterrissage. Les patins en bois sont fortement recourbés vers l'avant.

Fig. 541. — Biplan Paulhan.

A l'arrière du biplan se trouve une crosse ferrée formant bêche d'arrêt, qui sert à la fois à faciliter le démarrage et à faire frein sur le sol, lors de l'atterrissage.

Le biplan Paulhan a été étudié en vue de son utilisation militaire.

Il a, pour cela, été rendu démontable et repliable, de sorte qu'on peut à une escale forcée, par suite de mauvais temps, par exemple, replier d'abord la voilure qui donne ainsi moins de prise au vent, puis, s'il y a lieu, replier l'appareil pour le transporter sur la route et même l'emballer complètement en disposant d'une caisse de 5 mètres de long, 1 mètre de large et 1 mètre de haut.

La commande des diverses manœuvres s'effectue à l'aide d'un levier monté à la cardan et orientable dans tous les sens, actionnant, par l'intermédiaire d'une bielle, le gouvernail de profondeur, et par des câbles doublés, les ailerons.

Le gouvernail de direction est également commandé par câbles.

Biplan Caudron. (Fig. 542 à 544.) Ce biplan se distingue des autres par ses dimensions relativement réduites et par son faible poids. Les deux surfaces sustentatrices A et B superposées ont une envergure de 8 mètres et une superficie totale de 22 mètres carrés. Le poids de l'appareil à vide est de 250 kilogrammes.

Les deux plans sustentateurs sont réunis par de légers montants espacés de manière à permettre le gauchissement des surfaces. C'est, en effet, par le gauchissement des ailes que l'équilibre latéral de l'appareil se trouve assuré. Ce gauchissement est commandé par un levier.

Fig. 542. — Biplan Caudron. Vue d'ensemble.

Une poutre C, composée de quatre longerons, dont deux sont fixés à la surface supérieure et dont les deux autres font office de patins, constitue la queue de l'appareil. Les longerons sont entretoisés deux à deux par des montants et des tendeurs, et l'ensemble est rendu indéformable par l'adjonction de haubans.

La queue porte, à son extrémité arrière, un plan stabilisateur D que le pilote peut orienter à l'aide du même levier qui com-

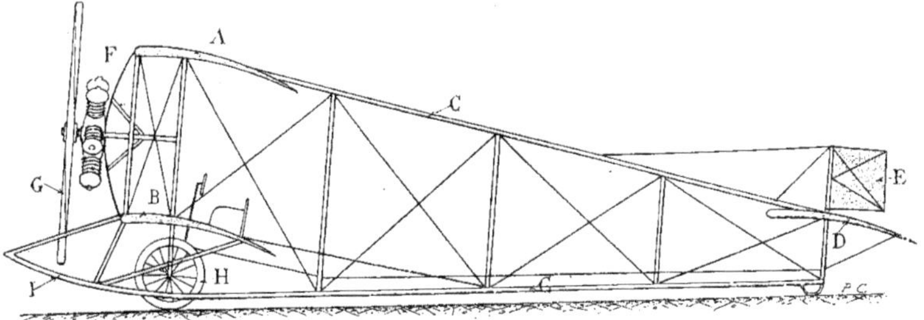

Fig. 543. — Biplan Caudron. Vue de profil.

mande le gauchissement des surfaces. Ce plan fait office de gouvernail de profondeur et assure la stabilité longitudinale.

Au-dessus de ce stabilisateur est disposé le gouvernail de direction E. Ce gouvernail est formé de deux plans verticaux pouvant

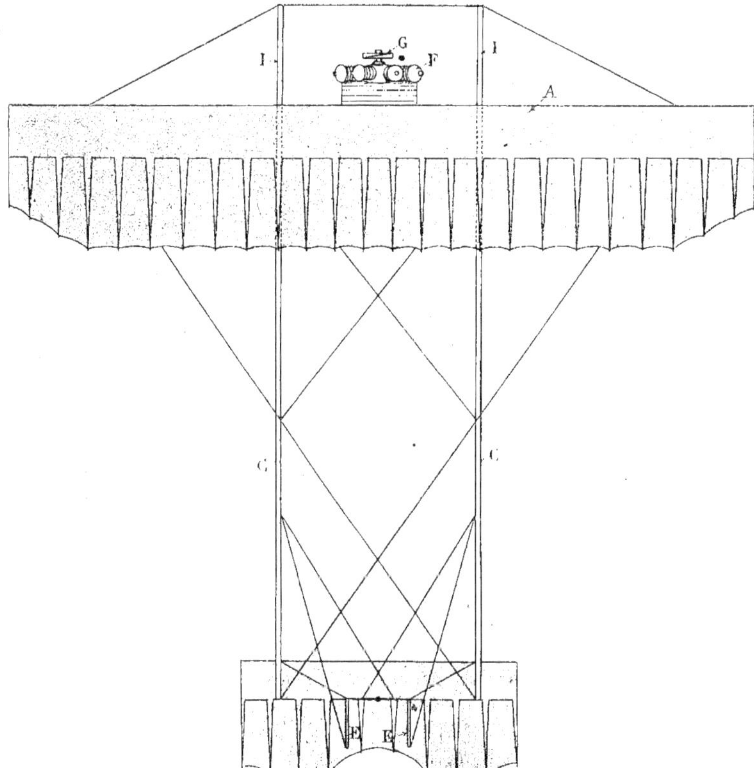

Fig. 544. — Biplan Caudron. Vue en plan.

osciller autour d'un axe disposé verticalement. La commande de ce gouvernail s'effectue à l'aide d'un *palonnier,* placé sous les pieds du pilote, et qui porte, attachés à ses extrémités, les câbles de manœuvre du gouvernail.

Le corps de l'aéroplane, qui porte le siège du pilote et auquel est fixé le moteur, est placé entre les deux surfaces sustentatrices et se trouve supporté par un châssis relié au dispositif de départ et d'atterrissage.

Le moteur F, du type Gnôme ou du type Anzani, a une puissance de 50 chevaux. Il actionne une hélice G de 2^{m},70 de diamètre, à pas variable.

par une poutre armée, dont la section avait une forme quadrangulaire à l'avant et triangulaire à l'arrière.

Les ailes étaient formées par du papier parcheminé tendu sur des membrures faites en acajou et en peuplier. Leur envergure était de 9 mètres et leur surface de 26 mètres carrés. A l'extrémité de chaque aile était monté un aileron de stabilisation latérale pouvant osciller autour d'un axe horizontal. A l'arrière de la poutre armée étaient placés une surface d'empennage fixe et un plan mobile faisant office de gouvernail de profondeur. A l'arrière aussi et verticalement, se trouvait le gouvernail de direction.

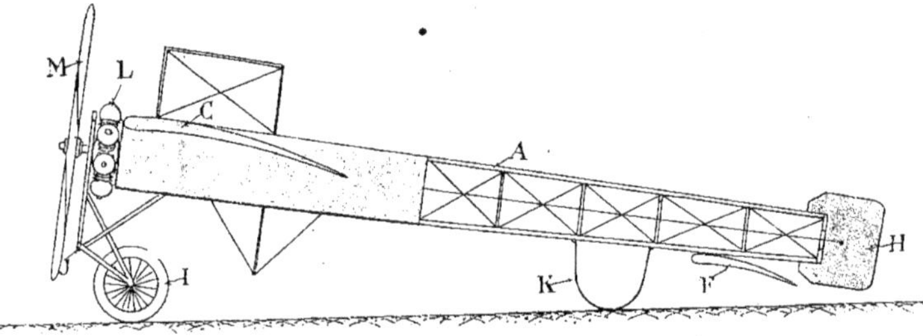

Fig. 545. — Monoplan Blériot. Vue de profil.

Cette hélice tourne à 1.100 tours par minute et est placée en avant de l'aéroplane.

Le train porteur de l'appareil se compose de deux paires de roues H disposées, par paire, à cheval sur chacun des deux patins I. Ces patins, formés par les longerons inférieurs de la queue, se recourbent en avant et sont entretoisés avec le corps de l'appareil.

Le biplan Caudron a une longueur totale de 8 mètres de l'avant à l'arrière.

Monoplan Blériot Nous avons précédemment indiqué les transformations successives subies par les aéroplanes Blériot avant la construction du type *Blériot IX,* avec lequel fut effectué le premier voyage en monoplan à travers la campagne.

Cet appareil, le *Blériot IX,* était constitué

Tous ces organes étaient commandés par l'intermédiaire d'une *cloche* montée sur un seul levier, et que le pilote a devant lui lorsqu'il est assis sur le siège disposé entre les deux ailes.

Le dispositif moto-propulseur du *Blériot IX* était un moteur Antoinette de 50 chevaux, placé en avant, qui commandait directement une hélice métallique à 4 branches flexibles, d'un diamètre de 2 mètres 10 et du pas de 1 mètre 40.

L'aéroplane était supporté par un train à deux roues montées élastiquement.

Après ce modèle de monoplan, M. Blériot commença l'étude d'un type de biplan qui devint le *Blériot X,* et dont les essais ne furent pas poursuivis.

Le monoplan construit aussitôt après, le

Blériot XI, qui devait devenir à jamais fameux par sa traversée de la Manche, est le type du monoplan Blériot, et s'il a subi quelques transformations, ainsi que nous le verrons plus loin, pour l'adapter à des conditions spéciales d'utilisation, le principe de disposition des organes et de leur fonction est resté le même.

Le monoplan *Blériot XI* (Fig. 545 à 549) se compose d'une poutre A constituée par quatre longerons en bois, entretoisés par des montants et des traverses. Cette poutre, qui a une section quadrangulaire et qui s'effile vers l'arrière, est rendue rigide et indéformable par des haubans en *cordes de piano* reliés par des étriers spéciaux qui suppriment les tendeurs.

La poutre, qui forme le corps ou fuselage de l'appareil, a une longueur de 8 mètres. Elle supporte les ailes B et C ou surfaces sustentatrices disposées une de chaque côté de cette poutre, sur un même plan. Ces ailes sont constituées chacune par deux longerons disposés perpendiculairement au fuselage. L'un des longerons est cylindrique et s'enfonce dans un tube porté par le fuselage, l'autre est assemblé avec un des montants de ce fuselage. Les deux longerons supportent une série de nervures en bois assemblées qui sont recouvertes au-dessus et au-dessous avec du tissu caoutchouté.

La structure des ailes permet leur gauchissement. Comme les ailes sont solidaires par une seule de leurs extrémités avec le fuselage, elles sont maintenues à leur position normale par des haubans. Ces haubans, attachés vers l'extrémité de l'aile, aboutissent à des montants débordant en dessus et en dessous du fuselage. Les haubans supérieurs D qui ne servent qu'à supporter les ailes lorsque l'appareil est au repos, sont des câbles métalliques.

Les haubans inférieurs E doivent offrir une grande résistance pour maintenir les ailes en place malgré la pression exercée par l'air sous elles pour assurer la sustentation de l'appareil. Ces haubans sont en fil d'acier.

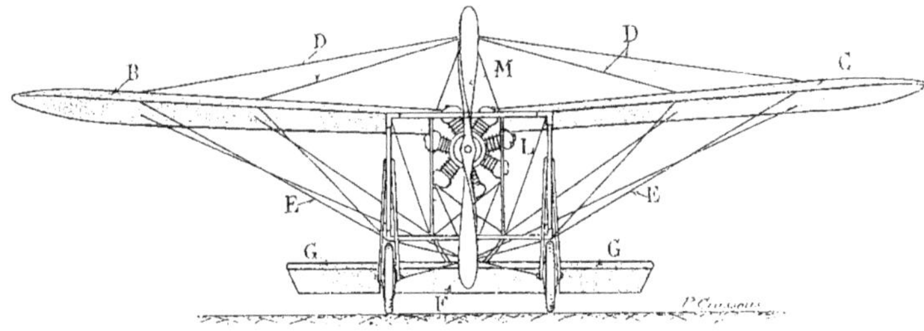

Fig. 546. — Monoplan Blériot. Vue de face.

Les ailes ont une forme concave en dessous. Vues en projection horizontale, elles ont une forme trapézoïdale, les angles extrêmes en arrière étant fortement arrondis. La longueur totale, de bout en bout des ailes, est de 7^{m},20 et leur superficie est de 12 mètres carrés. Elles sont disposées pour présenter un angle d'attaque de 7 degrés.

Le fuselage, qui est entoilé sur une partie de sa longueur, en avant, porte à son extrémité postérieure un plan fixe F formant empennage. Ce plan sert à assurer la stabilité longitudinale. De chaque côté de ce stabilisateur fixe est disposé un aileron G qui est mobile et qui peut osciller autour d'un axe horizontal parallèle à l'arête longitudinale du plan F. Ces ailerons mobiles G servent à assurer la stabilité d'altitude; ils font fonction de gouvernails de profondeur et leur mouvement est combiné avec le mouvement de gauchissement des ailes qui assure la stabilité transversale.

En arrière de ces surfaces de stabilisation est monté le gouvernail de direction H mobile autour d'un axe vertical.

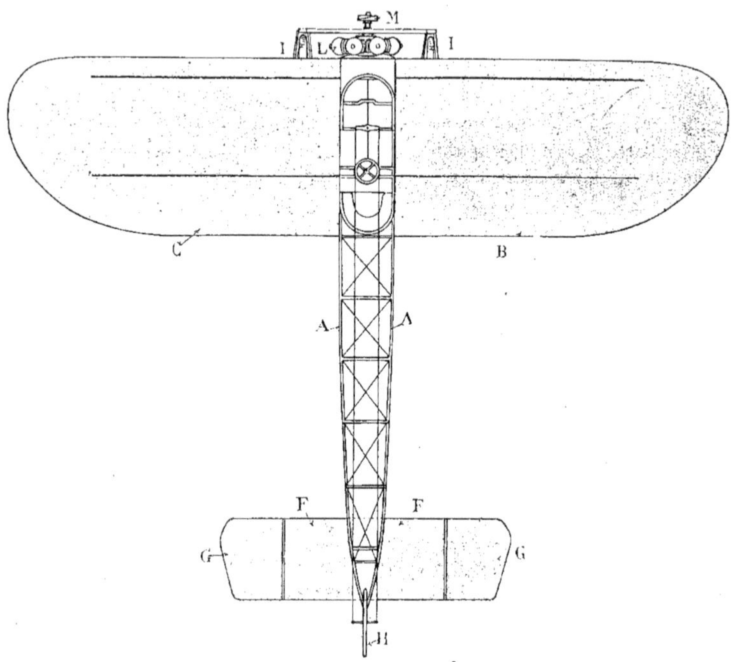

Fig. 547. — Monoplan Blériot. Vue en plan.

La commande de ces divers organes est faite pour les stabilisateurs et pour le gauchissement des ailes par la manœuvre d'un seul levier solidaire d'une *cloche* portant les câbles, et pour le gouvernail de direction par l'intermédiaire d'un *palonnier* placé sous les pieds du pilote, sorte de balancier horizontal pivotant en son milieu et dont chaque extrémité porte un câble qui aboutit au gouvernail de direction.

La cloche de commande N (Fig. 548) est une pièce en aluminium fixée à un levier O, monté à la cardan sur un support solidaire du plancher de l'appareil. La cloche porte, sur sa tranche inférieure, quatre crochets Q diamétralement opposés deux à deux et également espacés.

A ces crochets sont attachés les bouts de câbles qui commandent d'une part, le gauchissement des ailes, et d'autre part, la manœuvre du gouvernail de profondeur.

Lorsque le levier, terminé à sa partie supérieure par un volant P, est déplacé dans le sens latéral, de gauche à droite ou inversement, les ailes sont gauchies par la traction d'un câble d'un côté, tandis que le *mou* donné au câble diamétralement opposé permet aux extrémités des ailes correspondantes de prendre une position contraire à celle des ailes, qui sont gauchies par traction.

Quand le levier est manœuvré de l'avant vers l'arrière ou inversement, ce sont les ailerons arrière de stabilisation qui oscillent pour faire monter ou descendre l'appareil.

Comme le levier de la cloche est monté à la cardan, on peut donner à ce levier toutes les inclinaisons et combiner ainsi les mouvements de gauchissement des ailes et de manœuvre des gouvernails de profondeur.

Au levier de la cloche sont adjoints deux leviers auxiliaires qui doivent, pendant la manœuvre même des plans de stabilisation, faire varier le régime du moteur en agissant sur ses organes.

La cloche et son levier sont placés en avant du pilote, qui est assis sur un siège disposé dans le fuselage, entre les deux ailes.

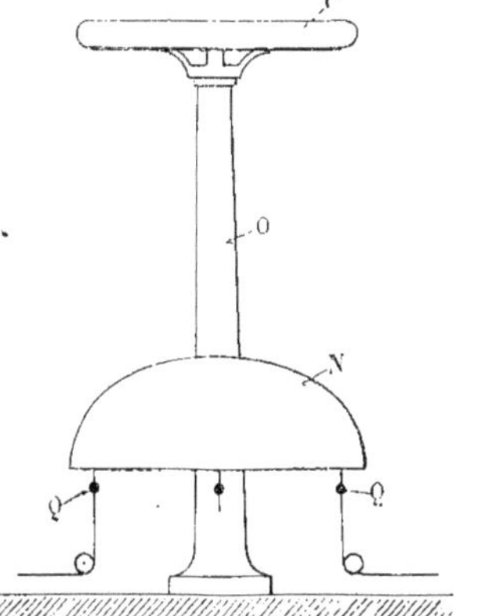

Fig. 548. — Cloche de commande du monoplan Blériot.

Le moteur L placé en avant du pilote est fixé sur le fuselage. Il actionne une hélice Chauvière M à deux branches, de $2^m,08$ de diamètre et de $1^m,15$ de pas.

Le monoplan *Blériot XI* qui a fait, le 25 juillet 1909, la traversée de la Manche, piloté par son constructeur, portait un moteur Anzani de 25 chevaux.

On peut aussi monter sur ce type d'aéroplane un moteur Esnault-Pelterie et un moteur Gnôme.

Le train porteur servant au départ et à l'atterrissage est, ainsi que nous l'avons précédemment indiqué, composé de deux roues orientables, I, accouplées parallèlement et montées élastiquement par rapport au châssis support J; il est rendu solidaire du fuselage.

A l'arrière du fuselage est fixé un patin élastique K sur lequel repose l'appareil au moment de son départ. Aussitôt que l'aéroplane, en roulant, acquiert une certaine vitesse, le patin d'arrière ne touche plus le sol; l'appareil ne roule alors que sur ses deux roues jusqu'au moment où sa vitesse acquise est suffisante pour provoquer son envol.

Le *Blériot XI*, qui a été appelé type *Traversée de la Manche*, ou encore, type *Channel*, du nom donné en Angleterre au détroit du Pas-de-Calais, pesait, en ordre de route, 340 kilogrammes.

Le *Blériot XII*, construit après, comporte des dispositions à peu près semblables à celles de l'appareil précédent. La superficie totale des ailes est de 15 mètres carrés et leur envergure est de 9 mètres. L'empennage arrière, au lieu d'être un plan rectangulaire, a une forme en queue d'aronde et le gouvernail de profondeur fait suite à ce plan stabilisateur fixe, divisé, toujours, en deux parties disposées de part et d'autre et au-dessous du gouvernail de direction. Un autre monoplan du même type à deux places a été établi avec une superficie totale des ailes de 25 mètres carrés, une envergure de 11 mètres et une largeur d'ailes de $2^m,30$.

Le fuselage de l'appareil est complètement recouvert de toile.

Enfin, un *Blériot XIII* a été construit pour remplir des conditions spéciales. Cet appareil monoplan, piloté par Lemartin, qui a été victime en juin 1911 d'un accident mortel d'aéroplane, enleva, le 2 février

1911, sept passagers, puis, deux jours plus tard, dix passagers, représentant un poids utile de 500 kilogrammes environ, l'appareil pesant, au total, 1.103 kilog. 500,

La superficie totale des surfaces sustentatrices est de 40 mètres carrés et le moteur qui actionne l'appareil a une puissance de 90 chevaux.

Les monoplans Blériot ont obtenu, comme nous l'indiquerons plus loin, de nombreux succès dans les divers meetings et circuits d'aéroplanes, et accompli, sous la direction d'audacieux et habiles pilotes, des prouesses remarquables que nous résumerons.

Monoplan Robert Esnault-Pelterie, R. E. P. M. Esnault-Pelterie construit plusieurs types d'aéroplanes monoplans : le monoplan à une place muni d'un moteur de 50 à 60 chevaux et le monoplan à deux places comportant un moteur de même puissance.

Voici comment est constitué le monoplan à deux places qui est le type le plus récent. Le monoplan à une place n'en diffère que par les dimensions.

L'appareil comporte un fuselage métallique (Fig. 550 à 552). Il est fait en tubes d'acier étiré. Ces tubes sont rendus solidaires par des raccords soudés; des haubans raidissent l'ensemble et le rendent indéformable.

Fig. 549. — Départ d'un monoplan Blériot monté par Leblanc.

Le fuselage, à l'extrémité avant, est très rétréci. Il porte quatre pattes qui servent à fixer le moteur. Il s'élargit ensuite pour recevoir les deux sièges du pilote et du passager ainsi que les divers organes de commande et de manœuvre.

Puis, derrière les sièges, le fuselage a une section en forme de losange dont les dimensions diminuent de plus en plus à mesure que l'on se rapproche de l'extrémité arrière. C'est à cette extrémité que sont disposés les organes de stabilisation et de direction.

Le fuselage est, en entier, tendu de tissu caoutchouté, pour diminuer le plus possible la résistance à l'avancement.

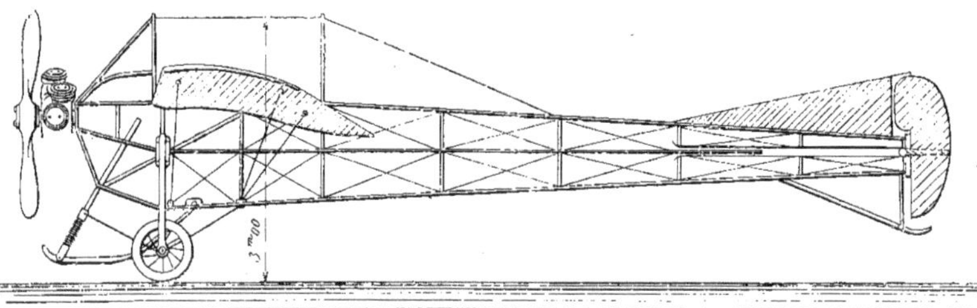

Fig. 550. — Monoplan R. E. P. à deux places. Vue de profil.

Les surfaces sustentatrices ou ailes sont disposées sur les côtés du fuselage, au droit de la partie élargie où se trouvent les sièges des aviateurs, de sorte que ceux-ci sont assis entre les deux ailes.

Ces ailes ont, en projection horizontale, une forme trapézoïdale; les bords arrière sont légèrement incurvés. Elles sont, chacune, formées par deux poutres en frêne d'une seule pièce, réunies par des nervures en bois dont la section est carrée pour les unes et en forme de double T pour les autres.

Au-dessus et au-dessous de cette carcasse est tendu du tissu caoutchouté rouge, qui vient se raccorder avec le tissu enveloppant le fuselage.

Les ailes ne sont pas fixées d'une manière rigide au fuselage. Chacune des deux poutres qui forment la charpente d'une aile est reliée au corps de l'appareil par l'intermédiaire d'un raccord articulé. Ce sont les haubans qui maintiennent l'aile dans la position qu'elle doit occuper, et le réglage de cette position est rendu facile par le montage articulé des ailes.

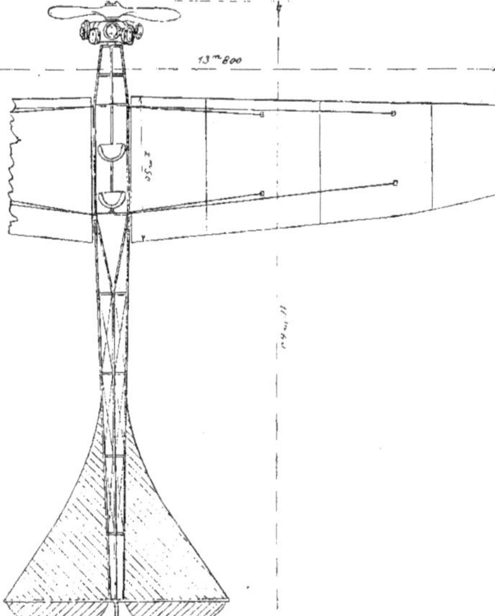

Fig. 551. — Monoplan R. E. P. à deux places. Vue en plan.

Les haubans sont au nombre de huit par aile, deux disposés en dessus et deux en dessous pour chacune des deux poutres de cette aile. Les haubans qui aboutissent à la poutre arrière ne sont pas, à leur autre extrémité, fixés directement au fuselage. Ils sont rendus solidaires de l'appareil par l'intermédiaire d'une pièce oscillante, montée sur billes, et qui peut être actionnée par le levier qui produit le gauchissement.

Les haubans inférieurs doivent résister à la pression qui s'exerce sur les ailes pendant le vol de l'appareil. Ils sont constitués par deux lames en acier enveloppées de toile pour les préserver de l'oxydation. La liaison de ces deux lames avec les chapes de fixation disposées sur les ailes et sur le fuselage s'effectue en introduisant le bout des lames dans un logement conique ménagé dans la chape. Un coin ayant le même angle que le logement conique est placé dans la chape de façon à appliquer les lames contre les parois obliques. Chaque bout de lame est ensuite retourné sur le coin et ces bouts peuvent être soudés. Il s'ensuit que plus la pression est grande sur l'aile et alors que, par conséquent, la traction s'exerce plus forte sur les lames-haubans, plus les extrémités de ces lames, en tirant sur les coins, sont appliquées énergiquement contre les parois de la chape de fixation.

Ce mode de liaison est simple et efficace.

Les haubans supérieurs, qui n'ont qu'à maintenir les ailes à leur position normale lorsque l'appareil est au repos, sont faits en fil d'acier.

Dans le sens de l'envergure, les ailes forment entre elles un angle dièdre très ouvert qui facilite la stabilisation.

Fig. 552. — Monoplan Esnault-Pelterie (1911). Vue d'arrière.

Cette stabilisation est, en outre, assurée par un empennage fixé vers l'arrière du fuselage. Cet empennage est constitué par une surface horizontale de forme triangulaire qui part du tiers arrière du fuselage et s'étale jusqu'à son extrémité. De plus, au-dessous de ce plan horizontal est disposée une quille verticale de longueur moindre et ayant également une forme triangulaire.

A l'arrière de l'empennage horizontal est

placé le gouvernail de profondeur, formé de deux segments de cercle recouverts d'étoffe. Ces plans sont mobiles autour de leur côté rectiligne et sont montés sur des paliers à billes.

Entre les deux parties du gouvernail de profondeur est placé, verticalement, le gouvernail de direction.

Les châssis constituant ces diverses surfaces de stabilisation et de direction sont faits en tubes d'acier et sont fixés au corps de l'aéroplane au moyen de boulons.

La commande du gouvernail de profondeur se fait au moyen d'un levier placé à la gauche du pilote, levier qu'il manœuvre, pour cela, d'avant en arrière ou inversement. Le même levier actionné de droite à gauche, ou inversement, commande le gauchissement des ailes.

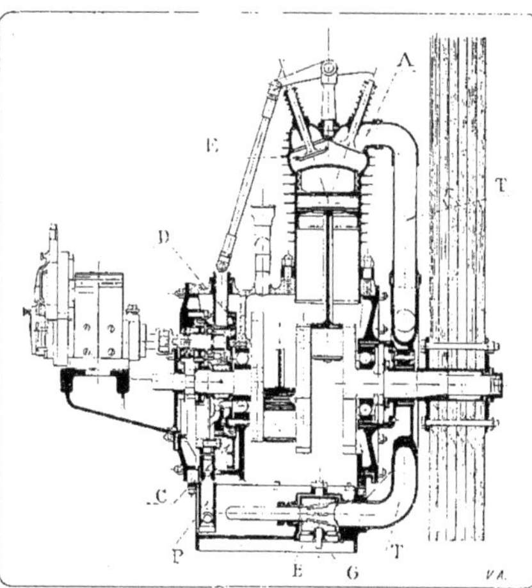

Fig. 553. — Coupe du moteur Esnault-Pelterie.

Un second levier, placé à la droite du pilote, fait mouvoir le gouvernail de direction.

Le jeu de leviers est double. Chacun des deux passagers peut, en les manœuvrant, commander les divers organes, les liaisons étant faites d'une façon appropriée.

Le train porteur de l'aéroplane comporte deux roues garnies de pneumatiques de gros diamètre. Ces roues sont reliées chacune au fuselage par deux tubes qui forment, avec celui des châssis, une sorte d'ensemble triangulaire qui peut se déformer, le tube inférieur de la roue étant monté à articulation et l'autre tube pouvant se déplacer, à sa partie supérieure, dans une glissière, tout en étant maintenu en position par des ressorts en caoutchouc.

Un patin en bois de grande largeur est placé en avant des roues et entre elles.

Il est donc disposé dans l'axe de l'appareil et, en avant, solidaire d'un piston faisant partie d'un frein *oléo-pneumatique*. En arrière, le patin est monté à glissière sur le tube inférieur du fuselage. Lorsque l'atterrissage est trop brusque et que les roues ne suffisent pas à amortir le choc, le patin frotte à son tour sur le sol et agit en freinant par l'intermédiaire du frein oléo-pneumatique.

Le patin sert aussi à empêcher l'appareil de *capoter* à l'atterrissage, dans le cas de la rencontre d'une aspérité prononcée de terrain. Le patin, en effet, peut glisser sur l'obstacle et préserver l'appareil d'un arrêt brusque qui pourrait produire le renversement en avant.

Une crosse-béquille est placée à l'arrière du fuselage et à la partie inférieure pour supporter l'appareil au repos et protéger les organes de stabilisation et de direction.

Le moteur est du type Esnault-Pelterie, que nous avons décrit dans notre précédent volume ; les figures 463, 464 et 553 de celui-ci en donnent des vues d'ensemble. Sa puissance est de 50 à 60 chevaux. Le moteur est muni d'un dispositif d'avance à l'allumage et d'un dispositif de mise en route commandé du siège du pilote. Il comporte aussi un réglage d'admission des gaz au moyen de deux pédales placées sous les pieds du pilote. Une pédale provoque, par sa manœuvre, l'accélération, l'autre le ralentissement du moteur.

Le moteur actionne une hélice en bois à deux branches placée à l'avant de l'aéroplane.

Le monoplan Esnault-Pelterie à deux places que nous venons de décrire, a une longueur de 10 mètres. Les ailes ont une envergure de 12^{m},70 et leur superficie totale est de 25 mètres carrés. Son poids à vide est de 500 kilos et il s'est enlevé avec une charge utile dépassant 300 kilogrammes.

Le type de monoplan Esnault-Pelterie à une place est, en principe, semblable au type précédent, mais il ne comporte qu'un siège de pilote; sa longueur est de 9^{m},50. Les ailes ont une envergure de 12^{m},80, et une surface de 25 mètres carrés. Son poids à vide est de 480 kilos; en pleine charge, monté, il est d'environ 600 kilos. Le moteur a aussi une puissance de 50 à 60 chevaux. On voit que les caractéristiques des deux appareils ne sont pas très différentes.

Monoplan Antoinette (Fig. 554 à 557.) La Société Antoinette avait, avant de construire des aéroplanes, établi des moteurs légers, dont les premiers appareils à voler ont presque tous été munis au début. Un de ces moteurs étudié par l'éminent ingénieur de cette Société, M. Levavasseur, et semblable à celui que nous avons décrit dans le volume précédent, actionne le monoplan Antoinette.

Ce monoplan se compose d'un fuselage A formé par une poutre, dont la section a une forme triangulaire, rendue rigide et indéformable par des assemblages de montants et de traverses. A l'avant, ce fuselage est effilé pour diminuer la valeur de la résistance de l'air pendant la marche; à l'arrière, la poutre s'amincit également.

Au droit de la partie élargie du fuselage sont disposées les deux ailes B et C.

Elles ont, en projection horizontale, une forme trapézoïdale, la grande base étant appliquée le long du fuselage. Elles ne sont pas dans le prolongement l'une de l'autre, et forment un angle dièdre très ouvert. Leur envergure totale est de 15 mètres et leur surface de 35 mètres carrés. Elles sont disposées de façon que l'angle d'attaque soit de 4 degrés.

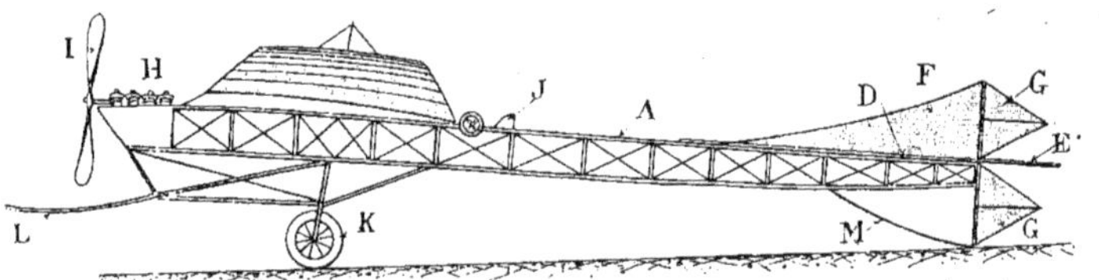

Fig. 554. — Monoplan Antoinette. Vue de profil.

La carcasse des ailes est constituée par des membranes disposées dans le sens de l'envergure et par des nervures en forme de poutres entretoisées. Ces ailes sont rendues assez souples pour qu'elles puissent être gauchies à la volonté du pilote afin d'assurer la stabilité transversale. Sur la carcasse des ailes est tendu, en dessous et en dessus, un tissu caoutchouté.

Les ailes encastrées dans le fuselage sont maintenues à leur position par des haubans supérieurs et inférieurs.

A la partie arrière du fuselage est disposé un empennage horizontal fixe D qui est constitué par deux plans triangulaires placés un de chaque côté du fuselage. A la suite de cet empennage se trouve un plan stabilisateur mobile E faisant office de gouvernail de profondeur.

Enfin, un gouvernail de direction G, en deux parties, est monté à l'arrière de cette quille et disposé de façon à pouvoir osciller autour d'un axe vertical.

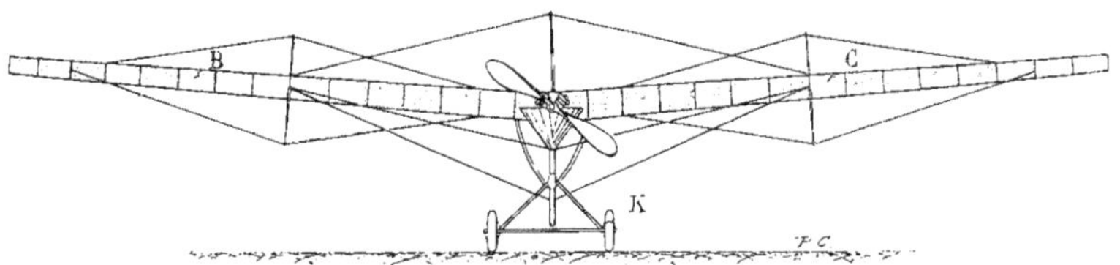

Fig. 555. — Monoplan Antoinette. Vue de face.

Les manœuvres de ces divers organes s'effectuent au moyen de deux volants et d'un palonnier. L'un des volants, celui de droite, commande la manœuvre du gouvernail de profondeur; l'autre volant, placé à

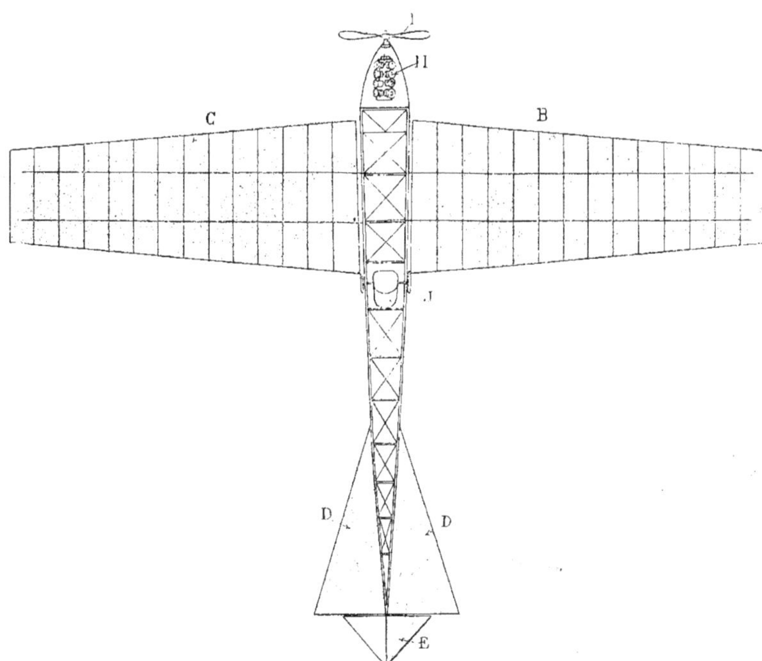

Fig. 556. — Monoplan Antoinette. Vue en plan.

Entre les deux plans d'empennage est placée verticalement une quille F, surface de forme triangulaire, qui complète l'empennage stabilisateur de queue.

gauche, commande le gauchissement des ailes. Le palonnier, placé sous les pieds du pilote, permet la manœuvre du gouvernail de direction.

En outre, deux manettes, placées en avant du pilote servent à régler l'avance à l'allumage du moteur et sa carburation. Un interrupteur à pédale permet d'arrêter momentanément le moteur; un autre interrupteur placé à portée de la main, permet l'arrêt définitif.

Le moteur H est du type Antoinette à huit cylindres disposés en V. Il actionne une hélice Antoinette I faite en acier et en aluminium. Le moteur Antoinette comporte un refroidissement par circulation d'eau.

Ce dispositif nécessite un radiateur. Cet organe est constitué par des tubes très minces à grande surface de refroidissement disposés sous la forme d'un panneau de 1 centimètre d'épaisseur, $0^{m},60$ de large et 3 mètres de long. Ce panneau est placé sur l'un des côtés du fuselage où il reçoit, pendant la marche, l'action réfrigérante de l'air qui glisse sur cette paroi (Fig. 557).

Fig. 557. — Monoplan Antoinette. Avant avec ancien dispositif d'atterrissage.

Le moteur et l'hélice sont placés en avant du fuselage. Le siège J du pilote est placé entre les ailes et en arrière d'elles.

Le train porteur servant au départ et à l'atterrissage se compose de deux roues K garnies de pneumatiques, rendues solidaires d'un châssis fixé au fuselage, par l'intermédiaire d'un amortisseur hydro-pneumatique. De plus, un patin recourbé L est placé en avant pour freiner à l'atterrissage et empêcher l'appareil de capoter.

Une crosse-béquille M est placée à l'arrière du fuselage et en dessous pour servir de point d'appui à l'appareil, au repos.

Le premier dispositif d'atterrissage ne comportait qu'une roue à pneumatique, conjuguée avec un patin muni en bout d'un petit rouleau (Fig. 557). Le monoplan Antoinette, en ordre de marche, pèse 520 kilogrammes.

Fig. 558. — L'aviateur Weymann sur monoplan Nieuport.

C'est avec cet appareil que l'aviateur Latham accomplit ses merveilleux exploits aériens et qu'il tenta, le premier, de traverser le détroit du Pas-de-Calais. Sa tentative, on le sait, échoua, et Latham fut recueilli en mer, assis dans son appareil qui flottait à la surface de l'eau.

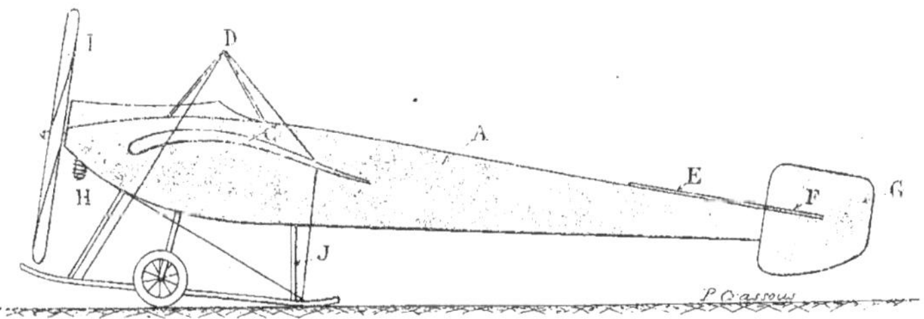

Fig. 559. — Monoplan Nieuport. Vue de profil.

Monoplan Nieuport (Fig. 558 à 561.) Ce monoplan a montré de grandes qualités de vitesse ; c'est avec lui que Weymann a gagné la coupe d'aviation Gordon-Benett courue le 1er juillet 1911 en Angleterre.

Il se compose d'un fuselage A constitué par une poutre armée et rigide, recouverte entièrement d'étoffe. Ce fuselage est en forme de sabot en avant et effilé vers l'arrière. Le pilote, assis sur son siège entre les ailes, est complètement protégé de tous côtés, étant placé dans cette nacelle en forme de sabot dans laquelle sont disposés tous les organes de commande et de manœuvre de l'appareil.

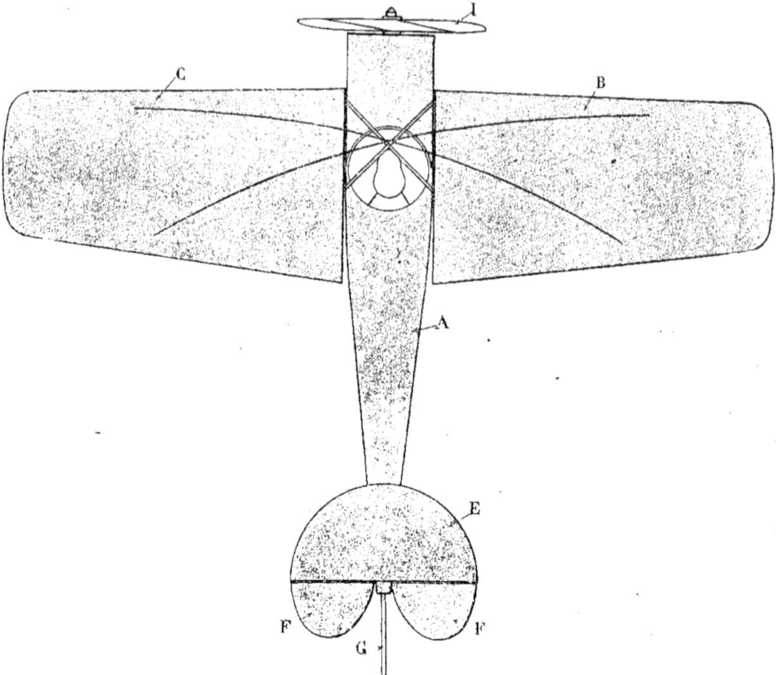

Fig. 560. — Monoplan Nieuport. Vue en plan.

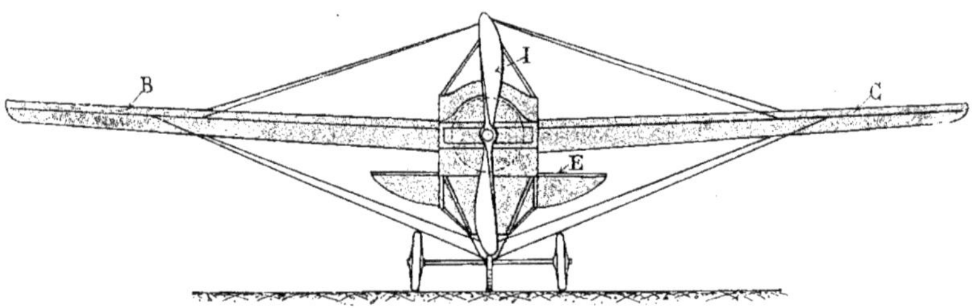

Fig. 561. — Monoplan Nieuport. Vue de face.

Les ailes B et C ont une forme trapézoïdale, la grande base du trapèze appliquée contre le fuselage et l'autre extrémité portant des coins arrondis, principalement celui d'arrière qui l'est fortement.

Les ailes ont une section spéciale en

forme incurvée. Elles sont constituées par une charpente solide et souple qui permet leur gauchissement.

Elles sont tendues au-dessus et au-dessous de tissu caoutchouté; leur envergure est de 10 mètres et leur surface totale est de 18^{mq},36. Ces ailes ne sont pas tout à fait dans le prolongement l'une de l'autre. Elles forment, par leur disposition, un V très grand ouvert. Elles sont réglées en position par des haubans. Ces haubans supérieurs et inférieurs sont fixés d'une part sur la carcasse de l'aile et, d'autre part, à la partie supérieure, au point de jonction D de quatre montants réunis au fuselage. A la partie inférieure, ils sont fixés au châssis.

recourbé en avant et se prolongeant, en arrière, de façon à supporter l'appareil quand il est au repos.

Ce longeron fait office de patin à l'atterrissage. Il est rendu solidaire, par l'intermédiaire de ressorts à lames, de deux roues L garnies de pneumatiques. Ce sont ces deux roues qui, à l'atterrissage, prennent d'abord contact avec le sol. Le choc est d'abord amorti par les pneumatiques qui garnissent les roues, puis, s'il est trop grand, par la flexion des roues sur les ressorts-lames qui les relient au châssis. Le patin, enfin, prend contact à son tour avec le sol et freine énergiquement.

Le monoplan Nieuport a une longueur de

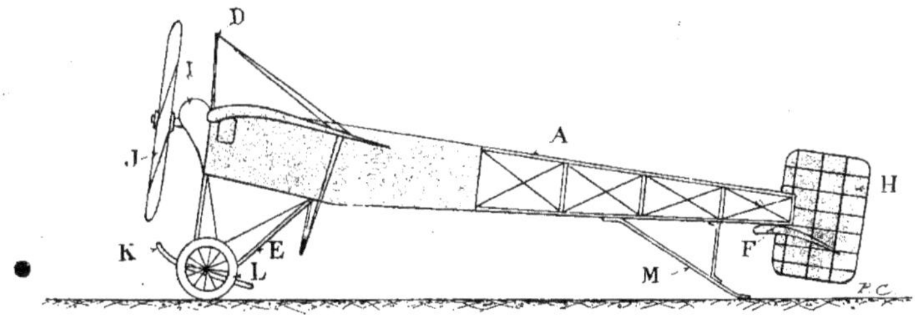

Fig. 562. — Monoplan Morane. Vue de profil.

Le fuselage porte, à l'extrémité arrière, les organes de stabilisation et de direction. Un empennage horizontal fixe E est placé à la partie supérieure du fuselage. Ce plan stabilisateur est prolongé par deux autres plans mobiles F qui font office de gouvernail de profondeur. Entre les deux plans mobiles peut osciller le gouvernail de direction G qui tourne autour d'un axe vertical.

Le moteur H, du type Gnôme, est placé en avant du fuselage. Il a une puissance de 70 chevaux et actionne une hélice *intégrale Chauvière* I d'un diamètre de 2^{m},70, de 2 mètres de pas, tournant, comme le moteur, à la vitesse de 1.200 tours par minute.

Le train porteur de l'appareil se compose d'un châssis J, terminé à sa partie inférieure par un longeron K de grande longueur

7^{m},50. Son poids à vide est de 340 kilogrammes, et en ordre de marche il est de 550 kilogrammes.

Monoplan Morane (Fig. 562 à 565.) C'est cet aéroplane que montait l'aviateur Védrines dans la course Paris-Madrid et avec lequel il a gagné le prix de 100.000 francs en arrivant le premier à Madrid, le 26 mai 1911 au matin, ayant effectué un parcours de 1.205 kilomètres en trois étapes.

Le monoplan Morane se compose d'un fuselage A fait en frêne, à section quadrangulaire, dont les dimensions diminuent de 0^{m},60 de côté à l'avant, à 0^{m},25 à l'arrière.

L'avant du fuselage, qui porte le siège du pilote, est seul entoilé pour faciliter le glissement des filets d'air; l'arrière est ouvert pour éviter une trop grande résistance de l'air lors des virages.

L'extrémité avant de la poutre A porte un

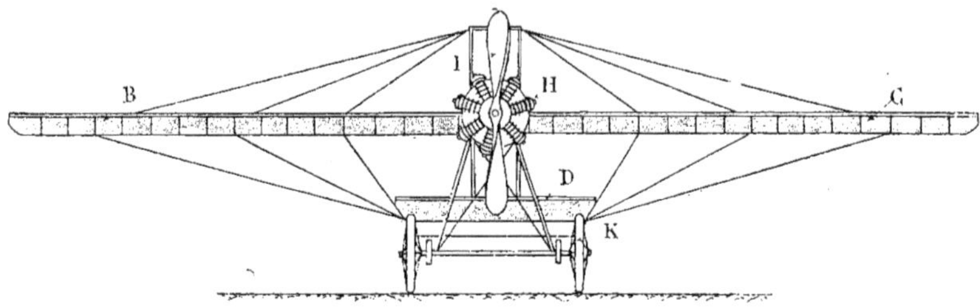

Fig. 563. — Monoplan Morane. Vue de face.

capot qui fait saillie au-dessus et qui abrite l'aviateur pendant la marche.

Les deux surfaces sustentatrices B et C

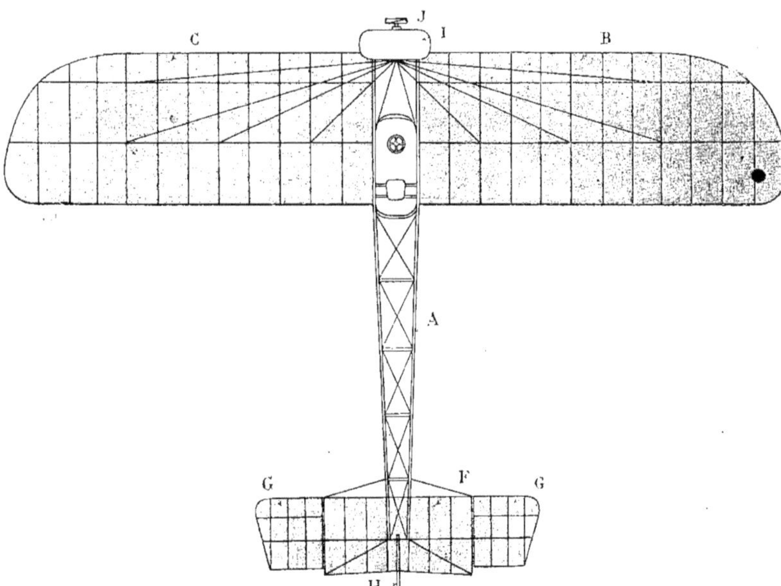

Fig. 564. — Monoplan Morane. Vue en plan.

sont disposées une de chaque côté du fuselage dans le prolongement l'une de l'autre, ne formant aucun angle dièdre.

Ces ailes, qui ont 1m,90 de largeur, sont constituées chacune par deux longerons de frêne distants de 0m,65, portant des nervures placées perpendiculairement et espacées de 0m,35. Leur envergure est de 9m,30 et leur surface totale est de 17mq,5. Elles peuvent, par leur construction même, être gauchies pour assurer la stabilisation transversale.

Les ailes sont supportées par des haubans. Les haubans supérieurs s'attachent au sommet D d'une pyramide faite en tubes; les haubans inférieurs sont fixés au châssis porteur E solidaire du fuselage.

La poutre A formant le corps de l'aéroplane porte, à l'arrière, une surface d'empennage fixe F prolongée à droite et à gauche par deux ailerons mobiles G, pouvant osciller autour d'un axe horizontal et qui constituent le gouvernail de profondeur. L'envergure de ce système stabilisateur est de $3^m,50$ et sa largeur est de $0^m,80$.

Le gouvernail de direction H est placé dans l'axe de l'appareil, au bout de la poutre, à l'extrémité arrière. Il pivote autour d'un axe vertical et est fait en deux parties rendues solidaires, entre lesquelles prend place le plan d'empennage fixe F.

La commande du gauchissement des ailes et la manœuvre du gouvernail de profondeur s'effectuent au moyen d'un seul levier muni d'un volant.

Le mouvement du levier vers l'avant ou vers l'arrière actionne le gouvernail de profondeur, tandis que le mouvement vers la droite ou vers la gauche commande le gauchissement des ailes.

Le gouvernail de direction est commandé par la manœuvre de deux pédales placées sous les pieds du pilote.

Le moteur Gnôme I, d'une puissance de 50 chevaux, est monté à l'avant du fuselage. Il commande directement une hélice Chauvière J de $2^m,60$ de diamètre, d'un pas de $1^m,80$, tournant à la vitesse de 1.100 tours par minute.

Fig. 505. — Monoplan Morane 1911. Vue d'arrière.

Le chariot de départ et d'atterrissage se compose d'un châssis E, fait en tubes d'acier entretoisés. Ce châssis est terminé, à sa partie inférieure, par deux patins K, relevés vers l'avant et de faible longueur. Entre les deux patins est monté un essieu horizontal portant, à chaque extrémité, une roue L garnie d'un pneumatique. Ces roues non orientables sont reliées élastiquement au châssis du train porteur.

Une crosse-béquille M, placée à l'arrière du fuselage et en dessous, sert d'appui au monoplan lorsqu'il est au repos ; elle protège, lors de l'atterrissage, les organes de stabilisation et de direction du danger d'un choc contre le sol.

La longueur totale du monoplan Morane est de $6^{m},70$. Son poids à vide est de 225 kilogrammes et, en ordre de marche il est de 430 kilogrammes.

Monoplan Deperdussin (Fig. 566 à 569.) Cet appareil, établi l'un des derniers, a donné, déjà, dans les diverses courses d'aéroplanes qui ont été effectuées, de remarquables résultats. C'est un appareil à grande vitesse avec lequel des aviateurs en renom ont pu établir de magnifiques vols.

Le monoplan Deperdussin comporte un corps ou fuselage A, composé d'une poutre à treillis de faible largeur, entretoisée, à l'avant, par une coque marine qui peut se démonter et dans laquelle est placé le siège du pilote, en même temps que les divers réservoirs et les organes de commande de l'appareil.

La coque a des parois pleines qui contribuent à diminuer la résistance de l'air pendant l'avancement : le reste du fuselage est complètement entoilé.

Fig. 566. — Vidart sur monoplan Deperdussin, 1911.

Les deux surfaces sustentatrices, ou ailes, B et C sont placées dans le prolongement l'une de l'autre de chaque côté de la coque. Leur carcasse est constituée par deux longerons entretoisés par des nervures. Les nervures sont faites en frêne et les longerons en *hickory*, bois spécial très résistant qu'on utilise assez souvent dans la fabrication des roues d'automobiles.

Les ailes ont une faible largeur; leur partie arrière est souple; leur section a une forme légèrement incurvée ; elles sont disposées de façon à permettre leur gauchissement à la volonté du pilote. La charpente des ailes est recouverte au-dessus et au-dessous d'une toile de lin sur laquelle est étendu un vernis spécial empêchant l'action de l'humidité.

Les haubans supérieurs et inférieurs maintenant les ailes dans leur position normale au repos et pendant le vol, sont faits en fils d'acier très résistants. A l'arrière du fuselage sont disposés des plans d'empennage fixes; l'un, D, est horizontal; il est en deux parties disposées, chacune, sur un des côtés du fuselage; l'autre, E, est vertical et disposé au-dessus de ce fuselage. A la suite du plan d'empennage horizontal est disposé le gouvernail de profondeur F pouvant osciller autour de l'arête transversale du plan d'empennage D. A l'extrémité arrière et pouvant pivoter autour d'un axe vertical, est placé le gouvernail de direction G.

La commande de la manœuvre de l'aéroplane se fait à l'aide d'un levier et d'un *palonnier*. Le levier a la forme d'un pont monté à articulation sur le plancher de la coque. Ce levier porte, à sa partie supérieure, un volant.

En poussant ou en tirant le levier, on effectue la manœuvre du gouvernail de profondeur. En tournant le volant, on provoque le gauchissement des ailes par une action exercée sur toute la longueur du longeron arrière de chaque aile. Le palonnier placé sous les pieds du pilote permet la manœuvre du gouvernail de direction.

Les câbles de commande sont, comme dans la plupart des appareils, doublés par mesure de sécurité.

Le moteur H est du type Gnôme, d'une puissance de 50 chevaux. Il est placé en avant de l'appareil et actionne une hélice I de 2m,50 de diamètre, d'un pas de 1m,60, tournant à la vitesse de 1.100 tours par minute.

Le monoplan est supporté par un châssis J robuste, terminé à sa partie inférieure par

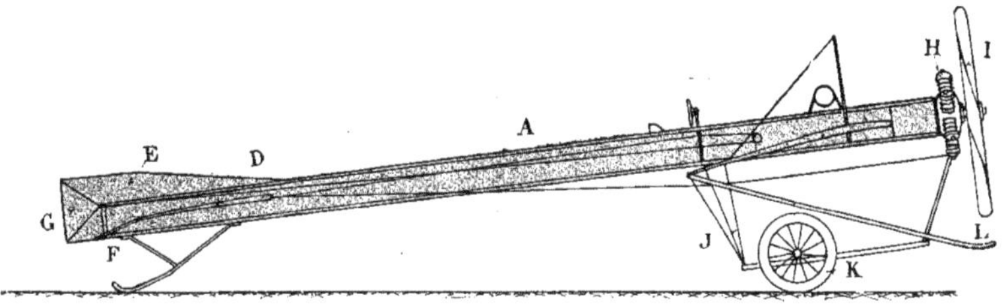

Fig. 567. — Monoplan Deperdussin. Vue de profil.

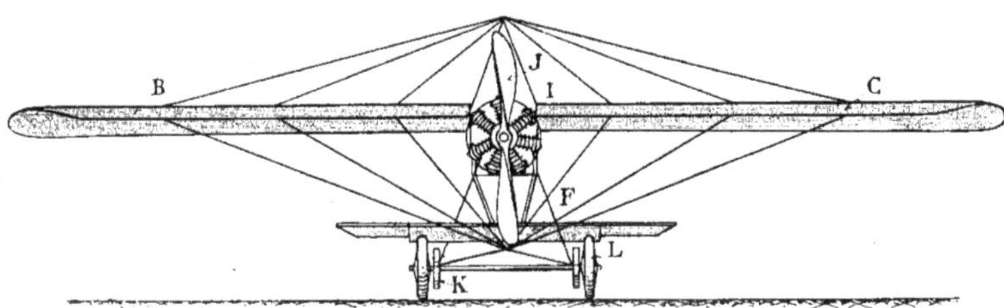

Fig. 568. — Monoplan Deperdussin. Vue de face.

deux patins très courts, sur lesquels prennent point d'appui deux roues K garnies de pneumatiques. Deux crosses obliques L, sont, en outre, disposées à l'avant de l'appareil et réunies à la coque par deux montants entretoisés. Ces montants sont sustentatrices est de 16 mètres carrés. Son poids, en ordre de marche, est de 350 kilogrammes et, avec un moteur de 50 chevaux, on peut obtenir une vitesse de 100 kilomètres à l'heure.

Il existe d'autres types de monoplan De-

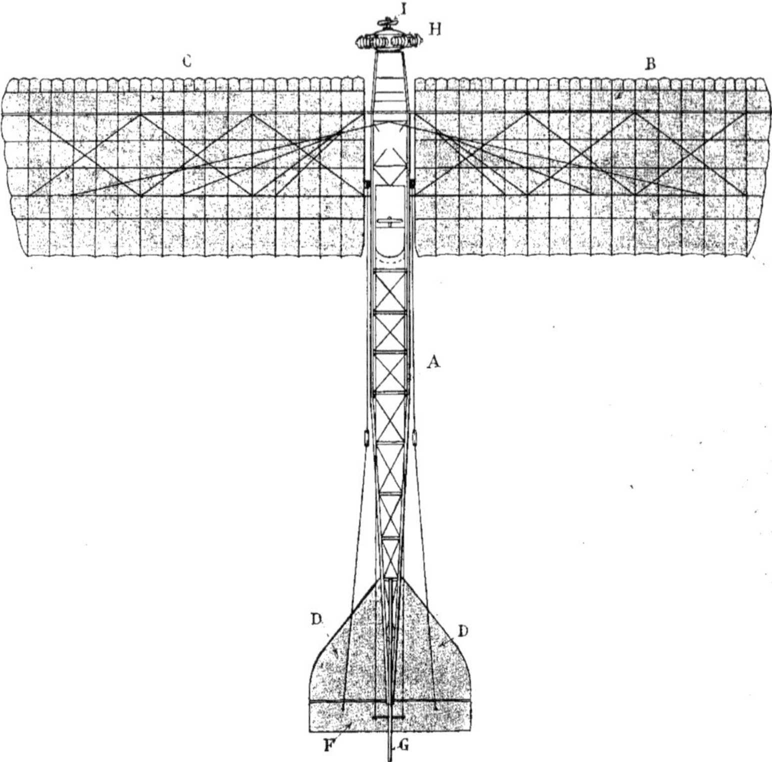

Fig. 569. — Monoplan Deperdussin. Vue en plan.

reliés à la coque par l'intermédiaire d'une ceinture de câbles souples, placée autour d'elle.

A l'arrière, une béquille protège les organes de stabilisation en appuyant sur le sol, lorsque l'appareil est au repos.

Le monoplan Deperdussin à une place a une longueur de 9 mètres, une envergure de 9 mètres; la superficie totale des surfaces

perdussin. Le monoplan à deux places disposées côte à côte, a une envergure de $12^{m},50$, une longueur de 12 mètres. La surface des ailes est de 24 mètres carrés, et avec un moteur de 70 chevaux cet appareil peut donner une vitesse de 100 kilomètres à l'heure. Son poids, en ordre de marche, est de 480 kilogrammes.

Un autre monoplan muni d'un moteur de

100 chevaux, de 15 mètres d'envergure et de 30 mètres carrés de surface, peut enlever quatre passagers.

Monoplan Train (Fig. 570 et 571.) Ce monoplan comporte quelques dispositions originales. Il a été conçu pour être utilisé aux Colonies. C'est pour cela que sa carcasse a été faite entièrement métallique et que le corps même de l'aéroplane où prend place le pilote, est complètement blindé.

L'appareil est composé d'une poutre armée, métallique, qui soutient, à l'arrière, les organes de stabilisation et de direction et qui porte, en avant, le poste du pilote. Ce poste blindé contient tous les organes de manœuvre et est placé à la partie inférieure du fuselage. Les deux surfaces sustentatrices sont disposées au-dessus de ce corps blindé, de sorte que le pilote est placé complètement sous les ailes.

Ces ailes sont constituées chacune par une charpente métallique recouverte au-dessus et au-dessous de tissu. Elles font entre elles un angle dièdre très ouvert et n'offrent, du fait de la disposition spéciale du poste du pilote, aucune interruption de la surface portante dans toute leur longueur. Elles constituent, pour ainsi dire, une seule aile dont les deux extrémités sont légèrement relevées en forme de V.

Fig. 570. — Monoplan Train. Vue d'avant.

Le longeron supérieur de la poutre de fuselage aboutit à la partie supérieure des surfaces sustentatrices, dans l'axe de l'appareil. C'est à l'extrémité avant de cette poutre et sur le bord avant des ailes qu'est monté le moteur. C'est un moteur Gnôme donnant directement le mouvement de rotation à une hélice à deux branches placée en avant. Le moteur est logé dans un carter cylindrique.

Les ailes sont maintenues à leur position par deux séries de haubans. Les haubans supérieurs sont fixés à un chevalet qui fait saillie au-dessus des plans sustentateurs. Les haubans inférieurs sont attachés à la partie inférieure de la coque blindée.

A l'arrière de la poutre armée sont disposés deux plans d'empennages stabilisateurs : un plan horizontal fixe divisé en deux parties, de forme triangulaire, placées chacune d'un côté de la poutre, et une

Fig 571. — Monoplan Train. Vue d'arrière.

quille verticale de forme également triangulaire placée au-dessus du plan d'empennage horizontal. A l'arrière de ce dernier plan est disposé le gouvernail de profondeur pouvant osciller autour d'un axe horizontal. Faisant suite à la quille verticale se trouve le gouvernail vertical de direction.

Le train porteur est constitué par deux roues garnies de pneumatiques qui sont placées à la partie inférieure du corps même de l'aéroplane et reliées à lui élastiquement. A l'arrière de la poutre, une crosse-béquille sert de point d'appui à l'appareil au repos.

Le monoplan reposant sur le sol est, de la sorte, très bas; il a un aspect ramassé qui le fait paraître lourd et qui le différencie nettement des autres monoplans généralement élevés sur leur châssis porteur.

Le constructeur, M. Train, pilotant son monoplan, a participé à plusieurs courses d'aéroplanes de longue durée, dans lesquelles ont été mises en relief les qualités de l'appareil et l'énergie du pilote, desservi, assez souvent, par de pénibles circonstances.

Monoplan Sommer (Fig. 572.) M. Sommer, qui a construit le biplan ayant enlevé 653 kilogrammes de poids utile avec un moteur d'une puissance de 70 chevaux, a établi également un monoplan.

Ce monoplan se compose d'une poutre

entretoisée par des montants et des traverses, d'une longueur totale de 9 mètres, faite en frêne. A l'avant de cette poutre et de chaque côté est disposée une des deux surfaces sustentatrices. Ces ailes ont une envergure de 10 mètres 50 et une superficie de 17 mètres carrés. Elles sont formées, chacune, par une charpente en frêne assemblée de façon à permettre son gauchissement, pour assurer la stabilité transversale. Leur forme est trapézoïdale en projection horizontale, le grand côté du trapèze étant appliqué contre le fuselage. Leur section a une forme incurvée.

Les ailes sont maintenues par des haubans fixés à un chevalet, à la partie supérieure, et au châssis porteur, à la partie inférieure.

L'arrière du fuselage porte un empennage fixe constitué par deux surfaces placées une de chaque côté de la poutre. Cet empennage, quoique destiné à rester fixe, peut être réglé, comme position, par le pilote pendant le vol.

A l'arrière de chacune de ces deux surfaces peut se mouvoir, autour d'un axe horizontal, un autre plan faisant office de gouvernail de profondeur.

En bout de la poutre est monté le gouvernail de direction, plan vertical pouvant osciller autour d'un axe vertical.

La commande des organes de stabilisation se fait au moyen d'un levier qui, manœuvré en avant ou en arrière, actionne le gouvernail de profondeur et, manœuvré à droite ou à gauche, provoque le gauchissement des ailes. Le gouvernail de direction est commandé par l'intermédiaire d'un palonnier placé sous les pieds du pilote.

Les transmissions par câbles sont doublées par mesure de sécurité.

Le moteur du type Gnôme est monté à l'avant du fuselage et commande directement une hélice en bois, à deux pales.

Le train porteur se compose d'un châssis entretoisé placé sous le poste du pilote et

Fig. 572. — Monoplan Sommer. Vue d'ensemble.

dont les deux longerons inférieurs, recourbés en avant, font office de patins. Sur ces deux patins est monté élastiquement un axe transversal supportant, à chacune de ses extrémités, une roue garnie d'un pneumatique. L'appareil roule sur ces deux roues au départ et prend contact avec le sol par leur intermédiaire lors de l'atterrissage.

Une béquille pyramidale placée à l'arrière du fuselage sert de point d'appui à l'appareil au repos.

C'est avec le monoplan Sommer que l'aviateur Kimmerling a fait quelques voyages intéressants et a participé, avec succès, au Circuit Européen d'aviation, en juin 1911.

Appareils divers En dehors des aéroplanes que nous venons de décrire, il existe encore un certain nombre de biplans et de monoplans dont nous n'avons pas parlé et qui se différencient peu d'un des appareils précédents, de sorte que l'on peut toujours aisément, le cas échéant, par un rapide examen, déterminer les caractères d'un de ces appareils et voir de quelle façon sont réalisées les stabilisations et la direction.

Nous ne prolongerons donc pas la description de ces aéroplanes se rapprochant d'un des types que nous venons d'examiner.

Mais on a construit, en outre, des appareils à voler qui ont des caractères tout spéciaux et dont il nous paraît utile de dire quelques mots.

Parmi ces appareils on peut citer l'*aéroplane Coanda,* le *biplan* du *capitaine Doraud,* l'*hydroaéroplane Fabre,* les *hélicoptères Bertin* et *Cornu,* le *gyroplane Bréguet-Richet.*

Nous allons examiner chacun de ces appareils dont les caractères sont très différents les uns des autres.

Aéroplane Coanda (Fig. 573.) L'aéroplane Coanda est un biplan, mais les deux plans sustentateurs superposés sont, pour ainsi dire, indépendants l'un de l'autre, n'étant réunis que par deux paires de montants faits en tube d'acier.

Ces montants assez rapprochés les uns des autres servent à soutenir le fuselage. Ce fuselage, dont la longueur est de $12^{m},50$, a une forme arrondie et effilée en allant vers l'arrière. Il est métallique et plaqué d'acajou bien poli et verni pour diminuer la résistance de l'air pendant l'avancement de l'appareil. Le fuselage est placé à la moitié de la distance qui sépare les surfaces sustentatrices.

Les ailes sont constituées par des charpentes métalliques recouvertes en-dessus et en-dessous d'un placage en bois d'acajou également poli et verni. Cette disposition, remplaçant le tissu caoutchouté généralement employé, a pour but de diminuer le coefficient de frottement de l'air sur les ailes pendant le vol de l'aéroplane. Le poids de l'appareil se trouve, de ce fait, un peu augmenté.

L'aile a un profil assez incurvé vers l'avant, mais la courbure diminue à mesure que l'on approche de l'arrière. Sous les ailes sont disposées des nervures saillantes qui font entre elles des sortes de rigoles permettant la canalisation de l'air.

L'envergure de la surface sustentatrice supérieure est de $10^{m},30$; celle de la surface inférieure est plus petite. La largeur de l'aile supérieure est de $1^{m},75$ et la surface totale des ailes est de 32 mètres carrés.

Les ailes peuvent se gauchir automatiquement, indépendamment l'une de l'autre, par leur montage sur des roulements à billes placés dans l'axe. L'aile supérieure a son gauchissement commandé par des pédales différentielles.

Lorsque ces pédales sont simultanément actionnées, l'arrière de l'aile se trouve tout entier abaissé, ce qui permet de faire frein.

Le gauchissement assure la stabilité transversale. La stabilité longitudinale est obtenue par un empennage formé d'un plan disposé à l'arrière du fuselage. En outre, un empennage, en forme de croix de Saint-André, est placé en arrière de ce plan. Les plans de l'empennage cruciforme sont inclinés normalement à 45 degrés et chacun d'eux est terminé par un panneau triangulaire mobile autour d'un des côtés.

Ce sont les gouvernails qui sont commandés par deux volants différentiels. En agissant sur le volant de droite, par exemple, les panneaux de droite se redressent et l'appareil tourne à droite; en agissant sur le volant de gauche, c'est la manœuvre inverse qui se produit. Lorsque les deux volants sont simultanément tirés vers l'arrière, tous les panneaux se relèvent et présentent à l'action de l'air une résistance placée au-dessus de l'axe; l'extrémité arrière du fuselage s'abaisse et l'appareil monte.

C'est le mouvement inverse qui se produit lorsque les volants sont poussés vers l'avant : les panneaux sont abaissés; l'extrémité arrière du fuselage tend à se relever et l'appareil descend.

On voit que l'aéroplane Coanda ne manque pas de particularités ingénieuses et intéressantes, mais la plus curieuse consiste dans le remplacement de l'hélice par un *turbo-propulseur* pour actionner l'appareil.

Le turbo-propulseur est situé à l'extrémité avant du fuselage; dans une sorte de capot conique. A l'arrière de ce capot est placé un moteur de 50 chevaux fixé dans le fuselage en avant du siège du pilote. Ce moteur donne le mouvement de rotation à une petite turbine qui tourne à raison de 4.000 tours par minute. Les aubes de cette turbine ont trois courbures : la courbure d'aspiration, de raccord et de propulsion.

A l'avant de la turbine est placé un *distributeur* comportant des aubes hélicoïdales et, à l'arrière, un *diffuseur* conique qui rejette à l'arrière l'air détendu par son passage

Fig. 573. — Aéroplane Coanda.

dans la turbine. Comme du fait de cette détente, l'air se trouve refroidi, pour éviter ce refroidissement, les gaz d'échappement du moteur sont envoyés dans les aubes du distributeur d'avant, ce qui permet de réchauffer l'air admis dans la turbine.

L'effort de traction du turbo-propulseur est indépendant du mouvement de translation de l'appareil.

Cet aéroplane se compose d'une poutre, sorte de châssis disposé verticalement, assez semblable à un châssis de bicyclette mais de dimensions plus grandes.

A l'arrière de ce châssis sont fixées les surfaces sustentatrices au nombre de deux, placées une de chaque côté du châssis.

Ces ailes sont constituées chacune par une poutre armée qui forme l'unique longeron

Fig. 574. — Hydroaéroplane Fabre en vol.

L'admission d'air en avant est réglable par le jeu d'un dispositif *à iris* qui permet d'obtenir une ouverture plus ou moins grande. On peut ainsi produire un changement de vitesse progressif de l'appareil.

Le train porteur est constitué par des roues montées sur des ressorts plats, deux en avant et une en arrière du fuselage.

Hydroaéroplane Fabre (Fig. 574.) Il s'agit d'un aéroplane spécial disposé pour pouvoir naviguer, prendre son essor en partant de l'eau et venir s'y reposer.

de l'aile. Cette poutre est très rigide et permet à des flotteurs, ainsi que nous allons le voir, de s'appuyer sur elle.

Dans la poutre armée formant la carcasse de l'aile viennent s'encastrer, par l'intermédiaire de brides spéciales démontables, des lames de bois en plusieurs épaisseurs superposées et collées. Ces lames sont libres à l'autre bout et donnent à l'aile de la souplesse.

Au-dessus de cette charpente est tendu un tissu en simili-soie fixé à la façon des voiles de navires que l'on peut carguer. Ce tissu constitue la voilure, que l'on peut, à volonté, étendre ou replier.

Des béquilles solidement encastrées dans la poutre armée servent à fixer des câbles d'acier, ou haubans destinés à maintenir l'aile dans sa position normale, ou servant à produire son gauchissement.

A l'avant du châssis constituant le corps de l'appareil sont disposés : un stabilisateur fixe, un stabilisateur mobile servant de gouvernail de profondeur, et un gouvernail de direction.

Au milieu de la longueur du châssis est disposé le siège du pilote; en arrière des ailes se trouve le moteur actionnant l'hélice propulsive, placée par conséquent tout à fait à l'arrière de l'appareil.

L'ensemble ainsi constitué repose sur trois flotteurs. Un de ces flotteurs est disposé à l'avant du châssis et les deux autres sont placés chacun sous une des ailes. Cette disposition permet de ne laisser aucun des flotteurs dans le sillage des deux autres, et comme les flotteurs d'arrière, qui sont sous les ailes, peuvent être placés à une distance assez grande l'un de l'autre, la stabilité latérale est assurée lorsque l'appareil flotte sur l'eau. La stabilité longitudinale, dans ce même cas, est également assurée par l'écartement qui sépare le flotteur d'avant des flotteurs d'arrière. En réalité, l'appareil repose sur l'eau par les trois flotteurs qui forment les sommets d'un triangle.

Les flotteurs sont des sortes de coffres ayant leur surface inférieure plane et leur surface supérieure de forme cylindrique. Comme du fait de la vitesse de l'appareil, la surface plane, qui est en contact avec l'eau, pourrait donner lieu à des chocs assez dangereux à la rencontre de vagues, cette surface a été constituée par une lame de bois faite en trois épaisseurs et rendue très souple. Les chocs dus aux vagues sont ainsi amortis par l'élasticité de la membrane flottante. L'appareil est d'ailleurs établi de façon que les parties lourdes soient reliées élastiquement avec le châssis et les flotteurs qui reçoivent le choc de la vague.

Les flotteurs ont un tirant d'eau de 25 centimètres. Leur surface inférieure se présente dans la position normale, inclinée par rapport au niveau de l'eau. de sorte qu'ils peuvent aisément passer au-dessus d'obstacles rencontrés, tels que corps flottants, herbes, etc.

A mesure que l'appareil prend de la vitesse, les flotteurs reçoivent une poussée de bas en haut qui aide à son essor et, lorsque la vitesse est suffisante, l'aéroplane perd le contact de l'eau et progresse dans l'air. Pour revenir se poser sur l'eau, les flotteurs commencent à prendre contact avec l'eau, et à mesure que la vitesse de l'appareil diminue ils s'enfoncent de plus en plus jusqu'au moment où ils supportent seuls l'aéroplane.

L'hydroaéroplane Fabre fit, le 28 mars 1910, ayant à bord son inventeur, des essais intéressants. Dans l'anse de la Mède, près de Martigues (Bouches-du-Rhône), l'appareil put prendre son vol, par ses propres moyens, en partant de la surface de l'eau et en y revenant après avoir parcouru 400 mètres entre 2 et 3 mètres de hauteur.

D'autres vols ont été faits depuis avec cet appareil ; à la suite de l'un d'eux, il se coucha sur le côté en venant se poser à la surface de l'eau.

Les quelques appareils suivants sont, principalement, des machines à voler d'études, qui ont été établies lors de la période passionnante de recherches pendant laquelle on essayait de donner à l'appareil plus lourd que l'air qui, on le savait, pouvait se soutenir par ses propres moyens, sa forme définitive et pratique. Ils marquent donc des étapes intéressantes et contemporaines de l'histoire de l'aviation, et c'est à ce titre que nous les signalons.

Triplan du capitaine Doraud

Pendant les années 1908 et 1909 deux aéroplanes militaires ont été étudiés, établis et essayés au laboratoire de recherches du parc d'aérostation de Chalais-Meudon.

L'un des appareils était dû au capitaine Lucas Girardville, l'autre au capitaine Doraud.

Ce dernier appareil se distingue par des dispositions originales. C'est un *triplan*. Les surfaces sustentatrices sont, en effet, disposées suivant trois plans superposés. Ces surfaces ont une forme légèrement concave et sont placées en retrait les unes par rapport aux autres.

Les trois plans sustentateurs sont supportés par une poutre armée de section triangulaire. A l'avant et à l'arrière de cette poutre sont placées entre le plan supérieur et le plan médian, deux cellules en forme de V. Ces cellules, tout en donnant de la rigidité à l'ensemble, assurent la stabilisation transversale.

Toute la partie de l'appareil comprenant les surfaces sustentatrices est reliée au reste, comportant le poste du pilote, le moteur et le propulseur, par un dispositif de liaison élastique et déformable, de façon que la stabilisation automatique de l'appareil puisse être obtenue.

Le dispositif de liaison élastique comprend deux cadres articulés à leurs sommets et placés de chaque côté de l'appareil. Une barre horizontale relie ces deux cadres et porte, suspendu, le moteur, qui peut osciller autour d'elle. L'hélice, qui est fixée en bout de l'axe du moteur, en avant de l'appareil, peut donc osciller autour de cette barre et cette disposition est utilisée pour provoquer le mouvement de montée ou de descente de l'appareil. Un levier permet, en effet, par sa manœuvre, de faire osciller le moteur autour de sa barre de suspension, ce qui donne à l'axe de l'hélice une inclinaison plus ou moins grande soit vers le bas, soit vers le haut et détermine le changement d'altitude de l'aéroplane.

Une quille très solide faisant partie de la poutre triangulaire sert à suspendre les cadres articulés et à leur permettre de se mouvoir dans tous les sens. Des tirants en diagonale munis de ressorts sont disposés dans les cadres pour que les surfaces sustentatrices, puissent automatiquement, se placer suivant un angle d'attaque variable dans le cas de perturbations momentanées pouvant troubler l'équilibre longitudinal de l'appareil. Un gouvernail de direction est disposé à l'arrière; il est manœuvré par un volant placé en bout du levier qui commande le basculement du moteur.

Le siège du pilote est suspendu à la quille au moyen de ressorts; deux roues porteuses montées élastiquement sont placées à l'avant sous les cadres articulés. Deux autres roues, mises à l'arrière, supportent l'appareil au repos.

Le moteur employé dans cet aéroplane est un moteur Anzani de 40 chevaux tournant à 1.200 tours. L'hélice est du type Renard. Elle a un diamètre de 2m,70 et tourne à 600 tours par minute.

Le triplan, fait en bambou et en calicot verni, pèse 520 kilogrammes y compris le poids du pilote.

Cet appareil a effectué plusieurs vols d'essais à Satory, mais on n'a pas poussé plus loin les études à son sujet, en raison des succès remportés par les biplans et les monoplans.

Hélicoptère Paul Cornu

Depuis l'année 1906, des études se poursuivaient sur des appareils à voler différents des aéroplanes que nous venons d'examiner et il a été établi plusieurs modèles d'*hélicoptères* qui sont, comme nous le savons, des appareils munis d'hélices sustentatrices.

A la suite des expériences faites à Lisieux en octobre 1906 par M. Cornu, avec un modèle réduit d'hélicoptère, un groupe d'amis et d'admirateurs de l'inventeur mit à sa disposition une somme de 12.500 francs pour construire un appareil capable d'enlever un homme.

Cet appareil a été construit. Il se compose d'un bâti en forme de V très ouvert constitué par des tubes d'acier entretoisés. Sa longueur est de 6^{m},20. Au milieu de cette poutre est placé le siège du pilote ayant devant lui le moteur, qui commande, par l'intermédiaire d'une courroie plate, le mouvement de rotation de deux hélices, dont les axes sont disposés verticalement aux deux extrémités du bâti.

Chaque hélice se compose d'une poulie en tôle d'acier fondu de 1 millimètre d'épaisseur, de 100 $^{m}/_{m}$ de largeur et d'un diamètre de 1^{m},80. Cette poulie, montée avec des rayons tangents, comme les roues de bicyclettes, sur des moyeux en aluminium, porte des palettes constituées par des tubes d'acier aplatis de plus en plus en allant vers le bord extérieur et se prolongeant jusqu'au moyeu où ils sont fixés. Sur les carcasses des palettes ainsi formées est tendue, de chaque côté, de la soie caoutchoutée.

Les hélices sont à deux branches et ont un diamètre de 6 mètres.

Au-dessus des hélices sont disposés deux plans de 2^{m},50 de long, 0^{m},60 de large, faits en tubes d'acier aplatis sur lesquels est tendu du tissu de soie. Ces deux plans sont montés sur deux supports articulés au prolongement de l'axe des hélices; ils peuvent ainsi pivoter par la manœuvre de deux leviers placés un de chaque côté du pilote.

La sustentation est obtenue par la rotation des hélices et la propulsion par la réaction produite par l'air que refoulent ces hélices sur les plans, lesquels peuvent être, à volonté, orientés par le pilote.

L'appareil repose sur quatre roues montées sur un châssis rendu solidaire du bâti.

Des essais ont été effectués en novembre 1907 avec l'appareil pesant en ordre de marche 260 kilos. Cet appareil s'est soulevé, les hélices tournant à 90 tours. Les difficultés des commandes par les courroies qui patinaient sur les poulies, ont retardé les expériences et l'hélicoptère, qui avait été construit en vue de concourir pour le Grand Prix Deutsch-Archdeacon, n'était pas au point lorsque ce grand prix fut gagné.

On avait pu effectuer des essais de propulsion l'appareil roulant sur le sol. Lorsque les hélices tournaient à 70 tours l'hélicoptère se déplaçait soit en avant, soit en arrière, suivant le sens d'inclinaison des plans.

Le moteur employé était un moteur Antoinette de 24 chevaux.

En résumé, comme pour les autres appareils d'études les recherches sur l'hélicoptère Cornu ne furent pas poursuivies par suite des progrès rapides faits en aviation au moyen des biplans et des monoplans.

Hélicoptère Bertin — C'est encore un appareil dont la construction a été abandonnée.

Il se compose d'un châssis de forme rectangulaire, disposé horizontalement et fait en tubes d'acier. Ce châssis, d'une longueur de 3 mètres, supporte le moteur Bertin à 8 cylindres horizontaux, muni de dispositions spéciales pour faciliter le démontage et l'allumage.

Le moteur commande, par l'intermédiaire d'arbres horizontaux et de roues d'engrenage coniques, deux arbres verticaux d'une hauteur de 1^{m},80 portant, chacun à leur extrémité supérieure, une hélice.

Les deux hélices qui tournent, par conséquent, dans un plan horizontal, sont métalliques. Elles comportent deux branches, ont un diamètre de 2^{m},40 et tournent à 1.200 tours.

Les hélices peuvent être, à la volonté du pilote, mises en marche ou arrêtées.

Une troisième hélice de 0^{m},70 de diamètre est placée à la partie inférieure du châssis; elle est commandée par un des arbres horizontaux. Cette hélice, qui tourne à 2.500 tours, est orientable dans tous les sens, de sorte qu'elle sert à la fois à assurer la propulsion de l'appareil et sa direction. Les deux autres hélices sont destinées à assurer la sustentation.

Le poids total de l'appareil est de 300 kilos.

chaque côté, et sont commandées par le moteur, au moyen d'engrenages d'angle spéciaux. Les ailes fixes sont placées en deux groupes comprenant chacun deux ailes superposées. L'un des groupes est placé en avant; il a une envergure de 10 mètres; l'autre est placé à l'arrière et a

Fig. 575. — Gyroplane Bréguet-Richet.

Gyroplane Bréguet-Richet

(Fig. 575.) Cet appareil, sorte d'hélicoptère, dont la figure 575 représente le modèle n° 2 *bis*, exposé au Salon aéronautique de Paris de 1908, comporte deux systèmes gyratoires constitués par deux hélices de 4^{m},25 de diamètre inclinées de 40 degrés par rapport à la verticale. Ces hélices sont métalliques. Elles ont quatre pales souples qui sont articulées dans tous les sens, de façon à pouvoir faire varier le pas et à orienter les hélices.

Le corps qui porte les axes des hélices est fait en tubes d'acier. Les hélices sont placées vers le milieu du corps, une de

une envergure de 14 mètres. Les ailes ont une surface totale de 60 mètres carrés et sont établies pour permettre leur gauchissement automatique sous l'action de remous, ou à la volonté pilote.

Les ailes d'avant font office d'équilibreur; celles d'arrière forment empennage.

A l'arrière du corps est placé un gouvernail de direction de grandes dimensions, constituant aussi une quille verticale de stabilisation.

Le moteur est placé vers le milieu de la longueur du corps, derrière le siège du pilote.

L'ensemble de l'appareil repose sur des

roues solidaires du châssis par l'intermédiaire d'une suspension amortissante constituée par deux corps de pompe dans lesquels on place de l'huile et où se déplacent des pistons reliés au châssis rigide et munis de ressorts.

A l'arrière et à l'avant, l'appareil est supporté par deux roues qui aident au départ.

Quelques essais intéressants de vol ont été effectués avec cet appareil, dont M. Bréguet a abandonné l'étude pour établir le biplan que nous avons précédemment décrit.

Nous arrêterons là la description des appareils à voler.

Il nous reste, pour terminer ce volume, à indiquer les résultats obtenus avec les divers aéroplanes dans les nombreux meetings, courses et circuits, qui ont été organisés pour encourager l'industrie de l'aviation et qui lui ont donné un essor considérable. Nous trouverons aussi de remarquables performances accomplies par des aviateurs et nous aurons, hélas! à donner une trop longue liste de victimes de l'aviation, tribut de héros payé au progrès sans cesse croissant de ce progrès.

Fig. 576. — Hydroplane *Santos-Dumont*.

Le poids du gyroplane est de 550 kilos non monté. Avec un moteur de 45 chevaux, les hélices donnent, essayées au point fixe, une traction horizontale de 250 kilos et une poussée verticale de 300 kilos. L'allégement ainsi obtenu, combiné avec la force tractive de 250 kilos, permet à l'appareil de prendre son envolée après un faible parcours sur le sol.

CHAPITRE XXIII

RECORDS, VOYAGES ET COURSES D'AÉROPLANES. — ACCIDENTS MORTELS D'AÉROPLANES.

IMPRESSIONS D'AÉROPLANE. — MAL DES AVIATEURS.
RECORDS SUCCESSIFS. — MEETINGS. — VOYAGES. — COURSES.
ACCIDENTS MORTELS D'AÉROPLANES.

Impressions d'aéroplane

On s'est souvent demandé, à la nouvelle des vols successifs effectués en aéroplane, quelle pouvait être l'impression éprouvée par l'aviateur pendant son envolée. Il convient de remarquer que le pilote d'un aéroplane est tellement absorbé par la conduite de son appareil et la manœuvre judicieuse de ses organes, qu'il lui est difficile de recueillir des impressions autres que celles qui intéressent directement l'équilibre de l'appareil et sa bonne marche. Il n'en est pas de même pour le passager, qui n'a aucune de ces préoccupations et qui peut observer autour de lui et éprouver des émotions nouvelles qu'il note.

C'est donc à un passager que nous allons emprunter le récit des impressions de voyage en aéroplane. M. Momméja, rédacteur du journal le *Temps,* en donna la jolie relation suivante, à la suite d'un voyage en aéroplane, fait à bord d'un biplan Sommer, piloté par son hardi et habile constructeur :

« Le public est, dit-il, familiarisé avec la forme générale et même avec les détails de l'armature. Au milieu de l'enchevêtrement des baguettes du fuselage, des fils métalliques, je m'arcboute de mon mieux et finis par m'asseoir au centre géométrique de l'appareil, sous la toile du haut qui m'abrite comme une marquise. Le pilote s'installe à son poste, devant moi, encadré par mes genoux, le bonnet rabattu sur les oreilles.

« Derrière, un mécanicien cherche à mettre en branle l'hélice. Atttt.... Kchisss. Atttt.... Kchisss!...

« Une seule recommandation avant le départ : assujettissez bien votre casquette. Le vent pourrait l'enlever et la rejeter dans l'hélice. Et cela dit, Sommer a mis la main droite sur la poignée de son levier de manœuvre, ce levier qui est l'âme de l'appareil. Deux, trois secondes s'écoulent, et soudain un coup de tonnerre éclate derrière ma tête.

« C'est le moteur qui part et c'est l'hélice qui tourne avec un bruit assourdissant. Il me semble qu'une batterie de mitrailleuses vient d'ouvrir le feu à cinquante centimètres de mes oreilles et tire sans relâche. J'imagine que le pilote entend à peine cette effroyable mousqueterie, son tympan étant protégé par l'épaisseur de la calotte. Mais ma casquette de cycliste ne me préserve pas d'une seule détonation.

« Le biplan frémit de toute sa carcasse, prêt à s'élancer.

« Cependant Sommer a fait un signe de tête et déclenché sa *commande.* Nous voilà partis. Nous roulons à vive allure sur le gazon ras; et c'est un roulement infiniment doux, comme s'il s'effectuait sur une épaisse moquette.

« Le pilote, dont j'épie les moindres mouvements, s'est penché en avant. Sa main droite appuie sur le levier; la toile d'avant — un petit foc qui serait horizontal — a légèrement relevé sa bordure. Et nous avons quitté le sol. Maintenant nous volons.

« L'oiseau monte progressivement, mais il m'est impossible d'évaluer la vitesse ascensionnelle, faute de repère. Là-bas, à ma droite, j'aperçois bien les tribunes; mais elles semblent défiler rapidement, fuir.

« Le courant d'air provoqué par l'hélice qui se *visse* dans l'atmosphère s'engouffre entre les deux plans, fait vibrer la voilure et nous fouette rudement le visage. De la main droite, le pilote manœuvre son foc-gouvernail qu'il ne quitte pas du regard, tandis que de l'autre, il tâte derrière lui, sans doute pour régler l'alimentation de son moteur. A la vitesse d'un train express, nous filons dans la rafale : une rafale apparente, puisque sous nos pieds nulle brise ne courbe les épis de blé, nulle houle ne fait onduler les moissons jaunissantes.

« Longtemps, je cherche à situer notre route aérienne. Autour de nous, la campagne est plate et dénudée, et quant aux pylônes de la piste d'aviation, je fouille en vain l'abîme pour les reconnaître. C'est donc que nous avons quitté l'aérodrome. Mais alors où allons-nous?

« Soudain, un gros point noir apparaît dans le ciel. C'est un autre biplan, un Sommer également, qui s'avance droit sur nous. Un demi-virage me permet de le voir par le travers et je reconnais le pilote Legagneux qui vient de promener sur Reims M. Painlevé.

« Legagneux et l'académicien ont disparu. Le soir tombe. Au loin, des lueurs apparaissent dans le crépuscule : c'est Reims allumant ses réverbères, autour de la cathédrale, masse formidable, qui m'apparaît teintée de bleu, avec, à l'angle des tours, des filets mauves.

« Dans la banlieue rémoise, je distingue nettement les maisonnettes des cités ouvrières et les maisonnettes des jardiniers, posées comme des cabanes au milieu des potagers symétriques. Des cheminées d'usines s'élancent, droites et fières, des colonnes de fumée et, plus loin, les phares multicolores de la gare dessinent d'étranges constellations dans un rectangle noir.

« Chose curieuse : il me semble que la batterie de mitrailleuses qui m'assourdissait tout à l'heure, s'atténue; le fracas du moteur me produit maintenant l'effet d'un gros ronron et ne me déchire plus les oreilles. Seul, l'air qui me cingle la figure produit une sensation de froid légèrement désagréable.

« D'ailleurs, le voyage doit se poursuivre dans d'excellentes conditions; nous ne devons pas rencontrer de remous dangereux, puisque Sommer, nonchalamment appuyé du bras gauche contre le fuselage, se borne à manœuvrer légèrement, d'un geste imperceptible, le levier de commande.

« Pas une fois il ne cherchera à savoir ce que son compagnon de voyage fait derrière lui. Il est vrai que la pression de mes genoux sur son torse redressé lui indique que je reste figé dans mon immobilité du départ, mais que je suis avec intérêt les phases de notre promenade.

« Nous voici à la lisière d'un petit bois. Ici, nous gagnons en hauteur pour atteindre le niveau auquel évolue le biplan qui a émergé tout à l'heure de la brume. C'est le pilote Legagneux, qui, ayant déposé M. Painlevé, fait un tour de piste avec une passagère. L'imprévu de ces rencontres dans les airs me semble si piquant, que j'oublie le ronflement du moteur et me penche sur le pilote pour lui communiquer mon impression. Mais celui-ci ne m'a pas entendu et m'eût-il entendu qu'il n'aurait pas bronché. En effet, à la hauteur où nous sommes, une assez forte brise vient de nous prendre par le travers, et la manœuvre devient un instant plus difficile.

« Combien de temps avons-nous volé ainsi sur les boquetaux, sur les champs, sur les gares de chemins de fer, sur les routes que sillonnaient d'interminables théories d'automobiles, phares étincelants? Longtemps!

« La nuit était venue et nous franchissions encore la grande route qui va de Reims à Bourgogne. Enfin l'oiseau a voulu regagner son nid et, à ce moment, j'ai vécu, sans exagération, une des minutes les plus exquises de ma vie. Par un vol plané, nous sommes descendus à terre devant le hangar même qui abrite le biplan. Cette descente silencieuse dans les airs est la phase de l'expédition qui m'a laissé la plus forte impression; j'avais souvent volé en songe, et mes rêves se trouvaient réalisés. »

Mal des aviateurs En dehors des impressions que peuvent éprouver les voyageurs de l'air, il est des phénomènes physiologiques qui se manifestent chez l'aviateur pendant les différentes phases du vol, comme ils se produisent lorsqu'on fait l'ascension d'une montagne, ou quand on effectue un voyage en aérostat.

Ces phénomènes, que l'on désigne d'une façon générale sous le nom de *mal des aviateurs*, ont été l'objet d'observations des docteurs Cruchet et Moulinier, de Bordeaux, qui ont soumis les résultats qu'ils ont obtenus, à l'Académie des sciences, le 24 avril 1911.

Les observations physiologiques ont été faites sur les aviateurs qui ont participé à la grande semaine de Bordeaux, en septembre 1910.

« Dans la *montée*, la respiration devient plus courte aux environs de 1.500 mètres; par conséquent, à une hauteur moindre qu'avec les sphériques, le cœur bat plus vite, mais habituellement il n'a pas de palpitations; il n'existe pas, à proprement parler, de nausées ou de sensations de gonflement du ventre, comme dans certaines ascensions en montagne, mais un léger malaise que Morane attribue à l'angoisse et à la grande solitude que l'on ressent. Vers 1.200 mètres, l'*hypoacousie* apparaît : le crépitement du moteur diminue et ce phénomène, très net par temps sec, augmente par temps nuageux ou brumeux. Les bourdonnements d'oreilles, d'ailleurs légers, ne se montrent qu'à une altitude plus élevée, exactement vers 1.800 mètres (Morane); toutefois Legagneux accusa des *claquements d'oreilles* à une altitude plus basse (il est vrai que c'était la première fois qu'il s'élevait à pareille hauteur) et un passager qui, lui aussi, montait pour la première fois sur un biplan qui s'éleva à 300 ou 400 mètres, éprouva le même phénomène; il y a évidemment une question d'accoutumance, mais même à 1.800 mètres, ce phénomène se produit plus bas que dans les ascensions ordinaires en montagne. Les vertiges ne sont accusés par aucun aviateur.

« La vue est toujours très nette, écrit Morane. Ce qui laisserait croire le contraire, c'est la rapidité avec laquelle les objets et les choses diminuent ou s'éloignent. De plus, par temps clair et légère brume, le soleil, en se reflétant sur la brume comme sur une glace, rend comme aveugle et gêne considérablement, surtout dans les remous, la direction du monoplan. »

« Un autre aviateur a présenté de véritables hallucinations visuelles pendant la durée d'un de ses raids : il voyait à chaque instant se dresser à sa droite les flèches de la cathédrale Notre-Dame, alors qu'il en était à plusieurs centaines de kilomètres.

« Une légère *céphalée* encerclant les tempes se montre à partir de 1.500 mètres chez les aviateurs entraînés; chez les novices, elle apparaît au-dessous de cette altitude.

« Le froid devient vite pénible, à partir de 2.000 mètres; il le fut particulièrement à Bordeaux. A Bordeaux, en septembre, nous écrit Morane, je n'avais pas froid jusqu'à 1.500 mètres; passé cette hauteur, la température descendait très rapidement, et à 2.000 mètres, elle était certainement vers 15 degrés au-dessous de zéro.

« Quand on dépasse 1.500 mètres, on est pris d'une envie violente d'uriner.

le *séjour dans l'altitude,* il n'existe pas plus de vertige qu'en aérostat. Les aviateurs éprouvent une tension nerveuse et ressentent un essoufflement léger, même aux moyennes altitudes. La sensation de froid est plus vive qu'en aérostat étant donné la translation rapide de l'aéroplane.

« Pendant la *descente,* dit le rapport, le cœur bat beaucoup plus fort sans s'accélérer, mais les palpitations, qui ne tardent

Fig. 577. — Biplan Voisin, à cellules, monté par Paulhan, à Reims.

pas à être ressenties, augmentent à mesure que la descente se précipite. Il est difficile de se rendre compte de ce qui se passe du côté de la respiration, à cause de la rapidité de la chute en vol plané, qui fait parcourir 3 à 400 mètres à la minute et provoque une sorte d'angoisse, comparable à la sensation de vide qu'on éprouve quand on se trouve dans un ascenseur qui descend très vite. Les bourdonnements et sifflements d'oreilles tendent à s'accroître vers la fin de la descente, et il en est de même de l'envie

« Au-dessus de 1.000 mètres, surtout au delà de 1.500 mètres, les mouvements volontaires sont plus nerveux et saccadés, les mouvements réflexes ont plus d'amplitude; le froid, l'essoufflement léger qui se produit à ce moment, les contractions plus rapides du cœur, la réverbération du soleil et les troubles de l'ouïe, auxquels il faut adjoindre la tension nerveuse et la fatigue, suffisent à expliquer ces modifications motrices. »

Le compte-rendu constate que pendant

d'uriner, qui devient de plus en plus impérieuse; mais les phénomènes particulièrement intenses, qui augmentent et dominent nettement à mesure qu'on se rapproche du sol, sont : 1° La sensation de cuisson à la figure, de rougeurs et de très forte chaleur de la face; les yeux piquent, sont injectés, les narines sont humides sans *épistaxis* (saignement de nez) à proprement parler; 2° la *céphalée;* 3° une très grande tendance au sommeil, si invincible que les yeux se ferment par instants, malgré la volonté la plus ferme de les tenir ouverts. On signalait encore tout récemment un jeune aviateur parti en excursion et qui fut trouvé endormi en pleine campagne, dans son aéroplane; réveillé, il ne se souvenait pas comment il avait atterri.

« Ajoutons, pour être complets, cette remarque qui nous a été confiée par un aviateur éprouvé, dont la mâle énergie et le grand sang-froid ont toujours fait l'admiration de tous. Dans cette descente vertigineuse l'angoisse étreint l'homme le plus fort; la peur elle-même l'étreint à certaines secondes; elle est heureusement, presque toujours, de courte durée, mais la pensée et l'image de la mort sont constamment présentes à l'esprit, rendues plus douloureuses encore par la demi-torpeur semi-consciente dans laquelle on se trouve.

« Les mouvements volontaires sont lents, paresseux, d'une maladresse qui fait opposition à la vivacité physique et intellectuelle du sujet. Certains aviateurs ont conscience de cet engourdissement psychique et de cette nonchalance, qui ne leur permet pas d'exécuter aussi rapidement qu'ils le voudraient, les actes mécaniques nécessaires. D'autres, au contraire, n'en ont pas conscience.

« A l'*atterrissage,* l'aviateur, malgré toute son énergie, saute de son aéroplane avec une lourdeur évidente; il se rend néanmoins d'un pas ferme, quoiqu'un peu lent, à son hangar situé à quelques mètres de là; mais, à ce moment, les bourdonnements et les sifflements d'oreilles prennent une intensité qu'ils n'avaient pas eue jusque-là; le héros est comme sourd.

« Il entend vaguement ceux qui lui parlent ou les acclamations dont il est l'objet; parfois, il est pris de vertiges et la tête lui tourne, ainsi qu'il arriva à un aviateur qui tomba presque dans nos bras en rentrant sous sa tente.

« La céphalée persiste non seulement à l'atterrissage, mais encore plusieurs heures après; il en est de même de la somnolence. Un commissaire du meeting de Bordeaux, attaché à la personne d'un jeune aviateur qui, pour la première fois, faisait de la hauteur, nous confia que son sujet continuait à sommeiller cinq ou six heures après les raids qu'il avait effectués; il ne répondait pas aux personnes qui lui adressaient la parole, avait l'air engourdi, ahuri, et, à table, ne mangeait pas, ne songeant qu'à dormir.

« Les mouvements respiratoires tendent, dès que l'on a atterri, à reprendre leur rythme normal; mais il n'en est pas de même de l'appareil circulatoire, sur l'examen duquel nous insisterons plus particulièrement.

« On observe de la cyanose des extrémités; les doigts sont violacés. Winjmalen, qui atteignit 2.780 mètres, dit « sentir le sang couler de ses ongles dans ses gants fourrés, et des perles rouges venir mouiller ses lèvres.

« Morane n'a jamais constaté pareil phénomène, qui, d'ailleurs, peut être en relation avec la température basse des hautes régions atmosphériques que rend encore plus accusée la vitesse de l'aéroplane; cette réfrigération est très pénible, et tous les aviateurs s'en plaignent. Nous n'avons pas constaté d'*épistaxis,* mais presque toujours de l'*hypérémie* des conjonctives. Les yeux sont cependant bien protégés par des lunettes appropriées. »

Voilà cette analyse intéressante des phénomènes physiologiques qui se manifestent chez l'homme-volant.

Records d'aviation Dans l'historique de l'aviation, nous avons successivement indiqué les principales *performances* obtenues avec des aéroplanes. Nous croyons utile de donner, pour compléter cet historique, la liste des principaux records qui ont été successivement réalisés en France. Nous ferons partir cette liste des premiers résultats obtenus en aviation, de telle sorte qu'elle synthétisera, malgré sa forme un peu sèche, les progrès accomplis dans cette science jusqu'à ces derniers jours :

Le 14 octobre 1897, Ader quitte le premier le sol sur son appareil l'*Avion*, vol qui n'a pas été officiellement enregistré.

Longtemps après, en 1906, on commence à effectuer en France des vols officiellement chronométrés.

Voici les *records* se rapportant à la *durée* des vols, l'aéroplane n'enlevant que le pilote :

Le 12 novembre 1906, à Bagatelle, Santos-Dumont vole 21 sec. 1/5.

Le 26 octobre 1907, à Issy-les-Moulineaux, Henry Farman vole 52 sec. 3/5.

Le 31 décembre 1908, au camp d'Auvours, Wilbur Wright vole 2 h. 20 m. 30 sec. 1/5.

Le 3 novembre 1909, à Mourmelon, Henry Farman vole 4 h. 17 m. 53 sec. 2/5.

Le 18 décembre 1910, à Étampes, Henry Farman vole 8 h. 12 m. 47 sec. 2/5.

Pour la *distance* avec le pilote seul, aux dates que nous venons d'indiquer :

Santos-Dumont, en 1906, parcourt 220 mètres ;

Henry Farman, en 1907, parcourt 770 mètres.

Wright, en 1908, parcourt 124 kil. 700.

Henry Farman, en 1909, parcourt 234 kil. 212.

Tabuteau, à Étampes, le 30 décembre 1910, parcourt 582 kil. 745.

Olieslagers, le 17 juillet 1911, couvre 625 kil. 200.

Loridan, le 21 juillet 1911, fait 702 kil.

Védrines, le 9 août 1911 parcourt 810 kil.

Les records de la *vitesse* sont ainsi établis :

Le 12 novembre 1906, Santos-Dumont fait du 41 kil. 292 à l'heure.

Le 26 octobre 1907, Henry Farman fait du 52 kil. 700.

Le 28 août 1909, Blériot fait du 76 kil. 955.

Le 29 octobre 1910, Leblanc fait du 115 kil. 300.

Le 11 mai 1911, Nieuport, à Mourmelon, parcourt 100 kilomètres, à la vitesse de 119 kil. 680 à l'heure.

Le 12 juin 1911, à Étampes, Leblanc parcourt 125 kilomètres au bout d'une heure de vol.

Le 16 juin 1911, à Mourmelon, Nieuport portait le record de vitesse à 130 kil. 57 à l'heure.

Le record de la *plus grande distance dans un temps donné* est de :

Pour 1/4 d'heure :

12 kil. 500, le 20 mai 1909, à Pont-Long, par Tissandier ;

20 kilomètres, le 3 juillet 1910, à Reims, par Leblanc.

26 kil. 199 m. le 12 avril 1911, à Belmont-Park, par Leblanc ;

Pour 1/2 heure :

22 kilomètres, le 21 septembre 1908, à Auvours, par Wright ;

27 kil. 500, le 20 mai 1909, à Pont-Long, par Tissandier ;

40 kilomètres, le 3 juillet 1910, à Reims, par Leblanc ;

53 kil. 424, le 12 avril 1911, à Belmont-Park, par Leblanc ;

Pour 1 heure :

55 kilomètres, le 20 mai 1909, à Pont-Long, par Tissandier ;

90 kilomètres, le 9 septembre 1910, à Bordeaux, par Morane;

108 kil. 424 mètres, le 12 avril 1911, à Belmont-Park, par Leblanc;

125 kilomètres, le 12 juin 1911, à Étampes, par Leblanc.

Pour 2 heures :

108 kil. 930, le 3 novembre 1909, à Mourmelon, par Henri Farman.

407 kil. 675, le 31 décembre 1910, à Buc, par Bournique.

Pour 6 heures :

490 kilomètres, le 31 décembre 1910, à Buc, par Bournique.

Pour 7 heures :

390 kilomètres, le 18 décembre 1910, à Étampes, par H. Farman.

Pour 8 heures :

Fig. 578. — Monoplan Antoinette, Latham et Kuhler à Juvisy.

167 kilom. 500, le 9 septembre 1910, à Bordeaux, par Aubrun.

Pour 3 heures :

162 kil. 276, le 3 novembre 1909, à Mourmelon, par Henry Farman.

252 kil. 500, le 9 septembre 1910, à Bordeaux, par Aubrun.

Pour 4 heures :

215 kil. 622, le 3 novembre 1909, à Mourmelon, par Henry Farman.

325 kil. 905, le 31 décembre 1910, à Buc, par Bournique.

Pour 5 heures :

451 kilomètres le 18 décembre 1910, à Étampes, par H. Farman.

Le *record* de la *hauteur* détenu en 1908 par Wright, qui s'était élevé à 120 mètres, était successivement porté à :

155 mètres par Latham à Reims, en août 1909, puis à 300 mètres par le comte de Lambert dans son voyage au-dessus de Paris; à 453 mètres par Latham, le 1er décembre 1909, à Châlons, puis à 1.000 mètres par le même aviateur.

Morane vole ensuite à 2.282 mètres,

Chavez à 2.587, Winjmalen à 2.780, Legagneux à 3.100, Loridan à 3.180 et, le 5 août 1911, un officier français, le capitaine Félix, atteint une hauteur de 3.350 mètres.

Voilà les principaux records établis en aéroplane avec un seul aviateur à bord. En voici quelques autres faits avec 2 aviateurs dans l'appareil.

Fig. 579. — Monoplan Esnault Pelterie, type Circuit Européen (1911), vue d'avant.

Le 10 octobre 1908, Wilbur Wright, au camp d'Auvours, vole avec un passager pendant 1 heure 9 minutes 45 secondes 3/5, parcourant une distance de 58 kilomètres.

Le 18 décembre 1910, H. Farman, à Étampes, vole avec un passager pendant 8 heures 12 minutes 47 secondes 2/5.

Le 9 juillet 1910, à Reims, Aubrun parcourt 137 kilom. 125 avec un passager.

Au point de vue de la vitesse, H. Farman, à Reims, le 28 août 1909, fait du 60 kilom. 728 à l'heure ; et Vidart, à Châlons, le 31 décembre 1910, fait du 80 kilom. 898 à l'heure, toujours avec un passager, tandis que Laurens, à Buc, le 21 décembre 1910, parcourt 100 kilomètres effectifs en 1 heure 16 min. 51 sec.

Le 9 mars 1911, Nicuport avec un passager fait du 103 kilomètres à l'heure et, le 12 juin 1911, à Mourmelon, il parcourt 150 kilomètres en 1 heure 28 min. 24 sec. 2/5, réalisant dans une heure une vitesse effective moyenne de 150 kilom. 500, pendant que, le 15 mai 1911, le lieutenant Féquant, avec un passager, vole pendant 10 minutes à 162 kilomètres à l'heure.

Avec trois aviateurs à bord de l'aéroplane, Mamet, à Reims, le 9 juillet 1910, vole pendant 1 heure 38 min. 40 sec., parcourant 92 kil. 750, faisant du 58 kil. 177 à l'heure.

Le 6 mars 1911, Bréguet, avec trois personnes à bord, lui compris, parcourt 100 kilomètres en 1 heure 15 min. 17 sec. 2/5, marchant à près de 80 kilomètres à l'heure.

Le 9 mars 1911, à Mourmelon, Nieuport emmenant deux passagers fait 110 kilomètre en 1 heure 4 min. 58 sec. 1/5, atteignant ainsi une vitesse de 102 kilom. 855 à l'heure.

Avec, au total, quatre aviateurs à bord, le 10 mars 1911, à Bétheny près de Reims, Busson a parcouru 50 kilomètres à une vitesse de 95 kilomètres à l'heure et ensuite en emmenant quatre passagers, ce qui faisait, au total, cinq personnes à bord, il a parcouru 25 kilomètres en volant 17 minutes 28 sec. 1/5.

Le 26 janvier 1911, Sommer avec cinq passagers, au total six, fit un voyage à travers champs, comprenant une double traversée de la Meuse.

Lemartin, le 2 février 1911, vola sur son monoplan Blériot avec au total huit personnes, pendant 8 minutes à l'aérodrome de Pau et le 4 février avec dix personnes.

Le 30 mars 1911 Sommer, emmenant avec lui sept enfants, constituant une charge utile de 454 kilogr., vola entre 20 et 30 mètres de hauteur pendant 1 heure 30 min. 3 sec.

Le 22 mars, à Douai, Bréguet enlevait six passagers, au total sept personnes et atteignait une vitesse de près de 100 kilomètres à l'heure et le lendemain, avec au total douze personnes à bord de son biplan, ce qui représentait une charge utile de 632 kilogr. 950, il parcourut une distance de 5 kilomères à la vitesse de 60 kilomètres à l'heure.

Le 24 mars 1911, Sommer battait ce record en emmenant douze passagers à bord de son aéroplane, soit, au total treize personnes, formant ainsi un poids utile de 653 kilogr. et parcourant 800 mètres.

Meetings d'aviation — En 1909, par suite de la construction d'un grand nombre d'aéroplanes biplans et monoplans, et de leur mise en ligne en vue de s'attribuer les divers prix donnés par de généreux Mécènes, on songea à créer des *meetings d'aviation,* ayant pour but de donner aux aviateurs le moyen d'effectuer des vols autour d'une grande piste, c'est-à-dire dans des conditions spéciales de sécurité tout en participant au gain de prix en espèces. En outre, les meetings d'aviation permettaient au public qui ignorait les aéroplanes de venir voir voler ces engins merveilleux et de participer pécuniairement aux frais de ces courses en piste.

Les premiers meetings d'aviation eurent lieu à Douai et à Vichy, puis à Reims en août 1909. Celui-ci, qui dura une semaine et que l'on appela la semaine de Reims, eut un succès considérable et fut une manifestation grandiose en faveur de l'aviation.

C'est là que les principaux champions de l'air se firent apprécier et où on applaudit les prouesses de Blériot, Latham, Farman, Lefebvre, Paulhan, comte de Lambert, Sommer, Tissandier, Delagrange, Curtiss, Rougier, etc.

Puis, ce fut le meeting de Juvisy ou « quinzaine de Paris », en octobre 1909 ; à ce meeting prirent part le comte de Lambert, Paulhan, Gobron, Brégi, etc.

A l'étranger, des meetings étaient aussi organisés.

Celui de Los Angeles, en Amérique, en janvier 1910, fut l'occasion de vols superbes de Curtiss et de Paulhan qui battit le record de la hauteur.

Celui d'Héliopolis, près du Caire (Égypte), qui eut lieu au commencement de février 1910, réunit les aviateurs Latham, Rougier, Balsan, Hauvette-Michelin, Le Blon, etc.

Puis viennent les meetings de Monaco, avec Rougier, de St-Sébastien avec Mamet et Le Blon qui fit une chute mortelle.

En France, de nombreux meetings étaient successivement tenus à Nice, avec les aviateurs Latham, Chavez, Van den Born, Rolls, Effimoff, etc. ; à Rouen, avec Morane, Chavez, Latham, Dubonnet, etc. ; à Reims, pour la deuxième fois, en juillet 1910, avec les aviateurs Morane, Latham, Leblanc, Aubrun, Weymann, Martinet, etc.; à Caen en juillet 1910, à Lille, à Nantes, à Bordeaux, au Havre.

En outre, des meetings spéciaux étaient créés à l'occasion des coupes Gordon-Bennet d'aviation. La coupe de 1910 fut gagnée par l'aviateur anglais Graham White et la coupe de 1911, qui a eu lieu en Angleterre à Belmont-Park, a été gagnée par Weymann.

Tous ces meetings donnaient un essor considérable à l'aviation; des pilotes habiles et audacieux se révélaient; les records étaient successivement battus, car le désir de conduire leur appareil à la victoire créait entre les pilotes une émulation profitable au progrès de l'aviation et préparait une autre série d'exploits extraordinaires accomplis par les aviateurs isolément, en volant de ville à ville à travers la campagne, ce qui bientôt eut comme conséquence, la création de véritables courses d'aéroplanes à travers le pays.

Résumons ces deux dernières phases de l'histoire de l'aviation qui marquent les progrès les plus récents : les voyages, et les courses d'aéroplanes.

Voyages en aéroplane En juin 1909, Blériot, nous l'avons dit, avait volé à travers champs de Toury à Arthenay; H. Farman avait volé aussi au-dessus des obstacles. Puis Latham, Paulhan, Van den Born, Chavez accomplissent de véritables *rallyes* aériens. Maurice Farman va de Buc à Chartres et de Chartres à Orléans. Mais le plus glorieux voyage effectué à cette époque, celui qui eut le retentissement le plus considérable, est la traversée de la Manche en aéroplane.

Le 19 juillet 1909, Latham, qui depuis quelques jours se préparait à effectuer la traversée du Pas de Calais de France en Angleterre, part à 6 h. 47 de la falaise du Blanc-Nez, près de Boulogne-sur-Mer et de Calais. Après avoir parcouru environ 12 kilomètres au-dessus de l'eau, le moteur ralentit, s'arrête, et le monoplan Antoinette descend sur la mer, flotte, heureusement, ce qui permet à Latham, qui fume héroïquement une cigarette, d'attendre que les secours arrivent. Un remorqueur sauve Latham et tire l'appareil de l'eau.

Le 25 juillet, Blériot qui, après l'insuccès de Latham, s'était engagé pour la traversée de la Manche, part, à 4 h. 41 du matin, des Baraques, près de Calais, et franchit les 35 kilomètres de mer pour atterrir à Douvres, après un vol de moins d'une demi-heure.

Blériot fut très fêté en Angleterre et fut reçu triomphalement à son retour en France. Le monoplan de sa construction qu'il pilotait, lors de cette mémorable traversée, a été déposé au musée du Conservatoire des Arts et Métiers, à Paris.

Au mois d'avril 1910, Paulhan effectue le voyage Londres-Manchester, gagnant un prix de 250.000 francs offert par le journal anglais, le *Daily-Mail*. Le 24 avril, l'aviateur anglais Graham White avait fait une tentative pour gagner le prix, mais pendant une escale son appareil fut endommagé par le vent.

Le 27 avril, Paulhan, montant un biplan H. Farman, part de Londres à 4 h. 31 du soir, parcourt 188 kilomètres en 2 h. 39 et atterrit à Lichfield, où l'appareil passe la nuit, campé. Le lendemain 28, Paulhan part à 4 h. 15 du matin pour Manchester où il arrive à 5 h. 32, ayant volé malgré le vent violent et la pluie. Son concurrent anglais Graham White, qui avait réparé son appareil, s'était remis en route de Londres le 27 avril au soir pour rejoindre Paulhan. Il était obligé d'atterrir à 7 h. 55, à 96 kilomètres de Londres, à cause de l'obscurité et du froid. Repartant en pleine nuit à 2 h. 50, il atterrissait à 5 h. 12, à environ 120 kilomètres de Manchester, sans avoir pu rejoindre Paulhan.

Cette victoire de Paulhan fut l'objet de réceptions enthousiastes faites au vainqueur en Angleterre et en France.

Le 1er septembre 1910, l'aviateur Bielovucie, pilotant un biplan Voisin, part d'Issy-les-Moulineaux à 6 h. 5 du soir. Il atterrit à Orléans à 7 h. 15. Le lendemain, il quitte Orléans à 7 h. 10 du matin, descend à 11 h. 30 aux environs de Châtellerault, déjeune et repart à 3 h. 30 pour venir atterrir à Angoulême à 5 h. 12. Le 3 septembre, il part d'Angoulême à 10 h. 48 et arrive à Bordeaux, but de son voyage, à midi 25, ayant parcouru le trajet de Paris à Bordeaux en quatre étapes et 6 h. 15 de vol effectif.

Les voyages se multiplient et les aviateurs deviennent de plus en plus audacieux. Ils tentent la traversée des Alpes, et l'un d'eux réussit ce formidable exploit. Le 19 septembre 1910, cinq aviateurs, Chavez, Weymann, Wienczien, Cattaneo, Paillette, sont prêts à tenter l'épreuve. Chavez part à 6 h. 16 du matin mais est obligé de revenir, à cause du vent violent qui souffle. A 6 h. 35 Weymann part à son tour, mais doit également revenir.

Pendant quatre jours la brume et le vent empêchent les aviateurs de partir. Enfin le 23 septembre Chavez part à 1 h. 29 du Briegen-Berg; il s'élève, en tournant, à 1.000 mètres, passe au-dessus du Simplon à 1 h. 48 et descend le versant italien en volant au-dessus des gorges sauvages du Gondo. Il va atterrir au contrôle de Domodossola, lorsque, à 10 mètres du sol, la descente se transforme subitement en chute brutale, pour une raison mal définie, et Chavez est très grièvement blessé. Transporté à l'hôpital, il meurt des suites de ses blessures, le 27 septembre 1910.

L'Automobile-Club de France avait institué un Grand Prix ayant pour but le voyage de Paris à Bruxelles et retour en moins de 36 heures.

Plusieurs fois, ce voyage a été tenté. Legagneux et Mahieu étaient arrivés à Bruxelles, mais n'avaient pu revenir dans le délai imposé, Winjmalen parvint à effectuer le voyage dans les conditions voulues.

Un autre prix, de 100.000 francs, donné par le baron de Forest et consistant à faire le voyage le plus long en aéroplane d'Angleterre au continent, a été gagné par l'aviateur anglais Sopwitch. Parti de l'île de Sheppey, dans l'estuaire de la Tamise, le 18 décembre 1910, à 8 h. 16 du matin, il atterrissait après avoir traversé le Pas de Calais, à Beaumont, en Belgique, ayant parcouru 295 kilomètres, en 3 h. 1/2.

Un autre aviateur anglais, Cecil Grace, part le 22 décembre de Douvres, concourant pour le même prix. Il arrive au-dessus de Calais et est obligé d'atterrir.

L'épreuve étant à recommencer, Cecil Grace veut retourner en Angleterre en retraversant la Manche en aéroplane, mais il est entraîné dans la mer du Nord et périt dans les flots.

Un aviateur militaire, le capitaine Bellanger, a effectué en février 1911 le voyage de Vincennes à Pau. Parti le 1er février de Vincennes à 8 h. 35 du matin, il atterrit le même jour à 5 h. 3 du soir à Bordeaux, après s'être arrêté deux fois en cours de route, aux points qu'il avait d'avance désignés. Le lendemain, 2 février, il partait de Bordeaux à 2 h. 52 du soir et arrivait à Pau à 4 h. 45, après avoir parcouru 684 kilomètres en 7 h. 15 de vol effectif.

Le 5 mars 1911, le lieutenant Bague, parti de Nice pour se rendre en Corse, parcourt 204 kilomètres au-dessus de la Méditerranée et atterrit à l'île Gorgona, au large de Livourne (Italie). Lors d'une deuxième tentative faite quelques mois après dans des conditions aussi audacieuses, le lieutenant Bague devait disparaître, englouti dans la mer.

Une autre épreuve, le Grand Prix Michelin, a fourni l'occasion d'un beau voyage en aéroplane, avec passager, de Saint-Cloud au sommet du Puy-de-Dôme. Ce prix de 100.000 francs devait être attribué au pilote qui parcourrait dans un temps maximum de 6 heures la distance de Saint-Cloud au sommet du Puy-de-Dôme, en emmenant un passager à bord de son aéroplane.

La première tentative pour gagner le prix fut faite le 7 septembre 1910, par l'aviateur Weymann, sur biplan H. Farman, ayant comme passager M. Fay.

Fig. 580. — Monoplan Morane, type Circuit Européen (1911), vue d'avant.

Elle échoua de bien peu, car Weymann atterrit à la nuit à Volvic, à 20 kilomètres seulement du Puy-de-Dôme.

La seconde tentative, faite, le 5 octobre 1910, par les frères Morane sur monoplan Blériot, faillit être fatale aux aviateurs, qui firent une chute dans laquelle ils furent tous deux très grièvement blessés.

La troisième tentative réussit. Elle eut lieu le 7 mars 1911. L'aviateur Renaux sur biplan H. Farman, ayant à bord comme passager M. Senouque, après avoir pris le départ à Buc et être passé à Saint-Cloud à 9 h. 12, atterrissait à Nevers pour se ravitailler et parvenait au sommet du Puy-de-Dôme à 2 h. 23 min. 20 sec., ayant gagné le grand Prix Michelin.

Les traversées de la Manche se renouvelèrent après Blériot.

En dehors de Sopwitch et de Cecil Grace dont nous avons parlé, dans le courant de l'année 1910, Jacques de Lesseps traversa de France en Angleterre le détroit, et un aviateur anglais Rolls fit la traversée aller et retour.

La traversée fut effectuée encore une fois, le 12 avril 1911, par l'aviateur Prier, pendant son voyage de Londres à Paris, fait d'une seule traite à bord d'un monoplan Blériot, en 3 h. 56 min. seulement, et le 4 août 1911, Védrines la traversait aussi pendant son voyage de Londres à Paris avec escale à Dieppe.

L'aviation militaire fournit aussi l'occasion de nombreux voyages de ville à ville, parmi lesquels on peut citer celui d'une escadrille de trois aéroplanes de Pau à Vincennes; celui de Pau à Villacoublay par étapes, effectué par l'enseigne de vaisseau Conneau qui, sous le nom de Beaumont, devait, peu après, gagner les principales grandes courses d'aéroplanes; celui du lieutenant Remy allant de Mourmelon à Besançon en deux étapes, etc.

L'ère des voyages, est ouverte pour les aéroplanes; ces voyages seront de jour en jour plus nombreux et ils nous étonneront de moins en moins jusqu'à ce que cet engin aérien puisse être pratiquement utilisé comme moyen de transport mis à la portée du plus grand nombre.

Courses d'aéroplanes La pratique des voyages de ville à ville, en aéroplane, devait nécessairement conduire à la création de courses d'aviation.

C'est ainsi que furent instituées les courses suivantes dont nous allons dire quelques mots : le circuit de l'Est, la course Paris-Madrid, la course Paris-Rome, le circuit européen et le tour d'Angleterre.

Le circuit de l'Est a été une course d'aéroplanes de ville à ville comprenant six étapes. Elle a été organisée par le journal le *Matin*.

Le départ de la course a été donné, le 7 août 1910, au champ de manœuvres d'Issy-les-Moulineaux. La première étape était Issy-Troyes, soit une distance à parcourir de 135 kilomètres. Leblanc arrivait le premier sur monoplan Blériot, ayant couvert la distance en 1 h. 33 min. 20 sec. sans escale.

Le deuxième était Aubrun sur monoplan Blériot, avec un temps de 1 h. 37 m. 25 sec.

Le troisième était Lindpaintner sur biplan Sommer; le quatrième Legagneux pilotant un biplan H. Farman; puis venaient Weymann et Mamet.

Le lendemain 8 août, eut lieu le meeting de Troyes et le départ de la 2e étape fut donné le 9 août. Cette étape Troyes-Nancy comportait une distance à couvrir de 160 kilomètres. Leblanc arrivait le premier, suivi d'Aubrun et de Legagneux. Au-dessus de certaines vallées ces aviateurs sont fortement secoués, mais luttent victorieusement.

Dans la troisième étape, le 11 août, de Nancy à Mézières, 160 kilomètres, Leblanc arrive le premier et Aubrun le second. C'est encore la lutte contre le vent, la brume et les averses.

Le 13 août, quatrième étape Mézières Douai, 140 kilomètres. Le temps est affreux ; le vent souffle en tempête. Leblanc et Aubrun attendent une accalmie pour partir ; Legagneux, arrêté en route dans la précédente étape, part pour rejoindre. Leblanc et Aubrun partent après 3 heures; Aubrun arrive le premier à Douai et Leblanc second, malgré la tempête. Legagneux arrive le 14 août au matin.

Dans la cinquième étape Douai-Amiens, 80 kilomètres, arrivent successivement, Leblanc, Aubrun, Legagneux.

Dans la sixième et dernière étape faite le 17 août, comportant le parcours Amiens-Paris, de 110 kilomètres, Leblanc arrive le premier à Issy-les-Moulineaux, Aubrun le second et Legagneux le troisième. Le classement général est ainsi établi et Leblanc gagne le prix de 100.000 francs offert par le *Matin*.

L'année 1911 a été l'année des grandes courses d'aéroplanes.

Le 21 mai avait lieu le départ, à Issy-les-Moulineaux, de la course Paris-Madrid organisée par le *Petit Parisien* et comportant trois étapes :

Issy-Angoulême, 400 kilomètres, Angoulême-Saint-Sébastien, 335 kilomètres, et Saint-Sébastien-Madrid, 435 kilomètres.

Au départ de la course, le dimanche 21 mai, se produisit une effroyable catastrophe. L'aviateur Train ayant pris le départ, revint atterrir sur le champ de manœuvres, son moteur ayant un fonctionnement défectueux.

Pour éviter un peloton de cuirassiers qui traversait la piste, l'aéroplane s'abattit en arrière sur un groupe de personnages parmi lesquels se trouvaient M. Monis, président du

Conseil des ministres, M. Berteaux, ministre de la guerre, M. Deutsch de la Meurthe. M. Berteaux fut effroyablement mutilé, et mourut aussitôt, M. Monis fut grièvement blessé et M. Deutsch fortement contusionné. Après un désarroi bien explicable, la course, sur l'ordre même de M. Monis, continua.

A la fin de la première étape Védrines montant un monoplan Morane était classé le premier, Garros second et Gibert troisième, ces deux derniers aviateurs pilotant chacun un monoplan Blériot.

A la fin de la deuxième étape à St-Sébastien, le classement était toujours le même.

Dans la troisième étape, la plus dure, il fallait franchir la Sierra de Guadarrama, d'une hauteur de 1.700 mètres; Védrines effectua le parcours, arriva à Madrid, gagnant la course après 14 heures 55 minutes 8 secondes de vol réel.

La course Paris-Rome, organisée par le *Petit Journal*, eut lieu une semaine après la course Paris-Madrid. Elle comportait sept étapes et le départ était donné, le 28 mai, de l'aérodrome de Buc. Les étapes étaient : Buc-Dijon, 265 kilomètres; Dijon-Lyon, 175 kilomètres; Lyon-Avignon, 205 kilomètres; Avignon-Nice, 220 kilomètres; Nices-Gênes, 170 kilomètres; Gênes-Pise, 170 kilomètres; Pise-Rome, 170 kilomètres.

Le départ était donné officiellement à chaque aviateur, qui pouvait partir au moment qui lui convenait le mieux et devait effectuer le trajet en s'arrêtant aux escales prévues.

Après avoir essuyé du mauvais temps en Provence et dans le golfe de Gênes pendant la traversée de la Méditerranée, quatre aviateurs arrivèrent à Rome dans cet ordre, après avoir parcouru 1.465 kilomètres : premier Beaumont (enseigne de vaisseau Conneau), en 82 heures, 5 minutes; Garros, second, en 106 heures 16 minutes; Frey, troisième, en 132 heures 41 minutes; Vidart, quatrième, en 171 heures 41 minutes.

La course Paris-Rome devait comporter, comme suite une course Rome-Turin ; mais par suite des difficultés à surmonter pour atteindre Turin, un seul des concurrents, Frey, prit le départ, mais fit une chute dans un bois qui lui occasionna de très graves blessures.

Le Circuit Européen, grande course d'aéroplanes organisée par le *Journal*, comptait neuf étapes : Paris-Liége, 325 kilomètres avec escale à Reims; Liége-Spa et retour, 60 kilomètres; Liége-Utrecht, 205 kilomètres avec escale à Venloo; Utrecht-Bruxelles, 155 kilomètres avec escale à Bréda; Bruxelles-Roubaix, 85 kilomètres; Roubaix-Calais, 103 kilomètres; Calais-Londres, 230 kilomètres avec escale à Douvres et Brighton; Londres-Calais et Calais-Paris, 245 kilomètres avec escale à Amiens.

La course traversait donc quatre nations : la France, la Belgique, la Hollande, l'Angleterre et comportait la double traversée du détroit du Pas de Calais. C'était, semblait-il, un programme un peu dur pour les engins aériens. Ils firent, cependant, merveille : l'habileté, l'énergie et le courage de leurs pilotes fut au-dessus de tout éloge. Le Circuit Européen obtint un grand succès et fit entrevoir tout le parti que l'on peut tirer de l'aéroplane.

A la première étape les concurrents sont ainsi classés : Vidart, Védrines, Weymann, Beaumont, Bara, Duval, Garros, Renaux et son passager Senouque.

Le temps, pendant la plus grande partie de la course fut exécrable ; on dut remettre parfois le départ des étapes, mais la persistance du vent, de la pluie et du brouillard obligea les aviateurs à voler malgré la tempête et là s'accomplirent des exploits merveilleux et des vols qui étaient réputés impossibles.

Après la deuxième étape, les aviateurs furent classés dans cet ordre : Vidart, Védrines, Beaumont, Garros, Duval, Weymann, Barra, Renaux, Gibert, Kimmerling, Amérigo, Prévost, Verupt, Le Lasseur, Train.

Après la troisième étape, pour les sept premiers, l'ordre est le suivant : Vidart, Beaumont, Garros, Weymann, Védrines, Gibert, Renaux, etc. Après la quatrième, l'ordre est : Beaumont, Garros, Vidart, Védrines, Gibert, Renaux, Kimmerling, etc. La cinquième ne fait pas varier le classement des sept premiers. La sixième ne fait qu'intervertir les places de Kimmerling et Renaux.

La septième étape comportait la traversée de la Manche de Calais à Douvres. On vit alors, pour la première fois, ce fait fantastique et émotionnant : 11 aéroplanes traversant le détroit presque en même temps. Le classement, après cette étape ne différait pas, pour les premiers, du classement de l'étape précédente.

A la huitième étape, 9 aviateurs retraversent sans incident le Pas de Calais et enfin, à l'arrivée à Paris, le classement définitif est ainsi établi : Beaumont, Garros, Vidart, Védrines, Gibert, Kimmerling, Renaux, Barra, Tabuteau.

Beaumont, le vainqueur de la course Paris-Rome, est aussi le vainqueur du Circuit Européen.

Il devait être d'ailleurs, quelques semaines plus tard, le vainqueur du Tour d'Angleterre, course d'aéroplanes organisée par le journal le *Daily-Mail* et ayant pour but de faire, en plusieurs étapes, le tour de l'Angleterre. Un seul prix de 250.000 francs était destiné au premier arrivé. Deux aviateurs français, Beaumont et Védrines, terminèrent le trajet et luttèrent jusqu'au bout pour obtenir la première place, qui revint à Beaumont.

Fig. 581. — Sur la ligne de départ de la course Paris-Rome (mai 1911).

Accidents mortels d'aéroplanes

Les victoires de l'aviation que nous venons de signaler n'ont pas été remportées, sans qu'il y ait eu, malheureusement, des victimes. Le nombre de ces victimes, évidemment trop grand, est cependant bien faible par rapport au nombre considérable de vols effectués quotidiennement avec les nombreux aéroplanes qui ont déjà été construits, à l'heure actuelle. Il convient donc à la fois d'honorer ces victimes, soldats tombés au champ d'honneur dans la lutte pour le Progrès et d'envisager avec la plus grande espérance l'avenir de l'Aviation.

18 juin, *Robl*, à Stettin; le 3 juillet, *Wachter*, à Bétheny; le 10 juillet, *Daniel Kinet*, à Gand; le 12 juillet, *Rools*, à Bournemouth; le 3 août, *Nicolas Kinet*, à Bruxelles; le 20 août, le lieutenant italien *Vivaldi*, à Civita-Vecchia; le 27 août, *Van Maasdyk*, à Arnhem; le 25 septembre, *Poillot*, à Chartres; le 27 septembre, *Chavez*, à Domodossa; le 29 septembre, *Blochmann*, à Habsheim (Allemagne); le 1er octobre, *Haas*, à Wellen; le 7 octobre, le capitaine russe *Matziewitch*, à Saint-Pétersbourg; le 23 octobre, le capitaine *Madiot*, à Douai; le 25 octobre, le lieutenant allemand *Mente*, à Magdebourg; le 26 octobre, *Blanchard*, à Issy-les-Moulineaux; le 27 octobre, le lieutenant italien *Saglietti*, à Centocelle (Italie); le 17 novembre, *Johnstone*, à Denver (Colorado); le 3 décembre, *Cammarota* et *Castellani*, à Centocelle; le 22 décembre, *Cecil Grace*, perdu dans la mer du Nord; le 26 décembre, *Piccolo*, à Sao Paulo (Brésil); le

Fig. 582. — Sur la ligne de départ du circuit Européen (juin 1911).

Voici la liste des aviateurs mortellement blessés en aéroplane :

En l'année 1908 : le lieutenant *Selfridge*, le 17 septembre, à Fort-Myers (États-Unis).

En l'année 1909 : le 7 septembre, *Lefebvre*, à Juvisy ; le 22 septembre, le capitaine *Ferber*, à Boulogne-sur-Mer ; le 6 novembre, *Fernandez*, à Antibes.

En l'année 1910 : le 4 janvier, *Delagrange*, à Croix d'Hins (Gironde); le 2 avril, *Le Blon*, à Saint-Sébastien (Espagne); le 13 mai, *Hauvette-Michelin*, à Lyon; le

28 décembre, *Laffont* et *Pola,* à Issy-les-Moulineaux; le 30 décembre, le lieutenant *de Caumont,* à Saint-Cyr; le 31 décembre, *Moisant,* à Harahan (N[lle]-Orléans) et *Hoxsey,* à Los Angeles (Californie).

En l'année 1911 : le 9 janvier, *Roussian,* à Belgrade, le 6 février, le lieutenant allemand *Stein,* à Doberitz; le 8 février, *Noël* et *de la Torre,* à Douzy; le 28 mars, *Ceï,* près de Suresnes; le 14 avril, le lieutenant de vaisseau *Byasson,* à Coignières (Seine-et-Oise); le 18 avril, le capitaine *Tarron,* à Villacoublay; le 20 avril, *Lière,* à Châlons; le 6 mai, *Vallon,* à Sanghaï; le 18 mai, *Pierre-Marie Bournique* et *Dupuis,* à Reims; le même jour, *Hartle,* à San Antonio (Californie); le 23 mai, *Lemmeling,* à Strasbourg; le 25 mai, *Benson,* à Hendon (Angleterre); le 27 mai, *Smith,* à Saint-Pétersbourg; le 28 mai, *Cirro-Cirri,* à Voghera; le 5 juin, le lieutenant *Bague,* perdu dans la Méditerranée; le 8 juin, *Marra,* à Rome; le 9 juin, *Schendel* et *Voss,* à Johannisthal; le 18 juin, le lieutenant *Princeteau,* à Issy; *Lemartin,* à Vincennes et *Landron,* à Épieds; le 29 juin, le lieutenant *Truchon,* à Mourmelon; le 21 juillet l'aviatrice *Denise Moore,* à Étampes, la première femme blessée mortellement en aéroplane; le 2 août *Napier,* à Brooklands (Angleterre).

Si nous ne pouvons pas, malheureusement, compter que la liste des accidents mortels d'aéroplanes soit ainsi définitivement close, exprimons, cependant, le ferme espoir de voir ces accidents devenir de plus en plus rares, grâce à la connaissance plus approfondie des appareils, des organes qui les constituent et des conditions mêmes du vol, grâce à la perfection de plus en plus grande de ces organes et de leur construction, et grâce aussi à la prudence, qui n'exclut ni l'habileté, ni le courage, des hardis pilotes aériens.

Adressons avec émotion, aux continuateurs de cette conquête des airs le sublime souhait du poète :

Aux jeunes, aux vaillants, aux forts!
A ceux qu'enflamme leur exemple,
Qui brûlent d'entrer dans le temple,
Et qui mourront comme ils sont morts!

CONCLUSION

Nous voilà parvenus au terme de la tâche que nous nous étions proposée en écrivant ce Tome *Aérostation-Aviation.*

Aucun de ceux qui composent notre série « de reconstitution » ne se sera plus conformé *ipso facto,* au programme général que nous nous sommes tracé et qui est, rappelons-le, de « reprendre l'œuvre de Louis Figuier où il l'avait laissée, de la continuer, de la rendre absolument actuelle ».

Labeur énorme! si l'on considère avec quelle rapidité a évolué ce prodigieux progrès pendant la période même où, sur une base historique certaine et contrôlée, nous étagions ses perfectionnements et ses succès incessants.

Nous avons eu soin de conserver son *historique,* tout en le réduisant beaucoup dans ses proportions. Il paraît plus intéressant et plus instructif que jamais à l'heure présente. Avec quelle foi dans l'avenir, avec quelle audace, avec quel génie, tant de précurseurs, en tête desquels brillent les Montgolfier, ont poursuivi ce qui, après avoir pendant si longtemps paru devoir rester un idéal mythologique, est devenu la plus prestigieuse de toutes les réalités!

Le ballon libre, précurseur des témérités futures, éclaireur des immensités qui nous entourent, tend à s'effacer au point de vue de l'utilisation pratique : mais on a plaisir à se remémorer ses héroïques services dans la paix et dans la guerre.

Il ouvrait la voie au « ballon dirigeable » qui, malgré le succès passionnant de l'aéroplane, est une formule de transport aérien désormais assurée et que l'on lance sur ses chantiers spéciaux, comme on lance les navires sur les Chantiers de la Construction navale.

Dans une large mesure le « dirigeable » est devenu maître de lui, maître de sa manœuvre, que les perfectionnements des moteurs rendent de plus en plus aisée et régulière.

Deviendra-t-il le moyen de « transport en commun » que rêvent ses adeptes?

On ne saurait dire qu'il n'y parviendra pas. Mais, ce nouveau progrès est lié intimement à la solution d'un problème primordial : réaliser l'incombustibilité du gaz, remplissant l'enveloppe. Des recherches ont été entreprises à ce sujet, notamment en ce qui concerne l'hélium : peut-être les verra-t-on aboutir un jour ou l'autre.

Quoi qu'il en soit, on peut dire que le problème de « la dirigeabilité » est résolu, et l'on peut aisément se rendre compte du progrès accompli en se reportant à une belle conférence que faisait un précurseur, le commandant Renard, à la séance publique de la Société des amis des Sciences, *le 8 avril 1886* : « Sommes-nous donc *à la veille* de naviguer librement dans l'air, disait-il, et l'heure si longtemps attendue va-t-elle bientôt sonner? Oui certes : et selon toute probabilité, c'est dans la patrie des Montgolfier qu'elle sonnera tout d'abord, et c'est notre pays qui possédera la première *flotte de l'air.* »

Donc, *il y a vingt-cinq ans seulement,* un de ceux qui ont le plus contribué à créer la navigation aérienne dirigeable ne pouvait encore émettre que des souhaits en sa faveur.

Il ajoutait cependant d'une façon, en vérité, prophétique, ceci : « Oui, le temps travaille avec l'inventeur et lui apporte chaque jour les éléments de succès nouveaux qui manquaient à ses devanciers : toutes les découvertes sont solidaires et, sans s'en douter, des myriades de modestes chercheurs, en perfectionnant dans un tout autre but l'outillage de la Science et de l'Industrie, ont rendu peu à peu abordable, possible, et bientôt facile, la solution du grand problème que Montgolfier nous a légué, sans pouvoir songer à le résoudre malgré tout son génie. »

Le regretté colonel Renard, prématurément enlevé à la Science et à la France, pourrait aujourd'hui voir évoluer dans l'espace cette *flotte de l'air* qu'il espérait et à laquelle, avec Dupuy de Lôme, avec Giffard, avec les frères Tissandier, il a tant contribué. Nous ne citons ici que quelques noms déjà inscrits au livre d'or de l'Histoire. Nos lecteurs trouveront au cours de notre volume ceux des nombreux et vaillants coopérateurs de la grande œuvre française qui s'étend maintenant dans tous les pays du Monde.

Pendant que « le dirigeable », parfaitement gréé, muni du moteur léger que demandaient ses créateurs, arrivait au degré de perfectionnement voulu pour son entrée définitive dans la pratique, l'*aviation,* le « plus lourd que l'air », l'*aéroplane,* prenait sa forme et rendait effectives une longue série de recherches persévérantes. Nous en avons aussi donné l'historique : il est instructif et émouvant. Combien de dispositions dont les inventeurs ont été méconnus, parfois bafoués et traités de visionnaires, font d'ores et déjà partie de l'outillage des magnifiques aéroplanes qui volent au-dessus de l'Europe dans d'audacieux circuits, traversent la Manche, accumulent « les records » d'espace, de hauteur, et de durée ! Pendant le temps même que nous écrivions ce Tome « Aérostation-Aviation » des *Merveilles de la Science,* chaque jour quelque difficulté était vaincue aux applaudissements du Monde : à peine avions-nous le loisir d'inscrire une victoire remportée par les aviateurs, qu'une autre, plus étonnante, plus curieuse, plus profitable, nous était annoncée.

Est-ce à dire que si cela continue avec cette prodigieuse accélération, notre livre se trouvera démodé à bref délai?

Nous ne le pensons pas et voici pourquoi :

il aura été, conformément à la méthode générale que Louis Figuier avait instituée et que nous continuons, l'*historiographe* de la création des *aéroplanes*. Nous aurons eu la bonne fortune de pouvoir en donner la classification *up to date,* de constituer, dans une mesure aussi large que possible, cette base théorique solide sur laquelle pourront s'étayer les conceptions et les créations futures, admirées un jour, dépassées le lendemain, mais dont il est précieux de conserver les dispositions, ne fût-ce que pour ne pas être tenté de rechercher, et même « de retrouver » fallacieusement des choses déjà trouvées et déjà faites.

Pourra-t-on appliquer à l'*aéroplane,* par rapport au *dirigeable,* l'impitoyable formule donnée par le grand poète : « Ceci tuera cela ? »

Nous ne le croyons pas. Il y aura encore de beaux jours pour les dirigeables si parfaitement étudiés ; mais ils portent en eux un terrible germe d'impuissance, l'énormité du volume, la prise donnée au vent, et le danger d'explosion.

Par contre, l'*aéroplane* doit résoudre la grosse et importante difficulté de la *stabilisation.* Tant que ce problème de la stabilisation, ardemment cherché, ne sera pas complètement et formellement résolu, l'*aéroplane* restera dangereux pour ses pilotes isolés, même pour les plus habiles, et ce qu'il pourra réaliser de « transport en commun » sera scabreux, car il avoisinera l'acrobatie.

Ce n'est pas le moment, après ce que l'on a appris dans notre livre des utopies réalisées par « l'Aérostation-Aviation », qu'il convient de laisser entendre que le problème de la *stabilisation* ne sera pas de sitôt résolu. Il le sera bientôt sans doute et peut-être d'après quelque principe auquel on ne pense pas encore.

Déjà d'intéressants systèmes ont été imaginés, celui du regretté Paul Regnard et de M. Bouchaud-Praceig, fondés sur l'emploi du gyroscope, celui tout récent de M. Doutre, fondé sur un dispositif mécanique. Une question aussi nettement posée et d'une telle importance sera nécessairement menée à bien.

Il nous reste, pour terminer ce chapitre des Merveilles, à remercier les savants aviateurs qui ont bien voulu, avec autant de science que de courtoisie, nous communiquer les plus précieux renseignements sur leurs recherches et sur la construction de leurs appareils.

Remercions aussi les constructeurs qui nous ont documenté sur leurs merveilleux moteurs, sur leurs hélices, sur les divers détails des beaux appareils qui, grâce à leurs soins, s'envolent de plus en plus nombreux chaque jour, dans l'immensité, sous l'arc-en-ciel tricolore de la France !

Nous exprimons notre gratitude à M. G. Eiffel, l'illustre Ingénieur qui a mis à notre disposition le compte rendu et les dessins de ses belles recherches « sur la résistance de l'air et l'aviation » effectuées dans son Laboratoire du Champ-de-Mars. Les ondes hertziennes de télégraphie sans fil qui s'envolent du haut de sa Tour de 300 mètres, monument unique au Monde, ne cessent d'annoncer en tous lieux les triomphes de nos aviateurs.

Les problèmes multiples et d'extrême importance que suggère la mise en pratique du « dirigeable » et de « l'aéroplane » sont de nature à captiver et à motiver les efforts de tous les savants et de tous les chercheurs. Les Merveilles de la Science s'estimeront heureuses si elles ont pu, en résumant un passé d'une science et d'une vaillance incomparables, encourager les espérances et les succès d'un admirable avenir.

FIN

TABLE DES MATIÈRES

Table des matières.

CHAPITRE X

AÉROSTATS LIBRES SPÉCIAUX BALLONS SONDES. — MONTGOLFIÈRES MODERNES

CHAPITRE XI

UTILISATION DES AÉROSTATS LIBRES

CHAPITRE XII

AÉROSTATS CAPTIFS

CHAPITRE XIII

HYDROGÈNE

CHAPITRE XIV

AÉROSTATS DIRIGEABLES

CHAPITRE XV

DIRECTION. — PROPULSION. — STABILITÉ DES AÉROSTATS DIRIGEABLES

CHAPITRE XVI

AÉROSTATS DIRIGEABLES DIVERS

CHAPITRE XVII

MATÉRIEL DE DIRIGEABLES

CHAPITRE XVIII

AVIATION

CHAPITRE XIX

ÉTUDES DIVERSES CONCERNANT L'AVIATION

Table des matières.

CHAPITRE XX

SUSTENTATION. — PROGRESSION. STABILITÉ DE L'AÉROPLANE

CHAPITRE XXI

ORGANES D'AÉROPLANES

CHAPITRE XXII

APPAREILS D'AVIATION

CHAPITRE XXIII

RECORDS, VOYAGES ET COURSES D'AÉROPLANES. — ACCIDENTS MORTELS D'AÉROPLANES

TYPOGRAPHIE FIRMIN-DIDOT ET Cie. — MESNIL (EURE).

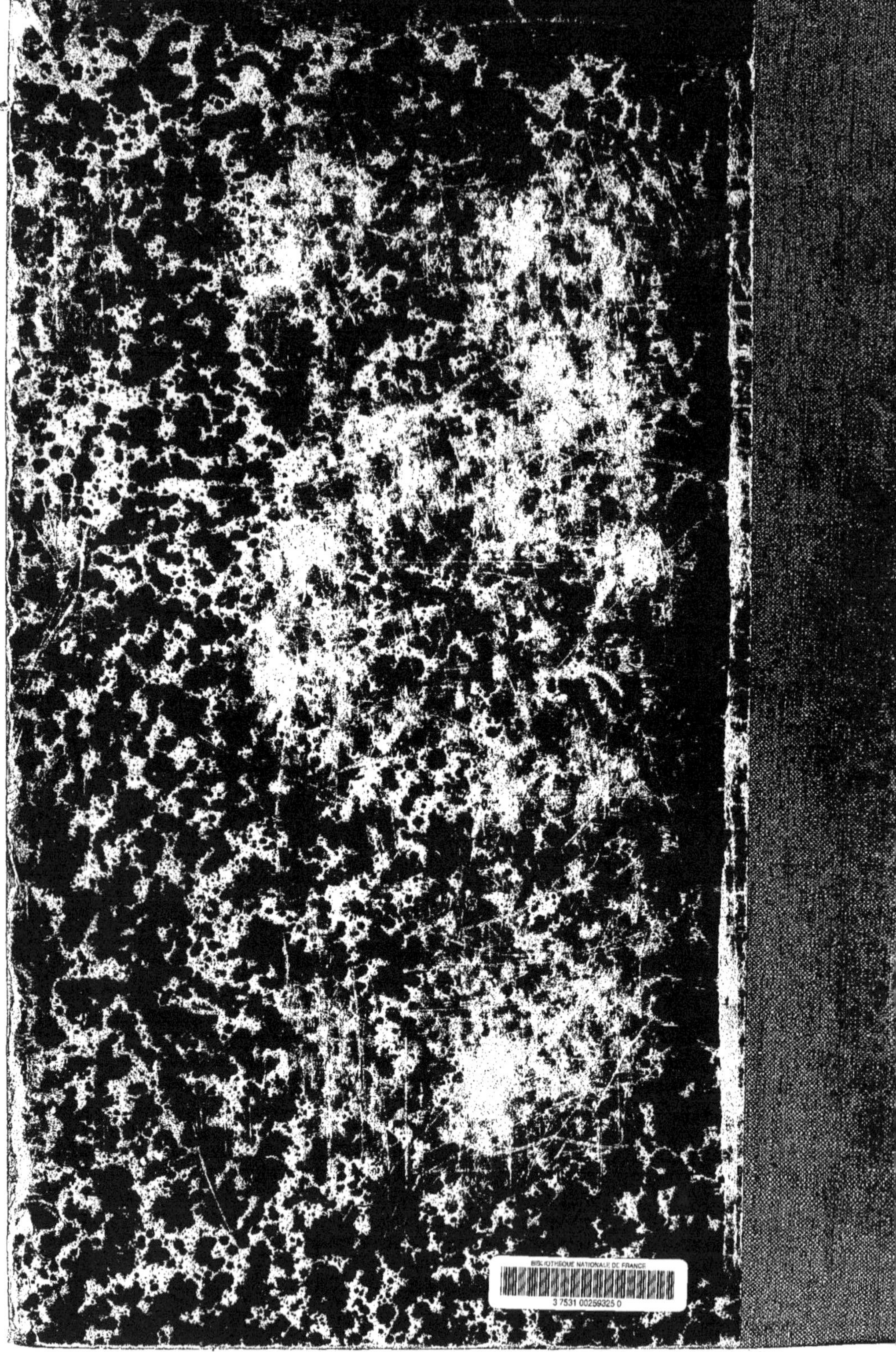

www.ingramcontent.com/pod-product-compliance
Ingram Content Group UK Ltd.
Pitfield, Milton Keynes, MK11 3LW, UK
UKHW012138240726
13966UKWH00001B/40

9 782011 940483